AF192688

Nils van Duivendijk

Aves de Europa

Volumen 1 • No paseriformes

Marc Guyt | AGAMI (Imágenes)

Traducido por
Daniel Roca, Marcel Gil-Velasco y Bernat Espluga

LYNX
NATURE BOOKS

Versión original publicada con el título *Handboek Europese vogels*
© 2022 Nils van Duivendijk
© KNNV Uitgeverij, 2022

Primera edición: diciembre de 2024
© Lynx Nature Books 2024
    Lynx Nature Books®: Alada Books, S.L.

Van Duivendijk, N. 2024. *Aves de Europa: Identificación de todas las especies y plumajes*.
Lynx Nature Books, Barcelona.

Texto: Nils van Duivendijk
Imágenes: Marc Guyt (AGAMI)
Traducción: Daniel Roca Orta, Marcel Gil-Velasco y Bernat Espluga
Diseño gráfico: Sam Gobin
Maquetación: Sam Gobin
Tratamiento de imágenes, ilustración: Sam Gobin
Revisión: Marc Olivé

Imágenes de cubierta, volumen 1: ganga ibérica, Marc Guyt (cubierta); canastera común,
    Mike Danzenbaker; pardela balear, Rafael Armada; cernícalo primilla, Dubi Shapiro (contracubierta).
Imágenes de cubierta, volumen 2: roquero rojo, Daniele Occhiato (cubierta); alcaudón real,
    Arie Ouwerkerk; mosquitero ibérico, Ralph Martin; collalba rubia occidental, Ran Schols
    (contracubierta).
Imágenes de cubierta, estuche: chotacabras cuellirrojo, Oscar Díez (cubierta); pito ibérico,
    Markus Varesvuo; carraca europea, Bence Mate (contracubierta); ruiseñor pechiazul ssp. *azuricollis*,
    Helge Sorensen (lomo).

Impreso en: Índice Arts Gràfiques
Depósito legal: B 21985-2024
ISBN volumen 1: 978-84-16728-63-3
ISBN volumen 2: 978-84-16728-64-0
ISBN obra completa: 978-84-16728-65-7

PEFC Certificado
Este producto
procede de bosques
gestionados de forma
sostenible y fuentes
controladas
PEFC/14-38-00202   www.pefc.es

Todos los derechos reservados. Ninguna parte, texto o ilustración puede ser reproducida,
almacenada o transmitida por ningún medio electrónico, mecánico, químico, fotocopia o
de cualquier otro tipo, sin la autorización escrita de Alada Books, S.L.

Contenido

Tratar de identificar cada pájaro que encontramos
nos puede llevar a descubrimientos inesperados.
Las zonas costeras, especialmente las penínsulas
y las islas, son más proclives a la aparición de
rarezas.

Tarabilla del Amur, ♂ de 1er invierno,
Texel, 8 de octubre de 2012

Prefacio

La pasión por la observación de aves va unida frecuentemente a un profundo interés por la identificación que incluye, no solamente distinguir entre dos especies similares, sino también determinar la edad o el sexo, reconocer subespecies, o ser capaz de identificar aquella rareza esperada. Esta obra es producto del progreso constante en el conocimiento sobre identificación de aves en Europa a lo largo de muchos años.

No es fácil concebir el largo proceso y el gran esfuerzo que han sido necesarios para la creación de esta obra. A lo largo del tiempo que he conocido a su autor, más de 30 años, Nils ha mostrado un interés insaciable por expandir el conocimiento sobre la identificación de cada especie, en todos sus aspectos. Ha consultado incansablemente todos los artículos científicos y publicaciones aparecidas en revistas como *Dutch Birding*, *British Birds*, *Birding World* y *Alula*. Nils ha combinado todo lo que ha ido aprendiendo de estas fuentes con una gran experiencia de campo en multitud de países, así como con la investigación en museos. El conocimiento de Nils sobre la identificación de aves europeas es realmente excepcional; Nils es un experto consultado frecuentemente por muchas personas, un miembro bien conocido del comité de rarezas holandés, y autor de diversos artículos de identificación.

El objetivo principal que Nils se propuso cuando inició este proyecto fue ofrecer una visión general de todas las características importantes para poder identificar todas las especies y subespecies, así como la edad y el sexo, tanto en aves en reposo como en vuelo y, a veces, en mano, basándose en toda la literatura disponible sobre identificación, así como en multitud de características descubiertas por él mismo; todo ilustrado con fotografías de la más alta calidad. Aquella ambición ha culminado con la publicación de esta obra, en dos volúmenes, en la cual el tratamiento de cada especie es, de hecho, un artículo de identificación en sí mismo; cada especie incluye un sumario de características visuales, claramente acompañado de numerosas fotografías –de una calidad que demuestra el nivel excepcional de los fotógrafos de AGAMI–; unas fotografías que han sido seleccionadas específicamente para mostrar los distintos rasgos característicos de cada plumaje.

Incluso después de haber hecho un uso extensivo de los dos volúmenes, estoy seguro de que seguiréis encontrando en ellos valiosos conocimientos en cada una de sus páginas, cada vez que los consultéis. Así lo he hecho yo, y así lo sigo haciendo. Serán una ayuda constante para afrontar los interminables retos de identificación y para disfrutar de la observación de aves todavía más.

¡Buen pajareo!

Diederik Kok

Tarabilla del Amur, ♂ de 1er invierno

Introducción

En 2011 fue publicada, en inglés y en gran formato, la última versión de mi libro *Advanced Bird ID Guide*. Más de 15 años antes, había empezado a documentar y acumular numerosas características y detalles, especie por especie, que había ido adquiriendo a través del estudio y la experiencia de campo. En aquel entonces, no tenía ninguna intención de publicarlos. Los libros de *Advanced Bird ID Guide* (publicados inicialmente en 2002 y en holandés, con el título de *Dutch Birding Kenmerkengids*) contenían listados de características de todas las especies del Paleártico Occidental. De forma llamativa, no contenían ilustraciones pero, a pesar de ello, tuvieron una gran acogida entre los ornitólogos y aficionados a la ornitología europeos. Aquella carencia pudo ser también su punto fuerte, pues el formato era muy compacto y con una información fácilmente comprensible; fácil de llevar en el campo, como ayuda para personas que ya conocían la apariencia general de la mayoría de especies, o bien como complemento para guías de identificación ilustradas. Más adelante, empezó a emerger la idea de producir una guía ilustrada; pensaba en ilustrar los retos de identificación más difíciles, por ejemplo, los patrones alares de anátidas, rapaces y alcaudones.

Poco después, Marc Guyt propuso crear una nueva guía de identificación (sin conocer mis ideas previas). Marc, fundador del banco de imágenes AGAMI, lo articuló de forma sencilla: —Nosotros tenemos todas las fotografías necesarias, tú tienes "todas" las características de identificación. Si dejamos que ambos fluyan juntos, podemos crear algo bello e innovador—. El libro que tenéis en las manos es el resultado de aquella visión. En aquel momento, la propuesta de Marc parecía sencilla, pero el proyecto resultó ser mucho más duro y largo de lo inicialmente esperado. Nuestro objetivo de ilustrar todos los plumajes identificables de todas las especies, con fotografías de calidad, demostró ser una tarea enorme. En retrospectiva, es evidente que fuimos un poco ingenuos al pensar que lo podríamos conseguir en 2–3 años; resultaron ser más de 6... Incluso entonces, AGAMI era un banco de imágenes con un catálogo muy extenso, pero obviamente, faltaban muchas imágenes para el proyecto. Muchos fotógrafos prefieren tomar instantáneas de especies, plumajes o posturas llamativas, pero ¿quien se acuerda de fotografiar un porrón moñudo en plumaje de eclipse, o la parte inferior del ala de una alondra totovía? Esta es la razón por la cual, sorprendentemente o no, resultó que ¡no disponíamos de una fotografía de cisne vulgar de 1er invierno mudando su plumaje parduzco juvenil...! La obtención de una imagen de dicho plumaje fue, pues, una tarea en sí misma. Marc y yo creamos una lista con todas las fotografías que nos faltaban, con detalles de los rasgos que debían ser visibles en ellas. A veces, le solicitaba a Marc una fotografía, con la certeza —creía yo— de que resultaría imposible conseguirla. Sin embargo, a menudo me sorprendía enviándome la fotografía exacta que tenía en mente. La lista era enviada regularmente a los fotógrafos de AGAMI con la esperanza de que tuvieran las imágenes necesarias en sus archivos personales, o bien que las pudieran realizar expresamente. Y, frecuentemente, ¡nos enviaban las imágenes deseadas casi inmediatamente! Al final, fue posible conseguir todas las fotografías necesarias, lo cual nos parecía casi imposible, incluso en los estadios finales del proceso. Nuestros fotógrafos tomaron aproximadamente 2.000 fotografías expresamente para esta obra a lo largo de los 6 años que duró el proyecto.

Durante el largo trabajo, nunca perdí de vista la fuerza de los libros *Advanced Bird ID*: el lector debe ser capaz de recibir la información clave de cada aspecto, sin necesidad de buscarla leyendo largos párrafos. Con esta obra, Marc y yo esperamos servir a ornitólogos y aficionados a la ornitología "de diversos plumajes", con las que, pensamos, son las mejores fotografías disponibles, así como una información útil y concisa. Cada lector puede extraer de sus extensas páginas aquello que le sea más útil. Marc y yo no podríamos haber completado este proyecto sin un diseñador y un editor, cuya ilusión e implicación fueron equiparables a la nuestra. Fuimos afortunados de encontrar en Jack Folkers (KNNV Publishing) y en Sam Gobin (diseñador) unos compañeros perfectos. Jack nos dio libertad para implementar nuestras ideas. Sam resultó ser un diseñador más que ideal; siendo él también "pajarero", siempre dispuesto a realizar tareas extraordinarias que iban apareciendo, junto al propio trabajo de diseño, y aportando ideas valiosas. Mirando atrás, estos 6 años han pasado "volando"; trabajar en esta obra ha sido una gran experiencia. Haber podido trabajar con las imágenes de los fotógrafos "top" de AGAMI ha sido un honor para mi. Sin ellos, este libro no habría sido posible.

Nils van Duivendijk, Petten, 2022

PROPÓSITO DE ESTA OBRA

El objetivo principal de esta obra es mostrar el mayor número posible de características, utilizando fotografías y textos cortos, para todas las especies europeas en sus distintos plumajes. Además, se han incluido nuevas características de identificación, producto de años de estudio durante el proceso de realización del proyecto. Esta obra representa, pues, una guía de identificación centrada en los aspectos morfológicos; las vocalizaciones solo se tratan ocasionalmente. Sin embargo, estas son a menudo muy importantes en la identificación; para estos fines, existen numerosas aplicaciones y sitios web específicos. Algunas características tratadas en el libro son difícilmente perceptibles en una observación de campo pero, en cambio, se pueden apreciar perfectamente en fotografías de calidad; es el caso, por ejemplo, de las emarginaciones de las primarias, la longitud de p1 en paseriformes, o la estructura de la mano de rapaces en vuelo. Esto permitirá al lector realizar buenos análisis de sus propias fotografías; actualmente, buena parte de los observadores de aves llevan una cámara como parte de su equipo. Además, las cámaras modernas son capaces de captar un nivel de detalle que ni el observador más experimentado, con los mejores prismáticos, puede apreciar en observación directa (entre otros motivos, porque a menudo los pájaros no se quedan quietos por mucho tiempo). Por otro lado, los detalles descritos para aves en mano también pueden ser útiles, por ejemplo, en estudios de anillamiento o en aves encontradas muertas. Los mapas de distribución y las descripciones de hábitat han sido excluidas, entre otras razones, porque muchas especies pueden aparecer casi en cualquier parte, también en espacios diferentes de los ocupados normalmente (por ejemplo, durante las migraciones); los divagantes, por definición, aparecen fuera de su distribución regular.

Esperamos que los lectores disfruten de la extensísima colección de fotografías, y que la información que las acompaña sirva para que disfruten más identificando aves. Somos conscientes de que los observadores menos experimentados pueden encontrar tal gran cantidad de información un poco abrumadora, pero esperamos que también disfruten aprendiendo. Para el lector más experto, no toda la información será relevante pero, para poder servir a todos los lectores, no hemos querido dejar fuera ningún dato relevante. Desde el principiante al experto, ¡hay algo para todos!

En esta obra promovemos la identificación analítica. El *jizz* es un término coloquial inglés, mal derivado de las siglas "*general impression of size and shape*", o "impresión general de tamaño y forma", que se usa a menudo (a veces inconscientemente) para tomar decisiones de identificación. Aunque los observadores más experimentados pueden identificar correctamente muchas aves a través del *jizz*, a veces en décimas de segundo, si no se tienen en consideración otros aspectos, esto puede llevar a errores.

ALCANCE GEOGRÁFICO: EUROPA

Región cubierta en esta obra, incluyendo las abreviaturas utilizadas en el estatus de cada especie.

Los límites de Europa son a veces ambiguos, y se pueden definir tanto geográfica como políticamente. En esta obra, el límite occidental está formado, de sur a norte, por la península Ibérica, Irlanda e Islandia; el límite septentrional, por Escandinavia (incluyendo Svalbard y otras islas árticas); el límite oriental, por el meridiano 35 (a través de Rusia y hasta el extremo oriental del mar Mediterráneo); el límite meridional, por el mar Mediterráneo, incluyendo sus islas.

ESPECIES TRATADAS

Los 2 volúmenes cubren un total de 750 especies y subespecies que se han citado, al menos, 5 veces en la región. También se incluyen algunas con menos de 5 citas porque las dificultades de identificación podrían ser la causa de su estatus como divagantes extremos (por ejemplo, la agachadiza colirrala, la agachadiza del Baikal o la pardela de Tasmania).

INDICACIONES DE ESTATUS

Dado que esta obra se centra en la identificación, solo se proporciona una breve indicación orientativa sobre el estatus de cada especie en Europa. Además, la descripción solo da información sobre su presencia en Europa (aunque muchas especies se encuentran también en otras partes del mundo). La indicación "verano", se refiere a la época de reproducción; "verano, N Europa" significa "reproductor estival en el norte de Europa". Por supuesto, una especie con este estatus se puede ver como migrante en otras partes del continente. Algunas especies tienen una distribución como reproductores muy limitada en Europa, y son divagantes en el resto del territorio (por ejemplo, el mosquitero boreal), pero este hecho no se indica explícitamente en cada caso.

TAXONOMÍA, ORDEN DE LAS ESPECIES Y NOMENCLATURA

En cuestiones taxonómicas y de nomenclatura de nombres científicos, seguimos el IOC en su versión 14.2 (Gill, Donsker y Rasmussen, 2024). Sin embargo, la disposición de las especies no está siempre en orden taxonómico, por razones prácticas. Hemos considerado, principalmente, qué orden es más lógico en términos de identificación, desde el punto de vista del lector, situando a menudo especies similares juntas, aunque no estén estrechamente emparentadas. Por la misma razón, situamos juntos algunos grupos o familias: por ejemplo, todas las aves acuáticas. En el caso de los paseriformes, el orden sigue las tendencias modernas, por ejemplo, con los córvidos y los lánidos al principio, y los motacílidos hacia el final. Por otro lado, el índice fotográfico –en las guardas delanteras del libro– debería ayudar al lector a encontrar una determinada especie, grupo o familia, de forma rápida. Los nombres en español siguen la *Lista de las aves de España* SEO/BirdLife (Rouco *et al.*, 2022) y, cuando no están incluidos, eBird. Los nombres en catalán corresponden a la *Llista patró dels ocells de Catalunya* (ICO, 2024); para las especies que no aparecen en esta se ha utilizado la nomenclatura del *Diccionari dels ocells del món* (ZOO, ICO y Termcat, 2024), con algunas modificaciones, de acuerdo a la revisión del *Comitè Avifaunístic de Catalunya*, del *Institut Català d'Ornitologia*. En euskera, los nombres proceden del *Hegaztien euskarazko izenen lantaldea*, *Euskal Batzorde Ornitologikoa* (Comité Ornitológico de Euskadi). Los nombres en gallego, revisados por Cosme Damián Romay Cousido, se basan en *Os nomes galegos das aves* (A Chave, 2024), cuyas propuestas se fundamentan en el resultado de los seminarios de ornitonimia organizados por la Real Academia Galega, con la participación de lingüistas y ornitólogos.

ESTRUCTURA DEL LIBRO

Para cada especie, se empiezan describiendo las características generales, y se sigue con los rasgos relacionados con el sexo y la edad; algunos aspectos pueden ser repetidos en distintas imágenes si se considera necesario. Algunas especies se muestran de forma secundaria, dentro de la ficha de una especie parecida, para facilitar una comparación directa; antes de su nombre, cuentan con un distintivo gráfico (■). Para grupos o familias de aves observadas principalmente en vuelo (por ejemplo, aves marinas y vencejos), las fichas empiezan con fotografías en vuelo. Para especies observadas en Europa en plumaje de 1er invierno más a menudo que en plumaje adulto (como sucede en el caso de muchos divagantes), el plumaje de 1er invierno suele ser el primero presentado; muchas especies de paseriformes norteamericanos, por ejemplo, nunca han sido citadas en plumaje adulto (estival) en Europa, sino únicamente en plumaje (otoñal) de 1er invierno.

ESTRUCTURA DE LOS TEXTOS

Todas las fotografías cuentan con un título que indica el tipo de plumaje y, en la mayoría de casos, el mes al que corresponde. Por supuesto, no siempre se puede determinar con seguridad el tipo de plumaje a través de una imagen; cuando es así, se omite (por ejemplo, en algunas fotografías de collalba isabel). El mes en que se tomó la fotografía es, a menudo, importante para determinar la edad o el estadio en que se encuentra la muda; se omite cuando no es relevante, en algunas fotografías de detalle (por ejemplo, relativas a la estructura alar o al patrón caudal de paseriformes). Los numerosos textos que rodean las fotografías se han mantenido tan breves como ha sido posible.

LÍNEAS INDICATIVAS

Se usan líneas azules para dirigir la vista hacia el punto al cual se refieren los distintos textos que rodean a cada fotografía. Cuando las líneas no están presentes, el texto describe características generales o pertenecientes a diversas partes del cuerpo (por ejemplo, en una descripción de la cabeza, una línea podría resultar confusa porque indicaría un punto concreto, mientras que el texto se refiere al conjunto).

Algunas veces se usa una línea discontinua, por ejemplo, para diferenciar un grupo de plumas.

SECCIONES INTRODUCTORIAS

Algunas familias o grupos de aves cuentan con una introducción específica. En ella, destacan los grupos de plumas y partes no plumadas (topografía) relevantes para su identificación, y se da información detallada sobre su muda. También se describen características generales compartidas por las especies del grupo (por ejemplo, los alcaudones pálidos).

JUSTIFICACIÓN

El conocimiento sobre identificación de aves es un proceso en constante evolución; en el futuro, se descubrirán nuevas características que demostrarán ser más útiles que otras conocidas hasta ahora. La información que contiene esta obra es parte de este proceso y presenta el conocimiento actual. Aunque toda la información contenida se ha recopilado con gran atención, no podemos garantizar que absolutamente toda la información sea siempre correcta o completa. Deseamos y esperamos que, en el futuro y con la ayuda de esta obra, los lectores realicen nuevos descubrimientos.

AGRADECIMIENTOS

Quisiera dar las gracias a Diederik Kok, Arend Wassink, Martin Garner[†], Daniel López-Velasco, Jeroen de Bruijn, Bas van den Boogaard, Christian Brinkman, Ruud van Beusekom, Laurens Steijn, Tor Olsen, Justin Jansen, Gerald Driessens, Killian Mullarney, Vincent van der Spek, Thijs Fijen, Fred Visscher y James Lidster por su ayuda en diversos problemas de identificación. Diederik ha sido un gran socio, "*sparring* de identificación" durante más de 30 años, y el resultado de numerosas conversaciones con él se recogen en las páginas de esta obra. También estoy agradecido a Bob Flood por sus aportaciones relacionadas con algunas aves marinas; a Gerald Driessens por revisar las páginas de los vencejos; y a Mars Muusse por su ayuda en las páginas de gaviotas, aportando fotografías extra, indicaciones útiles y redactando de nuevo parcialmente las descripciones.

Un agradecimiento especial a todos los fotógrafos por sus excepcionales fotografías, incluyendo a los fotógrafos no pertenecientes a AGAMI, que han proporcionado más de 150 imágenes en las últimas fases del proyecto, unas imágenes que probablemente no hubiéramos podido conseguir de otra forma. Diversos fotógrafos (incluyendo Fred Visscher, Edwin Winkel y Vincent Legrand) han mantenido una especial cercanía con nuestro proyecto y han hecho esfuerzos especiales para conseguir imágenes de plumajes concretos, raramente fotografiados. Fred ha estado también activo en otros frentes, buscando detalles relacionados con la edad, sobre todo de especies comunes, y consiguiendo fotografías aún mejores (de plumajes que ya teníamos, pero con una calidad menor). Doy las gracias a Praveen J. (editor de *Indian Birds*), Vincent van der Spek, Yoav Perlman y Daniel López-Velasco por su ayuda encontrando imágenes dentro de sus respectivos círculos de fotógrafos conocidos.

Doy las gracias a Bart-Jan Prak, Godfried Schreur y Marc Collier por su visión en cuestiones de diseño, en los inicios del proyecto, y a Edith van de Giessen por sus extensos comentarios e indicaciones útiles en aspectos relacionados con el diseño, en las etapas finales. Jan van der Laan, Renate Visscher, Fred Visscher, Frank van Duivenvoorde, Debby Doodeman, Jan-Peter van Duivendijk, Henk Guyt y Marc Guyt hicieron cada uno una parte de la revisión lingüística del original holandés: muchas gracias por su observación cuidadosa y por su perseverancia. Además, Jan y Frank estuvieron siempre dispuestos a recibir consultas lingüísticas específicas.

Quisiera agradecer de nuevo a Sam Gobin por su compromiso inconmensurable con el proyecto, que ha excedido de lejos sus labores originales. Gracias a su tremendo esfuerzo, el libro en su forma final se encuentra hoy en nuestras manos.

Muchas gracias a James Lidster y a Vincent van der Spek, que llevaron a cabo la traducción inglesa, en la cual se basa la versión en español. Gracias, también, al equipo que ha realizado la traducción al español: Daniel Roca Orta, Marcel Gil-Velasco y Bernat Espluga. Un agradecimiento especial a Daniel López-Velasco por su ayuda en numerosas consultas, a Marc Olivé por su experta revisión, y a Marcel Gil-Velasco y Martí Franch (*Comitè Avifaunístic de Catalunya*), Asier Sarasua Aranberri (*Euskal Batzorde Ornitologikoa*) y Cosme Damián Romay Cousido por su ayuda con los nombres en catalán, euskera y gallego. Gracias a Amy Chernasky y a Pep Mola, de Lynx Nature Books, por el trabajo de coordinación y por su dedicación.

Finalmente, quisiera agradecer a Diana van Vliet su apoyo y su comprensión siempre que tenía que trabajar en el libro.

Nils van Duivendijk

ABREVIATURAS

año cal.	año calendario
ad.	adulto
juv.	juvenil
inm.	inmaduro
inv.	invierno
ej./ejs.	ejemplar/es
ssp.	subespecie
cf.	compárese

GRADO DE UTILIDAD DE LAS CARACTERÍSTICAS

Términos utilizados comúnmente para indicar el valor de los distintos rasgos de identificación, datado y/o sexado:

Característico/diagnóstico Rasgo muy definitorio en comparación con especies similares, que confirma la especie, la edad o el sexo.

Típico Rasgo útil en comparación con especies similares, pero que por sí solo no confirma la especie, la edad o el sexo.

Indicativo Rasgo útil en comparación con especies similares, posiblemente útil como apoyo a la identificación de la especie, la edad o el sexo, pero siempre en combinación con otras características.

Correlimos menudo

TÉRMINOS UTILIZADOS

Tipo adulto Apariencia adulta, pero posiblemente aún inmaduro. "Tipo adulto" también se utiliza para referirse a plumas u otras partes del cuerpo con apariencia o patrón ya propios del adulto.

Tipo ♀ En algunas especies, incluye todos los plumajes excepto el plumaje de ♂ identificable (por ejemplo, en los aguiluchos).

Tipo ... Se utiliza en ejemplares que tienen una apariencia determinada de edad o sexo, sin que se pueda confirmar con total certeza (por ejemplo, charrán común de tipo 3er año cal.). También se

usa para designar plumas con unas características determinadas (por ejemplo, plumas de tipo adulto).

Juvenil El primer "auténtico" plumaje (después del plumón).

1er invierno (plumaje) Una mezcla de plumas juveniles (generalmente alares y caudales) y otras reemplazadas en muda postjuvenil (generalmente corporales y, a veces, algunas alares y/o caudales).

1er verano (plumaje) Es el plumaje de las aves en su 2º año cal., durante la primavera/verano. Sin embargo, este término (1er verano) puede resultar confuso, y solo aparece en el libro en algunas ocasiones; esto se debe a que las aves de 2° año cal. ya han vivido un verano previamente –durante el 1er año cal.–, aunque este no se tiene en cuenta, y también al hecho de que muchas especies no adquieren un plumaje estival diferenciado. Lo mismo es válido para el 2° verano (plumaje), etc.

Estival (plumaje) En esta obra, solo se usa (y generalmente, solo se debería usar) en especies que adquieren un plumaje diferenciado en época reproductora a través de una muda prenupcial realizada a final de invierno o a principio de primavera. A diferencia de muchos grupos de no paseriformes (como gaviotas, limícolas, somormujos, etc.), solo algunos paseriformes adquieren el plumaje estival de esta forma (por ejemplo, el papamoscas cerrojillo o diversos embericidos). En cambio, muchas otras especies de paseriformes adquieren un "plumaje estival" a partir del desgaste de las puntas pálidas de las plumas, que va dejando al descubierto la coloración más viva de su parte basal en primavera (por ejemplo, colirrojos y collalbas).

1er año cal. Un ejemplar nacido entre el 1 de enero y el 31 de diciembre del año en cuestión, independientemente del tipo de plumaje que tenga en cada época del mismo.

1er año Un ejemplar inmaduro de no más de 1 año de edad.

2° año cal. Un ejemplar nacido entre el 1 de enero y el 31 de diciembre del año anterior, independientemente del plumaje que tenga. El mismo concepto es válido para 3er año cal., 4° año cal., etc.).

Proyección primaria La parte de las primarias que sobresale más allá de las terciarias (en algunos casos, las primarias no sobresalen en absoluto), en reposo y con el ala plegada, expresada con el % de la longitud de la parte visible de las terciarias (véase Limícolas • Introducción).

Emarginación Un escalón más o menos pronunciado en el borde de la hemibandera externa de las primarias externas (expresión utilizada en paseriformes). El número de emarginaciones (de 0 a 4) en p3–6 puede ser específico de algunas especies.

Muesca Un escalón bastante pronunciado que produce un estrechamiento de la hemibandera interna de las primarias externas de algunas aves (expresión utilizada principalmente en rapaces).

Proyección alar La parte de las primarias que

sobresale por detrás de la punta de la cola, en reposo; a veces no sobresalen en absoluto (véase Limícolas • Introducción).

Proyección de las patas La parte de las patas que sobresale por detrás de la punta de la cola, en vuelo; a veces no sobresalen en absoluto (véase Limícolas • Introducción).

Distal La parte situada más lejos del cuerpo o de la base de las plumas.

Basal Término opuesto a "distal"; referido generalmente a la parte más cercana a la base de las plumas o del pico.

Subterminal Situado casi en la punta de las plumas (por ejemplo, franja subterminal en la cola; en este caso, debe existir una franja terminal, más o menos fina, en la punta).

Cóncavo Curvado hacia dentro.

Convexo Curvado hacia fuera.

Nominal En cada especie, el taxón históricamente nombrado en primer lugar; recibe el nombre científico dos veces: para referirse a la especie, y para referirse a la subespecie (por ejemplo, *Phalacrocorax carbo carbo*, referido en esta obra como "nominal *carbo*").

Taxón Una unidad taxonómica o grupo taxonómico que forma un conjunto característico o distinguible de otros grupos. En esta obra se usa principalmente en el sentido de subespecie.

Híbrido El resultado del cruzamiento entre dos especies. El caso más común es el de los híbridos de primera generación, con padres de 2 especies diferentes. Esto se debe al hecho de que muchos híbridos no son fértiles, lo cual impide la aparición de híbridos de otras generaciones. Un híbrido de segunda generación es el resultado del retrocruzamiento entre un híbrido y un ejemplar puro. Esto solo ocurre en algunas especies muy cercanas entre sí, en las que los híbridos son fértiles (por ejemplo, la corneja negra y la corneja ceniciente).

Ejemplar intermedio El resultado del cruzamiento entre 2 subespecies. La intergradación es el proceso que lleva a la aparición de ejemplares intermedios, generalmente en las regiones donde entran en contacto 2 subespecies.

Flujo genético Intercambio de genes entre poblaciones diferenciadas, entendido aquí como la "contaminación" genética mínima procedente de una especie cercana (producida por algunos casos de hibridación que pueden haber sucedido diversas generaciones atrás).

Introducción • Patos, cisnes y gansos

TOPOGRAFÍA

El patrón de pico, cola, terciarias, escapulares y flancos suele ser importante para la identificación y el datado. Las regiones del cuerpo y plumaje que se destacan son relevantes para diversas especies. Algunos caracteres son específicos de ciertos grupos de especies, por lo que se describen en las secciones correspondientes.

destello blanco

anillo orbital (piel) y anillo ocular (plumas)

culmen (borde superior de la mandíbula superior)

coberteras pequeñas

coberteras medianas

escapulares

coberteras grandes

uña (punta de la mandíbula superior)

terciarias

espacio intermandibular

primarias

línea de flancos

▲ Ánsar careto

ANÁTIDAS DE SUPERFICIE

Las ♀♀ de las anátidas de superficie muestran motas oscuras en la mandíbula superior, que varían en función de la especie y del momento del año (más motas en primavera). Los ♂♂ no muestran motas en el pico. El espejuelo suele ser parcialmente visible en aves posadas, aunque puede estar oculto tras otras plumas. Las coberteras terciarias son las coberteras grandes más internas, que cubren la base de las terciarias. La forma y el patrón de estas plumas es de gran ayuda a la hora de datar el ave.

ANÁTIDAS BUCEADORAS

El patrón del pico y la uña acostumbran a ser diagnósticos en anátidas buceadoras.

uña

escapulares

terciarias

punta de la cola

flancos

▲ Porrón moñudo ♀

motas oscuras en las ♀♀

escapulares

flancos superiores

coberteras terciarias

terciarias

espejuelo

▲ Cuchara común ♀

terciarias

obispillo   supracoberteras caudales

panel de coberteras

álula

coberteras grandes

coberteras primarias

secundarias

espejuelo

primarias (10)

▲ **Ánade azulón** ♂

ESPEJUELO

El espejuelo de las anátidas de superficie está formado por algunas secundarias que tienen un brillo metálico, que varía dependiendo de la especie y los distintos plumajes. Su color está creado por una estructura de la pluma específica, que refleja la luz de un determinado espectro luminoso, por lo que puede variar en función de la luz y del ángulo de visión. Un fenómeno similar ocurre con las plumas de la cabeza de patos adultos (e incluso en otros grupos de especies, como los córvidos).

infracoberteras alares grandes

axilares

infracoberteras caudales

▲ **Silbón europeo** ♀

DATADO

Además de estos aspectos generales, la mayoría de especies presentan caracteres específicos de cada clase de edad, que se describen detalladamente en cada caso.

MUDA

Las anátidas tienen una de las estrategias de muda más complejas de todas las aves, con bastante variación entre especies. Algunas regiones del plumaje son mudadas hasta 3 veces al año y casi siempre encontramos alguna región con muda activa. Las plumas de vuelo son mudadas de forma simultánea una vez al año, inmediatamente después de la reproducción. Los individuos de las especies con periodos reproductores largos nacidos a principios de año pueden presentar un plumaje ya muy parecido al adulto en otoño, mientras que los ejemplares nacidos ya avanzado el año suelen presentar aspecto juvenil incluso en invierno. A diferencia de otras aves de gran tamaño (por ejemplo, rapaces), tanto los gansos como los cisnes realizan una muda completa anual, en la que las aves jóvenes ya empiezan a mudar plumas de cuerpo, coberteras y escapulares durante su primer año cal. En otoño, las rémiges están muy desgastadas en aves de 2º año cal., comparadas con un adulto. Las rectrices se mudan pronto, en otoño, especialmente en aves de 1er año. Los jóvenes de especies norteñas suelen retener las plumas de la cola más tiempo que aquellos de poblaciones sureñas.

ADULTO DE ANÁTIDA DE SUPERFICIE

anchas y largas

marcas internas pálidas

nuevo y uniforme

ancho y redondeado

"despeinado"

◄ **Cerceta común, adulto** ♀ **(febrero)**

JUVENIL DE ANÁTIDA DE SUPERFICIE
La forma de las plumas de flancos superiores es uno de los mejores caracteres para datar anátidas de superficie, por ser fácilmente reconocibles y a menudo retenidas durante bastante tiempo por parte de aves juveniles.

plumas de flancos superiores estrechas y puntiagudas

terciarias relativamente cortas, dependiendo de la especie pueden ser puntiagudas o romas

manto y escapulares con centros oscuros uniformes o solo con pequeñas marcas internas en algunas plumas

cuello relativamente delgado, debido al plumaje fino

moteado fino y regular, creando líneas relativamente uniformes

► **Cerceta común, juvenil (agosto)**

ADULTO ♂ ANÁTIDA DE SUPERFICIE MUDANDO A PLUMAJE REPRODUCTOR

▶ **Ánade azulón, adulto ♂ (septiembre)**

plumas de cabeza, cuello y pecho con aspecto más grueso y desaliñado que en aves de 1er año cal.

coberteras medianas de tipo adulto, con la punta cuadrada (cf. 1er año cal.)

terciarias largas y anchas (cf. 1er año cal.)

el ♂ retiene el color y patrón del pico característico de la especie, lo que lo diferencia de la ♀ adulta o los ♂♂ de 1er año

plumas de flancos anchas y redondeadas; línea del flanco "desordenada" (cf. 1er año cal.)

todas las rectrices de tipo adulto (cf. 1er año cal.)

RECTRICES JUVENILES

La estructura típica de las rectrices juveniles, con una muesca en la punta, se mantiene en todas las especies de patos. Estas plumas, casi sin excepción, son mudadas en otoño e invierno, cuando las aves adquieren el plumaje de tipo adulto, sin muesca. La presencia de rectrices juveniles es diagnóstica para el datado, pero su ausencia no implica necesariamente que el ave sea adulta, ya que podría haber mudado estas plumas. Para el datado de estos ejemplares de 1er invierno, es necesario usar otros caracteres.

la punta del raquis sobresale; punta de la pluma con muesca

▼ **Cuchara común, juvenil (octubre)**

▶ **Ánade azulón, 1er año cal. ♂ (agosto)**

terciarias con forma juvenil (puntiaguda o redondeada), propia de cada especie, pero siempre más cortas que las de tipo adulto

coberteras medianas juveniles redondeadas

centros oscuros uniformes, o solo algunas marcas estrechas

rectrices variables; todas juveniles (con muesca en forma de V en la punta) o mezcla de plumas juveniles y adultas (como aquí)

las plumas grises facilitan enormemente el sexado

plumas de flancos juveniles triangulares y ordenadas, creando una fila (cf. ♂ adulto en eclipse)

supracoberteras caudales juveniles desgastadas

1er AÑO ♂ ANÁTIDA DE SUPERFICIE

Algunos patos se reproducen a principios de año, por lo que su muda se encuentra bastante avanzada al final del verano. Algunos 1er año cal. de otras especies presentan un plumaje similar en otoño, mientras que en agosto se muestran aún juveniles. El color del pico de este ejemplar está bastante avanzado, pero todavía es más apagado que en un ♂ adulto, lo que sirve para el datado de todas las especies.

PLUMAJE DE ECLIPSE

La mayoría de especies de pato desarrollan un plumaje que les permite camuflarse durante el periodo de muda completa de plumas de vuelo, cuando no pueden volar. Este plumaje se denomina **eclipse** y puede verse desde primavera hasta invierno (en algunas especies). El plumaje de eclipse está relacionado con la temporada de reproducción; las poblaciones sureñas lo adquieren (y lo pierden) antes que las poblaciones norteñas. Además de las diferencias en el plumaje, los patrones del pico también se desdibujan (en algunas ocasiones tornándose totalmente oscuros). En la mayoría de las especies, los ♂♂ cambian considerablemente, pareciéndose mucho a las ♀♀. Así, el ♂ adulto muestra el **plumaje nupcial llamativo** entre finales de otoño y primavera, cuando adquiere de nuevo el de eclipse. El panel supraalar de los ♂♂ adultos permanece igual en eclipse, lo que resulta útil para el sexado durante esta época; en muchas especies, esta región del plumaje también permite el datado.

SERRETAS, PORRÓN OSCULADO, ÉIDERES Y SILBONES

En familias en las que el ♂ adulto tiene un panel alar grande, este es retenido durante el eclipse y constituye una diferencia útil con respecto a las ♀♀ y los ♂♂ inmaduros.

▶ **Serreta mediana, ♂ adulto en eclipse (octubre)**

ADULTO EN ECLIPSE, ANÁTIDA BUCEADORA
Las anátidas buceadoras del género *Aythya* presentan algunas diferencias en cuanto al datado en otoño/invierno con respecto a las anátidas de superficie. Las especies blancas, grises y negras tienen el pecho marrón al inicio del eclipse. Las características específicas de cada especie se detallan en las correspondientes secciones.

cabeza brillante ya en otoño (no, o muy poco, en el ♂ de 1ᵉʳ invierno)

patrón del pico y color del iris retenidos

terciarias largas y brillantes

◄ **Porrón acollarado, ♂ adulto en eclipse (noviembre)**

plumas marrones y finamente vermiculadas de gris (♂ de 1ᵉʳ invierno con flancos casi uniformemente marrones)

1ᵉʳ INVIERNO ♂, ANÁTIDA BUCEADORA
Retiene signos de inmadurez más tiempo que el ♂ adulto retiene signos de eclipse, especialmente en los porrones bola y bastardo.

iris no completamente pálido, pupila más difusa (cf. ♂ adulto)

bastante apagado (cf. ♂ adulto)

terciarias relativamente cortas, sin brillo

todavía algo oscuro

plumas marrones uniformes (cf. ♂ adulto)

▲ **Porrón bola ♂ 1ᵉʳ invierno (enero)**

♀ ADULTA, ANÁTIDA BUCEADORA
En las ♀♀, las diferencias entre adultas y 1ᵒˢ inviernos (1ᵉʳ año cal. o 2º año cal. en primavera) son más sutiles que en los ♂♂; en el porrón bastardo, las diferencias son bastante apreciables y retenidas durante más tiempo (véase más abajo).

iris amarillo brillante, pupila bien delimitada

ligeramente brillante

plumas de pecho, escapulares y flancos nuevos y uniformes

▲ **Porrón bastardo, ♀ adulta (diciembre)**

1ᵉʳ INVIERNO ♀, ANÁTIDA BUCEADORA

♂ INMADURO, ANÁTIDA BUCEADORA
En especies con coberteras grisáceas en plumaje adulto (por ejemplo, los porrones común y bastardo), las diferencias entre adulto y joven son mucho más obvias.

ala juvenil retenida hasta verano del 2º año cal.; coberteras marronáceas (a diferencia del ♂ adulto; aplicable a todas las anátidas buceadoras)

todavía no amarillo brillante

cortas y apagadas

muy desgastado

todavía algo oscuro

muy difuminado

▲ **Porrón bastardo, 1ᵉʳ invierno (febrero)**

▲ **Porrón moñudo, ♂ 2º año cal. (abril)**

Cisne vulgar *Cygnus olor*

L 153 cm | Residente, O, C y E Europa

▼ ♂ **Adulto (junio)**
Ambos sexos son muy similares fuera de la época de cría.

gran protuberancia en primavera y verano

cuello a menudo más grueso que en la ♀

▼ **1er invierno (enero)**
Variable; algunos individuos con bastante marrón grisáceo en el plumaje, otros casi totalmente blancos ya desde juveniles ("cisne vulgar de Polonia"). Normalmente de colores más cálidos y patrones más difusos que los inmaduros de otras especies de cisne. Los ejemplares más oscuros adquieren la coloración blanca a lo largo del 2º año cal., empezando por flancos, escapulares y coberteras en otoño.

cabeza y cuello marrones incluso avanzado el 2º año cal.

color apagado incluso avanzado el 2º año cal.

mezcla de plumas marrones juveniles y de tipo adulto

▼ **Adulto tipo ♀ (abril)**
Un adulto en primavera, con protuberancia pequeña sobre el pico y cuello delgado acostumbra a ser una ♀.

pequeña protuberancia indica ♀

(naranja) rojo en adulto

cuello a menudo curvado

dorso curvado (cf. cisnes cantor y chico siberiano)

completamente blanco (cf. inmaduro)

relativamente larga (cf. cisnes cantor y chico siberiano)

▶ **1er invierno (enero)**
Desde lejos, la cola larga suele ser la diferencia más obvia con respecto a los cisnes cantor y chico siberiano. Las primarias marronáceas son retenidas hasta el verano del 2º año cal.

cola larga y puntiaguda, las patas no proyectan (cf. otras especies de cisne)

Cisne cantor *Cygnus cygnus*

L 153 cm | Verano, N Europa; invierno, O y SE Europa

Cigne cantaire CAT
Beltxarga oihularia EUS
Cisne bravo GAL

▶ **Tipo adulto (febrero)**
La cabeza y el perfil del pico son más largos que en el cisne chico siberiano, pero a menudo las diferencias cuestan de apreciar sin comparación directa. Una característica más útil es la cantidad de amarillo en el pico, que no es muy variable en el cisne cantor (comparado con el cisne chico siberiano). La base de la mandíbula superior es básicamente amarilla, con la excepción de la población islándica y una pequeña fracción de la población escandinava.

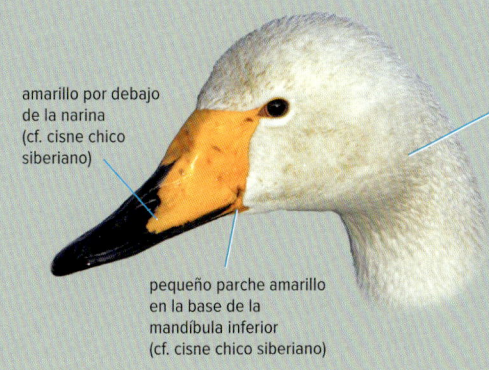

amarillo por debajo de la narina (cf. cisne chico siberiano)

marrón grisáceo en la cabeza generalmente asociado a plumaje sucio, aunque en ejemplares de 2º invierno sí puede ser coloración real

pequeño parche amarillo en la base de la mandíbula inferior (cf. cisne chico siberiano)

▼ **1ᵉʳ invierno (enero)**
El pico es rosa en otoño, exceptuando la punta y los bordes de las mandíbulas (como en el juvenil de cisne chico siberiano).

cuello largo como el cisne vulgar

patrón de pico ya desarrollado: el amarillo aparece durante el invierno

plumas nuevas blancas, sobre todo en partes superiores y flancos

plumas juveniles gris-marrón apagado, como el juv. o 1ᵉʳ invierno de cisne chico (cf. juv./1ᵉʳ invierno de cisne vulgar)

nadando; pecho prominente (muy poco en el cisne chico siberiano)

▼ **Juvenil de cisne cantor de Islandia "*islandicus*" (agosto)**
Los juveniles islándicos son más pálidos que los juveniles de otras poblaciones (y casi totalmente blancos al final del 1ᵉʳ invierno).

▼ **1ᵉʳ verano/2º año cal. (abril)**

patrón, color y estructura como en el adulto

gris-marrón; a menudo parcialmente retenido hasta el 2º invierno

coberteras y terciarias gris-marrón retenidas; normalmente reemplazadas por plumas blancas durante el verano

plumas gris-marrón retenidas

▲ **2º invierno/3ᵉʳ año cal. (enero)**
Los ejemplares con tanto gris-marrón en plumajes tan avanzados son de 2º invierno. Por su costumbre de alimentarse en zonas enfangadas, todas las clases de edad pueden mantener algunas marcas oscuras en cabeza y cuello.

AVES DE EUROPA / VOLUMEN 1

CISNES **17**

Cisne cantor *Cygnus cygnus*

▼ **Adulto (febrero)**
La combinación de cola corta y patrón de la base del pico es diagnóstica. Aleteos lentos como el cisne vulgar (el cisne chico siberiano aletea más rápido, recordando a un ánsar).

▼ **Cisne cantor de Islandia "*islandicus*" (sub)adulto (abril)**
Los ejemplares de la población islándica (antaño reconocida como una subespecie válida) son ligeramente más pequeños que los ejemplares de las poblaciones escandinava y asiática. La línea negra ancha entre el pico y las plumas de la frente aparece con más frecuencia en esta población, aunque algunos ejemplares escandinavos también pueden mostrarla.

centro amarillo ancho
(cf. cisne chico siberiano)

cola corta y recta como en el cisne chico siberiano; los pies proyectan detrás de la cola (cf. cisne vulgar)

línea negra entre pico y frente y negro del pico más extenso en el culmen (cf. ejs. no islándicos)

Cisne chico americano *Cygnus columbianus columbianus*

Cigne petit americà CAT
Beltxarga txistulari "amerikarra" EUS
Cisne pequeno GAL

L 130 cm | Divagante de Norteamérica

▶ **Adulto (julio)**
Como el cisne chico siberiano, pero con mucho menos amarillo en el pico. Los ejemplares inmaduros son iguales a los de cisne chico siberiano en lo que respecta al plumaje y al desarrollo del color del pico. Tamaño ligeramente mayor en promedio, pero existe mucho solapamiento, siendo los ♂♂ de ambas subespecies mayores que las ♀♀. La mayoría de ejemplares tienen menos de un 8 % del pico amarillo, en algunos virtualmente ausente por completo. Este ejemplar tiene ± 10 % amarillo, por lo que se situaría en el extremo de la variación.

anillo orbital totalmente negro, pero en algunos ejs. amarillo en la parte exterior (totalmente amarillo en cisne chico siberiano)

parte no plumada ancha en contacto con el ojo (cf. cisne chico siberiano)

"lágrima" amarilla desciende hacia el pico (¡muy variable en tamaño!)

base del culmen a menudo ligeramente protuberante (raro en cisne chico siberiano); nunca amarillo en culmen

borde moteado o difuso (cf. cisne chico siberiano, bien delimitado, al menos en laterales del pico)

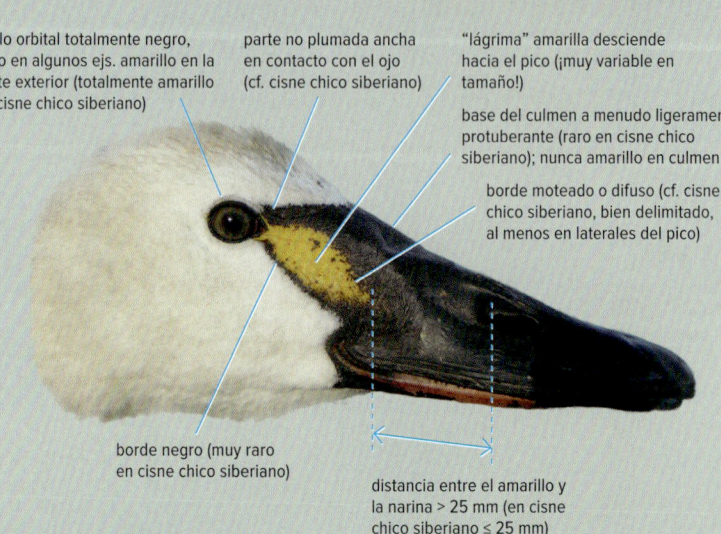

borde negro (muy raro en cisne chico siberiano)

distancia entre el amarillo y la narina > 25 mm (en cisne chico siberiano ≤ 25 mm)

■ **Cisne trompetero *Cygnus buccinator* (enero)**
Esta especie ha sido observada en Europa procedente de cautividad y puede conducir a confusión con un *C. columbianus* que tenga el pico (casi) totalmente negro. La diferencia más importante reside en la estructura del pico y la forma del borde entre este y la frente plumada. Además, *buccinator* es grande, del tamaño del cisne cantor, con un cuello largo y recto comparable al de esta especie.

parte plumada triangular

borde recto entre el ojo y la comisura

largo y puntiagudo, con culmen recto

Cisne chico siberiano *Cygnus columbianus bewickii*

L 122 cm | Invierno, O y SE Europa

▶ **Adulto (mayo)**
Más pequeño que el cisne cantor, con cuello y pico ligeramente más cortos y con el culmen más cóncavo (cisnes cantor y chico americano con cúlmenes rectos). El naranja rojizo de la base de la mandíbula inferior típicamente crea una línea relativamente larga (en el cisne cantor esta línea es amarilla, solo raramente naranja, y más corta).

cantidad de amarillo muy variable, pero siempre con borde redondeado con respecto al negro. El amarillo no se extiende por debajo de la narina (cf. cisne cantor); la base del culmen puede ser amarilla o negra

cantidad variable de naranja rojizo (en el cisne cantor es amarillo anaranjado)

▼ **Juvenil/1er invierno (enero)**
Muda postjuvenil tardía comparado con la mayoría de juveniles de cisne cantor. Hasta el 2º invierno, los ejemplares de 2º año cal. son similares en plumaje a los de cisne cantor de la misma edad (véase aquella especie).

amarillo en desarrollo: el negro del pico empieza siendo rosa (la mayor parte ya cambiado aquí); el patrón del amarillo se mantiene a lo largo de toda la vida; mucha variabilidad en este patrón entre individuos

muda postjuvenil recién empezada; aparecen las primeras plumas blancas

gris-marrón frío, como en el cantor (cf. 1er invierno de cisne vulgar)

▼ **Juvenil/1er invierno (diciembre)**
En vuelo, casi idéntico al cisne cantor, incluyendo el plumaje grisáceo.

a menudo sin nada de pálido (o muy poco) en la parte inferior del pico

▼ **Adulto (abril)**
Aleteos relativamente rápidos, recordando más a los de un ánsar que las otras dos especies de cisnes más grandes.

cola corta que provoca que los pies proyecten ligeramente (como en el cisne cantor)

ligeramente más corto que en el cisne cantor, aunque difícil de determinar sin comparación directa

Ánsar nival *Anser caerulescens*

L 73 cm | Divagante de Norteamérica; escapes frecuentes de cautividad

Oca de les neus CAT
Elur-antzara EUS
Ganso das neves GAL

▼ Adulto, morfo blanco (diciembre)

Totalmente blanco, a excepción de las primarias negras (y coberteras primarias grises, véase imagen en vuelo), al igual que el adulto de ánsar de Ross. Este ejemplar muestra un espacio intermandibular ancho, propio de la subespecie *atlanticus*. Bastantes ejemplares de morfo blanco no son fáciles de identificar sin comparación directa con otras subespecies.

primarias negras y terciarias relativamente estrechas y puntiagudas, en comparación con ánsares comunes parcialmente leucísticos

cabeza totalmente blanca en este ej.; a menudo manchada de amarillo después o mientras se alimenta

uniforme

borde entre pico y parte plumada curvo (cf. ánsar de Ross)

amplio espacio intermandibular (cf. ánsar de Ross)

VARIACIÓN GEOGRÁFICA

El ánsar nival "menor", la ssp. nominal *caerulescens*, presenta en promedio un pico de menor tamaño y con un espacio intermandibular también más pequeño. El ánsar nival "grande", ssp. *atlanticus,* tiene un pico más grande, un espacio intermandibular también mayor y una cabeza en general más triangular que *caerulescens*. Los ♂♂ de *atlanticus* se aproximan en tamaño al ánsar común. La forma oscura es muy rara en *atlanticus*, o quizás solo se presente en intermedios con *caerulescens*.

▼ Juvenil/1er invierno, morfo blanco (diciembre)

Los ejemplares en este plumaje se parecen someramente a los de morfo oscuro, pero véanse las escapulares y plumas del flanco nuevas blanco puro, así como la cola también blanca. Durante el siguiente invierno, el plumaje se torna blanco y el pico naranja, pero la uña negra se retiene.

patrón diagnóstico tanto en juv. como ad. de morfo oscuro

cabeza de juvenil con máscara tenue y generalmente más oscura que juv. de ánsar de Ross

estructura desarrollada, no así la coloración

cola blanca, a diferencia de los ejs. de morfo oscuro

las plumas nuevas de tipo adulto aparecen gradualmente

▼ Adulto, *caerulescens* nominal, morfo oscuro (octubre)

Las fases oscuras son muy variables, con multitud de plumajes intermedios. Este ejemplar se halla en el extremo oscuro del espectro. Las patas y el pico son naranja rosado en todos los morfos y plumajes. El morfo oscuro es común en las poblaciones del este del Ártico (70 %). Este porcentaje decrece gradualmente hacia el oeste (el morfo oscuro es escaso en el extremo oeste del Ártico canadiense). Algunos híbridos con, por ejemplo, el ánsar emperador *Anser canagicus*, tienen un aspecto vagamente similar a la fase oscura del ánsar nival, pero el patrón de terciarias y coberteras grandes es diagnóstico, incluyendo ejemplares intermedios.

▼ Juvenil, morfo oscuro (diciembre)

patrón diagnóstico en todos los inm. y ad. de morfo oscuro

gris plomizo oscuro, típico del morfo oscuro (cf. juv. morfo claro)

todavía fundamental-mente negruzco

cola oscura, típica de ejs. de morfo oscuro independientemente de la edad (gris claro en algunos adultos)

las coberteras grisáceas contrastan con flancos y partes superiores oscuros; no tanto contraste en juveniles de morfo claro, ya que los flancos no son tan oscuros

partes superiores e inferiores gris oscuro o marrón-gris (en muchos ejs. a excepción del vientre y las coberteras, blancos)

cabeza y parte superior del cuello blancos

las terciarias y las coberteras grandes internas son diagnósticas, con el centro negro y márgenes pálidos bien delimitados

centros grises

coberteras gris pálido diagnósticas, a menudo visibles con el ave posada

oscuro hasta el píleo

típico patrón de pico y forma, incluyendo borde con parte plumada

contraste fuerte entre partes superiores negruzcas y coberteras grises

totalmente oscuro; contraste fuerte con la cara blanca

solo una línea fina oscura a través del cañón

(casi) totalmente blanca

vientre blanco

■ "Ánsar de Ross", tipo adulto, morfo oscuro (marzo)

Este morfo es controvertido; posiblemente todos los ejemplares son híbridos con ánsar nival, pero típicamente difieren del morfo oscuro de este por mostrar el vientre blanco y el cuello totalmente oscuro. La imagen muestra estas diferencias con respecto al ánsar nival de morfo oscuro. Los ejemplares típicos muestran coberteras pequeñas prácticamente blancas y el borde entre el cuello marrón y la cara blanca muy bien delimitado.

▼ **Adulto morfo claro (diciembre)**
Algunos adultos (¿jóvenes?) muestran
alguna secundaria negra ocasionalmente.

patrón de alas diagnóstico:
primarias negras, secundarias
blancas y coberteras primarias
grisáceas (pero véase ánsar
de Ross)

álula totalmente blanca; en
algunos ejs. algunas plumas
del álula grisáceas como las
coberteras primarias

todas las rémiges oscuras
en el morfo oscuro

patas rosas en todos los adultos,
independientemente del morfo

▼ **Adulto morfo oscuro intermedio (diciembre)**
Los ejemplares intermedios presentan blanco en el
vientre (variable) y cola principalmente blanca.

las coberteras grisáceas
contrastan con las rémiges
oscuras, independientemente
de la variabilidad en otras
regiones del plumaje

blanco muy contras-
tado, excepto en ejs.
oscuros extremos

Ánsar de Ross *Anser rossii*

L 59 cm | Divagante de Norteamérica; escapes frecuentes de cautividad

Oca de Ross CAT
Ross antzara EUS
Ganso de Ross GAL

▼ **Adulto (febrero)**
Plumaje como el adulto de ánsar nival, pero la cabeza es blanco
puro (a menudo con tinte amarillo-marrón en el ánsar nival, pero
también puede ser blanco puro, véase página anterior).

blanco puro (cf. ánsar nival)

cuello corto y
grueso (acentuado
aquí por la postura)

▼ **1er invierno (diciembre)**
Más blanco que el 1er invierno de ánsar
nival, además de la estructura clásica con
cuello más corto y grueso, y pico más corto.

terciarias juv. y a veces
coberteras solo con centros
oscuros (muy) finos (cf. juv./
1er invierno de ánsar nival)

también variablemente oscuro
(dependiendo del estado de la muda),
bridas oscuras retenidas más tiempo
(como juv./1er inv. de ánsar nival)

algunas plumas
juveniles todavía obvias

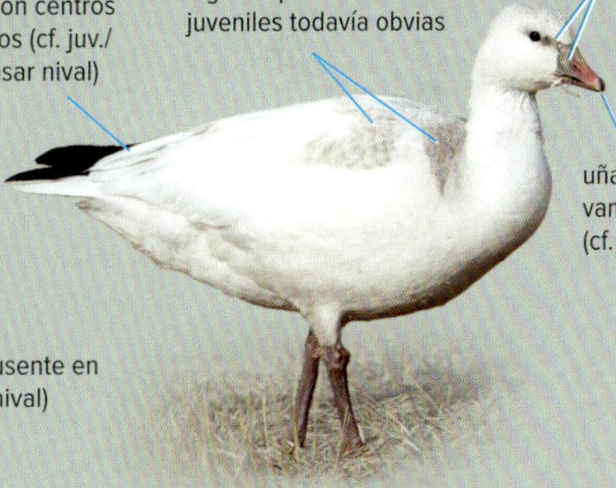

uña todavía relati-
vamente oscura
(cf. adulto)

borde recto entre pico y
cara (cf. ánsar nival)

gris (ausente en
ánsar nival)

▼ **Adulto (diciembre)**
Plumaje como el adulto de
morfo claro de ánsar nival.

pico pequeño sin
espacio intermandi-
bular obvio

los adultos casi siempre
muestra el álula grisácea; solo
algunos ánsares nivales de
tipo adulto la presentan

corto y grueso, se
ensancha hacia el
cuerpo (cf. ánsar nival)

▲ **Adulto, híbrido probable con ánsar nival "menor" (diciembre)**
El cuello relativamente largo y delgado y el pico relativamente grande
con algo de espacio intermandibular visible apuntan a un híbrido.
La hibridación con el ánsar nival ocurre frecuentemente, incluidos ejemplares de segunda generación, tanto en la naturaleza como en cautividad.

Barnacla canadiense grande *Branta canadensis*

L 105 cm | Divagante potencial de Norteamérica; poblaciones introducidas en N y O Europa

Oca del Canadà CAT
Branta kanadar handia EUS
Ganso do Canadá GAL

SUBESPECIES EN EUROPA

La barnacla canadiense grande y la barnacla canadiense chica presentan varias subespecies y la identificación es a menudo compleja, debido a las formas intermedias provenientes de las áreas de solapamiento de la distribución de cada taxón. En Europa, la identificación es todavía más complicada debido a la hibridación de varias subespecies introducidas, aunque algunos de estos híbridos pueden ser muy parecidos a ejemplares puros. Esto hace que la identificación a nivel subespecífico sea casi imposible aquí. Por este motivo, no se tratan aquí algunas subespecies de barnacla canadiense grande que potencialmente podrían llegar a Europa (por ejemplo, *interior* y *parvipes*).

▼ **Adulto de tipo *canadensis* (diciembre)**
El cuello y cabeza negras, junto con las mejillas blancas, son diagnósticas para todas las formas de barnaclas canadiense grande y canadiense chica. El tamaño general y el cuello y pico largos son típicos comparados con la barnacla canadiense chica.

largo en comparación con *hutchinsii*

largo y relativamente puntiagudo

márgenes pálidos anchos (la forma más barrada de todas)

pico más largo que el ancho de la mejilla blanca (cf. *hutchinsii*)

▼ **Juvenil/1er invierno, tipo *canadensis* (agosto)**
El pico y cuello largos, además del tamaño, hace que la identificación de la barnacla canadiense grande sea sencilla.

típica mezcla de plumas juveniles (redondeadas) y de tipo adulto (más angulosas), como en el resto de gansos de esta edad

▼ **Adulto (agosto)**
El pico y cuello largos son diagnósticos de todas las formas de barnacla canadiense grande.

partes superior e inferior del ala más o menos uniforme en todas las formas de barnacla canadiense grande

Barnacla canadiense chica *Branta hutchinsii*

L 69 cm | *hutchinsii* divagante de Norteamérica; *minima* escapada de cautividad

Oca de Hutchins CAT
Branta kanadar txikia EUS
Ganso de Hutchins GAL

▼ **Adulto *hutchinsii* nominal (diciembre)**
Este ejemplar muestra los caracteres típicos de la especie, comparada con la barnacla canadiense grande. La coloración del pecho se halla en la media para esta subespecie. Existen ejemplares nominales potencialmente puros con pechos más oscuros, pero, teniendo en cuenta la mezcla entre ejemplares escapados de cautividad existente en Europa, se recomienda identificar estos ejemplares como posibles intermedios.

cuello relativamente corto (cf. *canadensis*)

como máximo, una línea subterminal débil (comparada con *minima*)

perfil de la cabeza anguloso, con frente pronunciada y píleo aplanado típico de *hutchinsii* nominal (a menudo incluso más anguloso)

corto y triangular (cf. *canadensis*)

sin línea oscura en la garganta (blanco de ambas mejillas conectado), comparado con las ssp. del oeste

pálido; la zona más pálida de las partes inferiores, típica de *hutchinsii* nominal

▼ **1er invierno, tipo *minima* (otoño)**
La forma más pequeña de barnacla canadiense chica que se puede encontrar en Europa. Este taxón, o los ejemplares intermedios similares, aparece frecuentemente fruto de escapes de cautividad. El ejemplar que aquí se muestra es un 1er invierno debido a las coberteras y plumas de pecho y vientre juveniles aún presentes Las escapulares y los flancos muestran ya plumas de tipo adulto (anchas y nuevas).

cuello relativamente corto

muy fino, triangular

bastante contrastado, con centros algo pálidos, banda subterminal oscura y punta blanca

anillo pálido corto y estrecho frecuente

blanco en mejillas estrecho, a veces con línea negra en garganta

no más pálido que partes superiores (o solo ligeramente), a menudo con tintes marrón morado en ejs. adultos (aquí todavía juveniles)

relativamente largas

Barnacla cuellirroja *Branta ruficollis*

L 57 cm | Invierno, O y SE Europa; escapes frecuentes de cautividad

Oca de coll roig CAT
Branta lepagorria EUS
Ganso de papo rubio GAL

▼ **Adulto (septiembre)**
Inconfundible. A pesar de lo llamativo del plumaje, a menudo pasa desapercibida entre grupos de otros gansos, debido principalmente a su pequeño tamaño y postura baja. La franja blanca ancha de flancos suele ser lo primero que se ve cuando el ave está al descubierto. El rojo de la cabeza y el cuello no resulta obvio en días nublados.

▶ **1er invierno (diciembre)**
La imagen muestra las diferencias con un adulto. Los ejemplares de 1er año suelen ir acompañados de adultos, lo que facilita la comparación directa.

en plumaje juvenil completo, mancha roja más pequeña

gris oscuro, con algunas plumas negras de adulto (mudadas) intercaladas

coloración ligeramente menos intensa y uniforme

a veces menos ancha

no negro puro, jaspeado

negro puro, típico de adultos (cf. juv./1er invierno)

2–3 franjas blancas sólidas (cf. juv./1er invierno)

cabeza y cuello con patrón único

bordes difusos, franjas pálidas menos sólidas

coberteras primarias con puntas pálidas

totalmente negro

◀ **Adulto (enero)**

de lejos, destaca la franja blanca ancha en flancos

cuello corto y grueso

franja de flancos también obvia en vuelo

Barnacla cariblanca *Branta leucopsis*

L 65 cm | Verano, N y O Europa; invierno, O Europa

Oca de galta blanca CAT
Branta musuzuria EUS
Ganso de cara branca GAL

▼ **Adulto (enero)**
La combinación de cabeza eminentemente blanca, patrón de escapulares y coberteras llamativo y elevado contraste entre partes inferiores blancuzcas y pecho/cuello negros facilita la identificación.

▼ **Juvenil (noviembre)**
Este ejemplar se encuentra todavía en plumaje juvenil casi completo ya avanzado el otoño, por lo que el datado resulta sencillo en base al patrón difuso en manto y escapulares. La línea de la brida es variable en adultos, pero normalmente es fina. Muchos ejemplares de 1er invierno mudan rápidamente a plumaje adulto casi completo, por lo que el datado solo es posible de cerca, si se detectan plumas juveniles retenidas en manto y/o escapulares entre las plumas de tipo adulto, con patrón bien definido.

línea de la brida ancha (cf. adulto)

patrón difuso en manto y escapulares (cf. adulto)

difuso y parcheado (negro uniforme en adultos)

sin apenas barrado (cf. adulto)

▶ **Adulto (mayo)**
La parte inferior del ala puede parecer completamente oscura de lejos o con poca luz. Los bandos son en forma de U y más desordenados que los bandos de *Anser*, alineados en forma de V (exceptuando el ánsar piquicorto).

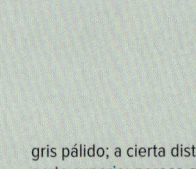

gris pálido; a cierta distancia toda la parte superior parece gris pálido

blancuzco, contrasta con las plumas de vuelo oscuras (el resto de especies con parte inferior gris uniforme)

fuerte contraste

Barnacla carinegra euroasiática *Branta bernicla bernicla*

L 59 cm | Invierno, N y O Europa

Oca de collar CAT
Branta musubeltz "eurasiarra" EUS
Ganso de cara negra GAL

▼ **Adulto (mayo)**
Inconfundible como "barnacla carinegra",
pero véanse las subespecies.

listas blancas (collar) en
todas las subespecies
después del plumaje juvenil

pardo grisáceo; gris recién
mudado, tornándose marrón
con el desgaste y la
abrasión

negro en todas
las subespecies

poco contraste (cf. *nigricans* y
hrota, sin contraste y con mucho
contraste, respectivamente)

todas las subespecies
con cola corta y oscura
(a menudo oculta por
las coberteras caudales)

barrado gris/blanco variable; vientre
siempre más oscuro (cf. *hrota*)

▼ **Juvenil (octubre)**

coberteras juveniles con la punta
pálida, apariencia barrada
(cf. adulto)

cuello y partes
inferiores aún juv.
(apagadas y uniformes,
sin collar blanco ni
franjas en flancos)

popa blanca visible de lejos
(en todos los plumajes)

▶ **1er invierno (febrero)**
Los 1er invierno muestran una combinación diagnóstica de plumas juv. y
no juv.; coberteras juv. y plumas del
vientre retenidas más tiempo.

coberteras grandes con
puntas pálidas, típico de
1er invierno y durante la
primavera de 2º año cal.

listas blancas
en desarrollo

primeras plumas de
flancos de tipo adulto,
anchas (vientre
todavía juv.)

TAXONOMÍA Y NOMENCLATURA

Los nombres científicos utilizados habitualmente para referirse
a las barnaclas carinegras de Melville y del Pacífico son posiblemente
incorrectos, de acuerdo con la información existente. El holotipo
de barnacla carinegra del Pacífico es, probablemente, una barnacla
carinegra de Melville. Por ello, la barnacla carinegra de Melville debería
denominarse *nigricans* y la barnacla carinegra del Pacífico, *orientalis*.
A pesar de que aún falta información, esta parece ser la denominación
correcta. Sin embargo, los comités taxonómicos no han incorporado este
cambio (aunque sí es adoptado por Reeber, 2015) y, por lo tanto, mante-
nemos aquí la nomenclatura utilizada hasta ahora. Además, existen
dudas sobre la validez de la barnacla carinegra de Melville como taxón;
estudios recientes indican que se trata, posiblemente, de aves intermedias entre la barnacla carinegra groenlandesa y la barnacla carinegra
del Pacífico, y se cree que existe un considerable intercambio genético
entre ambas. En consecuencia, evitamos aquí la denominación *orientalis*.

▼ **Posible barnacla carinegra de Melville (Inglaterra, enero)**
Se reproduce en el NO de Canadá y, presuntamente, aparece en
Europa como divagante; esta forma está constituida, probablemente,
por aves intermedias entre *B. b. hrota* y *B. b. nigricans*. Su identificación, dificultada por la gran variabilidad dentro del complejo y por
las similitudes con híbridos de *B. b. bernicla* × *B. b. nigricans*, quizá
solo es posible a partir de análisis de ADN.

▼ **1er invierno (octubre)**
Todos los plumajes en vuelo predominantemente oscuros con popa blanca y cola corta
y negra, rodeada de infra y supracoberteras
caudales blancas. Solo un ligero contraste entre
las partes inferiores grises y el cuello negro.

a menudo
marronáceo
(no obvio aquí)

blanco extenso como en
nigricans, pero menos
contrastado debido a
vientre más pálido

base de las plumas
de flancos del mismo
color que el vientre
(marronáceo)

collar ancho,
similar a *nigricans*
(pequeño para un
adulto en este ej.)

gris-marrón más o menos
uniforme, extendiéndose
tras las patas

coberteras juv. (con puntas
pálidas) y puntas pálidas de
secundarias retenidas hasta
avanzado el 2º año cal.

Barnacla carinegra groenlandesa *Branta bernicla hrota*

Oca de collar "de Groenlàndia" CAT
Branta musubeltz "groenlandiarra" EUS
Ganso de barriga branca GAL

L 59 cm | Verano, Spitsbergen; invierno, N y O Europa

▼ **Tipo adulto (octubre)**
Un plumaje muy clásico en una barnacla carinegra de tipo adulto, con mezcla de plumas marrones y viejas en manto, y plumas grises y nuevas en manto, escapulares y coberteras. Las partes superiores en otoño o principios de invierno con aspecto en general más desaliñado que en las otras tres sub(especies), debido a que suelen acabar la muda más tarde y a un mayor contraste entre plumas viejas desgastadas y plumas nuevas grises.

▼ **1er invierno (marzo)**
Los caracteres básicos de esta (sub)especie ya se presentan en este plumaje, pero pecho y cuello no tan negro puro debido a la presencia de plumas juv. (aquí, al menos, menor proporción de negro puro). Esta mezcla de plumas adultas y juv. es muy característica de esta clase de edad.

las últimas coberteras grandes retenidas, con puntas pálidas, indicando 2º año cal.

gris relativamente pálido en las escapulares y coberteras nuevas

partes superiores relativamente pálidas, típico de esta ssp. (cf. otras ssp. de *B. bernicla*)

coberteras juv. retenidas con punta pálida

brillante, negro puro; en *bernicla* ligeramente más apagado y menos puro

plumas de vientre juv.; flanco tipo adulto

completamente blanco entre las patas (cf. *bernicla*)

blancuzco más o menos uniforme; contraste fuerte con el cuello negro puro

◄ **1er invierno (marzo)**
Es posible confundirla con la barnacla cariblanca de lejos, pero véase parte inferior del ala uniforme y cola muy corta.

Barnacla carinegra del Pacífico *Branta bernicla nigricans*

Oca de collar "del Pacífic" CAT
Branta musubeltz "ekialdetarra" EUS
Ganso de barriga negra GAL

L 59 cm | Divagante de Norteamérica y/o E Asia

▼ **Adulto, probable ♂ (diciembre)**

muy oscura, en invierno obviamente más oscura que *bernicla* (algo diluido a final de verano)

en invierno, poco contraste entre áreas visibles de primarias y secundarias (cf. *bernicla*)

collar grande, con estrías anchas, suele conectar bajo la garganta, mayor en los ♂♂ que en las ♀♀ (cf. *bernicla*)

casi del mismo color; sin contraste (cf. *bernicla*)

blanco, fuerte contraste con partes superiores y vientre muy oscuros (cf. *bernicla*)

▼ **1er invierno (marzo)**
Típica disposición de plumas adultas y juv. Los ejemplares en este plumaje pueden pasar desapercibidos fácilmente entre *bernicla*.

ala totalmente juv., incluyendo puntas pálidas de coberteras grandes

cabeza y cuello de tipo adulto, con collar ancho diagnóstico

plumas nuevas de flancos con puntas blancas limpias (cf. 1er inv. *bernicla*)

plumas de vientre juv. como en *bernicla* (aquí difuso y desgastado)

▶ **Híbrido *nigricans* × *bernicla*, adulto (marzo)**
Este ejemplar muestra una mezcla obvia de 2 taxones, por lo que puede ser identificado como híbrido. Nótese también el gran parecido con la posible barnacla carinegra de Melville de la página anterior.

collar ancho (como *nigricans*)

relativamente pálido (como *bernicla*)

contraste marcado (como *bernicla*)

▶ **Adulto (abril)**
En vuelo, el flanco blanco contrasta mucho con la parte inferior de las alas y el vientre. El contraste se diluye en primavera debido a que las zonas negruzcas se tornan marrones a medida que aumenta el desgaste.

panel blanco en flancos extenso, con franjas marrones reducidas

Ánsar común *Anser anser*

L 79 cm | Verano, **N**, O y C Europa; invierno, O y C Europa

▼ **Adulto (mayo)**

anillo orbital naranja

grande y naranja

bastantes adultos
con parches finos
oscuros

rosa-naranja

▶ **Juvenil (septiembre)**
El color de patas y pico, así como
la gran cantidad de blanco en la
cola son muy característicos.

▼ **Adulto (mayo)**

2 tonos contrastados
(infracoberteras alares
blanquecinas); en otros gansos
casi uniformemente oscuro

▼ **1er invierno (octubre)**
La muda postjuvenil está bastante
avanzada; la mayoría de coberteras
y plumas de cuerpo ya mudadas.

mezcla de plumas
juveniles desgastadas
y plumas adultas

uña todavía oscura

▶ **Adulto (diciembre)**
Ejemplares con el pico rosa también
aparecen en poblaciones nidificantes
en el O de Europa, lo que dificulta la
identificación de *rubrirostris*.

▼ **Adulto (abril)**

azul-gris pálido, contrastando
fuertemente con partes
superiores marrones y panel
de coberteras marrón

borde blanco
ancho

gris (cf. otros
gansos)

▼ **Adulto *rubrirostris* oriental (Japón, febrero)**
Los ejemplares más típicos, como este, son relativamente fáciles de
identificar gracias al pico y las patas rosas, y al plumaje gris-marrón
más frío, con aspecto lavado. La identificación de esta subespecie en
el O de Europa es todavía más difícil por la amplia zona de intergradación en el E de Europa.

color de fondo más
pálido que en *anser*
nominal

cabeza y cuello gris-marrón,
a veces casi solo gris

a menudo con
franjas más contras-
tadas que en *anser*

típicamente rosa
puro (mismo color
que las patas)

rosa puro

Ánsar piquicorto *Anser brachyrhynchus*

L 71 cm | Verano, N Europa; invierno, O Europa

Oca de bec curt CAT
Antzara mokolaburra EUS
Ganso de bico curto GAL

▼ Adulto (abril)
El pecho de color ocre-marrón, las partes superiores algo pálidas y las coberteras grandes gris claro (contrastando con la parte posterior de los flancos) son caracteres muy útiles para detectar un ejemplar en un bando mixto lejano.

▼ Adulto (mayo)
Relativamente fácil de identificar en vuelo gracias al anverso del ala, similar al del ánsar común, combinado con el reverso, uniformemente oscuro, y la estructura general compacta.

pequeño, con banda rosácea que se extiende hasta la base del pico a través del borde de las mandíbulas (cf. ánsar campestre de la tundra)

cuello relativamente corto (aquí ligeramente estirado, en posición de alerta)

los centros de las plumas grises más claros dotan a las partes superiores de un aspecto grisáceo desde lejos, algo típico tanto del ánsar piquicorto como de los ánsares campestres; márgenes pálidos anchos en todas las coberteras, escapulares y terciarias

típico borde ancho y blanco

espacio intermandibular estrecho

ocre-marrón cálido, contrasta con el cuello y la cabeza oscuros (cf. campestre de la tundra), a menudo obvio en bandos mixtos lejanos

coberteras pequeñas típicamente marronáceas y relativamente bien marcadas en ánsares piquicorto y campestre

gris claro, contrastando con las plumas oscuras de flancos posteriores (cf. ánsares campestres)

borde blanco muy ancho (cf. ánsares campestres y careto)

coberteras grandes más claras que parte posterior de flancos (cf. ánsares campestres)

rosa oscuro apagado

forma y patrón ya diagnóstico

plumas de manto y escapulares juveniles relativamente estrechas y redondeadas

coberteras grandes notablemente más pálidas que otras coberteras y flancos posteriores

► Juvenil, mudando a 1er invierno (noviembre)
La imagen muestra las típicas claves para la identificación. Este ejemplar se halla todavía en plumaje juvenil casi completo; solo la cabeza y el cuello parecen haber sido mudados, con plumas gruesas formando estrías. Muchos ejemplares de 1er año adquieren en noviembre sus primeras plumas de tipo adulto en la parte posterior de los flancos (anchas y con punta cuadrada).

las plumas de cuerpo juv. pequeñas crean un patrón escamado nítido (como en otras especies de *Anser*)

naranja-rosa apagado

mucho blanco en los laterales de la cola

▼ 1er invierno entre ánsares campestres de la tundra (diciembre)
Los ejemplares en bandos mixtos a menudo destacan por las partes superiores más pálidas, coberteras gris claro contrastando con flancos posteriores y coloración del pecho algo cálida.

Ánsar campestre de la taiga/de la tundra *Anser fabalis/serrirostris*

L 83 cm | Verano, N Europa; invierno, (N)O Europa / L 75 cm | Invierno, O y C Europa

ÁNSARES CAMPESTRES

La separación de los ánsares campestres de la taiga y de la tundra suele ser muy difícil o incluso imposible, debido a la existencia de ejemplares con caracteres intermedios. Esto es más notorio cuando un ejemplar de una especie aparece en un bando de la otra (se desconoce hasta qué punto estos caracteres intermedios son fruto de la hibridación). Así, la identificación solo puede asegurarse cuando un ejemplar muestra todos los caracteres esperables en una de las dos especies. La forma y patrón del pico es importante, y también lo es la estructura general: cuello largo y popa atenuada en *fabalis*, aunque existe solapamiento con los ♂♂ de *serrirostris*; aun así, los ♂♂ de *fabalis* deberían destacar por su mayor tamaño. En este sentido, los grupos familiares suelen ser más fáciles de identificar, ya que es posible sexar y datar cada ejemplar y ponderar cada carácter en base a ello.

▼ **Ánsar campestre de la taiga, adulto (abril)**
La parte inferior del ala de los ánsares piquicorto y campestre (ambas especies) son casi uniformemente oscuros. Por su localización (Finlandia) y por el pico casi totalmente naranja (solo algo de negro en el espacio intermandibular), este ejemplar es un ánsar campestre de la taiga.

uniformemente oscuro, como mucho coberteras pequeñas ligeramente más pálidas (como los ánsares campestre de la tundra y piquicorto)

▼ **Ánsar campestre de la taiga, adulto (abril)**
Este ejemplar fue fotografiado en su zona de cría en Finlandia. La forma y patrón del pico son típicos. La estructura del cuerpo es variable en ambas especies de ánsar campestre (y dependiente de la postura), pero el tamaño grande, el cuello largo y la popa atenuada son típicos del ánsar campestre de la taiga.

▼ **Ánsar campestre de la tundra, adulto (enero)**
Se destacan aquí sobre todo las diferencias con el ánsar piquicorto.

oscuro; se mezcla gradualmente con el cuello y pecho pálidos (contraste obvio en el ánsar piquicorto)

este patrón de pico está presente en > 90 % de los ejs. de ánsar campestre de la tundra que invernan en Europa

márgenes blancos nítidos (menos obvios en otros *Anser*)

cola oscura con borde blanco estrecho

coberteras grandes tan oscuras como los flancos posteriores (cf. ánsares piquicorto y careto)

naranja brillante (cf. ánsar piquicorto)

▼ **Ánsar campestre de la tundra, adulto (enero)**
La estructura del cuerpo es variable en ambas especies de ánsar campestre, pero el tamaño relativamente pequeño, el cuello corto y grueso y el cuerpo más compacto son típicos del ánsar campestre de la tundra. El culmen cóncavo hace que la forma del pico de este ejemplar no sea tan típica, aunque sigue siendo corto y triangular; una muestra de la variabilidad de estas especies.

▼ **Juvenil, ánsar campestre de la taiga (octubre)**

el plumaje juv. hace que la cabeza y el cuello se vean finos, como en todos los gansos juveniles

estructura y patrón ya típico de ánsar campestre de la taiga

Oca pradenca de taigà CAT
Taigako antzara hankahoria EUS
Ganso campestre GAL

Oca pradenca de tundra CAT
Tundrako antzara hankahoria EUS
Ganso da tundra GAL

pico largo, triangular y con punta más estrecha que en *serrirostris*; culmen más cóncavo

cantidad de naranja muy variable, pero de media más extenso que en *serrirostris*

uña casi redonda (en el ánsar campestre de la tundra, más larga y ovalada, pero a menudo difícil de apreciar de perfil)

26–27 "dientes"

espacio intermandibular estrecho debido a que los bordes de las mandíbulas son bastante rectilíneos

naranja en algunos ejemplares, como este (incluso en los *serrirostris* más extremos, la base de la mandíbula inferior siempre es oscura)

▶ Ánsar campestre de la taiga, adulto (mayo)

Aproximadamente el 60 % de los ejemplares que invernan en Europa presenta un pico predominantemente naranja; solo un 10 % con banda naranja restringida (como en la mayoría de ánsares campestres de la tundra; véase ejemplar clásico en p. 28). La diferencia en el color de la cabeza con respecto a los ánsares campestres de la tundra es sutil y depende de las condiciones de luz. La estructura del pico es clave en todas las clases de edad.

culmen recto o incluso ligeramente convexo

uña ovalada (de perfil, como aquí, parece ligeramente más larga que en *fabalis*)

pico en general corto, a veces ligeramente rechoncho

23–24 "dientes"

espacio intermandibular ancho; bordes de la mandíbula más arqueados (cf. ánsares campestre de la taiga y piquicorto)

▶ Ánsar campestre de la tundra, adulto (marzo)

Un ejemplar con naranja muy extenso. Unos pocos ejemplares (< 10 %) presentan este patrón, que solapa con el ánsar campestre de la taiga. A pesar de la extensión del naranja en la mandíbula superior, en la inferior solo hallamos naranja limitado a una banda distal (Compárese con el ánsar campestre de la taiga). La estructura del pico sigue siendo esencial para la identificación.

▼ Ánsar campestre sp., adulto (diciembre)

Ejemplares piquilargos como este no son raros en grupos de ánsares campestres de la tundra. Este hecho parece más relacionado con la variabilidad dentro de *serrirostris* que con una posible influencia de *fabalis*. También existen ánsares campestres de la taiga con el pico corto, un hecho que pone de manifiesto lo difícil que puede resultar la identificación de ejemplares solitarios. Este ejemplar probablemente ♂, era grande comparado con otros ejemplares del grupo, debido sobre todo al comportamiento de alerta, lo que hacía que el cuello pareciera largo.

▼ Ánsar campestre de la tundra, juvenil/1er invierno (octubre)

El patrón del pico, la cabeza marrón oscuro, los márgenes blancos nítidos en coberteras grandes y terciarias y el blanco restringido en el borde de la cola permite identificar este ejemplar como ánsar campestre. La forma del pico (estrechamiento hacia la punta y culmen ligeramente cóncavo) recuerda más a *fabalis*, pero este ejemplar iba acompañado de sus padres, obviamente ánsares campestres de la tundra. Otro ejemplo de variabilidad dentro de la especie. Ejemplares como este suelen ir acompañados de sus padres. Aparte de las diferencias en la estructura de las plumas, se muestran aquí otros caracteres que lo separan de los adultos.

cabeza y cuello mudadas a tipo adulto, véanse las estrías

transición entre plumas de tipo adulto y plumas juv. finas

redondeadas (tipo adulto cuadradas)

plumaje juv. aún predominante; plumas estrechas y redondeadas crean un patrón bastante uniforme

plumas de flanco mudadas anchas y redondeadas

Ánsar careto *Anser albifrons*

L 71 cm | Invierno, NO, O y C Europa

Oca riallera grossa CAT
Antzara muturzuria EUS
Ganso de testa branca GAL

▼ Adulto, *albifrons* **nominal (octubre)**
Una especie inconfundible gracias a la frente blanca y las marcas oscuras del vientre, aunque existen unos pocos ánsares chicos similares. Existen diversas subespecies en Groenlandia, Siberia y Norteamérica. En Europa, hasta donde sabemos, solo se han observado la ssp. nominal *albifrons* (siberiana) y la ssp. groenlandesa *flavirostris*.

frente blanca variable en tamaño y forma

rosa (raramente más amarillo o naranja)

coberteras grandes a menudo con tinte grisáceo

puntas blancas relativamente grandes (coberteras grandes) creando banda alar sólida

muy variable, pero patrón característico de parches y bandas oscuras (véase el ánsar chico)

▼ Juvenil (octubre)
Juveniles en otoño e invierno a menudo integrando grupos familiares.

todas las partes superiores aún juveniles; plumas relativamente estrechas y redondeadas (cf. adulto)

todavía sin blanco, típicamente oscuro

puntas blancas relativamente anchas en comparación con otros juv. de *Anser*

uña todavía negra

sin parches ni bandas negras

◄ Adulto (abril)
La banda blanca de las coberteras grandes es considerablemente más ancha que en otras coberteras. En otros *Anser*, la diferencia es menos obvia o incluso inexistente.

reverso alar oscuro uniforme en todos los plumajes

◄ 1er invierno (marzo)
Los ejemplares de 1er invierno normalmente tienen pocas marcas negras en el vientre y nada de blanco en la frente hasta bien avanzado el invierno. Por ello, se pueden confundir con los ánsares piquicorto o campestres, con los que comparte el reverso de las alas oscuro.

banda alar bien visible

▼ 1er invierno (febrero)
Plumaje típico, con aspecto algo "desaliñado" en esta época del año. Variable; algunos ejemplares con apariencia más de adulto.

típica mezcla de escapulares tipo adulto (anchas y con punta cuadrada) y coberteras juv. (estrechas con punta redondeada)

frente blanca más restringida que en el adulto (todavía ausente en otoño)

▼ *albifrons* **nominal (enero)**
Los ejemplares con picos naranjas son raros pero existen y pueden generar confusión con la subespecie groenlandesa *flavirostris*. Se señalan aquí las diferencias más importantes con esta subespecie.

márgenes blancos de terciarias obvios

relativamente pálido

banda blanca en flancos obvia

negro restringido (pero muy variable)

blanco ancho

uña oscura

vientre todavía juv., sin marcas oscuras

▼ Ánsar careto de Groenlandia *flavirostris*, adulto (febrero)

En promedio, más oscuro y de mayor tamaño que la ssp. nominal *albifrons*, con pico naranja. Se requiere una combinación de los caracteres aquí señalados, ya que algunos *albifrons* pueden ser grandes y oscuros, e incluso presentar un pico naranja. La banda en coberteras grandes es estrecha en este ejemplar. Habitualmente es así de estrecha, pero muy contrastada debido al color de fondo oscuro.

▼ Ánsar careto de Groenlandia *flavirostris*, juvenil/1er invierno (diciembre)

El pico largo y naranja y el blanco restringido en la cola son clásicos. Este ejemplar todavía es casi totalmente juvenil (solo unas pocas escapulares y plumas de flancos posteriores de tipo adulto). La identificación de juveniles y ejemplares de 1er invierno es más complicada por la ausencia de caracteres específicos de cada subespecie.

márgenes pálidos en terciarias muy restringidos o totalmente ausentes

banda de flancos blanca relativamente estrecha, a menudo más corta que en *albifrons*

muy oscuro (aunque algunos *albifrons* son similares)

borde blanco estrecho

típicamente naranja, relativamente largo pero con punta estrecha

coberteras grandes oscuras gris-marrón con puntas blancas pequeñas

negro más extenso en promedio que en *albifrons*, pero muy variable en ambas ssp.

Ánsar chico *Anser erythropus*

L 62 cm | Verano, N Europa; invierno, O y SE Europa

Oca riallera petita CAT
Antzara nanoa EUS
Ganso pequeno GAL

▼ Adulto (octubre)
Apariencia más uniforme desde lejos que en el ánsar careto.

amarillo y siempre bien visible en tipo adulto

el blanco alcanza el píleo y a menudo acaba en forma de punta

cuello relativamente corto, pero dependiente de la postura, como en todos los gansos

típicamente corto y rosa intenso

terciarias con margen blanco muy fino, a veces incompleto

banda de flancos más corta y estrecha que en el ánsar careto (no obvio aquí)

punta del ala proyecta tras la punta de la cola (cf. ánsar careto)

parches negros restringidos, que no forman bandas (cf. ánsar careto)

coberteras grandes sin apenas gris, margen blanco estrecho (cf. ánsar careto)

▼ Adulto (junio)
En vuelo, muy similar al ánsar careto, solo identificable con seguridad en buenas observaciones.

la franja alar de coberteras grandes suele ser más estrecha que en ánsar careto

cabeza y cuello oscuros, que contrastan con el pecho pálido un poco más que en el ánsar careto

franjas negras restringidas y cortas

cuello relativamente corto comparado con el ánsar careto

▶ 1er invierno (enero)
Ya con apariencia de adulto, con blanco en la frente bien desarrollado, anillo orbital amarillo y pico sin uña negra. Además de las plumas del vientre que se señalan, al menos algunas coberteras son también juveniles (redondeadas), contrastando con las escapulares de tipo adulto cuadradas. La muda postjuvenil está a menudo más avanzada que en el ánsar careto durante el mismo periodo de otoño/invierno, presumiblemente relacionado con una temporada de cría más tempranera.

■ Ánsar careto, adulto (diciembre)
Algunos ánsares caretos muestran un anillo orbital amarillo y fino. Estos ejemplares pueden generar confusión, pero nótese la forma típica del pico, el blanco de la frente ancho y extenso, y los parches negros grandes del ánsar careto.

vientre todavía juv. (sin marcas negras)

Tarro blanco *Tadorna tadorna*

L 60 cm | Regiones costeras de todo el continente europeo

▼ **Adulto ♂ (marzo)**
Inconfundible. La banda marrón castaño del pecho está oculta aquí. Los ♂♂ en primavera tienen una protuberancia grande en el pico.

▼ **Adulto ♀ (abril)**
Muchas ♀♀ adultas adquieren algo de blanco alrededor de la base del pico al final de la primavera, especialmente en la frente.

anillo pálido frecuente

sin protuberancia (cf. ♂ adulto)

menos brillante que en el ♂ adulto

suelen mostrar marcas pálidas en la base del pico

▼ **Adulto en eclipse (julio)**
En esta imagen se señalan las diferencias con el plumaje de cría.

banda pectoral ancha marrón castaño diagnóstica en todos los plumajes postjuveniles (en ♂♂ más ancho y uniforme en promedio)

marcas oscuras

banda pectoral más estrecha/parcheada

vientre negro "desaparecido"

▼ **juvenil (julio)**

anillo ocular blanco retenido hasta avanzado el 2º año cal.

gris (como el adulto en eclipse)

blanco (cf. adulto)

banda pectoral todavía sin desarrollar

◄ **Adulto ♂ (abril)**
También inconfundible en vuelo debido al plumaje mayoritariamente blanco y negro, y a la banda pectoral completa marrón castaño.

▼ **1er invierno (agosto)**

anillo ocular blanco

blanco alrededor de la base del pico; también en adulto en eclipse, especialmente ♀

apagado

banda pectoral y franja negra ventral en desarrollo (cf. adulto en eclipse)

secundarias y primarias internas aún juv., con puntas blancas, retenidas hasta el verano del 2º año cal.

◄ **2º año cal. (junio)**

puntas blancas de plumas de vuelo diagnósticas de plumaje juvenil, formando margen de fuga blanco

Tarro canelo *Tadorna ferruginea*

L 64 cm | SE Europa; poblaciones en SO, C y O Europa frecuentemente introducidas o escapadas de colección

▼ Adulto ♂ (abril)
Inconfundible. Plumaje eminentemente naranja-marrón, cabeza más pálida, pico negro y panel alar blanco.

cabeza más o menos uniforme; sin marcas oscuras en el píleo (cf. ♀)

anillo negro en el ♂ (ausente en eclipse y en ♀♀)

uniforme, naranja-marrón intenso (cf. ♀)

▼ Adulto ♀ (abril)

marcas gris-marrón variables típicas de ♀

área blanca ancha frente al pico (cf. ♂)

anillo ocular blanco ancho (ausente en ♂)

sin anillo negro (cf. ♂)

márgenes pálidos otorgan una apariencia general más pálida, con el naranja-marrón menos uniforme

▼ Juvenil (septiembre)
Los juveniles son igual de fáciles de identificar. Las plumas juveniles del cuerpo son parcialmente mudadas en otoño, empezando por flancos inferiores.

marcas negras débiles (cf. adulto)

partes inferiores juv. con apariencia escamada sutil (como en todos los patos y gansos de esta edad)

■ **Ganso del Nilo** *Alopochen aegyptiaca* (mayo)
La confusión con el tarro canelo es posible en vuelo y a distancia, pero las partes inferiores son más pálidas y también hay menos blanco en las infracoberteras alares.

▼ Adulto (diciembre)
Esta imagen muestra las diferencias en vuelo con el ganso del Nilo.

coberteras primarias casi totalmente blancas (extendiéndose hacia la mano)

punta del ala redondeada

coberteras primarias casi totalmente negras (blanco restringido al brazo)

margen de fuga negro ancho

contraste débil

punta del ala relativamente afilada

contraste fuerte

▼ Adulto ♂ (mayo)
Las ♀♀ adultas son muy similares, pero no presentan anillo negro en el cuello, o es muy limitado, ni tienen tintes naranjas en el panel alar blanco.

tintes anaranjados diagnósticos de ♂

diagnóstico de ♂ adulto; no presente o poco desarrollado en 2º año cal. ♂

▼ 2º año cal. (mayo)
A menudo el sexado de los ejemplares de 2º año cal. es complicado, pero algunos ♂♂ en primavera ya presentan tintes anaranjados en las coberteras internas.

sin tintes anaranjados (cf. ♂ adulto)

reflejos casi lilas (verdes en ♀)

tipo adulto, sin punta pálida

negro puro (cf. 2º año cal.)

puntas pálidas en secundarias diagnósticas de esta clase de edad

centros grises diagnósticos de esta clase de edad

negro apagado (cf. adulto)

Pato colorado *Netta rufina*

L 55 cm | O, C y S Europa

▼ ♂ (marzo)
Inconfundible.

más pálido que el resto de la cabeza

blanco en margen de ataque a menudo visible

rojo uniforme diagnóstico

zona blanca en flancos realmente llamativa de lejos

▼ ♀ (abril)
Comparte el píleo oscuro y las mejillas pálidas con el negrón común ♀, pero es muy distinto en otros aspectos. Las ♀♀ no cambian mucho a lo largo del año. Las ♀♀ de 1er invierno se parecen a las adultas pero tienen el pico totalmente negro.

antifaz oscuro, a menudo negruzco, contrastando con cuello y mejilla pálidos

blanco

punta roja anaranjada (cf. juv. y ♂ en eclipse)

▼ Adulto, final de fase de eclipse ♂ (octubre)
En eclipse completo (julio–agosto) casi como la ♀, pero el pico e iris rojos se mantienen.

rojo brillante (cf. 1er invierno)

ancho (cf. 1er invierno)

más o menos marrón uniforme

▼ 1er invierno ♂ (octubre)
Compárese con el ♂ adulto en eclipse. Este ejemplar muestra ya una cabeza tipo ♂; ejemplares menos avanzados todavía mostrarían una cabeza más tipo ♀, pero con más rojo en el pico que la ♀.

iris oscuro (cf. ♂ adulto en eclipse)

oscuro (cf. ♂ adulto en eclipse)

▼ ♂ (mayo)
margen de ataque pálido ancho

ancho y pálido

pálido, con margen de fuga oscuro bien delimitado

▶ ♀ (abril)
Diseño alar similar al ♂, pero ligeramente menos contrastado. Margen de ataque blanco más estrecho.

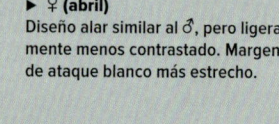

▶ ♀ y ♂ (febrero)
Las bandas alares anchas y pálidas son muy llamativas incluso desde lejos.

Porrón europeo *Aythya ferina*

L 46 cm | Verano, O, C y E Europa; invierno, O y S Europa

▼ **Adulto ♂ (marzo)**
Fácil de identificar en base a la combinación de caracteres que se señalan. Solo confundible con porrones americanos divagantes muy raros; véase más adelante.

rojo oscuro típico

perfil cefálico típico; transición suave entre el culmen cóncavo y la curva de la frente

partes inferiores y flancos de color gris claro diagnóstico (finamente vermiculado)

parche pálido con forma más o menos diagonal

▼ **Adulto ♀ (enero)**
En invierno, los flancos y las partes superiores son fundamentalmente gris-marrón y contrastan notablemente con el pecho y la popa oscuros (compárese con la ♀ en primavera/verano).

pálido

línea fina pálida diagnóstica

marronáceo cálido contrastando con cuerpo gris

línea oscura difusa

▼ **Adulto ♂ eclipse (julio)**

iris rojo brillante (cf. 1er invierno ♂)

marronáceo

marronáceo o negro apagado

▼ **♀ (mayo)**
Durante la primavera, aparecen más plumas marrón cálido en flancos y partes superiores, a menudo creando una apariencia parcheada (compárese con la ♀ en enero).

iris rojo oscuro/apagado (cf. ♂ adulto en eclipse)

▼ **1er invierno ♂ (octubre)**
Ya muy similar al adulto, pero nótense los caracteres que se señalan.

mezcla de plumas adultas y juveniles en la cola

plumas juv. retenidas

plumas de flancos juv. retenidas marrón uniforme (cf. ♂ adulto en eclipse)

nuevas, de tipo adulto

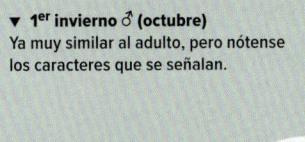

▼ **♂ (junio)**
Ala fundamentalmente gris claro (tanto el anverso como el reverso), con margen de fuga oscuro poco contrastado.

impresión típica desde lejos: gris claro con mano ligeramente más oscura

reverso del ala más o menos uniformemente pálido

◄ **♀ (mayo)**
Diseño alar muy similar al ♂, pero ligeramente más oscuro.

Porrón americano *Aythya americana*

L 48 cm | Divagante de Norteamérica

▶ Adulto ♂ (diciembre)

El único porrón de cabeza roja con un pico predominantemente azul. Línea de flotación a menudo más baja que
otros porrones. Las secundarias y las terciarias presentan
raquis negros, visibles en reposo cuando las plumas de
flancos no cubren las terciarias. Los ♂♂ de 1er invierno
suelen mantener el pico oscuro en diciembre, así como
un iris más anaranjado. El desarrollo del plumaje, tanto
en adultos como en ejemplares de 1er invierno es el
mismo que en el porrón europeo, manteniéndose
algunos caracteres específicos de cada especie, como
la estructura general y la forma del pico.

naranja rojizo
relativamente claro

pálido; de amarillo
a naranja-amarillo

perfil cefálico típico, muy marcado
por la frente prominente

vermiculaciones relativamente
gruesas, creando un tono gris más
oscuro que en el porrón europeo ♂

borde entre pico y zonas
plumadas casi recto

narina larga y llamativa

banda subterminal
blancuzca

uña ancha con
borde recto

la uña sobresale
(no mucho en este ej.)

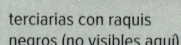

terciarias con raquis
negros (no visibles aquí)

el negro se extiende
bastante hacia atrás

comisura negra; a veces
extendiéndose hacia
toda la base del pico

▶ ♀ (diciembre)

El diseño del pico se parece más al del porrón
europeo, pero el borde de la punta negra es más
recto (compárese con el porrón europeo ♀ en
invierno). Parece marrón cálido uniforme desde cualquier distancia. Los flancos y las escapulares suelen
mostrar puntas pálidas, lo que le da un aspecto algo
parcheado. La ♀ juvenil/1er invierno tiene el pico
totalmente oscuro.

línea pálida detrás del ojo
normalmente más patente
que en este ej.

a menudo obviamente
más oscuro, formando
un capirote

"protuberancia" en la frente
menos marcada que en el
♂, pero también típica

mejilla pálida, contrastando con
píleo oscuro (menos contraste
que la media en este caso)

anillo ocular fino
pero bien definido, lo
que lo resalta

punta del pico como
en el ♂

a menudo obviamente
pálido, sin línea oscura
en la mejilla (o muy
tenue)

cola a menudo mantenida
por encima del agua
(cf. porrón europeo)

poco contraste entre pecho y
flancos (cf. porrón europeo ♀)

▼ 1er invierno ♂ (octubre)

El diseño del pico ya es de adulto,
pero la pupila no está tan bien definida como en el adulto (en eclipse).

▼ ♂ (mayo)

anverso del ala contrastado para un
porrón de tipo europeo; secundarias
más pálidas, coberteras de un gris más
oscuro que en el porrón europeo ♂

▶ Híbrido, probable porrón europeo × porrón pardo adulto ♂ (marzo)

Algunos híbridos, como este, pueden parecer
similares al porrón americano. Sin embargo, este
ejemplar muestra una forma de la cabeza, diseño
del pico y color del iris incompatibles con esta
especie. Véanse los caracteres señalados.

punto más alto en el
centro (en lugar de
en la frente)

iris naranja (no amarillo)

base oscura (en lugar de todo
pálido, excepto la punta)

punta negra con borde
diagonal (no ancha y
con borde recto)

pardo rojizo en primavera
(en lugar de negro)

Porrón coacoxtle *Aythya valisineria*

L 54 cm | Divagante de Norteamérica

▼ Adulto ♂ (diciembre)

Forma de la cabeza diagnóstica en todos los plumajes: pico largo con base alta pero punta relativamente fina; frente con pendiente suave que forma un continuo con el perfil del pico. El cuello relativamente largo no siempre es apreciable en reposo, pero puede resultar llamativo en alerta o en vuelo. Algunos ♂♂ de porrón europeo también pueden presentar el pico totalmente negro, especialmente en eclipse (verano) y ejemplares de 1er invierno. El porrón europeo también puede presentar una frente y mejillas negruzcas cuando está sucio. El desarrollo del plumaje, tanto en 1er invierno como en ♂ adulto en eclipse, es similar al del porrón europeo, manteniéndose algunos rasgos específicos de cada especie.

▼ ♀, 2º año cal. (enero)

Muy similar a la ♀ de porrón europeo, pero nótense las diferencias señaladas, especialmente las relativas a la cabeza. La ♀ adulta es idéntica, pero presenta terciarias anchas gris claro y puntas de primarias no desgastadas en enero.

muy pálido, a veces casi blanco

negruzco (cf. porrón europeo ♂)

largo y siempre negro

el flanco blanco avanza hacia la popa, creando un borde diagonal con el pecho oscuro (borde recto en el ♂ de porrón europeo)

forma de la cabeza alargada como en el ♂

cara más pálida y uniforme en general que en la ♀ de porrón europeo, que por tanto suele contrastar más con el píleo

línea fina oscura muy tenue (cf. ♀ de porrón europeo)

las terciarias cortas, oscuras y desgastadas, y las primarias también desgastadas indican 2º año cal. (claves generales para el datado como en todos los porrones)

más contraste que en la ♀ de porrón europeo y el flanco pálido avanza hacia la popa (como en el ♂)

▶ ♂ (mayo)

El cuello largo es más llamativo en vuelo, en todos los plumajes. A diferencia del porrón europeo, no presenta apenas contraste entre anverso y reverso del ala, siendo ambos ligeramente más pálidos.

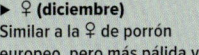

▶ ♀ (diciembre)

Similar a la ♀ de porrón europeo, pero más pálida y con el cuello más largo.

Perfiles en porrones de cabeza roja

▼ **Porrón europeo** ♂

▼ **Porrón americano** ♂

▼ **Porrón coacoxtle** ♂

▼ **Porrón europeo** ♀

▼ **Porrón americano** ♀

▼ **Porrón coacoxtle** ♀

Porrón moñudo *Aythya fuligula*

L 43 cm | Verano, N, O, C y E Europa; invierno, O y S Europa

▼ Adulto ♂ (enero)

Inconfundible. Los flancos completamente blancos y el resto del plumaje negro, junto con la cresta larga y colgante, hacen que la identificación sea sencilla. El plumaje blanco y negro inmaculado es típico del adulto, incluyendo las terciarias anchas y con brillos metálicos. Algunos ejemplares de 1er invierno más avanzados pueden acercarse a esta apariencia, incluso con terciarias y plumas de la cola de tipo adulto, pero normalmente retienen coberteras terciarias juveniles, que son marronáceas y puntiagudas.

terciarias y coberteras terciarias de tipo adulto (las primeras anchas y brillantes)

▼ Adulto ♂ eclipse (agosto)

Esta imagen muestra las diferencias más importantes con un 1er invierno (♂). Las terciarias se mudan dos veces al año y son más cortas en plumaje de eclipse que en invierno.

corta completamente ausente durante un breve periodo de tiempo

amarillo brillante

terciarias brillantes (bajo condiciones de luz adecuadas)

se vuelve más oscuro en eclipse (como en todos los patos)

plumas de la cola de tipo adulto

vermiculaciones más gris que marrón

▼ ♀ (enero)

Típica apariencia de ♀ a lo largo de todo el año. Las coberteras terciarias parecen puntiagudas y el pico es bastante oscuro, lo que indica un ejemplar de 2º año cal., pero el iris amarillo brillante apunta a adulto. Bastantes ejemplares no se pueden datar con seguridad a partir de la segunda mitad del invierno.

▼ ♀ (febrero)

Un ejemplar extremo por lo que respecta a la cantidad de blanco alrededor del pico y también en infracoberteras caudales, donde el blanco es asimismo variable. A pesar de ello, no parece existir correlación entre la cantidad de blanco en ambas regiones del plumaje. El plumaje y el iris son completamente adultos, pero la extensión de la zona oscura del pico encaja mejor con un ejemplar de 2º año cal.

mechón variable, pero casi siempre presente, diagnóstico (ausente en otros *Aythya*)

cantidad de blanco variable, raramente con borde bien definido (cf. porrones bastardo y bola ♀♀)

cantidad de blanco extrema (como en el porrón bastardo ♀)

cantidad de blanco variable, algunas veces tanto como en el porrón pardo, pero sin estar rodeado de negro bien definido

flanco gris-marrón ligeramente más pálido

mucho blanco (como en el porrón pardo)

▼ ♂ y ♀ (mayo)

En los ♂♂, la zona central del vientre es blanca, con los bordes bien definidos respecto al pecho y las infracoberteras caudales oscuras.

▼ Estructura de las plumas juveniles, 1er invierno ♂ (enero)

forma típica de rectrices juv. (escotadura al final de la pluma, creando dos puntas por pluma)

la banda blanca en las secundarias se vuelve gradualmente oscura en las primarias

en las ♀♀, el vientre pálido no tiene el borde tan bien definido, cf. porrón pardo (algunos ejs. en verano tienen casi todo el vientre oscuro)

▼ **1ᵉʳ invierno ♂ (septiembre)**
Un ejemplar típico durante esta época, aunque algunos tienen un aspecto más similar al de las ♀♀. Por otro lado, los ♂♂ de 1ᵉʳ año desarrollan el iris amarillo considerablemente más rápido que las ♀♀ de 1ᵉʳ año.

iris amarillo ya bastante brillante, pero, a diferencia del adulto, la pupila aún es difusa

terciarias relativamente estrechas y cortas, con puntas desgastadas (cf. ♂ adulto en eclipse)

vermiculaciones grises, a diferencia de la ♀ de 1ᵉʳ año

negro empezando a aparecer, típico de ♂

▼ **1ᵉʳ invierno ♂ (enero)**
Un ejemplar menos avanzado y, por lo tanto, más similar a la ♀. La muda de la cabeza ya ha terminado, y el negro contrasta con el pecho marrón sin mudar.

color del iris (amarillo brillante) y cresta ya bastante desarrollados (cf. 1ᵉʳ invierno ♀)

terciarias relativamente estrechas y cortas, con puntas desgastadas (cf. ♂ adulto)

▼ **1ᵉʳ invierno ♂ (enero)**
El momento de la muda postjuvenil es muy variable, lo que conduce a una amplia variabilidad en esta clase de edad durante el invierno. Este ejemplar tiene el flanco ya muy blanco, pero el color del iris menos desarrollado, el pico todavía bastante oscuro y la cresta más corta que otros ♂♂ de 1ᵉʳ invierno en enero. Nótense también las puntas de las terciarias y coberteras terciarias juveniles retenidas, marrones y desgastadas.

muchos ejs. con plumas de flancos blancas, fácilmente separables de las ♀♀

▼ **1ᵉʳ invierno ♀ (febrero)**
Este ejemplar es datable como 1ᵉʳ invierno en base a los caracteres que se señalan, pero, ya avanzado el invierno, muchas ♀♀ de 1ᵉʳ invierno son casi idénticas al adulto en el campo. El color del iris se desarrolla más lentamente en las ♀♀ que en los ♂♂. Aquí todavía es amarillo apagado, lo que provoca que la pupila esté claramente menos definida.

el iris relativamente oscuro es común

extensamente oscuro

terciarias cortas, marrones y desgastadas

coberteras terciarias marrones y puntiagudas

muy desgastado

▼ **2º año cal. ♂ (abril)**
Este ejemplar aún muestra algunos rasgos de inmadurez hasta ya avanzado su 2º año cal., pero otros pueden ser idénticos a los adultos en el campo (en muchos ejemplares, una parte significativa del ala juvenil se mantiene hasta la muda completa del verano del 2º año cal.).

rectrices retenidas, viejas y muy desgastadas

marronáceo en lugar de blanco y negro (cf. ♂ adulto en primavera)

■ **Híbrido de porrón moñudo × porrón acollarado (febrero)**
Un híbrido fácil de identificar. Algo similar al porrón acollarado por el "espolón" del flanco anterior y por el diseño de la punta del pico, pero véanse los rasgos que se señalan, todos ellos apuntando a un híbrido. Muchos híbridos muestran estos 3 caracteres, pero otros presentan solo una línea blanca muy fina en la base del pico.

(indicio de) cresta corta típica

carece de línea blanca en la base del pico

gris ligeramente más pálido que en el porrón acollarado puro

Porrón bastardo *Aythya marila*

L 46 cm | Verano, N Europa; invierno, O y C Europa

▼ **Adulto ♂ (enero)**
De lejos, las partes superiores grises no se ven más pálidas que los flancos, lo que crea una gran zona pálida diagnóstica. Además, la cabeza redondeada y el negro restringido en la punta del pico también son característicos. Véase también el apartado del porrón bola.

reflejos verdes (cf. porrón moñudo ♂ y porrón bola ♂)

marcas oscuras en partes superiores finas (gris claro uniforme desde lejos)

cabeza grande muy redondeada en todos los plumajes, también hacia la nuca

vermiculado en terciarias diagnóstico de adultos

negro restringido a la uña (en otros plumajes también alrededor de la uña)

ancho y azul-gris (más ancho que en porrones moñudo y bola)

▼ **♀ (junio)**
Los flancos y las partes superiores son considerablemente marrones en verano, menos grises que en invierno; la mancha pálida de las auriculares aparece ya avanzado el invierno. Poco contraste entre partes superiores e inferiores (compárese con el porrón moñudo ♀), igual que en el porrón bola ♀.

cabeza grande y redondeada en todos los plumajes (cf. porrón moñudo ♀)

parche blanco grande y bien definido; en juv./1er invierno ♀ marrón y a menudo con borde más difuso (cf. porrón moñudo ♀)

mancha pálida desde primavera

marrón más cálido que en el porrón moñudo ♀

en todos los plumajes, pecho a menudo más prominente que en el porrón moñudo

▼ **1er invierno ♂ (febrero)**
Después de mudar la cabeza en otoño, la mayoría de ♂♂ no muestran nada de blanco en la base del pico, a diferencia de la ♀ en todos los plumajes. La fenología de muda es muy variable y pueden verse rasgos de inmadurez incluso en primavera. Este ejemplar pertenece a la subespecie *nearctica* (Norteamérica y E de Asia), cuyos ♂♂ suelen presentar una frente más prominente y vermiculado más tosco en partes superiores; resto de caracteres idénticos a *marila*.

iris todavía gris apagado (cf. adulto)

plumas largas marrones retenidas en partes superiores (cf. adulto eclipse)

sin blanco

plumas de flancos más o menos marrón uniforme

plumas de flancos nuevas con vermiculado fino (cf. ♂ adulto)

plumas juv. retenidas uniformemente escaladas, como en todas las anátidas (retenido durante más tiempo de lo normal en este ej.)

▼ **1er invierno ♀ (febrero)**
Las ♀♀ inmaduras se parecen a la ♀ adulta y a la ♀ de porrón moñudo, pero véanse los caracteres que se señalan.

escapulares nuevas con vermiculado gris (cf. porrón moñudo ♀)

redondeada (cf. porrón moñudo)

iris todavía gris apagado (cf. ♀ adulta)

blanco reducido (cf. ♀ adulta)

terciarias juv. marrón apagado, cortas y relativamente estrechas

parches oscuros (cf. ♀ adulta)

negro ya restringido (cf. porrón moñudo)

plumas juv. muy desgastadas (cf. ♀ adulta)

▶ **Adulto ♂, eclipse (octubre)**
En esta imagen se pueden apreciar las diferencias con los ♂♂ de 1er invierno, muy parecidos en este plumaje. El momento en que muestran este aspecto varía entre el ♂ adulto y el 1er invierno: en octubre, los ejemplares de 1er año están aún en plumaje básicamente juvenil, adquiriendo este aspecto a partir de diciembre (a veces incluso más tarde), cuando los adultos ya están en plumaje nupcial.

muy pocos reflejos verdes

iris amarillo brillante; pupila bien definida

terciarias con reflejos sutiles y gris vermiculado desde la primavera

marrón vermiculado

► **Adulto ♂ y ♀ (junio, marzo)**

▼ **Adulto ♂ (junio)**
Similar al porrón moñudo ♂ en vuelo, pero con partes superiores gris claro (véanse los rasgos que se señalan). Los ♂♂ de 1er año carecen de gris en coberteras hasta bien avanzada la primavera, creando un contraste muy fuerte con las escapulares gris claro.

▼ **Adulto ♀ (junio)**
En vuelo, muy pocas diferencias con el porrón moñudo ♀.

gris en adultos (cf. porrón moñudo ♂)

banda alar igual que en porrón moñudo

escapulares gris claro evidentes también en vuelo

banda blanca más ancha en promedio que en el porrón moñudo ♀

sutil, pero más gris que en el porrón moñudo ♀

Porrón bola *Aythya affinis*

L 42 cm | Divagante de Norteamérica

Morell menut CAT
Murgilari txikia EUS
Parrulo bóla GAL

▼ **♂ (junio)**
La forma de la cabeza se mantiene en todos los plumajes, pero solo el ♂ muestra indicios de cresta.

▼ **♀ (marzo)**
Los ejemplares en este plumaje son muy similares tanto al porrón bastardo ♀ como al porrón moñudo ♀, así como a algunos híbridos. Para su identificación, es importante estudiar los rasgos que se señalan y el diseño de partes superiores e inferiores. El color del iris no es tan importante para el datado como en el porrón bastardo, pero este ejemplar es probablemente un 2º año cal. por el contraste entre distintas generaciones de plumas (las terciarias han sido mudadas, por lo que no resultan útiles). El plumaje es idéntico al porrón bastardo ♀ de la misma edad. Las diferencias con un porrón bastardo ♀ con mucho blanco en la base del pico son fundamentalmente la forma de la cabeza y el pico, diseño del pico, vermiculado gris en partes superiores y pecho en promedio algo más cálido (a menudo solo apreciable en comparación directa).

recto y casi vertical (cf. porrón bastardo)

píleo posterior elevado (a veces forma cresta pequeña)

muestra reflejos morados parduzcos o verdosos; a veces ambos, como aquí

vermiculado relativamente tosco (cf. porrón bastardo)

de perfil apenas se ve negro en la uña (negro restringido a la uña y uña más fina que en el porrón bastardo)

plumas de píleo posterior largas y nuca recta típicas (cf. porrón moñudo ♀)

partes superiores más pálidas que la cabeza (cf. porrón moñudo ♀)

el borde de mancha blanca suele ser anguloso (más redondeado en el porrón bastardo ♀)

típica uña negra estrecha

a menudo muestra vermiculado desde el invierno, que desaparece en verano (solo presente en el eclipse del porrón bastardo)

contraste entre plumas de flancos nuevas y supracoberteras caudales desgastadas, indicando 1er invierno (como en todas las anátidas buceadoras)

Porrón bola *Aythya affinis*

▼ Adulto ♂, final del eclipse (diciembre)

iris amarillo pálido uniforme
(cf. 1er invierno)

pálido uniforme
(cf. 1er invierno)

terciarias de tipo adulto con
algunas marcas grises

últimos vestigios
del eclipse

últimas plumas de flanco del eclipse,
marrón vermiculado (gris-marrón
uniforme en el 1er invierno)

▼ 1er invierno ♂ (enero)

Las diferencias con el porrón bastardo de 1er invierno son pequeñas en cuanto a plumaje y el diseño del pico puede ser casi idéntico. La identificación tiene que basarse en la forma de la cabeza, la forma de la uña, el tamaño y el diseño del ala (anverso y reverso), además del vermiculado tosco. Este ejemplar es fácil de datar como 1er invierno por los rasgos que se señalan, pero otros pueden tener una apariencia más de tipo adulto en lo que respecta a diseño del pico y color de la cabeza (menos marrón).

parte posterior de la cabeza
plana (cf. porrón bastardo)

todavía muy marrón

pupila poco definida
(en todas las anátidas
buceadoras con iris pálidos)

todavía marcas
oscuras

relativamente cortas y
marrones, desgastadas
y sin brillo

más negro alrededor
de la uña que en el
adulto

plumas de flancos juv.
marrón uniforme
(cf. ♂ adulto en eclipse)

vermiculado tosco en plumas
nuevas (cf. ♂ adulto)

▼ Adulto ♂ (marzo)

El contraste relativamente evidente entre secundarias blancas y primarias grises es útil para diferenciarlo solamente de los adultos de los porrones bastardo y moñudo. Los ejemplares de 1er año de estas especies pueden mostrar un contraste similar.

vermiculado gris en
coberteras con poco
contraste con las escapulares
(en 1er invierno coberteras
más oscuras y sin vermiculado o muy leve, con mucho
contraste con escapulares)

▼ ♀ (enero)

Todos los plumajes comparten este rasgo del reverso del ala.

a menudo con algo más de contraste que los porrones moñudo y bastardo debido al gris variable en coberteras grandes, que contrasta con coberteras medianas y axilares blanco puro

uña negra apenas visible
de perfil (similar en el
porrón bastardo adulto,
pero este con uña más
ancha)

borde relativamente evidente
entre secundarias blancas y
primarias grises (cf. porrones
moñudo y bastardo)

▶ Diseño y forma del pico

La forma de la uña es uniformemente estrecha y diagnóstica comparada con el porrón bastardo (e híbridos). En ejemplares de 1er año y ♀♀ puede haber manchas oscuras a ambos lados de la uña, pero de cerca puede verse cómo se mantiene la forma. La cabeza, vista de frente o desde detrás, es más estrecha que en el porrón bastardo, al igual que el pico (similar al porrón moñudo).

pico en general más
estrecho que en el
porrón bastardo

uña uniformemente fina
en todos los plumajes
(cf. porrón bastardo)

■ ♂♂ híbridos, tipo porrón bola (abril, marzo)

Varios híbridos clásicos pueden parecerse al porrón bola. El híbrido de porrón bastardo × porrón moñudo (más abajo) suele ser el más similar. Probablemente, el ejemplar de arriba es un híbrido de porrón moñudo × porrón europeo en base a, entre otras cosas, el iris naranja. Casi todos los híbridos tipo porrón bola pueden descartarse por los rasgos que se señalan.

píleo posterior
prominente y nuca plana,
muy similar al porrón bola

demasiado
negro

demasiado contraste

■ Porrón bastardo, diseño y forma del pico

Muestra manchas oscuras a ambos lados de la uña de forma más frecuente que el porrón bola, especialmente las ♀♀ y los ♂♂ de 1er invierno.

uña relativamente
ancha en todos los
plumajes, a menudo
ensanchándose
hacia la punta

nuca demasiado redondeada

vermiculado
demasiado tosco

demasiado negr
alrededor de la

pico ancho en
general

blanco sin marcas

Porrón acollarado *Aythya collaris*

L 42 cm | Divagante de Norteamérica

Morell de collar CAT
Murgilari lepokoduna EUS
Parrulo de colar GAL

▼ **Adulto ♂ (enero)**
Bastante fácil de identificar en este plumaje, aunque algunos híbridos pueden ser difíciles de descartar. La cola es relativamente larga y suelen sostenerla sobre el agua. Presentan una mancha blanca en la garganta, justo bajo la mandíbula inferior, de la que carecen muchos híbridos, aunque a veces no es visible (como en este caso).

▼ **♀ (enero)**
Las ♀♀, tanto adultas como de 1er año, muestran un contraste típico entre la cabeza grisácea y los flancos y pecho marrones (cálidos). Suele mostrar una zona más blanca en flancos anteriores, reminiscente del plumaje de ♂ (no en este ejemplar).

forma "de huevo" de la cabeza característica

gris con línea blanca diagnóstica en la base, banda subterminal pálida y ancha y punta oscura extensa

el flanco pálido se curva hacia arriba (cf. porrón moñudo ♂)

banda marrón en cuello (a menudo invisible)

gris con "diente de tiburón" blanco evidente en parte anterior

"línea de ojos" pálida evidente que se junta con anillo ocular blanco

oscuro, contrastando con laterales de la cabeza gris-marrón

laterales de la cabeza grises a menudo evidentes, contrastando con flancos marrón cálido

iris de amarillo-marrón oscuro a rojo-marrón

más oscuro que en el ♂ adulto y carece de banda pálida en la base

contraste entre flancos marrón (rojizo) y partes superiores oscuras (el flanco se torna marrón más cálido durante la primavera)

zona pálida difusa en la base del pico

▶ **Adulto ♂ eclipse, en cautividad (agosto)**
Este plumaje puede parecerse mucho al del porrón moñudo ♂ en eclipse, pero mantiene la forma de la cabeza característica y se atisba "diente de tiburón" en flancos.

▼ **1er invierno ♂ (enero)**
Muy similar al ♂ adulto en eclipse, pero véanse los caracteres que se señalan. El diseño del pico ya es como en el adulto, pero el iris todavía es de un amarillo algo más oscuro.

apagado, sin reflejos verdes; terciarias cortas y marronáceas (cf. ♂ adulto eclipse)

amarillo oscuro apagado

▼ **Adulto ♂, final del eclipse (noviembre)**

el plumaje brillante retorna en otoño (♂ de 1er invierno sin apenas reflejos)

mantiene el iris amarillo brillante

terciarias y escapulares largas, nuevas y brillantes (cf. 1er invierno ♂)

diseño diagnóstico visible a partir de otoño

mezcla de plumas de flancos marrones juv. y gris vermiculado uniforme de tipo adulto (cf. ♂ adulto en eclipse)

▼ **Tipo adulto ♂ (abril)**
El contraste provocado por las coberteras grandes oscuras difiere en los porrones moñudo y bastardo, pero es el mismo que en el porrón bola.

plumas marrones con vermiculado fino gris (en el ♂ de 1er invierno, plumas de flancos marrón uniforme)

en todos los plumajes, coberteras grandes grises que contrastan con el resto de coberteras y axilares blancas

▶ **Tipo adulto ♂ (diciembre)**

en todos los plumajes, franja alar gris casi uniforme a lo largo de todo el ala (cf. otros *Aythya*, incluyendo porrón moñudo)

Porrón pardo *Aythya nyroca*
L 41 cm | C, E y SE Europa

▼ **Adulto ♂ (marzo)**
Inconfundible en este plumaje, pero, de lejos o con poca luz, el color rojizo no siempre resulta tan llamativo.

culmen cóncavo, recto hasta la frente en todos los plumajes, lo que, unido al píleo triangular, le otorga un perfil de la cabeza característico

blanco en adultos; palidece a partir del otoño en el ♂ de 1er invierno (cf. ♀)

castaño oscuro bastante uniforme

blanco puro con borde bien definido rodeado de negro

a veces banda subterminal pálida en invierno, casi vertical, pero muy variable (cf. ♀ adulta/1er invierno)

gris oscuro con cantidad de negro variable en la uña y alrededores; en el ♂ adulto, como este ejemplar, negro restringido a la uña

pecho y flancos casi del mismo color (más contraste en el ♂ de 1er invierno y el ♂ adulto en eclipse); en casi todos los híbridos, contraste evidente entre el pecho oscuro y flanco más pálido

banda oscura difusa

▼ **Adulto ♂ eclipse (octubre)**

se mantiene blanco (cf. 1er invierno ♂)

terciarias de tipo adulto, anchas y brillantes (cf. 1er invierno ♂)

marrón (no negro)

más pálido que en el plumaje nupcial; contrasta con el pecho

▼ **Adulto ♀ (marzo)**
Estructura general e infracoberteras caudales con un borde bien definido como en el adulto ♂.

marrón rojizo oscuro; bridas y auriculares más pálidas, especialmente hacia el verano

marrón ligeramente más pálido, sin blanco (cf. porrón moñudo ♀)

oscuro (cf. porrón moñudo ♀)

negro en uña y alrededores más extenso que en el ♂

mandíbula inferior casi recta desde la base a la punta, curvándose solo ligeramente hacia la punta (como en el porrón europeo, cf. porrón moñudo)

▼ **1er invierno ♂ (septiembre)**
Juvenil y 1er invierno muy parecidos a las ♀♀, pero los ♂♂ de 1er invierno adquieren rápido el iris pálido. Todas las terciarias parecen haber sido mudadas en este caso (largas y brillantes).

ya más pálido, pero pupila menos definida, como en todas las anátidas buceadoras de 1er invierno

algunos ejs. de 1er invierno muestran marcas oscuras en infracoberteras caudales

plumas de pecho juv. formando un fino patrón escalado

todavía gris uniforme, palideciendo después con la punta oscura más extensa que en el ♂ adulto

▶ **♀ (mayo)**
diseño alar como en el ♂, pero con algo menos de blanco en la mano (cf. porrón moñudo)

iris oscuro (cf. porrón moñudo ♀)

vientre pálido con margen difuso (cf. ♂)

▶ **♂ (mayo)**

borde de ataque blanco (cf. otras anátidas buceadoras)

banda blanca ancha que cruza casi todo el ala

blanco extenso (cf. porrón moñudo)

borde bien definido (cf. ♀ y 1er invierno)

▶ **1er invierno ♂ (diciembre)**
Las manchas oscuras en vientre y posiblemente también infracoberteras caudales ayudan a diferenciar las ♀♀ adultas de los ejemplares de 1er invierno.

iris no blanco puro

zona pálida relativamente grande; punta oscura grande con borde diagonal (a diferencia del porrón pardo ♂)

manchas oscuras (a veces también en infracoberteras caudales)

▶ **Híbrido de porrón europeo × porrón pardo (enero)**
Algunos híbridos de este tipo muestran más marrón en flancos y partes superiores y, por tanto, se parecen más al porrón pardo puro. Sin embargo, el color del iris y el diseño del pico debería seguir delatándoles. Las infracoberteras caudales, no visibles aquí, tampoco son completamente blanco puro.

algo vermiculado

contraste evidente entre pecho y flancos/partes superiores (mínimo en algunos ejs.)

Malvasía cabeciblanca *Oxyura leucocephala*

L 45 cm incluyendo cola | SO y SE Europa

Ànec capblanc CAT
Ahate buruzuria EUS
Raboalzado de cabeza branca GAL

▼ ♂ plumaje de verano (julio)
Inconfundible por su pico azul prominente, cabeza mayoritariamente blanca y cuerpo marrón cálido más o menos uniforme, pero véase la malvasía canela en la página siguiente.

azul pálido con base prominente diagnóstica (cf. malvasía canela ♂)

▼ ♂ plumaje de verano (mayo)
Algunos ♂♂ también presentan manchas oscuras en la cabeza en primavera/verano y quizás sean ♂♂ de 2º año cal. Véanse también las manchas oscuras alrededor de las narinas en este ejemplar, mientras que otros ejemplares en esta época, mediados del periodo reproductor, presentan ya una apariencia de ♂ adulto.

infracoberteras caudales oscuras (cf. malvasía canela ♂)

▼ Tipo adulto ♂ (enero)
El plumaje no cambia mucho a lo largo del año, pero el píleo es más ampliamente negro entre otoño e invierno. El pico es oscuro en otoño, tornándose azul durante el invierno.

▼ ♂, probablemente 1er invierno (enero)
La gran variabilidad individual y lo desconocidas que aún son sus estrategias de muda dificultan enormemente el datado de ejemplares como este, si no se pueden apreciar las rectrices juveniles.

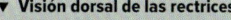

▼ ♀ (mayo)
Bastante similar a la malvasía canela (introducida o escapada), pero véanse los caracteres que se señalan.

franja blanca estrecha con borde bastante definido (cf. malvasía canela tipo ♀, pero las diferencias pueden ser pequeñas)

muy prominente (cf. malvasía canela)

uniforme o sin apenas contraste entre partes superiores y flancos (cf. malvasía canela)

larga, como en la malvasía canela; pero a menudo mantenida sobre la superficie del agua

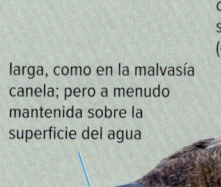

▼ Visión dorsal de las rectrices
Es probable que las rectrices extremadamente gastadas (pertenecientes al ejemplar de la imagen superior) sean aún juveniles, pero tampoco puede descartarse que sean plumas de tipo adulto, puesto que no se observan raquis sobresaliendo por la punta de las plumas (típicos en las plumas juveniles).

▶ 1er invierno, probablemente ♀ (enero)
Ejemplar casi idéntico a la ♀ adulta en invierno, pero mostrando las típicas rectrices juveniles. Se desconoce qué porcentaje de ♂♂ de 1er invierno adquiere un plumaje de la cabeza tipo ♂ tras la muda. En caso de ser el 100 %, este ejemplar debería ser una ♀.

típicas rectrices juv.: muy desgastadas y con cañones sobresaliendo por la punta

menos prominente

Malvasía cabeciblanca *Oxyura leucocephala*

◀ **Tipo adulto ♀ (mayo)**
De lejos y en vuelo, las partes inferiores oscuras son un buen rasgo para diferenciarla de la malvasía canela de tipo ♀ (véase aquella especie).

contraste fuerte (cf. malvasía canela de tipo ♀)

▼ **Tipo ♀ (enero)**
Véanse las diferencias en la forma del pico, diagnósticas con respecto a la malvasía canela.

borde ondulado entre pico y cabeza, con saliente hacia la línea blanca que cruza la cabeza (cf. malvasía canela)

base de la mandíbula superior prominente (cf. malvasía canela)

■ **Malvasía canela *Oxyura jamaicensis*, ♀ o 1er invierno (octubre)**
La estructura general y el diseño de anverso y reverso del ala son idénticos a la malvasía cabeciblanca, pero las partes inferiores pálidas facilitan bastante la identificación en vuelo.

pálido; sin contraste evidente con infracoberteras alares (cf. malvasía cabeciblanca tipo ♀)

■ **Malvasía canela, ♀ (mayo)**

zona plumada entra hacia el pico (cf. malvasía cabeciblanca)

culmen no prominente y más o menos uniformemente cóncavo (cf. malvasía cabeciblanca)

■ **Malvasía canela, tipo adulto ♂ (mayo)**
Se muestran las diferencias principales con la malvasía cabeciblanca ♂. A diferencia de la mayoría de anátidas, que ya muestran plumaje nupcial a finales de otoño, las malvasías adquieren el plumaje nupcial en primavera.

oscuro bajo el ojo

rojo parduzco más o menos uniforme

plano; culmen cóncavo

blanco

HÍBRIDOS DE MALVASÍA CABECIBLANCA × MALVASÍA CANELA

Estos híbridos se observan sobre todo en la península Ibérica, debido a la hibridación con malvasías canelas procedentes de cautividad y en general presentan un culmen menos prominente. La primera generación híbrida suele identificarse por los rasgos intermedios, más evidentes en los ♂♂. Sin embargo, los híbridos son fértiles, lo que provoca generaciones sucesivas que pueden ser muy difíciles de identificar. Para evitar la extinción de la malvasía cabeciblanca por culpa de la contaminación genética, se han llevado a cabo proyectos de erradicación de la malvasía canela en la península Ibérica, que han tenido éxito.

■ **Malvasía canela, ♀ (enero)**
La imagen muestra las diferencias principales con la malvasía cabeciblanca ♀ o el 1er invierno.

a menudo erguida

bordes difusos

cóncavo

infracoberteras caudales blancas

contraste entre flanco y partes superiores

■ **Malvasía canela, ♂ (enero)**
Los ♂♂ en invierno se parecen mucho a las ♀♀, pero con la mejilla blanca. Desarrollan el plumaje nupcial en primavera.

Pato arlequín *Histrionicus histrionicus*

L 41 cm | Islandia

▼ Adulto ♂ (mayo)

Inconfundible por su diseño y coloración únicos. El ala nueva con secundarias brillantes y el vientre oscuro de este ejemplar son típicos de los adultos (≥ 3er año cal.). Un ♂ de 2º año cal. en primavera/verano muestra un plumaje de cuerpo casi de tipo adulto, pero el ala y las partes inferiores centrales aún son juveniles (marrones y desgastadas).

▼ Adulto ♂ eclipse (agosto)

Predomina el marrón como en la ♀ (este ejemplar está empezando a adquirir el plumaje nupcial), pero mantiene la mancha blanca grande de la cara, entre otros caracteres.

▼ 1er invierno/2º año cal. ♂ (febrero)

El reverso del ala es completamente oscuro y la silueta en vuelo se caracteriza por una popa atenuada y puntiaguda en todos los plumajes. Los ♂♂ en una fase avanzada de la muda de cuerpo pueden diferenciarse de las ♀♀ de 1er invierno. El datado es sencillo por la presencia de plumas de cuerpo juveniles desgastadas, retenidas hasta el verano del 2º año cal.

plumas juv. pálidas

▼ Adulto ♀ (junio)

El juvenil, la ♀ inmadura y la ♀ adulta comparten la misma apariencia general: marrón casi uniforme, pero con una mancha blancuzca en los laterales de la cabeza, una mancha blanca y extensa en la cara y bridas oscuras. Compárese con el negrón especulado ♀, que tiene una apariencia vagamente similar.

frente pronunciada

terciarias aparentemente nuevas; muy desgastadas en el 2º año cal.

pequeño y grisáceo; palideciendo hacia la punta

▼ 1er invierno ♂ (febrero)

La muda postjuvenil suele iniciarse por la cabeza, laterales del pecho, escapulares y plumas de flancos, como en este caso. El ala y las partes inferiores centrales se mantienen juveniles hasta la muda completa del verano e irán desgastándose todavía más hasta adquirir el plumaje de tipo adulto.

coberteras juv. desgastadas

primeras terciarias de tipo adulto con menos blanco que en el adulto

plumas juv. desgastadas, contrastando mucho con las plumas de tipo adulto mudadas

▼ ♀ (febrero)

Marrón uniforme, pero con manchas cefálicas evidentes y popa atenuada. El contraste del reverso del ala es menos evidente con poca luz y puede resultar parecido a especies como el negrón común.

banda alar con patrón "a cuadros" formada por los centros pálidos sutiles de coberteras medianas

suele mantener la cabeza erguida

algo de contraste entre infracoberteras alares, muy oscuras, y plumas de vuelo más pálidas

Éider común *Somateria mollissima*

L 64 cm | N y O Europa

▼ Adulto ♂ plumaje nupcial,
***mollissima* nominal (marzo)**
Inconfundible gracias a la combinación de partes superiores blancas e inferiores negras. La cabeza elongada y triangular es diagnóstica en todos los plumajes.

▼ Adulto ♂ eclipse (julio)
En eclipse completo, casi totalmente negro apagado. Algunos ♂♂ de 1er invierno pueden ser del mismo color en algún momento, pero en este caso las coberteras blancas (algo visibles aquí) indican que se trata de un adulto. Además, las terciarias en crecimiento también son blancas (cf. 1er invierno ♂).

coberteras blancas
diagnósticas de ♂

▼ Adulto ♂ eclipse, *mollissima* nominal (septiembre)
Ejemplar al final del eclipse.

obispillo y supra-coberteras caudales negro puro
(cf. 1er invierno ♂)

terciarias y coberteras blancas
(cf. 1er invierno ♂)

rosa emergente

▼ 1er invierno ♂, *mollissima* nominal (abril)
Este plumaje es muy variable, debido, entre otras cosas, a la distinta fenología de muda de cada ejemplar. Este ejemplar es más o menos promedio. Las coberteras y terciarias oscuras son diagnósticas de esta edad hasta el verano del 2º año cal.

plumas de obispillo juv. aún presentes y muy desgastadas, como en muchas anátidas de 1er invierno (cf. ♂ adulto en eclipse)

cantidad de blanco variable, a veces oscuro por completo

normalmente negro como aquí, pero puede mostrar algo de blanco

a veces ya amarillento

▼ 1er invierno ♂, *mollissima* nominal (diciembre)
Este ejemplar es un buen ejemplo de como progresa la muda de plumas de cuerpo. En primer lugar, se mudan cabeza (excepto píleo), pecho y flancos, reteniendo las partes inferiores centrales (aún juveniles). Este proceso es compartido por muchos patos y gansos, que no mudan las plumas de vientre a veces hasta ya avanzada la primavera. Estas plumas juveniles tienen una estructura diferente (más cortas y estrechas) y a menudo también distinta coloración, pero no siempre es tan evidente como en el éider común.

terciarias y coberteras oscuras (cf. ♂ adulto en eclipse)

normalmente blanco uniforme como aquí, pero a veces con más oscuro

▼ 2º invierno ♂/3er año cal., *mollissima* nominal (abril)

motas oscuras indicativas de la edad a partir de febrero

terciarias con puntas oscuras

coberteras todavía con zonas oscuras, diagnóstico de esta edad

▼ **1er invierno ♀ (enero)**
Ya similar a la ♀ adulta, pero el ala todavía es juvenil; véanse los caracteres que se señalan para diferenciarla del adulto.

coberteras juv. sin punta blanca brillante

terciarias relativa-mente cortas y oscuro uniforme

▼ **Adulto ♀ (septiembre)**
Las ♀♀ son marrón uniforme con barrado fuerte en flancos. El color varía de marrón cálido con plumaje nuevo (otoño/invierno, como en este ejemplar) a gris durante la primavera e inicios de verano. La punta del pico se torna más oscura en primavera.

coberteras con punta blanca bien definida (cf. 1er invierno ♀)

terciarias largas con borde rojizo (cf. 1er invierno)

barrado (a diferencia de ♀♀ de anátidas de superficie)

◀ **Reverso del ala, adulto ♀ (marzo)**

zonas pálidas en coberteras y axilares restringidas y "aisladas" (cf. éider real ♀)

▶ **Adulto ♀ (abril)**

puntas blanco brillante diagnósticas de adultos

a menudo pálido

▼ **Adulto ♂, éider americano *dresseri* (junio)**
Los ♂♂ adultos de todas las (sub)especies también son inconfundibles en vuelo. Aquí un éider americano, visto una vez en Europa. En la imagen se muestran las diferencias con el éider común europeo.

▼ **Adulto ♂, éider norteño *borealis* (junio)**
Para una identificación certera fuera de su distribución habitual, se deben comprobar todos los rasgos, debido a que, además de la variabi-lidad en *mollissima* nominales, existe una zona de intergradación (por ejemplo, en las Islas Feroe). La subespecie americana *dresseri* y el éider del Pacífico, *v-nigrum* también muestran el píleo anterior más elevado y prominente. Estas subespecies poseen un órgano más desarrollado como adaptación a concentraciones mayores de sal.

píleo anterior alto, y más anguloso que en la ssp. nominal

mostaza o naranja-amarillo; gris-verde en la ssp. nominal, pero a veces como en este ejemplar

"velas" en el manto (a menudo erguidas de forma más evidente que aquí), muy raras en *mollissima*

parte plumada más restringida que en la ssp. nominal, apenas alcanzando las narinas

muy ancho y alcanzando hasta más cerca del ojo

ligeramente cóncavo

verde bajo el píleo negro

línea negra fina y uniforme

Éider real *Somateria spectabilis*

L 57 cm | Extremo N Europa

▼ Adulto ♂ (julio)
Inconfundible por mostrar partes superiores oscuras y por el diseño, coloración y forma de cabeza y pico, únicos. El ♂ adulto (después del 3er año cal.) muestra un bulbo frontal grande y amarillo-naranja, con un borde de ataque vertical.

▼ Adulto ♀ (marzo)
Color de fondo de un marrón rojizo más cálido que en el éider común tipo ♀ (aunque una ♀ adulta de éider común recién mudada también puede ser considerablemente marrón rojiza). Con el plumaje desgastado (a mediados de verano), algunos ejemplares presentan tonos más fríos y su coloración se asemeja mucho a la de la ♀ de éider común. La estructura difiere de la de esta por el pico más corto y el cuello más grueso (especialmente evidente en vuelo). El margen blanco puro y bien definido de coberteras grandes y secundarias indica un adulto.

parte plumada igual de extensa por encima y en los laterales del pico (cf. éider común)

pico y uña oscuros, más que la cabeza (en el éider común ♀, pico más pálido o del mismo tono que la cabeza)

"velas" pequeñas (en el éider común ♀ a veces presentes en la (sub)especie del Atlántico NO)

▼ 1er invierno ♂ (marzo)
El pecho puede ser más oscuro, especialmente a principios de invierno y, de nuevo, durante la primavera del 2º año cal., cuando transita hacia su 1er eclipse.

marcas con forma de V (más rectas en el éider común ♀)

centros oscuros más afilados (redondeados en el éider común ♀)

zona pálida amplia y difusa alrededor del ojo y la comisura (a veces en forma de "sonrisa"), no evidente en este ej.

completamente oscuro (también en 1er verano, cf. éider común 1er verano ♂)

ancho y amarillo, diagnóstico y evidente de lejos

plumas aún juveniles; por lo que aún no presenta blanco en flancos ni coberteras

normalmente rosado

▼ 1er invierno ♀ (marzo)
La mezcla (variable) de plumas juveniles y de tipo adulto es típica de esta clase de edad. El ala juvenil y apagada está "encajonada" entre las plumas de flancos y escapulares rojizas y mudadas. Véase también el plumaje marrón rojizo uniforme de la ♀ adulta.

ala juv. con plumas estrechas y desgastadas, comparadas con las plumas de flancos y escapulares de tipo adulto

patrón cefálico típico en todos los plumajes tipo ♀: pico más oscuro que cabeza y anillo ocular y "sonrisa" pálidos

terciarias juv. relativamente cortas y chatas, punta desgastada (cf. ♀ adulta)

▼ 2º invierno/3er año cal. ♂ (marzo)
El patrón de la cabeza y del pico todavía está desarrollándose. Este ejemplar va ligeramente retrasado; la mayoría de ejemplares de 2º invierno han adquirido ya una apariencia más adulta, tanto en cuanto al diseño de la cabeza como en cuanto al bulbo frontal. Se trata de una muestra más de la gran variabilidad en la fenología y extensión de la muda en anátidas.

"velas" desarrolladas y presencia de blanco en coberteras grandes (cf. 1er invierno avanzado)

coberteras grandes juv. con blanco restringido (cf. ♀ adulta)

mezcla de plumas juv. desgastadas y plumas rojizas de tipo adulto

▼ Adulto ♂ eclipse, en cautividad (agosto)
El cuerpo es negruzco-marrón casi por completo, pero mantiene el parche alar blanco de los adultos (oculto aquí entre escapulares y flancos). El bulbo frontal se reduce tras la temporada de reproducción.

▼ ♂♂ en eclipse (octubre)

▼ Adulto ♂ (marzo)
Inconfundible también en vuelo. Algunos ejemplares, con una apariencia adulta, presentan algunas manchas en el panel alar.

▼ Adulto ♀ (marzo)
El cuello ligeramente más corto y grueso puede resultar llamativo entre un grupo de éideres comunes, así como su pico más corto y el tamaño general más pequeño.

panel relativamente pequeño; aislado por las escapulares y el ala anterior negros (en ♂♂ de otros éideres, las coberteras y las escapulares forman un gran panel blanco continuo)

más blanco que en el éider común ♀; formando una zona pálida más grande y continua (cf. éider común ♀)

las puntas blancas definidas indican adulto

negro, contrastando con cabeza más pálida (cf. éider común ♀)

manchas con forma de V diagnósticas

centro de gravedad cerca del vientre (cf. éider común ♀ en vuelo)

▼ 2º invierno/3er año cal. ♂ (marzo)

panel blanco de coberteras apenas desarrollado

bulbo frontal en desarrollo

todavía oscuro

▼ Adulto ♀ (abril)
Anverso del ala similar al del éider común.

Éider menor *Polysticta stelleri*

L 46 cm | Extremo N Europa

▼ **Adulto ♂ (marzo)**
Inconfundible por las partes inferiores naranja-marrón con una mancha negra en el lateral del pecho, cabeza blanca con cresta verde en la nuca y banda negra en cuello y garganta.

▼ **Adulto ♀ (marzo)**
Marrón oscuro casi uniforme desde lejos.

frente angulosa y pronunciada y píleo "aplanado"

anillo ocular pálido difuso en todos los plumajes de tipo ♀

blanco ancho y brillante; secundarias con reflejos azules (cf. 1er invierno)

rechoncho y prominente con la punta bastante chata; sin plumas en el pico (cf. otros éideres)

terciarias largas, algo colgantes y con reflejos azules y manchas blancas (cf. 1er invierno)

marrón liso

▼ **Adulto ♂ eclipse, en cautividad (julio)**
Muy diferente al plumaje nupcial completo, pero también característico. Las terciarias de tipo adulto se mantienen prácticamente iguales (comparadas con las escapulares, que sí cambian). El panel de coberteras también se mantiene y permite distinguirlo rápidamente de la ♀.

panel de coberteras totalmente blanco, típico de ♂ adulto

▼ **1er invierno ♂ (abril)**
Recuerda a la ♀ adulta, pero véanse los caracteres que se señalan. La muda postjuvenil es lenta y muy variable. Algunos ♂♂ de 1er invierno presentan el pecho pálido en abril, además de algunas escapulares nuevas blancas y más blanco también en los laterales de la cabeza.

las marcas pálidas y el atisbo de penacho en la nuca suelen ser los primeros rasgos de ♂

terciarias juv. cortas, sin reflejos verdes y sin apenas blanco en la punta (cf. ♀ adulta)

primarias marrones (negruzcas en la ♀ adulta)

▼ **1er verano/ 2º año cal. ♂ (mayo)**
La muda en progreso permite sexar fácilmente este ejemplar como ♂.

escapulares nuevas intermedias entre juv. y con patrón de ♂ adulto

plumas juv. de alas y partes superiores muy desgastadas

terciarias juv. cortas y con punta pálida sutil

fácilmente sexable como ♂ por el blancuzco emergente y por la garganta negra

▼ **3er año cal. ♂ (junio)**

terciarias y escapulares grandes ligeramente más cortas que en el ♂ adulto completo

▼ Adulto ♂ (abril)
Inconfundible también en vuelo por su diseño único. Los ♂♂ adultos completos (a partir del otoño del 3er año cal.) muestran las coberteras (secundarias) totalmente blancas, también en eclipse.

▼ Adulto ♀ (marzo)
Las ♀♀ parecen marrón uniforme en vuelo, pero los adultos tienen un diseño de secundarias más llamativo. La popa parece pesada (también la parte superior), y el cuello es corto y grueso. Este ejemplar carece de las terciarias de tipo adulto típicas, apuntando a un ave de 3er año cal.

popa larga y pesada

cuello grueso y relativamente corto

▼ Adulto ♀ (marzo)
Esta figura sirve para todos los ejemplares de tipo ♀ (adulto ♀, juvenil y 1er invierno).

▼ 1er invierno (abril)
Similar a la ♀ adulta, pero véanse los rasgos que se señalan. El diseño del anverso del ala recuerda al del ánade azulón de tipo ♀.

borde de ataque y muñeca oscuros

contraste fuerte entre infracoberteras alares blancas y cuerpo oscuro

más finas que en la ♀ adulta

sin reflejos azules (cf. ♀ adulta)

▶ 3er año cal. ♂ (junio)
Casi como el ♂ adulto completo. Las manchas oscuras que se señalan son algo variables, pero solo se ven en determinadas ocasiones y siempre son muy reducidas en comparación con los ♂♂ de 3er año cal. de otras especies de éider.

todavía algunas marcas oscuras dispersas (cf. ♂ adulto)

Cabezas de negrones

DISEÑOS CEFÁLICOS EN NEGRONES

Los negrones de una misma clase de edad y sexo, exceptuando las ♀♀ de negrón común y negrón americano, pueden identificarse en base a la estructura y patrones de sus cabezas y picos. Todas las especies menos los negrones común y especulado son divagantes en Europa, aunque algunas aparecen de forma regular. Las dificultades para identificar negrones, especialmente nadando en el mar, suelen deberse a las condiciones de observación, que a menudo no son buenas, lo que dificulta apreciar todos los detalles. Se muestran aquí las cabezas de ejemplares de tipo adulto; véanse los apartados dedicados a cada especie para una descripción de ejemplares inmaduros.

▼ Negrón común ♂ (mayo)

anillo ocular amarillo brillante

ángulo pronunciado entre frente y pico

bulbo muy prominente

amarillo restringido

▼ Negrón común ♀ (febrero)

franja vertical oscura (muy) sutil (cf. negrón americano ♀)

el oscuro del píleo se estrecha y difumina hacia la nuca (cf. negrón americano ♀)

▼ Negrón americano ♂ (noviembre)

anillo ocular oscuro, amarillo apagado como máximo

ángulo menos marcado que en el común

bulbo más alargado

uña larga ligeramente arqueada

mitad de la mandíbula superior amarilla

borde de la narina a la base del pico horizontal

el amarillo es más ancho en la base del pico

▼ Negrón americano ♀ (noviembre)

franja vertical oscura difusa (cf. negrón común ♀)

uña larga ligeramente arqueada (cf. negrón común ♀)

el capirote extenso ancho se extiende hacia la nuca (cf. negrón común ♀)

amarillo extenso en este ejemplar, pero muy variable (en este caso apunta claramente a negrón americano)

▼ Negrón careto ♂ (diciembre)

mancha blanca

las manchas blancas grandes y diseño del pico único lo hacen inconfundible

▼ Negrón careto ♀ (diciembre)

capirote oscuro contrasta con mejillas más pálidas

píleo aplanado; frente y nuca angulosas

frente pronunciada

base del pico ancha; pico triangular

pico no arqueado sobre las narinas

pico no emplumado en los laterales

mancha pálida junto al pico, más larga que ancha

▼ Negrón especulado ♂ (enero)

línea blanca corta, el blanco nunca por encima del ojo (o muy ligeramente)

normalmente capirote totalmente redondeado

inserción redondeada

arco sobre las narinas redondeado y poco prominente

amarillo extenso y más o menos uniforme hasta la base

parte emplumada restringida tras las narinas

▼ Negrón especulado ♀ (mayo)

normalmente capirote totalmente redondeado

arco poco prominente

parte emplumada restringida en esta zona, formando un vértice más alto que las narinas

comisura ancha

▼ Negrón aliblanco ♂ (noviembre)

blanco muy por encima del ojo (como en el negrón siberiano ♂)

inserción angulosa (como en el negrón siberiano ♂)

narinas grandes que forman ángulo pronunciado (como en el negrón siberiano ♂)

amarillo sobre rojo (cf. negrón siberiano ♂)

pico relativamente afilado (cf. negrón siberiano)

parte colorida del pico en el centro y la punta, alrededor de una cuña negra (cf. negrones especulado y siberiano ♂)

▼ Negrón aliblanco ♀ (octubre)

píleo aplanado (como en el negrón careto)

angular

frente a menudo significati-vamente más alta que el ojo

inserción angulosa como en el ♂ (cf. negrón especulado ♀)

ligeramente arqueadas (cf. negrón especulado ♀)

parte plumada del pico más extensa, con borde recto desde la narina hasta la esquina inferior posterior (cf. negrón especulado ♀)

comisura fina (cf. negrón especulado ♀)

▼ Negrón siberiano, ♂ adulto (abril)

blanco muy por encima del ojo (como en el negrón aliblanco)

frente "hinchada"

el cuerno de rinoceronte es extremo en este ej., pero el promedio es mayor que en el aliblanco ♂ (cf. negrón especulado)

parte coloreada más extensa (cf. negrón aliblanco ♂)

rojo sobre amarillo diagnóstico, sin cuña negra (cf. negrón aliblanco ♂)

▼ Negrón siberiano, ♀ adulta (april)

frente hinchada"

arco ligeramente prominente en algunos ejemplares

parte plumada del pico más extensa, alcanzando la narina como en el negrón aliblanco (cf. negrón especulado ♀)

Negrón común *Melanitta nigra*

L 49 cm | Verano, N Europa; invierno, NO y SO Europa

▼ **Adulto ♂ (junio)**
Plumaje completamente negro. La cantidad de amarillo (a veces naranja) en el culmen es variable: en ejemplares con mucho amarillo, este alcanza la protuberancia, hasta la frente y parcialmente hacia los laterales. En raras ocasiones, cuando un ♂ de 1er invierno presenta mucho amarillo, puede confundirse con el negrón americano, en tanto que la protuberancia también está menos desarrollada en aves jóvenes.

▼ **Adulto ♀ (enero)**
La combinación de plumaje marrón y patrón cefálico es típica y facilita la identificación. El plumaje uniforme (incluyendo las terciarias nuevas) y los tintes marronáceos relativamente extensos en auriculares indican una ♀ adulta. Para las diferencias sutiles con el negrón americano ♀, véase aquella especie.

terciarias y escapulares largas indican adulto (cf. 2º año cal. ♂)

protuberancia pronunciada

cantidad de amarillo variable (menos que la media en este caso; suele extenderse más hacia la protuberancia)

auriculares pálidas contrastan con pileo oscuro (cf. pato colorado ♀)

▼ **2º año cal. ♂ (febrero)**
La mezcla de plumas marrones juveniles y negras adultas es típica de todos los ♂♂ de negrones inmaduros durante la segunda mitad del invierno.

▼ **2º año cal. ♀ (febrero)**
Las ♀♀ de 1er año se parecen a las adultas, pero retienen (algunas) plumas juveniles en el vientre, que se desgastan a lo largo del invierno. Las ♀♀ de 1er año también suelen tener las auriculares con gris más contrastado que las adultas. Muchas especies de anátidas retienen las plumas del vientre juveniles, pero en muchos casos las plumas adultas también son pálidas, por lo que no destacan tanto.

protuberancia aún por desarrollar

plumas juveniles

las plumas juveniles desgastadas son fáciles de ver en todos los negrones (gracias a que el resto del plumaje es oscuro), lo que facilita el datado

▼ **Adulto ♂ (mayo)**
Datado en base al vientre totalmente oscuro.

▶ **Adulto ♀ (mayo)**
Las ♀♀ también presentan el reverso de primarias pálido y el cuello también se estrecha.

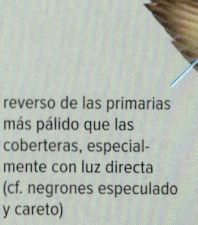

reverso de las primarias más pálido que las coberteras, especialmente con luz directa (cf. negrones especulado y careto)

el cuello se estrecha (cf. otros negrones)

Negrón americano *Melanitta americana*

L 49 cm | Divagante de Norteamérica

Ànec negre americà CAT
Ahatebeltz amerikarra EUS
Mourelo de bico amarelo GAL

▶ **Adulto ♂ (febrero)**
Sexado y datado como en el negrón común
(véase aquella especie).

sin plumas en el pico a lo largo
del borde amarillo (nunca en
el negrón común ♂)

protuberancia completamente (naranja)
amarilla, más grande pero menos pronunciada que en el negrón común ♂

sin anillo ocular obvio (amarillo
en el negrón común ♂)

narina aproximadamente en el
centro (cf. negrón común ♂)

cuello grueso comparado
con el negrón común

uña larga y a menudo algo
arqueada, más baja que la base
del pico y creando un culmen
menos cóncavo (cf. negrón común)

línea fina negra bajo la
protuberancia (ausente
en negrón común ♂)

▼ **Adulto ♀ (noviembre)**
Las diferencias con la ♀ de negrón común son
sutiles, existiendo solapamiento. Este ejemplar
muestra todos los rasgos descritos.

▼ **1er invierno ♂ (otoño/invierno)**
El patrón del pico ya resulta diagnóstico, desarrollándose antes
que la protuberancia y el plumaje oscuro típico de ♂ (aquí con
un patrón facial todavía bastante parecido al de la ♀). El amarillo
es más apagado, a veces casi verdoso, a principios de otoño.
Algunos negrones comunes ♂ parecen tener más amarillo en la
protuberancia, especialmente con luz fuerte, pero las diferencias son obvias con buenas condiciones de observación.

mucho amarillo en este ej.,
pero muy variable (amarillo
extenso aquí casi diagnóstico)

sin franja oscura sutil
(cf. negrón común ♀)

el oscuro del píleo se extiende
hacia el cuello con la misma
anchura (se estrecha en el
negrón común ♀)

uña larga y arqueada

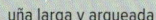

▼ **♀ (febrero)**
Los mismos rasgos señalados en la imagen
del ave posada sirven también en este caso.
La combinación de estos rasgos con el cuello
grueso es realmente indicativa de la especie.

▼ **Adulto ♂ (febrero)**
El cuello grueso es especialmente notorio en
vuelo (compárese con el negron común en vuelo).

cuello grueso

Negrón especulado *Melanitta fusca*

L 54 cm | Verano, N Europa; invierno, O y C Europa

▼ **Adulto ♂ (mayo)**
Fácil de identificar en base a la combinación de plumaje negro, patrón del pico y mancha ocular blanca. Secundarias blancas a menudo ocultas con el ave posada, como en este caso.

iris pálido y "gancho" blanco detrás del ojo diagnósticos

cuello ancho

amarillo concentrado en laterales del pico y uña; base del pico y alrededores de las narinas negros (cf. negrón común ♂ adulto, que muestra patrón negro/amarillo casi opuesto)

▼ **Adulto ♀ (mayo)**
El plumaje marrón oscuro con parche pálido en auriculares y bridas es característico de todos los plumajes tipo ♀ de "negrones aliblancos". Las secundarias blancas suelen ser visibles solo en ejemplares activos (por ejemplo, buceando/en vuelo).

mancha pálida sutil indicativa de adulto (cf. 2º año cal. ♀)

parche blanco en auriculares

terciarias largas indican adulto

▼ **1er invierno ♂ (febrero)**

los parches blancos de ejs. tipo ♀ desaparecen en invierno/primavera

patrón de pico tipo ♂ aparece en otoño/invierno

▼ **Adulto ♂ (mayo)**

rojo brillante solo en el ♂ adulto (en la ♀ y el inm., marronáceo o rojo apagado)

secundarias y puntas de coberteras grandes blancas características de todos los ejs. tipo adulto de "negrones aliblancos"

▼ **2º año cal. ♂ (mayo)**
Fácil de datar como inmaduro en base al vientre pálido, la mezcla de plumas adultas y juveniles en el ala, plumas de cuerpo negras tipo adulto pero bridas pálidas; patrón de pico ya desarrollado. El iris se va aclarando y el "gancho" bajo el ojo empieza a ser visible. En ejemplares más avanzados que este, el "gancho" siempre es más pequeño que en el ♂ adulto.

▼ **2º año cal. ♀ (mayo)**
Además de las secundarias blancas, las infra-coberteras alares destacan mucho en todos los plumajes. El datado en este caso es fácil en base a las plumas pálidas (juveniles) del vientre. Para diferencias entre clases de edad en cuanto al patrón del anverso del ala, consultar negrón aliblanco.

Negrón aliblanco *Melanitta deglandi*

L 53 cm | Divagante de Norteamérica

Ànec fosc americà CAT
Ahatebeltz hegalzuri amerikarra EUS
Mourelo de Degland GAL

▼ Adulto ♂ (noviembre)
Para diferencias diagnósticas en la forma de la cabeza y el patrón del pico, consultar la sección CABEZAS DE NEGRONES, p.54.

típicamente marronáceo
(a veces tornándose notablemente pálido en primavera/verano)

▼ Adulto ♀ (octubre)
Idéntica al negrón especulado ♀, excepto por los caracteres que se señalan: la estructura y emplumadura del pico. Consultar CABEZAS DE NEGRONES (p.54) para una comparación directa con otras especies.

píleo aplanado (como en negrón careto)

píleo más elevado sobre el ojo

anguloso

inserción angulosa como en el ♂ (cf. negrón especulado ♀)

ligeramente arqueado (cf. negrón especulado ♀)

parte plumada del pico más extensa, con borde más o menos recto desde la narina hasta la esquina inferior posterior (cf. negrón especulado ♀)

comisura fina (cf. negrón especulado ♀)

▼ 1er invierno ♂ (diciembre)
Típicamente, mantiene el plumaje tipo ♀ hasta ya avanzado el invierno, pero los primeros rasgos de ♂ empiezan a aparecer en este ejemplar. La separación del negrón especulado todavía es difícil, pero nótense las plumas del pico extendiéndose hasta más abajo de las narinas, formando una comisura más estrecha, como se muestra en la ♀ adulta.

la cabeza se torna negra, los parches tipo ♀ desaparecen

empieza a intuirse el patrón de ♂

▼ Adulto ♂ (junio)
Las puntas de coberteras grandes blancas sirven para datar todos los "negrones aliblancos" con coberteras de tipo adulto (presentes a partir del 2º otoño).

▼ 1er invierno ♀ (octubre)
Las puntas pálidas pequeñas y difusas en, como máximo, algunas coberteras grandes sirve para datar todos los "negrones aliblancos" con coberteras grandes juveniles (hasta el otoño del 2º año cal.). La forma de la cabeza en esta foto recuerda al negrón siberiano, pero una observación prolongada debería permitir apreciar las diferencias.

puntas de coberteras grandes blanco puro, formando una zona blanca continua junto con las secundarias (cf. 1er invierno)

punta/s oscura/s en la hemibandera externa de secundarias externas de algunos ejs. de 1er invierno

puntas de coberteras grandes pálidas más pequeñas y difusas (cf. adulto)

Negrón siberiano *Melanitta stejnegeri*

L 53 cm | Divagante de E Asia

Ànec fosc siberià CAT
Ahatebeltz hegalzuri siberiarra EUS
Mourelo siberiano GAL

▼ **Adulto** ♂

Los ejemplares con este plumaje son relativamente fáciles de identificar y de diferenciar
de los negrones americano y especulado
(con una buena observación) utilizando los
caracteres que se señalan.

forma de la cabeza diagnóstica por la
frente "hinchada" casi en línea con el
píleo y el "cuerno de rinoceronte"
sobre narinas grandes

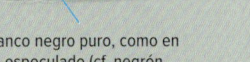

distribución del color
diagnóstica (cf. negrón
aliblanco ♂)

flanco negro puro, como en
el especulado (cf. negrón
aliblanco ♂)

▼ **Adulto** ♀ **(abril)**

Una ♀ típica de "negrón aliblanco" en base a la
disposición y forma de los parches faciales. La
estructura de la cabeza es típica, con una frente
plana o redondeada. A menudo, el pico muestra
manchas naranjas, rosas o rojas, como en el ♂
inmaduro.

frente plana en
este ejemplar

manchas coloreadas
(raras en aliblanco ♀,
nunca presentes en el
negrón especulado ♀)

▼ **2º año cal.** ♂ **(2ª mitad de invierno hasta verano del 2º año cal.)**

Un ejemplar típico en plumaje de transición. El rojo del pico ya lo diferencia de cualquier negrón especulado, pero no tanto del negrón
aliblanco de 1er año cal. si el patrón del pico no se ha desarrollado del
todo. En este caso, la identificación debe basarse en la forma de la
cabeza; véase el negrón especulado ♂ de 1er invierno en diciembre.

cuerpo con mezcla típica de
plumas negras nuevas y
plumas desgastadas marrones
juveniles (como en todos los
negrones ♂ de 2º año cal.)

línea casi recta
de la frente al pico
(cf. negrón aliblanco)

coloración y diseño
emergentes; muestra
ya el amarillo bajo el
rojo diagnóstico

▼ **2º año cal.** ♂ **(julio)**

Este ejemplar está más avanzado que el ejemplar
contiguo, pero todavía carece del cuerno sobre la
narina. Sin embargo, el patrón del pico (la distribución "amarillo sobre rojo" característica) ya resulta
diagnóstico.

Negrón careto *Melanitta perspicillata*

L 51 cm | Divagante de Norteamérica

▼ **Adulto** ♂ **(diciembre)**

Plumaje inconfundible, con pico
multicolor y manchas blancas en
frente y nuca, véase p. 61.

esta mancha en la frente, que
se alarga hacia el pico, aparece
en la 2ª mitad del 3er año cal.

pico grande y
triangular, creando
la forma de la
cabeza típica

patas rojas

▼ **Adulto** ♀ **(enero)**

Algunos ejemplares, posiblemente viejos, presentan
más blanco en la nuca e iris más pálido.

el píleo oscuro contrasta con las
mejillas pálidas, pero no tanto
como en ejemplares tipo ♀ de
negrón común

el blanco sugiere
≥ 3er año cal.

forma de la cabeza
típica, con frente
pronunciada y píleo
aplanado

mancha vertical más o
menos oval (cf. negrón
especulado tipo ♀)

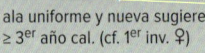
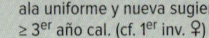

ala uniforme y nueva sugiere
≥ 3er año cal. (cf. 1er inv. ♀)

▼ **2º año cal. ♂ (abril)**
Forma y color del pico todavía en desarrollo (compárese con el ♂ adulto). Además, el iris es gris en lugar de blanco como en el adulto. Los ejemplares de esta edad (en ambos sexos) presentan un vientre pálido (no visible aquí).

todavía sin blanco

marrón, ala aún juvenil "encajonada" entre plumas negras de tipo adulto en flancos y escapulares

todavía oscuro

▼ **Juvenil (octubre)**
Como una ♀ adulta, pero nótense los rasgos destacados. En general, el plumaje es de un marrón ligeramente más pálido. Auriculares más pálidas que en los negrones especulados tipo ♀ (contrastando ligeramente con el píleo oscuro), pero más oscuras que en común tipo ♀.

iris oscuro (cf. ♀ adulta)

pesado, casi tipo éider (cf. negrón especulado ♀)

terciarias cortas (cf. ♀ adulta)

▶ **3er año cal. ♂ (febrero)**
La mancha blanca de la frente y el color del pico aún no están desarrollados del todo. Algunos ejemplares carecen de la mancha de la frente hasta la primavera del 3er año cal.

▼ **2º año cal. ♀ (abril)**
Como la ♀ adulta, pero plumaje más desgastado y sin marcas blancas en el cuello. El contraste entre el ala juvenil y el flanco y escapulares mudados es más sutil que en el ♂ de 2º año cal. La base del pico pálida es frecuente en la ♀ de 2º año cal.

auriculares en general más pálidas y contrastadas (con respecto al píleo oscuro) que en la ♀ adulta

▼ **1er invierno/2º año cal. ♂ (febrero)**

todavía sin blanco

plumas de vientre juv. pálidas, típicas de todos los negrones inmaduros desde el 1er año cal. hasta el verano de 2º año cal.

▼ **Adulto ♀ (marzo)**
Compárese la coloración y forma de la cabeza con los ejemplares tipo ♀ de negrones común y especulado, ambos similares, aunque el especulado puede descartarse incluso desde más lejos en base a la ausencia de secundarias blancas.

las coberteras medianas a veces forman una línea pálida obvia

el pico grueso le otorga a la cabeza su forma triangular típica (cf. negrón común tipo ♀)

▼ **Adulto ♂ (> 3er año cal.) (febrero)**
Identificable desde lejos gracias al patrón del pico y a los parches blancos de la cabeza.

oscuro, indicando ≥ 3er año cal.

Pato havelda *Clangula hyemalis*

L 44 cm (excl. rectrices centrales de ♂ adulto) | Verano, N Europa; invierno, NO Europa

Ànec glacial CAT
Izotz-ahatea EUS
Havelda GAL

▼ Adulto ♂ plumaje de verano (mayo)

Inconfundible. Desde el 3er año cal. muestra rectrices centrales muy largas (también en invierno). Esta especie sí muestra plumajes de invierno y verano reales, en lugar de adquirir un plumaje nupcial en otoño/inicios de invierno tras una fase de eclipse, como ocurre con la mayoría de anátidas.

▼ ♀ plumaje de verano (julio)

Las ♀♀ típicamente presentan un contraste fuerte entre partes superiores oscuras e inferiores blancuzcas, banda oscura en el pecho y zonas pálidas en la cabeza. Las terciarias y escapulares con márgenes marrón rojizo, así como las primarias negras, son indicativas de un ave adulta.

cara blanca "sucia"; resto de la cabeza más oscura

mancha rosa típica de ♂♂ de todos los plumajes (excepto juv. y adultos a finales de verano)

últimos vestigios de plumaje invernal, un rasgo típico a finales de primavera

escapulares de verano con márgenes marrón dorado, a veces más pálidos

totalmente negro

plumaje de verano con mucho marrón en la cabeza

▼ 1er invierno ♂ (marzo)

gris claro, pero pocas escapulares elongadas (cf. ♀ adulta en invierno y ♂ adulto en invierno)

marcas oscuras (cf. ♂ adulto en invierno)

típico de ♂ en todos los plumajes (excepto juvenil temprano y adulto a finales de verano)

solo ligeramente elongadas

marronáceo (cf. ♂ adulto en invierno)

▼ Adulto ♂ plumaje de invierno (marzo)

Inconfundible. La ausencia de marrón en el plumaje, las rectrices centrales larguísimas y el píleo blanco puro indican ♂ adulto (compárese con el ♂ de 1er invierno).

blanco (cf. plumaje de verano)

gris claro (cf. plumaje de verano)

▼ ♂ adulto en plumaje de invierno (marzo)

Inconfundible. Puede presentar las rectrices menos elongadas o incluso carecer de ellas.

▼ ♀ plumaje de invierno (marzo)

En vuelo, más compacta que el ♂ adulto, pero las alas oscuras uniformes y el plumaje blanco y negro son típicos. De lejos, puede confundirse con un álcido, por ejemplo, con un frailecillo atlántico.

anverso y reverso del ala típicamente negruzco uniforme

rectrices extremadamente largas en adultos (aquí ligeramente curvadas)

obispillo con centro negro y laterales blancos en todos los plumajes

el negro se extiende hacia el vientre

VARIACIÓN EN LAS ♀♀

Las ♀♀ en invierno son extremadamente variables en cuanto al color de las escapulares y la cantidad de oscuro en píleo, pecho y auriculares/cuello. Esto se debe a una muda lenta y compleja, que varía en función de la fenología, la edad o la mera variabilidad intraespecífica.

▼ ♀ adulta en plumaje de invierno (diciembre)
Clásica imagen de una ♀ a principios de invierno. Las partes superiores presentan márgenes rojizos y las terciarias son relativamente largas, a diferencia de la ♀ de 1er invierno. Las escapulares pueden presentar márgenes más difusos.

▼ ♀ adulta todavía en plumaje bastante invernal (abril)
La muda a plumaje de verano ha empezado; nótense las escapulares nuevas con patrón característico.

terciarias relativamente largas con márgenes marrón algo cálido indican adulto (cf. 2º año cal.)

escapulares largas ya de plumaje de verano (cf. 2º año cal.)

las coberteras poco desgastadas en primavera indican adulto (cf. 2º año cal.)

▼ ♀, probable 2º año cal. (junio)
Una ♀ adulta en plumaje de verano acostumbra a estar menos desgastada y presentar márgenes de plumas de partes superiores de un marrón más rojizo, especialmente en escapulares. En este ejemplar, la cabeza es poco contrastada, pero este patrón es muy variable en las ♀♀ a lo largo de todo el año.

▼ ♀ de 1er invierno (octubre)
Probablemente, este ejemplar se halla aún en plumaje juvenil completo. Además del ala y el pecho, la cabeza y el cuello son también juveniles, lo que se deduce viendo el punteado fino del pecho. Las escapulares más largas sí son postjuveniles.

coberteras marrón frío y apagado, ya algo desgastadas (cf. ♀ adulta)

terciarias cortas

escalado fino

▼ ♀ de 1er invierno (marzo)
Ejemplar típico: pico uniformemente oscuro (a diferencia del ♂), márgenes de plumas de partes superiores gris-marrón (no rojizo) y escapulares nuevas y grises con el centro oscuro.

▼ 1er invierno ♀ (marzo)
El datado de las ♀♀ puede ser problemático. En este caso, la combinación de terciarias cortas sin márgenes marrón rojizo, escapulares con centros oscuros difusos y las coberteras grandes ligeramente desgastadas apuntan claramente a un ave de 2º año cal. Sin embargo, muchas ♀♀ de 2º año cal. presentan escapulares grisáceas que forman un panel en partes superiores (véase arriba). Este ejemplar presenta solamente una mancha oscura sutil en auriculares/cuello, algo normal dentro de la variabilidad de la especie.

Porrón osculado *Bucephala clangula*

L 44 cm | Verano, N Europa; invierno, NO, O y C Europa

Morell d'ulls grocs CAT
Murgilari urrebegia EUS
Parrulo de ollos dourados GAL

▼ Adulto ♂ (diciembre)
Este plumaje es inconfundible. Ningún otro pato muestra la combinación de caracteres que se señalan.

verde (con la luz adecuada)

mancha redondeada diagnóstica

franjas negras y blancas en escapulares características

▼ Adulto ♀ (enero)
La combinación de cuerpo gris y cabeza marrón es típica de todos los plumajes tipo ♀. En Europa, solo se puede confundir con el porrón islándico, muy raro fuera de Islandia; véase aquella especie para apreciar las diferencias.

cabeza marrón con píleo "alto", ojo muy pálido y llamativo (iris amarillo-blanco uniforme típico de adulto, cf. 1er año)

secundarias blancas visibles a veces incluso posada

triangular con punta naranja-amarillo (bien delimitada en adultos)

franja pálida presente en todos los plumajes tipo ♀

▼ 1er invierno ♂ (febrero)
Los ejemplares avanzados como este son fácilmente identificables desde la segunda mitad de invierno, en base al patrón cefálico diagnóstico y ya desarrollado. Desde lejos, un ejemplar de este tipo se podría confundir con un porrón islándico ♂, debido a las plumas oscuras juveniles de flancos y también porque algunos ejemplares de esta edad pueden mostrar una mancha facial más alargada. El patrón de las escapulares nuevas cobra mucha importancia en este sentido. Muchos ♂♂ de 1er invierno presentan un plumaje más tipo ♀ hasta ya avanzada la primavera (véase ejemplar en vuelo).

coberteras pequeñas blancas (a diferencia del 1er invierno ♀ y porrón islándico ♀)

▼ 1er invierno ♀ (diciembre)
Similar a la ♀ adulta, pero nótense los caracteres que se señalan. Cuando bucea activamente, suele aplanar el píleo y la cabeza pierde la forma triangular.

zona ligeramente más oscura alrededor de la pupila típica en ejs. de 1er año

escapulares nuevas con patrón diagnóstico de ♂

área oscura difusa alrededor de la pupila típica de 1er invierno (cf. adulto)

patrón alar no visible aquí, oculto tras escapulares y flancos

patrón en desarrollo; suele presentar zonas pálidas variables hasta mediados de invierno

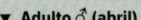

mezcla de plumas oscuras juv. y blancas adultas en flancos

▼ Adulto ♂ (abril)

gran panel blanco sólido típico de ♂ adulto

▼ Adulto ♂ eclipse (octubre)
Patrón alar adulto retenido, facilitando su diferenciación de las ♀♀. También aplicable a ejemplares a principios de otoño, cuando la mancha blanca de la cara está ausente.

panel blanco grande y continuo

▼ 1er invierno ♂ (febrero)
Muchos ♂♂ de 1er invierno todavía presentan plumajes tipo ♀. Las puntas oscuras sutiles de las coberteras grandes (a veces ausentes) crean una zona blanca continua entre secundarias y coberteras grandes. Solo los ♂♂ de 1er año presentan algo de blanco en coberteras pequeñas, creando una zona blanca variable en la parte anterior del ala (a menudo más pequeña que en la ♀ adulta).

▶ Adulto ♀ (abril)
Las ♀♀ adultas presentan 3 zonas blancas en el anverso del ala, separadas por 2 líneas negras (puntas negras anchas en coberteras grandes y medianas). El reverso del ala es completamente oscuro en todos los plumajes.

zona blanca amplia y uniforme (cf. ♀ de 1er invierno y porrón islándico ♀)

puntas oscuras de coberteras grandes sutiles (a diferencia de la ♀ adulta)

▼ 1er invierno ♀ (diciembre)
La ausencia de blanco en coberteras pequeñas es típica de este plumaje; compárese con el ♂ de 1er año y la ♀ adulta.

zona blanca variable en las coberteras pequeñas (como en esta ♀ adulta)

secundarias y coberteras grandes blancas forman una zona blanca (casi) uniforme (cf. ♀ adulta y ♂ de 1er invierno)

totalmente oscuro (cf. ♀ adulta y ♂ de 1er año)

Porrón islándico *Bucephala islandica*

L 47 cm | Islandia

Morell d'Islàndia CAT
Murgilari islandiarra EUS
Parrulo islandés GAL

▼ Adulto ♂ (mayo)
Fácil de identificar con buenas condiciones de observación. Fuera de Islandia, hay que recordar que algunos ♂♂ de 1er invierno de porrón osculado pueden ser relativamente similares desde lejos, con una mancha facial alargada y estrecha, lados del pecho oscuros, flancos blancos y manchas blancas de escapulares más cortas.

▼ Adulto ♀ (junio)
Muchos ejemplares de la población islándica presentan muy poco naranja/amarillo en el pico, como en este caso, que además casi desaparece en verano. Muy similar a la ♀ de porrón osculado, pero nótese, además de los caracteres que se señalan, el elevado ratio pico-cabeza, un rasgo útil en todos los plumajes. El patrón del anverso del ala es diagnóstico en cada plumaje, pero a menudo solo resulta visible en vuelo.

morado (verde en porrón osculado ♂)

vertical

mancha blanca puntiaguda hasta más arriba del pico (cf. porrón osculado adulto ♂)

fila de manchas blancas romboidales (cf. porrón osculado adulto ♂)

el negro baja más por el cuello que en el ♂ adulto de porrón osculado

línea negra (ausente en el ♂ adulto de porrón osculado)

vértice creado por transición súbita entre las plumas cortas del píleo y las plumas largas de la nuca (cf. porrón osculado ♀)

parte más alta del píleo redondeada y aproximadamente sobre el ojo (cf. porrón osculado ♀)

vertical (a veces también en el porrón osculado, en ciertas posturas)

las plumas largas crean una nuca bulbosa

relativamente corto, uña algo caída

las puntas negras anchas indican ej. de tipo adulto (cf. inm. ♀)

muy poco blanco (cf. 1er invierno ♀ y porrón osculado ♀)

plumas largas y oscuras que cubren la parte superior del cuello (cf. porrón osculado ♀)

Porrón islándico *Bucephala islandica*

▼ **Adulto ♂ eclipse (octubre)**

Plumaje tipo ♀ (como en la mayoría de ♂♂ adultos de patos en eclipse), debido en parte a la ausencia de escapulares nupciales diagnósticas. En este plumaje, puede parecerse tanto al ♂ adulto en eclipse como a la ♀ adulta y al ♂ de 1er invierno de porrón osculado. Estos dos últimos plumajes de porrón osculado presentan asimismo un patrón alar similar (véase aquella especie). Un ejemplar de 1er invierno en octubre (ambas especies) todavía carecería del iris amarillo brillante con la pupila bien delimitada y una ♀ (ambas especies) no mostraría blanco junto al pico.

plumas de la cabeza largas (cf. porrón osculado)

blanco bastante extenso en coberteras pequeñas típico del ♂ adulto, pero sin conectar con el blanco de coberteras grandes y secundarias (cf. porrón osculado ♂ en eclipse)

parche oscuro en laterales del pecho

▼ **Adulto ♀ (noviembre)**

Patrón de pico típico, con más amarillo bajo las narinas que sobre ellas. En la ♀ de porrón osculado, el amarillo suele ser más extenso hacia la base del pico sobre las narinas y menos por debajo de estas.

uña más ancha de perfil que en el porrón osculado

el parche naranja del pico más extenso bajo las narinas es diagnóstico (cf. porrón osculado ♀)

▼ **♀ (mayo) de Norteamérica**

los ejs. de la población de Norteamérica muestran mucho naranja-amarillo (a veces todo el pico), pero la población islandesa también promedia más naranja que el porrón osculado, con más naranja debajo de las narinas que sobre estas, lo que resulta diagnóstico

▼ **1er invierno ♂ (febrero)**

escapulares nuevas con manchas ovales blancas pequeñas (cf. porrón osculado 1er invierno ♂)

forma de la cabeza típica

línea negra de flancos ya algo desarrollada

5–6 secundarias blancas (6–7 en el porrón osculado)

blanco poco extenso típico en el ♂ de *Bucephala* de tipo adulto, con panel blanco de coberteras aislado (cf. porrón osculado ♂)

◄ **Adulto ♂ (noviembre)**

▼ **Juvenil/1er invierno (septiembre)**

La combinación de caracteres que se señalan, así como el iris (todavía amarillo apagado) son típicos de este tipo de plumaje. A diferencia del porrón osculado de 1er invierno, los porrones islándicos son más difíciles de sexar a partir del patrón del anverso del ala. Las coberteras pequeñas blanquecinas, el pico totalmente negro y el iris ya algo pálido son indicativos de ♂ en este caso (en esta época las ♀♀ ya suelen mostrar una banda amarillo-marrón pálido en el pico). Más avanzado el invierno, las escapulares de los ♂♂ mostrarán manchas blancas redondeadas y la media luna blanca de la cara también irá apareciendo.

poco blanco en coberteras pequeñas (como en la ♀ adulta)

sin puntas oscuras en coberteras grandes, típico de juv./1er invierno

▼ **Adulto ♀ (junio)**

La identificación en vuelo es relativamente sencilla en base a las diferencias obvias de patrón con respecto al porrón osculado de la misma edad y sexo. La ♀ adulta de porrón islándico y el ♂ de 1er invierno de porrón osculado constituyen los plumajes más parecidos, pero este último no muestra (o muy raramente) puntas negras en coberteras grandes.

puntas negras de coberteras grandes extensas típicas de la ♀ adulta

muy poco blanco en las coberteras más pequeñas (cf. ♀ adulta de porrón osculado)

Porrón albeola *Bucephala albeola*

L 36 cm | Divagante de Norteamérica; también escapes de cautividad

▼ **Adulto ♂, plumaje nupcial completo (febrero)**
Inconfundible por el patrón de la cabeza único.
Con la luz adecuada, se aprecian tonos irisados
en las zonas negras de la cabeza

▼ **Probable adulto ♀ (noviembre)**
Los ejemplares de 1er invierno de ambos sexos muestran este tipo de
plumaje, pero una ♀ de 1er invierno carece de blanco en coberteras
grandes. Un ♂ de 1er invierno suele presentar supracoberteras
caudales gris pálido y una mancha blanca de auriculares ya más
extensa, pero algunos ejemplares pueden ser muy similares.

cabeza oscura con mancha blanca
en auriculares típica de todos los
plumajes tipo ♀, ♂ adulto en
eclipse y ♂ de 1er invierno

blanco en el centro de
coberteras grandes típico
de la ♀ adulta y el ♂ de
1er invierno

escapulares
grises elongadas
indicativas de ♀
adulta

gris relativamente
oscuro

▼ **1er invierno ♂ (diciembre)**
Plumaje muy parecido al del ♂ y la ♀ en eclipse, pero nótense
los caracteres que se señalan. En diciembre, el ♂ adulto
llevaría ya un tiempo con el plumaje nupcial completo.

poco blanco en coberteras,
aunque puede estar oculto
por flancos y escapulares
(cf. ♂ adulto en eclipse)

más negro y brillante
que en la ♀

gris claro

plumas aún juv.

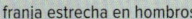

aparecen las primeras
plumas blancas

▼ **Adulto ♂, eclipse, en cautividad (junio)**
Además de los caracteres que se señalan, a veces puede
observarse el panel blanco de coberteras, diagnóstico de un ♂
adulto. Este ejemplar está realizando la muda completa del
ala, con primarias y otras plumas ya caídas.

parche blanco extenso
y otras plumas blancas
sobre este retenidas

muy desgastado (a diferencia
del 1er invierno ♂)

franja estrecha en hombros

zona blanca extensa
ocupando todo el
ancho del ala

▶ **Adulto ♂ en plumaje
nupcial completo (enero)**
Inconfundible, pero véase
el porrón osculado ♂.

▼ **1er invierno ♀ (marzo)**
Muy similar a la ♀ adulta en este caso, excepto
por la ausencia de blanco en coberteras grandes.
Comportamiento típico con la cabeza izada en vuelo.

▶ **♀ (marzo)**

sin blanco

ligero contraste entre
coberteras algo más pálidas
y reverso de plumas de
vuelo muy oscuro en todos
los plumajes (cf. otros
Bucephala)

Serreta chica *Mergellus albellus*

L 41 cm | Verano, N Europa; invierno, NO, O y C Europa

▼ **Adulto ♂ (febrero)**
Inconfundible. Una de las muchas anátidas cuyos ♂♂ en plumaje nupcial completo presentan patrones únicos.

▼ **♂ eclipse (julio)**
Este ejemplar se halla en una fase temprana del eclipse, que evolucionará gradualmente hacia un plumaje tipo ♀. Sin embargo, habitualmente retienen algunas plumas blancas en píleo y partes superiores y, además, las partes oscuras de la cabeza se tornan negruzcas en lugar del marrón rojizo propio de las ♀♀.

▼ **2º año cal. ♂ (enero)**
A diferencia de la mayoría de anátidas, muchos ♂♂ de 1er año retienen el plumaje tipo ♀ durante más tiempo. Los ♂♂ de 1er año tienen apariencia de ♀ a menudo hasta ya avanzada la primavera, cuando otros caracteres, que se señalan aquí, no están a la vista.

primeras plumas blancas apareciendo en cabeza, laterales del pecho y escapulares

manchas oscuras en panel de coberteras indicativo de ejs. de 1er año de ambos sexos

bandas alares blancas anchas características de ejs. de 1er año de ambos sexos

▲ **Adulto ♂ (marzo)**
En vuelo, este plumaje también resulta inconfundible.

▼ **Adulto ♀ (febrero)**
Todos los tipo ♀ se parecen debido a la uniformidad del plumaje. La combinación del panel blanco uniforme en coberteras y las bridas negruzcas son típicas de la ♀ adulta.

píleo y cuello marrón rojizo y garganta/mejilla blancas típico de 1er invierno, ♀ adulta y ♂ adulto en eclipse

bridas oscuras (cf. inm./2º año cal. ♀)

panel en coberteras continuo y blanco puro (cf. inm./2º año cal. ♀)

▼ **2º año cal. ♀ (mayo)**
Los caracteres que se señalan también aplican a los ejemplares de 1er invierno, estando presentes en el plumaje de las ♀♀ hasta el verano de su 2º año.

panel con coberteras ribeteadas de gris-marrón (cf. ♀ adulta)

bridas no más oscuras que el píleo a finales de invierno/primavera propio de ♀♀ inmaduras (♀ adulta y ♂ de 2º año cal. presentan bridas negruzcas en esta época)

bandas blancas anchas, propio de inmaduros

patrón alar característico de los adultos: panel de coberteras blanco uniforme y franja alar fina a través de las coberteras grandes (cf. 1er año)

brida negruzca (cf. 1er año ♀)

la combinación de axilares blancas e infracoberteras alares con franja central oscura es diagnóstica para todos los plumajes, incluso desde lejos

▲ **Tipo adulto ♂ (noviembre)**
El patrón del reverso del ala es diagnóstico comparado con otras anátidas blancas y negras y de vuelo rápido (como el porrón osculado) y resulta especialmente útil desde lejos, cuando otros caracteres son difíciles de apreciar con detalle debido a sus rápidos aleteos. Los ♂♂ retienen vestigios del eclipse hasta bien avanzado el otoño.

▲ **Adulto ♀ (febrero)**
El patrón alar es similar al del ♂ adulto y resulta útil para diferenciarlo de ejemplares de 1er año ♀/♂. La garganta blanca y las secundarias oscuras permiten diferenciarla del porrón osculado, pero nótese también el patrón del reverso del ala.

Serreta capuchona *Lophodytes cucullatus*

L 46 cm | Divagante de Norteamérica; frecuentemente, escapadas de cautividad

▼ Adulto ♂ (noviembre)
Inconfundible. Las plumas del píleo largas pueden mantenerse plegadas o erizadas.

▼ Adulto ♀ (noviembre)
En las ♀♀, el píleo también es muy flexible, otorgándole una forma de la cabeza característica en todas las posiciones.

terciarias tipo adulto redondeadas y con raquis blancos de anchura variable

iris algo oscuro en todos los plumajes tipo ♀

pálido, amarillento en todos los plumajes tipo ♀

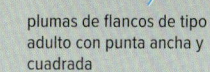

plumas de flancos de tipo adulto con punta ancha y cuadrada

▼ Adulto ♂, eclipse, en cautividad (junio)
Un ejemplar durante su muda alar completa; se ha despojado de todas las terciarias, secundarias y primarias. El iris pálido y el pico (fundamentalmente) oscuro son característicos de un ♂. Van apareciendo algunas plumas nuevas con rasgos de ♂ (plumas grises vermiculadas en flancos anteriores y línea blanca en laterales del pecho).

▼ 1er invierno ♂ (febrero)
Muchos ♂♂ de 1er invierno muestran ya plumas de ♂ en flancos, cabeza y otras zonas. Las ♀♀ de 1er invierno son casi idénticas, pero presentan el iris oscuro y la base de la mandíbula amarilla.

pico todo negro e iris ya algo pálido típico del ♂ de 1er invierno

terciarias relativamente desgastadas y puntiagudas; raquis con franja fina blanco sucio, indicando edad juv.

▶ Juvenil/1er invierno (septiembre)

terciarias juv. con raquis pálido difuso (cf. tipo adulto)

píleo aún por desarrollar en este ej.

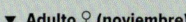

▼ Adulto ♀ (noviembre)
Patrón alar similar al de la ♀/♂ de 1er año, pero en estos las puntas blancas de las coberteras grandes son más reducidas y, especialmente en ♀♀, divididas en 2 pequeñas manchas en cada pluma.

▼ Adulto ♂ (diciembre)
Inconfundible. El patrón alar en eclipse resulta importante para diferenciarlo de los ♂♂ de 1er año y de todos los plumajes tipo ♀ que raramente (♀ adulta) o nunca (1er año ♀/♂) muestran un panel pálido en coberteras medianas y pequeñas.

coberteras grandes con puntas blancas grandes y uniformes (cf. 1er año)

panel de coberteras gris-marrón

Serreta mediana *Mergus serrator*

L 55 cm | Verano, N Europa; invierno, NO, O y S Europa

▼ **Adulto ♂ (marzo)**
Fácil de diferenciar del ♂ de serreta grande por la cresta despeinada, pecho marrón y flancos grises. La forma del pico se mantiene en todos los plumajes.

despeinado

fino y casi paralelo

gancho pequeño; no contacta con la mandíbula inferior

gris vermiculado

marrón

▼ **1er invierno ♂ (diciembre)**
Muy similar a la ♀ adulta en este plumaje; terciarias con patrón parecido, pero las de tipo adulto son más redondeadas. Además de las terciarias puntiagudas, la cresta corta y el iris naranja-marrón también son rasgos típicos de ejemplares de 1er invierno.

terciarias puntiagudas, indicando 1er año; el blanco en la hemibandera externa de la terciaria más externa indica ♂

▼ **Adulto ♂ (mayo)**
Fácil de identificar en base al pecho marrón y al ala interna fundamentalmente blanca, dividida en 3 secciones por franjas alares negras (compárese con la serreta grande ♂ adulto).

▼ **Adulto ♀ (noviembre)**
Los plumajes tipo ♀ (♀ adulta, 1er año ♂/♀ y ♂ adulto en eclipse) comparten el mismo patrón uniforme, lo que les hace muy parecidos. Se señalan a continuación las sutiles diferencias entre una ♀ adulta en otoño/invierno y un ejemplar de 1er año.

hemibanderas externas grises y puntas redondeadas típicas de ♀ adulta (cf. 1er año ♀ y ♂ de 1er invierno muy parecidos)

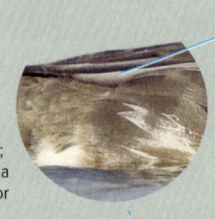

cresta relativamente corta y despeinada (cf. serreta grande ♀)

iris rojo, indicando adulto (cf. 1er invierno y serreta grande ♀)

transición de color muy suave (cf. serreta grande ♀)

▶ **Adulto ♀ (marzo)**
Algunas ♀♀ desarrollan zonas más oscuras alrededor de ojo, pico y, algunas veces, garganta a partir de la segunda mitad del invierno, que desaparecen luego en primavera.

▼ **2º año cal. ♂ (marzo)**
Aún similar a la ♀ adulta, pero los rasgos típicos de ♂ empiezan a aparecer. Terciarias con mucho blanco recién mudadas. Iris ya rojo puro (marrón en la ♀ de 2º año cal. y naranja-rojo en la ♀ adulta).

plumas de flancos anteriores de tipo ♂

terciarias contrastadas (cf. ♀ adulta)

plumas nuevas gris vermiculado emergiendo

▶ **Adulto ♀ (junio)**

bases de secundarias negras anchas separando las dos secciones blancas (cf. 1er año)

▼ Adulto ♂ eclipse (octubre)

Al margen del panel blanco en coberteras pequeñas, los ♂♂ adultos en eclipse son idénticos a las ♀♀.

▼ 2º año cal. ♀ (junio)

Las ♀♀ de primer invierno son identificables por los caracteres que se señalan. Aparte del patrón de terciarias y coberteras grandes, son muy similares a la ♀ adulta, pero nótense también la cola y las primarias desgastadas. La silueta ligera y elongada resulta útil para diferenciarlas de serretas grandes de tipo ♀ desde lejos. Los ♂♂ de 1er invierno y las ♀♀ adultas comparten patrón alar.

la base negra de secundarias separa las dos secciones blancas

panel blanco en coberteras pequeñas y medianas retenido (cf. ♀)

terciarias gris-marrón uniforme (cf. ♀ adulta)

bases negras de secundarias reducidas (apenas sobresalen bajo las coberteras grandes) desde juv. hasta verano de su 2º año (cf. ♀ adulta)

Serreta grande *Mergus merganser*

L 63 cm | Verano, N Europa; invierno, NO, O y C Europa

Bec de serra gros CAT
Zerra handia EUS
Mergo grande GAL

▼ Adulto ♂ (enero)

Fácil de identificar en este plumaje: anátida grande y alargada, con pico ganchudo, partes inferiores blancas o amarillentas y cabeza y partes superiores oscuras.

▼ Adulto ♀ (abril)

Al igual que en la serreta mediana, todos los plumajes de tipo ♀ (♀ adulta, 1er año ♂/♀ y ♂ adulto en eclipse) comparten el mismo patrón uniforme. Fácil de diferenciar de la serreta mediana de tipo ♀ con una buena observación.

redondeado, sin cresta

todo blancuzco, a menudo con tintes amarillentos

más redondeada y menos "salvaje" que en la serreta mediana

iris oscuro (más pálido en inm. y en la serreta mediana)

terciarias largas y redondeadas indican adulto (cf. inm.)

gris más pálido y puro que en la serreta mediana tipo ♀

gancho "colgante" (cf. serreta mediana)

garganta blanca bien definida (cf. serreta mediana tipo ♀)

borde entre cabeza marrón y pecho blanco muy bien definido y característico (cf. serreta mediana tipo ♀)

► Adulto ♀ (abril)

Las puntas de coberteras grandes oscuras y bien definidas son bastante típicas en las ♀♀ adultas (totalmente blancas en algunos casos), pero algunos ejemplares de 1er año (especialmente ♀♀) pueden mostrar puntas grises bastante sólidas. Debido a esto, se considera que este carácter no es definitivo para el datado, y debe usarse en combinación con otros rasgos, como las terciarias (aquí relativamente largas y redondeadas, de tipo adulto, con hemibandera interna pálida) y el color del iris (aquí totalmente oscuro).

mayoría de ejs. con puntas de coberteras grandes oscuras

terciarias largas, redondeadas y nuevas

Serreta grande *Mergus merganser*

▼ Adulto ♂ eclipse (octubre)
Recuerda a la ♀, pero véase el patrón alar típico de un ♂, incluyendo el gran panel blanco en coberteras medianas y pequeñas, a menudo visible incluso con el ave posada.

▼ 1er invierno ♂ (diciembre)
Este ejemplar muestra ya rasgos de ♂ antes de finalizar el año, pero no es así en otros ♂♂.

iris pálido típico del 1er año

escapulares nuevas y flancos básicamente blancos (cf. ♀)

aparecen las primeras plumas oscuras

▼ 2° año cal. (enero)
Casi idéntico a la ♀ adulta, pero véanse los caracteres que se señalan. Los rasgos de ♂ pueden tardar mucho en aparecer, por lo que no es posible sexar este ejemplar.

iris aún pálido (cf. adulto)

terciarias puntiagudas con puntas desgastadas (cf. adulto)

▼ Adulto ♂ (mayo)

blanco continuo (cf. serreta mediana adulto ♂)

▼ 1er invierno, probablemente ♀ (marzo)
Muy similar a la ♀ adulta, pero estas raramente carecen de puntas oscuras en coberteras grandes. Muchos ejemplares de 1er invierno muestran puntas grises reducidas y difusas, pero nunca llegan a formar una banda alar oscura y sólida como la mayoría de ♀♀ adultas. Las terciarias gris uniforme y relativamente cortas también encajan con esta edad.

▼ 1er invierno ♂ (febrero)
Un ejemplar más o menos promedio de esta clase de edad y sexo, con rasgos de ♂ apareciendo durante el invierno tardío.

suele ser más pálido que en la ♀ de 1er invierno

iris pálido típico del 1er invierno

coberteras grandes con puntas pálidas sutiles, típicas del 1er año

borde inferior de cabeza (y bridas) marrones suele ser lo primero en oscurecerse

ya se vislumbran rasgos de ♂ en escapulares

sin puntas oscuras, indicando 1er invierno

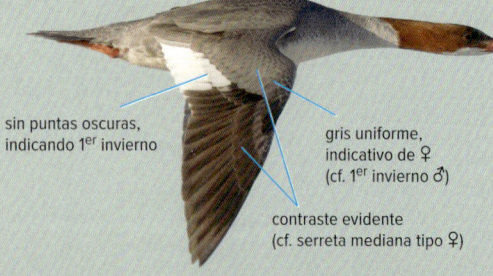

gris uniforme, indicativo de ♀ (cf. 1er invierno ♂)

contraste evidente (cf. serreta mediana tipo ♀)

Cerceta de alfanjes *Mareca falcata*

L 51 cm | Divagante de E Asia; frecuentemente, escapadas de cautividad

▼ **Adulto ♂ (diciembre)**
Inconfundible. Solo la cabeza y el vientre recuerdan
vagamente al ♂ de cerceta común.

las terciarias largas
y colgantes indican
♂ adulto

las escapulares gris
claro crean un panel
obvio desde lejos

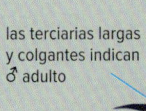

▼ **Tipo adulto ♀ (febrero)**
Combinación típica entre una cabeza poco marcada, tipo
silbón, y un flanco con mucho patrón. Este ejemplar, escapado
de colección, carece de primarias en el ala derecha. Cortar
estas plumas constituye un método habitual para evitar que
aves de colección escapen.

la cabeza gris contrasta
con el color de fondo
rojizo de pecho y flancos

zona a
menudo pálida

cola corta, supra-
coberteras caudales
con mucho patrón

gris uniforme

escalado oscuro
llamativo

▼ **Adulto ♂, finalizando la muda del plumaje
de eclipse (otoño)**
Un ejemplar (salvaje) en plumaje de eclipse
completo es altamente improbable en Europa.

franja pálida como en
la ♀ de cerceta común,
pero menos obvia

patrón muy marcado

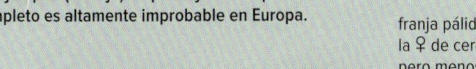
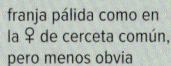

últimas plumas del eclipse
típicamente anchas y
redondeadas (cf. 1er invierno)

▼ **♀ (febrero)**

anverso del ala algo parecido al
silbón europeo tipo ♀, pero sin
secundarias internas grises/blancas

▼ **1er invierno ♂ (otoño/invierno)**

terciarias relativa-
mente cortas y rectas

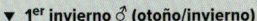

plumas de flancos
estrechas y puntiagudas
retenidas juv.

contraste fuerte entre el
espejuelo negruzco y zona
anterior del ala gris claro
(coberteras grandes blancas)

▶ **Tipo adulto ♂ (febrero)**

cola muy corta
(popa corta) en
todos los plumajes

reverso del ala casi totalmente blanco
(como en el ánade azulón, cuchara
común y ánade friso), a diferencia de
otras anátidas de superficie

Silbón europeo *Mareca penelope*

L 48 cm | Verano, N Europa; invierno, toda Europa excepto N

▼ **Adulto ♂ (marzo)**
Fácil de identificar. Un ♂ de 1er invierno puede parecerse ya mucho a un adulto, pero las coberteras (juv.) aún mostrarían marcas marrones en lugar ser blanco puro.

▼ **Adulto ♀ (diciembre)**
Ejemplar de una variante más gris. Existen fundamentalmente 2 variantes en cuanto al color, pero muchos ejemplares intermedios. Aparte de esto, el plumaje uniforme, las primarias negras y las terciarias largas y puntiagudas apuntan hacia una ♀ adulta (compárese con la ♀ de 1er invierno).

blanco puro (cf. inm. ♂)

cabeza color castaño con franja amarilla en la frente característ025icas

vermiculado gris

patrón de pico típico de ambas especies de silbón en todos los plumajes, pero nótense las diferencias sutiles con el americano

márgenes de coberteras blancos y anchos típicos de adulto

cabeza y flancos de un marrón más o menos uniforme, típico de ♀ en todos los plumajes

flanco marronáceo con borde bien definido y vientre blanco puro típico de ♀ en todos los plumajes

▼ **Adulto ♂ (enero)**

no son raros los tintes verdes sutiles

▼ **♀, probablemente 2º año cal. (marzo)**
Este ejemplar pertenece a la variante rojiza. El contraste entre el flanco y la cabeza se acerca al mostrado por el silbón americano ♀, pero este mostraría una cabeza más gris y un patrón de coberteras grandes distinto.

márgenes de coberteras finos y grises (cf. adulto)

tintes marrones en la cabeza (cf. silbón americano ♀)

bases de coberteras grandes oscuras (cf. silbón americano ♀)

terciarias relativamente cortas, chatas y desgastadas (cf. adulto)

▼ **Adulto ♂ eclipse (septiembre)**
Vagamente similar a la variante adulto ♀, pero véanse los caracteres que se señalan, además de un color de fondo más cálido en general. Las plumas grises de partes superiores no aparecen como mínimo hasta este momento del otoño.

plumas grises de partes superiores emergiendo (cf. ♀)

blanco puro (cf. 1er invierno ♂ y ♀)

▼ **Juvenil (agosto)**
Vagamente similar a la ♀ adulta, pero véanse los caracteres que se señalan.

terciarias relativamente cortas y chatas (cf. ♀ adulta)

centros oscuros uniformes en todas las escapulares (cf. ♀ adulta)

todavía apagado y con patrón difuso

puntas ya desgastadas

▼ 1er invierno ♂ (noviembre)

Este ejemplar va muy avanzado en su muda postjuvenil, por lo que ya en noviembre es muy similar al ♂ adulto. Véase el panel de coberteras que se señala, que facilita el datado rápido hasta que es mudado, durante el verano del 2º año cal.

▼ 2º año cal. ♀ (marzo)

La muda en ejemplares inmaduros es muy variable, tanto en cuanto a extensión como en cuanto a fenología. En marzo, algunos ejemplares ya han mudado terciarias y rectrices a plumas de tipo adulto y resultan menos fáciles de datar como 2º año cal.

coberteras juv. marrones típicas (cf. ♂ adulto)

mudado a plumaje nupcial, con franjas pálidas

terciarias cortas (cf. ♀ adulta)

muy desgastada

▼ 1er invierno/2º año cal. ♂ (febrero)

En febrero, este ejemplar está menos avanzado que el ejemplar de arriba en noviembre, lo que da una idea de la gran variabilidad en la fenología de la muda postjuvenil. La cabeza y las partes inferiores ya han sido mudadas, pero las plumas juveniles todavía ocupan una parte significativa de las partes superiores. El ala entera está retenida hasta la muda completa del verano del 2º año cal., como ocurre en todas las anátidas.

▼ Adulto ♂ (diciembre)

Las axilas y las coberteras medianas pueden parecer tan blancas como en el silbón americano, pero siempre muestran algunas marcas grises (aunque a menudo muy sutiles). Algunos ♂♂, como en este caso, presentan una máscara verdosa, como el silbón americano ♂, y se les suele colgar la etiqueta de híbridos. Sin embargo, estos ejemplares suelen carecer de otros rasgos de *americana*, por lo que este carácter probablemente entra dentro de la variabilidad normal del silbón europeo.

fracción significativa de partes superiores todavía juv., incluyendo supracoberteras caudales (cf. ♂ adulto)

plumas nuevas de tipo adulto

gris-marrón (cf. ♂ adulto)

panel de coberteras blanco (cf. inm. ♂)

grisáceo, aunque variable; aquí un promedio (cf. silbón americano)

◄ ♀ (febrero)

El reverso del ala parece gris más o menos oscuro desde lejos y contrasta con el vientre blanco, una diferencia útil respecto a casi todo el resto de anátidas de superficie.

Silbón americano *Mareca americana*

L 50 cm | Divagante de Norteamérica

Ànec xiulador americà CAT
Ahate txistulari amerikarra EUS
Asubión americano GAL

▼ **Adulto ♂ (enero)**
Relativamente fácil de identificar cuando se observa en detalle, pero deben considerarse los híbridos con el silbón overo (véase p. 77), que pueden ser sorprendentemente parecidos desde lejos.

antifaz oscuro obvio sobre cabeza pálida; verde variable y también presente en el silbón europeo ♂

marrón rosado (gris en silbón europeo ♂), casi el mismo color que el flanco

blanco o crema; borde moteado

larga

pequeña comisura negra (ausente en silbón europeo)

blanco a menudo más llamativo que en el silbón europeo ♂

blanco puro, indicando adulto (como en el silbón europeo ♂)

gris con motitas negras

▶ **Adulto ♂ (octubre)**
Las sutiles diferencias en la forma de la cabeza entre silbones europeo y americano suelen ser visibles; la frente pronunciada depende sobre todo de la postura.

pronunciada

cuello "hinchado" (cf. silbón europeo ♂)

▼ **Adulto ♀ (octubre)**
El panel de coberteras característico es bien visible aquí y constituye un rasgo muy útil para separarlo del silbón europeo ♀, en combinación con el patrón cefálico. Los otros caracteres señalados son solo suplementarios.

▼ **Adulto ♂ eclipse (octubre)**
Como en muchas anátidas, el ♂ adulto en eclipse se parece mucho a la ♀, pero véanse los caracteres que se señalan. La franja del píleo es de color crema en otoño, aunque evoluciona al blanco durante invierno/primavera. El color de la hemibandera interna de las terciarias es un rasgo útil durante todo el año para separarlo del silbón europeo ♂ adulto, pero no tanto de otros plumajes debido al solapamiento con ♀♀ adultas y ♂♂ de 1er invierno (gris-marrón).

hemibandera interna de terciarias gris-marrón algo más cálido (gris-marrón más frío en el silbón europeo ♀)

la zona oscura alrededor del ojo es más evidente debido al color más pálido del resto de la cabeza (cf. silbón europeo ♀)

terciarias largas y puntiagudas, indicando adulto

muchas motas sobre fondo blancuzco (cf. silbón europeo ♀)

terciaria tipo adulto con hemibandera interna marronácea (cf. silbón europeo ♂ adulto)

vermiculado (cf. ♀ adulta)

antifaz verde emergente

supracoberteras caudales de tipo adulto (con margen blanco) en octubre indicando adulto

coberteras grandes con base blanca y punta negra características (cf. silbón europeo ♀)

muchos ejemplares muestran más blanco en coberteras medianas y pequeñas; en este caso, igual que un silbón europeo ♀

contraste marcado; transición bastante súbita entre cabeza y pecho (cf. silbón europeo ♀)

parches oscuros en promedio más llamativos y contrastados que en silbón europeo ♀

tiende a un naranja más puro que el silbón europeo ♀

blanco puro (cf. ♀ adulta)

▼ **Juvenil/1er invierno (octubre)**
Casi idéntico al juvenil de silbón europeo (también en lo relativo al datado), pero el patrón cefálico característico y su contraste con el marrón-naranja de flancos ya es visible. Algunas escapulares mudadas.

patrón y forma típica de terciarias juv.; relativamente cortas, chatas y con ambas hemibanderas negruzcas (cf. adulto)

color de fondo gris claro característico en cabeza y cuello, resaltando el antifaz y el moteado oscuro.

▼ **1er invierno ♂ (invierno/primavera)**
Un ejemplar avanzado como este parece ya un adulto, pero carece de panel alar blanco puro, como en el ♂ de 1er invierno de silbón europeo. Los ejemplares menos avanzados muestran, por ejemplo, marcas pálidas entre el negro de supra e infracoberteras caudales.

coberteras pequeñas con patrón gris-marrón (cf. ♂ adulto)

plumas de flancos relativamente estrechas y redondeadas y márgenes blancuzcos finos en escapulares y plumas de manto típicos de juveniles

▼ 2º año cal. ♀ (enero)

Casi como la ♀ adulta, incluyendo el patrón cefálico característico en comparación con el silbón europeo ♀, pero véanse los caracteres que se señalan. Para asegurar la identificación, es necesario estudiar el patrón de las coberteras grandes y del reverso del ala. Este ejemplar ha mudado las escapulares bastante pronto, adquiriendo plumaje nupcial, lo que no es raro en la especie. La variabilidad en la fenología de muda de cada región del plumaje es amplia en todas las anátidas.

▼ Híbrido con silbón overo *Mareca sibilatrix* (julio)

Estos híbridos pueden parecerse al silbón americano por mostrar mucho contraste entre flancos marrón-naranja y cabeza grisácea con antifaz obvio. Se señalan algunos rasgos típicos de hibridación. A menudo resulta imposible determinar qué otra especie de silbón está implicada en la hibridación.

terciarias relativamente cortas, marrones y desgastadas, indicando 2º año cal.

escapulares nuevas con bandas pálidas

oscuro, indicando 2º año cal.

cola y supracoberteras caudales desgastadas, indicando 2º año cal.

pecho sin parches oscuros (cf. ♀ adulta)

antifaz con borde anterior vertical recto entre el ojo y el píleo (cf. silbón americano)

puntiagudo

bordes de escapulares largas pálidos y anchos

escalado oscuro

pálido

▼ Adulto ♂ (enero)

Axilares blanco puro. El silbón europeo muestra marcas grises variables, pero los ejemplares más pálidos pueden parecer tan blancos como el americano en el campo.

blanco uniforme

▼ Adulto ♀ (diciembre)

Las bases blanco uniforme de las coberteras grandes forman una banda alar variable.

las coberteras medianas y pequeñas pueden ser como en el silbón europeo ♀ (oscuras con borde pálido) o muy pálidas, como aquí

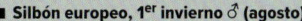

■ Silbón europeo, 1er invierno ♂ (agosto)

El patrón de las coberteras grandes en juvenil, 1er invierno y ♀ adulta es más o menos el opuesto al silbón americano. En el silbón europeo, la franja alar está formada por las puntas pálidas de las coberteras grandes; en el americano, la franja está formada por las bases blancas de las mismas plumas. Además, la franja alar es más ancha y blanco puro en el silbón americano.

coberteras grandes con bases blancas y puntas negras diagnósticas con respecto al silbón europeo ♀

las coberteras grandes varían incluso en un mismo ejemplar; aquí con puntas blancas y negras, pero siempre con base gris (cf. silbón americano en todos los plumajes)

▼ ♀ (diciembre)

Este patrón del reverso del ala se mantiene en todos los plumajes y resulta un rasgo útil para diferenciarlo del silbón europeo. Sin embargo, las marcas grises finas sobre plumas blancas de este se difuminan de lejos o con luz directa, aparentando blanco puro en los ejemplares más pálidos.

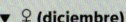

blanco inmaculado (cf. silbón europeo ♀)

coberteras grandes con muy poco blanco en la punta típico de juv.

excepto algunas escapulares, resto de plumas típicas juv. uniformes con bordes pálidos finos

rectrices centrales juv. (no elongadas) retenidas

blanco en el ala extenso para un juv., apuntando claramente a ♂

◄ Juvenil (octubre)

Compárese con el silbón europeo juvenil y 1er invierno.

Ánade azulón *Anas platyrhynchos*

L 56 cm | Toda Europa

Ànec collverd CAT
Basahatea EUS
Lavanco real GAL

▼ Adulto ♂ (octubre)
Inconfundible y de aspecto familiar, incluso para personas no aficionadas a las aves. Las rectrices centrales rizadas son únicas y exclusivas de los ♂♂.

▼ Adulto ♀ (diciembre)

marcas pálidas llamativas, de tipo adulto

espejuelo característico en todos los plumajes

♀♀ con algunas marcas oscuras en sección central

uniforme o con marcas dispersas, pero nunca blanco puro como en, por ejemplo, el ánade friso o la cerceta común

tipo adulto; nuevas, pálidas y algo barradas

patas naranja brillante

▼ 1er año ♂ (agosto)
Además de los caracteres que se señalan, relativos al datado, el espejuelo azul con bordes blancos y las terciarias anchas constituyen rasgos típicos.

plumas de tipo adulto emergiendo

todavía apagado (cf. ♂ adulto eclipse)

rectrices juv. marrones y desgastadas (cf. ♂ adulto)

fila ordenada de plumas puntiagudas en los flancos (cf. ♂ adulto eclipse)

▼ Adulto ♂ eclipse (junio)
Similar al ♂ de 1er año, pero véanse los caracteres señalados.

anchas y redondeadas, indicando adulto

amarillo uniforme, apuntando a ♂

supracoberteras caudales redondeadas y ordenadas, de tipo adulto

▼ Adulto ♂ (febrero)
Inconfundible, el patrón de secundarias (espejuelo) es característico en todos los plumajes.

▼ 1er año ♀ (agosto)

supracoberteras caudales marrones y desgastadas, sin franjas oscuras (cf. ♀ adulta)

diseño del pico típico de ♀

plumas de tipo adulto emergen más gruesas que las plumas juv. más finas de más arriba

escapulares casi uniformes (cf. ♀ adulta)

plumas de flancos estrechas y puntiagudas, característico de juv.

blanco uniforme (cf. cerceta común)

▶ ♀ (febrero)
Diseño del anverso del ala igual que en los ♂♂ (véase arriba).

pálido difuso (cf. ánade friso y cerceta común)

Ánade sombrío *Anas rubripes*

L 48 cm | Divagante de Norteamérica

Ànec negrós CAT
Ahate iluna EUS
Lavanco escuro GAL

▼ **Adulto ♂ (enero)**
La máxima confusión procede de algunos ejemplares muy oscuros de tipo ánade azulón (domésticos). Se señala la clásica combinación de caracteres, pero, para asegurar la identificación, es muy importante estudiar el diseño del espejuelo (no visible aquí).

▼ **♀ (enero)**
El patrón del espejuelo, la cola oscura uniforme y las partes inferiores totalmente oscuras son los mejores rasgos y, combinados, deberían permitir descartar cualquier híbrido. Las ♀♀ son muy parecidas a los ♂♂, pero véanse los caracteres que se señalan. El color general es ligeramente más marrón que en ♂♂.

plumas de flancos y escapulares sin marcas pálidas internas

píleo negruzco (a veces con reflejos verdes) y franja ocular contrastando con resto de la cabeza pálido

amarillo plátano, como en ánade azulón ♂

terciarias muy pálidas alrededor del raquis

borde entre cabeza gris-marrón y pecho marrón oscuro muy bien definido en todos los plumajes

cola totalmente oscura (cf. muchos híbridos oscuros de ánade azulón)

típicamente rojizas

menos negruzco que en el ♂

culmen con tonos oscuros variables y apagados (a diferencia del ♂)

marronáceo (normalmente más gris en el ♂)

terciarias más cortas, estrechas y contrastadas que en el ♂ adulto

totalmente oscuro en todos los plumajes

rojizo más apagado que en el ♂

diseño de espejuelo característico: azul morado con negro arriba y abajo, sin blanco

▼ **1er invierno ♂ (enero)**
Ya casi idéntico al ♂ adulto, pero en este caso todavía datable como 1er invierno en base a las plumas de flanco juveniles retenidas (compárese con el ♂ adulto).

fila superior de plumas de flancos retenidas: estrechas y puntiagudas

típicas coberteras primarias variablemente oscuras, que suelen formar un gancho oscuro llamativo entre el reverso del ala blanco (ausente en ánade azulón y muchos híbridos)

◄ **♂ (noviembre)**

contraste fuerte entre partes inferiores muy oscuras y axilares blancas

▼ **1er invierno ♀ (octubre)**
En este plumaje, el patrón del espejuelo está menos desarrollado. La zona azul (morado) es menos extensa y los bordes superior e inferior son más difusos y de un negro menos puro.

puntas negras de coberteras grandes menos extensas y más difusas (cf. adulto)

el color y patrón del pico indica ♀

puntas pálidas sutiles en secundarias habituales en aves de 1er año

■ **Ánade sombrío × Ánade azulón, 1er invierno ♀ (septiembre)**
Los ♂♂ híbridos suelen mostrar reflejos verdes en la cabeza, y terciarias gris claro. Este ejemplar fue fotografiado en el este de Norteamérica; un ejemplar así pasaría fácilmente inadvertido en Europa, dada la variabilidad en las ♀♀ de ánade azulón.

bordes blancos del espejuelo variables, habitualmente finos pero presentes

parches oscuros extensos, habitualmente idénticos al ánade azulón ♀, como aquí

marcas pálidas

naranja-rojo

marcas pálidas en el centro de muchas plumas de flancos (y a menudo también escapulares)

Ánade sombrío *Anas rubripes*

■ **Ánade sombrío × Ánade azulón, adulto ♂**
Este ejemplar muestra varios rasgos de hibridación, que le hacen muy parecido a un azulón ♂ en eclipse. Todos los caracteres que se señalan son típicos de los híbridos, pero pueden aparecer de forma aislada en ejemplares aparentemente puros de ánade sombrío.

verde

terciarias extensamente pálidas (no solo alrededor del raquis)

marcas marrón más cálido

cola pálida

reflejos verdes en supracoberteras caudales

marcas pálidas y gris vermiculado

Ánade friso *Mareca strepera*

L 51 cm | Verano, O y C Europa; invierno, O y S Europa

Ànec griset CAT
Ipar-ahatea EUS
Pato cinsento GAL

▼ **Adulto ♂ (enero)**
Fácil de identificar por su plumaje básicamente gris, pico negro y supra e infracoberteras caudales negras. El diseño alar diagnóstico no se ve siempre con el ave posada (véase en vuelo). En invierno, el pico es totalmente negro, pero los laterales palidecen en primavera. Este ejemplar pertenece a una variante con la cabeza uniforme.

▼ **♀ (abril)**
Algo similar al ánade azulón ♀, pero véanse los caracteres que se señalan. Muestra las terciarias de tipo "nupcial" durante un breve periodo de tiempo y se parecen a las de otras ♀♀ de anátidas de superficie, como el azulón o el cuchara en primavera.

terciarias gris uniforme, largas en adultos, a veces se tornan muy pálidas

secundarias blancas a menudo ocultas

escalado fino

diseño de pico característico; naranja con culmen oscuro bien definido (cf. ánade azulón ♀)

secundarias internas blancas y externas negras diagnósticas

terciarias de tipo "nupcial" con marcas pálidas en el centro

muy pálido

vientre pálido a menudo liso (cf. ánade azulón y cuchara común ♀)

coberteras grandes internas oscuro uniforme

▶ **Adulto ♂ (noviembre)**
El diseño cefálico puede ser o muy uniforme o mostrar nuca y píleo oscuros que contrastan con la mejilla pálida, como en este ejemplar.

▼ **♀ (febrero)**
Nadando, muchas se parecen al ánade azulón ♀, pero véanse los caracteres que se señalan. Además, a veces puede observarse el patrón del ala diagnóstico y el culmen oscuro y bien definido, muy distintivos respecto a la ♀ de ánade azulón. Habitualmente el datado no es posible después del invierno, a no ser que puedan observarse plumas alares juveniles o de tipo adulto.

▼ **Adulto ♂ eclipse (julio)**
Típico ejemplar de tipo ♀, incluyendo el diseño del pico, pero manteniendo el patrón del ala de ♂.

típica cabeza grisácea con contraste bien definido con el pecho marrón, un patrón no siempre tan obvio

terciarias relativamente estrechas y gris uniforme (cf. ánade azulón ♀)

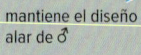

mantiene el diseño alar de ♂

Juvenil (agosto)

Muy similar a la ♀, pero véanse los caracteres que se señalan. Entre otras cosas, las plumas juveniles cortas de pecho forman un patrón muy regular de franjas finas/escalado (como en muchos juveniles de patos y gansos).

terciarias juv. cortas y oscuras

escapulares uniformes o solo con marcas pálidas pequeñas

cabeza gris con píleo oscuro típica

patrón difuso (cf. ♀ adulta)

secundarias internas blancas diagnósticas a menudo visibles con el ave posada

fila superior de plumas de flancos puntiagudas (como en todos los juv. de anátidas de superficie con plumas de flancos retenidas)

Juvenil (agosto)

reverso del ala blanco uniforme en todos los plumajes (como en ánade azulón y cuchara común; cf. cerceta común y ánade rabudo)

motas oscuras aún presentes (cf. ♀ adulta y 1er invierno)

Adulto ♂ (febrero)

Inconfundible por el patrón único del anverso del ala. El reverso del ala es el mismo que en ánade azulón y cuchara común (infra-coberteras alares blanco uniforme).

patrón marrón-rojo y blanco y negro diagnóstico

supracoberteras caudales negras; mucho contraste con terciarias y rectrices pálidas

gris-marrón uniforme (cf. 1er año ♂)

1er invierno ♂ (septiembre)

terciarias juv. no mucho más pálidas

gris vermiculado emergente

diseño del pico aún de tipo ♀

plumas de flancos juv. (estrechas y puntiagudas, como en todas las anátidas de superficie de 1er invierno)

1er invierno ♂ (marzo)

Fácil de identificar por el patrón de secundarias diagnóstico. En marzo, muchos ejemplares han mudado ya a plumaje de ♂, por lo que su aspecto posado es parecido al ♂ adulto. Sin embargo, el ala es aún completamente juvenil, véanse los caracteres que se señalan y compárese con el adulto (véase más abajo). El patrón alar en este plumaje es muy similar al de algunas ♀♀ adultas.

ribetes pálidos

marrón-rojo limitado

♀, probablemente 1er invierno (diciembre)

El patrón de secundarias diagnóstico también facilita la identificación de las ♀♀, pero el rojo-marrón de coberteras es muy reducido, especialmente en una ♀ de 1er año como este ejemplar.

terciarias cortas y puntiagudas (y ausencia de rojo-marrón en coberteras) apuntan claramente a 1er año

patrón diagnóstico de secundarias internas y coberteras grandes

♀♀ adultas con marcas rojo-marrón variables, como en el ♂ de 1er invierno

Ánade rabudo *Anas acuta*

L 56 cm (excl. rectrices centrales del ♂) | Verano, N Europa; invierno, toda Europa excepto N

▼ **Adulto ♂ (marzo)**
Inconfundible por la coloración diagnóstica de cabeza y cuello y por su estructura con cola y cuello largos. El color amarillo-marrón de pecho y flancos, algo habitual en aves acuáticas con plumaje blanco extenso, es "tintado" y posiblemente procedente de aguas ricas en hierro.

▼ **Tipo adulto ♀ (febrero)**
La combinación de cabeza uniforme y cuerpo con patrón tosco es típica. Las ♀♀ de 2º año cal. pueden parecer idénticas, pero las terciarias y coberteras terciarias anchas, todas de tipo adulto, permiten su datado.

uniforme, típico de todos los plumajes tipo ♀ (cf. tipo ♀ otras anátidas de superficie)

terciarias y coberteras terciarias anchas, indicando adulto

patrón tosco

sin apenas patrón o gris casi uniforme (cf. ♂)

▼ **Adulto ♂, eclipse (octubre)**
Similar, tanto a la ♀ como al ♂ de 1er invierno, pero de cerca se pueden apreciar bastantes diferencias, que se indican aquí. De lejos, los flancos barrados son el rasgo más llamativo.

patrón característico de ♂: azul claro con culmen negro bien definido

(todas) las terciarias largas, con centro negro y laterales grises (cf. ♀ y 1er invierno ♂)

las plumas de flancos anchas crean un patrón muy marcado

vermiculado fino gris (cf. ♀)

▼ **Juvenil/1er invierno ♂ (octubre)**
Compárese la ♀ adulta con el ♂ adulto en eclipse. Una ♀ juvenil es bastante parecida, pero presenta un pico gris uniforme, puntas de coberteras grandes pálidas (en lugar de marronosas) y terciaria más externa con hemibandera externa menos oscura. A diferencia de otras anátidas de superficie, las escapulares juveniles presentan ya unas llamativas marcas internas pálidas.

contraste fuerte entre el culmen negro y los laterales del pico azulados ya característicos de un ♂; algunas ♀♀ adultas muestran un patrón parecido

estrechas y puntiagudas formando una fila bien definida, como en otros juv. de anátidas

la hemibandera interna negra de la terciaria externa y las puntas marrones de las coberteras grandes indican ♂

terciarias relativamente estrechas, cortas y uniformes (cf. ♂ adulto en eclipse)

patrón fino y regular, como en otros juv. de anátidas de superficie

rectrices uniformes, incluyendo las centrales (cf. ♂ adulto en eclipse y ♀ tipo adulto)

gris en todos los plumajes

▼ **1er invierno ♂ (octubre)**
La imagen muestra los rasgos más importantes para separarlo del ♂ en eclipse. Muchos de estos caracteres también son aplicables a otras anátidas de superficie.

terciarias juv. relativamente estrechas y cortas; línea negra débil o ausente (cf. ♂ adulto en eclipse)

coberteras terciarias juv. con bordes pálidos (las de tipo adulto son similares a las terciarias)

diseño de pico ya característico del sexo y la especie

cuello y pecho todavía juv.; creando patrón fino y regular

supracoberteras caudales juv. puntiagudas y desgastadas (cf. ♂ adulto en eclipse)

plumas de flancos juv. estrechas, pero a menudo no tan puntiagudas como en otras anátidas

▼ **Adulto ♂ (febrero)**

espejuelo típico: puntas negras en coberteras grandes, reflejos bronceados y margen de fuga blanco ancho

▼ **Adulto ♂ (mayo)**
Identificación fácil por su silueta elongada (debido al cuello y cola largos), coloración típica y diseño del reverso del ala como en la cerceta común. Las partes inferiores pueden ser más o menos amarillentas dependiendo del "tintado".

▼ **Adulto ♂, eclipse (septiembre)**
La silueta elongada, con el cuello largo y fino, es típica en todos los plumajes. Se trata del único pato en Europa con diferencias evidentes entre sexos en cuanto al diseño del anverso y del reverso del ala.

rojo-marrón (cf. ♀)

gris uniforme (cf. ♀)

rectrices centrales negras (cf. ♀)

plumas de flancos anchas, redondeadas y en general despeinadas (cf. 1ᵉʳ año)

zonas pálidas lisas, en general mismo diseño del reverso del ala que en la cerceta común (cf. ♀)

◀ **Adulto tipo ♀ (febrero)**
El diseño del reverso del ala es realmente distinto al del ♂.

barrado (cf. ♂)

▼ **Adulto ♀ (febrero)**
Véanse las diferencias en el diseño del anverso del ala con respecto al ♂. Las ♀♀ de 1ᵉʳ año ya pueden parecerse mucho, pero presentan un vientre liso, una línea pálida sutil que cruza el espejuelo y carecen de rectrices centrales elongadas.

solo una línea fina pálida (cf. ♂ adulto en eclipse)

bronceado

marrón y finamente escalado (cf. ♂ adulto en eclipse)

blanco ancho

barrado

elongadas

▼ **Juvenil/1ᵉʳ invierno ♀ (septiembre)**
El reverso del ala típico es común a todos los plumajes de tipo ♀ y resulta útil para diferenciarlo de los ♂♂ juveniles o de 1ᵉʳ invierno. El patrón fino del vientre es el mejor carácter en otoño para diferenciarlo de una ♀ adulta o un ♂ adulto en eclipse.

▼ **1ᵉʳ invierno ♂ (septiembre)**

marcas pálidas (cf. ♂ adulto)

coberteras medianas y axilares con mucho patrón típicas de ♀ (cf. ♂)

sin contraste (cf. 1ᵉʳ año ♂)

patrón fino (cf. tipo ♀ adulta)

▼ **1ᵉʳ invierno ♀ (septiembre)**

marcas pálidas (cf. ♀ adulta)

Cerceta común *Anas crecca*

L 35 cm | Verano, N, O y C Europa; invierno, toda Europa excepto N

▼ **Adulto ♂ (noviembre)**
El pato más pequeño de Europa. El diseño facial característico se difumina de lejos o con poca luz. En esas condiciones, los mejores rasgos son la línea pálida de los laterales y el patrón de infracoberteras caudales.

diseño cefálico característico, solo compartido con la cerceta americana ♂

línea blanca en escapulares diagnóstica

terciarias de tipo adulto, largas y sin borde blanco hasta la punta

infracoberteras caudales con diseño llamativo (compartido solo con cerceta americana ♂ y cerceta de alfanjes ♂)

parece gris uniforme de lejos

▼ **♀ (febrero)**
La franja blanco brillante inmediatamente bajo la cola es un rasgo clave para separarla de otras cercetas y, de ser necesario, también de otras anátidas más grandes.

patrón típico de terciaria inferior con margen pálido de ancho variable y centro gris (en cercetas común y americana, cf. ♀ otras anátidas pequeñas)

patrón sutil

pico pequeño (en cercetas común y americana)

franja blanca típica de cercetas común y americana

base ligeramente pálida (cf. ♀♀ de especies similares)

▼ **Adulto ♂, final del eclipse (octubre)**
Las marcas pálidas de las plumas de flancos con forma de flecha son más comunes en plumas juveniles, pero el resto de caracteres, así como lo avanzado de su muda, apunta más bien a un ave adulta.

coberteras terciarias afiladas, de tipo adulto

escapulares en eclipse con poco patrón

terciarias de tipo adulto largas y bastante uniformes

ejemplar con patrón de flancos en eclipse similar al de un juv., pero más anchas y redondeadas (la fila de plumas superior suele ser la última en mudarse)

▼ **Adulto ♂, eclipse (octubre)**
Muy similar tanto a la ♀ adulta como al ♂ de 1er invierno, pero véanse los caracteres señalados. Para una descripción del patrón de terciarias típico en ♂♂ adultos, véase el ♂ adulto en noviembre.

escapulares y plumas de manto oscuro uniforme o con marcas pálidas muy reducidas (cf. 1er invierno ♂)

todo negro (cf. 1er invierno ♂ y ♀ adulta)

vermiculado gris indicando ♂

plumas de flancos anchas y redondeadas (cf. 1er invierno ♂)

escapulares juv. distintivas con marcas pálidas en el centro

▼ **1er invierno ♂ (febrero)**
Un ejemplar con bastantes plumas juveniles retenidas en febrero, posiblemente debido a una localización tan norteña (Finlandia). Véase "Fenología de muda" en gaviotas grandes, p. 477.

▼ **1er invierno ♂ (septiembre)**
Un plumaje todavía muy de tipo ♀, pero con caracteres de ♂ emergiendo entre los rasgos de inmadurez. En algunas especies, como las cercetas común y americana, pero también los ánades friso o rabudo, los ♂♂ de 1er invierno suelen presentar franjas finas blancuzcas en el centro de las plumas de manto y escapulares nuevas, dando lugar a unas partes inferiores barradas; en las ♀♀ de 1er invierno, estas plumas son más uniformes, mientras que las ♀♀ adultas presentan marcas con forma de U anchas en el centro (vénase).

terciarias juv. relativamente cortas, puntiagudas y con mucho patrón

plumas de flancos puntiagudas juv.

▼ **Juvenil ♀ (agosto)**
Algo similar al adulto ♀, pero véanse los caracteres que se señalan, en comparación con la ♀ adulta.

terciarias juv. puntiagudas; borde blanco completo en todas las terciarias típico de la ♀

el menor contraste en la terciaria inferior encaja con una ♀ (♂ juv. con centro más pálido y margen inferior más ancho)

plumas de flancos puntiagudas (cf. ♂ adulto eclipse y ♀ adulta)

franjas pálidas más típicas de 1er invierno ♂ (franjas débiles a veces en el ♂ adulto en eclipse; raras en las ♀♀)

puntas desgastadas (cf. ♀ adulta)

plumas de flancos juv. estrechas y puntiagudas (cf. ♀ adulta)

patrón fino y regular (cf. ♀ adulta)

vermiculado gris, indicando ♂

▼ Adulto ♂ (febrero)
Patrón de secundarias (espejuelo) típico.

diseño típico de cerceta: margen de ataque oscuro con franja central blanca, pero ligeramente menos contrastado que en otras anátidas pequeñas y en ánade rabudo

verde-negro (en adulto casi la mitad de secundarias verdes; en 1er invierno aproximadamente un cuarto)

ocre variable

▲ Adulto ♂ (febrero)
El diseño del reverso del ala en cercetas común y americana no difiere mucho en ningún plumaje.

uniformemente estrecho

se ensancha hacia fuera y es obviamente más ancho que el borde de fuga

◄ Tipo adulto ♀ (noviembre)
La franja alar de coberteras grandes es más uniformemente ancha que en ♂♂ y completamente blanca (o casi). Esta imagen muestra como el reflejo verde cambia bajo diferentes condiciones de luz u observación (compárense las alas derecha e izquierda).

Cerceta americana *Anas carolinensis*

L 34 cm | Divagante de Norteamérica

Xarxet americà CAT
Zertzeta amerikarra EUS
Cerceta americana GAL

▼ Adulto ♂ (enero)
La imagen muestra todos los caracteres típicos. Tanto el ♂ adulto en eclipse como el ♂ de 1er invierno muestran partes superiores y plumas de flancos de tipo ♀, como la cerceta común (véase aquella especie). Estos ejemplares a menudo resultan inidentificables si no muestran alguno de los caracteres específicos: franja blanca vertical en flancos anteriores y ausencia de franja horizontal lateral.

▼ Adulto ♀ (enero)
Todos los tipo ♀ son extremadamente difíciles, si no imposibles, de separar de la cerceta común. Véase el 2º año cal. ♀ para las diferencias sutiles con la cerceta común ♀. Todos los rasgos son variables, pero ejemplares con una combinación de los siguientes caracteres posiblemente se hallen fuera de la variabilidad de la cerceta común ♀:
- patrón cefálico bastante marcado y formado por una mancha pálida redondeada en la brida, franja ocular y ceja evidentes y mancha oscura en auriculares
- pico totalmente negro
- terciaria más externa (inferior) con centro gris ancho
- franja clara cálida en laterales del vientre
- banda ocre completa en coberteras grandes

el margen pálido se desvanece (cf. cerceta común ♂)

carece de franja blanca en escapulares (cf. cerceta común ♂)

gris claro casi uniforme (cf. cerceta común ♂)

centro gris ancho (cf. cerceta común ♀ adulta)

mancha oscura en auriculares

patrón más fino que en la cerceta común ♂, aparentemente más oscuro y uniformemente gris desde cualquier distancia

franja blanca característica

color crema a menudo más intenso que en cerceta común ♂; no en este ejemplar

AVES DE EUROPA / VOLUMEN 1

ANÁTIDAS DE SUPERFICIE   85

Cerceta americana *Anas carolinensis*

▼ Adulto ♂ (octubre)

La franja de las coberteras grandes suele diferir entre la cerceta común y la cerceta americana al comparar aves del mismo sexo, pero los extremos de la variación pueden ser muy similares o solaparse.

la franja de las coberteras grandes suele ser completamente ocre y no se ensancha significativamente hacia fuera (cf. cerceta común ♂)

▼ 2º año cal. ♀ (enero)

Ya muy parecida a la ♀ adulta. Este ejemplar (todavía) no muestra mancha oscura en auriculares, como muchas ♀♀ de cerceta común, un rasgo probablemente asociado a la edad (compárese con la ♀ adulta). Todas las diferencias con la ♀ de cerceta común son variables y con mucho solapamiento, pero posiblemente los ejemplares con un patrón cefálico marcado (que recuerda a la cerceta aliazul), combinado con los otros rasgos, sí sean identificables en el campo.

terciarias juv. puntiagudas, típicas del 1er año; terciaria inferior con poco contraste, típica de la ♀

suele mostrar un patrón cefálico más marcado que la ♀ de cerceta común, con una mancha blanca en la brida, franja ocular negra y ceja más evidente

color crema a menudo más intenso que en la cerceta común

a menudo todo negro, incluyendo la comisura a partir del otoño (cf. cerceta común ♀)

▶ ♀ (abril)

Además del rasgo que se señala, véanse las otras diferencias, sutiles, en el patrón cefálico comparado con la ♀ de cerceta común; mancha pálida limpia en la brida y línea oscura relativamente evidente en las auriculares, bajo la franja ocular oscura.

puntas de coberteras grandes ocre (en la cerceta común ♀ blancas u ocre en, como mucho, las plumas más internas)

Cerceta del Baikal *Sibirionetta formosa*

L 41 cm | Divagante de E Asia; escapes de colección frecuentes

Xarxet del Baikal CAT
Baikaleko zertzeta EUS
Cerceta fermosa GAL

▼ Adulto ♂ (febrero)

Inconfundible por su diseño cefálico único. Algunos híbridos, frecuentes en cautividad, muestran un patrón desdibujado, un borde de infracoberteras caudales negras menos definido y carecen (o casi) de franja blanca vertical en flancos. Pueden verse ejemplares puros en eclipse hasta ya avanzado el otoño.

▼ Adulto ♀ (febrero)

El patrón de la cabeza es obvio y característico. Las ♀♀ de 1er invierno muestran un diseño facial menos desarrollado que este ejemplar, pero los caracteres que se señalan también aparecen en este tipo de plumaje.

los adultos suelen tener escapulares traseras largas, como en otras ♀♀ de anátida

relativamente larga

ojo totalmente rodeado por plumaje oscuro (antifaz fino)

franja ocular prominente

píleo posterior algo erizado

mancha blanca en la brida evidente, con borde oscuro

centros de hemibandera externa de terciarias gris-marrón (cf. cerceta común)

garganta pálida, con cuña pálida vertical

▼ Adulto ♂, final del eclipse (otoño tardío)

Los flancos pueden mostrar vestigios del eclipse hasta el invierno. A diferencia de las plumas de los inmaduros (véase), las plumas de eclipse muestran una línea pálida limpia en el centro.

escapulares muy elongadas

plumas de flancos en eclipse redondeadas y con tonos cálidos

▼ 1er invierno ♂ (diciembre)

Un 1er invierno relativamente fácil de identificar. Algunos muestran ya una coloración brillante y escapulares elongadas. A diferencia de otras anátidas de 1er año, algunas de las plumas de flancos inmaduras son redondeadas, como en esta imagen. Sin embargo, estas plumas presentan patrones difusos y colores apagados, además de carecer de la línea central dorada propia de las plumas de eclipse de los adultos.

patrón facial más difuso que en adulto, líneas pálidas más cortas y difusas

escapulares largas solo ligeramente elongadas

zonas pálidas

solo algunas de las plumas de flancos juv. son puntiagudas, mezcladas aquí con plumas más redondeadas (pero normalmente con todo el centro oscuro)

franja de flancos poco desarrollada

► Adulto ♂ (febrero)

cola relativamente larga para una cerceta

► ♂ (invierno/primavera)

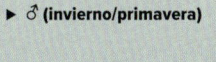

diseño de espejuelo característico: verde y negro, margen de fuga blanco ancho y margen anterior ocre relativamente ancho

▼ Tipo adulto ♀ (septiembre)

El diseño del espejuelo no difiere mucho de los ♂♂, pero el margen anterior ocre es más estrecho y el verde de las secundarias es menos evidente. Además de estos caracteres que se señalan, el diseño facial diagnóstico también resulta obvio en esta imagen. El patrón del espejuelo solo se parece al del ánade rabudo ♂, muy distinto en otros aspectos.

diseño de espejuelo diagnóstico, con margen anterior ocre y margen de fuga blanco muy ancho

▼ Tipo adulto ♀ (septiembre)

Reverso del ala igual que en los ♂♂.

patrón contrastado típico de cercetas; muy parecido a la cerceta carretona

línea blanca tipo cerceta común

Cerceta carretona *Spatula querquedula*

L 38 cm | Verano, toda Europa excepto N

▼ **Tipo adulto ♂ (marzo)**
Inconfundible, entre otras cosas, por su característica cabeza marrón con ceja blanca ancha y larga. Los ♂♂ de 2º año cal. pueden parecer idénticos si han mudado todo rastro visible de inmadurez, pero el ala sigue siendo un carácter fiable para diferenciar ambas clases de edad hasta la muda completa de finales de verano (véase 2º año cal. ♂ en vuelo y ♂ adulto).

▼ **Tipo adulto ♀ (marzo)**
Todos los plumajes de tipo ♀ se caracterizan por el patrón cefálico tan marcado y la ausencia de marcas pálidas en el centro de escapulares y plumas de manto y flancos. Los ejemplares de 2º año cal. y la ♀ adulta son muy parecidos en primavera si no se observa el anverso del ala. La fila superior de plumas de flancos y las rectrices externas aparentemente desgastadas también apuntan a un ejemplar de 2º año cal. en este caso.

sin marcas pálidas en el centro (cf. otras cercetas ♀)

patrón facial marcado; línea oscura en auriculares típica

gris uniforme

mancha pálida en la brida y garganta pálida

terciarias oscuro uniforme con borde pálido de anchura bastante fija (cf. cerceta común ♀)

plumas de flancos relativamente estrechas y desgastadas apuntan a 2º año cal.

▼ **Adulto ♂, eclipse (agosto)**
En otoño, los ♂♂ adultos posados son difíciles de diferenciar de las ♀♀ adultas, pero se mantiene el patrón alar propio de cada sexo. Este ejemplar muestra, en otras fotos, un patrón alar de ♂ que confirma el sexo. El patrón de terciarias (gris uniforme con bordes blancos) apenas varía entre plumajes, pero las terciarias juveniles son más cortas.

▼ **Juvenil ♂ (agosto)**
Presenta el patrón regular en pecho y flancos típico de anátidas juveniles, en comparación con el ♂ adulto en eclipse en otoño. Posadas, las ♀♀ juveniles son idénticas, pero muestran otro patrón alar (véase 2º año cal. ♀ en vuelo). Raramente empieza la muda postjuvenil en Europa, retrasándola hasta llegar a sus cuarteles de invernada lejos del viejo continente. Por ello, el plumaje de 1er invierno apenas se observa aquí.

♂ con patrón facial más contrastado de media que la ♀ en otoño

terciarias largas (cf. juv.)

flanco "despeinado" con plumas anchas, típico de adulto en otoño

plumas de flancos superiores juv. puntiagudas formando una fila

puntas blancas anchas en coberteras grandes típicas de ♂

diseño facial característico, con ceja obvia, franja ocular oscura y banda oscura en auriculares en todos los plumajes en otoño

▼ **Tipo adulto ♂ (abril)**
El diseño del reverso del ala de las ♀♀ es el mismo, pero el margen de ataque oscuro en especial de las ♀♀ de 1er invierno es algo más pálido.

▼ **Adulto ♀ (marzo)**
El anverso del ala es muy diferente del que muestra la ♀ de cerceta común (véase aquella especie). Las coberteras grandes grisáceas son típicas del adulto. Algunas ♀♀, probablemente viejas, tienen todas las coberteras gris más pálido, formando bandas alares blancas más anchas.

mucho contraste (cf. otras cercetas)

margen de fuga relativamente ancho

tintes grisáceos

líneas/franjas blanco uniforme (cf. 2º año cal. ♀) y de anchura constante (cf. cerceta común ♀)

todos los plumajes muestran raquis blancos y hemibanderas externas pálidas en coberteras primarias

▼ Adulto ♂ (abril)
Patrón del anverso del ala diagnóstico, retenido también en eclipse.

la banda oscura de secundarias es la más fina de entre las anátidas

gris claro limpio

ancha

sin marcas o puntas oscuras (cf. 2º año cal. ♂)

▼ 2º año cal. ♂ (abril)
Retienen el ala juvenil hasta el verano del 2º año cal. (como en todas las anátidas) y se diferencian del ♂ adulto por los caracteres que se señalan.

terciarias aún cortas, pero ya podrían ser de tipo adulto en primavera del 2º año cal.

tintes marrones (cf. ♂ adulto)

puntas o motas oscuras (cf. ♂ adulto)

relativamente estrechas (cf. ♂ adulto)

▼ Juvenil/1er invierno ♂ (septiembre)
Un juvenil/1er invierno con este patrón alar solo puede ser ♂. Este ejemplar muestra un patrón más de tipo adulto, sin marcas oscuras en las puntas blancas de secundarias y coberteras grandes, lo que ocurre raramente.

partes superiores juv. con escalado regular

azul-gris apagado (cf. ♂ adulto eclipse)

líneas blancas relativamente anchas, pero más estrechas que en el ♂ en eclipse

▼ 2º año cal. ♀ (marzo)
Como la ♀ adulta, pero el ala todavía es totalmente juvenil. El diseño de las coberteras grandes juveniles se caracteriza por el rasgo que se señala, también presente en ♂♂ de 1er año. Las marcas oscuras típicas propias de la edad se ven muy bien en este ejemplar, aunque otros pueden mostrar marcas más sutiles o carecer de ellas. Además de esto, el espejuelo apenas muestra reflejos verdes y las franjas blancas a ambos lados son finas; compárese con la ♀ adulta.

marrón (cf. ♀ adulta)

marcas negras en puntas blancas típicas del 1er año

Cerceta aliazul *Spatula discors*
L 40 cm | Divagante de Norteamérica

Xarxet alablau CAT
Zertzeta hegalurdina EUS
Cerceta de ás azuis GAL

▼ Tipo adulto ♂ (abril)
Inconfundible por la combinación de media luna blanca en la cara, flancos con motas oscuras y mancha redonda blanca tras los flancos. La cabeza muestra tintes azul oscuro, no apreciables de lejos o con poca luz. Este plumaje suele adquirirse a finales de invierno.

▼ ♀ (enero)
Recuerda a la carretona por los centros oscuros uniformes de escapulares, terciarias uniformes y pico oscuro, pero el diseño facial es diagnóstico.

terciarias con raquis pálidos como en el cuchara común ♀

mejillas generalmente grises

anillo ocular blanco discontinuo pero evidente

sin marcas pálidas en el centro (como cerceta carretona ♀, cf. otras anátidas ♀)

uniformemente oscuro, se ensancha hacia los lados

zona blancuzca amplia con márgenes difusos

desgastado, indicando 2º año cal.

Cerceta aliazul *Spatula discors*

▼ Adulto ♂, eclipse, en cautividad (julio)

Sin estudiar el anverso del ala (que mantiene su patrón), la identifica-ción solo con esta imagen es difícil. La cabeza es más uniforme que en las ♀♀ y la media luna pálida entre pico y ojo solo se intuye. Comparado con otras anátidas, el eclipse se mantiene hasta más avanzado el invierno. Como en la cerceta carretona y cuchara común, la muda es compleja, con un periodo prolongado de transición entre eclipse y plumaje nupcial que va de julio a febrero.

▼ Juvenil/1er invierno ♂ (octubre)

Los ejemplares de 1er año de ambos sexos y las ♀♀ se parecen mucho hasta el otoño, pero véanse los rasgos de inmadurez que se señalan. El patrón cefálico de los juveniles es el rasgo más característico, además de las terciarias.

terciarias juv. relativamente cortas, con raquis marrón claro (blanco en terciarias tipo ad.)

terciarias y plumas de vuelo ausentes durante la muda completa de verano

manchas pequeñas y redondeadas indican ♂

plumas de flancos juv. estrechas y puntiagudas

▼ Adulto ♂ (mayo)

Inconfundible, pero desde lejos es importante tener en cuenta al cuchara ♂ en eclipse o 1er invierno, que en ciertos plumajes puede mostrar media luna blanca y pecho oscuro. Un 2º año cal. ♂ es casi idéntico, pero presenta marcas oscuras variables en la punta de las coberteras grandes, véase ♂ juvenil.

■ Cerceta colorada *Spatula cyanoptera*, ♀ (mitad oeste de Norteamérica) (enero)

Los juveniles y las ♀♀ se parecen mucho a la cerceta aliazul y suelen escapar de colec-ciones. El diseño del ala en cada plumaje es idéntico al de la cerceta aliazul, pero el patrón cefálico está menos marcado en todos los sentidos, con un color de fondo de un marrón más cálido, y el pico es más largo y ancho en la punta.

patas amarillo-naranja en todos los plumajes después de juv.

anverso del ala típico (pero cf. cuchara común)

▼ Adulto ♀ (septiembre)

Patrón cefálico caracterís-tico en comparación con otras anátidas de superficie.

patrón contrastado, tipo cerceta (a diferencia del cuchara común)

▼ Juvenil/1er invierno ♂ (octubre)

El diseño alar es diagnóstico tanto para la edad como para el sexo. Todos los plumajes muestran panel azul en coberteras, pero las ♀♀ de 1er año tienen manchas oscuras amplias en coberteras grandes y verde más reducido en secundarias.

▼ ♀ (febrero)

Tanto las ♀♀ adultas como las de 1er invierno muestran este patrón, pero el azul apagado del ala anterior de este ejemplar es más típico del 1er invierno. Algunas ♀♀ (probablemente viejas) presentan solo una mancha oscura pequeña en coberteras grandes, por lo que la franja alar es muy blanca y similar a la del 1er invierno ♂.

manchas oscuras en puntas blancas de coberteras grandes reducidas, a diferencia del 1er año ♀ (y cf. ♀ adulta)

reflejos verdes ya muy extensos (a diferencia del 1er año ♀)

coberteras terciarias uniforme-mente oscuras (margen pálido apenas visible, cf. ♀)

coberteras terciarias con margen pálido completo (cf. 1er invierno ♂)

diseño bastante similar al ♂ de 1er invierno, pero coberteras grandes con centros oscuros más extensos

negruzco (cf. cercetas común y carretona)

Cuchara común *Spatula clypeata*

L 49 cm | Verano, N, O y C Europa; invierno, toda Europa excepto N

▼ Adulto ♂ (marzo)

Inconfundible (pero algunos patos de granja también muestran el flanco marrón bordeado de blanco en ambos lados). El ♂ es la única anátida de superficie europea con el iris amarillo brillante.

iris amarillo brillante

pico grande en forma de espátula, diagnóstico en todos los plumajes

flanco marrón, bordeado a ambos lados por una zona blanca amplia

▼ Adulto ♀ (marzo)

La forma del pico es característica y facilita enormemente la identificación, también de ♀♀.

♀♀ de anátidas de superficie nupciales con marcas pálidas en terciarias desde la primavera

forma y diseño del pico diagnósticas

▼ Adulto ♂, eclipse (diciembre)

La variabilidad en este plumaje es amplia, tanto a nivel individual como en las distintas fases del eclipse, prolongado. Por ello, todos los caracteres de plumaje se solapan con el ♂ de 1er año. Se señalan los rasgos más importantes con el ave posada, cuando el anverso del ala no está visible.

terciarias de tipo adulto: negras con franja blanco brillante en raquis (cf. 1er año ♂ con terciarias juv.)

iris amarillo brillante (cf. 1er año ♂)

blanco extenso en el adulto (marrón claro en ♂♂ de 1er año con cola retenida)

negro (en algunos ♂♂ de 1er año todavía bastante anaranjado)

▼ 1er invierno/2º año cal. ♂ (febrero)

La imagen muestra las diferencias más importantes con el ♂ adulto en eclipse. En febrero, los ejemplares de 1er invierno han mudado la cola y las terciarias, lo que complica el datado si no se puede estudiar el anverso del ala, pero el color del iris sigue siendo más oscuro que en el ♂ adulto hasta bien avanzado el 2º año cal. Además, los rasgos de inmadurez se mantienen más tiempo que el plumaje de eclipse de los adultos (véase 2º año cal. en mayo).

terciarias sin franja blanca ancha en raquis

iris aún algo amarillo-marrón oscuro

zona pálida variable frente al pico (a veces con forma de media luna) en el 1er año y en ♂ adulto en eclipse

desgastada y marronácea

todavía algo anaranjado

▼ Juvenil/1er invierno ♂ (octubre)

Típico juvenil de anátida de superficie: plumaje uniforme o con patrón poco marcado y plumas de la cabeza finas y pilosas. El iris algo pálido indica ya ♂, pero véase también el patrón del anverso del ala típico de este plumaje en la figura de la derecha, que muestra el mismo individuo.

margen pálido estrecho y centro oscuro uniforme

terciarias cortas

plumas de flancos estrechas y puntiagudas

▼ Juvenil/1er invierno ♂ (octubre)

Mismo ejemplar que en la figura de la izquierda. Anverso del ala muy similar a las ♀♀ adultas; compárese también con el ♂ adulto.

Cuchara común *Spatula clypeata*

▼ Adulto ♂ (abril)
Este plumaje es inconfundible desde todos los ángulos.

azul brillante
(cf. inm. ♂)

se ensancha hacia
afuera (cf. inm. ♂)

sin margen de fuga
blanco obvio en
todos los plumajes

infracoberteras alares
blancas en todos los
plumajes

▼ Adulto ♀ (abril)
El diseño del anverso del ala es muy similar al de los ♂♂ de 1er año, dificultando el datado y sexado en otoño si los ♂♂ de 1er año mantienen plumaje de tipo ♀.

azul-gris
(cf. 1er año ♀)

blanco ancho

reflejos verdes relati-
vamente extensos
(cf. 1er año ♀)

▼ 2° año cal. ♂ (mayo)
Además de los rasgos de inmadurez en cabeza, pecho y partes superiores, el patrón del anverso del ala es típico de este plumaje, con toda el ala juvenil retenida. Los ♂♂ adultos pueden empezar a adquirir el plumaje de eclipse en mayo y, por lo tanto, muestran rasgos similares, pero mantienen el diseño alar de adulto. Este ejemplar también muestra un iris relativamente oscuro.

bases de coberteras
oscuras parcialmente
ocultas tras panel
azul (cf. ♂ adulto)

▼ 2° año cal. ♀ (abril)
Después de haber completado la muda postjuvenil, las ♀♀ de 1er año son idénticas a las adultas, exceptuando el ala juvenil, que difiere de las ♀♀ adultas en muchos sentidos; compárese con la imagen superior. Algunas ♀♀ de 1er año tienen un panel alar en las coberteras más pardo grisáceo, y/o blanco muy limitado en las coberteras grandes, una diferencia notable en comparación con las ♀♀ adultas.

poco blanco
(cf. ♀ adulta)

azul-gris apagado,
a veces más gris
(cf. ♀ adulta)

reflejo verde reducido
(cf. ♀ adulta)

naranja brillante
en todos los
plumajes

▶ ♀ (marzo)
Las partes inferiores marrón uniforme son típicas de ♀♀ y ♂♂ de 1er invierno, compa-radas con otras anátidas de superficie.

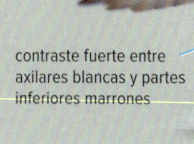

contraste fuerte entre
axilares blancas y partes
inferiores marrones

ventre no más pálido que
flancos (cf. otras anátidas
de superficie ♀)

Cerceta pardilla *Marmaronetta angustirostris*

L 41 cm | SO y SE Europa

▼ **Tipo adulto ♂ (enero)**
Inconfundible en todos los plumajes con una buena observación. El único pato gris-marrón claro con manchas pálidas y antifaz oscuro de Europa. La cresta puede estar relajada, pero el patrón, aún visible sigue siendo útil para diferenciarlo de la ♀. No se conoce plumaje de eclipse.

▼ **Tipo adulto ♀ (enero)**
Algunas ♀♀ presentan franjas sutiles oscuras en el píleo posterior y una cresta corta. En este caso, posiblemente se trata de una ♀ de 1er año.

cresta ausente o con marcas oscuras muy reducidas (cf. ♂)

parche color oliva (ausente en ♂)

patrón cefálico diagnóstico con antifaz oscuro y, en adultos, píleo con parches/franjas oscuras

cresta redondeada (ausente en ♀)

muchas manchas pálidas redondeadas

▼ **1er invierno ♂ (enero)**
Los ejemplares con un pico de tipo ♂, pero sin cresta son ♂♂ de 1er año.

▼ **Juvenil/1er invierno (septiembre)**
Como un adulto, pero con plumaje poco contrastado y laterales del pico grises. Muestran este plumaje hasta otoño, momento a partir del cual no es posible datar muchos ejemplares de 1er año. Los ♂♂ de 1er año no desarrollan cresta.

▼ **Tipo adulto ♀ (enero)**
Muy distintiva en vuelo en todos los plumajes. El reverso del ala también es muy pálido, pero el margen de ataque es algo más oscuro.

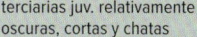

terciarias juv. relativamente oscuras, cortas y chatas

solo las puntas pálido difuso

muy pálido, contrasta con partes superiores oscuras

primarias externas con puntas oscuras

▼ **♂ y ♀ (enero)**
Véanse las diferencias entre sexos en cresta y diseño del pico.

Colimbo chico *Gavia stellata*

L 62 cm | Verano, N y NE Europa; invierno, resto de Europa

▼ **Adulto verano (junio)**
En plumaje nupcial es fácil de identificar por la cabeza gris claro uniforme y la garganta roja. Probablemente este ejemplar es un adulto joven (3er año cal.) por el blanco relativamente extenso en coberteras y partes superiores; los adultos más viejos en plumaje veraniego muestran partes superiores completamente oscuras con, como mucho, algunas motas claras.

partes superiores con motas dispersas o uniformes (cf. otros colimbos nupciales)

gris claro uniforme

fino, da la sensación de apuntar hacia arriba por la forma de la mandíbula inferior; culmen recto

rojo (parece negro de lejos)

▼ **Tipo adulto en invierno (marzo)**

blanco en laterales de cabeza y cuello se extiende mucho hacia atrás (cf. colimbo ártico en invierno)

blanco limpio (cf. 1er invierno)

las marcas blancas consisten sobre todo en motas blancas y franjas blancas anchas (cf. 1er invierno)

oscuro variable (cf. 1er invierno)

flanco con bastante patrón (cf. colimbo ártico)

pecho típicamente vertical (cf. otros colimbos)

▼ **Adulto o 2º año cal. mudando a plumaje invernal (noviembre)**
El pico pálido y las marcas blancas en las plumas invernales nuevas podrían indicar 2º año cal.; en invierno, la mayoría de adultos muestran un pico más oscuro que este ejemplar. Los ejemplares de 1er año en noviembre muestran plumas nuevas más uniformes y mejillas y laterales del cuello blancos algo más "sucios". A diferencia de otros colimbos, los adultos (≥ 2º año cal.) mudan sus plumas de vuelo en otoño.

mezcla de plumas viejas nupciales y nuevas invernales (cf. juv.)

blanco puro (cf. juv. y colimbo ártico)

restos de plumaje nupcial

primarias en crecimiento

▼ **Juvenil (octubre)**
Debido a que los laterales de la cabeza/cuello son oscuros, este ejemplar podría confundirse con un colimbo ártico en plumaje invernal, pero véase la forma de la mandíbula inferior y la zona pálida frente al ojo.

iris muy oscuro, sin rojo evidente (cf. adulto)

zona blanca amplia (cf. colimbo ártico en invierno)

zona oscura de extensión variable (se torna más blanca durante el invierno)

▼ **1er invierno (diciembre)**
Los ejemplares de 1er invierno empiezan a asemejarse a los adultos con el invierno avanzado. La cabeza y el cuello se tornan más pálidos, aunque no contrastan tanto como en el adulto. Además, compárese el diseño de partes superiores y coberteras, con franjas más sutiles que las grandes motas blancas de los adultos.

marcas oscuras imperceptibles; poco contraste entre laterales de la cabeza y píleo y nuca oscuros (cf. adulto en invierno)

pálido (normalmente oscuro en adultos)

marcas con forma de V abierta (cf. otros colimbos en invierno)

laterales del cuello casi totalmente pálidos (cf. juv./colimbo ártico en invierno)

flancos con marcas típicas en todos los plumajes

▼ **2º año cal. (abril)**
Mayoritariamente aún con el plumaje de invierno, desgastado. Adquiere el plumaje de verano más tarde en la primavera que otras especies de colimbo y este raramente es tan completo como en adultos.

mezcla de coberteras y plumas de vuelo muy desgastadas y plumas más nuevas (más oscuras)

negro no puro

adquiere el plumaje de verano tarde y no por completo

▼ **Adulto verano (junio)**
Los rasgos que se señalan sirven para todos los plumajes.

▼ **Juvenil (noviembre)**
De cerca, se aprecian las diferencias con el colimbo ártico en el patrón de flancos y axilares. Estos rasgos también pueden resultar útiles de lejos, en tanto que las axilares y los flancos se ven más difusos y menos contrastados que en el colimbo ártico (véase aquella especie).

marcas oscuras en axilares (cf. colimbo ártico)

línea de flancos "parcheada" (cf. colimbo ártico)

mantiene el cuello bajo y yergue la cabeza con frecuencia

pies relativamente pequeños

Colimbo ártico *Gavia arctica*

L 69 cm | Verano, N y NE Europa; invierno, resto de Europa

Calàbria agulla CAT
Aliota artikoa EUS
Mobella àrtica GAL

▼ **Adulto verano (mayo)**
Inconfundible de cerca (pero compárese con el muy raro colimbo del Pacífico). Adquiere este plumaje a partir de la primavera del 3er año cal. (los colimbos adultos, a excepción del colimbo chico, llevan a cabo una muda completa en primavera).

combinación diagnóstica de cuadrados blancos en partes superiores y nuca gris (solo compartido con el muy raro colimbo del Pacífico)

gris claro; se oscurece gradualmente hacia la garganta

negro

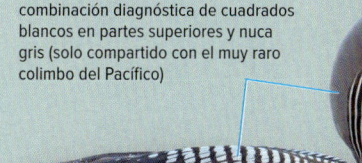

▼ **Adulto invierno (enero)**

motas blancas en coberteras y a menudo también escapulares

punta oscura extensa

línea negruzca variable en todos los plumajes invernales, muy característica en caso de estar presente (cf. colimbo chico)

▶ **1er invierno (enero)**
El píleo y el cuello relativamente pálidos son típicos comparados con el 1er invierno de colimbo grande. Un juvenil en otoño presenta una cabeza fundamentalmente oscura, solo con la mejilla pálida, como el juvenil de colimbo chico (que, sin embargo, retiene la mejilla pálida durante más tiempo).

píleo más pálido que las partes superiores (cf. colimbo grande 1er invierno)

zona pálida variable habitual

curvas simétricas hacia la punta (cf. colimbo chico)

como mínimo la mitad del cuello oscuro (cf. colimbo chico juv./invierno)

borde difuso (cf. 2º invierno y adulto invierno)

"escamas" pálidas (cf. juv. de colimbo chico)

el pecho se curva hacia fuera, como en el colimbo grande, normalmente más evidente que aquí (cf. colimbo chico)

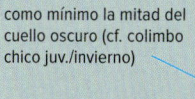

blanco a menudo evidente

Colimbo ártico *Gavia arctica*

▼ 1er invierno (febrero)
Ejemplar con menos patrón en cuello y partes superiores que el otro 1er invierno (enero; p. 95), que además presenta una zona pálida frente al ojo que recuerda al colimbo chico de 1er invierno. Sin embargo, véase la forma del pico, la frente pronunciada, las marcas con forma de V cerrada en partes superiores y el parche de flancos evidente.

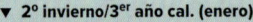

▼ 1er verano/2º invierno, 2º año cal. (octubre)
La muda de 1er a 2º invierno es lenta, por lo que los ejemplares de 2º año cal. suelen mostrar una mezcla desordenada de plumas negruzcas nuevas y plumas marrones viejas.

despeluchado, sin marcas evidentes (a diferencia del juv./1er invierno)

coberteras marrones y desgastadas; sin motas blancas (cf. adulto)

▼ 2º invierno/3er año cal. (enero)
Las partes superiores negruzco uniforme sugieren que se trata como mínimo de un 3er año cal. La mayoría de adultos muestran más negro en el pico, retienen motas blancas en coberteras y normalmente presentan algunas escapulares y plumas de manto nupciales.

píleo más pálido que las partes superiores (cf. colimbo grande invernal)

coberteras sin motas indican 2º invierno

negruzco uniforme (cf. juv./1er invierno)

parche blanco en flancos normalmente evidente

▼ Adulto verano (mayo)
El contraste evidente entre las axilares blanco uniforme y la franja de flancos oscura, presente en todos los plumajes, es uno de los mejores rasgos para identificarlo de lejos y en vuelo.

▼ Inmaduro/invierno (septiembre)
Esta imagen muestra las diferencias con el colimbo chico. Acción de vuelo más homogénea que en el colimbo chico, sin movimientos de cabeza evidentes. Mantiene el cuello recto y rígido.

axilares blanco uniforme (cf. colimbo chico)

negro (cf. colimbo chico en verano)

ancho y oscuro bastante uniforme (cf. colimbo chico)

blanco uniforme

oscuro, mucho contraste con la garganta blanca

pies grandes muy visibles (como en colimbos grande y de Adams)

Colimbo del Pacífico *Gavia pacifica*

L 63 cm | Divagante de Norteamérica o E Asia

▼ **Adulto verano (junio)**
Además de la ausencia de parche blanco en flancos, existen otras diferencias estructurales con el colimbo ártico, como la forma del pico y el cuello grueso, que son útiles con todos los plumajes.

▼ **Adulto invierno (enero)**
El flanco posterior oscuro es lo más llamativo de esta especie, pero algunos colimbos árticos pueden ofrecer un aspecto similar en ciertas posiciones. Una observación prolongada debería permitir comprobar este rasgo.

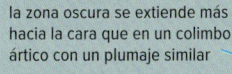

corto

ancho, rechoncho

a menudo gris muy pálido

normalmente 5–6 estrías blancas finas y a menudo discontinuas (en colimbo ártico, normalmente 4–5 estrías más gruesas y sólidas)

menos estrías, pero más gruesas que en el colimbo ártico

sin blanco (cf. colimbo ártico)

las estrías blancas del cuello no contactan con las negras del pecho (cf. colimbo ártico en verano)

la zona oscura se extiende más hacia la cara que en un colimbo ártico con un plumaje similar

línea en la garganta oscura y bien definida (a veces presente pero difusa en el colimbo ártico)

oscuro

los puntos blancos apuntan a adulto (≥ 4° año cal.)

▶ **Juvenil/1er invierno (enero)**
Muy similar al juvenil/1er invierno de colimbo ártico. En Europa, un ejemplar lejano debería destacar por su pequeño tamaño (cuerpo corto), pico corto y ausencia de blanco en flancos posteriores. Los rasgos que se señalan son diagnósticos si se pueden estudiar con detalle. La presencia o ausencia de una franja oscura en la garganta tiene una importancia limitada en este plumaje, pero la franja oscura en flancos, que se extiende hasta las infracoberteras caudales, es el mejor rasgo para separarla del colimbo ártico en todos los plumajes.

cuello relativamente grueso, a menudo gris claro (cf. colimbo ártico juv./1er invierno)

anillo ocular uniforme, no más grueso frente al ojo (cf. colimbo ártico juv./1er invierno)

típicamente corto; sin punta oscura (cf. colimbo ártico juv./1er invierno)

márgenes pálidos a menudo más anchos/llamativos que en el juv./1er invierno de colimbo ártico

zona oscura retenida hasta ya avanzado el invierno

franja oscura en garganta débil o ausente en c. 50 % de ejs. juv./1er invierno

oscuro diagnóstico, pero a veces pueden verse plumas blancas del centro del vientre (cf. colimbo ártico)

márgenes pálidos de coberteras tan llamativos como en plumas de partes superiores (en colimbo ártico juv./1er invierno a menudo menos marcados en coberteras que en partes superiores)

▼ **Adulto verano (junio)**
Casi idéntico al colimbo ártico en vuelo, pero la franja oscura ancha de flancos resulta diagnóstica.

▼ **Juvenil/1er invierno (noviembre)**
La franja de flancos es ancha y típica en este ejemplar, pero puede ser más fina en otros y, por tanto, más parecida a otras especies.

franja de flancos de anchura uniforme diagnóstica (cf. colimbo ártico en vuelo)

zona oscura en vientre amplia (más fina en otros colimbos juv./invernales)

franja de flancos de anchura uniforme (cf. colimbo ártico en vuelo)

auriculares oscuras retenidas durante más tiempo que en juv./1er invierno de colimbo ártico

franja en la garganta difusa en este ejemplar; el colimbo ártico muestra un patrón parecido de forma habitual

Colimbo grande *Gavia immer*

L 80 cm | Todo el año, NO Europa; invierno, O Europa

...continued

Calàbria grossa CAT
Aliota handia EUS
Mobella grande GAL

▼ **Adulto verano (mayo)**
Inconfundible en verano por su plumaje único y pico negro.

13–17 franjas que se ensanchan hacia atrás (cf. colimbo de Adams adulto nupcial)

▼ **Adulto verano (mayo)**
Algunos ejemplares muestran un pico grisáceo (en todos los plumajes), que puede llevar a confusión con el colimbo de Adams, especialmente de lejos. Sin embargo, véase el culmen oscuro y la forma y el número de estrías en el cuello.

culmen oscuro (cf. colimbo de Adams)

▶ **Adulto invierno (diciembre)**
Muchos ejemplares retienen algunas plumas nupciales durante el invierno.

punto más elevado de la espalda cerca de la cabeza

motas blancas en coberteras/ obispillo (cf. 1er y 2º invierno)

negro a menudo extenso (cf. 1er y 2º invierno)

▶ **Juvenil/1er invierno (diciembre)**

píleo más oscuro que partes superiores (lo opuesto en juv./1er invierno de colimbo ártico)

frente prominente variable en todos los plumajes; también en el colimbo de Adams y, en menor medida, en el colimbo ártico

escamas uniformes en plumas redondeadas típicas del 1er invierno (pero véase el colimbo ártico de 1er invierno)

base gruesa (cf. juv./1er invierno de colimbo ártico)

laterales del cuello oscuros con forma de punta

▶ **2º año cal. (mayo)**
Los ejemplares de 2º año cal. mudan lentamente a plumaje de 2º invierno durante la primavera y el verano. Por ello, el plumaje parece desordenado durante la primavera, una mezcla de plumas juveniles muy desgastadas y plumas nuevas más oscuras, si bien la impresión general suele ser de un plumaje de tipo invernal. Existe gran variabilidad individual tanto en cuanto al periodo de muda como al patrón de las plumas nuevas. Las coberteras grandes de este ejemplar muestran ya pequeñas puntas blancas, pero las escapulares nuevas son gris uniforme. Muchos ejemplares de esta edad no presentan blanco en coberteras, pero pueden mostrar algo de blanco en escapulares.

mezcla de plumas nuevas y viejas en partes superiores; las plumas nuevas suelen ser totalmente oscuras, como en el adulto invernal

coberteras nuevas con pequeñas puntas blancas en este ej., pero oscuro uniforme en otros

▶ **Tipo 2º invierno (diciembre)**
Este plumaje muestra rasgos tanto de juvenil/1er invierno como de adulto invernal, pero en general se parece más al segundo. Véanse los rasgos que se señalan para determinar la edad.

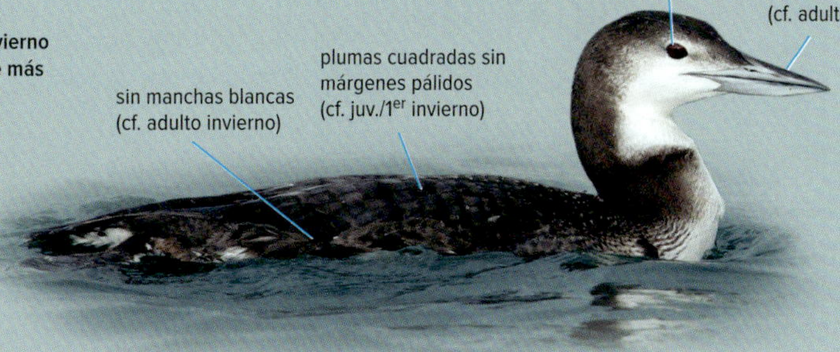

rojo oscuro
(cf. juv./1er invierno)

negro restringido
(cf. adulto invierno)

plumas cuadradas sin
márgenes pálidos
(cf. juv./1er invierno)

sin manchas blancas
(cf. adulto invierno)

▼ **Adulto verano (julio)**
El rasgo que se señala permite diferenciarlo del colimbo de Adams en cualquier plumaje. Las manchas blancas en coberteras se mantienen durante el invierno y resultan útiles para el datado.

▶ **Juvenil/1er invierno (marzo)**
Aleteos más pesados que en otros colimbos de menor tamaño.

cabeza y pico más grandes
(cf. colimbo ártico)

franjas oscuras
(cf. colimbo ártico)

cañones oscuros o pálido
difuso (cf. colimbo de
Adams)

semicollar
oscuro

a menudo sostiene
el pico hacia abajo
(cf. colimbos ártico
y de Adams)

pies muy grandes

Colimbo de Adams *Gavia adamsii*

L 90 cm | Verano, extremo NE Europa; invierno, N Europa

Calàbria de bec blanc CAT
Aliota mokohoria EUS
Mobella de bico amarelo GAL

▼ **Adulto verano (junio)**
En plumaje nupcial solo es confundible con el colimbo grande. Véanse los caracteres que se señalan.

típica postura y forma
y coloración del pico

alrededor de 10 franjas anchas;
longitud máxima en zona
central (cf. colimbo grande
nupcial)

bloques blancos grandes
(ligeramente mayores que
en el colimbo grande
nupcial)

▼ **2º invierno o adulto invierno (marzo)**
Todos los plumajes de tipo invernal muestran el mismo patrón de cabeza y pico, que es útil para diferenciarlo del colimbo grande. Este ejemplar muestra caracteres de adulto y de 2º invierno. Un adulto (después del 3er invierno) presenta escapulares de un oscuro más uniforme y motas blancas en coberteras más grandes, mientras que un 2º invierno habitualmente carece totalmente de estas motas.

mancha oscura difusa y cuello
pálido típicos de todos los
plumajes invernales

las escapulares con puntas
pálidas sutiles son más típicas
del 2º invierno (normalmente
oscuras uniformes en el adulto
en invierno)

coberteras con motas blancas
pequeñas (a diferencia del 1er invierno)

Colimbo de Adams *Gavia adamsii*

▼ **Juvenil/1er invierno (diciembre)**
La posición de la cabeza es típica y característica de esta especie cuando está posada (cf. colimbo grande).

ojo pequeño pero llamativo debido a la cabeza pálida (cf. colimbo grande)

la parte plumada del pico alcanza la narina (cf. colimbo grande)

cabeza y laterales del cuello marronáceo claro

parte distal del culmen siempre pálida (cf. colimbo grande)

partes superiores más pálidas que en el colimbo grande debido al patrón escamado más contrastado

parte más alta de la espalda en el centro (cf. colimbo grande)

punta amarillenta

área oscura difusa

laterales del cuello oscuros, pero menos contrastados que en el colimbo grande invernal

forma y color diagnósticos en todos los plumajes

▶ **2º año cal. (julio)**
Los colimbos mudan sus plumas de vuelo simultáneamente (como los patos y los álcidos). Los ejemplares de 2º año cal. mudan en verano, mientras que todos los colimbos adultos (exceptuando el colimbo chico) mudan en primavera (el colimbo chico en otoño). Las plumas nuevas, especialmente en este plumaje, pueden formar una mancha oscura evidente en el cuello, similar a la del colimbo grande.

plumas de cola y ala en muda activa (parecen haber caído ya)

escapulares nuevas de 2ª generación con patrón difuso

cabeza y cuello muy variables en este plumaje debido a la muda lenta y continuada, pero típicamente más pálidos que en el colimbo grande

laterales del cuello a menudo más oscuros que en este ejemplar

▼ **Adulto verano (mayo)**

▼ **Adulto verano (mayo)**

patrón del cuello y color del pico típicos

raquis blancos en todos los plumajes (cf. colimbo grande)

Colimbos en vuelo

▼ **Colimbo chico juvenil (noviembre)**

línea de flancos parcheada (cf. colimbo ártico)

franjas oscuras en axilares

pies relativamente pequeños

▼ **Colimbo ártico inmaduro/invierno (septiembre)**

línea oscura uniforme

blanco uniforme

pies grandes

oscuro; contraste fuerte con la garganta

▼ **Colimbo del Pacífico juvenil/1er invierno (noviembre)**

auriculares oscuras retenidas durante más tiempo que en el colimbo ártico juv./1er invierno

franja oscura ancha en el vientre (estrecha en otros colimbos en plumaje juv./1er invierno)

línea de flancos uniformemente ancha (cf. colimbo ártico en vuelo)

▼ **Colimbo grande juvenil/1er invierno (marzo)**

franjas oscuras (cf. colimbo ártico)

cabeza y pico grandes (cf. colimbo ártico)

pies muy grandes

semicollar oscuro

a menudo mantiene el pico apuntando hacia abajo (cf. colimbos ártico y de Adams)

▼ **Colimbo de Adams juvenil (octubre)**

raquis blancos

zonas pálidas difusas; auriculares oscuras (cf. 1er invierno de colimbo grande)

pies muy grandes

Somormujo lavanco *Podiceps cristatus*

L 48 cm | Todo el año, O y SO Europa; verano, E y NE Europa

Cabussó emplomallat CAT
Murgil handia EUS
Mergullón cristado GAL

▼ **Tipo adulto en verano (abril)**
Una imagen inconfundible y familiar, incluso en zonas urbanas, que hasta gente no aficionada a la ornitología reconoce. La cresta larga y el collar rojizo del plumaje de verano aparecen entre primavera y verano avanzado y a veces también a partir de diciembre. El collar y la cresta son más prominentes en los ♂♂, lo que resulta más evidente cuando se observan en pareja.

▼ **Invierno (enero)**
Una vez desaparecidas las franjas "juveniles" en cabeza y cuello, un ejemplar de 1er invierno no sería diferenciable de un adulto con esta imagen.

cresta corta

bridas blancas características en todos los plumajes

rosa

predominantemente blanco

▼ **Juvenil (julio)**

franjas en la cara típicas de "somormujo" joven, presentes en todas las especies en plumaje juv.

bridas pálidas (cf. otros somormujos juv.)

▼ **1er invierno (octubre)**
Este patrón cefálico puede estar presente hasta bien avanzado el invierno, presuntamente en ejemplares nacidos tarde (la temporada de reproducción es larga).

los resquicios de las franjas juv. desaparecen durante el otoño/invierno

iris pálido (cf. adulto)

▼ **1er invierno (diciembre)**
Separable de otros somormujos incluso de lejos gracias a su estructura larga y esbelta y a la gran cantidad de blanco en el ala.

blanco extenso en el ala; la mancha blanca casi conecta con el blanco de secundarias; diagnóstico en todos los plumajes

cuello largo y fino evidente en vuelo

▼ **Adulto (agosto)**
El número de coberteras grandes con blanco en la hemibandera interna es variable en adultos, a veces solo la más externa con blanco.

blanco en hemibandera interna de coberteras grandes, indicando adulto; juv./ 1er invierno sin blanco

Somormujo cuellirrojo *Podiceps grisegena*

L 43 cm | Verano, E y NE Europa; invierno, O y SE Europa

▼ Adulto verano (mayo)

Fácil de identificar en este plumaje gracias al cuello rojo-marrón, cara grisácea y píleo y bridas totalmente negros. El diseño del pico es característico en todos los plumajes después del juvenil, pero los ejemplares de 1er invierno muestran más amarillo, con borde difuso.

▼ Adulto invierno (diciembre)

El ojo completamente oscuro es la diferencia principal con el 1er invierno. La cara gris uniforme también es típica del adulto, siendo menos extensa y uniforme en el 1er invierno.

cara fundamentalmente gris

iris completamente oscuro (sin borde pálido externo, cf. 1er invierno)

a veces el rojo-marrón del cuello también está presente en invierno

diseño del pico en invierno (mucho amarillo con borde difuso)

▼ Juvenil/1er invierno (agosto)

Las franjas de la cabeza facilitan el datado. Los juveniles pueden presentar un color del cuello similar a los adultos, como en este caso. El iris todavía es pálido.

▼ 1er invierno (enero)

La combinación de los caracteres que se señalan facilita la identificación, incluso en un ave aparentemente poco distintiva. El anillo ocular, situado en la parte externa del iris, se mantiene pálido hasta el 2º año cal. El iris se oscurece en la parte interior, de modo que a finales de año solo queda un fino margen exterior pálido.

grisáceo (cf. somormujo lavanco en invierno)

bridas oscuras (cf. somormujo lavanco)

cuello relativamente corto y grueso comparado con el somormujo lavanco

amarillo puro (cf. somormujo lavanco)

parte delantera oscura (cf. somormujo lavanco)

▼ Adulto verano (mayo)

En vuelo, muestra rasgos similares tanto al somormujo lavanco como al zampullín cuellirrojo. La combinación del margen de ataque del ala blanco y el blanco poco extenso en secundarias es típica, además del cuello oscuro de longitud media (más largo en el zampullín cuellirrojo, más corto en el somormujo lavanco).

el blanco no alcanza a las secundarias externas (cf. somormujo lavanco y zampullín cuellirrojo)

zonas blancas aisladas (cf. somormujo lavanco)

pies grandes (cf. zampullín cuellirrojo)

oscuro en todos los plumajes (cf. somormujo lavanco)

▼ Somormujo cuellirrojo americano *holbollii* (Norteamérica), 1er invierno (febrero)

Pico y cuerpo de mayor tamaño que en nominal, acercándose al somormujo lavanco. La mejilla oscura es variable, tanto en *holbollii* como en *grisegena*. La parte externa del iris pálida indica 1er invierno. Un taxón que posiblemente pase desapercibido aquí. Este ejemplar fue fotografiado en Shetland y representa una de las pocas citas recogidas hasta la fecha en Europa.

robusto, similar al somormujo lavanco

más oscuro que *grisegena* en promedio

Zampullín cuellirrojo *Podiceps auritus*

L 34 cm | Verano, N y NE Europa; invierno, O y SE Europa

▼ **Tipo adulto en verano (junio)**
Inconfundible.

línea roja no
plumada

"cresta" naranja uniforme;
no se extiende hacia debajo del ojo
(cf. zampullín cuellinegro en verano)

mancha pálida en todos los plumajes
(cf. zampullín cuellinegro)

rojo-marrón
(cf. zampullín
cuellinegro en
verano)

▼ **Adulto invierno (noviembre)**
Los rasgos que se señalan muestran las diferencias con el
zampullín cuellinegro en invierno y también son útiles en
ejemplares de 1er invierno.

altura máxima retrasada

frente pronunciada

píleo oscuro con borde inferior
casi recto, solo algo desviado en
la parte posterior

pálido

mejilla y garganta
claras

zona pálida difusa

claro

▼ **1er invierno (diciembre)**
Este ejemplar todavía muestra rasgos de
inmadurez, que se señalan. En el transcurso
del invierno (cuando los laterales de la
cabeza se tornan blanco puro), el datado se
complica o resulta del todo imposible.

iris rojo a menudo menos
saturado que en el adulto

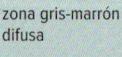

zona gris-marrón
difusa

sin línea oscura en la base del pico
(cf. zampullín cuellinegro en invierno)

sin zona oscura en la
parte anterior del cuello

zona blanca variable en el
margen de ataque del brazo
(cf. zampullín cuellinegro)

► **Verano (mayo)**
Algunos ejemplares se asemejan al somormujo cuellirrojo
en cuanto a la cantidad de blanco en el margen de ataque.
Este ejemplar es bastante promedio en este sentido, pero
los ejemplares sin nada de blanco pueden parecerse al
zampullín cuellinegro desde lejos. Sin embargo, el blanco
en este se extiende hasta las primarias internas, lo que,
sumado a la ausencia de blanco en el margen de ataque,
resulta útil para diferenciar estas especies en invierno.

el blanco no se extiende
por primarias internas
(cf. zampullín cuellinegro)

Zampullín cuellinegro *Podiceps nigricollis*

L 31 cm | Verano, O, C y E Europa; invierno, O y S Europa

▼ Tipo adulto en verano (mayo)
Inconfundible.

extensos penachos
auriculares naranjas
bajo el ojo (cf. zampullín
cuellirrojo en verano)

frente pronunciada;
píleo elevado

completamente
negro en todos los
plumajes

negro (cf. zampullín
cuellirrojo en verano)

▼ Adulto en invierno (septiembre)
Esta imagen muestra las diferencias más importantes con respecto al zampullín cuellirrojo. Tanto el adulto como el 1er invierno en plumaje invernal pueden confundirse con el zampullín chico desde lejos, cuando no puede apreciarse el tamaño, pero véase el contraste en el diseño de la cabeza y el color del ojo.

auriculares oscuras
(cf. zampullín cuellirrojo
en invierno)

pronunciada

mandíbula superior casi
recta; la inferior se curva
mucho hacia arriba cerca
de la punta (cf. zampullín
cuellirrojo)

base oscura (menos
desarrollada en este
ejemplar)

oscuro uniforme
(cf. zampullín cuellirrojo
en invierno)

▼ 1er invierno (octubre)
Similar al adulto invernal, pero véanse los caracteres que se señalan. Las plumas pálidas con aspecto piloso de partes superiores son resquicios del plumaje juvenil y suelen desaparecer a lo largo del otoño.

amarillo-marrón,
indicando 1er invierno

iris todavía
apagado

plumas pálidas "pilosas"
que, de estar presentes,
son típicas de somormujos
de 1er invierno

línea oscura en la base del
pico en todos los plumajes
invernales, evidente aquí
(no presente en zampullín
cuellirrojo)

▼ Invierno (noviembre)

margen de ataque
totalmente oscuro
(cf. zampullín cuellirrojo)

▼ Verano (abril)

manchas oscuras variables
(blanco uniforme en
zampullín cuellirrojo)

el blanco extendiéndose
en primarias internas es
diagnóstico (cf. zampullín
cuellirrojo)

Zampullín chico *Tachybaptus ruficollis*

L 26 cm | Todo el año, O y S Europa; verano, E Europa

▼ **Verano (marzo)**
Difícil de confundir con otras especies en este plumaje.

mancha pálida diagnóstica, más grande y blanca en primavera, cuando la cabeza oscura la hace aún más llamativa

▼ **Invierno (febrero)**
El pequeño tamaño, la mejilla pálida y el píleo oscuro hacen de este ejemplar inconfundible también en invierno. Cuando bucean activamente, adquieren una silueta más baja.

borde bien definido aquí

marrón claro (cf. otros zampullines en invierno)

▼ **Juvenil/1er invierno (agosto)**
Tras acabar la muda postjuvenil (septiembre–diciembre), los ejemplares de 1er año no se pueden separar de los adultos en el campo.

aspecto "mullido" cuando no bucea

zona pálida en la base del pico no evidente (cf. verano)

oscuro, indicando juv./1er invierno

marronáceo (cf. adulto)

amarillo-marrón a menudo cálido

▼ **1er invierno o adulto (febrero)**
La cantidad de blanco en el ala probablemente disminuye con la edad.

cantidad de blanco variable en puntas y bases

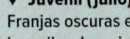

▼ **Juvenil (julio)**
Franjas oscuras en la cabeza como en otros somormujos juveniles. Los ejemplares como este, recién salidos del nido, son diminutos.

◄ **Adulto verano (marzo)**
Durante la temporada de cría, realiza vuelos cortos con frecuencia, antes de bucear de nuevo.

Zampullín picogrueso *Podilymbus podiceps*

L 35 cm | Divagante de Norteamérica

Cabusset becgròs CAT
Txilinporta mokolodia EUS
Mergullete de bico groso GAL

▼ Adulto verano (marzo)
Inconfundible en este plumaje. El pico extremadamente grueso de este ejemplar apunta a ♂ adulto.

diseño diagnóstico en plumaje veraniego

gris

negro, diagnóstico del plumaje de verano

▼ Tipo adulto en invierno (enero)
Similar al zampullín chico en este plumaje. El anillo ocular, a menudo evidente, es un rasgo útil para su identificación. Los adultos adquieren el plumaje estival a partir de enero y algunos retienen una franja oscura sutil en el pico.

píleo oscuro con márgenes difusos (cf. zampullín chico)

anillo ocular pálido completo sugiere adulto (cf. zampullín chico)

la cola larga sobresale por encima de las infracoberteras caudales blancas y "mullidas" (cf. zampullín chico)

culmen muy curvo en todos los plumajes (cf. zampullín chico)

plumas blancas en la base de la mandíbula inferior (cf. zampullín chico)

▼ 1er invierno (octubre)
Una vez mudados cabeza y cuello (después de perder las típicas franjas oscuras de somormujo joven), los ejemplares de 1er año se parecen mucho a los adultos invernales, pero la mayoría pueden ser datados en base a los rasgos que se señalan. Muchos ejemplares de 1er invierno muestran una coloración canela cálida en cuello y flancos, como en este caso (los adultos son de un gris-marrón más frío), pero el desgaste del 1er invierno y la variabilidad de los adultos hace de este un rasgo menos fiable. El cuello es más largo que en el zampullín chico, casi tan largo como el cuello cuando está en alerta, pero más frecuentemente recogido como en esta imagen.

▶ Tipo adulto en invierno (enero)
La estructura del pico es diagnóstica.

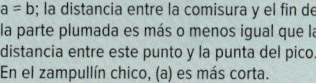

a   b

anillo ocular poco desarrollado

marrón oscuro (negro en adultos)

pico básicamente oscuro, especialmente el culmen y la base de la mandíbula inferior

a = b; la distancia entre la comisura y el fin de la parte plumada es más o menos igual que la distancia entre este punto y la punta del pico. En el zampullín chico, (a) es más corta.

▼ 1er verano/tipo 2º año cal. (abril)
El periodo de transición a plumaje veraniego es variable, pero el plumaje y patrón del pico a medio desarrollar en abril, como en este ejemplar, son típicos del 2º año cal. Además, el culmen y base de la mandíbula inferior oscuros también apuntan a un inmaduro.

▼ 1er invierno (octubre)
El rasgo relativo a las dos primarias más externas también sirve para datar en el zampullín chico.

anillo ocular algo desarrollado (no extenso hacia las bridas, cf. adulto verano)

oscuro, típico del 2º año cal.

p9 y p10 estrechas y puntiagudas indican 1er inv./1er verano hasta la muda completa de finales del verano del 2º año cal.

más blanco que en el zampullín chico

negro algo desarrollado (sin alcanzar la comisura, cf. adulto verano)

Aves marinas • Introducción

TOPOGRAFÍA

p10

primarias (10)

coberteras primarias
(pequeñas, medianas
y grandes)

p1

infracoberteras grandes

infracoberteras medianas

secundarias

infracoberteras pequeñas

◀ **Pardela pichoneta**

axilares

tubos
nasales

infracoberteras
caudales (última fila)

mancha cervical

silla de montar
prominente en
laterales del dorso

proyección de pies
(tras la cola)

FRANJA DEL OBISPILLO
La franja del obispillo de los paíños está formada
sobre todo por las supracoberteras caudales
(solo la punta de las más largas es oscura).

obispillo

proyección de
pies tras la cola

franja de
coberteras

◀ **Paíño de Wilson**

escapulares

obispillo

supracoberteras caudales

manto

◀ **Pardela cenicienta atlántica**

vértice carpal

DATADO

El datado de los procelariformes se basa sobre todo en la
evaluación de la muda, en tanto que a menudo las diferencias
de plumaje entre clases de edad son muy pequeñas. La muda
de estas especies suele ser compleja y, en algunos casos,
todavía quedan aspectos por describir debido a la falta de
información. Además, los adultos que crían con éxito mudan
más tarde que los ejemplares inmaduros o no reproductores.
Por todo ello, en este capítulo no se describen las diferencias
de plumaje a no ser que sean obvias. El estado de la muda
puede ayudar en la identificación de especies parecidas que
se reproducen en distintas épocas del año, como por ejemplo
los diferentes taxones del complejo del paíño de Madeira.

Albatros ojeroso *Thalassarche melanophris*

L 83 cm, E 215 cm | Divagante del Atlántico S

▼ **Adulto (noviembre)**
Los adultos tienen el reverso del ala más blanco, aunque no tanto como las otras especies de albatros atlánticas. Los dedos negros en este ejemplar, posiblemente viejo, son relativamente cortos. La cantidad de negro se reduce con la edad.

MUDA

Cada primaria es sustituida cada 2 años. La muda de estas plumas empieza aproximadamente 2 años después de abandonar el nido (3er año cal.), mudando primero las primarias externas (p8–10 y a menudo también p1 y algunas secundarias), en lo que se considera la fase 1. En el 4º año cal., en la fase 2, p8–10 son viejas y están desgastadas y p5–7 son nuevas. Estas fases se ven mejor en las 6 primarias externas; en el mar normalmente solo en estas primarias. En su 5º año cal., la muda de primarias se halla de nuevo en fase 1 (p8–10 nuevas, p5–7 viejas). La alternancia de estas fases se repetirá ya de por vida. La extensión de plumaje oscuro en el reverso del ala decrece con la edad, hasta alcanzar la adultez con alrededor de 7 años.

margen de ataque negro ancho diagnóstico

panel en coberteras medianas ancho en adultos

franjas oscuras largas

margen de fuga oscuro más estrecho que margen de ataque

▼ **Adulto (noviembre)**
La única especie de albatros que se observa en aguas europeas de forma anual. La combinación del color del pico (en adultos), el manto gris contrastando con el anverso del ala negro y el patrón del reverso del ala son diagnósticos.

gris más pálido que el anverso del ala

ceja oscura diagnóstica (larga en adultos)

rosa-naranja uniforme, con punta ligeramente más rojiza

▼ **Juvenil (octubre)**

ala nueva; sin desgaste ni límites de muda

marcas oscuras; a menudo mancha cervical completa en aves jóvenes

ceja corta

oliváceo sucio; punta y culmen oscuros

todavía casi totalmente oscuro, con panel de coberteras medianas menos obvio

escapulares y algunas coberteras medianas mudadas

▶ **2º año cal., c. 20 meses de edad (noviembre)**
Ha empezado la primera muda, pero la apariencia general sigue siendo bastante juvenil.

primarias juveniles retenidas

Albatros ojeroso *Thalassarche melanophris*

▶ **3er año cal., c. 2 años de edad (marzo)**
Todavía muy similar al juvenil, pero nótese las diferencias señaladas; la muda de primarias ha empezado con las 3 externas (p8–10) y el pico es más amarillo.

mancha cervical gris menos obvia

primarias externas mudadas (nuevas comparadas con las internas)

▼ **Inmaduro, tipo 3er año cal. (noviembre)**
El estado de la muda corresponde con un 5º año cal., pero las plumas marrones del ala están muy desgastadas, indicando que son juveniles. Además, todavía quedan trazas de la mancha cervical y el pico es apagado, encajando con un ave de 3er cal. de aproximadamente 2,5 años de edad.

más pálido/amarillo que en el juv.; punta oscura más llamativa

panel de infracoberteras volviéndose progresivamente más blanco y ancho con la edad

amarillento, punta oscura y culmen todavía ligeramente oscuro

resquicios de mancha cervical

mezcla de plumas marrones juv. y plumas nuevas grises en secundarias y coberteras

p8–10 nuevas, contrastando con p5–7 viejas (fase 1)

▼ **4º año cal., c. 3,5 años de edad (noviembre)**
El datado se basa en la combinación de la muda de primarias (fase 2), la ceja larga y el patrón del pico ya avanzado.

▼ **4º año cal., c. 3,5 años de edad (noviembre)**
La combinación de tintes grises en el pico con el estado de la muda de primarias es típica de ejemplares de 4º año cal. Los de 5º año cal. se hallan en fase de muda 1 de nuevo y presentan un patrón de pico más avanzado (amarillo más intenso y punta roja en desarrollo). Los ejemplares de 6º año cal. pueden ser datados a veces en base a la combinación de la muda en fase 2 y el color del pico no desarrollado del todo. Después del 6º año cal. ya son adultos.

todavía presenta algunas secundarias juv. muy desgastadas

p8–10 viejas, contrastando con p5–7 nuevas (fase 2)

reverso del ala ya más parecido al de tipo adulto

p8–10 desgastadas (2ª generación); p5–7 nuevas (2ª generación) (fase 2)

Albatros picofino atlántico *Thalassarche chlororhynchos*

L 77 cm, E 200 cm | Divagante del Atlántico S

Albatros becgroc atlàntic CAT
Albatros sudur-hori atlantikoa EUS
Albatros bicopintado atlántico GAL

▶ **Adulto (marzo)**
Albatros de alas estrechas y tamaño medio. Los (sub)adultos presentan una cabeza gris variable (con el píleo blanco). Las infracoberteras alares son básicamente blancas y el patrón que forman apenas cambia con la edad (a diferencia del albatros ojeroso), aunque las franjas oscuras sí son más largas en inmaduros. El patrón del reverso del ala es diagnóstico con respecto al albatros ojeroso.

la línea amarilla continua y punta del pico naranja indican adulto

margen de ataque oscuro relativamente estrecho (cf. albatros ojeroso)

margen de fuga oscuro muy estrecho (cf. albatros ojeroso)

franjas oscuras cortas (más largas en inmaduros)

▼ **Adulto (marzo)**
Los adultos presentan gris extenso en el cuello y laterales de la cabeza. La línea amarilla que cruza el culmen se extiende hasta la punta del pico naranja o roja.

el píleo blanco contrasta con el resto de la cabeza y cuello gris claro

antifaz triangular con un punto bajo el ojo (cf. albatros picofino pacífico)

ligeramente más pálido que el anverso del ala (cf. albatros ojeroso)

▼ **Juvenil (abril)**
El culmen se vuelve gradualmente amarillo apagado y pálido a partir de la edad juvenil y, con los años, va adquiriendo el color amarillo-naranja de los adultos. Para un datado inequívoco, es necesario evaluar la muda de primarias, el color del culmen y la cantidad de gris en cuello y laterales de la cabeza. La muda de primarias (p5–10) coincide con la de otros albatros de tamaño medio (fases 1 y 2); véase el albatros ojeroso. Probablemente, este ejemplar sea un juvenil, con el plumaje nuevo; no se aprecia muda activa ni desgaste, tiene la cabeza totalmente blanca y el pico completamente negro.

totalmente blanco (sin gris en cuello y laterales de la cabeza)

totalmente oscuro

combinación de pico totalmente oscuro y panel blanco extenso en el reverso del ala diagnóstica con respecto al albatros ojeroso

▼ **Juvenil (abril)**

antifaz triangular con un punto bajo el ojo (cf. albatros picofino pacífico)

totalmente oscuro

Albatros picofino atlántico *Thalassarche chlororhynchos*

▼ **Albatros picofino atlántico, adulto**

■ **Albatros picofino pacífico *Thalassarche carteri*, adulto (noviembre)**
Esta especie no ha sido citada en Europa, pero se incluye aquí por su similitud con su pariente del Atlántico y para facilitar la identificación en caso de observarse un albatros picofino en nuestras aguas. La forma del antifaz es clave en todos los plumajes y a menudo se puede evaluar desde cierta distancia. Los ejemplares más viejos muestran menos gris en los laterales de la cabeza y el cuello que el albatros picofino atlántico, contrastando menos con el píleo blanco. La diferencia de anchura en la línea amarilla del culmen es sutil y evaluable solo con una buena vista frontal.

línea amarilla más fina que en el picofino atlántico

gris sutil restringido a las auriculares (cf. picofino atlántico)

antifaz pequeño, sin mancha triangular bajo el ojo

Fulmar boreal *Fulmarus glacialis*

L 46 cm, E 110 cm | Todo el año, O y NO Europa

Fulmar CAT
Fulmarra EUS
Fulmar boreal GAL

MORFOS DE COLOR

Existen diferentes morfos de color. En el Atlántico, *glacialis* normalmente se divide en 4 categorías: muy pálido (PP, partes inferiores y cabeza totalmente pálidas), pálido (P, partes inferiores y cabeza pálidas, pero con tintes grisáceos variables en algunas zonas), oscuro (O, partes inferiores y cabeza grisácea, pecho a menudo ligeramente más pálido) y muy oscuro (OO, partes inferiores y cabeza grises, sin contraste con partes superiores). La transición entre morfos es gradual y no tiene implicaciones taxonómicas. Casi toda la población reproductora en el O y NO de Europa son PP. O (y OO, raro) se reproducen casi exclusivamente en islas Árticas como Spitsbergen y la Tierra de Francisco José.

▼ **Morfo muy pálido (PP), ≥ 2º año cal. (junio)**
Desde lejos, se puede confundir con gaviotas por el plumaje, pero la forma de volar es diagnóstica con respecto a éstas: intercala planeos con series cortas de aleteos rápidos, rígidos y poco profundos. La cabeza grande y blanca y el cuello grueso suelen ser visibles desde lejos.

cabeza grande y blanca y cuello grueso, contrastando con partes superiores grises

más o menos gris uniforme

pico grueso con tubos nasales elevados

▼ **Morfo muy pálido (PP), ≥ 2º año cal. (junio)**
Los ejemplares PP tienen la cabeza y partes inferiores típicamente blanco puro.

brazo y mano más o menos gris uniforme

no todas las secundarias y coberteras se reemplazan en cada ciclo de muda

primarias internas más pálidas, aunque variables

margen de fuga oscuro discontinuo en primarias internas

reverso del ala normalmente pálido por completo con márgenes de fuga y ataque oscuros

**▶ Morfo muy pálido (PP),
≥ 2º año cal. (mayo)**
Este ejemplar muestra el patrón del
reverso del ala típico: márgenes de ataque
y fuga pálidos, este último discontinuo en
primarias internas. Las franjas oscuras en
infracoberteras primarias muy marcadas
en este ejemplar.

▼ Morfo intermedio (P/O), ≥ 2º año cal. (junio)
Las zonas grises en cabeza y pecho de este ejemplar desgastado son típicas de los morfos intermedios, a medio camino
entre P y O.

**▼ Morfo muy pálido (PP),
≥ 2º año cal. (junio)**
Vagamente parecido a una gaviota,
pero nótese la cabeza grande, el cuello
grueso, el pico grueso diagnóstico con
los tubos nasales elevados, etc. Primarias
totalmente oscuras y mancha oscura
variable frente al ojo.

▼ Morfo oscuro (O o P/O), ≥ 2º año cal. (junio)
Los ejemplares más oscuros (O y OO) tienen las partes inferiores y la
cabeza considerablemente más oscuras. A diferencia de los morfos
pálidos, las partes superiores suelen tener tintes marronáceos cuando
están desgastadas y la cabeza y las partes inferiores también
presentan zonas gris-marrón de extensión variable. Estos ejemplares
oscuros realizan influjos hacia el Mar del Norte y pueden ser confun-
didos con otras especies, especialmente de lejos.

▼ Morfo oscuro (O o P/O), ≥ 2º año cal. (julio)
Los morfos oscuros (variables) aparecen en aguas árticas;
algunos todavía más oscuros que este ejemplar (O, o los
más escasos OO). Los tintes marronáceos se deben sobre
todo al desgaste; las plumas nuevas son más grises.

variable; completamente oscuro,
como en este ej., pero a menudo
solo son oscuros los tubos nasales
y una franja tras la punta del pico;
punta siempre más pálida

poco contraste entre la base
pálida de las infracoberteras
primarias y las primarias
(también en el anverso del ala)

tintes marrones
con plumaje
desgastado

extensamente oscuro

cola más oscura

tintes marronáceos
en zonas oscuras
desgastadas

Petreles del grupo *feae*

Este grupo está formado por 3 especies: el **petrel de las Desertas** *Pterodroma deserta* (que se reproduce en las islas Desertas, junto a Madeira), el **petrel freira** *Pterodroma madeira* (que se reproduce en Madeira) y el **petrel gongón** *Pterodroma feae* (que se reproduce en Cabo Verde). La identificación a nivel específico es difícil incluso en buenas condiciones y debe centrarse en el patrón del reverso del ala y la estructura del pico y del cuerpo. El petrel freira sí suele ser identificable, pero la separación entre los petreles de las Desertas y gongón en el mar puede resultar imposible, debido al solapamiento en muchos caracteres. Los petreles de las Desertas y freira han sido citados en aguas europeas, pero todavía no existen citas de petrel gongón confirmadas al norte de Canarias.

▼ **Caracteres generales del grupo *feae*; abajo un petrel de las Desertas (agosto)**
El anverso del ala y el patrón cefálico de las 3 especies es diagnóstico del grupo, en general sin muchas diferencias a nivel específico. El periodo de muda de las primarias puede ayudar en la identificación; véanse los apartados de cada especie.

franja oscura difusa en forma de M en el anverso del ala

antifaz oscuro, a veces con ceja corta

gris más pálido que el resto de partes superiores

▶ **Caracteres generales del grupo *feae*; a la derecha un petrel de las Desertas (agosto)**
El reverso del ala es similar en las 3 especies del grupo.

oscuro, con triángulo pálido en la base del brazo

popa elongada

marcas pálidas de extensión variable

Petrel de las Desertas *Pterodroma deserta*

L 36 cm, E 100 cm | Divagante de las islas Desertas (Madeira)

Petrell de les Desertas CAT
Desertaseko braia EUS
Freira das Desertas GAL

▶ **(Agosto)**
En este ejemplar (fotografiado junto a las islas Desertas) los caracteres visibles confirman su identificación como petrel de las Desertas: el pico muy grueso (los ♂♂ en especial muestran el pico más grueso de las 3 especies del grupo), la cabeza grande, el cuello ancho y el cuerpo pesado. Existen diferencias entre las 3 especies en el reverso del ala, pero el solapamiento entre petreles de las Desertas y gongón es total. La muda de primarias en adultos se produce entre diciembre y abril; la muda postjuvenil entre octubre y febrero.

cabeza grande y cuello ancho típicos

zonas blancas muy restringidas, como en el petrel gongón, a diferencia del petrel freira

muy contundente

cuerpo pesado

Petrel freira *Pterodroma madeira*

L 32 cm, E 82 cm | Divagante de Madeira

▶ (Julio)

Con una buena observación, este petrel puede llegar a identificarse a nivel específico. Las zonas blancas extensas en las infracoberteras primarias y secundarias de este ejemplar descartan tanto al petrel de las Desertas como al petrel gongón. Sin embargo, existe mucha variabilidad y los ejemplares con menos blanco en estas zonas pueden solapar con las otras especies (véase REVERSO DEL ALA EN PETRELES DEL GRUPO *FEAE*, p. 116). El pico fino en este y otros ejemplares también resulta diagnóstico de la especie. La muda de primarias en adultos se extiende de septiembre a diciembre; la postjuvenil de agosto a octubre.

▼ (Junio)

Un ejemplar con el patrón del reverso del ala compatible con las otras especies del grupo *feae*, pero la forma del pico y el cuerpo ligero son típicos del petrel freira.

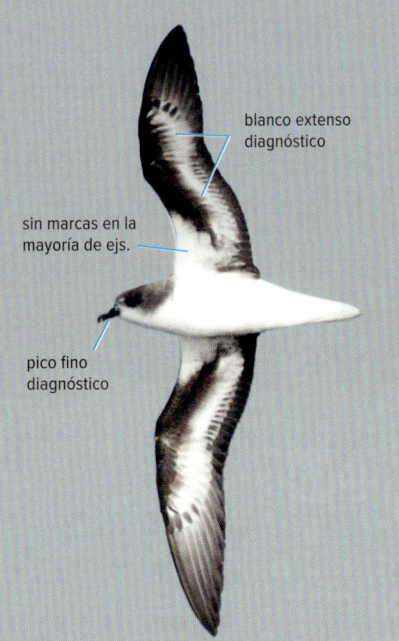

blanco extenso diagnóstico

sin marcas en la mayoría de ejs.

pico fino diagnóstico

cuerpo ligero

Petrel gongón *Pterodroma feae*

L 37,5 cm, E 91 cm | Divagante (potencial) de Cabo Verde

▶ (Marzo)

Muy similar al petrel de las Desertas. En general, su estructura es más ligera que la de este, incluyendo el pico, pero el solapamiento es total; por lo que tan solo los petreles de las Desertas más pesados y con picos más gruesos resultan distintivos. En este sentido, la identificación del petrel gongón solo se puede confirmar en base a la localidad o quizás con la ayuda de la fenología de muda. Al reproducirse en invierno, la muda de primarias en adultos se extiende entre mayo y agosto y la muda postjuvenil ocurre entre marzo y junio.

normalmente oscuro por completo

especie del complejo con más patrón en esta zona

bastante pesado

Reverso del ala en petreles del grupo *feae*

CANTIDAD DE BLANCO: PUNTUACIONES

Se cuantifica e ilustra la variabilidad asignando dos puntuaciones según la extensión del blanco: una para el blanco de infracoberteras primarias y otra para el blanco de infracoberteras secundarias. 0 se refiere a un plumaje totalmente oscuro y 4 al plumaje con mayor extensión de blanco registrado (Fisher y Flood, 2013).

▼ **Puntuación 0/0**
Este patrón aparece en las 3 especies, más a menudo en *feae* y menos en *madeira*.

▼ **Puntuación 1/0**
Este patrón aparece en las 3 especies, más a menudo en *deserta*.

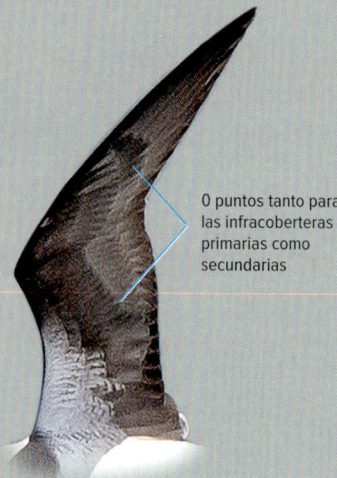

0 puntos tanto para las infracoberteras primarias como secundarias

1 punto para infracoberteras primarias, 0 puntos para infracoberteras secundarias

▼ **Puntuación 2/2**
Este patrón aparece en las 3 especies, raramente en *feae* y *deserta* y muy a menudo en *madeira*.

▼ **Puntuación 3–4/3–4**
La puntuación 3 es casi exclusiva de *madeira*. Un poco más de blanco (puntuación 4) descarta completamente las otras especies.

2 puntos para infracoberteras primarias y secundarias

3–4 puntos para infracoberteras primarias y secundarias

Petrel de Bulwer *Bulweria bulwerii*

L 26 cm, E 67 cm | Divagante del sur del Atlántico N

▼ (Agosto)
Típicamente se ve oscuro por completo; la banda pálida de coberteras puede resultar muy obvia o pasar inadvertida. El cuello y cola largos son evidentes y útiles para diferenciarlo de los paíños. Además, las alas largas y angulosas le otorgan una silueta diagnóstica (pero debido su estatus de ave muy rara en Europa, es importante tener en mente al paíño de Swinhoe u otros petreles oscuros igualmente raros).

▼ (Agosto)
En condiciones ideales, se puede apreciar la cabeza más pálida que el cuerpo y la garganta a menudo también más pálida, como en este ejemplar.

proa alargada (cf. paíños), a menudo la mantiene elevada

grueso

vértice carpal adelantado, ala angulosa

banda pálida variable

larga y cuneiforme

garganta pálida variable

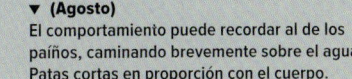

▼ (Agosto)
La combinación de plumaje y estructura es diagnóstica.

▼ (Agosto)
El comportamiento puede recordar al de los paíños, caminando brevemente sobre el agua. Patas cortas en proporción con el cuerpo.

► (Agosto)

mano y brazo muy largos

▼ (Junio)
Cuando nada es similar a los paíños, pero mayor, con pico grueso y píleo redondeado (frente más prominente en paíños). La punta del ala alargada alcanza la punta de la cola, también larga.

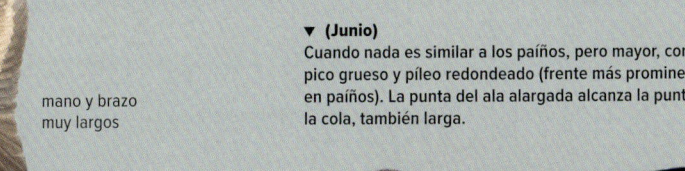

Pardela sombría *Ardenna grisea*

L 44 cm, E 102 cm | Otoño, O Europa; migrante del Atlántico S

▼ **Tipo adulto (septiembre)**
Completamente oscura desde arriba. Alas largas y puntiagudas, relativamente estrechas comparadas con el cuerpo. Este ejemplar está acabando la muda, como así indica la p10 todavía en crecimiento.

escapulares nuevas con márgenes pálidos (cf. pardela balear)

los pies no sobresalen en este ej. (cf. pardela balear)

p10 todavía en crecimiento

▼ **(Agosto)**
Desde costa, pardela típicamente oscura por completo en la mayoría de condiciones de observación. Las partes inferiores centrales ligeramente más pálidas en este ejemplar la acercan a las pardelas baleares más oscuras, pero nótense los otros rasgos que se indican. La acción de vuelo, menos batido y con planeos más largos también resulta útil para diferenciarla de la pardela balear.

pies no sobresalen, o solo ligeramente

cuerpo más o menos uniformemente oscuro

raquis oscuros (no presentes en la pardela balear)

zona pálida del reverso del ala más ancha en la mano y carente de marrón difuminado (cf. pardela balear)

◄ **(Noviembre)**
Las zonas pálidas del reverso del ala pueden resultar obvias en ciertas condiciones de observación.

▼ **(Agosto)**
En esta imagen, este ejemplar relativamente pálido recuerda a una pardela balear oscura, pero nótense los caracteres señalados.

escapulares con puntas pálidas obvias

tintes grises en primarias y secundarias (cf. pardela balear)

▼ **(Agosto)**
El cuerpo puede parecer pesado desde ciertos ángulos; alas muy largas.

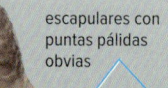

Pardela de Tasmania *Ardenna tenuirostris*

L 42 cm, E 95 cm | Divagante del océano Pacífico

Baldriga de Tasmània CAT
Gabai tasmaniarra EUS
Pardela da Tasmania GAL

▼ (Noviembre)
Muy parecida a la pardela sombría, de la que solo puede diferenciarse con muy buenas condiciones de observación. La distribución de las zonas pálidas en las infracoberteras alares y la estructura del pico resultan diagnósticas. Se trata de una especie que se reproduce abundantemente en el sur de Australia y Tasmania y migra hacia el hemisferio norte durante el verano boreal, por encima del círculo polar ártico. La identificación en el Atlántico es realmente complicada por su parecido extremo con la pardela sombría, lo que posiblemente enmascara su estatus real en Europa, donde quizás sea más común de lo que sugieren las pocas citas recogidas hasta la fecha.

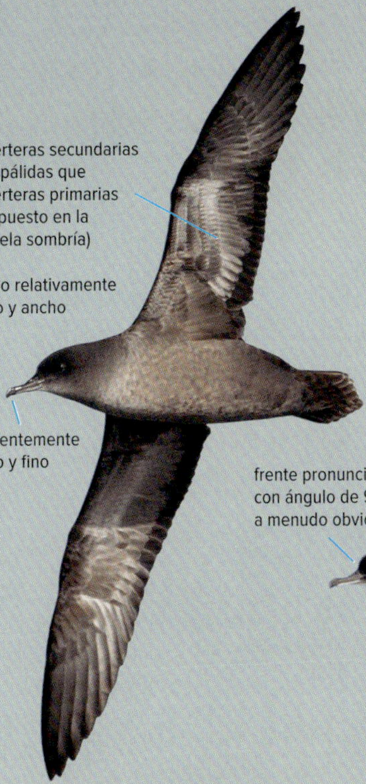

coberteras secundarias más pálidas que coberteras primarias (lo opuesto en la pardela sombría)
cuello relativamente corto y ancho
aparentemente corto y fino

▼ (Agosto)
El plumaje del anverso del ala es idéntico al de la pardela sombría, pero nótense las diferencias diagnósticas en el pico.

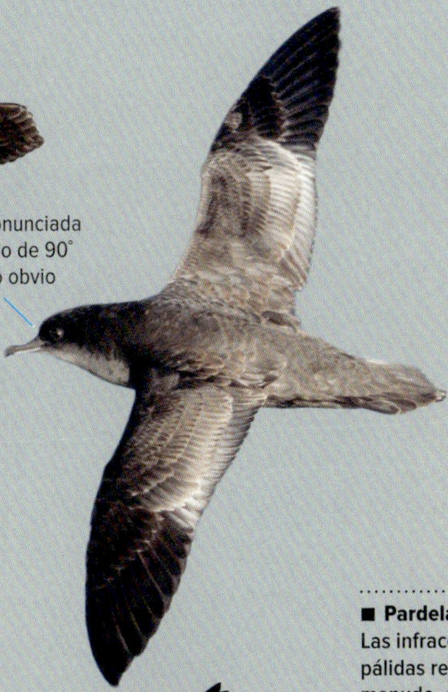

frente pronunciada con ángulo de 90° a menudo obvio

▼ Estructura del pico
Bastante diferente a la estructura del pico de la pardela sombría. En relación a la longitud total del pico (29–34 mm), (a) promedia un 30,9 % y (b) un 28 % (Flood y Fisher, 2020).

tubos nasales (a) relativamente largos, igual que la sección media (b)
b
a
pico relativamente corto

■ Pardela sombría
En relación a la longitud total del pico (27–43 mm) (a) promedia un 25,7 % y (b) un 34,4 % (Flood y Fisher, 2020).

tubos nasales (a) relativamente cortos, considerablemente más cortos que la sección media (b)
b
a
pico largo

▶ Patrón del reverso del ala
Las zonas oscuras y pálidas de las infracoberteras alares difieren de las de la pardela sombría, pero interpretar estas diferencias puede resultar difícil de lejos o dependiendo de la luz. Algunos ejemplares muestran infracoberteras primarias más pálidas, lo que les hace más parecidos a la pardela sombría en este carácter.

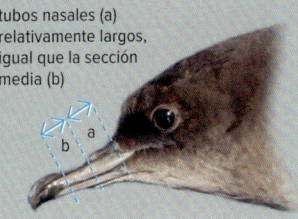

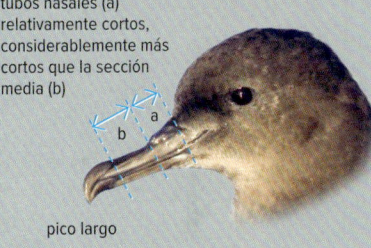

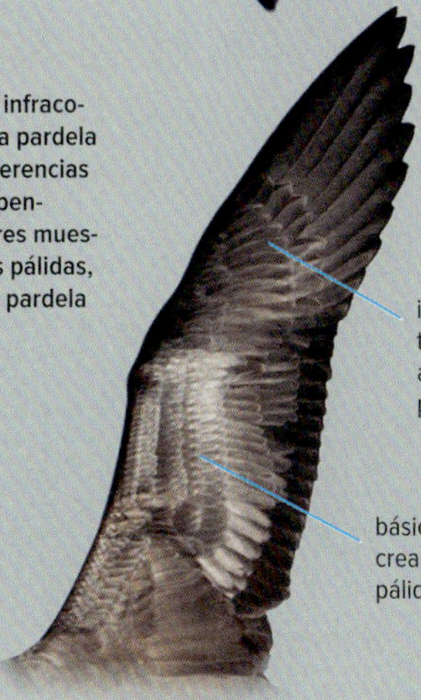

infracoberteras primarias típicamente oscuras, sin apenas contraste con las primarias
básicamente pálido, creando una zona pálida extensa

■ Pardela sombría
Las infracoberteras primarias pálidas resultan obvias a menudo, contrastando con las primarias.

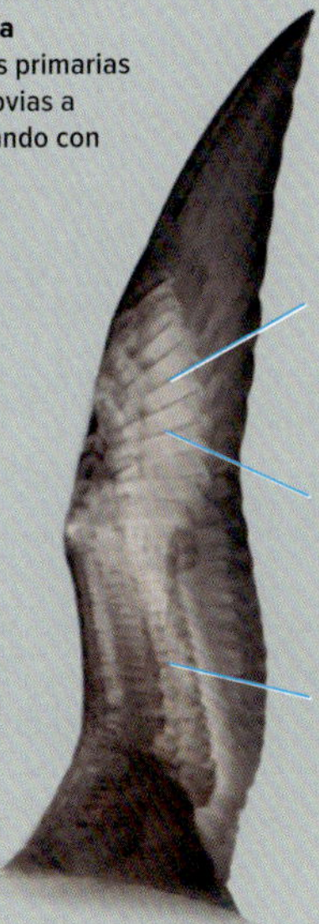

los raquis oscuros destacan sobre el color de fondo pálido de las infracoberteras primarias (cf. pardela de Tasmania)
infracoberteras primarias pálidas; zona pálida más ancha aquí
zona pálida de infracoberteras secundarias muy sutil

Pardela pichoneta *Puffinus puffinus*

L 32 cm, E 78 cm | Verano, NO, O y SO Europa

▼ **(Mayo)**
La más clásica de las pardelas blancas y negras europeas.

solo puntas de axilares oscuras en este ej.

infracoberteras caudales blancas (como máximo algo de oscuro en las puntas de la última línea de plumas)

cantidad de blanco tras las auriculares variable (a menudo más extenso que en este ejemplar)

los pies no suelen proyectarse tras la cola, o muy poco

patas con zonas pálidas rosas

▼ **Tipo adulto (mayo)**
Partes superiores marrón-negro, más marrón en ejemplares desgastados, pero normalmente aparenta ser blanco y negro en las condiciones de observación desde costa más frecuentes (que no suelen ser las ideales). Las primarias parecen algo pálidas aquí, pero posiblemente se deba a que están iluminadas desde abajo, un fenómeno muy típico en el mar.

marcas oscuras variables, creando una banda axilar diagonal en algunos ejs.

típico contraste muy marcado entre partes superiores e inferiores

normalmente límite bien definido entre infracoberteras blancas y plumas de vuelo oscuras

▶ **(Agosto)**
Los ejemplares reproductores en Europa suelen acometer la muda completa ya en zonas de invernada, al sur del océano Atlántico, por lo que los ejemplares en muda activa del ala son escasos en Europa, tratándose en la mayoría de casos de aves inmaduras o no reproductoras. Este ejemplar fue fotografiado en Irlanda.

▼ **Tipo adulto (agosto)**
El desgaste hace que el plumaje sea más marrón en otoño, lo que puede conducir a confusión con la pardela mediterránea o con una pardela balear extremadamente pálida.

se torna marrón con el desgaste

silla de montar relativamente grande y con borde bien definido (cf. pardela mediterránea)

▼ **Juvenil (septiembre)**
Los juveniles en otoño se ven siempre con el plumaje muy nuevo, uniformes y con partes superiores gris-negro; las axilares, estrechas, presentan puntas oscuras.

primarias externas con puntas afiladas y nuevas

▼ **Tipo adulto (octubre)**
Este ejemplar, fotografiado en Azores, ha empezado a sustituir las primarias internas.

media luna blanca típica

muda activa de primarias

blanco por completo

pueden presentar pequeñas franjas oscuras en la garganta y el pecho, a veces más extensas que en este caso

Pardela chica macaronésica *Puffinus baroli*

L 28 cm, E 60 cm | Divagante del océano Atlántico

▼ **(Agosto)**

La única confusión posible en Europa es con la pardela pichoneta. Teniendo en cuenta el estatus de *baroli*, deben observarse bien todos los caracteres para asegurar la identificación. El patrón facial y de la cabeza es muy variable, pero típicamente muestra mucho blanco. Este ejemplar se sitúa más o menos en la media en cuanto al plumaje negro en auriculares (2–3 puntos según Flood y Fisher, 2020). Los ejemplares más clásicos presentan auriculares totalmente blancas (1 punto), pero los que tienen puntuación máxima (5, raros) tienen un patrón cefálico casi idéntico a la pardela pichoneta (Flood y Fisher, 2020).

▼ **(Agosto)**

Este ejemplar (el mismo que en la foto anterior) tiene bastantes marcas oscuras en el reverso del ala y lenguas pálidas de primarias con menos blanco puro de lo habitual (aunque pueden llegar a estar ausentes por completo). El patrón de axilares y reverso del brazo se solapa con el de muchas pichonetas. La **pardela chica de Cabo Verde** *Puffinus boydi*, que no ha sido citada en Europa, presenta infracoberteras caudales más oscuras, una cola más larga y, normalmente, una franja diagonal más sólida en el reverso del ala. El patrón cefálico de *boydi* puede solaparse por completo con el de *baroli*, pero, en general, *boydi* presenta más plumaje oscuro alrededor del ojo.

flashes plateados típicos

silla de montar pequeña pero blanco puro

frente pronunciada

corto y fino

punta del ala relativamente corta y a menudo con aspecto redondeado

marcas oscuras en laterales del cuello restringidas

mantiene la cabeza erguida a menudo

zonas pálidas de las patas, azuladas

infracoberteras caudales casi totalmente blancas (a diferencia de *boydi*)

tintes grises y puntas pálidas de coberteras grandes (a menudo también medianas) diagnósticos (plumaje nuevo; verano e inicios de invierno)

lenguas pálidas variables, pero las primarias no muestran apenas contraste con las infracoberteras alares (cf. pardela pichoneta)

▼ **(Agosto)**

En vuelo se ve pequeña y con alas relativamente cortas. Vuela bajo con aleteos rápidos (raramente corta el agua). Axilares y resto de infracoberteras alares blancas en la mayoría, pero conviene recordar que algunas pardelas pichonetas pueden ser idénticas en este aspecto.

mayoría de ejs. con reverso del ala blanco por completo

▼ **(Mayo)**

normalmente muy blanco (2 puntos en este caso), ojo obvio aparentemente grande

frente pronunciada, a menudo incluso protuberante

relativamente corto

primarias igual de largas que la cola o sobresaliendo ligeramente (a diferencia de *boydi*)

a menudo, mucho blanco alrededor del ojo, que queda aislado en ese caso

auriculares con plumaje oscuro muy variable

Pardela balear *Puffinus mauretanicus*

L 37 cm, E 85 cm | Todo el año, SO Europa; migratoria O Europa

▼ **Juvenil, intermedio/oscuro (octubre)**
Existe una amplia variación en la coloración de partes inferiores, pero los ejs. extremos (a ambos lados del espectro) son raros. Este ejemplar es ligeramente más oscuro que la media, pero aun así clásico en todos los caracteres. Los ejemplares más pálidos se asimilan a la pardela mediterránea, generando problemas de identificación importantes. Las axilares, infracoberteras caudales y flancos posteriores son completa o mayoritariamente oscuros, a excepción de en los ejemplares más pálidos. Los más oscuros presentan un plumaje parecido al de una pardela sombría desgastada (véase el texto de aquella especie). Como en todas las pardelas, no existen diferencias entre clases de edad, por lo que el datado de este ejemplar se basa en la ausencia de muda activa y las puntas de primarias afiladas y ya desgastadas en otoño. Los adultos presentan puntas de primarias redondeadas y la muda en octubre o bien acaba de terminar o solo quedan por reemplazar las primarias externas.

▼ **Tipo adulto (agosto)**
Ejemplar típico a finales de verano, con muda activa y contrastes obvios. La muda completa de los (sub)adultos empieza en verano, como en la pardela mediterránea, y a diferencia de los adultos de pardela pichoneta; véase aquella especie.

afiladas y ya desgastadas, indicando juvenil

zona pálida del reverso del ala uniformemente ancha (cf. pardela sombría)

linea oscura de flancos completa, excepto en los más pálidos

axilares normalmente oscuras por completo

flanco posterior oscuro crea una zona oscura continua con las axilares

los pies proyectan tras la cola

zonas pálidas de patas rosas

banda pectoral aparente a menudo, pero a veces difusa

zona pálida de partes inferiores variable, pero con bordes difusos

popa a menudo pesada (centro de gravedad desplazado hacia atrás)

▼ **(Mayo)**

partes superiores típicamente marrón puro

pendiente de la frente muy suave

▼ **Juvenil (agosto)**
Imagen típica de un ejemplar nadando. Los (sub)adultos y los juveniles son casi idénticos en cuanto a coloración, pero el plumaje nuevo a finales de verano que presenta este ejemplar es típico de juveniles.

anillo ocular pálido muy tenue o ausente, más obvio en ejs. más pálidos (cf. pardelas pichoneta y mediterránea)

típicas partes superiores y flancos marrón uniforme (cf. pardelas pichoneta y mediterránea)

uniforme, sin márgenes pálidos aparentes (cf. pardela sombría)

largo y relativamente grueso, especialmente en la base (cf. pardelas pichoneta y mediterránea)

punta del ala a la altura de la cola o solo sobresale ligeramente (cf. pardela sombría)

transición suave entre zonas marrones y pálidas

Pardela mediterránea *Puffinus yelkouan*

L 34 cm, E 77 cm | Todo el año, mar Mediterráneo

Baldriga mediterrània CAT
Gabai mediterraneoa EUS
Furabuchos mediterráneo GAL

▼ **(Noviembre)**
Fácilmente confundible con la pardela pichoneta y las pardelas baleares pálidas. Algunos ejemplares presentan una línea en flancos sólida y continua que las diferencia de la pardela pichoneta pero las acerca a las pardelas baleares pálidas. La forma del pico en este caso es la más típica pero otros ejemplares presentan picos más gruesos.

▼ **(Junio)**
Esta imagen señala fundamentalmente las diferencias con la pardela pichoneta, pero las axilares y las marcas oscuras del brazo de este ejemplar solapan con las de esta especie. Desde lejos, el plumaje da la impresión de una pardela pichoneta, pero nótense las diferencias que se señalan. La acción de vuelo, con aleteos rápidos y planeos cortos incluso con vientos fuertes, es más parecida a la pardela balear que a la pardela pichoneta, pero los aleteos de la mediterránea son incluso más rápidos que los de la pardela balear. Además, la pardela mediterránea tiende a alzar la cabeza a menudo, como la pardela chica macaronésica.

línea oscura de flancos variable; aquí solo en parte anterior

grisáceas con puntas más oscuras (cf. pardela pichoneta)

axilares oscuras solo en la punta (cf. pardelas baleares pálidas); zona oscura del brazo más ancha en la parte posterior (cf. pardelas pichonetas muy marcadas)

fino y relativamente corto (cf. pardela balear)

transición súbita entre zonas oscuras y pálidas (cf. pardela balear)

media luna tras las auriculares, a menudo sutil pero a veces tan obvia como en la pardela pichoneta

las patas proyectan tras la cola (cf. pardela pichoneta)

hemibanderas internas de primarias gris claro; poco contraste con infracoberteras primarias blancas (cf. pardela pichoneta)

se torna más pálido y marrón a medida que aumenta el desgaste en verano

anillo ocular pálido fino

gancho ligeramente prominente

marcas oscuras grandes en la punta de axilares (cf. pardelas pichoneta y balear)

los pies suelen sobresalir mucho (cf. pardela pichoneta)

laterales del cuello oscuros a menudo más difusos y pálidos que en pardela pichoneta

sin línea de flancos en este ej.

laterales oscuros, infracoberteras caudales centrales blancuzcas (cf. pardela pichoneta)

▼ **(Abril)**
Muy parecida a la pardela pichoneta desde lejos, y seguramente algunos ejemplares fuera de su área de distribución no son identificables, pero las personas experimentadas reconocerán las diferencias en la acción de vuelo con respecto a la pardela pichoneta.

a menudo, gris-marrón ligeramente más pálido (cf. pardela pichoneta)

marcas pálidas alrededor del ojo

con buenas condiciones de observación, tintes marrones obvios (solo presentes en las pardelas pichonetas muy desgastadas a finales de verano)

zona inferior pálida a menudo se extiende hacia arriba (silla de montar), pero en menor medida que en la pardela pichoneta y de forma menos uniforme, tornándose marrón hacia el obispillo

los pies proyectan tras la cola

▼ **(Junio)**
Un ejemplar con el plumaje gastado.

▼ **(Noviembre)**
Un ejemplar con el plumaje nuevo.

marcas pálidas alrededor del ojo

grisáceo relativamente claro (cf. pardela pichoneta)

oscuro (cf. pardela pichoneta)

▶ **Tipo adulto (septiembre)**
Las aves de tipo adulto en otoño tienen un aspecto muy desaliñado debido a la muda completa activa. El contraste bien definido entre la cabeza y el cuello oscuros y la garganta y pecho blancos, el pico fino y las plumas nuevas gris oscuro (en lugar de marrón) siguen siendo buenos rasgos para separarla de la muy similar pardela balear.

Pardela mediterránea *Puffinus yelkouan*

oscuro difuminado
(cf. pardela mediterránea)

plumaje oscuro extenso
(cf. pardela mediterránea)

axilares oscuras casi por completo
(cf. pardela mediterránea)

▶ **(Agosto)**
La identificación de ejemplares de este tipo resulta problemática. Muestra caracteres que encajan con una pardela balear pálida, especialmente las axilares oscuras y el pico grueso, pero el patrón de infracoberteras caudales y laterales del vientre se solapa con una mediterránea oscura. Los ejemplares pálidos como este suelen presentar anillo ocular obvio, como la mediterránea. Por todo ello, no se puede descartar que se trate de un ejemplar procedente de la población híbrida de Menorca.

LA PARDELA DE MENORCA
Las pardelas reproductoras en Menorca presentan muchas características intermedias entre la pardela balear y la pardela mediterránea (plumaje y vocalizaciones), aunque muchas de ellas resultan inseparables de una pardela mediterránea, especialmente en el mar. Los estudios genéticos señalan que se trata de una población híbrida.

Pardelas cenicientas mediterránea y atlántica

PARDELA CENICIENTA MEDITERRÁNEA/ATLÁNTICA
Estas 2 especies son muy similares, pero tienen áreas de distribución distintas: la pardela cenicienta atlántica se reproduce en el océano que le da nombre, con una pequeña población en el oeste del Mediterráneo. La pardela cenicienta mediterránea sí se reproduce exclusivamente en este mar, aunque se han dado casos de reproducción en el cantábrico francés. Ambas especies pueden observarse en migración en el Atlántico: después de la temporada de reproducción, la pardela cenicienta atlántica es común en el SO de Gran Bretaña, mientras que la pardela cenicienta mediterránea es rara en el cantábrico francés. La identificación a nivel de especie es difícil desde costa incluso a distancias medias. En estas circunstancias, suele ser mejor dejar la identificación como pardela cenicienta mediterránea/atlántica, sin olvidar que, en zonas donde ambas especies son raras, la confusión con fulmares oscuros es posible.

▼ **Pardela cenicienta atlántica, tipo adulto (agosto)**
Rasgos comunes a ambas especies.

gris-marrón relativamente pálido; escamado debido a los centros oscuros y los bordes pálidos de las plumas

U pálida variable debido a las supracoberteras caudales más largas blancas

anverso del ala oscuro contrasta con partes superiores más pálidas

▼ **Pardela cenicienta mediterránea, tipo adulto (mayo)**
Rasgos comunes a ambas especies.

amarillo

borde difuso

blanco

▼ **Pardela cenicienta atlántica (octubre)**
La identificación a nivel de especie suele resultar imposible con ejemplares posados, ya que debe basarse en el patrón del reverso del ala. Un pico tan grueso como el de este ejemplar es típico de la cenicienta atlántica (♂), mientras que un pico obviamente pequeño es propio de la pardela cenicienta mediterránea (♀).

Pardela cenicienta atlántica *Calonectris borealis*

L 52 cm, E 120 cm | Verano, océano Atlántico

Baldriga cendrosa atlàntica CAT
Gabai arre atlantikoa EUS
Pardela cinsenta atlántica GAL

▼ (Agosto)

El patrón del reverso del ala es diagnóstico; véase REVERSO DEL ALA EN PARDELAS CENICIENTAS ATLÁNTICA Y MEDITERRÁNEA (p.126). La cabeza oscura uniforme, el pico grueso (amarillo), las partes inferiores blancas y el reverso del ala bordeado de oscuro forman la típica imagen de una pardela cenicienta de lejos. La imagen muestra las pocas diferencias con la pardela cenicienta mediterránea. En promedio, la pardela cenicienta atlántica es mas pesada, tiene más cuerpo y un pico más grueso, pero todo esto solo se aprecia en los ejemplares más típicos.

▼ (Agosto)

A diferencia de las pardelas *Puffinus/Ardenna* la acción de vuelo de las pardelas cenicientas parece relajada, casi perezosa, volando a menudo cerca de la superficie. Con vientos fuertes, el vuelo es más errático, pero carece de los aleteos rápidos las *Puffinus/Ardenna*.

largo y grueso, a diferencia de la cenicienta mediterránea

reverso del ala típico (véase abajo para más detalles)

promedia más marcas oscuras que la cenicienta mediterránea (con esta cantidad, 4–5 puntos, apenas hay solapamiento)

1–2 infracoberteras primarias más externas con marcas oscuras

primarias totalmente oscuras (en este ej.) que contrastan con las infracoberteras totalmente blancas

Pardela cenicienta mediterránea *Calonectris diomedea*

L 47 cm, E 116 cm | Verano (casi todo el año), mar Mediterráneo

Baldriga cendrosa mediterrània CAT
Gabai arre mediterraneoa EUS
Pardela cinsenta mediterránea GAL

▼ (Mayo)

Los 4 caracteres que se señalan también son variables, véase PARDELAS CENICIENTAS MEDITERRÁNEA Y ATLÁNTICA (p.124). El rasgo más fiable desde lejos son las hemibanderas internas (lenguas) blancas de las primarias externas (normalmente p8–10); véase también REVERSO DEL ALA EN PARDELAS CENICIENTAS ATLÁNTICA Y MEDITERRÁNEA (p.126). El cuerpo también es un poco más ligero/esbelto y las alas un poco más estrechas que en la pardela cenicienta atlántica, pero existe solapamiento entre un ♂ grande de pardela cenicienta mediterránea y una ♀ pequeña de pardela cenicienta atlántica. La acción de vuelo es la misma en ambas especies (descrita en la pardela cenicienta atlántica).

▼ (Septiembre)

Las diferencias con la pardela cenicienta atlántica son sutiles y su evaluación requiere de condiciones de observación muy buenas. Las hemibanderas internas blancas de las primarias externas son menos obvias en este ejemplar, pero la lengua en p10 es más larga que en casi cualquier pardela cenicienta atlántica con lenguas blancas. Ocasionalmente, también pueden presentar dos manchas en las infracoberteras primarias más externas, pero, de existir, suelen ser muy pequeñas, como en este caso. Véase también REVERSO DEL ALA EN PARDELAS CENICIENTAS ATLÁNTICA Y MEDITERRÁNEA (p.126).

relativamente fino (cf. cenicienta atlántica)

normalmente (muy) pocas marcas negras (cf. cenicienta atlántica)

1 única mancha oscura en la infracobertera primaria más externa (cf. cenicienta atlántica)

lenguas blancas largas diagnósticas en la hemibandera interna; la lengua en p10 es especialmente importante para la identificación

típicamente con poco patrón

la muda de primarias internas en otoño apunta a ave de como mínimo 2º año cal. (también en cenicienta atlántica)

raramente con mancha oscura en las 2 infracoberteras primarias más externas (en ese caso, 2ª mancha muy pequeña)

Reverso del ala en pardelas cenicientas atlántica y mediterránea

PUNTUACIÓN
El patrón del reverso del ala es crucial para la identificación. Los porcentajes de cada puntuación que se muestran aquí provienen de Flood y Fisher, 2020.

▼ **Pardela cenicienta atlántica**
Este ejemplar muestra el patrón típico en los 3 rasgos del reverso del ala útiles para la identificación. Las coberteras pequeñas están relativamente moteadas (puntuación 5 en una escala 1–6), suelen presentar manchas oscuras en las 2 infracoberteras primarias más externas y no hay lenguas blancas en primarias. Algunas pardelas cenicientas atlánticas muestran lenguas pálidas cortas, especialmente en p8–9. Una lengua en p10 es rara en las pardelas cenicientas atlánticas (3 %); una lengua más larga que el 20 % del total de la pluma es exclusiva de las pardelas cenicientas mediterráneas.

▼ **Pardela cenicienta mediterránea**
Este ejemplar muestra el patrón típico en los 3 rasgos del reverso del ala útiles para la identificación. Las coberteras pequeñas apenas presentan motas (puntuación 2 en una escala 1–6), solamente la infracobertera primaria más externa manchada de oscuro (muy raramente 2 infracoberteras manchadas) y múltiples lenguas blancas y largas en primarias. La ausencia de lengua en p10 es rara (c. 5 %); el 68 % presenta una lengua más larga que el 20 % de la pluma.

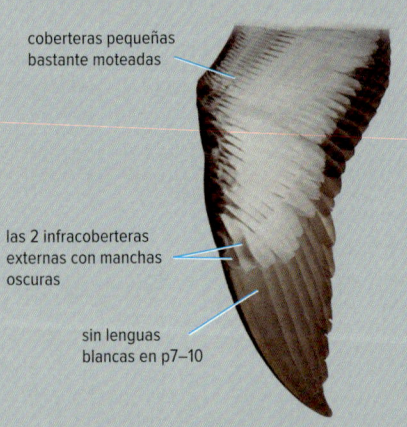

coberteras pequeñas bastante moteadas

las 2 infracoberteras externas con manchas oscuras

sin lenguas blancas en p7–10

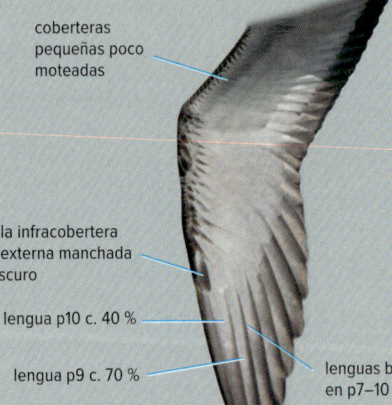

coberteras pequeñas poco moteadas

solo la infracobertera más externa manchada de oscuro

lengua p10 c. 40 %

lengua p9 c. 70 %

lenguas blancas en p7–10

▶ **Supuesta pardela cenicienta atlántica**
Reverso del ala menos típico. Lenguas largas en p8–9, pero no en p10 (o al menos no sobresale tras la infracobertera primaria más externa; raro en pardelas cenicientas mediterráneas). Presenta manchas oscuras en las 2 infracoberteras primarias más externas y las coberteras pequeñas están moderadamente moteadas (puntuación 3, en pleno solapamiento entre ambas especies). Combinando todos los rasgos, puede identificarse como probable pardela cenicienta atlántica.

Pardela capirotada *Ardenna gravis*

L 46 cm, E 110 cm | Otoño, O Europa; migrante del Atlántico S

▼ **(Marzo)**
Con buenas condiciones de observación, la identificación es sencilla. La extensión de las marcas oscuras en el reverso del ala es variable; aquí un ejemplar poco marcado. Además, el collar blanco puede ser completo o restringido al lateral del cuello.

▶ **(Septiembre)**

mucho contraste entre capirote y collar blanco

marcas oscuras

negro

collar blanco acentuado por laterales del cuello oscuros

variablemente oscuro, raramente visible en condiciones normales

patrones de cabeza y cuello diagnósticos

blanco obvio

a menudo muy escamado

coberteras (brazo) más pálidas que la mano

▶ **(Octubre)**
Ejemplar muy marcado, con un parche ventral oscuro extenso.

▼ **(Noviembre)**
Aspecto general muy similar a lo largo del año.

▼ **(Octubre)**
Inconfundible con buenas condiciones de observación.

el píleo es más oscuro que el cuello; este ej. no muestra collar completo

totalmente negro

partes superiores escamadas

oscuro

Paíño europeo *Hydrobates pelagicus pelagicus*

L 15,5 cm, E 34 cm | Verano, NO, O y SO Europa

Ocell de tempesta CAT
Ekaitz-txori txikia EUS
Paíño europeo GAL

▼ **Tipo adulto (octubre)**
El paíño más pequeño y oscuro de Europa, sin panel pálido en el anverso del ala pero con una franja blanca diagnóstica en el reverso. El ángulo que forman mano y brazo se ve acentuado aquí por la muda activa de primarias internas.

▼ **Tipo adulto (agosto)**
Partes superiores uniformemente oscuras (incluso con buenas condiciones de observación), sin diferencias de color entre alas (plumas de vuelo) y cuerpo.

franja blanco puro ancha pero variable (a veces sorprendentemente difícil de ver en ejs. en vuelo)

mancha blanca redondeada; más pequeña que en paíño de Wilson pero más grande que en paíño boreal

normalmente ángulo pronunciado entre mano y brazo

blanco del obispillo tan largo como ancho

franja pálida de coberteras débil (normalmente invisible en el campo)

▼ **Juvenil (octubre)**

las puntas blancuzcas relativamente nítidas crean una banda alar conspicua en vuelo

▼ **Adulto (junio)**

corto

las coberteras no forman banda pálida, o muy débil (cf. otros paíños)

Paíño europeo mediterráneo *Hydrobates pelagicus melitensis*

L 16 cm, E 43 cm | Residente en el Mediterráneo

Ocell de tempesta "mediterrani" CAT
Ekaitz-txori txiki "mediterraneoa" EUS
Paíño mediterráneo GAL

▼ **Tipo adulto (septiembre)**
Casi idéntico al paíño europeo e imposible de identificar en el campo. Los rasgos que se señalan son solo indicativos. La muda de primarias en adultos se inicia aproximadamente 2 meses antes que en adultos de *pelagicus*, pero solapa con los ejemplares de 2° año cal.

▼ **(Junio)**
Ligeramente más grande que *pelagicus* en promedio, pero no existen diferencias que permitan separar estos 2 taxones en el campo.

a menudo totalmente negro (más marronáceo de promedio en *pelagicus*, pero mucho solapamiento)

muda de primarias avanzada en otoño (cf. *pelagicus*)

▼ **Tipo adulto (junio)**

más grueso en promedio que en *pelagicus*

Paíño boreal *Hydrobates leucorhous*

L 20 cm, E 45 cm | Verano, NO, O y SO Europa

Ocell de tempesta boreal CAT
Ekaitz-txori handia EUS
Paíño de rabo gallado GAL

▼ Juvenil (septiembre)
Relativamente fácil de identificar con buenas condi-ciones gracias a la combinación de caracteres que se señalan. El plumaje es muy similar en todas las clases de edad, pero en otoño los adultos suelen estar más desgastados y mostrar signos de muda activa.

► (Septiembre)

ángulo mano-brazo pronunciado (a diferencia del paíño de Wilson)

flexión carpal a menudo proyectada hacia adelante

a menudo la mantiene levantada

los ejs. con más blanco en el obispillo pueden mostrar algo de blanco en los laterales

plumaje nuevo y sin muda activa típico de juv.

a menudo, atisbo de línea oscura en el medio del obispillo blanco diagnóstica

horquillada, pero suele ser difícil de ver de perfil y/o de lejos

relativamente largo

cuerpo ligeramente más pálido que las plumas de vuelo (cf. paíño europeo), pero solo visible con buenas condiciones de observación

franja pálida de coberteras obvia y extensa, alcanzando el margen de ataque

▼ (Abril)
La cantidad de blanco en el obispillo es variable. Algunos ejemplares muestran menos debido al desgaste. Este ejemplar en concreto podría no mostrar apenas nada de blanco al inicio de la muda en otoño. Importante recordar esto cuando se crea estar ante un paíño de Swinhoe.

línea central oscura diagnóstica en este ej.

el obispillo puede tornarse más oscuro con el desgaste

▼ Tipo adulto (diciembre)
Los adultos inician la muda del ala en otoño, completándola a finales de invierno/inicios de primavera (en esta época, los ejemplares de 1er año, sin muda activa y con plumaje nuevo). Con muda activa, el ala puede parecer muy angulosa, como en este caso. Este ejemplar se ha desprendido de muchas coberteras grandes.

muda activa en el ala (a diferencia de los ejs. de 1er año)

▼ Tipo adulto (septiembre)
Estructura clásica, con cola y alas largas. Cuando nada, suele adquirir una postura echada para adelante.

relativamente largo

parte trasera atenuada; las primarias sobresalen tras la punta de la cola

a menudo sin blanco visible

Paíño de Wilson *Oceanites oceanicus*

L 17 cm, E 40 cm | SO Europa; migrante del Atlántico S

Ocell de tempesta oceànic CAT
Wilson ekaitz-txoria EUS
Paíño de Wilson GAL

▼ **(Agosto)**
Además de los rasgos destacados, la silueta es típica: brazo corto y mano larga y ancha, con margen de fuga recto o con un ángulo mano-brazo sutil. Los ejemplares en muda activa de primarias (normalmente con muchas plumas reemplazadas a la vez) sí pueden mostrar un ángulo más pronunciado.

▼ **(Agosto)**
El panel pálido diagonal del anverso del ala, formado sobre todo por coberteras grandes, es más obvio en este ejemplar debido a la luz, y por tener el plumaje nuevo, pero incluso ejemplares más desgastados muestran paneles bien visibles. La muda avanzada a finales de verano es típica. Por regla general, un paíño con esta muda en esta época debería ser un paíño de Wilson, pero es necesario descartar *melitensis*. Con esta muda un 3 de agosto, este ejemplar debería ser un adulto (mínimo 2º año cal.); los ejemplares de 1er año están menos avanzados en esta época.

las 2 primarias externas en crecimiento; muda casi completada

a veces algo pálido, creando una franja bronceada sutil

patas largas que sobresalen tras la cola (cf. otros paíños oscuros)

mucho blanco en flancos posteriores. Mancha blanca larga y ancha, alcanzando tanto el vientre como las infracoberteras caudales

palmeaduras amarillas diagnósticas a menudo no visibles en vuelo

muda activa de primarias a finales de verano casi diagnóstica

panel pálido de coberteras a menudo obvio, sin alcanzar el margen de ataque

mucho blanco en el obispillo, alcanzando los laterales

proyección de pies diagnóstica

▶ **Tipo adulto (marzo)**

margen de fuga (casi) totalmente recto

mano ancha y redondeada

▼ **(Agosto)**
La típica mano ancha y redondeada es obvia en esta imagen.

▼ **Tipo adulto (septiembre)**

palmeaduras amarillas diagnósticas pero difíciles de ver

las patas largas destacan cuando se está alimentando

Paíño de Swinhoe *Hydrobates monorhis*

L 19,5 cm, E 46,5 cm | Divagante del Pacífico (principalmente) y del Atlántico (?)

Ocell de tempesta de Swinhoe CAT
Swinhoe ekaitz-txoria EUS
Paíño de Swinhoe GAL

▼ **(Junio)**
El único paíño totalmente oscuro de Europa. Además de los rasgos destacados, las alas son largas, la acción de vuelo relativamente eficiente (relajada pero poderosa) y la horquilla de la cola no muy pronunciada y a menudo difícil de ver en el campo. Una combinación de caracteres única. Véase también petrel de Bulwer.

▼ **(Junio)**
Raquis blancos extensos en esta imagen, posiblemente debido a la luz.

mano larga a menudo obvia

oscuro, como el resto de partes superiores

marronáceo, visible con buenas condiciones

horquillada, pero suele aparentar ser recta o redondeada cuando está plegada

base de los raquis de primarias blancos diagnósticos

el panel pálido de coberteras suele ser obvio (a menudo más marrón)

▼ **(Octubre)**
Suele mantener las alas estiradas en vuelo, lo que aumenta la sensación de paíño alilargo.

▶ **(Agosto)**
Los raquis pálidos son visibles incluso desde lejos, adquiriendo forma de panel con la distancia.

muda de primarias iniciada

cuerpo marronáceo; cabeza más negro/marrón

totalmente oscuro

horquilla sutil, a veces no visible

▼ **(Octubre)**

típicamente marronáceo (con tintes más grises en paíño boreal)

relativamente grueso

Paíño de Madeira *Hydrobates castro*

L 20 cm, E 45 cm | SO Europa; migrante del Atlántico S

Ocell de tempesta de Madeira CAT
Madeirako ekaitz-txoria EUS
Paíño da Madeira GAL

COMPLEJO DEL PAÍÑO DE MADEIRA

Existen 4 especies crípticas en el Atlántico N. En Europa, el "paíño de Grant" –un taxón aún no descrito formalmente–, se reproduce únicamente en invierno, en la costa oeste de Portugal. Estas especies se diferencian entre sí por la fenología de cría y muda, las vocalizaciones y algunas diferencias de plumaje sutiles y con mucho solapamiento. La identificación (sin registrar vocalizaciones) en el mar es casi imposible, pero las diferencias en el ciclo reproductivo y el estado de la muda asociado pueden resultar indicativos. Los ejemplares que pertenecen a la población que se reproduce en invierno mudan primarias en primavera, mientras que los que se reproducen en verano lo hacen en otoño. Sin embargo, los inmaduros y los adultos de una misma especie mudan en distintas épocas (los inmaduros antes que los adultos), lo que puede llevar a solapamiento entre especies.

▼ **(Agosto)**
La combinación de los rasgos que se señalan resulta diagnóstica para todas las especies. El plumaje relativamente desgastado de este ejemplar en agosto (fotografiado en Madeira) encaja con un adulto de la población de verano, que se reproduce en Madeira, Selvagens y, en menor medida, en Canarias. Los adultos de la población de invierno, **"paíño de Grant"** (Azores, Canarias, Madeira, Selvagens y Berlengas) mudan de marzo a agosto y tienen el plumaje muy nuevo en agosto. Sin embargo, no se puede descartar que se trate de un 1er año de esta especie.

las puntas oscuras de las supracoberteras caudales suelen crear un borde difuso

recto o muy sutilmente horquillada

el blanco del obispillo suele ser estrecho y con forma de U

panel pálido de coberteras poco contrastado, difuminándose hacia la parte anterior

▼ **Probable "paíño de Grant" (mayo)**
La muda activa de primarias en mayo solo encaja con esta especie y con el paíño de Cabo Verde *Hydrobates jabejabe*. Teniendo en cuenta la localización (cerca de Lanzarote), probablemente se trate de un "paíño de Grant".

la muda activa de primarias es diagnóstica de ejs. de la población/taxón que se reproduce en invierno

▶ **(Agosto)**

blanco en laterales a menudo obvio (como en el paíño europeo y el paíño de Wilson)

relativamente grueso

corta

Paíño pechialbo *Pelagodroma marina*

L 20 cm, E 42 cm | Divagante del extremo sur del Atlántico N

Ocell de tempesta carablanc CAT
Ekaitz-txori musuzuria EUS
Paíño calcamar GAL

▼ (Septiembre)

Inconfundible. Desde lejos puede confundirse con un falaropo, pero estos carecen de la mancha oscura del lateral del cuello y tienen las patas mucho más cortas (no visibles en vuelo), entre otras cosas. Las plumas de vuelo desgastadas y sin indicios de muda sugieren un adulto de la subespecie norteña *hypoleuca* (que se reproduce en primavera). Un 1er año debería tener el plumaje nuevo y los adultos de la subespecie caboverdiana *eadesi* (que se reproduce en invierno) habría empezado la muda alrededor de julio.

▼ Tipo adulto *eadesi* (Cabo Verde) (junio)

La identificación a nivel subespecífico se basa en la localización. El pico ligeramente más largo y las partes superiores de un gris relativamente pálido también son rasgos de esta subespecie. Nótese también cómo la muda del cuerpo está casi completada, lo que indica que la temporada de reproducción ha finalizado, a diferencia de *hypoleuca*.

blanco; contrasta con el reverso oscuro de plumas de vuelo y con el margen de ataque oscuro y fino

patrón de cabeza y laterales del pecho único

margen de ataque casi recto

blanco puro; ya obvio desde lejos

muy largas, en vuelo directo sobresalen mucho tras la cola

▼ Juvenil (septiembre)

Además de las puntas de secundarias pálidas, el plumaje nuevo en otoño también indica un ave juvenil.

▼ Probable *hypoleuca* (mayo)

El patrón de partes superiores también hace de esta una especie inconfundible. La subespecie *hypoleuca* (que se reproduce en Selvagens y Canarias), comparada con *eadesi* (propia de Cabo Verde) promedia unas partes superiores de un gris ligeramente más oscuro, un pico ligeramente más corto, menos blanco en la frente y carece de blanco en el cuello, pero las diferencias son sutiles y existe cierto solapamiento. La forma de alimentarse es diagnóstica, además de espectacular y divertida. Intercalan movimientos lentos y rápidos: pueden andar sobre el agua sosteniendo las alas abiertas en posición horizontal (como en la foto), rebotar sobre la superficie como un canguro y, en vuelo más rápido, a menudo también surfear las olas.

las puntas pálidas y el plumaje nuevo indican edad juvenil

Alcatraz atlántico *Morus bassanus*

L 93 cm, E 172 cm | Todo el año, O y SO Europa; verano, N y NO Europa

▼ **Adulto (octubre)**
Inconfundible por su estructura general, tamaño y plumaje. Los adultos (≥ 5º año) presentan brazo y cola totalmente blancos.

solo la mano es oscura en adultos

estructura de pico y cabeza única en Europa

▼ **Adulto (julio)**
Pesca realizando espectaculares picados, plegando las alas en el último momento para adquirir forma de torpedo.

▼ **Juvenil (octubre)**
El plumaje predominantemente marrón oscuro, la clásica estructura y las abundantes motas blancas (visibles solo de cerca) hacen que la identificación sea sencilla. La mayoría de ejemplares son más marrón-gris y más pálidos en partes inferiores que el de la foto. De lejos, la forma de las alas, apuntando hacia atrás y con el ángulo carpal prominente, es especialmente llamativa y permite diferenciarlo de otras aves marinas (más oscuras).

en todos los plumajes, las alas hacia atrás, el ángulo carpal prominente y el brazo largo son diagnósticos

ángulo carpal prominente

las axilares pálidas crean un panel pálido difuso

supracoberteras caudales pálidas

la cabeza y el cuello largos, junto con la cola larga, forman una silueta alargada

de lejos, partes inferiores más pálidas y difusas

larga

▶ **2º año cal. (julio)**
Muchos ejemplares ya han mudado una vez todas las primarias a lo largo del verano, pese a que todavía quedan plumas juveniles (en este caso coberteras primarias medianas, coberteras grandes y bastantes secundarias, identificables por el elevado desgaste). Algunos ejemplares de esta edad también han mudado muchas secundarias, lo que hace que las plumas juveniles retenidas destaquen todavía más. De lejos, el pico todavía marrón y el ala fundamentalmente oscura permiten datar estos ejemplares como 2º año cal.

nuevas, 2ª generación de secundarias oscuras

inicio de un nuevo frente de muda de primarias (3ª generación)

1er frente de muda casi completado, solo p10 aún juv. (cf. 3er año cal.)

▼ **2º año cal. (agosto)**
La transición del marrón al blanco se prolonga durante varios años, pero existe mucha variabilidad individual. De lejos, un ejemplar nadando resulta más llamativo por su línea de flotabilidad baja en comparación con otras aves marinas.

▶ **Tipo 3er año cal. (junio)**
En este grupo de edad, las plumas de vuelo suelen ser todavía oscuras, incluyendo las secundarias nuevas. El cuerpo y las coberteras muestran una mezcla de plumas oscuras y blancas y la cabeza ya suele ser amarillenta en verano. El patrón de plumas blancas y oscuras es extremadamente variable en aves inmaduras, pero esta foto representa el promedio en aves de 3er año cal. Nótese la ausencia de primarias juveniles, a diferencia de lo esperable en aves de 2º año cal. avanzadas.

▼ **Tipo 3er/4º año cal. (mayo)**
Debido a la variabilidad extrema en el periodo de muda y el patrón de las plumas nuevas (que pueden ser blancas o todavía oscuras), ya no resulta posible datar estas aves con precisión, en tanto que ya no presentan plumas juveniles.

casi como un adulto, pero con una mezcla típica de plumas blancas y oscuras en brazo y cola

▼ **Probable 4º año cal. (septiembre)**
Probablemente, los ejemplares con apariencia prácticamente de adulto pero que todavía presentan algunas secundarias, rectrices o coberteras oscuras son aves de 4º año cal., pero no se puede descartar un 5º año cal. menos avanzado.

▼ **Tipo 3er/4º año cal. (octubre)**
Posado también resulta inconfundible debido a su gran tamaño, cola larga y puntiaguda y cabeza y pico únicos.

Piquero pardo *Sula leucogaster*

L 76 cm, E 145 cm | Divagante del Atlántico C

▶ **Pareja de adultos, subespecie atlántica *leucogaster* (marzo)**
Piquero fácil de identificar en plumaje adulto, debido a las partes superiores, cabeza y cuello uniformemente oscuros, con un borde bien definido con las partes inferiores blancas. El color de las zonas no plumadas varía según época del año, edad, sexo y subespecie, pero no se conoce bien la variabilidad de ejemplares no adultos. Esta pareja muestra la coloración típica de ejemplares reproductores de la subespecie nominal *leucogaster*.

♀ con piel amarilla y pico rosa

♂ con piel azul alrededor del ojo y pico gris

negro-marrón uniforme (cf. inm.)

blanco puro (cf. inm.)

▼ **Juvenil/2º año cal., nominal atlántico *leucogaster* (marzo)**
El color amarillo de la base del pico aumenta con la edad. Pico extremadamente azul en este ej., normalmente más grisáceo.

partes superiores y cuello más oscuras y marrón puro que la mayoría de alcatraces atlánticos juv.; de cerca, carece de manchas pálidas

contraste débil, pero tanto las partes inferiores pálidas como la cabeza y cuello oscuros son uniformes (cf. alcatraz atlántico inm.)

amarillento en todos los plumajes (cf. alcatraz atlántico)

▼ **Adulto ♂, nominal atlántico *leucogaster* (marzo)**

uniforme

contraste fuerte en el reverso

▶ **Juvenil de 2º año cal., nominal atlántico *leucogaster* (marzo)**
Las partes superiores son casi uniformes y de color marrón chocolate intenso, incluyendo las supracoberteras caudales. El juvenil de alcatraz atlántico solo tiene puntas pálidas en coberteras grandes y puntas pálidas difusas en escapulares. Las alas son más cortas y la cola más larga que en el alcatraz atlántico.

oscuro uniforme (cf. alcatraz atlántico inm.)

■ **Alcatraz atlántico *Morus bassanus*, 2º año cal. (julio)**
Algunos inmaduros de alcatraz (juveniles pálidos mudando a 2º año) pueden parecerse algo al inmaduro de piquero pardo, especialmente desde lejos. Los rasgos que se señalan son útiles con todos los juveniles y aves de 2º año.

el borde entre el cuello marrón y el vientre pálido está más cerca de la garganta ("a medio cuello") que en el piquero pardo

▶ **Juvenil de 2º año cal., nominal atlántico *leucogaster* (marzo)**

axilares y infracoberteras alares uniformemente pálidas (cf. alcatraz atlántico inm.)

zona (plumas) pálidas; oscur en el piquero pardo, como el resto del cuello, aunque la ba del pico es pálida (compáres con la imagen de la izquierda

oscuro uniforme (cf. alcatraz atlántico inm.)

base pálida (cf. alcatraz atlántico inm.)

axilares muy pálidas, contrastando con las infracoberteras alares oscuras

patas pálidas

borde entre el pecho oscuro y partes inferiores pálidas al mismo nivel que el margen de ataque de las alas (en juv. de alcatraz atlántico más adelantado)

oscuro uniforme (cf. alcatraz atlántico inm.)

▶ **Inmaduro, probable 2º año cal. (abril)**
Casi como un adulto, pero las partes inferiores
aún muestran manchas marrones.

Rabijunco etéreo *Phaethon aethereus*

L 48 cm (excl. rectrices centrales) E 105 cm | Divagante del Atlántico C

Cua de jonc bec-roig CAT
Faeton mokogorria EUS
Rabixunco riscado GAL

▶ **Adulto *mesonauta* (junio)**
Inconfundible. Este ejemplar de la subespecie caboverdiana *mesonauta* presenta barrado fino en partes superiores y terciarias. Las poblaciones de Centroamérica y
del Pacífico presentan barras más gruesas y a menudo
tienen los centros de terciarias y coberteras internas
negros, formando una línea negra en la base del ala,
lo que les hace más parecidos al **rabijunco menor**
Phaethon lepturus, todavía más raro en Europa.

gris vermiculado
(cf. rabijunco menor)

rectrices centrales extremadamente alargadas y muy flexibles;
difíciles de ver desde lejos

el antifaz negro y el pico rojo
intenso le dan un aspecto
muy llamativo

cuña negra (incluye
coberteras primarias,
cf. rabijunco menor)

▼ **Adulto *mesonauta* (marzo)**
El reverso del ala es blanco casi por completo.
Cabo Verde y Canarias constituyen el origen más
probable de los divagantes en Europa.

■ **Rabijunco menor *Phaethon lepturus*,
adulto (octubre)**
Todavía más raro en Europa que el rabijunco
etéreo. La línea sólida negra diagonal que
atraviesa el brazo, las coberteras primarias
blancas (en lugar de negras), el pico amarillento y las partes superiores sin barras
constituyen las diferencias más importantes
con respecto al rabijunco etéreo.

▼ **Inmaduro (enero)**

patrón como en adultos
(incluyendo coberteras
primarias externas negras,
cf. inm. rabijunco menor)

ceja muy larga,
alcanzando al cuello

todavía cortas y con
manchas oscuras
subterminales

amarillo grisáceo,
se vuelve más rojo
gradualmente

Cormorán grande *Phalacrocorax carbo*

L 85 cm | Todo el año, O, SO y S Europa; verano, N y E Europa

Corb marí gros CAT
Ubarroi handia EUS
Corvo mariño grande GAL

▶ ***sinensis* continental, adulto nupcial (marzo)**
En promedio, esta subespecie muestra más blanco en la cabeza que *carbo* nominal. La extensión del blanco es variable en ambas subespecies, pero en este ejemplar es típica para *sinensis* y muy improbable en *carbo* atlánticos. Sin embargo, algunos *sinensis* pueden mostrar menos blanco y solaparse en este sentido con *carbo* nominal.

▼ ***sinensis* continental adulto nupcial (febrero)**
La zona no plumada de la base del pico (parche gular) les sirve para regular la temperatura corporal, por lo que es mayor en poblaciones de zonas cálidas (mayoría de *sinensis*) que en ejemplares de zonas más frías (mayoría de *carbo* nominales). Por ello, el ángulo entre la comisura y el borde posterior del parche gular es más abierto (menos anguloso) en *sinensis*. Para estimar este ángulo, se requiere de buenas fotografías que muestren la cabeza de perfil perfecto.

cantidad de blanco en plumaje nupcial variable; se adquiere a partir de diciembre

escapulares y coberteras con centro bronceado y margen negro

la mancha de flancos se adquiere más o menos a la vez que el blanco de la cabeza

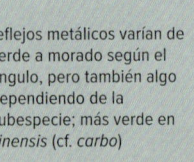

zona blanca amplia (bien delimitada en plumaje nupcial)

reflejos metálicos varían de verde a morado según el ángulo, pero también algo dependiendo de la subespecie; más verde en *sinensis* (cf. *carbo*)

cola larga

▼ ***sinensis* continental, adulto invernal (noviembre)**
Negruzco uniforme con tan solo una zona pálida alrededor del pico.

las plumas con puntas blancas (casi) conectan con la zona no plumada de la garganta (cf. *carbo*); a menudo con borde negro fino y uniforme

anillo de piel desnuda alrededor del ojo (cf. *carbo*)

parche gular en *sinensis* > 73˚; en *carbo* < 65˚

▼ ***sinensis* continental, 1ᵉʳ invierno (febrero)**
Ejemplar muy clásico en cuanto a la zona pálida de partes inferiores. Plumaje aún fundamentalmente juvenil, pero la muda postjuvenil ya ha empezado, al menos en el pecho.

▼ ***carbo* atlántico, adulto nupcial (abril)**
Adquiere el plumaje nupcial un mes más tarde en promedio que *sinensis*. A menudo hay menos plumas blancas en mejillas y píleo que en *sinensis*, por lo que la zona blanca es discontinua (también posible en *sinensis*). El pico es más grande en promedio que en *sinensis*, especialmente en los ♂♂.

borde negro uniforme ancho (cf. *sinensis* nupcial)

sin (apenas) zona no plumada sobre el ojo (cf. *sinensis*)

exceptuando los ejemplares más pálidos, el pecho es más oscuro, a menudo creando una franja pectoral difusa (cf. cormorán moñudo inm.)

primeras plumas mudadas; manchas triangulares contrastadas indican plumas de cuerpo de 2ª generación

ángulo gular agudo, aquí c. 50˚ (véase *sinensis*)

partes inferiores centrales pálido variable; casi blancas en algunos ejs., incluyendo parte anterior del cuello, pero flancos siempre oscuros

todas las plumas de vuelo aún juv., marrón uniforme

a menudo con reflejos metálicos más azulados o morados en primavera, aunque depende del ángulo (cf. *sinensis*)

▼ *sinensis* continental, 1er invierno (octubre)
Este ejemplar muestra más blanco en partes inferiores
que la media, alcanzando el bajo vientre, pero aún
puede ser más extremo.

cantidad de blanco muy
variable; en ejs. extremos, el
pecho pálido se mantiene
uniforme hasta la garganta

▼ 3er año cal. (abril)
La muda de primarias (de dentro a fuera) de juvenil a adulto
se prolonga durante años. Antes de reemplazar las primarias
externas juveniles en el primer frente de muda, inician un
segundo frente desde las primarias internas, que tiene lugar
de forma simultánea al primero, que sigue avanzando hacia
fuera. Otras familias, como los alcatraces o las grandes
rapaces, también siguen esta estrategia de muda. Los
adultos mudan las primarias en 1 año, desde 2–3 centros de
muda, pero los frentes de muda se detienen cuando
contactan con el siguiente centro de muda.

juvenil   mudado durante
el 2º año cal.

recién
mudado

▼ *carbo* atlántico (sub)adulto nupcial (mayo)
La cola es relativamente corta comparada con
sinensis y el pico es grueso. Las secundarias y
las primarias se mudan en ciclos variables,
visibles aquí en forma de grupos de plumas
de diferente color y grado de desgaste.

cola más corta que en *sinensis*,
lo que le hace más parecido a
un ganso en vuelo

▼ *sinensis* continental, 2º año cal. (junio)
El plumaje aún es fundamentalmente juvenil en los ejemplares de 2º año cal., pero las plumas juveniles se ven más
marrones y desgastadas que en un 1er año cal. con el
plumaje nuevo. Además, la muda ya ha empezado; en este
caso, las primarias internas y algunas zonas de partes
superiores son nuevas (y brillantes). La muda postjuvenil
varía individualmente y dependiendo de la latitud. La
mayoría de *sinensis* empiezan la muda de primarias a
finales de la primavera del 2º año cal., pero a veces antes.
El proceso de muda es más lento en *carbo* nominal.

primeras primarias
nuevas

▼ *sinensis* continental, adulto (enero)
La imagen muestra los rasgos generales en vuelo. Recuerda a un
ganso desde lejos, pero la estructura es distinta (sobre todo por la
cola larga) y el plumaje es completamente oscuro. Intercala series
de aleteos y planeos, a diferencia de los gansos. Los aleteos son
sorprendentemente rápidos, rígidos y poco profundos teniendo en
cuenta que se trata de un ave grande.

mano larga (a diferencia
del cormorán moñudo)

4 primarias
externas elongadas
(cf. cormorán moñudo)

grueso, a veces
serpenteante

larga

Cormorán moñudo *Gulosus aristotelis*

L 73 cm | Todo el año, N, NO, O y S Europa

Corb marí emplomallat CAT
Ubarroi mottoduna EUS
Corvo mariño cristado GAL

▼ **Adulto nupcial (mayo)**

cresta larga en la frente (más hacia la nuca y a menudo no levantada en el cormorán grande nupcial)

comisura amarilla evidente, rodeada de plumaje negro (cf. cormorán grande)

completamente oscuro (cf. cormorán grande nupcial)

negruzco casi uniforme (cf. cormorán grande)

relativamente corta; 12 rectrices (14 en el cormorán grande)

▼ **Adulto invernal (diciembre)**
Típicamente negruzco por completo, con reflejos brillantes en partes superiores y anverso del ala. No muy distinto al plumaje nupcial, pero la mandíbula inferior puede ser amarilla (como aquí) y la cresta muy reducida.

▼ **2º invierno (enero)**
Esta clase de edad muestra una mezcla de rasgos adultos e inmaduros. Compárense juvenil y adulto invernales en el mismo momento del año.

típica mezcla de partes superiores adultas y coberteras parcialmente inmaduras (pero no juv.; con puntas pálidas)

▼ **Juvenil/1er invierno (enero)**

frente pronunciada

alrededores del ojo y bridas plumadas (cf. cormorán grande)

mejilla oscura (cf. cormorán grande inm.)

fino y paralelo de la base a la punta

gancho nunca por debajo de la mandíbula inferior, o muy poco

ángulo muy cerrado entre comisura y parte no plumada bajo la mandíbula inferior (cf. cormorán grande)

mandíbula inferior fundamentalmente amarilla (se torna oscura en primavera)

marrón uniforme (cf. cormorán grande inm.)

pálido (cf. cormorán grande inm.)

puntas pálidas de coberteras relativamente grandes, formando bandas alares o incluso un panel (cf. cormorán grande inm.)

cresta sin desarrollar, o casi, en primavera

largo y fino

▶ **Cormorán moñudo mediterráneo *desmarestii*, adulto (abril)**
Esta imagen muestra las diferencias con respecto a *aristotelis* nominal en plumaje adulto nupcial.

amarillo extenso también en el adulto

▼ **Adulto (marzo)**
Vuela casi sin planear y a menudo muy cerca de la superficie del agua.

cuello recto y relativamente corto (cf. cormorán grande)

relativamente corta (cf. cormorán grande)

mano corta y redondeada (cf. cormorán grande)

4 primarias externas no obviamente elongadas comparadas con el resto de las primarias (cf. cormorán grande)

▼ **Cormorán moñudo mediterráneo *desmarestii*, 2º año cal. (abril)**

largo y fino (cf. *aristotelis*)

muy pálido entre el 1er invierno y hasta bien avanzado el 2º año cal. (cf. *aristotelis*)

pálido (cf. *aristotelis*)

márgenes pálidos anchos; en verano, con el desgaste, forman un panel casi blanco

aprox. a mitad de muda postjuvenil (más avanzado que *aristotelis* en abril)

Cormorán pigmeo *Microcarbo pygmaeus*

L 49 cm | Todo el año, SE Europa

Corb marí pigmeu CAT
Ubarroi txikia EUS
Corvo mariño pequeno GAL

▼ **Tipo adulto en plumaje nupcial (abril)**
Muestra el plumaje nupcial durante un breve periodo entre finales de invierno y primavera. Los ejemplares de 2º año cal. también desarrollan este plumaje, pero algunos individuos lo hacen más tarde y en menor medida.

▼ **Tipo adulto (julio)**
Los rasgos que se señalan son útiles en todos los plumajes. La cabeza de muchos ejemplares es negra con motas blancas solo en plumaje nupcial. Este plumaje desaparece inmediatamente después de la temporada de cría, cuando adquiere el plumaje invernal, que solo incluye cabeza y plumas de cuerpo. Más tarde, la garganta se torna blancuzca y las partes inferiores manchadas de marrón. Las partes superiores mantienen el negro oleoso. Debido a la gran variabilidad de la muda, no se puede descartar que este ejemplar sea un 2º año cal. avanzado.

▼ **Adulto invernal (noviembre)**

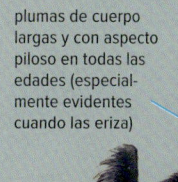

plumas de cuerpo largas y con aspecto piloso en todas las edades (especialmente evidentes cuando las eriza)

cabeza y pico negruzcos

las motas a veces forman franjas

motas blancas (varían en número)

corto   frente pronunciada

marrón (resto del plumaje negro)

motas blancas nupciales a menudo retenidas aquí

todas las plumas de vuelo negras con reflejos metálicos, aparentemente de la misma generación y nuevas en invierno

▼ **Juvenil (julio)**
Las plumas de vuelo uniformes y puntiagudas son típicas de los juveniles. Nótese también la estructura típica, con cola muy larga y pico corto.

▼ **Juvenil/1er invierno (octubre)**
Este ejemplar está aún en plumaje juvenil casi completo; otros de 1er año pueden haber mudado ya algunas plumas de partes superiores. Las coberteras puntiagudas y con márgenes pálidos que se señalan suelen retenerse y son un buen indicador de la edad en otoño e invierno.

larga

plumas juv. con margen pálido fino en la punta

pálido variable; desgastado a veces en otoño, pero oscuro de nuevo en invierno debido a la aparición de nuevas plumas

todas las plumas de vuelo juv. marrón oscuro mate, de una única generación y nuevas en verano

estrechas y muy puntiagudas (cf. adulto invierno)

larga y muy redondeada; juv. con rectrices puntiagudas

▼ **2º año cal. (junio)**
Muchos ejemplares de 2º año cal. adquieren el plumaje nupcial en primavera y aquellos más avanzados probablemente resultan inseparables de los adultos, exceptuando aquellos que muestren límites de muda evidentes en secundarias y primarias. Este ejemplar todavía muestra plumas de manto y escapulares juveniles.

pocas puntas blancas; los resquicios de plumaje de 1er verano ya están desapareciendo

todavía algunas plumas juv. (estrechas y con borde pálido fino en la punta)

▼ **Juvenil (julio)**
Rasgos en vuelo útiles con todas las edades.

cola en general larga y muy redondeada; a menudo se puede ver la punta de cada rectriz (a diferencia del cormorán grande)

muy corto

cola más larga que cuello y cabeza, debido en gran parte al pico tan corto (lo opuesto en los cormoranes moñudo y grande)

Cormorán orejudo *Nannopterum auritum*

L 83 cm | Divagante de Norteamérica

Corb marí orellut CAT
Ubarroi belarriduna EUS
Corvo mariño de orellas GAL

▼ **1er invierno (octubre)**
Ejemplar pálido.

a veces muestra mejilla/auriculares algo pálidas, con mancha oscura difusa

ejemplares pálidos con manto también más pálido

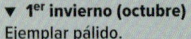

vientre oscuro y uniforme, típico, también entre las patas (cf. cormorán grande de 1er año)

▼ **1er invierno (octubre)**
Ejemplar relativamente oscuro, lo que hace que algunos rasgos no sean tan obvios. El vientre oscuro uniforme sigue siendo un carácter fiable, además de la forma del parche gular (amarillo brillante, como las bridas). Los cormoranes grandes inmaduros casi siempre muestran algo de pálido entre las patas.

como mucho una zona pálida (muy) estrecha junto al parche gular

bridas amarillo brillante a menudo evidentes

forma del parche gular diagnóstica (borde inferior recto)

amarillo y naranja extenso característico, pero no presente en todos los ejs.

▼ **1er invierno (enero)**
Muchos ejemplares muestran naranja-amarillo extenso en el pico, excepto en el culmen, a diferencia del cormorán grande en todos los plumajes. Los ejemplares con poco amarillo resultan poco llamativos en Europa.

el pecho pálido alcanza el borde de ataque del ala

oscuro entre las patas (cf. cormorán grande inm.)

▼ **Inmaduro (marzo)**
Esta imagen muestra las diferencias con el cormorán grande. La forma del parche gular es diagnóstica en todos los plumajes.

▼ **Inmaduro (agosto)**

12 rectrices (como en el cormorán moñudo; 14 en el cormorán grande)

la mandíbula inferior suele mostrar franjas oscuras

píleo posterior redondeado

las bridas amarillo-naranja forman una línea evidente que pasa por encima del ojo

ángulo de 90° y sin plumas bajo el parche gular

zona pálida poco extensa

▼ **Adulto invernal (enero)**
Todo negruzco, incluyendo alrededor del parche gular, a diferencia del cormorán grande en todos los plumajes.

◄ **Adulto verano (enero)**
Inconfundible en este plumaje; todo negro con llamativos penachos auriculares blancos. Este plumaje no se ha registrado en Europa.

Pelícano común *Pelecanus onocrotalus*

L 160 cm, E 270 cm | Verano, SE Europa

Pelicà comú CAT
Pelikano arrunta EUS
Pelicano branco grande GAL

▼ **Adulto ♀ nupcial (marzo)**
Los tintes rosas de partes inferiores, pico y cabeza no surgen con las plumas nuevas, sino que se trata de algún tinte. Después de la temporada de cría, la cresta, y habitualmente también este tinte rosa, desaparecen.

cresta en plumaje nupcial

naranja en primavera, indicando ♀; en primavera, frente pronunciada temporalmente

blanco por completo

rosa variable en plumaje nupcial

naranja

▼ **Adulto nupcial (abril)**
Las zonas no plumadas amarillo-rosa alrededor del ojo en primavera apuntan a ♂.

zona plumada acabada en punta en todos los plumajes (cf. pelícano ceñudo)

▼ **Tipo 2° año cal. (julio)**
El periodo de muda es muy variable. El plumaje de este ejemplar es todavía muy juvenil, pero algunos ejemplares de esta edad han mudado algunas coberteras. La cola está muy desgastada. Los juveniles de la población europea abandonan el nido en agosto/septiembre (compárese con el ejemplar en octubre).

cuello bicolor bastante evidente en muchos ejs. de 2° año cal.

ya ha adquirido el color de la "bolsa" del pico característico de la especie

▼ **Juvenil (octubre)**
Retiene el plumaje juvenil durante casi un año, pero en el 2° año cal. la cabeza y el cuello se tornan más pálidos y la "bolsa" del pico amarilla (compárese con el 2° año cal. en julio).

gris-marrón relativamente oscuro (cf. pelícano ceñudo juv.)

aún amarillo apagado en el 1er año; después, amarillo o naranja-amarillo en todos los plumajes

coberteras juv. gris-marrón relativamente oscuro (cf. pelícano ceñudo juv.)

gris

■ **Pelícano rosado *Pelecanus rufescens*, juvenil (febrero)**
Los rasgos que se señalan son útiles para diferenciarlo del pelícano ceñudo, pero, exceptuando el ojo oscuro, también sirven para el pelícano común en todos los plumajes. La forma y extensión de la zona no plumada alrededor del ojo difiere entre las 3 especies (muy extensa en el pelícano común, poco extensa en el pelícano rosado y mínima en el pelícano ceñudo).

zona no plumada bastante amplia alrededor del ojo

mancha oscura

cresta despeinada, pero solo en píleo posterior

Pelícano común *Pelecanus onocrotalus*

▶ **Adulto nupcial (marzo)**

anverso del ala con menos contraste que el reverso debido a que las plumas, especialmente las secundarias, son plateadas por encima

reverso del ala con contraste fuerte diagnóstico (tipo cigüeña blanca)

las patas sobresalen ligeramente bajo la cola corta en todos los plumajes (a diferencia de otras especies de pelícano)

▼ **2º año cal. (julio)**
El 1er año cal. es casi idéntico pero normalmente con cabeza y cuello más oscuros. La muda de rémiges suele empezar en otoño del 2º año cal.

infracoberteras alares oscuras (cf. pelícano ceñudo inm.)

▼ **Tipo 3er año cal. (mayo)**
La muda de juvenil a adulto es muy lenta y existe mucha variabilidad individual; aquí las primarias externas aún son juveniles. Tanto supra como infracoberteras alares todavía algo oscuras comparadas con el adulto. Las partes inferiores son ya blanco puro pero aún carece de cresta blanca, como el adulto en invierno. Teniendo en cuenta la gran variabilidad individual en cuanto al periodo de muda en esta edad, el datado en este caso es solo indicativo.

secundarias nuevas de tipo adulto con hemibandera externa plateada; secundarias internas aún fundamentalmente oscuras (cf. adulto)

▶ **Subadulto (junio)**
Algunas infracoberteras, y a veces también supracoberteras, todavía son oscuras y algunas secundarias aún carecen de tintes plateados en la hemibandera externa. Aparte de esto, el plumaje es ya casi idéntico al del adulto fuera de la época de cría.

aún presenta algunas coberteras grandes oscuras

Pelícano ceñudo *Pelecanus crispus*

L 170 cm, E 295 cm | Todo el año, SE Europa

▼ **Adulto nupcial (mayo)**
En Europa solo es confundible con un pelícano
rosado (escapado) (véanse pp. 143 y 146).

plumas despeinadas,
rizadas en plumaje
nupcial

iris pálido; rodeado de
zona no plumada muy
reducida; bridas grises

el cuello parece
grisáceo de lejos

mandíbula
superior básica-
mente oscura

naranja en el adulto, se
torna rojo temporalmente al
inicio de la reproducción

casi blanco, pero con
tintes grises debido a
franjas oscuras en los
raquis

gris en todos
los plumajes

▼ **Adulto (febrero)**
La "bolsa" del pico roja aparece a partir de mediados de invierno
y se vuelve anaranjada o amarillenta a finales de primavera.

▼ **Juvenil/1er invierno (enero)**
El juvenil es ya más pálido que el
pelícano común de la misma edad
y el iris ya se va palideciendo.

▼ **Tipo 2º año cal. (julio)**
El periodo de muda es variable; algunos ejemplares
de esta edad todavía están en plumaje juvenil casi
completo. Las coberteras juveniles pueden estar muy
desgastadas.

plumas despeinadas
(véase pelícano
rosado)

plumas nuevas más
grises que las plumas juv.
marronáceas

iris ya algo
pálido

aún rosáceo

▼ **Inmaduro, tipo 3er año cal. (mayo)**
En este plumaje muestran una mezcla total de plumas inmaduras y adultas. El color de la "bolsa" del pico también varía
a lo largo del año en inmaduros. Teniendo en cuenta la gran
variabilidad individual en cuanto al periodo de muda, el
datado en este caso es solo indicativo.

coberteras con centros
grises de tipo inmaduro
(pero no juvenil)

Pelícano ceñudo *Pelecanus crispus*

▼ **Adulto (mayo)**
Desde lejos se puede confundir con el pelícano común si no se puede apreciar el reverso del ala.

■ **Pelícano rosado *Pelecanus rufescens*, subadulto (enero)**
Especialmente parecido al inmaduro de pelícano ceñudo cuando no se puede apreciar su tamaño, claramente menor.

bastante fino desde abajo

patas rosas o amarillo-naranja

coberteras aún ligeramente marronáceas, a diferencia del pelícano ceñudo (totalmente marrones en el juv.)

relativamente oscuro (como el inm. de pelícano ceñudo; más pálido que en el pelícano común en todos los plumajes)

coberteras primarias totalmente oscuras (cf. pelícano común adulto)

tintes plateados en secundarias y primarias internas; de lejos, anverso del ala muy similar al del pelícano común

▼ **Tipo adulto (enero)**
El color del pico varía entre individuos, momentos del año y clases de edad. El reverso del ala es diagnóstico en plumaje adulto: fundamentalmente blancuzco con una zona central más pálida y margen de fuga oscuro difuso.

▼ **2º año cal. (mayo)**
Todavía mantiene una apariencia muy juvenil.

más oscuro que en el tipo adulto

todo blancuzco (cf. pelícano común inm.)

rémiges juv. puntiagudas y de la misma generación (misma estructura y calidad); sin muda

gris

cola relativamente larga; las patas no sobresalen (cf. pelícano común)

primarias externas aún juv., muy desgastadas

manchas oscuras bastante evidentes

secundarias centrales aún juv., muy desgastadas

▶ **Inmaduro, tipo 3er invierno/4º año cal. (enero)**
Muda de rémiges avanzada, pero aún se distinguen plumas juveniles. Las manchas oscuras bastante evidentes en supracoberteras alares son típicas de inmaduros de entre 2 y 4 años. Se recomienda etiquetar estos ejemplares como "tipo", en tanto que un 2º invierno/3er año cal. avanzado puede parecerse mucho al ejemplar de la imagen.

Ardeidas • Introducción

TOPOGRAFÍA

coberteras

primarias

secundarias

◀ **Garza real, 1ᵉʳ invierno**

cuello con quilla
(solo en garzas)

proyección de patas
(parte de las patas que
sobresale bajo la cola)

culmen (borde
superior del pico)

plumas de manto y escapulares
elongadas en garzas de tipo
adulto

línea de la
comisura

articulación
carpal

coberteras
grandes

terciarias

plumaje de la tibia

tibia

"rodilla" (en realidad
articulación del tobillo)

▶ **Garza real, adulto**

tarso

Avetoro común *Botaurus stellaris*

L 75 cm | Todo el año, O, SO y S Europa; verano, E Europa

▶ **Tipo adulto (enero)**
Inconfundible (excepto del muy raro avetoro lentiginoso). Garza grande amarillo-marrón, con patrón muy marcado en partes superiores y franjas verticales contrastadas en el pecho. El negro extenso en el píleo, el ojo marrón rojizo, la bigotera negra y las escapulares y coberteras tan anchas apuntan a un adulto.

▼ **♂ (enero)**
Discreto y bien camuflado en el límite de la vegetación. Puede estirar o encoger el cuello. A partir de la segunda mitad de la primavera, la base del pico es temporalmente azulada en los ♂♂.

▼ **Tipo 1er invierno (enero)**
El iris amarillento pálido, la bigotera marrón (en lugar de negra), las secundarias algo estrechas y las escapulares ligeramente puntiagudas indican 1er invierno.

▼ **(Marzo)**
Las rémiges barradas son exclusivas entre las garzas europeas. Este ejemplar muestra un límite de muda entre las 6 primarias internas nuevas y las 4 externas más viejas, pero se desconoce si esto está asociado a la edad.

cuello grueso

grandes y prominentes

barrado ancho pero algo irregular

Avetoro lentiginoso *Botaurus lentiginosus*

L 65 cm | Divagante de Norteamérica

▼ **Tipo adulto (diciembre)**
Similar al avetoro común, pero con cabeza y cuello con patrón más marcado y partes superiores más uniformes. El píleo relativamente oscuro de este ejemplar apunta a adulto.

▼ **(Abril)**
Véase el patrón típico de la cabeza, con píleo marrón y 2 franjas pálidas y 2 oscuras en las bridas y la base del pico; compárese con el avetoro común.

▼ **1er invierno (septiembre)**
En vuelo es muy similar al avetoro común debido a que comparten estructura (este ejemplar tiene el cuello más estirado de lo habitual) y coloración general, pero véanse los rasgos que se señalan. Además de las puntas rojizas evidentes en coberteras primarias, las primarias externas puntiagudas también sugieren que se trata de un ejemplar joven.

ceja extensa

comisura ancha y amarilla

escapulares y coberteras con patrón fino, aparentemente uniformes de lejos (cf. avetoro común)

brida oscura evidente que conecta de forma característica con la mandíbula inferior (cf. avetoro común)

abundantes líneas oscuras anchas, alcanzando el lateral del cuello (cf. avetoro común)

píleo no más oscuro (o muy poco) que auriculares (cf. avetoro común)

línea negra a veces muy larga, especialmente en el ♂

secundarias y primarias oscuro uniforme diagnósticas; primarias internas con puntas rojizas (cf. avetoro común)

puntas de coberteras primarias rojizas (también en externas) típicas del 1er año

2 líneas oscuras (en el avetoro común, pálido más o menos uniforme)

franjeado ancho uniforme en laterales del cuello (cf. avetoro común)

Avetorillo común *Botaurus minutus*

L 36 cm | Verano, toda Europa excepto N y NO

▶ **Tipo adulto ♂ (mayo)**
El panel alar pálido y las partes superiores negro puro facilitan la identificación en este plumaje. La mejilla suele mostrar tintes más grises que en este ejemplar. La base del pico es rojiza solo durante el cortejo. Algunos ♂♂, posiblemente viejos, muestran un pecho casi uniforme.

▼ **Tipo adulto ♀ (mayo)**
Se mueve fácilmente entre carrizo y arbustos.

panel alar pálido uniforme, pero mucho menos contrastado que en el ♂

marrón oscuro con franjas horizontales (cf. ♂)

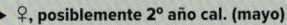

▼ **Juvenil (agosto)**
Se aprecia el panel alar pálido característico, a pesar de las franjas oscuras, lo que constituye una de las muchas diferencias con respecto al martinete común juvenil. El juvenil de garcilla cangrejera es vagamente similar, pero, entre otros rasgos, muestra las partes superiores oscuro uniforme. En vuelo, el panel alar es un rasgo útil con respecto a otras garzas pequeñas.

manto y escapulares con margenes pálidos, dando lugar a partes superiores escamadas (cf. garcilla cangrejera juv.)

brida negra bien definida (cf. garcilla cangrejera juv.)

mejilla con patrón

patrón alar más pálido, con centros de plumas y cañones oscuros (cf. tipo ♀ adulta)

▶ **♀, posiblemente 2º año cal. (mayo)**
La muda postjuvenil es variable y en general la realizan en zonas de invernada. El 2º año cal. en primavera se parece mucho al adulto, pero aún suele presentar plumas juveniles (a menudo difíciles de ver, dificultando el datado). Las zonas oscuras en coberteras, las terciarias viejas (1 o 2) estrechas y desgastadas, el iris amarillo pálido y la presencia de (algunas) primarias y/o secundarias desgastadas, como en este ejemplar, son indicativos del 2º año cal.

2 generaciones distintas evidentes

▶ **Adulto ♂ (abril)**
El ♂ en vuelo también es inconfundible.

contraste evidente en el reverso del ala

panel alar pálido muy llamativo

▼ **♀ (mayo)**
Las ♀♀ también son fáciles de identificar en vuelo y también pueden mostrar la base del pico rojiza durante el cortejo. Las zonas oscuras en coberteras pequeñas podrían apuntar a un ave de 2º año cal.

marrón con franjas pálidas, típico de la ♀

panel alar ligeramente más marrón que en el ♂, pero siempre evidente y diagnóstico

Martinete común *Nycticorax nycticorax*

L 61 cm | Verano, SO, C y E Europa

Martinet de nit CAT
Amiltxori arrunta EUS
Garza noiteira común GAL

▼ Adulto (junio)

Garza compacta y de tamaño medio, inconfundible en este plumaje. Durante el periodo reproductor, los adultos (≥ 3er–4º año cal.) muestran 1–3 plumas de píleo elongadas y blancas, algunos (posiblemente solo ♂♂) también muestran las patas rojas. Aparte de esto, ambos sexos son iguales.

▶ Juvenil (junio)

Ejemplar recién salido del nido. El iris aún es naranja y las puntas pálidas de las plumas todavía son amarillo-marrón apagado. El iris se tornará rojo durante el otoño y las puntas de las plumas se volverán blancas con el desgaste.

muy franjeado

todas las partes superiores y plumas del ala son oscuras con puntas pálidas (cf. otras garzas pequeñas juv.)

▶ Subadulto, probablemente 3er o 4º año cal. (junio)

Este ejemplar todavía muestra partes superiores grises. En esta clase de edad, la mayoría muestra ya partes superiores negras.

▼ 2º año cal. (junio)

Las primeras coberteras nuevas (2ª generación, postjuveniles) carecen de puntas pálidas y son más oscuras que las plumas de tipo adulto, mientras que las partes superiores son más pálidas que en el adulto. No adquieren el color gris claro y el manto negro típico hasta el 3er o 4º año cal.

▼ 2º invierno/2º año cal. (septiembre)

Después de mudar las plumas juveniles, adquiere el plumaje "intermedio" más o menos gris uniforme.

gris o más oscuro que aquí, pero no negro como en el adulto

plumas juv. restantes

bastante pálido, típico de inmaduros

estriado difuso

plumas de 2ª generación uniformes apareciendo, pero aún no negro puro como en el adulto

coberteras de 2ª generación sin puntas pálidas pero aún no gris oscuro

el desgaste de plumas juv. hace desaparecer las puntas pálidas de terciarias

▼ Juvenil (agosto)

Las alas parecen gris-marrón más o menos uniforme desde cualquier distancia. Las puntas blancas grandes de las coberteras primarias de esta clase de edad son únicas entre las garzas europeas.

▼ Adulto (agosto)

Fácil de identificar en vuelo por su silueta compacta. En otoño, la base del pico se vuelve ligeramente pálida en adultos.

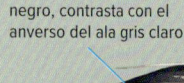

negro, contrasta con el anverso del ala gris claro

anverso del ala gris más o menos uniforme

proyección de patas relativamente corta para una garza

puntas blancas de coberteras primarias a menudo muy evidentes

muy moteado

▼ 2º año cal. (septiembre)

Este tipo de plumaje muestra un contraste evidente entre las plumas juveniles con punta blanca y las plumas nuevas uniformes.

las primarias internas, coberteras primarias y coberteras grandes mudadas son gris uniforme, contrastando con las plumas juv. con puntas blancas

Garcilla bueyera occidental *Ardea ibis*

L 47 cm | Todo el año, S Europa, expandiéndose al N

▼ Tipo adulto nupcial (marzo)
Inconfundible en plumaje nupcial (que suele adquirir en invierno), con píleo, pecho y escapulares ocre-naranja. Normalmente las patas son amarillo o rojizo en este plumaje, pero oscuras el resto del año, a menudo verdoso oscuro.

▶ Invierno (enero)
Plumaje blanco como en otras garcetas, pero patas relativamente cortas y pico (incluyendo las bridas) completamente amarillo (compárese con la garceta común). El datado es muy difícil o imposible durante todo el año, pero el plumaje blanco completo, incluyendo el píleo, indica 1er invierno. Algunas ♀♀ adultas posiblemente también se mantengan totalmente blancas durante todo el año.

▶ Probable 2º año cal. (agosto)
El 2º año cal. adquiere plumaje nupcial, pero a menudo menos extenso que los ejemplares maduros. Retiene las primarias externas juveniles, que están desgastadas y despeinadas, como parece ser el caso en este ejemplar.

**▶ Probable juvenil/
1er invierno (agosto)**
Los rasgos que se señalan son indicativos de esta edad. Los adultos en agosto suelen mantener el píleo coloreado y también escapulares y plumas de pecho elongadas, a veces también coloreadas.

plumas de píleo completamente blancas y cortas

todavía (parcialmente) oscuro en el juv., volviéndose más pálido-amarillo gradualmente

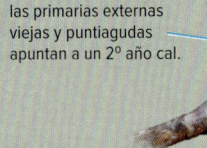

las primarias externas viejas y puntiagudas apuntan a un 2º año cal.

negruzco

primarias relativamente estrechas y puntiagudas

▼ Tipo invernal (diciembre)
Vagamente similar a la garceta común, pero véanse los rasgos que se señalan. En vuelo, muchas garzas blancas pequeñas son similares, pero véanse las diferencias estructurales. La garcilla bueyera occidental muestra un vientre y pecho más planos que la garceta común.

▼ Tipo adulto nupcial (agosto)

solo una franja marronácea estrecha y a menudo discontinua en partes superiores (cf. garcilla cangrejera)

completamente blanco en todos los plumajes

oscuro

amarillo

proyección de patas media con parte del tarso visible (cf. garcilla cangrejera y garceta común)

plano, no "colgante" (cf. garceta común)

Garcilla cangrejera *Ardeola ralloides*

L 45 cm | Verano, S Europa

▼ **Adulto nupcial (julio)**
Inconfundible en este plumaje: garcilla ocre-naranja con píleo y cuello franjeado oscuro. La intensidad de los tonos cálidos es variable y a veces se acerca al púrpura/rosa. Los laterales del pecho son lisos en este ejemplar, pero, en plumaje nupcial, pueden mostrar estriado variable.

▼ **Juvenil (agosto)**
Las coberteras juveniles son fáciles de detectar en este ejemplar joven, ya que las escapulares aún no han crecido del todo (suelen acabar cubriendo parcialmente las coberteras más tarde en otoño). Las escapulares muestran franjas anchas pálidas verticales, típicas de esta edad. Los raquis oscuros en primarias externas (además de álula y coberteras primarias) también son característicos de este plumaje, pero pueden ser muy reducidos (siempre ausentes en adultos) y suelen ser difíciles de ver con el ave posada (véase el ejemplar en vuelo, p. 153).

muchas plumas del píleo blancas y negras, a veces muy elongadas

tonos púrpura variables

en primavera/verano, azul con punta negra bien definida

en primavera/verano, poco o nada estriado

muy estriado, como el adulto invernal

marrón terroso frío (cf. adulto invernal)

escapulares con franja pálida ancha (cf. adulto invernal)

coberteras juveniles aún con centros oscuros

raquis oscuro en el álula, indicativo de la edad cuando está presente (todo blanco en el adulto)

▼ **Tipo adulto invernal (marzo)**
En invierno, partes superiores de un marrón relativamente oscuro, laterales del cuello y pecho muy estriados y diseño del pico menos definido que en el plumaje nupcial. Las escapulares muestran, como máximo, una franja pálida fina; compárese con el juvenil/1er invierno. Algunos ejemplares en primavera/verano retienen la cabeza/pecho así de estriado, pero las rémiges, álula y coberteras primarias totalmente blancas son todas de tipo adulto, por lo que probablemente no sean ejemplares de 2° año cal. Se desconoce si estos ejemplares son adultos viejos o ejemplares que sencillamente no desarrollan plumaje nupcial.

escapulares muy elongadas y colgantes, casi uniformes (cf. juv./1er invierno)

álula blanco uniforme (cf. juv. a 1er verano)

escapulares con franja pálida ancha en el raquis (cf. adulto invernal)

▶ **1er invierno (enero)**
Aún en plumaje muy juvenil, pero sin ver las coberteras juveniles y las puntas de primarias se parece mucho al adulto invernal. Véanse las escapulares juveniles que se señalan.

primarias externas con punta oscura (visibles por poco)

▶ 1er verano/2º año cal. (junio)
Además de los rasgos que se señalan, el plumaje descolorido de este ejemplar también permite diferenciarlo del adulto nupcial, pero no todas las aves de 1er verano lo muestran.

▼ Adulto nupcial (mayo)
En este plumaje, es fácil de identificar en vuelo. De lejos, el contraste entre las alas blancas y las partes superiores oscuras es muy llamativo.

coberteras juv. retenidas; muy desgastadas y descoloridas, pero con zonas oscuras aún visibles

puntas de primarias (y punta de la cola) oscuras

proyección de patas (respecto a la cola) corta para una garza (solo los dedos sobresalen)

solo un tinte naranja-marrón, aparte de esto, completamente blanco

▼ Adulto nupcial (abril)
Inconfundible en vuelo.

todo marrón, contrastando con las alas blancas

▼ Juvenil/1er invierno (agosto)
Los rasgos que se señalan muestran las diferencias con respecto a un adulto en otoño/invierno. Las coberteras medianas están especialmente coloreadas, pero el desgaste (y en parte también la muda a plumaje blanco de tipo adulto) hace que esta coloración se vaya diluyendo hacia la primavera. Retienen las primarias externas hasta bien avanzado el 2º año cal., pero las puntas oscuras también se diluyen por el desgaste.

raquis oscuros

coberteras juv. parcial-mente marrones y con centros oscuros

primarias con puntas oscuras

▼ 2º año cal./1er verano (primavera/verano)
Unos pocos ejemplares de 2º año cal. retienen algo de oscuro en la mano.

▼ Juvenil/1er invierno (agosto)
El contraste entre el marrón de cabeza y pecho y el blanco del vientre es característico en todos los plumajes.

oscuro variable, a menudo también en coberteras primarias y álula

Garceta grande *Ardea alba*

L 92 cm | Todo el año, O y SE Europa

▼ **Tipo adulto nupcial (mayo)**
Durante un breve periodo de tiempo, normalmente entre finales de invierno y primavera, el pico de muchos ejemplares se vuelve (parcialmente) negro, las bridas verde brillante y algunos ejemplares también adquieren rojo en las patas. A diferencia de la garceta común, las escapulares elongadas pueden sobresalir detrás del cuerpo, pero no muestra plumas de píleo elongadas.

▼ **(Enero)**
Durante la mayor parte del año, la mayoría se parecen al ejemplar de esta imagen. Las aves sin rasgos de "estado reproductor" también son habituales durante la época de cría y muchas de ellas serán de 2º año cal. La comisura larga es una diferencia útil con respecto a otras garzas blancas de cualquier edad y plumaje.

bridas verdes características

(parcialmente) negro solo en estado reproductor, a veces ya desde el invierno

extremadamente largas, suelen sobresalir tras el cuerpo

tibia típicamente más pálida que el tarso

entre gris-verde y amarillo-verde durante casi todo el año

amarillo durante casi todo el año

la línea de la comisura sobrepasa el ojo

muy largo, pero puede estar retraído, como en todas las garzas

tibia más pálida que el tarso

▶ **Tipo adulto nupcial (febrero)**
Durante un tiempo, se pensó que los ejemplares con patas rojas que se veían en Europea eran de la subespecie asiática *modesta* (más pequeña y con patas rojas más frecuentemente y durante más tiempo). Pero *modesta* no parece un divagante potencial hacia Europa y ahora sabemos que algunas *alba* nominales pueden mostrar esta coloración, a veces incluso desde finales de otoño.

▶ **Adulto (septiembre)**
Identificable también de lejos gracias a su silueta característica, con proyección de patas muy larga y cuello con forma de quilla muy pronunciada. El datado en este caso se basa en las puntas redondeadas de primarias y las escapulares elongadas (visibles aquí sobre la cola).

muy larga, sobresaliendo mucho tras la cola

más pálido; marrón o amarillento

quilla muy pronunciada y colgante, con el cuello hacia delante

Garceta común *Egretta garzetta*

L 60 cm | Todo el año, S y O Europa; verano, C y SE Europa

▼ **Tipo adulto nupcial (mayo)**
El pico fino y negro es un buen primer indicio para distinguirla de otras garzas blancas pequeñas. En este plumaje, algunos ejemplares pueden mostrar también un iris oscuro.

▼ **Tipo "invernal" (marzo)**
Bridas entre azul-gris y amarillo durante casi todo el año, especialmente amarillas en otoño. La base de la mandíbula inferior es gris claro fuera de la temporada de cría. En realidad, no existe un plumaje invernal como tal, ya que las plumas de píleo, escapulares y de pecho elongadas aparecen en los adultos al final de la muda completa de otoño. Este ejemplar carece de plumas elongadas en el píleo y las plumas de pecho y escapulares son relativamente cortas para un ejemplar en primavera, lo que es más típico en aves de 2º año cal.

2–3 plumas de píleo elongadas (ausentes en la garceta grande)

negro y fino

entre púrpura y rojizo solo en época de cría, entre azul-gris y amarillo pálido el resto del año

dedos amarillos

azul-gris

gris claro

solo ligeramente elongadas

▼ **Tipo adulto (noviembre)**

adulto con dedos amarillo brillante que contrastan con el tarso negro

proyección de patas relativa-mente larga (más larga aún en garceta grande y más corta en garcilla bueyera occidental)

quilla colgante, a menudo proyectada hacia adelante (cf. garcilla bueyera occidental)

▼ **Juvenil (junio)**
Las patas y el pico, todavía pálidos, pueden causar confusión con la muy rara **garceta nívea** *Egretta thula* o la garceta dimorfa.

sin plumas elongadas (todavía algo de plumón en el píleo de este ej.)

todavía pálido, amarillento

tanto la tibia como el tarso con zonas pálidas variables hasta avanzado el invierno (a veces más que en este ej.)

▶ **Juvenil/1er invierno (agosto)**
Los dedos del 1er invierno acostumbran a ser de un amarillo menos brillante hasta bien avanzado el invierno, a veces llevando a confusión con otras garzas blancas. El pico, la tibia y el tarso aún muestran zonas pálidas o amarillentas, lo que apunta a 1er año cal.

sin zona pálida evidente, a diferencia del adulto (cf.)

Garceta dimorfa *Egretta gularis*

L 63 cm | Divagante de África y Oriente Medio

Martinet dels esculls CAT
Uharri-koartzatxoa EUS
Garza dos arrecifes GAL

▼ *schistacea* de Oriente Medio, tipo adulto de fase oscura (octubre)
Inconfundible: la única garza negruzca con garganta blanca de la zona cubierta en este libro. Sin embargo, c. 80 % de las *schistacea* de Oriente Medio (el origen más probable de los divagantes en el SE de Europa) son de fase clara. Los ejemplares de fase oscura representan solo el 5 % del total en Oriente Medio, existiendo también ejemplares intermedios. Afortunadamente, la fase oscura de *gularis* nominales es muy común en el O de África (el origen más probable de las divagantes en el SO de Europa).

▼ *schistacea* de Oriente Medio, tipo adulto de fase clara (octubre)
Similar a la garceta común, pero las *gularis* nominales aún se parecen más; véanse las diferencias que se señalan.

bridas entre amarillas y grises (anaranjadas en época de cría)

ligeramente curvado en la punta (cf. garceta común)

largo; amarillo marronáceo sucio variable a lo largo de todo el pico (cf. garceta común)

amarillo variable en adultos, puede extenderse por el tarso o estar muy limitado y bien definido (en inm. todo el tarso suele ser amarillento difuso)

tibia relativamente larga, solo ligeramente más corta que el tarso (cf. garceta común)

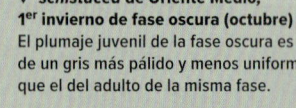

amarillo menos brillante que en la garceta común, a veces casi verdoso

▶ *schistacea* de Oriente Medio inmaduro de fase intermedia (marzo)
Una fase habitual en esta subespecie, con un amplio gradiente de variabilidad en la extensión del oscuro. En promedio, suelen mostrar más zonas oscuras en las alas (rémiges) que en el cuerpo.

▼ *schistacea* de Oriente Medio, 1er invierno de fase oscura (octubre)
El plumaje juvenil de la fase oscura es de un gris más pálido y menos uniforme que el del adulto de la misma fase.

plumas juv. con tintes grises y marrones

▼ *schistacea* de Oriente Medio, 1er invierno de fase oscura (enero)
Los tarsos verdosos y las coberteras grandes y primarias marronáceas apuntan a un ave de 1er invierno.

pálido, entre amarillento y verde (cf. adulto)

◄ *schistacea* de Oriente Medio, juvenil/1ᵉʳ invierno de fase clara/intermedia (otoño–invierno)
Los ejemplares de 1ᵉʳ año de esta fase muestran puntas de rémiges y coberteras oscuras.

▼ *gularis* nominal de O África, inmaduro de fase oscura (enero)
Los inmaduros de la fase oscura muestran, además de los rasgos que se señalan, partes inferiores centrales variablemente pálidas, lo que a veces causa confusión con aves de fase intermedia, como en las *schistacea* de Oriente Medio. La existencia de adultos de fase intermedia en *gularis* nominal es dudosa.

► *gularis* nominal de O África, adulto de fase oscura (enero)
Plumaje idéntico a la fase oscura de *schistacea* de Oriente Medio, pero el gris plomizo es ligeramente más oscuro. La estructura de las *gularis* nominales es casi idéntica a la garceta común, por lo que la identificación de los ejemplares de fase clara es extremadamente difícil. Esta fase es rara en la subespecie nominal y existe bastante confusión alrededor de su estatus y diferenciación de la garceta común, incluso en el O de África. Los ejemplares típicos deben mostrar los siguientes caracteres:
• pico ligeramente más largo y grueso con culmen ligeramente curvo
• tibia larga (solo ligeramente más corta que el tarso)
• pico y tibia como mínimo parcialmente marronáceos
• plumas de la garganta algo más gruesas.

raramente pálido de verdad; incluso en ese caso, bastante apagado

plumas juv. gris relativamente claro con puntas marronáceas sutiles

tibia larga, casi tanto como el tarso (especialmente importante para la identificación de la fase clara)

cara blanca típica, con bordes difusos

blanco en el ala variable con bordes difusos

cara blanca típica con bordes difusos

◄ *gularis* nominal × garceta común (marzo)
Además del plumaje oscuro predominante, la estructura es idéntica a la de la garceta común, o con diferencias muy sutiles. Ejemplares de este tipo aparecen regularmente en el S de Europa, llegando a ser menos raros que las garcetas dimorfas nominales puras de morfo oscuro.

► *gularis* nominal × garceta común (marzo)
En vuelo es bastante parecida a los morfos intermedios de las *schistacea* de Oriente Medio, pero véanse los caracteres que se señalan.

Garza real *Ardea cinerea*

L 90 cm | Todo el año, O y S Europa; verano, N y E Europa

▼ Adulto nupcial (marzo)
Garza muy común, familiar incluso para personas ajenas a la ornitología. Los adultos son fáciles de identificar por las partes superiores azul-gris y la cabeza gris/blanco con franja negra en el lateral del píleo. Muchas especies de ardeidas cambian la coloración de las partes no plumadas durante la época de cría, como este ejemplar, que muestra patas y pico rojizos.

▼ Adulto (junio)
Fuera de la época de cría, las patas y el pico son amarillo-marrón apagado, las plumas del píleo más cortas y las escapulares menos elongadas.

gris (cf. inm. más avanzados y adultos)

gris no uniforme (cf. 1er invierno e inm. más avanzados)

▶ Juvenil (agosto)
Entre los plumajes juvenil y de 1er verano (ya avanzado el 2º año cal.), el píleo es predominantemente gris y la mandíbula superior oscura. Las partes superiores y el cuello se mudan en el 1er año cal., véase el 1er invierno.

▼ 2º invierno (septiembre)
Una vez finalizada la muda completa del 2º año cal., las aves de 2º invierno se parecen mucho a los adultos, pero véanse las diferencias que se señalan. Además, las plumas de escapulares y píleo no acostumbran a ser tan largas como en los adultos.

coberteras y partes superiores con el mismo patrón (cf. 1er invierno)

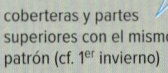

marcas grises aún presentes

todavía oscuro

▼ 1er invierno (febrero)
La muda de coberteras acostumbra a empezar en la primavera del 2º año cal., pero los ejemplares de poblaciones sureñas nacidos pronto pueden iniciarla ya en otoño del primer año cal.

grisáceo, sin negro

culmen oscuro, indicando inm.

cabeza, cuello y partes superiores mudadas, en contraste evidente con el ala, todavía juv.

todas las coberteras aún juv., desgastadas y con tintes marrones

▼ **Adulto (abril)**

gris uniforme en todos los plumajes

parches blancos (cf. inm. y garza imperial)

proyección de patas larga, pero más corta que en, por ejemplo, la garceta grande

quilla redondeada

▼ **1er invierno/2º año cal. (febrero)**
Los ejemplares de 2º año cal. pueden mostrar un panel alar marrón desgastado entre invierno y primavera, que recuerda algo al de la garza imperial.

las coberteras juv. pueden formar un panel marronáceo (cf. garza imperial)

▼ **2º año cal. (mayo)**
Las coberteras ya han sido mudadas en su mayoría (las plumas marrones son las últimas plumas juveniles retenidas). Las rémiges todavía son todas juveniles y empezarán a ser mudadas en este momento.

■ **Garza imperial, juvenil (octubre)**
Véanse las diferencias con la garza real en vuelo, como el patrón más contrastado de coberteras, el cuerpo marrón y las patas largas y pálidas.

Garza azulada *Ardea herodias*

L 117 cm | Divagante de Norteamérica

▼ **Adulto (febrero)**
Fácil de pasar por alto en Europa, debido a su similitud con la garza real, pero, entre otras cosas, véanse las diferencias que se señalan en esta imagen. Además, la especie es tan extremadamente rara que siempre se debe considerar una garza real aberrante. Aparte de las diferencias en el plumaje, existen diferencias estructurales importantes a la hora de separarla de la garza real, como el tamaño general mayor y cuello, pico y patas más largos. También existen diferencias sutiles en la forma del pico con respecto a la mayoría de garzas reales (en esta especie, ambas mandíbulas se curvan por igual para formar la punta del pico). El píleo es a menudo más plano que en la garza real, lo que, combinado con el cuello largo, le da una apariencia de serpiente. La mandíbula superior todavía algo oscura en este ejemplar es bastante frecuente en aves de tipo adulto, probablemente con más frecuencia que en garza real.

mejilla blanca evidente por el contraste con el cuello oscuro

mandíbula superior recta (a veces también en garza real)

mandíbula inferior relativamente gruesa incluso cerca de la punta

relativamente oscuro, variable: entre (morado) marrón y gris intermedio

cuando es marrón intenso resulta característico

muy largas, tarsos a menudo negruzcos fuera de la época de cría

▼ **2º año cal. (abril)**
El color de las patas es variable en todas las garzas, pero los tarsos negros y, a veces, las patas negras por completo aparecen regularmente, a diferencia de en la garza real. Este ejemplar es peculiar por mostrar ya una mandíbula superior bastante pálida, algo que no suele ocurrir hasta el 3er año cal.

la línea de la comisura es muy larga y rebasa claramente el ojo (más larga en promedio que en la garza real)

► **1er invierno (noviembre)**
Las aves de 1er año muestran ya las diferencias más importantes con respecto a la garza real.

cuello marronáceo parcheado

límite de muda obvio entre coberteras grandes viejas (juv.) y resto de coberteras (mudadas), indicando la edad

forma clásica en este ejemplar

mezcla de coberteras juv. y de tipo adulto en otoño, indicativo de la edad

ocre-gris algo oscuro diagnóstico y, a pesar de estar mudado (no son plumas juv.), sigue siendo parcheado (cf. garza real inm. con cuello no juv.)

suele mostrar 2 tonos evidentes, a menudo con tarsos negros (cf. garza real)

tarsos negros

▼ Tipo 2º invierno (octubre)
La mandíbula superior aún oscura por completo en un ejemplar de tipo adulto como este es indicativa de la edad, junto con las auriculares algo sucias y las escapulares y plumas del pecho no del todo elongadas. Un ejemplar así en Europa debería ser fácil de identificar por la combinación de, entre otros rasgos, el marrón en las plumas de la tibia, el cuello oscuro, la forma del pico, la línea de la comisura larga y los 2 tonos evidentes en las patas, con los tarsos negros.

▼ Adulto (marzo)

alas más anchas que en la garza real, a menudo con aleteos muy pesados

coloración característica de cabeza/cuello

patas largas, por lo que la proyección de patas es muy larga (cf. garza real)

▼ Adulto (abril)

bridas básicamente oscuras, parte pálida a menudo fina y elongada

blanco sobre el ojo

todavía (parcialmente) oscuro también en adultos

culmen típicamente recto

línea de la comisura larga

la mandíbula inferior se mantiene ancha cerca de la punta

■ Garza real, juvenil (agosto)
Algunas garzas reales de 1er año muestran un plumaje de la tibia marronáceo en lugar de blanco/pálido y también una zona marronácea en la base del margen de ataque del ala. Estos ejemplares, escasos, recuerdan a la garza azulada en estos caracteres, pero difieren en otros rasgos importantes.

base del ala y tibia marronáceas poco habituales en garza real, pero sigue siendo más probable que una auténtica garza azulada en Europa

■ Garza real, adulto (abril)

bridas a menudo predominantemente pálidas; cuando son oscuras, la parte pálida es ancha y con forma ovalada

negro en contacto con el ojo

completamente pálido en adultos (excepto algunos ejs. en invierno)

línea de la comisura no tan evidentemente larga

ambas mandíbulas más o menos igual de curvadas hacia la punta

Garza imperial *Ardea purpurea*

L 80 cm | Verano, SO, O, C y E Europa

▼ Adulto, probable ♂ (abril)
Los adultos son fáciles de identificar por el cuello marrón con líneas negras y las partes inferiores negras. El sexado suele ser difícil, pero sí se pueden distinguir aquellos ♂♂ con una coloración más intensa.

marrón rojizo diagnóstico con líneas negras

♂♂ con mancha carpal más grande y marrón rojizo más intenso en promedio

♂♂ con escapulares elongadas marrón rojizo

mancha carpal marrón rojizo menos uniforme e intenso en promedio

escapulares elongadas cortas y no obviamente marrón rojizo

◄ Adulto, probable ♀ (abril)
Esta imagen muestra los rasgos indicativos de ♀.

coberteras con más marrón rojizo en promedio

▼ Juvenil (julio)

marrón uniforme

cabeza pequeña, cuello largo y delgado, y pico largo en todos los plumajes

el marrón predomina en partes superiores, con centros de plumas oscuros

► Inmaduro, tipo 2º año cal. (mayo)
Las coberteras todavía muestran un diseño típico de inmaduro, mientras que el resto del plumaje es intermedio entre juvenil y adulto. Este ejemplar difiere del tipo 3er año cal. en mayo (fotografiado también en Europa). Se desconoce hasta qué punto se trata de un extremo de la variabilidad de las aves de 2º año cal. o una clase de edad distinta (2º y 3er año cal.).

► 2º año cal. (marzo)
Este ejemplar (fotografiado en sus zonas de invernada en África) todavía muestra un plumaje muy juvenil. Algunas aves de 2º año cal. probablemente no regresan a Europa en primavera.

todas las coberteras aún juv. (cf. inm. en mayo)

▼ Adulto, probable ♂ (junio)
De cerca resulta fácil de identificar por el cuello marrón con líneas verticales negras, cuerpo con mezcla de gris oscuro y marrón castaño, y vientre negro.

▼ Juvenil/1er invierno (octubre)
Además de otras muchas diferencias, las infracoberteras alares carecen del marrón rojizo intenso de los adultos.

marrón rojizo intenso

coberteras grandes formando una franja pálida en el adulto

panel central más pálido a veces evidente

la proyección de patas suele ser más larga que en la garza real

quilla muy pronunciada; a veces más angulosa que en la garza real, pero muy dependiente de la postura y a menudo no tan diferente

paneles alares marrón (claro) evidentes

relativamente pálido en general, con línea/s central/es oscuras

dedos muy largos en todos los plumajes (cf. garza real)

▼ Juvenil/1er invierno (noviembre)
Compárese el diseño y estructura de las coberteras con las del inmaduro de la derecha.

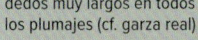

coberteras juv. algo puntiagudas y con punta pálida

▼ Inmaduro, tipo 3er año cal. (mayo)
Aún se aprecia un diseño de inmaduro, especialmente en coberteras, pese a haberlas mudado ya todas (compárese con el 1er invierno en noviembre y el 2º año cal. en marzo). Las primarias también han sido mudadas. La muda postjuvenil es variable en muchas ardeidas; teóricamente, este ejemplar podría ser un 2º año cal. (muy) avanzado, pero más probablemente se trata de un 3er año cal. La cabeza y el cuello parecen ya totalmente adultos, mientras que al menos algunos ejemplares de 2º año cal. todavía carecen de la línea negra evidente que va de la mejilla al lateral del cuello en primavera.

coberteras de tipo inmaduro pero no coberteras juv.

aún algo de marrón en el píleo

mezcla de secundarias marrones muy desgastadas y secundarias mudadas nuevas y negruzcas

Cigüeña negra *Ciconia nigra*

L 96 cm | Verano, SO, C y E Europa

▼ **Tipo adulto (enero)**
Inconfundible. Las partes no plumadas de los adultos son rojo intenso y las plumas de la espalda negras muestran reflejos verdes y lilas. A diferencia de este ejemplar, muchos adultos tienen el pico totalmente rojo. En este caso, posiblemente esté sucio.

▼ **Juvenil (octubre)**
La disposición de zonas blancas y oscuras es la misma que en otras clases de edad, pero véanse los caracteres que se señalan. Los juveniles suelen ser especialmente confiados.

marrón oscuro con puntas pálidas pequeñas (aquí casi desaparecidas por el desgaste) y reflejos verdes tenues bajo ciertas condiciones de luz

piel desnuda oscura

marrón

apagado

apagado

manchas pálidas

▼ **Subadulto (junio)**
Posiblemente los ejemplares que parecen adultos pero con algunas plumas desgastadas son de 3er año cal. Este ejemplar muestra también algunas plumas del pecho marrones, indicando que no se trata de un adulto completo. El rojo extenso en la piel alrededor del ojo es de tipo adulto y no de 2º año cal.

▶ **2º año cal. (agosto)**
Muchos caracteres a medio camino entre el juvenil y el adulto.

piel desnuda poco extensa comparado con el adulto

marrón y desgastado

coberteras a medio camino entre juv. y adulto

ya rojo intenso (cf. juv.)

▼ **Tipo adulto (abril)**
Inconfundible de cerca. La silueta de lejos es parecida a la de la cigüeña blanca, pero las patas no proyectan tanto tras la cola.

"dedos" largos, tipo águila

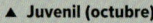

▲ **Juvenil (octubre)**
El diseño es parecido al de un adulto, pero las zonas oscuras van adquiriendo tintes marrones gradualmente, especialmente en cabeza y cuello. El color apagado de pico y patas es típico del 1er año, hasta avanzada la primavera.

▼ **2º año cal. (primavera)**
Ha empezado la muda del ala por las primarias internas y las coberteras primarias, pero las secundarias todavía son juveniles. Las patas y el pico empiezan a volverse rojos.

negro con triángulo axilar blanco muy característico de lejos

relativamente cortas (cf. cigüeña blanca)

cuello y pecho negros contrastan con el resto de partes inferiores blancas

primarias (incluyendo las coberteras primarias correspondientes) mudadas

Cigüeña blanca *Ciconia ciconia*

L 106 cm | Todo el año, O Europa; verano, SO y C Europa

▼ Adulto (marzo)
Inconfundible. El pico y las patas completamente rojos y las coberteras medianas totalmente blancas, anchas y poco desgastadas son típicas de un adulto (compárese con el 2º año cal.).

▼ Juvenil (agosto)
Cuando vuelan, los juveniles se parecen mucho a los adultos; los rasgos que se señalan muestran las diferencias.

oscuro, en muchos ejs. se vuelve rojo rápidamente

plumas "pilosas"

coberteras medianas internas negras o con centros negros

▼ 2º año cal. (mayo)
Todavía muestra las plumas estrechas juveniles de cabeza y cuello, de modo que la piel roja se entrevé en la garganta. Los rasgos que se señalan son las diferencias con el adulto en primavera.

coberteras medianas estrechas y puntiagudas

coberteras medianas aún negras

▼ Tipo adulto (abril)
Típica imagen de un ejemplar de cualquier plumaje en vuelo.

blancuzco variable

coberteras muy desgastadas

sin gris plateado (o con muy poco) en plumas de vuelo (presente en plumas nuevas que aparecen más tarde)

todavía algo blancuzco

primarias juv. más cortas y desgastadas que las plumas mudadas

la muda de primarias ha alcanzado p5

◀ 2º año cal. (abril)

secundarias nuevas más largas que las juv.

coberteras primarias con negro variable (frecuente en inmaduros)

▼ Juvenil (octubre)
Vagamente similar al adulto, pero véanse los caracteres que se señalan. La presencia o ausencia de coberteras primarias pequeñas blancas (que forman una mancha blanca aislada en adultos) suele ser el rasgo más útil para el datado en vuelo y es visible también de lejos.

▼ Tipo adulto (febrero)
Los rasgos que se señalan son diagnósticos del adulto (compárese con el inmaduro).

mucha superficie gris plateado

mancha blanca (coberteras primarias pequeñas)

sin muda de plumas de vuelo en otoño

coberteras primarias totalmente negras (cf. adulto)

poca superficie gris plateado comparado con las plumas de tipo adulto

blancuzco

todavía algo oscuro

Morito común *Plegadis falcinellus*

L 60 cm | Todo el año, SO Europa; verano, S Europa

▶ Adulto verano (abril)
Fácil de identificar por el pico tipo zarapito, patas largas, líneas blancas alrededor de la brida y cuerpo granate. Dependiendo del ángulo, las plumas del ala, especialmente las coberteras, muestran una amplia gama de tonos iridiscentes, pero en otras circunstancias el ala parece negruzco uniforme. No adquiere todas las iridiscencias en el ala hasta el 4º año cal., pero incluso el juvenil puede parecer brillante con luz solar intensa.

▼ Tipo adulto cerca del invierno (octubre)
En invierno, los adultos retienen las coberteras brillantes, pero las plumas de cuerpo pierden bastante el marrón rojizo que tenían (este ejemplar, algo retrasado en la muda, todavía muestra bastante marrón rojizo). El blanco alrededor de las bridas se estrecha en invierno y la cabeza se torna marrón mate con puntos blancos, como en otros plumajes no adultos. Este patrón puede estar presente ya desde finales de verano.

van apareciendo plumas oscuras de tipo invernal

muy brillante

cabeza invernal marrón con puntos blancos

líneas pálidas finas

▼ 1er invierno (octubre)
El plumaje más apagado, pero muchos ejemplares ya han adquirido las primeras coberteras y escapulares algo brillantes.

sin líneas blancas o muy poco desarrolladas

escapulares nuevas con poco brillo

▼ 2º año cal. (mayo)
La cabeza y las partes inferiores en especial todavía difieren de las del adulto.

no tan uniforme y brillante como el adulto

solo líneas blancas finas alrededor de la brida

cabeza y cuello juv. marrón desgastado

cabeza invernal con plumas marrones desgastadas, probablemente juv.

▶ Tipo 2º invierno (febrero)
Ya casi como el adulto invernal, pero véanse los rasgos que se señalan. Muchas plumas de vuelo muestran ya reflejos evidentes, pero todavía no tan llamativos como en el adulto. Las coberteras pequeñas (articulación carpal) no son tan marrón rojizo y la muda de otoño suele ser incompleta en inmaduros (véanse las coberteras grandes apagadas que se señalan aquí, pero puede extenderse a otros grupos de plumas en otros casos).

oscuro (marrón rojizo en el adulto invernal, cf.)

coberteras grandes apagadas, no mudadas en el último ciclo

▼ 1er invierno/2º año cal. (marzo)

cabeza y cuerpo mudado a (1er) invierno (cf. 1er año cal. en octubre)

sin líneas pálidas o muy poco desarrolladas

sin brillos, o casi

las coberteras juv. desgastadas y descoloridas contrastan con las plumas nuevas oscuras

▼ Tipo adulto (abril)

proyección de patas relativamente larga (sobresale bajo la cola)

cuello fino y relativamente largo

Espátula común *Platalea leucorodia*

L 85 cm | Todo el año, S Europa; verano, O y SE Europa

▼ Adulto verano (mayo)
Inconfundible. Los adultos tienen el pico (y la brida) negros, con amarillo solo en la punta. En primavera desarrolla tanto el amarillo del pico como la cresta, a menudo también amarilla (como en este caso). En verano (tardío), la banda amarilla del pecho y la cresta desaparecen. Los ♂♂ tienen el pico más largo que las ♀♀, con la punta "colgante", lo que resulta especialmente obvio en una comparación directa.

▶ Juvenil (octubre)
Este ejemplar muestra bien las puntas de primarias negras y los raquis oscuros típicos de juveniles, a veces difícil de ver con el ala cerrada. Algunos inmaduros también pueden mostrar algo de oscuro en las plumas de vuelo.

puntas negras

raquis oscuros

algo pálido y sin punta amarilla

▼ 2º año cal. (noviembre)
Con la edad, el pico va tornándose más negro desde la base, hasta que, en los adultos, el amarillo queda restringido a la punta. Como se muestra aquí, esto es variable.

muchos ejs. de esta edad con amarillo extenso, pero, como el resto de rasgos para el datado, es variable

a diferencia de otros ejs. de esta edad, todavía sin bridas negras a estas alturas

▶ Adulto (mayo)
Cuello estirado en vuelo, a diferencia de las garzas blancas. La proyección de las patas es más corta que en la garceta grande.

▼ Juvenil (octubre)
Fácil de datar a partir de las extensas zonas negras de las alas, combinado con la brida y el pico relativamente pálidos y la ausencia de muda activa en plumas de vuelo.

primarias todavía con mucho oscuro

puntas oscuras típicas de subadulto, más pequeñas y a menudo más marrones que en el juv. de 2º año cal. en primavera

▶ Tipo 2º año cal. (agosto)
Este ejemplar casi ha completado la muda alar, pero el ala en muchos ejemplares puede mantener un aspecto muy juvenil incluso después de la muda. La variabilidad en la cantidad de oscuro en las puntas de las plumas de vuelo es amplia. Algunas aves de 2º año cal. no muestran apenas nada de negro en las puntas, mientras que algunas aves de edad desconocida pero tipo adulto todavía presentan puntas oscuras.

p9–10 aún juv.

las plumas de vuelo nuevas (creciendo) también muestran puntas oscuras

▲ Tipo subadulto (junio)
Posiblemente, los ejemplares como este, ya con mancha amarilla en el cuello y plumas del obispillo elongadas, son aves de 3er o 4º año cal., pero pueden ser incluso mayores. Las aves de 2º año cal. no desarrollan ni el penacho ni la mancha amarilla del cuello.

Flamenco común *Phoenicopterus roseus*

L 123 cm | Todo el año, S Europa

▼ Adulto (marzo)
Inconfundible como "flamenco" y, hasta hace poco, el único flamenco salvaje en Europa (véase el **flamenco enano**). Fuera de su zona de distribución habitual, deben tenerse en cuenta otras especies de flamenco que escapan de cautividad con frecuencia y sobreviven sin muchos problemas en la naturaleza.

rosa muy claro, algo más oscuro en algunos ejemplares

todas rosas (cf. especies de flamencos americanas)

sección del culmen larga y recta (cf. flamenco chileno)

el negro no supera el ángulo del culmen (cf. otros flamencos)

▼ Juvenil (septiembre)

coberteras con centros oscuros anchos (cf. inm. más viejos)

punteado oscuro (cf. inm. más viejos)

gris

oscuro

grisáceo con zona oscura ya típica, pero reducida y a menudo con borde difuso

▼ Subadulto, 3er o 4º año cal. (enero)
A veces no se puede precisar más el datado, pero los ejemplares que todavía muestran puntas oscuras de coberteras y/o coberteras primarias (normalmente solo visibles en vuelo) e iris oscuro probablemente sean aves de 2º invierno (2º o 3er año cal.). Este ejemplar muestra también las "rodillas" oscuras; muchos subadultos tienen ya las patas uniformes, pero de un color menos intenso que los adultos.

aún oscuro

aún grisáceo

▼ 1er invierno (enero)
Como el juvenil, pero las plumas de cuerpo y las partes superiores han sido reemplazadas por plumas blancas. La parte superior del cuello suele permanecer oscura.

oscuro

▶ Adulto (marzo)
La combinación de la coloración de las patas y el diseño del pico es diagnóstica en comparación con otras especies de flamenco (escapadas). Este ejemplar muestra el ala típica del adulto: coberteras primarias rosas sin puntas oscuras.

▶ **Juvenil/1ᵉʳ invierno (noviembre)**
Un ave de 1ᵉʳ año típica con, entre otros caracteres, el ala totalmente juvenil, extensamente oscura.

coberteras primarias y álula juv. con puntas negras bien definidas

▼ **Inmaduro, 2º o 3ᵉʳ año cal. (noviembre)**
El diseño del ala es intermedio entre el juvenil y el adulto.

■ **Flamenco enano** *Phoeniconaias minor*, **adulto (septiembre)**
L 85 cm
Esta especie africana aparece en Europa procedente de cautividad, pero también llegan ejemplares salvajes. En España y otros países, los ejemplares sin signos de cautividad se consideran divagantes genuinos.

coberteras primarias y álula con puntas oscuras/negras correlativas (cf. 1ᵉʳ año y adulto)

rosa relativamente claro, igual que los flamencos comunes muy coloreados

totalmente rosas como en el flamenco común (las zonas grises se deben al barro en este caso)

totalmente oscuro con mancha rojiza en la mandíbula inferior

■ **Flamenco rojo** *Phoenicopterus ruber*, **adulto (mayo)**
L 120 cm
Más rojo, pero con patas más pálidas que el flamenco común. El diseño del pico varía y puede ser idéntico al del flamenco común, pero la punta oscura "colgante" es totalmente negra. Aparece en Europa como escape, y se puede mezclar en grupos de flamencos comunes. Para el datado de juveniles e inmaduros, seguir los mismos criterios que con el flamenco común.

■ **Flamenco chileno** *Phoenicopterus chilensis*, **adulto (abril)**
L 111 cm
El diseño de pico y patas es diagnóstico. Aparece en Europa como escape, y se puede mezclar con flamencos comunes. Para el datado de juveniles e inmaduros, seguir los mismos criterios que con el flamenco común.

naranja-rojo intenso

rosa claro con "rodillas" rojas

parte recta del culmen más corta (cf. flamencos común y rojo)

el negro supera el ángulo del culmen; en la mandíbula inferior alcanza casi hasta la narina

naranja

el negro alcanza el ángulo del culmen

tibia relativamente corta

patas grisáceas típicas, con "rodillas" rojizas

Grulla común *Grus grus*

L 107 cm | Verano, N y NE Europa; invierno, SO Europa

▼ **Adulto (mayo)**
Fácil de identificar en base a la estructura, postura y diseño cefálico. Recuerda algo a una garza, pero más grande, más erguida y con popa más prominente. El color marrón en partes superiores y a veces también en coberteras no corresponde con plumas mudadas, sino que es adquirido por el ave mediante la aplicación de tierra o barro ricos en hierro.

mancha roja

pálido

marrón variable en verano, a veces también en coberteras

popa prominente visible desde lejos

parte superior del cuello negra con borde bien definido con la parte inferior del cuello, gris

▼ **Adulto (noviembre)**
Las plumas del cuerpo y partes superiores (incluyendo las plumas marrones) son reemplazadas progresivamente en otoño. Las plumas de vuelo solo se mudan una vez cada 2–3(4) años y, como en patos y álcidos, se mudan de forma simultánea en verano, lo que les impide volar temporalmente. No todas las especies de grulla siguen esta estrategia de muda.

▼ **2º año cal. (abril)**
Típicamente intermedia entre el juvenil y el adulto. Entre otros caracteres, las coberteras juveniles casi nuevas descartan un ave de 3er año cal.

todavía plumada por completo, sin piel desnuda roja (cf. adulto)

partes superiores mudadas a tipo adulto, contrastando con las coberteras juv.

negro emergiendo, pero aún no uniforme ni bien delimitado con la parte inferior del cuello gris

▼ **Juvenil (noviembre)**
El cuello uniforme y la cabeza marronácea son típicas del juvenil. El resto del plumaje es también juvenil, todavía con plumas más estrechas y franjas oscuras sutiles en los raquis.

coberteras aún juv. (estrechas y puntiagudas)

rojo (muy) restringido

sin borde bien definido entre el negro y el gris

algunas plumas de cuerpo (¿juv.?) marrón diluido

coberteras/terciarias muy desgastadas

▶ **2º invierno/tipo 3er año cal. (febrero)**
Los caracteres que se señalan son indicativos de aves de 2º invierno. Probablemente, los ejemplares de esta edad más avanzados no son separables de los adultos. Algunas aves de 1er invierno pueden haber mudado ya muchas coberteras y mostrar bastante negro y rojo en cabeza y cuello, pero las plumas viejas de este ejemplar están muy desgastadas y diluidas, lo que sería bastante inesperado en un ave de 1er invierno en febrero.

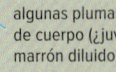

▶ **Adulto (abril)**
El diseño del anverso del ala recuerda vagamente a la garza real, pero la grulla común mantiene siempre el cuello extendido y las patas proyectan más tras la cola. El vuelo parece pesado por los aleteos relativamente lentos.

larga

cuello estirado

de lejos parece gris uniforme

mancha pálida (uniforme en adultos, cf. inm.)

▶ **Adulto (abril)**
Con buenas condiciones de luz, se aprecia un panel ancho pálido en la parte central del reverso del ala presente en todos los plumajes.

a menudo evidente-mente pálido de lejos

▶ **2º año cal. (abril)**
La zona pálida de coberteras primarias es más pequeña que en adultos y, en este ejemplar, también algo escondida bajo el álula; esto también puede ocurrir en adultos.

zona pálida no evidente (cf. adulto)

▼ **Adultos con 2 juveniles en la parte inferior del grupo (septiembre)**
Sus voces, que se pueden oír desde muy lejos, suelen ser el primer signo de un grupo que se aproxima. Con buenas condiciones de luz, se aprecia un panel ancho pálido en la parte central del reverso del ala.

Grulla damisela *Grus virgo*

L 95 cm | Migrante, extremo SE Europa

▼ **Adulto (mayo)**
Inconfundible de cerca. Desde lejos, el negro extendiéndose más hacia el vientre y las plumas elongadas y casi rectas de la popa son los rasgos más útiles para separarla de la grulla común.

▼ **1er invierno a 2º año cal. en primavera**
Ya bastante similar al adulto, pero véanse los rasgos que se señalan. Un juvenil completo en otoño tiene todavía menos negro en cabeza y cuello.

▼ **Inmaduro, probable 3er año cal. (mayo)**
Este ejemplar se parece superficialmente al adulto por las partes de cabeza, cuello y pecho con negro puro extenso y las terciarias muy elongadas. Sin embargo, las partes marrones viejas que se señalan apuntan claramente a un ave más joven, equivalente al 3er año cal. de la grulla común.

diseño cefálico diagnóstico

gris claro uniforme (cf. grulla común)

relativamente corto

plumas elongadas y casi rectas (cf. grulla común)

zona negra de la cabeza no muy desarrollada

todavía no muy elongadas

negro no puro y sin extenderse tanto hacia abajo

el negro baja más (cf. grulla común)

zonas marrón diluido indicativas de inmadurez

▶ **1er invierno (enero)**
Las aves de 1er invierno se parecen ya bastante a los adultos, pero véanse los rasgos que se señalan. Además, las plumas blancas de los laterales de la cara son más elongadas en adultos.

gris oscuro (en lugar del negruzco del adulto)

zonas oscuras de la cabeza típicamente grisáceas en edades intermedias (casi blancuzcas en el juv. en otoño)

▼ **Adulto (julio)**
Las partes superiores grises pueden parecer más pálidas bajo ciertas condiciones de luz.

▼ **Adulto (julio)**

proyección de patas relativamente corta (cf. grulla común)

más pálido que en la grulla común

relativamente corto

los tintes grises pueden disminuir el contraste con las coberteras (cf. grulla común)

sin mancha blanca contrastada (cf. grulla común)

el negro se extiende hacia el vientre (cf. grulla común)

▶ **Tipo adulto (junio)**
La mezcla evidente de secundarias y primarias nuevas negras con plumas viejas descoloridas apunta a un adulto joven, todavía con algunas plumas juveniles. Los adultos mudan como máximo unas pocas primarias de forma simultánea entre junio y octubre. La grulla común muda todas las plumas de vuelo simultáneamente en verano y, por tanto, nunca muestra diferentes generaciones de plumas de vuelo.

la muda hace que falten plumas o se aprecien múltiples generaciones de primarias y secundarias; diagnóstico con respecto a la grulla común

Grulla canadiense *Antigone canadensis*

L 92 cm | Divagante de Norteamérica o E Asia

▼ Adulto (diciembre)
El plumaje de adulto está formado por plumas totalmente grises; el color marrón es añadido por el ave durante la reproducción, aplicándose barro o tierra rica en hierro. La grulla común también lo hace, pero "se pinta" especialmente el manto y las escapulares; la grulla canadiense "se pinta" también las coberteras y la parte inferior del cuello. En otoño, tiene lugar la muda de coberteras y partes superiores, cuyo resultado (mezcla de plumas marrones y plumas nuevas totalmente grises) es evidente aquí.

mancha roja (piel desnuda, sin plumas) de tamaño variable y asociado a la edad

gris uniforme

plumas viejas marrones; plumas grises recién mudadas

▼ 1er invierno, probablemente *tabida* (diciembre)
Este ejemplar ha reemplazado ya un buen número de plumas de cuerpo, pero las coberteras juveniles son retenidas hasta la primavera. Por otro lado, el pico y la tibia largos y la muda postjuvenil avanzada son indicativas de *tabida*, más sureña. La subespecie nominal *canadensis*, más boreal, no adquirirá un plumaje similar hasta primavera/verano.

▶ Juvenil, *canadensis* (febrero)
La estrategia de muda difiere bastante entre las distintas subespecies y la muda postjuvenil de *canadensis*, más pequeña, es muy limitada. Este ejemplar todavía presenta todo plumaje gris-marrón juvenil, lo que apunta a *canadensis*. El píleo anterior aún está plumado y el iris es relativamente oscuro. La subespecie nominal *canadensis* cría en el Ártico canadiense y, debido a las condiciones climáticas, se reproduce mucho más tarde en verano que las subespecies sureñas, de mayor tamaño. Los juveniles de *canadensis* son por lo tanto más tardíos y apenas disponen de tiempo para mudar antes de que llegue el invierno e iniciar la migración al sur. Los divagantes en Europa pertenecen a *canadensis*.

rojo ya extenso, a diferencia de los ejs. de 1er invierno

▼ Adulto (diciembre)
Se señalan las diferencias principales con la grulla común.

▶ 2º invierno (noviembre)

coberteras todavía parcialmente juveniles (estrechas, con borde pálido en la punta), aquí algunas coberteras grandes y pequeñas marrones

reverso del ala gris pálido con tan solo un fino margen de fuga oscuro

gris claro uniforme

laterales de la cabeza blancos y píleo oscuro más evidentes desde lejos

relativamente corta, especialmente en *canadensis*

▶ Adulto (diciembre)
La estrategia de muda de las plumas de vuelo difiere dependiendo de la subespecie. En este ejemplar, se aprecian múltiples generaciones de plumas de vuelo (p1 es más nueva que p2–6, p7 está creciendo y p8–10 son viejas); esto no ocurre en la grulla común. Otras poblaciones/subespecies sí mudan como la grulla común, es decir, todas las plumas de vuelo simultáneamente en verano, lo que hace que no se aprecien huecos entre primarias y secundarias, uniformes.

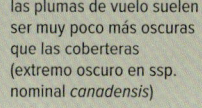

las plumas de vuelo suelen ser muy poco más oscuras que las coberteras (extremo oscuro en ssp. nominal *canadensis*)

límite de muda (primarias externas viejas)

Rapaces • Introducción

TOPOGRAFÍA

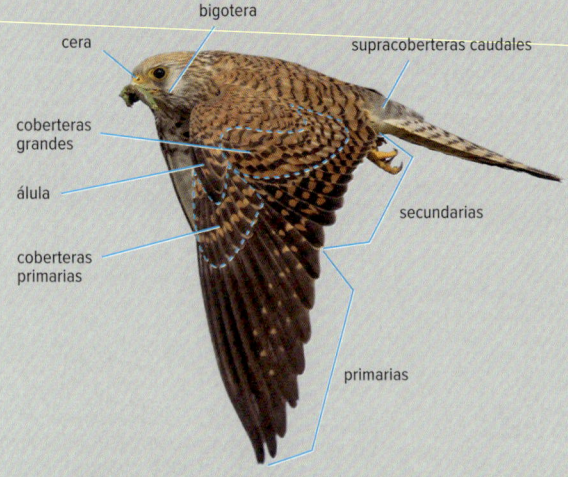

bigotera

cera

supracoberteras caudales

coberteras grandes

álula

secundarias

coberteras primarias

primarias

▲ **Cernícalo primilla, adulto ♀**

FÓRMULA ALAR

Uno de los aspectos más importantes en la identificación de aves rapaces es la fórmula alar: la longitud de las primarias y el espacio entre ellas, creado por la escotadura de la hemibandera interna de cada pluma, genera los llamados "dedos". En muchas especies similares existen diferencias consistentes en su disposición (por ejemplo, milano negro vs. milano real; aguilucho pálido vs. aguilucho cenizo). Para juzgar correctamente el número de dedos, todas las primarias externas deben estar presentes (y no en muda activa), y el ala razonablemente abierta. Generalmente son necesarias fotografías.

DEDOS

El gavilán común tiene, como muestra la fotografía inferior, 6 dedos; el más interno corresponde a p6. Las rapaces de alas anchas tienen más dedos que las de alas estrechas (halcones). La letra p se refiere a "primaria"; la s se refiere a "secundaria". La escotadura de la hemibandera interna de las primarias forma el dedo.

▼ **Gavilán común, adulto ♀**

la escotadura en la hemibandera interna forma el dedo

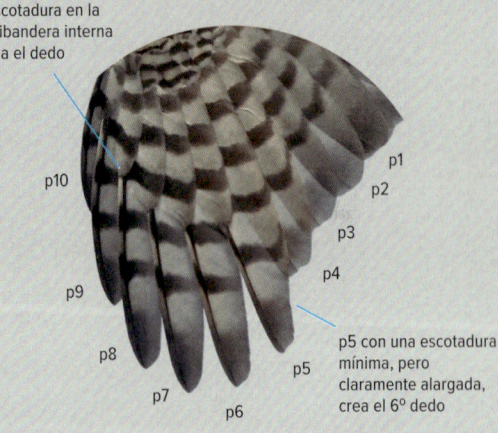

p10

p9

p8

p7

p1

p2

p3

p4

p5

p6

p5 con una escotadura mínima, pero claramente alargada, crea el 6º dedo

JUVENILES

Durante el 1er año, e independientemente de la especie, las rapaces tienen el plumaje más nuevo, lo cual crea un patrón en las plumas y un borde posterior del ala más regular. En las especies más grandes, este plumaje se mantiene hasta la primavera del 2º año pero, a partir del invierno, el desgaste puede hacer desaparecer las puntas pálidas de las plumas. Cuando un individuo empieza a mudar, esta apariencia uniforme se pierde, y solo se recupera (hasta cierto punto) cuando alcanza la edad adulta; aun así, se pueden apreciar unas ciertas irregularidades en las coberteras y las plumas de vuelo. En otoño, muchos juveniles de especies grandes tienen un margen pálido bien definido en las rémiges y las rectrices. La fotografía de la izquierda muestra un juvenil de águila pomerana con el plumaje muy nuevo.

tarso plumado en las águilas del género *Aquila*

patrón de las plumas de vuelo específico de cada especie de rapaz

▲ **Águila pomerana, juvenil**

MUDA

Comprender el proceso de la muda es esencial para datar rapaces, y también puede ser importante para identificarlas. Las distintas familias siguen estrategias de muda diferenciadas.

p10
p9
p8
(p6–7 caídas)
p5
p4

2ª generación de secundarias (s1 y s5 nuevas)

secundarias juveniles (gastadas)

el primer frente de muda ha avanzado hasta aquí (p7–8 caídas)

s1
s5

dirección de la muda de secundarias

dirección de la muda de primarias

▲ Águila esteparia, 3ᵉʳ año (julio)

GRANDES RAPACES

En la mayoría de especies grandes (águilas y buitres), la muda activa se produce solamente durante la mitad cálida del año, y no todas las plumas son reemplazadas en cada ciclo. Los subadultos reemplazan un número mayor de plumas de vuelo que los más jóvenes porque tienen múltiples frentes de muda activos. A partir del 2º año, un águila o un buitre joven empieza a mudar por las primarias internas. Durante el otoño, la muda se suspende, y se reemprende a la siguiente primavera en el punto donde quedó. Este proceso continúa hasta el 4º o 5º año (distintas especies mudan un número distinto de primarias al año), cuando la última primaria (externa) es sustituida. En el 3ᵉʳ año, aparece un nuevo frente en p1, momento a partir del cual hay dos frentes de muda activos. Las águilas más

pequeñas requieren 1 año menos para alcanzar este punto, porque mudan casi todas las primarias durante el 2º año. De forma parecida, los busardos mudan su última primaria juvenil en la primavera del 3ᵉʳ año. En cambio, los aguiluchos y milanos terminan su muda postjuvenil (todas las primarias) en el otoño del 2º año.

En grandes águilas, el patrón de las secundarias de 2ª generación es muy parecido al de las juveniles: en el águila esteparia de la fotografía, las plumas mudadas mantienen la punta pálida (las puntas de las plumas juveniles se han gastado). Las secundarias de 3ª generación cambian a un patrón ya parecido al del adulto. A partir de la 4ª generación y más adelante, estas muestran el patrón adulto, y ya no se producen cambios en el patrón de las plumas.

En águilas y buitres jóvenes, las secundarias se mudan siguiendo 3 frentes, empezando por la más externa (s1), y siguiendo por una central (casi siempre s5), hacia dentro; más tarde, desde la más interna, hacia fuera.

En este caso, la primaria escotada más interna es p4; por lo tanto, el águila esteparia tiene 7 dedos aunque aquí no se pueden apreciar, a causa de las dos primarias ausentes, que ya han caído. Esto podría llevar a confusión si las plumas que faltan son las más externas o internas de la "mano" (conjunto de primarias escotadas). Además de la apariencia desordenada producida por la muda, las rapaces también pueden presentar plumas dañadas o rotas por otras razones.

p4–5 nuevas

dirección de la muda

▲ Esmerejón, adulto ♂ (junio)

HALCONES

Las especies más pequeñas (como los halcones) realizan una muda completa postnupcial, una vez finalizada la cría, con la excepción de los migradores de larga distancia, que mudan principalmente en los cuarteles de invierno (por ejemplo, cernícalo primilla y alcotán europeo). Los halcones de 1ᵉʳ año realizan una muda parcial en otoño (los que realizan migraciones largas, apenas mudan), y una muda completa en la segunda mitad del 2º año. La estrategia de muda de los halcones difiere del resto de rapaces. Las primarias se mudan en 2 direcciones, a partir del centro y empezando por p4 o p5; durante este proceso (conocido como "muda centrífuga"), se pueden ver primarias sin mudar, externas e internas. Tanto adultos como aves de 2º año (que mudan las primarias por primera vez) siguen esta estrategia. En este ejemplo, p4–5 han sido recientemente renovadas; a cada lado de estas falta una pluma (p3 y p6), que ya ha caído. Las dos más internas (p1–2), así como las 4 más externas (p7–10), son viejas.

Quebrantahuesos *Gypaetus barbatus*

L 115 cm, E 255 cm | Todo el año, montañas de S Europa

▶ **Adulto (noviembre)**
Inconfundible, debido a su enorme tamaño, largas alas oscuras, larga cola en forma de cuña, y partes inferiores blancuzcas, con tinte herrumbroso de variable extensión. Los adultos tienen las primarias y secundarias grises (por debajo) con la punta oscura, que forma un borde posterior oscuro en el ala. Este es visible en condiciones de luz fuerte (como en la fotografía); sin embargo, con luz más tenue, el ala puede parecer uniformemente oscura.

negruzco, contrasta con el cuerpo más claro, típico hasta c. el 4º año (cf. alimoche común inm.)

▶ **Juvenil (noviembre)**
A causa de la coloración general y de unas alas más anchas que en los adultos, los juveniles pueden parecer, a lo lejos, grandes águilas. La cola también es algo más corta que la de los adultos pero, aún así, bastante larga y ancha, y demasiado redondeada para cualquier águila europea.

▶ **Juvenil (octubre)**

moteado pálido en el manto de extensión variable hasta c. el 4º año

todas las plumas de vuelo de la misma generación (juv.): similares en forma y desgaste

▼ **2º año cal. (noviembre)**
La cabeza negra que contrasta con el cuerpo es propia del juvenil, pero la muda de primarias y rectrices ya ha empezado; generalmente incluye las 4 primarias internas y algunas plumas de la cola, claramente más oscuras que las juveniles. Este individuo ha mudado 5 primarias en el ala izquierda (p5 aún en crecimiento).

primeras primarias mudadas

muda de primarias alcanza p7

las infracoberteras grandes de color gris crean un panel claro en todos los plumajes inm. hasta el 5º año cal.

fuerte contraste en todos los plumajes inm. hasta el 4º año cal.

secundarias juveniles claramente más largas que las de segunda generación

▶ **3ᵉʳ año cal. (noviembre)**
La impresión general es todavía de juvenil, pero la cara está empezando a aclararse. El estadio de la muda de plumas de vuelo es típico para esta edad. Compárese también la longitud de las secundarias juveniles con las nuevas, que resulta en unas alas bastante más anchas entre el 1ᵉʳ y el 3ᵉʳ año cal. Contrariamente, las rectrices juveniles son más cortas que las de tipo adulto. Esto influye en la silueta, que va cambiando progresivamente hasta alcanzar la edad adulta.

▶ 4º año cal. (noviembre)
El estadio en que se encuentra la muda de plumas de vuelo es importante para determinar la edad. Este ejemplar solamente conserva p10 y unas pocas secundarias juveniles, mientras que la muda de primarias ha empezado un segundo frente en las más internas, un hecho diagnóstico de esta edad.

p10, última primaria juv.

nuevo frente de muda; las primarias internas son renovadas por segunda vez y ya adquieren patrón adulto (gris con la punta más oscura)

última secundaria juv. (visible)

▶ Subadulto (noviembre)
Este ejemplar, probablemente en su 5º o 6º año cal., ha renovado todas las plumas juveniles, y las axilares de tipo adulto (blancas, con márgenes negros) ya han aparecido. En las partes inferiores y en el cuello aún se aprecian algunas plumas oscuras, y ciertas secundarias son uniformemente oscuras (probablemente de 2ª generación), mezcladas con las de tipo adulto, grises con la punta negruzca.

▼ Juvenil (septiembre)

cabeza negra y manchas blancas (variables) en el manto, diagnósticas de todos los plumajes juv.–inm.

▼ Inmaduro, probable 4º año cal. (noviembre)
El plumaje de tipo juvenil es retenido durante mucho tiempo, pero la cabeza empieza a mostrar zonas más pálidas a partir del 3er año cal.

plumaje nuevo y uniforme, sin contraste de muda (cf. ejemplares de edad más avanzada)

▶ Adulto (noviembre)
Único e inconfundible.

Alimoche común *Neophron percnopterus*

L 60 cm, E 162 cm | Todo el año, S Europa

▼ **Adulto (mayo)**
Inconfundible, a causa de las plumas de vuelo negras y las infracoberteras blancas (que generan un patrón parecido a la cigüeña blanca), así como la cola larga en forma de cuña. La parte superior del ala tiene la misma coloración, aunque un poco menos contrastada porque las secundarias tienen tonos plateados, y las escapulares y coberteras presentan un variable tinte amarillo, como el cuello y el vientre. La cara y la cera son típicamente amarillas, y el pico largo y fino.

▼ **Juvenil (octubre)**
A lo lejos, cuando el tamaño es difícil de juzgar, podría confundirse con un inmaduro de quebrantahuesos o alguna otra rapaz de grandes dimensiones. Las diferencias con el quebrantahuesos se indican en la fotografía. La cola en forma de cuña junto con la cabeza pálida forman una combinación diagnóstica. Este ejemplar es completamente oscuro, pero algunos juveniles ya pueden mostrar coberteras más pálidas. Durante el 1er año cal. no muda plumas de vuelo ni coberteras; el plumaje uniforme facilita mucho el datado.

oscuro uniforme
(cf. quebrantahuesos inm.)

pálido

▼ **2º año cal. (noviembre)**
Los ejemplares de esta edad –y más adelante– tienen el plumaje más variable. Las diferencias se encuentran, sobre todo, en la aparición de plumas pálidas en el cuerpo y las coberteras. Este individuo es bastante típico de esta edad para las poblaciones europeas y de Oriente Medio, pero las aves de la península Ibérica pueden resultar especialmente oscuras y, por lo tanto, resultar parecidas a los juveniles, si la muda de plumas de vuelo no se puede apreciar. La muda de rémiges empieza durante la primavera del 2º año cal., y continúa hasta el otoño; se reemprende a la primavera siguiente. El estadio de la muda de este ejemplar, junto con la cabeza sin plumas y de coloración neutra, encajan con un 2º año cal. El borde posterior del ala es muy recto; a diferencia de otras grandes rapaces, la longitud de las plumas juveniles y las de generaciones posteriores es muy similar.

▼ **3er año cal. (mayo)**
Las aves de 2º y 3er año cal. de la península Ibérica pueden ser particularmente oscuras en las infracoberteras alares y partes inferiores (ejemplar fotografiado en España). Determinar el punto en que se encuentra la muda es clave para el datado; este individuo es un 3er año cal. típico en primavera.

aún oscuro

mezcla de plumas
juv. y nuevas

aún de coloración
apagada

la muda alcanza p7
(p8–10 aún juv.)

todavía oscuro,
a pesar de la edad

a partir de esta edad,
se va volviendo más
amarillo

el primer frente de
muda alcanza las
primarias externas,
indicando 3er año cal.

▼ 3er año cal. (noviembre)
La gran variabilidad en la coloración de infracoberteras alares y plumas ventrales en las aves de 3er año cal. se puede apreciar en esta fotografía y la que corresponde al mes de mayo. Este ejemplar, que muestra un elevado grado de contraste y un plumaje muy parcheado, ejemplifica esta clase de edad. Algunas aves de 2º año cal., especialmente de Oriente Medio, pueden ser similares, incluso más blancas, mientras que las aves de 3er año cal. de la península Ibérica pueden ser considerablemente más oscuras. El estadio de la muda es clave para el datado.

▼ Subadulto, probable 4º o 5º año cal. (octubre)
Como el adulto, pero algunas infracoberteras oscuras y las rectrices grisáceas son indicativas de esta edad.

amarillento

primarias externas nuevas (cf. 2º año cal.)

nuevo frente de muda iniciado en las primarias internas

▼ Adulto (octubre)
Inconfundible por su cabeza típica, entre otras características. La apariencia "sucia" de las plumas blancas se adquiere por contacto con tierra, barro, etc. Los adultos mantienen las coberteras grandes internas oscuras.

▼ Juvenil (octubre)
Mientras el plumaje juvenil se mantiene, las plumas pálidas crean líneas más o menos regulares. Esto también es visible y característico en vuelo. A partir de la primavera siguiente, esta regularidad desaparece a causa de la muda.

manto y escapulares pálidos

franjas claras y oscuras, típicas

▶ Inmaduro (octubre)
Los ejemplares de 2º y 3er año cal. pueden parecer casi idénticos en esta postura, con un gran número de secundarias ya mudadas, de color gris plateado. La nuca y el cuello aún muy oscuros y la cara con poca cantidad de amarillo probablemente encajan mejor con un 2º año cal.

aspecto desigual; el patrón regular del juv. ya se ha perdido

Buitre leonado *Gyps fulvus*

L 102 cm, E 248 cm | Todo el año, S Europa

▶ **Adulto (diciembre)**
Buitre de grandes dimensiones, pardo grisáceo, con plumas de vuelo oscuras y cola corta. Los adultos pueden ser muy pálidos y de tonalidades grisáceas frías por encima. Además del pico pálido, el adulto también puede tener el iris y el collar claros. No todas las plumas de vuelo y coberteras grandes son reemplazadas anualmente, hecho que se puede apreciar aquí por la presencia de diferentes tonalidades de negro, gris y pardo oscuro, producidas, respectivamente, por plumas más nuevas y más viejas.

fuerte contraste en todos los plumajes

pálido en el adulto

▲
Frecuentemente mantiene las alas un poco elevadas, a diferencia del buitre negro; cuando planea, mantiene el brazo hacia abajo, mientras que la mano se curva hacia arriba.

todas las primarias negruzcas y no muy gastadas, de tipo adulto

plumas de tipo adulto más grisáceas

corta en todos los plumajes

pico, iris y collar pálidos (cf. inm.)

◀ **Adulto (julio)**
El panel blancuzco en las infracoberteras alares es variable en todos los plumajes, aquí excepcionalmente visible por la ausencia de coberteras medianas pardas, caídas por encontrarse en muda.

todos los buitres del género *Gyps* tienen dedos muy largos

frecuentemente borde posterior del brazo curvado hacia fuera (cf. buitre negro)

pardo en todos los plumajes

patrón de secundarias típico de adulto (grisáceas con efecto de "persiana veneciana"), con borde posterior oscuro difuso

muda activa (p4 caída)

franja patagial pálida en todos los plumajes

todas las secundarias aún juv. (puntiagudas y con desgaste uniforme)

3 primarias internas mudadas

▲ **Juvenil (septiembre)**
Durante el 1er año cal., el juvenil es fácil de datar como tal por la apariencia muy uniforme de todas las plumas, y por unas plumas de vuelo negruzcas. El pico y el iris son oscuros, y el collar no destaca, por ser del mismo color que el resto de plumas del cuerpo. Las plumas corporales tienen, generalmente, tonalidades pardas más cálidas (a veces un poco amarillentas) que en ejemplares de edad más avanzada.

▲ **2º año cal. (diciembre)**
Apariencia aún juvenil, pero la muda ya ha empezado durante el verano, limitada generalmente a las 3–4 primarias internas. El collar, el iris y el pico todavía son oscuros. Algunas primarias rotas o dañadas son normales a causa, por ejemplo, de las disputas por la carroña.

▼ **3er año cal. (mayo)**
La muda de plumas de vuelo avanza lentamente, como en la mayoría de rapaces. Muchas aves de 3er año cal. conservan un collar pardo relativamente oscuro. El estadio de muda es típico de esta edad.

▼ **Tipo 4º año cal. (julio)**
Este ejemplar tiene un plumaje casi adulto, pero aún muestra algunos rasgos de inmadurez. Las coberteras grandes de tipo adulto son redondeadas, con un margen claro y ancho que forma una franja alar. La muda de primarias (solamente p10 se mantiene juvenil, y un segundo frente avanza desde las internas) es un indicativo claro de 4º año cal.

collar aún un poco parduzco

empieza a clarear

secundarias mayoritariamente juv.; a medida que avanza el verano, mezcla de plumas juv. y de 2ª generación

la muda de primarias ha avanzado hasta p6

p10 es la última primaria juv. (muy gastada)

p9 en crecimiento

ya bastante pálido

todas las coberteras grandes de tipo adulto

coberteras con plumas más claras y oscuras distribuidas irregularmente, en todos los plumajes excepto juv.

nuevo frente de muda

▼ **Adulto (diciembre)**
Resulta fácil de identificar también cuando está en reposo: buitre de coloración parda relativamente pálida, con cabeza y cuello blancos (después de alimentarse pueden verse manchados). Supracoberteras alares del adulto con una apariencia pardo grisácea relativamente uniforme.

pico e iris pálidos

collar mullido blanco

coberteras grandes de tipo adulto (redondeadas, con punta pálida y centro oscuro; cf. coberteras grandes juv.)

▼ **Tipo 2º año cal. (mayo)**
Aún en plumaje casi juvenil. Algunas coberteras grandes nuevas, de patrón adulto, aparecen más tarde, a medida que avanza el verano.

oscuro

collar pardo

coberteras grandes juv. (puntiagudas, sin margen pálido; diferencia no muy evidente, cf. tipo adulto)

Buitre moteado *Gyps rueppelli*

L 90 cm, E 230 cm | Divagante de África

▼ **Adulto (febrero)**

En plumaje (sub)adulto es el único buitre con un moteado pálido en las partes inferiores (también superiores y coberteras). El proceso de datado sigue los mismos principios que para el buitre leonado, en lo que respecta a la muda de plumas de vuelo y la coloración del collar, del iris y del pico. Este ejemplar pertenece a la subespecie nominal *rueppelli*, la única confirmada en Europa. En Oriente Medio se conocen citas de la subespecie *erlangeri*, propia del E de África, que es más pálida y, por lo tanto, más parecida al buitre leonado. Aquí, todas las imágenes pertenecen a *rueppelli*.

▶ **Tipo 2º año cal. (septiembre)**

La coloración muy oscura, la estructura parecida a la del buitre leonado, los bordes pálidos en las infracoberteras caudales externas, así como la franja patagial muy marcada, son características de todos los plumajes. Los juveniles y los ejemplares en plumaje fundamentalmente juvenil aún no presentan moteado blancuzco en las partes inferiores, pero aun así son identificables. El individuo de la fotografía está básicamente en plumaje juvenil, pero la muda de primarias ha empezado. El datado por año calendario es más difícil en especies africanas que en especies europeas, puesto que la época de cría en África no necesariamente coincide con la primavera/verano de Europa. Considerando el desgaste de las plumas de vuelo juveniles y el estado de la muda de primarias, este ejemplar tiene, por lo menos, un año; en este sentido, es comparable con un buitre leonado de 2º año cal.

puntas pálidas muy visibles en las infracoberteras caudales, en todos los plumajes

todas las secundarias juv.

primarias internas mudando

franja patagial pálida muy evidente, puesto que contrasta con la coloración general oscura en todos los plumajes

plumas del cuerpo listadas (cf. ejemplares adultos)

▶ **Tipo 2º año cal. (septiembre)**

Las puntas pálidas de las coberteras se van volviendo gradualmente más grandes y más blancas con la edad. El datado se basa en el color del pico, iris y collar, así como en el proceso de muda, similar al que realiza el buitre leonado.

primarias internas mudadas, resto juv.

coloración oscura; puntas de las plumas pálidas, pero aún no blancas como en el (sub)adulto (cf. buitre leonado)

aún oscuro, típico de ejemplares jóvenes (como en el buitre leonado)

▶ Adulto (febrero)
En este plumaje la identificación es sencilla gracias al moteado extenso producido por los márgenes claros de las coberteras, así como de las plumas del cuerpo. El pico pálido (frecuentemente un poco rosado), así como el iris y el collar blancuzco indican que se trata de un ejemplar maduro.

▼ Juvenil (septiembre)
El plumaje uniforme y nuevo, sin signos de muda, es típico de un juvenil.

▼ Inmaduro, probablemente 2º año (septiembre)
Generalmente, es más oscuro y parcheado que todos los plumajes de buitre leonado. El pico y el iris oscuro, el collar pardo y las puntas blancas de las coberteras y de las partes inferiores aún no desarrolladas, indican que se trata de un ejemplar joven, de 1–2 años. El plumaje ya no es tan nuevo y las coberteras mudadas (incluyendo probablemente todas las coberteras grandes) encajan con un ave de 2º año.

patrón fuertemente marcado sobre un fondo oscuro (cf. buitre leonado)

◀ Probablemente 2º año, junto a un buitre leonado adulto (septiembre)
Citado regularmente en el sur de la península Ibérica, frecuentemente en compañía de buitres leonados. El color de fondo más oscuro y la falta de contraste entre las coberteras y las plumas de vuelo es típico. Nótese también el tamaño más pequeño en comparación con el buitre leonado.

Buitre negro *Aegypius monachus*

L 105 cm, E 270 cm | Todo el año, S Europa

▶ **Tipo adulto (diciembre)**

Generalmente, en vuelo es fácil de identificar en todos los plumajes, por su coloración casi negra, su enorme tamaño, cuello a menudo muy recogido y los dedos muy largos. En condiciones de luz adecuadas, el contraste entre las infracoberteras alares casi negras y las plumas de vuelo un poco más claras resulta patente. Este contraste disminuye un poco con la edad (es más evidente en los juveniles y un poco menos en los adultos, como el ejemplar de la fotografía). Todas las plumas de vuelo son adultas: las diferentes tonalidades presentes, especialmente en las secundarias, son el resultado de múltiples frentes de muda simultáneos, típicos de los adultos. La confusión con otras especies solo se puede dar a mucha distancia, cuando algunas águilas oscuras pueden parecer similares pero, en estas, la cabeza sobresale más, y no muestran un vuelo tan majestuoso y lento como el buitre negro.

garganta y máscara oscura retenida en ejemplares maduros

listado pálido y extenso, típico de la edad adulta

mano muy ancha y "cuadrada", con dedos muy largos

▲ **Adulto (mayo)**

Cuando remonta y planea mantiene las alas planas o con la mano colgando ligeramente. El borde posterior del brazo es bastante recto (compárese con el buitre leonado). Las aves de más edad pueden ser un poco más claras o pardas en las partes superiores y en las supracoberteras alares, pero no alcanzan el contraste que presenta el buitre leonado. Nótese también el carácter uniforme de las partes superiores, de las supracoberteras alares, así como la máscara negra.

▼ **Juvenil (diciembre)**

En plumaje juvenil, nuevo, las plumas de vuelo son negruzcas y contrastan ligeramente con las coberteras más pardas. Con el paso del tiempo y el desgaste, las plumas de vuelo se van volviendo más parduzcas; este contraste se va perdiendo a lo largo del 2º año.

oscuro, típico de juv.

visiblemente pálido

todas las plumas del ala juv.; uniformes en estructura y en desgaste

secundarias juv. muy puntiagudas, pero también las siguientes generaciones de secundarias son relativamente puntiagudas

cabeza como juv., incluyendo píleo completamente negro y pico oscuro

◀ **2º año cal. (junio)**

Todavía en plumaje prácticamente juvenil, pero la muda de primarias se ha iniciado en las más internas; las puntas de las plumas de vuelo muestran ya mucho desgaste. Durante el segundo año, solamente las 3 primarias más internas se mudan.

muda de primarias iniciada

la muda de primarias ha avanzado hasta p7

p10 aún juv.

▶ **4º o 5º año cal. (diciembre)**
Aparte de los aspectos referentes a las plumas del ala, estas edades ya son muy similares al adulto, con el píleo pálido y un listado fino en las partes inferiores, este aún bastante limitado al pecho.

secundarias mudadas, nuevas, con la punta redondeada

patas pálidas, patentes en todos los plumajes

últimas secundarias juv. muy gastadas

▶ **3ᵉʳ año cal. (octubre)**
El proceso de muda de rémiges es clave para el datado. En otoño, la muda se suspende; aquí, p7 se encuentra aún en crecimiento, pero la muda de plumas de vuelo (p8) ya no se reanudará, probablemente, hasta el verano siguiente. En el 3ᵉʳ año cal., la muda comprende, generalmente, p4–7; por lo tanto, este ejemplar encaja con esta edad, al final del periodo de muda.

▶ **Tipo adulto (abril)**
Los ejemplares maduros solamente mantienen una máscara pequeña y la garganta oscura, que genera un patrón facial diagnóstico. El collar y el pico se van volviendo más pálidos (este individuo es, probablemente, un subadulto o un adulto joven). Los adultos tienen, después de los juveniles, el plumaje más uniforme, porque todas las plumas ya han sido sustituidas por lo menos una vez en los 2 años anteriores; unas plumas que, además, son de más buena calidad que las de los inmaduros (y por lo tanto, menos susceptibles al desgaste).

▼ **Juvenil (diciembre)**
Un juvenil de aproximadamente 6 meses. La frente es completamente negra y el plumaje muy uniforme, sin límites de muda. La base del pico puede ser azulada o rosada.

◀ **Inmaduro, 2º o 3ᵉʳ año cal. (diciembre)**
Como el juvenil, pero la frente y el píleo empiezan a palidecer, y ya se aprecian algunas secundarias, coberteras y terciarias nuevas (más oscuras), que generan límites de muda e indican una edad más avanzada (compárese con el juvenil).

secundarias nuevas (más negras y brillantes que las juv.)

Milano negro *Milvus migrans*

L 53 cm, E 143 cm | Verano, S, C y E Europa

▼ **Adulto (abril)**
En malas condiciones de observación, se confunde a menudo con otras rapaces, y viceversa (véase especialmente, aguilucho lagunero occidental ♀ e inmaduro de águila calzada de morfo oscuro).

▼ **Adulto (mayo)**
Las partes inferiores y las infracoberteras alares de los adultos son ligeramente rojizas o anaranjadas; los casos extremos se aproximan a las tonalidades del milano real. Como en esta especie, las patas son cortas.

panel diagonal claro en el brazo; aunque difuso, visible a larga distancia (cf. aguilucho lagunero occidental)

cola ligeramente horquillada, pero la forma cambia considerablemente con el desgaste, la muda y la postura

cabeza gris claro e iris muy pálido

alas anchas con la p5 alargada, creando un 6º dedo (cf. milano real)

cola completamente barrada (a veces de forma muy patente) (cf. milano real)

cabeza completamente listada (cf. milano real)

sin horquilla caudal cuando la cola está abierta

borde entre la cabeza gris y el pecho pardo (cf. milano real)

patas cortas; la base de los dedos coincide con el borde posterior del ala, o incluso más adelante

no muy pálido (cf. milano real)

▼ **Juvenil (octubre)**
El color de las partes desnudas (patas, cera y pico) ya es de adulto, pero el iris aún es oscuro. La cola parece un poco redondeada aquí, pero mantiene las esquinas angulosas.

variablemente pálido, en promedio, más pálido que en el adulto

puntas blancuzcas (cf. adulto)

más pálido que en el adulto

listado pálido variable (cf. adulto)

máscara oscura típica de inm.

p8 nueva, en crecimiento

p9–10 juv., gastadas

▶ **2º año cal. (octubre)**
El límite de muda resulta obvio en las primarias, con p7–8 mudadas, y es típico de esta edad en otoño (la muda se inicia generalmente en abril, a veces antes). Los adultos mudan solamente unas cuantas primarias internas en verano, pero el límite de muda resulta poco visible, puesto que las plumas de la generación anterior no son muy diferentes. La cabeza es aún parduzca, el iris relativamente oscuro y la máscara bien patente.

listado de cabeza y cuerpo intermedio entre juv. y adulto

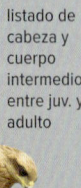

▶ **Juvenil (octubre)**
El plumaje nuevo y uniforme, así como las puntas pálidas de las coberteras (que crean franjas alares), son típicos de los juveniles en otoño. La cabeza puede ser muy pálida cuando el listado es denso (y a partir de primavera, a causa del desgaste), lo cual hace que la máscara destaque aún más.

▼ Tipo adulto (marzo)
La cabeza gris y el iris pálido aparecen a partir del 3er o 4º año cal. En los adultos, la máscara es poco más que un efecto de la sombra alrededor del ojo.

máscara poco evidente en ad.

relativamente grueso para una rapaz mediana

gris restringido a la cabeza (cf. milano real)

la punta del ala y de la cola más o menos en línea (cf. milano real)

más pálido, pero bastante liso (cf. milano real)

▼ Juvenil (octubre)
A lo lejos, es posible confundirlo con un aguilucho lagunero occidental, pero véanse las diferencias indicadas. Los juveniles difieren claramente de los (sub)adultos por las puntas blancuzcas (variables) de prácticamente todas las plumas, la cabeza parduzca en vez de grisácea, y el iris oscuro (aquí aparece más claro por efecto de la luz). Algunos, generalmente recién salidos del nido, aún tienen las patas y la cera grises.

pálido (cf. aguilucho lagunero occidental)

cortas (cf. aguilucho lagunero occidental)

▼ Intermedio entre milano negro y milano negro oriental, 2º año cal. (mayo)
Los inmaduros de la subespecie oriental y los ejemplares procedentes de zonas de intergradación son muy similares a los de la subespecie nominal. Este individuo, fotografiado en Kazakstán, muestra caracteres intermedios, pero casi todos ellos quedan dentro del rango de variabilidad de nominales inmaduros.

"ventana" extensa y blanca (como *lineatus*)

p5 larga y puntiaguda (como *lineatus*)

barrado relativamente estrecho sobre un fondo blancuzco (parecido a *lineatus*)

infracoberteras caudales oscuras (como *migrans*)

dedos largos (como *lineatus*)

▼ Milano negro oriental *lineatus*, adulto (febrero)
Este ejemplar muestra todos los rasgos típicos de la población pura de Asia oriental. Nótese también la apariencia de inmaduro en el adulto de *lineatus*. Un individuo tan clásico es poco probable como divagante en Europa, pero otros con caracteres intermedios sí han sido citados en el oeste del continente.

cabeza parduzca; máscara patente e iris oscuro

blanco puro

listado pálido

pálido

patas grisáceas y pálidas

claramente barrado

p5 larga crea una mano ancha

▶ Intermedio entre milano negro y milano negro oriental, tipo adulto (mayo)
Este ejemplar, fotografiado en Kazakstán, muestra una mezcla de rasgos propios de los dos taxones, lo cual es frecuente en Asia Central. La identificación fuera de la distribución regular resulta más difícil a causa de la gran variabilidad que presenta el inmaduro de la subespecie nominal. El datado correcto es importante en la identificación de un potencial *lineatus* o ejemplar intermedio en Europa, porque el adulto de la subespecie oriental retiene el iris oscuro, la máscara y unas infracoberteras caudales pálidas. Las patas y la cera no son de un amarillo brillante y, por lo tanto, se asemejan más a los inmaduros de *migrans*. Además, los adultos también tienen una cabeza relativamente oscura y un listado pálido en las partes inferiores, una vez más, una característica asociada a los inmaduros. Existen unas cuantas citas de probables ejemplares intermedios en Europa.

p5 larga

barrado relativamente patente

amarillo apagado

un poco más pálido que el pecho y el vientre

máscara relativamente patente e iris oscuro

blanco más o menos puro

listado pálido con solo unas mínimas y finas líneas centrales oscuras

Milano real *Milvus milvus*

L 65 cm, E 152 cm | Todo el año, SO Europa; verano, C Europa

▼ Adulto (mayo)
Cuando se ve bien, resulta fácil de identificar por su estructura única y su coloración.

▼ Adulto (abril)
El barrado de la cola, con una banda subterminal casi completa, sugiere adulto joven. La mayoría de los adultos (¿más maduros?) solo conserva barrado en las rectrices externas.

p5 corta y redondeada (cf. milano negro)

"ventana" ancha y blanca, poco barrada (cf. milano negro)

pardo rojizo, contrasta con la parte inferior de la cola (cf. inm.)

(casi) sin barrado en el adulto (cf. milano negro)

listado negro (listado pálido en inm.)

la franja se desvanece en las rectrices centrales (cf. inm.)

horquilla variable, generalmente más profunda que la de milano negro, con las esquinas alargadas

contraste evidente (cf. milano negro)

panel diagonal en las coberteras con apariencia parcheada a lo lejos a causa de los centros oscuros de las plumas (cf. milano negro)

▼ Juvenil (septiembre)
Este ejemplar muestra la silueta típica: alas largas, un poco dobladas hacia atrás a la altura del codo, con una mano larga y una horquilla caudal muy marcada. Las "ventanas" alares, anchas y blancuzcas destacan en todos los plumajes y son más pálidas que en los milanos negros más extremos.

puntas pálidas (cf. adulto)

▶ Juvenil/1er invierno (febrero)

listado claro típico de juv. hasta verano de 2° año

más pálido y menos rojizo que en adulto

las puntas claras de las coberteras grandes y coberteras primarias crean una banda alar (cf. adulto)

más pardo que rojizo (cf. adulto)

► Adulto (mayo)
En visión frontal, se aprecia el brazo elevado y la mano hacia abajo, como en el milano negro.

▼ 2º año cal. (mayo)
Aún en plumaje mayoritariamente juvenil, con plumas de vuelo bastante gastadas (excepto las secundarias que, por su posición, son menos susceptibles al desgaste). El contraste señalado en las infracoberteras alares está presente, a veces, en el milano negro, pero raramente es tan patente.

■ Milano negro, 2º año cal. (abril)
Los milanos negros más coloridos podrían confundirse con un milano real, especialmente si la cola aparece bastante horquillada (aquí, por estar muy cerrada). Véanse las características destacadas para diferenciarlo del milano real.

poco contraste

máscara oscura

la muda de primarias internas se ha iniciado, a menudo formando una muesca en el ala (por la caída de plumas) en las aves de 2º año cal. en primavera

contraste entre las infracoberteras pequeñas rojizas y las infracoberteras grandes negruzcas, típico en todos los plumajes (cf. milano negro)

barrado relativamente ancho

p5 larga

rectrices juv. con una franja oscura, fina pero completa (cf. adulto)

cuerpo con listado pálido (cf. adulto)

en juv. e inm. de 2º año cal., poco contraste entre las infracoberteras caudales y la parte inferior de la cola (cf. adulto)

▼ Juvenil/1er invierno (febrero)
Los juveniles y los ejemplares de 1er invierno son más pálidos y menos rojizos que los adultos hasta bien entrada la primavera. Nótense también otras características destacadas, típicas de un 1er invierno/2º año cal.

▼ Adulto (diciembre)
Los adultos son la única rapaz de tamaño mediano, predominantemente rojiza, en Europa. Este hecho, junto a otros rasgos destacados, facilita la identificación.

un poco más gastadas y pálidas que en adulto

pálido; máscara oscura ausente en todos los plumajes (cf. milano negro)

negro (cf. adulto)

coberteras grandes con puntas blancas (cf. adulto)

pardo rojizo relativamente pálido, con listado blancuzco prominente (cf. adulto)

plumaje nuevo y uniforme (cf. juv.)

coberteras grandes con fino margen parduzco (cf. juv.)

rojizo oscuro con listas negras

Aguiluchos • Introducción

IDENTIFICACIÓN DE AGUILUCHOS

La dificultad que presenta la identificación de aguiluchos es bien conocida; esta es causada por la gran variabilidad de los plumajes y, a veces, por las diferencias muy sutiles entre las distintas especies/plumajes. En esta sección se recogen y se comparan las características más importantes (patrón cefálico y patrón de la parte inferior del ala) de los plumajes que se confunden más frecuentemente, pero véase también la ficha de cada especie para obtener información más detallada. En la identificación de aguiluchos, a veces se usa la expresión *ringtail* (cola anillada) para referirse a los ejemplares tipo ♀ (aplicado a las ♀♀ adultas, a los juveniles e inmaduros ♀♀ y a los ♂♂ hasta su 2º año.

▼ **Aguilucho pálido, adulto ♀ (enero)**
La fórmula alar, especialmente la longitud de p6, es la primera característica que hay que tener en cuenta.

▼ **Aguilucho cenizo, adulto ♀ (mayo)**
La p6 corta y el patrón de las infracoberteras alares y axilares generan la apariencia típica.

▼ **Aguilucho papialbo, adulto ♀ (marzo)**
El patrón de la parte inferior del ala es diagnóstico, basado en los rasgos señalados.

puntas oscuras con borde nítido y recto (cf. aguilucho cenizo)

p6 larga, forma un dedo

color de fondo casi blanco; contraste fuerte con el barrado

patrón uniforme

franjas bien desarrolladas también en las secundarias

color de fondo gris pálido en los dedos (cf. aguilucho pálido)

p6 relativamente corta (aproximadamente a mitad de camino entre p5 y p7) y redondeada (no forma un dedo evidente)

barrado regular, barras de anchura bastante uniforme

barrado hasta la base (sin "bumerán" pálido)

axilares muy marcadas

color de fondo gris pálido en los dedos (cf. aguilucho pálido)

p6 relativamente corta (aproximadamente entre p5 y p7) y redondeada (no forma un dedo evidente)

barrado concentrado en la parte central

ausencia de borde posterior

oscuro casi por completo, también en adultos

margen anterior pálido; cada banda de plumas progresivamente más oscura hacia atrás

▼ **Aguilucho pálido, juvenil (enero)**
La p6 larga y puntiaguda descarta al aguilucho cenizo y al papialbo.

▼ **Aguilucho cenizo, juvenil (febrero)**
La cantidad de barrado en las primarias es variable, pero de anchura uniforme. Los dedos oscuros y el borde posterior a menudo crean un marco oscuro característico alrededor de la mano clara.

▼ **Aguilucho papialbo, juvenil ♂ (septiembre)**
El patrón de la parte inferior del ala a menudo difiere entre sexos (véase la ficha de la especie), pero las características señaladas se presentan en casi todos los individuos, y una combinación de ellos es diagnóstica.

puntas oscuras con borde a menudo más difuso que en la ♀ adulta

p6

básicamente oscuro

listado

dedos generalmente oscuros, sin barrado

primarias externas a menudo lisas (rasgo diagnóstico en combinación con los dedos oscuros), pero muy variable

barrado de anchura uniforme

borde posterior oscuro, desvaneciéndose a partir de primavera

oscuro, como en aguilucho papialbo juv.

la base lisa de las primarias crea un "bumerán" pálido completo

base de los dedos pálida, a veces con algunas marcas

barrado interno más ancho que hacia la punta

liso

primarias internas sin punta oscura

▼ Aguilucho pálido, adulto ♀ (febrero)
Muchas ♀♀ adultas tienen un disco facial más pálido a causa de un listado blancuzco denso. En estos casos, la cabeza muestra un listado más uniforme.

▼ Aguilucho cenizo, adulto ♀ (mayo)
Un patrón facial típico en el que las zonas pálidas solo se encuentran alrededor del ojo.

▼ Aguilucho papialbo, adulto ♀ (agosto)
Patrón facial más parecido al del aguilucho pálido ♀ adulta que al del aguilucho cenizo ♀ adulta; pero comparado con el primero, el iris es generalmente más oscuro, la máscara más bien desarrollada y el disco facial más grande y uniformemente oscuro.

máscara débil

patrón grueso

iris pálido desarrollado a partir de la segunda mitad del 2° año

disco facial relativamente pequeño y aislado, con zonas más claras alrededor

ejemplares de edad más avanzada desarrollan iris pálido

collar pálido débil

blanco extenso alrededor del ojo

disco facial oscuro, bastante uniforme y grande (y parte más oscura de la cabeza)

iris pálido desarrollado relativamente tarde

brida oscura

collar pálido con motas oscuras

disco facial extenso y oscuro, a menudo con un fino listado pálido

collar pálido bien desarrollado, pero menos patente que en juv. a causa del moteado oscuro

▼ Aguilucho pálido, juvenil (octubre)
Generalmente, poco contraste en comparación con el aguilucho cenizo y papialbo tipo ♀, incluyendo una máscara débil. El iris oscuro indica ♀.

▼ Aguilucho cenizo, juvenil (noviembre)
Algunos ejemplares muestran un collar claro bien desarrollado y, en estos casos, pueden parecer similares al aguilucho papialbo juvenil. En otros ejemplares el collar se diluye hacia la garganta. El disco facial oscuro es típicamente más pequeño y estrecho, y no se acerca tanto a la base del pico; máscara negra más pequeña.

▼ Aguilucho papialbo, juvenil (septiembre)
Poca variación, pero algunos aguiluchos cenizos pueden tener un patrón similar. En ejemplares con un patrón facial menos típico, la parte inferior del ala debe ser tenida en cuenta para la identificación.

collar pálido con listado oscuro

disco facial oscuro con listado claro

máscara muy pequeña

disco facial oscuro relativamente pequeño

máscara negra más estrecha hacia atrás

brida pálida (incluye parte de la mascara oscura)

máscara negra unida con el disco facial por una línea fina

brida básicamente oscura (máscara negra extensa)

collar uniformemente pálido desde el cuello hasta la garganta

ancho y blanco

disco facial oscuro y muy uniforme que alcanza la base de la mandíbula

habitualmente estrecho y blanco, a veces ancho

collar pálido relativamente corto, diluyéndose hacia el cuello

▼ Aguilucho lagunero occidental, adulto ♂ (abril)
Muy variable; los adultos jóvenes a menudo tienen una cabeza más oscura y un indicio (leve) de máscara.

▼ Aguilucho lagunero occidental, adulto ♀ (junio)
Poca variabilidad pero, en algunos ejemplares (probablemente de edad más avanzada) la máscara es más pálida.

▼ Aguilucho lagunero occidental, juvenil (noviembre)
Muy variable, desde todo oscuro hasta parecido a la ♀ adulta, y con muchas variaciones intermedias, como en este individuo. Los ♂♂ de 1er año tienen el iris pálido desde invierno.

generalmente, cabeza más o menos uniforme

iris amarillo brillante

el iris se va volviendo más pálido con la edad (pero quizá nunca tanto como en el ♂)

máscara oscura y ancha entre el píleo claro y la garganta clara

ejemplar con cabeza lisa y mancha clara en la nuca

collar claro relativamente visible

Aguilucho lagunero occidental *Circus aeruginosus*

L 48 cm, E 126 cm | Verano, S, C y E Europa; invierno, S Europa

▼ **Adulto ♂ (mayo)**
Los ♂♂ de edad más avanzada (3er año cal. y más) no muestran contraste en el patrón de la cabeza (que puede ser pálida o relativamente oscura), a diferencia de las ♀♀. La parte inferior del ala pálida, con la punta oscura y con un borde posterior también oscuro, es típica del adulto ♂, pero el borde posterior puede estar ausente en aves más viejas y con plumaje más gastado. En ejemplares más jóvenes o en ♂♂ tipo ♀ (véase ♂ de 3er año cal.), las infracoberteras alares son más pardas. La norma es, cuanto más maduro más pálido. La variabilidad es grande, pero el patrón de la parte superior del ala, en 3 colores, es característica y casi siempre presente.

parte superior del ala en 3 colores: negro, gris y pardo

borde posterior oscuro generalmente presente, ausente solo en algunos ejemplares de edad más avanzada

gris

pardo, presente incluso en los individuos más pálidos

patrón marcado; en algunos individuos puede ser casi tan pálido como la parte inferior del ala

◀ **Adulto ♂ (abril)**
Patrón de la parte superior del ala muy llamativo y diagnóstico.

▼ **Adulto ♀ (marzo)**
La variabilidad individual es notable, pero todas las ♀♀, independientemente de su edad, tienen este patrón cefálico; los ♂♂, en cambio, solo lo tienen en plumaje juvenil y, a veces, hasta el 3er año cal. Algunos juveniles tienen áreas de color crema tan extensas como el ejemplar de la fotografía, pero el color de fondo del cuerpo tiende más a pardo negruzco (en vez de pardo chocolate de el adulto ♀).

▼ **Adulto ♀ (abril)**
Las ♀♀ adultas a menudo tienen el iris ligeramente más claro, pero probablemente solo en los ejemplares de más edad se acercan a la coloración del ♂ adulto. Aquí, una rectriz central es nueva, mientras que el resto del plumaje muestra muy poco desgaste para tratarse de primavera (compárese con 2º año cal.). El color más oscuro de la rectriz nueva descarta un ♂ de 2º año cal. La cola es a menudo más clara que el resto de las partes superiores (compárese con el plumaje juvenil). Este ejemplar casi no tiene plumas pálidas en la parte anterior del ala ni en las escapulares, una vez más, remarcando la variabilidad presente en la especie.

extensa zona clara, típica de la ♀ adulta (a veces completamente ausente, mientras que ¡los juv. pueden tener también algunas plumas pálidas en esta zona!)

coronilla clara y garganta también, con una máscara oscura; rasgo compartido con muchos juv. y algunos inm. ♂♂

marcas pálidas (oscuro uniforme en juv.)

ciertas tonalidades grisáceas no son raras en ♀♀ adultas

▼ **Adulto ♀ (enero)**
Los ejemplares con tantas marcas pálidas en las infracoberteras alares y en las primarias son, probablemente, ♀♀ de edad avanzada.

los ejemplares más maduros desarrollan manchas y marcas claras aquí

▼ Juvenil (octubre)
Los ejemplares que muestran plumas claras en la parte anterior del ala pueden resultar muy similares a algunas ♀♀ adultas, pero la coloración general es de un pardo frío, y la cola es del mismo color que el resto de las partes superiores (compárese con la ♀ adulta). El rasgo más útil para el datado se encuentra en las puntas pálidas de las coberteras primarias. En contraste con otras especies de aguilucho, los ♂♂ juveniles acostumbran a mantener el iris oscuro.

finos márgenes claros, indicativos de plumas juv.

plumas claras, frecuentes en juv.

▶ Juvenil (septiembre)
Una variante oscura, muy escasa. Los márgenes finos claros de las coberteras grandes y de las coberteras primarias indican que se trata de un juvenil.

algunos tienen la cabeza (casi) uniformemente oscura

▶ 2º año cal. ♂ (junio)
Un ejemplar típico en muda postjuvenil. Las plumas de vuelo nuevas, predominante-mente grises, facilitan mucho el sexado.

rectrices nuevas y grises (2ª generación) con una vaga franja subterminal

muda de primarias iniciada: aparecen las primeras plumas de tipo ♂

▶ 2º año cal. ♀ (junio)
Las plumas de vuelo nuevas contrastan con las juveniles, ya bastante gastadas. Las de nueva generación son pardo oscuro e indican ♀. El iris es aún oscuro, típico de un individuo joven. La muda y el desgaste descartan a un juvenil recién salido del nido.

patrón cefálico aún como en ♀

desgaste acusado, típico de un 2º año cal.

primaria nueva

rectrices centrales nuevas

▶ 3er año cal. ♂ (abril)
Un ejemplar típico de esta edad, por lo menos de la población más norteña, migratoria. Las rectrices centrales han sido reemplazadas de nuevo (todavía muestran una banda subter-minal débil en este caso). La imagen muestra las diferencias con el ♂ adulto típico.

puntas oscuras y anchas en las secundarias y coberteras primarias

banda subterminal

cabeza aún juvenil/tipo ♀

supracoberteras caudales aún pardas

Aguilucho lagunero occidental *Circus aeruginosus*

◄ **Tipo adulto ♂ (abril)**
Algunos ♂♂ muestran un plumaje tipo ♀ o, en este caso, tipo subadulto (3er año cal.), aunque son probablemente más maduros. La cola uniformemente gris (sin banda subterminal) y el iris muy claro apuntan a un ave de ≥ 4º año cal. Los ♂♂ tipo ♀ ocurren especialmente en poblaciones sedentarias del S de Europa. Los ♂♂ más parecidos a ♀♀ mantienen el iris claro, una cabeza uniforme y un collar pálido más patente que las ♀♀.

▼ **Adulto ♂, morfo oscuro (septiembre)**
Este morfo es (muy) raro en Europa, pero se observa anualmente a poca distancia, alrededor del Cáucaso y en Oriente Medio. Típicamente, tiene el cuerpo y las coberteras completamente pardo negruzco; véanse, además, las características señaladas. Las ♀♀ y los inmaduros también tienen el color de fondo pardo-negro, en lugar del pardo cálido propio del morfo habitual.

panel alar claro muy patente que contrasta con el resto del plumaje oscuro

borde posterior ancho y oscuro

parte superior de la cola a menudo gris relativamente pálido (como en el morfo habitual), pero algunas veces más pardo, como aquí

amarillo brillante (cf. ♀♀)

► **Adulto ♂ (abril)**
El iris pálido es típico de los ♂♂ tipo adulto. Las ♀♀ desarrollan el iris claro en edad avanzada, pero probablemente muy pocas veces tan pálido como en los ♂♂.

iris amarillo pálido y brillante, típico

área gris pálido típica en la sección central del ala

▼ **Juvenil (julio)**
En plumaje nuevo es típicamente muy uniforme, pero los juveniles son variables en el plumaje. Las zonas de coloración crema en la cabeza y el ala pueden ser completamente ausentes, pero también más extensas hacia el pecho (como en las ♀♀ adultas). En este ejemplar las puntas claras de las coberteras grandes son muy limitadas, pero características de la edad. Algunos individuos adquieren un patrón muy marcado a causa de unas puntas claras numerosas y anchas en todas las coberteras.

cola gris (cf. ♀)

▼ **Adulto ♀ (enero)**
Este ejemplar tiene la cabeza más clara que la mayoría. El plumaje es relativamente nuevo (en contraste con los inmaduros de 2º año cal. en esta época). Durante la primavera, un 2º año cal. muestra un desgaste mayor y una coloración más uniforme que los adultos (compárese).

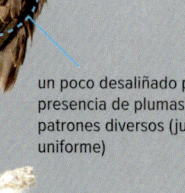

un poco desaliñado por la presencia de plumas con patrones diversos (juv. más uniforme)

franjas más claras típicas de adulto

Aguilucho pálido *Circus cyaneus*

L 48 cm, E 114 cm | Verano, C y N Europa; invierno, C y S Europa

Arpella pàl·lida CAT
Mirotz zuri eurasiarra EUS
Gatafornela GAL

◄ **Adulto ♂ (enero)**
En este plumaje solo se puede confundir con el ♂ adulto de aguilucho papialbo y con el (muy raro) aguilucho pálido americano de la misma edad (el elanio común tiene una estructura muy distinta, un tamaño claramente más pequeño y un comportamiento también diferenciado). El negro extenso en la mano, la cabeza y el pecho gris azulado y las partes inferiores blancas y lisas, forman una combinación diagnóstica. El borde posterior del ala es a menudo más pálido y grisáceo que la mano.

▼ **Adulto ♀ (febrero)**
Además de las características señaladas, la cabeza y las partes inferiores tienen un patrón más uniforme que en el juvenil.

5 dedos en todos los plumajes, p6 el primero (cf. aguiluchos cenizo y papialbo)

puntas oscuras con borde recto y nítido (cf. aguiluchos cenizo y papialbo)

coberteras más oscuras hacia la parte posterior (cf. aguilucho cenizo adulto ♀; aguilucho papialbo adulto ♀ es igual)

franja blanca relativamente ancha (cf. juv. y aguilucho cenizo)

las supracoberteras caudales blancas forman una mancha extensa

iris claro en los ejemplares más maduros

centro de las plumas del flanco en forma de lágrima (cf. juv. y aguilucho cenizo adulto ♀)

color de fondo blanco (cf. juv.)

▼ **Adulto ♀ (febrero)**
Todos los plumajes de tipo ♀ (las ♀♀ de todas las edades y los ♂♂ desde juveniles hasta la primera mitad del 2º año cal.) comparten el mismo patrón básico: partes superiores pardo oscuro, cola barrada y supracoberteras caudales blancas. Las ♀♀ adultas adquieren un iris claro (los ♂♂ tienen el iris claro ya desde juveniles).

todas las ♀♀ e inmaduros tienen únicamente 3–4 franjas en la cola y las supracoberteras caudales blancas (cf. gavilán común y azor común)

▼ **Juvenil ♂ (enero)**
Este ejemplar es identificable como ♂ por su iris claro; las ♀♀ juveniles lo tienen oscuro. Muchos juveniles, especialmente ♀♀, tienen el patrón más grueso en las partes inferiores, con un color de fondo más oscuro que en el ejemplar de la fotografía. Los 5 dedos lo diferencian de otros aguiluchos (cenizo y papialbo) en todos los plumajes. Sin embargo, en verano las primarias están en muda activa, lo cual puede producir una fórmula alar más parecida a la de las especies con alas más estrechas (véase ♀ de 2º año cal.).

franja clara posterior estrecha y no blanco puro (cf. ♀ adulta)

poco marcado (cf. ♀ adulta)

iris claro, indicando ♂

color de fondo pardo claro (cf. ♀ adulta)

listado limitado (cf. ♀ adulta)

Aguilucho pálido *Circus cyaneus*

▼ **2° año cal. ♀ (julio)**
Aún en plumaje prácticamente juvenil, pero en muda activa de plumas de vuelo; nótese el contraste producido por el desgaste de las primarias. El patrón de la secundaria nueva (s5), particularmente, muestra una clara diferencia con el resto de secundarias juveniles.

▼ **Subadulto ♂ (enero)**
El ave de la fotografía es un 3er o 4° año cal. Ya con plumaje mayoritariamente adulto, pero véanse las diferencias señaladas que le sitúan en esta clase de edad.

blanco uniforme (cf. ♂ tipo adulto de aguiluchos cenizo y papialbo)

manchas parduzcas (cf. ♂ adulto)

a menudo todavía relativamente barrado en adultos jóvenes

patrón aún de tipo juv. (cf. ♀ adulta)

borde posterior por encima (a menudo débil) en todos los ejemplares de tipo adulto

s1 y s5 mudadas a tipo adulto (resto de secundarias aún juv.)

▼ **Adulto ♀ (febrero)**

la muda de primarias alcanza p6 (aún en crecimiento), por lo que solo 4 dedos son visibles

listado grueso y triangular (cf. juv.; cf. ♀ adulta de aguiluchos cenizo y papialbo)

listado grueso en forma de lágrima (cf. juv.; cf. ♀ adulta de aguiluchos cenizo y papialbo)

p9 ausente, creando una falsa impresión de 4 dedos

▶ **2° año cal. ♂ (septiembre)**

p10 juv.

p6 alargada, formando un dedo (cf. aguiluchos cenizo y papialbo)

▶ **Adulto ♂**
Los ejemplares de edad más avanzada son de coloración gris azulada muy uniforme, frecuentemente con un borde relativamente definido entre el pecho gris azulado y el resto de partes inferiores blancas.

últimas secundarias juv.

rectrices de 2ª generación a menudo aún barradas

Aguilucho pálido americano *Circus hudsonius*

L 48 cm, E 114 cm | Divagante de Norteamérica

Arpella pàl·lida americana CAT
Mirotz zuri iparramerikarra EUS
Tartaraña norteamericana GAL

▼ **Adulto ♂ (abril)**

Un ejemplar poco marcado; muchos ♂♂ adultos tienen el moteado rojizo de las partes inferiores más extenso. La cantidad de moteado de este individuo puede ser adquirida por un adulto joven ♂ de aguilucho pálido. La estructura, incluyendo la cantidad de dedos, es la misma que en el aguilucho pálido. En ejemplares como este, el patrón característico de las primarias externas, especialmente p6, es muy importante.

▼ **Adulto ♂ (abril)**

Las partes superiores son muy similares a las del aguilucho pálido subadulto ♂, pero la cola tiene un patrón más marcado, y el borde posterior de las secundarias también es muy patente en la parte superior del ala, y más negro que en las primarias internas.

negro casi limitado a los dedos (cf. aguilucho pálido adulto ♂)

mucho blanco en p6, con solo la punta negra (cf. aguilucho pálido adulto ♂)

más ancho y más negro que las puntas de las primarias internas (cf. aguilucho pálido adulto ♂)

gris más oscuro que en aguilucho pálido adulto ♂

moteado rojizo

a menudo banda terminal patente (cf. aguilucho pálido adulto ♂)

gris "sucio"

franjas alares difusas

■ **Aguilucho pálido, adulto ♂ (febrero)**

p6

primarias externas, incluyendo p6, negras cerca de la base

▼ **Adulto ♀ (noviembre)**

Muy similar al adulto ♀ de aguilucho pálido, y posiblemente no identificable con total certeza. Las características señaladas son las más obvias en este ejemplar. Las ♀♀ adultas jóvenes tienen un barrado oscuro más ancho y son prácticamente idénticas a la ♀ adulta de aguilucho pálido. En general, la parte inferior del ala tiene un patrón no tan grueso y una apariencia general más clara. Las infracoberteras primarias centrales (medianas) muestran en el aguilucho pálido adulto ♀ unos "ganchos" alargados (véase aquella especie).

▼ **Adulto ♂ (noviembre)**

En reposo resulta muy similar a algunos ♂♂ subadultos de aguilucho pálido, pero véase el moteado rojizo en forma de flecha de las partes inferiores (que alcanzan las infracoberteras caudales), la franja terminal oscura y ancha de la cola, y el margen ancho y oscuro de las secundarias. También es algo parecido al ♂ adulto de aguilucho cenizo a causa de la coloración relativamente oscura de las partes superiores y del moteado rojizo de las inferiores. Sin embargo, el aguilucho cenizo muestra una franja oscura a través de la base de las secundarias, en lugar de en su punta; también tiene más negro en la mano, con lo cual, un aguilucho cenizo en reposo no muestra gris en las primarias (véase aquella especie). Para una identificación positiva en Europa, debe ser fotografiado en vuelo, lo que permitirá el análisis posterior del patrón del ala. Esto es aún más necesario en el caso de juveniles y ♀♀ adultas.

barras numerosas pero estrechas

infracoberteras primarias medianas con un punto oscuro aislado

axilares e infracoberteras grandes con manchas claras extensas

de promedio, listado más fino que en la ♀ adulta de aguilucho pálido

Aguilucho pálido americano *Circus hudsonius*

▼ **Juvenil ♂ (enero)**
Un ejemplar clásico por el contraste muy marcado entre cabeza y cuello oscuros, y partes inferiores pálidas, con un listado muy fino y poco patente. Por el color de fondo anaranjado, un individuo como este podría, en Europa, recordar a un juvenil de aguilucho cenizo o papialbo, pero nótese el dedo producido por la p6 alargada. El número, a menudo mayor, de franjas en las 3 primarias más externas es un rasgo muy importante que debe ser comparado con el aguilucho pálido, aunque hay un cierto solapamiento: 4–5 barras patentes en p10 y 6–7 barras patentes en p8–9 es el número típico; el aguilucho pálido tiene 3 (raramente 4) en p10 y 4–5 (raramente 6) en p8–9. Los ♂♂ juveniles tienen, de promedio, un barrado más fino en las plumas de vuelo.

▼ **Juvenil ♀ (octubre)**
De promedio, el plumaje más oscuro, pero el iris completamente oscuro solo es un rasgo fiable para el sexado en aves de 1er año, hasta el 2º año cal.

partes superiores muy oscuras, que hacen destacar aún más las supracoberteras caudales blancas

patrón cefálico típico con disco facial muy extenso y uniforme, collar claro y "boa" oscura y ancha

p8–9 con 6–7 barras

p10 con 4–5 barras

fino (cf. aguilucho pálido juv.)

oscuro, a menudo relativamente uniforme, aunque el collar claro es frecuentemente patente (cf. aguilucho pálido juv.)

listado limitado sobre fondo pardo anaranjado (cf. aguilucho pálido juv.)

▼ **2º año cal. ♂ (julio)**
Un ejemplar en muda activa postjuvenil. La impresión general de este individuo es de tipo ♀, sobre todo por las plumas de vuelo renovadas y aún barradas. Los ♂♂ más maduros también pueden tener primarias y secundarias barradas, a diferencia del aguilucho pálido. Estos individuos pueden pasar fácilmente desapercibidos en Europa, pero la combinación de rasgos señalados resulta característica. Otros ♂♂ de 2º año cal. ya muestran un plumaje más típico de ♂, en cuanto al patrón de las plumas y su coloración.

▼ **(Sub)adulto ♂ (enero)**
Este ejemplar de patrón muy marcado y con cabeza parduzca es probablemente un 2º invierno (3er año cal.), pero algunos individuos maduros pueden tener apariencia joven, un fenómeno que también se produce en otras especies del género. Las marcas rojizas de las partes inferiores (y su forma de punta de flecha) probablemente caen fuera de la variabilidad normal de ♂♂ adultos de aguilucho pálido. El patrón de p6 es diagnóstico.

4 barras en p10 juv.

p6 nueva (aún en crecimiento) con negro en la punta de extensión limitada (a diferencia del aguilucho pálido en este plumaje)

iris claro típico en ♂

primarias y secundarias de 2ª generación aún con un barrado variable

patrón grueso a pesar de ser tipo adulto

blanco en p6 es diagnóstico, se acerca a la punta

Aguilucho papialbo *Circus macrourus*

L 44 cm, E 110 cm | Verano, N y C Europa

Arpella pàl·lida russa CAT
Mirotz lepazuria EUS
Tartaraña de peito branco GAL

▼ **Adulto ♂ (febrero)**
Inconfundible si se ve bien, por su apariencia general muy pálida y la cuña negra en la mano. Además del patrón de las primarias, y a diferencia del aguilucho pálido, (casi) no presenta margen oscuro en la punta de las secundarias, y la cabeza y el pecho son solo un poco más grises que las partes inferiores blancas. El barrado gris en las supracoberteras blancas no se desarrolla completamente hasta la 2ª muda completa (a partir de otoño del 3er año cal.) en los dos sexos.

supracoberteras caudales con barrado gris (lisas en el aguilucho pálido)

patrón negro en forma de cuña, diagnóstico (cf. aguiluchos cenizo y pálido)

▼ **Adulto ♀ (abril)**
Este ejemplar es probablemente de ≥ 4º año cal., pues presenta un iris amarillo brillante. En ♀♀ de 3er año cal. el barrado de las supracoberteras caudales es, además, menos nítido, y la parte superior del ala no muestra tonalidades grises.

patrón cefálico típico, con collar pálido completo y disco facial largo y oscuro (cf. aguilucho cenizo adulto ♀)

barrado bien desarrollado

tinte gris con indicio tenue de barrado

▼ **Adulto ♀ (marzo)**
La parte inferior del ala contiene las características más importantes que lo diferencian tanto de la ♀ adulta de aguilucho cenizo como de pálido. El patrón cefálico es muy semejante al de la ♀ adulta de aguilucho pálido.

puntas oscuras con bordes difusos (cf. aguilucho pálido ♀ adulta)

barrado de primarias típicamente concentrado en la parte central

base de las primarias sin marcas que genera un "bumerán" pálido, como en juv. (cf. aguilucho cenizo ♀ adulta; aguilucho pálido idéntico)

secundarias general-mente muy oscuras, con franja pálida difusa y limitada (cf. aguiluchos cenizo y pálido ♀ adulta)

parte delantera del brazo clara, volviéndose más oscura hacia la parte trasera (cf. aguilucho cenizo ♀ adulta)

axilares con moteado claro, pero sin formar un barrado evidente (cf. aguilucho cenizo ♀ adulta; aguilucho pálido idéntico)

▼ **Juvenil ♀ (septiembre)**
Un ejemplar con barrado de primarias ancho, más típico de las ♀♀ (sexo confirmado aquí por el iris oscuro) pero, por todo lo demás, un individuo clásico. La identificación de los ejemplares menos típicos se debe basar tanto en el patrón de la parte inferior del ala como en el de la cabeza y el cuello.

dedos claramente barrados (cf. aguilucho cenizo juv.)

borde posterior oscuro débil (cf. aguilucho cenizo juv.)

barrado interno más ancho que externo (cf. aguilucho cenizo juv.)

"bumerán" pálido, incompleto en este individuo

patrón característico, con collar pálido completo, "boa" oscura (cuello) y disco facial grande y oscuro que alcanza la mandíbula inferior

patas largas: la base de los dedos cae más allá del borde posterior del ala (cf. aguilucho cenizo)

Aguilucho papialbo *Circus macrourus*

▼ **2° año cal. ♂ (mayo)**
Todavía muy parecido al juvenil en otoño, con plumaje nuevo, pero ligeramente más pálido. Sexo determinado por el iris claro; las ♀♀ jóvenes tienen el iris oscuro. Además de este rasgo, el ejemplar de la fotografía muestra un barrado de primarias más típico de un ♂ de 1er invierno/2° año cal. (débil, que no alcanza los dedos; compárese con la ♀ juvenil).

▼ **Patrón cefálico**
El cuello oscuro y uniforme ("boa") y el collar ancho y pálido forman una combinación característica. La forma del disco facial y el patrón de la zona blanca alrededor del ojo no son rasgos tan particulares de esta especie, puesto que se asemejan al aguilucho cenizo juvenil.

solo 4 dedos, como en el aguilucho cenizo

dedos con parte central pálida (cf. aguilucho cenizo juv.)

puntas oscuras grises, no muy patentes (cf. aguilucho cenizo juv.)

barrado concentrado en la parte central (cf. aguilucho cenizo juv.)

secundarias generalmente muy oscuras, como en el aguilucho cenizo juv.

base de primarias pálida que crea "bumerán"

listado muy fino o ausente

barrado más ancho en la parte interna del ala que en la externa (cf. aguilucho cenizo juv.)

"boa" bastante uniforme

collar pálido ancho y completo

disco facial oscuro y ancho, que alcanza la base de la mandíbula

zona blanca alrededor del ojo relativamente poco extensa, rota en la parte posterior

▼ **2° año cal. ♂ (junio)**
La muda postjuvenil completa se produce durante los meses cálidos del 2° año cal. Este ejemplar ha completado la primera muda de plumas corporales, después de la cual el patrón de la cabeza y de las partes inferiores es más variable, intermedio entre juvenil y tipo adulto (véase también 2° invierno ♂). Las últimas primarias juveniles (las más externas) y secundarias serán reemplazadas en otoño.

▼ **2° año cal. ♀ (septiembre)**
Apariencia casi adulta, pero aún con algunas secundarias juveniles retenidas; al inicio de otoño, también primarias externas juveniles retenidas. La cara de apariencia oscura, el collar pálido, el patrón de las axilares, las bases de las primarias sin marcas y las infracoberteras alares oscuras, con el margen anterior del brazo más claro por la parte inferior, son características útiles para diferenciarlo de las ♀♀ de aguilucho cenizo tipo adulto.

muda de primarias iniciada; las plumas nuevas son lisas

partes mudadas; coloración y patrón intermedios entre juv. y tipo adulto

aún algunas secundarias juv. retenidas (más marrones por el desgaste)

secundarias juv. (casi) completamente oscuras por la parte inferior, que rompen la franja pálida

▼ Adulto ♂ (marzo)

cabeza blanquecina sin o con muy poco contraste con las partes inferiores (cf. aguiluchos cenizo y pálido ♂ adulto)

varias primarias internas pálidas (cf. aguiluchos cenizo y pálido ♂ adulto)

base pálida en las 2 primarias externas

▼ Adulto ♀ (agosto)
El iris aún oscuro es indicativo de un adulto joven.

patrón cefálico característico; patrón básico similar a juv., pero menos definido

cabeza ligeramente más grande y pico un poco más robusto que en el aguilucho cenizo

relativamente largas en todos los plumajes (cf. aguilucho cenizo)

proyección caudal: la cola alcanza más allá de la punta del ala en todos los plumajes (cf. aguilucho cenizo)

▼ Juvenil ♀ (septiembre)
Aunque este ejemplar tiene la mancha blanca debajo del ojo relativamente extensa, el patrón cefálico es característico, por la presencia de un collar pálido completo, un disco facial oscuro grande y una máscara ancha que incluye la brida.

mucho blanco, como en este individuo, no inusual

▼ 2º año cal. ♂ (diciembre)
Un tipo de plumaje variable, pero casi todos los ejemplares muestran los rasgos señalados. Este plumaje se retiene hasta bien entrada la primavera del 3er año cal.

collar claramente definido por las partes más oscuras

típicamente pardo-gris

listado típicamente variable, unas veces sobre fondo blanco, otras sobre fondo pardo

▶ Tipo 3er año cal. ♂ (julio)
Casi como un ♂ adulto, pero nótense las diferencias señaladas. Es posible que un 4º año cal. muestre aún algún signo de inmadurez. Este ejemplar se encuentra en muda activa de plumas de vuelo (p5 caída, p6 en crecimiento).

p10 aún con cierto patrón

puntas oscuras

listado

▶ Tipo adulto ♂ (junio)
La cola aún muy barrada es indicativa de un adulto joven (posiblemente de 4º año cal.)

Aguilucho cenizo *Circus pygargus*

L 41 cm, E 109 cm | Verano, S, C y E Europa

▼ **Adulto ♂ (mayo)**
Un aguilucho esbelto y gris, con una franja negra diagnóstica a través de la base de las secundarias, por la parte superior del ala.

mucho negro en la mano, con p5 completamente oscura, a veces también p4

solo 4 dedos (como en el aguilucho papialbo)

parte interna de la mano clara

parte superior del ala en 3 tonos, donde las coberteras primarias pálidas contrastan fuertemente con la mano negra (cf. aguilucho pálido adulto ♂)

franja negra diagnóstica a lo largo de la base de las secundarias

barrado gris como en el aguilucho papialbo tipo adulto ♂ (cf. aguilucho pálido adulto ♂)

gris azulado más oscuro que en el aguilucho pálido ♂

▶ **Adulto ♂ (mayo)**
La mano tiene la mayor cantidad de negro entre todos los aguiluchos "grises" (en este ejemplar, incluye p4); por la parte inferior del ala muestra dos bandas negras a través de las secundarias. La mano larga y estrecha también es característica. Los adultos mantienen un moteado pardo rojizo en las axilares y en las infracoberteras alares.

▼ **Adulto ♀ (mayo)**
Un ejemplar típico: las ♀♀ adultas más maduras pueden presentar menos barrado en las primarias. Tanto las ♀♀ adultas de aguilucho papialbo como de aguilucho pálido tienen las infracoberteras grandes más oscuras (también las axilares), generalmente poco marcadas en los bordes; en estas especies, las infracoberteras alares generalmente son más oscuras en la parte posterior del ala (véanse sus fichas respectivas).

▼ **Juvenil ♀ (septiembre)**
Un ejemplar menos típico en algunos de sus rasgos, pero aún dentro de la variabilidad natural. Algunos de estos individuos pueden conllevar problemas de identificación. La combinación del patrón de cabeza y cuello, junto con el patrón de la parte inferior del ala, será decisiva en los casos más complicados.

p6 claramente más corta que p7–9, como en el aguilucho papialbo (cf. aguilucho pálido)

habitualmente barrado ancho y uniforme (cf. aguilucho papialbo ♀ adulta)

franja pálida de anchura uniforme hacia las primarias (cf. aguilucho papialbo ♀ adulta)

patrón relativamente uniforme y pálido (cf. aguiluchos pálido y papialbo ♀ adulta)

axilares muy barradas (cf. aguilucho papialbo ♀ adulta)

dedos no completamente oscuros en este ejemplar, con barrado visible: menos típico, pero dentro de la variabilidad natural

combinación diagnóstica: p6 corta, barrado uniforme y ancho, y borde oscuro a lo largo de las primarias internas (cf. aguilucho papialbo juv.)

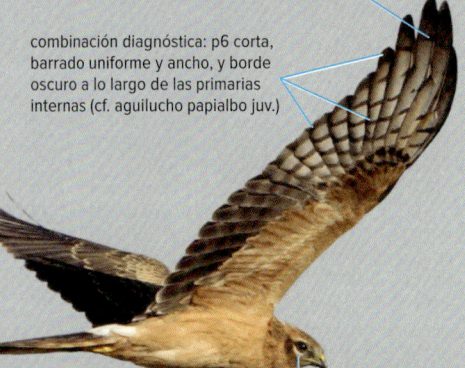

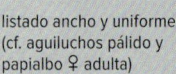

listado ancho y uniforme (cf. aguiluchos pálido y papialbo ♀ adulta)

poco blanco alrededor del ojo, menos típico, pero collar poco definido y "boa" también poco contrastada lo diferencian del aguilucho papialbo juv.

▼ 2º año cal. ♂ (julio)
El progreso de la muda es muy variable pero, de promedio, más avanzado que en el aguilucho papialbo de 2º año cal. El patrón de las primarias internas nuevas y de las axilares es típico de ambas especies y también del sexo.

▼ 2º año cal. ♀ (mayo)
Las secundarias completamente oscuras aportan una manera simple de datar en individuos como este, que ya han mudado un buen número de plumas corporales a tipo adulto. Nótese la diferencia en el patrón de las axilares de tipo adulto con las del ♂ de 2º año cal. de la izquierda.

límite de muda obvio, primarias externas aún juv.

secundarias a menudo aún juv., completamente oscuras, creando un bloque oscuro

aparecen axilares nuevas adultas de tipo ♂

la coloración gris azulada empieza a aparecer (en muchos individuos, cabeza completamente gris azulada a partir de primavera)

todas las primarias y secundarias aún juv., mano con patrón característico (borde posterior oscuro, dedos oscuros, barrado uniforme)

patas cortas: base de los dedos justo por detrás del borde posterior del ala (cf. aguilucho papialbo)

cabeza y partes inferiores ya mudadas a plumas adultas tipo ♀; el patrón de la cabeza es característico a causa de un disco facial reducido y mucho blanco alrededor del ojo

aparecen axilares nuevas, adultas, tipo ♀

► Adulto ♂ (julio)
Estructura característica a causa de la mano larga y las secundarias cortas, fácilmente apreciable aquí. En reposo, el aguilucho papialbo también muestra secundarias cortas en relación con las terciarias, pero tiene una cierta proyección caudal.

a menudo "halo" claro alrededor del ojo (cf. aguilucho pálido ♂ adulto)

manchas parduzcas variables, también en adultos completos

franja negra a veces apenas visible (tapada en su mayor parte por las grandes coberteras)

secundarias cortas que caen mucho más atrás que la punta de las terciarias (en el aguilucho pálido las secundarias son más largas; en relación con las terciarias, casi iguales)

▼ Juvenil ♂ (noviembre)
Algunos ejemplares muestran un collar más pálido y casi completo, y pueden entonces parecerse al aguilucho papialbo juvenil. En estos casos, el patrón de la parte inferior del ala es especialmente importante. El color de fondo es, de promedio, un poco más pardo anaranjado y no tan naranja amarillento, como en el aguilucho papialbo, pero la variabilidad individual y el desteñido que se produce en los cuarteles de invierno soleados hacen que la coloración sea un rasgo poco fiable en primavera. El iris claro confirma el sexo.

mano muy larga; la punta del ala alcanza la punta de la cola

patrón cefálico típico con mucho blanco alrededor del ojo, brida pálida y disco facial oscuro pequeño y aislado (cf. aguiluchos pálido y papialbo ♀ adulta)

collar pálido generalmente menos patente, no alcanza la garganta (cf. aguilucho papialbo juv.)

panel alar pálido no muy patente; plumas con márgenes pálidos finos (cf. aguilucho papialbo juv.)

listado uniforme y relativamente fino

► Adulto ♀ (mayo)

solamente listado oscuro (cf. aguilucho papialbo juv.)

pardo anaranjado en plumaje nuevo (cf. aguilucho papialbo juv.)

p6 corta (a diferencia del aguilucho pálido)

Aguilucho cenizo *Circus pygargus*

▼ **Tipo adulto ♂, morfo oscuro (abril)**
Los ♂♂ adultos de este morfo tienen las plumas de vuelo (casi) lisas. Su aparición es muy rara fuera de la península Ibérica.

◀ **Adulto ♀, morfo oscuro (septiembre)**
Más negro parduzco, barrado de las plumas de vuelo como en el morfo normal.

plumas de vuelo lisas y negruzcas

patrón igual que en el morfo normal (cf. ♂ adulto de morfo oscuro)

gris oscuro uniforme

cuerpo a menudo negro parduzco (en contraste con el ♂ adulto de morfo oscuro)

Azor común *Astur gentilis*

L ♂ 53 cm, ♀ 62 cm, E ♂ 98 cm, ♀ 114 cm | Todo el año, casi toda Europa

Astor CAT
Aztore eurasiarra EUS
Azor eurasiático GAL

▶ **Adulto (enero)**
El barrado fino en las secundarias y primarias internas indica que se trata de un adulto; sin embargo, en algunos ejemplares el barrado es casi ausente, mientras que las infracoberteras alares permanecen muy barradas. La estructura general difiere de la del gavilán común: la cabeza sobresale más, el cuerpo es más robusto, la cola es ancha y redondeada y el ala tiene el brazo ancho pero la mano estrecha.

▼ **Juvenil (enero)**
Cuando la estructura y el tamaño no resultan obvios, el juvenil se distingue rápidamente del gavilán común por el listado de las partes inferiores. El número de barras en las primarias externas es a menudo mayor que en el gavilán común (en este, generalmente 3 en p10 y 5 en p6–9). El plumaje juvenil se retiene hasta la primavera del 2º año cal., pero existe una variabilidad considerable en el momento de inicio de la muda entre las poblaciones septentrionales y meridionales (las aves sureñas inician la muda postjuvenil más pronto).

barrado débil (cf. gavilán común adulto)

barrado fino negro sobre fondo blanco

brazo ancho, mano estrecha

6 dedos (como en el gavilán común)

franjas caudales más anchas que las franjas de las secundarias (cf. gavilán común)

p10 a menudo con 4 barras

listado típico, grueso en forma de lágrima

p6–9 a menudo con 6 barras

redondeada (cf. gavilán común)

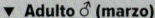

▼ Adulto ♂ (marzo)
Las partes superiores uniformes de color azul acero, las plumas auriculares lisas y oscuras (más oscuras que el manto) y el pico relativamente pequeño hacen posible la identificación, datado y sexado de este ejemplar.

▼ Adulto ♀ (febrero)
Los adultos de ambos sexos tienen la parte superior de la cola con un barrado muy débil, incluso ausente. El tinte pardo de las partes superiores, pileo y auriculares, las partes inferiores con un barrado relativamente grueso, así como el pico robusto indican que se trata de una ♀. El sexado a partir del plumaje puede ser complicado, particularmente en el caso de ♂♂ adultos que pueden parecer ♀♀ adultas, a causa de una mezcla de plumas de color gris azulado y otras más pardas, en las partes superiores de los dos tipos de plumaje. Las ♀♀ son considerablemente más grandes que los ♂♂, pero esta característica es a menudo difícil de juzgar sin una comparación directa.

▼ Juvenil (julio)
En reposo, la cola larga y las alas cortas que, a lo sumo, llegan hasta la mitad de la cola, son típicas tanto del azor común como del gavilán común. El listado muy grueso, en forma de lágrima o corazón, de las partes inferiores es el rasgo más útil para diferenciarlo del gavilán común juvenil. Los juveniles de poblaciones centroeuropeas tienen un color de fondo pardo amarillento y unas partes superiores pardas casi uniformes (este ejemplar fue fotografiado en Hungría). El plumaje se vuelve progresivamente más pálido en las poblaciones más norteñas. Las aves del norte de Escandinavia tienen un color de fondo prácticamente blanco, un listado más fino en las partes inferiores y, a menudo, la base pálida en las coberteras y escapulares, lo que crea un patrón más marcado en las partes superiores.

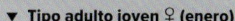

▼ Tipo adulto joven ♀ (enero)
Las ♀♀ son considerablemente más grandes que los ♂♂, pero esta característica es difícil de evaluar sin una comparación directa. El tinte marrón de las partes superiores, las partes inferiores con un barrado relativamente grueso, las auriculares no uniformemente oscuras y el pico grueso indican ♀. El barrado aún evidente en la parte superior de la cola, las finas puntas pálidas en algunas coberteras y las auriculares aún relativamente pálidas, en general, son indicadores de que se trata de un adulto joven. Los ♂♂ adultos jóvenes también muestran estas características y, además, carecen de la parte superior uniforme de color azul acero.

tarso corto y grueso (también dedos cortos y gruesos) en comparación con el gavilán común

Azor común *Astur gentilis*

▶ 2º año cal. (octubre)
Los ejemplares de este tipo de edad a menudo muestran patrones intermedios entre el juvenil y el adulto, como sucede en muchas rapaces. Este individuo, fotografiado en Finlandia, no ha finalizado aún la muda de primarias postjuvenil, lo cual se puede apreciar por el contraste entre p1–6 nuevas y p7–10 gastadas. Muchas aves de 2º año cal. del C y S de Europa ya han completado la muda en octubre.

p7–10
probablemente
aún juv.

▼ 2º año cal. (julio)
Aún en plumaje principalmente juvenil, muy gastado y desteñido.

auriculares aún pálidas

secundarias juv. muy gastadas

la muda activa de primarias se acerca a la mitad

rectrices muy gastadas aún juv. (franjas pálidas con línea blanca en el borde)

patrón típicamente intermedio entre juv. y adulto, con dibujo en forma de punta de flecha

secundarias de 2ª generación aún con barrado relativamente grueso (cf. adulto)

Gavilán común *Accipiter nisus*

L ♂ 31 cm, ♀ 38 cm, E ♂ 62 cm, ♀ 75 cm | Todo el año, casi toda Europa

Esparver CAT
Gabirai arrunta EUS
Gabián eurasiático GAL

▼ Adulto ♂ (octubre)
Una rapaz típica, pequeña, con alas relativamente cortas, redondeadas, partes inferiores densamente barradas e iris amarillo brillante o naranja. La coloración naranja en los lados de la cara, extensa y uniforme, que se extiende hasta los lados del pecho, es característica del ♂. A veces, las auriculares son menos anaranjadas y con un listado fino, pero nunca tan oscuras como el píleo, como sí sucede en muchas ♀♀ adultas. El patrón de las partes inferiores también es variable, pero una extensión considerable de naranja es típica de los ♂♂. Una línea superciliar débil no es inusual en el ♂ adulto, pero no está presente en la mayoría.

▼ Tipo adulto ♀ (septiembre)
Un ejemplar más o menos típico, pero algunos (probablemente ♀♀ de edad más avanzada) pueden tener una apariencia similar al ♂. Las auriculares oscuras, que alcanzan más abajo del ojo, son a menudo una característica útil para diferenciarlos del ♂, como también las partes inferiores con un barrado fino y extenso. Algunas veces, las auriculares son más pálidas que en este individuo, pero entonces son generalmente muy listadas, en contraste con el ♂ adulto. Las ♀♀ son más grandes que los ♂♂ pero, sin una comparación directa, esta característica puede ser difícil de juzgar.

6 dedos

pálido (cf. ♀ adulta)

en todos los plumajes barrado ancho, similar a las primarias (cf. azor común adulto)

naranja casi liso (cf. ♀ adulta)

larga y con las esquinas angulosas

lista superciliar siempre presente (cf. ♂ adulto)

oscuro, a menudo ligeramente pardo rojizo

frecuentemente listado más grueso que en el ♂ adulto

muchas ♀♀ muestran ciertas tonalidades rojizas aquí, pero siempre barradas

típicamente, barrado grueso

▶ **Juvenil (septiembre)**
Los márgenes rojizos de las plumas aportan un tinte colorido a las partes superiores, visible desde lejos. En principio, los sexos son similares en cuanto al plumaje. La cabeza que sobresale poco, alas cortas y redondeadas y cola larga y cuadrada, generan una silueta típica en todos los plumajes.

▼ **Adulto ♂ (septiembre)**
Un ejemplar típico. En aves de más edad, el iris cambia gradualmente de amarillo a naranja o rojo.

lista superciliar a menudo mínima o ausente (cf. ♀ adulta)

todas las partes superiores de color azul acero (cf. ♀ adulta)

naranja con listado débil (cf. ♀ adulta)

▼ **Adulto ♀ (septiembre)**
Algunas ♀♀ más coloridas se acercan a los ♂♂ menos coloridos, pero las partes inferiores (lados del pecho) muestran siempre un barrado regular en las ♀♀. El iris es amarillo en la mayoría, pero puede (probablemente con la edad) volverse naranja.

lista superciliar siempre presente, pero algunos ♂♂ adultos también pueden tener una ceja corta y fina

auriculares a menudo oscuras, alcanzando más abajo del ojo (cf. ♂ adulto)

múltiples bases blancas de las plumas en todos los plumajes, pero a menudo ocultas

una cantidad pequeña de naranja es normal en ♀

partes superiores de tonalidades menos azuladas que en el ♂ adulto

▼ **Juvenil (agosto)**
El patrón de las partes inferiores es variable; en este ejemplar, similar a la mayoría, pero otros muestran un dibujo más marcado en forma de V o de listado vertical. en el pecho. Los juveniles frecuentemente tienen el iris de color amarillo limón pálido, como el ejemplar de la fotografía. El plumaje es retenido hasta la primavera del 2º año cal.; los márgenes rojizos de las plumas de las partes superiores van palideciendo, pero a menudo muestran poco desgaste. La estructura de las patas es siempre diferente del azor común.

patrón cefálico típico de juv.: coronilla listada, auriculares oscuras, lista superciliar patente y garganta muy listada

▶ **2º año cal. (mayo)**
Aún mayoritariamente en plumaje juvenil, frecuentemente con muy poco desgaste para tratarse de un plumaje juvenil de ya unos 10 meses. Después de la muda completa (que empieza en primavera) las aves de 2º año cal., en otoño, no son separables de los adultos, por lo menos en la mayoría de casos; algunos retienen algunas secundarias o coberteras juveniles y muestran un cierto tinte parduzco en las partes superiores.

márgenes de las plumas rojizos

barrado en forma de V (cf. adulto)

barrado relativamente grueso y en 2 tonos, con apariencia parda (cf. ♀ adulta)

tarso y dedos delgados y largos (cf. azor común)

Gavilán griego *Tachyspiza brevipes*

L 34 cm, E 70 cm | Verano, SE Europa

▼ Adulto ♂ (noviembre)
En este plumaje es una especie relativamente fácil de identificar. Solamente los ♂♂ adultos tienen los dedos tan oscuros y las plumas de vuelo con un barrado tan leve.

ojo oscuro (cf. gavilán común)

línea central en la garganta generalmente débil

barrado fino, también en el pecho, de coloración uniforme

barrado muy fino y tenue

dedos negros que generan un patrón diagnóstico en la punta del ala

▶ Adulto ♀ (octubre)
Las primarias externas de este ejemplar no son muy oscuras; en muchas ♀♀ adultas la punta del ala puede ser más parecida a la de los ♂♂, aunque menos contrastada. El barrado relativamente oscuro del pecho, y las secundarias y primarias muy barradas, son otras diferencias con los ♂♂ adultos.

barrado fino, típico de adulto

único *Accipiter* en Europa con una línea fina y oscura en la garganta

dedos de las 2–3 primarias externas barrados, pero a menudo sobre un fondo oscuro, creando efecto de dedos oscuros a lo lejos

solo 4 dedos

p6 ancha y redondeada, no genera un dedo bien definido

borde posterior del ala casi recto (cf. gavilán común)

las rectrices externas típicamente muestran un barrado mucho más fino y numeroso que el resto

completamente barrado, pero menos regular que en un 2° año cal. (cf. ♂ adulto)

▼ Juvenil (octubre)
Superficialmente similar al gavilán común, pero hay múltiples y sutiles diferencias. El barrado más numeroso y fino de las plumas de vuelo también se produce en las ♀♀ adultas, a diferencia del gavilán común.

garganta típicamente blanca con línea longitudinal delgada (cf. gavilán común)

p10 con 4–5 barras

solo 4 dedos; punta del ala estrecha en todos los plumajes

primarias más largas con 6–7 barras

3–4 barras entre las infracoberteras caudales y la banda terminal (en el gavilán común, 2)

listado grueso con dibujo en forma de lágrima

color de fondo de las primarias externas a veces ya un poco oscuro (creando apariencia de punta del ala oscura desde la distancia)

■ Gavilán común, juvenil (octubre)

p10 con 3 barras

6 dedos; punta del ala ancha

primarias más largas con 4–5 barras

▼ 2° año cal. ♀ (abril)
Este ejemplar ha mudado muchas plumas de las partes inferiores a tipo adulto (con un patrón ligeramente más grueso y oscuro que en los ♂♂ de tipo adulto). Si la estructura del ala no es evidente, este plumaje puede resultar especialmente similar al gavilán común, pero nótese, además de los rasgos destacados, el iris oscuro.

partes inferiores casi completamente mudadas a tipo adulto, pero aún quedan algunas plumas juv.

solo 4 dedos, siendo p7–8 los más largos

barrado relativamente ancho y uniforme, típico de plumas de vuelo juv. (cf. ♀ adulta)

▶ 2° año cal. ♂ (abril)

mezcla de plumas juv. y de tipo adulto en este ejemplar, en otros todas ya de tipo adulto

ala juv. con barrado regular y completo (cf. ♂)

mano un poco puntiaguda típica de todos los plumajes

barrado más estrecho y numeroso que en el gavilán común

▼ Adulto ♂ (mayo)

ojo oscuro

cabeza bastante uniforme

gris azulado claro

gris azulado, ligeramente más claro que en el ♂ adulto de gavilán común

► Tipo adulto ♀ (abril)
La imagen destaca las diferencias con el gavilán común.

proyección primaria más larga que en el gavilán común

naranja rosáceo sin marcas oscuras (cf. gavilán común adulto ♂)

ojo oscuro

cabeza gris azulado uniforme

relativamente cortas y gruesas

barrado fino

oscuro (cf. gavilán común)

manchas blancas en todos los *Accipiter*, pero a veces ocultas

pico completamente oscuro que hace destacar la cera amarilla en todos los plumajes (cf. gavilán común)

▼ (Septiembre)
Frecuentemente en grupos durante la migración.

patrón grueso en forma de lágrima (hacia la región ventral se van convirtiendo en barras)

► Juvenil (octubre)
Superficialmente similar al gavilán común juvenil, pero nótense las diferencias señaladas.

tarso y dedos cortos (cf. gavilán común)

Busardo ratonero *Buteo buteo*

L 53 cm, E 120 cm | Todo el año, casi toda Europa

Aligot comú CAT
Zapelatz arrunta EUS
Buxato común GAL

---

patrón de las primarias característico en todos los plumajes: dedos oscuros, base lisa en las más externas y las más internas, barradas

"U" blancuzca en todos los plumajes, a excepción de los ejemplares más pálidos

listado vertical. (cf. adulto)

borde posterior oscuro más estrecho que en el adulto, a menudo con un margen fino

infracoberteras medianas frecuentemente pálidas (creando un panel central claro) y listadas en juv. (cf. abejero europeo)

► Juvenil (agosto)
Un ejemplar clásico en todos los aspectos, que muestra tanto los rasgos propios de la especie como los de la edad. El plumaje nuevo y uniforme en otoño es una característica útil para diferenciarlo de aves de edad más avanzada, que en esta época se encuentran en muda activa, y que frecuentemente presentan límites de muda entre las plumas nuevas y las de generaciones anteriores.

barrado de anchura uniforme (cf. adulto)

Busardo ratonero *Buteo buteo*

VARIACIÓN

Se trata de una especie extremadamente variable en cuanto a su plumaje, que puede ir de prácticamente blanco a pardo oscuro. Los ejemplares de color pardo oscuro son los más comunes y tienen las partes superiores e inferiores más o menos uniformes, pero muestran una "U" pálida en el pecho. El morfo pálido, que es particularmente frecuente en el NO de Europa, tiene las coberteras alares medianas y pequeñas blancuzcas, y también la mitad basal de la cola, que contrastan fuertemente con el resto de partes superiores, mayoritariamente oscuras. Las infracoberteras alares de los ejemplares pálidos son a menudo también pálidas, pero una mancha oscura en la zona carpal está casi siempre presente (muchas veces en forma de media luna). Las partes inferiores de los morfos pálidos son blancas con moteado oscuro variable en el pecho y parte superior del vientre (en los adultos a menudo con un cierto barrado rojizo en los flancos). A pesar de la gran variabilidad en el patrón del cuerpo y de las coberteras, el dibujo típico de las plumas de vuelo es bastante consistente, lo cual resulta muy útil en la identificación de ejemplares extremos.

▼ Adulto (septiembre)

Un ejemplar típico del morfo oscuro más común. Las secundarias y primarias claras y un borde posterior del ala claramente más ancho que el barrado de las plumas, son características propias de todas las especies de busardo en todos los plumajes; el barrado se desvanece hacia la mano. Los (sub)adultos solo tienen barrado en las partes inferiores y en las infracoberteras alares. El barrado grueso de las partes inferiores de este individuo probablemente indica que se trata de un adulto joven; las aves de más edad suelen tener un barrado más fino.

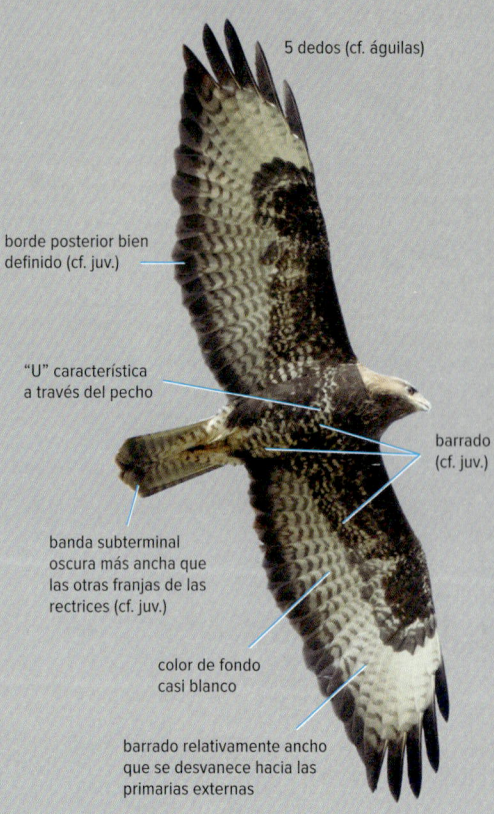

5 dedos (cf. águilas)

borde posterior bien definido (cf. juv.)

"U" característica a través del pecho

barrado (cf. juv.)

banda subterminal oscura más ancha que las otras franjas de las rectrices (cf. juv.)

color de fondo casi blanco

barrado relativamente ancho que se desvanece hacia las primarias externas

▶ 3er año cal./tipo adulto (abril)

La forma más pálida posible. Incluso los ejemplares más claros conservan una media luna carpal estrecha. El barrado de las plumas de vuelo también es característico de esta especie pero en ejemplares tan extremos, suele ser más fino. Este morfo tiene frecuentemente las infracoberteras alares teñidas de rojizo, así como también alrededor de los muslos. Este individuo tiene, aparte de p9–10 juveniles, un plumaje adulto; las primarias juveniles son más cortas y están más gastadas que las de tipo adulto. La sustitución de las últimas plumas juveniles se ha reanudado, aparentemente (en invierno la muda se para), puesto que p8 en el ala derecha ha caído, dejando solo 4 dedos.

p9–10 juv.

franja carpal o "coma" presente incluso en los ejemplares más pálidos

barrado de anchura uniforme (cf. adulto)

◀ Juvenil (octubre)

Los individuos pálidos a menudo tienen un barrado más fino en las plumas de vuelo. El iris claro es típico de los juveniles y, en este morfo, frecuentemente más acusado. Muchas de estas aves muestran una lista malar oscura.

▶ 2º año cal. (octubre)
El estadio de muda, aún con unas cuantas primarias externas juveniles fácilmente identificables, es típico de esta edad en otoño. A menudo conservan algunas secundarias juveniles, pero esto se percibe mejor por la parte superior del ala. Las partes inferiores de este ejemplar aún tienen apariencia muy juvenil; otros, de edad similar, ya tienen las plumas del cuerpo mayoritariamente de tipo adulto.

muda de primarias alcanza p6 (caída)

p7–10 aún juv.; puntas un poco desteñidas

manchas en forma de lágrima, típicas de inm. (pero muchos individuos de esta edad ya con barrado típico de adulto)

◀ Adulto (junio)
Un ejemplar oscuro. La "U" pálida en el pecho está parcialmente cubierta por las plumas oscuras, pero su presencia es, junto a otros rasgos, característica, y ayuda a diferenciarlo de otras especies oscuras. El iris oscuro y el patrón de la cola, con una banda subterminal ancha, son típicos del adulto.

▶ Juvenil (agosto)
Un ejemplar intermedio. Los juveniles tienen el plumaje nuevo, sin límites de muda, y el iris pálido, con listado en las partes inferiores. Algunos, como este individuo, tienen un patrón relativamente parecido a un barrado en los flancos y, ocasionalmente, incluso en el pecho.

▼ Subadulto/tipo 3ᵉʳ año cal. (enero)
Ya prácticamente como adulto, pero véanse los rasgos destacados que apuntan a subadulto. En reposo, el datado resulta complicado, a veces imposible; en vuelo el estadio de muda de plumas de vuelo es más fácil de evaluar.

▼ Juvenil (noviembre)
Un ejemplar muy pálido, pero no inusual en el NO de Europa. El datado se basa especialmente en el color del iris, las coberteras con un desgaste uniforme y el patrón de la cola. La base blanca de las rectrices podría propiciar una confusión con el busardo calzado, pero este tiene, entre otras características, la región ventral oscura y pocas barras en la cola, concentradas además cerca de la punta (véase su ficha y compárese con el busardo ratonero de apariencia similar a busardo calzado, p. 222).

iris más pálido

patrón intermedio entre juv. (listado) y adulto (finamente barrado)

patrón cefálico típico de individuos pálidos (blanco con lista malar oscura y píleo listado)

secundarias más cortas y desteñidas indicativas de plumas juv.

márgenes blancos de las coberteras que crean un panel alar (especialmente visible en vuelo)

barrado uniforme, sin banda terminal ancha, típico de juv.

base de la cola blanca

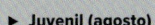

Busardo de estepa *Buteo buteo vulpinus*

L 46 cm, E 112 cm | Verano, E Europa

Aligot comú "d'estepa" CAT
Zapelatz arrunt estepakoa EUS
Buxato estepario GAL

MORFOS DE COLOR

Este taxón se considera una subespecie de busardo ratonero, con una zona de intergradación extensa en el NE de Europa. La distribución de cría se ha contraído hacia el este en las últimas décadas. Las poblaciones del NE de Suecia y Finlandia han prácticamente desaparecido y han sido reemplazadas por la subespecie nominal *buteo*. Como esta, *vulpinus* también es muy variable en su plumaje, y hay aproximadamente 4 morfos identificables (con frecuentes plumajes intermedios): pardo-gris, rojizo, pardo y oscuro. El morfo pardo-gris es muy similar al nominal *buteo*, y ocurre principalmente en el oeste de su distribución y en zonas de intergradación. Por lo tanto, muchos ejemplares de este morfo no se pueden identificar con seguridad. Un morfo pálido no existe, como sí ocurre en el nominal *buteo*. Los morfos rojizo, pardo y oscuro son más uniformes y caen fuera de la variabilidad natural de *buteo*, pero pueden resultar casi idénticos, en plumaje, al ratonero moro, en sus respectivos morfos. La anchura de las rectrices de tipo adulto difiere con respecto al nominal *buteo*. Las rectrices juveniles de ambos taxones son estrechas, pero en *vulpinus* las plumas de tipo adulto casi no aumentan en anchura (t1 ≤ 43 mm). En el nominal *buteo*, las rectrices de tipo adulto son bastante más anchas (t1 ≥ 49 mm). Esta diferencia es, a veces, con experiencia, y en los casos más evidentes, visible en el campo o en fotografías de calidad.

▼ **Adulto, morfo rojizo (marzo)**
Este tipo de plumaje no se da en la subespecie nominal *buteo*. El busardo moro puede ser muy similar, pero véanse las diferencias señaladas. El patrón de las plumas de vuelo y el color de fondo blanco es típico de todos los plumajes, pero también compartido con el busardo moro (véase su ficha).

infracoberteras pequeñas y medianas más oscuras que las grandes (cf. busardo moro)

coloración uniforme (cf. busardo moro)

mancha carpal no claramente negra (cf. busardo moro

borde posterior negro patente en los adultos de todos los morfos, que contrasta con el color de fondo blanco de la base de las plumas

barrado fino (a diferencia del nominal *buteo*)

una de las pocas primarias centrales no mudadas durante el último ciclo (más pálida que el resto), típico del adulto (a diferencia del nominal *buteo*)

▼ **Adulto, morfo pardo-gris (marzo)**
El morfo más difícil de distinguir con seguridad de la subespecie nominal *buteo*. Este ejemplar, sin embargo, muestra un barrado típico muy fino en las secundarias, sobre un fondo blanco puro, primarias externas completamente lisas, una "U" pálida en el pecho muy desdibujada y una cabeza uniforme con tinte gris. Un barrado similar en las secundarias (barras oscuras < 50 % más finas que las franjas pálidas que las separan) solamente se da en el nominal *buteo* en los individuos de morfo pálido más blancos. Algunos pueden resultar más similares al nominal *buteo* y no se pueden diferenciar con seguridad de los ejemplares procedentes de las zonas de intergradación. Los individuos nominales puros también pueden mostrar rasgos que se acercan a los del busardo de estepa, por ejemplo, bases blancas de las plumas de vuelo, barrado más fino en estas, las 5 primarias externas lisas, y cola, cuerpo y coberteras de coloración pardo rojiza. Una identificación segura de este morfo (en observación de campo) fuera de su distribución regular es poco factible.

▼ **Adulto, morfo pardo (marzo)**
Los ejemplares de este morfo tienen las infracoberteras alares y las partes inferiores de color pardo oscuro, bastante lisas; son más oscuros que los de morfo rojizo pero más claros que los de morfo oscuro. Sin embargo, ejemplares intermedios de todo tipo son posibles. Muy similares al busardo moro de morfo rojizo (véanse las diferencias entre los morfos rojizo y pardo de busardo de estepa, y busardo moro, en la p. 216–219).

borde posterior contrasta mucho con la parte interna de las plumas de vuelo, blanca, finamente barrada

relativamente oscuro (cf. busardo moro)

5 primarias externas (p6–10) lisas

▶ Adulto, morfo oscuro (marzo)
En cuanto al plumaje, es idéntico o extremadamente parecido al busardo moro del mismo morfo (véase p. 216–219). El tamaño considerablemente menor y la estructura sutilmente diferente (más compacto a causa de unas alas más cortas, pico más pequeño) son a menudo las únicas diferencias con el busardo moro de morfo oscuro.

pardo negruzco, generalmente uniforme

algunos ejemplares también tienen las primarias externas barradas

▼ Juvenil, morfo pardo-gris (octubre)
Las reglas para el datado son las mismas que en la subespecie nominal *buteo*, y aquí indican que se trata de un juvenil, por las partes inferiores listadas, borde posterior del ala difuso, ausencia de banda terminal ancha en la cola, plumaje nuevo y uniforme en otoño, e iris claro. Las alas son mas estrechas que en el nominal *buteo*, lo cual da una apariencia más larga a la cola (teniendo en cuenta que los juveniles de ambos taxones tienen las alas más estrechas que los adultos).

típicamente patrón marcado, a menudo con banda terminal ancha

barrado más fino que en el nominal *buteo*: barras oscuras < 50 % de la anchura de las franjas claras intermedias

partes inferiores con listado uniforme; "U" pálida en el pecho ausente o muy desdibujada (cf. nominal *buteo*)

▼ 3er año cal. (abril)
Plumaje prácticamente adulto, pero la muda de plumas de vuelo aún no se ha completado, en la mayoría de casos. El iris, apenas visible aquí, es relativamente claro.

p9–10 juv. retenidas

▼ 2º año cal. (abril)
A principio de primavera, las aves de 2º año cal. aún tienen un plumaje básicamente juvenil (en morfos pálidos, con las partes inferiores listadas uniformemente, a diferencia de la mayoría de nominales *buteo*). La muda de plumas de vuelo se inicia durante, o justo antes de, la migración primaveral. La primaria más interna es generalmente la primera en reemplazarse. Sin embargo, no son raros los ejemplares que aún tienen todas las plumas juveniles en primavera. Las puntas negruzcas de las plumas de 2ª generación (aquí solo una) contrastan con el resto de primarias y secundarias, ya desteñidas (a menudo más desteñidas que en el nominal *buteo*, probablemente a causa de una mayor exposición a la radiación solar en los cuarteles de invierno).

secundaria juv. retenida, muy gastada (corta, con punta oscura pequeña y desteñida)

primera primaria mudada (p1), más nueva y con la punta más ancha

barrado muy fino, típico en comparación con el nominal *buteo*

Busardo de estepa *Buteo buteo vulpinus*

▼ **Adulto, morfo rojizo (marzo)**
Un patrón cefálico más uniforme que en el nominal *buteo* es indicativo de *vulpinus* en todos los plumajes.

lista ocular oscura

cabeza relativa-mente oscura y con poco contraste (cf. busardo moro)

a menudo coloración oscura más uniforme que en el busardo moro

márgenes blancuzcos o algo rojizos (cf. busardo moro)

parte superior de las plumas de vuelo algo gris, en vuelo a menudo se aprecia como un tinte grisáceo

patrón típico (rojizo con barrado fino, desvane-ciéndose hacia la base)

en el adulto, la punta del ala frecuentemente sobrepasa la punta de la cola (cf. nominal *buteo* y busardo moro)

▶ **Tipo adulto, morfo pardo-gris (mayo)**
En esta imagen, o fuera de su distribución regular, no se puede separar con segu-ridad del nominal *buteo*. La cabeza con poco contraste, tinte grisáceo y lista ocular oscura, las rectrices aparente-mente estrechas y con un barrado central fino, y el barrado fino y pardo en el vientre e infracoberteras caudales son indicativos de *vulpinus*, pero no descartan un ejemplar procedente de zonas de intergradación con *buteo*. El ojo oscuro, el patrón de la cola y las partes inferiores barradas confirman que se trata de un adulto.

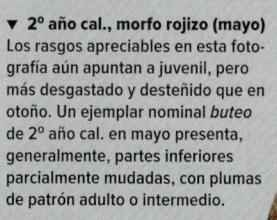

▼ **2º año cal., morfo rojizo (mayo)**
Los rasgos apreciables en esta foto-grafía aún apuntan a juvenil, pero más desgastado y desteñido que en otoño. Un ejemplar nominal *buteo* de 2º año cal. en mayo presenta, generalmente, partes inferiores parcialmente mudadas, con plumas de patrón adulto o intermedio.

◀ **Juvenil (octubre, Egipto)**
Basándose en la localización de la fotografía, debería tratarse de *vulpinus*, pero las características del plumaje apuntan más a nominal *buteo*: barrado de las rémiges (y rectrices) relativamente ancho, que se extiende hacia las primarias externas (aproximadamente hasta p6), con color de fondo un poco marrón. Este ejemplar es, o bien una variante extrema de busardo de estepa, o bien un intermedio procedente de zonas de confluencia de las dos subespecies, o bien un nominal *buteo* que ha alcanzado una región excepcionalmente meridional.

▼ **Juvenil, morfo rojizo (septiembre)**
Un juvenil típico, como indica el ala de tipo juvenil (cada grupo de coberteras con patrón similar y uniforme y márgenes más claros), el listado del pecho y el iris claro. Este ejemplar tiene un plumaje muy similar al busardo moro, por la tonalidad rojiza de los márgenes de las coberteras y escapulares, pero la cabeza tiene un listado oscuro, y la estructura menos robusta con el pico más pequeño es impropia de aquella especie.

Patrones caudales de busardo de estepa

▼ Adulto, morfo rojizo
El patrón caudal clásico: rojizo, con barrado limitado a la punta; en algunos ejemplares, este puede ser ausente, como sucede en el busardo moro adulto, pero en *vulpinus* el color de fondo no se va aclarando de forma notable hacia la base. Las rectrices de tipo adulto son más estrechas que las del nominal *buteo* de tipo adulto (< 41 mm vs. > 47 mm). En los dos taxones, las rectrices juveniles son relativamente estrechas, con solapamiento en las medidas.

▼ Adulto, morfo pardo-gris
El barrado fino es típico (las barras oscuras son < 50 % más estrechas que las franjas claras entremedio), pero hay solapamiento con algunos ejemplares de la subespecie nominal *buteo* (generalmente de morfo pálido). Además, la combinación de pardo rojizo y gris claro se produce frecuentemente; cuando esta se da en un ejemplar nominal *buteo*, el gris es generalmente más "sucio" y oscuro en las hemibanderas externas de las rectrices exteriores.

▼ Adulto, morfo oscuro
Muchos adultos y juveniles de este morfo muestran un patrón caudal típico: barras oscuras menos numerosas pero anchas sobre fondo gris claro. Otros individuos de este morfo tienen el barrado más fino, pero mantienen el fondo gris claro.

▼ Juvenil, morfo rojizo
Las rectrices juveniles muestran un barrado a menudo ligeramente más ancho y numeroso que en el adulto. La coloración rojiza uniforme, con el barrado desvaneciéndose hacia la base, es típica. La forma de las rectrices juveniles en la punta es un poco puntiaguda; las adultas, en cambio, son más redondeadas.

▼ Juvenil, morfo pardo-gris
Este patrón caudal se solapa con el nominal *buteo*, pero la combinación de rojizo y gris claro en la coloración de fondo es indicativa de *vulpinus*. Los ejemplares procedentes de las zonas de intergradación del E de Europa muestran frecuentemente esta coloración.

Busardo moro *Buteo rufinus*

L 54 cm, E 142 cm | Casi todo el año, SE Europa

Aligot rogenc CAT
Zapelatz handia EUS
Buxato mouro GAL

MORFOS DE COLOR

Es una especie variable, con 3 morfos de color, que corresponden parcialmente a los que presenta el busardo de estepa: morfo pálido (el más común), rojizo y oscuro, así como variantes intermedias. En cuanto al plumaje, el morfo rojizo, con partes inferiores bastante uniformes, y el morfo oscuro (y ejemplares intermedios) son prácticamente idénticos al busardo de estepa del mismo morfo.

▼ Adulto, morfo pálido (mayo)
Un adulto muy pálido; este tipo de plumaje no se produce en el busardo de estepa.

▼ Adulto, morfo rojizo (mayo)
El morfo más común. Algunos busardos de estepa también tienen la cola completamente lisa, pero el patrón de las partes inferiores y de las infracoberteras alares que muestra el ejemplar de la imagen son típicos de la especie. Además del plumaje, la estructura es también diferente del busardo de estepa: cabeza más sobresaliente, cola larga y mano también. El ojo oscuro y la cola lisa, entre otras características, indican que se trata de un adulto.

borde posterior no especialmente ancho (cf. busardo de estepa adulto)

barrado fino en este morfo (como en el busardo de estepa)

a menudo casi completamente negro

"destello" pálido (en la parte superior) que destaca frecuentemente

apenas más oscuras que otras coberteras (cf. busardo de estepa)

cabeza entera pálida

pálido y liso

zona alrededor del muslo y del vientre oscura, sin barrado (cf. busardo de estepa)

▶ Adulto, morfo oscuro (mayo)
Este llamativo morfo (que solo se produce en la subespecie nominal *rufinus*) es idéntico a algunos ejemplares de morfo oscuro de busardo de estepa. En este, el barrado de las plumas de vuelo acostumbra a ser más fino, pero un barrado más ancho, que alcanza las primarias externas (como en el ejemplar de la imagen) también se da, aunque raramente, en el busardo de estepa. La identificación en el campo es posible, con experiencia, y habitualmente no muy complicada, gracias al tamaño claramente superior y a una estructura distinta (la cabeza sobresale más y la cola y la mano son más largas).

▼ Juvenil, morfo pálido (noviembre)
Un ejemplar con las partes superiores relativamente oscuras y uniformes. Estas aves pueden parecer similares tanto a un busardo ratonero nominal *buteo*, como a un busardo de estepa *vulpinus*; las características señaladas crean una combinación típica. Además, la cabeza sobresaliente es típica del busardo moro, especialmente de la subespecie *rufinus*. Un iris tan claro solo aparecería en un busardo ratonero juvenil de la forma más pálida, que acostumbra a tener las coberteras y las escapulares blancas.

panel rojizo

◄ Adulto (abril)
Este ejemplar muestra unas partes superiores características: la cola es, con diferencia, el área más pálida (rojiza a grisácea) y las coberteras pequeñas forman un panel rojizo en la parte superior del ala.

cola juv. con patrón parecido al de busardo de estepa

iris claramente pálido; línea ocular oscura

márgenes de las plumas parduzcos

la cola es el punto más claro de las partes superiores

blanco patente y liso, con un barrado mínimo y muy fino

▼ Juvenil, morfo pálido (enero)

contraste marcado entre las coberteras y las secundarias (raro en busardo de estepa)

► Juvenil, morfo rojizo (febrero)
Las infracoberteras alares internas son, en general, pálidas en los morfos claros (también en los adultos). Las infracoberteras pequeñas suelen ser apenas un poco más oscuras que el resto de coberteras internas, y constituyen una diferencia útil para diferenciarlo de los morfos claros (pardo-gris y rojizo) de busardo de estepa. La mancha sólida y oscura alrededor de los flancos, vientre y muslos que muestra este ejemplar también es útil para distinguirlo del busardo de estepa, pero otros individuos pueden tener el plumaje menos liso en esta zona, diferenciándose poco entonces. En febrero, un ejemplar, con el iris claro, listado fino en el pecho e infracoberteras alares, y cola completamente barrada, es un juvenil de 2º año cal.

a menudo negro sólido, que contrasta fuertemente con el resto de infracoberteras

infracoberteras pequeñas apenas más oscuras que las infracoberteras grandes (cf. busardo de estepa)

▼ 3er año cal. (mayo)
Casi como un adulto, pero el iris no es aún del todo oscuro y todavía muestra algunas plumas de vuelo juveniles, retenidas, que serán sustituidas en el curso del año. Las secundarias juveniles son particularmente patentes por ser más marrones y cortas que las mudadas.

p9 juv.

barrado uniforme

secundarias juv.

iris aún relativamente claro

típicamente, pardo oscuro liso (creando una mancha extensa en la zona de los flancos y el vientre)

Busardo moro *Buteo rufinus*

▼ **Adulto, morfo pálido (mayo)**
Un ejemplar clásico. El patrón prominente de las plumas de las partes superiores y de las coberteras (centro oscuro con margen rojizo ancho) no se produce en el busardo de estepa. La cola lisa y el iris oscuro indican que se trata de un adulto (≥ 4º año cal.).

centros oscuros y márgenes anchos anaranjados en todas las plumas (cf. busardo de estepa)

naranja claro característico, volviéndose grisáceo o blanquecino hacia la base

▼ **Juvenil (agosto)**
Un ejemplar con plumaje nuevo del común morfo rojizo.

▼ **Juvenil, morfo pálido (noviembre)**
Este ejemplar, fotografiado en Omán, muestra un desgaste superior al de la mayoría en Europa en otoño, posiblemente a causa de la fuerte radiación solar de aquella región. Un plumaje similar se puede encontrar en Europa en primavera/verano, concerniendo aves de 2º año cal. Un individuo muy pálido, como el de la imagen, en el que las plumas de los flancos y los muslos no forman una mancha sólida, no es típico, pero tampoco raro, y algunos pueden ser incluso más pálidos.

▼ **2º año cal., morfo rojizo (mayo)**
Muy similar al busardo de estepa del mismo morfo de color, pero nótense las diferencias señaladas. La mayoría de rasgos que lo distinguen del busardo de estepa son sutiles, pero el manto, con patrón muy contrastado, es patente incluso desde la distancia. Este morfo a menudo no tiene la cabeza pálida, típica de los ejemplares más pálidos, lo cual le acerca más al busardo de estepa en apariencia. Además, el patrón caudal que muestra el ejemplar de la fotografía es idéntico al de muchos busardos de estepa inmaduros. La línea amarilla en la base de las mandíbulas acostumbra a ser más larga que en el busardo de estepa y, frecuentemente, también de tonalidad más brillante. El iris claro indica que se trata de un inmaduro, y el ala uniformemente desgastada, así como la cola finamente barrada, son típicos de un individuo fundamentalmente juvenil en su 2º año cal.

robusto en comparación con el busardo de estepa

cabeza grande

patrón prominente (cf. busardo de estepa)

línea de las mandíbulas llega hasta la mitad del ojo

pardo bastante rojizo (cf. busardo de estepa)

tarso grueso en comparación con el busardo de estepa

Patrones caudales de busardo moro

▼ Adulto, morfo pálido/rojizo

Patrón y coloración típicos de la mayoría de adultos, con la excepción de los ejemplares de morfo oscuro. El contraste entre la parte superior de la cola tan pálida y la parte superior del cuerpo relativamente oscura a menudo destaca, a diferencia del busardo de estepa. Este ejemplar muestra algunas marcas mínimas (barrado) en la punta de ciertas rectrices, indicando posiblemente un adulto.

▼ Juvenil, morfo pálido/rojizo

barrado fino,
relativamente uniforme

casi sin barrado a partir de la 3ª generación

coloración típicamente anaranjada (cf. busardo de estepa de morfo rojizo)

típicamente mucho blanco en la base de las hemibanderas internas de las rectrices, que se aproxima a la punta

▼ Adulto, morfo oscuro

En contraste con otros morfos, las rectrices muestran un barrado denso y a menudo ancho. El busardo de estepa de morfo oscuro tiene un patrón caudal (casi) idéntico, pero el barrado raramente es tan ancho como el mostrado aquí, más típico de busardo moro. El patrón caudal del juvenil de morfo oscuro (y de las aves más oscuras de morfo rojizo) también muestra un barrado ancho, pero no cuenta con una banda terminal patente.

▼ Subadulto, morfo rojizo/pálido

Los ejemplares de tipo adulto que mantienen un cierto barrado en la cola no han alcanzado aún la plena edad adulta. Las manchas débiles y el color de fondo grisáceo (desteñido) de este ejemplar, en marzo, son típicos de unas rectrices de 2ª o 3ª generación, lo cual encaja con un individuo de 3er o 4º año cal.

aún algunas marcas

Busardo del Atlas *Buteo rufinus/buteo cirtensis*

L 48 cm, E 118 cm | Divagante de N África

Aligot rogenc africà CAT
Zapelatz magrebtarra EUS
Buxato magrebí GAL

TAXONOMÍA

El estatus taxonómico del busardo del Atlas no está aún del todo determinado, pero hay indicios de que está más relacionado con el busardo ratonero que con el busardo moro. La hibridación con el busardo ratonero ocurre en el N de Marruecos y en el S de España y Portugal. Estos híbridos, conocidos comúnmente con el nombre de busardo "de Gibraltar", han formado una población en esta región, y tienen una apariencia a menudo muy similar al busardo de estepa.

▼ Adulto, morfo pálido (enero)

Un ejemplar pálido. Las plumas pardo rojizas alrededor de los muslos y los flancos son típicas de los adultos de este taxón (en lugar de pardo oscuro, en el busardo moro; este ejemplar no es extremadamente pálido en estas zonas). La cola de este individuo es idéntica a la del busardo moro, pero muchos adultos mantienen un cierto barrado cerca de la punta, incluso en edades avanzadas. Las bases pálidas de los dedos en algunos adultos raramente aparecen en otras especies de busardo en Europa. Aparentemente, no existe morfo oscuro.

▶ Adulto (diciembre)

La subespecie *cirtensis* es bastante más pequeña que el busardo moro, con una cabeza proporcionalmente más grande y redondeada. La estructura compacta en comparación con el busardo moro también se aprecia en esta imagen.

a menudo bases pálidas de los dedos que, a veces, dejan ver un cierto barrado

marcas negras muy reducidas (cf. *rufinus*)

ligeramente más oscuras que la mayoría de *rufinus*

listado típico, con la excepción de los ejemplares más pálidos (cf. *rufinus*)

cabeza relativamente ancha

los adultos completos muestran frecuentemente un cierto barrado (a diferencia de *rufinus*)

◀ Probable busardo "de Gibraltar" (híbrido de busardo del Atlas × busardo ratonero nominal *buteo*), juvenil (septiembre)

Este tipo de híbridos procedentes del extremo NO de África y del S de la península Ibérica puede tener una apariencia extremadamente similar al morfo pardo-gris de busardo de estepa, a un busardo del Atlas puro y a algunos ejemplares de la subespecie nominal *buteo*. Sin embargo, el barrado de la cola y de las secundarias de este individuo es (demasiado) ancho tanto para un busardo de estepa como para un busardo del Atlas puro. Fuera de la distribución conocida, la identificación de estos plumajes suele ser imposible.

▼ Juvenil (enero)

Típicamente, patrón más marcado en la cabeza, pecho e infracoberteras alares, que en el busardo moro, pero la identificación de ejemplares fuera de su distribución sigue siendo problemática. El iris muy claro es típico de juveniles de los dos taxones.

listado oscuro y extenso (cf. busardo moro)

barrado fino (cf. probable busardo "de Gibraltar")

relativamente oscuro y listado (cf. *rufinus*)

Patrones caudales del busardo del Atlas

▼ **Adulto**

El barrado retenido resulta típico, a diferencia del adulto de busardo moro. Las rectrices del busardo de estepa adulto pueden ser idénticas, pero las zonas blancuzcas, si están presentes, generalmente quedan restringidas a la base. El contraste entre la cola y las supracoberteras caudales es a menudo menos patente que en el busardo moro.

▼ **Adulto**

La combinación de un color de fondo grisáceo y una banda subterminal oscura se da con bastante frecuencia y es típica, en comparación con el busardo moro.

▼ **Juvenil**

El patrón de la cola en el juvenil es particularmente parecido al del juvenil de busardo de estepa de morfo pardo-gris. Los juveniles de busardo moro que muestran un patrón más prominente también se acercan a este patrón, pero muestran, generalmente, un barrado más fino. El busardo ratonero nominal *buteo* y el busardo "de Gibraltar" (en el sur de la península Ibérica) tienen patrones que se solapan con este.

▼ **Tipo 2º año cal.**

Este patrón se solapa especialmente con el morfo pardo-gris de busardo de estepa. En el busardo moro, las rectrices de 2ª generación frecuentemente mantienen un cierto barrado, pero no tan extenso como el de la fotografía.

plumas juv.

plumas de 2ª generación aún bastante barradas

Busardo calzado *Buteo lagopus*

L 55 cm, E 137 cm | Verano, N Europa; invierno, C y N Europa

▼ Adulto ♀ (abril)
La identificación resulta bastante fácil: infracoberteras alares pálidas, mancha carpal negra, cola blanca con banda terminal oscura, barrado típico en las secundarias y primarias (véase juvenil) y vientre oscuro. A lo lejos, parece más un tipo juvenil que un ♂ adulto, pero con la garganta y parte superior del pecho oscuros. En la imagen se señalan las diferencias con el ♂ adulto. Algunas ♀♀ pueden resultar más parecidas a ♂♂ a causa de, por ejemplo, 2 o más franjas caudales, infracoberteras alares con patrón más grueso, o la mancha oscura en la región ventral menos sólida.

VARIACIÓN

La especie de busardo menos variable en Europa, y la única con un dimorfismo sexual evidente en plumaje adulto. Aun así, la variabilidad individual de los adultos es bastante grande, lo cual resulta en algunos ejemplares imposibles de sexar, aunque sí fáciles de identificar a nivel específico. Los juveniles solo muestran una cierta variación en la cantidad de marcas en las supracoberteras alares y escapulares.

negro uniforme

listado
disperso

▼ Adulto ♂ (junio)
Un ejemplar típico. Ausencia de mancha ventral, mientras que la garganta y parte superior del pecho forman una zona oscura uniforme.

uniformemente
oscuro

negro menos sólido
que la ♀ adulta (cf.)

patrón grueso y
contrastado
(cf. ♀ adulta)

más oscuro que
el vientre y
el flanco

banda ancha y bien definida;
a veces, también algunas
finas, difusas o incompletas

negro menos sólido
que en la ♀ adulta;
a menudo barrado,
como aquí

bandas múltiples,
más anchas que en
busardo ratonero

■ Busardo ratonero de apariencia similar a busardo calzado, 2º año cal. (enero)
Los busardos ratoneros observados cerniéndose, que compartan algunas otras características con el ratonero calzado, pueden causar confusión. Este ejemplar muestra la parte inferior del ala y las partes inferiores del cuerpo con una apariencia similar a la del busardo calzado juvenil, especialmente desde una cierta distancia. Además de la (muchas veces difícil de ver) presencia o ausencia de tarso plumado, el patrón caudal es diagnóstico: en el busardo ratonero el barrado es fino, numeroso y apenas debilitado hacia la base; en el busardo calzado el barrado es ancho, con solo 1–4 bandas concentradas en la punta.

▼ Juvenil (febrero)
En este plumaje, habitualmente resulta fácil de identificar. No hay ninguna otra rapaz con la parte inferior del ala similar (aunque, excepcionalmente, el busardo ratonero puede acercarse mucho): plumas de vuelo blancas con barrado únicamente cerca de la punta, infracoberteras alares pálidas y lisas, y mancha carpal negra. El patrón caudal también es diagnóstico (un busardo ratonero con la base de la cola blanca tiene numerosas barras oscuras), como lo es el patrón de las partes inferiores. Se cierne a menudo y de forma persistente, pero muchos busardos ratoneros también lo hacen.

combinación de mancha carpal
negra uniforme y resto de
coberteras poco marcadas
(como en el busardo calzado)

ausencia de margen
anterior blanco
(a diferencia del
busardo calzado)

píleo oscuro uniforme
(a diferencia del
busardo calzado)

base de las plumas
lisa (como en el
ratonero calzado)

mancha oscura
ventral (como en
el busardo calzado)

tarso no plumado
(a diferencia del
busardo calzado),
diagnóstico

barrado fino y uniforme
(a diferencia del busardo
calzado), diagnóstico

parte inferior
del ala con
patrón típico

"ventana"
pálida a
menudo patente

blanco liso

siempre oscuro,
contrasta con
el resto

banda terminal
ancha pero difusa
(cf. adulto)

tarso plumado a
menudo difícil de ver

▼ 2º año cal., probablemente ♀ (septiembre)

Plumaje todavía de tipo juvenil, pero nótense las diferencias señaladas. Las rectrices renovadas ya tienen el patrón típico de la ♀ y la mancha carpal sólida y negra, junto con las infracoberteras alares poco marcadas son rasgos también consistentes con este sexo. El patrón de las partes inferiores y de las infracoberteras alares en esta edad acostumbra a ser intermedio entre juvenil y adulto. La muda de plumas de vuelo no se ha completado (generalmente retiene 2–4 primarias externas juveniles y algunas secundarias). Estas plumas juveniles no serán reemplazadas hasta la primavera del 3er año cal., lo cual permite datar ejemplares inmaduros (posjuveniles) durante el invierno.

p8 en crecimiento

p9–10 juv.

iris oscuro (cf. juv.)

banda negra con borde nítido

última rectriz juv.

secundarias juv. (más cortas y con punta negra menos extensa)

▼ Juvenil (diciembre)

Un ejemplar típico. El iris claro y el borde posterior del ala grisáceo (en lugar de negro), así como la banda caudal, son rasgos importantes para el datado.

borde anterior forma un frente pálido patente

cuando remonta, mantiene el brazo ligeramente levantado y la mano recta (como el busardo moro)

▼ Juvenil (febrero)

Un ejemplar relativamente oscuro. La mayoría tiene algunas marcas pálidas en las coberteras pero, por lo demás, los juveniles no son muy variables. En esta imagen, difiere del busardo ratonero por la combinación de plumas ventrales pardas uniformes y cabeza pálida con lista ocular oscura. No se aprecia barrado en la parte inferior de la cola, que en el busardo ratonero estaría presente. Además, la punta del ala llega hasta la punta de la cola (en el busardo ratonero no la alcanza).

iris claro, como sucede en todos los juv. del género

cabeza pálida con lista ocular oscura y lista superciliar muy ancha (cf. busardo ratonero pálido)

▶ Adulto ♂ (enero)

El patrón caudal, las escapulares muy contrastadas, el vientre parcheado y el color de fondo grisáceo de las terciarias (y a menudo de las secundarias) son típicos del ♂ adulto, pero algunas ♀♀ de edad avanzada pueden tener un plumaje similar. Unas bandas caudales tan anchas no se producen nunca en el busardo ratonero.

mancha oscura y sólida

secundarias uniformemente oscuras (cf. adulto)

a menudo oscurece difusamente (cf. adulto)

ala larga, frecuentemente alcanzando la punta de la cola o más

Abejero europeo *Pernis apivorus*

L 55 cm, E 120 cm | Verano, casi toda Europa

▼ Adulto ♂ (junio)

Las partes inferiores y las infracoberteras alares con un color de fondo blanco y moteado oscuro, como en este ejemplar, son características de este plumaje habitual; las ♀♀ adultas raramente (o nunca) tienen un moteado tan escaso.

las puntas negras de las plumas de vuelo forman un borde posterior del ala ancho y bien definido (cf. ♀ adulta)

área lisa extensa sin patrón prominente, excepto por un barrado gris, difuso y poco visible, en las secundarias (cf. ♀ adulta y juv.)

mancha carpal larga u ovalada en todos los plumajes (cf. busardos)

gris azulado uniforme (cf. ♀ adulta)

VARIACIÓN

Las partes inferiores e infracoberteras alares de los ♂♂ adultos, ♀♀ adultas y juveniles son extremadamente variables, pero el patrón de las plumas de vuelo en los ♂♂ adultos y juveniles es bastante constante, mientras que solo hay una cierta variabilidad en las ♀♀ adultas. Aunque muy variable, en cada ejemplar hay una clara correlación entre el patrón de las partes inferiores y el de las infracoberteras alares. Los ♂♂ adultos pueden ser enteramente negros hasta casi blancos. El plumaje más habitual tiene el color de fondo blanco con un moteado oscuro moderadamente extenso en las partes inferiores e infracoberteras alares. Las ♀♀ adultas varían entre pardo rojizo uniforme y negro, hasta blanco con moteado disperso. El plumaje más común en las ♀♀ tiene color de fondo blanco con moteado oscuro y denso que forma un barrado incompleto o "roto" en las partes inferiores y en las infracoberteras alares. Los juveniles pueden ser pardo rojizos, negros, y hasta blancos con un listado fino; el plumaje más común tiene las partes inferiores y las infracoberteras alares pardas y uniformes.

▶ Adulto ♂ (mayo)

Este ejemplar tiene las partes inferiores y las infracoberteras alares de color pardo casi uniforme; nótese la similitud entre estas dos áreas. Algunos individuos son casi negros. El patrón de las plumas de vuelo no se ve influido por la coloración o el patrón del cuerpo, y este es típico en un ♂ adulto. El patrón caudal también lo es, con una banda fina a la altura de las puntas de las infracoberteras caudales (compárese con ♀), dejando una zona extensa y lisa en la parte central de la cola, similar al patrón de las secundarias.

barrado gris difuso además del barrado más patente, típico de ambas especies de abejero en todos los plumajes, pero a menudo no visible en observación de campo

patrón caudal típico, con solo dos franjas finas en la base

▼ Adulto ♂ (junio)

Un ♂ adulto típico. Esta imagen muestra las zonas con menos variabilidad.

bastante uniforme (cf. ♀ adulta)

amarillo brillante (cf. juv.)

cera gris indistinta (cf. juv.)

borde muy ancho que contrasta con la parte interna de las secundarias gris (cf. ♀ adulta)

en los adultos, puntas oscuras casi angulares de las primarias externas (a diferencia de otras rapaces, con la excepción del abejero oriental)

▼ Adulto ♂ (junio)

partes superiores bastante uniformes (cf. ♀ adulta)

bases pardas y franja oscura muy ancha en las secundarias que forma el borde posterior del ala (cf. ♀ adulta y otras rapaces)

▶ Adulto ♀ (mayo)

Este ejemplar se encuentra a medio camino entre los individuos de patrón más prominente y los más uniformemente oscuros. Estos plumajes no se describen como morfos porque hay una gradación continua entre ellos; aun así, los que tienen un patrón prominente son la mayoría. Las ♀♀ adultas con patrón débil son una minoría, pero en cambio frecuentes en el caso de los ♂♂. Algunos, probablemente ♀♀ de edad avanzada en muchos casos, pueden mostrar una zona gris azulada alrededor del ojo, extrema en el ejemplar de la imagen. El patrón de las primarias es, en cambio, típico de una ♀. Algunos pueden ser incluso más parecidos a un ♂ cuando el patrón de las plumas de vuelo se asemeja al de aquel sexo también. El patrón caudal de este ejemplar es muy común y casi no difiere del típico de ♂, aunque aun así es identificable. Algunas ♀♀ adultas pueden tener la banda oscura de la cola en una posición más central, hecho que no se produce en el ♂ adulto.

puntas oscuras con bordes difusos (cf. ♂ adulto)

banda oscura a través de la base de los dedos; si se encuentra presente, típica de ♀ adulta

cantidad de barrado variable (este ejemplar es intermedio), más que en el ♂ adulto

franja relativamente ancha justo por detrás de las infracoberteras caudales (compárese con ♂)

habitualmente redondeada (más cuadrada en el busardo ratonero)

▶ Adulto ♀ (agosto)

Un ejemplar muy oscuro; los ♂♂ pueden tener un plumaje similar en el cuerpo, pero difieren en el patrón de las plumas de vuelo. Las diferencias señaladas se aplican a todos los plumajes. Las patas cortas en relación con el borde posterior del ala son compartidas con los milanos. Los juveniles tienen el brazo más estrecho, de manera que la relación entre la base de los dedos y el borde posterior del ala es menos útil.

en vuelo directo de planeo el codo del ala se mantiene claramente doblado

cabeza relativamente pequeña

patas cortas; base de los dedos a la altura del borde posterior del ala (cf. busardos)

▼ Adulto ♀ (mayo)

El patrón irregular de las coberteras en la ♀ adulta puede parecerse al del busardo ratonero, pero los adultos de ambos sexos tienen el iris amarillo brillante y la cera gris (lo contrario del busardo ratonero adulto).

cera del mismo color que el pico

generalmente, coberteras con patrón irregular

▶ ♀ (agosto)

Este ejemplar, fotografiado en migración activa en el S de España, tiene las primarias externas extremadamente gastadas, lo cual, en combinación con el tipo de barrado (que alcanza hasta bien adentro de los dedos), apunta a primarias juveniles y, por lo tanto, a un ave de 2º año cal. La gran mayoría de aves de 2º año cal. no regresa a Europa (se queda en los cuarteles de invierno en África). Los adultos reemplazan algunas primarias internas antes de emprender la migración postnupcial, donde completan la muda, pero raramente, o nunca, muestran un contraste tan acusado.

Abejero europeo *Pernis apivorus*

▼ Juvenil (octubre)
La estructura de los juveniles en vuelo difiere considerablemente de la de los adultos, por tener unas alas más estrechas, lo cual genera una silueta un poco más parecida a la de los aguiluchos. Este plumaje puede causar confusión con el busardo ratonero.

bases lisas
(cf. busardo ratonero)

infracoberteras grandes
pálidas; infracoberteras
medianas, oscuras
(cf. busardo ratonero)

color de fondo
oscuro con pocas
bandas oscuras
(cf. busardo
ratonero)

redondeada
(cf. busardo
ratonero)

dedos enteramente
oscuros (cf. adulto)

▶ Juvenil (octubre)
Los juveniles más pálidos pueden recordar a un busardo ratonero, pero nótese el patrón característico de las secundarias y de la cola. Incluso los ejemplares más claros muestran una máscara oscura que, en esos casos, destaca especialmente. La mancha carpal es débil pero de patrón relativamente uniforme, mientras que en el busardo ratonero de morfo pálido, esta acostumbra a tener forma de media luna en las coberteras primarias.

especialmente en juv., a
menudo contraste marcado
entre las secundarias oscuras
y las primarias pálidas, desde
lejos creando dos zonas
diferenciadas

▼ Juvenil (septiembre)
A una cierta distancia, la combinación de cola oscura por la parte superior y supracoberteras caudales más claras es una diferencia útil para distinguirlo del busardo ratonero, que muestra una coloración opuesta. La cera extensa también es característica en los juveniles, por su color amarillo brillante.

supracoberteras caudales
pálidas (a menudo más
que en este ejemplar)

claramente pálido

oscuro

▼ Juvenil (octubre)
El patrón cefálico es característico. Los ejemplares pálidos tienen la cabeza blanca, pero la brida y las auriculares siempre permanecen oscuras, creando una máscara evidente. Las narinas son largas y estrechas en todos los plumajes.

iris oscuro   moteado blanco

amarillo brillante

narinas alargadas
y estrechas

brida oscura y frente
blanca, patrón típico
de juv.

▼ Juvenil (octubre)

Abejero oriental *Pernis ptilorhynchus*

L 64 cm, E 142 cm | Divagante de Asia

Aligot vesper oriental CAT
Zapelatz liztorjale ekialdetarra EUS
Abelleiro oriental GAL

▼ Adulto ♂ (junio)

Un ejemplar típico. Muchas aves presentan una banda ancha y pálida en la parte central de la cola, generada por una banda basal ligeramente más estrecha y por una banda terminal también más estrecha (esta última siendo siempre considerablemente más ancha que en el abejero europeo ♂ adulto).

▼ Adulto ♀ (febrero)

Similar en plumaje a la ♀ adulta de abejero europeo, incluyendo las distintas variaciones, pero el ejemplar de la imagen, de patrón parcheado muy prominente, es probablemente raro (a diferencia del abejero europeo ♀ adulta). El dibujo de la garganta, la ausencia de mancha carpal y la p5 alargada son características de esta especie (además de su tamaño mayor).

franja oscura cercana a la base de los dedos (cf. abejero europeo ♂ adulto)

esta franja oscura es patente hasta p10 (cf. abejero europeo ♂ adulto)

p5 alargada, creando un 6º dedo (cf. abejero europeo)

cola generalmente un poco más corta y ancha en comparación con el abejero europeo adulto

patrón diagnóstico; a lo lejos, cola oscura con banda central ancha y pálida (cf. abejero europeo ♂)

iris oscuro en el ♂

franja oscura en la garganta, típica en todos los plumajes

franja oscura frecuentemente visible hasta la base del ala (cf. abejero europeo)

puntas oscuras con borde bien definido, como en el abejero europeo ♂ adulto (cf. ♀)

barrado fino y variable y puntas difusas (como en el abejero europeo ♀ adulta, cf. ♂ adulto)

patrón correspondiente a abejero europeo ♂ adulto (banda basal y terminal de anchura moderada)

zona carpal no más oscura que el resto de las infracoberteras alares en todos los plumajes (cf. abejero europeo)

iris claro (a diferencia de ♂ adulto)

patrón de garganta típico en todos los plumajes

patas cortas (base de los dedos alineada con el borde posterior del ala), típicas de todos los abejeros y milanos

a menudo alas muy anchas (incluso con apariencia de águila), con p5 larga (a diferencia del abejero europeo)

p5

▼ Adulto ♂ (diciembre)

El pico delgado es único entre las rapaces de este tamaño en Europa.

▼ Adulto ♂ (junio)

Un ejemplar típico del núcleo de su distribución de cría (cerca del lago Baikal)

▼ Adulto ♀ (diciembre)

Las ♀♀ en reposo son muy difíciles de distinguir del abejero europeo ♀. En esta imagen destaca el dibujo de la garganta y las uñas muy largas (las uñas del abejero europeo tienen proporciones más habituales).

oscuro

patrón diagnóstico

claro, como en el abejero europeo adulto ♂ y ♀

marcas oscuras en el cuello y la garganta

uñas muy largas y delgadas

Abejero oriental *Pernis ptilorhynchus*

▼ **Adulto ♀ (mayo)**
El plumaje de coloración canela uniforme se da frecuentemente en los dos sexos, a diferencia del abejero europeo. El iris amarillo y el patrón de las plumas de vuelo son típicos de ♀.

▼ Juvenil (noviembre)
La mano ancha, con un dedo más que el abejero europeo, proporciona una apariencia de águila. El barrado oscuro en las secundarias y primarias internas es, de promedio, más numeroso (4–5) que en el abejero europeo juvenil (generalmente 3); las franjas oscuras acostumbran a ser notablemente más estrechas que espacios pálidos entremedio (en el abejero europeo, ligeramente más estrechas o de anchura equivalente). La banda oscura incompleta en la garganta, el mentón oscuro y la zona carpal ligeramente más oscura podrían indicar una hibridación con el abejero europeo, posiblemente de varias generaciones atrás.

barrado a menudo patente en la base de las primarias (cf. abejero europeo juv.)

barrado numeroso y estrecho, generalmente 4–5 franjas (cf. abejero europeo juv.)

oscuro, frecuentemente alcanzando la garganta (no en este ejemplar)

barrado variable, pero la franja externa alcanza el cuerpo, como en los ♂♂ (cf. abejero europeo)

máscara oscura modesta o ausente (cf. abejero europeo juv.)

ausencia de mancha carpal

HÍBRIDOS

La hibridación se produce con relativa frecuencia en la parte occidental de la distribución, donde se solapa con el abejero europeo. Así, potenciales abejeros orientales en el límite de Europa oriental muestran a menudo rasgos indicativos de un híbrido (dentro de Europa existen muy pocas citas). Los híbridos de 1ª generación (f1) se pueden reproducir, con lo cual los híbridos de generaciones sucesivas (f2+) podrían mostrar solamente una leve similitud con sus ancestros.

▶ **Adulto ♂, tipo híbrido (noviembre)**
Este ejemplar se encuentra en muda activa (p6 caída en ambas alas). Fue fotografiado en Omán y muestra distintos rasgos híbridos. Las ♀♀ adultas híbridas y los juveniles también muestran una mezcla características de las dos especies, pero como estos plumajes ya resultan bastante parecidos en su forma pura al abejero europeo, la identificación resulta muy difícil.

p5 alargada (cf. abejero europeo)

solo algunas marcas oscuras

iris rojo relativamente pálido

dibujo de la garganta poco desarrollado

sección central blanca, ancha a causa de unas bandas negras relativamente estrechas

franja oscura central se desvanece hacia el interior del ala

p5 apenas alargada (aquí p6 caída)

Elanio común *Elanus caeruleus*

L 34 cm, E 78 cm | Todo el año, SO Europa (en expansión hacia el N)

▼ **Adulto, nominal *caeruleus* (marzo)**
Una rapaz pequeña e inconfundible cuando se ve bien. Ninguna otra especie europea muestra esta combinación de características.

▼ **Juvenil, nominal *caeruleus* (julio)**
La muda completa a plumaje adulto ocurre sin plumajes de transición, y se inicia pocos meses después de abandonar el nido. Un juvenil con plumaje nuevo aún muestra áreas parduzcas en el pecho y el píleo, pero estas son las primeras en desaparecer. Las primarias externas juveniles (con puntas pálidas) son las que permanecen durante más tiempo. El iris puede empezar a volverse rojo ya en el 1er año.

naranja

márgenes blancos indican la edad

rojo intenso

alas largas que sobrepasan la cola corta, creando una proyección alar notable

"hombro" negro

patas robustas para su tamaño

▼ **Juvenil, nominal *caeruleus* (abril)**
Los ejemplares con un plumaje mayoritariamente juvenil son fáciles de distinguir de los adultos si se ven bien; véanse las características destacadas. Este individuo fue fotografiado en Gambia, donde la cría se puede producir en cualquier momento del año. Las aves europeas también muestran un período de cría dilatado, así que aves en diferentes estadios de plumaje pueden aparecer en cualquier época.

▼ **Nominal *caeruleus* (abril)**
A lo lejos puede tener una cierta semejanza con el aguilucho pálido ♂ pero, además del tamaño claramente menor, la cola corta y la cabeza grande crean una silueta característica. El estilo de vuelo también es muy diferente de los aguiluchos; se cierne frecuentemente.

primarias negras y secundarias blancuzcas con muy poca graduación, en el nominal *caeruleus*

cabeza ancha

relativamente corta y blancuzca desde abajo

escapulares con puntas blancas

negro menos intenso que en el adulto

naranja (cf. adulto)

puntas blancas en las coberteras grandes, coberteras primarias y álula

gris "sucio" (cf. adulto)

▶ **Tipo adulto, subespecie asiática *vociferus* (junio)**
Esta subespecie se está expandiendo hacia el O, y ha empezado a nidificar en Israel, entre otros países. Si la expansión continúa, podría alcanzar el SE de Europa.

▼ **2º año cal., nominal *caeruleus* (enero)**
El plumaje adulto se adquiere habitualmente a los 9 meses de abandonar el nido, un hecho único entre las rapaces europeas.

▼ **Adulto, nominal *caeruleus* (enero)**

gris claro (negro por la parte inferior)

panel negro diagnóstico

límite de muda (las primarias y sus respectivas coberteras primarias son mudadas simultáneamente, como en la mayoría de rapaces)

coberteras primarias externas juv., con puntas pálidas, que corresponden con las primarias externas también juv., más gastadas

coberteras primarias internas mudadas, sin puntas pálidas

transición gradual entre las primarias negras y las secundarias grises (cf. nominal *caeruleus*)

Águila pescadora *Pandion haliaetus*

L 56 cm, E 159 cm | Verano, N, C y E Europa

▼ **Adulto ♂ (junio)**
Todos los plumajes comparten el mismo patrón básico, lo cual facilita mucho la identificación, siempre que el ave se vea suficientemente bien.

cabeza blanca y lista ocular ancha y oscura con efecto de máscara, ojo grande, iris amarillo, y pico largo y muy ganchudo

coberteras pardas uniformes (cf. juv.)

pecho poco manchado, que indica ♂

grises y robustas

▼ **Adulto ♀ (junio)**
Los ejemplares con una franja pectoral tan marcada son ♀♀, aunque hay bastante variabilidad, por lo cual solo los individuos extremos se pueden sexar basándose en este rasgo.

franja pectoral extensa (cf. ♂ adulto)

► **Adulto ♀ (abril)**
Individuos como el de la imagen, con un patrón tan marcado, se pueden identificar como ♀, pero algunos, especialmente juveniles, muestran una combinación de rasgos propios de ambos sexos y no son tan fáciles de sexar.

mancha carpal grande y oscura, casi uniforme (cf. ♂ adulto)

moteado oscuro patente (cf. ♂ adulto)

los adultos de ambos sexos muestran puntas oscuras grandes en las secundarias (las más internas casi completamente oscuras), lo cual crea un borde posterior oscuro (cf. juv.)

banda bien desarrollada (cf. ♂ adulto)

banda terminal ancha y difusa (cf. juv.)

▼ **Adulto ♂ (abril)**
El ejemplar de imagen, que en este caso se puede sexar como ♂, muestra las diferencias con la ♀ adulta. Se aprecian ciertos tintes amarillentos en las infracoberteras alares, igual que el juvenil (el color de fondo, en la mayoría de adultos, es completamente blanco). Las alas en ángulo, con el vértice carpal doblado hacia delante, crean una silueta típica que, a una cierta distancia, puede parecer sorprendentemente similar a la de una gaviota grande (inmadura).

sin moteado oscuro

mancha carpal estrecha

pecho muy poco manchado

▲ **Adulto ♂ (junio)**
La silueta de vuelo es típica, especialmente de frente, a causa de la zona carpal elevada y la mano larga.

▶ Juvenil (octubre)
En los juveniles, todas las plumas de vuelo son de la misma generación (se percibe un crecimiento uniforme), lo cual resulta en un borde posterior del ala y de la cola muy regular (compárese con el adulto). El tinte amarillo de algunas infracoberteras alares es habitual en los juveniles, pero a veces aparece también en los adultos. El sexado a partir del plumaje puede resultar complicado en los juveniles. En este ejemplar, la franja pectoral relativamente marcada y las manchas carpales extensas sugieren que se trata de una ♀, pero las infracoberteras alares medianas y pequeñas sin moteado oscuro apuntan a un ♂. Las ♀♀ son, de promedio, más corpulentas que los ♂♂, con las alas ligeramente más anchas y el pico un poco más largo, pero estas diferencias, vistas en un solo ejemplar en el campo, únicamente se deben tener en cuenta en los casos más obvios.

▶ Juvenil (octubre)
Apariencia de adulto, pero nótense las puntas pálidas de las plumas. A lo largo del otoño y el invierno estas van desapareciendo a causa del desgaste. El ejemplar de la imagen es presumiblemente un ♂, pues tiene el pecho casi sin manchas y el pico relativamente pequeño.

barrado regular y patente que se extiende más hacia la parte externa que en el adulto

pequeñas puntas claras en las plumas de vuelo y borde posterior uniforme (cf. adulto)

▶ 2º año cal. ♂ (julio)
Este ejemplar casi ha completado la muda post-juvenil. Después de haber reemplazado las últimas rémiges juveniles ya no existe ninguna diferencia en el plumaje, en contraste con muchas otras rapaces. Buena parte de las aves de esta edad probablemente no regresan a Europa.

▼ 2º año cal. (marzo)
Los contrastes de muda muy marcados son típicos de esta edad a principio de primavera. Los adultos empiezan la muda de plumas de vuelo relativamente pronto (pero, generalmente, no antes de mayo), y no muestran tanto contraste en el resto del ala. Los inmaduros de la subespecie nominal *haliaetus*, migradora, se quedan en los cuarteles de invierno hasta que alcanzan la edad adulta, aproximadamente en el 3er o 4º año cal. Por esta razón, las aves de 2º año raramente se ven en Europa.

secundarias juv. y coberteras grandes muy gastadas, en contraste con las plumas mudadas

muda de primarias activa; las plumas juv. más largas son más puntiagudas y están desteñidas

últimas secundarias juv.

primaria nueva; hueco de muda

p9–10 aún juv. (muy gastadas)

p8 en crecimiento

Culebrera europea *Circaetus gallicus*

L 61 cm, E 185 cm | Verano, S y E Europa

▼ **Adulto (marzo)**
Identificable por el patrón regular de la parte inferior del ala que, a cierta distancia, puede parecer uniformemente pálida y sin contraste. Los ejemplares con la cabeza y el pecho uniformes, que contrastan fuertemente con el resto de las partes inferiores, son más probablemente ♀♀ (¿maduras?). En individuos como este, el sexo no se puede determinar.

▼ **Adulto (septiembre)**
El panel pálido en la parte superior del ala también aparece en otras rapaces, pero el patrón caudal es único entre las especies europeas.

solo 3 franjas caudales oscuras, bien espaciadas

panel pálido

p5 forma un dedo evidente (cf. busardo ratonero)

dedos pálidos y lisos en todos los plumajes

ausencia total de mancha carpal definida en todos los plumajes

moteado variable que forma líneas oscuras

barrado poco denso pero relativamente ancho (cf. inm.)

cabeza grande y ancha

nuevo y uniforme

moteado pardo en forma de lágrima (cf. ejemplares más maduros)

pecho variablemente oscuro en el adulto, con la cabeza más grisácea

pardo, sin listado oscuro patente (cf. ejemplares más maduros)

▶ **Juvenil (octubre)**
Un ejemplar típico. Las características básicas, como el patrón de la parte inferior del ala y de la cola, son las mismas en todas las edades. En este individuo, el barrado de las plumas de vuelo es mínimo, pero no extremo. La mayoría muestra un barrado un poco más extenso a lo largo de todo el brazo, pero siempre muy fino, a diferencia del adulto. Este patrón fino y mínimo sobre un fondo blanquecino no aparece en ninguna otra rapaz de este tamaño en Europa.

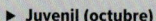

barrado muy fino y escaso (cf. ejemplares más maduros)

▶ **Juvenil (octubre)**
Las partes superiores son considerablemente más oscuras que las inferiores en todos los plumajes, por lo cual, los paneles alares destacan en la mayoría de individuos. Nótese también el plumaje uniforme y nuevo, típico de los juveniles.

▶ **2° año cal. (septiembre)**
Generalmente, este es el plumaje con un patrón
más débil y disperso (en una especie que siempre
es bastante pálida), sobre todo en las partes inferiores (sin embargo, ejemplares con patrón más
marcado de esta edad no son raros). Un busardo
ratonero pálido, en todos los plumajes, se puede
descartar por el patrón de la cola, la ausencia de
"coma" carpal y la p5 formando un dedo. Cuando
regresan a Europa en primavera, las aves de
2° año cal. a veces ya han mudado algunas primarias, a diferencia de otras grandes rapaces. Las
secundarias juveniles y de 2ª generación son muy
parecidas, con un barrado (muy) fino, ligeramente
más ancho en la 2ª generación, sin puntas
oscuras evidentes, lo cual las diferencia de las de
tipo adulto, con barrado más ancho y puntas
oscuras más marcadas.

▶ **Subadulto, 3er o 4° año cal. (septiembre)**
Este ejemplar no conserva ninguna pluma juvenil.
El segundo frente de muda en las primarias ha
avanzado hasta p6, mientras que el primer frente
ya ha alcanzado p10. Las secundarias muestran
una mezcla de rasgos adultos e inmaduros, que
difieren claramente entre sí. Muchas aves de 3er
año cal. tienen un segundo frente de muda en las
primarias hasta p4 en otoño, así que este es un
3er año avanzado o un 4° año cuya muda avanza
lentamente (muchas aves de 4° año cal. no son
separables de los adultos).

▶ **Tipo adulto (mayo)**

▶ **Juvenil (enero)**
Un ejemplar con el plumaje gastado
y desteñido, fotografiado en la zona
de invernada de Omán. En otoño son
similares pero con menos desgaste.

p5 es la primera
primaria que forma un
dedo (p6 caída por estar
en muda activa)

muy pálido (como
en 3er año cal.)

4 primarias externas
juv., retenidas

secundarias nuevas aún
con barrado muy fino
(cf. adulto)

patrón caudal con solo 2–3
bandas oscuras, característico
en todos los plumajes

p10 (última pluma mudada
en el 1er frente de muda)
más nueva que p7–8

más pálido que en el adulto,
aparecen manchas oscuras
en el pecho

tipo adulto; barrado
ancho y puntas oscuras
bien definidas (2° frente
de muda)

tipo inm.;
barrado
escaso

▼ **Inmaduro (agosto)**
A partir de la primavera del 2° año cal. los inmaduros son típicamente muy poco marcados en
las partes inferiores, incluyendo la cabeza, que
suele ser bastante pálida. El datado exacto se
puede obtener analizando la muda de primarias
(véanse aves en vuelo).

cabeza típica, grande,
con apariencia de
"búho", iris amarillo
brillante o anaranjado

tarso robusto y grisáceo, pero no
plumado (una combinación que la
diferencia del género *Aquila* y del
busardo ratonero)

coberteras con márgenes
anchos y pálidos, y desgaste
uniforme, indicando juv.

juv. típicamente
un poco rojizo

pocas franjas y con mucho
espacio entremedio características de todos los plumajes

Pigargo europeo *Haliaeetus albicilla*

L 87 cm, E 220 cm | Todo el año, C, N y E Europa

▼ **Adulto (febrero)**
Los adultos son fáciles de identificar por su cola enteramente blanca y el resto del plumaje pardo oscuro, la cabeza y el pecho más pálidos, el iris claro y el pico amarillo. A diferencia de la mayoría de aves del género *Aquila*, las primarias y secundarias son lisas en todos los plumajes (solo con algunas manchas en las secundarias y/o primarias internas, en algunos ejemplares inmaduros).

▼ **Adulto (marzo)**

▼ **Juvenil (febrero)**
El plumaje juvenil se mantiene hasta la primavera del 2º año cal. El patrón de la cola y las secundarias puntiagudas son rasgos únicos entre las águilas de gran tamaño de Europa, aunque el resto de características señaladas también son típicas de la especie.

axilares manchadas de blanco (también en inm.)

a menudo algunas manchas irregulares en las secundarias externas y/o en las primarias internas (véase también inm. de edad más avanzada)

todas las plumas de vuelo de la misma generación (juv.): forma y desgaste uniforme

típicamente, pardo amarillento con manchas oscuras

patrón caudal diagnóstico en el juv. hasta al menos el 4º año cal.

secundarias juv. relativamente puntiagudas (a diferencia de *Aquila*)

▶ Juvenil, 2º año cal. (abril)
La cola, con el centro blanco de las rectrices, así como las coberteras, escapulares y manto con un patrón pálido, son típicos del juvenil hasta el 4º año cal., aproximadamente. En este ejemplar, las coberteras están gastadas (son más pardo-amarillentas durante el otoño e invierno, en el juvenil y 1er año cal.). Las plumas de vuelo son más largas que las de generaciones posteriores, lo cual resulta en unas alas más anchas y una cola más larga que en los ejemplares maduros (lo contrario de las aves del género *Aquila*).

secundarias juv. puntiagudas si no están gastadas

parte central de las rectrices blanca

todas las coberteras de la misma generación que generan franjas pálidas (cf. inm. de edad más avanzada)

la cabeza sobresale mucho; ojo y pico básicamente oscuros; brida pálida que frecuentemente destaca en la cabeza oscura

▼ 2º año cal. (mayo)
La clásica imagen de "puerta voladora".

▼ 3er año cal. (mayo)
Este plumaje, gastado desde el otoño del 2º año cal. hasta la primavera/verano del 3er año cal., es el más pálido (algunos juveniles en su 2º año cal. también pueden ser muy pálidos, pero aún no se encuentran en muda activa de primarias durante la primavera). Las partes inferiores con manchas blancas contrastan más fuertemente con la cabeza oscura y las patas plumadas. Las partes superiores también muestran extensas áreas blancuzcas, especialmente en el manto y las coberteras. La ausencia de p5 indica que este ejemplar ha empezado la muda de primarias de nuevo (una parte de p4 en el ala izquierda se ha roto).

p5 caída

la muda de primarias ha avanzado hasta p4 (que forma el primero de los 7 dedos)

manchas blancas variables en las plumas inm. (en este ejemplar, bastante extensas)

Pigargo europeo *Haliaeetus albicilla*

p9–10: aún juv. (1ª generación)

p4–8: 2ª generación

p1–3: 3ª generación

estadio de muda típico en esta edad:
3 generaciones de primarias, con las más
externas juv., retenidas y muy gastadas

▶ 4º año cal. (febrero)
La cola predominantemente blanca, las
secundarias y primarias oscuras y lisas, y la
brida y base del pico volviéndose progresivamente amarillas, facilitan la identificación.
Este ejemplar muestra el estado de plumaje
que se produce cuando finaliza la muda en el
3er año cal. Durante el invierno la muda se
suspende, y se pueden apreciar 3 generaciones de primarias distintas, incluyendo las,
ahora muy gastadas, p9–10 juveniles.

últimas secundarias
juv. (más largas que
las de generaciones
posteriores)

el amarillo va aumentando
gradualmente por la base

▶ Tipo 5º año cal. (marzo)
Este plumaje es parecido al de 4º año cal., pero
ya no queda ninguna secundaria ni primaria
juvenil (p9–10 son las últimas en ser reemplazadas, y las más nuevas de todas las primarias
externas). El pico es ya amarillento casi en su
totalidad, y el iris es pálido. El patrón parcialmente oscuro de la cola, las manchas pálidas en
las axilares y en la región ventral son, aún, rasgos
de inmadurez. En este plumaje, las rectrices
pueden tener extensas manchas oscuras (como
en la imagen) o ser casi completamente blancas.

▶ Subadulto (abril)
Un ejemplar de aproximadamente 6–7 años
de edad, en el cual las puntas oscuras de las
rectrices indican que se trata de un adulto joven.
Algunos subadultos también pueden conservar
algunas infracoberteras alares pálidas.

▼ Adulto (febrero)

El plumaje completamente adulto se adquiere a los 6–7 años de edad, y se puede reconocer por el pico completamente amarillo, el iris pálido, la cola totalmente blanca, así como por la ausencia de manchas blancas en las plumas del cuerpo. La cabeza y el pecho se van haciendo más claros con la edad.

▼ Juvenil (diciembre)

Relativamente fácil de distinguir de otras grandes águilas. El plumaje uniforme, sin signos de muda, separa a los juveniles de otros ejemplares inmaduros.

brida pálida

muy poderoso

en el juv., coberteras con la base pálida, línea central y punta oscura, creando un patrón regular

listado uniforme

sin plumas

▼ 3er año cal. (marzo)

Aunque todavía con apariencia casi juvenil, se trata de un ejemplar típico de esta edad. La mezcla de plumas viejas y nuevas crea un patrón alterno y desordenado que no aparece en el juvenil, en esta misma época del año.

manto y escapulares a menudo blancuzcos

coberteras mudadas aún con patrón juv., pero nuevas

amarillento pálido

coberteras viejas juv., gastadas

▼ Tipo 4º/5º año cal. (abril)

El pico y el iris aún son relativamente oscuros, las partes inferiores todavía muestran plumas blancas, y la cola mantiene zonas oscuras. Sin ver el estado de la muda de primarias y secundarias el datado exacto es muy difícil en un ejemplar como este.

Águila moteada *Clanga clanga*

L 65 cm, E 172 cm | Verano, E Europa; invierno, SE Europa

▼ Adulto (diciembre)
Este ejemplar tiene apariencia bastante parcheada, lo cual es común, en otoño, en aves (sub)adultas, y se produce por la muda activa de plumas del cuerpo y coberteras.

base pálida típica, pero véanse fichas de águilas pomerana y estepararia (en pomerana, normalmente 2 comas pálidas)

p4 larga, formando dedo (típico de todas las grandes águilas, cf. águila pomerana)

manchas pálidas producidas por la falta de algunas plumas (que dejan a la vista la base de otras, nuevas o viejas); después de la muda, uniformemente negruzco

infracoberteras caudales oscuras, típico de la mayoría de adultos de "águilas oscuras"

primarias externas mudadas al menos una vez; ausencia de plumas juv., en combinación con infracoberteras caudales oscuras, típico de adulto

7 dedos (cf. águila pomerana)

barrado de secundarias débil en el adulto, que no alcanza la punta de las plumas (en todos los plumajes), diagnóstico; ausencia de punta oscura y, por lo tanto, ausencia de borde posterior oscuro (cf. águilas estepararia e imperial oriental)

p4 es el dedo más interno, generalmente alargado y puntiagudo

listas pálidas variables (este individuo muestra un listado relativamente grueso, otros son uniformemente oscuros)

barrado fino diagnóstico, que no alcanza la punta de la pluma (cf. águila pomerana inm. e híbridos)

▶ Juvenil (octubre)
Un ejemplar típico. La cabeza y el pecho son frecuentemente las partes más oscuras, lo cual es obvio sobre todo en aves más pálidas. La garganta acostumbra a ser ligeramente más pálida, pero también puede ser oscura (a diferencia del águila pomerana inmadura). Los individuos puros no muestran una concentración de listas pálidas en la parte inferior del pecho; en el águila pomerana y en muchos híbridos sí suele existir (cuando hay un cierto listado), creando una franja pectoral. En las dos especies del género *Clanga* las secundarias juveniles muestran, generalmente, una pequeña punta pálida (en contraste con el águila estepararia o el águila imperial oriental), aunque en este individuo es prácticamente ausente.

pardo negruzco (cf. águila pomerana inm. e híbridos)

base pálida creando "coma" en todos los plumajes (también en el águila pomerana e híbridos)

secundarias juv. con puntas pálidas, generalmente estrechas y visibles, creando un borde posterior claro; también en el águila pomerana (cf. estepararia e imperial oriental juv.)

banda terminal forma borde pálido difuso (cf. águila pomerana e híbridos)

plumas de vuelo básicamente grisáceas, contrastando con las infracoberteras más oscuras

a menudo primarias internas relativamente pálidas, creando un panel; barrado mínimo o ausente (cf. águila pomerana)

▶ Juvenil (noviembre)
Este (poco común) plumaje, variablemente pálido, podría confundirse con el tipo *fulvescens* o con el águila pomerana. La anomalía se encuentra únicamente en la coloración del cuerpo y de las infracoberteras alares (la cabeza y el pecho suelen ser más oscuros). Para las diferencias con el juvenil de tipo *fulvescens*, véase la p. 240. El patrón de las plumas de vuelo (barrado fino que no alcanza la punta de las plumas), la estructura (con p4 claramente alargada), la mancha blancuzca en la base de las primarias externas, la franja terminal de la cola solamente un poco más clara que el resto, así como el tinte grisáceo de las plumas de vuelo, son todas características de los ejemplares puros. Las partes superiores (coberteras y escapulares) en este plumaje acostumbran a tener extensas áreas pálidas. Durante la muda postjuvenil, las plumas claras son sustituidas por otras oscuras.

▶ 2º año cal. (noviembre)

Aún muy similar al juvenil, pero nótese la muda de plumas de vuelo, que es típica de esta edad (como en todas las aves del género *Clanga* y *Aquila*). Las secundarias nuevas (s1 y s5) son más largas que las juveniles, y con la punta nueva. Antes del invierno, p5 crecerá, pero la muda será entonces suspendida hasta la primavera siguiente, cuando se reemprenderá donde se paró. El barrado de secundarias y primarias internas, característico de esta especie, se mantiene en todos los plumajes inmaduros, pero va haciéndose menos patente con cada nueva generación de plumas. Algunos juveniles ya muestran un barrado bastante poco conspicuo.

p6–10 juv., gastadas

p5 caída

p1–4 mudadas

s1 y s5 mudadas

barrado diagnóstico

pálido hasta el 4º/5º año cal.

▼ Juvenil (noviembre)

Las partes superiores de este ejemplar tienen un patrón muy contrastado y son típicas: las escapulares pálidas, especialmente, crean bandas distintivas desde la distancia.

p4 con apariencia redondeada y no alargada (efecto producido por la perspectiva, o por una influencia híbrida)

los ejemplares con patrón más marcado tienen márgenes anchos y pálidos en las escapulares (a diferencia del águila pomerana)

dorso y obispillo de patrón y coloración similar (cf. águila pomerana juv.)

color de fondo de coberteras grandes y resto de coberteras, igual o casi igual (cf. águila pomerana juv.)

línea blanca a lo largo del raquis en la parte interna, pero base de la pluma generalmente apenas más pálida que el resto (cf. águila pomerana)

▼ 4º año cal. (enero)

El datado es posible hasta esta edad fijándose en el estadio de la muda de plumas de vuelo. A partir del 4º año cal., es preferible referirse simplemente a "subadulto", si aún se mantienen algunos rasgos de inmadurez (por ejemplo, infracoberteras caudales pálidas). Un análisis como este solo es posible basándose en buenas fotografías, y requiere una profundización en la muda y en la distinción de las diferentes generaciones de plumas de vuelo. La muda de primarias en (sub)adultos progresa en 2 frentes; ambos empiezan en p1, pero el segundo frente empieza antes de que el primero haya alcanzado las primarias más externas (véase Rapaces•Introducción, en p. 174).

sin contraste (cf. águila pomerana tipo adulto)

aún pequeñas puntas pálidas en coberteras no juv.

nuevas, como resultado del segundo frente de muda

p10 aún juv.

segundo frente de muda suspendido en p4 (en otoño del 3er año)

p7–9 son las últimas mudadas del primer frente de muda (en el 3er año)

primer frente de muda suspendido en p6 (en otoño del 2º año)

Águila moteada *Clanga clanga*

▶ **Juveniles (octubre)**
Estos dos ejemplares muestran los extremos de la variabilidad del moteado pálido. Los individuos más moteados acostumbran a ser también más pálidos en las partes inferiores. El ejemplar más oscuro se podría confundir con uno de edad más madura, ya que los plumajes más avanzados muestran menos moteado y más pequeño; sin embargo, el plumaje nuevo, sin contrastes de muda, es típico de un juvenil. Las motas grandes y pálidas en las coberteras medianas y escapulares que muestra el ejemplar de la derecha (casi tan grandes como las de las coberteras grandes) constituyen una diferencia útil respecto a los juveniles más moteados de águila pomerana, que muestran motas más pequeñas en esta zona.

narina redonda
(cf. águila esteparia)

si hay moteado, 3 filas de motas grandes son características

comisura del pico larga, llega hasta la mitad del ojo (más larga que en el águila pomerana, más corta que en el águila esteparia)

manchas ovaladas grandes; si están presentes, diagnósticas en comparación con el águila pomerana juv.

color de fondo uniforme (cf. águila pomerana)

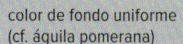

▼ **Adulto (febrero)**
Junto con los adultos de águila esteparia, los adultos de águila moteada son los más uniformemente oscuros entre las águilas de Europa.

plumas del tarso frecuentemente más pálidas cerca de los dedos (cf. águila pomerana)

▼ **Tipo *fulvescens*, juvenil (noviembre)**
Una forma distintiva de plumaje juvenil. Véase también el inmaduro de águila imperial ibérica; aunque estos dos plumajes nunca han sido vistos juntos, divagantes de ambas especies podrían, teóricamente, coincidir en cualquier lugar.

cara oscura, típica

todas las coberteras pequeñas pálidas (no solo las puntas, como en la forma normal)

narina más o menos redondeada; diagnóstico para las dos especies del género

▼ **Tipo *fulvescens*, (sub)adulto (noviembre)**
Los ejemplares maduros de esta forma son, generalmente, de un pardo un poco más oscuro en las partes inferiores, y las infracoberteras alares acostumbran a ser de un pardo un poco más cálido. Es más típica la coloración ligeramente moteada o listada de las partes inferiores. Las narinas redondas y el pico relativamente pequeño son diferencias importantes con respecto al águila esteparia, especialmente en este tipo de plumaje.

banda oscura a lo largo de las coberteras grandes, a menudo patente (también en vuelo)

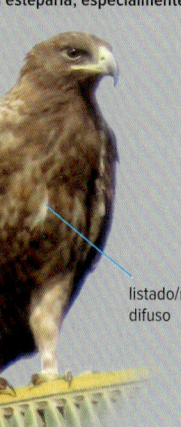

listado/moteado difuso

▶ **Tipo *fulvescens*, juvenil (noviembre)**
Un plumaje típico y obvio, desde juvenil hasta el 3er año cal. Muy poco citado en Europa, pero un poco menos raro hacia el este del continente (inverna regularmente en la península arábiga). La confusión con otras especies solo es relativamente posible en el caso de las águilas imperiales, especialmente el águila imperial ibérica. También similar al **águila rapaz** (*Aquila rapax*), que no ocurre en Europa (motivo por el cual no se describe aquí). Estas 3 especies tienen las infracoberteras alares –primarias y grandes–, grisáceas con un margen pálido, y las patas más cortas (la base de los dedos queda aproximadamente en línea con el borde posterior del ala). El águila moteada y el águila pomerana tienen las patas más largas, con lo cual la base de los dedos cae más allá del borde posterior del ala, como se puede ver en la imagen.

cara oscura, típica

generalmente oscuro uniforme, sin barrado

infracoberteras primarias y grandes uniformemente negras, formando una línea oscura (cf. ambas especies de águila imperial)

patas largas: base de los dedos más allá del borde posterior del ala

pico grueso con comisura larga (cf. águila pomerana)

a menudo pardo cálido

patrón pálido irregular

oscuro uniforme con fina línea blanca (a diferencia de las águilas imperial y esteparia)

p4 larga (cf. águila pomerana)

◀ **Tipo *fulvescens*, subadulto (noviembre)**
El patrón pálido de las partes superiores se produce más por los márgenes pálidos que por las puntas pálidas de las plumas (como sucede en los inmaduros de la forma normal). Los ejemplares más maduros de este tipo de plumaje se van volviendo de un pardo más cálido (variable) en la cabeza y las partes inferiores. Tratándose de un plumaje poco conocido, se pueden producir confusiones con otras águilas, pero nótense las primarias internas con una fina línea blanca a lo largo del raquis, rasgo compartido solo con el águila pomerana. La p4 claramente alargada descarta un águila pomerana pura, pero nótese que solo hay 9 primarias visibles. Presumiblemente, p7 ha caído, pues el frente de muda ha alcanzado p6; las águilas pueden abrir las plumas en abanico, de forma que el hueco de muda es menos patente.

▶ **Probable híbrido de águila moteada × águila pomerana, juvenil (noviembre)**
Este ejemplar muestra características intermedias entre las dos especies; el tipo de barrado de las secundarias y las primarias internas cobra importancia. En este caso, muestra el barrado prominente típico del águila pomerana, pero este no alcanza la punta de las plumas, lo cual es más típico del águila moteada. En las zonas donde la distribución de ambas especies se solapa, la hibridación es más frecuente, especialmente en Polonia, Bielorrusia y los países bálticos. Aparentemente, los híbridos son fértiles, por lo cual la introgresión se puede producir a través de múltiples generaciones. Los híbridos de 1ª generación a menudo muestran una mezcla de rasgos de las dos especies, pero los de generaciones posteriores, con progenitores de diversa índole, pueden tener una apariencia más parecida a una de las dos especies y, por lo tanto, ya no son identificables como híbridos.

listado concentrado en el centro del pecho, creando una banda pectoral (cf. águila moteada pura)

pardo más claro que la forma oscura del águila moteada pura

barrado casi llega a la punta de las plumas (cf. águila moteada pura)

patrón de águila pomerana; banda terminal pálida bien definida

p4 redondeada y muy poco alargada

Águila pomerana *Clanga pomarina*

L 60 cm, E 156 cm | Verano, E Europa

▼ **Adulto (octubre)**

Un águila compacta y relativamente pequeña. En este plumaje, el cuerpo y las coberteras tienen una coloración típica de "café con leche". Las infracoberteras grandes negruzcas destacan más que en el águila moteada a causa del color más pálido del resto de coberteras (que, a veces, también muestran los inmaduros). Como sucede en el águila moteada, el barrado de primarias y secundarias es menos patente con cada nueva generación de plumas, por lo cual los individuos más maduros prácticamente no muestran barrado visible.

▼ **Tipo adulto (septiembre)**

borde bien definido
(cf. águila moteada)

contraste típico entre infracoberteras más claras y plumas de vuelo más oscuras (cf. águila moteada)

base pálida de primarias y de infracoberteras primarias creando una doble "coma" (cf. otras águilas oscuras)

p4 relativamente corta y ancha (a diferencia de otras águilas grandes y del águila moteada)

las infracoberteras grandes forman una franja negruzca

el barrado típico de la especie va disminuyendo con la edad

▶ **Juvenil (octubre)**

Un ejemplar típico. El listado de las partes inferiores es variable, ausente en algunos (como sucede en el águila moteada). Cuando existe listado, este está concentrado en el pecho, formando una banda más o menos definida (a diferencia de los ejemplares puros de águila moteada). El barrado de las plumas de vuelo es más parecido al del águila esteparia que al del águila moteada, pero más fino y con barras más numerosas. Las rectrices tienen puntas pálidas bien definidas, pero estas se desgastan rápidamente, apareciendo entonces un patrón más difuso y parecido al del águila moteada; solo cuando es como el de la imagen puede servir para la identificación. Las plumas del tarso son, a veces, pálidas, pero en este caso se extienden por todo el tarso (a diferencia del águila moteada, que habitualmente tiene las plumas pálidas concentradas cerca de los dedos).

solo 6 dedos (cf. águilas moteada y estepatia)

p4 no muy alargada, no genera un dedo (cf. águilas moteada y estepatia)

barrado a menudo también evidente en las primarias internas (cf. águila moteada)

barrado fino y regular que alcanza la punta de las plumas (cf. águila moteada)

listado concentrado generando banda pectoral (cf. águila moteada)

puntas pálidas pequeñas y generalmente poco obvias, creando un borde posterior no muy definido, como en el águila moteada (cf. águila estepatia juv.)

base pálida tanto de las primarias como de las infracoberteras primarias, que crea una doble "coma" blancuzca (cf. águilas moteada y estepatia)

banda terminal bien definida, frecuentemente con barrado visible cerca de la punta de la cola (cf. águila moteada)

tarso plumado oscuro en su totalidad, hasta la base de los dedos (cf. águila moteada)

9–10 franjas oscuras en las secundarias externas y primarias internas (cf. águila estepatia)

▼ Juvenil (octubre)

El contraste de color en la parte superior del ala, entre las coberteras medianas y pequeñas –pardas–, y las grandes –negruzcas–, es una característica útil para su distinción del águila moteada. Por la parte inferior del ala, el contraste de color puede ser más parecido al del águila moteada, porque esta también puede tener las infracoberteras relativamente pálidas. El contraste se hace más patente hacia la primavera. Los inmaduros de águila moteada pueden mostrar contraste en primavera, pero no tanto como en el águila pomerana en la misma época del año. La mancha pálida en la nuca es diagnóstica en comparación con el águila moteada (pura), pero esta característica es variable (en este ejemplar, poco desarrollada).

▼ 2º año cal. (octubre)

La combinación de características típicas de la especie (además del barrado de plumas de vuelo) está formada por las patas largas, p4 corta, "coma" carpal doble y coberteras alares claras. El estadio de muda es típico de muchas águilas de 2º año en otoño, y muy patente aquí, a causa de la luz que alcanza las partes inferiores. Las plumas de la cabeza y el cuerpo se mudan empezando por la parte delantera y hacia atrás, por lo cual la cabeza puede resultar muy oscura a partir de otoño (como sucede, por ejemplo, en el águila moteada y el águila estepária).

mancha pálida (a diferencia del águila moteada, pero compartida con el águila estepária)

contraste en el color de fondo (cf. águila moteada inm.)

pardo más claro que la cola y el obispillo (cf. águila moteada inm.)

pico pequeño para ser un águila

moteado fino (cf. águila moteada)

patrón diagnóstico de plumas juv.: barrado numeroso en toda la pluma, con punta pálida poco conspicua (cf. águilas moteada y estepária)

mudado recientemente, por lo cual, oscuro; región ventral parcialmente mudada, más parcheada

infracoberteras caudales ya con la base oscura (en la mayoría de ej. de esta edad, aún completamente pálidas)

infracoberteras grandes en inm. a menudo con márgenes blancuzcos anchos (en casos extremos, cierta similitud con águila estepária inm.)

líneas blancas finas a lo largo del raquis en todos los plumajes, no presentes en el resto de águilas, excepto la moteada

s1–2 y s5–6 mudadas (más largas y oscuras que las juv. retenidas)

p1–5 mudadas (nuevas en comparación con p6–10)

recientemente mudado hasta p10 (incluida); muchos ejemplares de esta edad mantienen p9–10 juv.

(segundo) frente de muda nuevo que alcanza p5

◄ 3er año cal. (octubre)

Todas las primarias se han mudado al menos una vez, siendo las más externas y las más internas las más nuevas, y las centrales las más gastadas; las externas han sido reemplazadas recientemente y las internas también, puesto que el segundo frente de muda ya se ha iniciado (aquí hasta p5). El iris es ya bastante pálido en este ejemplar. Nótense también las similitudes con el ave de 2º año cal. en octubre, incluyendo todas las características típicas de la especie.

primarias centrales más gastadas que el resto

Águila pomerana *Clanga pomarina*

▼ Adulto (abril)

El contraste entre las partes superiores oscuras y las coberteras pálidas resulta útil para distinguirla del águila moteada y del águila estearia, también en vuelo.

pico relativamente pequeño, narina bastante redonda, comisura del pico llega hasta la parte delantera del ojo

iris pálido (a diferencia de águila moteada y estearia)

contraste típico entre el manto y las escapulares oscuras y las coberteras pálidas

▼ Juvenil (octubre)

El moteado blancuzco de las coberteras (y la ausencia de moteado en las escapulares) es típico, pero un ejemplar poco moteado de águila moteada puede resultar muy parecido en este aspecto. El moteado no es tan variable como en el águila moteada, y las motas en las coberteras grandes son siempre más grandes que cualquier moteado que pueda haber en el resto de coberteras (compárese con las águilas moteadas inmaduras de patrón más marcado). Las águilas pomeranas juveniles con moteado más patente muestran puntas blancuzcas en todas las coberteras y la mayoría de escapulares, pero estas son más pequeñas que en el águila moteada.

comisura del pico generalmente un poco más corta que en el águila moteada

habitualmente sin moteado en las escapulares, o bien moteado muy pequeño (cf. águila moteada inm.)

puntas blancuzcas en las coberteras grandes (mucho) más grandes que en el resto de coberteras (cf. águila moteada inm.)

contraste en el color de fondo

▼ 2º año cal. (verano/otoño)

Como sucede en otras águilas oscuras, este plumaje es el más contrastado y "desaliñado" a causa de la gran diferencia entre las plumas juveniles, ya muy gastadas, y las mudadas, nuevas y más oscuras. Además del pico más pequeño y de la forma de las narinas, son típicas las patas relativamente pequeñas, el iris que se va aclarando y las puntas pálidas de las coberteras nuevas.

primarias internas en crecimiento; la muda puede alcanzar p5 en el 2º año cal.

pico pequeño y narina redonda, diagnósticos para la identificación específica

plumas corporales y coberteras juveniles muy gastadas y desteñidas

coberteras nuevas de 2ª generación, de nuevo con puntas pálidas

s1 y s5 en crecimiento, típico en un 2º año cal.

patas largas (como en el águila moteada, pero a diferencia del águila estearia y de las dos especies de águila imperial)

Águila esteparia *Aquila nipalensis*

L 70 cm, E 178 cm | Divagante de Asia

▶ **Adulto (octubre)**
Sin una visión de las partes superiores se podría confundir con una águila imperial oriental pero, entre otras características, el patrón de las rectrices es el mismo que el de las secundarias (compárese con el águila imperial oriental).

7 dedos

p4 alargada que genera un dedo (como en todas grandes águilas)

barrado grueso y a menudo muy patente, típico en todos los plumajes; puntas oscuras que generan un borde posterior del ala ancho y oscuro, típico del plumaje adulto

infracoberteras caudales oscuras en el plumaje de tipo adulto

mancha clara en la nuca en subadulto y adulto (pero no en todos los individuos)

comisura del pico larga y obvia, más gruesa que en el águila moteada y el águila pomerana

castaño claro frío y uniforme, típico de este plumaje

en algunos inm., la franja creada por las infracoberteras grandes es gris y menos patente (aquí solo las internas)

infracoberteras grandes generalmente blancas, generando una banda ancha y evidente

borde posterior blanco muy visible

barrado grueso, a menudo patente, con máximo 7 barras por pluma (cf. águila pomerana)

◀ **Juvenil (noviembre)**
Fácil de identificar en este plumaje, aunque algunos ejemplares pueden tener la franja clara en la parte inferior del ala grisácea (menos patente), en lugar de blanca. En plumaje juvenil, nuevo, muestra un borde posterior del ala (y de la cola) blanco y uniforme. El color de fondo es variable, de pardo apagado a pardo oscuro (el ejemplar de la imagen se encuentra en un término medio), pero siempre con una tonalidad fría, típica.

◀ **2º año cal. (octubre)**
Las partes superiores se mantienen más o menos iguales entre el juvenil y el 4º año cal., con las supracoberteras caudales blancuzcas, y también puntas blancas en las supracoberteras grandes, que forman una banda de anchura variable, en función del desgaste y la muda. El color de fondo de las partes superiores, inferiores y coberteras carece de tintes cálidos, y varía entre un tono arenoso pálido y un pardo-tierra. El águila pomerana puede parecer superficialmente similar, pero tiene una estructura distinta, no muestra puntas pálidas extensas en las secundarias, su coloración de fondo es de un pardo más cálido, y las supracoberteras caudales solo tienen las puntas pálidas, formando una "U" blanca más pronunciada.

Águila esteparia *Aquila nipalensis*

▼ **2º año cal. (noviembre)**
Este plumaje, de apariencia todavía muy juvenil –que mantiene la franja blanca diagnóstica cruzando la parte inferior del ala y las plumas de vuelo con un barrado grueso–, es también bastante fácil de identificar. El patrón uniforme de las plumas de vuelo juveniles comienza a mostrar cambios a partir de la primavera del 2º año cal., cuando empieza la muda, como se puede ver en la imagen. El progreso de la muda de este ejemplar (que ha reemplazado la mitad de las primarias y solo algunas secundarias) es típico de esta edad (compárese con 3er año cal. en otoño). La muda de plumas corporales está, aparentemente, finalizada, con lo cual ya no se produce un efecto de cabeza más oscura que el resto.

5 primarias
internas mudadas

secundarias nuevas (s1 y s5)
con patrón similar a las
juveniles, pero más nuevas

contraste
de muda

s1 s2 s5

primarias nuevas
más largas que
las juv.

diferencia en el desgaste entre plumas
juv., viejas, y de 2ª generación, nuevas
(s1, s2 y s5)

▶ **2º año cal. (diciembre)**
La apariencia uniforme de la cabeza y de las partes inferiores del juvenil desaparece a lo largo del 2º año cal., cuando empieza la muda. La primera parte del cuerpo en ser mudada es la cabeza; entonces se ve claramente más oscura que el resto, que tiene las plumas desteñidas por el tiempo. En otoño, los ejemplares más avanzados ya vuelven a tener una coloración más uniforme, una vez las plumas del cuerpo también han sido reemplazadas. Sin embargo, algunos individuos retienen bastantes plumas (y por lo tanto, el contraste con la cabeza) hasta el 3er año cal. (véanse otros inmaduros en otoño). Este efecto de "cabeza oscura" también se da en algunas águilas pomeranas de 2º año cal.

solo p10 juv., retenida
(muy gastada)

▶ **3er año cal. (noviembre)**
En este plumaje a menudo conserva una cierta apariencia de juvenil, con la franja blanca en la parte inferior del ala y las infracoberteras caudales pálidas. La muda de primarias de este individuo ha avanzado hasta p9, mientras un nuevo frente de muda ha empezado en las primarias internas (nótese la pequeña "muesca" o "escalón" en esa zona). Muchos ejemplares de esta edad ya han reemplazado p10 y, típicamente, las primarias externas y las internas son más nuevas que las centrales. Las secundarias aún no muestran puntas oscuras, lo cual permite diferenciar esta edad de un ≥ 4º año cal.

secundarias con patrón
más o menos uniforme
(cf. 4º/5º año cal.)

▼ Tipo 5º año cal. (marzo)
El plumaje es parecido al de un 4º año cal. en otoño, porque durante el invierno casi no se ha producido ninguna muda. La nueva generación de plumas de vuelo ya tiene patrón adulto, con la punta oscura y ancha, y un color gris claro entremedio del barrado oscuro. El blanco de las partes superiores e inferiores (coberteras e infracoberteras grandes y supracoberteras e infracoberteras caudales) irá desapareciendo gradualmente.

▶ Subadulto (noviembre)
Las plumas de vuelo ya son todas de tipo adulto (con puntas oscuras y anchas), pero las manchas pálidas en las infracoberteras grandes y en las infracoberteras caudales sugieren que no se trata de un adulto completo.

infracoberteras grandes más oscuras en las nuevas generaciones de plumas

primeras plumas de vuelo con puntas oscuras (3ª generación)

◀ Tipo adulto (febrero)
El pico y las patas potentes, la comisura larga y la narina alargada diferencian a los adultos en reposo de las águilas moteada y pomerana.

▼ Juvenil (noviembre)
Un ejemplar típico, de coloración arenosa fría. Los inmaduros son muy variables en cuanto al color del cuerpo. Este individuo se encuentra cerca del extremo pálido, pero es normal en todos los demás rasgos. Algunos muestran también coberteras medianas pálidas –como se ve en la imagen–, que junto con las puntas pálidas de las secundarias, crean una 3ª franja alar. En otros, solo las coberteras medianas más externas son blancuzcas, o incluso completamente oscuras, como el resto del cuerpo.

narina alargada (cf. águilas moteada y pomerana)

comisura del pico larga y ancha, diagnóstica

▼ Tipo 2º año cal. (noviembre)
Como el juvenil, pero las puntas pálidas de las plumas juveniles ya casi han desaparecido por desgaste. Un ave de 3er año cal. en otoño es casi idéntica, pero muestra más plumas nuevas con punta pálida. Se trata de un ejemplar cercano al extremo oscuro del abanico de tonalidades posibles (compárese con el juvenil).

puntas pálidas ausentes

primeras plumas mudadas (grandes coberteras y secundarias), de nuevo con puntas pálidas

Águila imperial oriental *Aquila heliaca*

L 76 cm, E 190 cm | Verano, E Europa; invierno, SE Europa

Àguila imperial oriental CAT
Eguzki-arranoa EUS
Aguia imperial oriental GAL

▼ Adulto (noviembre)
En este plumaje es más uniformemente oscura que el águila real, y sin tonalidades rojizas.

como en la mayoría de águilas, el barrado va desapareciendo con la edad; se mantiene más en las primarias internas

banda terminal oscura muy ancha, mitad basal con barrado uniforme (cf. otras grandes águilas)

negruzco (cf. águila real adulta)

los adultos mantienen las infracoberteras caudales pálidas

en buenas condiciones de luz, contraste visible entre las infracoberteras muy oscuras y las plumas de vuelo un poco más pálidas por debajo

▼ Adulto (junio)

al menos algunas escapulares blancas

contraste entre el píleo y la nuca dorados y la garganta muy oscura; característica compartida con el águila real, pero aquí contraste mayor

▼ Juvenil (noviembre)
Patrón grueso y pálido en las partes superiores que contrasta mucho con las plumas de vuelo más oscuras. Las supracoberteras caudales y el obispillo/dorso son muy claros, a menudo evidentes a lo lejos.

◄ Juvenil (noviembre)
Un juvenil típico. El listado de las infracoberteras alares y del pecho/vientre solo varía un poco en intensidad entre individuos. En los demás rasgos hay poca variación. Este plumaje es similar al de 3er/4º año cal.; el análisis de la muda es crucial para el datado. Un juvenil como el de la imagen tiene todas las plumas de vuelo de 1ª generación, lo cual da una impresión de uniformidad al borde posterior del ala y de la cola.

p4 alargada; 7 dedos

barrado débil, concentrado en la parte basal de las plumas, y frecuentemente solo visible en las primarias (cf. otras águilas)

listado diagnóstico; color de fondo pardo amarillento pálido

gris con márgenes pálidos

primarias internas pálidas que a menudo resultan obvias

▼ Juvenil (noviembre)
Identificación sencilla en base a un moteado grueso sobre fondo bastante pálido. Algunas águilas moteadas juveniles muy pálidas pueden asemejarse, pero mantienen un color de fondo más oscuro en las partes superiores.

narina alargada

iris claro

potente, alto

moteado grueso sobre fondo relativamente pálido (cf. águilas moteada y pomerana inm.)

cabeza pálida, contrastando con el pecho más oscuro

uniformemente pálido

contraste de muda

▶ 3er año cal. (enero)
Aún muy similar al juvenil, especialmente a cierta distancia, pero nótese el progreso de la muda, típico de todas las águilas grandes en su 2º invierno. Solo ha mudado la mitad de las primarias y algunas secundarias.

hasta p5 mudado

s1, s2 y s5 mudadas

ausencia de borde posterior pálido (cf. juv.)

▶ 3er año cal. (noviembre)
La impresión general de este plumaje es aún bastante "juvenil", a pesar de que este ejemplar ya tiene aproximadamente 2 años y medio, lo cual facilita la identificación. El estadio de muda es, una vez más, crucial; mucho más avanzado que en el 3er año cal. (2º invierno) de enero (fotografía superior). Durante la mitad cálida del año, a partir del 3er año cal., empieza un nuevo frente de muda en las primarias internas, mientras que el primer frente de muda aún no ha alcanzado p10; una situación típica de esta edad en muchas águilas y buitres.

cuerpo aún tipo juv.

p10 aún juv., gastada

últimas secundarias juv.

límite del primer frente de muda

límite del segundo frente de muda

▶ 4º año cal. (noviembre)
A partir de esta edad pierde la imagen de "juvenil". Las plumas nuevas del cuerpo son oscuras y lisas (nacen, generalmente, primero en la garganta y el pecho), lo cual da a las partes inferiores una apariencia parcheada, incluyendo las infracoberteras alares, a medida que avanza el año. Las secundarias nuevas (de 3ª generación) tienen la punta oscura y empiezan a generar un borde posterior del ala oscuro. Habitualmente, la muda se suspende durante el invierno, como parece ser el caso de este ejemplar. Aunque el barrado de las plumas de vuelo empieza a parecerse al del águila esteparia, el plumaje tan contrastado no es compartido con otras especies de águila, excepto con el águila imperial ibérica; en este plumaje, la especie ibérica puede ser muy difícil de separar de la oriental, pero véanse las características señaladas.

mancha frontal oscura aún poco desarrollada (cf. águila imperial ibérica subadulta)

aún mayoritariamente pálido (cf. águila imperial ibérica subadulta)

plumas corporales oscuras apareciendo

punta oscura relativamente pequeña (cf. águila imperial ibérica subadulta)

plumas con puntas oscuras aparecen a partir del 4º año cal.

las primarias centrales son las más nuevas; aquí p5–6 constituyen la parte delantera del segundo frente de muda (cf. 3er año cal. en otoño)

Águila imperial oriental *Aquila heliaca*

▼ Inmaduro, tipo 4º/5º año cal. (octubre)
En el subadulto, la parte superior del ala muestra una cierta semejanza con la del águila real (sobre todo por las coberteras retenidas, desteñidas), pero las escapulares ya tienen el patrón diagnóstico del águila imperial oriental (sub)adulta. El patrón de la cola aún está en desarrollo, pero el barrado fino y regular no es propio del águila real. Es especialmente parecida al águila imperial ibérica subadulta pero nótese, además de las características señaladas, la ausencia de blanco en el borde anterior del ala y la posición de los parches blancos en las escapulares.

▼ Subadulto, probablemente 5º año cal. (octubre)
Las plumas de vuelo ya son todas de tipo adulto (joven), pero el cuerpo aún muestra plumas pálidas, a diferencia del adulto completo. La confusión con el águila real (sub)adulta en este plumaje no es descartable, pero las plumas de vuelo tienen un barrado más fino y regular, y las plumas del cuerpo (así como las infracoberteras alares pequeñas) no tienen tonalidades muy cálidas (compárese con el águila real).

parches blancos variables pero diagnósticos en las escapulares

frente oscura aún casi ausente (cf. águila imperial ibérica subadulta)

rectrices nuevas claramente barradas, con puntas oscuras no muy anchas (cf. águila imperial ibérica subadulta)

puntas oscuras extensas, creando un borde ancho en el ala y la cola

garganta negruzca, contrastando fuertemente con los lados del cuello rubios

▼ Subadulto
Además de las diferencias con el águila imperial ibérica, señaladas más abajo, nótese la semejanza con el águila real; esta tiene las coberteras más pálidas que forman un panel desordenado pero patente.

negro limitado (cf. águila imperial ibérica subadulta)

las escapulares blancas son diagnósticas de las dos especies de águila imperial

ausencia de blanco en brazo y codo del ala (a diferencia de la mayoría de águilas imperiales ibéricas)

▼ 3er año cal. (febrero)
En reposo parece un "juvenil" con plumaje gastado. A menudo se perciben dos generaciones de plumas en las coberteras, con las internas más nuevas (no en este ejemplar), o bien entre las coberteras y las escapulares más nuevas (visible aquí).

Águila imperial ibérica *Aquila adalberti*

L 79 cm, E 195 cm | Todo el año, península Ibérica

Àguila imperial ibèrica CAT
Eguzki-arrano iberiarra EUS
Aguia imperial ibérica GAL

▼ Adulto (noviembre)

Casi idéntica al águila imperial oriental, pero con una cantidad variable de blanco en el borde anterior del brazo. En raros casos, este puede estar completamente ausente; individuos así son muy difíciles de distinguir de la especie oriental. Nótense otras sutiles diferencias. Las dos especies (sobre todo los adultos) tienen distribuciones, en teoría, no coincidentes.

en ejemplares maduros, primarias y secundarias casi lisas (como en el águila imperial oriental)

borde anterior blanco diagnóstico

variable, pero frente y píleo extensamente oscuros son típicos, comparados con la especie oriental

manchas blancas a menudo concentradas en la parte delantera de las escapulares (cf. águila imperial oriental subadulta)

variable, pero la banda terminal oscura muy ancha y el barrado irregular son típicos en comparación con la especie oriental

▼ Juvenil (febrero)

Diversas especies tienen ciertos tipos de plumaje parecidos a este, pero los problemas de identificación solo aparecerían lejos de su área de distribución regular. En esos casos, se debería tener en cuenta el inmaduro de águila moteada de tipo *fulvescens*, el **águila rapaz** de morfo pálido (especie no tratada en esta obra) y la forma "rubia", muy rara, de águila pomerana. Véase también el inmaduro de águila imperial oriental, especialmente poco listado y con tonalidades canela, fotografiado en Italia (p. 252).

bases pálidas de las primarias mínimas o ausentes (cf. águila moteada *fulvescens* y águila pomerana)

pecho variablemente listado, pero siempre muy limitado (cf. águila imperial oriental)

infracoberteras grandes y primarias grises, con márgenes pálidos (cf. águila moteada *fulvescens*)

patas cortas; base de los dedos en línea con el borde posterior del ala (cf. águila moteada *fulvescens* y águila pomerana)

primarias internas pálidas (frecuentemente sin barrado), formando una "ventana" alar (como en el águila imperial oriental inm.)

◄ Juvenil (enero)

Muy similar al águila imperial oriental, pero con un color de fondo más canela y más cálido; partes superiores y las coberteras tienen un patrón un poco menos contrastado. Más adelante y hasta el 4º año cal., mantiene la semejanza con el plumaje juvenil (igual que la especie oriental). Así pues, el punto en que se encuentre la muda es esencial para el datado; sigue un proceso igual al de la especie oriental – véase su ficha–, pero a menudo un poco más adelantado.

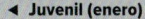

Águila imperial ibérica *Aquila adalberti*

▼ **Inmaduro 2°/3ᵉʳ año cal. (de invierno a primavera)**
Igual que el águila imperial oriental, aún con apariencia muy "juvenil", pero la muda de primarias ya ha avanzado hasta p7 (incluida), y la de secundarias ha empezado en 3 puntos (además de los dos señalados, otro en la parte más interna). Un ejemplar típico en coloración y patrón; canela cálido con listado limitado al pecho; véase águila imperial oriental de la misma edad. El proceso de muda es, generalmente, un poco más avanzado que en la especie oriental.

▼ **Inmaduro/subadulto, supuestamente 5° año cal. (noviembre)**
En este plumaje puede ser muy similar al águila imperial oriental de la misma edad, especialmente si no han aparecido plumas blancas en el borde anterior del brazo (o no son visibles). La combinación de características señaladas es típica. La cola muestra una mezcla de plumas viejas, más lisas, y nuevas, con una punta negra extensa (lo cual indica que se trata de plumas de 2ª o 3ª generación). Estas son las primeras de tipo adulto; en el águila imperial oriental, generalmente tienen una punta oscura más pequeña, pero los ejemplares maduros de *heliaca* muestran puntas oscuras de igual extensión que *adalberti*.

límite de muda

mudado hasta
p7 (incluida)

frentes de muda de
secundarias iniciados
en s1 y s5, hacia el
cuerpo

área oscura extensa

primeras rectrices de
tipo adulto ya con puntas
oscuras muy anchas

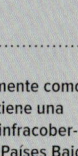

■ **Águila imperial oriental, 4° año cal. (enero)**
Este ejemplar, fotografiado en Italia, fue identificado inicialmente como águila imperial ibérica, lo cual es comprensible puesto que tiene una coloración bastante canela y un listado muy limitado en las infracoberteras alares. En octubre, el mismo individuo fue visto en los Países Bajos; gracias a la información proporcionada por su anilla se supo que era un águila imperial oriental. Aunque se trate de un plumaje probablemente excepcional, este caso demuestra que los inmaduros más cercanos a la edad adulta pueden resultar muy parecidos entre ellos.

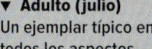

▼ Adulto (julio)
Un ejemplar típico en
todos los aspectos.

zona oscura extensa (cf. águila
imperial oriental subadulta)

blanco en el brazo
y el codo del ala
diagnóstico

▼ Juvenil (enero)
En plumaje nuevo, la coloración canela es típica. A partir
del 2º año cal., el color va quedando desteñido (más pardo
amarillento), como en el águila imperial oriental inmadura
y el águila moteada inmadura de tipo *fulvescens*.

cara pálida, pico alto y potente y
narina alargada (cf. águila moteada
de tipo *fulvescens*)

manchas oscuras variables,
pero siempre en menor
proporción que en el águila
imperial oriental inm.

listado pectoral débil
(cf. águila imperial oriental,
que tiene un moteado más
pronunciado, y águila
moteada de tipo *fulvescens*,
sin listado)

franja caudal generalmente
más ancha que en la especie
oriental; parte basal lisa o con
un barrado fino e irregular

▼ Inmaduro de 2º/3er año cal. (de otoño a invierno)
Aún muy similar al juvenil, pero nótense las coberteras juveniles muy gastadas. Estas y el pecho son típicamente de color
pardo pálido cálido (canela) y muy poco listados en comparación con la mayoría de águilas imperiales orientales, desde
juveniles hasta el 3er año cal.

puntas pálidas que generan
poco contraste (cf. águila
imperial oriental inm.)

coberteras grandes
juv. muy gastadas,
que contrastan con las
coberteras nuevas y
facilitan el datado

habitualmente, solo
un listado difuso y
limitado al pecho
(cf. águila imperial
oriental inm.)

Águila real *Aquila chrysaetos*

L 86 cm, E 202 cm | Todo el año, N, E y S Europa

▼ **Adulto (febrero)**
El plumaje adulto tiene un patrón pardo y gris irregular. Los ejemplares más norteños, como este de la subespecie nominal *chrysaetos*, son más pálidos y de un pardo más cálido que los individuos del C y S de Europa (subespecie *homeyeri*).

gris obvio, incluso a lo lejos

borde posterior oscuro y ancho

coberteras con desgaste variable, que generan banda difusa y pálida

barrado/patrón irregular, característico

pardo cálido (cf. águilas imperiales adultas y subadultas)

como en las águilas imperiales (sub)adultas, pero a menudo con tonos más cálidos)

▼ **3er año cal. (noviembre)**
Por debajo, aún muy similar a un juvenil y a un 2º año cal. en otoño. Las plumas de vuelo recientemente reemplazadas tienen un patrón idéntico a las juveniles. La muda de primarias de este ejemplar norteño ha avanzado hasta p6, mientras que la muda de secundarias va casi un ciclo completo más retrasada que la de otras grandes águilas. En otoño del 2º año cal., el plumaje es idéntico, pero las aves de más al norte a menudo solo han mudado 2–4 primarias y ninguna secundaria.

silueta de vuelo típica, con la base del ala más estrecha, la cola larga y una cabeza que sobresale poco (cf. otras grandes águilas)

▼ **Juvenil, 2º año cal. (marzo)**
Inconfundible debido a la base blanca y uniforme de las plumas de vuelo. El blanco en la base de las secundarias no es visible en muchos ejemplares. En las poblaciones sureñas (como la ibérica *homeyeri*) el blanco del ala es más limitado, pero aun así obvio y diagnóstico. A lo largo del verano, los ejemplares norteños solo mudan unas pocas primarias, que tienen el mismo patrón que las juveniles, con lo que un ave de 2º año cal. en otoño es muy parecido al de la imagen, a excepción de las primarias, que estarán más gastadas. Como en otras grandes águilas, p4 forma el 7º dedo.

solo s1, s2 y s5 han sido mudadas (más nuevas y redondeadas)

límite de muda

p9–10 aún juv.

primarias de tipo adulto
interrumpen la mancha
blanca

s8–9 aún juv.

▼ **5° año cal./tipo 4° invierno (enero)**
Los ejemplares norteños como este mudan muy lentamente. Las poblaciones sureñas alcanzan un plumaje similar un año antes. El datado también es más complicado a partir de esta edad a causa de la variabilidad individual (por lo que es mejor hablar de "tipo"), pero la identificación de la especie siempre es sencilla gracias a la cantidad de blanco en la cola, entre otras características.

▼ **Subadulto (mayo)**
Las rectrices empiezan a acercarse al patrón adulto, mientras que algunas primarias y secundarias aún tienen blanco en la base. El datado exacto ya no es posible, pero estos ejemplares acostumbran a tener ≥ 5 años de edad.

▶ **Subespecie ibérica _homeyeri_, juvenil (noviembre)**
Idéntica a la nominal _chrysaetos_ pero, de promedio, con menos blanco en la base de las plumas de vuelo.

▶ **Subespecie ibérica _homeyeri_, adulto (noviembre)**
Esta subespecie, residente en la península Ibérica, así como en el norte de África y en Oriente Medio, es más pequeña y oscura, y tiene las alas ligeramente más estrechas y una cola un poco más larga que la nominal _chrysaetos_, que vive en el resto de Europa. Las águilas imperiales tienen una zona barrada más estrecha en la base de la cola (a veces completamente ausente en el águila imperial ibérica).

patrón caudal típico de adulto,
en ambas ssp. (cf. águilas
imperiales adultas)

Águila real *Aquila chrysaetos*

▶ **(Sub)adulto (febrero)**

las coberteras se destiñen y se desgastan con el tiempo; diferentes generaciones de plumas crean un patrón desordenado, siendo las plumas más nuevas las más oscuras y redondeadas

partes inferiores típicamente listadas en el (sub)adulto, con el pecho pardo más cálido

la punta de la cola sobresale claramente por detrás de la punta del ala (cf. águila estepar ia y águilas imperiales)

¡uña posterior de al menos 4 cm de longitud!

▼ **Juvenil, 2º año cal. (febrero)**
Fácil de identificar por la cantidad de blanco en la base de la cola. Las coberteras juveniles y las secundarias no tienen puntas pálidas (o son mínimas), a diferencia de otros juveniles del género *Aquila*. Este es el único plumaje con coberteras uniformemente oscuras; durante el verano se irán destiñendo.

nuca dorada ya presente

oscuro y uniforme (cf. aves maduras)

partes inferiores frecuente-mente de color oscuro y uniforme (aquí son visibles las bases blancas de algunas plumas)

▼ **3er año cal. (enero)**
Este plumaje es aún mayoritariamente juvenil, pero las coberteras ya están muy gastadas y desteñidas (compárense con las del juvenil de la izquierda, un año más joven). A partir de la primavera del 3er año cal., algunas plumas pueden ser mudadas, adquiriendo de nuevo un color más oscuro. Entonces aparece el patrón desordenado típico que ya permanecerá durante toda su vida, ya que las coberteras no son mudadas simultáneamente. El pico relativamente pequeño de este ejemplar apunta a ♂.

todas las secundarias y coberteras grandes aún juv. (uniformes en desgaste y estructura)

Águila calzada *Hieraaetus pennatus*

L 46 cm, E 125 cm | Verano, S y E Europa

▶ **Adulto, morfo pálido (septiembre)**
Fácil de identificar en este plumaje. La confusión probablemente solo se puede dar con la forma pálida de busardo ratonero, pero las primarias y secundarias son (mucho) más oscuras y tienen un tipo de barrado diferente. Los adultos muestran más de una generación de plumas de vuelo; las primarias internas y secundarias nuevas tienen puntas pálidas.

sin mancha carpal

adulto con manchas pardas (cf. juv.)

pálido, poco contraste con los lados de la cabeza y el pecho, pardos

primarias internas pálidas creando "ventana" alar

secundarias nuevas también con punta pálida en adulto

secundarias oscuras con barrado ancho (frecuentemente no visible)

p5 forma un dedo (aquí p7 caída en ambas alas, por lo cual solo hay 5 de 6 dedos visibles)

esquinas cuadradas

pálido, con barrado disperso típico, concentrado cerca de la punta

▶ **Tipo adulto, morfo oscuro (septiembre)**
Algunos ejemplares de morfo oscuro son más pálidos y, a veces, considerados un morfo diferenciado, rojizo. Este plumaje se trata aquí como una variante más clara del morfo oscuro. Habitualmente muestra un contraste evidente entre la franja central negruzca de la parte inferior del ala, y el cuerpo y las infracoberteras pequeñas, de color pardo rojizo; este patrón puede parecerse al del águila perdicera inmadura (pero esta muestra un barrado más fino y junto, sobre un color de fondo más claro, en las plumas de vuelo y, si hay secundarias nuevas, estas tienen la punta oscura —véase su ficha–).

▼ **Juvenil, morfo pálido (noviembre)**
La combinación de áreas pálidas y oscuras en las partes superiores es diagnóstica, y se aplica a todos los plumajes, independientemente del morfo de color y de la edad. En los morfos oscuros, las áreas pálidas son un poco menos pálidas, especialmente las supracoberteras caudales. Un busardo ratonero (pálido) frecuentemente muestra supracoberteras caudales pálidas, pero no aparecen bordeadas por una cola y un obispillo oscuros. Las manchas blancas en la base anterior del ala, conocidas como "luces de aterrizaje" también son típicas, pero no siempre visibles. El plumaje nuevo y uniforme es típico de un juvenil en otoño.

combinación diagnóstica de líneas pálidas

"luces de aterrizaje"

listado ausente o muy débil (cf. adulto)

barrado típico (diluyéndose en las rectrices externas)

▲ **Juvenil, morfo pálido (octubre)**
Difiere poco del adulto, pero a menudo muestra un listado muy débil en las partes inferiores y en las infracoberteras alares y, con un plumaje nuevo y uniforme, no se aprecian signos de muda ni de desgaste importante.

Águila calzada *Hieraaetus pennatus*

▶ **Juvenil, morfo oscuro (enero)**
A una cierta distancia puede parecer similar al aguilucho lagunero occidental o al milano negro, pero si la parte superior del ala es visible, la confusión es menos probable (entre otras diferencias, el aguilucho lagunero occidental y el milano negro no tienen supra-coberteras caudales pálidas). El plumaje adulto de morfo oscuro es casi idéntico, pero muestra un barrado caudal más evidente y más de una generación de plumas de vuelo.

6 dedos, siendo p5 el más interno (cf. aguilucho lagunero occidental)

barrado ancho pero difuso, típico, más fácil de ver en las primarias internas

"luces de aterrizaje" apenas visibles aquí

dedos largos y flexibles, se curvan hacia arriba con más facilidad que en el aguilucho lagunero occidental y el milano negro

esquinas cuadradas

relativamente pálido

tarso plumado (cf. aguilucho lagunero occidental)

p6–10 aún juv.

p5 caída

p1–4 mudadas

▶ **2º año cal., morfo oscuro (septiembre)**
Ya casi con apariencia adulta, solo se puede datar como 2º año cal. desde corta distancia, en base al estadio de la muda. Las secundarias y las rectrices son aún básicamente juveniles. A causa de la muda activa, p5 ha caído, y solo 5 de los 6 dedos están presentes. Muchos (sub)adultos se encuentran en muda activa en otoño, época en que hay que ser cauteloso a la hora de interpretar el número de dedos.

plumas corporales nuevas de tipo adulto

primarias nuevas con barrado más patente que en el juv.

límite de muda

▼ **Juvenil, morfo oscuro (diciembre)**

"luces de aterrizaje" blancas a menudo también visibles en reposo

panel alar pálido rodeado del resto del ala más oscuro

rectrices externas pálidas, sin barrado patente

bastante uniforme, sin zonas pálidas

▲ **Tipo adulto, morfo pálido (agosto)**
Estructura típica en reposo, creada por un cuerpo robusto, cabeza bastante grande, pico relativamente pequeño y patas poderosas. Las partes superiores tienen un patrón contrastado en todos los plumajes. La cabeza un poco más oscura puede producir, en los morfos pálidos, un efecto de "casco". El iris de los adultos es más pálido y más pardo rojizo que en los juveniles.

Águila perdicera *Aquila fasciata*

L 59 cm, E 155 cm | Todo el año, S Europa

Àguila cuabarrada CAT
Bonelli arranoa EUS
Aguia perdigueira GAL

▼ **Adulto (marzo)**
En este plumaje resulta fácil de identificar gracias a la combinación producida por el cuerpo blanco, el patrón de las plumas de vuelo y de la cola, y las infracoberteras alares blancas y negras. Los adultos como el de la imagen tienen las primarias internas y las secundarias muy oscuras. La cola, en cambio, es pálida, lo cual hace destacar la banda terminal negra.

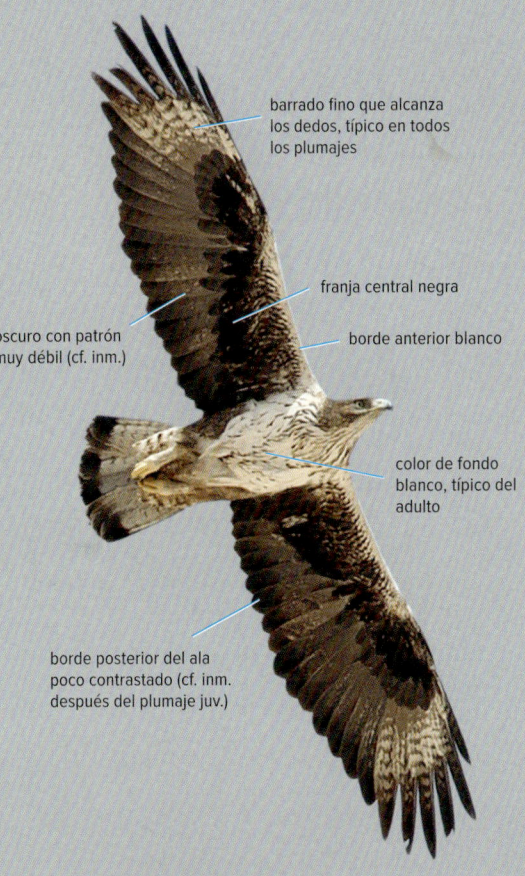

barrado fino que alcanza los dedos, típico en todos los plumajes
franja central negra
oscuro con patrón muy débil (cf. inm.)
borde anterior blanco
color de fondo blanco, típico del adulto
borde posterior del ala poco contrastado (cf. inm. después del plumaje juv.)

▶ **Adulto (febrero)**

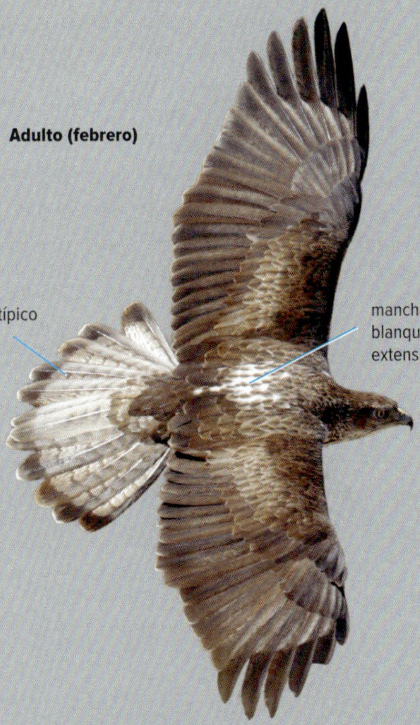
patrón típico
mancha dorsal blanquecina de extensión variable

▶ **Juvenil (noviembre)**
Un plumaje identificable por la combinación única de distintas características. Las infracoberteras alares grandes, especialmente las más externas, acostumbran a ser más oscuras que las del ejemplar de la imagen y crean, junto con las infracoberteras primarias, una franja oscura. A una cierta distancia, podría parecerse a un abejero europeo o a un abejero oriental juvenil de coloración canela, pero estas especies tienen el barrado de las plumas de vuelo más grueso, las patas mucho más cortas y las infracoberteras alares grandes pálidas, en lugar de oscuras (véase su ficha). El busardo moro tiene las plumas alrededor del muslo más oscuras –a veces toda la región ventral–, casi ningún barrado en las primarias y una mancha carpal negruzca, extensa y uniforme.

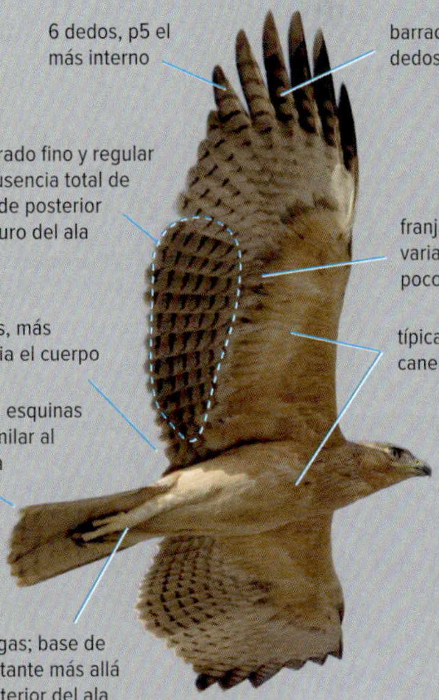
6 dedos, p5 el más interno
barrado fino en los dedos, característico
barrado fino y regular y ausencia total de borde posterior oscuro del ala
franja central oscura variable, aquí muy poco desarrollada
secundarias sobresalientes, más estrechas hacia el cuerpo
típicamente coloración canela bastante lisa
cola larga con esquinas angulosas, similar al águila calzada
patas muy largas; base de los dedos bastante más allá del borde posterior del ala

Águila perdicera *Aquila fasciata*

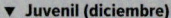

▼ Juvenil (diciembre)
El barrado fino y completo en las rectrices es característico. Incluso las coberteras primarias y las plumas del álula están barradas, rasgo único entre las rapaces europeas.

▼ Inmaduro, 3er año cal. (febrero)
La identificación de la especie es más complicada en este plumaje intermedio entre el juvenil y el adulto, y se podría confundir con un busardo moro desde una cierta distancia. La combinación de plumas de vuelo finamente barradas, el patrón caudal, la coloración de fondo aún pardo-anaranjada y las manchas carpales negruzcas, a menudo en forma de coma, resulta característica. Los ejemplares más jóvenes, a mediados del 2º año cal., por ejemplo, muestran una mezcla más proporcionada de plumas de vuelo juveniles y de 2ª generación, lo cual se aprecia mejor en las secundarias, con patrones más diferenciados.

mancha blanca ya presente, pero mucho más reducida que en el adulto

contraste entre las primarias pálidas y las secundarias relativamente oscuras, más obvio en este plumaje

p9 aún juv.

última secundaria juv.

cola mudada, ya de tipo adulto

aún pardo anaranjado, de tipo juv.

secundarias de 2ª generación que mantienen, típicamente, un barrado fino, pero ya con la punta oscura

▼ Adulto (marzo)
El pico bastante robusto y las manchas en las plumas del muslo sugieren que se trata de una ♀.

manchas blancas características, pero variables en extensión (aquí, poco desarrolladas)

borde anterior del brazo a menudo visible en reposo

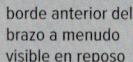

listado típico

▶ Juvenil (julio)
Las patas muy largas y robustas pueden parecer desproporcionadas en comparación con el cuerpo. El color de fondo pardo-canela es típico, pero va perdiendo intensidad a partir del 2º año cal.

patas "desproporcionadamente" largas y fuertes, con plumas muy pálidas

cola larga que sobresale má allá de la punta del ala (en todos los plumajes)

▶ Inmaduro
(final del 2º año cal. hasta la primera mitad del 3er año cal.)

intermedio entre el juv. y el adulto (listado grueso pero con color de fondo pardo)

2ª generación de rectrices de tipo adulto

coberteras grandes y secundarias juv. retenidas, muy gastadas y desteñidas

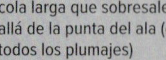

Águilas del género *Aquila* adultas

▼ Águila real (marzo)

▼ Águila pomerana (mayo)

▼ Águila moteada (febrero)

◄ Águila imperial oriental (enero)

◄ Águila perdicera (noviembre)

▼ Águila imperial ibérica (enero)

▼ Águila esteparia (octubre)

▼ Águila calzada (septiembre)

Cernícalo vulgar *Falco tinnunculus*

L 34 cm, E 73 cm | Todo el año, casi toda Europa excepto extremo N

▼ Adulto ♂ (mayo)

Un ejemplar típico en todos los aspectos. A excepción de las coberteras grandes externas, todas las plumas pardo rojizas tienen un triángulo negruzco en la punta (compárese con las aves de tipo ♀). Para ver las diferencias con el cernícalo primilla, véase su ficha.

▼ Tipo adulto ♀ (diciembre)

Fácil de identificar como cernícalo tipo ♀ por su diseño facial típico, sin una máscara oscura pero con una bigotera patente, y por sus partes inferiores listadas. El datado es especialmente difícil, a veces imposible en aves de tipo ♀ durante la primavera y el verano, pero las partes inferiores de tipo adulto y el patrón caudal (en diciembre) indican que se trata de un adulto. Este ejemplar tiene la base de las primarias externas casi lisas (véase cernícalo primilla), pero esto no es inusual y puede aparecer en todos los plumajes. Véase cernícalo primilla.

motas negruzcas; a veces mínimas en las coberteras (cf. cernícalo primilla ♂)

patrón caudal típico de las dos especies de cernícalo, en el ♂ adulto

contraste marcado entre el brazo pardo rojizo y el resto del ala más oscuro, característico en comparación con otros falcónidos en todos los plumajes (pero véase cernícalo primilla)

desde lejos, la parte inferior del ala es pálida, como en el cernícalo primilla (cf. otros falcónidos pequeños)

longitud de p10 = p7 (cf. cernícalo primilla)

barrado de las plumas de vuelo casi tan oscuro como las manchas triangulares de las infracoberteras alares (cf. cernícalo primilla ♀)

manchas triangulares típicas de todos los cernícalos

manchas redondeadas o en forma de lágrima (cf. juv.)

barrado típico del plumaje tipo ♀

▼ Juvenil (diciembre)

El barrado fino de las rectrices y la coloración gris de las supracoberteras caudales indican que se trata de un juvenil ♂. Los juveniles ♀♀ generalmente tienen el barrado caudal un poco más ancho, no tienen gris en las supracoberteras caudales y tienen las partes superiores con un patrón más grueso; por lo demás, son similares. Este ejemplar está cerniéndose, una técnica de caza usada frecuentemente tanto por esta especie como por el cernícalo primilla, el cernícalo patirrojo y el cernícalo del Amur, a diferencia de otros falcónidos europeos.

a menudo ya un poco gris en el ♂

listado difuso (cf. adulto)

las puntas pálidas de las coberteras primarias indican juv.

▼ Adulto ♂ (febrero)

Una imagen típica –a excepción del barrado señalado– de esta especie común y extensamente distribuida en Europa. Algunos ejemplares, probablemente ♀♀ adultas de edad avanzada, pueden parecerse a los ♂♂ (especialmente en el patrón de las partes superiores), pero la cola y la cabeza uniformemente grises descartan claramente a una ♀ extrema, en este caso.

▼ Tipo adulto ♀ (mayo)

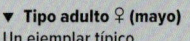

Un ejemplar típico.

puntas oscuras triangulares y anchas (cf. cernícalo primilla, ♀ adulta)

muchos individuos no tienen estas franjas oscuras; típicamente, solo en la punta de cada pluma

barrado débil, sugiriendo edad más avanzada

grisáceo, sugiriendo edad más avanzada

patrón tipo adulto típico (cf. juv.)

▼ Juvenil ♂ (agosto)

Un ejemplar peculiar por la coloración ya gris de la cola. Esto se da más frecuentemente en ♂♂ de 2º año cal., después de la primera muda (y más a menudo en el ♂ juvenil de cernícalo primilla). Las primarias nuevas, con márgenes pálidos cerca de la punta, son típicas del juvenil. Además, las aves de ≥ 2º año cal. se encuentran en muda activa en agosto.

▼ 1er invierno ♀ (diciembre)

Este ejemplar se encuentra aún en plumaje prácticamente juvenil. En las ♀♀ de 1er año cal., las plumas nuevas de tipo adulto (habitualmente mudan el manto y las escapulares en primer lugar, como todos los falcónidos) son más similares a las juveniles que en los ♂♂, con lo cual se juzga mejor la edad por su estado (nuevas o gastadas). Por esta razón, este plumaje es, frecuentemente, difícil de diferenciar de las ♀♀ adultas en el campo. Sin embargo, los adultos se encuentran en muda activa durante la mitad cálida del año y, por lo tanto, no muestran contraste de muda en invierno. El plumaje juvenil de las ♀♀ es el que tiene el barrado más grueso, tanto en las partes superiores como en las coberteras y las terciarias.

algunas escapulares nuevas (de coloración más rica y sin puntas pálidas); patrón típico de las ♀♀ por la franja subterminal negruzca y ancha y la línea longitudinal a lo largo del raquis (cf. ♂ de 1er invierno)

listado/barrado difuso, típico de las partes inferiores del juv.

primarias desteñidas y punta pálida en la cobertera primaria, típico del 1er año cal.

▼ 1er invierno ♂ (diciembre)

Un ejemplar adelantado. La cabeza, el manto y las escapulares –probablemente también las partes inferiores–, han sido mudadas a tipo adulto (véase el contraste patente entre las escapulares nuevas y las coberteras juveniles), por lo que puede ser identificado como ♂. Las escapulares nuevas ya muestran el patrón típico del ♂, con solo la punta oscura, de forma triangular.

▼ 2º año cal. ♂ (mayo)

Superficialmente similar al ♂ adulto, y casi igual al ♂ de 1er invierno (izquierda). La muda de plumas de vuelo ha empezado, lo cual es normal en primavera; los inmaduros empiezan antes que la mayoría de adultos.

manto y escapulares mudados, ya con patrón adulto

escapulares mudadas, de 2ª generación, ya con patrón de ♂ adulto

coberteras y terciarias (barradas) juv., retenidas (cf. ♂ adulto)

muda activa: p4–5 caídas

Cernícalo primilla *Falco naumanni*

L 30 cm, E 68 cm | Verano, S Europa; localmente todo el año, S España y S Italia

▼ Adulto ♂ (abril)

En este plumaje es relativamente fácil de identificar, sobre todo un ejemplar bastante liso como este. Los rasgos señalados en la imagen muestran las diferencias con el cernícalo vulgar ♂.

▼ Adulto ♂ (marzo)

Las coberteras grandes grises y las partes superiores pardas completamente lisas son diagnósticas. La cantidad de gris en las coberteras grandes varía; puede ser mínima en algunos ejemplares.

longitud de p10 = p8

las puntas negruzcas crean una punta del ala oscura

base de las plumas de vuelo lisas y muy pálidas

secundarias difusamente grises en la punta, con o sin barrado (muy débil)

moteado disperso variable

gris uniforme, sin bigotera

garganta pálida a menudo patente

pecho y vientre más oscuros que la parte inferior del ala

liso

coberteras grandes grises

▼ Adulto ♂ (julio)

La muda de primarias (como en el cernícalo vulgar) empieza en verano. Sin embargo, las poblaciones que hacen migraciones más largas (sobre todo las del este) suspenden la muda a final de verano. Estos ejemplares muestran un límite de muda entre las primarias centrales mudadas y las externas, de una generación anterior. El cernícalo vulgar no suspende la muda de primarias ni muestra contraste en ellas durante el otoño.

▼ Adulto ♀ (junio)

Muy similar al cernícalo vulgar adulto ♀ y al juvenil (tipo ♀), pero nótense las (a veces sutiles) diferencias, la combinación de las cuales es característica. Este ejemplar aparenta tener uñas oscuras (algunos cernícalos vulgares pueden tener las uñas relativamente pálidas). El patrón de las partes inferiores es variable; en este individuo, muy grueso y contrastado, con lo cual se solapa completamente con el que tiene el cernícalo vulgar tipo ♀. Las bases lisas de las primarias (por encima) también se pueden dar en la ♀ de cernícalo vulgar; entonces cobra importancia la parte inferior del ala, en la que las plumas de vuelo son más pálidas que en el cernícalo vulgar, a causa de un barrado gris más débil. Algunos, posiblemente ♀♀ adultas de edad avanzada, tienen la parte superior de la cola grisácea (como el cernícalo vulgar subadulto ♂).

muda activa de primarias (p6 caída)

p10 larga

pálido, base lisa

la mano es, de promedio, más oscura y menos barrada que en el cernícalo vulgar tipo ♀

barrado gris claro, poco patente, que contrasta con el patrón de las infracoberteras alares y axilares (cf. cernícalo vulgar tipo ♀)

típicamente patrón en forma de V fina (cf. cernícalo vulgar tipo ♀)

ausencia de lista ocular oscura (cf. cernícalo vulgar tipo ♀)

borde posterior ancho, gris pálido (cf. cernícalo vulgar tipo ♀)

frecuentemente gris (en cernícalo vulgar ♀, algunas veces)

patas robustas y relativamente cortas (las uñas se ven oscuras aquí, posiblemente por tener suciedad o a causa de una sombra)

▼ Juvenil (septiembre)

La identificación de juveniles es extremadamente difícil en comparación con el cernícalo vulgar de tipo ♀, y se basa en rasgos que solo se pueden ver a poca distancia. Las características destacadas en la imagen, especialmente la fórmula alar (p10 larga, igual a p8) y el diseño facial, son típicos. Algunos ♂♂ juveniles ya tienen la base de las primarias externas pálida, un atributo útil, pero en esta imagen hay solapamiento con el cernícalo vulgar.

p10 larga, característica, igual de larga que p8

base lisa poco extensa, por lo cual hay un cierto solapamiento con el ♂ de cernícalo vulgar juv.

a menudo "final" abrupto del cuerpo (transición entre el vientre y la cola más gradual en el cernícalo vulgar

patrón cefálico característico por la ausencia de lista ocular y una bigotera muy débil

▼ 2º año cal. ♂ (mayo)

Las partes superiores ya mudadas, de tipo adulto, son diagnósticas (lisas). En algunos –presumiblemente maduros–, cernícalos vulgares ♂♂, las manchas oscuras de las partes superiores pueden ser mínimas y parecer ausentes a lo lejos. A veces, algunas coberteras medianas o pequeñas también son mudadas, con patrón liso de adulto, pero las coberteras grandes juveniles siempre se retienen, por lo cual un 2º año cal. no muestra coberteras grandes grises.

contraste diagnóstico entre el manto y las escapulares pardas y lisas (tipo adulto) y las coberteras finamente barradas (juveniles) (cf. cernícalo vulgar ♂)

rectrices aún juv., con barrado fino y escaso

auriculares no más pálidas que el píleo (cf. cernícalo vulgar ♂)

▼ 2º año cal. ♀ (marzo)

Las ♀♀ suelen ser muy difíciles de identificar y de datar, pero el patrón de las rectrices externas, visible en la imagen, es un buen indicador de la edad. Además del contraste destacado en la parte inferior del ala, la identificación de la especie, en este caso, es posible porque se aprecia bien la p10 larga, las uñas pálidas, los dedos relativamente cortos y gruesos, así como el patrón facial débil. Adelantada la primavera, las rectrices centrales recién mudadas frecuentemente destacan por ser claramente más largas y más nuevas que las juveniles, y tienen una punta oscura más extensa.

a menudo punta oscura muy reducida en las rectrices externas juv., especialmente en ♀♀

contraste típico entre las plumas de vuelo, con barrado muy débil y las infracoberteras, con patrón más evidente

▼ Adulto ♀ (junio)

Se alimenta principalmente de insectos grandes, a menudo cazados en vuelo, lo cual puede resultar útil para la identificación (pero el cernícalo vulgar puede hacerlo también). Cría en colonias (dispersas), mientras el cernícalo vulgar cría en forma de parejas solitarias.

solo 1 muesca, en la hemibandera interna de p10 (2 en el cernícalo vulgar, p9 y p10)

Cernícalo primilla *Falco naumanni*

▼ **Adulto ♂ (junio)**
En este plumaje resulta inconfundible cuando se ve de cerca. La cantidad de gris azulado en las grandes coberteras y en las terciarias es variable. En este ejemplar, bastante extensa, mientras que otros ♂♂ casi no tienen. Algunas veces, las uñas pueden ser –o aparentan ser–, más oscuras; en el cernícalo vulgar solo raramente son pálidas.

▼ **♀, supuesto adulto (junio)**
Un ejemplar típico; aun así, la diferenciación del cernícalo vulgar ♀ se basa en rasgos sutiles. El listado de las partes inferiores varía: véase la imagen del ejemplar tipo ♀ en vuelo. El datado de las ♀♀ en primavera/verano es, a menudo, difícil; se señalan las características principales relacionadas con el datado. Nótese, además, que aparentemente no hay coberteras de distintas generaciones.

auriculares grisáceas frecuentemente más obvias que en el cernícalo vulgar tipo ♀

bigotera a menudo poco desarrollada

escapulares y coberteras de tipo adulto con patrón en forma de V abierta (cf. cernícalo vulgar tipo ♀)

coberteras grandes y terciarias con barrado relativamente estrecho, indicando adulto

listado fino y disperso, a diferencia de la mayoría de cernícalos vulgares tipo ♀

dedos cortos y gruesos y uñas pálidas poco curvadas (cf. cernícalo vulgar)

▼ **Juvenil/1er invierno ♀ (enero)**
Extremadamente similar al cernícalo vulgar en el mismo plumaje, pero nótense las sutiles diferencias señaladas.

lista ocular casi inexistente (cf. cernícalo vulgar ♀ y juv.)

coberteras y escapulares juv. con patrón triangular ancho, similar al del cernícalo vulgar (cf. ♀ adulta)

vértice carpal frecuentemente con patrón mínimo, casi liso (cf. cernícalo vulgar ♀ y juv.)

uñas pálidas y dedos cortos y gruesos (cf. cernícalo vulgar)

la punta del ala alcanza más allá de la punta de la cola (cf. cernícalo vulgar); este rasgo puede variar en ambas especies, dependiendo de la postura

▼ **2º año cal. ♂ (julio)**
Las aves de 2º año cal. muestran una mezcla de plumas/patrones de tipo juvenil y adulto, más fáciles de apreciar en los ♂♂ que en las ♀♀. En la imagen, la muda de primarias ya ha empezado (por las centrales). Los adultos también inician la muda de plumas de vuelo en verano.

cabeza y partes superiores con apariencia adulta (manto y escapulares lisas, diagnósticas, cf. cernícalo vulgar ♂)

▶ **2º año cal. ♀ (mayo)**
Las coberteras y terciarias juveniles, retenidas, contrastan con las escapulares y el manto mudados: típico de un 2º año cal., pero más difícil de apreciar que en el ♂ de la misma edad (compárese también con la ♀ adulta). Este tipo de ejemplares, especialmente en reposo, podrían pasar fácilmente desapercibidos, pues son extremadamente similares al cernícalo vulgar. Sin embargo, nótese el patrón facial típico, con las auriculares de color gris pálido y muy lisas, la casi ausencia de lista ocular y las uñas pálidas.

coberteras grandes y terciarias con barrado ancho, típico de juv.

aún juv.; barrado

rectrices centrales, si están mudadas, más largas y menos desteñidas que el resto de rectrices juv.

Cernícalo patirrojo *Falco vespertinus*

L 31 cm, E 70 cm | Verano, C y E Europa

▼ **Adulto ♂ (abril)**
Identificación sencilla, pero véase el muy raro cerní-calo del Amur. Las aves de 2º año cal. no tienen brillo plateado en las primarias y secundarias.

a menudo contraste patente con la parte superior del ala

brillo plateado visible también a cierta distancia

▶ **Adulto ♂ (mayo)**
La parte inferior de las plumas de vuelo no muestra tonalidades plateadas. La cola también es más oscura que las plumas de vuelo por la parte inferior. Partes inferiores diagnósticas, por la coloración plomiza lisa y la región ventral e infracoberteras caudales rojizas.

▼ **Adulto ♀ (abril)**
Identificación fácil, pues ningún otro falcónido muestra las partes inferiores de color anaran-jado uniforme. Algunas ♀♀ de 2º año cal. también pueden tener una coloración similar, pero muestran plumas de vuelo juveniles, incluyendo (algunas) rectrices.

borde posterior del ala negruzco y ancho, que contrasta con la base más pálida de las plumas

naranja casi uniforme

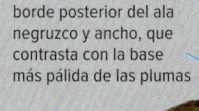

rectrices de tipo adulto con espaciado blanco claramente más ancho que el barrado negro (cf. juv. y 2º año cal. con rectrices juv.)

◀ **Juvenil (julio)**
Un ejemplar típico, con el píleo y las infracoberteras alares de color pardo amarillento cálido.

▼ **2º año cal. ♀ (abril)**
Se cierne a menudo.

el barrado de las rectrices alcanza toda la anchura de la pluma en ambas hemibanderas (cf. alcotán europeo juv.)

contraste típico entre el color de fondo parduzco de las infracoberteras alares y el blanco de las plumas de vuelo (cf. alcotán europeo y cernícalo del Amur)

punta del ala claramente negra (cf. alcotán europeo juv.)

generalmente, manchas blancas aisladas (cf. cernícalo del Amur juv.)

Cernícalo patirrojo *Falco vespertinus*

▼ 2° año cal. ♂ (mayo)
Una imagen típica de esta edad, con las plumas del cuerpo mudadas y las plumas de vuelo juveniles, retenidas. El patrón y la coloración de las partes mudadas es muy variable.

▼ Juvenil (agosto)
En este plumaje, la mayor probabilidad de confusión se produce con el juvenil de alcotán europeo, pero véanse las características destacadas. Algunos ejemplares son más oscuros y, por lo tanto, aún se asemejan más al alcotán europeo. Sin embargo, el patrón de la cola se mantiene característico.

todas las rectrices, por la parte superior, completamente barradas, en general más pálidas que el manto (cf. alcotán europeo)

color de fondo, de promedio, más pálido que en el alcotán europeo juv., lo cual produce una apariencia más contrastada

plumas de vuelo con barrado grueso, indicando la edad

plumas grises uniformes (descartan al cernícalo del Amur ♂)

color de fondo pardo en las infracoberteras (cf. cernícalo del Amur de 2° año cal. ♂)

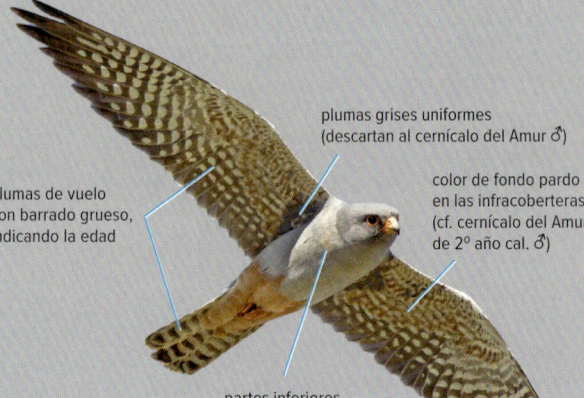

bigotera corta (cf. alcotán europeo juv.)

contraste bastante marcado entre las coberteras más pálidas y la mano oscura (cf. alcotán europeo juv.)

partes inferiores mudadas, pero color y patrón a menudo no completamente adulto

▼ 2° año cal. ♀ (mayo)
Como sucede en los ♂♂ de 2° año cal., la cola es aún mayoritariamente juvenil, pero las plumas del cuerpo mudadas permiten el sexado; estas muestran un patrón variable, frecuentemente con una mezcla de rasgos adultos y juveniles. Las rectrices ya mudadas también tienen un patrón intermedio entre el adulto y el juvenil, como se aprecia en la imagen (con un barrado aún bastante ancho y oscuro).

▶ 2° año cal. ♂ (mayo)
Este ejemplar muestra un listado pardo en las plumas del cuerpo con áreas anaranjadas, una variante común. El período de muda de las rectrices es variable; aquí ya ha empezado. Las primarias y secundarias son mudadas, generalmente, durante el otoño.

plumas juv. de color pardo apagado (cf. ♀ adulta)

patrón cefálico intermedio entre juv. y adulto

rectrices juv.

rectriz central mudada

primarias gastadas

▼ Adulto ♂ (abril)

Inconfundible por su coloración gris uniforme (pero véase al raro cernícalo del Amur adulto ♂).

gris plateado pálido, indicando adulto

▼ Juvenil (septiembre)

El patrón cefálico es variable. Este ejemplar muestra una frente blanca típica y una lista superciliar que alcanza todo el lateral de la cabeza, pero los individuos oscuros pueden tener esta parte del cuerpo muy parecida al alcotán europeo.

variable, pero más pálido que la máscara, con color de fondo pardo típico (cf. alcotán europeo juv.)

barrado/listado pardo rojizo (a diferencia del alcotán europeo), pero muchos ejemplares también con listado negruzco (como el alcotán europeo)

uñas pálidas (rasgo solo compartido con el cernícalo primilla)

máscara relativamente pequeña con bigotera corta

coberteras grandes y terciarias barradas (cf. alcotán europeo juv.)

patas amarillo brillante (cf. alcotán europeo juv.)

▼ Adulto ♀ (abril)

Un ejemplar típico. Algunas ♀♀ adultas muestran un listado fino y oscuro en las partes inferiores, como muchos ejemplares de 2º año cal. Las plumas del ala nuevas y uniformes, con coloración plomiza, son típicas del adulto, así como también el barrado oscuro de la cola.

▼ 2º año cal. ♀ (mayo)

A lo largo del verano, especialmente en las ♀♀ de 2º año cal., el píleo y las partes inferiores, desteñidas, pueden volverse casi blancas.

patrón y coloración intermedios entre juv. y adulto

máscara negra pequeña, con bigotera corta, típico de todos los juv. y plumajes de tipo ♀

pardo apagado (cf. ♀ adulta)

uñas pálidas en todos los plumajes

puntas de las primarias muy gastadas

rectrices juv. con barrado oscuro, ancho

▶ 2º año cal. ♂ (mayo)

La cabeza y las partes superiores de este ejemplar ya son de tipo adulto.

primarias juv. oscuras, sin brillo plateado

coberteras, terciarias y rectrices juv., retenidas

Cernícalo del Amur *Falco amurensis*

L 31 cm, E 70 cm | Divagante de Asia

▼ **Adulto ♂ (mayo)**
Inconfundible si se ve bien la parte inferior del ala. Las partes superiores son prácticamente idénticas al cernícalo patirrojo adulto ♂, aunque las rectrices son gris oscuro en lugar de negruzco.

▼ **Juvenil/1ᵉʳ invierno (noviembre)**
La parte inferior del ala muestra un color de fondo blanco uniforme, a diferencia del cernícalo patirrojo juvenil, pero la identificación en Europa es, aun así, difícil, puesto que hay solapamiento en este rasgo.

blanco diagnóstico

gris relativamente pálido (cf. cernícalo patirrojo adulto ♂)

primarias externas juv., de promedio, más blancas que en el cernícalo patirrojo juv., a menudo con blanco continuo, como aquí

color de fondo blanco tanto en las plumas de vuelo como en las infracoberteras alares (cf. cernícalo patirrojo y alcotán europeo juv.)

listado en forma de lágrima que, en los flancos, adquiere forma de punta de flecha o de barrado

▼ **Adulto ♀ (octubre)**
Las partes inferiores y las infracoberteras alares pueden mostrar un patrón menos marcado que el de este ejemplar.

patrón caudal juv., casi como en el cernícalo patirrojo, pero el espaciado blanco entre el barrado oscuro es, de promedio, más ancho

en muchos individuos, patrón menos marcado sobre fondo blanco

manchas blancas muy extensas (cf. ♀ adulta)

borde posterior negro muy ancho, que contrasta fuertemente con las infracoberteras pálidas

barrado diagnóstico sobre fondo blanco

▼ **2º año cal. ♂ (junio)**
El ala y la cola son aún completamente juveniles; un estado de muda igual al mostrado por la mayoría de cernícalos patirrojos de 2º año cal. Sin embargo, la extensión de la muda postjuvenil es variable.

idéntico al cernícalo patirrojo adulto ♀

ala aún completamente juvenil

▼ **2º año cal. ♀ (mayo)**
La estrategia de muda es la misma que la del cernícalo patirrojo.

ala aún mayoritariamente juv.; coloración apagada y plumas gastadas, con algunas coberteras nuevas de tipo adulto (como en el cernícalo patirrojo)

a menudo más pálido que en el cernícalo patirrojo ♂ de 2º año cal., lo cual facilita que la bigotera sea aún visible

gris como en la ♀ adulta

partes inferiores como en la ♀ adulta

patrón muy marcado sobre fondo blanco

como en el cernícalo patirrojo ♂ de 2º año cal., muy variable, pero un listado oscuro y marcado es típico

▼ Adulto ♂ (enero)

En esta imagen se puede ver que, en reposo, es muy similar al cernícalo patirrojo adulto ♂. Considerando su rareza en Europa, un ejemplar como este podría pasar fácilmente desapercibido. Las características destacadas constituyen una buena razón para esperarse y tratar de obtener una observación en vuelo. Este individuo fue fotografiado en sus cuarteles de invierno de Sudáfrica, en una época de aparición muy improbable en Europa. Sin embargo, el adulto tienen una apariencia similar a lo largo de todo el año.

contraste
(cf. cernícalo
patirrojo ♂)

ligero indicio
de bigotera

más pálido que la
mayoría de cernícalos
patirrojos adultos ♂)

rectrices grises (cf. cernícalo
patirrojo adulto ♂)

▼ 2º año cal. ♂ (primavera/verano)

Un ejemplar en reposo se podría confundir fácilmente con un cerní-calo patirrojo, pero nótese la mejilla más pálida, que produce un leve efecto de "máscara de halcón", a veces con una cierta bigotera. Véase el ♂ de 2º año cal. en vuelo para apreciar las sutiles diferencias en el patrón de las partes inferiores que lo distinguen del cernícalo patirrojo ♂ de 2º año cal. La muda postjuvenil de este ejemplar se encuentra en un estadio más avanzado que en la mayoría en verano.

mejilla pálida
(cf. cernícalo patirrojo
♂ de 2º año cal.)

primarias externas y
rectrices aún juv., muy
gastadas, típico de
esta edad

▼ Adulto ♀ (primavera/verano)

ala y cola nuevos y de tipo
adulto; ausencia de
contrastes de muda y tinte
gris típico (cf. 2º año cal.)

barrado típico en
forma de V ancha
y abierta

▼ Juvenil (noviembre)

En este plumaje es muy similar al cernícalo patirrojo juvenil, pero el color de fondo de las partes superiores (incluido el píleo) es, de promedio, más pálido y frío, y la máscara más pequeña. Los rasgos más distintivos se encuentran en la parte inferior del ala.

grisáceo, sin pardo
(cf. cernícalo patirrojo juv.)

máscara relativamente
pequeña y bigotera
corta en este ejemplar

los márgenes pálidos
de las plumas no
muestran tonalidades
pardas cálidas, pero el
cernícalo patirrojo juv.
puede ser idéntico
en este aspecto

▼ 2º año cal. ♀ (junio)

En este plumaje, muchos ejemplares ya muestran las partes infe-riores muy barradas, como las ♀♀ adultas. Las plumas del cuerpo mudadas, como sucede en el cernícalo patirrojo, muestran un patrón intermedio entre el juvenil y el adulto. Este ejemplar tiene todas las coberteras juveniles, de color pardo apagado; otras ♀♀ de 2º año cal. ya han mudado algunas coberteras.

oscuro (cf. cernícalo
patirrojo juv. y tipo ♀)

ala juv., típicamente de
color pardo apagado
en esta edad

en este ejemplar, partes
inferiores aún de apariencia
juv., pero ya con algunas
manchas en forma de V

barrado ancho,
indicativo de juv.

Esmerejón *Falco columbarius*

L 29 cm, E 62 cm | Verano, N Europa; invierno, resto de Europa

▼ **Adulto ♂ (junio)**

Las partes superiores de color gris azulado relativamente pálido no aparecen en ningún otro falcónido europeo. En el campo, a menudo la mano se ve más oscura que en esta imagen. Además de la coloración general de las partes superiores, el collar estrecho y anaranjado y la franja terminal negra, muy ancha, de la cola son rasgos diagnósticos. En la imagen se muestra un esmerejón islándico de la subespecie *subaesalon*, que es prácticamente idéntico a la subespecie perteneciente al N de Europa, *aesalon*, pero un poco más grande y, en todos los plumajes, un poco más oscuro. Fuera de su distribución de cría, esta subespecie no se puede identificar con certeza. Lo mismo se aplica a los individuos nidificantes en Gran Bretaña e Irlanda, que muestran rasgos intermedios entre *subaesalon* y *aesalon*.

partes superiores bastante uniformes, de color gris azulado relativamente pálido

ancho, patente

collar anaranjado, único entre los falcónidos europeos

▼ **2º año cal. ♂ (mayo)**

Los rasgos típicos del ♂ empiezan a aparecer en las partes superiores. El ala de este ejemplar es aún –casi– completamente juvenil.

muchos ejemplares tienen las rectrices centrales nuevas, de tipo adulto

coloración rojiza en el cuello y en las infracoberteras caudales, típica del ♂

▼ **Tipo adulto ♀ (junio)**

p10 corta en combinación con p8–9 de igual longitud

muda activa de las primarias centrales en verano, tanto en adulto como en 2º año cal.

algunos ejemplares muestran un barrado pálido aquí, como una leve "extensión del patrón caudal"

barrado irregular y ligeramente ondulado en comparación con juv.

único falcónido en el cual se puede apreciar un patrón pálido en toda la extensión de las primarias, por su parte superior

gris más pálido que en juv.

▼ **Juvenil (octubre)**

No es un plumaje muy distintivo, pero aun así resulta típico cuando una combinación de atributos únicos (entre los falcónidos europeos) se puede ver bien. Además de los rasgos destacados en la imagen, el patrón cefálico resulta singular, a causa de una lista superciliar blanca y fina, las auriculares oscuras, los lados del cuello pálidos y la bigotera difusa. La estructura es también específica, por las alas relativamente cortas, con la base ancha, y recuerda a un halcón peregrino en miniatura. Sin embargo, el halcón peregrino tiene, entre otras características, una p10 más larga y un barrado mucho más fino en las primarias. Las ♀♀ adultas en vuelo son muy similares a los juveniles, pero tienen las partes inferiores más moteadas que listadas, un barrado en los flancos más definido y las partes superiores más pardo grisáceas.

p10 a menudo claramente corta

barrado grueso

típicamente pardo cálido

patrón típico, con franjas pálidas finas, y oscuras más anchas

▼ Adulto ♂ (julio)

gris azulado uniforme
(solo con un listado
oscuro muy fino)

collar anaranjado, pálido

▼ Adulto ♀ (febrero)
El patrón caudal, con solamente 3–4 franjas pálidas, estrechas
pero completas, es frecuentemente la mejor característica para
su identificación a distancia. Compárese con el juvenil para apreciar las sutiles diferencias entre los dos plumajes. Además de
estas, los adultos (a diferencia de los juveniles) tienen las puntas
de las primarias y de las rectrices intactas a final de invierno. La
franja pálida y difusa en las escapulares es típica, pero puede no
estar presente (como en todos los juveniles), o también ser más
patente que en este ejemplar.

algunas franjas entran dentro de
la variación normal, indicando
posiblemente un adulto joven

partes inferiores pardo-rojizas
con un listado oscuro (aquí una
mezcla de plumas viejas y
descoloridas, y nuevas de
tonos más ricos)

franja pálida y difusa
en las escapulares,
ausente en juv.

pardo-gris con línea central
fina oscura (cf. juv.)

gris más pálido
que en juv.

barrado pardo rojizo
relativamente fino
(cf. juv.)

▼ Juvenil (octubre)
En contraste con otros falcónidos de pequeño tamaño, los
flancos son generalmente más oscuros que la parte central del
pecho y el vientre, en todos los plumajes tipo ♀, un contraste
a veces más patente en vuelo. El patrón pálido de las partes
inferiores consiste, habitualmente, de unas motas redondeadas, a veces anaranjadas, a cada lado del raquis. Las ♀♀
adultas tienen una franja (casi) continua, menos colorida, que
cruza las escapulares, las coberteras y las terciarias.

barrado ancho y contrastado,
característico de todos los
plumajes tipo ♀

combinación de lista superciliar fina, lados del cuello
pálidos y auriculares oscuras,
típica de todos los plumajes

partes superiores generalmente
de color pardo-tierra oscuro, con
motas anaranjadas y líneas
oscuras a lo largo de los raquis
que apenas destacan (cf. ♀ adulta)

▼ 2º año cal. ♀ (julio)
Aún parcialmente como juvenil, con plumaje
muy gastado y desteñido.

pardo oscuro con
motas redondeadas
pálidas, típico del
juv. (cf. ♀ adulta)

plumas nuevas, más
grises que azuladas

rectrices centrales
nuevas de tipo ♀

Alcotán europeo *Falco subbuteo*

L 32 cm, E 77 cm | Verano, casi toda Europa

Falcó mostatxut CAT
Zuhaitz-belatza EUS
Falcón pequeno GAL

◀ **Adulto (julio)**
Tiene la parte inferior del ala bastante uniforme, similar a otros falcónidos, pero el patrón del cuerpo es diagnóstico en los adultos y en algunos inmaduros, a partir de la primavera del 2º año cal. La punta del ala y de la cola es lisa en una zona bastante extensa (compárese con el 2º año cal. que conserva plumas de vuelo juveniles).

▼ **Adulto (mayo)**
Las partes superiores uniformes, de coloración gris-plomo, con la mejilla y los lados del cuello blancos, constituyen una imagen clásica de la especie. Especialmente los ♂♂ adultos tienen las alas estrechas, lo cual crea, a veces, una cierta similitud con un gran vencejo. A menudo, la cola aparece estrecha (compárese con el halcón peregrino). Este plumaje se mantiene hasta otoño; la muda se produce casi exclusivamente en los cuarteles de invierno, en África.

barrado oscuro restringido a las hemibanderas internas de las rectrices externas; cuando la cola está cerrada aparenta ser lisa

la mejilla blanca es, frecuentemente, el rasgo más distintivo a una cierta distancia

punta del ala muy estrecha y puntiaguda (especialmente en el ♂ adulto)

▼ **Juvenil (octubre)**
A cualquier distancia, la parte inferior del ala tiene una apariencia predominantemente uniforme y oscura. Para apreciar las diferencias con el halcón de Eleonora juvenil y el cernícalo patirrojo juvenil véanse sus fichas.

▼ **Juvenil (septiembre)**
Un ejemplar con patrón escalado más definido que la mayoría. El plumaje es similar tanto al halcón de Eleonora juvenil como al halcón peregrino juvenil; el patrón facial y el patrón caudal son cruciales para una correcta identificación. La estructura y las partes inferiores diferentes que tiene el halcón peregrino deberían ser suficientes para evitar una confusión con aquella especie; véase su ficha.

no se aprecian marcas pálidas cuando la cola está cerrada; esta es, en general, de un tono igual o más oscuro que el resto de las partes superiores (cf. halcón de Eleonora, halcón peregrino y cernícalo patirrojo juv.)

infracoberteras caudales lisas o con línea negra muy fina a lo largo del raquis (cf. halcón peregrino)

patrón facial típico; máscara con saliente negro y anguloso sobre las auriculares, y bigotera larga

cola estrecha (cf. halcón peregrino)

barrado únicamente en las hemibanderas internas (cf. cernícalo patirrojo juv.)

como en el adulto, garganta pálida patente (blanca o amarillenta)

listado muy grueso en todos los plumajes

poca o ninguna diferencia entre el patrón y la coloración de las infracoberteras alares y las plumas de vuelo (cf. cernícalo patirrojo juv.)

patrón facial característico; la máscara negra se extiende en ángulo sobre las auriculares (cf. halcón de Eleonora juv.)

▼ 2º año cal. (septiembre)
Las aves de 2º año cal. vuelven a Europa con las partes inferiores mudadas, de tipo adulto, pero las alas y la cola son aún básicamente juveniles. En Europa casi no mudan, por lo cual el plumaje de estas aves se mantiene igual durante todo el verano. Es típico de esta edad que muden las primeras plumas de vuelo (p4–5) antes de la migración otoñal (a diferencia de los adultos).

▲ 2º año cal. (julio)
Las partes superiores son un poco parduzcas porque aún mantiene un plumaje mayoritariamente juvenil. Este ejemplar ha mudado algunas coberteras, escapulares y plumas del obispillo. En este plumaje, las partes inferiores ya son básicamente de tipo adulto.

plumas de vuelo juv. retenidas, muy gastadas

partes inferiores de tipo adulto, pero la zona rojiza a menudo de extensión más limitada

primaria central nueva más oscura que el resto, aún juv.

▼ Adulto (mayo)
Inconfundible cuando se ve como en la imagen. Además de las partes inferiores diagnósticas, nótese el patrón cefálico típico, con saliente oscuro sobre las auriculares.

▼ Juvenil (julio)
La parte superior de la cola y las coberteras grandes de color gris uniforme, las uñas negras, las patas amarillas y el patrón cefálico constituyen diferencias importantes respecto al cernícalo patirrojo juvenil (véase su ficha). El halcón peregrino juvenil tiene un patrón más triangular en los flancos y muestra un barrado transversal en las infracoberteras caudales (véase su ficha).

▼ 2º año cal. (septiembre)
Las partes superiores son predominantemente parduzcas por la gran cantidad de plumas juveniles retenidas. A menudo se aprecia una mezcla con plumas de tipo adulto, como en la imagen.

variable: píleo completamente oscuro en algunos individuos, más claro en otros

muchos ejemplares de esta edad muestran una mezcla de plumas pardas (juv. retenidas) y grises (de tipo adulto)

listado/moteado negro muy grueso

Halcón de Eleonora *Falco eleonorae*

L 39 cm, E 96 cm | Verano, S Europa

Falcó de la reina CAT
Eleonor belatza EUS
Falcón de Eleonora GAL

▼ **Adulto ♂, morfo pálido (abril)**
Superficialmente similar al alcotán europeo, pero con la parte inferior del ala diagnóstica, uniformemente oscura. Este es un ejemplar típico en cuanto al patrón facial, las partes inferiores y el ala. En este caso, el pecho y el vientre tienen el listado oscuro muy extenso, una variación no claramente relacionada con el sexo. Las infracoberteras alares y la base de las plumas de vuelo, lisas y oscuras, son más típicas de los ♂♂, pero las ♀♀ de edad avanzada pueden ser parecidas. Los ♂♂ adultos tienen el anillo orbital amarillo y las alas relativamente estrechas.

▼ **Adulto ♀, morfo pálido (julio)**
El listado oscuro de las partes inferiores y la extensión del área rojiza son variables, por lo cual existen aves con un patrón similar al del alcotán europeo adulto. La parte inferior del ala, con infracoberteras negras que contrastan con las plumas de vuelo un poco más grisáceas, es diagnóstica. El anillo orbital y la cera de color gris indican que se trata de una ♀; en aves de edad más avanzada, estas zonas pueden volverse más amarillentas.

negruzco uniforme, pero la base de las plumas de vuelo es un poco más pálida

capuchón negro con borde bastante recto; el blanco no se extiende por el cuello (cf. alcotán europeo)

pardo rojizo extenso (cf. alcotán europeo adulto)

algunas manchas más pálidas indican, generalmente, que se trata de un adulto joven

borde recto o redondeado entre el capuchón y la mejilla (cf. alcotán europeo)

negruzco, contrasta con las plumas de vuelo más pálidas

patrón típico del adulto en ambos morfos; el barrado se desvanece hacia la punta

sin o con muy poco barrado (cf. alcotán europeo)

▼ **Adulto, morfo oscuro (septiembre)**
El único falcónido completamente oscuro (negruzco) de Europa. Las alas relativamente anchas y el anillo orbital y cera de color gris amarillento sugieren que se trata de una ♀. El **halcón negro**, *Falco subniger* (Australia) tiene un plumaje similar al morfo oscuro de halcón de Eleonora, y ha sido citado como escape en Europa occidental. El halcón negro es más grande, con la mano más ancha, a menudo con patas grandes, y tiene un barrado pálido, fino y bien definido, en la base de las primarias, además de un mentón claro.

los adultos no tienen manchas pálidas aquí (los morfos pálidos sí muestran algunas)

▼ **Adulto ♀, morfo oscuro (octubre)**
Las partes superiores de ambos morfos son casi uniformemente oscuras. Habitualmente un poco más parduzcas en otoño, a causa del desgaste/desteñido (la muda se produce casi exclusivamente en sus cuarteles de invierno, en Madagascar).

▼ **Juvenil, morfo pálido (octubre)**
Además de parecerse al alcotán europeo juvenil, también se puede confundir con el halcón peregrino juvenil; sin embargo, este no tiene un borde posterior del ala negro y destacado, y tiene la cola más corta, con un barrado menos denso.

infracoberteras alares grandes ya un poco más oscuras que la base de las plumas de vuelo

borde posterior del ala oscuro y ancho (cf. alcotán europeo y halcón peregrino juv.)

parte inferior de la cola con apariencia pálida, por la presencia de numerosas franjas claras

■ **Alcotán europeo juvenil (octubre)**

■ **Halcón peregrino juvenil (agosto)**

▼ **Cola juvenil, morfo pálido (octubre)**
Para su diferenciación del alcotán europeo y del halcón peregrino, la cola larga es un rasgo típico. La distancia relativa entre las infracoberteras caudales y la cola puede ser analizada en buenas fotografías; el patrón de ambas zonas también es importante.

generalmente, cola más pálida que en el alcotán europeo juv., a causa de numerosas franjas claras y anchas

en el morfo pálido, infracoberteras caudales lisas o casi lisas

a

b

distancia entre la base de la cola y la punta de las infracoberteras caudales (a) ≤ a la distancia entre la punta de estas y la punta de la cola (b)

franja terminal oscura un poco más ancha que el resto (cf. alcotán europeo juv.)

■ **Alcotán europeo, juvenil (octubre)**
La cola es más corta en comparación con las infracoberteras caudales.

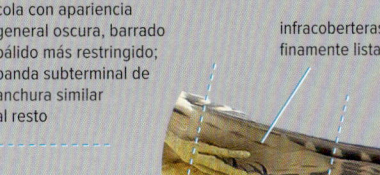

cola con apariencia general oscura, barrado pálido más restringido; banda subterminal de anchura similar al resto

infracoberteras caudales finamente listadas

a

b

distancia entre la base de la cola y la punta de las infracoberteras caudales (a) ≤ a la distancia entre la punta de estas y la punta de la cola (b)

■ **Halcón peregrino, juvenil (agosto)**
Entre las tres especies de esta comparación, es el que tiene la cola más corta. El halcón de Eleonora puede mostrar un patrón parecido en las infracoberteras caudales.

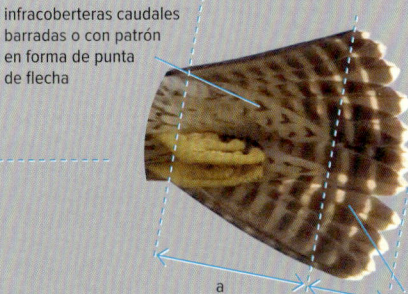

infracoberteras caudales barradas o con patrón en forma de punta de flecha

a

b

distancia entre la base de la cola y la punta de las infracoberteras caudales (a) ≥ a la distancia entre la punta de estas y la punta de la cola (b)

el barrado oscuro se vuelve progresivamente más ancho hacia la punta; rectrices centrales también barradas

Halcón de Eleonora *Falco eleonorae*

▼ Juvenil, morfo pálido (octubre)
En esta imagen es bastante parecido al alcotán europeo juvenil y al halcón peregrino juvenil, pero véanse las diferencias. Los márgenes pálidos que crean un efecto escalado son más anchos, y generan un efecto ligeramente más pálido en las coberteras, escapulares y obispillo. Un juvenil de morfo oscuro en una postura similar aparecería casi idéntico, pero tendría un listado oscuro sobre la mejilla pálida, o incluso toda la cabeza ya oscura. Los juveniles vuelan en otoño; este ejemplar, pues, habría salido recientemente del nido.

franja oscura ancha no muy contrastada (cf. alcotán europeo juv.)

efecto escalado patente en las escapulares

rectrices centrales lisas, como en el alcotán europeo (cf. halcón peregrino juv.)

pico robusto en comparación con el alcotán europeo

zona pálida de la mejilla finaliza aquí (cf. alcotán europeo)

▼ 2º año cal., morfo pálido (octubre)
En esta imagen se pueden apreciar las diferencias con el muy similar alcotán europeo de 2º año cal. Las primarias centrales mudadas, lisas, son diagnósticas. La cola relativamente pálida (por encima) también es una diferencia útil respecto al alcotán europeo. Este plumaje es parcialmente juvenil, pero las plumas corporales ya han sido mudadas a tipo adulto.

primarias juv. con la mitad distal oscura y lisa

primarias nuevas más oscuras y casi enteramente lisas

parte inferior de la cola relativamente pálida a causa de las numerosas franjas

borde posterior del ala oscuro y bastante ancho

infracoberteras alares (ligeramente) más oscuras que la base de las plumas de vuelo

▼ Juvenil, morfo oscuro (octubre)
La parte inferior del ala y de la cola son típicas. Algunos juveniles de morfo oscuro tienen las auriculares más lisas y su cabeza puede resultar parecida a la de morfo pálido. Sin embargo, la parte inferior del ala, ya muy negra, y las infracoberteras caudales, con barrado muy marcado, se mantienen características. Otros juveniles de este morfo tienen ya la cabeza y el cuerpo casi tan oscuros como los adultos.

barrado oscuro y ancho en las infracoberteras caudales (cf. morfo pálido)

listado (cf. morfo pálido)

ya muy oscuro (como en muchos adultos de morfo pálido)

patas a menudo verdosas en el 1er año cal.

▼ **Adulto ♀, morfo pálido (octubre)**

partes no plumadas grisáceas, típicas de la ♀

mejilla blancuzca no muy amplia que no se extiende por el lado del cuello (cf. alcotán europeo)

▼ **Juvenil, morfo pálido (octubre)**

barrado pálido en las terciarias y, a veces, en las coberteras grandes; típico pero variable. Los ejemplares con un barrado más extenso en estas áreas acostumbran a mostrar también más barrado en la cola

▼ **Tipo adulto ♂, morfo oscuro (octubre)**
Típicamente, pardo-gris uniforme. A una cierta distancia, apariencia completamente negra. El plumaje se vuelve un poco más parduzco con el desgaste.

partes no plumadas amarillas, típicas del ♂

▼ **2º año cal., morfo pálido (de primavera a verano)**
Los ejemplares con este plumaje se podrían confundir con el alcotán europeo o con el halcón peregrino. La parte superior de la cola es más pálida que la del alcotán europeo, a menudo claramente más pálida que el resto de partes superiores (en el alcotán europeo, igual o ligeramente más oscura).

frente y píleo uniforme-mente oscuros (cf. halcón peregrino inm.)

las tonalidades rojizas empiezan a aparecer; partes inferiores a veces muy similares a las del alcotán europeo

infracoberteras caudales con patrón bastante marcado para tratarse de un morfo pálido (lisas en muchos casos)

barrado oscuro bastante fino, que se vuelve más ancho hacia la punta de la cola; apariencia general pálida (cf. alcotán europeo)

alas largas que sobrepasan la punta de la cola (cf. halcón peregrino)

Halcón borní *Falco biarmicus*

L 46 cm, E 100 cm | Prácticamente todo el año, S Europa

▼ **Adulto, *feldeggii* (mayo)**
La subespecie del S de Europa, *feldeggii* es la que tiene el patrón oscuro más marcado. En todas ellas, las ♀♀ adultas tienen, de promedio, un patrón más marcado que los ♂♂ adultos. Con la edad, la intensidad del patrón oscuro en las partes inferiores y en las infracoberteras alares va disminuyendo; el sexado y la identificación subespecífica resulta complicada en ejemplares solitarios no nidificantes. Este es probablemente una ♀, ya que muestra un barrado bastante grueso en el cuerpo y en las infracoberteras alares.

▼ **Adulto (noviembre)**
Este ejemplar muestra el patrón cefálico característico de la especie, pero en muchos individuos la franja transversal oscura de la frente es menos patente o incluso ausente, y el píleo puede mostrar una extensión limitada de rojizo. En estos casos, sin embargo, se mantiene la bigotera bastante estrecha y la lista ocular negra, que se ensancha hacia el cuello.

píleo rojizo con franja frontal oscura, diagnóstico

relativamente pálido, con barrado uniforme a lo largo de toda la cola (cf. halcón peregrino)

infracoberteras grandes más oscuras y con patrón más grueso que las plumas de vuelo

bigotera larga y estrecha

moteado negro y barrado típico del adulto (el moteado alcanza la parte superior del pecho; cf. halcón peregrino)

▶ **Adulto, *tanypterus* (marzo)**
Esta subespecie de Oriente Medio es más pálida que *feldeggii* cuando plumajes similares se pueden comparar directamente. Nótese la distribución típica del moteado en las partes inferiores, el patrón caudal y la bigotera larga y muy estrecha. Un ave de 2º año cal., en primavera, acostumbra a tener la punta de la cola y de las primarias externas muy desgastadas.

barrado (cf. juv.)

moteado (cf. juv.)

nuevo

▼ **Adulto, *feldeggii* (mayo)**
El barrado de la cola, claramente definido en los adultos de esta subespecie, continúa por el obispillo, el dorso, las escapulares y las coberteras. En subespecies más pálidas (que podrían presentarse como divagantes en Europa, probablemente inmaduros), el barrado se vuelve menos nítido a partir del obispillo.

se intuye la coronilla rojiza

típicamente, barrado grueso y contrastado

▼ 2º año cal. (marzo)
Aún fundamentalmente juvenil. El patrón de las partes inferiores difiere tanto del halcón peregrino como del halcón sacre. El halcón peregrino tiene la parte superior del pecho menos marcada. El halcón sacre tiene las plumas alrededor de las patas generalmente (muy) listadas de oscuro. Los juveniles muestran un listado oscuro y grueso en el cuerpo (en lugar del moteado/barrado de los adultos), y unas infracoberteras alares grandes muy oscuras, a menudo casi lisas (más pálidas y finamente barradas en los adultos).

barrado definido
(cf. halcón sacre)

secundarias lisas o
muy poco barradas
(cf. halcón peregrino
juv.)

infracoberteras
alares oscuras y a
menudo casi lisas
(cf. halcón
peregrino juv.)

plumas pálidas
alrededor de las patas
(cf. halcón sacre)

el listado grueso alcanza
la parte alta del pecho
(cf. halcón peregrino juv.)

▼ 2º año cal., *erlangeri*, de N África (enero)
El patrón cefálico es característico en todos los individuos, pero este ejemplar (¿aún?) no muestra una franja transversal oscura en la frente.

píleo rojizo, lista superciliar larga,
máscara/lista ocular negra, bigotera
estrecha y puntiaguda; rasgos que
crean una combinación característica

ala aún básicamente juv. (parda y
gastada), pero la cabeza, algunas
plumas de las partes inferiores y
algunas escapulares ya han sido
mudadas

▼ Adulto (marzo)
Un ejemplar típico por esta combinación diagnóstica: cola barrada, coronilla rojiza, bigotera y lista ocular muy oscuras e indicio de franja transversal oscura en la frente. Sin embargo, véase el **halcón tagarote**, *Falco peregrinus pelegrinoides* (que normalmente no ocurre en Europa). El ejemplar de la imagen (cautivo) es probablemente de origen africano. La subespecie europea, *feldeggii*, es la que muestra menor cantidad de rojizo en la coronilla, pero este rasgo también depende del sexo y la edad; los ♂♂ maduros tienen una mayor cantidad de rojizo, mientras que las ♀♀ adultas jóvenes son las que tienen menos.

patrón cefálico
característico

patrón/barrado
variable (cf. inm.)

cera amarilla
(cf. inm.)

moteado redondo y
en forma de punta de
flecha (cf. inm.)

▼ Juvenil (de otoño a invierno)
El patrón cefálico es especialmente importante para la identificación específica en esta imagen

partes oscuras de la cabeza igual o
más oscuras que el resto de partes
superiores (cf. halcón sacre)

aún todo juv.; pardo
uniforme con cierto tono
grisáceo (cf. adulto)

pecho y vientre
con listado grueso
(cf. adulto)

generalmente ya amarillas
a partir de otoño/invierno
(a diferencia del halcón
sacre y el halcón gerifalte)

Halcón sacre *Falco cherrug*

L 51 cm, E 117 cm | Prácticamente todo el año, SE Europa

▼ **Tipo adulto (enero)**

Un ejemplar oscuro típico. Aparte del listado ancho y redondeado de las partes inferiores, muy similar al juvenil. Las patas aún grisáceas indican que se trata de un adulto joven, posiblemente de 3er año cal. La combinación producida por el patrón de la parte inferior del ala junto con el patrón cefálico resulta típica, pero algunos juveniles de halcón borní pueden ser muy similares. Las infracoberteras alares grandes, uniformemente oscuras, como las que muestra el ejemplar de la imagen, son un rasgo solo compartido con el juvenil de halcón borní. Algunos ejemplares pálidos pueden ser más parecidos al halcón gerifalte y al halcón borní juveniles, con un efecto de listado pálido y unas motas redondas.

borde anterior del ala pálido, a menudo patente en aves oscuras, como aquí (pero puede estar ausente)

liso o con barrado disperso y escaso

infracoberteras alares grandes oscuras, que contrastan con el resto del ala; patrón variable, de completamente lisas a moteadas, pero sin formar un barrado en el adulto (cf. otros falcónidos grandes)

parte superior del ala oscura y bastante uniforme, como en el halcón borní y gerifalte juv., pero los márgenes de las coberteras son ligeramente rojizos con el plumaje nuevo

oscuro, a menudo liso (cf. halcones borní y gerifalte juv.)

moteado redondeado (cf. juv.)

▼ **Juvenil (agosto)**

Un ejemplar pálido típico, pero algunos híbridos de halcón borní × halcón gerifalte (aves de cetrería) pueden ser muy similares y deben ser tenidos en consideración si se encuentra un ave fuera de su distribución habitual.

desde una cierta distancia, apariencia pardo-rojiza

la cabeza pálida contrasta con las partes superiores oscuras

rectrices juv. con manchas blancuzcas redondeadas

parte inferior de las primarias difusamente barrada, especialmente cerca de la base

▼ **Juvenil (diciembre)**

Un ejemplar oscuro. Las plumas alrededor de la región ventral y de las patas son oscuras, el barrado de las primarias se vuelve difuso hacia la base, y las infracoberteras primarias medianas tienen una lista pálida (generalmente solo las externas, como aquí); todos ellos, rasgos útiles para su diferenciación del halcón borní juvenil.

barrado difuso

listas

oscuro extenso y uniforme

listado muy grueso (cf. adulto)

▼ Juvenil (agosto)
Un ejemplar pálido con una cabeza blancuzca típica. La combinación de rasgos señalados es característica.

manto y escapulares juv. con márgenes finos pardo-rojizos

en aves con la cabeza pálida, bigotera muy difusa que no alcanza el pico

▼ Adulto (julio)
En términos generales, menos barrado (o no barrado) en comparación con el halcón borní adulto. Las patas y la cera no se vuelven amarillas hasta el 3er año cal.; en el halcón borní, mucho antes. Los adultos se van volviendo más pálidos gradualmente con la edad, siendo los ♂♂ de promedio más claros que las ♀♀ de una misma edad.

infracoberteras primarias más listadas que barradas también en el adulto (cf. halcón borní)

barrado de la parte superior de la cola generalmente más débil o difuso que en el halcón borní

patas amarillas, típicas del adulto (≥ 3er año cal.)

típicamente, pálido detrás del ojo (cf. halcón borní)

▶ Adulto joven (enero)
Un ejemplar oscuro, pero típico en todo lo demás. Por la coloración de la cera y de las patas, se trata de un ejemplar adulto joven, probablemente de 3er año cal. El área alrededor del ojo es a menudo un poco más pálida (más pálida que el manto), de forma que la bigotera no parece estar conectada con la máscara.

listado fino y uniforme (cf. halcones borní y peregrino *calidus*)

lista superciliar visible y máscara relativamente pálida

la bigotera no llega de forma patente al ojo

coberteras de distintas edades, típicas del plumaje adulto

manchas redondeadas (cf. juv.)

coloración de las patas grisácea, retenida como en el halcón gerifalte (en el halcón borní y en el peregrino, amarillas a partir del 1er invierno)

aves oscuras como esta a menudo tienen las infracoberteras caudales también oscuras

Halcón gerifalte *Falco rusticolus*

L 58 cm, E 121 cm | Todo el año, N Europa

▶ **Adulto, morfo gris (julio)**
El falcónido más grande y, de promedio, más pálido de Europa. Las alas son anchas y relativamente redondeadas, tratándose de un halcón; la cola es larga y generalmente parece ancha. Este es un ejemplar relativamente pálido de la población escandinava; el patrón del cuerpo, con moteado pequeño y relativamente escaso, es indicativo de un ♂.

▼ **Adulto, morfo gris (noviembre)**
Un ejemplar oscuro de la población escandinava. La variabilidad es grande, también dentro de una misma población; además de las diferencias individuales, los ♂♂ son, de promedio, más pálidos que las ♀♀, y todos los ejemplares se vuelven más pálidos con la edad. El patrón muy grueso y contrastado en las partes inferiores de este ejemplar es indicativo de una ♀. Las aves más oscuras tienen la cabeza más parecida a la del halcón peregrino, pero las auriculares son mayormente oscuras. Las patas amarillas y el cuerpo moteado y barrado (más que listado), son típicos de un adulto. El contraste entre las infracoberteras alares, con patrón oscuro y bien definido, y las plumas de vuelo, con un barrado más débil y grisáceo es (sobre todo a una cierta distancia) uno de los rasgos más útiles para distinguirlo de otros grandes falcónidos, que acostumbran a tener un barrado más patente en las plumas de vuelo, lo cual reduce el contraste general en la parte inferior del ala. El halcón sacre, especialmente, puede acercarse a este patrón, pero tiene las infracoberteras alares grandes más listadas que barradas.

contraste entre las infracoberteras primarias (con patrón nítido y contrastado), y las plumas de vuelo (con patrón más grisáceo y difuso)

barrado regular en todas las rectrices, incluyendo las centrales (cf. halcón sacre)

infracoberteras alares grandes barradas (cf. halcón sacre)

moteado típico de adulto (cf. juv.); distribuido de forma bastante uniforme por el cuerpo, incluyendo las infracoberteras caudales (cf. halcón sacre pálido)

en aves oscuras, a menudo oscuro uniforme

contraste fuerte

▶ **Juvenil, morfo gris (julio)**
Un ejemplar típico de la población escandinava. Muchos individuos tienen las primarias más barradas que este, pero generalmente son de color gris pálido, lo cual genera un contraste marcado con las infracoberteras alares más oscuras y con patrón más nítido.

punta del ala un poco redondeada

mismo contraste que en el adulto (cf. halcón peregrino)

barrado débil y disgregado, típico cuando está presente

mejilla fina y densamente listada (cf. otros halcones grandes)

infracoberteras caudales listadas (cf. otros halcones grandes)

bigotera poco patente

listado (grueso) típico de juv.

► **2º año cal., morfo gris (julio)**
Todos los falcónidos grandes muestran esta mezcla de plumas juveniles y adultas durante el verano del 2º año cal. Además de los rasgos destacados en la imagen, el patrón cefálico y las patas robustas son características útiles para su diferenciación de especies similares. La parte inferior del ala no muestra el patrón barrado bien definido que tiene el halcón peregrino en todos los plumajes.

mezcla típica de plumas juv., desteñidas, y de tipo adulto, nuevas

supracoberteras caudales de tipo adulto netamente barradas sobre fondo gris azulado pálido (como la parte superior de la cola)

infracoberteras alares (incluyendo las grandes) con patrón más o menos uniforme (cf. halcón sacre)

▼ **Adulto, morfo gris (noviembre)**
Los ejemplares más pálidos muestran un barrado patente en las partes superiores y, a veces, plumas auriculares más pálidas, lo cual puede crear una imagen relativamente parecida al halcón peregrino. Sin embargo, este tiene, entre otras características, un barrado más fino y regular en las plumas del pecho, los flancos y el vientre, especialmente los procedentes de las poblaciones más norteñas, cuya distribución se solapa con la del halcón gerifalte.

▼ **2º año cal., morfo gris (julio)**
Mezcla evidente de plumas viejas –juveniles–, y nuevas –de tipo adulto–, tanto en las plumas de vuelo como en las coberteras. Las patas y la cera son ya amarillas.

auriculares oscuras (cf. halcón peregrino adulto)

moteado

barrado muy grueso (cf. halcón peregrino adulto)

▼ **Juvenil, morfo gris (julio)**
Un ejemplar típico en todos los aspectos; compárese con el halcón sacre y el halcón peregrino juvenil.

listado variable, a menudo similar al de las auriculares

variable, pero típicamente listado, nunca liso

ala relativamente corta que crea una proyección caudal larga (cf. otros grandes halcones)

bigotera con apariencia finamente listada, poco patente

manchas blancuzcas redondeadas en la parte posterior de los flancos, típicas

infracoberteras caudales con un listado fino (cf. otros grandes halcones)

Halcón gerifalte *Falco rusticolus*

▶ Adulto, morfo blanco ártico (marzo)
Inconfundible. Un ejemplar con las partes inferiores blancas, casi lisas. La cera y el anillo orbital amarillo son típicos de los adultos a partir de los 2 años aproximadamente.

▼ Adulto, población islándica (junio)
Las aves de la población de Islandia son intermedias entre las de morfo blanco ártico (por ejemplo, de Groenlandia) y las de morfo gris (de Escandinavia). Este ejemplar ha mudado las primarias centrales, lo cual es típico durante el verano en los halcones de especies/poblaciones residentes o migradoras de corta distancia.

◀ Juvenil, morfo blanco ártico (marzo)

punta oscura, especialmente patente en aves de morfo blanco

plumas del manto y escapulares juv., con centros oscuros uniformes (a diferencia de aves de edad más avanzada)

en las aves más pálidas, barrado de la cola incompleto

primarias centrales nuevas

▶ Juvenil, morfo blanco ártico (marzo)
Inconfundible, aunque hay que tener en consideración la posibilidad de un híbrido de halcón gerifalte × halcón sacre. Estos híbridos siempre tienen, entre otras características, las partes inferiores y las infracoberteras alares con un patrón más marcado, por lo cual la punta del ala negra destaca menos.

en ejemplares muy pálidos, como este, moteado muy escaso

las patas (también la cera) permanecen grises hasta bien entrado el 2º año cal.

Halcón peregrino *Falco peregrinus*

L 45 cm, E 102 cm | Todo el año, casi toda Europa

▼ Adulto ♂ (mayo)

Un ejemplar típico del O y C de Europa. Muchas ♀♀ tienen las supracoberteras caudales y el obispillo con patrón más marcado, lo cual resulta en un menor contraste con la cola que en este ejemplar, un contraste que, aun así, es patente.

la cola se vuelve más oscura hacia la punta, y contrasta claramente con las supracoberteras caudales y el obispillo (cf. otros halcones grandes)

▼ Adulto ♀ (mayo)

Esta ♀ formaba pareja con el ♂ de la izquierda. Las partes inferiores (también las superiores) de las ♀♀ tienen, de promedio, un barrado más grueso, pero este rasgo también varía con la edad, y los ♂♂ adultos jóvenes se solapan con las ♀♀ adultas de edad avanzada en este aspecto. El patrón caudal es típico de todos los plumajes.

barrado fino y uniforme, típico; contraste leve o inexistente entre las infracoberteras alares y las plumas de vuelo (cf. otros halcones)

patrón facial típico, creado por una bigotera ancha y negra

▼ Juvenil (noviembre)

Las partes superiores pardo-grisáceas bastante uniformes también se dan en otras especies de halcones. La combinación de patrón facial y caudal visible en la imagen es típica, pero son las partes inferiores las que muestran los rasgos de identificación más útiles.

mano ancha en la base pero puntiaguda; triangular

el barrado oscuro se vuelve más ancho hacia la punta de la cola

brazo ancho

rectrices centrales con barrado pálido débil y muy espaciado

bigotera ancha

parte inferior del ala con patrón bastante uniforme; desde una cierta distancia no muestra un contraste marcado (cf. otros halcones juv.)

plumas de los flancos con patrón triangular característico

infracoberteras caudales barradas (cf. otros halcones juv.)

▶ Juvenil (noviembre)

Un juvenil del O y C de Europa, con plumaje típico en otoño. A una cierta distancia, se podría confundir con el alcotán europeo juvenil, si el tamaño no es fácil de juzgar y no se pueden apreciar los detalles del plumaje. La cabeza relativamente pálida, con la frente blancuzca y lista superciliar definida son rasgos que entran dentro de la variabilidad normal de las poblaciones no árticas. Las patas ya amarillas y las partes inferiores con patrón bastante grueso son indicativos de un ejemplar no ártico. Véanse aves tipo *calidus*.

la cola más oscura entre los falcónidos grandes; barrado fino y espaciado

parte central del pecho y el vientre listada

Halcón peregrino *Falco peregrinus*

▼ Adulto (febrero)
Imagen clásica de un adulto en reposo. Desde lejos, gris, con patrón facial patente, obispillo y parte basal de la cola pálidos, pero parte distal oscura.

▼ 2º año cal. (julio)
Para la identificación específica, son importantes los siguientes rasgos: patrón facial con bigotera ancha, barrado fino en el cuerpo, y patrón barrado regular y uniforme en las infracoberteras alares.

patrón facial típico, con capirote negro y bigotera ancha

barrado variable

el obispillo es la zona más pálida de las partes superiores

la punta del ala coincide aproximadamente con la punta de la cola (cf. otros halcones)

la mitad distal de la cola es la zona más oscura de las partes superiores

p9–10 aún juv. (parduzcas y gastadas)

la muda de primarias alcanza las internas y las externas

mezcla de coberteras juv. y de tipo adulto

▼ 2º año cal. (junio)
Muda postjuvenil lenta, típica en los falcónidos grandes. Este ejemplar fue fotografiado dentro de la zona de distribución de *brookei*; el tinte rosáceo en el pecho y la época del año refuerzan la teoría de que se trata de un ave local, *brookei*. Generalmente, los ejemplares norteños solo aparecen en la zona de distribución de *brookei* durante el invierno.

▼ Juvenil (diciembre)
El patrón facial es variable y, como mucho, ofrece una indicación relativa, no definitiva, sobre el origen geográfico. La frente pálida y el indicio de lista superciliar son rasgos normales en algunas aves del O, C y N de Europa.

bigotera ancha también en juv.

patrón característico de las partes inferiores: listado fino en el pecho, manchas triangulares en los flancos y barrado en las infracoberteras caudales

mezcla típica de coberteras juv. (predominantes) y mudadas de tipo adulto

la muda de primarias empieza en el centro, generalmente p4–5

mezcla de plumas con patrón juv. y de tipo adulto en las partes inferiores

▼ **Adulto, tipo *calidus* (febrero)**
El plumaje pálido, barrado fino, la bigotera relativamente estrecha y una primaria externa aún en crecimiento en febrero, son rasgos típicos de estas aves. Este ejemplar fue fotografiado en los Emiratos Árabes Unidos. Las aves de poblaciones sureñas, *brookei*, son más oscuras, tienen un barrado más grueso, y ya han finalizado la muda completa durante el otoño.

muda de primarias
aún no finalizada a
final de invierno

tinte pardo
rosáceo

▶ **Adulto, *brookei* sureño o ave intermedia (noviembre)**
Este ejemplar, fotografiado en Italia, muestra la estructura compacta y el tinte pardo rosáceo en las partes inferiores típicos de *brookei*. La muda de plumas de vuelo ya ha finalizado, pues no se aprecian límites de muda y todas las primarias son muy nuevas (p10 en el ala derecha quizá aún no del todo crecida), lo cual es típico de esta subespecie, que es básicamente sedentaria.

▼ **Juvenil, nominal norteño, *peregrinus*, o tipo *calidus* (noviembre)**
La separación de ejemplares norteños de la subespecie nominal, *peregrinus*, y los de tipo *calidus*, a menudo no es posible ya que hay un solapamiento gradual en sus características. Las aves más grandes y más pálidas se pueden etiquetar como "tipo *calidus*". Estas aves pueden comportar problemas de identificación con otras especies de halcones. El patrón facial puede ser muy similar al de algunos halcones borní juveniles. Las partes superiores son pálidas, frecuentemente con márgenes pálidos parduzcos en las plumas, que también pueden recordar al halcón sacre. Sin embargo, otras especies de halcón muestran, en todos los plumajes, un contraste evidente entre las infracoberteras alares y la parte inferior de las plumas de vuelo. Además, el patrón de las plumas de las partes inferiores es siempre característico en el halcón peregrino (véanse los rasgos destacados en la imagen). Las infracoberteras caudales están barradas. Estas aves permanecen en plumaje juvenil durante mucho tiempo, a menudo hasta bien entrada la primavera, y las partes no plumadas siempre se mantienen grises durante un período largo, especialmente el pico.

▼ **Adulto, tipo *calidus* (noviembre)**
En Europa, la identificación de los adultos de tipo *calidus* frecuentemente no es posible. Aunque son típicamente más grandes, más pálidos, con las alas y la cola más largas, muchos individuos presentan características intermedias con los más norteños de la subespecie nominal, *peregrinus*. La subespecie *calidus* es migradora de larga distancia, lo cual afecta a la muda de primarias: las centrales son mudadas antes del otoño, pero el resto se mudan en las zonas de invernada, hasta febrero. Este ejemplar, fotografiado en India, tiene las primarias centrales nuevas, pero aparentemente hay un contraste con las externas, lo cual es típico de estas aves en noviembre.

de promedio, más pálido
que *peregrinus* (no
patente aquí)

mejilla blanca
relativamente extensa

lista superciliar bien
desarrollada; frente
más pálida

patrón diagnóstico en los
flancos (manchas triangulares
distintas del resto de partes
inferiores)

infracoberteras
caudales finamente
barradas (lisas en los
halcones borní y sacre)

listado relativamente
fino sobre color de fondo
casi blanco

bigotera estrecha,
a menudo la parte
más oscura de la
cabeza

a menudo moteado/
barrado fino y muy
escaso sobre color
de fondo casi blanco

Guión de codornices *Crex crex*

L 24 cm | Verano, casi toda Europa, excepto N y S

▼ Tipo adulto (mayo)
Una especie distintiva que raramente se deja ver bien.

patrón regular con el centro de las plumas negro

gris azulado en el tipo adulto

rosado, relativamente grueso

primarias muy gastadas, indicativo de 2º año cal.

barrado predominantemente pardo (en muchos ejemplares más extenso y contrastado que aquí)

▼ Tipo adulto (junio)
Las partes superiores con patrón grueso y uniforme, y el panel alar pardo rojizo, son las características más obvias en una observación breve.

▶ 1ᵉʳ invierno (septiembre)
Las partes superiores con patrón marcado y el panel alar pardo rojizo resultan en una combinación característica que facilita la identificación. Las débiles franjas blancuzcas en el panel alar son variables, y se dan en algunos adultos. En una observación breve entre la vegetación se podría confundir con la perdiz pardilla (inmadura) o con el faisán vulgar joven; nótense en estos casos las patas y el pico relativamente largos.

pardo rojizo característico en todos los plumajes (en el tipo adulto, en reposo, a menudo menos patente a causa de las escapulares largas que "cuelgan" por encima, más que en el juv./1ᵉʳ invierno

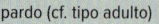

pardo (cf. tipo adulto)

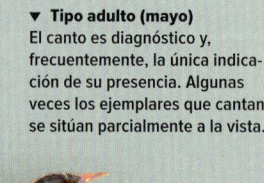

barrado débil; pardo sin franjas negras (cf. tipo adulto)

▼ Tipo adulto (mayo)
El canto es diagnóstico y, frecuentemente, la única indicación de su presencia. Algunas veces los ejemplares que cantan se sitúan parcialmente a la vista.

▼ Tipo adulto (junio)

silueta típica con cuello muy sobresaliente y parte trasera corta

pardo rojizo característico (también en la parte inferior del ala)

punta del ala bastante redondeada, como en todos los rálidos

Rascón europeo *Rallus aquaticus*

L 24 cm | Todo el año, S y O Europa; verano, resto excepto extremo N

▼ **Adulto (enero)**

Un rálido fácil de identificar, especialmente si se puede ver el pico. Cuando el ave queda parcialmente oculta por la vegetación, o cuando camina alejándose, el patrón característico de las infracoberteras caudales es útil: el barrado se extiende hasta el área cloacal sobre un color de fondo crema, mientras que los lados de las infracoberteras caudales son blancos. El barrado que alcanza la cola es variable; en algunos individuos, casi ausente.

▼ **Adulto con pollo (julio)**

Los pollos de todos los rálidos pequeños son completamente negros en sus primeros días de vida. Los progenitores, que acostumbran a estar cerca, facilitan su identificación.

partes superiores sin manchas blancas (cf. rálidos más pequeños)

pico largo y mandíbula inferior roja

el barrado alcanza el vértice carpal

patas rojizas (cf. otros rálidos pequeños)

patrón característico

▼ **Adulto (agosto)**

El rascón europeo es el rálido con la parte inferior del ala más pálida; comparte el borde anterior blanco con la polluela pintoja.

▶ **Tipo 1er invierno (febrero)**

Aunque algunos ejemplares maduros pueden mostrar auriculares parduzcas (probablemente más en las ♀♀), la combinación de rasgos señalados sugiere que se trata de un 1er invierno.

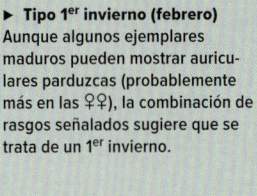

parduzco

pardo pálido

pálido

▼ **Juvenil (julio)**

Aunque todavía no ha alcanzado su longitud definitiva, el pico de este ejemplar es ya diagnóstico, junto con el patrón de las infracoberteras caudales.

lista superciliar pálida y máscara oscura a menudo retenidas en el 1er invierno

aún en crecimiento

aún sin plumas grises

◀ **Tipo adulto (enero)**

Visión típica de un ejemplar realizando un vuelo corto.

Polluela pintoja *Porzana porzana*

L 21 cm | Verano, gran parte de Europa excepto S y extremo N

▼ **Tipo adulto, probable ♂ (junio)**
El listado blanco de las partes superiores constituye una diferencia útil con respecto al rascón europeo, sobre todo en caso de una visión fugaz o parcial entre la vegetación. Sin embargo, otros rálidos pequeños también tienen manchas blancas similares. El sexado seguro de un ejemplar solitario generalmente no es posible, pero el pecho muy gris con moteado blanco limitado, así como el pico de coloración intensa de este ejemplar, son muy indicativos de un ♂.

▼ **Tipo adulto, probable ♀ (mayo)**
El pecho completamente pardo con motas blancas bastante grandes, así como el pico amarillo brillante, con coloración anaranjada muy limitada, son indicativos de una ♀.

franjas blancas transversales en las terciarias, diagnósticas

moteado blanco, diagnóstico en todos los plumajes

gris azulado

base del pico elevada y rojiza (cf. otros rálidos pequeños)

prácticamente liso, blanco o crema

pardo-gris; a menudo parduzco en inm. y ♀♀ (cf. otros rálidos pequeños)

▶ **Tipo adulto (julio)**
El borde anterior del ala (brazo) blanco también es visible por la parte superior; junto con la parte inferior del ala muy barrada, proporciona unas diferencias útiles con respecto de otros rálidos pequeños en observaciones breves (con la excepción del rascón europeo; véase su ficha).

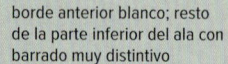

borde anterior blanco; resto de la parte inferior del ala con barrado muy distintivo

▼ **1er invierno (octubre)**
Ya muy parecido al adulto, pero con algunas diferencias que le distinguen en otoño.

cierto desgaste

iris muy oscuro

moteado blanco también en la ceja

áreas más oscuras en el pico

parduzco, con manchas blancas

▼ **Tipo 2º año cal. (julio)**
Las aves de 2º año cal. son muy parecidas a los adultos, pero retienen las plumas de vuelo y terciarias juveniles hasta final de verano, y estas muestran, generalmente, más desgaste que en los adultos en el mismo período del año. Este ejemplar tiene las primarias y las terciarias muy gastadas, pero el datado en base a este criterio no es seguro.

mucho desgaste, indicativo de 2º año cal.

▶ Adulto (agosto)
Un ejemplar que, aparentemente, ha finalizado una muda completa. Muchos adultos muestran, a final de verano, una mezcla de plumas nuevas y viejas, pero el rasgo más útil para el datado se encuentra en la cabeza. Los rálidos mudan todas las plumas de vuelo simultáneamente después de la reproducción, por lo cual pierden la capacidad de vuelo durante una semanas.

plumas de vuelo nuevas y uniformes (mudadas simultáneamente)

iris relativamente pálido, pardo rojizo (cf. 1er invierno)

moteado blanco muy limitado (cf. 1er invierno)

gris azulado (cf. 1er invierno)

Polluela sora *Porzana carolina*

L 20 cm | Divagante de Norteamérica

Polla pintada americana CAT
Uroilanda karolinarra EUS
Poliña americana GAL

▼ Adulto ♂ (noviembre)
Superficialmente similar a la polluela pintoja, pero véanse las diferencias señaladas. Algunas polluelas pintojas pueden tener la región loral bastante oscura, pero nunca tan negra o extensa. La gran cantidad de negro en la cara, que impide que la ceja gris alcance el pico, es típica del ♂ adulto.

▼ Tipo adulto ♀ (marzo)
Las ♀♀ tienen menos negro en la cara que los ♂♂. Nótese también la lista ocular parda detrás del ojo, presente en ♀♀ de otras especies de rálidos pequeños.

ausencia de franjas blancas transversales en las terciarias (cf. polluela pintoja)

negro extenso

mancha blanca

amarillo pálido (cf. polluela pintoja)

línea negra fina que se extiende por la garganta y el pecho en los adultos

ausencia de moteado blanco (cf. polluela pintoja)

lista superciliar estrecha en todos los plumajes (cf. polluela pintoja)

la lista superciliar llega a la base del pico (cf. ♂)

negro menos intenso y extenso (cf. ♂)

▼ 1er invierno (octubre)
El plumaje y la época del año más probables en Europa. Este ejemplar aún muestra bastante negro alrededor de la base del pico, lo cual es más típico del ♂. El pico ya predominantemente amarillo pálido, la mancha blanca detrás del ojo y la ausencia de barrado transversal blanco en las terciarias, son características diagnósticas que lo diferencian de la polluela pintoja.

▼ Juvenil (final de verano/otoño)
Este ejemplar se encuentra todavía en plumaje básicamente juvenil.

pardo liso con lista pileal central negruzca

pico bastante oscuro en juv.

crema parduzco bastante uniforme

las plumas negras aparecen a partir de otoño del 1er año cal.; más extenso en los ♂♂

ausencia de barrado transversal blanco en las terciarias

Polluela bastarda *Zapornia parva*

L 18 cm | Verano, C y E Europa

▼ **Tipo adulto ♂ (marzo)**
La larga proyección primaria es diagnóstica en todos los plumajes, en comparación con la polluela chica. Las patas son verdosas, con poca variabilidad (compárese con la polluela chica).

proyección primaria larga, con mucho espacio entre las (al menos) 5 plumas visibles (cf. polluela chica)

manchas blancas de extensión limitada y no rodeadas de negro (cf. polluela chica)

base roja

▼ **Tipo adulto ♀ (marzo)**
El rojo en la base del pico es diagnóstico si está presente, pero puede faltar en inmaduros y ♀♀ en invierno.

cola y proyección primaria largas

sin blanco (cf. juv. y polluela chica en todos los plumajes)

pardo liso (cf. ♂ adulto y juv.)

gris azulado (cf. juv.)

cierta tonalidad rojiza, diagnóstica

▼ **1er invierno (septiembre)**
Además de las diferencias con la polluela chica de 1er invierno, señaladas en la imagen, nótese también el ala larga (y la proyección primaria), característica en todos los plumajes.

manchas blancas no rodeadas de oscuro (cf. polluela chica de 1er invierno)

color de fondo blancuzco (cf. polluela chica de 1er invierno)

rojo diagnóstico (cf. polluela chica de 1er invierno)

frecuentemente más pálido y uniforme que en la polluela chica de 1er invierno

manchas oscuras solo a partir de medio vientre (cf. polluela chica de 1er invierno)

▼ **Tipo adulto ♀ (marzo)**
Un ejemplar más pálido y grisáceo. Las aves de 2º año cal. retienen algunas características del 1er invierno y tienen las plumas de vuelo más gastadas que los adultos (si estas son juveniles retenidas). Algunas aves de 2º año cal. pueden llevar a cabo una muda completa en otoño, momento a partir del cual ya no son separables de los adultos. Se desconoce si este plumaje pálido está relacionado con la edad.

◄ **Adulto ♀ (mayo)**
Aunque son características raramente útiles en el campo, la parte inferior del ala es oscura y uniforme, y el borde anterior del ala (brazo), como mucho, un poco más pálido, a diferencia de la polluela chica.

oscuro uniforme

◄ **Adulto ♀ (mayo)**
Todos los rálidos tienen los dedos largos y, en vuelo, se proyectan más allá de la cola, en mayor medida en las polluelas bastarda y chica.

▼ **Tipo adulto ♂, subespecie europea *intermedia* (junio)**
Por la medida diminuta, la cabeza y el pecho de color gris azulado, las partes superiores con patrón muy marcado y las inferiores también (desde los flancos y el vientre hasta las infracoberteras caudales), solo se puede confundir con la polluela bastarda. Los ♂♂ son, de promedio, de un gris azulado más intenso en la cara y el pecho, y no tienen (o casi no tienen) pardo en las auriculares. Este ♂ formaba parte de una pareja, lo que confirma el sexo. El color de las patas es más variable que en la polluela bastarda, la cual nunca adquiere tonos amarillentos como los de la imagen, pero la polluela chica las puede tener verdes como la bastarda.

▼ **Tipo adulto ♀, subespecie europea *intermedia* (junio)**
La proyección primaria corta, las manchas blancas de las partes superiores rodeadas de negro y la ausencia de rojo en la base del pico facilitan la diferenciación de la polluela bastarda. Sin embargo, muchas observaciones de campo son menos ideales. A diferencia de la polluela bastarda, los sexos son muy parecidos y muchos ejemplares no se pueden asignar con seguridad por la presencia de rasgos intermedios. Esta ♀ muestra las características típicas del sexo e iba emparejada con el ♂ de la imagen de la izquierda.

manchas blancas rodeadas de negro (cf. polluela bastarda)

sin rojo en la base del pico

proyección primaria muy corta con, a lo sumo, 3 plumas visibles más allá de las terciarias (cf. polluela bastarda)

barrado más extenso, que alcanza las patas (cf. polluela bastarda adulta)

en muchas ♀♀, pardo

listado oscuro a menudo más débil que en el ♂

frecuentemente gris azulado más apagado que en el ♂

▼ **1er invierno (noviembre)**
A diferencia de la polluela bastarda juvenil y de 1er invierno, este ejemplar aún muestra el pecho difusamente moteado, típico pero variable. Cuando finaliza la muda de plumas corporales, la parte central del pecho y el vientre es pálida y lisa; entonces muy parecida a la polluela bastarda en este aspecto. Las diferencias estructurales y el patrón diferenciado de las partes superiores y coberteras (véase adulto) se mantienen diagnósticos.

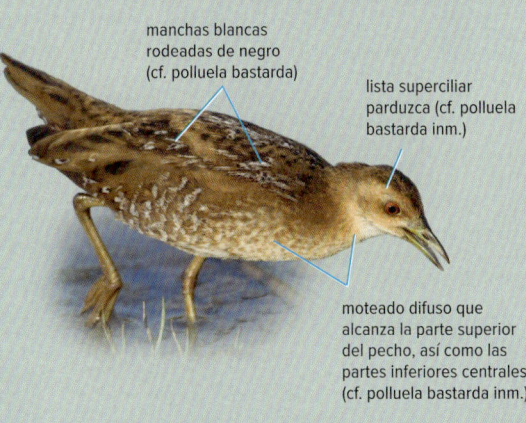

manchas blancas rodeadas de negro (cf. polluela bastarda)

lista superciliar parduzca (cf. polluela bastarda inm.)

▶ **Tipo adulto (junio)**

manchas blancas y borde anterior blanco fino (cf. polluela bastarda)

moteado difuso que alcanza la parte superior del pecho, así como las partes inferiores centrales (cf. polluela bastarda inm.)

▶ **Subespecie nominal asiática, *pusilla*, adulto (mayo)**
Este ejemplar (fotografiado en la provincia de Hebei, China) muestra las diferencias más importantes con la subespecie europea, *intermedia*. En particular, los adultos tienen más pardo en las auriculares (incluso más que las ♀♀ más pardas de *intermedia*). Su estatus en Europa es incierto.

pardo extenso

pálido

pálido y casi gris puro

Gallineta común *Gallinula chloropus*

L 29 cm | Toda Europa excepto extremo N

Polla d'aigua CAT
Uroilo arrunta EUS
Galiña de auga común GAL

▼ **Adulto (mayo)**
Una especie bien conocida e inconfundible. Las aves adultas tienen la cabeza y las partes inferiores de color gris azulado oscuro y las coberteras alares pardas, con el dorso y escapulares pardas más oscuras. Las ♀♀ a menudo muestran algunas manchas pálidas en el pecho y, especialmente, en el vientre durante la primavera (más extensas entre las patas). El ejemplar de la imagen es probablemente un ♂, pero algunas aves no se pueden sexar con seguridad.

▼ **Juvenil (agosto)**
Los flancos y el patrón de las infracoberteras caudales ya es similar al adulto, lo cual facilita la identificación. Aves en este plumaje se pueden ver a partir de final de primavera hasta bien entrado el otoño, puesto que la época de reproducción es larga. Las patas verdosas son típicas, pero en los adultos son parcialmente amarillentas, e incluso rojas en la tibia.

patrón diagnóstico en los adultos

patrón típico en los flancos en todos los plumajes

patrón diagnóstico en las infracoberteras caudales

rojo de extensión e intensidad variables, especialmente en primavera

▼ **1er invierno (diciembre)**
El pico aún no ha adquirido la coloración roja y las plumas del cuerpo (cabeza y partes inferiores) muestran una mezcla típica de plumas pardas, juveniles, y grises azuladas oscuras, de tipo adulto.

▼ **Tipo adulto, probable 2º año cal. (mayo)**
Las plumas de vuelo juveniles son mudadas durante el verano del 2º año cal., y a menudo están más gastadas que en el adulto durante la primavera. Muchas aves adultas, probablemente más los ♂♂, tienen el escudo frontal más extenso que este ejemplar, durante la primavera.

puntiagudas y muy gastadas, indicativas de 2º año cal.

▶ **Adulto (noviembre)**
La parte inferior (y superior) del ala es oscura, y el borde anterior blanco del brazo destaca sobre un conjunto negruzco; este puede ser más fino que en el ejemplar de la imagen.

Calamón común *Porphyrio porphyrio*

L 47 cm | Todo el año, SO Europa

Polla blava CAT
Uroilo urdin iberiarra EUS
Camón mediterráneo GAL

▼ Tipo adulto (abril)

El grupo de los calamones es inconfundible. La identificación específica se basa en una combinación de criterios: la coloración de las partes inferiores y de las coberteras alares. En el calamón común, la totalidad del plumaje es bastante uniforme, azul grisáceo oscuro, sin trazas de verde. El plumaje brillante, el escudo frontal extenso, y las patas y pico rojos indican que se trata de un adulto. Fuera de la época de cría el escudo se reduce un poco y el pico se vuelve más oscuro en la base.

▼ 1er invierno (enero)

Además de las infracoberteras caudales blancas, los juveniles tienen la región ventral pálida; el pecho y la parte superior del vientre son grisáceos. Este ejemplar muestra restos de plumas grises, pero muchas otras aves de 1er invierno tienen el plumaje más avanzado. Las partes superiores aún son de un tono azul apagado, y el escudo frontal es bastante pequeño.

escudo extenso (cf. inm.)

infracoberteras caudales blancas

azul grisáceo uniforme (cf. otros calamones)

primarias de tipo adulto, más redondeadas (juv. más puntiagudas)

restos de plumas corporales pálidas, juv.

infracoberteras primarias sin puntas pálidas (presentes en el juv.)

▶ Adulto (julio)

La cara y el pecho aparecen más claros bajo determinadas condiciones de luz, pero no tanto como en el calamón cabecigrís. Las patas y los dedos largos destacan mucho en vuelo.

■ Calamón africano *Porphyrio madagascariensis*

Esta especie africana nidifica cerca de Europa, en Egipto e Israel. Algunos divagantes han alcanzado Turquía y Chipre.

■ Calamón cabecigrís *Porphyrio poliocephalus*

La cantidad de gris en la cabeza es variable, en función de la edad, la variación geográfica y, probablemente, también la variabilidad individual. Los inmaduros acostumbran a tener la cabeza un poco más oscura, mientras que los adultos de la India son, de promedio, los que la tienen más pálida. Esta especie asiática nidifica cerca de Europa, en el E de Turquía. En Europa se han citado algunas aves escapadas, pero la procedencia salvaje también es posible.

verdoso diagnóstico

gris variable

contraste entre el ala azul y el dorso púrpura azulado

contraste entre el pecho azul pálido y el resto de partes inferiores púrpura azulado

Calamoncillo africano *Porphyrio alleni*

L 27 cm | Divagante de África

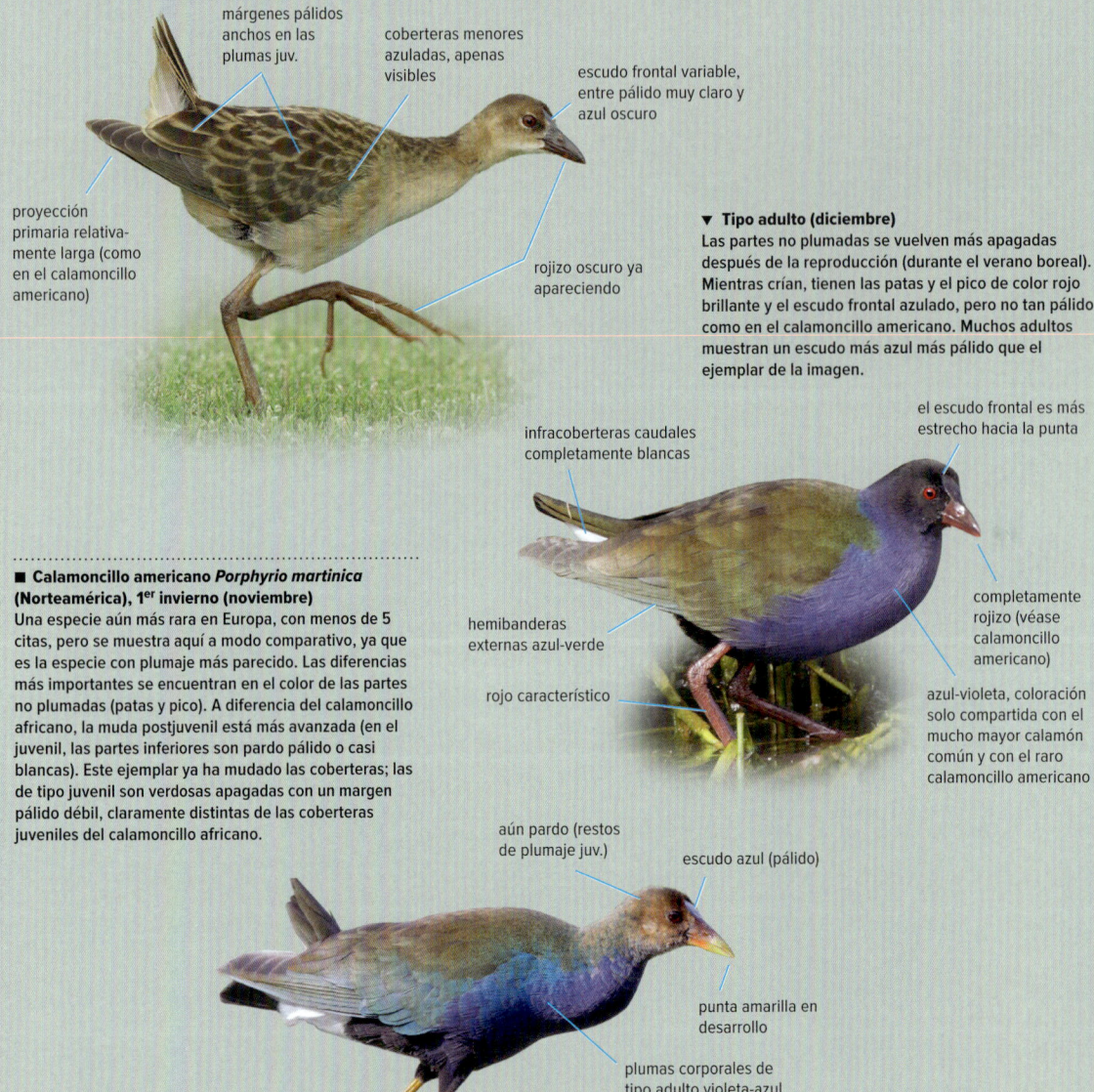

▼ Juvenil (febrero)
Las aves de 1er invierno muestran una mezcla de plumas juveniles y de tipo adulto, que acostumbran a aparecer primero en la región ventral (azul) y en las escapulares (oscuras, lisas, con márgenes pálidos). Las poblaciones más norteñas crían más tarde, durante el verano boreal; muchas aves jóvenes tienen el plumaje aún juvenil cuando aparecen en Europa durante el invierno (véase también el calamoncillo americano).

márgenes pálidos anchos en las plumas juv.

coberteras menores azuladas, apenas visibles

escudo frontal variable, entre pálido muy claro y azul oscuro

proyección primaria relativamente larga (como en el calamoncillo americano)

rojizo oscuro ya apareciendo

▼ Tipo adulto (diciembre)
Las partes no plumadas se vuelven más apagadas después de la reproducción (durante el verano boreal). Mientras crían, tienen las patas y el pico de color rojo brillante y el escudo frontal azulado, pero no tan pálido como en el calamoncillo americano. Muchos adultos muestran un escudo más azul más pálido que el ejemplar de la imagen.

infracoberteras caudales completamente blancas

el escudo frontal es más estrecho hacia la punta

■ Calamoncillo americano *Porphyrio martinica* (Norteamérica), 1er invierno (noviembre)
Una especie aún más rara en Europa, con menos de 5 citas, pero se muestra aquí a modo comparativo, ya que es la especie con plumaje más parecido. Las diferencias más importantes se encuentran en el color de las partes no plumadas (patas y pico). A diferencia del calamoncillo africano, la muda postjuvenil está más avanzada (en el juvenil, las partes inferiores son pardo pálido o casi blancas). Este ejemplar ya ha mudado las coberteras; las de tipo juvenil son verdosas apagadas con un margen pálido débil, claramente distintas de las coberteras juveniles del calamoncillo africano.

hemibanderas externas azul-verde

rojo característico

completamente rojizo (véase calamoncillo americano)

azul-violeta, coloración solo compartida con el mucho mayor calamón común y con el raro calamoncillo americano

aún pardo (restos de plumaje juv.)

escudo azul (pálido)

punta amarilla en desarrollo

plumas corporales de tipo adulto violeta-azul

amarillo característico

Focha común *Fulica atra*

L 39 cm | Toda Europa excepto extremo N

Fotja comuna CAT
Kopetazuri arrunta EUS
Galo de auga común GAL

▼ Tipo adulto (febrero)
Una especie común y bien conocida, incluso entre los no aficionados a la ornitología. El plumaje completamente negro y el pico y escudo frontal blancos facilitan la identificación. Los ♂♂ son ligeramente más grandes que las ♀♀, y los adultos tienen el escudo frontal un poco más extenso en primavera. Estas diferencias son visibles solo en casos extremos o en comparación directa.

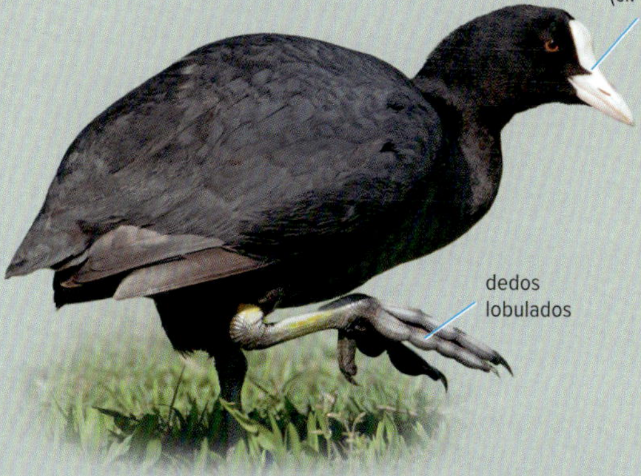

"punta loral"
(cf. otras fochas)
dedos
lobulados

▼ Tipo adulto (enero)
En algunos ejemplares, tanto la punta de las secundarias como el borde anterior del ala apenas son más pálidos.

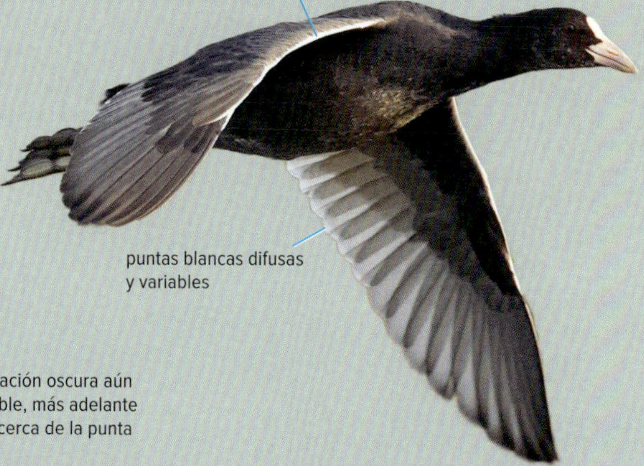

borde anterior fino y blanco
puntas blancas difusas
y variables

▼ Juvenil (julio)

patrón típico, pero
muda pronto al
plumaje negro
coloración oscura aún
variable, más adelante
solo cerca de la punta

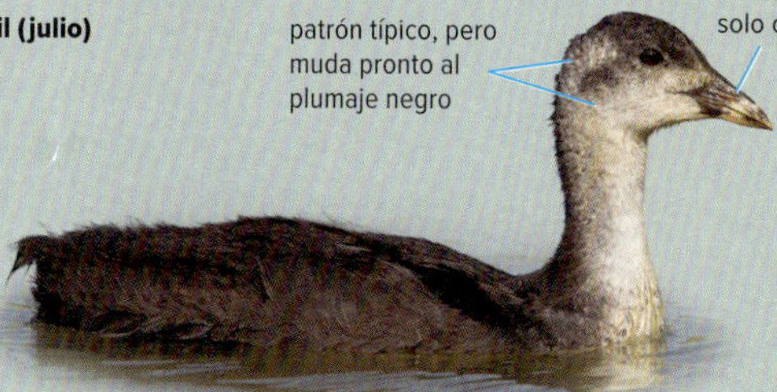

▶ 1er invierno (enero)
No todas las aves de 1er invierno muestran tantos rasgos inmaduros como este ejemplar –algunas ya muestran apariencia casi adulta–, pero retienen siempre las primarias juveniles hasta el verano del 2º año cal. En otoño, las aves jóvenes frecuentemente tienen el iris rojo oscuro y las patas relativamente oscuras (en el adulto, iris rojo brillante y patas verdosas).

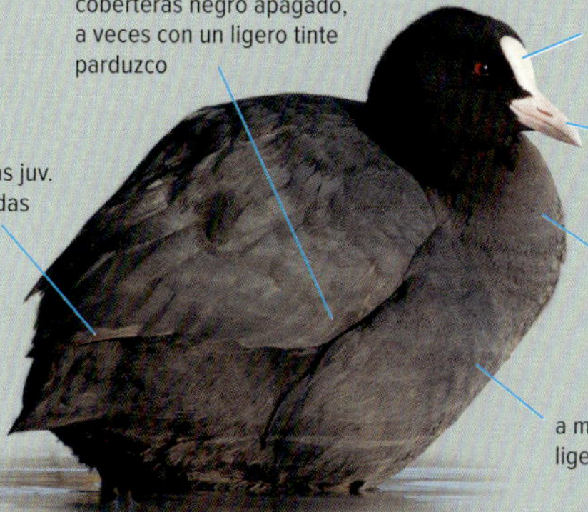

coberteras negro apagado,
a veces con un ligero tinte
parduzco
escudo frontal más
estrecho que en el
adulto
aún no
blanco
brillante
primarias juv.
desteñidas
tinte pardo
a menudo manchas
ligeramente pálidas

▶ Aves de tipo adulto (febrero)
Las peleas territoriales son frecuentemente muy agresivas. El nido y los pollos son defendidos con furia de otros congéneres y, a veces, incluso de especies mucho mayores, como la garza real o el cisne vulgar.

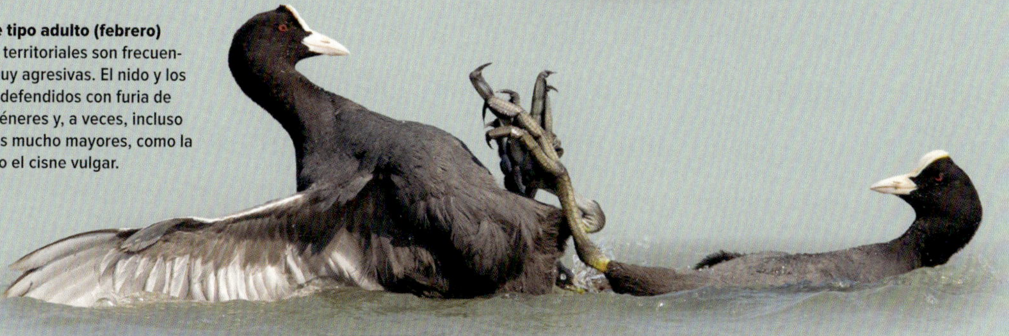

Focha moruna *Fulica cristata*

L 41 cm | Todo el año, SO Europa

▼ **Adulto ♂ nupcial (abril)**
Comparte la ausencia de una "punta loral" en la base del pico con la focha americana, pero en aquella especie el escudo frontal se estrecha claramente hacia la parte alta de la frente.

▼ **Tipo adulto (diciembre)**
Un ave de 1er invierno avanzada es idéntica a la de la imagen. Los "cuernos" están reducidos después de la reproducción

"cuernos" variables, más engrosados en primavera

a menudo parte trasera más elevada

redondeado en todos los plumajes, sin "punta loral" (cf. focha común)

ligeramente azulado, contrasta con el escudo frontal blanco

"cuernos" reducidos

▼ **1er invierno (verano/otoño)**
A menudo ya muy similar al adulto en invierno, pero nótense las diferencias señaladas. Fuera de la época de reproducción, los adultos tienen los "cuernos" más reducidos y el escudo más estrecho que durante la cría. Si se encuentra un ave de identidad dudosa fuera de su distribución normal, también se debe tener en consideración a la focha americana.

iris oscuro o rojo apagado

"cuernos" apenas desarrollados

escudo más estrecho que en el adulto en invierno

ligeramente gris

▼ **Adulto (abril)**

primarias desteñidas y gastadas

pardo negruzco apagado

sin puntas pálidas en las secundarias (cf. focha común)

borde anterior no más pálido o apenas más pálido (cf. focha común)

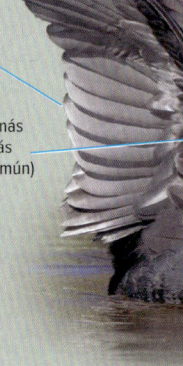

▼ **1er invierno (febrero)**
Esta imagen muestra la silueta típica de la especie, con el cuello estrecho inclinado hacia delante.

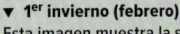

Focha americana *Fulica americana*

L 39 cm | Divagante de Norteamérica

▼ Adulto (abril)
Superficialmente similar a la focha común, pero véanse las diferencias señaladas. La mancha oscura en la punta del escudo frontal se vuelve rojiza a principio de la época de cría.

oscuro y más estrecho hacia la punta (cf. focha común)

casi recto, sin "punta loral" (cf. focha común)

negro más intenso que el cuerpo

margen exterior de las primarias más externas blanco, a veces visible

banda subterminal oscura

blanco diagnóstico (pero a menudo sorprendentemente difícil de ver)

▼ 1er invierno (enero)
En aves jóvenes de 1er invierno, frecuentemente la banda oscura del pico apenas desarrollada.

parduzco, plumas gastadas

puntas de las primarias gastadas

relativamente pálido, gris

puntas pálidas, como en la focha común pero, de promedio, más blancas y definidas, por lo cual destacan más

borde anterior de toda el ala blanco (cf. focha común con borde blanco solo, o principalmente, en el brazo)

◄ Adulto (octubre)
Las características de la especie se pueden apreciar en esta imagen: infracoberteras caudales blancas, cabeza negro intenso que contrasta un poco con el cuerpo menos oscuro, forma del pico en la región loral y aparente ausencia de escudo frontal. Los rasgos señalados en la imagen son solo útiles en una observación en vuelo.

▼ Focha americana

escudo estrecho; mancha pequeña oscura o rojiza

borde casi recto

banda oscura; en el 1er invierno muy difusa, más patente en el adulto

■ Focha moruna

escudo bastante recto (aquí cantidad mínima de rojo)

borde redondeado

azulado

■ Focha común

escudo ancho y blanco (más estrecho en el 1er invierno)

borde en punta

blanco o rosado muy pálido

Sisón común *Tetrax tetrax*

L 43 cm | Todo el año, SO y SE Europa

▼ Adulto ♂ nupcial (abril)
En este plumaje resulta inconfundible. El patrón negro y blanco del cuello se desarrolla a partir del 3er año cal. Las partes superiores son más finamente vermiculadas que en las aves de tipo ♀; a lo lejos aparecen uniformemente pardo-grisáceas.

▼ Tipo adulto ♀ (abril)
Todas las aves de tipo ♀ (♀♀ todo el año, inmaduros y ♂♂ en plumaje invernal) tienen el mismo plumaje básico. Las partes superiores y el cuello tienen un patrón fino pardo y negruzco. En abril, los ♂♂ adultos adquieren el plumaje nupcial en la cabeza y el cuello.

vermiculado relativamente fino (cf. 1er invierno)

manchas negras en los flancos (cf. ♂ adulto en invierno)

► Probable 2º año cal. ♂ (verano)
Algunos ♂♂ de 2º año cal. desarrollan un plumaje nupcial débil o incompleto. Las partes superiores de este ejemplar son aún de tipo ♀.

▼ 1er año (otoño–primavera)
En el campo, las aves de 1er año son similares a los adultos en plumaje de invierno, pero este ejemplar muestra un patrón muy grueso en forma de X en las coberteras, que no aparece en los adultos. En las aves de 1er año también se aprecia a menudo un cierto contraste entre el dorso y las escapulares, y las coberteras, un poco más pálidas.

patrón grueso, negro, en forma de X, típico pero variable

▼ Tipo adulto ♂, invernal (septiembre)
Los ♂♂ adultos pierden el dibujo blanco y negro del cuello a partir del otoño; a partir de entonces, más parecidos a las aves de tipo ♀. Sin embargo, la p7 corta es diagnóstica de los ♂♂ desde el momento en que la p7 juvenil es mudada (a partir de otoño del 2º año cal.). El ala es igual que en plumaje nupcial: secundarias y base de las coberteras primarias, blancas y lisas, y coberteras grandes (casi) completamente blancas. Algunos ♂♂, posiblemente subadultos, retienen algunas manchas negras en la zona carpal.

zonas pardas con patrón muy fino (cf. ♀ y 1er invierno)

blanco liso

anchas puntas negras

p7 corta

▼ Tipo adulto ♀ (septiembre)
La combinación de características señaladas es típica de este plumaje. Este ejemplar muestra unas secundarias blancas casi lisas, pero otros muestran un barrado más consistente en su base (véase la ♀ de 2º año cal. con secundarias de tipo adulto). Además, el ave de la imagen, muestra un patrón negro bastante limitado en las primarias internas, típico de las ♀♀; algunas ♀♀ tienen un patrón más grueso, a veces casi como los ♂♂.

rectrices anchas y redondeadas, sin mancha negra en la punta (a diferencia del 1er invierno)

muy marcado (cf. ♂)

blanco liso, sin mancha negra en la punta (cf. 1er invierno)

franjas negras relativamente pequeñas y lejos de la punta (cf. ♂)

p6 de tipo adulto con la punta negra bien definida (cf. 1er invierno)

▼ 2º año cal. ♀ (agosto)

Todas las aves mudan las plumas de vuelo entre final de verano e invierno. Este ejemplar ha mudado la mitad de las primarias; p10 juvenil aún presente en algunas aves de 3er año cal. (posiblemente relacionado con el sexo o con variaciones geográficas). La cantidad de negro en la punta de las primarias internas y en las coberteras primarias es útil en el sexado y el datado. Los ♂♂ tienen la mayor cantidad de negro; las ♀♀ de 1er invierno la menor cantidad. Sin embargo, la variabilidad es considerable y solo permite conclusiones seguras en los casos más obvios, o de forma complementaria con otros rasgos de sexo y edad.

▼ Primarias, 2º año cal. ♀ (agosto)

Las primarias y coberteras primarias externas retenidas son importantes para el datado; véanse las características señaladas. La p7 juvenil es de longitud normal en ambos sexos.

secundarias mudadas sin mancha negra en la punta (cf. 1er invierno)

secundarias y coberteras grandes barradas, aquí con patrón bastante grueso (cf. ♂ tipo invierno)

manchas negras extensas aquí, típico de las ♀♀

límite de muda; 1er año cal. a 2º año cal. con 1 límite de muda (múltiples límites en adultos)

franjas negras bastante anchas y punta blanca extensa, típicos de ♀

p6 juv., con manchas difusas en la punta (cf. ♀ de tipo adulto)

p7 aún juv., no útil para el sexado

coberteras primarias externas juv. con pequeñas manchas pálidas

primarias externas juv. con manchas pálidas en la hemibandera externa (frecuentemente apenas visibles, como aquí)

▼ 1er invierno, supuesto ♂ (septiembre)

El sexado de las aves de 1er invierno es difícil pero, en este ejemplar, las secundarias y coberteras grandes prácticamente blancas y la base de las coberteras primarias con pocas manchas negras son indicativos de un ♂. Incluso las ♀♀ adultas acostumbran a tener más manchas en el álula y en la base de las coberteras primarias (compárese con la imagen de ♀ adulta). El tamaño de las franjas negras en las primarias internas mudadas es intermedio entre un ♂ adulto y la mayoría de ♀♀. Las rectrices son mudadas a tipo adulto, generalmente, antes del invierno.

▼ Juvenil/1er invierno, supuesta ♀ (julio)

El datado es relativamente sencillo en este ejemplar por la presencia de una mancha negra en la punta de cada secundaria (y rectriz, no visible aquí), un rasgo típico de las plumas juveniles. Esto, junto con las características señaladas en la imagen y el álula muy marcada de negro, son indicativos de una ♀, independientemente de su edad. Este ejemplar parece haber empezado recientemente la muda de primarias: p1 nueva y p2 en crecimiento con franjas negras, más típicas de las ♀♀. Muchas ♀♀ de 1er invierno, con las secundarias aún juveniles, muestran un barrado más grueso y extenso en esta zona, a diferencia de la mayoría de ♂♂ de 1er invierno. Sin embargo, la extensión del barrado en las secundarias es muy variable en las ♀♀; véase la ♀ de 2º año cal. en agosto con las secundarias de tipo adulto.

rectrices con una mancha negra, típicas de 1er invierno

manchas negras limitadas

mancha negra en la punta indicativa de secundarias juv.

p5 supuestamente caída

franjas negras relativamente anchas

manchas negras extensas, indicativas de ♀

mancha negra en la punta indicativa de secundarias juv.

Avutarda euroasiática *Otis tarda*

L ♂ 97 cm, ♀ 80 cm | Todo el año, SO, C y E Europa

▼ **Adulto ♂ nupcial (abril)**
Inconfundible en todos los plumajes. La ancha franja pardo-rojiza en el pecho, las "barbas" blancas (ausentes en plumaje invernal) y el grosor del cuello son rasgos en desarrollo en los ♂♂ hasta aproximadamente el 8º año. Este ejemplar tiene probablemente 4–7 años. Las aves de más de 8 años tienen las "barbas" incluso más largas y la franja pardo-rojiza del cuello les llega más arriba.

▼ **Tipo adulto ♀ estival (abril)**
Nótense las diferencias señaladas con los ♂♂, pero los ♂♂ inmaduros son similares a las ♀♀ adultas y, hasta el 2º año cal., a menudo se encuentran en grupos mixtos con ♀♀. En comparación directa, los ♂♂ inmaduros son mayores que las ♀♀ y tienen el cuello más ancho y el pico más grueso. En reposo, las ♀♀ muestran típicamente una franja blanquecina más estrecha en las coberteras, por tener más coberteras pardas y barradas de negro; algunas de las coberteras blancuzcas pueden tener también franjas negras. Las ♀♀ inmaduras apenas tienen pardo en la base del cuello en plumaje estival; este ejemplar, por lo tanto, es probablemente adulto. Las ♀♀ presumiblemente más maduras tienen el patrón de las terciarias superiores similar al de los ♂♂: múltiples franjas dobles (véase imagen del ♂ adulto), pero a menudo con franjas más finas paralelas, como en este ejemplar.

postura de la cola típica del ♂ (a veces también fuera de la época de cría)

"barbas" típicas del ♂ en primavera, a partir del 3er año cal.

la anchura de la franja pardo-rojiza se incrementa con la edad

sin "barbas" en la ♀

relativamente fino (cf. ♂ inm.)

terciarias superiores con una mezcla de franjas negras anchas y estrechas, a menudo irregulares (cf. ♂ inm.)

cuello relativamente delgado indicativo de ♀ (pero también varía con la postura)

pardo rojizo variable, similar al ♂ inm. en verano

terciarias inferiores con manchas negras (cf. ♂ inm.)

franja blanquecina relativamente estrecha

frecuentemente algunas franjas oscuras en las coberteras (ausentes en ♂ inm. y más extensas que aquí en ♀ de 1er año)

▼ **(Sub)adulto ♂ invierno (enero)**
En plumaje invernal, las "barbas" desaparecen y también la mayor parte de coloración pardo-rojiza del cuello; este se mantiene bastante ancho, pero menos que en plumaje nupcial. Las terciarias son de tipo adulto (con barrado negro uniforme).

▼ **Inmaduro ♂, posiblemente de 2º año cal. (abril)**
La ausencia de "barbas" y la franja pardo-rojiza del cuello poco desarrollada son típicas de los ♂♂ inmaduros más jóvenes. La adquisición del plumaje completamente adulto lleva varios años, durante los cuales, en verano, el cuello va volviéndose pardo rojizo y las "barbas" más largas. El patrón de las terciarias es, junto con las diferencias estructurales, un rasgo importante para diferenciarlo de las ♀♀ que, en lo demás, son similares.

ancho (cf. ♀♀)

collar pardo rojizo parcialmente desarrollado, como en muchas ♀♀ adultas

aún sin "barbas"

terciarias superiores con barrado uniforme; aquí aún doble, más adelante una sola franja ancha

terciarias inferiores grises y lisas

cuello ancho (a diferencia de la ♀)

franja blanquecina extensa (a diferencia de la ♀)

borde posterior del ala oscuro y ancho en todos los plumajes

◄ **Adulto ♂ nupcial (abril)**
También inconfundible en vuelo. Los ♂♂ adultos son muy grandes y tienen el cuello muy ancho. El vuelo puede recordar al de un águila, en parte por la forma del ala, con largos dedos, y también por el batido lento y pesado.

▼ ♂, supuesto 1er año (otoño–primavera)
Las características señaladas en la imagen son típicas de los ♂♂. Después del 2º año cal., los ♂♂ jóvenes se juntan con los ♂♂ adultos. La franja uniforme de coberteras blanquecinas, el patrón de terciarias con franjas finas paralelas a otras anchas, así como la lista pileal central oscura son rasgos indicativos de un 1er año.

lista pileal central oscura relativamente patente en el 1er año

ya bastante grande, con cabeza angulosa y pico grueso

▼ 1er año ♀ (otoño–primavera)
Un ejemplar con manchas oscuras extensas en las coberteras grandes (que en los ♂♂ de 1er año ya son lisas). La apariencia uniforme de estas coberteras (longitud y patrón similar) es típica de las plumas juveniles. En aves maduras estas franjas de plumas son más irregulares, con unas más largas que otras. El pico pequeño y el cuello delgado son rasgos típicos de la ♀.

coberteras grandes blanquecinas y lisas (cf. ♀ de 1er año)

coberteras grandes juv. con manchas pardas y/o negras

▶ Tipo adulto ♀ (abril)
El cuello relativamente delgado es típico de la ♀. Este ejemplar parece haber mudado todas las primarias al menos una vez (son bastante nuevas y no muy puntiagudas), lo cual es indicativo de un ave de ≥ 2º año cal. El panel alar pálido es más estrecho que en los ♂♂ pero, aun así, muy patente.

muy pálido, pero las secundarias forman un borde oscuro ancho en todos los plumajes

panel alar pálido, diagnóstico en todos los plumajes

Avutarda hubara asiática *Chlamydotis macqueenii*

L 60 cm | Divagante de Asia

Hubara asiàtica CAT
Hubara-basoilo asiarra EUS
Hubara oriental GAL

▼ Adulto ♂ (abril)
El único miembro del género *Chlamydotis* que ha sido citado en Europa. La similar **avutarda hubara africana**, *Chlamydotis undulata*, es sedentaria en el norte de África y en Canarias (Lanzarote y Fuerteventura), pero su llegada al continente europeo es muy improbable.

▼ ♀ o inmaduro ♂ (noviembre)
Se señalan diferencias con la **avutarda hubara africana**, que tiene un patrón más grueso en el dorso y las coberteras, un barrado más ancho en la cola y una lista pileal central blanca. La ausencia de plumas alargadas en el cuello indica que se trata de una ♀ o de un ♂ inmaduro. Los juveniles aún no tienen negro en el cuello.

▼ 1er invierno (noviembre)
Las coberteras con patrón escaso y el listado negro en el píleo son rasgos diagnósticos en comparación con la **avutarda hubara africana** que, en lo demás, tiene un patrón alar similar.

línea negra larga (corta en ♀♀ y ♂♂ inm.)

listado oscuro, sin blanco

coberteras con manchas oscuras escasas y pequeñas

las 4 primarias externas desteñidas y puntiagudas, típico de plumas juv.

patrón débil y fino, a veces en forma de V

patrón alar diagnóstico en todos los plumajes (cf. avutarda euroasiática y sisón común)

plumas alargadas y sueltas (encrespadas en parada nupcial, ausentes en las ♀♀)

barrado muy fino

Codorniz común *Coturnix coturnix*

L 17 cm | Verano, toda Europa excepto N

Guatlla CAT
Galeper eurasiarra EUS
Paspallás migrador GAL

▼ ♂, probable 2º año cal. (mayo)
El patrón de la garganta y el pecho es variable, y parcialmente relacionado con la edad. Este individuo tiene una garganta relativamente
pálida, pero muestra la línea central oscura típica del ♂. Las manchas
negras del pecho y la línea oscura, fina, de la garganta son indicativas
de un ♂ de 2º año cal. El datado seguro sería posible si se viera
contraste de muda en las primarias, ya que las 2–4 más externas (generalmente 3) son retenidas en las aves de 1er año cal., hasta el verano del
2º año cal. A final de verano, los ♂♂ de 1er año cal. también tienen
manchas oscuras en el pecho y una línea central fina en la garganta.

▼ ♀ (marzo)

garganta pálida
típica de ♀

coloración de fondo
más pálida y más
pardo-amarillenta que ♂

muchas manchas
oscuras típicas de ♀

listado menos
prominente que ♂

lista superciliar
muy larga

3 líneas oscuras
a los lados del
cuello

línea oscura indica ♂
(en forma de ancla
vista de frente)

algunas manchas
pequeñas oscuras
indican 2º año cal. ♂

coloración de fondo
marrón anaranjada (cf. ♀)

líneas verticales
(también en perdiz
pardilla juv.)

▼ ♂ (mayo)
Un individuo con la garganta relativamente oscura.

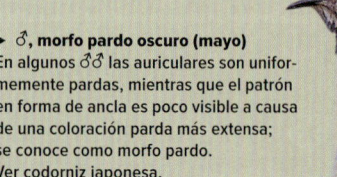

patrón de garganta
típico de ♂,
creando forma
de ancla

pardo anaranjado
uniforme sin manchas
negras (cf. ♀)

▼ Probable ♂ (julio)
Esta imagen permite ver las diferencias con el juvenil de perdiz
pardilla y faisán vulgar. A causa de su vuelo rápido, los detalles
del plumaje son difíciles de percibir, pero el ala puntiaguda sí
acostumbra a ser visible, y es una diferencia útil para distinguirla
de otras gallináceas.

punta del ala relati-
vamente estrecha
y puntiaguda

margen
posterior pálido
y difuso

margen
anterior
oscuro

cola corta, los
dedos sobresalen
ligeramente

▶ ♂, morfo pardo oscuro (mayo)
En algunos ♂♂ las auriculares son uniformemente pardas, mientras que el patrón
en forma de ancla es poco visible a causa
de una coloración parda más extensa;
se conoce como morfo pardo.
Ver codorniz japonesa.

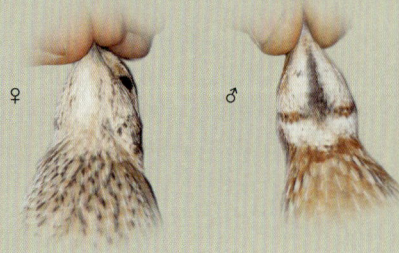

▼ Patrón de pecho y garganta en ♀ y ♂

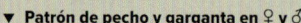

■ Codorniz japonesa *Coturnix japonica* ♂
Esta especie puede aparecer como un escape/
introducción en Europa. Especialmente los ♂♂
de codorniz común de morfo pardo pueden ser
muy similares, pero siempre muestran (a veces
de forma poco conspicua) el patrón de ancla
en la garganta. En la codorniz japonesa, el
marrón de la cabeza acostumbra a ser más
claro, tendiendo a canela. También es ligeramente más grande.

♀   ♂

Perdiz pardilla *Perdix perdix*

L 30 cm | Todo el año, gran parte de Europa excepto N y SO

▼ ♂ (abril)

lista superciliar del mismo color que la cara, indicando ♂ (cf. ♀)

pálido en todos los plumajes

naranja y gris, característica útil para identificación

más barrado que listado (cf. codorniz común)

grande y uniformemente oscuro, indicando ♂ (cf. ♀)

▼ ♀ (abril)
La mancha oscura del vientre varía entre relativamente extensa (acercándose al ♂) y ausente. Cuando es relativamente extensa, es menos uniforme que en el ♂.

rayado relativamente patente (cf. ♂)

lista superciliar corta y apagada (cf. ♂)

frecuentemente patrón un poco más marcado que en ♂

patrón más marcado que en ♂; finas franjas blancas en las dos hemibanderas

mancha oscura en el vientre normalmente pequeña y menos uniforme que en ♂ (aquí aparentemente ausente, quizá por la perspectiva)

▶ 1er año cal. mudando a adulto (octubre)
Este ejemplar aún muestra un plumaje prácticamente juvenil, con terciarias barradas de blanco, pero las partes inferiores ya están parcialmente mudadas (incluyendo plumas de los flancos). Después de la muda completa postjuvenil, las aves de 1er año cal. ya tienen apariencia adulta, excepto por la p9 y p10 juveniles, retenidas; en octubre, la mayoría ya ha alcanzado un plumaje adulto.

▼ Tipo adulto ♂ (febrero)
Esta imagen evidencia algunas diferencias con la codorniz común en vuelo, además del tamaño.

pardo rojizo y grisáceo en todas las especies de perdiz (cf. codorniz común)

generalmente, patrón muy marcado (cf. otras especies de perdiz)

mano ancha y redondeada

▶ Juvenil mudando a adulto (septiembre)
Las perdices de 1er año cal. (todas las especies, y también el gallo lira común, el urogallo común y los lagópodos) retienen p9 y p10 juveniles hasta la primavera del 2º año cal. Estas son un poco más estrechas y puntiagudas y, a medida que avanza el invierno, también más gastadas que las de tipo adulto (pueden ser difíciles de diferenciar si no hay un desgaste acusado).

muda activa en plumas de vuelo

p9–10 son las únicas plumas retenidas después de una muda postjuvenil completa

Perdiz griega *Alectoris graeca*

L 34 cm | Todo el año, C (Alpes) y SE Europa (península de los Balcanes)

▼ **Tipo adulto nominal *graeca*, Balcanes (junio)**
Esta imagen permite apreciar las diferencias entre las distintas subespecies de perdiz griega. La franja del pecho tiende a ser más ancha en la subespecie alpina *saxatilis* y más estrecha (a veces ausente) en la siciliana *whitakeri*. Las aves de 1er año cal. se pueden identificar, a veces, en base a p(8)9–10 juveniles, retenidas. Estas son ligeramente más estrechas y puntiagudas y, a medida que avanza el invierno, más gastadas que las de tipo adulto. Sin embargo, estas diferencias acostumbran a ser difíciles de ver.

▼ **Patrón del pecho tipo adulto**
Aquí la subespecie nominal *graeca*, propia de los Balcanes, muestra una banda intermedia entre *saxatilis*, de los Alpes, y *whitakeri*, de Sicilia. Algunas veces, la banda del pecho es abierta en la ssp. nominal *graeca*; más frecuentemente en *whitakeri*.

lista superciliar blanca relativamente patente, larga y bastante estrecha (cf. perdiz chucar)

negro encima de la base del pico (cf. perdiz chucar)

generalmente blanco, a veces ligeramente teñido de crema como en la perdiz chucar

contraste entre el manto parduzco y las partes inferiores del dorso gris puro (en contraste con la ssp. siciliana *whitakeri*)

parte inferior de la franja negra frecuentemente parcheada, excepto en la ssp. alpina *saxatilis*

con frecuencia ligeramente redondeado y parcheado; a veces "abierto" en ejemplares de los Balcanes

◄ **Subespecie alpina *saxatilis* (noviembre)**
La banda negra del pecho es típicamente ancha y "cerrada" en esta subespecie.

pardo en la franja negra

partes superiores gris-pardo bastante uniformes

amarillento "sucio"

banda negra frecuentemente estrecha o "rota"

supracoberteras caudales y rectrices centrales de color gris relativamente oscuro con manchas finas y oscuras (no visibles aquí)

pardo rojizo intenso

◄ **Perdiz griega de Sicilia *Alectoris (graeca) whitakeri* (junio)**
En general, más parda, de tonos más cálidos, y más oscura que otros taxones. La banda negra del pecho es, de promedio, la más estrecha, y la que más frecuentemente queda abierta, pero esta característica es variable en todos los taxones. La coloración marrón en la franja negra de la cabeza no se da en otros taxones, pero sí en la perdiz chucar. Este taxón, endémico de Sicilia, es tratado a veces como una especie aparte.

Perdiz chucar *Alectoris chukar*

L 33 cm | Todo el año, SE Europa

▶ **Adulto (mayo)**
Todas las perdices del género *Alectoris* muestran el mismo patrón básico, y se distinguen sobre todo por algunas diferencias en la cabeza y el pecho. Los sexos son prácticamente idénticos, pero los ♂♂ muestran más frecuentemente un espolón en el tarso (un abultamiento en su parte posterior que puede aparentar un dedo). El datado después de la muda postjuvenil (que se produce pronto en los juveniles) solamente es posible fijándose en las 2–3 primarias más externas, que son retenidas, y son ligeramente más estrechas y puntiagudas; a medida que avanza el invierno, pueden mostrar un desgaste mayor que las primarias de tipo adulto, más nuevas.

lista superciliar ancha y difusa

pálido (cf. otras *Alectoris*)

▼ **Adulto (mayo)**

forma de V relativamente puntiaguda (cf. *graeca*)

collar ancho (compartido únicamente con la ssp. alpina *saxatilis* de perdiz griega)

Perdiz roja *Alectoris rufa*

L 33 cm | Todo el año, SO Europa (intr. en áreas de O Europa; sólo relativamente común en el Reino Unido)

▼ **Tipo adulto ♂ (mayo)**
El patrón básico es el típico de todos los miembros del género *Alectoris*. La cabeza es similar a la de la perdiz griega, pero la franja del pecho y el cuello es única. Los ♂♂ tienen el listado negro más extenso, y llega más abajo que en las ♀♀. La distribución no se solapa con otras *Alectoris*.

▼ **Juvenil (julio)**
El plumaje juvenil se pierde pronto tras la muda. Tiene un patrón menos marcado que el de perdiz pardilla (casi sin barrado) y las patas son rojizas (gris amarillento en la perdiz pardilla). Las otras *Alectoris* en plumaje juvenil son prácticamente idénticas, pero no se solapan en su distribución.

brida negra

ceja muy larga, sigue por el cuello

listado negro diagnóstico

Perdiz moruna *Alectoris barbara*

Perdiu d'Àfrica CAT
Eper afrikarra EUS
Perdiz mourisca GAL

L 33 cm | Todo el año, Gibraltar y Cerdeña

▼ **Adulto (abril)**
Además de una identificación bastante fácil, no existe solapamiento en la distribución de las especies del género *Alectoris*.

pardo

gris azulado

mancha parda del cuello con moteado blanco

barrado ligeramente más fino que en otras *Alectoris*

ESTATUS
El estatus en Europa es incierto. La población de Cerdeña posiblemente sea natural, pero la de Gibraltar es introducida.

lista pileal oscura

mancha oscura y ancha a los lados del cuello

▶ **Tipo adulto (enero)**
En vuelo, muy similar a otras perdices, pero el patrón de la cabeza y el cuello es diagnóstico y, a veces, visible.

Francolín ventrinegro *Francolinus francolinus*

Francolí comú CAT
Frankolin beltza EUS
Francolín negro GAL

L 34 cm | Todo el año, extremo SE Europa

▼ ♂ **(marzo)**
Una coloración única le hace inconfundible. El reclamo territorial, atrompetado, es frecuentemente emitido desde un punto elevado.

▼ **Tipo adulto ♀ (septiembre)**
Apariencia intermedia entre las perdices y los faisanes. Los rasgos indicados en la fotografía resultan en una combinación característica. Los ejemplares tipo adulto varían poco a lo largo del año.

mancha pardo rojiza en el cuello (a veces mínima)

corta (cf. faisán vulgar)

patrón extenso y muy marcado

rojizo

lados de la cola negros

▶ **Tipo adulto ♂ (mayo)**
Inconfundible también en vuelo. Las ♀♀ también muestran los caracteres indicados.

barrado grueso, ala rojiza (cf. faisán vulgar)

rectrices completamente negras (cf. perdices)

Grévol común *Tetrastes bonasia*

L 36 cm | Todo el año, N, C y SE Europa

▼ **Tipo adulto ♂, nominal *bonasia*
de Escandinavia (junio)**
Plumaje inconfundible.

negro uniforme
(cf. ♀)

banda subterminal
negra y ancha

▼ **♀, nominal *bonasia* de Escandinavia (abril)**
Patrón ligeramente menos marcado, de promedio, que en los ♂♂;
las zonas rojizas son un poco más apagadas. El rojo de encima del
ojo es menos extenso. Nótese especialmente el patrón de la
garganta; las diferencias con los ♂♂, más allá de la garganta
parcheada, suelen ser poco marcadas.

parcheado
(cf. ♂)

▼ **Tipo adulto ♂, *rupestris*, de Europa Central (abril)**
Las características indicadas ejemplifican las diferencias con la ssp.
nominal *bonasia*; *rupestris* es típicamente más pardo y con marcas
más gruesas. En Europa, la variación geográfica es clinal (gradual);
por ejemplo, en Polonia ocurren ejemplares con rasgos intermedios
entre *bonasia* y *rupestris*. Este individuo fue fotografiado en
Bulgaria, más o menos en el centro de la distribución de *rupestris*.

barrado relativamente
grueso, con un tinte
pardo

pardo rojizo
extenso

▼ **Juvenil (agosto)**
Como en otras gallináceas, los juveniles mudan muy pronto
después de alcanzar el tamaño adulto, y adquieren un plumaje
casi adulto; únicamente retienen 2–3 primarias externas, hasta la
muda completa, en verano del 2º año cal. Estas primarias tienen,
en comparación con las de tipo adulto, un barrado más cuantioso
y uniforme en las hemibanderas externas. La forma también es
diferente: ligeramente más cortas y estrechas y, durante el
invierno y la primavera siguiente, más gastadas que las de los
adultos en la misma época del año.

banda subterminal
ancha y negra,
diagnóstica

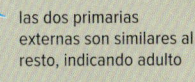

las dos primarias
externas son similares al
resto, indicando adulto

◀ **Adulto ♂ (mayo)**
Las observaciones en vuelo
acostumbran a ser breves, pero
suele destacar el patrón de la
cola, diagnóstico.

Lagópodo común *Lagopus lagopus*

L 39 cm | Todo el año, N y NE Europa

▼ Adulto ♂ "plumaje de cría" (mayo)

El paso de plumaje de invierno a "plumaje de cría" es muy gradual, empezando con plumas uniformes y oscuras en la cabeza y el cuello, a partir de abril, y terminando con la sustitución de las plumas blancas de las partes superiores por plumas pardas, en julio. A lo largo del año se pueden encontrar 3 plumajes adultos diferenciados: el "plumaje de cría", en primavera, el "plumaje otoñal", aproximadamente entre julio y octubre, y el "plumaje invernal", blanco, de noviembre a abril.

▼ Adulto ♂ (julio)

En los ♂♂ hay dos plumajes de verano claramente identificables. El primero es el "plumaje de cría", mostrado en la fotografía de la izquierda. El segundo es el "plumaje otoñal", que el ejemplar de abajo está adquiriendo. Este se parece más al de las ♀♀, pero nótense las diferencias señaladas (avanzado el otoño son menos obvias).

en primavera, castaño rojizo muy extenso en el ♂

castaño uniforme (cf. ♀ y lagópodo alpino)

a final de primavera aparecen más plumas oscuras en las partes superiores

supracoberteras caudales más largas poco marcadas (cf. ♀)

aún rojizo extenso (prácticamente desaparece en otoño)

de promedio, patrón más grueso y menos uniforme que en la ♀ en otoño

pardo uniforme (cf. ♀ plumaje de verano)

p10 ancha indicativa de adulto

▶ "Plumaje otoñal" (septiembre)

En otoño, los adultos de los dos sexos y también las aves de 1er año cal. mantienen un plumaje mayoritariamente pardo y, a medida que avanza la estación, se van pareciendo cada vez más. Las uñas largas de este individuo podrían indicar un ave de 1er año cal.; los adultos las renuevan completamente a final de verano y no terminan de crecer hasta final de otoño. Las primeras plumas blancas invernales han aparecido en las partes superiores.

▼ ♀ "plumaje de cría" (junio)

Hasta el verano (este incluido), las ♀♀ se distinguen fácilmente de los ♂♂ por su patrón más marcado en el pecho, sobre una coloración de fondo relativamente pálida.

rojo poco extenso o ausente (cf. ♂)

patrón negro típico sobre fondo pardo amarillento

▶ Juvenil (agosto)

Las primarias juveniles son mayoritariamente oscuras, excepto p9–10, con externas partes blancas, y solo una fina zona oscura a lo largo del raquis. Después de la muda postjuvenil, todas las primarias son blancas, excepto p9–10, retenidas, que mantienen finas trazas oscuras. Esta característica útil para el datado también es aplicable al lagópodo alpino. En los adultos, las plumas de las patas son más cortas en verano que en invierno, pero nunca ausentes.

primarias juv. oscuras, excepto las 2 más externas (p9–10), que ya son mayoritariamente blancas

aún sin plumas

▼ ♀ invierno (abril)
Igual que el ♂ en plumaje invernal, pero sin rojo encima del ojo (en invierno, a veces tampoco los ♂♂). Se diferencia del lagópodo alpino ♀ por el pico más grueso, con una base más ancha, y por el tamaño superior.

▼ ♂ invierno (abril)
Con la excepción de las rectrices externas, el plumaje es completamente blanco, como en el lagópodo alpino. La brida blanca del ♂ (sexo aquí determinado por la cantidad de rojo encima del ojo) es una diferencia clara con el lagópodo alpino ♂. Nótese también el pico relativamente grueso.

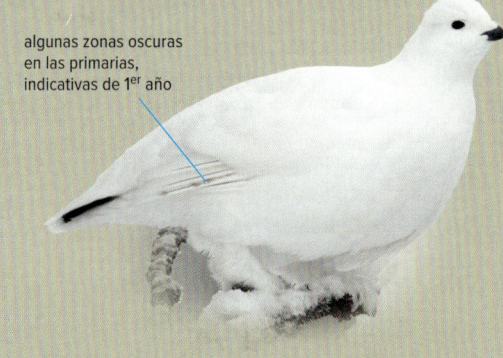

▼ Probable 2º año cal. ♀ (marzo)
Después de la muda postjuvenil, que realizan durante el verano, muchas aves de 1er año cal. son prácticamente indistinguibles de los adultos. Las primarias juveniles, con un patrón más oscuro, son sustituidas en los 2 primeros meses; solo p9–10, que son retenidas, a veces muestran algunas marcas oscuras, son ligeramente más puntiagudas, y más gastadas que las mudadas p1–8.

algunas zonas oscuras en las primarias, indicativas de 1er año

▼ Probable 2º año cal. ♂ (marzo)
Aunque la cantidad de desgaste no se puede juzgar aquí, los leves tonos oscuros son típicos de las p9–10 juveniles, retenidas. Este rasgo también sirve para el datado del lagópodo alpino.

tenues marcas en p9–10 son indicativas de plumas juveniles

▶ Adulto ♂ "plumaje otoñal" (septiembre)
El pecho pardo, con un borde bien delimitado, también es muy patente en vuelo.

Lagópodo alpino *Lagopus muta*

L 33 cm | Todo el año, N Europa, Alpes y Pirineos

▼ Adulto ♂ "plumaje de cría" (junio)
La muda entre el plumaje invernal y el estival en los ♂♂ es lenta, y más distribuida por el cuerpo que en el lagópodo común. Empieza con plumas grises en la cabeza, cuello y partes superiores entre abril y mayo, y termina con el reemplazo del resto de plumas blancas de las partes superiores en julio. Los 2 plumajes estivales ("plumaje de cría" y "plumaje otoñal") son menos diferenciados que en el lagópodo común ♂.

▼ Adulto ♂, nominal *muta* "plumaje otoñal" (septiembre)
El "plumaje otoñal" parece más una compleción del "plumaje de cría" que en el lagópodo común. Nótese también la ausencia de tonalidades pardas en este ejemplar escandinavo de la ssp. nominal *muta*.

gris oscuro, no pardo
(cf. lagópodo común)

brida negra y ceja roja
ancha diagnósticos de ♂

patrón muy marcado, pero sin tonalidades pardas cálidas
(cf. lagópodo común ♀ "plumaje de cría")

delgado en todos los plumajes
(cf. lagópodo común)

► Adulto ♀ "plumaje de cría" (junio)
El plumaje invernal blanco de las ♀♀ es reemplazado rápidamente en primavera por este otro, con un patrón bastante uniforme. Los juveniles tienen primarias oscuras, excepto las 2 más externas; véase lagópodo común.

de promedio, más plumas barradas en las partes inferiores que en el lagópodo común ♀ en "plumaje de cría"

▼ ♂ invierno (febrero)
La brida negra destaca aún más en este plumaje y es una diferencia diagnóstica de las ♀♀ y de ambos sexos de lagópodo común. Algunos ejemplares retienen unas pocas plumas oscuras, especialmente en las poblaciones más sureñas, pero este pertenece a la ssp. nominal *muta*, de Finlandia.

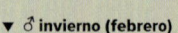

▼ ♀ invierno (abril)

el cuello relativamente delgado, en comparación con el lagópodo común, algunas veces resulta patente

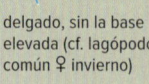

delgado, sin la base elevada (cf. lagópodo común ♀ invierno)

▼ ♂ nominal *muta*, "plumaje otoñal" (septiembre)

▶ ♀ *islandorum*, de Islandia, en "plumaje de cría" (julio)
Ambos sexos de esta subespecie tienen manchas negras más extensas y menos manchas grises en plumajes de cría y estival; son, por lo tanto, más oscuros que los pertenecientes a la subespecie nominal *muta* de Escandinavia y a la subespecie propia de los Alpes y de los Pirineos. Como sucede en el lagópodo común, las plumas de vuelo y algunas coberteras se mantienen blancas incluso cuando el cuerpo es prácticamente oscuro.

Lagópodo escocés *Lagopus scotica*

L 35 cm | Todo el año, Gran Bretaña e Irlanda

Perdiu d'Escòcia CAT
Lagopodo eskoziarra EUS
Lagópodo escocés GAL

▼ ♂ "plumaje de cría" (abril)
Inconfundible. De estructura idéntica al lagópodo común, pero con un plumaje más cálido y rojizo, que se mantiene a lo largo de todo el año, y que incluye toda el ala. El gran tamaño de la ceja roja, y la cabeza y el cuello bastante lisos, indican que el ejemplar de abajo es un ♂. En plumaje estival adquiere plumas con un patrón más marcado, tanto en las partes superiores como las inferiores.

▼ ♀ invierno (enero)
Parece similar al ♂, pero nótense las siguientes diferencias: en general, más pálida, menos rojiza, y con vermiculaciones negras más finas. En plumaje estival, las ♀♀ son más pálidas y mucho más moteadas que los ♂♂.

línea blanca en la base del pico (cf. ♀)

rojo muy restringido o ausente (cf. ♂)

el moteado pálido extenso es típico de la ♀ (cf. ♂)

▶ ♀ (enero)

infracoberteras alares predominantemente blancas

plumas de vuelo oscuras en todos los plumajes

▼ ♂ invierno (diciembre)
La línea blanca en la bigotera y el plumaje uniforme son rasgos típicos del ♂.

Urogallo común *Tetrao urogallus*

L ♂ 81 cm, ♀ 58 cm | Todo el año, C y N Europa, Pirineos

▼ ♂ en postura de exhibición (mayo)
Únicamente por el tamaño ya es inconfundible; un "gallo negro" enorme. En parada nupcial, los ♂♂ pueden mostrarse agresivos hacia otros animales e incluso hacia las personas.

▼ Tipo adulto ♀ (abril)
En general, patrón más grueso y contrastado que en el gallo lira común ♀.

puntas blancas de las escapulares más anchas que las de las coberteras (cf. gallo lira común)

muy ganchudo

contraste entre el obispillo grisáceo y la cola más rojiza (cf. gallo lira común ♀)

naranja uniforme

más pálido que en el gallo lira común ♀

ceja roja aún poco desarrollada

▶ 2° año cal. ♂ (enero)
Además de las características señaladas, el inmaduro es considerablemente más pequeño que el adulto, pero esta diferencia puede resultar difícil de juzgar si no es en comparación directa.

menos brillante que en el adulto

▼ ♀ (abril)
La confusión con el gallo lira común ♀ es posible pero, además de las diferencias señaladas, la parte superior del ala no tiene ninguna franja blanca (véase gallo lira común ♀). Tamaño considerablemente mayor.

primarias con tonalidades marrones y finamente vermiculadas alrededor de los bordes; también más estrechas que las del adulto

cola más corta y rectrices más estrechas que en el adulto

infracoberteras alares con franjas oscuras (cf. gallo lira común ♀)

▶ ♂ (febrero)

coberteras y escapulares marrones

pálido

manchas blancas variables

las infracoberteras blancas contrastan con el resto del plumaje

pardo rojizo (cf. gallo lira común ♀)

Gallo lira común *Lyrurus tetrix*

L ♂ 55 cm, ♀ 43 cm | Todo el año, C y N Europa

▼ Adulto ♂ (marzo)
Inconfundible por el plumaje predominantemente negro, las infracoberteras caudales blancas y las rectrices externas curvadas hacia fuera. A mediados de verano adquiere brevemente un plumaje más apagado, pardo negruzco, con manchas marrones de extensión variable.

▼ Adulto ♀ (abril)
Cuando el tamaño no resulta obvio, puede parecer similar al urogallo común ♀; sin embargo, además de las otras diferencias señaladas, nótese el pico relativamente pequeño. En el norte de Gran Bretaña también es posible confundirlo con el lagópodo escocés, pero aquella especie tiene un plumaje mucho más uniforme, con tonalidades más cálidas, y un anillo ocular blanco.

completamente barrado (cf. urogallo común ♀)

sin contraste (cf. urogallo común ♀)

aún sin rojo encima del ojo (en contraste con el adulto)

▶ 1er año cal. ♂ (enero)
Parecido al adulto ♂, pero véanse las diferencias señaladas.

secundarias con puntas blancas relativamente anchas

rectrices externas menos curvadas que en el adulto

reflejos azulados limitados en comparación con el adulto

▶ Adulto ♂ (abril)

franja alar visible desde lejos

mucho contraste

forma de la cola típica

infracoberteras caudales blancas

▼ Tipo adulto ♀ (mayo)

franja alar blanca y ancha

blanco puro que contrasta con las partes inferiores (cf. urogallo común ♀)

Limícolas • Introducción

TOPOGRAFÍA

Los distintos grupos de plumas de partes superiores, incluyendo las supracoberteras alares, son importantes para la identificación y el datado. El límite entre las escapulares y las coberteras suele ser evidente en limícolas en plumaje nupcial. Pero en, por ejemplo, los zarapitos, la identificación y el datado son más complicados por la similitud en el diseño de las plumas de distintos tipos.

manto
escapulares
superiores
inferiores
terciarias
pequeñas
medianas
grandes
coberteras
tibia
tarso

▲ **Correlimos zarapitín, adulto verano**

espalda (cuña)
obispillo
supracoberteras caudales
proyección de pies
coberteras grandes
coberteras primarias

▲ **Aguja colipinta, juvenil**

OBISPILLO

El obispillo es la parte inferior de la espalda y a veces se confunde con las supracoberteras caudales, lo que se ha trasladado a la jerga que se emplea (a menudo se confunden estas regiones de plumaje) e incluso al nombre de algunas especies en inglés (el correlimos culiblanco se llama "White-rumped Sandpiper", cuando el blanco no está en el obispillo, "rump", sino en las supracoberteras). En otras especies, como la aguja colipinta, tanto el obispillo como las supracoberteras son blancos. En muchas limícolas, las puntas blancas de las coberteras grandes (a menudo también las bases blancas de secundarias o primarias internas) crean una banda alar pálida.

PROYECCIÓN CAUDAL

Es la parte de la cola que sobresale por detrás de la punta del ala. Es un rasgo muy importante en la identificación de muchas especies. Véase también que la proyección primaria de este andarríos chico es casi del 0%.

proyección caudal

▲ **Andarríos chico**

PROYECCIÓN PRIMARIA

Es la fracción de las primarias visible por detrás de las terciarias, expresada como% de la fracción visible de las terciarias. Cuando las terciarias cubren las primarias, como en algunas agachadizas y en el andarríos chico, la proyección primaria es del 0%.

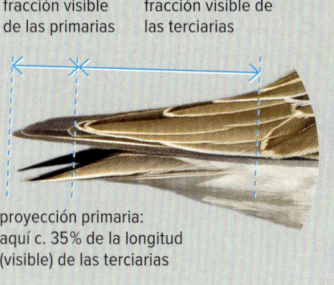

fracción visible de las primarias
fracción visible de las terciarias

proyección primaria: aquí c. 35% de la longitud (visible) de las terciarias

▲ **Correlimos común**

PROYECCIÓN ALAR

Se trata de la fracción del ala que se extiende por detrás de la punta de la cola (es lo opuesto a la proyección caudal). Una proyección alar larga suele ir asociada a una proyección primaria larga y está presente en muchas limícolas americanas.

proyección alar

▲ **Chorlito dorado americano**

DATADO

Se muestran a continuación los rasgos generales aplicables a limícolas inmaduras de cada clase de edad.

JUVENIL

A principios de otoño, los juveniles de todas las especies muestran un plumaje nuevo y con un diseño uniforme, a diferencia de los adultos en esta época. Algunas especies empiezan con la muda de escapulares y manto ya en julio (muda postjuvenil); en muchas especies de limícolas, estas plumas nuevas son más grises y con un diseño más simple que las plumas juveniles.

▲ Correlimos zarapitín, juvenil

límite de muda entre coberteras mudadas y juv. (dentro del círculo azul)

plumaje nupcial a menudo poco desarrollado y adquirido más tarde que en adultos

puntas de primarias desgastadas

▲ Correlimos común, 2º año cal. (abril)

1er INVIERNO

La combinación de escapulares y manto mudados (nuevos y de tipo invernal) y coberteras no mudadas (aquí desgastadas y descoloridas) es típica de limícolas de 1er invierno. Este estado de la muda aparece en todas las especies de limícolas en algún momento del otoño o el invierno. En especies con diseños muy distintos de escapulares nuevas y coberteras viejas, el límite de muda suele ser evidente (es obvio, por ejemplo, en falaropos, pero difícil de ver en la avefría europea). En correlimos y especies similares suele ser visible de cerca. En archibebes, los adultos invernales tienen un diseño de coberteras y escapulares distinto, lo que también evidencia el límite de muda (por ejemplo, en el archibebe oscuro).

manto y escapulares mudado a plumaje de invierno, igual en juv. y ad.

coberteras y terciarias juv.

▲ Correlimos común, 1er invierno

PLUMAJE DE 1er VERANO (2º AÑO CAL. PRIMAVERA/VERANO)

Este tipo de plumaje muestra diferencias evidentes tanto entre especies como a nivel de individuo, por lo que, debido a la variabilidad de los adultos, el datado a veces es solo tentativo. Muchos ejemplares de 1er verano muestran una parte de las coberteras muy desgastadas junto a coberteras más nuevas y de tipo invernal. En particular, si las coberteras juveniles están retenidas, estas plumas están realmente desgastadas a partir de finales de primavera (reducidas a aproximadamente la mitad de su longitud original). En especies cuyos adultos nupciales tienen las partes inferiores muy coloreadas o con diseños llamativos, los ejemplares de 1er verano suelen mostrar plumas de cuerpo viejas, lo que suele darles un aspecto parcheado o despeinado. Raramente mudan las plumas de vuelo durante el 1er invierno/ primavera (a diferencia de los adultos), por lo que un desgaste evidente en las primarias (externas) es indicativo de ejemplares de 1er verano. En este plumaje, algunas especies muestran contraste obvio entre primarias internas viejas y externas nuevas (véase el andarríos solitario, p. 424), pero debido a que, posados, solo se observan las puntas de las primarias externas, este límite de muda no suele ser visible en el campo. Las especies, o ejemplares concretos dentro de una especie, que no crían en su 2º año cal. apenas desarrollan el plumaje nupcial y muchos ejemplares permanecen más al sur de su zona de reproducción durante este periodo.

Ostrero euroasiático *Haematopus ostralegus*

L 42 cm | Todo el año, O y SO Europa; verano, también resto de Europa

Garsa de mar CAT
Itsas mika EUS
Lampareiro eurasiático GAL

▼ Adulto (abril)
Inconfundible. El pico totalmente rojo, el ojo rojo y las patas rojas-rosas apuntan a un adulto (≥ 4º año cal.). El desarrollo del rojo sangre del ojo y el anillo orbital rojo se prolonga durante aproximadamente 4 años.

▼ Tipo adulto invernal (octubre)
Las primarias son mudadas durante el verano y el otoño del 2º año cal., pero a veces no completamente. Las primarias externas viejas y desgastadas de este ejemplar pueden ser plumas de tipo adulto que no han sido mudadas, pero el desgaste tan pronunciado y la forma puntiaguda apuntan más a plumas juveniles retenidas, por lo que este ejemplar podría ser de 3er año cal. Además, el anillo orbital naranja, en vez de rojo, también es indicativo de un adulto joven.

las primarias externas viejas en otoño pueden indicar tanto un adulto como un 3er año cal.

negro puro (cf. 1er invierno)

banda gular blanca presente tanto en ad. invernales como en inm. a partir del 1er invierno

rosa-rojo (cf. 1er invierno)

▼ 1er invierno (noviembre)
Inicialmente los juveniles muestran la cabeza totalmente negra. En invierno (como los adultos invernales), adquieren la franja gular blanca, que se retiene hasta avanzado el 2º año cal. Este ejemplar está empezando a desarrollar la franja gular.

coberteras juv. con tintes marrones, la mancha subterminal negra sutil y la punta pálida débil se desgastan con rapidez

iris aún oscuro

anillo orbital estrecho y amarillento (cf. adulto)

todavía algo corto y con punta negra extensa

rosa (cf. adulto)

▼ 2º año cal. (abril)

plumas juv. retenidas desgastadas y descoloridas (aquí, coberteras, 1 terciaria y puntas de primarias)

iris y pico aún no rojo brillante

a menudo retenido hasta ya avanzada la primavera (a diferencia del adulto)

▼ 1er invierno (noviembre)
También evidente en vuelo. Los adultos muestran el mismo plumaje blanco y negro.

▼ *longipes* asiáticos (octubre)
La anchura de la franja gular blanca es variable en *ostralegus* nominales y puede acercarse a la anchura que se muestra aquí, por lo que la identificación debe basarse también en otros rasgos. El estatus de esta subespecie en Europa es incierto.

partes superiores a menudo de un negro menos puro que en *ostralegus*, también en adultos

escapulares nuevas a menudo con punta pálida

muy ancha

surco nasal más profundo y largo que en *ostralegus*, ocupando aprox. la mitad del pico

pico más largo en promedio que en *ostralegus*, pero no es evidente en este ejemplar

Cigüeñuela común *Himantopus himantopus*

L 34 cm | Todo el año, extremo S Europa; verano, SO y SE Europa (expandiéndose hacia el N)

▼ Adulto ♂ (abril)
Inconfundible. Algunos ♂♂ tienen la cabeza totalmente blanca; en el otro extremo, el negro alcanza el cuello (pero no conecta con las partes superiores negras, véase la cigüeñuela cuellinegra). Este ejemplar es más o menos promedio.

muy fino y recto en todos los plumajes

negro en píleo y nuca en ambos sexos; muy variable, pero es más sólido en los ♂♂ (cuando está presente)

negro puro (cf. ♀)

algunos ejs. con el pecho rosáceo en primavera

extremadamente largas en todos los plumajes

► Juvenil (agosto)
Estructura y distribución general de zonas oscuras y blancas igual que en el adulto.

▼ Adulto ♀ (mayo)

el oscuro en el píleo de las ♀♀ suele ser menos sólido que en los ♂♂ (de estar presente)

marrón (cf. ♂)

el gris-marrón alcanza el manto (cf. adulto)

márgenes pálidos en escapulares y coberteras (se desgastan rápido)

puntas de secundarias blancas (retenidas en el 2° año cal.)

base rojiza (desaparece en el 1er invierno)

aún rojo apagado

► Adulto ♂ (abril)

reverso del ala negro, excepto las axilares (blancas)

proyección de patas extremadamente larga

► Juvenil (agosto)
La cuña blanca en la espalda está presente en todos los plumajes.

mancha blanca bien definida (cf. cigüeñuela común)

negro continuo en partes superiores (cf. adulto de cigüeñuela común)

► 2° año cal. ♀ (mayo)

plumas de vuelo juv. retenidas (con punta pálida; cf. adulto)

partes superiores mudadas a tipo adulto; aquí marrones y por lo tanto de ♀

■ Cigüeñuela cuellinegra *Himantopus mexicanus*, adulto ♂ (abril)
Es una especie relativamente común en cautividad, por lo que se observan escapes en Europa. Se parece a la cigüeñuela común, pero véanse las diferencias que se señalan. Juvenil/1er invierno con píleo y parte posterior del cuello de un negro-marrón más oscuro que en la cigüeñuela común de la misma edad (tan oscuro como las partes superiores).

Avoceta común *Recurvirostra avosetta*

L 42 cm | Todo el año, S Europa; verano, O, C y E Europa

Bec d'alena CAT
Abozeta EUS
Avoceta común GAL

▼ **Adulto (mayo)**

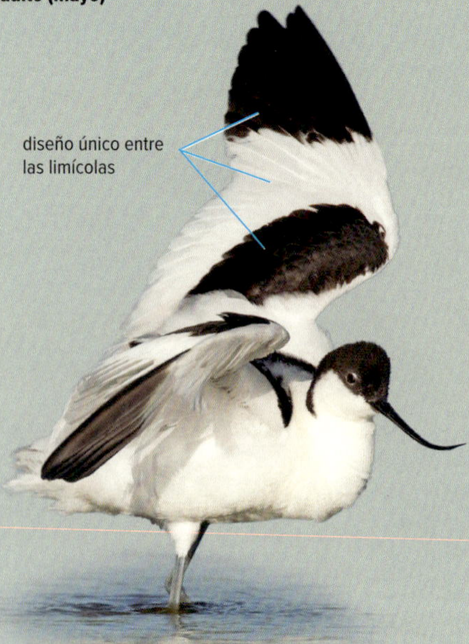
diseño único entre las limícolas

▼ **Tipo adulto, probable ♂ (mayo)**
Los adultos mantienen el aspecto a lo largo de todo el año. El pico relativamente largo es indicativo de ♂. Las terciarias marronáceas y las puntas de rectrices marrones desgastadas apuntan a 2º año cal. (véase el 2º año cal.).

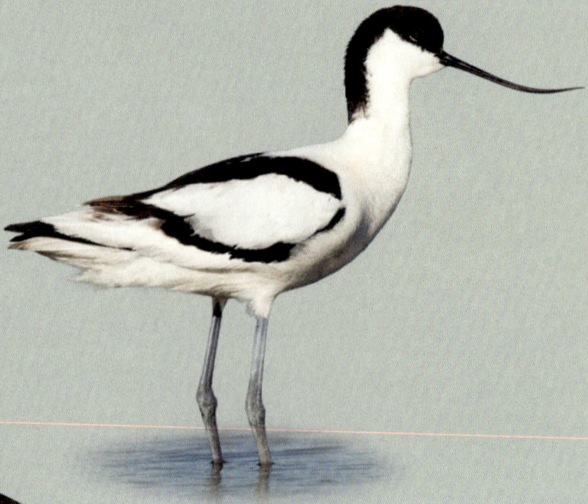

▶ **Tipo adulto, probable ♀ (mayo)**
El pico de las ♀♀ es más corto en promedio y se curva de forma ligeramente más brusca. Los tintes marrones en las partes negras de la cabeza es indicativo de ♀ en primavera.

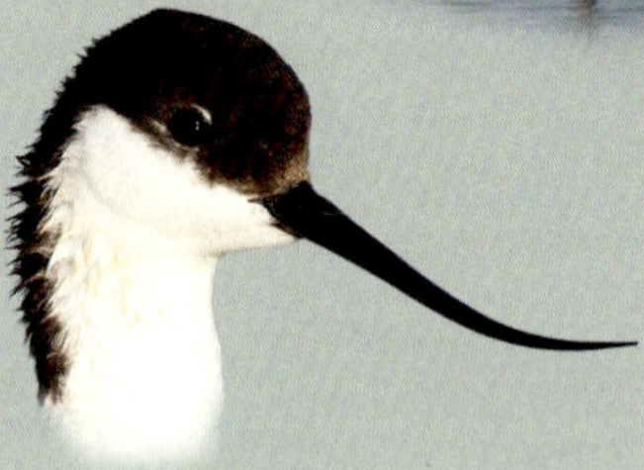

▼ **2º año cal. (mayo)**
Como el adulto, pero manteniendo casi todas las plumas juveniles en el ala. Más tarde en primavera/verano, las puntas de las primarias externas están muy desgastadas y son de un marrón descolorido. La muda de las rémiges juveniles tiene lugar al mismo tiempo que la muda de los adultos (entre finales de verano y finales de otoño), cuando las aves de 2º año cal. se vuelven indiferenciables de los adultos.

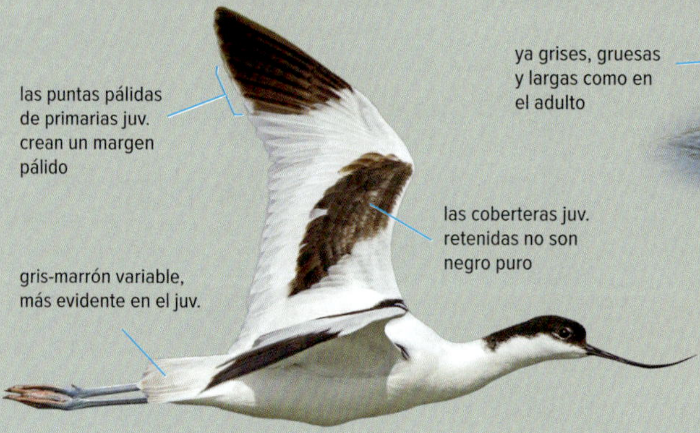
las puntas pálidas de primarias juv. crean un margen pálido
las coberteras juv. retenidas no son negro puro
gris-marrón variable, más evidente en el juv.

▼ **Juvenil (agosto)**

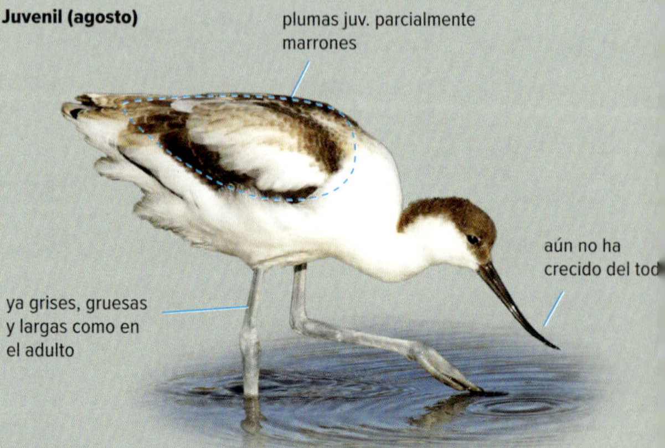
plumas juv. parcialmente marrones
aún no ha crecido del tod
ya grises, gruesas y largas como en el adulto

Alcaraván común *Burhinus oedicnemus*

L 42 cm | Todo el año, S Europa; verano, también O, C y E Europa

▼ Adulto (mayo)
Una limícola única en Europa y, por tanto, fácil de identificar.
Las otras especies de la familia, variablemente similares, se
distribuyen por África y Asia.

ojo grande con
iris amarillo

línea blanca con bordes
oscuros, típica de aves
de tipo adulto

base amarillo
pálido

franjeado fino

amarillo (a diferencia de
otras limícolas franjeadas
de color gris-marrón)

cola larga, supera
la punta del ala
por mucho

▼ 1er invierno (octubre)
Aparte de las diferencias que se señalan, ya muy similar al adulto.

escapulares nuevas y
coberteras (juv.) desgastadas
típicas de muchas limícolas
jóvenes en otoño

línea blanca irregular, con
franjas oscuras anchas en
los raquis y bordes oscuros
estrechos (cf. adulto)

coberteras grandes con línea
diagonal y puntas blancas
amplias; rasgo que se mantiene
durante más tiempo (cf. adulto)

▶ 1er invierno (noviembre)
Los adultos muestran casi el mismo diseño del
ala, pero en estos la punta blanca de las coberteras grandes es más pequeña y la línea blanca
con bordes oscuros en las coberteras pequeñas
es más evidente.

relativamente larga y
con blanco en
rectrices externas

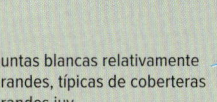

puntas blancas relativamente
grandes, típicas de coberteras
grandes juv.

diseño de primarias
típico: "espejos" blancos
en primarias internas y
externas en todas las
clases de edad

▼ 2° año cal. (abril)
Como el adulto, pero véanse las diferencias que se
señalan. Suele retener las coberteras grandes
externas y las rectrices externas juveniles, lo que crea
un límite de muda cada vez más evidente a partir de
la primavera. Además, el diseño de las coberteras
juveniles y adultas difiere (véase el 1er invierno).

primarias externas a menudo
muy desgastadas, pero suelen
ser difíciles de ver con el ave
posada

límite de muda entre plumas juv.
con punta blanca desgastada y
plumas nuevas de tipo adulto con
borde blanco bien definido

límite de muda entre
rectrices centrales
nuevas y resto de la
cola viejo

Canastera común *Glareola pratincola*

L 26 cm | Verano, S Europa

Perdiu de mar CAT
Pratinkola eurasiarra EUS
Perdiz mariña mediterránea GAL

CANASTERAS

En plumaje de verano, las 3 especies que aparecen en Europa (la canastera oriental es muy rara) son fáciles de identificar a nivel de familia en base al llamativo diseño de la garganta y a su estructura característica. La identificación a nivel específico de ejemplares posados que no se hallan en plumaje veraniego no es tan sencilla.

▼ Adulto verano (abril)
Las bridas negras extensas (algo parecidas en la canastera alinegra) apuntan a un ♂.

el contraste suele ser evidente, pero depende de la luz (cf. canasteras oriental y alinegra en verano)

c. 40% del pico rojo; supera la parte plumada de la garganta (cf. canasteras oriental y alinegra en verano)

larga, suele superar ligeramente la punta del ala

▼ Adulto invierno (agosto)
La cola superando la punta del ala y el rojo extenso en la base del pico son los rasgos más importantes para separarla de las otras 2 canasteras en este plumaje.

diseño del pico tipo adulto (rojo extenso en la base)

dedo central con uña larga y recta (corta en canasteras oriental y alinegra)

mezcla de plumas viejas y nuevas invernales de tipo adulto, también en partes superiores (cf. 1er invierno)

► Juvenil (agosto)
Algunos juveniles de la canastera alinegra muestran un plumaje casi idéntico a este.

rectrices externas largas (cf. 1er invierno)

color de fondo relativamente pálido, lo que hace que las manchas subterminales destaquen más (cf. canastera alinegra juv.)

▼ 1er invierno (agosto)
Un ejemplar avanzado. Ya muy similar al adulto en plumaje invernal, pero véanse los rasgos que se señalan. La muda de primarias va ligeramente más retrasada que en los adultos en esta época (véase adulto en vuelo). El diseño de las coberteras juveniles es cada vez más difícil de apreciar debido al desgaste.

coberteras juv. retenidas con franja subterminal oscura y punta pálida relativamente grande

todavía carece de rojo, o está muy restringido

cola corta; igual en la canastera alinegra juv./1er invierno

muda de primarias iniciada; internas nuevas (más negras)

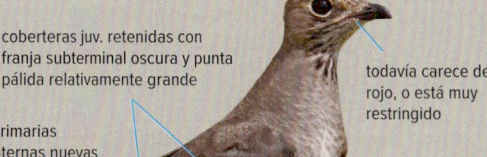

primarias externas juv. con borde pálido

► Tipo 2º año cal. (marzo)
En primavera, las aves de 2º año cal. no suelen ser separables de los adultos, pero ejemplares como este, que muestran coberteras con borde pálido muy desgastado, probablemente sean de 2º año cal. Algunos ejemplares de esta edad no llevan a cabo una muda invernal completa.

▼ Tipo adulto en verano (marzo)
Las 3 especies muestran, en todos los plumajes, la combinación típica de partes superiores oscuras, obispillo/supracoberteras caudales blancas y cola ahorquillada. La anchura del margen de fuga pálido es variable: un margen fino como este no es raro.

▶ Tipo adulto en verano (marzo)
El color rojizo de infracoberteras alares puede ser sorprendentemente difícil de ver y el reverso del ala en general puede parecer oscuro (compárese con la canastera alinegra).

obviamente elongadas

margen de fuga pálido, fino en este ejemplar

primarias internas con hemibandera interna pálida (cf. canasteras oriental y alinegra)

relativamente pálido y con contraste evidente con las rémiges, más oscuras que en las canasteras oriental y alinegra

combinación característica (infracoberteras alares rojizas, margen de fuga blanco y cola larga)

▼ Adulto invernal (agosto)
La muda a plumaje invernal empieza a finales de verano. Esta imagen, con, como mínimo, la mitad de las primarias mudadas, es típica en otoño. Las primarias externas serán mudadas en las zonas de invernada lejos de Europa. Las aves de 1er año siguen la misma estrategia de muda, pero más tarde que los adultos.

▼ 1er invierno (agosto)
Todavía fundamentalmente en plumaje juvenil, pero ya ha empezado a mudar. Fácil de confundir con la muy rara canastera oriental debido al diseño de la cola, similar. La combinación del margen de fuga blanco ancho, las hemibanderas internas pálidas de las primarias internas (totalmente oscuras en la canastera oriental) y las infracoberteras alares rojizas es característica.

plumas viejas, descoloridas y uniformes (cf. 1er invierno)

largas (cf. 1er invierno)

primarias internas nuevas (muda más avanzada que en el 1er invierno)

muda de coberteras iniciada (1as coberteras medianas de tipo ad. invernal)

hemibanderas internas pálidas en primarias internas

muda de primarias iniciada

r6 juv. corta, longitud y diseño como en el adulto de la canastera oriental

r6 elongada; la punta negra cubre toda la elongación y aproximadamente la mitad del total de la pluma (cf. canasteras oriental y alinegra ad.)

▶ Diseño de la cola, adulto

Canastera alinegra *Glareola nordmanni*

L 26 cm | Verano, extremo E Europa

Perdiu de mar alanegra CAT
Pratinkola hegalbeltza EUS
Perdiz mariña de ás negras GAL

▼ **Adulto (mayo)**
Colores en promedio más fríos en partes superiores y más pálidos en partes inferiores que en la canastera común en plumaje de verano, pero variable en ambas especies.

zona de la brida oscura a menudo ancha

rojo restringido, como máximo llega al límite de la parte plumada de la garganta (cf. canastera común en verano)

contraste débil (cf. canastera común)

rectrices externas elongadas que alcanzan la punta del ala; solapamiento con las canasteras comunes alicortas

▼ **Adulto mudando a plumaje invernal (octubre)**
Las coberteras, terciarias y escapulares viejas retenidas están muy desgastadas. Las aves de 1er invierno suelen mostrar límites de muda más tarde en otoño, pero las plumas juveniles están menos desgastadas y el diseño juvenil suele ser aún visible.

restos de plumaje de verano y rojo relativamente extenso en la base del pico comparado con el 1er invierno

mezcla de plumas nuevas y muy desgastadas (cf. 1er invierno)

▶ **Juvenil/1er invierno (octubre)**
Posada, suele ser difícil de separar de la canastera común. Las patas relativamente largas y la posición erguida son típicas en todos los plumajes

diseño juv. normalmente menos contrastado que en la canastera común, debido a un color de fondo más oscuro

▼ **1er invierno (noviembre)**
Comparte las primarias internas negro uniforme (incluyendo hemibanderas internas) con la muy rara canastera oriental. La punta pálida muy fina de las secundarias nuevas es habitual (también en la canastera oriental), pero suele ser difícil de ver en el campo y desaparece pronto con el desgaste (compárese con la canastera común).

▼ **1er invierno (noviembre)**
Los rasgos que se señalan pueden ser idénticos en las canasteras comunes más oscuras.

partes superiores mudadas a tipo ad invernal

primarias aún juv. (marronáceas y con margen pálido)

coberteras juv.: oscuras y con mancha subterminal y borde pálido débiles

punta pálida muy fina en secundarias

las primarias nuevas negro uniforme son diagnósticas (cf. canastera común)

► Adulto (mayo)

más oscura en promedio que la canastera común y, por tanto, con menos contraste con las rémiges, pero la variabilidad en ambas especies hace que las diferencias sean mínimas

rectrices externas elongadas, a menudo no mucho más cortas que en la canastera común

▼ Adulto (mayo)

negro puro diagnóstico, más oscuro que el reverso de las rémiges en todos los plumajes

◄ Adulto, diseño de la cola

La rectriz externa elongada (r6) es en promedio más corta que en la canastera común, pero los extremos se solapan. La punta negra suele ocupar menos de la mitad del total de la pluma; en la canastera común, la punta negra normalmente es más grande y ocupa casi la mitad del total de r6.

relativamente elongadas; punta negra relativamente pequeña (cf. canasteras oriental y común)

Canastera oriental *Glareola maldivarum*

L 25 cm | Divagante de E Asia

Perdiu de mar oriental   CAT
Pratinkola ekialdetarra   EUS
Perdiz mariña oriental   GAL

▼ Adulto en plumaje de verano (abril)

En cierta forma, como una mezcla de las canasteras común y alinegra, pero con la cola más corta de las 3 (a menudo no visible con el ave posada).

la mitad blanca del anillo orbital no alcanza el borde anterior

narina ovalada relativamente ancha (ligeramente más pequeña y elongada en la canastera común)

línea negra ancha en la parte vertical (cf. canastera común en verano)

poco contraste, como en la alinegra (cf. canastera común)

cantidad de rojo variable (entre la canastera común y la canastera alinegra), como máximo alcanzando el borde de la parte plumada de la garganta

color canela más intenso que en la canastera común

dedo central con uña corta (cf. canastera común)

patas largas, como en la canastera alinegra (a diferencia de la canastera común, aunque difícil de juzgar en el campo)

▲ ◄ Detalles de cabeza y dedos

Todos los caracteres que se señalan son en comparación con la canastera común, pero es variable en ambas especies. Ningún rasgo es diagnóstico, pero la combinación es indicativa. Para una identificación certera, es necesario observar el diseño de ala y cola.

Canastera oriental *Glareola maldivarum*

▼ **1er invierno (septiembre)**
Los rasgos que se señalan no son diagnósticos para diferenciarla de otras canasteras de 1er invierno. Las otras especies también tienen rectrices más cortas en plumaje juvenil que en plumaje adulto. El cuello y las escapulares ya han sido mudados a plumaje invernal de tipo adulto (plumas uniformes con borde pálido que se desgastará rápido), mientras que las coberteras y las terciarias todavía son juveniles, con una mancha subterminal oscura y la punta pálida.

▶ **Tipo adulto (noviembre)**
Típica canastera en plumaje invernal. Teóricamente, un ejemplar de 1er invierno avanzado podría ser similar, pero el rojo de la base del pico, junto con el estado de la muda, es muy indicativo de un adulto.

muda de primarias casi completada

la cola corta en ad. es característica cuando r6 está presente

todas las coberteras de tipo ad.: igualmente nuevas, con tan solo la punta blanca sutil (que desaparecerá rápido con el desgaste)

▶ **1er invierno (noviembre)**
Casi idéntica a los adultos en plumaje invernal, pero véanse las diferencias que se señalan.

base del pico aún negra, indicativo del 1er invierno (cf. adulto)

rectrices muy cortas, aparentemente muy desgastadas

aproximadamente a mitad de la muda de primarias, externas aún sin mudar (más retrasada que en ad.)

coberteras juv. retenidas con punta pálida sutil

▶ **Tipo adulto en verano (marzo)**
Si las rectrices externas (r6) están presentes con certeza, su forma y diseño constituyen rasgos útiles en un ejemplar en plumaje de verano. Todas las canasteras mudan las rectrices a finales de otoño/invierno, pero, debido a muchos otros factores, estas plumas pueden haber caído en otros momentos del año. Además de la forma de la cola, la ausencia de un margen de fuga pálido también es característica. Sin embargo, las secundarias nuevas muestran una pequeña punta pálida y, en la canastera común, las puntas de secundarias pueden ser muy reducidas o incluso haber desaparecido por el desgaste.

oscuro uniforme (sin hemibanderas internas pálidas en primarias internas ni puntas pálidas en secundarias)

oscuro como en la mayoría de canasteras alinegras

rojizo, como en la canastera común

r6 corta y con punta negra relativamente pequeña, mucho más que la parte blanca visible en r6 (cf. canastera común adulta).

Corredor sahariano *Cursorius cursor*

L 21 cm | Divagante de África, Oriente Medio o SO Asia

▶ **Tipo adulto (febrero)**
Inconfundible. Tan solo existe cierta variabilidad en la
intensidad de la coloración canela a lo largo de su
amplia área de distribución, pero esta es gradual y poco
pronunciada, siendo los ejemplares de Cabo Verde los
más oscuros en promedio. Los ejemplares con partes
superiores y pecho ligeramente más pálidos (y grises)
son más frecuentes al este de la distribución (Oriente
Medio y SO de Asia). Esta coloración también varía
dependiendo del estado del plumaje (nuevo o desgastado), lo que impide determinar el origen de los ejemplares solitarios que aparecen en Europa. Ambos sexos
tienen plumajes similares y los adultos mantienen el
mismo aspecto a lo largo de todo el año.

▼ **Tipo adulto (febrero)**
El diseño de la nuca es único.

▼ **1ᵉʳ invierno (octubre)**
Las plumas juveniles (con marcas oscuras) son
fáciles de identificar, incluyendo las de la cabeza.

patrón cefálico aún
poco desarrollado

plumas juv.
retenidas desgas-
tadas y con marcas
oscuras

▼ **2º año cal. (mayo)**
Este ejemplar retiene todavía algunas coberteras
juveniles, pero muchas aves de 2º año cal. ya han
mudado completamente. La época de reproducción
es prolongada y, teniendo en cuenta el buen estado
de los márgenes pálidos de primarias, probablemente este sea un ejemplar nacido tarde.

coberteras y terciarias
juv. parcialmente
retenidas (desgastadas
y con marcas oscuras)

primarias externas
con márgenes
pálidos

▶ **Tipo adulto
(enero)**

mucho contraste

negro uniforme
en todos los
plumajes

▶ **Tipo adulto
(enero)**

Chorlito gris *Pluvialis squatarola*

L 28 cm | Verano, extremo N Europa; migración/invierno, resto de Europa

▼ **Adulto ♂ verano (mayo)**
Fácil de identificar en este plumaje.

suele ser casi
totalmente blanco

manchas oscuras
gruesas

largo para un chorlito
en todos los plumajes
(estructura de "chorlitejo
mongol grande")

completamente blanco
detrás de las patas en
todos los plumajes
(cf. chorlitos dorados)

el negro "conecta" con el
ala (cf. chorlito dorado
europeo nupcial)

▼ **Tipo adulto ♀ verano (mayo)**
Muchas ♀♀ muestran un plumaje nupcial poco desarrollado, con el patrón blanco y negro de partes superiores menos llamativo que en los ♂♂. La mejilla en las ♀♀ nupciales suele contener manchas blancas (como en los chorlitos dorados). Algunos ejemplares muestran partes inferiores más negras y similares a los ♂♂ adultos nupciales. Por otro lado, los ejemplares con plumajes nupciales bastante/muy desarrollados tienden a ser adultos, como mínimo de 3er año cal.

▼ **Adulto invernal (noviembre)**
La presencia de un dedo posterior descarta al resto de especies de chorlito, que pueden mostrar un aspecto similar en ciertos plumajes.

todas las plumas de tipo ad.:
igualmente nuevas y con relativamente poco patrón ajedrezado gris-blanco (cf. juv.)

proyección
primaria larga

dedo posterior
pequeño (ausente
en otros chorlitos)

patrón de aspecto
algo despeinado
(cf. juv. en otoño)

▼ **Juvenil (septiembre)**
Este plumaje resulta algo similar tanto al juvenil de chorlito dorado europeo como al chorlito dorado americano, pero véanse las listas del pecho. La forma del pico no encaja con la del chorlito dorado europeo, pero sí con la del chorlito dorado americano y el chorlito dorado siberiano. La presencia de un dedo posterior es una diferencia fundamental con respecto al resto de chorlitos. Retiene el plumaje juvenil hasta ya avanzado el invierno; a partir de noviembre, sustituye las escapulares por plumas de tipo adulto invernal (véase también el adulto invernal).

amarillo-marrón, se torna
más blanco más adelante

ajedrezado ancho y
bien definido
(cf. adulto invernal)

pico relativamente
grueso (cf. dorado
europeo)

franjas más verticales
que horizontales
(cf. chorlitos dorados
juv.)

muchos ejs. muestran
plumas nuevas de
tipo invernal

coberteras y terciarias
juv. muy desgastadas y
descoloridas

totalmente blanco
(tipo invernal) o con muy
pocas motas negras

▶ **2º año cal./1er verano (mayo)**
Los ejemplares en "plumaje invernal" con los rasgos que se señalan durante finales de primavera/verano suelen ser de 2º año cal.

▶ **Adulto ♀ (septiembre)**

▼ **Adulto ♂ (mayo)**
Algunos ejemplares muestran toda la cola con el patrón de rectrices centrales.

barrado intenso, especialmente en rectrices centrales (cf. ♀ adulta)

muda de primarias iniciada (p1–2 caídas)

barrado fino y relativamente denso (cf. ♂ adulto)

blanco puro en todos los plumajes

▼ **Juvenil (octubre)**
Véase la combinación única de caracteres en vuelo, que facilita la identificación en todos los plumajes.

coberteras primarias muy oscuras; anverso del ala en general más contrastado que en chorlitos dorados

axilares negras muy evidentes y diagnósticas en todos los plumajes

Chorlito dorado europeo *Pluvialis apricaria*

L 27 cm | Verano, N y NO Europa; invierno, O, C y S Europa

Daurada grossa CAT
Urre-txirri europarra EUS
Píldora dourada europea GAL

▼ **Adulto ♂ verano, *altifrons* del norte (junio)**
El flanco blanco ancho en plumaje de verano es el carácter más distintivo. Los ♂♂ de la subespecie norteña *altifrons* muestran el negro de partes inferiores más puro, uniforme y extenso, y también más plumas nupciales en la zona de coberteras. En el otro extremo, tendríamos a las ♀♀, especialmente de la subespecie sureña *apricaria*; los ♂♂ de *apricaria* nominales se solapan con las ♀♀ norteñas y solo pueden sexarse en zonas de cría y si están emparejados. Véase también el chorlito dorado siberiano y el chorlito dorado americano (pp. 332–337) para apreciar las diferencias entre especies.

▼ **♀ verano, *altifrons* del norte (mayo)**
Una ♀ típica en plumaje de verano, con los laterales de la cabeza marronáceos. Muchas ♀♀ muestran coberteras invernales más desgastadas que en este ejemplar y a veces retienen incluso escapulares y terciarias. Teóricamente, las ♀♀ norteñas con un plumaje de verano bien desarrollado (como esta) son idénticas a los ♂♂ de la subespecie sureña nominal *apricaria*.

muchas plumas nupciales, indicando *altifrons* norteño

el negro puro uniforme indica ♂, pero en algunos *apricaria* nominales sureños no es uniforme

blanco casi sin marcas (cf. chorlito gris y otros chorlitos dorados)

típicamente marronáceo en la ♀

coberteras invernales desgastadas

negro no uniforme en muchas ♀♀

Chorlito dorado europeo *Pluvialis apricaria*

▼ **Adulto invernal (diciembre)**
Patrón uniforme con vientre blanco sin apenas marcas.

escapulares y coberteras
con diseño uniforme y
manchas amarillas (todas de
tipo adulto, cf. 1er invierno)

terciarias de tipo adulto
(margen pálido de anchura
uniforme en la punta)

▼ **Juvenil (agosto)**
En terciarias juveniles, el
raquis oscuro rompe el borde
pálido en la punta (compárese
con el adulto de la izquierda).

diseño y colora-
ción uniformes,
típicas de juv.

terciarias juv. con punta
pálida y raquis oscuro hasta
la punta (cf. adulto invernal)

barrado gris difuso típico
de juv. (cf. 1er invierno y
adulto invernales)

▶ **1er invierno (noviembre)**
Las plumas de manto y escapulares nuevas son de tipo
adulto invernal (amarillo más intenso; véase la diferencia
con el juvenil de arriba). Más tarde en invierno, la muda
de coberteras y terciarias avanzará gradualmente,
aparecerán nuevas plumas amarillas y los ejemplares se
parecerán cada vez más al adulto en plumaje invernal.

en otoño, las plumas nuevas de manto
y escapulares contrastan con las
plumas viejas descoloridas indicando
1er invierno (cf. adulto invierno)

terciarias aún juv.,
véase imagen superior

vientre ya blanco uniforme
como en el adulto invernal,
pero aún con barrado gris
juv. en flancos

▼ **2º año cal./1er verano (mayo)**
Este ejemplar es relativamente excepcional debido
a lo poco que ha desarrollado el plumaje de verano.
Una proporción significativa de individuos de esta edad
adquiere un plumaje nupcial mucho más extenso, pero
a menudo no tan completo como en los ♂♂ adultos.
La muda retrasada se debe probablemente a algún
problema físico (nótese el pie que le cuelga), lo que
suele asociarse a aves enfermas. Todas las aves de
1er verano muestran las primarias juveniles marrón
descolorido hasta finales de verano.

coberteras y tercia-
rias muy desgastadas

primarias
marrones

▶ **Juvenil (octubre)**
La identificación en todos los plumajes
es fácil cuando se pueden apreciar las
axilares blanco puro. Debido a la
sombra, esta zona puede parecer
grisácea en fotos.

proyección de pies (tras la
cola) ausente o mínima

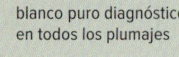

blanco puro diagnóstico
en todos los plumajes

▼ **Adulto (agosto)**

muda de primarias
activa, ya avanzada
a finales de verano

Chorlito dorado siberiano *Pluvialis fulva*

L 23 cm | Divagante de Asia

Daurada del Pacífic CAT
Urre-txirri siberiarra EUS
Píldora dourada siberiana GAL

▼ Adulto verano ♂ (mayo)

patrón ajedrezado tosco en partes superiores, a menudo formado totalmente por plumas nupciales (cf. chorlito dorado europeo nupcial)

terciarias largas típicas, que casi alcanzan la punta de la cola; por tanto, proyección primaria corta

blanco ancho, típico del ♂ (en el dorado americano ♂ nupcial a menudo incluso más ancho)

más oscuras en plumaje nupcial que en otros plumajes, pero siempre gris plomizo

típicas plumas blancas de flancos con franjas negras anchas (diseño cebrado)

▼ Adulto nupcial ♀ (mayo)

Al igual que en el chorlito dorado europeo, las ♀♀ desarrollan un plumaje nupcial menos completo; al menos las auriculares permanecen pálidas. Las diferencias con el chorlito dorado europeo son las mismas que en los ♂♂: diseño tosco en partes superiores, terciarias nupciales largas, patas largas y grises y pico largo. Con el plumaje nuevo, la ceja suele ser color crema-amarillo (también en juveniles y ejemplares invernales de ambos sexos).

▼ Tipo adulto (septiembre)

ajedrezado tosco (como en el dorado americano, a diferencia del dorado europeo)

terciarias largas (cf. dorado americano)

las puntas de primarias raramente superan la cola (cf. dorado americano)

largo; en promedio ligeramente más largo que en el dorado americano y bastante más largo que en el dorado europeo

plumas invernales nuevas con amarillo (cf. dorado americano)

típicamente, largas y gris plomizo (cf. dorado americano y dorado europeo)

▼ Tipo adulto invernal (septiembre)

A partir de la segunda mitad del invierno, empiezan a mostrar escapulares, coberteras y terciarias de tipo nupcial, ajedrezadas y con amarillo dorado intenso.

coberteras y escapulares invernales nuevas ligeramente ajedrezadas (cf. juv./1er invierno)

a menudo obviamente pálido (también en juv. y 1er invierno)

típicamente largas y gris plomizo

gris-marrón sucio (cf. dorado europeo adulto invernal)

▼ Adulto (febrero)

El estado de la muda de primarias en adultos puede ser un carácter útil extra en comparación con el chorlito dorado europeo. Habitualmente, los chorlitos dorados europeos adultos han completado la muda de primarias antes de noviembre. Los ejemplares de 1er año no mudan primarias, o muy pocas (como el 1er año de chorlito dorado europeo, pero a diferencia del 1er año de chorlito dorado americano).

los pies sobresalen bajo la cola (cf. dorado europeo)

típicamente completa la muda de primarias tarde; externas aún en crecimiento (a diferencia del chorlito dorado europeo)

▼ Tipo adulto (abril)

p10 no es más larga que p9, o solo ligeramente (cf. dorado americano)

axilares grises diagnósticas en comparación con el dorado europeo

las patas largas sobresalen bajo la cola

Chorlito dorado siberiano *Pluvialis fulva*

▼ Juvenil (septiembre)

Muy parecido al chorlito dorado europeo juvenil, pero véanse las diferencias que se señalan, en comparación con los juveniles de la especie europea. Cuando está en alerta, el cuello parece más largo y fino que en el chorlito dorado americano y el chorlito dorado europeo. Las partes inferiores juveniles suelen presentar un diseño más tosco y gris que en el juvenil de chorlito dorado europeo en esta época.

■ Chorlito dorado europeo juvenil (octubre)

diseño facial contrastado, con píleo oscuro

largo, con punta arqueada que le da un aspecto chato (cf. dorado europeo)

ajedrezado tosco (cf. dorado europeo)

proyección primaria bastante corta; normalmente 3 puntas visibles

a menudo blanco liso (cf. dorado europeo en plumaje no nupcial)

la punta del ala puede superar claramente la punta de la cola o igualarla

tibia larga; patas aún no gris plomizo en este caso

diseño facial difuso

puntiagudo, sin arquearse al final

ajedrezado fino; aspecto punteado

proyección primaria bastante larga; 4 puntas visibles

la punta del ala supera ligeramente la punta de la cola

tibia corta; entre marrón y negro

▼ 1er invierno (noviembre)

En ejemplares de 1er año descoloridos, el amarillo de partes inferiores y coberteras ha desaparecido, lo que les hace parecerse más al chorlito dorado americano juvenil, especialmente aquellos que tienen una proyección primaria larga (como en este caso). En el chorlito dorado americano, la punta del ala supera todavía más la punta de la cola. Este ejemplar fue fotografiado en Australia, donde la población del E de Asia (más alilarga) pasa el invierno. Suelen adquirir el color gris plomizo de las patas durante el otoño; véase también el juvenil.

▼ 1er invierno (noviembre)

Las escapulares nuevas contrastan mucho con las plumas del ala viejas.

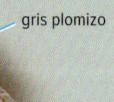

coberteras y terciarias juv. retenidas ya muy desgastadas en este ejemplar

gris plomizo

escapulares nuevas con ajedrezado amarillo-dorado

proyección primaria larga en este ejemplar, más típico de la población del E de Asia (véanse las terciarias largas, a diferencia del chorlito dorado americano)

coberteras descoloridas; ajedrezado blanco

típico color de patas gris emergiendo

▶ 2º año cal./tipo 1er verano (junio)

La estructura general y el color de las patas son el carácter más definitorio en este caso. El plumaje nupcial poco desarrollado en verano es indicativo de un 2º año cal. Pero el carácter más importante para el datado es la presencia de algunas plumas de vuelo muy desgastadas, incluyendo (algunas) primarias. El chorlito dorado americano de 2º año cal. tampoco suele adquirir plumaje nupcial completo, pero normalmente sí muda todas las primarias durante el 1er invierno.

Chorlito dorado americano *Pluvialis dominica*

L 26 cm | Divagante de Norteamérica

Daurada americana CAT
Urre-txirri amerikarra EUS
Píldora dourada americana GAL

▼ Adulto verano ♂ (junio)
En este plumaje, es el chorlito dorado más oscuro.

blanco ancho; solo una línea oscura y fina en la nuca (el ♂ nupcial de dorado siberiano puede tener una apariencia similar)

ajedrezado como en el dorado siberiano, pero menos amarillo dorado en promedio (cf. también dorado europeo en plumaje nupcial)

poca variabilidad; negruzco en adultos

típicamente ancho, el blanco acaba en los laterales casi negro uniforme del pecho (cf. dorados siberiano y europeo nupciales)

♂♂ adultos normalmente con todas las coberteras nupciales

▶ Adulto ♀ verano (junio)
En algunos ejemplares, el flanco puede mostrar algo de barrado blanco y negro, con el blanco de la punta de las plumas de flancos más extenso, pero la parte oscura sigue siendo bastante más ancha que la punta blanca (compárese con el chorlito dorado siberiano nupcial).

blanco más estrecho que en el ♂ nupcial

negro menos puro (cf. ♂ adulto nupcial)

a menudo negro menos uniforme

manchas blancas variables; en ejemplares con mucho blanco, se aproxima al dorado siberiano ♂ adulto nupcial

▼ Tipo adulto mudando a plumaje invernal (octubre)
La muda a plumaje invernal empieza más tarde que en el chorlito dorado europeo, lo que hace que un ejemplar en Europa destaque entre un grupo de dorados europeos, debido a los extensos signos de plumaje nupcial remanentes (algunos dorados europeos pueden tener también este aspecto en octubre). Además, el plumaje suele tener un aspecto blanco, gris y negro contrastado y (casi) carecer de amarillo en general. Comparado con el chorlito dorado europeo en plumaje nupcial tardío, el chorlito dorado americano suele mostrar un ala larga, con una proyección del 100%, diseño ajedrezado pálido en las plumas nupciales retenidas, algunas plumas oscuras en flancos, todavía muchas coberteras nupciales, y la punta de la mandíbula inferior ligeramente arqueada. Véase también el chorlito dorado siberiano en el mismo plumaje.

casi totalmente negro

muy llamativo

plumas nuevas gris sucio (blanco puro en el dorado europeo)

▶ Invernal (abril)
Ejemplar probablemente de 2º año cal. Además del plumaje invernal predominante, muestra distintas generaciones de coberteras, incluyendo plumas muy desgastadas, posiblemente aún juveniles.

▼ Invernal (abril)
La ausencia de plumas nupciales en abril es indicativo de un 2º año cal. Pero no descarta completamente un adulto, ya que realiza la muda prenupcial tarde (más tarde que los chorlitos dorados europeo y siberiano). Los ejemplares de 1er año suelen mudar por completo a plumaje invernal, incluyendo todas las plumas de vuelo (a diferencia de los chorlitos dorados europeo y siberiano) y, debido a esto, no es posible separar los adultos de los ejemplares de 2º año cal.

oscuro muy contrastado

ceja llamativa

a menudo más pálido que en píleo y manto

las terciarias invernales suelen carecer de muescas

muy larga; típico en todos los plumajes

ajedrezado sutil (cf. chorlito gris)

Chorlito dorado americano *Pluvialis dominica*

▼ **Juvenil/1er invierno (octubre)**

Comparte plumaje predominantemente gris con el chorlito gris adulto invernal y algunos chorlitos dorados europeos juveniles extremos, bastante habituales. El amarillo, en todo caso, se limita a píleo, manto, escapulares y terciarias y habitualmente se decolora durante el transcurso del otoño. No muestra amarillo en partes inferiores.

▼ **2º año cal. (febrero)**

Muy similar al chorlito dorado siberiano en este plumaje, pero véase el ala realmente larga y la ausencia de tonos amarillos en cabeza y cuello. A pesar de que es difícil de ver, la muda de primarias avanzada también es un carácter útil para separarlo de las otras especies de chorlito dorado a finales de invierno. Más tarde, en primavera, desarrolla un plumaje nupcial incompleto y variable, en el que las coberteras, cada vez más desgastadas y descoloridas, son indicativas de la edad, pero las primarias han sido ya reemplazadas. En primavera, el chorlito dorado siberiano de 2º año cal. tiene un aspecto parecido, pero las primarias todavía son juveniles, viejas y desgastadas. Por el contrario, el chorlito dorado europeo de 2º año cal. desarrolla un plumaje nupcial casi completo en primavera, por lo que los ejemplares de esta edad no destacan entre los bandos de la especie. Por lo tanto, una apariencia invernal a finales de primavera es un buen indicio de que se trata de una de las dos especies raras en Europa.

- a menudo blanco liso, como en el dorado siberiano juv.
- patrón cefálico contrastado debido al píleo y auriculares oscuros y a la ceja evidente
- terciarias relativamente cortas, dando lugar a una proyección primaria del 100 %
- sin barrado aquí (o muy sutil) (cf. dorados europeo y siberiano juv.)
- partes inferiores con barrado gris, como en todos los dorados juv. (cf. chorlito gris juv.)

- plumas nuevas a medio camino entre las invernales y las nupciales
- las puntas de primarias descoloridas indican ave de 2º año cal.
- mayoría de plumas desgastadas indican ave de 2º año cal.
- p10 sobresale bajo p9 (cf. dorado siberiano)
- primarias internas mudadas (a diferencia del dorado siberiano de principios de 2º año cal.)
- grises; en muchos ejs. parecidas al dorado siberiano

■ **Chorlito gris juvenil (septiembre)**

En esta imagen se destacan las diferencias con respecto al juvenil de chorlito dorado americano. En vuelo, cualquier posible confusión se resuelve observando la zona blanca lisa del obispillo y las manchas negras de las axilares del chorlito gris (comparado con el obispillo barrado, igual que el resto de partes superiores, y las axilares grises del chorlito dorado americano).

- contraste sutil
- relativamente grueso
- muestra un pequeño dedo posterior (no presente en otros chorlitos)
- más franjeado que barrado

■ **Chorlito dorado europeo juvenil, variante gris (octubre)**

Algunos chorlitos dorados europeos jóvenes son llamativamente grises y, por tanto, se parecen mucho al chorlito dorado americano. La imagen muestra las diferencias principales. La proyección del ala con respecto a la cola suele ser más corta que en el chorlito dorado americano, aunque hay solapamiento. La proyección primaria evidentemente menor que el 100 % es más importante.

- diseño facial relativamente poco contrastado
- patrón menos tosco, aspecto moteado
- terciarias relativamente largas; proyección primaria < 100 %
- mandíbulas simétricas en la punta (sin arco en la punta de la mandíbula inferior)
- patrón uniforme
- cortas y negruzcas

p10 más larga que p9 (cf. dorado siberiano)

todas las primarias nuevas

▶ **2º año cal./1ᵉʳ invierno (mayo)**
La imagen muestra la combinación clásica de rasgos para la identificación y el datado. La muda de primarias (casi) completa en primavera es típica, combinada con un plumaje nupcial poco desarrollado.

solo los dedos sobresalen ligeramente tras la cola

gris-marrón (a diferencia del dorado europeo)

▼ **Juvenil/1ᵉʳ invierno (octubre)**
Los rasgos que se señalan son útiles con todos los plumajes.

la mano larga suele ser evidente también en vuelo y el ala en general suele parecer estrecha

▼ **Adulto ♂ verano (junio)**
El diseño del reverso del ala es igual al del chorlito dorado siberiano en todos los plumajes y es útil para separarlos del chorlito dorado europeo.

plumaje nupcial apenas desarrollado, típico del 2º año cal.

gris como en el dorado siberiano (cf. dorado europeo)

los dedos pueden sobresalir bajo la cola, pero raramente tanto como en el dorado siberiano

obispillo barrado (cf. chorlito gris)

negro uniforme hasta las axilares

diseño de laterales del pecho típico

....

Chorlitejo grande *Charadrius hiaticula*

L 17,5 cm | Verano, N, O y E Europa; invierno, O a SE Europa

Corriol gros CAT
Txirritxo handia EUS
Píllara real GAL

....

▼ **Tipo adulto ♂, verano, *tundrae* norteño (junio)**
Las ♀♀ son casi idénticas, pero muestran unas auriculares ligeramente más marrones y plumas marrones en los laterales de la banda pectoral. La anchura de esta banda varía mucho, tanto individualmente como debido a la postura del ave; este ejemplar muestra una banda ancha. Fue fotografiado en Finlandia y pertenece a la subespecie *tundrae,* cuyas partes superiores son ligeramente más oscuras que en la subespecie nominal *hiaticula*, que cría en el O de Europa y el S de Escandinavia. La subespecie *tundrae* es un migrante de larga distancia y acomete una muda primaveral más extensa que la subespecie nominal (adquiriendo un verdadero plumaje nupcial más oscuro y nuevo). La subespecie *hiaticula* no muda (o apenas) las partes superiores y en primavera tiene un aspecto más pálido y menos nuevo. Los reproductores que migran y se desplazan por el O de Europa, así como la subespecie groenlandesa *psammodroma*, siguen la misma estrategia.

▼ **Tipo adulto, posiblemente 2º año cal., verano, *hiaticula* nominal (junio)**
Típicamente más pálido y desgastado que las subespecies nórdicas. Además, los adultos muestran a veces contraste obvio entre coberteras (viejas y desgastadas) y partes superiores (más nuevas), pero el elevado desgaste de este ejemplar y las puntas de primarias descoloridas son indicativas de un ave de 2º año cal. Los ejemplares de esta edad pertenecientes a subespecies norteñas han mudado por completo y, por tanto, no son separables de los adultos.

partes superiores relativamente pálidas, con solamente algunas plumas nuevas ligeramente más oscuras (cf. ejs. de subespecies norteñas)

pueden mostrar un estrecho anillo orbital amarillo

negro en el ♂

naranja en verano

anchura variable; totalmente negro en el ♂

naranja

Chorlitejo grande *Charadrius hiaticula*

▼ Adulto invernal (septiembre)
Muda la cabeza y las partes inferiores en otoño, lo que convierte las zonas negras en marrones y diluye la banda pectoral.

tipo adulto uniforme (cf. juv./1er invierno)

completamente oscuro

banda diluida en el centro

▼ Juvenil (octubre)
Similar al adulto invernal, pero de cerca se aprecia el patrón de partes superiores y coberteras típico de juveniles. Retienen el plumaje juvenil hasta ya avanzado el invierno.

a veces todavía algo marrón difuminado, tornándose blanco como en el adulto más tarde

plumas juv. con franja subterminal oscura y punta pálida (cf. adulto invernal)

▼ 1er invierno (diciembre)
Las partes superiores mudadas crean un contraste evidente con las coberteras juveniles desgastadas (todo uniforme en adultos invernales).

coberteras (juv.) muy desgastadas y primarias moderadamente desgastadas en comparación con el adulto invernal

▼ Tipo adulto (junio)
Casi todos los chorlitejos del género *Charadrius* muestran un diseño de la cola específico de cada especie, independientemente de la época o la edad.

banda alar llamativa (cf. chorlitejo chico)

r6 completamente blanca (cf. chorlitejo chico)

Chorlitejo semipalmeado *Charadrius semipalmatus*

L 17 cm | Divagante de Norteamérica

Corriol semipalmat CAT
Txirritxo erdipalmatua EUS
Píllara semipalmada GAL

▼ Juvenil (septiembre)
Las diferencias con el chorlitejo grande son sutiles y existe cierto solapamiento. Algunos chorlitejos grandes juveniles muestran algo de blanco sobre la comisura, alcanzando el extremo inferior posterior del ojo. Pero la combinación de los caracteres que se señalan resulta típica, especialmente los relativos a los detalles blancos y negros de detrás del ojo. El pico corto y chato es indicativo, pero no tan importante al compararlo con el juvenil de chorlitejo grande, ya que el pico de los juveniles puede no haber crecido del todo. La forma redondeada de la cabeza y la frente pronunciada suele ser visible en todos los plumajes.

■ Chorlitejo grande juvenil (octubre)
La mitad superior del ojo (de extremo a extremo) suele estar rodeada de blanco, a diferencia de en el chorlitejo semipalmeado juvenil.

el blanco se extiende hacia más abajo (justo bajo el extremo posterior del ojo), creando una lista encima del extremo posterior del ojo, con un borde horizontal bien definido con respecto a la zona oscura

anillo orbital amarillo

zona oscura encima del extremo anterior del ojo, también del posterior

frente pronunciada en todos los plumajes

franja relativamente fina en la brida

blanco sobre la comisura

blanco más difuso bajo el extremo del ojo; mitad superior del ojo rodeada de plumas blancas

anillo orbital oscuro, a menudo poco llamativo

franja ancha en la brida

sin blanco sobre la comisura

▼ Tipo adulto nupcial (agosto)

Ademas del tamaño, más pequeño, las diferencias más importantes con respecto al chorlitejo grande se hallan en la cabeza. La banda pectoral oscura es estrecha, pero depende de la postura del ave y se solapa con el chorlitejo grande. Los adultos de chorlitejo grande pueden mostrar anillo orbital amarillo, pero es improbable que un chorlitejo grande con ese carácter muestre también otros rasgos del chorlitejo semipalmeado. La forma del pico es indicativa en adultos; los inmaduros de chorlitejo grande en particular pueden mostrar picos cortos. Considerando su rareza en Europa, además del plumaje, debe prestarse atención al reclamo, que es nítido y disilábico, similar al del archibebe oscuro.

anillo orbital amarillo fino (cf. chorlitejo grande)

sin (apenas) blanco detrás del ojo (cf. chorlitejo grande nupcial)

negro ancho (cf. chorlitejo grande nupcial)

corto y grueso

▼ Juvenil (octubre)

El diseño de la cola es el mismo que en el chorlitejo grande. Véase también los rasgos cefálicos, incluyendo la franja oscura inmediatamente detrás del ojo, dentro de la ceja.

▶ Pie derecho, palmeaduras

El tamaño de las palmeaduras entre el dedo central y el externo varía en ambas especies, pero suele ser obviamente más grande que en el chorlitejo grande.

palmeadura entre dedos central y externo normalmente bien desarrollada (mínima entre los dedos central e interno)

▼ 1er invierno (octubre)

Debido a las secundarias predominantemente oscuras y al blanco poco extenso en primarias internas, la banda alar es más estrecha en las secundarias y más difuminada en las primarias que en el chorlitejo grande.

la banda oscura formada por las secundarias internas alcanza al cuerpo del ave (cf. chorlitejo grande)

▼ 2º año cal./tipo 1er verano (abril)

Al menos algunos ejemplares de 2º año cal. no adquieren el plumaje nupcial completo. Las zonas oscuras de cabeza y pecho están poco desarrolladas. Las ♀♀ de chorlitejo grande muestran un plumaje similar más tarde en verano, debido al desgaste. El plumaje invernal del adulto es muy parecido a este, pero más nuevo.

franjeado oscuro típico en la ceja, detrás del ojo (véase también el juvenil y cf. chorlitejo grande)

límite de muda evidente entre escapulares nuevas y coberteras muy desgastadas, indicativo de la edad

anillo orbital amarillo

blanco sobre la comisura

■ Chorlitejo grande, pie derecho

Solo presenta palmeadura entre el dedo central y el externo.

palmeadura pequeña solo entre los dedos central y externo

sin palmeadura

Chorlitejo chico *Charadrius dubius*

L 16,5 cm | Verano, casi toda Europa excepto NO

▼ Tipo adulto ♂ (marzo)
El anillo orbital amarillo es más fino fuera de la época de cría, pero sigue siendo llamativo y diagnóstico durante todo el año. No suele ser posible separar los ejemplares de 2° año cal. de los adultos, pero la presencia de muchas secundarias y/o primarias muy desgastadas es un buen indicativo.

durante la época de cría, el anillo ocular es muy llamativo y diagnóstico

banda blanca (cf. chorlitejo grande nupcial)

el antifaz suele ser puntiagudo aquí

normalmente sin proyección primaria (cf. chorlitejo grande); primarias y terciarias de la misma longitud

fino y (normalmente) completamente oscuro en todos los plumajes

entre amarillo apagado y gris-marrón en el tipo adulto

la cola supera significativamente la punta del ala, formando una popa alargada (cf. chorlitejo grande)

◄ Diseño de la cola
Compárese con otros chorlitejos.

r6 con banda oscura

r5 con banda oscura doble

puntas blancas extensas

► Tipo adulto ♀ (marzo)
Casi como el tipo ♂ adulto, pero con auriculares más marrones.

el anillo orbital suele ser más fino que en el ♂

▼ Tipo adulto invernal (octubre)

todas las plumas de partes superiores y coberteras de tipo adulto invernal: largas y con poquísimo desgaste (cf. 1er invierno)

▼ Juvenil (julio)
El diseño cefálico sutil, normalmente ya con el anillo orbital amarillo, es característico.

suelen haber desarrollado ya el anillo orbital

sin ceja (cf. chorlitejo grande juv.)

diseño de escapulares y coberteras juv. clásico de muchas limícolas

marrón (cf. chorlitejo grande juv.)

popa ligera y elongada

variable, entre gris y verde-amarillo, a menudo con algo de naranja en el juv.

◄ Tipo adulto ♂ (mayo)
Sin banda alar evidente, un carácter excelente para separarlo del resto de chorlitejos.

anverso del ala uniforme, solo con puntas de coberteras grandes y coberteras primarias blancas pequeñas (cf. otros chorlitejos)

sin blanco en la base de las primarias (cf. otros chorlitejos)

mezcla de plumas juv. y de tipo adulto invernal nuevas

► 1er invierno (diciembre)

coberteras aún juv.: cortas y con franja subterminal oscura

► Juvenil (julio)
Diseño de ala y cola igual que en el adulto.

Chorlitejo culirrojo *Charadrius vociferus*

L 25 cm | Divagante de Norteamérica

Corriol cua-roig CAT
Txirritxo ipurgorria EUS
Píllara de dobre colar GAL

▼ **Tipo adulto (junio)**
Muy raro en Europa, pero inconfundible.
Sexos casi iguales, pero las ♀♀ suelen
mostrar auriculares más marrones.

anillo orbital rojo

relativamente largo

rojizo variable
(mínimo en algunos ejs.)

doble banda
pectoral diagnóstica

muy larga

▼ **Adulto (septiembre)**

coberteras de tipo adulto
nuevas, con borde rojizo
ancho (cf. 1er invierno)

sin desgaste (cf. 1er invierno)

▼ **1er invierno (julio)**
Este ejemplar ha mudado el manto y las escapulares.
Más tarde, en otoño, mudará las coberteras. Las
puntas de rectrices centrales juveniles despeinadas,
ahora evidentes, desaparecerán durante el otoño,
pero, a diferencia de en el adulto invernal, la punta
de la cola seguirá viéndose desgastada.

punta despeinada
típica del 1er invierno

coberteras con diseño juv.
típico: franja subterminal
oscura y punta pálida
(a diferencia del tipo adulto),
ya algo descoloridas en
comparación con las partes
superiores nuevas

▼ **Adulto (septiembre)**
La cola larga y con un diseño único y la banda
alar blanca ancha le otorgan un aspecto
característico también en vuelo.

▶ **2º año cal. (abril)**
Este ejemplar muestra todavía las puntas de las rectrices
centrales despeinadas, pero estas plumas podrían haber
sido mudadas y, en tal caso, los ejemplares de 2º año cal.
pueden parecerse mucho a los adultos.

rectrices centrales
retenidas muy desgastadas
y despeinadas, indicativo
de la edad

coberteras muy
desgastadas

Chorlitejo patinegro *Anarhynchus alexandrinus*

L 16 cm | Todo el año, S Europa; verano, O Europa

▼ Tipo adulto ♂ nupcial (marzo)
Fácil de identificar por el píleo naranja-marrón, mancha negra de la frente aislada y banda pectoral incompleta. Muchos ♂♂ muestran más motas grises en el píleo que este ejemplar.

▼ ♀ nupcial (marzo)
A diferencia de los ♂♂, las ♀♀ no muestran rasgos tan llamativos, pero véanse los caracteres que se señalan para diferenciarlo de otros chorlitejos similares. En este ejemplar, presumiblemente adulta (≥ 3er año cal.), las plumas de la cabeza, el manto, las escapulares y las coberteras pequeñas han sido mudadas recientemente, lo que se deduce del margen pálido que muestran. Las aves de 2º año cal. suelen reemplazar menos plumas en la muda prenupcial, pero tanto el momento de la muda como su progresión varía entre poblaciones europeas de esta limícola ampliamente distribuida en el mundo.

en todos los plumajes, ligeramente más pálido que otros chorlitejos

marrón más pálido que en otros chorlitejos

relativamente largo y fino comparado con otros chorlitejos; totalmente negro en todos los plumajes

relativamente estrecha, marrón e incompleta en el centro del pecho

entre gris oscuro y negro en todos los plumajes (cf. otros chorlitejos)

▼ Adulto ♂ invernal (octubre)
Este ejemplar muestra los caracteres típicos de la especie, como unas partes superiores más grises que marrones, patas negruzcas, pico negro y fino y banda pectoral incompleta. Las ♀♀ adultas mantienen una apariencia similar a lo largo de todo el año, pero en otoño, todas las partes superiores (incluyendo coberteras) muestran coberteras nuevas y anchas de tipo adulto (compárese con el juvenil).

todas las plumas nuevas (con borde pálido, pero véase el juv.), típicas en el ad. en otoño (cf. 1er inv.)

esta pequeña zona oscura indica ♂

► Adulto ♀ (octubre)
Mismo diseño de ala y cola en todos los plumajes.

▼ Juvenil (octubre)

color de fondo grisáceo relativamente pálido (cf. chorlitejos chico y grande juv.)

anillo orbital blanco

la frente blanca alcanza el pico (cf. chorlitejos chico y grande juv.)

oscuro solo en laterales del pecho (banda pectoral incompleta)

el escamado suele ser muy llamativo (cf. chorlitejos chico y grande juv.)

muy oscuras (cf. chorlitejos chico y grande)

▼ 1er invierno (diciembre)
Idéntico a la ♀ adulta en otoño/invierno, pero retiene algunas coberteras durante bastante tiempo y estas se hallan muy desgastadas y descoloridas. Antes, durante el otoño, todas las coberteras son todavía juveniles.

plumas viejas descoloridas

► Tipo adulto ♀ (abril)

blanco extenso: 2 rectrices externas blancas (casi) por completo (cf. otros chorlitejos, posiblemente incluyendo los del complejo *mongolus*)

gris-marrón; banda terminal oscura sutil

Chorlitejo mongol grande *Anarhynchus leschenaultii*

L 23 cm | Divagante de Asia; chorlitejo mongol grande de Anatolia (*columbinus*) verano, C Turquía

▼ **Chorlitejo mongol grande de Anatolia *columbinus*, tipo adulto ♂ nupcial, de Turquía/O Asia (febrero)**
La ancha banda pectoral naranja es característica de esta subespecie, como también lo es lo pronto que adquiere el plumaje nupcial completo. La población de Anatolia *columbinus* suele carecer de curvas cerca de la punta del pico en ambas mandíbulas. Muchos *columbinus* muestran un manto y escapulares más rojizos que en este ejemplar; en otras subespecies esto no ocurre o lo hace con una frecuencia menor. El pico largo es típico en todas las subespecies (en este caso, es más largo que la distancia entre las primeras plumas y el extremo posterior del ojo, véase chorlitejo mongol tibetano); solo con este rasgo, podemos descartar ya a los chorlitejos mongoles tibetano y siberiano.

cantidad de plumas rojizas variable, pocas en este caso (cf. mongoles tibetano y siberiano nupciales)

bastante blanco (cf. chorlitejos mongoles tibetano y siberiano)

largo, se estrecha gradualmente hacia la punta

banda pectoral ancha como en el mongol tibetano y en el mongol siberiano nupciales, típico de *columbinus*

▼ **Tipo adulto ♂ nupcial, subespecie nominal *leschenaultii* de E Asia (abril)**
Es la subespecie con la banda pectoral más estrecha en plumaje nupcial y en promedio también la que adquiere una máscara facial negra más marcada.

tintes rojizos muy limitados o ausentes

pico fuerte, alejado de la variación de los chorlitejos mongoles siberiano y tibetano

subespecie con la banda pectoral más estrecha y sin apenas naranja en el flanco anterior

▶ **♀ "nupcial", *crassirostris* de C Asia (abril)**
Al menos algunas ♀♀, posiblemente sobre todo de 2º año cal., no adquieren plumaje nupcial (o apenas). Este ejemplar solo muestra unas pocas plumas naranjas en la banda pectoral.

gris-marrón con zonas naranjas variables, mínimas en este caso (cf. mongol tibetano ♀ nupcial)

▼ **Tipo adulto ♂ nupcial, *crassirostris* de C Asia (mayo)**
La subespecie más grande, con las patas y el pico más largos.

largo

tintes rojizos reducidos o ausentes

banda pectoral intermedia en anchura entre *columbinus* del oeste y *leschenaultii* nominales del este

suele mostrar manchas naranjas aisladas

▶ **Chorlitejo mongol grande de Anatolia *columbinus*, ♂, tipo 2º año cal./1er verano (marzo)**
Las aves de 2º año cal. solo adquieren el plumaje nupcial parcialmente; en las ♀♀, su apariencia se compone básicamente del plumaje invernal desgastado, con algunas plumas de cuerpo y escapulares nuevas. El pico relativamente corto y con la punta gradualmente afilada, las zonas naranjas continuas hasta el flanco medio y la localización a principios de primavera (Israel) indican *columbinus*. Estos ejemplares con el pico tan corto (casi exclusivamente *columbinus*) se acercan a los chorlitejos mongoles tibetanos más piquilargos, pero el blanco extenso en la frente permite descartar a esta especie y la ausencia de zonas gris-marrón en el flanco permite descartar al chorlitejo mongol siberiano. Las escapulares nuevas muestran tintes rojizos, lo que acaba de confirmar la identificación.

muy desgastado/descolorido, indicativo de esta edad

Chorlitejo mongol grande *Anarhynchus leschenaultii*

▼ **Tipo 2º año cal. (agosto)**
Muchos ejemplares que aparecen en Europa en verano muestran este plumaje desgastado y descolorido, asociado a aves de 2º año cal. La estructura, con patas largas, pico largo y pesado y píleo algo plano son los mejores rasgos para diferenciarlo de los chorlitejos mongoles siberiano y tibetano.

▼ **Adulto invernal (octubre)**
El pico largo es típico en todos los plumajes, pero algo variable. En este ejemplar, a = b, lo que es normal en el chorlitejo mongol grande, pero por unos pocos chorlitejos mongoles tibetanos pueden ser así también. Las 2 subespecies de más al este en particular tienden a mostrar a < b. Cuando el pico es tan largo, no se requiere de medidas biométricas, pero los ejemplares invernales con el pico corto pueden suponer un verdadero desafío. Los chorlitejos mongoles siberianos y tibetanos no muestran el color de las patas de este ejemplar, un grande típico, pero en plumaje nupcial las patas de este pueden oscurecerse o perder la coloración como en los chorlitejos mongoles tibetano y siberiano.

escapulares naranjas indicativas de *columbinus*

forma del pico característica, pero no específica de la subespecie

coberteras muy desgastadas, indicativo del 2º año cal.

plumaje nupcial muy poco desarrollado, indicativo de ♀

manto, escapulares y coberteras nuevas más o menos uniformes (cf. 1er invierno)

verdoso algo pálido

▼ **1er invierno (enero)**
Un ejemplar con un pico llamativamente corto: clásico caso de identificación compleja. El pico se afila gradualmente, lo que descarta al chorlitejo mongol siberiano, pero el chorlitejo mongol tibetano podría ser similar. Las mandíbulas paralelas (sin bulbo cerca de la punta) y la banda pectoral estrecha que (casi) se une con las auriculares oscuras "colgantes" son caracteres muy típicos del mongol grande. Los chorlitejos mongoles siberianos y tibetanos juveniles y de 1er invierno pueden mostrar unas patas así de verdosas.

límite de muda entre las plumas de manto y escapulares nuevas y las coberteras viejas, típico de todas las limícolas en plumajes de 1er invierno

▶ **Adulto invernal (diciembre)**
Este ejemplar muestra las diferencias sutiles con el plumaje invernal de los chorlitejos mongoles siberiano y tibetano, pero estas solo resultan útiles en ejemplares evidentes, como este. La banda pectoral puede estar conectada con las partes superiores solo por una pequeña línea (como en muchos chorlitejos mongoles siberianos). Los rasgos de plumaje que sí resultan útiles son las diferencias en la forma de la banda alar y el diseño de la cola y las supracoberteras caudales. La estructura del pico y de las patas, además del tamaño, son, por mucho, los rasgos más importantes para la identificación de esta especie.

auriculares oscuras a veces "cuelgan" ligeramente (cf. mongoles tibetano y siberiano invernales)

banda pectoral relativamente estrecha pero continua (cf. mongol tibetano invernal, mongol siberiano a menudo igual)

▶ **Tipo adulto, nupcial** *leschenaultii* **nominal (junio)**
La proyección de los pies es muy variable y no suele resultar útil para separarlo de los chorlitejos mongoles siberiano y tibetano. La mayoría muestran una proyección de pies más larga que en este ejemplar.

proyección de pies corta

solo gris muy difuso (cf. mongoles tibetano y siberiano)

▼ **Plumaje invernal (enero)**
El diseño del anverso de la cola es típico. La cola suele aparentar ser uniformemente oscura, contrastando con las supracoberteras caudales, mucho más pálidas; compárese con los chorlitejos mongoles siberiano y tibetano.

▼ **Plumaje invernal (enero)**

supracoberteras caudales algo pálidas (como mongol tibetano, a diferencia del mongol siberiano)

ancha y llamativa, más oscura que las supracoberteras (cf. mongoles siberiano y tibetano)

banda alar en la mano interna más ancha que la punta oscura (en los chorlitejos mongoles siberiano y tibetano, la zona blanca es solo igual de ancha que la punta oscura, aunque existe solapamiento)

coberteras primarias solo ligeramente más grises (cf. mongoles tibetano y siberiano)

proyección de pies reducida en este ejemplar con esta perspectiva

Chorlitejos mongoles siberiano y tibetano

Estas 2 especies pueden causar problemas de identificación, tanto entre ellas como con el chorlitejo mongol grande de la subespecie *columbinus* (chorlitejo mongol grande de Anatolia). Los caracteres en los que estas especies difieren son a menudo sutiles y suele existir solapamiento. Los rasgos más importantes son:

TAMAÑO El chorlitejo mongol siberiano es más grande que el chorlitejo mongol tibetano y obviamente más grande que el chorlitejo grande (a cuyos grupos suele asociarse como divagante en Europa), mientras que el chorlitejo mongol tibetano aparenta ser del mismo tamaño o solo ligeramente más grande que el chorlitejo grande.

ESTRUCTURA Tanto el chorlitejo mongol siberiano como el chorlitejo mongol tibetano tienen las patas más largas que el chorlitejo grande (pero más cortas que el chorlitejo mongol grande, especialmente la tibia).

PLUMAJE NUPCIAL Difiere algo entre los chorlitejos mongoles siberiano y tibetano, además de con el chorlitejo mongol grande; se discute en las páginas de cada especie.

PLUMAJES INVERNAL E INMADURO Los chorlitejos mongoles tibetano y siberiano suelen ser difíciles de separar en estos plumajes, pero véanse las páginas dedicadas a cada especie para las diferencias en la estructura del pico, zonas gris-marrón en flancos y diseño de obispillo y supracoberteras caudales. Solo el chorlitejo mongol siberiano muestra zonas gris-marrón en flancos.

EN VUELO Tanto el chorlitejo mongol siberiano como el chorlitejo mongol tibetano muestran una banda alar a menudo más corta y estrecha que en el chorlitejo mongol grande. Véanse también las páginas de esta especie.

COMPORTAMIENTO DE FORRAJEO Los chorlitejos mongoles tibetano y siberiano andan distancias muy cortas cada vez (menos de 9 pasos), mientras que el mongol grande suele andar/correr distancias más largas de golpe (más de 9 pasos). Esto resulta sorprendentemente consistente, pero depende del área de forrajeo, de las interacciones con otras aves y otros factores por el estilo.

MUDA Tanto el chorlitejo mongol siberiano como el chorlitejo mongol tibetano realizan la muda postnupcial ya en cuarteles de invernada, por lo que retienen el plumaje invernal durante más tiempo que la subespecie *columbinus* (las subespecies de mongol grande de más al este, *crassirostris* y *leschenaultii*, tienen la misma estrategia de muda que los chorlitejos mongoles siberiano y tibetano). En estas especies, el plumaje nupcial se adquiere en abril, más tarde que en el mongol grande: *columbinus* a partir de febrero, *crassirostris* y *leschenaultii* a partir de marzo. La muda de primarias en los chorlitejos mongoles siberiano y tibetano tiene lugar entre agosto y diciembre/enero, mientras que en el mongol grande *columbinus* se realiza entre julio y septiembre. El mongol grande nominal *leschenaultii* y *crassirostris* empiezan esta muda en julio, en zonas de cría, suspenden el proceso durante la migración y lo retoman hasta completarlo en las zonas de invernada, en el mes de diciembre.

PARECIDO CON EL CHORLITEJO PATINEGRO
El chorlitejo patinegro de tipo ♀ puede causar confusión en algunas ocasiones, en particular los plumajes inmaduros de chorlitejo mongol tibetano vistos de lejos y sin otras aves cercanas para la comparación del tamaño. El chorlitejo patinegro suele mostrar un collar completo blanco, pico más fino, bandas en los laterales del pecho más estrechas, un diseño facial menos marcado (antifaz y ceja sutiles), una banda oscura central ancha en las supracoberteras caudales (en el chorlitejo mongol tibetano es gris-marrón pálido, como las partes superiores) y laterales de la cola extensamente blancos.

Chorlitejo mongol siberiano *Anarhynchus mongolus*

L 20 cm | Divagante de E Asia

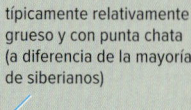

▼ Tipo adulto ♂ nupcial (mayo)
El antifaz negro y la banda pectoral marrón rojizo son características de los 3 chorlitejos mongoles nupciales.

▼ Tipo adulto ♀ nupcial (mayo)
Muchas ♀♀ son muy parecidas a los ♂♂, pero las auriculares no son negro puro; otras tienen una banda pectoral mucho más estrecha y pálida, lo que las hace más parecidas al chorlitejo mongol tibetano.

negro puro, típico del ♂

parche(s) blanco(s) relativamente grande(s) (cf. tibetano nupcial)

borde negro (cf. mongol tibetano nupcial)

rojo-naranja relativamente oscuro (cf. mongol tibetano nupcial)

transición parcheada (cf. mongol tibetano nupcial)

manchas gris-marrón en flancos diagnósticas (cf. mongol tibetano)

típicamente relativamente grueso y con punta chata (a diferencia de la mayoría de siberianos)

marronáceo, típico de la ♀

las ♀♀ suelen carecer de borde negro

suelen ser ligeramente más pálidas que los ♂♂, coincidiendo con el mongol tibetano, pero más parcheadas y con manchas más pardo-grisáceas ya desde los flancos anteriores

manchas gris-marrón en flancos diagnósticas en comparación con el tibetano y el mongol grande

▼ Adulto invernal (septiembre)
Este ejemplar muestra partes superiores y coberteras nuevas, típico de adultos. Las manchas gris-marrón en flancos facilitan la identificación también en este plumaje, en comparación con el chorlitejo mongol siberiano y el mongol grande.

grueso con punta relativamente chata

manchas gris-marrón diagnósticas

banda pectoral (casi) continua (cf. mongol tibetano invernal)

▼ 1er invierno (diciembre)
A diferencia de los juveniles, las aves de 1er invierno suelen desarrollar las manchas gris-marrón diagnósticas, lo que hace que la identificación sea relativamente sencilla. Véase también el chorlitejo mongol tibetano para la identificación de juveniles de ambas especies.

coberteras juv. retenidas desgastadas (cf. adulto invernal)

forma del pico y de la banda pectoral típica (véase adulto invernal)

manchas gris-marrón todavía reducidas, pero diagnósticas si están presentes

a menudo aún verdosas en ejemplares inm.

zona blanca ≤ mitad de la longitud total de las primarias internas

manchas oscuras extensas (cf. mongoles tibetano y mongol grande)

◀ Adulto invernal (diciembre)
El diseño de supracoberteras caudales suele diferir con respecto a todos los plumajes de chorlitejo mongol tibetano y mongol grande (véase también); todo el área es, en general, oscura, sin márgenes pálidos o contraste fuerte con las plumas de la cola. Véanse también las manchas gris-marrón del flanco, diagnósticas. La presencia de una coma oscura en las infracoberteras primarias es variable en todas las especies de chorlitejos mongoles, pero el chorlitejo mongol siberiano suele mostrar una coma más llamativa.

Chorlitejo mongol tibetano *Anarhynchus atrifrons*

L 19 cm | Divagante de C Asia

SUBESPECIES

Existen 3 subespecies con zonas de cría separadas. Los *atrifrons* nominales en plumaje nupcial completo muestran una frente totalmente negra; los *schaeferi* ♂ suelen mostrar 2 pequeñas manchas blancas sobre la base del pico y también son los que muestran un pico más largo en promedio; *pamirensis* suele mostrar una frente totalmente negra y el pico más fino y afilado, aunque no siempre; el pico en *atrifrons* tiene una forma intermedia entre las otras 2 subespecies. Un ejemplar fuera de rango (por ejemplo, en Europa) raramente puede ser identificado a nivel de subespecie, ya que la forma del pico también varía ligeramente entre sexos y, con el verano avanzado, los *atrifrons* nominales también pueden mostrar manchas blancas en la frente, una vez iniciada la muda a plumaje invernal.

▼ **Tipo adulto ♂ nupcial (abril)**
La diferencia más importante con respecto al chorlitejo mongol siberiano es la ausencia de manchas gris-marrón en flancos. La frente totalmente negra y la banda pectoral ancha son, en combinación, los rasgos de plumaje más distintivos con respecto al chorlitejo mongol grande (el chorlitejo mongol grande de Anatolia *columbinus* suele mostrar una banda pectoral naranja, véase también).

▼ **Tipo adulto ♀ nupcial (abril)**
Como una versión descolorida y poco contrastada del ♂ nupcial y con marrón en lugar de negro en zonas de la cabeza. La ♀ de chorlitejo mongol siberiano suele mostrar un plumaje nupcial más parecido al ♂, véase también. El píleo elevado y la frente pronunciada, el pico relativamente corto y las patas (no exageradamente largas) crean un perfil distintivo (como en el chorlitejo mongol siberiano) en comparación con el mongol grande. Los ejemplares particularmente piquicortos del chorlitejo mongol grande de Anatolia *columbinus* pueden causar problemas de identificación, pero en plumaje nupcial casi siempre muestran plumas rojizas en manto y escapulares.

marrón, típico de la ♀

naranja difuso (en la ♀ del mongol grande, mezcla de gris-marrón y naranja, aspecto general parcheado)

si están presentes, zonas saturadas del mismo color que la banda pectoral, sin manchas gris-marrón (cf. mongol siberiano)

banda pectoral más estrecha y pálida que en el ♂

todo negro, o con manchas blancas mínimas (cf. mongoles grande y siberiano nupciales)

marrón uniforme como en el mongol siberiano (cf. mongol grande nupcial)

proporcionado, relativamente puntiagudo (cf. mongoles grande y siberiano)

sin borde negro, o muy sutil (cf. mongol siberiano nupcial)

banda naranja ancha y más o menos uniforme, incluso en el borde inferior

entre gris oscuro y negro, como en el mongol siberiano (cf. mongol grande)

ausencia de manchas gris-marrón (cf. mongol siberiano)

▼ **Invernal (febrero)**
Un ejemplar en plumaje de (1er) invierno con la nuca algo pálida puede recordar a la ♀ de chorlitejo patinegro cuando se observa de lejos o sin otras aves como referencia de tamaño. El chorlitejo patinegro ♀ suele mostrar collar completo blanco, pico más fino, manchas pectorales estrechas y diseño facial más difuso (antifaz oscuro sutil y ceja difuminada). El diseño de las supracoberteras caudales también difiere mucho entre ambas especies: el chorlitejo patinegro muestra una franja central muy oscura en supracoberteras y laterales de la cola extensamente blancos.

▼ **Invernal (noviembre)**
El chorlitejo mongol siberiano también muestra patas negruzcas. El mongol grande suele mostrar patas verdosas, pero en algunos casos pueden parecer negruzcas. Por su parte, los inmaduros de los chorlitejos mongoles siberiano y tibetano pueden mostrar patas verdosas.

auriculares oscuras con borde recto (cf. mongol grande en plumaje invernal)

entre gris oscuro y negro

blanco liso (cf. mongol siberiano invernal)

banda pectoral discontinua, pero ancha en borde inferior (cf. mongol siberiano invernal)

Chorlitejo mongol tibetano *Anarhynchus atrifrons*

▼ **1ᵉʳ invierno (noviembre)**
Como el adulto invernal, pero véase el límite de muda que se señala. Se puede apreciar el pico más corto de los chorlitejos mongoles siberiano y tibetano (en comparación con el mongol grande), el cual se puede medir por la distancia entre el borde posterior del ojo y la primera pluma sobre el pico (a) en relación con la longitud del pico (b). Tanto en el chorlitejo mongol siberiano como en el chorlitejo mongol tibetano, a ≥ b (compárese con el chorlitejo mongol grande); algunos chorlitejos mongoles tibetanos y también los mongoles grandes "de Anatolia" *columbinus*, a = b.

▼ **Juvenil, chorlitejo mongol tibetano o siberiano (agosto)**
Los chorlitejos mongoles siberianos juveniles suelen carecer de las manchas gris-marrón en flancos diagnósticas y, posados, son más difíciles de separar de los chorlitejos mongoles tibetanos, especialmente en ejemplares como este, con un pico compatible con ambas especies. La identificación debe basarse en el diseño de supracoberteras caudales y anverso de la cola (véase las imágenes en vuelo de ambas especies).

a
b

corto y relativamente fino (cf. mongoles grande y siberiano)

las coberteras desgastadas contrastan con las escapulares y coberteras nuevas, indicando la edad en otoño

tintes verdosos habituales en el inmaduro (como en el mongol siberiano)

▶ **Invernal (enero)**

▼ **Tipo adulto ♂ nupcial (mayo)**
La banda alar que cruza la mano interna es en promedio más estrecha que en el mongol grande, pero las diferencias pueden ser mínimas y existe cierto solapamiento (como en este caso).

típico diseño del anverso de la cola

proyección de pies corta

diseño de primarias casi idéntico al mongol grande

coberteras primarias solo sutilmente más oscuras (como en el mongol grande, a diferencia del mongol siberiano)

básicamente pálido, contrastando con la cola oscura (cf. mongol siberiano)

blanco liso (cf. mongol siberiano)

centros oscuros relativamente finos (cf. mongol siberiano)

◀ **Detalle del anverso de la cola**
El diseño de las supracoberteras caudales y la cola es un rasgo importante para diferenciarlo de los chorlitejos mongoles siberiano y grande en todos los plumajes. Compárese también con el chorlitejo patinegro.

solo ligeramente más oscuro que el centro de las supracoberteras caudales (cf. mongoles grande y siberiano)

blanco extenso

Chorlitejo asiático chico *Anarhynchus asiaticus*

L 20 cm | Divagante de C Asia

▼ Tipo adulto ♂ nupcial (marzo)

Inconfundible en este plumaje por el pecho de color castaño rojizo bien definido, con margen inferior negro, cara blanca, ceja ancha blanco puro y partes superiores marrón-gris uniforme. El margen negro de la parte inferior de la banda pectoral está menos desarrollado de lo normal en este ejemplar. El datado en el campo resulta imposible cuando no se aprecian rasgos juveniles evidentes (por ejemplo, coberteras muy desgastadas y primarias marrón diluido en aves de 2° año cal.).

▼ ♀ "nupcial" (abril)

El plumaje de ejemplares como este se parece mucho al adulto invernal, pero los márgenes pálidos de las plumas han desaparecido por el desgaste o las plumas han sido mudadas. Las ♀♀ llevan a cabo una muda prenupcial variable y (a diferencia de los ♂♂) a menudo muy restringida. Las puntas de primarias negruzcas y la ausencia de coberteras desgastadas sugiere que se trata de un adulto, pero a menudo no es posible datar aves en primavera.

diseño característico en todos los plumajes, formado por píleo oscuro, ceja ancha pálida y auriculares oscuras

popa atenuada por primarias y terciarias largas

relativamente largo y fino para ser un chorlitejo

muy variable en las ♀♀; algunas con más rojo-marrón, parecidas al ♂

▶ Adulto invernal (otoño/invierno)

puntas de primarias nuevas y negro puro

coberteras de tipo adulto con márgenes pálidos anchos

▼ Juvenil/1er invierno (agosto)

De lejos, es posible confundirlo con, por ejemplo, el chorlitejo mongol grande, pero la banda alar en primarias es más corta y más estrecha y las supracoberteras caudales son todas grisáceas.

▼ 1er invierno (octubre)

El diseño facial clásico, con pico relativamente largo, fino y recto, facilita mucho la identificación, incluso en plumajes menos llamativos (pero véase también el chorlitejo asiático grande). El límite de muda entre coberteras juveniles y escapulares de tipo adulto es típica de todas las limícolas en 1er invierno. Las coberteras nuevas, que aparecen durante el otoño, son más anchas, más largas y presentan el mismo diseño que las escapulares (margen rojizo ancho).

banda alar en primarias corta

escapulares mudadas (nuevas y con bordes rojizos)

terciarias muy largas, estrechas y puntiagudas típicas en todos los plumajes

todas las coberteras aún juv., relativamente estrechas formando líneas nítidas (cf. adulto invernal)

supracoberteras caudales carecen de laterales blancos

reverso del ala pálido (a diferencia del chorlitejo asiático grande)

largas y pálidas

Chorlitejo asiático grande *Anarhynchus veredus*

L 20 cm | Divagante de C Asia

▼ **Tipo adulto ♂ nupcial (mayo)**
Divagante extremo en Europa. En este plumaje, es inconfundible por la combinación única de cabeza blanca y banda pectoral que transita del naranja al negro. La estructura es similar a la del chorlitejo asiático chico, pero presenta patas más largas.

▼ **♀ "nupcial" (mayo)**
Similar al chorlitejo asiático chico ♀: la imagen muestra los rasgos más importantes para su identificación. La proyección primaria larga de este ejemplar está causada por la ausencia de terciarias. La ceja es más fina y a menudo no tan blanco puro y la zona de detrás del ojo es pálida (el asiático chico muestra una zona oscura amplia detrás del ojo, que forma parte de un antifaz oscuro).

pálido detrás del ojo

ceja relativamente estrecha (cf. asiático chico)

largas, anaranjado algo pálido

oscuro más o menos uniforme (cf. asiático chico)

ceja fina

◄ **1er invierno (octubre)**
En plumaje de (1er) invierno, el perfil cefálico suele ser oscuro uniforme. El chorlitejo asiático chico muestra una zona oscura detrás del ojo, formando un antifaz. Color de las patas en este ejemplar como en el chorlitejo asiático chico.

▶ **♀ (mayo)**
El reverso del ala oscuro es un carácter diagnóstico para diferenciarlo del chorlitejo asiático chico en todos los plumajes. Los pies suelen proyectar más que en el chorlitejo asiático chico.

▼ **Adulto ♂ nupcial (mayo)**

popa atenuada, debido a las patas tan largas

completamente oscuro (sin banda alar)

cañón de p10 blanco llamativo

Chorlito carambolo *Eudromias morinellus*

L 22 cm | Verano, N y NO Europa y montañas de C Europa

▼ **Tipo adulto ♂ (junio)**
En plumaje nupcial, resulta inconfundible por las partes inferiores naranja-marrón y la larga y llamativa ceja blanco puro. La banda pectoral diagnóstica es variable, pero más o menos evidente en la mayoría de ejemplares (independientemente de la edad y el momento del año). Los ♂♂ son menos uniformes en promedio y ligeramente más pálidos que las ♀♀ en plumaje nupcial. Este ejemplar muestra manchas pálidas en todo el píleo, pecho, vientre y manto, y márgenes pálidos en escapulares, típico de los ♂♂. Sin embargo, los ♂♂ más coloreados se solapan con las ♀♀, por lo que el sexado solo es posible en casos obvios.

el píleo oscuro contrasta mucho con la ceja blanca llamativa (en todos los plumajes)

▼ **Tipo adulto ♀ nupcial (mayo)**
La imagen muestra los caracteres típicos de las ♀♀; compárese con el ♂ nupcial.

casi negro uniforme

gris uniforme

márgenes rojizos

casi liso

mancha ventral negra grande

▼ **Tipo adulto otoñal (septiembre)**
Los adultos en otoño son fáciles de diferenciar de los juveniles/1er invierno por la ausencia de plumas juveniles en partes superiores. Las plumas recién mudadas de partes superiores muestran, independientemente de la fase de muda, un aspecto similar. Las plumas grises tan descoloridas son nupciales y, por tanto, comparten diseño con plumas recién mudadas, por lo que ilustran bien el impacto que tiene el desgaste en el color y diseño de las plumas en general.

▼ **Adulto invernal (enero)**
La identificación de la especie es fácil gracias a la combinación del diseño cefálico y la banda pectoral blanca. Las aves de 1er invierno suelen mostrar algunas coberteras juveniles hasta ya avanzado el invierno, momento en que se ven muy desgastadas.

todas las coberteras uniformes de tipo adulto (cf. juv./1er invierno)

diseño facial característico y pico corto

la banda pectoral blanca y estrecha es característica

plumas recién mudadas, de tipo invernal

plumas nupciales viejas y descoloridas

primeras escapulares de tipo adulto

terciarias con margen pálido ondulado (cf. tipo adulto)

▶ **Juvenil/1er invierno (septiembre)**
Las cejas anchas y llamativas se encuentran en la nuca en todos los plumajes, lo que, combinado con el píleo oscuro, crea un diseño facial característico. Las patas son relativamente cortas; la tibia no suele ser visible. Las plumas de partes superiores juveniles muestran un diseño único (con una muesca en el margen pálido en la punta de la pluma). Este ejemplar muestra las primeras escapulares de tipo adulto, como en la mayoría de casos en otoño.

plumas juv. con muesca característica en el margen pálido ancho, de modo que el margen oscuro alcanza la punta de la pluma

cortas y amarillentas

Chorlito carambolo *Eudromias morinellus*

▼ **2º año cal./tipo 1er verano (mayo)**
Las aves de 2º año cal. no suelen adquirir el plumaje nupcial completo, pero los mejores rasgos para el datado son los que se señalan.

algunas coberteras no son tan obviamente largas y desgastadas (cf. adulto)

primarias marrón descolorido

▼ **Nupcial (junio)**
La cola parece ancha y larga en vuelo.

sin banda alar (cf. otros chorlitos)

diseño característico: banda subterminal difusa y puntas blancas en rectrices externas

▼ **Tipo adulto nupcial (mayo)**

el único blanco del anverso del ala proviene del cañón blanco de p10

▶ **Juvenil (agosto)**
Los rasgos que se señalan aplican a todos los plumajes en vuelo.

reverso del ala relativamente oscuro, uniforme

relativamente larga

contraste fuerte entre infracoberteras caudales blancas y vientre negro

▶ **Tipo adulto nupcial (mayo)**

reverso del ala gris uniforme

cola ancha y redondeada

Avefría europea *Vanellus vanellus*

L 30 cm | Verano, N, O, C y E Europa; invierno, O a SE Europa

▼ Tipo adulto ♂ nupcial (junio)
Una especie muy popular y distintiva. A diferencia de la identificación, el datado puede ser muy difícil. Los adultos y los ejemplares de 2º año cal. se parecen mucho en el campo (a partir de la primavera) y a veces resultan indistinguibles si no se puede estudiar el ala desplegada.

muy larga, casi igual que la longitud de la cabeza, incluyendo pico (cf. ♀)

totalmente negro en los ♂♂ más oscuros, también frente al ojo

totalmente negro (cf. ♀ nupcial)

suelen ser de un rojo más brillante que en la ♀ nupcial

▶ Tipo adulto ♀ nupcial (mayo)
Algunas ♀♀ se parecen a los ♂♂ nupciales, pero la cresta es más corta.

más corta que la longitud de la cabeza, incluyendo el pico

manchas blancas variables (raramente negro por completo)

más apagadas y uniformes que en el ♂

▼ Adulto invernal (octubre)
Los adultos mudan las coberteras en otoño, lo que significa que todavía están nuevas cuando las plumas de juveniles o aves de 1ᵉʳ invierno empiezan a desgastarse. Las puntas pálidas de las plumas desaparecen en primavera debido al desgaste. Los ejemplares en muda activa de primarias en otoño y/o con primarias viejas retenidas junto a primarias negras nuevas (como este ejemplar) son adultos (las aves de 1ᵉʳ año cal. no mudan primarias en otoño).

todas las partes superiores nuevas, brillantes y con puntas pálidas hasta ya avanzado el otoño (cf. tipo 1ᵉʳ invierno)

muda de primarias en proceso: todavía mantiene plumas marrones viejas

▼ Juvenil (agosto)
Las plumas de partes superiores y las coberteras son más cortas y estrechas que las de tipo adulto (como en todas las limícolas juveniles), además de mostrar el típico patrón juvenil, que en este caso muestra más ribeteado de lo habitual. Los márgenes pálidos de la mayoría de plumas juveniles se desgasta rápido, lo que hace que el ribeteado desaparezca ya a principios de otoño; las escapulares anteriores todavía no son púrpuras en este ejemplar, pero algunos juveniles sí pueden mostrar estos tonos, de forma más sutil.

plumas juv. con algo de ribeteado

terciarias juv. con borde de anchura desigual

primarias externas ya algo desgastadas y con punta relativamente estrecha

contraste entre escapulares nuevas y coberteras juv. muy desgastadas

▶ Tipo 1ᵉʳ invierno (septiembre)
A diferencia de otras limícolas, puede ser difícil de datar en otoño (a no ser que se puedan estudiar las puntas de primarias externas). Las aves de 1ᵉʳ año cal., especialmente los ♂♂, muestran ya coberteras pequeñas brillantes, pero contrastan con las terciarias y las coberteras grandes, que ya están desgastadas y suelen ser de color marronáceo apagado, contrastando a su vez con las escapulares. La cresta todavía no ha alcanzado la longitud máxima, pero los adultos en otoño pueden presentar crestas cortas cuando están en muda activa. El patrón y estructura de las puntas de primarias externas es el mejor rasgo para el datado, pero suele ser difícil de apreciar en el campo.

Avefría europea *Vanellus vanellus*

▶ **Adulto ♂ invernal (enero)**
Fácil de identificar también en vuelo y en todos los plumajes, gracias a la mano ancha, el contraste en el reverso del ala, la banda pectoral negra y la zona de infracoberteras caudales de color castaño. La mano es más ancha en los ♂♂ adultos, mucho más ancha que el brazo, con un "escalón" evidente en medio.

DISEÑO ALAR POR TIPO DE PLUMAJE

▼ **Adulto ♂ (febrero)**
Ambos sexos difieren en el diseño de las puntas de primarias, como también lo hacen adultos e inmaduros (con primarias juveniles retenidas). En teoría, existen 4 tipos de plumaje identificables, pero muchos de los rasgos son sutiles y se solapan, especialmente entre ♀♀ adultas y ♂♂ jóvenes. Los ♂♂ adultos muestran las manchas más cortas pero también más anchas y más blanco puro en las puntas de primarias. La combinación de rasgos que se señalan son características de este tipo de plumaje.

▼ **Adulto ♀ (mayo)**
En las ♀♀, el blanco de cada pluma está más rodeado de negro y gris(marrón). La mano, que apenas se ensancha (sin "escalón" evidente), también es un rasgo útil con respecto a los ♂♂, a veces más fácil de estudiar. El diseño de las puntas de primarias se solapa con el del ♂ inmaduro, pero este tiene una mano más ancha y, en primavera, suele mostrar desgaste en las primarias; véase también.

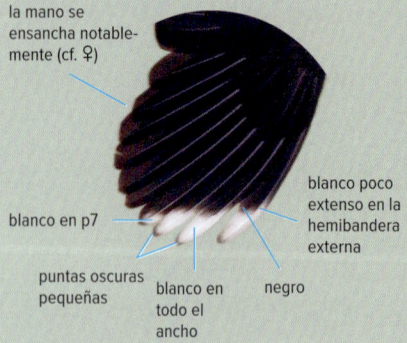

la mano se ensancha notablemente (cf. ♀)

blanco en p7

puntas oscuras pequeñas

blanco en todo el ancho

negro

blanco poco extenso en la hemibandera externa

la mano no se ensancha (cf. ♂)

puntas oscuras más extensas que en el ♂ ad.

p10 obviamente más corta que p9 (cf. ♀ inm.)

borde grisáceo difuso

blanco extenso en hemibandera externa

▼ **Juvenil/1ᵉʳ invierno ♂ (febrero)**
Véanse las similitudes en el diseño de las puntas de primarias con la ♀ adulta, pero las puntas son marrón descolorido.

▼ **1ᵉʳ invierno/2º año cal. ♀ (febrero)**
Típico diseño y estructura de este tipo de plumaje (♀♀ inmaduras todavía con primarias juveniles). Las zonas pálidas son largas y estrechas y las más difusas de entre todos los tipos de plumaje.

se ensancha notablemente, típico de ♂

borde oscuro en hemibandera interna típico de las primarias externas juv., pero algunas ♀♀ adultas son idénticas

la mano no se ensancha como en el ♂

borde oscuro largo en hemibandera interna

blanco extenso en hemibandera externa

marronáceo

p10 relativamente larga

puntas oscuras extensas

► **2° año cal. ♀ (abril)**
La garganta blanca y la cresta, relativamente corta, en primavera son típicos de las ♀♀. El datado también es posible en este caso, pero muchas aves de 2° año cal. no muestran unas puntas de primarias externas tan desgastadas.

puntas de primarias juv. descoloridas y desgastadas

la p10 con punta pálida larga y el borde oscuro en hemibandera interna apuntan a ♀, con p10 todavía juvenil

Avefría espinosa *Vanellus spinosus*

L 27 cm | Extremo SE Europa

Fredeluga d'esperons CAT
Hegabera ezproiduna EUS
Avefría esporada GAL

▼ **Adulto (abril)**
Inconfundible por el píleo negro, laterales de cabeza y cuello blancos y partes superiores marrón uniforme. Los adultos de ambos sexos mantienen más o menos la misma apariencia a lo largo de todo el año.

▼ **Juvenil (primavera/verano)**
Todas las plumas de partes superiores son aún juveniles, con el centro marrón pálido y borde subterminal característicos. En plumaje de 1er invierno, una fracción significativa de estas plumas juveniles habrá sido reemplazada por plumas de tipo adulto, dando lugar a una mezcla de plumas juveniles y adultas típica de este plumaje. Las plumas pálidas del píleo pueden ser retenidas durante algo más de tiempo.

▼ **1er invierno (octubre)**
Como el adulto, pero véanse los rasgos juveniles que se señalan. Las coberteras primarias muestran pequeñas puntas pálidas, apenas visibles aquí.

▼ **Tipo adulto (abril)**
También inconfundible en vuelo. La mano ancha y llamativamente redondeada es típica de todas las avefrías.

banda blanca ancha

proyección de pies larga

plumas juv. (pálidas con manchas oscuras), indicando 1er invierno

fuerte contraste entre blanco y negro

"espolón" (uña rudimentaria)

Avefría sociable *Vanellus gregarius*

L 29 cm | Divagante de Asia

▼ **Tipo adulto ♂, nupcial (junio)**
Inconfundible en este plumaje. Las ♀♀ no suelen adquirir un plumaje nupcial tan completo, con plumas aún invernales en píleo y partes inferiores y mancha ventral negra/marrón rojizo menos extensa. Probablemente tampoco muestren unas terciarias gris-marrón tan pálidas.

diseño cefálico característico por la combinación de lista ocular y píleo negros y ceja blanca larga

vientre negro/ marrón rojizo

▲ **Adulto invernal (enero)**
Los adultos en plumaje invernal son variables, lo que dificulta el datado en otoño/invierno. Algunos muestran márgenes pálidos tanto en las coberteras como en las escapulares, al igual que el 1er invierno. El patrón del pecho también se solapa entre el adulto y el 1er invierno. Pueden retener resquicios de la mancha ventral oscura hasta ya avanzado el otoño, lo que facilita el datado (el vientre de los jóvenes siempre es blanco liso).

▶ **Adulto invernal (noviembre)**
Un ejemplar con el pecho densamente moteado. Todas las coberteras y terciarias del mismo color y nivel de desgaste que las escapulares; compárese con el 1er invierno en noviembre.

▼ **1er invierno (noviembre)**
Suele ser muy similar al adulto en plumaje invernal, pero los ejemplares típicos como este son fácilmente separables; véanse los rasgos que se señalan. Un límite de muda evidente entre las coberteras juveniles más pálidas y las coberteras más oscuras y nuevas suele ser el rasgo más fiable.

coberteras juv. con márgenes pálidos (variable en el adulto invernal), típicamente estrechas y relativamente pálidas en comparación con las escapulares mudadas

terciarias juv. retenidas con margen pálido y más estrechas que las terciarias de tipo adulto

oscuras en todos los plumajes

▼ **Probable 2º año cal./1er verano (marzo)**
Casi como el adulto nupcial, pero, además de los caracteres que se señalan, este ejemplar muestra también puntas pálidas en coberteras primarias y un álula muy desgastada y descolorida.

primarias externas puntiagudas (algo redondeadas en el adulto)

desgastado/descolorido; puntas algo afiladas

coberteras muy desgastadas

borde bien definido entre secundarias blancas y primarias negras

diseño típico, con banda negra que no alcanza las rectrices externas

secundarias externas también blancas (cf. avefría coliblanca)

▼ (Marzo)
La combinación de diseños alar y cefálico es diagnóstica en todos los plumajes. La muda a plumaje nupcial ha empezado, algo tarde para un adulto. Este ejemplar podría ser un 2º año cal. o una ♀ adulta, ya que en ambos casos adquieren el plumaje nupcial más tarde.

Avefría coliblanca *Vanellus leucurus*

L 28 cm | Divagante de Asia

Fredeluga cuablanca CAT
Hegabera buztanzuria EUS
Avefría de rabo branco GAL

▼ **Tipo adulto (febrero)**
Los adultos de ambos sexos mantienen más o menos la misma apariencia a lo largo de todo el año, pero el pecho/vientre anterior de las ♀♀ suele ser de un gris más pálido que en los ♂♂, por lo que en este caso se trata probablemente de una ♀.

cabeza casi uniforme, solo con una ceja sutil

relativamente largo

borde entre el gris y el rosa tenue

largas y amarillo brillante

▼ **1ᵉʳ invierno (otoño)**
Casi como un adulto, pero véase el diseño de las plumas juveniles que se señalan.

plumas juv. retenidas con puntas oscuras

▼ **Tipo adulto (mayo)**
Además del resto de rasgos, el diseño del anverso del ala es único entre las limícolas europeas. El 2º año cal. puede identificarse a veces por las puntas de primarias desgastadas, descoloridas y a menudo más puntiagudas.

▶ **Tipo adulto (mayo)**
La banda pectoral y vientre anterior gris oscuro apuntan a ♂.

completamente blanco

muy largas y de color amarillo llamativo

margen negro (cf. avefría sociable)

negro en puntas de secundarias externas (cf. avefría sociable)

Correlimos gordo *Calidris canutus*

L 24 cm | Invierno, costas de O y SE Europa; en migración, costas de toda Europa

▼ **Tipo adulto nupcial,** *canutus* **nominal siberiano (mayo)**
De cerca, es inconfundible en este plumaje. Es la única limícola pequeña (pero grande para ser un correlimos) con partes inferiores rojizas, pico recto y patas cortas. Las 2 subespecies que se ven en Europa solo pueden identificarse en plumaje nupcial y, solo en los casos más evidentes. La subespecie nominal *canutus* se reproduce en Siberia, migra a través del N y O de Europa e inverna en el O de África.

diseño de escapulares nupciales con doble ancla y color de fondo canela

relativamente corto y recto

relativamente cortas

rojo ladrillo en *canutus* nominal

▼ **Tipo adulto nupcial, probablemente** *canutus* **nominal siberiano (agosto)**
La muda a plumaje invernal tiene lugar sobre todo en el O de África; los ejemplares en plumaje nupcial completo en agosto/septiembre que se ven en el O de Europa probablemente pertenecen a esta subespecie. La muda a plumaje invernal de la subespecie *islandica* del N de Canadá/N de Groenlandia tiene lugar a finales de verano en el O de Europa (incluyendo plumas de vuelo); los ejemplares tipo adulto con la muda a plumaje invernal avanzada en el O de Europa probablemente son *islandica*.

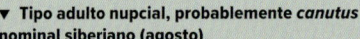

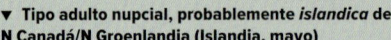

▼ **Tipo adulto nupcial, probablemente** *islandica* **de N Canadá/N Groenlandia (Islandia, mayo)**
En los ejemplares típicos, el color de las partes inferiores tiende al naranja; compárese con *canutus* nominal. Cría en el N de Groenlandia y el ártico canadiense, migra a través del NO de Europa e inverna en Europa occidental. Este ejemplar muestra el color de partes inferiores esperable y fue fotografiado en Islandia, fuera de la ruta migratoria habitual de *canutus* nominal. Prácticamente toda la población invernante en el O de Europa pertenece a esta subespecie.

▼ **Adulto invernal (diciembre)**
Como en todos los correlimos del género *Calidris*, las partes superiores del plumaje invernal son gris más o menos uniforme. El tamaño, las patas cortas y las manchas de flancos en forma de flecha (frecuentes) son típicos. No muestra plumas juveniles, por lo que es un adulto. Algunos ejemplares de 1er invierno avanzados pueden ser casi idénticos, pero retienen al menos algunas coberteras medianas.

▶ **Juvenil (septiembre)**
Plumaje totalmente nuevo y uniforme en otoño, a diferencia de los adultos, que muestran una mezcla de plumas nupciales desgastadas e invernales nuevas. Durante el otoño, los tintes rosa-naranja desaparecen y las escapulares son reemplazadas por plumas invernales de tipo adulto (gris uniforme con borde pálido); véase adulto invernal. Las manchas prominentes en flancos posteriores son una diferencia útil con respecto al resto de *Calidris* en plumajes no nupciales.

proyección primaria larga; la punta del ala sobrepasa claramente la punta de la cola (proyección alar)

plumas juv. con franja negra subterminal evidente (cf. adulto invernal)

ceja llamativa

proyección alar

manchas en forma de flecha variables, a veces formando barras

tintes naranja-rosa cuando está nuevo

cortas y a menudo amarillentas

▼ 1er invierno (noviembre)
Ya muy parecido al adulto invernal, pero todas las coberteras son aún juveniles y contrastan con las plumas nuevas de partes superiores. Las coberteras juveniles son fácilmente reconocibles por su diseño típico, incluyendo la franja subterminal negra y estrecha.

coberteras juv.

▼ Juvenil (septiembre)
La estructura compacta, el pico corto, la banda alar larga, la cola gris uniforme y el diseño diagnóstico de supracoberteras caudales hace que sea fácil de identificar en vuelo en todos los plumajes.

todas las rectrices gris uniforme

barrado uniforme (gris liso desde lejos)

banda alar larga (que sin duda alcanza las coberteras primarias)

▼ Adultos (julio)
Los adultos regresan de sus zonas de cría ya en julio. Muchos ejemplares de este grupo han iniciado ya la muda de primarias, típico de *islandica* (los *canutus* nominales mudan más tarde).

▼ 2º año cal./tipo 1er verano (abril)
Muy variables en este tipo de plumaje; algunos desarrollan parcialmente el plumaje nupcial, pero muchos retienen un plumaje similar al invernal. Este ejemplar se halla en muda activa y probablemente adquirirá más plumaje nupcial. Un adulto aberrante podría no ser diferenciable de estos plumajes de "1er verano", pero los ejemplares de 2º año cal. suelen iniciar la muda de primarias en mayo, mientras que los adultos empiezan, como pronto, en agosto.

escapulares nuevas de tipo invernal (cf. adulto nupcial)

coberteras medianas muy desgastadas, típicas de esta edad

▼ Juvenil (septiembre)
Todos los plumajes comparten la estructura y el diseño del reverso del ala que se indican.

con bastantes marcas oscuras, con tan solo una franja blanca lisa estrecha en el medio

patas cortas, los pies no proyectan

Correlimos grande *Calidris tenuirostris*

L 27 cm | Divagante de E Asia

▼ Adulto nupcial (mayo)

Fácil de identificar en este plumaje por la combinación única de, al menos, algunas escapulares marrón castaño en un plumaje fundamentalmente blanco-gris-negro. A medida que avanza el verano, los márgenes pálidos de las plumas desaparecen por el desgaste, lo que hace que las escapulares color castaño destaquen más entre el manto y el pecho de un negro más liso.

▼ Adulto invernal (diciembre)

En esta imagen se señalan los rasgos más importantes para diferenciarlo del correlimos gordo invernal, que también suele mostrar esta concentración de motas oscuras en el pecho.

escapulares marrón castaño
(en cantidad variable)

largo para
un *Calidris*

negro concentrado en
esta zona, creando
banda pectoral

manchas con forma de V
anchas, especialmente
en flancos

color de fondo pálido,
aumentando el contraste con el
estriado (píleo menos uniforme)

brida ancha y oscura, a
veces formando un
triángulo que alcanza la
parte superior del ojo

ceja sutil

largo, con la punta a
menudo ligeramente
afilada y caída

coberteras y escapulares
nuevas con márgenes
pálidos relativamente
anchos

la primaria más externa
desgastada y aislada indica
muda activa de primarias,
algo exclusivo de los
adultos en otoño

▶ Juvenil (septiembre)

Todo el plumaje nuevo, como en todas las limícolas juveniles a principios de otoño. La cabeza, el pecho y los flancos tienen el mismo diseño que en el adulto invernal, lo que, añadido a la estructura general, constituyen los rasgos más importantes para la identificación. La punta del pico parece algo más curvada de lo normal en este ejemplar, aunque posiblemente el ángulo de la fotografía aumenta esta sensación.

coberteras grises
con anclas finas y
bien definidas

▼ 1er invierno (noviembre)

Juvenil desgastado. Este ejemplar ha adquirido las primeras plumas de tipo adulto invernal en manto y escapulares.

cabeza bastante uniforme;
píleo no mucho más oscuro
y ceja sutil (cf. correlimos
gordo juv./1er invierno)

coberteras juv. desgastadas,
pero diseño aún visible
(cf. correlimos gordo
juv./1er invierno)

▼ 2º año cal./tipo 1er verano (marzo)

Las primarias externas viejas son el rasgo más importante para el datado, ya que muchos ejemplares solo desarrollan el plumaje nupcial parcialmente. La muda de primarias empieza pronto, a partir de abril (durante el otoño en adultos).

primarias muy desgastadas
(nuevas en el adulto en
primavera)

▼ **Adulto nupcial (mayo)**

▼ **Tipo adulto invernal (febrero)**
Las diferencias más importantes con respecto al correlimos gordo invernal son la cola más oscura, las supracoberteras caudales más blancas, banda alar más estrecha y pico más largo con punta elongada.

anverso de la cola más oscuro que las partes superiores (cf. correlimos gordo)

zona del obispillo con una amplia sección blanca lisa

banda blanca lisa ancha (todos los plumajes)

cola oscura (todos los plumajes)

banda alar estrecha formada solo por las pequeñas puntas pálidas de coberteras primarias y grandes

mano estrecha y elongada

· ·

Correlimos tridáctilo *Calidris alba*

L 19 cm | Invierno, costas O a SE Europa; en migración, costas de toda Europa

Territ de tres dits CAT
Txirri zuria EUS
Pilro tridáctilo GAL

· ·

▼ **Adulto verano, variante rojiza (mayo)**
El plumaje nupcial es muy variable; este ejemplar muestra una cabeza y un manto y escapulares de un rojo-marrón intenso, pero las coberteras son fundamentalmente de tipo gris invernal. Estos ejemplares tan rojizos suelen ser ♂♂ y pueden confundirse con los correlimos menudo y cuellirrojo nupciales si no se puede apreciar el tamaño. Además de los rasgos que se indican, ninguna de estas dos especies muestra unas auriculares tan coloreadas.

VARIACIÓN DEL PLUMAJE NUPCIAL
Las distintas apariencias del plumaje nupcial pueden provocar la confusión con otras especies de correlimos pequeños. Todas las variantes pueden ser identificadas en base a lo siguiente:
• marcas oscuras en la cabeza más o menos uniformes
• puntas blancas anchas en coberteras grandes visibles con el ave posada (margen inferior del ala)
• tamaño relativamente grande y ausencia de dedo posterior
• plumas nupciales con zonas rojizas en los centros negros de terciarias y/o coberteras grandes; no todos los ejemplares muestran este rasgo

típicamente con manchas oscuras sobre fondo rojizo; sin ceja evidente

marcas rojizas en centros negros

muchas motas negras

puntas blancas anchas en coberteras grandes

sin dedo posterior

zonas rojizas en centros negros características

los ejemplares pálidos también muestran marcas en la cabeza distribuidas de forma uniforme; sin ceja evidente

▶ **Adulto nupcial, variante gris (mayo)**
Este ejemplar combina una cabeza gris pálido con muchas coberteras de tipo nupcial (compárese con la variante rojiza), ilustrando la variabilidad. La cabeza y el manto pálidos y también las puntas de escapulares nuevas de color gris claro son indicativos de la ♀; en Groenlandia aparecen ♀♀ muy rojizas.

Correlimos tridáctilo *Calidris alba*

▼ **Adulto invernal (diciembre)**
El correlimos más pálido de Europa
en este plumaje.

terciarias también gris
claro (cf. 1ᵉʳ invierno)

brida
oscura sutil

coberteras grandes
con puntas blancas
anchas en todos los
plumajes

▼ **Juvenil (octubre)**
Además de la ausencia de márgenes de plumas marrones, el
contraste entre el diseño tan marcado de manto y escapulares y las
coberteras con diseños más sutiles es muy típica de este plumaje.
Al llegar a Europa (agosto), muchos ejemplares muestran tintes
marrones suaves en pecho y píleo, que desaparecen gradualmente
durante el otoño.

escapulares con diseño
moteado típico

manto con un marcado
estriado blanco y negro

coberteras con
diseño sutil

▼ **1ᵉʳ invierno (febrero)**
Este ejemplar todavía muestra una escapular juvenil, pero aparte
de esto es un ave de 1ᵉʳ invierno típica. Muchos ejemplares en
invierno mantienen solo unas pocas coberteras medianas y
terciarias juveniles. Véase de nuevo las puntas blancas anchas en
coberteras grandes que forman una banda alar ancha, un rasgo
único entre especies de *Calidris*.

manto y escapulares
mudados a tipo adulto
invernal

coberteras y terciarias
juv. retenidas

el codo suele ser
llamativamente
oscuro

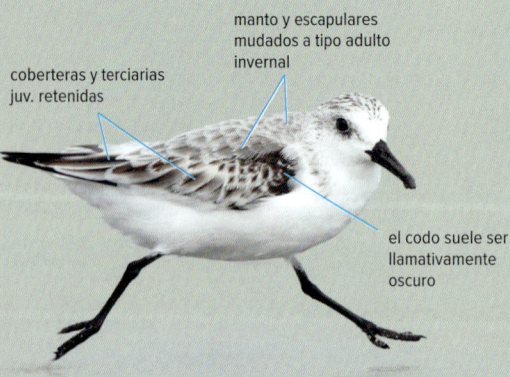

▼ **2º año cal./tipo 1ᵉʳ verano (abril)**
Este ejemplar (a finales de abril) todavía muestra el plumaje
invernal, como otros *Calidris* de 2º año cal. en primavera. Esto,
combinado con la presencia de algunas coberteras muy desgastadas, es muy indicativo de esta clase de edad.

coberteras pequeñas
muy desgastadas

▼ **Invierno (febrero)**
Tiene más querencia por las playas de arena
que otras especies de correlimos. La imagen
de un grupo corriendo por el rompiente de
las olas es típica del invierno.

▼ Adulto invernal (enero)
De lejos, puede confundirse con los falaropos invernales en vuelo (véanse también).

oscuro y llamativo

banda alar blanca muy ancha, que se extiende claramente por las primarias; típica en todos los plumajes

▼ Tipo adulto nupcial (mayo)
Reverso del ala básicamente blanco en todos los plumajes.

▼ Tipo adulto nupcial (mayo)

Correlimos cuellirrojo *Calidris ruficollis*

L 15 cm | Divagante de E Asia

Territ gola-roig CAT
Txirri lepagorria EUS
Pilro de pescozo rubio GAL

▼ Tipo adulto nupcial (abril)
Con el plumaje nuevo es muy similar al correlimos menudo nupcial, pero véanse los rasgos indicados. El correlimos tridáctilo nupcial (véase aquella especie) también puede resultar algo similar, pero muestra manchas/estrías oscuras en toda la cabeza y el pecho, no solo en el píleo. La garganta y el pecho todavía son de color rojo-marrón pálido debido a las puntas de las plumas blancas, que se desgastarán a lo largo de la primavera dando lugar a un color más intenso.

▼ Tipo adulto nupcial (junio)
Con la primavera avanzada o en verano, las diferencias con respecto al correlimos menudo se acentúan: aumenta el contraste entre las coberteras grisáceas y las escapulares ampliamente rojizas y cuello y pecho se vuelven de un rojo más intenso. No acostumbra a ser posible datar ejemplares de 2º año cal./1er verano, a no ser que se puedan apreciar primarias muy desgastadas (véase el correlimos de Alaska de 1er verano) o un límite de muda entre primarias externas nuevas e internas desgastadas.

todas las coberteras, o casi, grisáceas (cf. correlimos menudo nupcial)

popa elongada

suele mostrar 1 único margen rojizo, el resto son blancuzcos (cf. correlimos menudo nupcial)

relativamente cortas y gruesas (cf. correlimos menudo)

entre anaranjado y rojizo uniforme

pecho inferior moteado de negro sobre fondo gris/blanco (cf. correlimos menudo nupcial)

▶ Adulto invernal (enero)
En plumaje invernal es muy difícil de separar de los correlimos menudo y semipalmeado. El correlimos menudo suele tener el pico y las patas más largos y carece del estriado nítido del pecho. El correlimos semipalmeado tiene una popa menos elongada y franjas negras más finas en los raquis de escapulares.

popa elongada

franjas del raquis definidas y estrechas (cf. correlimos menudo invernal)

bridas y auriculares relativamente oscuras, formando algo de antifaz sólido (cf. correlimos menudo)

corto, como en la mayoría de semipalmeados (cf. correlimos menudo)

franjeado relativamente nítido (cf. correlimos menudo)

Correlimos cuellirrojo *Calidris ruficollis*

▼ **Adulto mudando a plumaje invernal (septiembre)**
Un ejemplar así destacaría en Europa sobre todo por su estructura, con el pico corto y las patas cortas y gruesas, combinado con la popa elongada. Pero la identificación también debe basarse en rasgos de plumaje que resulten útiles: la mayoría de correlimos menudos en este plumaje todavía muestran restos de marrón en los bordes de coberteras, una franja negra más ancha en el raquis de las escapulares invernales, la zona de la brida más pálida y, normalmente, no queda nada de (rojo) marrón en pecho/garganta.

▼ **Juvenil (septiembre)**
Un ejemplar relativamente gris. Véase también JUVENILES DE CORRELIMOS DE PATAS NEGRAS (p. 382) para más detalles y comparativas de las partes superiores con otras especies similares.

las rectrices centrales sobresalen

corto, como en la mayoría de correlimos semipalmeados

manchas oscuras a veces sobre fondo melocotón

escapulares de tipo invernal con franja en raquis estrecha, normalmente solo ligeramente ensanchada hacia la base

brida oscura ancha

corto

márgenes grises (cf. adulto de correlimos menudo en este plumaje)

resquicios de rojo-marrón

▼ **Juvenil, variante rojiza (agosto)**
Al igual que sucede en el correlimos menudo, existen ejemplares más grises y ejemplares más rojizos; este ejemplar es inusualmente rojizo. Los ejemplares de esta variante pasan más fácilmente desapercibidos en Europa, debido a las similitudes con el correlimos menudo. La imagen muestra algunas diferencias sutiles con el juvenil de este.

▼ **1er invierno (diciembre)**
Como el adulto invernal, pero véanse las plumas retenidas (las coberteras suelen ser más cortas y estar más desgastadas; compárese con el adulto invernal). El pico corto, la zona de la brida ancha y oscura y las escapulares de tipo invernal con franja estrecha en el raquis (ligeramente ensanchada hacia la base) constituyen algunas de las diferencias sutiles con el correlimos menudo invernal.

algunas escapulares con margen rojizo completo

blanco llamativo pero restringido a la punta

ejemplares rojizos como este también suelen mostrar un pecho más saturado

coberteras juv. y terciarias largas retenidas (límite de muda con las partes superiores mudadas, incluyendo escapulares; cf. adulto invernal)

escapulares inferiores grises con diseño de ancla variable

▶ **Invernal (febrero)**
El diseño alar de anverso y reverso es idéntico al de otros correlimos pequeños y patinegros.

relativamente cortas

las rectrices centrales suelen ser ligeramente más elongadas que en otros correlimos pequeños

▶ **Tipo adulto nupcial (mayo)**

algunos ejemplares con motas relativamente extensas en flancos posteriores (cf. correlimos menudo nupcial)

Correlimos menudo *Calidris minuta*

L 14,5 cm | Verano, extremo N Europa; migrante en el resto de Europa

▼ **Tipo adulto nupcial (junio)**
En plumaje nupcial es el correlimos más rojo-marrón.
Desde mediados de verano se vuelve gradualmente gris
debido a que las partes amarillo-marrón se decoloran.
Los ejemplares de 1er verano (2º año cal.) no suelen ser
diferenciables de los ejemplares adultos, pero retienen
algunas primarias internas juveniles.

▶ **Tipo adulto nupcial (principios de mayo)**
Pálido como otros correlimos pequeños con el
plumaje nupcial nuevo, debido al margen
pálido de las plumas, que oculta parcialmente
las zonas rojo-marrón. Los centros negros y los
márgenes rojizos de coberteras y las terciarias
son claramente visibles.

lista pileal lateral pálida,
formando una ceja dividida
(cf. otros correlimos
pequeños de patas negras)

naranja-marrón extenso;
el ojo suele estar rodeado
de naranja-marrón

muchas plumas de tipo
nupcial (también coberteras)
con centros negros y
márgenes rojizos (cf. otros
correlimos pequeños)

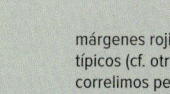

márgenes rojizos
típicos (cf. otros
correlimos pequeños
de patas negras)

patrón difuso

normalmente
permanece
blanco

márgenes de terciarias
total o predominante-
mente rojizos

las coberteras suelen tener
el margen pardo rojizo

▼ **Adulto (agosto)**
Este ejemplar todavía presenta el plumaje
nupcial desgastado y descolorido; la cabeza
pálida de esta fase es muy típica de esta fase (compárese
con el 1er invierno en octubre). Todos los
Calidris muestran unas terciarias excepcionalmente largas de tipo nupcial, lo que hace
que la proyección primaria no sea un rasgo
tan importante para la identificación de
adultos nupciales.

▶ **Tipo adulto nupcial (julio)**
A partir de finales de julio, los adultos retornan
de sus zonas de cría árticas y muchos ejemplares
muestran este plumaje más o menos desgastado.
Los tonos rojizos desaparecen gradualmente con
el desgaste, lo que hace que este plumaje sea
cada vez más gris y oscuro. Algunos rasgos típicos,
como los centros negros de coberteras o las terciarias con margen rojizo, permanecen durante más
tiempo. El barro en pico y patas, como en este
caso, puede conducir a errores de identificación.

plumas invernales nuevas con una
"sombra" oscura ancha alrededor
del raquis (cf. otros correlimos
pequeños, más raros)

▼ **Adulto invernal (noviembre)**
Este ejemplar, en zonas de invernada, parece
hallarse al final de la muda de primarias y, debido
a la ausencia de proyección primaria, podría ser
confundido con otras especies.

terciarias nupciales
retenidas hasta muy
tarde en este ejemplar

gris a menudo con un tinte sutil
marrón y "sombra" oscura
alrededor del raquis (cf. otros
correlimos pequeños y de patas
negras en invierno)

resquicios de rojizo de
las coberteras nupciales,
típicos en comparación con
otros correlimos pequeños
de patas negras

manchas difusas,
como en otros
plumajes

ausencia de puntas
de primarias visibles,
probablemente debido
a la muda activa

▶ **Juvenil (septiembre)**
La banda alar y el obispillo/diseño de la cola es
igual al de otros correlimos pequeños de patas
negras, pero véanse los márgenes rojizos de
coberteras, creando un panel rojizo.

Correlimos menudo *Calidris minuta*

▼ **Juvenil (agosto)**
Las escapulares inferiores de este ejemplar sugieren un diseño de ancla, que podría llevar a confusión con otros correlimos pequeños (más raros). Pero véase el pico relativamente largo y fino, los márgenes rojizos típicos de coberteras y las llamativas listas blancas del manto ("tirantes").

diseño de ancla relativamente
patente en este ejemplar

▼ **Juvenil (septiembre)**
Un ejemplar más o menos tipo. Correlimos pequeño y de patas negras con listas blancas en el manto y/o escapulares llamativas. Algunos ejemplares muestran los márgenes de las plumas de un rojizo más intenso, otros son más grises y a veces pueden mostrar un indicio de anclas en las escapulares inferiores, lo que les hace más parecidos a los correlimos semipalmeado y cuellirrojo (véase también). Véase JUVENILES DE CORRELIMOS DE PATAS NEGRAS (p. 382) para detalles y comparativas entre especies.

proyección
primaria larga

indicio de
ceja dividida

zona de coberteras
oscura en general

estrías relativamente
anchas pero difusas
sobre fondo rojizo

▶ **1er invierno (octubre)**
Todavía en plumaje muy juvenil, pero habiendo iniciado ya la muda a plumaje de 1er invierno. Las plumas juveniles retenidas (por ejemplo las coberteras) están aún bastante nuevas y dispuestas en filas ordenadas. Los adultos mudando a plumaje invernal (agosto–septiembre) muestran unas coberteras más desgastadas y a menudo despeinadas. En octubre la mayoría de adultos han adquirido ya casi todo el plumaje invernal completo.

1as plumas grises
invernales emergiendo

márgenes rojizos
típicos comparado
con otros correlimos
pequeños de patas
negras (más raros)

Correlimos menudillo *Calidris minutilla*

Territ menut del Canadà	CAT
Txirri nanoa	EUS
Pilro anano	GAL

L 14 cm | Divagante de Norteamérica

▶ **Tipo adulto nupcial (mayo)**
El plumaje nupcial es muy variable, tanto a nivel individual como a lo largo de toda la temporada. Este ejemplar tiene el plumaje relativamente nuevo, pero el desgaste hará que las partes pálidas de las plumas desaparezcan gradualmente, oscureciendo las partes superiores y el pecho. Las manchas triangulares del pecho y los centros negros anchos y en forma de diamante de las escapulares inferiores (a veces más sutiles en las escapulares traseras) son típicas. El color de fondo del pecho de este ejemplar es casi blanco, pero a menudo es más marrón y adquiere la apariencia de una banda pectoral ancha y evidente.

"V" blanca en el manto, a menudo
evidente; desaparece con el
desgaste a finales de verano

la cola sobresale tras
las alas (evidente aquí)

centros negros anchos,
a menudo con forma de
diamante

ligeramente
curvado con la
punta bastante fina

típico margen de terciarias
(rojizo) formando olas

típica cobertera grande nupcial
con muesca profunda, aunque
puede ser menos extrema y
formar olas más pronunciadas
que en las terciarias

motas triangulares llamativas
y bien definidas, a menudo
tan dispersas como en las
franjas de flancos

las coberteras suelen ser de tipo
invernal, viejas y desgastadas
(exceptuando la cobertera
grande que se señala)

pálidas: (naranja) amarillento,
o entre verde-amarillo y
amarillo-marrón

▼ Nupcial desgastado, posiblemente de 2º año cal. (agosto)

Solo comparte las patas pálidas con otros dos correlimos pequeños: el de Temminck y el dedilargo, aunque, teniendo en cuenta la rareza del menudillo, es importante contemplar la posibilidad de ejemplares aberrantes de otras especies. La popa corta y las partes superiores formadas totalmente por plumas nupciales son, además de los rasgos que se señalan, típicas en comparación con el correlimos de Temminck nupcial, cuyas partes superiores no suelen ser enteramente nupciales y muestra una popa más elongada debido a su larga cola.

todavía se aprecian los centros de escapulares inferiores con forma de diamante

oscureciéndose (por el desgaste)

ceja bien visible detrás del ojo (cf. correlimos de Temminck)

la ceja alcanza al pico (cf. correlimos dedilargo)

primarias muy desgastadas, indicando ave de 2º año cal.

pálidas

muy oscuro (cf. correlimos de Temminck)

▼ Juvenil (septiembre)

Ejemplar rojizo. Este plumaje juvenil es el más oscuro de entre todos los correlimos pequeños. El todavía más raro correlimos dedilargo es el más parecido (véase también). A pesar de que en teoría el color de las patas y la estructura deberían descartar otros correlimos pequeños, los plumajes muestran ciertas similitudes y siempre debería contemplarse la opción de, por ejemplo, un correlimos menudo aberrante.

este ejemplar carece de proyección primaria; a veces presente, pero siempre muy corta (cf. correlimos menudo)

punta de hemibandera externa totalmente blanca o casi (cf. correlimos menudo juv.)

típico margen, algo ondulado (como en el nupcial)

márgenes de coberteras más o menos rojizos, solo presentes en el correlimos menudo juv.

pálidas

▼ Invernal (enero)

reverso del ala muy pálido, difiere de otros correlimos pequeños (cf. correlimos dedilargo)

▼ Adulto invernal (noviembre)

Muy similar al correlimos de Temminck en este plumaje, pero véase la combinación de diferencias sutiles típicas. Las rectrices externas grises (en lugar de blancas como en el correlimos de Temminck) no son visibles en esta imagen.

como mínimo algo de blanco (cf. correlimos de Temminck invernal)

estriado bastante evidente (cf. correlimos de Temminck invernal)

centros relativamente oscuros y anchos con márgenes difusos (cf. correlimos dedilargo y de Temminck invernales)

brida oscura y ancha (cf. correlimos dedilargo)

dedos largos, especial-mente el central (véase correlimos dedilargo)

(casi) carece de proyección primaria y la punta del ala no alcanza la punta de la cola (solo el correlimos dedilargo muestra también esta estructura)

▼ 1er invierno (septiembre)

Exceptuando las coberteras, aún juveniles, este ejemplar se halla ya en plumaje invernal completo. Las patas amarillentas y la estructura compacta (con las terciarias cubriendo totalmente las puntas de prima-rias) son típicas en todos los plumajes. El margen ondulado característico de las coberteras grandes internas juveniles todavía es visible, pero estas plumas serán reemplazadas más tarde en el otoño. Este ejemplar muestra un plumaje invernal bastante avanzado en septiembre; la mayoría no adquieren esta apariencia hasta más tarde en el otoño.

centros negros anchos (pero no tanto como en el correlimos dedilargo invernal)

borde ondulado característico (como en el nupcial)

contraste entre coberteras juv. y escapulares de tipo adulto invernal típico de los ejs. de 1er invierno en otoño (como en todas las limícolas)

▶ Juvenil (agosto)

La impresión general en vuelo es parecida a, por ejemplo, el correlimos menudo juvenil, pero con buenas fotografías se pueden apreciar algunas diferencias.

a veces los dedos largos proyectan ligeramente tras la cola (aunque menos que en el correlimos dedilargo)

franjas en el raquis de las supracoberteras caudales laterales (no presentes en el correlimos menudo juv.)

Correlimos de Temminck *Calidris temminckii*

L 14,5 cm | Verano, N Europa; migrante en el resto de Europa

▼ **Tipo adulto nupcial (mayo)**
Suele recordar a un andarríos chico en miniatura, más que otros correlimos pequeños. Los ejemplares de 2º año cal. adquieren mucho plumaje nupcial y solo pueden diferenciarse de los adultos si puede apreciarse un límite de muda entre las primarias internas viejas y externas nuevas.

terciarias gris uniforme

cantidad variable de plumas nupciales, pero casi siempre incompleto

uniforme; normalmente sin atisbo de ceja

el anillo ocular suele ser más llamativo que en otros correlimos pequeños

cola larga típica (supera bastante la punta de la cola)

banda pectoral completa con patrones difusos, a menudo más ancha en la parte central (cf. otros correlimos pequeños)

entre amarillo y marronáceo

▼ **Juvenil (agosto)**
De entre los correlimos pequeños, solo el correlimos menudillo y el correlimos dedilargo muestran estas patas amarillas.

estriado restringido al centro del píleo

plumas de manto externas negras, creando "franjas" variables en escapulares

escapulares y coberteras con el típico diseño de ancla fina y margen pálido, dándole una apariencia escamada

banda pectoral ancha (cf. otros correlimos pequeños)

▶ **Tipo adulto nupcial (junio)**
El anverso del ala no difiere mucho del de otros correlimos pequeños.

blanco (gris en otros correlimos, excepto el correlimos falcinelo)

▼ **Tipo adulto nupcial (agosto)**
Siempre más desgastado que en primavera.

▼ **Tipo adulto invernal (noviembre)**
En este plumaje, es el correlimos pequeño más uniformemente gris. La popa elongada y las terciarias largas son características en todos los plumajes.

difuminado (cf. otros correlimos pequeños invernales)

franjas oscuras en raquis sutiles (cf. otros correlimos pequeños invernales)

laterales de la cola blancos

suele ser gris difuminado, a menudo ligeramente más pálido que en este ejemplar

típica mezcla de partes superiores mudadas y de tipo invernal y coberteras juv.

▼ **1er invierno (noviembre)**

las 3 primarias (p8–10) más externas más nuevas que p6–7, indicando 2º año cal.

▶ **Verano, probablemente 2º año cal. (mayo)**
Las coberteras primarias y el diseño del margen de ataque del reverso del ala son ligeramente más oscuros que en otros correlimos, pero raramente resulta útil para la identificación.

blanco

Correlimos dedilargo *Calidris subminuta*

L 14,5 cm | Divagante de E Asia

Territ menut siberià CAT
Txirri behatz-luzea EUS
Pilro de dedas longas GAL

▼ **Tipo adulto nupcial (junio)**
Los rasgos que se señalan forman
una combinación única.

la ceja se detiene de
golpe sobre la brida
(no alcanza el pico)

las bridas y la frente oscura
se unen sobre el pico; junto
con la ceja, forman un
diseño facial característico

típicos márgenes
anaranjados muy anchos
(escapulares, coberteras
grandes y terciarias)

punta fina

proyección primaria
muy corta o ausente
en todos los plumajes

cuello largo evidente
en posición de alerta

flanco bastante
manchado (más aún
con el desgaste)

popa corta

típicamente pálidas
(amarillentas)

▼ **Adulto invernal (enero)**
El único correlimos con centros negros anchos en plumas de
manto y escapulares, creando un diseño de partes superiores
llamativo. Recuerda a un andarríos bastardo en miniatura,
pero todos los plumajes de este muestran muescas profundas
en partes superiores. Véase también correlimos menudillo.

diseño característico, también en
plumaje invernal (véase adulto nupcial);
la brida a menudo se estrecha debido a
la mancha blanca redondeada de la
parte anterior de la ceja

plumas invernales
típicas, con grandes
centros oscuros

típica base pálida de la
mandíbula inferior, presente
en todos los plumajes (pero
a veces mínima o ausente)

▼ **Juvenil (otoño)**
Algo similar al correlimos menudo juvenil, pero muestra partes
superiores rojizas (el rojizo más intenso de entre todos los correlimos),
patas verdosas, dedos muy largos y proyección primaria (casi)
ausente. De cerca, puede apreciarse el diseño facial característico.

partes superiores en general muy
parecidas a los juv. de correlimos
menudo más rojizos, debido, por
ejemplo, a las franjas blancas

carece de proyección
primaria (cf. correlimos
menudo juv.)

diseño facial típico en todos
los plumajes, aunque es más
llamativo en el juv.: la ceja se
detiene de golpe frente al
pico, interrumpida por la
línea oscura de la brida

los centros oscuros
alcanzan la punta de la
pluma (cf. por ejemplo,
correlimos menudo)

▼ **1er invierno (febrero)**
Exceptuando algunas coberteras aún juveniles,
este ejemplar es ya como un adulto invernal.
Los dedos largos son típicos, aunque también en
el correlimos menudillo (véase aquella especie).

plumas invernales con grandes centros
oscuros típicos, a menudo aún más grandes
en ejs. de 1er invierno que en adultos

coberteras juv. desgas-
tadas y descoloridas,
indicando la edad

a   b

tarso (a) y dedo central (b)
aproximadamente de la misma
longitud, y ambos más largos
que el pico (véase por ejemplo
el correlimos menudillo)

▶ **Invernal (marzo)**
Los rasgos que se señalan forman una
combinación exclusiva entre los correlimos
y son útiles con todos los plumajes.

zonas oscuras
extensas

los dedos
superan la cola

Correlimos semipalmeado *Calidris pusilla*

L 15,5 cm | Divagante de Norteamérica

▼ **Tipo adulto nupcial (junio)**
Separarlo del correlimos menudo suele ser difícil; cuando el plumaje nupcial de este está desgastado puede ser muy parecido, pero véase los rasgos que se señalan, que combinados resultan típicos. El correlimos menudo muestra al menos algo de rojo-marrón en laterales de cuello y/o pecho y márgenes de coberteras y terciarias y los centros negros de escapulares son menos extensos. La estructura compacta, con popa chata pero patas ligeramente más largas, suele ser bastante llamativa si se puede compárese directamente con la de un correlimos menudo.

suele mostrar escapulares inferiores invernales totalmente, o predominantemente grises, con franja negra en raquis (cf. correlimos menudo nupcial)

como mucho, proyección primaria muy corta

la punta de la cola a veces supera la punta del ala, pero es variable

sin rojo-marrón aquí (cf. correlimos menudo nupcial)

centros negros grandes y algo elongados (cf. correlimos menudo nupcial)

típicamente ancho, incluyendo la punta

motas finas y bien definidas, llegando a crear una banda pectoral completa

estrías finas en flancos, típicas cuando están presentes

▼ **Tipo adulto nupcial (mayo)**
Un ejemplar rojizo con el plumaje nuevo, pero las zonas cálidas limitadas al píleo, auriculares y escapulares superiores (en un correlimos menudo nupcial suelen extenderse por la ceja y los laterales de cuello y pecho). Los márgenes de coberteras y terciarias son fundamentalmente gris claro, pero ocasionalmente pueden mostrar un margen de terciaria rojo-marrón. El diseño de las escapulares es variable. Este ejemplar muestra 2 "tipos" (también existen diseños intermedios): a) gris claro con tan solo una franja negra en el raquis y b) grandes centros oscuros y elongados con márgenes rojizos. Lo más habitual es una mezcla de ambos tipos. Véase también, en este ejemplar, las franjas en flancos (ausentes en el correlimos menudo) y la proyección primaria muy corta, que contribuye a la apariencia de popa chata. A veces carece de franjas en flancos, o son tan sutiles que cuestan de ver en el campo.

estriado llamativo extenso (cf. correlimos menudo nupcial)

el manto suele mostrar un estriado intenso y bien definido (cf. correlimos menudo nupcial)

popa corta

color de fondo blanco (cf. correlimos menudo nupcial)

es normal observar 2 "tipos" de escapulares; las que son gris claro resultan más características en comparación con el correlimos menudo nupcial

▼ **Tipo adulto nupcial (junio)**
Aunque a veces queda cubierto bajo otras plumas y no resulta fácil de ver, el diseño de las escapulares inferiores de tipo nupcial suele ser un rasgo útil para separarlo del correlimos menudo nupcial, especialmente a finales de verano. Muchos ejemplares muestran solo algunas de estas escapulares de este tipo, mientras que el resto son grises y de tipo invernal. El correlimos menudo también puede mostrar una zona pálida en la base, pero suele ser más pequeña y con el borde difuso.

▼ **Palmeaduras**
Las palmeaduras entre dedos solo están presentes en los correlimos semipalmeado y de Alaska, pero suelen ser difíciles de ver. Las especies sin palmeaduras pueden dar la impresión de tenerlas cuando tienen barro o vegetación entre los dedos, lo que ocurre con frecuencia. El dedo posterior ligeramente más largo suele ser más fácil de ver que las palmeaduras y constituye un rasgo igual de útil para diferenciarlo de otras especies de correlimos de patas negras (excepto el correlimos de Alaska).

▼ **Tipo adulto nupcial (mayo)**
Ejemplar gris con el plumaje nuevo. En ejemplares de este tipo, el color rojizo, sutil, está muy restringido a píleo y auriculares. Las escapulares grises de tipo invernal predominan (compárese con el ejemplar rojizo). No hay 2 morfos de color como tales, sino simplemente extremos de una amplia variabilidad en cuanto a los tonos rojizos. Véase también la estructura clásica, con terciarias largas que cubren las primarias completamente, y franjas finas en flancos. Muchos ejemplares que regresan al norte en su 2º año cal. adquieren (parcialmente) el plumaje nupcial y suelen ser difíciles de separar de los adultos, a no ser que puedan apreciarse primarias y coberteras pequeñas muy desgastadas.

escapulares inferiores (de tipo nupcial) con mancha pálida oval contrastada en la base, bien definida y situada de forma asimétrica

plumas de tipo invernal

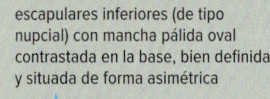

dedo posterior relativamente largo (cf. correlimos menudo y cuellirrojo)

clásica palmeadura entre los dedos central y exterior; a veces es difícil confirmar este rasgo

▼ Adulto (agosto)

Muchos ejemplares que se ven en Europa muestran este plumaje. Las diferencias con el correlimos menudo son sutiles, especialmente desde lejos. El pico relativamente largo de este ejemplar se solapa con el de los ♂♂ piquicortos de correlimos de Alaska (véase también); en este caso, es indicativo de ♀.

plumas invernales nuevas con franja fina completa en el raquis (cf. correlimos menudo)

franjeado del píleo oscuro uniforme (cf. correlimos menudo)

la terciaria más larga alcanza la punta del ala

estriado fino (a diferencia del correlimos menudo)

estriado nítido (cf. correlimos menudo)

▼ Tipo adulto invernal (abril)

Muy difícil de separar de otros correlimos de patas negras invernales, especialmente del correlimos cuellirrojo, pero la combinación de rasgos que se indican resulta típica.

plumas invernales con franja negra fina en el raquis (cf. correlimos menudo invernal)

primeras plumas nupciales

el estriado no suele formar una banda pectoral completa (cf. correlimos menudo invernal)

proyección primaria corta; la punta del ala no suele alcanzar la punta de la cola (variable, solo resulta útil en estos casos)

franjas en flancos sutiles pero típicas, a menudo visibles solo de cerca

▼ Adulto mudando a plumaje invernal (agosto)

En general, adquieren el plumaje invernal en zonas de invernada. Pueden cambiar algunas plumas en otoño, pero suelen retener resquicios de plumaje nupcial desgastado hasta ya avanzado el invierno, a diferencia del correlimos de Alaska (véase también).

solo algunas plumas de manto y escapulares mudadas a plumaje invernal

▼ Juvenil (octubre)

Ejemplar más o menos promedio: los tonos cálidos están restringidos a píleo, manto y escapulares superiores. Algunos ejemplares muestran más rojo-marrón también en coberteras, especialmente durante el otoño. Las coberteras pueden ser más oscuras, lo que le da a las partes superiores una apariencia aún más uniforme. Véanse también los juveniles de correlimos cuellirrojo y menudo y la lámina dedicada a JUVENILES DE CORRELIMOS DE PATAS NEGRAS (p. 382) para más detalles y comparativas entre partes superiores de las especies más similares.

apariencia más o menos uniforme; sin "V" llamativa en manto y/o escapulares (cf. correlimos menudo juv.)

color de fondo oscuro uniforme; ceja no dividida (cf. correlimos menudo juv.)

ancho, punta gruesa

terciarias grises con márgenes pálidos (cf. correlimos menudo juv.)

estriado sobre fondo gris-marrón frío (cf. correlimos menudo y cuellirrojo juv.)

coberteras predominantemente grises (cf. correlimos menudo juv.)

la punta de la cola supera la punta del ala; típico en casos como este

▼ 1er invierno (noviembre)

La edad puede determinarse mediante los mismos rasgos que en casi todas las limícolas (partes superiores mudadas que contrastan con las coberteras juveniles retenidas). La identificación de la especie es difícil en esta imagen, pero la combinación de rasgos señalados es indicativa. A diferencia del correlimos de Alaska, las aves de 1er año no mudan el plumaje nupcial hasta finales de otoño.

clásica popa chata; las primarias no superan la cola

típica mezcla de coberteras juv. retenidas y escapulares de tipo invernal mudadas

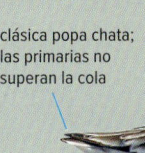

corto y relativamente grueso

estriado fino restringido a laterales del pecho (cf. correlimos de Alaska en (1er) invierno)

▶ 1er invierno (octubre)

Pocas diferencias significativas con los correlimos menudo y cuellirrojo en vuelo, pero las rectrices centrales suelen sobresalir ligeramente más en el correlimos cuellirrojo y las coberteras del correlimos menudo suelen ser más rojizas.

Correlimos de Alaska *Calidris mauri*

L 16 cm | Divagante de Norteamérica

▼ **Tipo adulto nupcial, probable ♂ (junio)**
Relativamente fácil de identificar en este plumaje. Además del rojizo extenso en escapulares, el pico corto apunta a ♂. La forma del pico recuerda a la del correlimos común, pero la punta es más gruesa y se curva de forma ligeramente más abrupta, especialmente en la mandíbula inferior.

escapulares extensamente rojizas llamativas, las inferiores con diseño de ancla

rojizo extenso

curva

todas las coberteras suelen ser viejas (ninguna de tipo nupcial)

manchas prominentes que crean una banda pectoral completa

manchas en flancos con forma de V o flecha, diagnósticas

▼ **Adulto invernal (octubre)**
Como un correlimos común en miniatura, pero con algunas diferencias sutiles.

relativamente pálidas y normalmente gris puro, con una línea negra muy fina en el raquis

relativamente largo, forma parecida al correlimos común. Sin ensanchamiento obvio en la punta (cf. correlimos semipalmeado)

proyección muy corta, como máximo

estriado fino y bien definido sobre fondo blanco, a menudo creando una banda pectoral completa (a diferencia de los correlimos europeos invernales)

dedo posterior largo (como en el correlimos semipalmeado, a diferencia de, por ejemplo, el correlimos menudo)

▼ **Adulto nupcial (mayo)**
Las motas diagnósticas en flancos también son visibles en vuelo.

▼ **Tipo adulto nupcial, probable ♀ (abril)**
Los ejemplares piquilargos, que también muestran menos escapulares rojizas, suelen ser ♀♀.

escapulares muy parecidas a las del correlimos semipalmeado nupcial, incluyendo la mancha oval pálida de la base

rojo extenso e intenso, como en los ♂♂

coberteras típicamente muy desgastadas

largo

diseño típico, pero menos exagerado que en los ♂♂

▼ **2º año cal. mudando a 1er verano (marzo)**
Las plumas invernales recién adquiridas son indicativas de muchas limícolas de 2º año cal. mudando a plumaje de 1er verano.

últimas coberteras juv., desgastadas y cortas comparadas con las coberteras nuevas

▼ **Adulto invernal (noviembre)**
En vuelo, el centro de gravedad suele situarse cerca de la proa, debido a una cabeza relativamente grande y prominente, pero en general no se aprecian rasgos distintivos de la especie. La banda alar es de tamaño medio, como en muchos correlimos, y tanto la cola como la zona de supracoberteras caudales/obispillo son iguales que en especies parecidas.

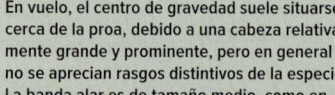

▶ **Juvenil (septiembre)**
La combinación de los rasgos destacados hace que la identificación de juveniles sea relativamente fácil, pero se trata de una especie extremadamente rara en Europa, por lo que siempre se debe tener en consideración un correlimos menudo aberrante. En la mayoría, los márgenes de escapulares superiores rojizo intenso contrastan con las escapulares inferiores gris claro todavía más que en este ejemplar. Véase también JUVENILES DE CORRELIMOS DE PATAS NEGRAS (p. 382) para más detalles y comparativas con otras especies.

proyección primaria corta (pero más larga que en el ad. nupcial); normalmente 2 puntas visibles (cf. correlimos menudo juv.)

estriado del píleo algo sutil y difuminado hacia los laterales (cf. correlimos semipalmeado)

blanco amplio

largo para un correlimos pequeño (pero variable)

margen exterior pálido (cf. correlimos menudo juv.)

estriado fino bien definido

el blanco en los laterales del pecho suele rodear el codo del ala (cf. otros correlimos pequeños)

palmeaduras entre los dedos frontales (más grande entre dedo central y exterior), característico en todos los plumajes

▼ **1er invierno (septiembre)**
Ya muy parecido al adulto invernal, pero véanse las coberteras juveniles. Especialmente difícil de distinguir de los correlimos semipalmeados más piquilargos. La muda postjuvenil empieza antes de alcanzar los cuarteles de invernada, a diferencia de en el correlimos semipalmeado, que normalmente se halla en plumaje juvenil completo durante todo el otoño.

coberteras juv. (cf. escapulares nuevas)

gris claro puro con líneas negras en raquis muy finas

clásica forma del pico, que sin embargo no excluye a un correlimos semipalmeado piquilargo

estriado fino y bien definido sobre fondo blanco, a menudo formando banda pectoral completa

▼ **Probable 2º año cal. /1er verano (junio)**
Muchos ejemplares que regresan al norte durante su 2º año cal. adquieren mucho plumaje nupcial y suele ser difícil diferenciarlos de los adultos, a no ser que puedan observarse las primarias desgastadas, como en este caso. Las primarias de los adultos son (significativamente) más oscuras que las coberteras desgastadas.

todas las coberteras viejas (no mudadas a tipo nupcial), habitual en todos los ejemplares nupciales (a diferencia de otros correlimos)

primarias muy desgastadas y descoloridas típicas de esta edad

---

Correlimos culiblanco *Calidris fuscicollis*

L 17 cm | Divagante de Norteamérica

Territ cuablanc CAT
Bonaparte txirria EUS
Pilro de cu branco GAL

▶ **Tipo adulto nupcial (mayo)**
Las partes superiores normalmente tienen una apariencia gris, debido al gris predominante en todos los grupos de plumas; algunos ejemplares son ligeramente más rojizos, pero estos tonos son algo más pálidos que en otros correlimos. Los ejemplares de 2º año cal. (1er verano) suelen adquirir el plumaje nupcial, por lo que solo son separables de los adultos si se aprecia primarias muy viejas o un límite de muda entre primarias internas viejas y externas nuevas (raramente visible en el campo).

centros negros elongados y márgenes grises anchos

rojizo variable, a veces ausente

ceja ancha (el ojo parece "empujado" hacia arriba)

proyección primaria larga (en adultos, c. 80 %)

base pálida, a menudo naranja apagado y ocupando toda la mandíbula

clásica amplia zona con franjeado fino y bien definido sobre fondo blanco (más en forma de V en flancos)

Correlimos culiblanco *Calidris fuscicollis*

▼ **Tipo adulto nupcial (junio)**
Ejemplar con diseño contrastado. Con, por ejemplo, grandes centros de escapulares negros y naranja muy apagado en la base de la mandíbula inferior.

▼ **Nupcial desgastado, mudando a invernal (septiembre)**
La muda a plumaje invernal empieza relativamente pronto, ya en julio. Este ejemplar ha empezado a mudar cabeza, partes inferiores, manto y algunas escapulares, que son ya de tipo invernal.

▼ **(1er) invierno (diciembre)**
Ejemplar de 1er invierno. Un adulto invernal es casi idéntico, pero muestra coberteras con el mismo diseño que las escapulares (gris uniforme con franja negra fina en el raquis) y normalmente terciarias más largas, lo que acorta ligeramente la proyección primaria.

▼ **Juvenil (octubre)**
El ala ligeramente caída permite apreciar las supracoberteras caudales blancas características de la especie.

proyección primaria (tras las terciarias) y proyección alar (tras la cola) muy largas, típicas de la especie

ceja llamativa, también en invierno

proyección primaria

proyección alar

coberteras aún juv., indicando 1er invierno

estriado típico en flancos

manto y escapulares con diseños en general muy llamativos y de tonos cálidos, con "V" muy marcada en manto y escapulares (como en el correlimos menudo juv.)

a menudo gris evidente

la punta suele estar ligeramente curvada

estrías finas pero densas (creando banda pectoral completa) en todos los plumajes

puntas de coberteras blancas (cf. correlimos menudo juv.)

proyección primaria muy larga (c. 100 %)

clásico estriado fino (a veces ausente o no visible)

suelen ser marronosas

▼ **1er invierno (octubre)**
Ya ha empezado la muda a plumaje invernal. La combinación de la estructura (proyección primaria muy larga) y las puntas blancas de coberteras también está presente en el correlimos de Baird (véase también), pero este no muestra, por ejemplo, estrías oscuras en flancos.

plumas de manto y escapulares nuevas de tipo adulto invernal

proyección primaria muy larga (también en el correlimos de Baird)

coberteras juv. retenidas con diseño clásico (véase juv.)

flancos estriados (a diferencia del correlimos de Baird)

▶ **Juvenil/1er invierno (octubre)**
Las supracoberteras caudales blancas son típicas en todos los plumajes.

típicas supracoberteras caudales completamente blancas (compárese con el correlimos zarapitín)

Correlimos de Baird *Calidris bairdii*

L 16 cm | Divagante de Norteamérica

▼ **Tipo adulto nupcial (mayo)**

El color de fondo de partes superiores, cabeza y pecho suele ser de un amarillo-gris-marrón muy típico en todos los plumajes. La estructura general es muy elongada (en esta foto resulta menos llamativo debido al ángulo). Además, los adultos nupciales suelen tener terciarias más largas que en otros plumajes, lo que acorta la proyección primaria. Con el plumaje nupcial nuevo, el negro contrastado del centro de las escapulares no es tan llamativo (sí lo es más tarde en verano). Las coberteras de este ejemplar son muy nuevas, por lo que es probable que también fueran reemplazadas durante la muda a plumaje nupcial.

cabeza y partes superiores con la típica coloración general amarillo-marrón

larga; no tan evidente en esta imagen

casi recto

motas finas y bien definidas, a menudo sobre fondo amarillo-gris-marrón, sin apenas alcanzar el flanco

▼ **Tipo adulto nupcial (junio)**

A partir de junio, suelen mostrar partes superiores muy ajedrezadas y un plumaje general muy blanco y negro o, como mucho, con los típicos tonos amarillo-gris-marrón. El color de fondo de la banda pectoral suele ser grisáceo, pero con cierta saturación que le diferencia del correlimos culiblanco. Nótese que la proyección primaria (en relación con las terciarias) tampoco resulta tan llamativamente larga en este ejemplar nupcial, debido a las terciarias nupciales elongadas, pero la proyección alar (tras la cola) sigue siendo larga. Con observaciones pobres, es posible confundirlo con el correlimos tridáctilo en "plumaje nupcial gris" (compárese también en vuelo). No suele reemplazar las coberteras durante la muda a plumaje nupcial, por lo que, con el desgaste, contrastan bastante con las escapulares nuevas.

centros de escapulares negros evidentes (resaltados por el color tan pálido del resto de la pluma)

ceja larga, pero a menudo poco llamativa

mancha blanca redondeada sobre la brida: a menudo el rasgo más llamativo de la cabeza (menos en verano)

las primarias superan por mucho la punta de la cola

algo de estriado fino en flanco posterior ("limpio" en el centro)

▼ **Juvenil (agosto)**

Ejemplar arquetípico de este plumaje, el más habitual en Europa. La impresión de estructura elongada suele verse acentuada por unas partes superiores bastante "llanas" y unas patas algo cortas.

terciarias cortas y primarias muy largas, que superan la punta de la cola, creando una popa muy elongada (compartida solo con el correlimos culiblanco)

partes superiores dominadas por amarillo marrón tenue y márgenes de plumas blancos, creando una apariencia escamada

diseño de la brida llamativo

la parte plumada se extiende hacia la punta del pico (cf. otros correlimos)

banda pectoral ancha y completa, tanto en cuanto a color de fondo como en cuanto al estriado

▼ **(1er invierno (noviembre)**

La muda postjuvenil tiene lugar en los cuarteles de invernada, lo que reduce las posibilidades de ver este plumaje en Europa. Los adultos invernales son casi idénticos, pero tienen todas las coberteras nuevas y con el mismo diseño que las escapulares. Los adultos mudan las primarias en otoño, las aves de 1er invierno a partir de diciembre. Este ejemplar tiene las patas cubiertas de fango, lo que les da ese color poco habitual.

plumas invernales con franja ancha en el raquis, centro oscuro difuso y márgenes pálidos anchos

mezcla de coberteras (juv.) desgastadas y escapulares nuevas, indicando 1er invierno

banda pectoral completa y ancha retenida durante todo el invierno

ala muy larga clásica, con espacios relativamente anchos entre puntas de primarias

▶ **Juvenil (agosto)**

El diseño general del reverso y anverso del ala, en lo relativo a la banda alar y las zonas oscuras del reverso, apenas difiere de otras especies similares, pero sí lo hace el patrón de obispillo y supracoberteras caudales. Véase también en este ejemplar el clásico color general amarillo-marrón y la mancha blanca bien definida en la brida.

típicas supracoberteras caudales centrales oscuras y externas manchadas

Correlimos falcinelo *Calidris falcinellus*

L 16,5 cm | Verano, N Europa; migrante, de O a SE Europa

▼ Tipo adulto mudando a nupcial (abril)

Con el plumaje nupcial nuevo, tiene un aspecto "enharinado" debido a los numerosos márgenes de plumas pálidos, que se irán desgastando hacia el verano, oscureciendo el plumaje. Los márgenes de las plumas pálidos consiguen que incluso el llamativo diseño cefálico sea menos evidente en este ejemplar.

base ancha

curva abrupta

▼ Tipo adulto nupcial (junio)

todas las plumas de partes superiores con centros negros y márgenes pálidos, nunca o muy raramente con algo de rojizo

la "V" en el manto suele ser evidente si no está muy desgastada

diseño cefálico "tipo agachadiza" característico: ceja "doble" larga y brida muy contrastada

oscuras, pero a menudo más marrón (verdoso) que negro

zonas oscuras densas, formadas por manchas triangulares en pecho y con forma de flecha en flancos

▼ Adulto invernal (enero)

Predominantemente gris-marrón como el resto de correlimos, pero el diseño cefálico contrastado aún suele ser visible.

motas bien definidas

diseño cefálico marcado formado por ceja bien definida y brida oscura (cf. por ejemplo correlimos común invernal)

forma del pico típica con curva abrupta

▼ Juvenil (agosto)

El diseño facial contrastado es el rasgo más llamativo. Las partes superiores son similares a las del correlimos común juvenil, pero ofrecen una impresión más cebrada que de alguna manera se extiende hacia las coberteras. Las aves vistas en Europa suelen estar en plumaje juvenil completo, porque la muda se inicia tarde: típicamente solo en las zonas de invernada no europeas.

"V" muy llamativa en manto y escapulares

margen de escapulares blanco ancho, creando una apariencia cebrada desde lejos

patrón menos definido que en el adulto, sobre fondo marrón

▶ 1er invierno (noviembre)

Como en otros correlimos, este plumaje es casi como el del adulto invernal, pero con coberteras juveniles retenidas. Este ejemplar pertenece a la subespecie asiática *sibirica*, idéntica a la nominal en este plumaje

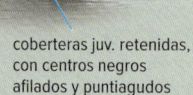

coberteras juv. retenidas, con centros negros afilados y puntiagudos

▼ Tipo adulto nupcial, *sibirica* de C y E Siberia (abril)

Como la subespecie nominal, pero con zonas rojizas más extensas y de tonos más intensos en plumaje nupcial. El estatus de esta subespecie en Europa es incierto.

▼ Juvenil (agosto)

blanco en hemibandera externa de rectrices (gris casi uniforme en otros correlimos)

margen de ataque oscuro y ancho en todos los plumajes

márgenes rojizo intenso

Correlimos zarapitín *Calidris ferruginea*

L 20 cm | Migrante en toda Europa

▶ **Adulto nupcial (julio)**
Fácil de identificar en este plumaje. Solo el correlimos gordo nupcial puede resultar vagamente similar, pero es más grande, tiene un pico más corto y recto, las patas verdosas y la coloración de cabeza y partes inferiores más anaranjada y pálida.

▼ **Tipo adulto mudando a invernal (octubre)**
Empieza la muda a plumaje invernal por la cabeza y las partes inferiores, pero suele retener algunas plumas nupciales naranja-rojo, lo que facilita la identificación. Este ejemplar justo acaba de iniciar la muda de coberteras y escapulares; nótese las pocas plumas grises de tipo invernal.

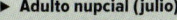

▼ **Adulto invernal (octubre)**
En plumaje invernal, es relativamente parecido a los correlimos comunes piquilargos, pero véanse los rasgos indicados. Es interesante resaltar también la enorme variabilidad en la fenología de muda (compárese con el otro ejemplar también de octubre).

plumas invernales gris claro (con tintes marrones) con líneas oscuras finas en raquis

última escapular nupcial

la ceja se extiende hasta muy atrás (cf. correlimos común invernal)

brida oscura relativamente fina, pero bien definida (cf. correlimos común invernal)

todas las coberteras de tipo adulto (grises con una línea oscura fina en raquis y márgenes pálidos finos)

largo y curvo (pero algunos correlimos comunes pueden tener esta misma forma)

tibia larga (cf. correlimos común invernal)

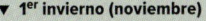

▼ **Juvenil (septiembre)**
Tanto la forma del pico como el plumaje resultan distintivos. Las partes superiores con un escamado bien definido y más o menos uniforme le diferencia del resto de especies de correlimos comunes en Europa (pero véanse los juveniles de correlimos zancolín y de Baird). Suele retener el plumaje juvenil hasta abandonar Europa en otoño.

escapulares inferiores con diseños de anclas finas

escamas pálidas

ceja dividida

proyección primaria larga

tonos melocotón variables

▼ **1er invierno (noviembre)**
La muda a 1er invierno no se inicia hasta los cuarteles de invernada. Las diferencias con respecto al correlimos común (además de la muda postjuvenil tardía) son: diseño cefálico contrastado con bridas oscuras y ceja más llamativo, curva del pico en la punta más suave (más abrupta en el correlimos común), punta del pico fina y alas más largas (a menudo superando la punta de la cola).

van apareciendo escapulares y plumas de manto de tipo 1er invierno

▼ **2º año cal./tipo 1er verano (junio)**
Los ejemplares de 2º año cal. adquieren una cantidad de plumaje nupcial variable; algunos incluso retienen el plumaje invernal completo, como en este caso.

Correlimos zarapitín *Calidris ferruginea*

▶ **Juvenil (septiembre)**
Las supracoberteras caudales son visibles en vuelo (carece de negro en el centro) y forman una mancha blanca llamativa en el obispillo. Los correlimos culiblanco y zancolín muestran un diseño similar (véase también). El anverso del ala es muy parecido al de otros correlimos. En la mayoría de *Calidris*, los pies no proyectan tras la cola.

completamente blanco (algunas motas negras en el adulto nupcial)

▼ **Adulto mudando a nupcial (abril)**
A veces, en este plumaje se puede confundir con el correlimos zancolín, pero las patas son relativamente cortas y negras.

las patas largas sobresalen bajo la cola

Correlimos zancolín *Calidris himantopus*

L 21 cm | Divagante de Norteamérica

Territ camallarg CAT
Txirri zankaluzea EUS
Pilro pernilongo GAL

▼ **Tipo adulto nupcial (abril)**
Inconfundible en este plumaje por las partes inferiores barradas. Cuando este barrado es ancho y regular, es indicativo de ♂, pero es difícil descartar una ♀ con el plumaje nupcial muy desarrollado.

▼ **Tipo adulto nupcial (abril)**
Los ejemplares con menos barrado (y más irregular) y menos plumas nupciales en partes superiores y coberteras, como este caso, son sobre todo ♀♀, pero el sexo solo se puede asegurar al observar parejas. Los ejemplares de 2º año cal. también adquieren menos plumaje nupcial.

diseño cefálico característico, con auriculares y laterales del píleo rojizos y ceja larga

cantidad variable de plumas nupciales, especialmente coberteras, mezcladas con plumas invernales

largo con punta "caída"

la proyección primaria suele ser considerable; la punta del ala suele sobresalir bastante tras la cola

diseño cefálico típico, también en ejemplares con un patrón menos marcado: auriculares rojizas, ceja muy larga y pico largo y curvo

largas y amarillentas

partes inferiores barradas, único entre las limícolas

▼ Adulto mudando a invernal (agosto)
La muda a plumaje invernal empieza pronto. Bastantes ejemplares en Europa muestran este plumaje formado por una mezcla de plumas nupciales viejas e invernales nuevas en coberteras y partes superiores.

▼ Tipo adulto invernal (noviembre)
Este ejemplar parece carecer de coberteras juveniles, por lo que debería ser un adulto o un 1er invierno avanzado.

▼ Juvenil/1er invierno (agosto)
Los ejemplares de 1er año inician la muda a 1er invierno pronto. Los ejemplares más primerizos pueden aparecer en Europa con este plumaje.

muda a plumaje invernal iniciada

▼ 1er invierno (octubre)
El plumaje y la forma del pico son similares al 1er invierno de correlimos zarapitín, pero este suele retener el plumaje juvenil hasta al menos el mes de octubre. Los correlimos zarapitines también tienen las patas negras en todos los plumajes. Más tarde en el otoño, todas las partes superiores suelen estar ya mudadas y contrastan con las coberteras juveniles retenidas.

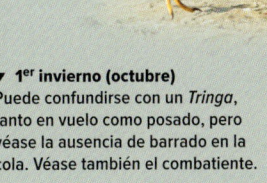

mezcla típica de plumas de manto de tipo adulto invernal y coberteras juv. debido a la muda avanzada (a diferencia del correlimos zarapitín juv.)

(verde) amarillento y tibia muy larga para ser un correlimos

▼ 1er invierno (octubre)
Puede confundirse con un *Tringa*, tanto en vuelo como posado, pero véase la ausencia de barrado en la cola. Véase también el combatiente.

sin línea central oscura

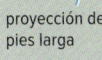

proyección de pies larga

banda alar muy fina (solo puntas de coberteras)

▶ Adulto (septiembre)

zonas oscuras extensas (a diferencia de otros correlimos, incluyendo el correlimos zarapitín)

Correlimos común *Calidris alpina*

L 19 cm | Verano, NO y N Europa; invierno, O a SE Europa

SUBESPECIES

Todas las subespecies comparten el mismo diseño básico del plumaje nupcial, lo que hace que la identificación sea sencilla: mancha ventral negra y amarillo-marrón o rojizo extenso en partes superiores. La identificación de subespecies en el campo suele ser posible solo en primavera y en los ejemplares más clásicos (sobre todo ♂♂). Los *alpina* nominales en primavera son especialmente llamativos en comparación con *schinzii* y *arctica*. En otros plumajes, la identificación subespecífica solo es posible en mano, utilizando medidas biométricas y siempre que estas no se hallen en el intervalo de solapamiento. Las subespecies también difieren en la fenología de muda: *schinzii* y *arctica* mudan a plumaje nupcial aproximadamente un mes antes que los *alpina* nominales. Por ello, las plumas nupciales en *alpina* todavía están nuevas y con tonos rojo intenso hasta más tarde en primavera, mientras que, en *schinzii* y *arctica*, estas plumas ya están algo desgastadas y descoloridas durante esta época.

▼ **Tipo adulto nupcial, *schinzii* sureño (junio)**
El vientre negro facilita la identificación a nivel específico de cualquiera de las subespecies. Además de los rasgos que se señalan, esta subespecie (que se reproduce en Islandia, Gran Bretaña, Irlanda y S de Escandinavia) es ligeramente más pequeña que *alpina*.

rojizo más pálido y menos intenso que en *alpina*

cuello casi del mismo color que el píleo y el manto (cf. *alpina*)

en promedio, más corto y recto que en *alpina*

color de fondo de un blanco más sucio (más puro en *alpina* y *arctica*)

pecho inferior a menudo estriado

a veces el negro no es sólido; típica franja blanca central en este ej. (cf. *alpina*)

▼ **Tipo adulto nupcial, *hudsonia* de Norteamérica (mayo)**
Ejemplar clásico de esta subespecie, aunque en Europa la identificación es difícil (si no imposible) por la variabilidad de, sobre todo, la subespecie nominal *alpina*.

plumas nupciales con centros negros relativamente pequeños, dando lugar a amplias zonas rojizo uniforme

es la subespecie con la cabeza y las partes inferiores más blancas

a menudo largo, igual o más que en *alpina* nominal

a menudo muestra franjas negras bastante extensas

estrías relativamente finas sobre fondo blanco puro

▼ **Tipo adulto nupcial, *alpina* nominal de N Escandinavia (mayo)**
La subespecie nominal *alpina* es la más grande de Europa (de entre las comunes) y con el rojo-marrón de partes superiores más intenso. Debido a la muda prenupcial tardía, muestran un plumaje nupcial más nuevo que en *schinzii* y *arctica* durante el mismo periodo de la primavera/verano.

rojizo intenso típico, con centros negros de tamaño medio y algunas puntas plateadas cuando está nuevo (cf. otras ssp.)

gris, contrasta con píleo y manto rojizos (cf. *schinzii* y *arctica*)

brida pálida, o muy difusa, en todos los plumajes (a diferencia de muchos otros correlimos)

motas relativamente finas sobre fondo blanco (cf. *schinzii*)

mancha ventral negra diagnóstica en todas las subespecies nupciales; a menudo grande y uniform en *alpina* nominal

▼ **Tipo adulto nupcial, *arctica* (mayo)**
La subespecie más pequeña y pálida en promedio. Se reproduce en Groenlandia, migra a través del O de Europa hacia sus cuarteles de invernada en el O de África, siendo posiblemente raro en otras zonas de Europa. Véase la apariencia pálida general en comparación con otras subespecies.

sin apenas rojizo en el centro de las plumas (cf. otras ssp.)

tonos pálidos/fríos en partes superiores característicos

popa a menudo elongada

en general más corto que en otras ssp.

típica mancha ventral negra reducida; aspecto parcheado con el plumaje nuevo

▼ **Tipo adulto nupcial, *arctica* (mayo)**
Las escapulares de tipo nupcial son bastante diferentes a las de *schinzii* y *alpina*, siendo pálidas con un centro negro bastante reducido. En ejemplares típicos, este suele ser, además, bastante cuadrado y con tan solo una franja fina que se extiende por el raquis hasta la punta de la pluma.

algunas escapulares de tipo nupcial son bastante parecidas a las de tipo invernal

escapulares de tipo nupcial con centros negros reducidos, cuadrados y bastante limitados a la base de la pluma

puntas amplias rojizo o gris pálido

▼ Tipo ♀ (mayo)

Los ejemplares como este pueden ser tanto ♀♀ como ejemplares de 2º año cal./1er verano. La mancha ventral negra poco sólida es indicativo de una ♀. Las ♀♀ pueden identificarse a nivel subespecífico en contadas ocasiones, porque las ♀♀ de *alpina* nominal también tienen las partes superiores de un rojizo menos intenso que los ♂♂.

▼ Adulto mudando a plumaje invernal (septiembre)

La muda activa de primarias apunta a adulto, ya que los correlimos de 1er año no mudan sus primarias en otoño. La muda suele estar bastante avanzada en otoño, a diferencia de otras especies de *Calidris*.

plumas de tipo invernal gris-marrón, con franja oscura fina en el raquis

franja en la brida ancha, pero muy difuminada (cf. otros correlimos)

muda activa de primarias

con el otoño avanzado, todavía suelen apreciarse resquicios de la mancha ventral negra

▼ Adulto invernal (octubre)

Casi todos los correlimos muestran unas partes superiores, cabeza y pecho grisáceos en plumaje invernal. El tamaño, el diseño de la brida y la forma del pico siguen constituyendo rasgos útiles en este plumaje.

gris con tonos marrones; franjas negras finas en raquis

franja en la brida ancha pero con bordes difusos (a diferencia de muchos otros correlimos invernales)

relativamente largo, con curvatura repentina cerca de la punta (cf. correlimos zarapitín)

▼ Juvenil (agosto)

Las manchas ventrales negras son únicas entre los correlimos (juveniles), pero desaparecen a lo largo del otoño. La muda postjuvenil suele empezar pronto (especialmente en los *schinzii* sureños) y ya ha empezado en este ejemplar, que muestra ya las primeras plumas de manto y escapulares gris uniforme.

"V" llamativa en manto y escapulares (desaparece rápido debido a la muda postjuvenil temprana)

manchas negras diagnósticas

▼ 1er invierno (septiembre)

plumas grises nuevas de tipo invernal, que en *Calidris* suelen aparecer en primer lugar en manto y escapulares

manchas ventrales negras casi desaparecidas (pero aún diagnósticas)

▼ 1er invierno (diciembre)

Unos meses más tarde son ya casi como el adulto invernal, pero véanse las coberteras y terciarias aún juveniles, más desgastadas y descoloridas que en los adultos, creando un límite de muda con las escapulares y plumas de manto mudadas.

coberteras y terciarias juv.

manto y escapulares mudadas por completo a plumaje invernal, idénticas a las de los adultos invernales

banda alar típicamente ancha en la mano

▲ 1er invierno (octubre)

Las bases blancas de las primarias internas son más extensas que en la mayoría de correlimos; el reverso del ala es blanco casi por completo.

Juveniles de correlimos de patas negras

PARTES SUPERIORES Y COBERTERAS

"V" blanca en el manto, pero mudada rápidamente

centro oscuro uniforme (sin diseño de ancla)

escapulares con márgenes rojizos y blancuzcos

terciarias entre negro y gris oscuro, con bordes tanto descoloridos como rojizos

márgenes de coberteras entre gris y rojizo

▲ **Correlimos común (septiembre)**

"V" DE MANTO Y/O ESCAPULARES
En correlimos juveniles, las líneas blancas con forma de V que cruzan las partes superiores están formadas por los márgenes blancos de las plumas adyacentes de manto y escapulares.

todas las plumas de partes superiores son gris-marrón con márgenes pálidos monótonos

el raquis oscuro "rompe" el margen pálido (cf. correlimos de Baird juv.)

proyección primaria larga

▲ **Correlimos zarapitín (septiembre)**

el negro predomina en el centro, raramente con diseño de anclas

"V" blanca llamativa y diagnóstica en escapulares

terciarias negras, todas, o casi, con márgenes rojizos

coberteras con márgenes rojizos (tenues)

▲ **Correlimos menudo (octubre)**

márgenes rojizo relativamente intenso, contrastando con coberteras gris frío

sin "V" blanca en manto o escapulares (cf. correlimos menudo juv.)

transición bastante súbita entre las escapulares oscuras con anclas/centros negros y las coberteras gris claro bastante uniforme (cf. correlimos semipalmeado juv.)

gris, sin márgenes rojizos (cf. correlimos menudo juv.)

coberteras con puntas blancas poco llamativas debido al color de fondo pálido (cf. correlimos semipalmeado juv.)

escapulares con "V" blanca en la punta, de anchura uniforme (cf. correlimos semipalmeado juv.)

▲ **Correlimos cuellirrojo (septiembre)**

sin "V" blanca evidente en manto/escapulares (cf. correlimos menudo juv.)

las puntas blancas de escapulares son más estrechas en la hemibandera interna y están "rotas" por el raquis (cf. correlimos cuellirrojo juv.)

transición gradual entre las escapulares superiores negras y las coberteras grises (cf. correlimos menudo y cuellirrojo juv.)

◄ **Correlimos semipalmeado (octubre)**

diseño de anclas difuso y asimétrico (cf. correlimos menudo, cuellirrojo y de Alaska juv.)

terciarias grises, sin tonos rojizos evidentes (cf. correlimos menudo juv.)

coberteras apenas más pálidas que las escapulares; punta pálida relativamente llamativa debido al color de fondo gris algo oscuro (cf. correlimos cuellirrojo juv.)

suele mostrar un diseño de anclas sólido y bien definido en escapulares inferiores (especialmente en ejs. con color de fondo gris más claro que en este caso)

los márgenes rojizos de escapulares superiores crean una línea roja intensa característica

proyección primaria a menudo corta

"V" blanca de manto/escapulares a menudo llamativa

normalmente gris oscuro con márgenes pálidos

proyección primaria muy larga; el ala proyecta tras la cola

diseño de anclas a menudo débil

partes superiores predominantemente marrón claro con márgenes y puntas blancos (sin "V" blanca en manto/escapulares)

▲ **Correlimos de Alaska (septiembre)**

▲ **Correlimos de Baird (agosto)**

contraste llamativo entre las escapulares superiores con márgenes rojizo intenso y las escapulares inferiores/coberteras con márgenes blancos

"V" blanca llamativa en manto/escapulares

proyección primaria muy larga; el ala proyecta tras la cola

manchas típicas

► **Correlimos culiblanco (octubre)**

Correlimos pectoral *Calidris melanotos*

L 22,5 cm | Divagante de Norteamérica o Siberia

▼ **Tipo adulto ♂ nupcial (junio)**
Durante la temporada de cría, los ♂♂ muestran un pecho densamente franjeado y a menudo se ve abultado en la parte superior por el amplio saco aéreo de la garganta, inflado durante el cortejo. Los ♂♂ son más grandes que las ♀♀, sin apenas solapamiento. Las aves de 2º año cal. (1er verano) suelen adquirir el plumaje nupcial, pero siguen siendo identificables por mostrar primarias muy desgastadas (en adultos las primarias se ven nuevas y negras debido a la muda invernal tardía).

más afiladas que en otros correlimos (pero iguales en el acuminado)

adultos con "V" blanca en manto (en juv. también en escapulares)

el rojizo de los márgenes suele ser tenue

pálido

entre (verde)amarillo y anaranjado en todos los plumajes

pecho con estriado denso que se extiende hacia el vientre, con el borde bien delimitado (a menudo puntiagudo en el centro), característico

▼ **♀ nupcial (abril)**
De lejos, es más probable confundirlo con andarríos del género *Tringa* o con el combatiente que con otros correlimos. Esto se debe a su tamaño, la base del pico pálida y las partes superiores con un diseño más uniforme.

diseño menos marcado y más restringido que en el ♂ nupcial

▼ **Invernal (enero)**
Similar al plumaje nupcial. La muda a este plumaje tiene lugar casi exclusivamente en invierno, lo que hace que en Europa se observen pocos ejemplares en muda activa (algunas observaciones de invernantes en el sur).

▼ **Juvenil (octubre)**
Como en otros correlimos, la proyección primaria es más larga en juveniles que en adultos debido a las terciarias más cortas de los primeros. El tamaño, las patas pálidas, el estriado extenso y bien definido del pecho y la base del pico pálida permiten identificar la especie entre otros correlimos. Mantiene el plumaje juvenil intacto hasta principios de invierno.

las puntas blancas de la hemibandera externa de escapulares inferiores forman una "V" blanca (cf. adulto)

rojizo intenso

base pálida extensa

proyección primaria larga

diseño diagnóstico, como en los plumajes de tipo adulto

▼ **Juvenil (septiembre)**
Puede parecerse al combatiente en vuelo, debido a su tamaño y a la banda alar sutil, pero las patas largas del combatiente sobresalen bajo la cola, los laterales de la cola son blanco uniforme y la línea central oscura de obispillo/ supracoberteras caudales es más estrecha.

estrías negras

relativamente elongadas

banda alar sutil

▶ **Adulto (final de otoño)**
La muda a plumaje invernal tiene lugar en otoño, generalmente en el sur de Europa.

mezcla de coberteras gastadas y escapulares nuevas

Correlimos acuminado *Calidris acuminata*

L 21,5 cm | Divagante de E Asia

▼ Tipo adulto nupcial desgastado (julio)
Las observaciones en Europa, normalmente a finales de verano, corresponden con este tipo de plumaje. Las listas (normalmente con forma de V) de partes inferiores son diagnósticas con respecto al correlimos pectoral, como también lo son las manchas tras las patas (en todos los plumajes). En general, el rojizo del píleo es más intenso que el de los márgenes de terciarias (lo opuesto en el correlimos pectoral).

▼ Tipo adulto nupcial nuevo (abril)

diseño cefálico típico: píleo rojizo intenso y anillo ocular bien definido; el píleo puede asemejarse a un capirote por estar delimitado por una ceja llamativa

manchas y franjas características

manchas/estrías en el vientre, infracoberteras caudales y supracoberteras caudales externas

entre verde y amarillo en todos los plumajes

manchas variables pero a menudo extensas y en forma de V

▼ Invernal (marzo)

plumas de tipo invernal gris-marrón, con centros oscuros difusos y sin tonos rojizos en márgenes (como en el correlimos pectoral)

durante el invierno, mantiene bastante del diseño cefálico típico

▼ Juvenil (septiembre)
A pesar de que hay numerosas diferencias, el juvenil de combatiente es la especie más similar. Este ejemplar está mojado, lo que oculta la "V" blanca del manto y escapulares. Retiene el plumaje juvenil hasta ya avanzado el otoño.

rojizo intenso, más llamativo en el juv.

ceja llamativa

franja oscura contrastada en la brida (cf. combatiente juv.)

la "V" blanca de manto/escapulares suele ser llamativa

proyección primaria larga

color crema cálido; estrías finas (cf. combatiente juv.)

la base pálida del pico se limita a la mandíbula inferior en todos los plumajes (cf. correlimos pectoral)

los adultos pueden retener manchas en forma de V (en este caso se trata más probablemente de plumas nupciales nuevas)

típico estriado fino (cf. combatiente juv.)

suelen ser verdosas en el juv.

▼ Tipo adulto nupcial (mayo)
Los rasgos que se muestran son útiles en todos los plumajes. El estriado en el correlimos pectoral se limita a las supracoberteras caudales.

▼ 1er invierno (noviembre)
Apariencia todavía muy juvenil, pero con la muda a 1er invierno iniciada (suele ser tardía); este ejemplar se halla en muda activa y se ha deshecho de muchas coberteras, pero aún no las ha reemplazado. Los rasgos más importantes siguen siendo los juveniles, pero siempre muestran el estriado típico en vientre e infracoberteras caudales.

tanto supra como infracoberteras caudales muy estriadas características en todos los plumajes (cf. correlimos pectoral)

solo una banda alar sutil (como en el correlimos pectoral)

plumas nuevas de tipo invernal

estriado característico en todos los plumajes

Correlimos oscuro *Calidris maritima*

L 20,5 cm | Verano, N y NO Europa; invierno, O y SO Europa

▼ **Tipo adulto nupcial (junio)**
Especie distintiva, también en plumaje nupcial, lo que en buena parte se debe a su estructura peculiar. La cabeza, pecho y manto nupciales tienen una apariencia parcheada y la base del pico pálida es menos extensa que en otros plumajes. Algunos ejemplares apenas muestran nada de naranja en escapulares. Las aves de 2º año cal. suelen adquirir el plumaje nupcial, pero a veces siguen siendo identificables por sus primarias más desgastadas y posiblemente también algunas coberteras medianas retenidas, también con mucho desgaste.

escapulares de tipo nupcial con márgenes naranjas variables y centros negros amplios

naranja-marrón; la mancha en auriculares puede ser llamativa (no tanto en otros plumajes)

cabeza relativamente pálida en este plumaje

entre amarillo-naranja y naranja brillante en todos los plumajes

color de fondo gris en todos los plumajes

fuertemente parcheado de oscuro (todavía más en otros plumajes)

▼ **Adulto invernal (marzo)**
Es una especie de correlimos distintiva en todos los plumajes. Las únicas zonas de la cabeza con cierto patrón son la mancha pálida en la brida y un atisbo de ceja. Véanse los márgenes gris claro de coberteras, con el mismo nivel de desgaste que las escapulares (a diferencia de los ejemplares de 1er invierno).

coberteras con margen gris claro difuso (cf. 1er invierno)

cabeza, pecho y partes superiores típicamente gris oscuro más o menos uniforme

fila de motas oscuras entre flancos e infracoberteras caudales

pálido, anaranjado

▼ **1er invierno (noviembre)**
Ya muy similar al adulto invernal, pero véanse las coberteras aún juveniles, que serán retenidas (en algunos casos) hasta después del invierno. Estas plumas están más desgastadas que las de tipo adulto y sus márgenes son más blancos, pero el datado no siempre es fácil. Las coberteras de tipo adulto están en mejor condición en otoño/invierno y no se aprecia una diferencia de desgaste con respecto a las escapulares.

▼ **Juvenil (agosto)**
Este ejemplar está aún en plumaje juvenil completo. A su llegada a sus zonas de invernada europeas, situadas relativamente al norte (por ejemplo, O de Europa), suelen haber mudado ya el cuerpo, el manto y las escapulares, que son ya de tipo adulto invernal (véase el 1er invierno). La clásica estructura se aprecia bien aquí y es igual en todos los plumajes.

terciarias cortas y (por tanto) proyección primaria larga

la cola larga se extiende tras las alas

coberteras desgastadas en comparación con las escapulares y con margen blanco definido (cf. adulto invernal)

variablemente pálidas, a menudo la única zona de la cara con cierto diseño definido

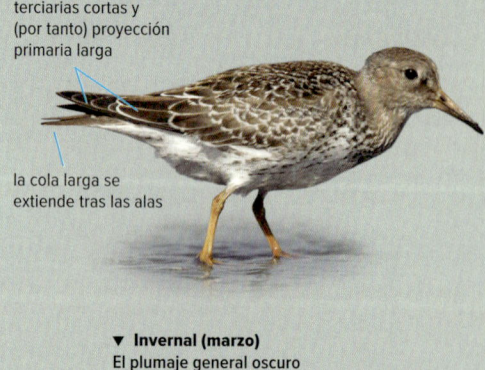

▼ **Invernal (marzo)**
El plumaje general oscuro resalta más la banda alar.

manchas oscuras

secundarias internas casi totalmente blancas

banda alar relativamente ancha

▶ **Invernal (marzo)**
El reverso del ala es ligeramente más oscuro que en la mayoría de correlimos, debido a la franja parcial que forman las coberteras externas grises.

banda central negra ancha

banda oscura variable a lo largo de las coberteras grandes

Combatiente *Calidris pugnax*

L ♂ 31 cm, ♀ 24 cm | Verano, N y NE Europa; invierno, O a SE Europa

▼ ▶ Tipo adulto ♂♂ plumaje de cortejo (mayo, junio)
Los ♂♂ en cortejo son inconfundibles. La melena varía enormemente, pudiendo ser totalmente blanca, negra, rubia, rojiza, parcheada o una combinación de todo un poco. El píleo suele ser de distinto color que el resto de la melena (aunque no en ♂♂ blancos). El color de la melena también está presente en partes superiores.

▼ Tipo adulto ♂ "plumaje nupcial" (marzo)
Antes de que aparezca la melena, los ♂♂ muestran un plumaje nupcial más normal y parecido al de la ♀. La base del pico pálida es más habitual en ♂♂. El mítico plumaje de cortejo aparece a partir de finales de abril. Un porcentaje muy pequeño de ♂♂ mantiene este plumaje tipo ♀ a modo de "disfraz", lo que parece que les ahorra tener que luchar con otros ♂♂.

anillo ocular "roto" llamativo, sin ceja (cf. andarríos del género *Tringa*)

centros de plumas negros con márgenes pálidos: partes superiores escamadas (cf. andarríos del género *Tringa*)

pálido, indicando ♂

manchas negras en cantidad variable

naranja

barras gruesas típicas (sin muescas, cf. andarríos del género *Tringa*)

▶ Tipo adulto ♂ invernal (marzo)
Algunos ♂♂ pueden retener amplias zonas blancas alrededor del cuello, mientras que otros son idénticos a las ♀♀ en cuanto a plumaje, pero de mayor tamaño y con patas más largas. Los grupos en invierno suelen estar formados por ejemplares del mismo sexo. El blanco en este ejemplar podría corresponder ya con el inicio del plumaje nupcial.

▼ Adulto invernal (noviembre)
El pico totalmente negro no descarta al ♂. En comparación directa, los ♂♂ son obviamente más grandes que las ♀♀.

plumas de tipo invernal gris-marrón, con margen pálido difuso y manchas negras típicas

▼ Tipo adulto ♀ nupcial (junio)
Muy similar al ♂ en "plumaje nupcial" antes de que aparezca la melena, etc. Sin ser tan extrema como en los ♂♂, también existe cierta variabilidad entre las ♀♀. Las hay más rojizas y más grisáceas; con partes inferiores muy barradas o solo manchadas de negro. Las barras anchas en terciarias y coberteras grandes nupciales siempre resultan útiles para separarlo de otras especies algo similares.

barrado muy ancho, único entre las limícolas

Combatiente *Calidris pugnax*

▼ Juvenil (septiembre)

La identificación de juveniles no resulta difícil si se utiliza la combinación de rasgos adecuada. Algunas rarezas, como los correlimos canelo y acuminado, son las especies más parecidas (véanse también). Los juveniles también son algo variables, pero normalmente solo en el color de fondo y asociado al desgaste. Los ejemplares con el plumaje nuevo (julio–agosto) son más rojizos; más tarde, en otoño, las partes inferiores son más pálidas, pero siempre algo más rojizas que en los adultos otoñales. En comparación directa, ambos sexos son identificables por el tamaño. Las ♀♀ son más pequeñas (como un archibebe común; los ♂♂ son significativamente más grandes).

diseño uniforme; negro en el centro de las plumas, márgenes rojizos o pálidos, sin muescas, aspecto muy escamado (cf. andarríos del género *Tringa*)

capirote oscuro llamativo

bridas pálidas lisas (a diferencia de muchos correlimos y andarríos del género *Tringa*)

márgenes de terciarias uniformes, sin muescas (cf. andarríos del género *Tringa*)

mancha pálida en centro oscuro

rojizo o color salmón, liso

verdosas

▼ 1er invierno (octubre)

Los ejemplares de 1er año retienen todo el plumaje juvenil hasta ya avanzado el otoño. Este ejemplar muestra las primeras plumas invernales en partes superiores (y pecho), pero el resto del plumaje es juvenil (desgastado).

empiezan a aparecer escapulares y plumas de manto de tipo invernal

▼ Tipo adulto ♀ nupcial (junio)

Algunas ♀♀ son muy barradas y pueden confundirse con otras limícolas (por ejemplo, andarríos bastardo o correlimos zancolín).

▼ Juvenil (septiembre)

La combinación de supracoberteras caudales tipo correlimos con la proyección de los pies tras la cola resulta útil y característica en todos los plumajes.

banda alar estrecha y sutil, restringida al brazo

proyección de patas larga, especialmente en los ♂♂

la línea central oscura es relativamente pálida y se estrecha hacia la cola (cf. correlimos)

rectrices centrales barradas, externas lisas (en todos los plumajes)

◄ Juvenil (septiembre)

El reverso del ala es blanco liso en todos los plumajes, a diferencia de otras limícolas de tamaño medio.

los laterales blancos anchos se unen en la cola y forman una "V" blanca

Correlimos canelo *Calidris subruficollis*

L 20 cm | Divagante de Norteamérica

▼ **Tipo adulto (junio)**
Fácil de identificar de cerca, gracias a una combinación de rasgos única. Los juveniles de combatiente, con los que suele asociarse, son la especie más parecida en Europa, pero estos son más grandes, con el pico y las patas más largos y con las coberteras con centros negros y márgenes pálidos (véase aquella especie). Los adultos no varían mucho a lo largo del año y las aves de 2º año cal. no suelen ser identificables, debido a la muda postjuvenil completa. Los ejemplares que en primavera tienen las coberteras muy desgastadas pero el resto del plumaje nueva probablemente sean aves de 2º año cal.

▼ **Juvenil (octubre)**
Ya muy parecido al adulto. Retiene el plumaje juvenil hasta alcanzar las zonas de invernada, cuando tiene lugar una muda (casi) completa que incluye todas las plumas de vuelo, lo que es excepcional en una limícola de 1er invierno. Se alimenta con movimientos rápidos de cabeza (muy distinto a, por ejemplo, el combatiente).

laterales de la cabeza lisos:
sin ceja ni lista ocular

corto y fino
(cf. combatiente juv.)

centros negros uniformes
(algunos alargados) y márgenes
pálidos anchos (cf. juv.)

la zona plumada se
extiende más hacia la
punta del pico en la
mandíbula inferior (en
todos los plumajes)

entre amarillo y
naranja en todos
los plumajes

motas negras bien
definidas

anillo ocular ancho difuso
(cf. combatiente)

manto y escapulares con
margen blanco fino;
escapulares inferiores
con anclas (cf. adulto)

las terciarias cortas
descubren una proyección
primaria larga (cf. adulto y
combatiente juv.)

coberteras con centros
oscuros pequeños y
difusos (cf. combatiente)

▼ **Adulto (mayo)**
El llamativo diseño del reverso del ala es visible desde lejos, cuando el anverso se ve marrón uniforme y sin banda alar.

manchas negras
únicas en adultos

"coma" oscura
llamativa

"coma" oscura
característica

anverso más o menos
uniforme (de lejos)

▶ **Tipo adulto ♂ (junio)**
Durante el cortejo, levanta una o ambas alas. Este espectacular comportamiento ha sido observado en primavera en Europa.

proyección primaria corta

anillo ocular
muy fino

blanco en
rectrices externas

centros negros
amplios y uniformes

zonas oscuras en
los laterales de la
cabeza; atisbo de
lista ocular oscura

■ **Combatiente, juvenil (septiembre)**
Los combatientes juveniles, especialmente las ♀♀ pequeñas y piquicortas, pueden recordar al correlimos canelo. Esta imagen muestra las diferencias clave.

Vuelvepiedras común *Arenaria interpres*

L 22 cm | Verano, N Europa; invierno, O a S Europa

▼ **Adulto ♂ nupcial (mayo)**
Inconfundible en plumaje nupcial, gracias a un patrón cefálico único. Los ejemplares con un plumaje blanco y negro más contrastado y saturado de color son ♂♂. Las puntas de primarias, todavía nuevas, apuntan a un adulto.

▶ **Adulto ♀ nupcial (mayo)**
Las ♀♀ en general no son tan coloridas como los ♂♂, y este es un claro ejemplo de ello. Pese a ello, muchas ♀♀ pueden ser muy similares a los ♂♂ menos coloridos y no siempre resultan separables.

▼ **Adulto invernal (octubre)**
Fácil de identificar también en plumaje no nupcial, gracias a sus patas cortas y naranjas, una banda pectoral ancha sobre partes inferiores blanco puro y un pico robusto.

coberteras y escapulares de tipo invernal grisáceas con margen pálido muy difuso (cf. juv./1er invierno)

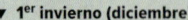

▼ **Juvenil (agosto)**
Muda las escapulares en otoño, sustituyéndolas por plumas de tipo (adulto) invernal (véase el 1er invierno).

escapulares y coberteras juv. con márgenes pálidos bien definidos (cf. adulto invernal)

▼ **1er invierno (diciembre)**

coberteras juv. con margen pálido desgastado comparado con las escapulares mudadas (cf. adulto invernal)

▼ **2º año cal./tipo 1er verano (junio)**
Muchos ejemplares de esta edad solo adquieren el plumaje nupcial parcialmente. La cabeza de este ejemplar es todavía bastante invernal. La muda completa ha empezado; puede verse un hueco entre primarias, que a su vez son más visibles porque se ha desprendido de las terciarias. Esta muda tan temprana y avanzada es típica de aves de 2º año cal.; los adultos no alcanzan esta fase hasta el otoño.

muda activa de primarias (faltan algunas plumas)

base del ala blanca diagnóstica

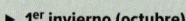

▶ **1er invierno (octubre)**
Llamativo también en vuelo. Además de la línea blanca a lo largo de la base de las alas, la cuña blanca de la espalda, la banda alar blanca ancha y la "U" blanca en supracoberteras caudales le otorgan una apariencia característica. El reverso del ala es blanco puro uniforme.

Agachadiza chica *Lymnocryptes minimus*

L 19 cm | Verano, NE Europa; invierno, O a SE Europa

▼ **Tipo 1er invierno (marzo)**
Fácil de identificar cuando se ve así de bien. El plumaje varía muy poco a lo largo del año. Las coberteras de los adultos se hallan en el mismo buen estado que las escapulares, pero el datado suele ser difícil en el campo.

la línea lateral del píleo se detiene antes del pico, formando una ceja dividida (cf. otras agachadizas)

franjas doradas muy anchas (cf. otras agachadizas)

línea oscura de auriculares alcanza el pico (cf. otras agachadizas)

corto para una agachadiza

sin barrado (cf. otras agachadizas)

el contraste entre coberteras desgastadas y escapulares más nuevas es indicativo del 1er invierno

entre grisáceo y color carne (cf. otras agachadizas)

► **(Marzo)**
El tamaño pequeño y el pico corto son los rasgos más útiles en vuelo.

margen de fuga blanco como en la agachadiza común, pero con el borde difuso

▼ **(Junio)**
La agachadiza con el reverso del ala más pálido, debido sobre todo a las axilares blancas. Algunas veces estas plumas pueden mostrar algo de oscuro lateral. Carece de barrado en el reverso del ala (compárese con otras agachadizas).

punta del ala ligeramente más redondeada que en otras agachadizas

normalmente las axilares son blancas (cf. otras agachadizas)

relativamente corto

sin blanco

franja blanca casi como en las agachadizas comunes más blancas

▼ **Tipo adulto (diciembre)**

reflejos verde-morado

▼ **Tipo adulto (marzo)**
Todas las plumas son nuevas y las primarias tienen la punta ancha y redondeada, lo que apunta a un ave adulta.

▼ **Tipo adulto (diciembre)**
Normalmente muy bien escondida/camuflada. Suele esperar hasta el último momento para alzar el vuelo.

Agachadiza común *Gallinago gallinago*

L 27 cm | Verano, N, O, C y E Europa; invierno, O a SE Europa

Becadell comú CAT
Istingor arrunta EUS
Arceúcha das brañas GAL

▶ Tipo adulto (octubre)

De largo la agachadiza más común y, por ello, la especie por defecto en Europa. Esta imagen muestra los rasgos más importantes cuando está posada, pero véase sobre todo la imagen del ave con las alas abiertas. Todos los plumajes son muy parecidos, pero existe una gran variabilidad individual en cuanto al color de fondo, tanto geográfica como asociada a la edad, con unos ejemplares más grisáceos y otros más rojizos. En este caso se trata de un adulto promedio. En adultos, el desgaste de las líneas pálidas en manto y escapulares hace que estas se tornen más blancas a finales de invierno. Algunas escapulares han sido mudadas a principios de primavera, lo que ha devuelto los tonos dorados a los márgenes. El datado solo es posible con observaciones muy buenas, pero incluso así puede resultar difícil por el solapamiento entre caracteres; el diseño de coberteras pequeñas y medianas y, especialmente, de terciarias, son los caracteres más fiables y también más fáciles de ver. Los adultos ya han finalizado la muda completa en octubre, mientras que las aves de 1er invierno todavía están mudando. Las aves de 2º año cal. no suelen ser identificables en primavera, pero retienen primarias y secundarias juveniles hasta el verano: pese a que son difíciles de ver, estas plumas son más afiladas y están más desgastadas que en los adultos en esta misma época.

franja en auriculares más blanca que la ceja (cf. otras *Gallinago*)

muy largo, especialmente en ♀♀ (≥ 2 × longitud de la cabeza)

líneas anchas doradas (tipo adulto) o blanquecinas (sobre todo juv.)

color de fondo grisáceo (cf. juv.)

franja en raquis de coberteras pequeñas y medianas relativamente ancha, alcanzando la punta de la pluma, dividiendo la punta pálida en dos y creando un aspecto moteado (cf. juv.)

puntas algo redondeadas en el ad. (más afilado en el juv.)

▼ Coberteras, tipo adulto (octubre)

Detalle de las coberteras medianas de tipo adulto (compárese con las coberteras juveniles); la punta pálida está dividida por la franja del raquis oscura.

coberteras de tipo adulto; franja oscura del raquis divide la punta pálida en dos (da la sensación de "dos puntas")

▼ Juvenil (agosto)

Similar al adulto. El plumaje nuevo y uniforme a finales de verano es, en combinación con los rasgos que se señalan, un buen indicativo de edad juvenil, ya que en ese momento los adultos se hallan en muda activa y muestran una combinación de plumas nuevas y desgastadas en muchas áreas del plumaje.

color de fondo rojizo y terciarias con margen blanco igual de ancho hasta la punta y barrado en promedio más oscuro que en el 1er invierno (véase)

escapulares inferiores relativamente cortas y con margen externo blanco y estrecho (cf. adulto)

▼ Coberteras, juvenil (agosto)

Detalle de las coberteras medianas y pequeñas juveniles con punta pálida (casi) completa.

coberteras juv.; la franja del raquis no alcanza, o apenas, la punta pálida (formando una punta de la pluma más redondeada); diseño escamado en el margen de ataque (cf. tipo adulto)

▼ Adulto (abril)

En comparación con el de tipo 2º año cal., véanse las puntas de primarias y la ausencia de coberteras desgastadas.

redondeadas, puntas de primarias aún nuevas

► 1er invierno (octubre)
La muda suele estar avanzada en otoño, lo que hace que las aves de 1er invierno con mudas postjuveniles extensas sean casi idénticas a los adultos. Este ejemplar ya ha reemplazado las escapulares, que son ya de tipo adulto y muestran el margen externo dorado, pero la muda activa en octubre facilita el datado. Además de las diferencias en el diseño de algunas plumas, las coberteras pequeñas juveniles retenidas están más desgastadas que las coberteras medianas mudadas (de tipo adulto).

escapulares nuevas de tipo adulto: largas y con margen dorado (cf. juv. en agosto)

coberteras pequeñas aún juv.

coberteras medianas nuevas de tipo adulto

muda activa; se ha desprendido de las coberteras grandes

► Detalle del 1er invierno (octubre)
La mezcla de terciarias juveniles y de tipo adulto es típica de las aves de 1er invierno a finales de otoño (véanse también las diferencias en el diseño en este ejemplar), pero las diferencias no siempre son tan evidentes. La primaria externa juvenil suele ser algo más puntiaguda y en este ejemplar está ya algo descolorida en octubre. Los adultos suelen haber finalizado ya la muda a finales de septiembre.

punta de la primaria más externa (visible) afilada

terciaria juv. retenida

terciarias de tipo adulto

▼ Tipo 2º año cal. (marzo)
El datado en primavera suele ser más difícil que en otoño si no pueden verse las puntas de primarias, ya que a veces solo resulta posible en ejemplares con puntas de primarias muy desgastadas y afiladas. A pesar de que solo la punta del ala es visible en esta foto, la punta de la primaria externa (visible) se ve desgastada/descolorida, lo que apunta a ave de 2º año cal. Además, el contraste entre las coberteras retenidas y las escapulares reemplazadas recientemente es muy llamativo en este caso, aunque resulta más sutil en otras aves.

▼ Adulto (abril)
La identificación de agachadizas puede ser un verdadero desafío, especialmente cuando los rasgos más importantes se hallan en el ala (abierta). La anchura del margen de fuga blanco es variable, pero en general es más estrecho en aves de 1er año (hasta el verano del 2º año cal.), pero siempre es obvio (compárese con otras especies de agachadiza). El margen de fuga blanco ancho y las puntas de primarias redondeadas son suficientes para identificar este ejemplar como un adulto.

primaria externa puntiaguda, descolorida y desgastada (indicando primaria juv.; cf. adulto en primavera)

puntas blancas pequeñas

margen de fuga blanco ancho, diagnóstico en todos los plumajes

► Adulto (agosto)
El diseño del reverso del ala es casi siempre el mejor rasgo para separarla de otras agachadizas similares. Las líneas blancas son características y en este ejemplar son extremadamente anchas, especialmente en axilares. El otro extremo de la variación puede verse en la agachadiza común de la p. 394 (agachadiza de Wilson).

▲ Adulto (junio)
En vuelo de cortejo, utiliza las rectrices externas para producir su mítico tamborileo.

Agachadiza de Wilson *Gallinago delicata*

L 26 cm | Divagante de Norteamérica

▼ **Adulto (diciembre)**
Posada, es muy similar a la agachadiza común; incluso los rasgos que se señalan combinados son insuficientes para asegurar la identificación, debido al solapamiento con la agachadiza común. Un ejemplar en Europa con estos rasgos debe ser estudiado con más detalle. Para el datado, son útiles los mismos rasgos que sirven para la agachadiza común (véase aquella especie).

▼ **Tipo adulto (junio)**
Este ejemplar también muestra la combinación típica de márgenes blancos (en lugar de color crema) en las plumas nuevas de manto y escapulares y barrado intenso en flancos sobre fondo blanco, pero algunas agachadizas comunes pueden mostrar una apariencia similar y solapar en muchos caracteres.

margen blanco en escapulares de tipo adulto (cf. agachadiza común)

marrón cálido más intenso en esta zona (cf. agachadiza común)

negro puro

ligeramente más corto en promedio que en la agachadiza común (pero variable debido a varios factores)

típicos márgenes de escapulares blanco puro (también blancuzcos en algunas comunes con plumas desgastadas)

puntas de primarias triangulares pero redondeadas típico del adulto (como en la agachadiza común)

marrón cálido sutil

barrado en flancos ancho y nítido; normalmente blanco y negro puro (franjas blancas y negras de aproximadamente la misma anchura)

límite de muda evidente entre las coberteras, terciarias y primarias muy desgastadas y el resto de plumas del ala más nuevas, indicativo del 2º año cal.

▼ **1er invierno o adulto (otoño/invierno)**
Los rasgos que se señalan constituyen "señales de alerta". Un ejemplar en Europa con estos tres caracteres debe atraer la atención de las personas que buscan aves raras. Las puntas blancas de coberteras primarias, de media más llamativas, combinadas con otros caracteres, recuerdan a la agachadiza colirrala, la agachadiza del Baikal o a una agachadiza real en miniatura.

▼ **Tipo adulto (diciembre)**
Las zonas blancas de la punta de secundarias tienen forma de hoz. En la agachadiza común, las puntas blancas son más anchas y tienen el borde más recto, lo que le da una apariencia de media luna completa (véase debajo).

relativamente corto comparado con la agachadiza común, evidente en este ejemplar

borde de fuga blanco fino

puntas blancas de coberteras primarias amplias, más llamativas que en la agachadiza común

barrado más o menos uniforme (cf. agachadizas comunes barradas)

típico margen blanco (fino) con forma de hoz (cf. agachadiza común)

relativamente corto en algunos ejemplares

axilares fuertemente barradas; las franjas negras son más anchas que las franjas blancas

todo el flanco suele estar fuertemente barrado

■ **Agachadiza común, tipo adulto (marzo)**
Esta agachadiza común muestra un reverso del ala fuertemente barrado, lo que no es inusual pero puede generar confusión con otras especies, especialmente con la agachadiza de Wilson. Pero véase el margen de fuga blanco ancho en secundarias.

muy barrado, solapándose con las agachadizas de Wilson poco barradas, pero las franjas oscuras de las coberteras grandes suelen tener forma de U en lugar de ser rectas como en la agachadiza de Wilson

borde de fuga blanco ancho; punta de secundarias blanca con borde recto, formando una media luna completa

las franjas oscuras del reverso del ala son más estrechas que las franjas blancas; lo opuesto en la agachadiza de Wilson

▼ 1er invierno (noviembre)
Ocurre lo mismo que con los adultos posados: la identificación segura no es posible. Los tonos más fríos, debido a la ausencia de color crema en los márgenes externos de manto y escapulares y el barrado negruzco de flancos sobre fondo blanco deben atraer nuestra atención para después analizar el reverso del ala, la forma de las puntas blancas de secundarias y la forma y diseño de las rectrices externas.

▼ Tipo adulto (mayo)
El tamborileo, producido por las rectrices externas, constituye un carácter diagnóstico con respecto a la agachadiza común. Es probable que se deba a las diferencias en la estructura de estas plumas y al hecho de que utiliza 2 rectrices externas para el cortejo. Hay entre 14 y 18 rectrices en total (14 en la agachadiza común).

diseño típico de terciarias y coberteras juv. (igual que la agachadiza común)

manto y escapulares nuevos con márgenes pálidos (cf. agachadiza común)

diferencias sutiles con respecto a la agachadiza común (y con cierto solapamiento) en el diseño facial: lista en la brida fina, ceja más ancha, sin diferencias de color entre la ceja y la franja de las auriculares

típicamente tamborilea con las dos rectrices más externas (la común lo hace solo con 1)

típico barrado ancho sobre fondo blanco, que contrasta con el marrón de fondo en el pecho

▼ Detalle de las rectrices externas
La estructura y diseño de las rectrices externas es un rasgo muy importante para confirmar la identificación de ejemplares sospechosos en Europa.

▼ Tipo adulto (junio)
Esta imagen permite confirmar la identificación.

7–9 pares de rectrices (normalmente 8, como en este caso)

barrado nítido y ancho (4–6 barras)

diseño de las 2 rectrices externas más o menos parecido (sin banda marrón)

rectrices externas estrechas (≤ 9 mm), punta redondeada o cuadrada

anchura de las barras oscuras constante, sin ensancharse en la hemibandera interna

■ Agachadiza común, detalle de las rectrices externas

normalmente 7 pares de rectrices

banda marrón en rectrices externas

rectriz central relativamente ancha (≥ 10 mm), algo puntiaguda

barrado oscuro (3–5 barras) estrecho y difuso

se ensancha en la hemibandera interna

Agachadiza colirrala *Gallinago stenura*

L 25 cm | Divagante de N Siberia

▼ Tipo adulto, probable agachadiza colirrala (Corea del Sur, abril)
La imagen muestra la clásica combinación de diferencias con respecto a la agachadiza común. Por la localización, la cola corta y la cabeza tan redondeada, se trata casi con seguridad de una agachadiza colirrala.

ceja muy ancha en frente del ojo

ojo muy grande

brida con lista muy fina (suele estrecharse aún más hacia el ojo)

escapulares con márgenes internos pálidos

cola muy corta (indicativa de agachadiza colirrala en este caso)

relativamente corto comparado con la agachadiza común

coberteras barradas; en general más pálidas que en la agachadiza común

IDENTIFICACIÓN DE AGACHADIZAS "ASIÁTICAS"

La identificación de las agachadizas colirrala/del Baikal solo es posible con observaciones muy detalladas. Ambas son extremadamente raras en Europa y se solapan en todos los caracteres, excepto la estructura de las rectrices externas y el tamborileo en zonas de cría. Con las típicas condiciones de observación, la identificación a nivel de especie resulta prácticamente imposible.

▼ Detalle de las escapulares de tipo adulto, probablemente de agachadiza colirrala (Corea del Sur, abril)
Típico diseño de escapulares de tipo adulto de ambas especies. Existe cierta variabilidad, pero normalmente muestran un margen pálido continuo en la hemibandera interna, que se estrecha ligeramente más que el margen de la hemibandera externa. Esta diferencia no es tan útil con las escapulares juveniles, que pueden ser muy similares a las de la agachadiza común.

escapulares de tipo adulto con margen interno pálido, relativamente ancho y continuo

▼ Juvenil/1er invierno (Israel, octubre)
Este ejemplar se halla en plumaje juvenil completo, o casi, pero las zonas blancas de las plumas ya han desaparecido por el desgaste. El diseño facial y las coberteras pálidas y barradas son típicos. La cola corta es más típica de la agachadiza colirrala, pero sin analizar la estructura de las rectrices externas no se puede asegurar la identificación.

en este caso los márgenes blancos de las escapulares juv. se han desgastado ya

cola corta

diseño cefálico típico: brida oscura muy fina y ceja muy ancha; en general más pálido que en la agachadiza común

las coberteras juv. también son más barradas que moteadas (cf. agachadiza común juv.)

■ Agachadiza común, escapulares de tipo adulto (marzo)
La agachadiza común suele mostrar un margen pálido muy ancho en la hemibandera externa, que raramente se extiende hacia la interna, o muy poco.

margen interno pálido fino; bastante restringido a la punta de la pluma

▼ Detalle de la estructura de la cola
Las rectrices externas tienen una forma única entre las limícolas.

rectrices externas muy estrechas y cortas

▶ Tipo adulto (septiembre)
El diseño de escapulares y el panel de coberteras son comunes a ambas especies, pero este ejemplar muestra la forma diagnóstica de las rectrices externas.

Agachadiza del Baikal *Gallinago megala*

L 28 cm | Divagante de C Siberia

▼ **Tipo adulto, probablemente agachadiza del Baikal (Singapur, marzo)**
La identificación entre agachadiza colirrala y agachadiza del Baikal es complicada incluso en este caso. La localización, la cola relativamente larga y la cabeza angulosa son indicativos de la agachadiza del Baikal, pero una identificación 100 % segura no es posible solo con esta imagen.

diseño típico de escapulares de tipo adulto con margen interno pálido y continuo (igual que en la agachadiza colirrala, cf. agachadiza común)

suele ser ligeramente más larga que en la agachadiza colirrala

barrado característico (igual que en agachadiza colirrala)

▼ **(Septiembre)**
Los diseños de ala y escapulares son clásicos, pero comunes a ambas especies. Para la identificación a nivel específico, es necesario observar y analizar la cola, como en este caso.

◀ **Detalle de la estructura de la cola**

los 5 pares externos son más estrechos que los internos, ensanchándose gradualmente (a diferencia de la agachadiza colirrala)

▶ **Tipo adulto (Finlandia, junio)**
No suele ser posible separar estas 2 especies con una sola imagen en vuelo como esta, pero la cola cuadrada sugiere que no existen diferencias de longitud entre rectrices externas e internas, como sucedería en una agachadiza colirrala. La identificación de este ejemplar se confirmó con grabaciones de sus vocalizaciones.

completa y fuertemente barrado (como en la agachadiza colirrala)

▼ **Tipo adulto (junio)**
No hay diferencias de longitud entre rectrices externas e internas; compárese con la agachadiza colirrala.

numerosas rectrices externas, estrechas pero no más cortas que las rectrices centrales, que tienen una forma más convencional

▼ **Agachadiza colirrala o agachadiza del Baikal de tipo adulto (Tailandia, marzo)**
Esta imagen muestra las diferencias sutiles entre las agachadizas colirrala/del Baikal y la agachadiza común, pero la identificación entre las dos primeras no es posible solo con esta fotografía.

las coberteras forman un panel pálido

margen de fuga pálido estrecho

las puntas pálidas de coberteras primarias pueden ser llamativas

■ **Agachadiza colirrala (julio)**
Las diferencias en la longitud de rectrices externas y centrales es llamativa y diagnóstica y suele ser muy visible durante los vuelos de cortejo, pero raramente en otras circunstancias.

rectrices externas numerosas, pero estrechas y más cortas que las centrales, que tienen una forma más convencional

Agachadiza real *Gallinago media*

L 28 cm | Verano, N y NE Europa

Becadell gros CAT
Istingor handia EUS
Arceúcha real GAL

▼ Tipo adulto (mayo)
Cuando se la observa bien, la identificación es relativamente fácil. Los rasgos más útiles desde lejos (con una vista de perfil) son las partes inferiores pesadas y con manchas en forma de V ocupando prácticamente toda esta región del plumaje.

► Tipo adulto (junio)
El diseño de rectrices externas puede ser sorprendentemente difícil de ver; a menudo solo se ve brevemente cuando despegan. Los ejemplares en cortejo tienen una estampa característica.

puntas de coberteras con blanco extenso

brida oscura fina, ceja ancha

relativamente corto

blanco extenso diagnóstico en laterales de la cola

las manchas oscuras alcanzan las patas

manchas con forma de V

► Juvenil (septiembre)
Algo similar a la agachadiza común, pero existen bastantes diferencias incluso posada. El corpachón recuerda al de la chocha perdiz, pero la agachadiza común también puede parecer pesada a veces. Las patas varían entre color carne y verdoso, como en la agachadiza común. Las terciarias juveniles, con márgenes blancos estrechos, también son similares en la agachadiza común, pero en ese caso no suelen extenderse tanto a lo largo de toda la hemibandera externa.

las terciarias y coberteras grandes juv. suelen mostrar línea(s) laterales oscuras (cf. agachadiza común juv.)

la ceja se estrecha bastante detrás del ojo

muy ancha (cf. agachadiza común)

brida estrecha (cf. agachadiza común)

franja en auriculares del mismo color que la ceja (cf. agachadiza común)

margen de terciarias estrecho, pero totalmente blanco (cf. agachadiza común juv.)

largo, pero no tan extremo como en algunas agachadizas comunes

puntas blanco puro diagnósticas, formando barras (cf. agachadiza común)

marcas destacadas y regulares, con forma de V característica (cf. agachadiza común)

▼ Tipo adulto (mayo)
El reverso del ala coincide con las muy raras (en Europa) agachadizas colirrala, de Wilson y del Baikal

diseño marcado y más o menos uniforme, de lejos aparenta ser gris (cf. agachadiza común)

margen de fuga pálido sutil

▼ Tipo adulto (junio)
Las puntas blancas llamativas en coberteras primarias son lo que más destaca cuando despega.

en promedio, los pies proyectan algo más tras la cola que en la agachadiza común

diseño extenso en toda esta zona

el blanco extenso no suele ser visible con la cola cerrada

bandas alares más anchas que el margen de fuga, o de la misma anchura (cf. agachadiza común)

mano relativamente ancha

puntas blancas de coberteras primarias llamativas

► Detalle de cola y ala juvenil/ 1er invierno (septiembre)
Adquiere plumas de tipo adulto con el otoño ya avanzado o en invierno.

puntas blancas de rectrices juv. más pequeñas que en ad., pero aún así más grandes que en la agachadiza común

clásicas coberteras primarias con puntas blancas extensas

Chocha perdiz *Scolopax rusticola*

L 36 cm | Verano, N, O, C y E Europa; invierno, O a SE Europa

▼ **Adulto (diciembre)**
Inconfundible en cualquier plumaje, pero su camuflaje hace que sea difícil de detectar en el suelo del bosque. Los ejemplares migratorios pueden aparecer en casi cualquier sitio. Aparte de las diferencias en el ala, los juveniles y las aves de 1er invierno tienen la misma apariencia que los adultos.

bandas anchas (sin franjas laterales)

la hemibandera interna con la punta recta hasta el raquis y las primarias nuevas son típicas del ad. (cf. 1er invierno)

banda pectoral sutil

barrado fino sobre fondo marrón claro en todas las partes inferiores

▼ **Detalle de las coberteras primarias del adulto**
Típico diseño de coberteras primarias.

coberteras primarias con punta pálida estrecha

▼ **Juvenil/1er invierno (septiembre)**
Casi como el adulto, pero véanse las diferencias en el ala.

coberteras grandes nuevas de tipo adulto con punta pálida y centro gris con líneas oscuras

▼ **1er invierno (febrero)**

punta de la hemibandera interna ligeramente más redondeada, típico en primarias juv. (cf. adulto)

puntas de primarias afiladas y desgastadas

coberteras grandes externas juv. retenidas (más cortas y rojizas, solo con líneas oscuras finas)

puntas de coberteras primarias relativamente amplia y casi del mismo color que las franjas oscuras (cf. adulto)

coberteras grandes externas juv.: cortas, líneas oscuras sin centro gris

◄ **Detalle de las coberteras primarias, juvenil/1er invierno**

▼ **Tipo adulto (junio)**
La punta del anverso de las rectrices es gris tanto en juveniles como en adultos.

ala ancha, con mano ancha y triangular

▼ **Adulto (octubre)**
Inconfundible también en vuelo gracias a las alas anchas y el plumaje con un diseño marrón uniforme, que aparenta ser oscuro uniforme de lejos.

reverso con puntas blancas amplias (más redondeadas, pequeñas y gris claro en juv.)

oscuro; típico barrado fino y uniforme (en todos los plumajes)

rojo-marrón intenso en todos los plumajes

cuerpo pesado

pico relativamente corto, típico de ♂♂

ala (y mano) ancha, con un diseño muy marcado y regular en todos los plumajes

puntas cuadradas, típicas de adulto

típico diseño de coberteras primarias de tipo adulto

Agujeta escolopácea *Limnodromus scolopaceus*

L 29 cm | Divagante de Norteamérica

IDENTIFICACIÓN DE AGUJETAS

Las agujetas se hallan entre las limícolas más difíciles de identificar. La agujeta escolopácea es un divagante regular en Europa, que normalmente aparece asociado al agua dulce. La agujeta gris es extremadamente rara aquí y, en su rango de distribución habitual, prefiere hábitats más salinos.

▼ Tipo adulto nupcial (abril)

El diseño de las nuevas coberteras y escapulares nupciales difiere del de la agujeta gris nupcial. Las aves de 2º año cal. pueden adquirir el plumaje nupcial (casi) completo, por lo que solo suelen ser detectables por mostrar unas coberteras internas muy desgastadas y unas primarias también con algo de desgaste.

terciarias con bastante negro; por lo que las marcas rojizas parecen muescas (cf. agujeta gris nupcial)

puntas blancas bien definidas y centro negro con el borde más recto (cf. agujeta gris nupcial)

base ligeramente elevada (cf. agujeta gris)

sin doblez, o muy sutil, sobre ¾ de pico (cf. agujeta gris)

barrado negro con puntas blancas diagnóstico (cf. agujeta gris nupcial)

▼ (1er) invierno (enero)

La identificación de agujetas es especialmente difícil en plumaje invernal, sobre todo cuando el pico no es suficientemente distintivo. En este caso se trata de un ave de 1er invierno con coberteras básicamente juveniles (que son ya muy similares a las del adulto, a diferencia de en la agujeta gris), lo que ayuda a la identificación. Aparte de esto, el plumaje es idéntico al del adulto invernal, por lo que ya no sería posible datarlo desde lejos.

ligeramente más oscuras, con franjas oscuras alrededor del raquis algo más anchas que en la agujeta gris invernal

coberteras juv. más estrechas, puntiagudas y desgastadas que en el adulto

gris más o menos uniforme (cf. agujeta gris invernal)

manchas difusas, pecho en general gris (cf. agujeta gris invernal)

▼ Tipo adulto nupcial desgastado (agosto)

Este plumaje se observa a menudo en Europa. Las partes inferiores mantienen la coloración naranja durante mucho tiempo, pero la cabeza se va tornando gris. Las puntas pálidas de escapulares y coberteras han desaparecido (o casi) por el desgaste, lo que hace menos visibles los rasgos típicos del plumaje nupcial. Los centros de las plumas negros y redondeados siguen siendo un rasgo útil para la identificación (las zonas oscuras de las plumas son mas resistentes al desgaste). Lo mismo aplica al diseño del pecho, donde el barrado negro se mantiene incluso cuando las puntas pálidas han desaparecido por el desgaste. La agujeta gris también muestra el barrado negro de flancos traseros. Los ejemplares piquicortos tienden a ser ♂♂.

centros negros redondeados (puntas blancas desaparecidas por el desgaste)

terciarias con mucho negro y franjas parciales pálidas (cf. agujeta gris nupcial)

los ejemplares piquicortos pueden ser muy similares a la agujeta gris, pero véase la sutilidad de la doblez cercana a la punta del pico, típica de la agujeta escolopácea

barrado negro (puntas blancas desaparecida por el desgaste)

▼ Juvenil/1er invierno (septiembre)

A pesar de que es variable en ambas especies, el plumaje juvenil suele ser notablemente más gris y uniforme en la agujeta escolopácea, mientras que la agujeta gris presenta un diseño más marcado. Las escolopáceas más contrastadas pueden mostrar zonas pálidas en los centros de terciarias, en paralelo a los márgenes pálidos. Las partes inferiores pueden ser crema-naranja como en la agujeta gris, pero los tonos cálidos suelen extenderse por todas las partes inferiores, en lugar de concentrarse alrededor del pecho, como en muchas agujetas grises. Las plumas del cuello gris uniforme y las primeras escapulares grises de tipo invernal indican que este ejemplar ha empezado la muda postjuvenil.

ceja relativamente corta y difuminada tras el ojo (cf. agujeta gris juv.)

el píleo posterior se torna gris (cf. agujeta gris juv.)

primeras escapulares de tipo invernal

gris uniforme (en aves de 1er invierno)

escapulares juv. con centros negros amplios y pocas marcas rojizas (cf. agujeta gris juv.)

pocos tonos cálidos (cf. agujeta gris juv.)

suelen ser totalmente negras, con tan solo el margen pálido (cf. agujeta gris juv.)

el panel de coberteras gris tiende a contrastar con las escapulares oscuras (cf. agujeta gris juv.)

▼ Tipo adulto nupcial (mayo)

Ejemplar típico en todos los sentidos: pico largo y diseño de terciarias clásico, y motas blancas tanto en partes inferiores como en partes superiores.

▼ Detalle de las terciarias nupciales

El diseño de terciarias no varía mucho, a diferencia de en la agujeta gris, pero en esta suelen ser más naranjas y con un diseño distinto a este.

centro redondeado con el blanco restringido a la punta (cf. agujeta gris)

puntas blanco puro

variable, pero con negro extenso y pocas marcas naranjas irregulares que nunca tienen forma de "espina de pescado" (cf. agujeta gris)

▼ Juvenil/1er invierno (octubre)

El aspecto general de las partes superiores en vuelo es igual en ambas especies (excepto el diseño de rectrices y supracoberteras caudales).

como en la agujeta gris

los pies suelen proyectar bastante (cf. agujeta gris)

las barras oscuras son más anchas que las barras blancas (cf. agujeta gris)

▼ Diseño de la cola

La cola/supracoberteras caudales varía poco, a diferencia de en la agujeta gris. El barrado es nítido, regular y más o menos uniforme en todas las rectrices.

barras negras más anchas que las blancas; barrado regular (cf. agujeta gris)

p10 en crecimiento (a diferencia de las aves de 1er invierno)

▶ Adulto invernal (octubre)

Tanto el diseño del reverso del ala como el de axilares son muy útiles en todos los plumajes. El diseño de la cola, el pecho gris uniforme, el barrado difuminado en flancos (del mismo tono gris que el pecho) y la garganta ligeramente más pálida también son rasgos útiles en invierno. La p10 en crecimiento, indicativa del final de la muda de primarias, apunta claramente a adulto en este caso.

axilares con barrado relativamente poco denso; las barras negras son más estrechas que las barras blancas (cf. agujeta gris)

zona blanca lisa diagnóstica (cf. agujeta gris)

Agujeta gris *Limnodromus griseus*

L 27 cm | Divagante de Norteamérica

SUBESPECIES

La agujeta gris se divide en 3 subespecies (*griseus* nominal, *hendersoni* y *caurinus*), pero solo los ejemplares nupciales más clásicos son identificables en el campo. La subespecie *caurinus* se reproduce en Alaska e inverna en la costa del Pacífico, por lo que es la de aparición menos probable en Europa (no se incluye aquí). Hasta ahora, todas las citas de agujeta gris en Europa se han registrado en otoño, por lo que no se pudo determinar la identidad subespecífica.

▼ Tipo adulto nupcial, probable *hendersoni* (abril)

La subespecie canadiense *hendersoni* es la que tiene menos marcas oscuras en partes inferiores; en plumaje nupcial completo todas las partes inferiores excepto el vientre son naranja uniforme. Por ello, esta subespecie se parece más a la agujeta escolopácea nupcial que las *griseus* nominales, pero véanse las motas redondeadas en los laterales del pecho, los centros negros de coberteras y escapulares con forma puntiaguda y el típico diseño de terciarias. Esta subespecie migra a través del continente norteamericano y no alcanza la costa este de los Estados Unidos hasta ya muy al sur. Las *griseus* nominales migran por la costa atlántica desde Canadá e invernan más al sur.

▼ Tipo adulto nupcial, *griseus* nominal de NE Norteamérica (abril)

Con este plumaje, la identificación específica es fácil en base a la combinación de rasgos que se señalan.

márgenes pálidos extensos (cf. agujeta escolopácea nupcial)

plumas nupciales nuevas con centros negros triangulares (predominantemente) y márgenes con transición gradual entre el naranja y la punta blanca (cf. agujeta escolopácea)

terciarias con marcas amplias y regulares que se extienden por toda la pluma (diseño de "espina de pescado"), característico cuando está presente (como en este caso)

cuando es corto es muy indicativo

doblez sutil pero evidente sobre ⅔ de pico (cf. agujeta escolopácea)

manchas redondeadas m[...] indicativas cuando están presentes, a veces forma[...] franjas cortas (cf. agujeta escolopácea nupcial)

color de fondo (casi) blanco en vientre central (cf. escolopácea y *hendersoni* nupciales)

casi liso (cf. *griseus*)

más rojizo que en *griseus*

la base del pico se ensancha sobre la narina en todos los plumajes (cf. agujeta escolopácea)

centro del vientre colorido (cf. *griseus*)

como máximo puntas pálidas, que se desgastan rápido dando lugar a partes inferiores naranja uniforme (cf. escolopácea nupcial y *griseus*)

▼ Adulto nupcial desgastado, *griseus* nominal (agosto)

centros negros puntiagudos (cf. escolopácea nupcial desgastada)

marcas evidentes (cf. agujeta escolopácea nupcial desgastada)

relativamente corto muy indicativo de la[...] especie

las motas no forman líneas definidas (cf. agujeta escolopácea nupcial desgastada)

▼ Juvenil (agosto)

Las manchas rojizas en los centros negros de terciarias y normalmente también en coberteras grandes, constituyen, en general, el rasgo más importante para diferenciarla de la agujeta escolopácea juvenil/de 1er invierno.

manchas pálidas en centros oscuros diagnósticas (cf. agujeta escolopácea juv./1er invierno)

líneas pálidas prominentes (cf. agujeta escolopácea juv./1er invierno)

oscuro; sin gris hacia el cuello (cf. agujeta escolopácea juv./1er invierno)

las franjas blancas son igual de anchas (o más) que las franjas oscuras en todos los plumajes (cf. agujeta escolopácea)

color crema cálido, normalmente más intenso en el pecho (cf. agujeta escolopácea juv./1er invierno)

tan solo pequeñas motas oscuras (cf. agujeta escolopácea juv./1er invierno)

▼ 1er invierno (octubre)

Ya avanzado el otoño, adquiere el plumaje invernal gris en manto y escapulares, pero retiene las terciarias y las coberteras con el diseño característico (en comparación con la escolopácea). Sin embargo, en raras ocasiones el diseño de terciarias de la escolopácea puede parecerse al diseño de este ejemplar, con tan solo una línea pálida en el centro de la pluma, paralela al margen pálido. Las coberteras juveniles en ambas especies son siempre algo más estrechas y puntiagudas que las de los adultos.

píleo muy oscuro; hace que la ceja larga y ancha destaque más (cf. agujeta escolopácea juv./1er invierno)

diseño de terciarias juv. característico

▼ (1er) invierno (marzo)

Las zonas pálidas bajo la banda pectoral gris y el color de fondo blanco en flancos (en lugar de gris) son, además de la forma del pico, los rasgos más importantes para descartar una agujeta escolopácea en plumaje invernal. La banda pectoral suele parecer más estrecha y con el borde más difuso que en la agujeta escolopácea invernal. La forma del pico de este ejemplar es clásica en los 3 aspectos: relativamente corto, con una base ensanchada y una doblez hacia abajo sobre los ⅔ de pico.

▼ 2º año cal. /1er verano (abril)

A diferencia de la agujeta escolopácea de 2º año cal., muchas grises retienen el plumaje de tipo invernal durante la primavera (las plumas de partes superiores recién mudadas son nuevamente grises y de tipo invernal) y suelen permanecer al sur de las zonas de cría. Algunas adquieren algo de plumaje nupcial, siempre mezclado con primarias algo desgastadas y plumas de alas y cuerpo no nupciales muy desgastadas.

las franjas oscuras en raquis son estrechas

ejemplar típico en cuanto al pico

la garganta suele contrastar

algunas zonas blancas entre el gris del pecho inferior

barrado relativamente bien definido sobre color de fondo blanco (cf. agujeta escolopácea invernal)

coberteras juv. retenidas

plumas recién mudadas de tipo invernal

estructura típica: relativamente corto, doblez evidente sobre los ⅔ y base ensanchada súbitamente sobre las narinas

a pesar de que no se ve muy bien aquí; las primarias están algo más desgastadas que en el adulto en primavera

▶ Tipo adulto nupcial (abril)

El diseño del (o la ausencia de) margen de ataque en el reverso del ala y el diseño de las axilares son 2 de los rasgos más útiles para diferenciar agujetas en cualquier plumaje. Algunos ejemplares muestran un diseño más sutil en las infracoberteras pequeñas internas, lo que les da una apariencia más pálida uniforme de lejos, como en la agujeta escolopácea.

axilares muy barradas; las franjas negras son más anchas que las blancas (cf. agujeta escolopácea)

todos los plumajes con todo el margen de ataque con barrado denso sólido, también en infracoberteras pequeñas internas (cf. agujeta escolopácea)

▼ Detalle de las terciarias nupciales

El diseño de terciarias es variable, pero suelen mostrar naranja extenso en al menos algunas terciarias de tipo nupcial; clásico diseño de "espina de pescado" en el que el negro se estrecha mucho hacia el margen de la pluma. Compárese con la agujeta escolopácea nupcial.

variable, pero a menudo con naranja extenso desde el raquis hasta el margen de la pluma; el negro suele estrecharse hacia el margen formando el clásico diseño de "espina de pescado"

típicos centros puntiagudos

▶ (1er) invierno (febrero)

A pesar de que las diferencias son sutiles, la proyección de pies, el diseño de la cola y estructura del pico apuntan a agujeta gris. En vuelo, las partes superiores son iguales que en la agujeta escolopácea.

proyección de pies relativamente corta

cuña tipo archibebe oscuro (como en la agujeta escolopácea)

secundarias y primarias internas relativamente pálidas, formando un margen de fuga ancho bastante evidente (como en la agujeta escolopácea)

▼ Diseño de la cola

El diseño de la cola (en todos los plumajes) es más variable que en la escolopácea. A menudo muestra líneas oscuras onduladas y zonas oscuras más uniformes. Las franjas pálidas son igual de anchas o más que las franjas oscuras, lo que le da una apariencia más pálida en general que en la agujeta escolopácea.

barrado irregular y a menudo con zonas oscuras más uniformes en rectrices externas (cf. agujeta escolopácea)

Aguja colinegra *Limosa limosa*

L 41 cm | Verano, NO, O, C y E Europa; invierno, S y SO Europa

▼ **Tipo adulto ♂ nupcial (junio)**
Una especie muy fácil de identificar en este plumaje, pero véase la aguja colipinta. El color del cuello puede variar; algunos ♂♂ muestran tonos rojo-naranja más intensos y pueden parecerse a las agujas colinegras islandesas (véanse también). Las aves de 2º año cal. aún suelen mostrar unas coberteras muy desgastadas, pero para asegurar el datado es necesario analizar primarias y rectrices externas, que suelen estar más desgastadas y ser más puntiagudas en el 2º año cal. (nuevas, negras y redondeadas en los adultos nupciales). Muchas aves de esta edad permanecen al sur de las zonas de cría y adquieren poco o nada del plumaje nupcial.

▼ **Tipo adulto ♀ nupcial (abril)**
Se señalan los rasgos más importantes para el sexado. Algunas ♀♀ pueden mostrar un plumaje muy parecido a los ♂♂ y viceversa, pero el moteado blanco extenso en el cuello es la diferencia más importante con respecto a los ♂♂ nupciales.

plumaje nupcial de extensión variable, no es completo ni siquiera en ♂♂

largo y típicamente bicolor, como en el resto de agujas

naranja uniforme intenso (cf. ♀ nupcial)

barrado negro extenso (cf. ♀ nupcial)

ala y punta de la cola más o menos de la misma longitud en todos los plumajes (cf. otras agujas)

a veces con muy pocas plumas nupciales (cf. ♂ nupcial)

en promedio, más largo aún que en el ♂

numerosas motas pálidas, naranja-marrón menos intenso que en el ♂ nupcial

barrado negro limitado

plumas de tipo invernal gris uniforme con franja oscura en el raquis fina (cf. aguja colipinta)

▼ **Adulto invernal (agosto)**
La imagen muestra las diferencias con respecto a la aguja colipinta (adulta) invernal.

sin ceja, o con ceja sutil, detrás del ojo

todas las plumas de partes superiores son de tipo invernal: gris casi uniforme con franja oscura fina en raquis

liso

parte oscura < ½ longitud del pico

▼ **1er invierno (noviembre)**
Ya muy similar al adulto invernal, pero las coberteras grandes y las terciarias retenidas todavía son reconocibles por las marcas pálidas y la punta ligeramente más oscura. Este ejemplar es bastante marronáceo; muchos ejemplares invernales son más grises (véase el adulto invernal).

ceja restringida entre el ojo y el pico en todos los plumajes (cf. aguja colipinta)

casi liso (cf. aguja colipinta)

suele ser rojizo en invierno

aún juv.; diseño ya diluido

largas (cf. aguja colipinta)

▼ **Juvenil (junio)**
Los rasgos que se destacan, combinados con las patas y el pico largos, son característicos en comparación con otras especies, pero véase la aguja colinegra islandesa juvenil.

terciarias con solo algo de muesca (sutil) en la punta (cf. aguja colipinta)

coberteras juv. con diseño oscuro variable, pero normalmente sutil y restringido a la punta

típico marrón-naranja extenso

▼ ♂ nupcial (junio)
Fácil de identificar en vuelo en cualquier plumaje gracias al diseño de ala y cola.

diseño de la cola diagnóstico; base blanca y punta negra más o menos de la misma anchura

◄ ♂ nupcial (junio)

blanco puro liso (en un "marco" negro)

muy largas, proyectando mucho tras la cola

banda alar larga y ancha

Aguja colinegra islandesa *Limosa limosa islandica*

L 41 cm | Verano, Islandia y Lofoten (Noruega); invierno, O y SO Europa

Tètol cuanegre "d'Islàndia" CAT
Kuliska buztanbeltz "islandiarra" EUS
Fuselo islandés GAL

▼ ♂ nupcial (abril)
Los ♂♂ de esta subespecie suelen tener una muda prenupcial más extensa que las *limosa* nominales, lo que les hace reconocibles. Las partes superiores de los ♂♂ suelen estar totalmente cubiertas por plumas nupciales, lo que incluye también múltiples terciarias y coberteras nupciales. Las coberteras grises son nuevas y aun así se mantienen gris puro en primavera (en *limosa* nominal suelen ser más marrones y estar más desgastadas). Suelen retener el plumaje nupcial hasta agosto, a diferencia de *limosa*.

normalmente (casi) totalmente cubierto por plumas nupciales

suele mostrar múltiples terciarias nupciales

el barrado negro alcanza las partes posteriores

tibia relativamente corta

rojo-marrón intenso; la zona lisa alcanza el vientre

las coberteras de tipo invernal suelen crear un panel gris entre las plumas nupciales

▼ Juvenil (agosto)
Además de los rasgos que se señalan, existen diferencias estructurales con respecto a *limosa* nominal, que son indicativas: pico y tibia en promedio algo más cortos, pero existe solapamiento entre las ♀♀ islandesas y los ♂♂ de *limosa* nominal.

terciarias con muescas pronunciadas (pero solo en la punta, como en *limosa*)

diseño muy marcado

naranja-marrón intenso extenso

▼ 1er invierno (enero)
Casi como la *limosa* nominal de 1er invierno, pero la estructura es típica (pico y patas más cortas). Las terciarias muestran muescas más pronunciadas en promedio que en *limosa* nominal.

► ♂ nupcial (junio)
Este ejemplar, fotografiado en Islandia, resultaría difícil de identificar en el continente debido a su parecido con *limosa* nominal. Posiblemente se trata de un 2º año cal., teniendo en cuenta las primarias externas puntiagudas y con puntas algo desgastadas. El cuello naranja-marrón uniforme, sin las manchas blancas que se extienden hacia el vientre apunta a ♂. A diferencia de en *limosa* nominal, toda la población inverna probablemente en Europa y es posible que el porcentaje de aves de 2º año cal. que regresen a zonas de cría sea mayor que en la subespecie nominal.

Aguja colipinta *Limosa lapponica*

L 39 cm | Verano, N Europa; invierno, O a S Europa

▼ **Adulto ♂ nupcial (julio)**
Fácil de identificar en este plumaje; es la única limícola con el pico largo que tiene todas las partes inferiores rojizas. Los ♂♂ adultos nupciales varían muy poco y nunca muestran barras en partes inferiores.

punta ligeramente curvada hacia arriba en todos los plumajes

▼ **Adulto ♀ nupcial, de tipo barrado (junio)**
Las partes inferiores de las ♀♀ nupciales son muy variables. Algunas muestran barrado denso, como este ejemplar, pero el abanico es amplio, entre ejemplares con partes inferiores blanco liso o barradas a ejemplares con plumaje rojizo más o menos extenso.

largo, típico de ♀♀

▶ **Adulto ♀ nupcial, tipo rojizo (junio)**
Ejemplo de, aproximadamente, el plumaje rojizo más extenso en partes inferiores esperable en una ♀ nupcial. Los ♂♂ de 2º año cal. pueden ser similares, pero apenas muestran barrado en partes inferiores y su pico es más corto.

rojizo extenso y poco barrado en este ejemplar

▼ **Adulto invernal (octubre)**

▼ **Juvenil (septiembre)**

ceja larga en todos los plumajes; se extiende detrás del ojo (cf. aguja colinegra)

primarias externas viejas aún visibles

centros oscuros en todos los plumajes

la punta del ala supera por bastante la punta de la cola en todos los plumajes

gris-marrón variable, a menudo con tintes beige cálido, a veces gris puro

todas las coberteras nuevas y de tipo adulto (redondeadas, cf. juv./1er invierno)

muescas pronunciadas

tibia relativamente corta (cf. aguja colinegra)

▼ 1er invierno (febrero)
Como el juvenil, pero ahora con manto y escapulares mudadas. Fácil de diferenciar de la aguja colinegra invernal (o de 1er invierno) gracias al diseño marcado en coberteras y terciarias (las escapulares nuevas tampoco son tan uniformes como en la aguja colinegra).

escapulares mudadas a tipo invernal (cf. juv.)

todas las coberteras aún juv., con diseño y forma (puntiaguda) típicos

terciarias juv. con muescas pronunciadas (cf. adulto invernal y aguja colinegra)

▼ 2º año cal./1er verano ♂ (junio)
Los ejemplares de esta edad no crían todavía y suelen permanecer al sur (lejos) de las zonas de cría, sin adquirir apenas nada del plumaje nupcial.

relativamente corto, típico de ♂

plumas rojizo uniforme, sin barrado oscuro, típico de ♂; plumaje nupcial poco extenso, típico de aves de 2º año cal.

▶ Juvenil (septiembre)
La combinación de rasgos que se señalan es útil en cualquier plumaje.

oscuro uniforme (cf. zarapitos real y trinador)

cuña blanca tipo zarapito/*Tringa*

proyección de pies corta

barrado

▶ Adulto ♂ nupcial (junio)

▶ ♀ nupcial (mayo)
Este ejemplar tiene unas axilares con un franjeado bastante denso; en otros ejemplares son fundamentalmente blancas, pero casi nunca lisas. Existe un gradiente este-oeste en el barrado del reverso de las alas, con la subespecie del E de Asia *baueri* (no registrada en Europa) en el extremo de la variación (barrado más denso e intenso). La silueta característica, con el centro de gravedad hacia adelante, la cabeza prominente y la popa relativamente corta, puede ser llamativa en vuelo.

franjeado variable

popa relativamente corta, centro de gravedad desplazado hacia adelante en vuelo

Aguja café *Limosa haemastica*

L 39 cm | Divagante de Norteamérica

▼ Tipo adulto ♂ nupcial (junio)

Es una especie extremadamente rara en Europa, pero fácil de identificar en este plumaje. La combinación de ala larga, infracoberteras caudales con barrado intenso y cuello y cabeza estriados es muy característica, aunque siempre debe considerarse una aguja colinegra aberrante. El ♂ de aguja colipinta nupcial desgastado es más similar en otoño debido a las partes inferiores naranja uniforme, la cabeza más pálida, diseño de escapulares nupciales similar, ala larga y forma del pico. Sin embargo, la aguja colipinta carece de, por ejemplo, el barrado intenso de infracoberteras caudales, tiene la cola barrada, las patas más cortas y la parte anterior del cuello lisa.

habitualmente todo nupcial; los grandes centros negros y las muescas pálidas crean un patrón ajedrezado en partes superiores (cf. aguja colinegra nupcial)

muy moteado y estriado; la cabeza gris puede contrastar algo con el cuello más saturado

proyección primaria larga; la punta del ala sobresale mucho tras la punta de la cola (cf. aguja colinegra)

infracoberteras caudales con barrado intenso y regular

rojo ladrillo típico; más uniforme en el ♂ nupcial, con menos barrado negro que en la ♀ nupcial

▼ Tipo adulto ♀ nupcial (abril)

Ejemplar con el plumaje nupcial nuevo. Las partes inferiores se tornan más rojizas a medida que las partes blancas de las plumas se desgastan, durante la primavera, y el barrado negro también se va haciendo más obvio. Las franjas finas en cabeza y cuello siguen siendo rasgos útiles en este plumaje, pero la coloración general gris pálido ya suele resultar llamativa.

centros negros más pequeños que en el ♂ nupcial; a menudo no adquiere todo el plumaje nupcial (partes superiores menos oscuras en general)

todos los plumajes muestran bastante negro en la mandíbula superior (a veces solo en el culmen)

estriado típico en todos los plumajes no invernales

mezcla variable de rojizo y blanco; barrado negro a menudo más prominente que en el ♂ nupcial

a menudo con menos barrado aquí que en el ♂ nupcial

▼ Adulto invernal (noviembre)

Muy similar a la aguja colinegra invernal. Los rasgos que se señalan son todos ellos variables y ninguno puede considerarse diagnóstico. En la imagen no se aprecia el único carácter diagnóstico, que es la distancia entre la punta del ala y la punta de la cola. La muda activa de primarias en noviembre tampoco coincide con la aguja colinegra *limosa* nominal, pero sí con la subespecie islandesa *islandica* (que a su vez también tiene el pico y las patas más cortos).

▼ Adulto mudando a plumaje invernal (septiembre)

Con la muda a plumaje invernal, desaparecen el estriado y barrado característico en cabeza y partes inferiores, incluyendo las infracoberteras caudales. La aguja colipinta también muestra el pico ligeramente curvado hacia arriba y una proyección alar similar. La ceja/diseño de la brida en todos los plumajes es ligeramente distinta a la aguja colinegra: la ceja suele ser ancha y blanco puro entre el pico y el ojo, mientras que la brida suele mostrar una franja oscura recta y bastante fina. El diseño de la aguja colinegra es variable, pero normalmente la ceja está algo "rota" por una línea vertical (muy) difusa que cruza la brida (véase la aguja colinegra, abajo a la derecha).

suele ser llamativamente ancha y no está rota por una zona oscura difusa frente al ojo (cf. aguja colinegra)

escapulares invernales nuevas gris uniforme como en la aguja colinegra (cf. aguja colipinta)

motas oscuras características todavía presentes (pero pronto serán sustituidas por plumas invernales gris uniforme)

casi tan uniforme como la aguja colinegra invernal, pero suele ser más gris que marrón

muda de primarias activa en noviembre; véanse las primarias centrales en crecimiento

la ceja suele ser llamativamente ancha (cf. aguja colinegra invernal)

algo corto y ligeramente curvado hacia arriba (cf. aguja colinegra)

rosa (cf. aguja colinegra invernal)

corta (cf. aguja colinegra)

pecho gris con el borde relativamente nítido con respecto al vientre blanco (comparado con la aguja colinegra invernal)

■ Aguja colinegra ♂ nupcial (mayo)

zona oscura (muy) difusa que cruza la brida (cf. aguja café)

▼ Juvenil (septiembre)
Gris bastante uniforme similar a una aguja colinegra juvenil poco coloreada, pero véanse las diferencias que se indican.

escapulares y terciarias sin ningún diseño contrastado (cf. aguja colinegra juv.)

la ceja ancha contrasta mucho con el píleo algo oscuro

proyección primaria larga (cf. aguja colinegra)

gris-marrón (cf. aguja colinegra juv.)

marcas oscuras diagnósticas (cf. aguja colinegra juv.)

▼ 1er invierno (diciembre)
Fácil de pasar por alto en Europa, si no se observa bien. La imagen muestra los rasgos más importantes. Este ejemplar todavía retiene coberteras y terciarias juveniles, que, como en muchas limícolas de 1er invierno, están muy desgastadas y contrastan con las escapulares nuevas.

proyección primaria y alar largas

ceja ancha y blanco puro, a menudo llamativa

marcas oscuras diagnósticas, no presentes en la aguja colinegra de 1er invierno

▼ Adulto ♂ nupcial (junio)
El diseño diagnóstico del reverso del ala está presente en todos los plumajes.

negruzco, exceptuando las coberteras grandes blanco puro, creando un diseño diagnóstico

los pies proyectan algo menos tras la cola que en la aguja colinegra

▼ Tipo 2º año cal. (abril)
Los ejemplares que en abril todavía muestran el plumaje invernal tienden a ser de 2º año cal. A pesar de que se parece superficialmente a la aguja colinegra, la proyección primaria larga y los detalles del diseño cefálico siguen siendo rasgos útiles. Mismo ejemplar que en la imagen de abajo (en vuelo).

coberteras probablemente aún juv.: cortas y muy desgastadas

▼ Tipo 2º año cal. (abril)
El diseño del anverso del ala es igual en todos los plumajes. Las aves de 2º año cal. adquieren el plumaje nupcial parcialmente y lo hacen más tarde. Las coberteras centrales muy desgastadas probablemente sean aún juveniles.

banda alar relativamente corta y concentrada en la parte central del ala (cf. aguja colinegra)

diseño del anverso de la cola como en la aguja colinegra

Zarapito real *Numenius arquata*

L 52 cm | Verano, C, NO y N Europa; invierno, O a SE Europa

▼ **Adulto nupcial (abril)**

La limícola más grande de Europa, con un pico largo y curvado hacia abajo y con un patrón marcado en todo el plumaje marrón. Las ♀♀ tienen los picos más largos. El plumaje no varía mucho a lo largo del año, pero véanse en este ejemplar las escapulares de tipo nupcial, que aparecen pronto en primavera. Compárese con el zarapito trinador.

escapulares de tipo nupcial con muescas rojizas algo sutiles

▼ **Adulto invernal (enero)**

El plumaje nuevo y uniforme y las puntas de primarias negruzcas son buenos indicativos del adulto. El pico relativamente corto apunta a ♂.

escapulares de tipo invernal con un diseño muy difuso, en lugar de las muescas pronunciadas nupciales

▼ **Juvenil (agosto)**

El pico de los jóvenes no ha crecido del todo, lo que puede dificultar la identificación. Un ejemplar extremadamente piquicorto, como este, debería ser un ♂. La apariencia general de las partes superiores (más estriadas que moteadas) es la opuesta que en el zarapito trinador y también es aplicable en adultos de ambas especies, aunque de forma menos definitoria.

típicamente más estriado que moteado (lo opuesto en el zarapito trinador juv.)

escapulares y coberteras (excepto las grandes) con márgenes pálidos anchos y centros oscuros elongados (cf. adulto)

llamativamente corto en el juv.

estriado fino (cf. tipo adulto, incluyendo 1er invierno)

▼ **1er invierno (enero)**

A veces difícil de separar del adulto invernal debido a la muda postjuvenil, a menudo extensa. El estado de las primarias externas es el rasgo más importante para el datado, dado que retiene las primarias juveniles hasta la primera muda completa, que tiene lugar durante el verano del 2º año cal. Este ejemplar mantiene aún algunas coberteras y terciarias juveniles, con un nivel de desgaste que los adultos solo muestran en verano.

primarias externas desgastadas y marronáceas (nuevas y negruzcas en el adulto a mediados de invierno)

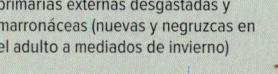

terciarias juv. con muescas pálidas desgastadas (plumas más nuevas en el adulto a mediados de invierno)

◄ **Detalle, 1er invierno**

Además del desgaste, las terciarias juveniles tienen muescas pronunciadas; compárese con el adulto invernal. La imagen muestra claramente cómo las partes pálidas de las plumas se desgastan más rápido que las partes oscuras, lo que también ocurre en muchas otras especies de limícolas.

▼ **2º año cal./1er verano (marzo)**
Casi como el adulto, pero véanse los rasgos que se señalan. El estado de las primarias puede resultar difícil de ver con el ave posada, pero las diferencias con respecto a los adultos en cuanto al nivel de desgaste resultan evidentes a lo largo de todo el año.

mezcla de escapulares viejas y nuevas típica de esta clase de edad en invierno/primavera

primarias más marrones, puntiagudas y desgastadas que en el adulto invernal

coberteras y terciarias muy desgastadas (cf. adulto invernal)

▼ **Adulto (julio)**
Los adultos empiezan la muda completa a mediados de verano (las aves de 2º año cal. ya en primavera), lo que hace que, en esta época, la muda de primarias sea muy llamativa en vuelo. Los adultos de zarapito trinador mudan las primarias en invierno (pero véase también el 2º año cal. de zarapito trinador).

▶ **Juvenil/1er invierno (septiembre)**
Algunos ejemplares de la población europea pueden mostrar un reverso del ala casi completamente blanco liso (como *orientalis*), pero véase el barrado de los flancos de este ejemplar. Además del plumaje uniforme y nuevo en septiembre, la ausencia de muda activa de primarias también apunta a ave de 1er año cal.

▶ **Zarapito real oriental *orientalis*, adulto (E China, octubre)**
La transición entre las subespecies *arquata* nominal y *orientalis* es gradual, lo que significa que es más probable que lleguen a Europa ejemplares intermedios que no *orientalis* puros del E de Asia. Las infracoberteras alares y las axilares de *arquata* son muy variables: blanco liso (¡o eso parece en el campo!) o con marcas oscuras dispersas más o menos abundantes. Este ejemplar fue fotografiado en el E de China y muestra todos los rasgos típicos. El pico y las patas son más largos que en *arquata* del mismo sexo (las ♀♀ *arquata* se solapan con los ♂♂ *orientalis*, pero las ♀♀ *orientalis* muestran picos extremadamente largos, imposibles en *arquata*).

blanco liso, pero algunos ejemplares europeos también pueden ser así

muy largo, especialmente en ♀♀

blanco liso o con estriado poco denso

solo estriado (cf. zarapito real nominal)

Zarapito trinador *Numenius phaeopus*

L 42 cm | Verano, NO y N Europa; migrante, de O a SE Europa

Polit cantaire CAT
Kurlinta bekainduna EUS
Mazarico chiador GAL

▼ Adulto (julio)

Los adultos mantienen más o menos la misma apariencia a lo largo de todo el año y suelen carecer de coberteras marrón cálido (compárese con el zarapito real en primavera). Las zonas pálidas de las plumas empiezan a desgastarse a partir de primavera, lo que hace que la coloración general oscurezca. Véanse aquí las muescas pálidas desgastadas en coberteras grandes y terciarias. El diseño de la cabeza varía en definición; en este caso se trata de un ave poco contrastada, algo típico en adultos. Un zarapito real con un diseño cefálico contrastado puede parecerse, pero suele carecer de la lista central pálida en el píleo.

diseño cefálico típico: lista oscura en la brida, ceja llamativa y píleo con listas oscuras laterales y lista central pálida (cf. zarapito real)

típicamente corto (pero véase el zarapito real juv.)

relativamente cortas en comparación con el zarapito real

▼ Adulto (septiembre)

La muda completa en adultos empieza más tarde que en el zarapito real y tiene lugar fundamentalmente en los cuarteles de invernada fuera de Europa. Por ello, los adultos en otoño suelen ser oscuros y estar obviamente desgastados.

suele estar muy desgastado (cf. juv./1er invierno en otoño)

▼ Juvenil/1er invierno (septiembre)

El diseño del plumaje suele ser nítido y contrastado, incluyendo el diseño cefálico.

terciarias y coberteras grandes juv. con muescas prominentes y bien definidas

todo el plumaje nuevo en comparación con los adultos

▼ 2º año cal. (mayo)

La muda invernal de las aves de 1er año es parcial, reteniendo todas las primarias. Este ejemplar ha reemplazado buena parte de las coberteras, que contrastan con, por ejemplo, las terciarias desgastadas. Los adultos en primavera tienen todo el plumaje nuevo uniforme (después de una muda invernal completa).

primarias y terciarias (juv.) muy desgastadas

▼ Tipo 2º año cal. (septiembre)

El plumaje predominantemente nuevo, pero de tipo adulto en otoño es típico de las aves de 2º año cal. (véase también el juvenil para las diferencias en el diseño y el desgaste entre terciarias y coberteras grandes juveniles y adultas). Nótese que en este ejemplar las primarias externas también están en crecimiento, lo que indica muda activa de primarias, algo también típico del 2º año cal. en otoño. Los adultos no alcanzan esta fase de la muda hasta enero. Se trata de un plumaje probablemente raro en Europa, ya que muchas aves de 2º año cal. permanecen (muy) al sur de sus zonas de cría.

terciarias de tipo adulto con muescas sutiles; aspecto algo cebrado (cf. terciarias juv.)

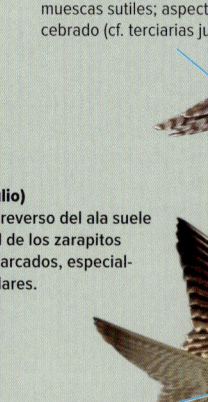

▼ Adulto (julio)

Las partes superiores y la cola son iguales en el zarapito real, pero el ala es en general más oscura por la menor cantidad de motas o franjas pálidas.

cuña blanca como en el zarapito real

▼ Adulto (julio)

El diseño del reverso del ala suele ser distinto al de los zarapitos reales más marcados, especialmente en axilares.

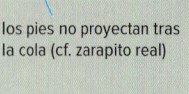

los pies no proyectan tras la cola (cf. zarapito real)

pocas manchas blancas (cf. zarapito real)

barrado (relativamente) denso (cf. zarapito real)

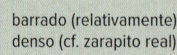

Zarapito trinador americano *Numenius hudsonicus*

L 44 cm | Divagante de Norteamérica

Polit cantaire americà CAT
Kurlinta bekaindun amerikarra EUS
Mazarico de Hudson GAL

▼ Adulto (abril)
A pesar de que, posada, es muy similar al zarapito trinador, un ejemplar como este debería resultar llamativo en Europa. La cabeza pálida con el diseño cefálico contrastado (mucho para un adulto) y el flanco completamente barrado sobre algo de color de fondo amarillo-marrón debería encender las alarmas. Algunos ejemplares son menos obvios (especialmente más tarde, debido al desgaste) y podrían pasar desapercibidos en Europa si no se observan en vuelo. La base de la mandíbula inferior con rosa extenso es habitual en todos los plumajes; a diferencia del zarapito trinador, muy raramente tienen el pico completamente negro.

▼ Juvenil (agosto)
Los juveniles se diferencian mediante los mismos rasgos que sirven para los adultos: por ejemplo, el diseño cefálico contrastado, el barrado extenso en flancos y las muescas pálidas pronunciadas en coberteras y terciarias. Debido a que el juvenil de zarapito trinador también puede mostrar diseños cefálicos llamativos, este rasgo es algo menos útil, pero los juveniles europeos siempre tienen muy poco o nada de barrado en flancos. El color de fondo amarillo-marrón en las partes inferiores también es típico, pero un juvenil de europeo con el plumaje nuevo puede ser similar.

diseño cefálico muy contrastado con auriculares y ceja muy pálidas (cf. zarapito trinador)

coberteras y terciarias con muescas pálidas pronunciadas, lo que hace que el ala (cerrada) tenga una apariencia más pálida que en el europeo

la base pálida (rosa) puede ser extensa (cf. zarapito trinador)

flancos habitualmente barrados por completo, si no están muy desgastados, sobre color de fondo amarillo-marrón (cf. zarapito trinador)

flanco con barrado denso típico (cf. zarapito trinador juv.)

► 1er invierno (octubre)
La espalda y el obispillo totalmente oscuros constituyen el rasgo más útil, pero el diseño del anverso del ala también puede ser bastante distinto al del europeo; las manchas pálidas extensas aumentan el contraste en esta región del plumaje. El barrado uniforme en primarias internas es más que excepcional en este caso: la mayoría suelen mostrar rémiges más uniformemente oscuras, aunque casi siempre más pálidas que en el zarapito trinador. La muda se produce más o menos a la vez que en el zarapito trinador, posiblemente ligeramente antes en adultos, que suelen hallarse en muda activa de primarias ya en octubre. La ausencia de muda y las primarias externas y coberteras primarias bastante nuevas apuntan a ave de 1er invierno en este caso.

totalmente marrón oscuro, diagnostico

rémiges con zonas pálidas externas; las primarias internas con barras pálidas también son típicas (cf. zarapito trinador)

mucho contraste, debido a las coberteras pálidas (cf. zarapito trinador)

► 2º año cal. (julio)
También difiere del zarapito trinador en el reverso del ala de todos los plumajes. La muda activa de primarias a mitad de verano es típica del 2º año cal., como en el zarapito trinador; véanse las primarias (juveniles) externas muy desgastadas; deberían estar en mejor estado en un adulto en verano.

muda activa de primarias

barrado muy denso sobre amarillo-marrón cálido (cf. zarapito trinador)

Zarapito chico *Numenius minutus*

L 30 cm | Divagante de Asia

▼ **Juvenil/1er invierno (septiembre)**
Su tamaño reducido y su estructura, con patas y cuello largos, recordando a un *Tringa*, hacen que no parezca un zarapito. Los rasgos que se señalan son los típicos y resultan útiles con cualquier plumaje.

lista en el centro del píleo blanca y fina

ceja ancha; el ojo destaca por estar rodeado de plumaje pálido

bridas predominante-mente pálidas, solo una mancha oscura junto al ojo

mancha pálida en escapulares visible aquí (pero no siempre)

muy corto (para ser un zarapito); base rosácea

barrado fino reducido, sobre color de fondo amarillo-marrón suave

▼ **Detalle, juvenil/1er invierno (septiembre)**
Diferencias con respecto al adulto. Parece haber mudado algunas escapulares (más anchas, con bordes más coloridos).

primarias (externas) relativamente nuevas y con margen pálido

terciarias juv. con muescas pequeñas y margen pálido

coberteras juv. estrechas y con margen pálido

▼ **Adulto (septiembre)**
Los adultos pueden ir bastante avanzados en la muda a finales de verano, pero retienen un buen número de coberteras. Esta imagen, en la que se aprecian partes superiores y algunas terciarias mudadas, es clásica. Esta fase de la muda es parecida a la de una limícola de 1er invierno típica, pero las coberteras y las terciarias inferiores están demasiado desgastadas para ser un ave de 1er año en septiembre.

partes superiores y terciarias mudadas (de tipo adulto, con las clásicas muescas pronun-ciadas)

coberteras retenidas muy desgastadas

grisáceas, a veces con tonos rosados (cf. correlimos batitú)

▼ **Tipo adulto (mayo)**
Las franjas en flancos son variables y a veces se ocultan tras el ala, por lo que los flancos pueden parecer totalmente lisos. Visto de lejos, parece amarillo-marrón en general. Las aves de 2º año cal. en prima-vera son idénticas, pero algunas mantienen primarias o coberteras viejas y desgastadas, o muestran un límite de muda entre primarias internas viejas y externas nuevas.

cuello largo, suele parecer delgado

plumas de tipo adulto con muescas pronunciadas y margen amarillo-marrón

puntas de ala y cola más o menos a la misma altura (cf. correlimos batitú)

muy barrado (como el correlimos batitú)

los pies proyectan un poco (cola más larga que pies en el correlimos batitú)

▶ **Juvenil (agosto)**

▶ **Juvenil/1er invierno (octubre)**
Muy distinto a otros zarapitos también en vuelo; la única especie vagamente similar es el correlimos batitú.

oscuro

popa elongada

margen de ataque oscuro ancho

oscuro uniforme o con diseño sutil (cf. otros zarapitos)

raquis blanco en p10 suele ser llamativo

Correlimos batitú *Bartramia longicauda*

L 31 cm | Divagante de Norteamérica

▼ Tipo adulto (abril)
Especie muy distintiva, pero véase el todavía más raro (en Europa) zarapito chico.

ojo grande rodeado de plumaje pálido; bridas pálidas, sin lista ocular

cuello delgado

diseño típico de terciarias y escapulares de tipo adulto

diseño típico: amarillo con culmen y punta oscuros

amarillas

cola larga, sobresale mucho tras las alas

terciarias de tipo adulto con menos franjas negras que en el juv./1er invierno

▼ Adulto (septiembre)
Véase también en este ejemplar la estructura típica, con cuello delgado y cabeza pequeña.

plumas de tipo adulto con margen ancho marrón, muescas pronunciadas y barrado negro (cf. juv./1er invierno)

▶ 1er invierno (octubre)
La apariencia en vuelo es la misma en todos los plumajes.

cola larga

fina y densamente barrado

▼ Juvenil (noviembre)
En la imagen se muestran los rasgos más importantes para separarlo del adulto. Este ejemplar se halla (aparentemente) en plumaje juvenil completo. Algunas aves de 1er año ya han mudado algunas escapulares en otoño, pero una muda post-juvenil reducida es lo más habitual en esta época.

escapulares juv. con margen blanco fino

terciarias juv. oscuras, con numerosas franjas negras

coberteras juv. con manchas pálidas en el centro y margen pálido fino

▶ 1er invierno (octubre)

cola larga, con numerosas franjas finas

margen de ataque oscuro

raquis de p10 blanco (como en el zarapito chico)

Playero siberiano *Tringa brevipes*

L 25 cm | Divagante de E Asia

▼ **Tipo adulto nupcial (mayo)**
La combinación de partes superiores grises uniformes, pecho y flanco densamente barrados, patas amarillas y diseño cefálico contrastado es diagnóstica. La única especie europea que se parece un poco es el correlimos gordo invernal, pero tiene el pico más corto, carece de las patas amarillo uniforme y tiene un diseño cefálico menos marcado (véase aquella especie). Considerando que cualquier playero es extremadamente raro en Europa, también debe contemplarse el playero de Alaska (véase p. 417). Se trata de una especie muy similar al playero siberiano, pero que nunca se ha registrado en Europa.

▼ **Adulto invernal (enero)**
El diseño cefálico contrastado es aún más llamativo en invierno, debido a que destaca más entre el resto del plumaje, grisáceo uniforme.

todas las partes superiores gris uniforme en todos los plumajes

diseño cefálico contrastado con ceja evidente y brida negra llamativa en todos los plumajes

el ala larga sobresale mucho tras la cola

densamente barrado en pecho y flancos, partes inferiores centrales blanco liso

relativamente cortas y amarillas en todos los plumajes

▼ **Juvenil (septiembre)**
Gris casi uniforme también en este plumaje, con la popa elongada por unas alas muy largas.

tan solo unas pequeñas muescas

brida negra también característica en este plumaje

▼ **1er invierno (noviembre)**
El plumaje más esperable como divagante en Europa. Véanse los rasgos señalados para el juvenil. El plumaje está tan desgastado como en el juvenil (muescas pálidas casi desaparecidas por el desgaste), pero con manto y escapulares más nuevos.

solo ligeramente curvo; base de la mandíbula inferior verde oliva

gris uniforme, que se extiende hacia flancos

mano larga y puntiaguda

▶ **Tipo adulto nupcial**

oscuro (cf. otros andarríos)

▶ **Invernal (febrero)**
En vuelo, las partes superiores tienen la misma apariencia en todos los plumajes: gris casi uniforme, único entre las limícolas de Europa.

gris uniforme

banda alar muy estrecha, normalmente no visible en el campo

relativamente cortas, amarillo brillante

■ **Playero de Alaska** *Tringa incana*, **1er invierno (noviembre)**
Esta especie nunca ha sido registrada en Europa. Todos los plumajes son muy similares a su equivalente en el playero siberiano, por lo que debe considerarse cuando
nos encontremos frente a un playero en Europa. La imagen muestra las diferencias
más importantes. Las muescas finas en coberteras y terciarias son típicas del
1er invierno (también en el de playero siberiano). Las rectrices y las supracoberteras
caudales son gris uniforme (con franjas pálidas finas en el playero siberiano).

■ **Detalle de la cabeza**
Las diferencias suelen ser sutiles y existe cierto solapamiento.
El playero siberiano también puede mostrar un anillo ocular
tan llamativo. El surco nasal largo es diagnóstico, pero a
menudo difícil de ver en el campo. El surco donde se hallan las
narinas no es tan obvio en el playero siberiano, y ocupa
menos de la mitad de la longitud del pico.

gris ligeramente más oscuro
que en el playero siberiano

gris extenso

sin apenas ceja
detrás del ojo

narinas asentadas en un surco
largo (surco > ½ del pico)

llamativo anillo ocular
blanco y "partido"

base pálida limitada a la
mandíbula inferior

Playero aliblanco *Tringa semipalmata*

semipalmata (nominal) L 35 cm; *inornata* (occidental) L 39 cm | Divagante de Norteamérica

Gamba alanegra CAT
Ekialdeko kuliska erdipalmatua EUS
Bilurico semipalmado GAL

▼ **1er invierno, playero aliblanco occidental *inornata* (octubre)**
La identificación como playero aliblanco es fácil, gracias a la combinación única de rasgos que se señalan. En este caso se trata de un ejemplar del oeste por su pico relativamente largo con la base gris y por la
garganta y pecho superior blancos. Los *semipalmata* del este son más
pequeños y oscuros, tienen un pico más corto con la base rosada y en
plumaje invernal la garganta y el pecho superior no son mucho más
pálidos que el resto de la cabeza y el pecho.

▼ **Adulto invernal (octubre)**
Este ejemplar, fotografiado en California, sirve como ejemplo de las dificultades a la hora de asignar la identidad subespecífica. Todos los rasgos que
se señalan apuntan a un ejemplar del este, pero en California este taxón es
rareza. Un análisis más detallado revela que la punta del pico es muy fina,
lo que sí apunta a la población occidental. En invierno los rasgos útiles se
solapan todavía más, por lo que tan solo los ejemplares con una combinación de rasgos exclusiva pueden asignarse a una u otra subespecie.

ceja corta; resto de
la cabeza uniforme

base gruesa

mezcla de coberteras
juv. desgastadas e
invernales nuevas,
típicas del 1er invierno

largas y gruesas,
(verde) gris

corto, con base
rosada sutil

marronáceo

oscuro

relativamente
cortas

▶ **Nupcial (abril)**
Los diseños de reverso y anverso del ala son
diagnósticos. El franjeado tan marcado en partes
inferiores encaja con las poblaciones del este. El
pico es típicamente corto y con la base pálida,
también típico de ejemplares del este.

TAXONOMÍA
Estas 2 subespecies son tratadas como especie en
algunas publicaciones. Las zonas de cría están
separadas, pero coinciden parcialmente en la ruta
migratoria y en zonas de invernada. Ambas subespecies se han registrado a este lado del Atlántico
(el playero aliblanco occidental solo en Azores hasta
la fecha, pero es un divagante potencial a Europa).

Andarríos del Terek *Xenus cinereus*

L 23,5 cm | Verano, NE Europa

▼ Tipo adulto nupcial (junio)

Andarríos muy característico por la forma de la cabeza y el pico y también por la coloración general gris pálido en todos los plumajes. La forma del pico es única entre las limícolas europeas pequeñas. La posición del ojo en la cara está sorprendentemente elevada. Las aves de 2º año cal. que retornan a las zonas de cría suelen ser idénticas a los adultos, pero algunas muestran algunas rasgos que las diferencian de estos, como en este caso.

zona negra en plumaje nupcial variable

perfil de la cabeza típico, con píleo elevado y frente pronunciada

primarias y rectrices muy desgastadas, propias del 2º año cal.

gris uniforme

entre amarillo (verde) y naranja, relativamente cortas

relativamente largo para un andarríos pequeño y curvado hacia arriba de forma diagnóstica

▼ Adulto invernal (noviembre)

Muy parecido al plumaje nupcial, pero sin (apenas) negro en escapulares.

ojo elevado dentro de la cara, por encima del pico

todas las plumas de partes superiores (incluyendo coberteras) nuevas y con margen pálido

▼ Juvenil (septiembre)

También resulta fácil de identificar en este plumaje. El plumaje no varía mucho a lo largo del año, pero las plumas nuevas y las franjas oscuras de los raquis (más llamativas que los márgenes pálidos de las plumas, a menudo muy sutiles o casi ausentes, como en este caso) facilitan el datado de este ejemplar. Algunas aves de 1er año mudan las escapulares antes de alcanzar los cuarteles de invernada y muestran plumas gris claro con márgenes pálidos (véase el adulto invernal); carece de las zonas negras del plumaje nupcial.

gris uniforme con franjas oscuras en raquis (típicas del juv.), algo más anchas en escapulares

estriado fino en todos los plumajes

▼ Tipo adulto (febrero)

Varios rasgos son útiles también en vuelo. Debido al margen de fuga blanco, el archibebe común es la especie más parecida, pero este muestra una cuña blanca en la espalda, la cola barrada, proyección de pies tras la cola y carece de banda oscura evidente en coberteras grandes.

las coberteras grandes forman una banda negra ancha

mano negruzca contrastada

margen de fuga tipo archibebe común (a veces con menos blanco que en este caso)

cabeza grande y prominente

parece gris uniforme desde lejos

cola corta; los pies no proyectan

reverso del ala blanco casi liso

sin cuña blanca

▼ 1er invierno (enero)

coberteras desgastadas, sin margen pálido (cf. adulto invernal)

Andarríos chico *Actitis hypoleucos*

L 19 cm | Verano, O, N y E Europa; invierno, S Europa

▼ **Tipo adulto nupcial (julio)**
Una especie distintiva (sin tener en cuenta el andarríos maculado, que es raro aquí) por la cuña blanca junto al codo y la cola larga. Este ejemplar muestra muchas manchas oscuras en plumaje nupcial, pero es algo habitual. De lejos, se puede confundir con el correlimos de Temminck, especialmente cuando no se puede apreciar el tamaño, pero el correlimos de Temminck muestra una banda pectoral que se extiende más hacia el vientre y carece de las cuñas blancas. Tanto el andarríos grande como el andarríos bastardo también carecen de esta cuña y la cola no proyecta tras la punta del ala. Las aves de 2º año cal. adquieren el plumaje nupcial y suelen ser imposibles de datar si la muda postjuvenil ha sido completa (lo que pasa a menudo en aves de 2º año cal.). Algunos mantienen algunas coberteras/primarias internas sin mudar, en cuyo caso se pueden apreciar límites de muda, por ejemplo con las primarias nuevas externas. Agita la cola casi constantemente. Véase el andarríos maculado.

la cola larga supera por mucho la punta del ala

cuña blanca entre la banda pectoral y el codo típica en todos los plumajes

plumas de tipo nupcial con franjas negras distribuidas de forma regular (cf. juv. y adulto de tipo invernal)

banda pectoral oscura (con estrías evidentes en plumaje nupcial); "rota" en el centro

▼ **Juvenil (agosto)**
Los rasgos típicos de la especie son los mismos que para el adulto. El plumaje juvenil puede permanecer intacto hasta ya avanzado el otoño.

coberteras juv. con múltiples franjas pálidas y oscuras, que le dan un aspecto cebrado al ala

manto y escapulares con franjas subterminales oscuras y punta pálida (cf. adulto nupcial e invernal)

terciarias con márgenes ajedrezados

▶ **Juvenil (julio)**

reverso del ala llamativo, con 2 bandas oscuras que cruzan las coberteras; la banda central puede extenderse más hacia el cuerpo

▼ **Adulto nupcial desgastado (agosto)**
El estriado/moteado de partes inferiores puede causar confusión con el andarríos maculado, pero en el chico estas marcas tienen más forma de estría fina.

escapulares y coberteras de tipo nupcial muy desgastadas

algunos ad. muestran estrías/motas oscuras finas; de estar presentes, suelen estar alineadas (cf. adulto de andarríos maculado)

▼ **Adulto invernal (noviembre)**

escapulares y coberteras del mismo tipo (adulto invernal): solo una franja subterminal y punta pálida

primarias nuevas (desgastadas en el 1er invierno en noviembre)

▼ **1er invierno (octubre)**

plumas nuevas de tipo adulto invernal más grises, con tan solo una franja subterminal oscura y la punta pálida (la punta pálida desaparece pronto por el desgaste)

coberteras pequeñas y medianas aún juv., desgastadas y típicamente con 2 franjas oscuras y 2 franjas pálidas en cada pluma

banda alar llamativa y bien definida (a diferencia de otras limícolas tipo *Tringa*, pero véase también el andarríos maculado)

▶ **Juvenil (julio)**

diseño típico, con mucho blanco en rectrices externas

Andarríos maculado *Actitis macularius*

L 19 cm | Divagante de Norteamérica

▼ **Tipo adulto, probablemente ♂ (abril)**
Ejemplar poco marcado en cuanto al moteado en partes inferiores y también en escapulares y coberteras de tipo nupcial. Los ♂♂ muestran menos motas (y más pequeñas) y las aves de 2º año cal. probablemente también.

laterales del pecho oscuros a menudo poco extensos

▼ **Tipo adulto nupcial, probablemente ♀ (abril)**
Inconfundible en este plumaje. Las manchas son más llamativas en las ♀♀, no solo por ser más numerosas sino también más grandes.

▼ **Juvenil (septiembre)**
Ejemplar muy marcado, con diseño de brida y anillo ocular (completo) que se solapa con el andarríos chico. Muchos ejemplares muestran unas escapulares, terciarias y manto bastante lisas, que siempre contrasta con coberteras fuertemente barradas. Estas franjas se concentran más en la punta de cada pluma que en el andarríos chico, formando un patrón más ordenado, a veces incluso alineado. El andarríos chico también puede mostrar patas amarillas. Las diferencias más útiles son:
• terciarias con franjas solo en la punta (a veces mínimas)
• base del pico rosa
• centro del pecho predominantemente blanco
• cabeza y laterales del pecho más uniformes que en el andarríos chico
• diseño de coberteras llamativo

cola relativamente corta (proyección)

liso, también en invierno (cf. andarríos chico)

brida como en el andarríos chico; anillo orbital "roto" solo sutilmente

terciarias con barrado restringido a la punta (cf. andarríos chico juv.)

las franjas juv. suelen ser pronunciadas y concentradas en la punta (cf. andarríos chico juv.)

rosa o anaranjado (cf. andarríos chico juv.)

laterales del pecho oscuros poco extensos (cf. andarríos chico juv.)

▼ **Tipo adulto (febrero)**
Muy similar al andarríos chico en todos los plumajes no nupciales. Las diferencias suelen ser sutiles y, considerando lo rara que esta especie es en Europa, la identificación debe basarse en una combinación de rasgos. En este caso, los rasgos principales son: base de la mandíbula inferior rosada, cola corta y manchas de los laterales del pecho pequeñas y uniformes (el color de las patas no resulta útil aquí). Como norma, la proyección de la cola es más corta que la mitad de la longitud del pico; en el andarríos chico es más larga.

coberteras de tipo adulto con tan solo una franja subterminal oscura y punta pálida simple (no doble como en el andarríos chico adulto invernal, cf. juv.)

proyección caudal muy corta en este caso (cf. andarríos chico)

rosada (cf. andarríos chico)

tanto los adultos como las aves de 1er invierno suelen retener/mostrar algunas manchas oscuras en invierno, normalmente en el vientre, como en este caso

laterales del pecho oscuros poco extensos (cf. andarríos chico)

■ **Andarríos chico, juvenil (agosto)**
Este ejemplar muestra un diseño cefálico bien desarrollado y patas amarillentas, lo que le acerca al andarríos maculado, pero véanse las diferencias que se señalan. El anillo orbital/diseño de la brida es variable en ambas especies, pero un anillo orbital "roto" tanto delante como detrás del ojo es muy indicativo de andarríos maculado; en el andarríos chico, el anillo ocular es más completo, como mucho solo está "roto" de forma sutil. Algunos andarríos maculados pueden mostrar también anillos orbitales bastante continuos (véase el juvenil).

la franja de la brida se ensancha junto al ojo, pero el anillo orbital es continuo o solo sutilmente "roto" (cf. maculado)

cola larga; proyección de la cola ≥ ½ longitud del pico (en el maculado la cola proyecta ≤ ½ del pico)

gris-marrón apagado

terciarias con todo el margen ajedrezado

estrías finas en los raquis (cf. andarríos maculado)

▼ **1er invierno (enero)**
Muy similar al adulto invernal, pero véanse las coberteras juveniles que se señalan, con el típico diseño que incluye un borde oscuro y franjas pálidas en ambos lados. El anillo orbital, "roto" delante y detrás del ojo, es útil con todos los plumajes. Algunas aves de 1er invierno van tan avanzadas con su muda que ya no son separables de los adultos.

la ceja y la lista ocular suelen ser más llamativas que en el andarríos chico

brida de anchura uniforme; "rompe" el anillo orbital frente al ojo (cf. andarríos chico)

coberteras juv. retenidas desgastadas (cf. adulto invernal)

rosado, característico en todos los plumajes (cf. andarríos chico)

suelen ser amarillas en invierno, pero algunos andarríos chicos pueden acercarse a esto, o incluso igualarlo

▼ **Tipo adulto nupcial, probablemente 2º año cal. ♀ (abril)**
Que la mayoría de coberteras sean viejas y de tipo invernal o juvenil es un claro indicativo de ave de 2º año cal. (en ese caso serían plumas juveniles); las motas grandes son típicas de la ♀. Muchas aves de 2º año cal., como esta, no son identificables de los adultos, pero suelen mostrar, como los andarríos chicos de 2º año cal., un límite de muda en primarias

coberteras viejas de tipo invernal/juv.

▼ **Juvenil (julio)**
La longitud de la parte visible de la banda alar varía (debido en parte a la posición de las coberteras grandes), pero el diseño característico de las secundarias internas es bastante consistente. En el andarríos chico, las secundarias internas son (casi) totalmente blancas. Esta diferencia es útil en todos los plumajes.

puntas blancas más pequeñas que en el andarríos chico

la banda alar desaparece bajo las coberteras grandes, sin alcanzar el cuerpo (cf. andarríos chico)

laterales del obispillo sin apenas blanco (cf. andarríos chico)

las patas casi alcanzan la punta de la cola

la banda oscura de secundarias alcanza el cuerpo (cf. andarríos chico)

■ **Andarríos chico, juvenil (julio)**
El diseño de los laterales del obispillo suele variar entre los andarríos chico y maculado. El blanco extenso es más típico del andarríos chico y el marrón uniforme lo es del andarríos maculado, pero existe cierto solapamiento.

blanco a menudo extenso en los laterales del obispillo

▼ **Tipo adulto nupcial (abril)**

■ **Andarríos chico, diseño del reverso del ala**

una única banda oscura que cruza el reverso del ala

banda oscura en secundarias de anchura diagnóstica, que se extiende hacia el cuerpo; secundarias internas con tan solo una pequeña punta blanca

franja oscura variable que cruza las coberteras, formando una banda alar doble en el reverso del ala (no presente en el andarríos maculado)

la barra oscura en secundarias suele redondearse hacia el cuerpo, secundarias internas con puntas blancas grandes

Andarríos grande *Tringa ochropus*

L 22 cm | Verano, N y NE Europa; invierno, O a SE Europa

▼ **Tipo adulto nupcial nuevo (marzo)**
El andarríos con mayor contraste entre partes superiores e inferiores, de entre las especies pequeñas y comunes. Las partes superiores suelen parecer negras en el campo. Este ejemplar todavía no ha adquirido el plumaje nupcial completo; véase la pequeña zona de plumas viejas (marrones) en el pecho.

número variable de plumas nupciales en manto y escapulares, con ajedrezado extenso

estriado nupcial

ceja limitada entre el pico y el ojo (cf. andarríos bastardo)

sin motas tras los flancos anteriores (cf. andarríos bastardo)

▶ **Adulto invernal (octubre)**
El borde más o menos horizontal entre el pecho oscuro y las partes inferiores blancas no es tan útil con juveniles.

solo muestra muescas pequeñas, blancuzcas y poco profundas (cf. juv y andarríos bastardo)

pecho oscuro, separado de las partes inferiores blancas por un borde relativamente sólido y casi horizontal con el ave posada (a menudo llamativo de lejos)

▼ **1er invierno (octubre)**
Muy similar al adulto invernal, pero con plumas juveniles retenidas desgastadas. Las plumas de cuerpo son ya de tipo adulto invernal: el pecho es oscuro uniforme y el flanco está algo barrado.

coberteras y terciarias algo desgastadas, muescas pálidas desaparecidas por el desgaste (cf. adulto invernal)

▶ **Tipo 2º año cal./1er verano (junio)**
El plumaje está formado por plumas invernales más viejas de lo esperable en un adulto en verano, especialmente en el ala. Las puntas de primarias muy desgastadas, apenas visibles, también apuntan a esta clase de edad.

▼ **Tipo adulto mudando a plumaje invernal (julio)**
Algunos adultos adquieren el plumaje invernal pronto, por lo que son muy distintos de los juveniles, que aparecen más o menos a la vez. Estos ejemplares también han iniciado la muda de primarias y suelen mostrar huecos entre ellas (se desprenden de bastantes plumas a la vez), como parece ser el caso aquí. Otros ejemplares retienen el plumaje nupcial, incluyendo las primarias, hasta el otoño o así; en este caso, su plumaje desgastado también les diferencia de los juveniles, que tienen todo el plumaje nuevo en ese momento.

ya mudado al plumaje invernal gris uniforme

nuevas, de tipo ad. invernal

▼ **Juvenil (julio)**
Similar al adulto invernal, pero en julio los adultos mantienen el plumaje nupcial, aunque ya despeinado. Los juveniles a finales de verano tienen todo el plumaje nuevo. Las motas en las coberteras se concentran en la punta de la pluma, mientras que en las aves de tipo adulto las motas se distribuyen homogéneamente por todo el margen de la pluma (esto no aplica a terciarias).

ceja ausente o mínima detrás del ojo en todos los plumajes (cf. andarríos bastardo)

oscuro uniforme (cf. grande nupcial y andarríos bastardo)

muescas ligeramente más grandes y de color crema que en el ad.

"anteojos" llamativos en cabeza oscura

moteado

el juv. puede mostrar "cuñas" que recuerdan al andarríos chico

solo unas pocas plumas nupciales

puntas de primarias muy desgastadas

▼ Invernal (febrero)
Se identifica rápido en vuelo por sus alas negruzcas uniformes y supracoberteras caudales blanco puro; a veces recuerda a un avión común occidental grande.

reverso del ala completamente oscuro diagnóstico (el barrado pálido fino de las axilares solo se ve de cerca)

partes superiores oscuras uniformes diagnósticas, incluyendo el anverso del ala

las supracoberteras caudales blanco puro crean una gran zona blanca

barras negras gruesas (cf. otros *Tringa*)

patas relativamente cortas; solo las puntas de los dedos sobresalen tras la cola (cf. otros *Tringa*)

▲ Adulto nupcial (mayo)
El contraste tan marcado entre las partes inferiores blanco puro y el obispillo/supracoberteras caudales con el reverso del ala negro es único entre los andarríos y facilita mucho la identificación. Las primarias negras, aún sin desgaste, apuntan a un adulto (≥ 3er año cal.) en este caso.

Andarríos solitario *Tringa solitaria*

L 21,5 cm | Divagante de Norteamérica

Xivita solitària CAT
Kuliska bakartia EUS
Bilurico solitario GAL

▼ Tipo adulto nupcial (abril)
Muy similar al andarríos grande en cada uno de los plumajes. La imagen muestra las diferencias con respecto a este. El ala larga crea tanto una proyección primaria larga (aunque las terciarias largas de algunos adultos pueden producir una proyección primaria sorprendentemente corta) como una proyección alar larga (de la que el andarríos grande carece). Además, las patas y el cuello son ligeramente más largos que en el andarríos grande, lo que le da una estructura a medio camino entre los andarríos grande y bastardo. El estado del plumaje y el diseño de las plumas nupciales en este caso son iguales que en el andarríos grande.

▼ Tipo adulto nupcial (abril)
Las plumas de tipo nupcial tienen muescas más grandes en promedio que en el andarríos grande y la muda a plumaje nupcial suele ser más completa; este ejemplar es un buen ejemplo de ello. Las terciarias de tipo adulto de los andarríos son más largas que las de tipo juvenil y pueden cubrir buena parte de las primarias (creando una proyección primaria corta). Por ello, con ejemplares nupciales, es mejor concentrarse en la proyección del ala tras la cola, presente en ejemplares típicos y (casi) ausente en el andarríos grande (las puntas de primarias y de la cola casi siempre a la misma altura en esta especie). Algunos andarríos solitarios pueden ser así también, pero en ese caso la popa elongada debería resultar llamativa. El cuello, a menudo más pálido en comparación con el del andarríos grande, solo es útil para comparar ejemplares con el plumaje nupcial nuevo.

anillo ocular más grueso en la parte posterior

proyección primaria obvia; la punta del ala supera claramente la punta de la cola

barrado relativamente fino y contrastado

barrado en flancos posteriores típico en comparación con el andarríos grande (cuando está presente o es visible)

ligeramente más largas y a menudo ligeramente más pálidas que en el andarríos grande; más amarillo-verde que amarillo parduzco

popa elongada típica (más corta/chata en el andarríos grande)

a menudo más pálido que en el andarríos grande nupcial

el anillo ocular suele ser más llamativo que la ceja (cf. andarríos grande)

el ala anterior oscura uniforme suele ser llamativa en este plumaje

barrado fino clásico (normalmente ausente en el andarríos grande)

Andarríos solitario *Tringa solitaria*

▼ **Juvenil/1ᵉʳ invierno (octubre)**

Ejemplar y plumaje típicos, clásico entre las aves que aparecen ocasionalmente en otoño en Europa. Muy similar al andarríos grande y fácil de pasar por alto si no se ven las supracoberteras caudales, pero véase la proyección alar característica y la parte superior de la cola predominantemente negra. Los adultos en otoño son casi idénticos, pero normalmente muestran una mezcla de plumas nuevas y viejas.

▼ **Juvenil (septiembre)**

Plumaje muy similar al del andarríos grande juvenil. Las manchas marrón claro son más grandes que el promedio, pero el anillo ocular llamativo, que se ensancha en la parte posterior, y la presencia de barrado oscuro en flancos (típica, pero a veces difícil de ver) son más importantes. Las patas algo largas y la popa elongada, comparado con el andarríos grande, son obvias en esta imagen.

el ala supera por mucho la cola

terciarias juv. cortas, creando una proyección primaria más larga (cf. andarríos grande)

anillo ocular típicamente más ancho en la parte posterior

proyección primaria del 100 % (respecto a la parte visible de las terciarias)

■ **Andarríos grande (agosto)**

Este ejemplar muestra una proyección primaria larga, pero las diferencias más importantes con respecto al andarríos solitario son las que se señalan, útiles cuando no se ve la zona de la cola.

ceja más llamativa que el anillo ocular

la proyección primaria parece larga en este caso, pero no así la proyección alar

liso

tibia corta

▼ **Tipo adulto (mayo)**

Esta es la imagen que confirma la identificación después de haber detectado un ave sospechosa posada.

▼ **2º año cal. (marzo)**

Los rasgos que se señalan son diagnósticos en todos los plumajes. Este ejemplar todavía está mudando la primaria más externa en ambas alas, típico de aves de 2º año cal. Los adultos suelen haber completado ya la muda a mediados de invierno. La muda de primarias externas del 2º año cal. tiene lugar con el invierno ya avanzado, creando un contraste sutil con las primarias internas retenidas.

supracoberteras caudales con barrado intenso diagnóstico, más oscuro en el centro (cf. andarríos grande)

rectrices centrales totalmente oscuras y externas barradas (cf. andarríos grande)

anverso del ala oscuro uniforme, como en el andarríos grande

primarias externas nuevas

el barrado se extiende hasta las rectrices externas (también visible en el reverso de rectrices, cf. andarríos grande)

ligeramente más pálido que en el andarríos grande, debido a las franjas blancas anchas y extensas

Andarríos bastardo *Tringa glareola*

L 20 cm | Verano, N y NE Europa; migrante en el resto de Europa

▼ **Tipo adulto nupcial (abril)**
El andarríos con muescas más llamativas en plumaje nupcial: incluso las terciarias más largas muestran 5–6 muescas profundas. La ceja también es la más larga de entre los andarríos, lo que, en combinación con otros rasgos, facilita mucho la identificación (el archibebe patigualdo chico es algo similar, véase también). Las aves de 2º año cal. que llegan a Europa en primavera suelen adquirir un plumaje nupcial (parcial) y solo se distinguen de los adultos por las secundarias y primarias viejas, o por el límite de muda entre las primarias internas viejas y externas nuevas. Los adultos también mudan las primarias en 2 tandas, pero las internas son más nuevas que las externas (lo que normalmente solo puede apreciarse con el ave en mano).

ceja muy marcada que se prolonga mucho tras el ojo

plumas nupciales con muescas profundas; en escapulares suelen formar un "bloque"

flanco barrado

largas, entre amarillo apagado y verdoso en todos los plumajes

▼ **Juvenil (agosto)**
El plumaje nuevo uniforme es típico de un juvenil en otoño, momento en que el plumaje de los adultos está muy desgastado. Las terciarias y coberteras muestran un diseño ajedrezado que resulta útil para identificar este plumaje, que retienen total o parcialmente hasta abandonar Europa en otoño.

manto y escapulares juv. con muescas relativamente pequeñas

▶ **Tipo adulto nupcial (abril)**
El diseño de reverso y anverso del ala es igual en todos los plumajes.

▼ **Adulto invernal (noviembre)**
Un plumaje no muy frecuente en Europa, ya que la mayoría se halla ya en zonas de invernada a finales de otoño. Los rasgos típicos de la especie siguen siendo útiles en su mayoría, como las patas largas amarillentas, la ceja prominente y el patrón ajedrezado, aunque ahora el diseño de partes superiores es más difuso. Las primarias externas descoloridas apuntan a un adulto, ya que estos acaban la muda de primarias más tarde, en invierno.

ajedrezado de tipo invernal, pero con muescas y barrado más difusos

ceja muy llamativa

primarias externas viejas (marrón descolorido)

coberteras de tipo adulto invernal con margen pálido hasta la punta (cf. coberteras juv.)

▼ **Tipo adulto nupcial (abril)**
El diseño del reverso del ala es igual en todos los plumajes.

reverso con estriado gris-marrón más o menos uniforme

anverso del ala marronáceo oscuro uniforme

las supracoberteras caudales blancas forman una "zona blanca"

los pies proyectan mucho

barrado relativamente fino sobre fondo gris (cf. andarríos grande)

Archibebe común *Tringa totanus*

L 25 cm | Verano, O, N y E Europa; invierno, O a S Europa

▼ **Tipo adulto nupcial (junio)**
Fácil de identificar, tanto posado como en vuelo. La combinación de patas y base del pico rojizas brillantes es típica (compárese con el archibebe oscuro juv./1er invierno y el combatiente ♂ invernal). El plumaje nupcial es variable, tanto en el color de fondo de partes superiores como en la cantidad de barrado en partes superiores e inferiores, y la cantidad de coberteras y plumas nupciales adquiridas. A los extremos se les denomina fases "pálida" y "oscura", sin tener en cuenta la clase de edad y sexo. La cantidad de plumas nupciales difiere según la subespecie/población. Las aves que se reproducen en el N de Escandinavia suelen adquirir todas las plumas de manto y escapulares nupciales, la población europea continental alrededor de ⅔ de las plumas nupciales y la población británica, la que menos, tan solo ¼ de plumas nupciales. En este caso, se trata de un ejemplar relativamente oscuro de la subespecie nominal *totanus*, que se reproduce en Europa continental.

▼ **Tipo adulto nupcial, fase pálida (junio)**
Los ejemplares típicos de la fase pálida (*totanus* nominales de Europa continental) muestran menos marcas negras en partes superiores y a veces carecen de manchas con forma de V en partes inferiores. Las "fases" solo son identificables con ejemplares extremos y entre una misma población/subespecie.

▼ **Tipo adulto invernal (febrero)**
Las patas y base del pico (algo corto) rojas facilitan enormemente la identificación. Algunos ejemplares con partes superiores gris-marrón uniforme.

patrón de tipo invernal, poco marcado, con márgenes pálidos y estriado negro fino

cantidad variable de plumas nupciales con marcas oscuras

terciarias de tipo nupcial con franjas negras

base roja en ambas mandíbulas, diagnóstica

estriado típicamente sólido, pero con aspecto algo desaliñado; en los flancos, las listas se convierten, parcialmente, en un barrado en forma de V

naranja-rojo brillante en todos los plumajes (más amarillo en algunos juv.)

las infracoberteras caudales se mantienen barradas

patrón menos marcado que en verano

▼ **Juvenil (julio)**
Las patas rojizas y el pico relativamente corto suelen ser los rasgos más llamativos. El estriado (variable) en el centro de las partes inferiores es un rasgo adicional útil para separarlo de otros *Tringa* juveniles. La diferencia en el diseño de manto, escapulares y coberteras, cuando es contrastado (como en este caso), también resulta de ayuda. Pero la variabilidad es amplia; algunos ejemplares muestran solo pequeñas muescas pálidas en todas las partes superiores, otros muestran coberteras con franjas negras y/o muescas pálidas bien definidas en escapulares.

▼ **1er invierno (noviembre)**
El límite de muda es típico de todas las limícolas de 1er invierno. Las patas y la base del pico todavía carecen del naranja rojizo −algo también frecuente en limícolas de 1er invierno−, lo que podría conducir a error en este caso. Véase, por ejemplo, el archibebe patigualdo chico.

manto y escapulares solo con márgenes pálidos, o pequeñas muescas

muescas pálidas, aspecto ajedrezado

todavía apagado

menos brillante que en adultos, a veces amarillento

algunas manchas en partes inferiores centrales

manto y escapulares suelen ser uniformes si no están muy nuevos (cuando muestran márgenes pálidos)

amarillento llamativo en este ejemplar

las coberteras juv. muy desgastadas contrastan con las coberteras nuevas invernales

▼ 2º año cal./1er verano (mayo)
Muchas aves de 1er verano adquieren el plumaje nupcial. Las primarias, muy desgastadas, constituyen el rasgo más distintivo de esta clase de edad en primavera.

primarias desgastadas/ descoloridas

secundarias blancas visibles por las coberteras grandes (caídas o muy desgastadas)

▼ *robusta* islandesa, tipo adulto nupcial (junio)
Algunos ejemplares oscuros de la subespecie del continente europeo *totanus* (a veces denominados "de fase oscura") también muestran unas partes superiores totalmente marronáceas oscuras, pero el color de fondo gris-marrón del pecho es muy exclusivo de esta subespecie. Muchas *robusta* adquieren menos de la mitad de las plumas de manto y escapulares nupciales.

pocas plumas nupciales oscuras (cf. *totanus* nominal)

color de fondo gris-marrón extenso, típico de esta subespecie (cf. *totanus* nominal)

manchas oscuras grandes y barrado hasta muy arriba en el pecho (cf. *totanus* nominal)

◄ Adulto nupcial (julio)
El archibebe oscuro también muestra el reverso del ala blanco uniforme.

reverso del ala blanco casi liso

▼ Probable *robusta* islandesa, adulto invernal (enero)
Aparte de más oscura, esta subespecie es más grande en promedio que *totanus* nominal, pero no se puede asegurar la identificación sin obtener medidas biométricas. Los ejemplares invernando en el NO de Europa probablemente pertenezcan a esta subespecie.

suele ser de un marrón más puro y oscuro; a veces pardo rojizo en lugar de gris-marrón en *totanus*

flanco anterior oscuro, a veces forma banda pectoral completa

▼ Adulto nupcial (junio)
Inconfundible en vuelo.

cuña blanca

finamente barradas, sobre fondo blanco puro

totalmente blanco, formando el margen de fuga ancho diagnóstico

Archibebe oscuro *Tringa erythropus*

L 31 cm | Verano, N Europa; invierno, O a SE Europa

▼ **Tipo adulto ♂ nupcial (mayo)**
Inconfundible en plumaje nupcial; casi la
única limícola totalmente negra. A partir de
la primavera, las infracoberteras caudales
de los ♂♂ también son total o parcialmente
negras, al igual que la cabeza, el cuello y
las partes inferiores.

▼ **Tipo adulto ♀ nupcial (mayo)**
Las plumas del cuerpo de las ♀♀ tienen las
puntas blancas más grandes, aunque acabarán
desapareciendo por el desgaste durante el
verano (cuando partan de las zonas de cría).
Las infracoberteras caudales sí mantienen
bastante blanco.

▼ **Adulto mudando a invernal (agosto)**
Estos plumajes de transición son siempre parcheados.
Las infracoberteras caudales, fundamentalmente negras,
son típicas de un ♂.

plumas grises
nuevas

la mezcla de plumas
nupciales negras viejas
e invernales blancas
nuevas le da un aspecto
muy parcheado a las
partes inferiores

▼ **Adulto invernal (febrero)**
El pico es diagnóstico en cualquier
plumaje, tanto en cuanto a forma
como en cuanto a diseño.

pico fino con doblez
cerca de la punta

gris uniforme
(cf. otros *Tringa*)

mitad inferior roja

todas las coberteras de
tipo adulto con margen
pálido completo y sin
muescas (cf. 1er invierno)

terciarias de tipo adulto
invernal, tan solo con
muescas sutiles

largas, rojo (intenso) durante
todo el año (excepto durante
un breve periodo de la
reproducción)

▼ **Juvenil (agosto)**
El pecho gris ceniza puede ser más o menos pálido y las partes inferiores
de algunos ejemplares pueden estar totalmente barradas. Pese a ello, la
identificación en este plumaje sigue siendo fácil gracias a las patas rojas
largas, el diseño y la forma del pico y el diseño cefálico. Los ejemplares
más pálidos pueden parecerse al archibebe común, pero este tiene un pico
más corto y con rojo en la base de ambas mandíbulas y muescas menos
contrastadas en coberteras y terciarias (véase aquella especie).

ceja muy concentrada frente
al ojo, acentuada todavía más
por la franja negra de la brida

gris ceniza característico,
más o menos liso, que se
convierte en barrado
hacia los flancos

▼ **1er invierno (octubre)**
Los rasgos típicos de la especie (pico, patas y diseño cefálico)
hacen que la identificación sea fácil. Las partes inferiores de
este ejemplar ya han sido mudadas en su mayoría (pero véase la
pluma barrada junto a la pata derecha) y, como de costumbre
entre las limícolas, el manto y las escapulares también han sido
mudados antes que las coberteras y las terciarias.

van apareciendo las
primeras escapulares de
tipo adulto invernal

coberteras y terciarias juv.
con muescas profundas
(cf. adulto invernal)

Los rasgos que se señalan son indicativos de aves de 2º año cal., especialmente combinados. Las manchas blancas en partes inferiores y plumas de cuerpo viejas están desordenadas, en lugar de los márgenes blancos nítidos de las plumas nupciales nuevas de las ♀♀.

coberteras viejas
muy desgastadas

primarias
marrones y algo
descoloridas

plumas de cuerpo
blancas viejas

▼ **Adulto mudando a plumaje nupcial (abril)**

La cuña blanca destaca todavía más entre el plumaje oscuro (así como el reverso del ala blanco casi liso).

barrado oscuro fino
y denso (incluyendo
el obispillo)

cuña blanca
muy llamativa

proyección de pies larga (pero
suele mantener las patas bajo
la cola)

las secundarias y las primarias
internas son más pálidas y
contrastan algo con el resto del ala

▶ **Invernal (octubre)**

Las infracoberteras pequeñas y las axilares nupciales también son blancas, por lo que; en ese momento el contraste con las partes inferiores negras es muy llamativo.

infracoberteras
blanco puro

Archibebe claro *Tringa nebularia*

L 32 cm | Verano, N Europa; invierno, SO a SE Europa

Gamba verda CAT
Kuliska zuria EUS
Bilurico pativerde GAL

▼ **Tipo adulto nupcial nuevo (abril)**

Tringa fácil de identificar en este plumaje, gracias a la estructura, tamaño grande y líneas negras en partes superiores.

las escapulares nupciales,
fundamentalmente negras,
crean las líneas negras
características

curvatura sutil pero
evidente en todos
los plumajes

estriado o barrado
variable (blanco casi liso
en otros plumajes)

gris-verde
en todos los
plumajes

coberteras sin (apenas)
muescas en todos los
plumajes (cf. otros *Tringa*)

▼ **Tipo adulto nupcial desgastado (julio)**

A partir de mediados de verano, las escapulares negras características empiezan a desaparecer (en este ejemplar ya se pueden ver las primeras plumas invernales grises en las partes superiores). La estructura del pico y las coberteras pequeñas sin muescas siguen siendo características.

Archibebe claro *Tringa nebularia*

► **Adulto invernal (enero)**
Las partes inferiores blanco puro resultan llamativas, especialmente de lejos, sobre todo por el contraste con las partes superiores oscuras.

plumas de tipo invernal típicamente con líneas negras finas, pero sin muescas

▼ **1er invierno (octubre)**
Después de la muda de manto y escapulares, le llega el turno a algunas coberteras; el límite de muda entre las plumas juveniles gris-marrón y las plumas grises invernales es muy visible en la imagen. Los adultos no muestran ningún límite de muda a partir de finales de otoño.

▼ **Juvenil mudando a 1er invierno (agosto)**
El llamativo contraste entre las partes superiores oscuras e inferiores blancas es típico y más notorio aún en juveniles y adultos desgastados. Las coberteras y terciarias juveniles tienen el diseño menos marcado de todos los archibebes del género *Tringa*. La muda a 1er invierno empieza en agosto, con la aparición de escapulares nuevas gris pálido. Después de esto (y a veces mudan también algunas coberteras), el plumaje de 1er invierno se mantiene igual durante el otoño.

blanco llamativo comparado con otros *Tringa* grandes (pero similar al archibebe fino invernal; véase aquella especie)

las plumas de tipo adulto invernal, largas y grises, contrastan con las plumas juveniles, más cortas y marrones

terciarias juv. cortas que suelen dar lugar a una proyección primaria larga

van apareciendo las primeras plumas de tipo invernal

muescas pálidas normalmente sutiles, a veces incluso ausentes, como en este caso (cf. otros *Tringa* juv.)

▼ **Tipo 2° año cal./1er verano (julio)**
Las aves de 2° año cal. son muy variables, y solo algunas de ellas regresan a Europa en primavera. Este ejemplar muestra algunos caracteres propios de esta edad, pero asegurar el datado en el campo es difícil. Es especialmente típico que estas aves muestren primarias completamente juveniles (muy desgastadas) o un límite de muda entre primarias internas viejas y externas (más) nuevas.

▼ **Juvenil (agosto)**
La combinación de rasgos que se indican descarta a todos los *Tringa* excepto el archibebe fino (véase aquella especie).

diseño de escapulares viejas a medio camino entre nupcial e invernal

poco manchado

anverso del ala oscuro uniforme

muy desgastado y descolorido

cuña blanca muy contrastada

franjeado fino pero denso (cf. archibebe fino)

► **Adulto invernal (noviembre)**
Las infracoberteras alares en general no tienen un diseño uniforme, como en ambas especies de archibebe patigualdo, pero sí están más marcadas que en el archibebe fino.

cola poco marcada, suele parecer muy pálida

poco manchado o blanco liso

Archibebe fino *Tringa stagnatilis*

L 23,5 cm | Verano, E Europa; migrante entre SO y SE Europa

▼ **Tipo adulto nupcial (abril)**
Las marcas oscuras en terciarias, escapulares y coberteras, combinadas con los márgenes pálidos muy finos y sin muescas, son únicas entre los *Tringa*. El color de fondo de partes superiores puede ser más gris que en este caso.

terciarias con diseño de "espina de pescado" negro, pero sin muescas pálidas

escapulares con centro negro puntiagudo (forma de "murciélago"), pero sin muescas pálidas

franja de la brida fina

largo, recto y fino

normalmente solo algunas marcas con forma de V

muy largas, entre (gris) verde y amarillento

poco marcado comparado con otros *Tringa* grisáceos; a menudo más moteado que estriado

▶ **Juvenil/1er invierno (agosto)**
La imagen muestra las diferencias (principalmente) con el archibebe claro juvenil. Los 1os rasgos de tipo adulto invernal aparecen pronto.

con la muda más avanzada, las plumas grises de tipo adulto invernal contrastarán con las coberteras oscuras juv.

píleo oscuro (cf. archibebe claro)

zona oscura del píleo puntiaguda aquí

muescas muy pronunciadas en este caso; en muchos ejemplares, se hacen más pronunciadas hacia la punta

blanco liso (cf. archibebe claro y patigualdo chico juv.)

▼ **Tipo 2º año cal./1er verano (abril)**
Como el plumaje invernal, pero en primavera. Las plumas nuevas de tipo invernal en un momento en que los adultos muestran ya plumas nupciales es típica de las aves de 2º año cal. Con el ala abierta (en condiciones ideales), se puede ver un límite de muda entre primarias externas nuevas e internas viejas (juveniles). Las secundarias también suelen ser aún juveniles en primavera.

las escapulares y las terciarias (grises) nuevas y de tipo invernal en primavera apuntan a 2º año cal.

▼ **Juvenil/1er invierno (septiembre)**
El reverso del ala y las partes inferiores hacen que tenga un aspecto totalmente pálido desde abajo (o casi, en plumaje nupcial).

blanco casi liso (cf. archibebes claro y patigualdo chico y andarríos bastardo)

los pies proyectan mucho tras la cola; a veces incluso el tarso es visible

▼ **Adulto invernal (noviembre)**
Las plumas invernales gris suave y las bridas y frente pálidas le dan una apariencia muy típica. El archibebe claro es la especie más similar: un archibebe claro puede confundirse con un archibebe fino, pero difícilmente ocurre al revés. Ambas especies difieren por tener el claro el pico más grueso y curvado hacia arriba, una brida oscura ya desde el pico (aunque puede no alcanzar el ojo), franjas (finas) en el píleo que llegan al pico y ser de un tamaño mucho mayor en general.

plumas de tipo invernal también sin atisbo de muescas pálidas

bridas pálidas

▼ **Tipo adulto invernal (enero)**
Las aves de 2º año cal. tienden a retener el píleo oscuro hasta la primavera.

la ceja suele ser llamativa detrás del ojo (cf. otros *Tringa* grises)

aspecto "capirotado" frecuente

el píleo oscuro no llega al pico, o solo una fina línea

▼ **Invernal (marzo)**
Esta imagen muestra un plumaje muy similar al del archibebe claro, pero la cola es aún más blanca. La estructura más ligera y la proyección de las patas resultan muy llamativas en el campo.

cuña blanca más estrecha que en el archibebe claro (en este caso casi cerrada, lo que también ocurre en otros *Tringa* con cuñas blancas)

proyección de pies larga

poco marcada, rectrices externas casi lisas

Archibebe patigualdo grande *Tringa melanoleuca*

L 36 cm | Divagante de Norteamérica

Gamba groga grossa CAT
Kuliska hankahori handia EUS
Bilurico patiamarelo grande GAL

▼ Tipo adulto nupcial (abril)

Similar al también raro archibebe patigualdo chico y, en otros plumajes, también al archibebe claro (por su tamaño y estructura). Las partes superiores son muy ajedrezadas en plumaje nupcial, tipo andarríos bastardo, casi sin tintes parduzcos (normalmente gris-blanco-negro). Las aves de 2º año cal. adquieren el plumaje nupcial, pero no por completo. Algunas coberteras juveniles pueden estar retenidas y por tanto muy desgastadas. Retiene tanto las primarias como las secundarias juveniles hasta finales de la primavera siguiente. Un ave en muda activa de primarias a mediados de verano probablemente sea de 2º año cal.

▼ Tipo adulto nupcial (julio)

marcas finas y regulares

suele mostrar plumaje nupcial completo, con muescas grandes (cf. patigualdo chico nupcial)

curvado hacia arriba, pero ligeramente

proyección primaria larga (como en el patigualdo chico)

longitud pico > longitud cabeza (como en el claro, cf. patigualdo chico)

franjas gruesas y contrastadas sobre fondo blanco (cf. patigualdo chico nupcial)

la punta del ala supera la punta de la cola (como en el patigualdo chico, aunque no tanto)

el estriado se convierte en el barrado característico extenso en flancos y en algunas de las partes inferiores centrales (cf. patigualdo chico nupcial)

amarillo brillante o naranja-amarillo en todos los plumajes (como el patigualdo chico)

manchas oscuras en el plumaje de las tibias (a diferencia del patigualdo chico)

▼ Tipo adulto invernal (febrero)

Debido a la forma del pico y al tamaño general, puede ser similar al archibebe claro, pero véanse los rasgos que se señalan. La estructura del ala difiere de la del archibebe claro, cuyas terciarias, más largas, acortan la proyección primaria de este. Además, las patas del archibebe claro son gris-verde. En plumaje nupcial, el pico puede oscurecerse, con solo una pequeña parte de la base de la mandíbula inferior pálida, como en el archibebe patigualdo chico. La ausencia de coberteras juveniles apunta claramente a adulto en este caso.

▼ 1er invierno (septiembre)

Como el adulto invernal, pero véanse las coberteras y terciarias juveniles. En plumaje juvenil completo, el manto y las escapulares tienen aproximadamente ese mismo diseño, pero la muda postjuvenil se inicia en zonas de cría o cerca, por lo que no se esperan ejemplares en Europa.

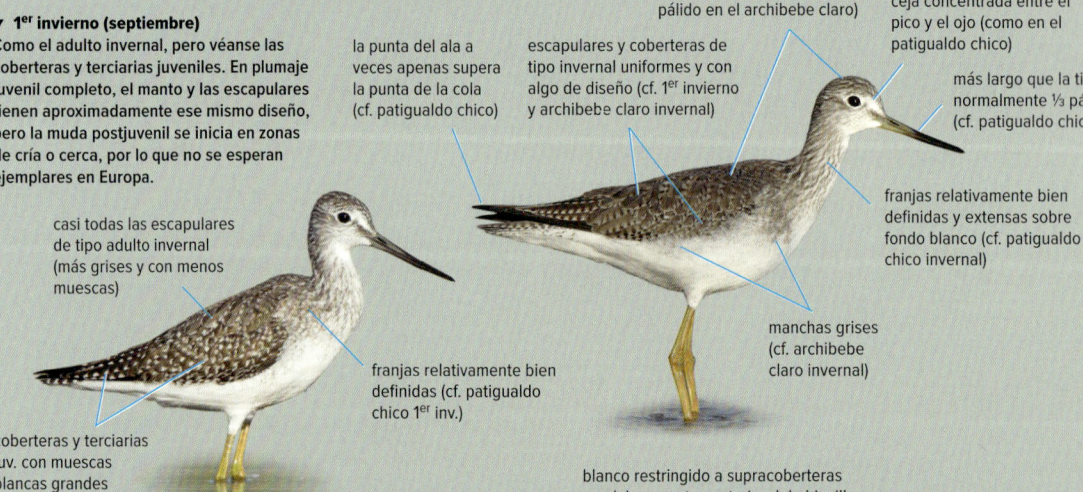

oscuro uniforme (píleo más pálido en el archibebe claro)

ceja concentrada entre el pico y el ojo (como en el patigualdo chico)

la punta del ala a veces apenas supera la punta de la cola (cf. patigualdo chico)

escapulares y coberteras de tipo invernal uniformes y con algo de diseño (cf. 1er invierno y archibebe claro invernal)

más largo que la tibia; normalmente ⅓ pálido (cf. patigualdo chico)

casi todas las escapulares de tipo adulto invernal (más grises y con menos muescas)

franjas relativamente bien definidas y extensas sobre fondo blanco (cf. patigualdo chico invernal)

franjas relativamente bien definidas (cf. patigualdo chico 1er inv.)

manchas grises (cf. archibebe claro invernal)

coberteras y terciarias juv. con muescas blancas grandes (cf. adulto invernal)

▶ Tipo 2º año cal./1er verano (julio)

En vuelo, la ausencia de cuña blanca en el dorso descarta un buen número de especies similares. El pico largo y ligeramente curvado hacia arriba y los márgenes de secundarias y primarias internas con muescas constituyen un rasgo útil para diferenciarlo del archibebe patigualdo chico.
La muda avanzada de primarias en julio es típica de un ave de 2º año cal. y también difiere del archibebe patigualdo chico, ya que los adultos también empiezan dicha muda ya en agosto. El archibebe patigualdo chico no inicia la muda de primarias hasta el otoño.

blanco restringido a supracoberteras caudales y parte posterior del obispillo (cf. archibebe claro)

barras gruesas (cf. archibebe claro)

proyección de pies larga, como en otros *Tringa*

márgenes con muescas (cf. patigualdo chico)

muda activa de primarias

Archibebe patigualdo chico *Tringa flavipes*

L 27 cm | Divagante de Norteamérica

Gamba groga petita CAT
Kuliska hankahori txikia EUS
Bilurico patiamarelo pequeno GAL

▼ **Tipo adulto nupcial (mayo)**
Esta imagen muestra las diferencias con el archibebe patigualdo grande, pero la confusión más probable en Europa es con el archibebe fino y el andarríos bastardo. Este último tiene un diseño cefálico más marcado, con una ceja larga y llamativa y una brida oscura muy contrastada. El archibebe fino en plumaje nupcial muestra unas partes superiores, incluyendo cabeza y pecho, menos marcados. Las aves de 2º año cal. adquieren el plumaje nupcial, pero normalmente no en su totalidad. Suelen mostrar algunas coberteras desgastadas, pero el límite de muda entre las primarias externas nuevas e internas viejas es el único rasgo que permite asegurar el datado.

proyecciones primaria y alar largas (cf. patigualdo grande)

mezcla de plumas nupciales e invernales a menudo menos del 70 % nupciales (cf. patigualdo grande nupcial)

recto y relativamente corto; aprox. de la misma longitud que la cabeza (cf. patigualdo grande)

color de fondo gris claro; manchas oscuras menos evidentes que en el patigualdo grande

barrado variable, pero las partes inferiores centrales y el plumaje de la tibia son lisos (cf. patigualdo grande nupcial)

▼ **Juvenil (octubre)**
Los juveniles en particular pueden confundirse con el andarríos bastardo, pero véanse los rasgos que se señalan.

proyección primaria muy larga, c. 100 % de la longitud de las terciarias visibles (cf. andarríos bastardo juv.)

partes superiores todavía juv. en este ejemplar (cf. 1er invierno)

sin ceja evidente detrás del ojo (cf. andarríos bastardo juv.)

manchas difusas (cf. andarríos bastardo juv.)

■ **Archibebe común, juvenil (agosto)**
Los juveniles con patas amarillentas suelen confundirse con archibebes patigualdos. La imagen muestra las diferencias clave con el ave posada. Inconfundibles en vuelo por el diseño del anverso del ala y la presencia de cuña blanca en la espalda del archibebe común.

más marrón que gris

proyección primaria corta

punta del ala a la altura (o casi) de la punta de la cola

bastante manchado

color de fondo relativamente pálido en coberteras

manchas variables

▼ **Tipo adulto invernal (febrero)**
Las 2 especies de archibebe patigualdo son especialmente parecidas en este plumaje, excepto por la forma y diseño del pico

coberteras y terciarias casi sin muescas, pero con franjeado negro (cf. juv./1er invierno)

relativamente corto (igual que la tibia), recto y solo algo más pálido en la base (cf. patigualdo grande)

▼ **1er invierno (septiembre)**
El contraste entre el ala jaspeada juvenil y las partes superiores uniformes de tipo adulto invernal es típico. La fenología de la muda postjuvenil es variable; este ejemplar ha mudado ya la mayoría de las partes superiores; véase también el juvenil en octubre.

ceja concentrada entre el pico y el ojo, como en los archibebes común y patigualdo grande (cf. andarríos bastardo)

el manto y las escapulares de tipo adulto son casi lisos, a diferencia de otras especies similares

estrías difusas (cf. patigualdo grande)

coberteras y terciarias juv. con muescas sólidas, pero menos ajedrezado que en el patigualdo grande juv.

barrado relativamente fino sobre fondo gris (cf. andarríos bastardo)

infracoberteras con diseño uniforme, como en el patigualdo grande

suele verse más barrado en vuelo, pero siempre restringido a flancos; límite bien definido entre el pecho marcado y el vientre liso (cf. patigualdo grande nupcial)

◄ **Tipo adulto nupcial (junio)**
Mismo diseño del reverso del ala que en el patigualdo grande, incluyendo la variabilidad (el andarríos bastardo es más variable en cuanto a la densidad de las franjas, pero sigue siendo más oscuro en promedio).

sin muescas (cf. patigualdo grande)

barrado fino (cf. andarríos bastardo)

► **Juvenil (agosto)**
En vuelo es especialmente parecido al andarríos bastardo, pero véanse las alas largas, además de los rasgos que se señalan. El andarríos bastardo también suele tener las patas más apagadas, más amarillo-verde.

Falaropo picofino *Phalaropus lobatus*

L 18 cm | Verano, NO y N Europa; migrante entre E y SE Europa

Escuraflascons becfí CAT
Mendebal-txori mokomehea EUS
Falaropo de bico fino GAL

FALAROPOS

Las ♀♀ nupciales tienen un plumaje más colorido y contrastado que los ♂♂, algo que, entre las limícolas europeas, solo comparten con el chorlito carambolo. Tanto el falaropo picofino como el falaropo picogrueso se alimentan fundamentalmente mientras nadan, algo único entre las limícolas, y pasan el invierno en el mar.

▼ Tipo adulto ♂ nupcial (junio)

Variable; algunos pueden parecerse a las ♀♀, pero la garganta blanca, el píleo gris y el rojo-marrón del cuello nunca son tan uniformes y bien definidos como en estas. La ceja está presente en todos los ♂♂ nupciales. Algunos ♂♂ tienen un aspecto todavía más parcheado y menos brillante que este ejemplar.

ceja rojiza que se encuentra con la mancha blanca sobre el ojo, típico del ♂ nupcial

▼ Tipo adulto nupcial (junio)

Inconfundible. Las ♀♀ adultas nupciales no varían mucho: todas muestran zonas contrastadas de colores vivos uniformes en cuello y cabeza. Los ejemplares en plumaje nupcial incompleto o predominantemente invernal y primarias (algo) desgastadas en primavera tienden a ser aves de 2º año cal. Es posible que algunas aves de esta clase de edad muden por completo y, por tanto, no sean separables de los adultos.

gris plomizo uniforme (cf. ♂ nupcial)

rojo-marrón uniforme, con bordes bien definidos (cf. ♂ nupcial)

blanco uniforme y con bordes bien definidos (cf. ♂ nupcial)

manchas grises en todos los plumajes

▼ Juvenil/1er invierno (agosto)

Suelen retener el plumaje juvenil hasta ya avanzado el otoño, por lo que el plumaje de 1er invierno completo (con escapulares y manto mudados y grises) raramente se ve en Europa. Este ejemplar ya ha reemplazado 2 escapulares, ilustrando cómo las escapulares invernales tienen un margen blanco más ancho que en el falaropo picogrueso.

▼ Adulto invernal (marzo)

El pico fino y los márgenes blancos anchos de las plumas nuevas de partes superiores de tipo invernal son diagnósticos. Este ejemplar ya ha empezado la muda a plumaje nupcial.

terciarias grises, de tipo adulto invernal (cf. 1er inv.)

márgenes pálidos anchos (cf. falaropo picogrueso adulto invernal)

negruzco, contrastando mucho con la garganta y ceja blancas

el antifaz se curva hacia abajo

fino, completamente oscuro (cf. falaropo picogrueso 1er invierno)

líneas doradas (cf. falaropo picogrueso 1er inv.)

mancha blanca a menudo llamativa

primeras plumas invernales grises, con márgenes blancos anchos típicos (cf. falaropo picogrueso 1er inv.)

▼ Tipo adulto nupcial (julio)

▼ 1er invierno (diciembre)

coberteras y terciarias juv. retenidas, negruzcas y desgastadas (cf. adulto invernal)

zonas oscuras (cf. falaropo picogrueso y correlimos tridáctilo)

cola corta

gris oscuro (cf. falaropo picogrueso)

Falaropo picogrueso *Phalaropus fulicarius*

L 21 cm | Verano, Islandia y Spitsbergen; migrante entre NO y SO Europa

Escuraflascons becgròs CAT
Mendebal-txori mokolodia EUS
Falaropo de bico groso GAL

▼ Tipo adulto ♀ nupcial (junio)
Inconfundible por su diseño y coloración únicos. Las ♀♀ (adultas) en plumaje nupcial no varían mucho. Algunas aves de 2° año cal./1er verano probablemente permanecen al sur de las zonas de cría y no adquieren el plumaje nupcial, o solo parcialmente.

negro uniforme
(cf. ♂ nupcial)

▶ Tipo adulto ♂ nupcial (julio)
Los ♂♂ nupciales son variables, pero muchos ejemplares se parecen a las ♀♀ nupciales, como en este caso.

estriado
(cf. ♀ nupcial)

patas cortas, entre gris y amarillo-marrón en todos los plumajes

▼ Tipo adulto ♂ plumaje nupcial apagado (junio)
En el otro extremo de la variabilidad entre ♂♂, existen ejemplares sin apenas naranja-rojo en partes inferiores y cabeza y un diseño cefálico menos contrastado, como en este caso.

▼ (Mayo)
Ejemplares como este, con el plumaje nupcial parcial y a veces incluso invernal, se ven regularmente en primavera/verano en el O de Europa. Se desconoce si son adultos con muda tardía o incompleta o aves de 2° año cal.

▼ Tipo adulto invernal (febrero)
El plumaje gris uniforme es típico. Las aves de 1er invierno suelen retener las terciarias (y a veces algunas coberteras) juveniles, que se ven muy oscuras.

todas las plumas visibles son gris pálido, incluyendo las terciarias (cf. 1er inv.)

▶ 1er invierno (octubre)
El reverso del ala blanco es un rasgo útil para separarlo del falaropo picofino, pero no del correlimos tridáctilo.

blanco casi liso
(cf. falaropo picofino)

dedos con forma lobulada característica

▼ 1er invierno/2° año cal. (febrero)
El plumaje de 1er invierno permanece igual durante el otoño, pero los tintes anaranjados del pecho desaparecen en otoño.

▶ 1er invierno (octubre)

franjas blancas (cf. falaropo picofino juv./1er inv.)

normalmente con algunas plumas de manto y escapulares ya invernales, contrastando mucho con las coberteras y terciarias juv.

relativamente grueso con base anaranjada o amarillenta (cf. otros falaropos)

la zona anaranjada puede ser extensa

escapulares invernales con margen blanco de anchura uniforme (cf. falaropo picofino)

todavía juv.: oscuras y con margen desgastado (cf. adulto invernal)

manchas grises en (1er) invierno (como el falaropo picofino en todos los plumajes)

Falaropo picogrueso *Phalaropus fulicarius*

▼ 1er invierno (octubre)
De lejos, sobre el mar, puede parecerse bastante al correlimos tridáctilo, pero a diferencia de este, la banda alar se estrecha en la mano. El correlimos tridáctilo suele carecer además de coberteras uniformemente oscuras; muestra una zona central pálida en estas plumas. Tampoco presenta estriado en la cabeza, que en general parece más blanca.

■ Falaropo picofino (agosto)
Desde la costa, puede confundirse tanto con el falaropo picogrueso como con el correlimos tridáctilo, debido a la banda alar blanca ancha. Como en el falaropo picogrueso, esta banda se estrecha hacia la mano, pero se mantiene bien definida, a diferencia de en el correlimos tridáctilo. Debido a la muda temprana, las partes superiores del picogrueso ya han dejado de ser oscuras en verano.

■ Correlimos tridáctilo (enero)

relativamente larga (cf. falaropo picofino)

gris ya en otoño, contrastando con el anverso del ala (cf. falaropo picofino)

secundarias internas blancas (cf. falaropo picofino)

muy ancha

se estrecha (como en el falaropo picofino, cf. correlimos tridáctilo)

la banda oscura de secundarias alcanza al cuerpo (cf. falaropo picogrueso de 1er inv. y correlimos tridáctilo)

ancha

se estrecha

oscuro uniforme, como en el 1er inv. de falaropo picogrueso (cf. correlimos tridáctilo)

cabeza aparentemente blanca desde lejos

panel pálido en coberteras

se mantiene igual de ancha

Falaropo tricolor *Phalaropus tricolor*

L 23 cm | Divagante de Norteamérica

Escuraflascons de Wilson CAT
Wilson mendebal-txoria EUS
Falaropo de Wilson GAL

▼ Tipo adulto ♀ nupcial (mayo)
Inconfundible. No existe otra limícola con esta combinación de pico fino y recto, contraste entre negro y color salmón en cuello y cabeza, garganta blanca, manto color rojo burdeos y escapulares grises (formando una V). Las ♀♀ (adultas) nupciales no varían mucho, a diferencia de los ♂♂.

▼ Tipo adulto ♂ nupcial, forma brillante (mayo)
Los ♂♂ más brillantes pueden parecerse a las ♀♀, pero véanse los rasgos que se señalan.

diseño cefálico menos distintivo y contrastado que en la ♀ nupcial

partes superiores algo parcheadas y más o menos uniformemente oscuras, sin gris evidente (cf. ♀ nupcial)

► Tipo adulto ♂ plumaje nupcial apagado (junio)
La variabilidad entre ♂♂ nupciales es amplia; este ejemplar constituiría el extremo pálido. Es posible que muchos ♂♂ de este tipo sean aves de 2º año cal. Las partes superiores grises de este ejemplar recuerdan al plumaje invernal. Algunos ejemplares de este tipo combinan un diseño cefálico y del cuello sutil con partes superiores más oscuras, propias de ejemplares más brillantes. La imagen muestra las diferencias con el falaropo picofino, que en determinados plumajes puede resultar similar.

relativamente pálido

línea oscura vertical sutil

largo

▼ Adulto mudando a plumaje invernal (agosto)
El pico largo y fino y el antifaz y píleo grises son importantes para la identificación. Véase también el archibebe fino, que en ocasiones puede resultar similar. Sin embargo, este tiene las patas mucho más largas, un antifaz más largo pero peor definido y la cola barrada.

resquicios de plumaje nupcial en forma de plumas muy desgastadas

▼ 1er invierno (agosto)
La muda postjuvenil suele empezar en agosto, por lo que un ejemplar en plumaje juvenil completo sería muy raro en Europa. Muchas aves de 1er invierno muestran ya un píleo y partes superiores totalmente grises en septiembre, aunque aún mantienen algunas coberteras y terciarias juveniles oscuras. Los márgenes pálidos de estas pasan de rojizo (cuando están nuevas) a blanco cuando llegan a nuestras costas. La confusión con algunos archibebes, en particular el fino (véase aquella especie) es posible, y se debe al cuello y patas más largos del falaropo tricolor.

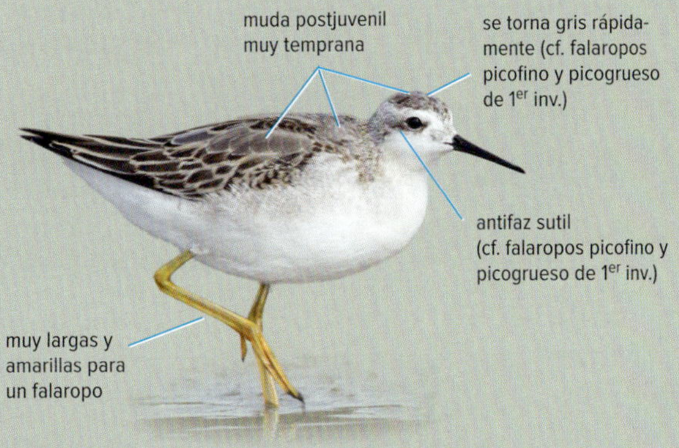

muda postjuvenil muy temprana

se torna gris rápidamente (cf. falaropos picofino y picogrueso de 1er inv.)

antifaz sutil (cf. falaropos picofino y picogrueso de 1er inv.)

muy largas y amarillas para un falaropo

▶ 1er invierno (septiembre)
Ya bastante parecido al adulto invernal, debido a la muda postjuvenil avanzada, pero véanse las terciarias juveniles con margen pálido ancho y compárese con el adulto invernal.

suele retener terciarias y coberteras grandes internas juv. durante bastante tiempo

▶ (Agosto)
El reverso del ala es igual en todos los plumajes.

reverso del ala como en el falaropo picofino

▼ 1er invierno (agosto)
La combinación de los rasgos que se señalan es característica y útil con cualquier plumaje. Los adultos tienen las patas oscuras durante toda la temporada estival.

cola gris uniforme (cf. *Tringa*)

blanco; sin cuña en el dorso

las patas sobresalen bajo la cola, pero menos que en *Tringa* (cf. también otros falaropos)

anverso del ala oscuro uniforme en todos los plumajes

▶ Tipo adulto ♀ nupcial (mayo)
Aspecto muy llamativo cuando se puede apreciar bien.

Págalo pomarino *Stercorarius pomarinus*

L 46 cm (excl. rectrices centr.), E 120 cm | Verano, extremo NE Europa; migrante, mares y costas de toda Europa

MORFOS CROMÁTICOS

ADULTO

- Los morfos pálido y oscuro están claramente diferenciados. El morfo pálido muestra cierta variación que puede usarse para sexar; los ♂♂ presentan las partes inferiores más pálidas.

INMADURO

- Los juveniles son los menos variables de los págalos pequeños. Los individuos relativamente oscuros son, con diferencia, los más abundantes; ejemplares más pálidos o muy oscuros son escasos. El morfo cromático de adulto se hace patente a partir del 3er año cal.

DATADO

ADULTO

- Las infracoberteras alares son oscuras todo el año.
- Las rectrices centrales son de longitud máxima; las mudan en otoño, en fecha variable.

INMADURO

- Las infracoberteras alares presentan marcas pálidas obvias, bien contrastadas, hasta el 3er año cal. Cuando termina la muda en el 3er año cal., las infracoberteras grandes son normalmente todas negras, pero el resto aún no.
- Las supracoberteras alares únicamente tienen las puntas pálidas en el plumaje juvenil.
- La longitud de las rectrices centrales incrementa gradualmente con la edad, alcanzando el máximo en el 4° año cal.
- Los plumajes de 1er y 2° verano (2° y 3er año cal., respectivamente) muestran los flancos barrados, el pecho y los lados de la cabeza moteados y las supra e infracoberteras caudales barradas (como los adultos en invierno).
- Las patas (tarsos) son de color gris pálido en los juveniles y se vuelven todas negras a partir del 3er año cal. La transición no es por gradiente cromático sino que aparecen manchas negras que se van extendiendo. Los individuos de 2° año cal. suelen mostrar los tarsos grises moteados de negro mientras que algunos 3er año cal. aún retienen pequeñas manchas grises.

MUDA

ADULTO

- Las plumas corporales son mudadas a plumaje invernal a partir de agosto. La muda de las primarias tiene lugar de septiembre a abril.
- La muda al plumaje invernal da lugar a marcas claras en las partes superiores, incluso en las supracoberteras caudales. Las partes inferiores, incluyendo los laterales de la cabeza, suelen adquirir prominentes marcas oscuras.

INMADURO

- La muda postjuvenil de las primarias tiene lugar desde diciembre a septiembre; los individuos de 1er verano (2° año cal.) comienzan una nueva muda completa de primarias desde p1 en agosto, que dura hasta junio del 3er año cal. (lo que significa que 3 generaciones de primarias pueden estar presentes en agosto). A continuación, se sigue el calendario de muda de los adultos.

▶ **Tipo adulto estival, morfo pálido (junio)**
El patrón de la cabeza y el pico son típicos; compárese con los págalos parásito y rabero. Algunos adultos de estas dos especies también pueden mostrar la sección basal del pico ligeramente pálida. Este individuo tiene menos amarillo en el lateral de la cabeza de lo habitual.

normalmente de un amarillo evidente

pico robusto con la sección basal rosa pálido, lo que hace resaltar la punta oscura

ángulo gonial patente

el área oscura se extiende por debajo del nivel del pico; con un borde bien definido

▼ **Tipo adulto estival, morfo pálido (mayo)**
Individuo clásico con rectrices centrales anchas y redondeadas como "cucharas", banda pectoral, flancos y vientre moteados, y patrón de la cabeza y color del cuello típicos. Algunos individuos tienen las partes inferiores aún más marcadas de oscuro, especialmente los subadultos y en invierno. Los adultos mantienen la base del pico rosa pálido en invierno (algo muy raro en otros págalos adultos). Las infracoberteras alares en este individuo aún tienen mínimas marcas claras, lo que indica que es un adulto joven (por ejemplo de 4° año cal.). Los adultos en otoño se ven idénticos, pero a partir de agosto suelen haber comenzado a mudar las primarias internas (aproximadamente 2 meses antes que los adultos de págalo parásito).

a menudo amarillo intenso (cf. otros págalos adultos de morfo pálido)

patrón típico de cabeza y pico

manchas típicas, del mismo color que el ala (cf. págalo parásito adulto, morfo pálido)

anchas y redondeadas

▶ **Adulto ♂ estival, morfo pálido (junio)**
La forma de las rectrices centrales es diagnóstica: redondeadas y a menudo ligeramente giradas sobre el eje del raquis. Este individuo muestra unas partes inferiores excepcionalmente pálidas y un vientre e infracoberteras caudales uniformemente oscuras. Esto podría causa confusión con el págalo parásito, pero la forma de las rectrices centrales es siempre diagnóstica. Los individuos sin ningún indicio de banda pectoral ni marcas oscuras en los flancos son ♂♂, pero muchos de ellos presentan una banda pectoral como todas las ♀♀.

uniformemente oscura, indicando completamente adulto

área oscura extendida hasta el vientre (cf. págalo parásito adulto, morfo pálido)

falta de banda pectoral indica ♂

plumas anchas y redondeadas, como "cucharas", diagnósticas

▶ **(Sub)adulto, morfo oscuro (septiembre)**
Este morfo es relativamente escaso (aproximadamente 10 % de la
población (sub)adulta). Las rectrices centrales aún no alcanzan su
longitud total y los tarsos conservan manchas residuales, indicaciones de que se trata de un ejemplar inmaduro probablemente
de 3er año cal. Los inmaduros del morfo oscuro a veces no muestran el contrastado patrón blanco y negro de las infracoberteras
alares y axilares, a diferencia de los de morfo pálido. No existen
individuos de morfo intermedio, al contrario que en todas las
edades de págalo parásito, y juvenil de págalo rabero.

▶ **Adulto invernal (septiembre)**
Superficialmente similar a un inmaduro, pero nótense las infracoberteras alares uniformemente oscuras. En otoño, los adultos
pueden presentar un plumaje casi estival o invernal, como es el
caso de este individuo. La identificación se basa en la forma de
las rectrices centrales, la base pálida de la infracoberteras
primarias y la base pálida del pico, ya que es de tipo adulto.

normalmente oscura,
indicación de adulto

supra e infracoberteras
caudales (y normalmente
también el resto de partes
superiores) con manchas
pálidas

▼ **Juvenil (noviembre)**
En la imagen las características más importantes son comparadas con el juvenil de págalo parásito. Ninguna característica es
diagnóstica por sí sola (en la identificación de págalos inm. en
general), y el patrón de las supracoberteras caudales se puede
solapar con el juvenil de págalo parásito. En la identificación de
todos los juveniles una combinación de caracteres es esencial.

cabeza finamente
rayada de oscuro
(como en los inm.)

larga, en muda activa en
otoño (aquí plumas viejas y
nuevas en crecimiento)

todas las coberteras
alares, incluyendo el
margen anterior alar,
normalmente oscuro
(cf. págalo parásito juv.)

normalmente sin blanco
en la parte superior del ala,
excepto por los raquis blancos
(cf. págalo parásito juv.)

marcas indistintas si
hay un collar pálido,
como en este caso
(cf. págalo parásito juv.)

puntas pálidas de la
coberteras grandes
progresivamente menos
marcadas distalmente
(cf. págalo parásito juv.)

▶ **Juvenil (noviembre)**
Individuo con tonos ligeramente
más cálidos que la media.

parte posterior de la
cabeza y cuello sin
tonos más pálidos,
o solo ligeramente

bases blancas de
las infracoberteras
primarias típicas
(raras en págalos
parásito y rabero)

puntas romas

barrado patente

puntas romas

Págalo pomarino *Stercorarius pomarinus*

▼ **Juvenil (octubre)**
Las características indicadas en este individuo son típicas en combinación.

primarias sin, o tan solo mínimas, puntas pálidas (cf. págalo parásito juv.)

típica cabeza uniformemente oscura

si están presentes, rectrices centrales alargadas con puntas romas

infracoberteras caudales con un barrado nítido de "cebra"

nítidas puntas pálidas en las coberteras internas, que se difuminan gradualmente hacia las coberteras externas

▶ **Juvenil, morfo oscuro (octubre)**
Los juveniles totalmente oscuros (incluyendo las infracoberteras alares y axilares) son raros, comparado con el págalo parásito. El tarso aún completamente pálido y la falta de rectrices centrales largas confirman la edad. Otras características típicas de la especie son las bases pálidas de las infracoberteras primarias (formando una segunda "coma" blanca), las rectrices centrales romas y el pico robusto y bicolor.

tarsos aún parcialmente pálidos típicos de juv./2º año cal.

p9–10 aún juv. (puntiagudas y muy desgastadas)

2ª generación

nuevo frente de muda

bases pálidas

3ª generación

▶ **2º año cal., otoño (septiembre)**
Superficialmente parecido a un juvenil debido al barrado regular y contrastado de las infracoberteras alares. Sin embargo, la combinación de características indicadas en la imagen es típica de un individuo de 2º año cal. Un nuevo ciclo de muda ha empezado, con 3 primarias nuevas (los juveniles no mudan en otoño). Los págalos parásito y rabero de 2º año cal. muestran el mismo tipo de plumaje y color del tarso, pero las rectrices centrales romas, la base pálida de las infracoberteras primarias, la base nítidamente pálida del pico y el cuerpo robusto con brazos anchos resultan en una identificación clara de este ejemplar. La supracoberteras alares no presentan puntas pálidas en los 2º año cal. (a diferencia de los juveniles), pero el manto y escapulares (en las partes superiores) a menudo muestran puntas pálidas en otoño.

patrón cefálico de adulto ya perceptible (cf. juv.)

densamente barrado (cf. juv.)

predominantemente pálidos

moderadamente alargadas (cf. juv.)

▼ **Inmaduro, verano (junio)**
Plumaje ya predominantemente adulto, pero nótense las marcas pálidas en las infracoberteras alares. P10 aún en crecimiento (más corta que p9) lo que, por calendario, encaja mejor con un 3er año cal. que con un 4º año cal. (los ejemplares de 4º año cal. mudan como los adultos y habitualmente ya han renovado todas las primarias antes de mayo). Las rectrices centrales aún son relativamente cortas, típico de los individuos de 3er año cal., pero generalmente aún conservan manchas pálidas en los tarsos.

marcas pálidas indican inm.

Págalo parásito *Stercorarius parasiticus*

L 40 cm (excl. rectrices centrales), E 113 cm | Verano, NO y N Europa; migrante, mares y costas de toda Europa

MORFOS CROMÁTICOS

TODAS LAS CLASES DE EDAD
• Hay un espectro continuo desde ejemplares muy pálidos a completamente oscuros. Para los juveniles se emplea el término "tipo" porque se desconoce si el tipo cromático juvenil se mantiene igual al volverse adulto.

DATADO

ADULTO
• Las infracoberteras alares son oscuras todo el año.
• Las rectrices centrales son de longitud máxima; las mudan en otoño, en fecha variable.

INMADURO
• Las infracoberteras alares presentan marcas pálidas hasta el 3er año cal. (excepto lo individuos más oscuros, que habitualmente ya tienen todas las infracoberteras alares oscuras desde juvenil). Cuando termina la muda en el 3er año cal., las infracoberteras grandes son normalmente negras, pero el resto de infracoberteras aún no.
• Las supracoberteras alares únicamente tienen las puntas pálidas en el plumaje juvenil.
• La longitud de las rectrices centrales incrementa gradualmente con la edad, alcanzando el máximo en el 4º año cal.
• Los ejemplares pálidos de 1er y 2º verano (2º y 3er año cal., respectivamente) muestran los flancos variablemente barrados, el pecho y los lados de la cabeza moteados y las supra e infracoberteras caudales barradas (como los adultos en invierno). Los ejemplares más oscuros permanecen oscuros independientemente de la edad y solo se pueden identificar como inmaduros basándose en el estado de muda de la primarias, la longitud de las rectrices centrales y las marcas pálidas en los tarsos.
• Las patas (tarsos) son de color gris pálido en los juveniles y se vuelven todas negras a partir del 3er año cal. La transición no es por gradiente cromático sino que aparecen manchas negras que se van extendiendo. Los individuos de 2º año cal. suelen mostrar los tarsos grises moteados de negro mientras que algunos 3er año cal. aún retienen pequeñas manchas grises.

MUDA

ADULTO
• Pueden mudar las plumas corporales a plumaje invernal a partir de septiembre, pero normalmente más tarde. La muda de primarias tiene lugar de octubre a abril.
• La muda al plumaje invernal da lugar a marcas claras en las partes superiores, incluso en las supracoberteras caudales. La mayoría no mudan en Europa. Las partes inferiores, incluyendo los laterales de la cabeza, suelen presentar pocas marcas oscuras en Europa.

INMADURO
• La muda postjuvenil de las primarias tiene lugar desde diciembre a julio; los individuos de 1er verano (2º año cal.) comienzan una nueva muda completa de primarias desde p1 en septiembre, que dura hasta marzo/abril. A continuación, se sigue el calendario de muda de los adultos.

▼ **Tipo adulto estival, morfo pálido/intermedio (julio)**
El patrón cefálico es típico; compárese con los págalos pomarino y rabero. Las plumas pálidas encima de la base del pico también están presentes en muchos individuos oscuros, pero puede faltar en todos los morfos cromáticos. En los individuos más claros, los "lóbulos" oscuros que descienden del píleo hasta la mejilla y la base del pico, se pueden ver de un tono oscuro más sólido y netamente delimitados de la región pálida adyacente.

típica mancha pálida

más pálido que el píleo y con borde difuso; a menudo forma dos "lóbulos" divididos por una franja clara

uña más corta que el culmen

blanco o ligeramente amarillo

ángulo gonial patente

▼ **Adulto estival, morfo pálido (junio)**
Los individuos más pálidos carecen de una banda pectoral. Los morfos cromáticos no están claramente diferenciados porque hay un espectro continuo de ejemplares intermedios desde muy pálidos a completamente oscuros.

plumas pálidas encima de la base del pico típicas de todos los morfos

uniformemente oscura (cf. inm.)

larga y puntiaguda

de color uniforme, con bordes difusos y más pálidos que las infracoberteras alares y las partes superiores (cf. págalo pomarino, morfo pálido)

◄ **Adulto estival, morfo oscuro (junio)**
La forma de la cola es característica. Los individuos más oscuros a menudo son casi completamente de color negro-marrón (muchos ejemplares retienen una zona amarillo-marrón en el cuello) y son más numerosos en el sur de la distribución reproductora (sobre el 90 % de los individuos de tipo adulto). Contrariamente, en las poblaciones árticas el morfo oscuro es escaso o incluso raro.

Págalo parásito *Stercorarius parasiticus*

▼ Adulto, mudando a invierno, morfo pálido (octubre)
Este individuo ha empezado la muda a plumaje invernal en la cabeza, pecho, manto y supracoberteras caudales. Los ejemplares de 3er año cal. pueden ser parecidos, pero este individuo muestra las infracoberteras alares y las patas (visibles en otras fotos) completamente oscuras; típicos caracteres de adulto.

▼ Juvenil, tipo oscuro (agosto)
En el campo se ve todo oscuro. A pesar del plumaje juvenil, las infracoberteras alares son (casi) totalmente oscuras, contrariamente a los juveniles de págalo pomarino y rabero (con alguna rara excepción). En el campo suelen ser indistinguibles de inmaduros más viejos, pero las rectrices centrales son relativamente cortas y el plumaje es uniformemente nuevo (sin contrastes de muda).

marcas pálidas mínimas, normalmente no visibles

▼ Juvenil, tipo pálido/intermedio (septiembre)
Un individuo pálido típico. El color de fondo amarillo-marrón, la cabeza extensamente listada y las rectrices centrales alargadas y triangulares, son una combinación característica. Las axilas ligeramente más oscuras son otra indicación de esta especie; aunque no se aplica a todos los individuos. Es esencial combinar caracteres.

▼ Juvenil, tipo intermedio (septiembre)
La extensión de manchas pálidas en la superficie inferior del ala está más estrechamente relacionada con las mismas del resto de partes inferiores corporales que en págalos pomarino y rabero juveniles. Habitualmente las manchas pálidas son similares, como en este caso. Contrariamente, en juveniles oscuros de págalo pomarino y rabero, la superficie inferior de las alas suele ser notablemente más pálida que el resto inferior del cuerpo, pero como siempre, hay excepciones a tener en cuenta en la identificación de págalos.

listado extenso típico

axilares a menudo con un patrón sutilmente más oscuro que las infracoberteras (en págalos pomarino y rabero axilares con el mismo diseño que las infracoberteras alares, dando una apariencia uniforme)

alargadas y puntiagudas

amarillo-marrón típico de indivi-duos pálidos

patrón irregular sobre fondo amarillo-marrón (cf. págalos pomarino y rabero juv.)

diseño pálido y uniforme de infracoberteras típico de juv. (excepto juv. de tipo oscuro)

normalmente superficie blanca extensa (a veces también visible en la parte superior del ala)

en ejemplares más oscuros no hay superficie blanca (excepto por los raquis), como en págalos pomarino y rabero juv.

solamente puntos pálidos en este ejemplar; no más claro que el resto de partes superiores (cf. págalos pomarino y rabero juv.)

en ejemplares más oscuros, la superficie inferior alar también es más oscura (cf. juv. oscuros de págalos pomarino y rabero)

▼ Juvenil (septiembre)

puntiagudas

moteado amarillo-marrón típico, normalmente motas pálidas reducidas (sin formar el diseño barrado característico de los juv. de págalos pomarino y rabero)

▼ Juvenil, tipo oscuro (agosto)

En el campo parece completamente oscuro. A pesar del plumaje juvenil, las infracoberteras alares también son (casi) enteramente oscuras, a diferencia de la mayoría de juveniles de págalos pomarino y rabero. En el campo suelen ser indistinguibles de inmaduros más viejos, pero las rectrices centrales son relativamente cortas y el plumaje es uniformemente nuevo (sin contrastes de muda).

marcas pálidas mínimas, normalmente no visibles

▼ Juvenil, tipo intermedio (octubre)

Este ejemplar muestra todas la características típicas, pero la variación es notable. Por lo tanto, algunos individuos pueden generar problemas de identificación debido a su similitud con juveniles de págalos pomarino y rabero. El moteado de la cabeza y las puntas pálidas de las primarias son las características más importantes. Solamente los págalos juveniles presentan puntas pálidas en (algunas) supracoberteras alares. En cambio, todas las edades en plumaje invernal tienen puntas pálidas en el manto y escapulares. El área pálida debajo del ojo (que solo muestran los juveniles) es especialmente prevalente en tipos intermedios y no tanto entre los más pálidos u oscuros. En juveniles de págalos pomarino y rabero un medio anillo pálido es presente a veces, pero siempre muy estrecho.

cabeza generalmente listada (cf. págalos pomarino y rabero juv.)

pálido y listado (cf. págalo pomarino juv.)

coberteras pequeñas con más marcas pálidas, que resultan en un borde anterior del ala pálido (cf. págalo pomarino juv. y la mayoría de págalos raberos juv.)

pico relativamente fino y largo (cf. págalos pomarino y rabero juv.)

área pálida ancha debajo o alrededor del ojo

marrón cálido (cf. págalos pomarino y rabero juv.)

puntas pálidas destacadas, entre ambas hemibanderas de las primarias

barras alares de grosor homogéneo o puntas pálidas más obvias en las coberteras externas (cf. págalo pomarino juv.)

▼ Tipo 2º año cal. (septiembre)

A distancia parece un juvenil, pero las supracoberteras alares y resto de partes superiores (no visibles aquí) carecen de las puntas pálidas típicas de los juveniles. Este individuo parece tener ya todas la patas oscuras; las aves de 2º año cal. normalmente conservan manchas pálidas en los tarsos. Un ejemplar de 3er año cal. con madurez retrasada en el plumaje no se puede descartar completamente.

infracoberteras con diseño muy juv.

capirote reducido con motas pálidas

barrado irregular

rectrices centrales moderadamente alargadas

▶ Tipo 3er año cal. (julio)

Individuo típico de esta clase de edad basándose en las características indicadas; sin embargo, es imposible asegurar la edad con total certeza. Los individuos más oscuros se mantienen del mismo color y solamente se les puede identificar como inmaduros basándose en el patrón de muda de las primarias, longitud de las rectrices centrales y manchas pálidas en los tarsos, pero a menudo no es posible detallar la clase de edad exacta.

coberteras sin puntas pálidas, a diferencia de los juv.; plumas ya mudadas y desgastadas

secundarias mudadas más tarde que primarias, algunas aún en crecimiento

diseño cefálico de adulto perceptible

infracoberteras alares grandes uniformemente oscuras o tan solo con marcas pálidas reducidas (cf. 2º año cal.)

parcialmente alargadas, formando una punta prolongada (cf. págalo rabero de 3er año cal.)

Págalo rabero *Stercorarius longicaudus*

L 37 cm (excl. rectrices centrales), E 106 cm | Verano, N Europa; migrante, mares y costas de toda Europa

MORFOS CROMÁTICOS

ADULTO
- Únicamente existe un morfo pálido apenas variable y otro oscuro muy escaso.

INMADURO
- En individuos juveniles e inmaduros hasta su 1er verano (2º año cal.), hay un espectro continuo desde morfos muy oscuros a más pálidos.

DATADO

ADULTO
- Las infracoberteras alares son oscuras todo el año (pero algunos ejemplares adultos retienen marcas pálidas).
- Las rectrices centrales son de longitud máxima; las mudan en otoño, usualmente desde agosto.

INMADURO
- Las infracoberteras alares presentan marcas pálidas hasta el 3er año cal. Cuando termina la muda en el 3er año cal., las infracoberteras grandes son normalmente todas negras.
- Las supracoberteras alares únicamente tienen las puntas pálidas en el plumaje juvenil.
- La longitud de las rectrices centrales incrementa gradualmente con la edad, alcanzando el máximo en el 4º año cal.
- Los ejemplares de 1er y 2º verano (2º y 3er año cal., respectivamente) muestran los flancos barrados, el pecho y los lados de la cabeza moteados y las supra e infracoberteras caudales barradas (como los adultos en invierno). Algunas aves de 2º año cal. presentan unas partes inferiores muy oscuras, probablemente aquellas que también fueron muy oscuras como juveniles.
- Determinar la edad basándose en el color de las patas (tarsos) no es útil en esta especie (a diferencia de otros págalos) porque los adultos presentan tarsos con manchas grises y negras.

MUDA

ADULTO
- Las plumas corporales son mudadas a plumaje invernal a partir de agosto, pero normalmente (mucho) más tarde. La muda de las primarias tiene lugar de octubre a abril.
- La muda al plumaje invernal da lugar a marcas claras en las partes superiores, incluso en las supracoberteras caudales. La mayoría mudan pocas plumas mientras aún están en Europa. Las partes inferiores, incluyendo los laterales de la cabeza, suelen adquirir escasas marcas oscuras mientras están en Europa.

INMADURO
- La muda postjuvenil de primarias tiene lugar desde enero hasta agosto; las aves de 1er verano (2º año cal.) empiezan una nueva muda completa de primarias desde p1 en noviembre hasta junio. Después, siguen el calendario de muda adulto.

▼ **Tipo adulto estival (junio)**
El patrón de la cabeza y la estructura del pico son diagnósticos, compárese con los págalos parásito y pomarino.

capirote más oscuro que el manto

pico corto y robusto; uña larga, de longitud parecida al culmen

el capirote oscuro se extiende más abajo que el pico; netamente delimitado y formando una línea recta

ángulo gonial indistinto

a menudo amarillo dorado sutil

▼ **Adulto estival (junio)**
Los adultos son poco variables y fáciles de identificar, contrariamente a los págalos parásito y pomarino. Morfo oscuro muy raro. La extensión de gris-marrón ventral es ligeramente variable, algunos individuos muestran más blanco, posiblemente se trate de adultos jóvenes.

solamente 2 raquis blancos completos

coberteras levemente más pálidas que las rémiges

sin blanco (cf. págalos parásito y pomarino adultos)

sin banda pectoral

gris-marrón hasta el vientre

extremadamente largas

▶ ***pallescens* norteamericano, adulto estival (agosto)**
Este individuo tiene dos caracteres que pueden causar confusión con los
págalos parásito y pomarino: la falta de rectrices centrales prolongadas (en
muda a finales de verano) y la región oscura ventral de extensión posterior
limitada. Sin embargo, la forma del capirote, coberteras alares más pálidas
que las rémiges y solo 2 raquis blancos en primarias son todo características típicas. Los adultos aún tienen los tarsos pálidos a diferencia de las
otras especies de págalos, en que los tarsos pálidos son un carácter de
inmadurez. Este ejemplar es de la subespecie *pallescens* norteamericana,
que de media presenta más blanco en las partes inferiores.

▼ **Adulto mudando a invernal (agosto)**
Desde finales de agosto algunos individuos comienzan la
muda al plumaje invernal. Típicamente, en las 3 especies de
págalos pequeños los adultos adquieren desde otoño una
cantidad variable de plumas invernales con un diseño contrastado en las partes superiores, inferiores y la cabeza, lo que les
hace parecerse más a los inmaduros. Las supra e infracoberteras alares se mantienen totalmente oscuras. Las rectrices
centrales largas se mudan a partir de finales de verano.

▼ **Juvenil (septiembre)**
Solo 2 raquis blancos en las primarias externas es
una rasgo útil para distinguirlo de los págalos parásito y pomarino; también en inmaduros más viejos.

supra e infracoberteras
caudales típicamente con un
diseño barrado; líneas rectas
y uniformes, sobre un color
de fondo blanco

pecho de color
uniforme con una
área pálida típica

solamente los dos raquis más
externos blancos (cf. págalos
parásito y pomarino juv.)

▶ **Ala en vista inferior, juvenil (septiembre)**
Si está presente, la cuña oscura es un rasgo
útil en observaciones de aves distantes para
distinguir la especie del págalo parásito. Sin
embargo, este patrón destacado no es
siempre obvio y puede faltar completamente.
Los ejemplares de 2° y 3er año cal. normalmente también lo muestran. La cantidad de
blanco en la base de las primarias es variable
en todos los págalos pequeños; la presencia
de la cuña no parece estar relacionada.

la cuña oscura crea
un ángulo agudo
desde el raquis

área blanca interrum-
pida entre las bases de
p9–10 por la cuña
oscura

■ **Págalo parásito, vista inferior
del ala juvenil (septiembre)**

porción blanca del ala
redondeada, sin cuña blanca

Págalo rabero *Stercorarius longicaudus*

▼ Juvenil (septiembre)

axilares e infracoberteras con un diseño uniforme (no hay límites entre grupos de plumas diferentes)

relativamente alargada para un págalo juv.

área pálida típica, reducida en este individuo

típico barrado con líneas uniformes y rectas; color de fondo blanco

▼ Juvenil (septiembre)
La estructura de las rectrices centrales es característica: relativamente prolongadas y con una forma intermedia entre págalo pomarino (roma) y págalo parásito (puntiaguda).

roma, pero con una pequeña punta aguzada en el extremo

▶ 3er año cal. (septiembre)
Un inmaduro típico debido al patrón pálido extenso en infracoberteras alares. Sin embargo, las infracoberteras grandes son uniformemente oscuras (típico del 3er año cal.), las rectrices centrales son largas y el patrón cefálico de adulto es perceptible, a diferencia de las aves de 2º año cal. La cabeza y pecho moteados es típico del plumaje invernal de ambos, inmaduros y adultos, igual que en las otras 3 especies de págalos pequeños.

▼ 2º año cal. (septiembre)
Muy similar a un págalo parásito con el mismo tipo de plumaje, pero nótese la forma del pico, alas y rectrices centrales. Desde principios de verano (hasta agosto aproximadamente) las rectrices centrales viejas (juveniles) aún están presentes como dos "espinas" muy finas.

infracoberteras primarias y grandes uniformemente oscuras (cf. 2º año cal.)

infracoberteras grandes aún conservan marcas pálidas (a diferencia de aves más viejas)

base alar estrecha típica de todos los plumajes, pero no siempre obvia

corto y robusto

rectrices centrales nuevas (2º año cal.) romas como en juv.

▶ Adulto estival (junio)
Inconfundible. Un págalo estilizado con rectrices centrales extremadamente largas.

patrón cefálico típico

el pecho pálido es el rasgo más obvio desde lejos

contraste (cf. págalos parásito y pomarino adultos, de morfo pálido)

adultos conservan los tarsos pálidos

▼ Juvenil (septiembre)
Un individuo más o menos promedio. El color gris-marrón frío es típico, al igual que la combinación de cabeza y cuello más o menos uniformes con infracoberteras caudales claramente y regularmente barradas.

la punta negra se extiende casi hasta la mitad del pico (cf. págalos parásito y pomarino)

plumas de las partes superiores con puntas pálidas y bastante rectas (cf. págalo parásito)

uniforme (cf. págalo parásito juv. del mismo tipo)

a menudo mancha pálida aquí

barrado conspicuo y uniforme en las infracoberteras caudales (cf. págalo parásito juv.)

▼ Juvenil (septiembre)
Un individuo pálido, aunque algunos son aún más claros en las partes inferiores. Cabeza con diseño estriado como los juveniles de págalo parásito, pero a menudo de forma difusa y no muy evidente. Los individuos con el cuello pálido y la cabeza oscura muestran un cuello gris pálido y apenas estriado. Muchos ejemplares más claros tienen una cabeza visiblemente pálida, lo que hace resaltar aún más la mancha oscura en las bridas.

brida con punto oscuro

corto y robusto, sin ángulo gonial obvio

puntas pálidas muy rectas y (a menudo) contrastadas (cf. págalos parásito y pomarino)

marrón grisáceo, a menudo carente de tonos cálidos (cf. págalo parásito juv.)

todas las coberteras con puntas pálidas del mismo tamaño (cf. págalo parásito)

▼ Juvenil, tipo oscuro (septiembre)
A diferencia de los adultos, existe un espectro continuo de plumajes juveniles, desde individuos pálidos hasta muy oscuros. Como muestra este ejemplar, incluso los más oscuros presentan un barrado claro en las supra e infracoberteras caudales, así como en las infracoberteras alares (compárese con el págalo parásito juvenil de tipo oscuro). Las puntas claras de las coberteras juveniles suelen ser mínimas en aves muy oscuras, pero su presencia descarta un 2º año cal. juvenil.

sin, o mínimas, puntas pálidas (cf. págalo parásito juv.)

Págalos pequeños juveniles

▶ **Págalo parásito (septiembre)**

▶ **Págalo parásito (septiembre)**

▼ **Págalo pomarino (septiembre)**

◀ **Págalo pomarino (septiembre)**

▶ **Págalo rabero (septiembre)**

▶ **Págalo rabero (septiembre)**

Págalo grande *Stercorarius skua*

L 55 cm, E 139 cm | Verano, NO Europa; en migración, costas del resto de Europa

MORFOS CROMÁTICOS

ADULTO
• Solamente existe un morfo cromático, pero presenta cierta variación; algunos tienen las partes inferiores de color anaranjado pálido, posiblemente debido al desgaste. Las ♀♀ suelen ser ligeramente más pálidas que los ♂♂.

INMADURO
• Más variable que los adultos, pero individuos pálidos o muy oscuros son relativamente raros. Las aves de 2º año cal. con el plumaje desgastado pueden tener las partes inferiores muy pálidas.

DATADO

ADULTO
• Las plumas de la cabeza y el cuello son alargadas y puntiagudas, con listas longitudinales pálidas en las puntas.
• Normalmente presentan extensas manchas blancas en las primarias.

INMADURO
• Las patas (tarsos) de los juveniles a menudo son de color rosado o gris y se vuelven negras en el 2º o 3er año cal. Algunos ya presentan casi todas las patas negras desde juveniles.
• A menudo las manchas blancas de las primarias son algo menos extensas que las de los adultos.

MUDA

ADULTO
• La muda de primarias tienen lugar desde julio a marzo.

INMADURO
• La muda postjuvenil se da en el 2º año cal. desde marzo a agosto. Casi inmediatamente, en septiembre, las aves de 2º año cal. empiezan un nuevo ciclo de muda de primarias hasta abril del 3er año cal. A partir de entonces, las aves de 3er año cal. se suman al calendario de muda adulto, empezando la siguiente muda de primarias en julio del mismo año.

▶ **Tipo adulto (mayo)**
Un individuo pálido. Algunos tipos adulto pálidos carecen del capirote pero conservan la máscara oscura, y desarrollan una mancha pálida difusa encima de la base del pico. El intenso patrón listado de las partes superiores, coberteras alares y cuello, combinado con el moteado de las partes inferiores y el color de fondo cálido de este individuo, es diagnóstico respecto a un págalo polar.

▶ **Tipo adulto (junio)**
Inconfundible en Europa; los págalos pequeños (y por ejemplo gaviotas inmaduras) carecen de listas pálidas en el manto y escapulares, de listas finas en el cuello y cabeza, no son tan robustos y no tienen el cuello tan grueso. Frecuentemente muestran una mancha pálida y pequeña encima de la base del pico (como en este individuo); compárese con el págalo polar. A diferencia de los págalos pequeños, no hay diferencia entre plumajes estival e invernal.

más oscuro que el resto de la cabeza, formando un capirote o máscara

a menuda mancha más pálida aquí

plumas con listas pálidas en las puntas típicas de adulto

coberteras con listado pálido variable

axilares sin marcas, normalmente forman el área más oscura de la parte inferior del ala

la cabeza oscura contrasta con el cuerpo naranja parduzco (especialmente obvio a lo lejos)

mancha blanca extensa en las primarias, más extensa en la parte inferior que en la superior

cola corta, no hay rectrices centrales alargadas en ningún plumaje (a diferencia de los págalos pequeños)

sin marcas, a menudo naranja-marrón (cf. individuos más viejos y otros págalos)

◀ **Juvenil (septiembre)**
Individuo relativamente oscuro, pero por lo demás típico. Los juveniles oscuros de págalo pomarino casi siempre muestran marcas pálidas en las infracoberteras alares.

Págalo grande *Stercorarius skua*

▼ Tipo adulto (octubre)

Las manchas blancas en las primarias son algo variables en extensión, pero siempre más grandes que en los págalos pequeños. El cuerpo robusto, la cabeza prominente con un cuello grueso, las alas anchas con la mano relativamente corta y la cola corta siguen siendo evidentes a distancia. En combinación con las grandes manchas blancas en las primarias (también en la parte superior), son las mejores diferencias con los págalos pequeños. Los págalos parásito y rabero a veces muestran una pequeña mancha blanca pura en la parte superior de la primarias. Los (sub)adultos completan la muda de las primarias a finales de invierno.

▼ 2º año cal. (agosto)

Todavía muy similar al juvenil, pero además de la muda activa de primarias, los individuos con este plumaje ya no muestran puntas claras en las cobertera y escapulares, sino estrías claras en el raquis (más parecido a adultos) y ya presentan un estriado claro parcial en los laterales del cuello y la parte superior del pecho.

mancha blanca extensa en la base de las primarias, también en la parte superior

sin rectrices centrales alargadas

muda activa en primarias

p10 creciendo, un signo de que ya casi ha completado el 1er ciclo de muda, a diferencia de juv. y adulto

▼ Juvenil (octubre)

Este es un individuo más o menos promedio; algunos muestran un tono más naranja pálido en las partes inferiores, haciendo destacar la cabeza oscura aún más (otros son notablemente más oscuros). Tanto los individuos muy pálidos como los muy oscuros son relativamente raros. Contrariamente al págalo pomarino, las supra e infracoberteras caudales con totalmente oscuras. La silueta con la cabeza protuberante es claramente visible aquí.

▼ 2º año cal. (mayo)

Los individuos de esta edad típicamente muestran plumas desgastadas (juveniles) y nuevas (recientemente mudadas). El estado de la muda de las primarias es crucial para determinar la edad; este individuo se encuentra en una muda avanzada de primarias (p1–6 mudadas, p7 en crecimiento), típico de un 2º año cal. Los (sub)adultos aún no han comenzado la muda de primarias en mayo. Compárese también con el págalo polar.

cabeza normalmente oscura (cf. tipo adulto)

naranja-marrón uniforme

las plumas de las partes superiores y coberteras con puntas pálidas, dando una apariencia escamosa (a diferencia de 2º año cal. en otoño)

a menudo menos extensa que en adultos, aquí extremadamente pequeña

p7 en crecimiento (primarias externas juv. desgastadas)

primarias internas nuevas

Págalo polar *Stercorarius maccormicki*

L 53 cm, E 132 cm | Divagante del Atlántico S

MORFOS CROMÁTICOS

ADULTO

• Existen 3 morfos más o menos diferenciados: pálido, de tonalidad gris-marrón frío; oscuro, gris-marrón e intermedios.

INMADURO

• Solo hay un morfo oscuro. La variación del color de las partes inferiores y la cabeza es principalmente debida al desgaste del plumaje.

DATADO

ADULTO

• Las plumas de la cabeza y el cuello presentan listas longitudinales pálidas en las puntas.
• Normalmente presentan manchas blancas extensas en las primarias.

INMADURO

• Las patas (tarsos) de los juveniles a menudo son de color rosado o gris y se vuelven negras en el 3er año cal.
• A menudo las manchas blancas de las primarias son menos extensas que las de los adultos.

MUDA

ADULTO

• La muda de primarias tienen lugar desde abril a octubre.

INMADURO

• En febrero los juveniles ya están plumados, por lo que las aves de 1er año cal. en el hemisferio norte en otoño tienen 6 meses más de edad que un págalo grande de 1er año cal. La muda postjuvenil de las primarias va de julio a febrero del 2º año cal. Después de completar la muda postjuvenil, las aves de 2º año cal. empiezan un nuevo ciclo de muda de primarias que dura desde mayo hasta noviembre (aproximadamente un mes más tarde que las aves de ≥ 3er año cal.). A partir de entonces, los individuos se unen al calendario de muda de los adultos y comienzan el siguiente ciclo en abril del 3er año cal.

▼ ≥ 2º año cal. (septiembre)

El calendario de muda es típico de esta clase de edad. En el ala derecha p9 está creciendo y falta p10 (el ala izquierda es más difícil de evaluar). La ausencia de listas pálidas en el cuello y la presencia de pequeñas manchas claras en los tarsos coinciden con un ave de 2º año cal. Los individuos del morfo claro comienzan a desarrollar tonalidades gris-marrón pálidas en las partes inferiores que contrastan fuertemente con las infracoberteras muy oscuras y les da una apariencia muy llamativa. Un adulto de págalo grande en septiembre estaría comenzando la muda de primarias, mientras que un págalo polar de 2º año cal. está terminando su segunda muda completa. La ausencia de marcas pálidas en las supracoberteras alares y las marcas claras escasas pero evidentes en el cuello de un individuo en general uniformemente oscuro, también son características típicas de esta edad.

muda de primarias casi completada

cabeza uniforme con las partes inferiores; sin efecto de capirote o capucha (cf. págalo grande)

◄ 1er año cal. (agosto)

Una especie muy rara en Europa, pero la dificultad para su identificación probablemente es relevante para este estatus. Es presumible que una proporción significativa de los inmaduros migre hacia el Atlántico N. Actualmente, se observan inmaduros con regularidad frente a las costas del (N)O de África y N de España (pero no adultos). El calendario de muda, combinado con la edad, es esencial para su identificación. En este individuo, el momento (principios de agosto) coincide con los primeros adultos de págalo grande en muda (comienzan a mudar las primarias internas a principios de agosto). Las aves de 1er año cal. en otoño probablemente sean muy llamativas en Europa debido a un estado de muda avanzado hasta las primarias centrales en septiembre/octubre, consistente con los adultos de págalo grande. Sin embargo, el plumaje normalmente oscuro, sin estriado claro en las coberteras, el manto y las escapulares, así como la ausencia de plumas claras y alargadas en el cuello, descartan que sea un tipo adulto de págalo grande. Muchos inmaduros de págalo polar, sin embargo, tienen una banda pálida en la nuca (y cuello). También es típico el color marrón frío o marrón-gris. Las aves de 1er año aún no presentan morfos cromáticos bien diferenciados, pero después de la 2ª muda completa (en otoño del 2º año cal.) los individuos de morfo pálido comienzan a revelarse como tales. Algunos 1er año cal. pueden estar muy desgastados en las partes inferiores, como los págalos grandes. Los adultos muestran un espectro de morfos desde color gris pálido a oscuro, siendo los pálidos los más numerosos en el sur (las áreas más frías), mientras que el porcentaje de individuos oscuros aumenta hacia el norte. Sin embargo, nunca se han registrado adultos de color gris pálido en Europa.

muda de primarias comenzada

uniformemente oscuro (cf. págalo grande)

cuello pálido pero cabeza oscura (cf. págalo grande)

Gaviota marfileña *Pagophila eburnea*

L 44 cm | Todo el año, extremo N Europa

▼ **Adulto (julio)**
Inconfundible; la única gaviota completamente blanca como la nieve. Podría ser confundida con gaviotas leucísticas o albinas de otras especies de tamaño y estructura similares, por ejemplo la gaviota cana, pero fíjese en las diferencias destacadas. Punta del pico de color amarillo pálido, menos brillante a partir de otoño.

diseño del pico típico

cortas y negras

◀ **Adulto (marzo)**
Un plumaje único en Europa.

▼ **Juvenil/1er invierno (diciembre)**
Inconfundible. Un individuo con pocas marcas en las coberteras alares; muchos tienen las puntas negras más extensas, también presentes en las terciarias y las escapulares. Las marcas oscuras faciales también son muy características pero variables; extensas en este individuo.

▶ **Juvenil/1er invierno (diciembre)**
Este individuo tiene las marcas faciales muy reducidas.

▼ **2º año cal. (junio)**
La única especie de gaviota en Europa que pasa del plumaje juvenil directamente al de adulto en una sola muda (en verano del 2º año cal.). Pero alguno ejemplares aún son identificables como 2º año cal. debido a mínimos puntos oscuros en las coberteras primarias, coberteras pequeñas, álula y/o delante del ojo.

primarias nuevas uniformemente blancas (todas las plumas juveniles con las puntas oscuras se sustituyen por plumas completamente blancas)

Gaviota rosada *Rhodostethia rosea*

L 31 cm | Visitante irregular desde el Ártico de Rusia, Groenlandia y/o Canadá

Gavina rosada CAT
Antxeta arrosa EUS
Gaiota rosada GAL

▼ **Adulto estival (junio)**
Inconfundible. La forma de la cabeza algo similar a la de una paloma, y rodeada por un anillo negro, es una combinación única. Muchos individuos muestran una tonalidad rosada en las partes inferiores y la cabeza.

▶ **Tipo adulto invernal (abril)**
En todos los plumajes, la gaviota enana es la más parecida, principalmente debido a su pequeño tamaño, pero obsérvense, por ejemplo, las características destacadas en las alas.

el borde posterior blanco no llega a las primarias externas (cf. gaviota enana)

sección más ancha del borde posterior blanco aquí (cf. gaviota enana)

las plumas axilares crean un triángulo blanco obvio en contraste con el resto de la superficie inferior del ala (cf. gaviota enana)

larga

▼ **1er invierno (enero)**
Los juveniles aún muestran las partes superiores del cuerpo oscuras, pero el manto y las escapulares son mudadas a gris poco después de emplumar, de manera que en Europa nunca se muestra el plumaje juvenil al completo.

contraste destacado entre las partes superiores grises pálidas y las coberteras y terciarias oscuras

píleo blanco y sin marcas (cf. gaviota enana)

punto auricular normalmente difuso, pequeño y situado más abajo que en la gaviota enana

el blanco de la punta de las primarias está presente casi hasta la más externa

▼ **2º año cal./1er verano (junio)**
Esta clase de edad combina un diseño del ala como de 1er invierno con unas partes inferiores y cabeza como de adulto (aunque normalmente menos desarrolladas que en este ejemplar). En primavera las rectrices (centrales) suelen estar mudadas (y por lo tanto son todas blancas).

marcas negras variables, a veces formando un barrado obvio (a diferencia del 1er invierno de gaviota enana)

ojo rodeado de plumas oscuras, lo que desde lejos hace que el ojo parezca extragrande

▼ **1er invierno (enero)**

rectrices centrales alargadas; las más externas sin la punta negra

cuello de color gris pálido que a veces contrasta con la cabeza blanca

estrecho borde posterior negro en la mano (como en la gaviota enana de 1er invierno)

secundarias totalmente blancas (cf. gaviota enana)

borde posterior blanco muy ancho (cf. gaviota enana)

píleo blanco (cf. gaviota enana de 1er invierno)

el blanco se extiende hacia la punta debido a la presencia de hemibanderas externas blancas

las axilares blancas contrastan con las infracoberteras negras

◀ **1er invierno (octubre)**

Gaviota de Sabine *Xema sabini*

L 33 cm | En migración, O y SO Europa

Gavineta cuaforcada CAT
Sabine antxeta EUS
Gaivota de Sabine GAL

▼ Adulto estival (julio)
La cabeza de color gris negruzco normalmente se percibe toda negra en el campo, pero bajo buenas condiciones de luz se aprecia un gris relativamente pálido con un borde negro.

sin blanco alrededor del ojo, como en la gaviota enana (cf. otras gaviotas con la cabeza negra)

patrón típico

gris relativamente oscuro para una gaviota pequeña

adulto con puntas blancas extensas

▼ Adulto estival (junio)
Inconfundible. La combinación de la cabeza oscura con el diseño alar es diagnóstica incluso desde lejos. Las aves totalmente adultas muestran una capucha negra completa en verano y puntas blancas relativamente extensas en las primarias externas. El plumaje estival de los adultos se suele retener hasta septiembre.

la parte superior de ala con 3 colores diferentes y uniformes es diagnóstica

▼ Juvenil (octubre)
diseño diagnóstico con bandas negras subterminales y puntas pálidas, produciendo una apariencia escamosa uniforme

patrón cefálico típico: pileo oscuro que se extiende hacia las coberteras auriculares

típica banda oscura en el lateral del pecho, creando una media banda pectoral (también obvia en vuelo)

▶ Juvenil (agosto)
Fácil de identificar con buenas vistas; pero en un individuo volando lejos, mar adentro, el patrón triangular indicado es una diferencia útil respecto la gaviota tridáctila de 1er invierno, ya que esta última en malas condiciones de observación puede parecer sorprendentemente uniforme entre sus coberteras alares, manto y dorso, causando confusión.

área oscura de las coberteras extensa (a lo lejos se ve uniforme) y con borde posterior curvo

triángulo blanco relativamente pequeño (cf. gaviota tridáctila de 1er invierno)

cuña negra relativamente ancha (cf. gaviota tridáctila de 1er invierno)

▶ 2º año cal. (primavera)
Este individuo ha mudado las partes superiores del cuerpo y algunas rectrices, pero no las plumas de las alas, que aún son juveniles y están extremadamente desgastadas. En este caso muestra una característica típica de los 2º año cal. (a diferencia de los 2 inmaduros de la p. 455, véanse): marcas oscuras en las rectrices nuevas. La cabeza sin la capucha negra y el cuello oscuro en primavera también son caracteres típicos de inmaduro. Algunas aves de 2º año cal. desarrollan una capucha negra incompleta más adelante en el año.

muda de primarias comenzada

secundarias juv. extremadamente desgastadas

rectrices nuevas con marcas oscuras

▶ Juvenil (septiembre)
Las manchas oscuras en las infracoberteras grandes solo están presentes en el plumaje juvenil. Sin embargo, en individuos más viejos las supracoberteras grandes se transparentan, produciendo una impresión similar.

línea oscura

cola bifurcada, pero no visible si la cola está totalmente abierta

lateral del cuello oscuro obvio

► **Subadultos, posiblemente 3ᵉʳ año cal./ 3ᵉʳ invierno (septiembre)**
Los 2 individuos de la imagen muestran cierta variación de este tipo de plumaje: un ejemplar con puntas blancas de las primarias externas relativamente extensas pero diseño del pico inmaduro, y otro con las puntas blancas de las primarias reducidas pero el diseño del pico de adulto. El individuo de arriba ya ha comenzado la muda de primarias, una indicación más de inmadurez. El ciclo de muda de los adultos es único en Europa para una gaviota pequeña: las primarias se mudan en invierno, empezando (por p1) en diciembre y completándola en abril, exactamente medio año más tarde que la mayoría de especies de gaviotas pequeñas (llamado el ciclo de muda del hemisferio sur). Típicamente las aves de 2º año cal. en verano/otoño presentan marcas oscuras en las rectrices e incluso en las terciarias, pero la falta de estas en los dos individuos de la imagen probablemente no descarta aves de 2º año cal. Muchos individuos inmaduros se ven (casi) como adultos en plumaje invernal a partir de mayo, excepto por las siguientes características variables:
• capucha gris-marrón, especialmente en el cuello
• el pico no presenta la punta amarilla bien contrastada
• la región gris de la superficie superior del ala conserva alguna cobertera marrón
• las puntas blancas de las primarias más externas son reducidas
• coberteras primarias sin las puntas blancas
• la muda de primarias empieza antes que en el adulto

Gaviota tridáctila *Rissa tridactyla*

L 40 cm | Todo el año, de SO a NO Europa

Gavineta de tres dits CAT
Antxeta hankabeltza EUS
Gaivota tridáctila GAL

▼ **Adulto estival (julio)**
Una verdadera ave marina. Crían en acantilados marinos, pero también en estructuras artificiales como repisas de edificios costeros o plataformas petrolíferas. El patrón alar y la estructura y color de las patas son diferencias obvias respecto a la gaviota cana.

cortas y negras

▼ **Adulto estival (julio)**
La punta negra y uniforme es una diferencia obvia respecto a la gaviota cana. Los adultos mantienen el pico amarillo todo el año.

diagnóstico borde recto,
"mojado en tinta", sin espejos

► **Juvenil (agosto)**
La combinación de una banda negra diagonal en el ala y una banda oscura en el cuello, es diagnóstica. Este es uno de los pocos juveniles de gaviotas que muestra unas partes superiores grises.

Gaviota tridáctila *Rissa tridactyla*

▼ Adulto invernal (noviembre)
Fíjese en el sutil contraste de tonalidad grisácea entre la mano y el brazo, algo que se vuelve más obvio a lo lejos o bajo ciertas condiciones de luz. Este individuo tiene una punta negra del ala muy reducida (véanse las características anotadas), lo que probablemente indique que es un individuo más viejo. En muchos adultos p6 muestra una banda negra completa y la punta blanca, como este individuo en p7.

▼ Juvenil/1er invierno (noviembre)
Fácil de identificar a corta distancia, pero en el mar, a lo lejos, y bajo malas condiciones de observación, la barra diagonal oscura en el ala puede "diluirse" y formar un área uniformemente oscura, lo que puede llevar a confusión con la gaviota de Sabine. Sin embargo, obsérvese la zona pálida mucho más grande en la superficie superior del ala, en parte debido a la cuña más estrecha en la mano, que suele ser visible a distancia; compárese con la gaviota de Sabine. La banda negra del cuello está situada más posteriormente, más cerca del manto, que los restos de la capucha oscura del adulto invernal de gaviota de Sabine.

típico diseño de cabeza y cuello en plumaje invernal (cf. plumaje estival)

la mano es más pálida que el brazo, creando un contraste típico

borde posterior blanco muy fino

poco negro en p6 y p7 con la punta blanca

banda negra diagnóstica

todo blanco (cf. gaviotas enana y de Sabine)

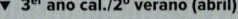

patas a veces rojizas

otras especies de gaviotas también muestran una banda negra diagonal

triángulo blanco grande y ancho que cubre gran parte de la superficie superior del ala (cf. gaviota de Sabine)

cuña negra relativamente estrecha (cf. inm. de las gaviotas enana y de Sabine)

▶ Juvenil/1er invierno (noviembre)
La parte inferior de las alas es blanca con la punta negra en todos los plumajes.

▼ 3er año cal./2º verano (abril)
Aspecto casi como de adulto, pero nótense las marcas negras extensas en las alas. Además, las puntas negras de las alas tienen un borde interno menos recto que los adultos. Fíjense también en la pequeña punta oscura del pico. Las aves de 2º invierno muestran el mismo diseño en las alas pero el patrón de la cabeza es como el del adulto invernal.

▼ 2º año cal./1er verano (junio)
Aún parecido a un ave de 1er invierno, pero la muda a 2º año cal. ya ha empezado y el pico ya se vuelve amarillento. Desde primavera la banda negra del cuello desaparece y algunos ejemplares también han mudado las rectrices centrales, que pasan a ser todas blancas.

marcas negras (por ejemplo en p5) indican esta clase de edad

borde negro de p10 más ancho que en el adulto

Gaviota enana *Hydrocoloeus minutus*

L 26 cm | Verano, NE Europa; invierno, resto de Europa excepto N

▼ **Adulto estival (mayo)**
El diseño de la parte inferior del ala es único. La ausencia de anillo ocular blanco es una característica compartida con la gaviota de Sabine. A menudo muestran una tonalidad rosada en las partes inferiores, otras gaviotas pequeñas también pueden presentar este rasgo con más o menos frecuencia/intensidad.

sin marcas negras

diagnóstico diseño de la parte inferior del ala: enteramente oscura con un borde blanco en todo su extremo posterior

▼ **Adulto estival (mayo)**

capucha de color negro puro, sin blanco alrededor del ojo

puntas blancas

pequeño; únicamente en verano con un tono rojizo, en otros plumajes completamente negro

rosa rojizo pálido

▶ **Juvenil acabado de emplumar (julio)**
Las plumas oscuras de escapulares y manto se mudan casi inmediatamente y las nuevas crecen de color gris uniforme, tipo adulto. El píleo oscuro es típico de todos los plumajes no estivales.

▶ **Adulto invernal (enero)**
El diseño único de las alas se mantiene igual todo el año en los adultos, lo que facilita la identificación de la especie. En invierno aparece una banda gris en el cuello y se mantiene el píleo oscuro.

▼ **1er inverno (enero)**

marcas oscuras (cf. gaviota tridáctila)

parte externa de la mano oscura, creando una cuña ancha y difusa (cf. gaviota tridáctila)

banda diagonal negra como los inm. de gaviota tridáctila

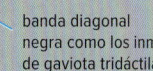

▼ **2º invierno/3er año cal. (enero)**
Las primarias de segunda generación muestran algunas marcas negras en los extremos. Además, la parte inferior de las alas es más pálida que en los adultos. Las aves de 3er año cal., en su 2º verano, ya adquieren una capucha negra completa pero aún son identificables por el diseño de las primarias, que se mantiene como en la imagen hasta otoño del 3er año cal.

▶ **2º año cal./1er verano (junio)**
Muchos individuos presentan las plumas de las alas muy desgastadas desde verano. La muda de las rectrices es variable en primavera y algunos individuos inmaduros ya las han reemplazado por plumas blancas. La parte inferior del ala, incluyendo la mano, es pálida excepto por las puntas negras de las primarias externas (compárese con el plumaje de 1er verano de gaviota reidora).

ala aún completamente juv.; plumas relativamente nuevas en este individuo, pero las partes oscuras se ven marrones por el desgaste

extensión de la capucha negra variable en esta edad

toda mudada en este individuo, plumas nuevas blancas

Gaviota reidora *Chroicocephalus ridibundus*

L 37 cm | Todo el año, toda Europa excepto N en invierno

▼ Adulto estival (abril)

La gaviota más común y bien conocida. Observada en buenas condiciones la capucha es marrón chocolate, a diferencia del resto de gaviotas con capucha. Las partes superiores son gris pálidas (escala de grises Kodak 4—5) y las patas y el pico rojo oscuro, más pálidos en invierno.

▼ Adulto invernal (octubre)

Como el adulto en verano, pero igual que en todas las especies de gaviotas con capucha oscura, la cabeza se vuelve predominantemente blanca en plumaje invernal; normalmente solo permanece una mancha oscura en las coberteras auriculares. Comparado con aves en verano, el pico es de un rojo más pálido con una destacada punta negra.

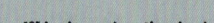

primarias blancas también visibles en el ave posada

▶ 1er invierno (septiembre)

Las partes superiores, inferiores y la cabeza son mudadas a tipo adulto invernal (compárese con el juvenil).

▶ Juvenil (junio)

Un ejemplar recientemente emplumado. Además de las plumas escapulares y del manto, las del cuerpo también son mudadas inmediatamente después de emplumar; el plumaje nuevo es uniformemente blanco, por lo que el gris-marrón del píleo y pecho desaparece rápidamente.

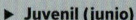

manto y escapulares marrones rápidamente mudadas a gris uniforme

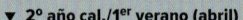

▼ Adulto estival (mayo)

La cabeza oscura en combinación con el diseño de la parte inferior del ala hacen que la identificación sea fácil. La única otra especie con un diseño parecido es la gaviota picofina, pero carece de capucha oscura todo el año y es muy rara lejos del Mediterráneo.

▼ 1er invierno (febrero)

Las alas y la cola aún conservan las plumas juveniles, por lo que presentan un borde posterior negro. Las partes superiores, inferiores y cabeza son mudadas a plumaje de tipo adulto invernal (compárese con el juvenil). La mano externa blanca es típica (pero también lo es de las gaviotas picofina y de Bonaparte).

▼ 2º año cal./1er verano (abril)

La mayoría de individuos desarrollan una capucha oscura variable desde primavera, normalmente completa. Las alas aún son juveniles pero las zonas oscuras se van decolorando por el desgaste. Algunas coberteras pueden ser reemplazadas por nuevas de tipo adulto (gris pálido); por ejemplo, en este individuo las coberteras pequeñas más internas han sido reemplazadas. Después de la muda completa en la 2ª mitad del 2º año cal., el primer plumaje tipo adulto invernal es adquirido y la mayoría son indistinguibles de los adultos. Raramente, quedan restos de inmadurez en forma de marcas negras en las terciarias y/o coberteras primarias.

desgastadas y descoloradas

Gaviota de Bonaparte *Chroicocephalus philadelphia*

L 33 cm | Divagante de Norteamérica

▼ **Adulto estival (junio)**

capucha negra (hollín) y pico fino y negro (cf. gaviota reidora)

gris ligeramente más oscuro que en la gaviota reidora adulta, similar al de la gaviota cana (escala de grises Kodak 5—7)

blanco (cf. gaviota reidora adulta)

rojo chillón (cf. gaviota reidora estival)

▼ **1er invierno (enero)**
Un individuo de pico largo, característica que en este caso se solapa con la gaviota reidora, pero los otros rasgos aseguran que aún sea posible una identificación correcta.

mancha auricular presente en todos los plumajes invernales, a menudo ligeramente más ancha y contrastada que en la gaviota reidora

todo negro (pero a veces también en la gaviota reidora); relativamente largo en este individuo

los laterales del cuello grises a veces contrastan con la cabeza blanca (dependiendo de la luz, aquí no destaca)

típicamente rosa pálido (cf. gaviota reidora de 1er invierno)

▼ **Adulto estival (junio)**
El diseño de la superficie inferior de la mano es bien visible en vuelo y único entre las gaviotas. La parte superior del ala es parecida a la de la gaviota reidora adulta, pero hay un contraste sutilmente más pronunciado entre la cuña blanca y el gris más oscuro del resto del ala.

▼ **Adulto invernal (marzo)**
El pequeño pico negro y las patas pálidas son probablemente las primeras características que llaman la atención en comparación con el resto de especies de gaviotas con capucha oscura de Europa.

toda negra (cf. gaviota enana)

típicamente corto y todo negro

solo una fina línea negra en la hemiban-dera interna

desde rojo pálido a rosa salmón

▼ **2º año cal./1er verano (junio)**

capucha negra raramente bien desarrollada (a diferencia del 1er verano de gaviota reidora); a menudo toda la cabeza en plumaje tipo invernal

borde negro muy estrecho en la hemibandera interna de las primarias externas característico, a menudo también visible en aves posadas

la cola y gran parte de las alas aún conservan las plumas juv.; estas aún mantienen bien las tonalidades oscuras sin descolorarse (cf. gaviotas reidoras de 1er verano)

▼ **1er invierno (marzo)**
El diseño de la parte superior del ala muestra más similitudes con la gaviota reidora, pero las gaviotas reidoras de 1er invierno tiene las puntas negras de las primarias externas más extensas, véase también el patrón de las coberteras primarias.

▼ **1er invierno (marzo)**
El diseño inferior de la mano es evidente y diagnóstico. Algunas gaviotas reidoras de 2º año cal., en verano, pueden mostrar la superficie inferior del ala más pálida (translúcida) debido al desgaste y decoloración, lo que a distancia podría parecer una mano con la parte inferior blanca. Sin embargo, estas gaviotas reidoras carecen de un borde posterior negro definido, así como de las otras características típicas de la gaviota de Bonaparte.

blanco puro hasta el extremo del ala diagnóstico; solamente un estrecho borde posterior negro (cf. gaviota reidora)

capucha oscura normalmente retenida hasta bien entrado agosto, cuando la muda de las primarias internas ya ha comenzado (a diferencia de la gaviota reidora)

área blanca diagnóstica, solamente el borde posterior es nítidamente negro (cf. gaviota reidora)

puntas negras relativamente pequeñas, netamente delimitadas y de tamaño homogéneo (cf. gaviota reidora de 1er invierno)

solo las coberteras primarias externas presentan marcas negras (en la gaviota reidora de 1er invierno, son las coberteras primarias internas (o todas) las típicamente oscuras)

laterales del cuello grises

típicamente corto y negro

Gaviota cabecinegra *Ichthyaetus melanocephalus*

L 38 cm | Verano, O y C Europa; invierno SO Europa y Mediterráneo

▼ **Adulto estival (mayo)**
La única especie de gaviota con capucha negra y todas las alas blancas en plumaje adulto. La banda oscura del pico es variable en anchura según la estación; en algunos individuos falta completamente.

▼ **Adulto invernal (noviembre)**
Aparte del diseño de la cabeza y el pico y el color rojo ligeramente más oscuro de las patas, el plumaje invernal adulto es igual que el estival, también en cuanto a las diagnósticas primarias totalmente blancas.

cabeza de un negro puro, con un pico rojo sanguíneo robusto y un anillo orbital rojo (cf. gaviota reidora)

el negro se extiende mucho hacia el cuello

cabeza invernal típicamente con una máscara oscura

primarias externas totalmente blancas

gris pálido (escala de grises Kodak 2,5–4,5)

grueso, con una banda oscura ancha y la punta pálida (cf. gaviota reidora)

▼ **1er invierno (noviembre)**
En este plumaje es fácil de pasar por alto entre gaviotas reidoras y canas, pero obsérvese el típico patrón de la cabeza y el pico. Las patas negruzcas también suelen destacar, aunque son menos visibles en esta imagen.

▼ **Juvenil (septiembre)**
Las partes superiores muestran un patrón notablemente escamado debido a los bordes blancos de las escapulares juveniles y las coberteras pequeñas, realzado aún más por los centros oscuros de las mismas plumas (en realidad las bases de estas plumas son claras y se van oscureciendo hacia la parte distal, hasta llegar al borde pálido del extremo). Las patas se conservan oscuras has bien entrado el 2° año cal. y a veces son la mejor indicación de un individuo mezclado en un grupo de gaviotas pequeñas.

la máscara oscura con el anillo ocular blanco claramente interrumpido crean el patrón cefálico característico

manto y escapulares grises, de tipo adulto

algunas coberteras medianas y grandes y 1 terciaria mudadas

escapulares y coberteras juv. con el centro oscuro difuso debido a la base pálida de las mismas plumas (cf. gaviotas reidora y cana juv./1er invierno)

cabeza pálida más o menos uniforme

diseño típico de muchas aves de 1er invierno (base la mandíbula inferior y bo longitudinal de la mandíb. superior pálidos)

negruzcas y largas

plumaje estival de la cabeza variable, aquí muy poco desarrollado

típica máscara invernal y anillo ocular blanco prominentes

típicamente grueso, a menudo ya rojizo

primarias externas aún juv.

coberteras pequeñas aún juv.

▶ **2° año cal./ 1er verano (julio)**
Combinación característica de rasgos: la cabeza invernal con la máscara típica, las patas oscuras, el pico robusto y las partes superiores de un gris muy pálido.

oscuras en todos los plumajes inmaduros, evidentes entre gaviotas reidoras

▼ Adulto estival (abril)
La identificación de los adultos en vuelo es evidente. Las rémiges son translúcidas en ciertas condiciones de luz y acentúan la palidez del plumaje. Contra un cielo claro, las plumas de vuelo pueden casi desaparecer.

▼ 1ᵉʳ invierno (septiembre)
Algunos individuos también tienen las primarias internas oscuras. Con el ala completamente abierta, las lenguas blancas de las primarias externas se vuelven visibles en la parte superior, a diferencia de la gaviota cana. En esta imagen solo son visibles en la parte inferior del ala.

gris pálido que contrasta (cf. gaviota cana de 1ᵉʳ invierno)

las lenguas blancas se extienden hacia el extremo de las primarias externas (cf. gaviota cana de 1ᵉʳ invierno)

secundarias oscuras evidentes

principalmente oscuro

blanco inmaculado (cf. gaviota cana de 1ᵉʳ año cal.)

◄ Adulto invernal (octubre)
También inconfundible en invierno debido a la ausencia de negro en las primarias externas, la máscara oscura y el pico rojo con una banda oscura.

▼ 3ᵉʳ año cal./ 2° verano (mayo)
Como el adulto estival pero aún con marcas negras variables en la primarias externas. Las primarias de este individuo están muy desgastadas para ser principios de mayo.

▼ 2° año cal./2° invierno (septiembre)

primarias nuevas con una extensión variable de negro y grandes puntas blancas

color y patrón en desarrollo

Gaviota guanaguanare *Leucophaeus atricilla*

L 39 cm | Divagante de Norteamérica

Gavina capnegra americana CAT
Antxeta mokogorri amerikarra EUS
Gaivota alegre GAL

▼ Adulto estival (abril)
Juntamente con la gaviota pipizcán, son las únicas especies de gaviota con capucha oscura que presentan las partes superiores gris oscuro. La gaviota pipizcán es normalmente más pequeña que una reidora, mientras que la gaviota guanaguanare es casi del tamaño de una cana.

gris muy oscuro y extensa por ambos lados, hacia el cuello y el pecho

anillo ocular blanco

puntas blancas reducidas pero de extensión variable, a finales de verano normalmente desgastadas

gris oscuro (escala de grises Kodak 8–10)

ángulo gonial prominente

▼ Adulto invernal (octubre)

anillo ocular ancho, pero claramente interrumpido en la parte posterior del ojo (cf. gaviota pipizcán)

diseño cefálico invernal típico (como de gaviota cabecinegra)

la muda activa de primarias produce una proyección alar temporalmente más corta

▼ 2° año cal./1er verano (abril)
Aún principalmente como un 1er invierno, pero las plumas juveniles ya están muy desgastadas y descoloridas. Durante la primavera, continuará la muda de coberteras alares. Normalmente no se desarrolla la capucha oscura estival en esta clase de edad.

▼ 1er invierno (noviembre)
Fácil de identificar basándose en un par de características típicas: el plumaje en general oscuro con la garganta blanca y bien delimitada. Esta combinación es evidente desde lejos.

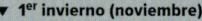

cabeza invernal con patrón oscuro más extenso que en individuos más maduros

impresión de pico curvado hacia abajo en todos los plumajes

la mano muy larga crea una popa elongada (en todos los plumajes)

contraste característico entre el pecho gris oscuro y la garganta blanca

la muda postjuv. de este individuo ya está muy avanzada; en otros las coberteras y terciarias aún pueden ser todas marrones (juv.)

el gris normalmente se extiende por los flancos

▼ 2° año cal./2° invierno (noviembre)
Casi como un adulto invernal, pero el cuello y el pecho aún son grisáceos y las primarias nuevas muestran, como máximo, puntas blancas muy reducidas. El pico y las patas aún son todas negras.

▼ 3er año cal./tipo 2° verano (abril)
Como un adulto estival pero las puntas blancas muy reducidas de las primarias, el pico con mucha extensión de negro y la tonalidad marronácea en las coberteras sugieren esta clase de edad. Las características más importantes para identificar esta clase de edad se encuentran en las alas y la cola: negro en p5 (e incluso p4) y centros negros en las coberteras primarias, rectrices y/o secundarias.

▶ Adulto estival (abril)
Inconfundible en vuelo, patrón de la parte inferior de las alas único y alas muy largas.

sin puntas blancas, o muy reducidas

superficie inferior de la mano uniformemente negra diagnóstica

▼ 1er invierno (abril)
Diseño de la parte inferior de las alas similar al de algunas gaviotas grandes de 1er año y por lo tanto diagnóstico comparado con otras gaviotas pequeñas.

▶ 1er invierno (septiembre)

primarias internas escasamente más pálidas (cf. gaviota pipizcán de 1er invierno)

región blanca extensa (como la gaviota pipizcán)

banda negra muy ancha (cf. gaviota pipizcán de 1er invierno)

superficie inferior de la mano muy oscura y diagnóstica (en todos los plumajes)

parte más pálida del ala por debajo, aún así moteada

banda axilar oscura y ancha

banda pectoral oscura típica

Gaviota pipizcán *Leucophaeus pipixcan*

L 34 cm | Divagante de Norteamérica

Gavina de Franklin CAT
Franklin antxeta EUS
Gaivota das pradarías GAL

▼ Adulto estival (abril)
Normalmente fácil de identificar basándose en la siguiente combinación de caracteres: tamaño pequeño, partes superiores gris oscuro y anillo ocular muy ancho. La gaviota guanaguanare es la única especie remotamente parecida, véase. Muchos adultos estivales muestran más extensión de rojo en el pico, lo que aún puede que se desarrolle en este ejemplar.

▼ 1er invierno (noviembre)
El patrón de la cabeza con el notable anillo ocular blanco es la característica más evidente en un individuo posado con este tipo de plumaje. Las extensas puntas blancas de las terciarias pueden reducirse considerablemente en otoño debido al desgaste.

cabeza negro azabache

anillo ocular blanco muy ancho, conectado por detrás del ojo (cf. gaviota guanaguanare estival)

gris oscuro (escala de grises Kodak 7–9); juntamente con la gaviota pipizcán son las gaviotas pequeñas más oscuras

puntas blancas extensas

oscuras (a veces rojo oscuro) en todos los plumajes (como la gaviota guanaguanare)

puntas blancas de las terciarias muy extensas

anillo ocular blanco conectado por detrás del ojo en todos los plumajes (cf. gaviota guanaguanare)

media capucha típicamente extensa

relativamente corto y delgado

moteado oscuro muy fino (cf. gaviota guanaguanare de 1er invierno)

Gaviota pipizcán *Leucophaeus pipixcan*

▼ Tipo adulto invernal (noviembre)
El patrón de la punta del ala en aves de tipo adulto es diagnóstico debido a que las primarias externas se vuelven gradualmente blancas hacia las manchas negras, creando una difusa banda blanca. La cantidad de negro en la punta del ala es variable; algunos individuos muestran una banda subterminal negra en p10, creando un espejo blanco (¿adultos jóvenes?), otros tienen la punta blanca más extensa incluso que la banda negra (posiblemente individuos más viejos). La media capucha es típica en todos los plumajes invernales; los adultos presentan la extensión oscura más reducida, pero aún así es notablemente más extensa que en otras especies. Durante la muda de la cabeza, otras especies pueden tener un diseño parecido a este.

rectrices centrales grises diagnósticas en aves de tipo adulto

negro con la punta roja

típicamente patrón oscuro extenso, incluyendo las coberteras auriculares

casi formando una banda blanca (cf. gaviota guanaguanare)

la mayoría con punta blanca extensa en p10

▶ 1er invierno (octubre)

punta oscura pero no tan extensa como en la gaviota guanaguanare

infracoberteras blancas inmaculadas (cf. gaviota guanaguanare de 1er invierno)

banda oscura caudal que se estrecha hacia fuera y no alcanza r6

banda caudal ancha (pero notablemente más estrecha que en gaviota guanaguanare de 1er invierno)

▶ 1er invierno (octubre)

borde posterior blanco

ventana pálida en las primarias internas (cf. gaviota guanaguanare de 1er invierno)

▼ 2° año cal./1er verano (julio)
Las características más importantes para la identificación en esta imagen son: patrón cefálico típico, gris de oscuridad media en las partes superiores, pico relativamente pequeño y rectrices centrales grises. La estrategia de muda es única entre las gaviotas; después del 1er año cal., 2 mudas completas tienen lugar cada año, lo que significa que solo hay periodos cortos en que el individuo no está mudando. La muda a 2° invierno suele empezar antes de que la muda anterior a 1er verano haya sido completada. Este individuo parece que ya haya empezado la segunda muda completa basándose en los huecos en las primarias internas de ambas alas.

secundarias juv.

el nuevo ciclo de muda parece haber empezado

últimas primarias juv. retenidas muy desgastadas

▶ 2° invierno (noviembre)
Como el adulto invernal, pero las primarias externas aún presentan una extensión de negro relativamente amplia; las puntas blancas son bastante reducidas, p10 no tiene espejo ni una punta blanca más grande que el resto de primarias y las áreas pálidas proximales, adyacentes a las marcas negras, aún son limitadas y faltan en p9 y p10, una combinación de rasgos típica de este plumaje. Compárese con el adulto invernal. Algunos individuos de este tipo de plumaje ya muestran un espejo en p10 (véase el posible ejemplar de 2° invierno). Este individuo, de aproximadamente 1 año y medio, ya ha experimentado 2 ciclos de muda completa (véase el ave de 1er verano).

gris diagnóstico

▶ 3er año cal./tipo 2° verano (julio)
Las partes superiores grises de oscuridad media, una zona pálida entre las bases grises y las puntas negras de las primarias y la parte inferior de la mano principalmente pálida, son características típicas (compárese con gaviota guanaguanare). La extensión de negro considerable en la punta de p10 es indicativa de este plumaje, pero la zona pálida adyacente al negro por la parte proximal de la primaria normalmente está presente en individuos más viejos (aquí puede ser causa del desgaste de las plumas viejas). Por lo tanto, el datado de este plumaje no es siempre evidente. A veces un pequeño espejo está presente en p10, como en este ejemplar.

blanco (cf. gaviota guanaguanare)

partes inferiores pálidas (cf. gaviota guanaguanare)

algunos individuos esta edad muestran un moteado oscuro las coberteras primarias (este no)

blanco limitado y difuso (cf. adulto)

Gaviota picofina *Chroicocephalus genei*

L 40 cm | Casi todo el año, mar Mediterráneo

▼ Adulto estival (abril)

Inconfundible en este plumaje. Una gaviota reidora leucística puede presentar una cabeza blanca, pero nótense el resto de características. El pico es más largo que el de la gaviota reidora, lo que da una apariencia de más fino también, pero realmente es más grueso, en promedio, que el de esta especie.

terciarias gris uniforme (sin punta blanca)

gris pálido (escala de grises Kodak 2,5–3,5)

toda la cabeza blanca

iris (rojo) oscuro y pico negro en la estación reproductora

tonalidad rosada frecuente (lo que también se ve en otras especies)

▼ Adulto invernal (noviembre)

Las dos bandas uniformes, una blanca más externa y una negra más interna en la parte inferior de la mano, crean un diseño incluso (ligeramente) más contrastado que en la gaviota reidora.

diseño de la mano como en la gaviota reidora adulta, pero las primarias externas con más extensión de blanco (apenas negro en la hemibandera interna)

solo un punto tenue normalmente

punta solo ligeramente oscura (cf. gaviota reidora adulta invernal)

▼ Juvenil (julio)

La muda a 1er invierno empieza casi inmediatamente después de emplumar; este individuo ya ha mudado unas pocas escapulares a tipo adulto (gris pálidas). El iris aún es oscuro en esta edad. El pico largo con la tenue punta oscura y las patas largas y pálidas son rasgos típicos en todos los plumajes no estivales.

manto y escapulares juv. color marrón relativamente pálido (cf. gaviota reidora juvenil)

mancha auricular pequeña e indistinta

centro oscuro estrecho (cf. gaviota reidora inm.)

pálidas

▼ 1er invierno (septiembre)

Este individuo muestra la estructura típica, pero cuando adoptan una posición encorvada, esta puede ser menos evidente. Nótense también en este ejemplar los centros oscuros estrechos de las terciarias. El iris típicamente ya es pálido en el otoño del 1er año cal.

el cuello, la cabeza y el pico largos crean una estructura típica

tonalidad rosada ya bien desarrollada en este individuo

▼ 2º año cal., 1er invierno/verano (febrero)

La cabeza típica con una tenue mancha auricular, el iris pálido y el pico largo contribuyen a la apariencia característica. Este individuo aún tiene la punta oscura del pico bastante extensa. La banda diagonal oscura que atraviesa el ala ha sido (casi) completamente mudada; compárese con la gaviota reidora de 1er invierno en febrero.

▼ 2º año cal./1er invierno (marzo)

El diseño cefálico, iris pálido, pico largo y mancha auricular tenue hacen la identificación de la especie clara. La muda postjuvenil es típicamente extensa, y normalmente en el 1er año cal. un gran número de coberteras alares ya son reemplazadas por plumas de color gris pálido de tipo adulto, a diferencia de la gaviota reidora. La cola también puede ser mudada en el 1er año cal. de forma que un individuo posado ya puede parecer de tipo adulto. Sin embargo, a menudo aún se pueden percibir rasgos juveniles, véanse las indicaciones. Las terciarias mudadas a veces aún muestran un punto oscuro que identifica las aves como de 2º invierno, pero muchos ya son indistinguibles de los adultos.

coberteras juv. marrones

banda caudal oscura (normal- mente desteñida)

secundarias juv. oscuras

color típico de esta clase de edad

marrones, más pálidas que en gaviota reidora de 1er invierno

cuello largo en todos los plumajes, particularmente evidente en vuelo

álula (casi) sin diseño oscuro; cuña blanca de la mano (casi) ininterrumpida en toda su longitud (cf. gaviota reidora de 1er invierno)

▶ Adulto invernal (octubre)

La cabeza y estructura del pico difieren de la gaviota reidora en muchos sentidos, por ejemplo debido al pico largo.

iris pálido excepto inm. jóvenes y adulto estival

relativamente plano

extensamente plumado

sección larga desde el ángulo gonial

Gaviota de Audouin *Ichthyaetus audouinii*

L 48 cm | Todo el año, mar Mediterráneo

Gavina corsa CAT
Audouin kaioa EUS
Gaivota de Audouin GAL

▼ Adulto estival (abril)
Inconfundible. Los adultos mantienen (casi)
el mismo aspecto a lo largo de todo el año.

adultos también
con iris oscuro

diagnóstico; robusto, rojo
oscuro y levemente curvado
con un ángulo gonial evidente

gris perlino (escala
de grises Kodak 4–5)

puntas blancas en
terciarias reducidas

gris difuso típico

a menudo sin blanco
visible (cf. otras gaviotas
más grandes)

grises oscuras, características
en todos los plumajes, a veces
con una tonalidad verdosa

▼ Adulto invernal (enero)
En invierno el pico normalmente se vuelve de un rojo
más pálido con la punta amarilla. El pico y el pecho se
mantienen casi totalmente blancos.

a veces un fino
moteado/estriado

▼ 2º año cal. (marzo)
Debido a la diferencia de tamaño entre las plumas oscuras juveniles y las nuevas (casi) de tipo adulto grises, el plumaje puede
parecer descuidado y llamativo. Las características típicas de la
especie incluyen el color de las patas y la forma del pico.

▼ Juvenil (agosto)
Relativamente fácil de distinguir de otros juveniles de
gaviotas grandes con la combinación de características
indicadas.

cabeza pálida, con un patrón
oscuro tenue y difuso; a menudo
con la cara notablemente clara

frente plana en
todos los plumajes

las plumas juv. de las partes
superiores son uniformemente
oscuras con bordes anchos y pálidos,
dando una impresión escamosa

muescas pálidas en las
coberteras grandes
normalmente muy
limitadas o ausentes

flancos oscuros

típicamente frente plana
y pico con la punta
curvada hacia abajo

muda postjuvenil extensa
y las plumas nuevas casi
uniformemente grises

coberteras grandes juv.
uniformemente oscuras
(a diferencia de otras
gaviotas grandes)

(verde) gris oscuro
característico

aún sin puntas blancas

▶ 3ᵉʳ año cal./2º verano (mayo)
La cabeza de tipo adulto facilita la
identificación.

restos de inmadurez en
terciarias y coberteras

▼ Adulto estival (abril)
Las puntas negras de las alas crean un intenso contraste con el plumaje uniformemente gris pálido, incluso a distancia. En aves completamente adultas aún hay una gran extensión de negro en p9–10, pero en el resto de primarias externas hay largas lenguas grises que dan a las partes negras una forma más o menos de gancho.

marcas alares negras que contrastan notablemente con el resto del ala

negro en p10 (y casi en p9) que alcanza las coberteras primarias

pequeño espejo, solo en la hemibandera interna de p10

borde blanco fino (cf. otras gaviotas grandes)

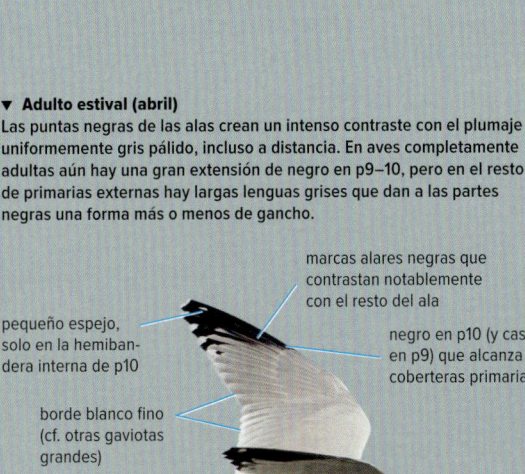

▼ Juvenil/1er invierno (julio)
diseño de la parte inferior del ala diagnóstico debido a la banda ancha y pálida; plumas axilares con puntas oscuras, creando una banda diagonal

zona oscura en la parte posterior de los flancos (a menudo visible en el ave posada)

▼ Juvenil/1er invierno (septiembre)
Relativamente fácil de identificar debido al diseño único de una gaviota grande de 1er año.

supracoberteras caudales y obispillo con moteado oscuro, pero a menudo también "U" blanca inmaculada visible

(casi) toda negra

coberteras grandes uniformemente oscuras (solo un borde pálido continuo, sin muescas)

primarias internas también oscuras

▼ 2º año cal./2º invierno (septiembre)

diseño de la parte superior del ala parecido a aves de 1er inverno de gaviota cabecinegra debido a las coberteras gris pálido, la banda oscura en secundarias y la mano también oscura

patrón típico de esta clase de edad, pero algunos ya con la punta rojiza

▼ 4º año cal./3er verano (abril)
Individuo típico de esta clase de edad.

▼ 5º año cal./4º invierno/tipo estival (febrero)
Como el adulto, pero nótense las diferencias indicadas. Este plumaje se mantiene así hasta la muda de finales de verano del 5º año cal., cuando se adquiere el plumaje de adulto.

marcas oscuras reducidas

marcas oscuras reducidas (la cola a veces ya toda blanca)

más negro en las bases de p7–8 que en los adultos, creando un triángulo bien delimitado

marcas oscuras en las coberteras primarias aún presentes

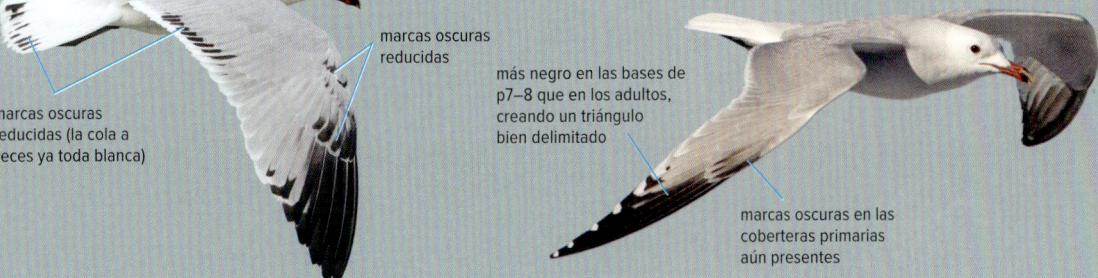

Gavión cabecinegro *Ichthyaetus ichthyaetus*

Gavinot capnegre CAT
Kaiotzar burubeltza EUS
Gaivotón de cabeza negra GAL

L 63 cm | Divagante de O y C Asia

▼ Adulto estival (marzo)
Inconfundible. La única gaviota grande con capucha negra (en plumaje estival). Además, el gran tamaño, el pico multicolor y la punta blanca del ala crean una apariencia única. Las puntas de las 2 primarias más externas con gran extensión de blanco puro indican un adulto completo.

▼ 1er invierno (enero)
Apariencia llamativa debido a la combinación de un gran tamaño pero con un plumaje muy similar al de algunas gaviotas pequeñas en su primer invierno. La forma y diseño de la cabeza son típicos y las partes inferiores de color blanco puro hacen sencilla la identificación de este plumaje. Las coberteras y escapulares nuevas (de segunda generación) son de un gris uniforme, pero las plumas nuevas del manto aún tienen el centro oscuro, lo que crea una combinación diagnóstica. Este individuo todavía conserva casi todas las coberteras juveniles, pero muchos individuos en invierno han mudado algunas de las coberteras medianas.

el pico largo y la frente plana confieren a la cabeza un perfil distintivo

máscara negra como la gaviota cabecinegra, también el anillo ocular blanco prominente

ya predominantemente gris uniforme

pico evidentemente bicolor a partir de otoño

▼ 1er verano (junio)
La muda suele estar ligeramente más avanzada que en el plumaje de 1er invierno. Las coberteras y primarias juveniles retenidas están ahora muy desgastadas y pronto serán reemplazadas. En este tipo de plumaje, normalmente no se desarrolla una capucha negra en la cabeza.

coberteras juv. sin barrado (cf. otras gaviotas grandes)

ya amarillentas

plumas del manto típicamente moteadas como en el 1er invierno

primarias juv. puntiagudas

coberteras juv. retenidas

▼ 2º invierno (enero)
Un ejemplar nadando suele mantenerse a flote alto en el agua, lo que es especialmente útil y evidente cuando está nadando entre otras especies de gaviotas.

▶ Adulto mudando a estival (enero)
Un adulto en vuelo es igualmente inconfundible. El diseño de la mano es diagnóstico y la gran extensión de blanco en el borde anterior del ala es evidente a lo lejos. Los adultos adquieren el patrón cefálico estival a principios de año. En pleno plumaje invernal, el diseño de la cabeza es igual al de la gaviota cabecinegra adulta invernal; véanse los inmaduros de ambas especies.

área blanca extensa; llamativa a distancia

extensión negra limitada, formando una banda irregular

p9–10 con toda la punta blanca

◄ **Juvenil (septiembre)**
En este plumaje es más similar a la gaviota cana que a otras gaviotas grandes. El tamaño grande siempre debería destacar cuando se observa en el campo.

escapulares juv. con centros marrones y un borde pálido difuso

la cabeza pálida contrasta con el moteado marrón del cuello y laterales del pecho

patrón característico (en comparación con otras gaviotas grandes)

banda (marrón) gris, única entre gaviotas grandes

▼ **1er invierno (marzo)**
La superficie superior del ala es oscura con una fina línea más pálida resultado de las puntas de las coberteras grandes. Este individuo ha mudado algunas coberteras medianas; otros ejemplares en marzo presentan una muda más avanzada.

toda la cola blanca con una banda terminal negra uniforme

algunas coberteras mudadas

▶ **1er invierno (marzo)**
Partes inferiores muy pálidas, también la superficie inferior de las alas, pero las infracoberteras primarias (medianas) presentan unas marcas oscuras típicas. Nótese también el diseño de la cola, que es como el de una gaviota pequeña de 1er invierno (blanco puro con una banda negra terminal sólida).

típicas marcas en forma de U muy evidentes

▼ **3er año cal./2º invierno (febrero)**
Después de la muda completa en otoño del 2º año cal., el nuevo plumaje es mucho más parecido al de adulto que en otras especies de gaviotas grandes de la misma edad. En primavera, muchos individuos de 2º verano desarrollan una capucha negra por primera vez, pero normalmente no es completa; el resto del plumaje es parecido al de esta imagen.

▼ **4º año cal./3er verano (junio)**
En general como el adulto, pero con más extensión de negro en las primarias externas. Algunos individuos en este plumaje aún presentan manchas oscuras en las coberteras primarias (aquí un solo punto oscuro).

marcas oscuras en la mano típicamente creando bandas separadas; todas las secundarias ya de tipo adulto

borde anterior del ala blanco, como en adulto (cf. aves de 2º invierno/verano)

espejos en p9–10 y poco blanco en la punta

p9 con espejo; en vez de toda la punta blanca (cf. adulto)

Gaviota cana *Larus canus*

L 43 cm | Verano, N, NO y O Europa; invierno, O y S Europa

▼ **Adulto estival,** *canus* **nominal (mayo)**
El color del pico y las patas a menudo se corresponde por plumajes: en el 1er invierno, rosados, del 1er verano al 2º invierno, verdosos, y en adultos invernales, gris-verdosos.

iris oscuro en todos los plumajes pero véase *heinei*

gris medio (escala de grises Kodak 5–6,5)

amarillo verdoso uniforme, relativamente pequeño con un ángulo gonial suave y sin punto rojo (cf. gaviotas grandes)

puntas de las terciarias extensamente blancas

amarillo verdoso

▼ **2º año cal.,** *canus* **nominal (junio)**
La muda de las alas empieza tarde. Las coberteras pueden estar ya descoloridas desde la primavera y en algunos individuos en verano son casi completamente blancas, especialmente en la gaviota cana rusa *heinei*.

coberteras y terciarias juv. (casi toda el ala) típicamente retenidas por mucho tiempo (a diferencia de otras gaviotas de tamaño medio)

▶ **Juvenil,** *canus* **nominal (agosto)**
Las escapulares juveniles dan una apariencia escamosa a las partes superiores, como en la gaviota cabecinegra juvenil, pero la gaviota cana es menos contrastada.

centros de las plumas uniformemente oscuros (cf. gaviota cabecinegra juv.)

marrón difuso

relativamente pálidas (cf. gaviota cabecinegra juv.)

bordes de las terciarias blanco puro y anchos

▼ ***heinei*** **oriental, adulto invernal (enero)**
Todas las características destacadas aquí son indicativas, especialmente en combinación. Comparada con la *canus* nominal, *heinei* es generalmente más grande y la proyección alar (más allá de la cola) suele ser más larga. Para su identificación el diseño exacto de la mano es necesario.

motas oscuras invernales normalmente concentradas en la nuca, cabeza a menudo sin marcas

el iris suele ser sutilmente más pálido, a veces incluso evidentemente pálido

banda negra visible en p5

las tonalidades de grises coinciden en parte con *canus* nominal (escala de grises Kodak 5–9), pero los individuos más oscuros (8–9) no (en *canus* nominal 5–7)

a menudo amarillo casi puro

▼ ***heinei*** **oriental, 1er invierno (noviembre)**
Muy variable en este tipo de plumaje y la identificación lejos de su distribución habitual debería estar siempre basada en una combinación de características típicas. El color rosa intenso del pico y las patas, las coberteras grandes de un marrón intenso y la cabeza blanca relativamente bien delimitada son los rasgos más importantes aquí. La mayoría de individuos típicos muestran la cabeza y las partes inferiores de un blanco casi inmaculado, contrastando notablemente con el ala juvenil oscura. Nótense también las alas muy largas que se extienden mucho más allá que la cola.

a menudo cabeza blanca (casi) sin moteado, contrastando con el cuello marrón

muda postjuvenil (en otoño) en promedio menos extensa que en *canus* nominal

coberteras grandes típicamente parduzcas, en contraste con las partes inferiores blancas

color intenso típico (también en las patas), pero en muchos individuos solo de color levemente más intenso que en *canus* nominal

partes inferiores escasamente moteadas

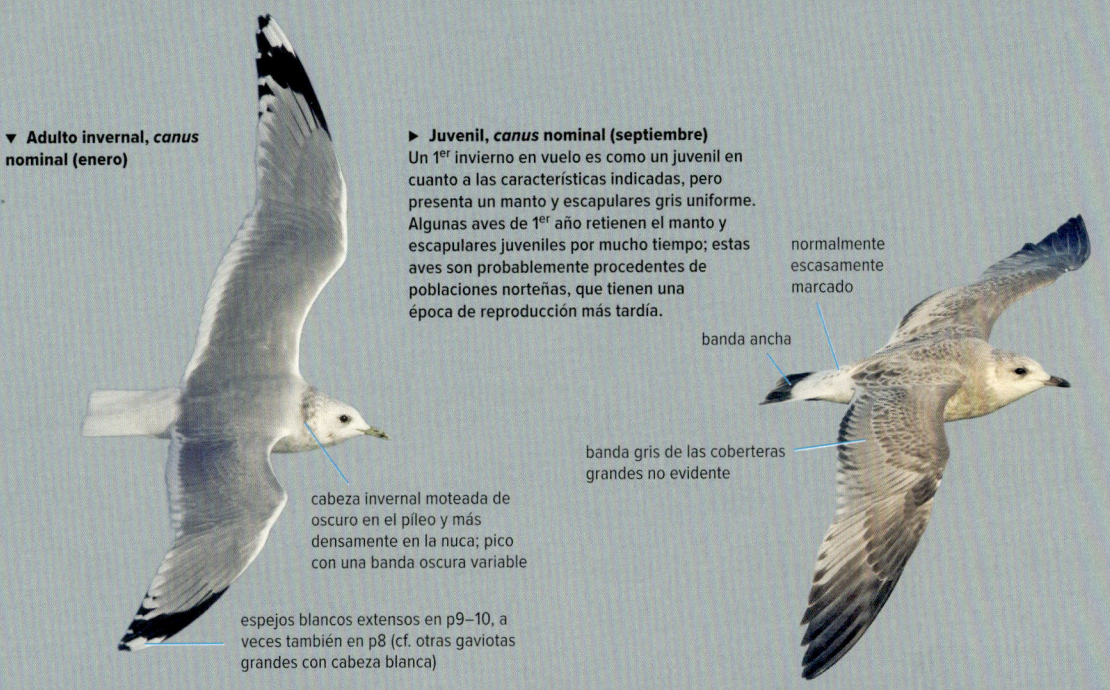

▼ **Adulto invernal, *canus* nominal (enero)**

▶ **Juvenil, *canus* nominal (septiembre)**
Un 1er invierno en vuelo es como un juvenil en cuanto a las características indicadas, pero presenta un manto y escapulares gris uniforme. Algunas aves de 1er año retienen el manto y escapulares juveniles por mucho tiempo; estas aves son probablemente procedentes de poblaciones norteñas, que tienen una época de reproducción más tardía.

normalmente escasamente marcado

banda ancha

banda gris de las coberteras grandes no evidente

cabeza invernal moteada de oscuro en el píleo y más densamente en la nuca; pico con una banda oscura variable

espejos blancos extensos en p9–10, a veces también en p8 (cf. otras gaviotas grandes con cabeza blanca)

▼ **Juvenil/1er invierno, *canus* nominal (diciembre)**
La superficie inferior del ala típicamente muestra bandas oscuras regulares formadas por las puntas oscuras en forma de U o V de las infracoberteras alares y axilares. Las patas y la base del pico son típicamente rosadas en esta clase de edad. Algunas aves de 1er invierno pueden presentar un diseño más oscuro tanto en la parte inferior del ala (formando anchas bandas negras) como en las partes inferiores, con el moteado continuo hasta las infracoberteras caudales. Tales ejemplares también suelen presentar un moteado denso en las supra-coberteras caudales.

▼ **1er invierno, *canus* nominal (marzo)**
Algunos individuos muestran un moteado oscuro en la base de la cola, como se indica aquí; a veces incluso más extenso, llegando a las supracoberteras caudales y también al cuello. Este moteado puede generar una falsa impresión de que se trata de una gaviota de Delaware de 1er invierno o una gaviota cana subespecie *kamtschatschensis* del E de Asia, aún nunca observada en Europa. Pero la gaviota de Delaware presenta, por ejemplo, las coberteras grandes de un color gris más pálido (véase) y la subespecie *kamtschatschensis* muestra, por ejemplo, todas las coberteras más grises y con bordes pálidos más anchos.

algunos individuos presentan un moteado oscuro extenso

▼ **2º invierno, *canus* nominal (enero)**
En general como un adulto invernal, pero la cabeza aquí presenta un moteado ligeramente más extenso y el pico es más oscuro y de color gris verdoso como las patas (véanse las indicaciones). La variación en este tipo de plumaje es notable; algunos individuos parecen más jóvenes debido a que muestran manchas oscuras en la cola y las secundarias (y por lo tanto tienen un aspecto más similar a la gaviota de Delaware de 2º invierno).

más negro en la base (véase también el adulto de gaviota cana rusa)

primarias externas con puntas blancas muy reducidas (cf. adulto)

aún algunas marcas oscuras (cf. adulto)

moteado oscuro normal-mente más extenso que en el adulto invernal

Gaviota cana *Larus canus*

▼ *heinei* oriental, adulto (enero)
La combinación de las características indicadas es diagnóstica.
Lo más típico es el negro que se extiende por la hemibandera
externa de p6–7 recordando una "bayoneta".

hemibandera externa de
p8 toda negra hasta las
coberteras primarias

p7 con una punta blanca muy
estrecha al final de la lengua
gris, o sin nada de blanco

p5 con una banda
negra ancha

p6 con una
"bayoneta"
negra larga

▶ *canus* nominal, adulto (junio)
Un diseño más o menos promedio.
Algunos individuos muestran una banda
negra completa que atraviesa p5.

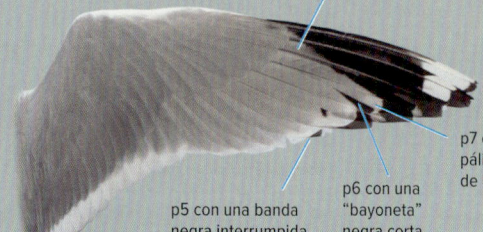

hemibandera
externa de p8
con la base gris

p7 con una punta
pálida ancha al final
de la lengua gris

p5 con una banda
negra interrumpida

p6 con una
"bayoneta"
negra corta

▼ *heinei* oriental, 1er invierno (febrero)
Típicamente menos moteada, más uniformemente blanca en las
partes inferiores y cabeza, que la subespecie *canus* nominal en su
plumaje de 1er invierno. Este individuo es identificable como subespecie *heinei* debido a las infracoberteras alares completamente
blancas y que contrastan con las rémiges uniformemente oscuras.
En ejemplares de la subespecie *canus* de 1er invierno, las primarias
internas forman una área pálida en su parte inferior.

infracoberteras alares
escasamente marcadas;
contrastan con las
secundarias oscuras
(a veces fondo parduzco)

supracoberteras
caudales normal-
mente blancas

banda negra terminal
netamente delimitada
(base de la cola
blanca inmaculada)

▼ *heinei* oriental, 3er año cal./2º invierno (enero)
La identificación de esta subespecie en individuos con este tipo de
plumaje solo puede ser confirmada con seguridad en los ejemplares
más típicos, como este. Sin embargo, sería más típico aún si presen-
tara más marcas oscuras en la cola, secundarias y coberteras alares
y un espejo más pequeño en p10.

iris volvién-
dose pálido

como en otros plumajes
invernales, nuca/cuello
particularmente moteados
de oscuro; cabeza (casi)
sin marcas

marcas extensas indicativas
de *heinei*; especialmente en
las secundarias

muestra más restos de
inmadurez que *canus*
nominal, por ejemplo
coberteras con estrías
oscuras (en individuos
típicos son más extensas)

espejo ausente en p9 y de
tamaño reducido en p10 (a
diferencia de *canus*
nominal)

Gaviotas europeas pequeñas en su 1er invierno

▼ **Gaviota reidora (marzo)**

▶ **Gaviota cana (febrero)**

▼ **Gaviota cabecinegra (septiembre)**

◀ **Gaviota enana (enero)**

▼ **Gaviota picofina (noviembre)**

◀ **Gaviota tridáctila (noviembre)**

Gaviota de Delaware *Larus delawarensis*

L 45 cm | Divagante de Norteamérica

▼ **Adulto estival (abril)**
Superficialmente similar a la gaviota cana, pero véanse las características indicadas.

iris pálido

gris pálido, ligeramente más pálido que en la gaviota cana (escala de grises Kodak 3–4,5)

relativamente robusto y con una banda negra y ancha todo el año (cf. gaviota cana)

punta blanca de las tercia-rias limitada y con un borde difuso; la terciaria superior no muestra la punta blanca (cf. gaviota cana)

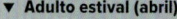

▼ **Juvenil/1ᵉʳ invierno (octubre)**

pico robusto típico, evidente en este individuo (punta aún oscura)

moteado denso y bien definido (cf. gaviota cana de 1ᵉʳ invierno)

coberteras grandes con barras oscuras características comparadas con la gaviota cana de 1ᵉʳ invierno

▼ **1ᵉʳ invierno (enero)**
Bastante parecida a una gaviota cana de 1ᵉʳ invierno, en parte debido a que este individuo no ha mudado ninguna cobertera. Además de las características indicadas, las partes superiores grises, de tipo (casi) adulto, son más pálidas que en la gaviota cana.

escapulares nuevas de un gris relativamente pálido y con marcas oscuras subterminales y puntas pálidas

diseño de las coberteras descolorido en su mayoría, pero aún son perceptibles las finas barras oscuras

pequeña mancha pálida en la punta (cf. gaviota cana de 1ᵉʳ invierno)

■ **Gaviota cana de 1ᵉʳ invierno (febrero)**
Las diferencias más importantes respecto a una gaviota de Delaware de 1ᵉʳ invierno están destacadas.

punta del pico enteramente oscura

gris relativamente oscuro y uniforme

coberteras grandes sin barras/marcas oscuras

relativamente fino

▼ **2º año cal./1ᵉʳ verano (mayo)**
En este plumaje también parecida a una gaviota cana, pero las gaviotas canas de 2º año cal. en mayo aún presentan la punta del pico enteramente negra y justo empiezan a mudar las coberteras del ala (muchos individuos en mayo aún muestran todas las coberteras alares descoloridas de juvenil).

iris aún oscuro

diseño típico ya bien desarrollado

a menudo algunas coberteras ya mudadas desde el 1ᵉʳ invierno (cf. gaviota cana de 1ᵉʳ invierno/verano)

▼ **Adulto invernal (octubre)**
Principalmente confundible con una gaviota cana. Las gaviotas canas (especialmente de 2º invierno) también pueden mostrar una banda oscura en el pico bastante ancha, pero en su 2º invierno, también muestran un espejo grande en p9 y aún conservan marcas oscuras en las coberteras primarias. Este iris tan pálido nunca es presente en una gaviota cana. Algunas gaviotas canas rusas *heinei* muestran un iris más pálido, pero no tan pálido como en las gaviotas de Delaware típicas (y las gaviotas canas *heinei* tienen un diseño negro en la punta de las primarias externas diferente; véase allí).

la base de p8–9 presenta una relativa-mente amplia extensión de gris (cf. gaviota cana)

normalmente solo 1 espejo

si está presente, el espejo en p9 normalmente es pequeño y está situado relativamente lejos de la punta

▼ 1ᵉʳ invierno (febrero)
La cola juvenil presenta una banda oscura terminal ancha y una línea pálida estrecha característica justo por encima.

diseño característico (pero véase la gaviota cana de 1ᵉʳ invierno con la cola oscura)

las coberteras pequeñas oscuras hacen que el borde anterior del ala se vea densamente moteado

las coberteras grandes y las primarias internas de color gris pálido crean una banda pálida evidente (más parecida al ala de una gaviota cabecinegra que de una gaviota cana, en su 1ᵉʳ invierno)

▼ 1ᵉʳ invierno (enero)
Algunos individuos muestran marcas más intensas en las infracoberteras alares, pero especialmente en las coberteras grandes, aún muestran una ancha línea pálida.

marcas oscuras variables en la cola y las secundarias, normalmente más evidentes que aquí (a veces también presentes en la gaviota cana de 2º invierno, especialmente *heinei*)

típicamente con pocas marcas oscuras (cf. gaviota cana juv./1ᵉʳ invierno)

banda/s pálida/s característica/s, ambas central y (a veces) subterminal

▼ Juvenil (julio)
Un individuo con la base de la cola relativamente pálida, pero aquí la línea pálida también es visible.

línea pálida característica

▼ 3ᵉʳ año cal./2º invierno (marzo)
Muchos individuos de esta clase de edad aún presentan marcas oscuras extensas en la cola, formando una banda caudal interrumpida. Un ejemplar posado aún muestra manchas oscuras en las terciarias.

▼ 1ᵉʳ invierno (enero)
Variante más oscura, pero las líneas pálidas aún son visibles.

líneas pálidas características

solo 1 pequeño espejo (cf. gaviota cana 2º invierno)

patrón oscuro aún extenso típico de esta clase de edad (también en la gaviota cana)

iris empezando a volverse pálido

patrón ya típico

▼ Adulto estival (marzo)
Las características destacadas sugieren que se trata de un adulto joven, pero también se pueden encontrar en adultos más viejos.

marcas oscuras en las coberteras primarias

espejos relativamente pequeños

TOPOGRAFÍA

▲ **Gaviota argéntea europea, juvenil (septiembre)**

MANO

Para la identificación de gaviotas grandes (sub)adultas, es esencial tener un buen conocimiento de la topografía de la mano y la terminología correspondiente. Las puntas de las lenguas varían entre ser del mismo color gris que el resto de la lengua, o ser visiblemente más blancas y en forma de media luna. Cuando un ave presenta una hilera de medias lunas porque varias primarias consecutivas presentan una, y especialmente si esta hilera se alinea con los espejos de las primarias externas, nos referimos a ese conjunto de manchas blancas como un "collar de perlas". Este ejemplo es de una gaviota de estepa *Larus fuscus barabensis*, una taxón que nunca ha sido observado con certeza en Europa, pero que ejemplifica muy bien varias características del ala.

ESCALA DE GRISES KODAK

Los tonos de grises se expresan entre los valores de 0 (blanco) y 20 (negro). El ala de la gaviota de estepa (abajo) tiene un valor de 7 aproximadamente. En el campo o cuando repasamos fotografías de gaviotas, es importante ser conscientes de que los tonos de grises están influenciados (tanto para el ojo como para la cámara) por ciertas circunstancias, siendo la iluminación la más importante. Al observar un grupo de gaviotas grandes adultas de la misma especie, es posible notar diferencias en los tonos de gris en casi todas las aves, ya que la iluminación varía dependiendo del ángulo desde el que se las observe. Además, los factores ambientales pueden ser engañosos; por ejemplo, una gaviota en la nieve bajo un cielo nublado se verá mucho más oscura que la misma gaviota bajo la luz del sol en un entorno relativamente oscuro. El valor Kodak que se menciona aquí puede dar una referencia de la escala de grises para cada especie, lo cual es útil al comparar una gaviota adulta con otras gaviotas grandes desde diferentes ángulos.

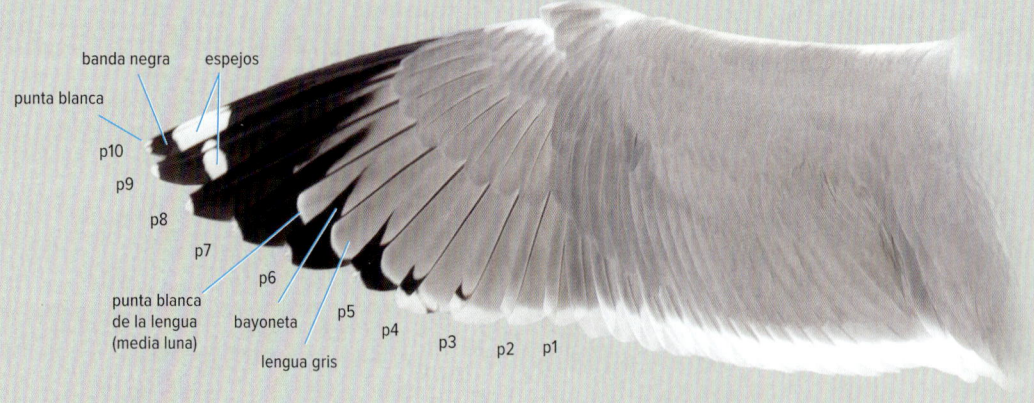

▲ **Gaviota de estepa**
Larus fuscus barabensis

DATADO Y MUDA

Comprender el calendario de muda, los patrones del plumaje de cada clase de edad y la influencia del desgaste en la apariencia de una gaviota requiere tiempo y conocimiento, pero es clave para determinar la edad y, a menudo, también la identificación de la especie. Algunos observadores aceptan este reto y se especializan en identificar gaviotas grandes, mientras que otros prefieren evitarlo. Sin embargo, estas aves son ideales para estudiar la muda, desgaste y variación individual, ya que son fáciles de observar y muestran diferencias notables en sus plumajes a lo largo de los años. Las gaviotas grandes tardan al menos 4 años en madurar, las pequeñas 2 y las medianas 3. Todo este conocimiento sobre muda y variación del plumaje que ofrecen las gaviotas es útil también para entender mejor estas variables en otras familias de aves.

CLASES DE EDAD

La bien conocida clasificación y orden de los plumajes (juvenil–1er invierno–1er verano–2° invierno, etc.) también se utiliza aquí. A veces son difíciles de definir, particularmente los plumajes estivales de aves inmaduras, porque varían notablemente y más aún debido a la muda continua. La clasificación por ciclos (el sistema americano), donde el 1er ciclo comprende los plumajes juvenil–1er invierno, el 2° ciclo 2° invierno–2° verano, etc. es aún relativamente desconocido en Europa y también existe el mismo periodo vago de transición. En este libro la edad se presenta de dos maneras. Primero en años calendario, ya que en combinación con el mes, ofrece la indicación más precisa de la edad. En Europa occidental, los polluelos nacen entre mayo y junio y hasta el 31 de diciembre son aves de 1er año cal. El 2° año cal. comienza el 1 de enero del año siguiente y no termina hasta el 31 de diciembre, y así sucesivamente en los años siguientes. Las edades se pueden indicar con precisión, por ejemplo, como "una gaviota argéntea europea de 2° año cal. en marzo". La segunda forma es utilizando la terminología juvenil–1er invierno–1er verano–2° invierno, etc., que está basada en el calendario de muda de las gaviotas. La etapa de plumón va seguida por el plumaje juvenil. Tan pronto como comienza la muda (que empieza en el manto y las escapulares, a veces tan temprano como a finales del verano) usamos el término 1er invierno. La muda en invierno no suele ser extensa (en muda activa se necesita más energía para mantenerse caliente), pero en primavera se mudan la cabeza y las partes inferiores (por ejemplo, en la gaviota reidora), creando el plumaje de 1er verano. Este es de corta duración porque pronto comienza la primera muda completa, que continúa todo el verano. Esta muda es "completa", ya que ahora también se reemplazan la cola, secundarias y primarias, formando el plumaje de 2° invierno, con las secundarias y primarias ya consistiendo en plumas de 2ª generación. Las primarias de 1ª generación son marrones, que se decoloran a marrón claro y tienen la punta puntiaguda, las primarias de 2ª generación son negruzcas y tienen una punta más redondeada. Este plumaje se mantiene hasta la primavera, cuando nuevamente se muda la cabeza y las partes inferiores, creando el plumaje de 2° verano. Poco después, comienza nuevamente la muda completa en verano, dando lugar al plumaje de 3er invierno, y así sucesivamente.

CALENDARIO DE MUDA

La gaviota patiamarilla es una especie "temprana", ya que muda en agosto del plumaje juvenil al de 1er invierno, lo que es visible en las escapulares. Esta muda es extensa y, en casos extremos, en diciembre todas las partes superiores y coberteras del ala pueden haber sido reemplazadas, resultando en un plumaje avanzado (aunque sigue siendo de 1er invierno). También hay especies "tardías", como la gaviota de Thayer y el gavión hiperbóreo, que normalmente viven en el extremo norte y aún no han mudado ninguna pluma en febrero, manteniéndose en plumaje juvenil; durante la primavera, mudan directamente al plumaje de 1er verano. Esta diferencia en el calendario de la muda entre (sub)especies del norte y del sur también se observa en los adultos, siendo más evidente en la muda de las primarias: las especies del norte empiezan y terminan mucho más tarde que las del sur. ¿Qué determina este proceso? Varios factores son clave. En primer lugar, las especies del sur crían antes y suelen mudar más que las

del norte (compárese la gaviota patiamarilla con la gaviota argéntea de Escandinavia, subespecie *argentatus*). En segundo lugar, la ubicación de los sitios de invernada también influye, con la duración del día como factor clave. Por ejemplo, las gaviotas sombrías que invernan en África tropical tienen una muda más extensa que las que permanecen en el oeste de Francia, incluso si nacieron en la misma colonia. En tercer lugar, hay un componente hereditario: la muda puede no ocurrir o ser anómala según la predisposición genética. Por último, la muda debe encajar en el ciclo anual. Las plumas desgastadas necesitan ser reemplazadas para asegurar la supervivencia. Sin embargo, si también deben reproducirse y migrar, se requiere un calendario eficiente. A veces es mejor posponer la muda, como ocurre en migrantes de larga distancia, como la gaviota de Heuglin y la gaviota sombría subespecie *fuscus*, que mudan tras la migración, durante el invierno en el este de África y la península arábiga.

PATRONES DEL PLUMAJE

El color y patrón de las plumas ayudan a determinar la edad de las gaviotas grandes, que tardan 4 años en alcanzar el plumaje adulto. Antes de eso, el patrón de las primarias y secundarias es clave para determinar su edad. En el nido, las plumas juveniles crecen casi al mismo tiempo, mostrando un patrón y desgaste similares. En las etapas posteriores, el plumaje es una mezcla de plumas viejas y nuevas. Las plumas que crecen en el mismo ciclo se llaman "de la misma generación". Después de emplumar, una gaviota argéntea europea es completamente juvenil: todas sus plumas son de 1ª generación. Cuando muda las escapulares en septiembre, estas pasan a ser de 2ª generación (y el plumaje deja de llamarse "juvenil" para ser de "1er invierno"). A excepción de la muda del manto y las escapulares, la gaviota argéntea de 1er invierno no muda mucho más; las coberteras, la cola, las secundarias y primarias no se reemplazan hasta el verano del 2° año cal. por plumas de 2ª generación. Debido a esta simple estrategia de muda, la gaviota argéntea europea es vista como el "estándar" para comparar con otros taxones, como se ilustra en el gráfico de las páginas 478–479. Otro punto importante es que las plumas de la misma generación pueden diferir en patrón. Las plumas que se reemplazan más tarde en el año, debido al momento de la muda y cambios hormonales, muestran menos marcas oscuras.

DESGASTE

Las plumas juveniles suelen ser de menor calidad que las de generaciones posteriores, y si hay escasez de alimento durante su crecimiento, su calidad será aún peor. Esta menor calidad de las plumas juveniles se hace más evidente en primavera, cuando las gaviotas grandes de 2° año cal. muestran plumas juveniles más desgastadas y descoloridas que las de individuos mayores, con plumas al menos de 2ª generación. Los adultos, por lo general, muestran un desgaste y decoloración mucho más limitado.

HIBRIDACIÓN

La hibridación es un fenómeno localmente común entre algunas especies de gaviotas grandes en el hemisferio norte. En Europa, ocurre regularmente entre la gaviota argéntea europea y el gavión hiperbóreo en Islandia (esta combinación se conoce como gaviota "vikinga"), pero también en otros lugares entre especies como la gaviota del Caspio y la argéntea europea o la gaviota patiamarilla y la sombría. En las costas del Pacífico N, la hibridación es aún más frecuente, tanto en el lado asiático como en la costa oeste de América. Las gaviotas híbridas suelen ser fértiles, lo que genera un espectro completo de fenotipos intermedios entre las especies, complicando aún más su identificación. En Europa, la identificación de híbridos es especialmente importante en la gaviota del Caspio, ya que es la especie más frecuentemente involucrada en hibridaciones. Sin embargo, también se debe tener cuidado al identificar rarezas del Pacífico, como la gaviota de Bering. En algunas localidades hay aves de tipo intermedio que son más comunes que las especies originales. La gaviota de Kumlien se considera una población híbrida entre la gaviota de Thayer y la gaviota groenlandesa, aunque algunos expertos la clasifican como una especie aparte.

CLASES DE EDAD DE LAS GAVIOTAS GRANDES (GAVIOTA ARGÉNTEA EUROPEA)

1er AÑO CALENDARIO

VERANO

plumaje juv. nuevo
recientemente emplumado

2º AÑO CALENDARIO

INVIERNO

mudadas a
2ª generación

juveniles

PRIMAVERA

la cabeza se vuelve
pálida por la muda
parcial en primavera

3er AÑO CALENDARIO

VERANO

**muda completa
en verano**

viejas, de
2ª generación

p1–4 nuevas,
de 3ª generación

4º AÑO CALENDARIO

INVIERNO

marcas de
inmaduro

primarias
internas de
tipo adulto

PRIMAVERA

cabeza blanca
después de la muda
parcial de primavera

3er AÑO CALENDARIO

VERANO **INVIERNO** **PRIMAVERA**

muda completa en verano

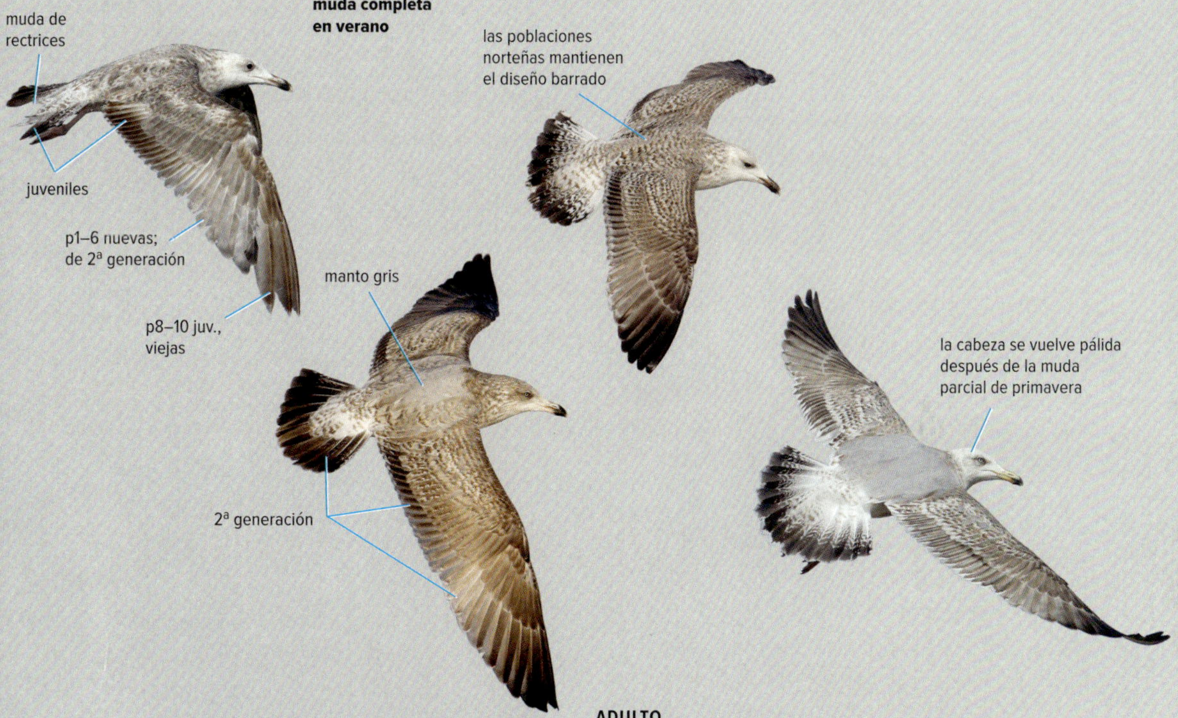
muda de rectrices
juveniles
p1–6 nuevas; de 2ª generación
p8–10 juv., viejas
las poblaciones norteñas mantienen el diseño barrado
manto gris
2ª generación
la cabeza se vuelve pálida después de la muda parcial de primavera

ADULTO

VERANO **INVIERNO** **PRIMAVERA**

muda completa en verano

viejas, de 3ª generación
p4–10 viejas, de 3ª generación
marcas oscuras que indican plumaje de 4º invierno
cabeza listada en otoño

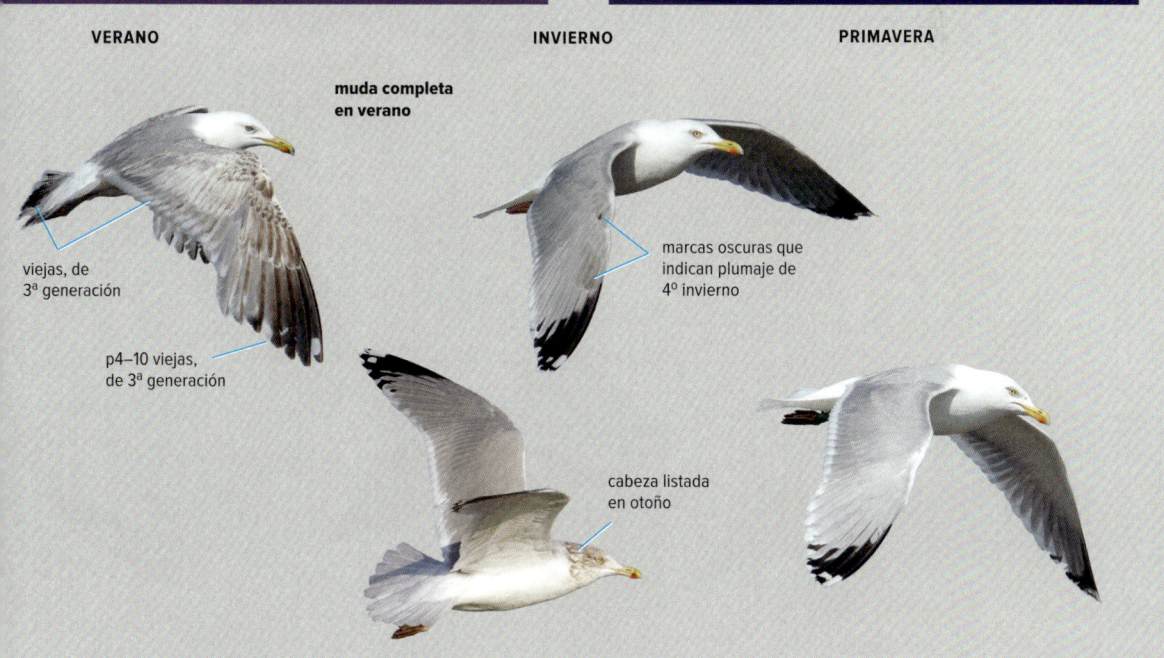

JUVENIL

- Todas las plumas son de 1ª generación; las plumas del mismo tipo muestran un diseño uniforme (las escapulares son las más oscuras; todo el centro marrón y un borde pálido); es el plumaje más marrón.
- Primarias externas puntiagudas y de color marrón oscuro uniforme; las internas también carecen de punta pálida.
- Secundarias oscuras con la punta pálida.
- El diseño caudal varía desde una estrecha banda terminal oscura (por ejemplo, gaviota patiamarilla) a toda la cola negra (por ejemplo, gaviota argéntea americana).
- Coberteras con un patrón uniforme; coberteras grandes con muescas, barradas o con la base oscura y un patrón pálido en la punta.
- El cuello y las partes inferiores varían desde escasamente marcadas (por ejemplo, gaviota del Caspio) a todas oscuras (por ejemplo, gaviota argéntea americana).
- Pico oscuro.
- Iris oscuro.

▼ **Gaviota argéntea europea, juvenil (agosto)**

1er INVIERNO

La gaviota argéntea europea experimenta una muda postjuvenil limitada a la cabeza, cuello, flancos, manto y escapulares. Las (sub)especies del norte (por ejemplo, gavión hiperbóreo y gaviota argéntea europea subespecie *argentatus*) permanecen en plumaje juvenil durante todo el invierno y no mudan escapulares. Las especies del sur (por ejemplo, gaviota del Caspio y patiamarilla), muestran una muda extensa que incluye también las coberteras y las terciarias. La gaviota sombría a menudo retiene el plumaje juvenil durante la primera mitad del invierno, pero luego realiza una muda extensa en la que se reemplazan las coberteras, las terciarias, la cola y, en ocasiones, las secundarias. La última parte de esta muda coincide con la muda primaveral, véase p. 486.

- Primarias aún juveniles.
- Secundarias aún juveniles.
- Cola aún juvenil.
- Las coberteras en la mayoría de especies aún son juveniles, pero en algunas ya parcialmente mudadas (por ejemplo, gaviotas del Caspio y patiamarilla).
- Partes superiores (manto y escapulares) varían desde aún todas juveniles (en algunas especies árticas) a todas mudadas o una mezcla de plumas juveniles y de 2ª generación.
- Cuello y partes inferiores a menudo cada vez más pálidas debido al desgaste por decoloración y a la muda a plumas más pálidas.
- El pico varía entre aún todo oscuro (por ejemplo, gaviota patiamarilla), más pálido, o todo pálido con la punta negra (por ejemplo, gavión hiperbóreo).
- Iris como el juvenil.

▼ **Gaviota argéntea europea, 1er invierno (noviembre)**

▼ **Gaviota argéntea europea (marzo)**
Los grupos de gaviotas grandes suelen estar formados por individuos de clases de edad diferentes, algo ideal para compararlos y aprender sobre su variación. A menudo hay varias especies en un mismo grupo, lo que es un desafío adicional.

2º AÑO CALENDARIO/1er VERANO

Las gaviotas grandes mudan al plumaje de 1er verano en primavera, una muda parcial, generalmente poco extensa, que resulta en un emblanquecimiento de la cabeza y las partes inferiores. Sin embargo, hay excepciones, como la gaviota sombría (especialmente la subespecie *intermedius* de Escandinavia), que realiza una muda extensa a finales del invierno y primavera, reemplazando también las plumas de la cola y a veces incluso las secundarias. La gaviota de Heuglin y, en particular, la gaviota sombría subespecie *fuscus* (gaviota del Báltico), van un paso más allá que *intermedius* y mudan las primarias en primavera, a menudo las 10. La siguiente muda, que es completa y dará paso al plumaje de 2º invierno, comienza en abril-mayo (excepto en la gaviota sombría subespecie *fuscus*, que inverna en el sur de Europa y ya ha empezado la muda completa, incluidas las plumas de vuelo, en invierno); la muda de las plumas de vuelo empieza con las primarias internas. Las plumas juveniles pueden estar muy desgastadas y decoloradas, lo que hace que los patrones sean difíciles o imposibles de usar para la identificación de la especie.

- Las primarias externas juveniles están muy desgastadas (excepto algunas gaviotas de Heuglin y, especialmente, sombrías subespecie *fuscus* que han mudado todas, o casi todas, las primarias).
- La cola puede ser toda juvenil, toda mudada o una combinación.
- Las coberteras suelen estar muy desgastadas y desteñidas (pero a menudo completamente mudadas en las gaviotas de Heuglin y sombría subespecie *fuscus*).
- En la mayoría de especies, las partes superiores (manto y escapulares) han sido mudadas en el 1er invierno; las plumas nuevas en algunas especies presentan un diseño contrastado (por ejemplo gaviota argéntea europea), en otras especies, ya son predominantemente de tipo adulto grises/oscuras (por ejemplo, gaviotas del Caspio y sombría subespecie *fuscus*).
- El cuello y las partes inferiores normalmente son moteadas, ligeramente menos que en el plumaje invernal.
- El pico es rosado, al menos en la base.
- Iris normalmente aún oscuro, incluso en las especies que presentan iris pálido de adultos.

Para todas las especies se aplica lo siguiente: la "muda completa" comienza cuando se cae p1 y el frente de muda avanza lentamente hacia las primarias externas. Poco después, la muda también comienza en las coberteras, empezando por las coberteras medianas, las coberteras grandes internas y la terciaria superior. La regla general es: la muda de la cola y las secundarias comienza cuando p6 está creciendo y p7 ha caído. En la imagen, se han reemplazado p1–3. La muda completa termina cuando p10 ha alcanzado su longitud total (en la gaviota argéntea europea, en otoño). Hay algunas excepciones a estas reglas:

- Las gaviotas patiamarilla, sombría y del Caspio que han mudado coberteras en otoño/invierno (véase: la muda postjuvenil extensa de 1er invierno en la página anterior) no reemplazan estas coberteras en la primera parte de la muda completa, y por poco tiempo el ala muestra 3 tipos de plumas: coberteras juveniles muy viejas y desgastadas, coberteras de 2ª generación viejas (mudadas en otoño) y coberteras de 2ª generación muy nuevas (mudadas en la muda completa).
- Las gaviotas sombrías subespecies *intermedius* y *fuscus*, así como la gaviota de Heuglin, experimentan una muda muy extensa en los cuarteles de invierno y no empiezan la siguiente muda completa hasta medio verano.

▼ **Gaviota argéntea europea, 2º año cal./1er verano (junio)**

▼ **Gaviota argéntea europea, 2º año cal./1er verano (abril)**

2º AÑO CALENDARIO/2º INVIERNO

En otoño, la gaviota argéntea europea a veces experimenta una muda extra, que se limita a las terciarias superiores, las coberteras grandes internas y las coberteras medianas (las primeras plumas que fueron reemplazadas en la muda completa hace unos 5 meses). Las nuevas plumas de 3ª generación no están nada desgastadas, a menudo son de un gris similar al adulto o tienen un tinte beige-marrón, y contrastan con las coberteras y terciarias inferiores de 2ª generación, algo desgastadas y descoloridas. Las especies del sur, como las gaviotas del Caspio y patiamarilla, también suelen mostrar una banda gris en las coberteras medianas. Estas plumas son al menos de 3ª generación, pero pueden ser de 4ª si la muda postjuvenil fue muy extensa en el individuo.

- Las primarias externas (de 2ª generación) son oscuras, redondeadas y con un mínimo borde blanco en la punta que se desgasta rápidamente. No tienen espejo en p10 (o algunas especies con uno pequeño) y las primarias internas son similares a las juveniles.
- Las partes superiores (manto y escapulares) varían desde ser de un color uniforme de tipo adulto, a presentar barras como los juveniles, o una combinación.
- El cuello y las partes inferiores normalmente son más pálidas que en aves de 1er invierno, pero (algunos individuos de) algunas especies aún las muestran muy oscuras (por ejemplo, gaviota argéntea americana).
- Pico con la base pálida y a veces también la punta.
- Iris empalideciendo en las especies con el iris pálido de adultos.

▼ **Gaviota argéntea europea, 2º año cal./2º invierno (octubre)**

3er AÑO CALENDARIO/2º VERANO

Durante el invierno, apenas se muda nada, a veces solo el reemplazo de las escapulares a un ritmo muy lento. En primavera comienza una nueva muda parcial: se reemplazan la cabeza y las partes inferiores. Las hormonas aseguran que las partes descubiertas tengan colores vibrantes. Las gaviotas argénteas europeas escandinavas mantienen un plumaje con barras durante más tiempo y, a veces, aún no muestran plumas grises a esta edad. Las gaviotas del Caspio y patiamarilla pueden parecer más adultas, ya que casi toda la zona de las coberteras puede ser gris. Sin embargo, esto no aplica a todos los individuos.

- Primarias externas como en el 2º invierno (2ª generación), pero más desgastadas (a veces descoloridas); las internas están mudando activamente; las nuevas plumas (3ª generación) tienen un patrón de tipo adulto (el rasgo más importante para determinar la edad).
- Secundarias como en el 2º invierno, más tarde en verano son mudadas a un patrón de tipo adulto, pero a menudo algunas aún presentan centros oscuros.
- Cola como en el 2º invierno; las plumas recién mudadas varían de completamente blancas a mostrar marcas negras en la punta.
- Coberteras como en el 2º invierno; cualquier pluma recién mudada es gris/negro uniforme de tipo adulto en la mayoría de las especies, aunque a veces aún muestran algunas marcas marrones.
- Partes superiores (manto y escapulares) uniformes como en los adultos o rápidamente volviéndose así.
- Cuello y partes inferiores blancas.
- Pico gradualmente adquiriendo el color de los adultos, pero aún con una banda o toda la punta oscura.
- Iris pálido en las especies cuyo iris de adulto es pálido.

▼ **Gaviota argéntea europea, 3er año cal./2º verano (abril)**

▶ **Gaviota sombría, 3er año cal./2º verano (mayo)**

3er AÑO CALENDARIO/2º VERANO, GAVIOTA SOMBRÍA

Las gaviotas sombrías pueden volver a experimentar una muda muy extensa en la segunda mitad de invierno y primavera. Estas vuelven a Europa en primavera con una cola blanca, secundarias de tipo adulto (3ª generación) y tampoco es inusual que ya hayan mudado las primarias internas a 3ª generación. Este individuo ha experimentado este tipo de muda extensa a finales de invierno.

4º AÑO CALENDARIO/3ᵉʳ INVIERNO

Después de la muda completa en verano, este individuo está ahora en su 3ᵉʳ invierno. El rasgo más importante es el patrón adulto de las primarias internas y las secundarias, que muestran el centro gris con la punta blanca. Las partes superiores y, a menudo también (algunas de) las coberteras, revelan el color de los adultos: aquí gris claro, en contraste con, por ejemplo, la gaviota patiamarilla. La gaviota argéntea europea a esta edad es extremadamente variable, desde muy barrada (principalmente en los individuos del norte) hasta muy parecida a un adulto (reproductores del O de Europa). Las gaviotas del Caspio y patiamarilla ya se ven muy adultas a esta edad, con pocos signos de inmadurez. Esto también se aplica a las gaviotas de Heuglin y sombría. El gavión atlántico tiene un desarrollo del plumaje más lento y todavía muestra signos de inmadurez, al igual que las gaviotas groenlandesa e hiperbórea

TIPO 4º INVIERNO

A partir de esta edad el datado exacto es difícil. La cabeza y el cuello normalmente están más densamente moteados que en las aves totalmente adultas en plumaje invernal, y el pico a menudo presenta una banda oscura completa. Las primarias externas suelen mostrar más negro en las puntas comparadas con las primarias de los adultos más viejos.

▶ **Gaviota argéntea europea, tipo 4º invierno (febrero)**

▲ **Gaviota argéntea europea, 4º año cal./3ᵉʳ invierno (enero)**

▼ **Gaviota argéntea europea, subadulto, supuesto 5º año cal. (marzo)**

4º AÑO CALENDARIO/3ᵉʳ VERANO

Casi como el 3ᵉʳ invierno porque apenas se mudan algunas plumas durante el invierno. En primavera la muda también es muy limitada, solamente afecta la cabeza y las partes inferiores, que ahora son (casi) como en los adultos.

◀ **Gaviota argéntea europea, 4º invierno/3ᵉʳ verano (abril)**

Gaviota sombría *Larus fuscus*

L 54 cm | *graellsii* verano, O y NO Eur.; invierno, SO Eur.; *intermedius* verano, N Eur.; *fuscus* verano, NE Eur.

Gavià fosc CAT
Kaio iluna EUS
Gaivota escura GAL

▼ **Adulto estival, *intermedius* norteña (agosto)**
La identificación de la especie es fácil debido a las partes superiores gris oscuro y las patas amarillas, aplicable a todos los taxones. La subespecie norteña *intermedius* es en promedio ligeramente más oscura, pequeña y con el pico más fino que *graellsii*. En un grupo mixto con *graellsii*, los individuos típicos son relativamente obvios, pero las 2 subespecies presentan un espectro continuo de individuos intermedios y también se fusionan gradualmente sus áreas de reproducción, dificultando la asignación segura de gran parte de los ejemplares a una subespecie.

gris oscuro (escala de grises Kodak 11–13)

espejo en p10 relativamente pequeño; en c. 25 % de los individuos

puntas blancas totalmente desgastadas a finales de verano, en los 3 taxones

▼ **Gaviota del Báltico, *fuscus* nominal, adulto estival (mayo)**
El taxón más pequeño, más oscuro y con las alas más largas (nótese la proyección alar muy larga, sobrepasando mucho la cola). A finales de verano, los *fuscus* solamente mudan 1–3 primarias internas (la muda de primarias es completada en los cuarteles de invierno en el (E) de África), pero la identificación segura de un adulto fuera de su distribución habitual es problemática porque algunos *intermedius* muestran las mismas características.

gris muy oscuro (escala de grises Kodak 13–17)

normalmente puntas blancas muy reducidas

en la mayoría 1 espejo reducido en p10

▼ **Adulto invernal, *graellsii* o *graellsii/intermedius* intermedio (enero)**
Como el adulto estival, pero la cabeza y el cuello presentan un estriado oscuro de extensión variable y el pico y las patas son de un amarillo menos intenso que en *intermedius*.

gris oscuro (escala de grises Kodak 8–10) pero evidentemente más pálido que la parte negra de la punta del ala

primarias nuevas con puntas blancas relativamente extensas

amarillentas en todos los (sub)adultos de todos los taxones

▼ **intermedius norteña (mayo)**
Este individuo nació en el norte de Noruega (basándose en los datos de anillamiento) e ilustra el problema de identificación con los adultos de gaviota del Báltico *fuscus* fuera de su distribución habitual: la subespecie norteña *intermedius* puede ser idéntica en color y estructura.

▼ **Adulto estival, *graellsii* occidental (mayo)**
El contraste relativamente obvio entre la parte superior del ala gris plomo y la punta negra es típico de este taxón. Sin embargo, este individuo es bastante oscuro para ser un *graellsii* y podría tratarse de un "intermedio neerlandés", lo que significa un ave intermedia con *intermedius*. En promedio, los *graellsii* más pálidos crían en el borde oeste de su distribución, en Irlanda, pero individuos pálidos también pueden criar en, por ejemplo, los Países Bajos. Sobre la mitad de los ejemplares presentan un espejo en p9. Alguno individuos carecen de la banda negra subterminal en p10 y por lo tanto muestran una extensa punta blanca.

típico de este taxón: un espejo relativamente extenso en p10 y separado de la punta blanca; sin espejo en p9 o muy pequeño

MUDA Y VARIACIÓN DE LOS INMADUROS

Las aves de 2º año cal. son, en particular, extremadamente variables en primavera. Esto es causado por una marcada variación individual en varios aspectos: morfología, calendario de muda y extensión de la muda. En cuanto al calendario y extensión de la muda, no solamente la predisposición genética es relevante sino que la elección de los cuarteles de invernada es también lo es. La muda ocurre en invierno y por lo tanto afecta la apariencia de un individuo en primavera. Un cuartel de invernada más al sur a menudo se traduce en una muda más extensa en invierno, pero también en una decoloración más importante de las plumas juveniles retenidas debido a la luz solar más intensa. Las 3 subespecies tienen, en general, diferentes cuarteles de invernada, lo que limita en cierta manera la variación. La subespecie *graellsii* en el SO de Europa: casi no muda en invierno; *intermedius* en el NO de África: muda parcial en invierno; y *fuscus* en el S y E de África: muda muy extensa en invierno (léase la introducción al datado de gaviotas grandes, pp. 481–482)

▼ **Juvenil *graellsii/intermedius* (octubre)**
La variación en el diseño de las coberteras grandes y las terciarias es notable. La mayoría carece de muescas pálidas en las terciarias (entonces solamente la punta de las plumas está bordeada de pálido), y las coberteras grandes internas son de un color general más marrón chocolate con muescas muy reducidas presentes. Otros individuos muestran muescas grandes y, por lo tanto, se parecen más a una gaviota argéntea europea juvenil/1er invierno.

terciarias solamente bordeadas de pálido en la punta (el borde no alcanza las coberteras grandes), a menudo también con algunas muescas (gaviota patiamarilla juv./1er invierno a menudo idéntica; cf. gaviota argéntea europea juv./1er invierno)

relativamente fino

negruzcas, como en la gaviota patiamarilla juv./ 1er invierno (cf. gaviota argéntea europea juv./1er invierno)

bases oscuras de las coberteras grandes externas, pero las internas con grandes muescas (cf. gaviota argéntea europea juv./1er invierno)

proyección alar larga más allá de la cola, como en la gaviota patiamarilla juv./1er invierno (cf. gaviota argéntea europea juv./1er invierno)

▼ **Juvenil, *graellsii/intermedius* (agosto)**
La superficie inferior del ala es muy oscura en comparación con la mayoría de otras gaviotas grandes en plumaje juvenil/1er invierno (pero véase la gaviota sombría *fuscus*). Nótense la ancha banda terminal oscura de la cola y las primarias internas oscuras; rasgos típicos de todos los taxones de gaviota sombría, incluyendo la gaviota de Heuglin.

▼ **Juvenil, *graellsii/intermedius* (septiembre)**
Algunas aves muestran escasas marcas oscuras en la base de la cola y las supracoberteras caudales, lo que las hace particularmente parecidas a una gaviota patiamarilla juvenil/1er invierno. La anchura de la banda oscura caudal varía considerablemente, pero en promedio es más ancha que en las gaviotas argéntea europea y patiamarilla juveniles/1er invierno.

el diseño caudal suele presentar una ancha banda terminal oscura y un barrado/moteado uniforme en la base y coberteras caudales (cf. gaviotas argéntea europea, del Caspio y patiamarilla juv./1er invierno)

primarias internas predominantemente oscuras: sin ventana pálida evidente (cf. gaviota argéntea europea juv./1er invierno)

▼ **Gaviota del Báltico, *fuscus* nominal, juvenil (septiembre)**
Muestra la parte inferior del ala más pálida de las 3 subespecies.

Gaviota sombría *Larus fuscus*

▼ **Juvenil, gaviota del Báltico, *fuscus* nominal (septiembre)**
De media más contrastada que las otras subespecies, pero un identificación segura no es posible debido a la variabilidad de las otras subespecies.

▼ **2º año cal./1er invierno, *graellsii/intermedius* (febrero)**
Este individuo también ha mudado algunas coberteras alares. Las coberteras y terciarias juveniles retenidas ya están muy desgastadas y desteñidas, como las primarias. Las gaviotas patiamarillas de 1er invierno son similares (también se encuentran en este estado de muda), pero las gaviotas patiamarillas muestran una estructura más robusta (en el pico, cabeza más angulosa y complexión pesada), a menudo tienen la cabeza más moteada con una máscara oscura más contrastada y las partes inferiores están más netamente salpicadas de oscuro (pero la zona central de las partes inferiores suele ser blanca y sin manchas), véase. La extensión de la muda en este individuo es igual que la de una gaviota patiamarilla de 1er invierno, pero el momento de la muda es 2–3 meses más tarde en la gaviota sombría; por lo tanto las plumas nuevas de 2ª generación están más nuevas en primavera.

escapulares de 2ª generación

este individuo ya muestra algunas coberteras mudadas, de 2ª generación.

▼ **Gaviota del Báltico, *fuscus* nominal, 2º año cal./1er verano (junio)**
Un individuo avanzado típico; compárese con el 2º año cal. *graellsii*. El datado correcto es esencial en este caso porque las aves de 3er año cal. de las otras subespecies pueden ser similares. Un ejemplar de 3er año cal. *graellsii* a mediados de verano suele mostrar, por ejemplo, las partes superiores gris oscuro uniforme, primarias externas descoloridas (2ª generación), el color del pico más intenso y el iris más pálido.

terciarias y algunas coberteras grandes de 3ª generación

plumas de 2ª generación con un diseño simple: normalmente sin barras, solo una lista ancha en el centro

todas las primarias visibles mudadas: relativamente nuevas y con la punta redondeada

▼ **1er invierno (enero)**
Un 1er invierno tipo *graellsii*. Este individuo muestra una división clara entre las partes superiores mudadas (manto y escapulares) y las coberteras y terciarias juveniles. Los datos de anillamiento indican que es un representante de la subespecie *graellsii* occidental.

plumas nuevas con color de fondo marrón (cf. gaviotas argéntea europea y patiamarilla de 1er invierno)

proyección alar larga más allá de la cola (cf. gaviotas argéntea europea y patiamarilla de 1er invierno)

▼ **2º año cal./mudando a 2º invierno, supuesto *graellsii* (agosto)**
Este individuo ya casi ha finalizado su primera muda completa a 2º invierno; faltan las primarias externas y probablemente alguna secundaria (no visible aquí). El iris y el pico empiezan a volverse pálidos.

plumas del manto gris plomizo (cf. gaviota patiamarilla de 2º año cal.)

color de fondo parduzco (cf. gaviota patiamarilla de 2º año cal.)

viejas

muda de primarias aún no finalizada

nuevas

coberteras nuevas típicamente con un diseño bastante contrastado en *graellsii*, pero extremadamente variable; en *intermedius* y, en particular, *fuscus*, uniformemente gris oscuro con solo una estría central aún más oscura

▼ **3er invierno, *graellsii* (febrero)**
La combinación de terciarias inferiores aún con muescas, banda oscura en el pico y primarias con puntas blancas evidentes (3ª generación) es típica de esta clase de edad tanto en *graellsii* como *intermedius*.

► **2º año cal./1er verano, tipo *intermedius* (junio)**
Un tipo de plumaje muy variable debido a la muda activa en muchas partes del plumaje. El tono de gris en las plumas nuevas, coberteras primarias, primarias y partes superiores, son una buena indicación de la identidad de la especie. Además, la cabeza y el pecho netamente moteados son típicos en comparación, por ejemplo, con la gaviota argéntea europea de la misma edad. Normalmente, los individuos que experimentan una muda tan extensa son los *intermedius* escandinavos y/o individuos que se desplazan mucho para invernar lejos hacia el sur. Este es el caso de este individuo, cuyas cola y secundarias fueron reemplazadas en los cuarteles de invernada.

▼ **3er año cal./2º verano, tipo *graellsii* (mayo)**
Un individuo típico de esta clase de edad: partes superiores uniformes de color gris oscuro contrastando con el ala marrón y descolorida. En la segunda mitad del invierno aparecen las primeras coberteras grises de tipo adulto, primero las coberteras medianas, como en este individuo. El diseño caudal varía desde una completa banda terminal oscura a toda blanca, en este caso una mezcla. Un ave de 2º invierno (unos 6 meses atrás) es casi igual excepto por la cabeza y partes inferiores moteadas y las coberteras menos desgastadas.

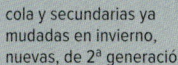

cola y secundarias ya mudadas en invierno, nuevas, de 2ª generación

en muda activa a la mitad de las primarias; primarias externas juveniles muy desgastadas

coberteras primarias y primarias nuevas de color gris oscuro, indicativo de la especie

▼ **3er año cal./2º verano, tipo *intermedius* (mayo)**
Típicamente más avanzado que aves de tipo *graellsii* de la misma edad, pero distinguible por las primarias externas de 2ª generación, indicativas de esta edad.

▼ **Subadulto, supuesto 4º año cal./3er verano *graellsii/intermedius* (abril)**
Casi como un adulto, pero aún hay varios rasgos de inmadurez visibles, por ejemplo, en la parte inferior del ala y la cola. Las primarias de 3ª generación ya pueden mostrar un espejo en p10, o no.

▼ **Gaviota del Báltico, *fuscus* nominal, 2º año cal./1er verano (mayo)**
Una muda de primarias recién completada en primavera es diagnóstico de *fuscus* de 2º año cal., pero la variación en la extensión de la muda de primarias es notable. La mayoría de aves de 1er año probablemente experimentan esta muda postjuvenil tan extensa, mientras que otras solo mudan algunas primarias, o ninguna (y las retienen todas juveniles: entonces en primavera están extremadamente desgastadas debido a la intensa radiación solar de África). La muda de las secundarias y la cola está también a menudo muy avanzada. Muchas aves de 2º año cal. avanzadas, empiezan un nuevo frente de muda en las primarias internas a finales de verano, lo que resulta en el desarrollo de primarias de 3ª generación, algo único entre las gaviotas en Europa.

▼ **Gaviota del Báltico, *fuscus* nominal, 3er año cal./2º verano (agosto)**
Como en el 2º año cal. en verano, la extensión y el calendario de la muda es individualmente muy variable, pero es en promedio considerablemente más avanzado que en otras gaviotas grandes. Este individuo muestra 3 generaciones de primarias. Muchos individuos de esta clase de edad presentan un pequeño espejo en p10.

(casi) todo negro tipo adulto

una mezcla muy variable de coberteras (grandes) viejas marrones y nuevas negras

nuevo frente de muda ya activo, 4ª generación

más nuevas, 3ª generación

más viejas, 2ª generación

rémiges ya mudadas, incluyendo todas las primarias (y todas las coberteras mudadas al menos una vez)

Gaviota de Heuglin *Larus fuscus heuglini*

L 62 cm | Verano, extremo NE Europa

Gavià (fosc) "sibèrià" CAT
Heuglin kaio iluna EUS
Gaivota de Heuglin GAL

▼ **Adulto estival (abril)**
La identificación de este ejemplar se basa en la ubicación (Finlandia). Pero una gaviota sombría no se puede descartar con esta imagen. La escala de grises Kodak de las partes superiores es 9–10, lo que en particular coincide dentro de la variación de la gaviota sombría subespecie *graellsii*. Algunos individuos tienen el iris más oscuro, a diferencia de la mayoría de gaviotas sombrías.

▼ **Tipo adulto estival, probable gaviota de Heuglin (Finlandia, abril)**
Un individuo con marcas negras empezando en p4 y el iris pálido, parecido a muchas gaviotas sombrías. La ubicación juega un rol importante en la identificación de esta ave, pero en el resto de Europa este individuo no se podría identificar.

▼ **Tipo adulto invernal (febrero)**
Este individuo muestra varios rasgos típicos; a veces también está presente un espejo muy pequeño en p9. El patrón de las primarias se solapa con el de la gaviota sombría subespecie *graellsii*, pero los rasgos indicados aparecen con mayor frecuencia en la gaviota de Heuglin. La muda de primarias aún no ha finalizado como indica p10 en crecimiento. Una muda tardía es característica y está relacionada con la temporada de cría más tardía en el Ártico extremo, en combinación con una migración más larga. El marcado contraste entre la cabeza casi blanca y el "chal" moteado, donde las manchas llegan a la parte superior del pecho y el manto, también es típico aunque no lo muestran todos lo individuos de manera tan clásica como este. El iris es relativamente oscuro, pero algunos tienen un iris más claro, como sucede con la mayoría de las gaviotas sombrías. Las marcas negras en las coberteras primarias no indican necesariamente un adulto joven o de 4º año cal. (los datos de anillamiento muestran que los adultos muy viejos también pueden tener estas marcas).

iris relativamente oscuro

cabeza invernal típicamente blanca, contrastando con el cuello moteado (como en muchas gaviotas asiáticas)

marcas negras desde p3 en este individuo

punta de las lenguas blanca al límite entre el gris y el negro (normalmente ausentes en la gaviota sombría)

negro en p8–10 alcanza las coberteras primarias (cf. gaviota sombría ssp. *graellsii* adulta)

espejo en p10 lejos de la punta blanca, separado por una banda negra relativamente ancha

p10 aún en crecimiento

▼ Juvenil/1er invierno (Omán, octubre)

El plumaje juvenil con aspecto nuevo a finales de octubre es típico de esta especie ártica que cría tarde, y un plumaje juvenil nuevo en noviembre no es inusual. Este individuo ha empezado la muda postjuvenil, basándose en la falta de algunas escapulares. Muchos individuos son más pálidos que *graellsii/intermedius*, con una cabeza y partes inferiores más blancas (y por lo tanto más parecido a la gaviota sombría subespecie *fuscus*). Pero la identificación de un juvenil o 1er invierno fuera de su distribución habitual es muy difícil debido a la gran variación que hay entre gaviotas sombrías.

▼ Juvenil/1er invierno (Omán, octubre)

La cabeza blanca netamente delimitada del resto del cuerpo, el pico robusto, la base oscura de las supracoberteras grandes que contrasta con las otras coberteras más pálidas y la parte inferior del ala muy pálida para una gaviota sombría son, en combinación, características típicas. Igual que el juvenil posado, la ubicación es esencial para la identificación.

▶ 2º año cal. (febrero)

Un individuo avanzado y fácilmente confundible con una gaviota grande de 3er año cal., independientemente de la especie, basándose en la etapa de muda y diseño de las plumas. Pero las primarias aún son típicas de juvenil (muy desgastadas y puntiagudas). Un gran número de coberteras y terciarias ya han sido mudadas, como muestran muchas aves de 2º año cal. observadas en el NE de Europa en junio. La combinación de la mayoría de coberteras de 2ª generación y las primarias aún juveniles es típica. La impresión general es similar a una gaviota del Caspio, pero nótense la banda caudal oscura muy ancha, el color de fondo gris medio y la falta de una cabeza puramente blanca. La gaviota sombría *intermedius* de 2º año cal. es la más probable de causar confusión en primavera. Véase el individuo típico en la p. 490.

combinación típica de gran parte de las coberteras y terciarias mudadas pero primarias viejas, juveniles

coberteras grandes ya todas grises

▼ 2º año cal. (abril)

Un individuo menos avanzado con la cabeza y las partes inferiores muy pálidas. Solo algunas coberteras (medianas) han sido mudadas, pero las plumas juveniles retenidas a menudo aún se ven nuevas, a diferencia de la mayoría de gaviotas del Caspio de 2º año cal. en primavera. La variación de la muda en las partes superiores y coberteras alares es notable, se pueden observar aves en plumaje casi totalmente juvenil o completamente mudadas, con plumas de 2ª generación. Además, el tamaño y la estructura del pico también son muy variables; este individuo tiene un pico más robusto que la media.

▼ 2º año cal. (abril)

El mismo ejemplar que en la imagen de la izquierda. Nótese la impresión de gaviota del Caspio (de 1er año) debido a, por ejemplo, la parte inferior del ala pálida y cabeza y partes inferiores blancas. El ala casi totalmente juvenil muestra el típico poco desgaste de un ave de 2º año cal. en primavera.

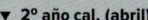

banda muy ancha (cf. gaviota del Caspio de 1er año)

pálida

Gaviota de Heuglin *Larus fuscus heuglini*

▼ 2º año cal. (Finlandia, mayo)
Un individuo típico basándose en la siguiente combinación de rasgos: cabeza y partes inferiores blancas (estriado tenue concentrado en la nuca y flancos ligeramente moteados) y partes superiores, (algunas) coberteras alares y cola normalmente mudadas a finales de invierno, por lo que aún están relativamente nuevas en mayo. Alguna plumas de color gris plomizo con un tinte azulado. Datado basado en las primarias juveniles.

▼ 2º año cal. (Finlandia, mayo)
El mismo individuo que en la izquierda. Basándose en la combinación de rasgos siguiente, un individuo como este probablemente se puede identificar en Europa:
- casi todas las coberteras alares son de 2ª generación, mudadas a finales de invierno
- algunas primarias mudadas en la muda postjuvenil, durante el invierno
- algunas plumas de color gris plomizo (demasiado pálidas para una gaviota sombría subespecie *fuscus*)
- cabeza y partes inferiores muy blancas (recuerdan a una gaviota del Caspio)

coberteras grandes
grises, de tipo adulto

primarias internas
mudadas

cola nueva,
de 2ª generación

▼ 2º año cal. (Finlandia, junio)
Un ejemplar avanzado de 2º año cal. en primavera con las partes inferiores blancas y la cola y las secundarias nuevas (secundarias no visibles aquí). Incluso ha reemplazado algunas primarias externas (ala derecha p9–10, izquierda p9); en combinación con los rasgos mencionados arriba, es característico en comparación con una gaviota sombría subespecie *intermedius*.

▼ 3er año cal./2º verano (Finlandia, mayo)
La impresión general de un individuo como este es de una gaviota sombría de 4º año cal./3er verano debido a casi todas las coberteras alares uniformemente grises, pero aún presenta primarias y secundarias de 2ª generación.

mano de 2ª generación

tono relativamente
gris azulado

todas las coberteras
visibles mudadas a
2ª generación

blanco uniforme

cola de 2ª generación

a menudo ya
toda blanca

plumas de la cola todas
blancas, o una combina-
ción de todas blancas y
densamente marcadas

▼ Patrón de la muda, 2º año cal. (Finlandia, junio)

p9–10 nuevas; más oscuras,
menos desgastadas y con
la punta redondeada

Gaviota del Caspio *Larus cachinnans*

L 62 cm | Verano, E Europa; en migración/invierno, O Europa

▼ **Adulto (febrero)**
La combinación de la estructura (cuello, alas y patas largas, y a menudo pico relativamente fino) y el ojo oscuro contrastando con la cabeza normalmente toda blanca es evidente en un grupo mixto de gaviotas grandes en invierno.

lengua blanca típica en p10 normalmente visible en la parte inferior en aves posadas

gris pálido (escala de grises Kodak 4,5–6,5)

iris típicamente oscuro, a veces más pálido, pero probablemente raramente de un pálido evidente

marca oscura subterminal algo gris amarillenta en invierno (también los adultos)

patrón típico en las terciarias y coberteras grandes; el patrón de las terciarias recuerda a la gaviota cana

relativamente largas; en invierno de un color indefinido desde gris rosado a gris amarillento

▶ **1er invierno (diciembre)**
Este individuo ya ha mudado un gran número de coberteras internas y 2 terciarias en su 1er año cal., algo habitual entre especies del sur que crían temprano (también la gaviota patiamarilla). Las plumas que son reemplazadas más tarde, en otoño, muestran un color de fondo gris y el patrón es más difuso, a diferencia de las plumas mudadas anteriormente (pero todas son de 2ª generación; léase también INTRODUCCIÓN A LAS GAVIOTAS GRANDES, p. 476)

▼ **Juvenil mudando a 1er invierno (agosto)**
Además de la característricas indicadas, las terciarias típicamente carecen de muescas y el borde pálido está limitado a la punta. Las escapulares serán mudadas en breve, por lo tanto este plumaje solo se puede observar a finales de verano.

escapulares juv. con grandes centros oscuros y un borde pálido de anchura (casi) regular (cf. gaviotas argéntea europea y patiamarilla juv.)

aún con una región oscura alrededor del ojo, que rápidamente desaparece

partes inferiores centrales sin moteado

▼ **2º invierno (octubre)**
Un individuo típico debido al pico fino y el estriado concentrado en el cuello. Después de la muda completa, las gaviotas del Caspio y patiamarilla experimentan otra muda de extensión limitada a principios de otoño; entonces crecen plumas grises más uniformes.

plumas grises uniformes nuevas, a menudo ya en grandes secciones de las partes superiores

▼ **2º año cal./1er invierno (febrero)**
A menudo destaca en un grupo mixto de gaviotas inmaduras debido al "chal" netamente delimitado, la cabeza blanca y las escapulares nuevas, grises, contrastando con el ala marrón más oscuro. La punta blanca de las terciarias superiores ya no es perceptible debido al desgaste, pero aún se conserva en las terciarias inferiores. El plumaje de 1er verano es una transición entre este y el 2º invierno; las coberteras viejas se desgastan aún más y a partir de mayo son reemplazadas por coberteras nuevas, ya de color gris casi uniforme.

típicamente muestra los centros oscuros de las plumas en forma de diamante

cabeza típicamente blanca (también alrededor del ojo; cf. gaviota patiamarilla de 1er invierno); límite del cuello moteado evidente

2ª generación de escapulares con un diseño de ancla estrecha y color de fondo gris; en general formando un contraste evidente con las coberteras alares oscuras

terciarias con anchos bordes blancos

las coberteras medianas casi uniformemente grises contrastan, desde otoño, con el resto de coberteras (marrones y de diseño contrastado) típicas de esta clase de edad

proyección alar larga, (normalmente más larga que la mitad de la proyección primaria)

coberteras grandes con la punta blanca y la base oscura

típicamente largo, relativamente fino y con un ángulo gonial poco marcado (pero variable, algunos ♂♂ con pico robusto y ángulo gonial bien marcado)

partes inferiores a menudo ya blancas casi sin marcas, especialmente en el medio del pecho

Gaviota del Caspio *Larus cachinnans*

▶ Adulto (mayo)
La combinación de características indicadas es típica. Algunos individuos aún presentan menos negro en la mano debido a que las lenguas grises o blancas se extienden más hacia la punta del ala, a veces incluso alcanzan los espejos, creando un patrón como de gaviota de Thayer. Este patrón también es visible en la subespecie ártica *argentatus* de gaviota argéntea europea, pero a estas les falta la banda negra completa en p5, compárese. Véase la gaviota de Thayer para más imágenes y explicación sobre este patrón.

▼ Adulto (diciembre)
El patrón típico de la mano también es visible en la parte inferior del ala. La lengua de p10 es blanca y ancha, no gris como en la mayoría de gaviotas grandes.

las lenguas grises/blancas se extienden mucho hacia la punta negra

cuello relativamente largo, a veces evidente (en gran parte según la postura)

banda negra completa en p5

espejo grande en p9

punta blanca de p10 grande (el espejo se "fusiona" con la punta)

las lenguas largas reducen la cantidad de negro (cf., por ejemplo, gaviota patiamarilla)

▼ 1er invierno (marzo)
La combinación de la banda caudal oscura contrastando con la parte inferior del ala pálida es típica.

▼ 2° invierno (enero)
El espejo en p10 de este tipo de plumaje es una diferencia útil respecto a la gaviota patiamarilla de la misma edad, igual que la parte inferior del ala muy pálida. La gaviota argéntea europea subespecie *argentatus* también puede mostrar un pequeño espejo en p10.

primarias internas con la hemibandera interna pálida y la externa oscura (cf. gaviota patiamarilla de 1er año)

sólida barra terminal negra, a menudo acompañada de un barrado fino por encima (cf. gaviota patiamarilla de 1er invierno)

superficie inferior del ala típicamente pálida

primarias de 2ª generación, a menudo un espejo (tenue) en p10

ya muy pálida

▼ 3er año cal./2° verano mudando a 3er invierno (mayo)
Después de la muda en primavera, se adquiere el plumaje de 2° verano, en el cual las partes inferiores y la cabeza se vuelven blancas y las partes no plumadas de un color más pálido. La mancha roja en el gonis es normalmente visible al lado de la banda oscura del pico en esta estación, pero otras especies también la muestran. La estructura y el perfil de la cabeza son ahora aún más importantes para la identificación de la especie. En este individuo la edad está clara: las primarias internas nuevas son de tipo adulto, grises con la punta blanca.

▶ 4° año cal./3er invierno (febrero)
Las indicaciones de datado también son aplicables a la gaviota patiamarilla. En el plumaje de 3er invierno de gaviota argéntea europea suele haber aún más marcas marrones en las coberteras, haciendo que las áreas negras del álula y coberteras primarias no destaquen tanto. Después de la muda en el verano del 4° año cal. la mayoría de aves son como los adultos, excepto por algunas marcas negras en las coberteras primarias.

primeras primarias de tipo adulto (3ª generación) creciendo

primarias viejas de 2ª generación con un espejo en p10 (a diferencia de la gaviota patiamarilla)

algunos individuos aún con marcas negras en las secundarias y rectrices (aquí mínimas)

las marcas negruzcas en el álula y las coberteras primarias forman áreas oscuras destacadas

Gaviota argéntea europea *Larus argentatus*

L 60 cm | Todo el año, de O a N Europa; verano, también NE Europa

Gavià argentat de potes roses CAT
Kaio hauskara EUS
Gaivota arxéntea europea GAL

▼ (Sub)adulto (marzo)
La gaviota estándar de color gris pálido del O y N de Europa. La subespecie occidental *argenteus* es en promedio más pequeña y gris pálida (escala de grises Kodak 3–5) que la nórdica *argentatus* (escala de grises Kodak 4,5–6). La mancha oscura cerca de la punta del pico podría indicar que es un ejemplar adulto joven.

iris pálido y anillo orbital de un naranja amarillento

gris pálido (escala de grises Kodak 3–6)

proyección primaria (más allá de la cola) corta, (cf. gaviotas patiamarilla y del Caspio)

rosadas

▶ Adulto estival, *argentatus* "patiamarillo" (febrero)
Algunas gaviotas argénteas europeas tienen las patas amarillas, especialmente en las poblaciones de *argentatus* del Báltico. Muchos de estos individuos muestran unas partes superiores de un gris ligeramente más oscuro y a menudo tienen el anillo orbital y las boqueras rojas, una combinación de rasgos que puede causar confusión con la gaviota patiamarilla. La diferencia más importante respecto a esta especie es el diseño de la mano: los ejemplares de la subespecie *argentatus* muestran poco negro debido a las largas lenguas pálidas y normalmente la punta de p5 es totalmente blanca (véase la gaviota patiamarilla adulta).

▼ Juvenil (septiembre)
Como en todas las gaviotas grandes, el plumaje juvenil es variable; este es un ejemplar promedio, pero algunos son más oscuros con muescas menos evidentes y otros son más pálidos. Los individuos más pálidos tienen un diseño con grandes muescas en las terciarias y coberteras grandes, un diseño similar en las demás coberteras y partes inferiores pálidas (compárese con el gavión atlántico juvenil). Los centros de las escapulares y coberteras son de color marrón claro, lo que da al plumaje una apariencia general menos contrastada (a diferencia de las gaviotas patiamarilla, del Caspio, sombría y el gavión atlántico). Las partes inferiores homogéneamente moteadas contrastan poco con las superiores, acentuando la apariencia uniforme del plumaje.

▼ Adulto invernal (octubre)
Los adultos adquieren un moteado oscuro variable en la cabeza y el cuello a partir del otoño. En primavera estas plumas son sustituidas de nuevo por blancas.

una lengua larga y gris en p8, y poco negro en la hemibandera externa (cf. gaviota patiamarilla)

ausencia de negro en p5 (cf. gaviota patiamarilla)

la parte inferior de la mano destaca por la gran extensión de blanco (cf. gaviota patiamarilla)

manto y escapulares juveniles: centros de las plumas extensamente oscuros, con un diseño parecido a una hoja de acebo, son las primeras plumas a mudar en otoño

terciarias a menudo con muescas grandes

coberteras grandes con muescas/barras uniformes desde la más interna a externa

partes inferiores uniforme y difusamente moteadas de marrón

▶ 1er invierno (noviembre)
Como el juvenil, pero el manto y las escapulares han sido mudados. La muda de las plumas corporales genera un contraste entre la cabeza y pecho más pálidos que el resto del cuerpo. Las extensas muescas en las terciarias y el barrado neto de las coberteras grandes facilitan la identificación de este individuo.

escapulares nuevas a menudo con un diseño de anclas estrechas y color de fondo gris parduzco

terciarias típicamente con grandes muescas

Gaviota argéntea europea *Larus argentatus*

▼ 2° año cal. mudando a 2° invierno (agosto)
El plumaje de 1er verano no es estable, sino una transición de 1er a 2° invierno. La identificación de las especie acostumbra a ser difícil en este plumaje; las gaviotas sombrías de esta edad pueden ser muy similares, pero nótese la estructura pesada y el pico robusto. Las gaviotas patiamarilla y del Caspio muestran, por ejemplo, una cabeza más blanca.

plumaje típicamente desaliñado debido a la combinación de plumas viejas, nuevas y en crecimiento

muda de primaras activa; primarias viejas muy desgastadas/descoloridas

▼ 2° invierno (diciembre)
Algunos individuos de esta clase de edad aún parecen superficialmente un ave de 1er invierno, pero véanse las indicaciones. Especialmente la subespecie *argentatus* en su 2° invierno, parece más joven que *argenteus*, porque a veces aún carece del manto gris (aquí mínimo). Las aves *argentatus* de 2° invierno ya muestran regularmente un espejo tenue en p10 (de 2ª generación), a diferencia de los *argenteus* de 2° invierno.

iris más pálido (a diferencia de aves de 1er invierno)

un poco de gris, pero puede faltar al completo en *argentatus*

primarias externas de 2ª generación con puntas redondeadas (no es evidente desde este ángulo)

diseño "diluido" en las coberteras grandes, típico de plumas de 2ª generación

▼ 1er invierno (noviembre)
La mayoría muestran una banda caudal oscura más sólida y el resto de la cola densa y uniformemente barrada/moteada. El diseño de la base de la cola se extiende homogéneamente hacia las supracoberteras caudales.

supracoberteras caudales con un patrón regular

coberteras con un patrón más o menos uniforme

banda caudal variable, aquí no es uniforme, más parecida al gavión atlántico

las primarias internas pálidas forman una ventana pálida (cf., por ejemplo, gaviotas sombría y patiamarilla juv./1er invierno)

▼ 1er invierno (octubre)

toda la parte inferior del ala oscura, carece de contrastes

moteado regular y difuso

▶ 2° invierno, supuesto *argenteus* (noviembre)
La subespecie occidental *argenteus* habitualmente carece del espejo en p10 de las primarias de 2ª generación, mientras que algunas aves nórdicas *argentatus* ya presentan un (tenue) espejo en el mismo plumaje. Las partes superiores ya (casi) uniformemente grises en este plumaje es más típico de la subespecie *argenteus*.

primarias de 2ª generación con la punta redondeada (en todas las gaviotas grandes)

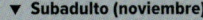

▶ **3er año cal./2° verano (junio)**
El crecimiento de las primeras plumas del ala de tipo adulto es típico en esta clase de edad de muchas gaviotas grandes, normalmente empezando por las coberteras medianas y las coberteras primarias y las primarias internas. En el otoño del 2° año cal., las gaviotas argéntea europea *argenteus*, del Caspio y patiamarilla ya muestran las primeras coberteras medianas grises.

las plumas nuevas del ala, de 3ª generación, son de tipo adulto, grises

▼ **4° año cal./tipo 3er invierno (enero)**
Un tipo de plumaje muy variable; este es un individuo más o menos promedio. Algunos parecen aves avanzadas de 2° invierno, pero se pueden datar basándose en las primarias internas de tipo adulto y normalmente presentan evidentes espejos de color blanco puro y pequeñas, pero obvias, puntas blancas de las primarias externas.

▼ **Subadulto (noviembre)**
Después de la muda completa en el verano del 4° año cal. muchos individuos son de tipo adulto, pero a menudo aún muestran pequeños rasgos de inmadurez, como una banda oscura en el pico, y marcas oscuras en el álula y coberteras primarias, como este individuo.

variable; a menudo casi totalmente blanca, pero a veces también una banda caudal ancha

gris uniforme, tipo adulto

espejo(s) normalmente bien desarrollados a partir de la 3ª generación en *argenteus*

a menudo algunas secundarias con marcas oscuras (aquí mínimas)

primarias internas de tipo adulto (cf. 2° invierno)

▼ **Adulto invernal, *argenteus* occidental (noviembre)**
Este diseño de la punta del ala es más frecuente en *argenteus*, pero la variación es notable tanto en *argenteus* como en *argentatus*, con cierto solapamiento. Además del diseño de la punta del ala, las partes superiores de un gris muy pálido y la muda de primarias ya finalizada en noviembre son características más típicas de *argenteus* (*argentatus* suele tener las primarias externas aún en crecimiento hasta diciembre).

▼ **Adulto invernal, *argentatus* nórdico (enero)**
Típicamente menos negro en la punta del ala que *argenteus*. Algunos individuos presentan una banda negra completa en p5, lo que genera un diseño muy parecido a la gaviota del Caspio. Este individuo muestra el patrón de gaviota de Thayer, lo que ocurre frecuentemente en la subespecie *argentatus* del Ártico y solo muy raramente en *argenteus*. Algunas gaviotas del Caspio también muestran el patrón de gaviota de Thayer en las primarias externas, pero normalmente está combinado con marcas negras en p5 (aquí carece de negro en p5). Véase la gaviota de Thayer para más imágenes y explicación del patrón de la mano.

espejo en p10 separado de la punta blanca por una banda negra (cf. *argentatus* nórdico)

más negro en p7–8 que en *argentatus*, pero nunca tanto como la gaviota patiamarilla (véase)

el diseño de p5 varía desde apenas tener una marca negra a presentar una banda negra completa

p5 sin la punta negra en este ejemplar

lenguas largas en p7–8 (con una extensa punta blanca) reduciendo la cantidad de negro (cf. *argenteus* adulto)

p9 con diseño de gaviota de Thayer: la lengua gris se extiende hasta el espejo

p10 con toda la punta blanca (espejo fusionado con la punta)

la parte inferior típicamente muestra poco negro; patrón de gaviota de Thayer en p9 también visible aquí

Gaviota argéntea americana *Larus smithsonianus*

L 61 cm | Divagante de Norteamérica

Gavià argentat americà CAT
Kaio hauskara amerikarra EUS
Gaivota arxéntea americana GAL

▼ **Adulto invernal (enero)**
Posado es casi idéntico a la gaviota argéntea europea. El gran tamaño, especialmente de los ♂♂ (como *argentatus*), en combinación con las partes superiores de un gris relativamente pálido (como *argenteus*) pueden ser una primera indicación. La forma del pico (la punta, comparada con la de una gaviota argéntea europea, es normalmente un poco más robusta, haciendo que la base parezca ligeramente más estrecha), el patrón del pico (el punto gonial rojo es relativamente pequeño y en invierno un punto oscuro) y el color de las patas (a veces ligeramente más rojas) son diferencias sutiles que se solapan con la variación dentro de la gaviota argéntea europea.

gris relativamente pálido (escala de grises Kodak 4–4,5); como la gaviota argéntea europea *argenteus*, más pálido que la mayoría de *argentatus*

▼ **Diseño de la parte superior de la mano, adulto (enero)**
Este es el patrón típico de los individuos del NE de Norteamérica. La combinación es diagnóstica comparada con la gaviota argéntea europea. El área negra en p9–10 tiene un diseño como de "palo de golf": la hemibandera externa presenta una larga línea negra que bruscamente se ensancha mucho hacia la hemibandera interna cuando se acerca a la punta. P7–8 muestran una larga lengua gris (> 75 % de la hemibandera interna). La punta de la lengua de p7, y a menudo también de p8–9, es redondeada, pero en algunas ocasiones puede ser más rectangular, como en este individuo. El diseño negro de la hemibandera externa tiene una punta afilada, como de "bayoneta". En p5–6 la banda negra presenta 3 puntas, un patrón en forma de W. Si solamente hay negro en la hemibandera externa de p5, entonces la forma es de U.

p5 con banda negra en forma de W

espejo en p9 relativamente pequeño, no alcanza la hemibandera externa

"bayonetas" largas en p7–8

punta de la lengua más o menos rectangular (también en p10)

espejo en p10 separado de la punta blanca

IDENTIFICACIÓN DEL PLUMAJE DE 1er INVIERNO EN EUROPA
Solo las gaviotas argénteas que muestren una combinación de las características siguientes pueden identificarse con seguridad como gaviota argéntea americana. Especialmente en Groenlandia, pero también en las islas Feroe, hay gaviotas argénteas europeas que son muy oscuras y similares a las americanas.
- La cola es toda oscura, solo con los raquis más pálidos, pero a veces hay puntos blancos en la base de las rectrices externas.
- El vientre y las infracoberteras caudales están extensamente barradas, las barras oscuras son más anchas que las pálidas, de manera que el blanco a veces está reducido a un simple moteado; las infracoberteras caudales más largas son completamente oscuras.
- El obispillo y las supracoberteras caudales también muestran barras oscuras anchas, del mismo color que las partes superiores (no más pálidas, como es el caso típico de la gaviota argéntea europea).
- Las partes inferiores son uniformemente oscuras, del mismo color que el cuello y la nuca.
- Las terciarias presentan muescas pequeñas.
- Las coberteras grandes tienen la base oscura, formando una barra oscura en la parte superior del ala.
- Las escapulares de 2ª generación son de color gris parduzco; evidentes en el 2º invierno.

▼ **Diseño de la parte inferior de la mano, adulto (enero)**
El diseño característico de p10 es a menudo más fácil de estudiar en la parte inferior: hay una lengua larga en la hemibandera interna (> 50% de la longitud de la pluma), que termina en un ángulo recto; y una banda subterminal negra separa el espejo de la punta blanca. P9 también muestra una larga lengua pálida (que puede alcanzar el espejo, produciendo un patrón de gaviota de Thayer) y un espejo pequeño, restringido a la hemibandera interna.

combinación típica, p10: lengua larga, con punta cuadrada y una banda negra subterminal entre el espejo y la punta

▶ **1er invierno (enero)**
En muchos aspectos un ejemplar típico. Las partes inferiores normalmente muestran el mismo diseño que la nuca, en este caso un marrón más o menos uniforme que destaca en medio de las gaviotas argénteas europeas.

terciarias de color marrón oscuro, normalmente solo una muesca blanca en la punta

las escapulares nuevas contrastan con el "chal" más oscuro

"chal" típicamente marrón uniforme que se extiende hacia las partes inferiores

la cabeza parece blanquecina debido al "chal" oscuro, normalmente más evidente a lo lejos

a menudo ya pálido y base relativamente delgada

normalmente más o menos liso; plumas nuevas grisáceas

coberteras grandes relativamente pálidas en este individuo, pero típicamente con un barrado irregular

▼ **1ᵉʳ invierno (noviembre)**
Un individuo clásico.

base de las coberteras
grandes oscura

muy densamente
marcadas

nuca marrón oscuro uniforme

base del pico pálida

▼ **1ᵉʳ invierno (octubre)**

partes inferiores
casi uniformemente
oscuras, del mismo
color que el cuello

toda la cola negra o marrón
oscuro, como máximo con
finas marcas pálidas en la
base de las rectrices externas

ventana pálida como la
gaviota argéntea europea de
1ᵉʳ invierno, pero a menudo
un poco más parduzca

axilares a menudo
uniformemente oscuras

infracoberteras caudales
(y supracoberteras caudales)
muy densamente marcadas

▼ **1ᵉʳ invierno (marzo)**
Un individuo más pálido y, por lo tanto, más parecido a una
gaviota argéntea europea; nótese, sin embargo, la cola oscura
en su totalidad, las supracoberteras caudales densamente
moteadas y las axilas uniformemente marrones.

▼ **2º año cal./1ᵉʳ verano (abril)**
Como un ave de 1ᵉʳ invierno pero más pálida. Las coberteras grandes
y el patrón de las terciarias en este individuo no son diferentes de
muchas gaviotas argénteas europeas. La cola (casi) toda oscura es
indicativa, pero solo se puede juzgar bien viéndose abierta. Las
marcas de las infracoberteras caudales son típicamente densas,
mostrando más extensión de oscuro que de pálido.

contraste más o menos notable
entre la cabeza blanquecina y
el "chal" marrón oscuro

bicolor

gris parduzco
denso

las plumas nuevas del flanco
a menudo más grisáceas
(como en la gaviota de
Thayer de 2º año cal.)

densamente
marcado

Gaviota argéntea americana *Larus smithsonianus*

▼ **3er año cal./2° invierno (enero)**
En este plumaje hay un solapamiento completo con los rasgos que muestran las gaviotas argénteas europeas más oscuras. Sin embargo, muchos individuos aún presentan las supra e infracoberteras caudales con un moteado/barrado más intenso en invierno.

▼ **3er año cal./2° invierno (febrero)**
Muchos individuos en este tipo de plumaje aún muestran marcas oscuras intensas, y, especialmente, las partes inferiores de un color marrón (grisáceo) uniforme. Hace falta observar el ave en vuelo para juzgar el diseño típico de la cola y las coberteras caudales. Todo el plumaje presenta una coloración marrón grisáceo.

aún densa e intensa-mente marcadas

normalmente aún densamente moteado

toda oscura

en promedio, las secunda-rias son más sólidamente oscuras que en las gaviotas argénteas europeas de la misma edad

individuo típico con un "chal" oscuro y extenso que alcanza hasta las partes inferiores

a menudo descuidado, de un color marrón grisáceo

primarias externas de 2ª generación redondeadas y con una pequeña punta blanca

▼ **3er año cal./3er invierno (octubre)**
La combinación de las alas de aspecto adulto (3ª generación) y las marcas aún oscuras en el cuello y las partes inferiores le dan una apariencia distintiva (aunque algunas gaviotas argénteas europeas son casi idénticas). Obsérvese también la banda negra aún extensa en la cola y la punta negra del pico; características típicas de este tipo de plumaje. La característica más típica de los individuos de 4° invierno (cuando está presente y no son idénticos a un adulto) es una serie de manchas negras, bien delimitadas, en la base de las terciarias y/o centro de las secundarias.

▼ **3er invierno/4° año cal. (febrero)**
Los subadultos regularmente muestran marcas negras en la cola y las secundarias. Estas "manchas de tinta" están bien delimitadas. Las gaviotas argénteas europeas inmaduras muestran marcas parduzcas con bordes difusos, como un vermiculado.

"manchas de tinta" típicas de las secunda-rias y a menudo la base de las terciarias

Gaviota patiamarilla *Larus michahellis michahellis*

L 57 cm | Verano, Mediterráneo y costas de SO Europa; individuos dispersivos hacia O Europa

Gavià argentat CAT
Kaio hankahoria EUS
Gaivota patiamarela GAL

▼ Adulto estival (mayo)

La gaviota grande de manto gris pálido más común del sur de Europa. Un individuo típico, probablemente ♂ debido a la cabeza angulosa y el pico robusto. Algunas gaviotas argénteas nórdicas *argentatus* también tienen las patas amarillas y acostumbran a ser de un gris más oscuro en las partes superiores, del mismo tono que algunas gaviotas patiamarillas. Estos individuos también pueden mostrar un anillo orbital rojo. Típicamente, la diferencia más importante es la cantidad de negro en las primarias (comparado con gaviotas argénteas europeas *argentatus*; véase).

estructura típica con cabeza angulosa, gran tamaño (especialmente en ♂♂), popa alargada que se estrecha gradualmente y patas relativamente largas

gris medio (escala de grises Kodak 5–7)

espejo de p10 separado de la punta blanca (cf. gaviota argéntea europea *argentatus*)

robusto y con colores vivos, la mancha gonial roja a veces se extiende hacia la mandíbula superior

ala moderadamente desgastada en primavera (cf. gaviota argéntea europea *argentatus*)

amarillas en las aves adultas, cf. gaviota argéntea europea *argentatus* con patas amarillas

▼ 1er invierno (diciembre)

Los individuos como este son similares tanto a la gaviota argéntea europea como a la sombría, pero véanse las características destacadas. La gaviota argéntea europea en diciembre raramente, o más bien nunca, muda coberteras del ala. Las escapulares nuevas son típicas, pero la gaviota argéntea europea muestra un diseño idéntico. La gaviota patiamarilla cría temprano, por lo tanto muchas aves de 1er invierno en otoño ya tienen las plumas juveniles evidentemente desgastadas.

coberteras nuevas (2ª generación)

escapulares de 2ª generación a menudo con un contrastado y fino diseño de doble ancla (cf. gaviota del Caspio de 1er invierno)

cabeza pálida con una máscara oscura

diseño de terciarias desdibujado debido al desgaste

a menudo aún todo oscuro (cf. gaviotas argéntea europea y del Caspio de 1er invierno)

el barrado se vuelve difuso hacia el exterior del ala y el borde pálido de la hemibandera externa más prominente

el centro de las partes inferiores a menudo con pocas marcas o sin ninguna

normalmente de color rosa salmón evidente debido a la falta de marcas negras en los tarsos (cf. gaviota sombría de 1er invierno)

▼ Tipo adulto invernal (septiembre)

El estriado oscuro cefálico es más evidente al final de la muda completa de otoño, y entonces aún es muy limitado, concentrado alrededor del ojo. A partir de noviembre, el estriado vuelve a desaparecer debido a la muda a plumaje estival. Contrariamente, la mayoría de gaviotas argénteas europeas y sombrías retienen el estriado cefálico durante el invierno.

▼ Juvenil mudando a 1er invierno (agosto)

la muda postjuvenil típicamente empieza muy temprano (aquí ya algunas plumas nuevas)

cabeza pálida con una máscara negra

escapulares juv. con un borde pálido irregular, ondulado (cf. gaviota del Caspio juv.)

negro, robusto y con un ángulo gonial prominente

terciarias juv. oscuras, solo con marcas pálidas variables en las puntas

marcas oscuras bien delimitadas (cf. gaviotas del Caspio y argéntea europea juv.)

▼ 1er verano (julio)

Como la mayorías de gaviotas grandes a medio verano, este individuo está mudando extensamente, y faltan muchas coberteras grandes. Las coberteras juveniles aún presentes están tan desgastadas que las características típicas de la especie ya no se perciben. El contrastado diseño de las coberteras nuevas y las partes inferiores moteadas crean una apariencia general moteada en este plumaje. Las marcas oscuras alrededor del ojo, como una máscara, son típicas.

las primarias externas a medio verano están muy desgastadas (típico de todas las gaviotas grandes en esta clase de edad)

en primavera, las escapulares mudadas ya crecen casi totalmente grises

muda de las primarias avanzada, ya hasta la primarias centrales, aquí probablemente p6

evidentes marcas oscuras en forma de diamante contrastan con el color de fondo pálido

Gaviota patiamarilla *Larus michahellis michahellis*

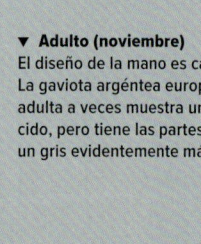

▼ Adulto (noviembre)
El diseño de la mano es característico.
La gaviota argéntea europea *argenteus*
adulta a veces muestra un diseño parecido, pero tiene las partes superiores de
un gris evidentemente más pálido.

▶ Adulto (noviembre)
Variante más o menos frecuente con la
punta de p10 totalmente blanca y
largas lenguas grises que penetran la
extensión negra en p6–8. Hacia el
extremo oriental del Mediterráneo, los
individuos con este patrón son más
abundantes. La edad también puede
influir, ya que las gaviotas más viejas
desarrollan gradualmente menos
negro en las primarias.

lenguas grises sin la punta
blanca (cf. gaviotas argéntea
europea y del Caspio adultas)

banda negra en p5
completa y ancha

negro relativamente
extenso en la parte central
de p6–8, lenguas grises
cortas (cf. gaviota argéntea
europea adulta)

**▶ 1er invierno
(diciembre)**

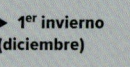

espejo grande en p10, normalmente separado de la punta blanca
por una banda negra subterminal,
espejo en p9 pequeño

▼ 1er invierno (octubre)
Particularmente parecido a un juvenil/1er invierno de gaviota sombría. El diseño
de la cola es típico de gaviota patiamarilla, pero las gaviotas sombrías son muy
variables y algunas presentan una banda caudal oscura relativamente estrecha
e incluso las primarias internas ligeramente pálidas con bases blanquecinas. En
este individuo, la estructura pesada de la cabeza y el pico, y el estadio de la
muda en octubre (nótense las partes superiores completamente mudadas e
incluso algunas coberteras medianas nuevas) ayudan en la identificación.

típicamente ya presenta
coberteras recientemente
mudadas (cf. gaviota argéntea
europea de 1er invierno)

parte inferior del ala con un diseño más o
menos uniforme; líneas pálidas a menudo
visibles, como aquí, pero en otros
ejemplares más uniformemente oscura

banda caudal negra sólida,
con un barrado oscuro
variable encima; base de la
cola blanco inmaculado

▶ 3er año cal./2º verano (abril)
La p10 de 2ª generación normalmente no presenta
ningún espejo (a diferencia de la mayoría de
gaviotas del Caspio y algunas gaviotas argénteas
europeas *argentatus*). Otras características típicas
de este plumaje son las partes superiores de color
gris uniforme que contrastan con el ala principalmente marrón y la banda caudal negra bien
marcada. Este ejemplar pronto empezará la muda
completa a 3er invierno, momento en que adquirirá
más coberteras de tipo adulto, igual que las secundarias y primarias internas.

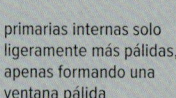

primarias internas solo
ligeramente más pálidas,
apenas formando una
ventana pálida

▶ Tipo 3er invierno (diciembre)
La variación de este tipo de plumaje
es amplia, por lo que es preferible
referirse a ellos como "tipo". La
mayoría de aves de esta clase de
edad muestran un pequeño espejo
en p10 y la banda caudal oscura
está interrumpida o casi ausente.

▶ Tipo 4º invierno (noviembre)
Como el adulto, pero aún con muchos pequeños
rasgos de inmadurez, como muestra este ejemplar. Aún una extensa banda oscura en el pico, y
marcas oscuras mínimas en la cola, p4, álula y
coberteras primarias. Las aves completamente
adultas carecen de estrías oscuras en la cabeza
en noviembre, a diferencia de los inmaduros.

Gaviota patiamarilla atlántica *Larus michahellis atlantis*

L 57 cm | Divagante de las Azores

Gavià argentat "atlàntic" CAT
Kaio hankahori atlantikoa EUS
Gaivota macaronesia GAL

▼ Adulto invernal (octubre)

Los rasgos más típicos de este taxón de gaviota patiamarilla son: el estriado oscuro y extenso en todos los plumajes invernales e inmaduros (sin llegar al cuello), las partes superiores relativamente oscuras (escala de grises Kodak 7–9) y más negro en la punta del ala.

▼ 1er invierno (octubre)

La cabeza densamente estriada y las coberteras alares extensamente marrones son típicas. En muchos aspectos, se parece más a una gaviota sombría oscura de 1er invierno, excepto por la estructura muy robusta, incluyendo el pico, y la muda postjuvenil avanzada en otoño.

las escapulares de 2ª generación suelen dar un aspecto desaliñado (a diferencia de la mayoría de *michahellis* nominales)

normalmente (muy) pocas marcas pálidas

pesado y densamente estriado, coberteras auriculares a menudo marrón uniforme

densamente moteado

tarsos oscuros hasta bien entrado el 2º año cal.

vientre a menudo netamente barrado

▶ 2º invierno (octubre)

Un individuo como este destacaría en Europa. Muchos ejemplares ya han desarrollado el iris pálido, que resalta especialmente en una cabeza tan oscura. Muchos individuos de esta clase de edad aún tienen un pico mayormente oscuro, lo cual es inusual en otras gaviotas europeas grandes. Más adelante en el año, muchos desarrollan (debido a una muda más avanzada) una banda gris en las coberteras centrales y en la(s) terciaria(s) superior(es).

muda completa casi finalizada en la 1ª semana de octubre

▼ Adulto invernal (octubre)

La mano muestra (en promedio) la mayor extensión de negro de todas las gaviotas grandes occidentales. La combinación de un único espejo en la mano (en p10), manchas negras en p4 y la hemibandera externa de p8 negra en toda su longitud (aunque la base de p8 es gris en este individuo) son rasgos típicos. El estriado extenso de la cabeza suele dar la impresión de una capucha oscura evidente.

▼ 1er invierno (octubre)

En vuelo, muy parecido a una gaviota sombría oscura de 1er invierno.

máscara oscura

marca oscura en p4

normalmente un único espejo en p10 (aquí aún en crecimiento)

muchos individuos muestran la hemibandera externa de p8 negra en toda su longitud (a diferencia de *michahellis* nominal), pero no en este individuo

casi toda negra (solo marcas blancas en la base de las rectrices externas)

en general, alas muy oscuras

Gaviota armenia *Larus armenicus*

L 54 cm | Verano, Turquía; invierno, extremo E Mediterráneo

▼ **Adulto estival (mayo)**

El pico multicolor es, en verano, de color amarillo brillante y presenta una mancha gonial roja que a veces se extiende hasta la mandíbula superior, además de una banda negra transversal casi en la punta, la cual es de un amarillo blanquecino. Algunos individuos no presentan la banda negra durante el verano.

▼ **Adulto (mayo)**

El diseño de la mano es típico, pero puede parecerse al de una gaviota patiamarilla subadulta (la gaviota patiamarilla atlántica puede mostrar un diseño de la mano idéntico, pero difiere en otras varias características; véanse allí). Las gaviotas patiamarillas subadultas muestran rasgos típicos de inmadurez en las coberteras primarias y secundarias. El diseño y color del pico, así como el iris oscuro son típicos.

iris variable desde todo oscuro a relativamente pálido; nunca evidentemente pálido como una gaviota patiamarilla

gris medio (escala de grises Kodak 7–8,5)

corto, robusto y con punta roma; multicolor

negro extenso; espejo (en p10) relativamente lejos de la punta

mancha negra en p4

negro en la base de p8

▼ **1er invierno (septiembre)**

Parece una gaviota patiamarilla de 1er invierno compacta, con una cabeza redondeada y un pico grueso y romo. La combinación de rasgos indicados es típica, además del tamaño pequeño y la estructura compacta. Un individuo fuera de su distribución habitual debe analizarse con cuidado, incluyendo el patrón del ala y la cola. Las coberteras grandes suelen mostrar más marcas blancas que en la gaviota patiamarilla.

máscara evidente y a menudo algunas estrías cefálicas (cf. gaviota patiamarilla de 1er invierno)

las plumas del manto y las escapulares de 2ª generación son variables, pero normalmente bastante pálidas

terciarias juv. normalmente con pocas marcas

típicamente grueso y relativamente corto

a menudo algunas coberteras (aquí medianas) mudadas (como una gaviota patiamarilla; a diferencia de la gaviota argéntea europea de 1er invierno)

▼ **1er invierno (octubre)**

El color de fondo de las plumas nuevas de las partes superiores y las alas es pálido, haciendo que el ave se vea más intensamente moteada. Las coberteras grandes son más pálidas que en la gaviota patiamarilla.

diseño como de gaviota cana

solo 1 banda oscura en la parte superior del ala, las secundarias; coberteras grandes con la base pálida (cf. gaviotas del Caspio y patiamarilla de 1er invierno)

ventana pálida tenue, similar a una gaviota patiamarilla de 1er invierno

▼ 1er invierno (agosto)

panel blanco (sin manchas) en las infracoberteras medianas, a menudo evidente

▼ 2º año cal./1er verano, mudando a 2º invierno (mayo)
Al igual que muchas otras gaviotas grandes, este plumaje es muy variable. Superficialmente similar a una mezcla de gaviota patiamarilla y gaviota argéntea europea pero con la estructura típica del pico (corto, grueso y romo). Muchos individuos típicamente muestran un plumaje pálido con marcas oscuras estrechas (como en una gaviota argéntea europea de 1er invierno extremadamente pálida), pero en individuos más avanzados ya se observan escapulares de un gris-azul oscuro. La muda de las coberteras y las terciarias suele ser más extensa que en otras gaviotas grandes de esta edad.

a veces aún completamente oscuro hasta bien entrado el 2º año cal. (otros individuos con la base pálida y la punta oscura)

escapulares postjuveniles pálidas y poco marcadas, más tipo gaviota del Caspio que tipo gaviota patiamarilla

las coberteras de 2ª generación que crecen en otoño del 1er año cal. presentan un punto en forma de diamante en la punta, en cambio, las que crecen en primavera del 2º año cal., más bien muestran un mancha triangular o en forma de ancla

a menudo partes inferiores con algunos puntos dispersos y bien delimitados (suelen tener forma de flecha en los flancos), en la gaviota patiamarilla normalmente barras finas

▼ 3er año cal./2º verano, mudando a 3er invierno (mayo)
Parecido a una gaviota patiamarilla, pero las partes superiores son de un azul grisáceo más oscuro, el iris oscuro y el pico corto y grueso. Este individuo ha comenzado la muda a plumaje de 3er invierno. Muchos individuos de esta clase de edad están más avanzados con, por ejemplo, más coberteras grises y las primarias internas en crecimiento ya de tipo adulto.

▼ Tipo 4º año cal./3er verano (mayo)
Ya principalmente como un adulto en verano, pero aún con algunos rasgos de inmadurez, por ejemplo, en la cola y las coberteras primarias. Después de la muda completa en el verano del 4º año cal., la mayoría de ejemplares son idénticos a un adulto completo.

el negro en las hemibanderas externas alcanza las coberteras en 4 primarias (p7–10)

Gaviota de Thayer *Larus glaucoides thayeri*

L 59 cm | Divagante del Ártico norteamericano

Gavinot polar "de Nunavut" CAT
Thayer kaio hegalzuria EUS
Gaivota esquimó GAL

▼ Adulto invernal (febrero)

En muchos aspectos intermedio entre la gaviota de Kumlien y la gaviota argéntea (americana), de manera que las variantes extremas de gaviota de Thayer pueden ser muy parecidas a estas 2 especies. Los inmaduros, hasta su 2º invierno, también pueden recordar a la gaviota de Bering de la misma edad, véase allí.

▼ Subadulto invernal (febrero)

Como el adulto, pero las extensas manchas oscuras del pico son típicas de un subadulto, por ejemplo, de 4º invierno. El estriado de la cabeza y el cuello también suele ser más extenso que en los adultos. El iris aún oscuro en combinación con el pico verdoso, conforman un primera indicación de la identidad de la especie.

parte trasera de la cabeza angulosa

normalmente bastante oscuro (debido a puntos extensos en el iris)

"chal" gris parduzco con un moteado difuso típico

desde gris pálido a medio (escala de grises Kodak 4,5–6)

amarillo pálido con una base relativamente estrecha (y por lo tanto punta más gruesa)

punta pálida en la parte inferior de p10, a menudo visible en aves (sub)adultas posadas

típicamente de rosa a lila

parte inferior de la punta del ala normalmente pálida (pero el diseño exacto solo se puede juzgar en vuelo)

▼ Adulto (febrero)

todas las primarias externas tienen lenguas grises con las puntas blancas, formando un "collar de perlas" (también visible desde la parte inferior del ala)

parte inferior de la mano con muy poco negro visible, concentrado en la punta de la primaria

▼ Juvenil (noviembre)

La combinación de características indicadas es típica, pero la amplia variación de algunas especies similares e híbridos hace que la identificación con seguridad en Europa solo sea posible en individuos típicos. Una gaviota argéntea americana juvenil/1er invierno en noviembre mostraría, por ejemplo, al menos algunas escapulares mudadas, la base del pico más pálida, la cabeza contrastadamente más pálida que el cuerpo, una coloración general más oscura marrón chocolate cálido y una estructura más pesada que la gaviota de Thayer. El plumaje aún enteramente juvenil a mediados de noviembre concuerda con la época de cría tardía en el Ártico.

escapulares juv. retenidas hasta bien entrado el invierno; centros oscuros más o menos cuadrados con un ancho borde blanco (dando una impresión como cubierto de escarcha)

a menudo uniformemente oscuro, apariencia de máscara

base oscura con muescas pálidas en la punta

puntas pálidas en forma de V (cf. gaviota de Kumlien oscura juv./1er invierno)

más o menos gris parduzco uniforme, en general más oscuro que las partes superiores

a menudo ya del mismo color que los adultos; rosa intenso

más oscuras que la parte más oscura de las coberteras y terciarias (cf. gaviota de Kumlien oscura juv./1er invierno)

diseño denso e irregular

▼ Adulto (febrero)

El diseño de la mano es típico aunque puede asemejarse al de algunas gaviotas argénteas europeas *argentatus*. La combinación de una banda negra en las puntas de p5 y p10, y el patrón de gaviota de Thayer en p9, no se observa en ninguna especie europea. Los individuos de otras especies que muestran un patrón de gaviota de Thayer en p9 o p10 suelen combinarlo con una punta completamente blanca en p10.

negro típicamente concentrado en las hemibanderas externas, creando un diseño rayado en la parte superior de la mano

p9 con el patrón de gaviota de Thayer típico (la lengua pálida alcanza el espejo)

normalmente banda negra en p10

normalmente banda negra en p5 (a diferencia de la gaviota de Kumlien)

1er invierno (abril)

Un individuo típico en muchos aspectos. La mayoría de las escapulares juveniles aún están retenidas en abril y no presentan un desgaste evidente; típico de especies con una época de cría tardía en el Ártico.

supra e infracoberteras caudales densamente marcadas con barras oscuras anchas; cola enteramente oscura excepto las bases de las rectrices externas (cf. gaviota argéntea americana de 1er invierno)

las secundarias forman una barra oscura pero, como las primarias, tienen las hemibanderas internas pálidas

hemibandera interna pálida en las primarias, también las externas (cf. gaviota argéntea americana de 1er invierno)

parte inferior gris pálido (cf. gaviota argéntea americana de 1er invierno)

2º invierno (febrero)

Superficialmente parecida a una gaviota argéntea europea pequeña y compacta.

iris aún muy oscuro

bases de las terciarias uniformemente oscuras, pero más pálidas que las puntas de las primarias

las puntas de las terciarias solo con fino diseño vermiculado

parte inferior de la punta de las primarias parcialmente pálida

a menudo rosa intenso

intensamente moteado, a veces más densamente

2º invierno/3er año cal. (marzo)

Un individuo menos avanzado. Estos pueden parecer superficialmente un ave de 1er invierno, pero las coberteras nuevas casi no presentan ninguna mancha. El diseño difuso de este plumaje es atípico en las especies europeas, lo que hará que destaque en Europa. Esta apariencia difusa en combinación con la cola (casi) totalmente oscura, recuerda a una gaviota de Bering de 1er y 2º invierno, pero hay diferencias evidentes, véase allí.

supracoberteras caudales aún intensamente marcadas en este individuo

al menos las 5 primarias más externas con la hemibandera externa oscura hasta las coberteras (a diferencia de la gaviota de Kumlien)

coberteras de 2ª generación casi uniformemente gris parduzco

infracoberteras alares a menudo muy oscuras, hasta el 3er invierno

1er invierno (abril)

plumas axilares e infracoberteras alares uniformemente oscuras, forman la parte más oscura de la parte inferior del ala

típicamente casi marrón uniforme

base de la cola sin marcas, y por lo tanto parecida a la de una gaviota argéntea americana juv./1er invierno, pero más gris parduzca

primarias externas apenas más oscuras, estrecho borde oscuro en la parte posterior de la mano debido a las puntas oscuras difusas de las primarias (cf. gaviota argéntea americana de 1er invierno)

2º invierno/3er año cal. (enero)

Un individuo avanzado pero, por ejemplo, la ausencia de espejos y la cola aún totalmente oscura descartan que se trate de un ave de 3er invierno.

casi uniformemente oscura

variable, desde intensamente barradas a casi sin marcas en individuos más avanzados

contraste destacado

al menos las 5 primarias más externas con la hemibandera externa oscura hasta las coberteras

3er invierno/4º año cal. (marzo)

Este individuo ya muestra el patrón clásico de gaviota de Thayer a una edad temprana, lo que facilita mucho su identificación. Otros ejemplares (¿la mayoría?) aún presentan una punta del ala principalmente negra con un único espejo en p10, como ocurre en muchas gaviotas grandes de 3er invierno, esto puede complicar la identificación.

infracoberteras alares aún evidentemente oscuras, inusual para una gaviota grande en un plumaje tan avanzado

p9–10: parte inferior casi transparente con las puntas oscuras

patrón de gaviota de Thayer ya bien desarrollado en este individuo

Gaviota groenlandesa *Larus glaucoides glaucoides*

L 56 cm | Invierno, NO Europa

Gavinot polar CAT
Kaio hegalzuria EUS
Gaivota polar GAL

▼ Adulto (enero)
La mayoría de individuos muestran un listado oscuro más profuso en la cabeza, el cuello y el pecho en medio del invierno.

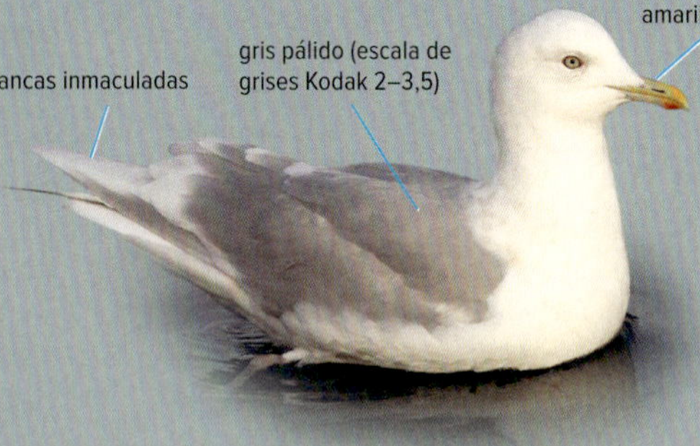

blancas inmaculadas
gris pálido (escala de grises Kodak 2–3,5)
base de un color tenue verde (o gris) amarillento típico, más amarillo brillante en verano

▼ Juvenil/1er invierno (febrero)
Las puntas de las primarias normalmente muestran algunas marcas bien delimitadas en forma de flecha.

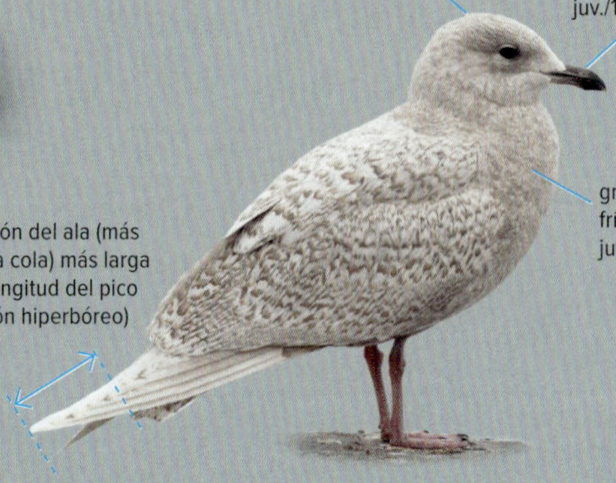

cabeza típicamente más redondeada que el gavión hiperbóreo
corto, a menudo con la base relativamente oscura (cf. gavión hiperbóreo juv./1er invierno)
gris parduzco relativamente frío (cf. gavión hiperbóreo juv./1er invierno)
proyección del ala (más allá de la cola) más larga que la longitud del pico (cf. gavión hiperbóreo)

▼ 1er invierno (marzo)
Un individuo extremadamente descolorido. Particularmente a finales de invierno algunos ejemplares pueden ser casi totalmente blancos debido a la combinación de un desgaste notable de las plumas juveniles y la decoloración por la radiación solar. Este individuo fue fotografiado en Marruecos, donde es un divagante.

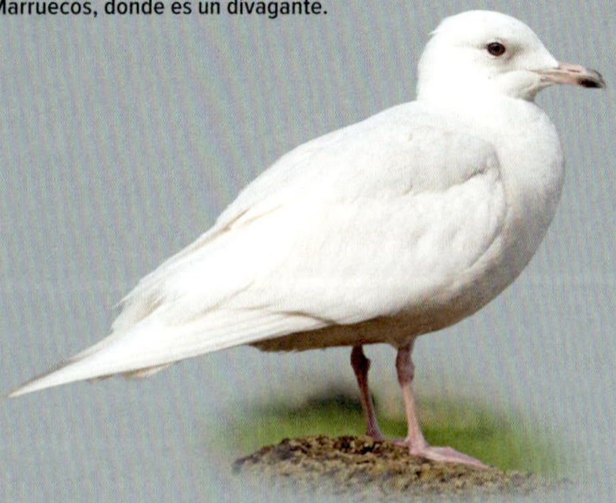

▶ 2º invierno (enero)
Un individuo típico de esta clase de edad. Muestra algunas plumas del manto y escapulares grises de tipo adulto y otras más pálidas o con un vermiculado marrón, una mezcla de plumas ligeramente más nuevas o más viejas que causa una impresión desaliñada. En general el iris aún es bastante oscuro, pero el pico ahora ya muestra la punta oscura bien delimitada.

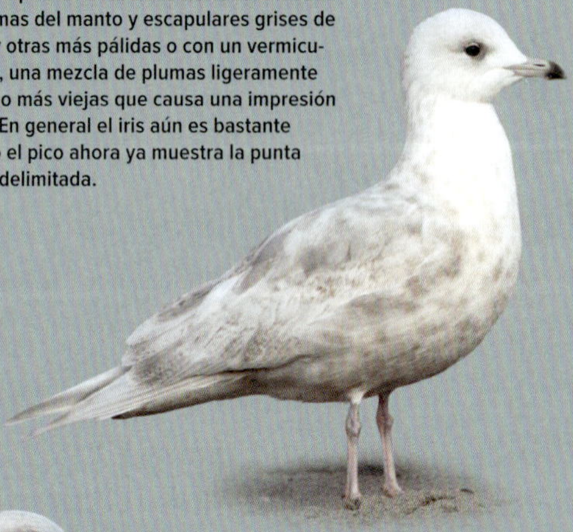

▼ 3er invierno (enero)
Principalmente ya con aspecto de adulto invernal, pero nótese la banda oscura en el pico y las coberteras grandes y terciarias aún con algunas marcas marrones, todos signos de inmadurez. La base del pico típicamente se vuelve verde (o gris) amarillenta a partir del 2º invierno (los adultos en invierno tienen el pico verdoso con la punta amarilla). Después de la muda en el verano del 4º año cal. el plumaje es idéntico al del adulto, excepto por algunas marcas marrones mínimas en las coberteras u otras áreas.

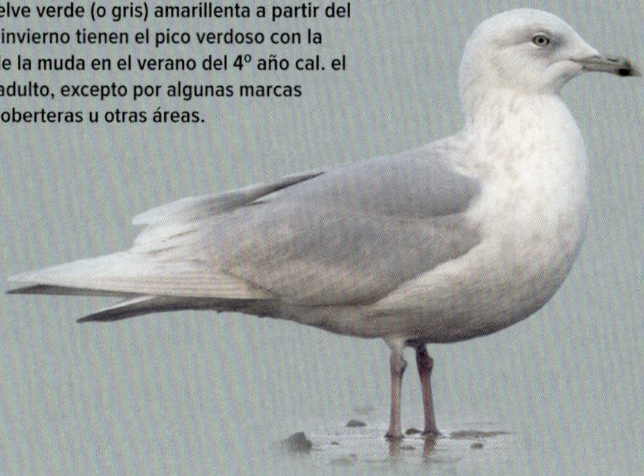

▼ **Adulto (febrero)**
En cuanto al plumaje es idéntico a un gavión hiperbóreo adulto, pero el estriado oscuro en la cabeza, cuello y pecho en invierno es normalmente más tenue y menos extenso. La estructura es particularmente importante, por ejemplo, tiene una cabeza menos protuberante en vuelo que el gavión hiperbóreo, véase allí.

▼ **Juvenil/1er invierno (diciembre)**
Un individuo relativamente oscuro con las supra e infracoberteras caudales densamente marcadas (igual que muchas gaviotas grandes de origen norteamericano).

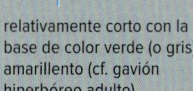

relativamente corto con la base de color verde (o gris) amarillento (cf. gavión hiperbóreo adulto)

puntas de un blanco inmaculado (igual que el gavión hiperbóreo adulto)

▼ **Juvenil/1er invierno (enero)**
Un individuo relativamente pálido, con la estructura y coloración típica del pico: bastante corto y con una mancha pálida reducida y difusa en la base.

▼ **3er año cal./2º invierno (marzo)**
Muy variable en este plumaje, desde casi blanco hasta relativamente oscuro. Este individuo se encuentra en el extremo oscuro de la variación (por ejemplo, las supracoberteras caudales aún están marcadas de oscuro), lo que hace que se asemeje a una gaviota de Kumlien de 2º invierno, principalmente debido a la tonalidad oscura de la cola y las coberteras primarias. Sin embargo, las primarias y sus hemibanderas externas son más pálidas que las coberteras primarias (compárese con la gaviota de Kumlien de 2º invierno). Superficialmente se parece a un 1er invierno, pero nótense las partes superiores uniformes, las marcas oscuras más difusas, el iris que se va aclarando y las puntas redondeadas de las primarias. Muchos individuos de esta clase de edad ya muestran un iris más pálido y menos negro en la punta del pico, lo que resulta en una banda en el pico.

cola más oscura que el promedio, solapándose con la gaviota de Kumlien de 2º invierno

sin marcas o solo algunas muy difusas (cf. 1er invierno)

marcas muy finas y difusas (cf. 1er invierno)

coberteras primarias más oscuras que las primarias externas (cf. gaviota de Kumlien de 2º invierno)

puntas redondeadas (cf. 1er invierno)

Gaviota de Kumlien *Larus glaucoides kumlieni*

L 57 cm | Invierno, NO Europa

Gavinot polar "inuit" CAT
Kumlien kaio hegalzuria EUS
Gaivota de Kumlien GAL

TAXONOMÍA

La posición taxonómica de este "taxón" ha sido un tema de discusión durante décadas. La gran variación de características, que abarca prácticamente todo el espectro entre la gaviota de Thayer y la gaviota groenlandesa, es la razón de la suposición de que la gaviota de Kumlien representa una población híbrida entre estas 2 especies. Además, la gaviota de Kumlien se considera regularmente una subespecie de la gaviota groenlandesa. Aquí, la gaviota de Kumlien se trata por separado ya que al menos algunos individuos de todas las clases de edad son identificables como tal.

▼ Juvenil/1ᵉʳ invierno (enero)

Muy parecido a un individuo oscuro de gaviota groenlandesa en plumaje juvenil/1ᵉʳ invierno, pero nótense las indicaciones. Este ejemplar probablemente aún sería identificable como gaviota de Kumlien en un contexto de divagante, fuera de su distribución habitual. En el cuartel de invernada típico de las gaviotas de Kumlien, en el NE de Canadá, se observan regularmente ejemplares juveniles/1ᵉʳ invierno muy pálidos, que son indistinguibles de una gaviota groenlandesa de la misma edad. En esta imagen, la tonalidad parduzca de las hemibanderas externas en las primarias visibles, p6–10, es diagnóstica (compárese con la gaviota groenlandesa juvenil/1ᵉʳ invierno). Además, las secundarias, las terciarias y las rectrices centrales suelen tener el centro de la pluma uniforme, contrariamente a la gaviota groenlandesa, que muestra estas plumas toscamente barradas.

bases de las terciarias a menudo más o menos uniformemente oscuras (cf. gaviota groenlandesa juv./1ᵉʳ invierno)

marrón grisáceo variable (cf. gaviota groenlandesa juv./1ᵉʳ invierno)

▼ Adulto invernal (enero)

Además del diseño de la mano y el iris generalmente oscuro, hay otra diferencia sutil respecto a la gaviota groenlandesa: la estructura de la cabeza y el pico es más robusta. El color del pico es el mismo que en la gaviota groenlandesa en sus respectivos plumajes.

a menudo iris relativamente oscuro (cf. gaviota groenlandesa adulta)

gris pálido, en promedio ligeramente más oscuro que en la gaviota groenlandesa (escala de grises Kodak 3–4,5)

marcas gris oscuro en las primarias externas extremadamente variables, pero su presencia es diagnóstica (cf. gaviota groenlandesa adulta)

a veces moteado oscuro más extenso que en la gaviota groenlandesa, pero muy variable

▼ 2º invierno (enero)

Esta imagen muestra un individuo idéntico a una gaviota groenlandesa oscura de 2º invierno. Al extender las alas puede que revele el patrón diagnóstico de las primarias externas, si está presente.

a menudo todo oscuro

las plumas grises de tipo adulto aparecen en combinación con coberteras aún marcadas de marrón, típico de la clase de edad

hemibanderas externas de p9 y p10 tan oscuras como las coberteras primarias; más oscuras que en las gaviotas groenlandesas de 2º invierno

▶ 3ᵉʳ invierno (enero)

Parecido a un adulto pero nótense las marcas marrones en algunas coberteras y la banda oscura del pico. Las marcas grises en las primarias hacen que la identificación de la gaviota de Kumlien a partir de esta clase de edad sea fácil (cualquier tipo de marcas oscuras tenues que pudieran tener las gaviotas groenlandesas en las primarias desaparecen completamente a partir del plumaje de 3ᵉʳ invierno, pero en muchos individuos ya mucho antes).

marcas grises diagnósticas

▼ Adulto invernal (enero)

Un individuo más o menos promedio en relación al diseño de la mano: marcas oscuras desde p6, p10 con una extensa punta blanca y una hilera de espejos grandes en p6–10. Algunos individuos se asemejan a la gaviota de Thayer con menos extensión de negro en la mano.

▼ Adulto invernal (enero)

Un individuo con pocas marcas oscuras en la mano. Estas marcas varían en dos aspectos: la oscuridad del color (desde varias tonalidades de gris hasta negro) y la extensión que ocupan en la mano; aparentemente, no hay ninguna relación entre ambas variables. La gaviota groenlandesa no muestra ninguna mancha gris o negra en las puntas de las primarias externas.

▼ 1er invierno, supuesta gaviota de Kumlien (enero)

Un individuo pálido que no difiere, o solo muy sutilmente, de una gaviota groenlandesa juvenil/1er invierno. La combinación de rasgos indicativos es: el pico completamente negro, las marcas de una tonalidad gris parduzco frío y las hemibanderas externas de las primarias externas gris parduzco. Este individuo fue fotografiado en los cuarteles de invierno típicos de la especie, pero en un contexto de divagante en Europa causaría problemas de identificación.

▼ 2º invierno (enero)

Un individuo más pálido que el promedio en esta clase de edad. La punta oscura del pico netamente delimitada, el iris volviéndose pálido, las secundarias de 2ª generación (las de 3ª generación son de tipo adulto, grises con la punta blanca) y las marcas oscuras en las partes inferiores son, en combinación, rasgos indicativos de la edad. Este individuo ya muestra las supra e infracoberteras caudales sin marcas oscuras, mientras que otros ejemplares de esta misma clase de edad pueden mostrarlas intensamente marcadas (este tipo de variación también ocurre en las gaviotas groenlandesa y de Thayer de 2º invierno).

diseño diagnóstico: las hemibanderas externas y puntas de las primarias son más oscuras que las coberteras primarias (grandes) (cf. gaviota groenlandesa de 2º invierno)

las marcas oscuras de las hemibanderas externas de las 5 primarias externas no alcanzan las coberteras primarias (a diferencia de la gaviota de Thayer de 2º invierno)

p10 a menudo con un sutil espejo, a diferencia de la gaviota groenlandesa y de la mayoría de gaviotas de Thayer

p6–8 con un diseño oscuro en forma de "palo de hockey" (muy a menudo ausente en la gaviota groenlandesa de 2º invierno)

la tonalidad gris parduzca de las hemibanderas externas es la parte más oscura de todas las primarias

cola uniformemente oscura; más oscura que en la gaviota groenlandesa de 2º invierno

Gavión hiperbóreo *Larus hyperboreus*

L 65 cm | Verano, Islandia y extremo NE Europa; invierno, N y NO Europa

▼ Adulto estival (abril)
En cuanto al plumaje, es idéntico a una gaviota groenlandesa adulta, pero el tamaño y la estructura son claramente diferentes (véase el 1er invierno).

blanco inmaculado (como la gaviota groenlandesa adulta)

gris pálido (escala de grises Kodak 2–3,5)

proyección alar más corta que la longitud del pico (cf. gaviota groenlandesa)

▼ Juvenil/1er invierno (febrero)
Un individuo típico que ha retenido todas las escapulares juveniles, algo bastante normal en las gaviotas del norte. Algunos individuos son considerablemente más pálidos y otros aún más oscuros. El pico es típicamente de un rosa claro con una punta negra bien definida, y el plumaje es a menudo de un beige-marrón ligeramente más cálido y oscuro que en la gaviota groenlandesa juvenil/1er invierno (que suele ser de un marrón grisáceo más frío, y pálido).

cabeza, en general, relativamente oscura, con un anillo ocular pálido destacado (cf. gaviota groenlandesa juv./1er invierno)

largo, robusto y contrastadamente bicolor

▼ 2º año cal./1er verano (mayo)
Este plumaje es igual que el de 1er invierno pero muy desgastado y descolorido. Las plumas nuevas vuelven a estar pigmentadas y contrastan con las juveniles, aún no reemplazadas, blancas por el desgaste.

plumas de vuelo (y a veces también algunas coberteras) normalmente descoloridas, todas blancas

iris oscuro y coloración del pico aún como un ave de 1er invierno (cf. 3er año cal.)

▼ 3er año cal./2º invierno (febrero)
Muchos individuos (también en su 2º año cal.) son pálidos o incluso blanquecinos en este tipo de plumaje, este caso es un ejemplo evidente. Obsérvese el iris pálido, la pequeña punta pálida del pico y la presencia de plumas grises de tipo adulto en las partes superiores, rasgos típicos de esta clase de edad. El pico largo y las proyección alar corta son diferencias útiles para distinguirlo de la gaviota groenlandesa si el tamaño general no es fácil de juzgar.

■ Gaviota "vikinga" (híbrido de gavión hiperbóreo × gaviota argéntea europea), 1er invierno (marzo)

primarias externas demasiado oscuras para un gavión hiperbóreo puro

▼ Adulto invernal (marzo)
El extenso moteado cefálico del plumaje invernal suele estar más regularmente distribuido que en la gaviota groenlandesa adulta invernal, véase.

a menudo listado/ moteado, también en la garganta (cf. gaviota groenlandesa adulta)

▼ 1er invierno (febrero)
Las plumas de vuelo sorprendentemente translúcidas son típicas de ambos, el gavión hiperbóreo y la gaviota groenlandesa, y destacan particularmente con el plumaje relativamente oscuro de las aves de 1er año.

▶ 1er invierno (febrero)

cabeza protuberante (en todos los plumajes)

▶ 2º invierno (marzo)
Un individuo relativamente oscuro para esta clase de edad, lo que suele darle una apariencia descuidada y moteada. La punta del pico pálida, el iris aclarándose y las puntas redondeadas de las primarias externas son diferencias útiles respecto a un individuo de 1er año.

las primarias normalmente son la parte más pálida del plumaje (como en la gaviota groenlandesa juv./1er invierno)

■ Gaviota "vikinga" (híbrido de gavión hiperbóreo × gaviota argéntea europea), adulto (junio)

▼ Tipo 3er invierno (abril)
Todas las secundarias y primarias son de tipo adulto (grises con la punta blanca), pero aún hay marcas pardas en las coberteras, típicas de esta clase de edad. A partir de esta edad, el datado se vuelve más incierto; un ejemplar de 4º invierno menos desarrollado no queda completamente descartado. La mayoría, después de la muda completa en el 4º año cal., son igual que los adultos.

marcas negras variables, pero más reducidas que en la gaviota argéntea europea *argentatus* menos marcada

Gaviota de Bering *Larus glaucescens*

L 63 cm | Divagante de NE Asia o NO Norteamérica

▼ **Adulto invernal (diciembre)**
En todos los plumajes la identificación es relativamente fácil con las características indicadas.

a menudo toda la cabeza
con un moteado fino o
"fumado" diagnóstico

ojo oscuro y en una posición sorprendentemente elevada en la cabeza,
produciendo una expresión facial extraña

desde gris pálido a
medio (escala de
grises Kodak 4–6)

muy robusto, con un ángulo
gonial muy prominente

diagnóstico: primarias
grises, del mismo color, o
un poco más oscuras que
las partes superiores

cabeza y pecho difusamente
marcados en el plumaje
invernal, especialmente en
el pecho por un barrado fino

puntas de las secundarias
extensamente blancas,
normalmente visibles
en toda la longitud
del ala plegada

▼ **1er invierno (febrero)**
El gris parduzco (oscuro) uniforme y el
plumaje pobremente marcado son característicos. Los híbridos en plumaje de
1er invierno entre una gaviota de Bering y
una gaviota occidental *Larus occidentalis*
(NO de Norteamérica) o una gaviota de
Kamchatka (E de Asia), suelen mostrar las
primarias más oscuras que las terciarias.
Sin embargo, los híbridos de 1er invierno
con gavión hiperbóreo son más pálidos que
este individuo, con las primarias más claras
que las terciarias.

coberteras y terciarias gris
parduzcas, de manera que toda
el ala típicamente tiene la misma
coloración uniforme; las puntas
de las primarias muestran bordes
pálidos, como la gaviota de
Thayer de 1er invierno

las plumas nuevas del manto
y escapulares ya son de
color gris tipo adulto

normalmente
todo oscuro

proyección alar corta,
normalmente hay
3 primarias cuyas puntas
sobrepasan la cola

gris parduzco más
o menos uniforme

▼ **2° invierno (noviembre)**
Ninguna otra especie de gaviota grande comparte una
estructura tan típica ni estas características destacadas.
Las puntas de las secundarias en un individuo en reposo
normalmente son visibles, igual que en la gaviota de
Kamchatka; el resto de gaviotas grandes mantienen las
secundarias ocultas cuando están posadas.

toda la cola
oscura

densamente
marcadas de oscuro

moteado fino, denso y
regular característico
de todos los plumajes
invernales después
del 1er invierno

▼ **Tipo 3er invierno (febrero)**
La identificación es relativamente fácil debido al gris de
oscuridad media de las primarias externas, las puntas blancas
de las secundarias visibles en toda la longitud del ala plegada,
el moteado definido y regularmente distribuido en la cabeza y
la estructura pesada y compacta. La mezcla de coberteras
marrones y grises, las puntas blancas de las primarias externas
y el diseño del pico encajan con un ave de 3er invierno.

terciarias y primarias de
una coloración similar
también en este plumaje

fino barrado oscuro
característico

puntas de las
secundarias visibles

▼ Subadulto, supuestamente híbrido (febrero)
A pesar de ser un individuo típico en muchos aspectos, las primarias de un gris oscuro son indicación de flujo genético con, probablemente, la gaviota de Kamchatka (ya que este ejemplar fue fotografiado en Japón). La banda oscura del pico, la presencia aún de marcas oscuras en la cola (apenas visibles en esta imagen) y la cabeza y pecho densamente marcados indican que se trata de un subadulto.

moteado muy denso y uniforme

barrado característico en todos los plumajes invernales después del 1er invierno

gris oscuro indicativo de híbrido

▶ Adulto invernal (enero)

gris pálido diagnóstico, las primarias apenas destacan del resto de la superficie superior del ala

a menudo también un espejo en p9, creando una hilera completa de manchas blancas ("collar de perlas") hasta p6

primarias externas plateadas o parduzcas en la parte inferior

contraste como en el gavión hiperbóreo y la gaviota groenlandesa, pero más oscuro

▶ 1er invierno (febrero)
Parecido a un gavión hiperbóreo (demasiado) oscuro en plumaje de 1er invierno y con el pico todo negro. Véase también la gaviota "vikinga" (híbrido de gavión hiperbóreo × gaviota argéntea europea, pp. 510–511).

infracoberteras caudales desde intensamente marcadas a totalmente oscuras

ya con plumas grises

hemibanderas internas apenas más pálidas (cf. gaviota de Thayer de 1er invierno)

barrado/moteado denso

(casi) uniformemente oscura

fina y densamente marcado

aún casi como en el 1er invierno, pero las supracoberteras caudales a veces ya blancas

aún (casi) todo oscuro

típicamente pálidas

▶ 1er invierno (noviembre)
Parte superior del plumaje muy similar a la gaviota de Thayer de 1er invierno, pero con el cuerpo y el pico más robustos.

▶ 2º invierno (marzo)
Parecido a un ejemplar de 1er invierno pálido o descolorido, pero las partes superiores han sido mudadas a tipo adulto, de color gris.

Gavión atlántico *Larus marinus*

L 70 cm | Verano, NO y N Europa; invierno, de NO a SO Europa

▼ Adulto estival (mayo)

Las partes superiores solo son ligeramente más pálidas que la punta del ala, como en la gaviota sombría *intermedius*. El gran tamaño, pico robusto, patas rosadas y relativamente gran extensión de blanco en la punta del ala son las diferencias más importantes respecto a la gaviota sombría.

iris (relativamente) oscuro

gris oscuro o negruzco (escala de grises Kodak 13–15)

extensas puntas blancas

muy grueso y pesado, con un ángulo gonial pronunciado

proyección alar más allá de la cola, corta; aproximadamente la mitad de la proyección primaria (cf. gaviota sombría)

rosadas

▼ Juvenil (octubre)

Este plumaje relativamente pálido con tonos marrones fríos es común, pero algunos ejemplares son más oscuros y tienen las partes inferiores más moteadas, asemejándose al plumaje más claro de la gaviota argéntea europea juvenil/1er invierno. Además, algunas ♀♀ son apenas más grandes que las gaviotas argénteas europeas más grandes. Sin embargo, el tamaño, así como la estructura de la cabeza y el pico, suelen ser lo suficientemente distintivos para evitar confusiones. Muchos individuos muestran una proyección alar más corta que, por ejemplo, la gaviota argéntea europea, como en este ejemplar.

frente bastante redondeada y ojo pequeño y redondeado en posición central (cf. gaviota argéntea europea juvenil/1er invierno)

gran extensión de blanco/plateado; como una gaviota argéntea europea juv./1er invierno pálida, pero las marcas oscuras son de un marrón más contrastado, no de un marrón grisáceo pálido como en muchas gaviotas argénteas europeas

robusto, con un ángulo gonial prominente

normalmente un moteado relativamente definido, pero la región central de las partes inferiores sin marcas oscuras

▶ 1er invierno (febrero)

Como el juvenil, pero las escapulares han sido mudadas y ahora muestran un color de fondo beige relativamente pálido y un diseño oscuro, grueso y bien definido en forma de ancla, que destaca notablemente respecto a las coberteras juveniles desgastadas. La similitud con una gaviota argéntea europea pálida es aún importante, pero nótese la estructura de la cabeza y el pico. Las terciarias a menudo presentan una punta blanca extensa (las muescas blancas ya están desgastadas aquí). Este individuo, con pose estirada, muestra una larga proyección alar, lo que ilustra la variación existente.

▼ 2º año cal./2º invierno (octubre)

Muchos individuos a principios de su 2º invierno parecen más "jóvenes" (pero la muda activa de las rémiges hasta noviembre es una manera fácil de descartar un ave de 1er invierno). Las escapulares nuevas (ahora de 3ª generación) aún muestran un diseño barrado (con anclas), pero las que crezcan más adelante durante el 2º invierno, ya pueden ser de color gris oscuro uniforme, como los adultos. El pico ahora presenta la base y la punta pálidas.

primarias de 2ª generación con la punta redondeada y blanca

coberteras grandes de 2ª generación típicamente con un diseño más irregular y difuminado (igual que en muchas gaviotas grandes)

▼ 1er invierno en transición a 1er verano (marzo)

Casi como un ave de 1er invierno, pero las coberteras juveniles están desgastadas y descoloridas. En cambio, las coberteras nuevas muestran una coloración contrastada evidente, aunque a veces el diseño sea parecido. Este individuo fue fotografiado en Norteamérica y en marzo ya muestra una decoloración de las coberteras juveniles evidente; en Europa la mayoría de ejemplares tiene este aspecto en mayo–junio. Probablemente, un factor de decoloración importante de la población norteamericana es que los cuarteles de invernada llegan más al sur, donde la radiación solar que decolora las plumas es más intensa.

es poco frecuente que haya coberteras mudadas (en la población europea), aproximadamente como una gaviota argéntea europea

▼ 4º año cal./3er invierno a verano (marzo)
El lento desarrollo del plumaje hacia el estadio adulto hace que la apariencia general sea aproximadamente de un año por detrás en comparación con una gaviota sombría. Las primarias de 3ª generación aún muestran tan solo una pequeña mancha blanca en la punta, en cambio, el espejo en p10, y a menudo también en p9, están bien desarrollados. Más adelante en el año, las coberteras más viejas quedan muy descoloridas y serán gradualmente reemplazadas por plumas totalmente negras durante la muda completa del verano.

▼ 4º año cal./tipo 4º invierno (noviembre)
Como el adulto en invierno, pero la banda oscura y ancha del pico y el moteado oscuro relativamente extenso del cuello sugieren esta clase de edad, aunque posiblemente sea un ejemplar (un poco) más viejo. El iris es típicamente bastante oscuro aún, aunque a veces también en los adultos. Las primarias externas aún no han acabado de crecer, por esta razón es un individuo con una proyección primaria y alar tan corta.

▼ Adulto estival (marzo)
El diseño de la mano es diagnóstico. El plumaje invernal es casi idéntico al estival, solo con algunas marcas oscuras alrededor de los ojos y en el cuello, considerablemente menos extensas que en otras especies de gaviotas grandes. Además, muchos adultos invernales muestran un punto oscuro en la punta del pico, lo que puede parecer una indicación de inmadurez. Las características indicadas en el ala crean una combinación típica (compárelas con la gaviota sombría).

▼ Juvenil/1er invierno (octubre)
El diseño caudal es variable, pero casi siempre formado por manchas oscuras o por una banda relativamente estrecha. Algunas gaviotas argénteas europeas muestran el mismo diseño. La ventana formada por las primarias internas más pálidas es menos evidente que en la gaviota argéntea europea. La cabeza prominente suele ser obvia en vuelo.

típicamente con manchas negras; a veces la estrecha banda caudal es discontinua, formada por la unión de varias bandas estrechas

las primarias internas pálidas forman una ventana tenue (más tenue que en la gaviota argéntea europea)

cabeza prominente

▼ 3er año cal./2º invierno (marzo)
La impresión general es parecida a la de un ave de 1er invierno, pero las plumas de vuelo son de 2ª generación (secundarias con extensas puntas blancas y primarias externas con las puntas redondeadas y un espejo blanco difuso). Las partes inferiores son típicamente blanquecinas y el pico es más pálido que en el 1er invierno. Durante la primavera/verano aparecerán las primeras plumas negras en las partes superiores y a veces incluso algunas coberteras (normalmente medianas), creando el plumaje de 2º verano; a partir de entonces, la posible confusión con otra especie de gaviota grande es improbable.

carencia de negro azabache en p5; punta blanca de las lenguas en p6–7

punta de p10 completamente blanca (el espejo está fusionado con la punta), y un extenso espejo en p9 que conecta con la punta blanca

▶ Juvenil/1er invierno (octubre)
La parte inferior del ala muestra un barrado marrón, fino y regular, al igual que la gaviota argéntea europea. Nótense la estrecha banda caudal de un negro puro y las puntas blancas relativamente extensas de las rectrices, un diseño que raramente presentan las gaviotas argénteas europeas.

espejo en p10 presente a partir de la 2ª generación, pero aún pobremente desarrollado

Gaviota cocinera *Larus dominicanus vetula*

L 60 cm | Divagante de África

▼ Adulto (diciembre)

Adulto parecido al gavión atlántico debido al pico robusto y las partes superiores negruzcas, pero es ligeramente más pequeño. Las diferencias más evidentes son el diseño del ala y el color de las patas. Se trata de una especie del hemisferio sur con un calendario de muda opuesto al de las gaviota europeas, se desconoce si un individuo divagante en el hemisferio norte ajustaría su calendario de muda correspondientemente.

iris normalmente oscuro (como en el gavión atlántico)

negruzco, sobre todo si las plumas están desgastadas y carecen de un tono parduzco (escala de grises Kodak 13,5–15)

muy robusto con una punta y ángulo gonial prominentes

poco blanco en la punta (aquí solamente un pequeño espejo en p10)

típicamente gris verdoso o gris amarillento (rosadas en el gavión atlántico)

normalmente una línea blanca debido a las puntas de las secundarias visibles (cf. gavión atlántico de tipo adulto)

▼ 1er año (junio)

La impresión general es similar a una gaviota sombría de 1er invierno, pero en junio ya tendría 12 meses de edad y estaría en muda activa; en cambio, el ejemplar de la imagen tan solo tiene 6 meses de edad y gran parte de su plumaje aún es juvenil (excepto las escapulares y coberteras internas del ala mudadas). La estructura es típica con un pico robusto. Debido a que el ala es ancha, las puntas de las secundarias son visibles debajo de las coberteras grandes en el ave posada. La gaviota sombría es ligeramente más pequeña, y el gavión atlántico de 1er invierno tiene un plumaje con un diseño mucho más contrastado pálido y oscuro.

terciarias juv. sin marcas

cola (casi) toda negra, también destaca en un ave en reposo

coberteras con un diseño uniforme sin muescas (incluso menos que en la gaviota sombría)

partes inferiores densamente moteadas

▼ 1er año (junio)

Un individuo que ha experimentado una muda post-juvenil extensa (gran parte de las coberteras y algunas terciarias son de 2ª generación, solamente las coberteras grandes externas y las terciarias inferiores son juveniles retenidas). La muda de las plumas de vuelo aún no ha empezado (p1 aún está presente, aunque no es visible en esta imagen).

las terciarias juveniles carecen de muescas pálidas

las puntas de las secundarias son visibles por debajo de las coberteras grandes

▼ 2º año (junio)

La primera impresión es de un gavión atlántico debido al pico muy robusto y las partes superiores oscuras, pero la cabeza y el cuello están profusamente listados de oscuro. El plumaje es muy variable, lo cual se ve acentuado por la extensa temporada de cría (en el verano del hemisferio sur): el mismo tipo de plumaje incluye individuos de edades considerablemente diferentes.

muy robusto y con un ángulo gonial muy prominente (a diferencia de la gaviota sombría)

coberteras de 2ª generación sin muescas o muy sutiles

gris verdoso (cf. gaviota sombría en junio)

▶ 2º año (junio)

Un individuo avanzado con las partes superiores de tipo adulto y la cola blanca. Las puntas de las terciarias son extensamente blancas, a diferencia de la gaviota sombría. El datado se basa en que las primarias y secundarias son de 2ª generación. El gavión atlántico no presenta un plumaje tan avanzado en su 2º invierno. Fíjese también en el típico color verde grisáceo de las patas.

proyección alar más allá de la cola relativamente corta (cf. gaviota sombría)

▼ 3er año (junio)
Parecida a un ave en plumaje adulto, pero con marcas oscuras en la cola, moteado oscuro en el cuello y pecho como si se tratara de un "chal", y una banda oscura evidente en el pico. Es característico para la identificación de la especie el hecho de que las extensas puntas blancas de las secundarias sean visibles por debajo de las coberteras grandes, además de las patas de color gris verdoso y el pico robusto.

▼ Adulto (julio)
Mucho menos blanco en la punta del ala que en un gavión atlántico adulto; aquí con un pequeño espejo en p10 y sin ninguno en p9. La banda negra subterminal de p10 (entre el espejo y la punta blanca) en un gavión atlántico es incompleta o, más a menudo, es totalmente inexistente, véase allí.

típicamente pocas marcas blancas, solamente 1 espejo y pequeñas puntas blancas (cf. gavión atlántico de tipo adulto)

línea blanca formada por las puntas de las secundarias fácilmente visible aquí (cf. gavión atlántico de tipo adulto)

borde blanco muy ancho

▼ 1er año (junio)

la cola (casi) completamente negra contrasta con las supracoberteras caudales pálidas

las primarias internas no son más pálidas

▼ 2º año (junio)

marcas negras en la cola (variable, desde toda negra a principalmente blanca)

el moteado denso de la nuca produce la sensación de que lleva un "chal"

aún muy pocas marcas blancas en la punta del ala

▶ 3er año (julio)
El tamaño y el pico robusto recuerdan a un gavión atlántico, pero la combinación de un ave en plumaje de tipo adulto y que solamente muestre un espejo muy pequeño en p10 es más parecido a una gaviota sombría *fuscus*. La banda moteada en el cuello es más evidente que en los adultos.

Gaviota de Kamchatka *Larus schistisagus*

L 63 cm | Divagante de NE Asia

▼ **Adulto invernal (febrero)**
La confusión más probable en Europa es con un gavión atlántico debido a la coloración de las partes superiores y el pico muy robusto, pero algunos ejemplares son de un gris plomizo, como una gaviota sombría. La combinación de las patas rosa rojizo, las marcas oscuras alrededor del ojo, el listado/moteado oscuro intenso en el cuello y las puntas blancas de las secundarias visibles en el ave posada, son buenas indicaciones de la identidad del ejemplar. El color del ojo varía desde relativamente oscuro (en una minoría) hasta casi blanco; el anillo orbital es entre rosa y lila.

en plumaje invernal (sub)adulto, típicamente hay marcas oscuras directamente alrededor de los ojos, formando unos anteojos pequeños pero evidentes

gris plomizo oscuro de intensidad variable (escala de grises Kodak 10–12 (14))

puntas blancas muy anchas

proyección alar corta

puntas blancas de las secundarias visibles en reposo (normalmente más evidentes que aquí)

típicamente rosa rojizo intenso (color chicle), a veces casi lila

▼ **1er invierno (diciembre)**
Un ejemplar pálido y, típicamente, ya descolorido. La decoloración tan temprana en invierno es notable en una latitud tan septentrional (fotografiado en Japón). Las patas de un rosa intenso son características, como en las gaviotas groenlandesa, de Thayer, de Bering y el gavión hiperbóreo de 1er invierno.

escapulares nuevas con un diseño sencillo (centro oscuro o una mancha ancha en el raquis)

las coberteras grandes a menudo forman una barra pálida evidente

muchos individuos ya están notablemente descoloridos a medio invierno; las marcas oscuras forman listas

▼ **1er invierno (diciembre)**
Un individuo uniforme, aún principalmente en el plumaje juvenil de un color marrón "diluido". El diseño difuso de las coberteras recuerda a una gaviota grande en su 2º invierno, por ejemplo, a una gaviota argéntea americana. La gaviota de Bering en su 1er invierno (véase) también presenta un plumaje más o menos uniforme para una gaviota grande, pero es más pálido y marrón grisáceo.

coberteras grandes juv. con un diseño difuso como, por ejemplo, la gaviota argéntea europea de 2º invierno

gris parduzco oscuro (cf. gaviota de Bering de 1er invierno)

▶ **2º invierno (febrero)**
Muy variable en este plumaje. Muchas aves de 1er y 2º invierno ya muestran las coberteras notablemente descoloridas a partir de la segunda mitad del invierno (al menos en su distribución habitual). Nótense las patas del color rosa típico y el anteojo oscuro que se vuelve evidente a partir de esta edad.

el blanco del cuello se extiende hacia la parte anterior del manto

▶ **Tipo 3er invierno (febrero)**
Las partes superiores y coberteras grises de tipo adulto a menudo tienen un tono azulado en los individuos más pálidos. A diferencia del gavión atlántico y la gaviota sombría, las puntas de las secundarias normalmente son visibles en las aves posadas, creando una ancha banda blanca (aquí visible). El color de las patas y los anteojos reducidos también son evidentes en este individuo, igual que listado del cuello, que le da un aspecto "oriental".

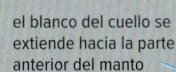

▼ Adulto, superficie superior del ala (julio)
El diseño de la mano es diagnóstico para una gaviota de manto oscuro: las lenguas gris plomizas de las primarias tienen las puntas blancas, formando un "collar de perlas" (también visible en la superficie alar inferior). El gavión atlántico a veces presenta lenguas con puntas blancas muy estrechas en las primarias centrales, pero no forman ningún "collar de perlas" evidente. Este individuo está en muda activa de primarias (le faltan p3–4); nótense las puntas blancas muy extensas de las primarias internas nuevas.

espejo de p10 normalmente separado de la punta blanca por una banda negra subterminal, pero a veces están fusionados formando una punta blanca muy extensa en p10, como un gavión atlántico

las puntas blancas de las lenguas son diagnósticas, juntamente con los espejos forman un "collar de perlas"

▼ 1er invierno (enero)
Esta imagen resalta la similitud con la gaviota argéntea americana de 1er invierno, debido a la cola casi uniformemente oscura y las marcas densas en las supracoberteras caudales y el obispillo. La gaviota argéntea americana de 1er invierno suele ser aún más oscura, las primarias externas uniformemente oscuras y un pico menos robusto, ya con una base clara en enero.

mancha pálida antes de la punta ("collar de perlas" incipiente)

negruzca, formando la zona más oscura de las partes superiores

▼ Adulto invernal (febrero)
El "collar de perlas" de este individuo parece tener una discontinuidad en p8, pero aún así es diagnóstico. El espejo en p10 está casi fusionado con la punta blanca (banda oscura subterminal mínima). Fíjese también en el anteojo reducido pero muy oscuro (aquí acentuado por el iris pálido) y el moteado invernal intenso en el cuello (compárese con el gavión atlántico).

las puntas blancas de las lenguas juntamente con los espejos forman una diagnóstica hilera de manchas blancas ("collar de perlas")

gris relativamente pálido para una gaviota de manto oscuro

banda blanca muy ancha

parte inferior del ala translúcida, parecida a la gaviota groenlandesa y el gavión hiperbóreo pero más oscura, con una combinación típica de las puntas de las primarias oscuras y signos de un "collar de perlas" (cf. gaviota de Bering de 1er invierno)

marrón (casi) uniforme, sin marcas

◄ 1er invierno (febrero)

intensamente barradas

extensa banda caudal negro azabache, sin barras

► 2º invierno (febrero)
Las coberteras (secundarias) en este tipo de plumaje suelen mostrar pocos patrones. La combinación de una cola evidentemente negra, primarias internas pálidas y manto y escapulares de un gris oscuro con puntas descoloridas es típica. En el manto, algunas plumas de un gris plomizo ya están apareciendo y muestran el tono gris que alcanzarán con el tiempo.

ventana pálida como en la gaviota argéntea europea

Charranes • Introducción

TOPOGRAFÍA

A causa de unas alas muy largas y unas terciarias cortas, las primarias sobresalen mucho en reposo. En muchas especies de charranes, las rectrices externas son puntiagudas en todos los plumajes, y a veces muy alargadas en los (sub)adultos. Los fumareles tienen las rectrices más redondeadas y las externas poco alargadas.

brida

franja (oscura) en el borde anterior del brazo, a veces alcanzando la zona carpal

terciarias

primarias (parte inferior del ala derecha también visible)

rectrices

► **Charrán común, 1er invierno (octubre)**

coberteras primarias

▼ **Charrán común, 2º año cal./1er verano (abril)**
El plumaje aún mayoritariamente invernal y el contraste de muda muy marcado entre las plumas juveniles retenidas (oscuras), y las mudadas (más pálidas) es típico de charranes de 2º año cal. que vuelven a Europa (posiblemente un pequeño porcentaje). Solo el charrán ártico de 1er año realiza una muda completa en invierno, y tiene el plumaje nuevo y uniforme en la primavera del 2º año cal.

muda activa en primavera

contraste de muda muy acusado entre primarias juv. y mudadas

a menudo borde anterior oscuro bastante patente

rectrices centrales mudadas, externas juv., oscuras

CHARRANES INMADUROS

En todas las especies de charranes, una gran parte de los inmaduros permanece en las zonas de invernada hasta el 3er/4º año cal. En Europa, los charranes de 2º año cal. de casi todas las especies son, por lo tanto, escasos o raros; a partir del 3er año cal., la edad es más difícil –o imposible– de confirmar, puesto que ya son muy parecidos a los adultos. Un charrán con un plumaje de tipo invernal durante el verano es muy indicativo de 2º año cal. El ciclo de muda también difiere de los adultos; en su 2º año cal./1er verano, muchas especies muestran una cuña oscura en las primarias –en primavera– porque las primarias externas son aún juveniles, y están muy gastadas y oscurecidas; además, a menudo también tienen otras plumas con mucho desgaste (por ejemplo, algunas coberteras o secundarias). Los charranes árticos de 2º año cal. se observan regularmente en las colonias de cría (por lo menos en Islandia); esta especie no muestra una cuña oscura en las primarias externas, ni otros signos de desgaste, porque el plumaje juvenil ya ha sido completamente reemplazado por otro de tipo adulto invernal. Generalmente, las aves de 3er año cal./2º verano también muestran un estadio de muda diferente de los adultos en verano. Para conocer las particularidades de cada especie, véanse sus fichas correspondientes.

MUDA

Muchas especies de charrán siguen una estrategia de muda poco usual, a menudo conocida como "muda escalonada". Mudan las primarias internas más frecuentemente que las externas, habitualmente 2 veces al año, pero en algunas especies, como el charrancito común, las mudan 2–3 veces. El ciclo de muda se inicia en la primaria más interna, pero se para antes de llegar a la más externa. Una vez al año (en otoño), el ciclo empieza de nuevo en la pluma donde se detuvo durante el ciclo anterior –a final de invierno–, y entonces se reemplazan las primarias externas.

En el charrán patinegro (adulto), por ejemplo, la muda de primarias empieza en las zonas de invernada, a partir de la más interna (p1) y se detiene a principio de primavera, justo antes de la migración hacia las zonas de cría; en este punto, el frente de muda ha alcanzado las primarias centrales. Una vez finalizada la reproducción, o en la parte final de esta, empieza un nuevo ciclo de muda, de nuevo a partir de la primaria más interna (p1). En el nuevo ciclo de muda, las primarias internas que fueron mudadas durante el invierno anterior son reemplazadas de nuevo, mientras que las más externas son retenidas una vez más, puesto que la muda se detiene nuevamente en las primarias centrales. Las primarias más externas –ya gastadas y muy oscurecidas– son mudadas durante el otoño, al llegar a las zonas de invernada. Generalmente, antes de que se mude la primaria más externa (p10), empieza un nuevo ciclo, de nuevo por la primaria más interna (p1).

El charrán ártico no sigue esta estrategia de muda "escalonada"; muda todas las plumas de vuelo en un intervalo relativamente corto de tiempo, en las zonas de invernada, muy lejos de Europa.

▼ Charrán patinegro, adulto (abril)
Este es el estado típico de la muda en un charrán patinegro que vuelve a Europa en primavera: 2 generaciones de primarias, las más externas formando una cuña aún no muy oscura.

plumas nuevas, crecidas durante el invierno previo

plumas no tan nuevas, crecidas durante el otoño previo

coloración aún bastante gris, por lo cual la cuña oscura es poco marcada

◄ Charrán patinegro, adulto (julio)
Las primarias más externas se oscurecen con el paso del tiempo. A diferencia de muchas otras familias de aves, las primarias externas de los charranes se vuelven más oscuras a medida que la capa de pigmentos grises y pálidos se pierde por influencia de la luz solar. En otras familias (por ejemplo, muchas gaviotas), esta pigmentación gris no existe, puesto que son negras, y se destiñen de otra forma con el desgaste (el negro se vuelve menos oscuro o más opaco).

plumas nuevas, crecidas recientemente

plumas viejas, crecidas durante el otoño anterior

capa de pigmento gris casi desaparecida; las primarias externas forman una cuña oscura muy patente (acentuada por el contraste con las primarias internas nuevas, recientemente mudadas)

Cabezas de charranes, tipo invernal

CHARRANES DE PICO NEGRO

▲ **Pagaza piconegra, 1ᵉʳ invierno (marzo)**

- píleo pálido con patrón uniforme
- máscara pequeña pero patente
- algo de blanco tras el ojo
- pico grueso

▲ **Charrán patinegro, tipo adulto (noviembre)**

- generalmente, algo de blanco tras el ojo
- píleo pálido y listado
- pico largo, fino, ligeramente curvado, con punta amarilla

▲ **Charrán patinegro de Cabot, tipo adulto (febrero)**

- anillo ocular blanco tras el ojo
- parte trasera del píleo (casi) completamente negra
- pico largo, casi recto, más corto que el charrán patinegro y que, en consecuencia, parece menos fino

CHARRANES DE PICO ROJO

▲ **Charrán común, tipo adulto (octubre)**

- pico negro con pequeña punta pálida
- píleo trasero negro y liso
- sin o casi sin negro justo debajo del ojo
- anillo ocular blanco en la parte inferior del ojo

▲ **Charrán ártico, tipo adulto (octubre)**

- pico relativamente corto, rojo oscuro o negro
- se mantiene el píleo prácticamente negro, solo con algunas plumas blancas en la frente
- negro patente bajo el ojo
- sin o casi sin anillo ocular blanco en la parte inferior del ojo

▲ **Charrán rosado, tipo adulto (agosto)**

- pico largo, fino y negro
- píleo trasero negro y liso
- algunas manchas negras en la brida
- manchas negras justo debajo del ojo
- sin o casi sin anillo ocular blanco en la parte inferior del ojo

▲ **Charrán de Forster, tipo adulto (agosto)**

- máscara negra, ancha y compacta, que se extiende por debajo del ojo
- píleo blanco o con algunas manchas grises
- sin o casi sin blanco alrededor del ojo, solo con un fragmento de anillo ocular blanco en la parte inferior
- pico relativamente grueso

FUMARELES

▲ **Fumarel común, tipo adulto (septiembre)**

- mancha negra en las auriculares y franja oscura a los lados del pecho
- píleo negro y liso que se estrecha hacia la nuca
- anillo ocular blanco y fino tras el ojo
- pico relativamente largo y fino

▲ **Fumarel común americano, juvenil (agosto)**

- franja oscura a los lados del pecho prominente y muy ancha
- píleo listado, no muy oscuro
- brida a menudo un poco oscura

▲ **Fumarel aliblanco, 1er invierno (septiembre)**

- mancha negra en las auriculares extensa y angular
- sin franja oscura a los lados del pecho
- píleo trasero no uniformemente negro, que se estrecha hacia la nuca
- bastante blanco tras el ojo; a partir de otoño, formando una lista superciliar corta (más larga en los adultos, con píleo poco listado)
- pico relativamente corto

▲ **Fumarel cariblanco*, tipo adulto (febrero)**

- mancha en las auriculares menos sobresaliente que en otros fumareles, a menudo pequeña
- franja débil a los lados del pecho
- píleo trasero con listado blanco variable, ancho hasta la nuca; los adultos pueden tener el píleo casi totalmente blanco
- sin o casi sin blanco tras el ojo
- pico grueso

* En individuos con un píleo más pálido, el patrón cefálico y el pico relativamente grueso podrían causar confusión con la pagaza piconegra o con el charrán de Forster; véanse aquellas especies.

CHARRANES DE PICO NARANJA

▲ **Charrán elegante, tipo adulto (septiembre)**

- el píleo se vuelve negro y liso en la parte trasera
- sin blanco tras el ojo
- pico largo y fino, más pálido hacia la punta

▲ **Charrán bengalí, tipo adulto (noviembre)**

- el píleo se vuelve negro y liso en la parte trasera
- anillo ocular blanco, patente tras el ojo
- pico entre relativamente fino y bastante grueso, de color bastante uniforme

▲ **Charrán real americano, tipo adulto (diciembre)**

- el píleo más pálido entre los charranes de pico naranja
- anillo ocular blanco tras el ojo
- pico largo (y a menudo grueso) con base ancha; color variable en función de la época del año, grosor en función de la edad
- el charrán real africano a menudo tiene la parte trasera del píleo más blanca

Charrán sombrío *Onychoprion fuscatus*

L 43 cm | Divagante de océanos (sub)tropicales, en Europa, probablemente procedentes del Atlántico C

▼ Adulto estival (julio)
Una especie característica, que solo se puede confundir con el –igualmente raro– charrán embridado. En invierno, los adultos tienen la nuca más pálida, pero mantienen la zona dorsal negra. Posiblemente, no todos los adultos desarrollan un plumaje invernal completo, o bien lo muestran durante poco tiempo.

▼ Adulto estival (septiembre)
Las partes superiores son enteramente negras.

frente blanca y ancha que no alcanza más allá del ojo (cf. charrán embridado adulto)

negro (cf. charrán embridado adulto)

fina franja negra en la brida, que alcanza el pico en la parte baja de la mandíbula superior (cf. charrán embridado adulto)

la cola no sobresale (o apenas lo hace) por detrás de la punta del ala (cf. charrán embridado adulto)

en reposo, a menudo una entrada blanca, larga y patente (cf. charrán embridado)

▼ Juvenil (abril)
Inconfundible y muy distinto de cualquier especie europea. Sin embargo, ejemplares con este aspecto nunca se han citado en Europa. Las infracoberteras alares centrales son más pálidas, y forman un panel alar. La zona ventral trasera y las infracoberteras caudales pálidas o blancuzcas contrastan con el resto de las partes inferiores, oscuras.

▶ Adulto estival (junio)
El contraste señalado es más marcado que en el charrán embridado adulto.

▼ Tipo 2º año cal. (junio)
El plumaje inmaduro se mantiene básicamente oscuro durante un tiempo prolongado. Se podría confundir con el fumarel común, pero el charrán sombrío es más grande, muestra un contraste mayor en la parte inferior del ala, tiene el pico más largo y la cola más ahorquillada. La edad de un ejemplar como el de la imagen es difícil de asegurar a causa de una época de reproducción muy dilatada; sin embargo, este individuo pertenece a la población local nidificante en los Emiratos Árabes Unidos, y es de 2º año cal.

parte inferior de secundarias y primarias negruzca, que contrasta fuertemente con las infracoberteras alares blancas (cf. charrán embridado)

primarias internas nuevas

infracoberteras alares pálidas (como en el juv.)

▶ Subadulto (septiembre)
La imagen destaca las características típicas del inmaduro. No existe una época de reproducción muy definida, puesto que nidifica mayoritariamente en zonas tropicales o subtropicales; los inmaduros de todas las edades pueden aparecer en cualquier época del año; el datado exacto tras el plumaje juvenil no es posible.

parduzco, desteñido

manchas grises

Charrán embridado *Onychoprion anaethetus*

L 40 cm | Divagante del Atlántico C o del mar Rojo

▼ **Adulto estival, *melanoptera*, subespecie atlántica (primavera/verano)**
Una especie fácil de identificar, que solo se puede confundir con el charrán sombrío; en la imagen se destacan las principales diferencias entre los adultos. Esta subespecie tiene, de promedio, el manto más pálido que las otras.

▼ **Adulto mudando a plumaje invernal, Omán (octubre)**
A medida que se desgastan y se destiñen, las plumas del manto se van volviendo pardas. En la imagen se aprecia la diferencia de coloración entre las nuevas y las viejas. Este ejemplar pertenece, basándose en la localización, a la subespecie *antarctica*, la cual, además de tener menos blanco en la cola, tiene el manto más oscuro.

lista superciliar de anchura bastante uniforme, que se alarga por detrás del ojo; franja negra en la brida relativamente ancha que alcanza el pico en la parte alta de la mandíbula superior (cf. charrán sombrío adulto)

manchas blancas

puntas pálidas en las plumas del manto y las escapulares

contraste diagnóstico entre el píleo y la nuca negros y el manto gris (aquí más notorio que de promedio)

las rectrices externas sobrepasan la punta del ala (cf. charrán sombrío)

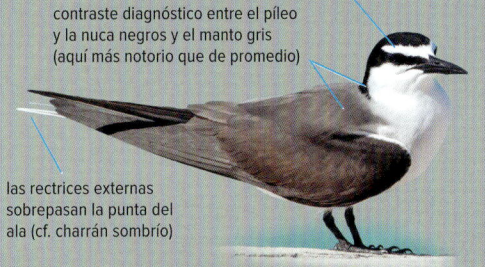

▼ **Adulto estival, *melanoptera*, subespecie atlántica (primavera/verano)**
La subespecie que habita alrededor de la península de Arabia y en el océano Índico, *antarctica*, muestra más gris que blanco en las rectrices externas.

▶ **Adulto estival, *melanoptera*, subespecie atlántica (agosto)**
Aunque es difícil de apreciar sin una visión de la cola abierta, *melanoptera* tiene mayor extensión de blanco puro en las rectrices externas.

borde difuso entre las infracoberteras alares blancas y las plumas de vuelo, a causa de las hemibanderas internas de las primarias y secundarias, pálidas (cf. charrán sombrío)

de promedio, más blanco en las rectrices externas que en otras subespecies

más pardo a causa del desgaste/ desteñido, especialmente en las dos subespecies orientales

patrón cefálico diagnóstico

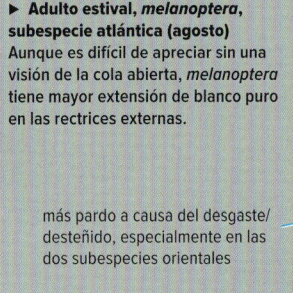

▼ **Juvenil (noviembre)**
Un ejemplar con el plumaje más gastado que el individuo en reposo (véase página siguiente).

límite de muda muy patente

▶ **2º año cal. (octubre)**
Similar al adulto invernal, pero aún con primarias externas –y algunas secundarias y rectrices– juveniles, muy gastadas. Particularmente en este plumaje, puede tener una mancha oscura a los lados del pecho, no muy distinta de la que muestra el fumarel común.

mancha oscura a los lados del pecho

Charrán embridado *Onychoprion anaethetus*

▼ Juvenil (noviembre)

Las puntas pálidas en las plumas del manto, escapulares y coberteras alares son típicas en todos los charranes juveniles. Las partes superiores de color pardo frío, la nuca y el manto más pálidos, las patas negras y el patrón cefálico son rasgos típicos de la especie. No es raro que los charranes se paren en objetos flotantes en el mar, pero los charranes embridados parecen especialistas en ello.

nuca y manto típicamente ya más pálidos, contrastando con el resto de las partes superiores más oscuras

patrón relativamente difuso, menos contrastado que en el adulto, pero ya característico

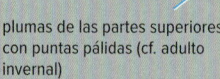

plumas de las partes superiores con puntas pálidas (cf. adulto invernal)

Pagaza piconegra *Gelochelidon nilotica*

L 38 cm | Verano, N Alemania, SO Europa y algunas regiones del área mediterránea

Curroc CAT
Txenada mokobeltza EUS
Carrán de bico curto GAL

▼ Adulto estival (abril)

píleo elevado y redondeado

pico negro bastante grueso, con ángulo gonial marcado

cola corta

▼ Juvenil (agosto)

Un ejemplar con patrón poco marcado. La combinación de características señaladas es única. Sin embargo, la extensión de las manchas oscuras en las coberteras, terciarias y zona dorsal es muy variable.

máscara difusa y débil, típica

pico más corto que en aves adultas; base roja

tonos arenosos típicos en el píleo, zona dorsal y coberteras alares

manchas oscuras generalmente no muy patentes, pero variables; algunas aves pueden mostrar gruesas marcas negras en forma de V (infrecuente)

▼ Adulto invernal (febrero)

Todas las aves en plumaje invernal, independientemente de su edad, tienen un patrón cefálico como el de la imagen. Este ejemplar tiene aún primarias viejas (muy oscuras), en pleno invierno, lo que apunta a un subadulto. En febrero, los adultos tienen las primarias externas nuevas y grises.

▼ Adulto estival (mayo)

En vuelo, es posible la confusión con el charrán patinegro pero, además de las características señaladas en la imagen, el obispillo y la cola son gris pálido, de un tono similar al resto de partes superiores. El estilo de vuelo también difiere marcadamente de otros charranes; es más parecido al de una gaviota, con batidos de ala más lentos.

▼ 1er invierno (septiembre)

Un ejemplar con patrón más marcado, que también debió tener la zona dorsal muy marcada en plumaje juvenil.

en algunas aves, patrón marcado

zona dorsal mudada a tipo adulto

solo puntas oscuras, sin cuña a lo largo de las primarias externas (cf. charrán patinegro adulto)

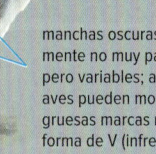

márgenes oscuros extensos en las hemibanderas internas de las primarias, que forman un borde posterior "dentado", típico

▶ Adulto (agosto)

A final de verano, un nuevo ciclo de muda empieza a partir de la primaria más interna, en todas las edades (excepto el juvenil). Sin embargo, en los adultos el límite de muda es apenas discernible (aquí en las primarias internas), a diferencia de las aves de 2º y 3er año cal. Las partes oscuras de las primarias (punta y parte de la hemibandera interna de las externas) aparecen en los charranes a causa del desgaste/desteñido, especialmente por la exposición a la radiación solar. Las partes que quedan cubiertas en reposo no se oscurecen notablemente (véanse las puntas de las primarias internas). Las primarias nuevas son grises y uniformes, también en aves de 2º, 3er y 4º año cal. Esto es un hecho común en la mayoría de especies de charrán.

partes superiores y cola típicamente de color gris pálido bastante uniforme

secundarias no claramente más oscuras que las coberteras (cf. inmaduro a final de verano)

muda de primarias iniciada

sin límite/contraste de muda (cf. charrán patinegro adulto a final de verano)

puntas oscuras (cf. charrán patinegro adulto)

▼ Juvenil (agosto)

parte superior del ala gris más o menos uniforme, sin franja oscura en el borde anterior del brazo (a diferencia de muchos charranes juv.)

coberteras primarias juv. con puntas oscuras; las más externas, retenidas hasta la primavera del 2º año cal. (junto a las primarias correspondientes)

primarias externas aún en crecimiento, produciendo una punta alar más redondeada (como en muchos charranes volantones)

patrón típico, con largos márgenes oscuros en las hemibanderas internas

▼ 2º año cal. (marzo)

La muda postjuvenil ya está casi finalizada. Muchas –o todas– las aves de esta edad no desarrollan un capirote negro en verano.

aún algunas secundarias juv. (con centros oscuros)

▶ 3er año cal. (agosto)

Esta edad muestra el patrón de muda más llamativo, con 3 generaciones de primarias discernibles a final de verano. La edad de este ejemplar se pudo confirmar gracias a la lectura de una anilla.

gris pálido y uniforme, como el resto de las partes superiores

las plumas blancas aparecen gradualmente en todo el píleo

muda activa, primaria en crecimiento

primarias externas juv., retenidas, formando una cuña oscura

coberteras primarias juv. con puntas más oscuras (a diferencia de generaciones de plumas posteriores)

2 generaciones de secundarias

las diferencias entre generaciones de plumas también son visibles en las coberteras primarias

3 generaciones de primarias (aquí indicadas p2, p5 y p7)

▶ Tipo 4º año cal. (agosto)

Similar al adulto invernal, pero las plumas de vuelo más viejas son más oscuras a causa de un mayor tiempo expuestas a la luz solar (véase CHARRANES • INTRODUCCIÓN, p. 520). Las aves completamente adultas han mudado las primarias externas a final de invierno, y aún son grises. Para la identificación de la especie, se aplican los mismos criterios que en los adultos.

secundarias relativamente oscuras

nuevo frente de muda (p3 en crecimiento)

franja en el borde anterior del brazo no muy oscura, difusa y poco marcada

más oscuras que en aves completamente adultas, en la misma época del año

Charrán patinegro *Thalasseus sandvicensis*

L 40 cm | Todo el año, costas de S Europa; verano, costas de O Europa

▼ Adulto estival (junio)

Identificación sencilla, gracias a la impresión general pálida y el pico largo, fino y negro con la punta pálida o amarilla.

gris muy pálido (el más pálido entre charranes europeos, junto con el charrán rosado y la pagaza piconegra)

cresta patente

pico largo y fino con patrón diagnóstico

blanco

▼ Tipo adulto invernal (noviembre)

También fácil de identificar en invierno, gracias al patrón del pico y a su forma. La primaria más externa está, en este ejemplar, muy gastada (solo p10 parece estar presente), lo cual es indicativo de una pluma aún juvenil, retenida durante el invierno, hasta el 2º año cal. Véase el charrán patinegro de Cabot para compararlo con un ejemplar de 2º invierno que muestra los rasgos de datado de forma más clara (rasgos que son similares en ambas especies).

listas oscuras en la parte posterior del píleo (apariencia general gris desde lejos)

mismo patrón en invierno

margen blanco bastante ancho en la hemibandera interna de las primarias nuevas (más estrecho en las más externas)

primarias viejas, reemplazadas durante el invierno

▼ Juvenil mudando a 1er invierno (agosto)

Las partes superiores con patrón marcado son reemplazadas pronto por otras grises de tipo adulto, pero el resto de rasgos juveniles se mantienen durante más tiempo.

terciarias (a veces también coberteras grandes) con patrón complejo y contrastado

marcas oscuras en forma de U

patrón cefálico invernal y cabeza angular a causa de una corta cresta

pico aún no crecido del todo, sin punta amarilla

▼ 1er invierno (octubre)

Gradualmente más parecido al adulto invernal, pero algunas partes, como la cola y las secundarias oscuras, o las manchas oscuras en las coberteras aún juveniles, facilitan el datado. Las puntas de las rectrices son las más oscuras entre todos los charranes europeos de 1er año. El pico ya empieza a adquirir el patrón y el tamaño del adulto.

▼ Adulto (abril)

El charrán de tamaño mediano más pálido y con el pico más largo. La cuña oscura en las primarias externas se vuelve más patente a lo largo del verano, porque las primarias externas se oscurecen más rápidamente que las internas. Algunas veces, pero no en este ejemplar, p5/6 son retenidas desde el verano anterior, y son reconocibles entonces como las plumas más oscuras.

gris muy pálido; obispillo casi blanco

plumas nuevas, crecidas durante el invierno previo

plumas más viejas, crecidas durante el otoño previo

pigmento gris aún bastante presente, por lo cual la cuña oscura es poco contrastada

volviéndose más blanco (como en el adulto invernal)

puntas oscuras patentes

gran parte de la zona dorsal y las coberteras alares ya mudadas a tipo adulto, con plumas grises y lisas

▼ 1ᵉʳ invierno (octubre)

puntas muy oscuras

▼ 2º año cal. (julio)

Un ejemplar típico, a causa de su estadio de muda y el patrón cefálico de tipo invernal. Las primarias externas, aún juveniles, son más oscuras que las internas, de tipo adulto, que muestran ya un cierto desgaste (véase el ejemplar de tipo adulto en noviembre). Un segundo frente de muda empieza en verano, de nuevo por las primarias internas, y puede resultar en 3 generaciones de primarias presentes al mismo tiempo, aunque en este individuo el segundo frente de muda parece no haber empezado aún.

secundarias juv. retenidas

primarias y coberteras primarias externas juv. retenidas, muy oscuras y gastadas

---

Charrán patinegro de Cabot *Thalasseus acuflavidus*

L 38 cm | Divagante de Norteamérica

Xatrac becllarg americà CAT
Txenada hankabeltz amerikarra EUS
Carrán de Cabot GAL

▼ Adulto estival (abril)

En este plumaje es casi idéntico al charrán patinegro, pero nótese el patrón de primarias típico. En ambas especies, la anchura del margen blanco es algo variable y solo sirve como rasgo de identificación cuando las primarias son nuevas (grises y pálidas). El patrón clásico del charrán patinegro de Cabot, que muestra este ejemplar, probablemente cae fuera de la variabilidad del charrán patinegro. La coloración oscura de la parte inferior de p10 no depende tanto del desgaste/desteñido (véase página siguiente).

▼ Adulto estival (abril)

Los márgenes blancos de las primarias internas nuevas, que se estrechan hacia la punta, son un rasgo de identificación útil en el análisis de un ave sospechosa en Europa. Sin embargo, los márgenes blancos de las primarias externas pueden llegar a desaparecer en un charrán patinegro, y ser parecidos a los de la imagen. Por lo tanto, solo es útil en primarias externas nuevas, grises y pálidas.

margen blanco y estrecho en la hemibandera externa de las primarias nuevas, que desaparece en las más externas (cf. charrán patinegro adulto)

margen blanco estrechándose hacia la punta

primarias externas ya muy oscuras en primavera, como en muchas aves en su distribución habitual

de promedio, pico más recto y ligeramente más corto que en el charrán patinegro; ángulo gonial a menudo patente

Charrán patinegro de Cabot *Thalasseus acuflavidus*

▼ **Tipo adulto (noviembre)**
En este ejemplar, el patrón cefálico y la forma del pico no difieren del charrán patinegro; la identificación se basa únicamente en el patrón de las primarias.

márgenes blancos muy finos, casi desapareciendo en las primarias externas (cf. charrán patinegro)

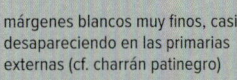

■ **Charrán patinegro, tipo adulto (noviembre)**
Patrón típico de charrán patinegro.

margan blanco típicamente de anchura uniforme hasta la punta

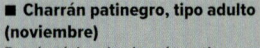

a pesar del desgaste, el patrón de p10 es típico de charrán patinegro: el centro oscuro apenas se ensancha

▶ **Adulto (abril)**
El patrón de la parte inferior de la mano difiere sutilmente, pero a menudo es útil para diferenciarlo del charrán patinegro; la forma de la franja negra a lo largo de p10 se mantiene incluso en plumas gastadas.

puntas oscuras relativamente anchas

la franja negra a lo largo de p10 se ensancha hacia la punta

■ **Charrán patinegro, adulto (mayo)**
Las puntas oscuras son menos extensas y la franja a lo largo de p10 (especialmente importante a efectos de identificación) es más fina y apenas se ensancha hacia la punta. Esta diferencia con respecto al charrán patinegro de Cabot es menos útil en aves de 1er invierno, que suelen tener puntas oscuras más anchas.

puntas oscuras relativamente pequeñas o estrechas

la franja negra a lo largo de p10 apenas se ensancha hacia la punta

▼ **Juvenil/1er invierno (otoño)**

plumas del manto y escapulares aún juv., retenidas, con manchas oscuras, la mayoría o todas sin patrón en forma de V

terciarias con centros oscuros y uniformes/sólidos, típicos

como en el adulto, frecuentemente ya con máscara/cresta uniforme

como en el adulto, márgenes pálidos muy finos que desaparecen hacia las primarias externas (pero más variable que en el adulto)

coberteras juveniles generalmente lisas o casi lisas

▼ **1er invierno (de otoño a primavera)**
Las terciarias juveniles, y también las de 2ª generación, tienen los centros grises oscuros, típicos de muchos charranes inmaduros. En el charrán patinegro inmaduro también pueden tener la base oscura y difusa, pero probablemente nunca –o raramente– con el patrón del charrán patinegro de Cabot. Los márgenes muy finos en las primarias centrales, el patrón cefálico, y el pico relativamente corto y –en apariencia– más grueso, confirman la identificación.

terciarias con patrón típico, retenidas hasta el invierno/primavera

▼ **Adulto estival (abril)**
Las puntas oscuras bastante extensas en las primarias externas (por la parte inferior del ala) forman un borde oscuro y ancho, típico; el patrón de p10 es útil incluso en aves con primarias de tipo adulto ya gastadas (véanse imágenes de detalle para compararlo con el patrón del charrán patinegro). Este ejemplar también tiene la forma del pico típica: relativamente corto, grueso y recto (sin curvarse hacia abajo, como en el charrán patinegro), y con un ángulo gonial marcado. El charrán patinegro puede tener el ángulo gonial similar, pero en muchos ejemplares es inapreciable.

▼ **Tipo adulto (febrero)**
Las características destacadas son sutiles y se pueden solapar con el charrán patinegro. En aquella especie, la parte posterior del píleo suele tener listas blancas, una menor extensión de blanco detrás del ojo (o nada de blanco), y el pico más largo y ligeramente curvado hacia abajo.

borde posterior oscuro y ancho (cf. charrán patinegro adulto)

franja longitudinal de p10 ensanchándose hacia la punta

negro uniforme, típico en todos los plumajes de tipo invernal

a menudo blanco relativamente extenso detrás del ojo

de promedio, más corto y recto que en el charrán patinegro (en consecuencia, aparenta ser más ancho)

▼ **2º año cal./1er verano (primavera/verano)**
Muy similar al charrán patinegro de la misma edad, pero nótense las sutiles diferencias en la forma del pico, el patrón cefálico y, especialmente, las primarias externas.

▼ **1er invierno (noviembre)**
Muy parecido al charrán patinegro de 1er invierno, pero nótense algunas sutiles diferencias (que se pueden solapar con aquella especie), como la parte posterior del píleo negra y sólida, y el pico relativamente corto y bastante recto. La anchura del borde posterior oscuro de la mano (por la parte inferior) y el patrón de las terciarias (no visible aquí) con centros oscuros y lisos (véase imagen de un ejemplar en reposo) son las claves de identificación más útiles en este plumaje.

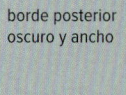

borde posterior oscuro y ancho

▼ **2º año cal./2º invierno (diciembre)**
Los rasgos destacados en la imagen no permiten una identificación segura, pero nótese la parte posterior del píleo negra, sin listas blancas, el medio anillo ocular blanco detrás del ojo (típico en todos los plumajes de tipo invernal), y el pico recto. Los rasgos de datado son los mismos que en el charrán patinegro.

p10 muy gastada

aún algunas manchas oscuras, indicativas de la edad

negro uniforme con medio anillo ocular blanco patente (cf. charrán patinegro invernal)

Pagaza piquirroja *Hydroprogne caspia*

L 52 cm | Verano, Báltico, Golfo de Botnia y SE Europa; migrante, de O a E Europa

▼ Adulto estival (mayo)
Identificación sencilla, gracias a su tamaño conside-rable y al pico rojo muy grueso, con una mancha oscura subterminal, diagnóstica. Los otros únicos charranes que pueden tener una apariencia relativamente similar son el charrán real americano y el charrán real africano. En los adultos, el capirote suele ser ya completamente negro a partir de febrero, a veces incluso antes.

▼ Juvenil (julio)
Patrón típico, no muy distinto de otros charranes juveniles. El dibujo oscuro varía en intensidad; en este ejemplar es bastante contrastado. El pico ya es diagnóstico, pero aún no muestra la mancha oscura en la punta.

▼ 1er invierno (noviembre)
La identificación de los inmaduros también es fácil gracias, por ejemplo, al pico muy grueso y rojo anaranjado.

aún algunas manchas oscuras en la parte superior del manto, típicas del 1er invierno en otoño

plumas dorsales y escapulares mudadas, grises y lisas

codo del ala oscuro, típico del juv./1er invierno

marcas oscuras en las coberteras y terciarias juv. ya (casi) desaparecidas a causa del desgaste

▼ Adulto invernal (octubre)
También inconfundible en vuelo; el pico grueso y rojo destaca mucho.

primarias externas de tipo adulto con puntas oscuras bastante patentes

en invierno, finas listas blancas en el píleo

parte delantera más "pesada"

▼ Adulto estival (mayo)
Postura típica de un ejemplar pescando.

inicio de un nuevo frente de muda, generando un contraste con las primarias externas, más viejas y oscuras

coberteras primarias (también secundarias) grises y lisas, indicando adulto (cf. 3er año cal.)

◄ Adulto estival (mayo)
Característico también en vuelo, por rasgos como la parte inferior de la mano (primarias externas), la más oscura entre todos los charranes. La cabeza grande con el pico muy robusto genera una silueta más "pesada" en la parte delantera. En primavera, los adultos tienen la parte superior de las primarias externas de color gris pálido, que no contrasta con las más internas, nuevas.

gris, solo con puntas oscuras

rojo y muy grueso, patente también en vuelo

parte inferior de la mano muy negruzca, patente y característica

▼ 1er invierno (enero)
Un ejemplar menos avanzado de 1er invierno, pero típico en todo lo demás. La mayoría de aves de esta edad ya suelen haber mudado diversas primarias internas al inicio del nuevo año.

▼ 2º año cal. (febrero)
Un ejemplar avanzado, similar en apariencia a la primavera del 2º año cal. Durante el 2º año cal. no adquiere un capirote completamente negro.

rectrices externas y secundarias básicamente oscuras

rectrices juv. oscuras

muda de primarias ya iniciada en p1

ala juv. típicamente bastante oscura (cf. aves más maduras)

primarias juv. retenidas –y coberteras primarias correspondientes–, de tono gris pardo oscuro, contrastando fuertemente con las plumas nuevas, gris pálido (cf. aves más maduras)

primarias externas viejas –y coberteras primarias correspondientes– más oscuras que las internas, nuevas (cf. adulto estival)

contraste de muda

secundarias con centros ligeramente oscuros

aún algunas manchas oscuras

▶ 3er año cal./tipo 2º verano (mayo)
Similar al adulto estival, pero nótese el contraste de muda patente en las primarias, y las manchas oscuras en las coberteras primarias y en la zona del álula. Muchos individuos de esta edad aún tienen, también, rectrices externas con partes oscuras. Las secundarias forman una cierta franja oscura (difícil de ver aquí), pero no suele haber un borde anterior oscuro en la parte superior del ala, como sucede en aves de 2º año cal./1er verano.

Charrán elegante *Thalasseus elegans*

L 43 cm | Divagante de Norteamérica; nidificante ocasional en Europa

▼ **Adulto ♂ estival (marzo)**
Un ejemplar clásico. La forma y color del pico, así como la cresta muy larga, forman una combinación característica. En primavera, muchas aves desarrollan un leve tinte rosado en las partes inferiores, algo inusual en otras especies de pico naranja. En Europa, los charranes elegantes se suelen emparejar con charranes patinegros; todos los descendientes conocidos de estas parejas tienen rasgos híbridos claros, y son más parecidos al charrán patinegro.

cresta variable, generalmente larga, a menudo colgando casi hasta el manto en el ♂ estival

pico curvado gradualmente hacia abajo

ángulo gonial a la mitad del pico o, como aquí, un poco antes (a veces ausente)

▼ **2º verano o adulto (mayo)**
Este ejemplar muestra el otro extremo en la variabilidad de la especie (pero no es raro en su distribución regular): un pico relativamente corto, más pálido, y una cresta también bastante corta; más parecido, en consecuencia, tanto al **charrán patinegro de Cayena** *Thalasseus acuflavidus eurygnathus* como al charrán bengalí. En el charrán patinegro de Cayena (una subespecie sudamericana del charrán patinegro de Cabot) el pico suele ser amarillo o amarillo grisáceo apagado, sin tonos anaranjados, y a menudo con partes oscuras en la base del pico. Para apreciar diferencias con el charrán bengalí, véase aquella especie. Los centros oscuros de las terciarias indican que se trata de un subadulto, lo cual podría explicar el pico y la cresta relativamente cortos.

típicamente largo, fino, ligeramente curvado hacia abajo y más amarillo hacia la punta (cf. charranes real americano, real africano y bengalí)

▼ **Tipo adulto (mayo)**
La cola, las supracoberteras caudales y el obispillo son blancos, con una transición gradual hacia el gris pálido del dorso y el manto; compárese con el charrán bengalí y las dos especies de charrán real. Este ejemplar tiene leves tintes rosados en las infracoberteras alares, algo habitual.

solo 5–6 puntas oscuras, que forman un borde posterior corto (cf. charrán bengalí)

la punta oscura indica subadulto

◄ **Subadulto (septiembre)**
En plumaje invernal, la cabeza no muestra, típicamente, blanco detrás del ojo, a diferencia del charrán bengalí y de las dos especies de charrán real. Las patas con algunas manchas algo rojizas son habituales en inmaduros de charranes bengalí, real americano y real africano, pero en el charrán elegante también se dan en aves con apariencia totalmente adulta.

máscara negra, sin blanco detrás del ojo (cf. charranes bengalí, real americano y real africano)

forma y color del pico, y patrón cefálico, como en el adulto invernal

algunas aves con patas rojizas o incluso rojas

rectrices externas aún algo oscuras

franja oscura en las secundarias

frente de muda en las primarias internas (3ª generación)

cuña oscura patente (2ª generación)

coberteras juv. oscuras, con patrón relativamente débil (aquí ya parcialmente mudadas) y franja oscura en las secundarias

▶ **1er invierno (septiembre)**
La imagen destaca las diferencias con los charranes bengalí, real americano y real africano, de 1er invierno.

sin blanco detrás del ojo

amarillo o naranja pálido

▲ **2º año cal./2º invierno (septiembre)**
Identificación específica basada en el patrón cefálico, el pico, y el obispillo y supracoberteras caudales blancas. Los rasgos de datado se aplican a todos los "charranes grandes". Las primarias externas juveniles pueden estar presentes hasta otoño (con sus coberteras primarias correspondientes), por lo que, a veces, hay hasta 3 generaciones de primarias en el ala; entonces, las primarias aún juveniles (y coberteras primarias) son ya muy oscuras y están muy gastadas.

Charrán bengalí *Thalasseus bengalensis*

L 36 cm | Divagante de la costa mediterránea de N África o del mar Rojo

▼ Tipo adulto invernal (noviembre)

A menudo da la impresión de tener las patas cortas, en comparación con los otros "charranes grandes". La máscara oscura detrás del ojo es, frecuentemente, de un negro más sólido que en los charranes real americano y real africano, en plumaje invernal. Esta diferencia es más útil en plumaje invernal completo –en otoño–, porque a partir del inicio de la primavera, el capirote negro estival ya está en desarrollo en ambas especies de charrán real.

anillo ocular y moteado blanco directamente detrás del ojo (cf. charrán elegante)

relativamente fino, pero con la base gruesa; punta a veces ligeramente más pálida

gris medio a pálido, ligeramente más oscuro que en el charrán patinegro

▼ Adulto estival (abril)

Combinación diagnóstica formada por el color y la forma del pico, y el obispillo y las supracoberteras caudales grises (del mismo tono que el resto de partes superiores).

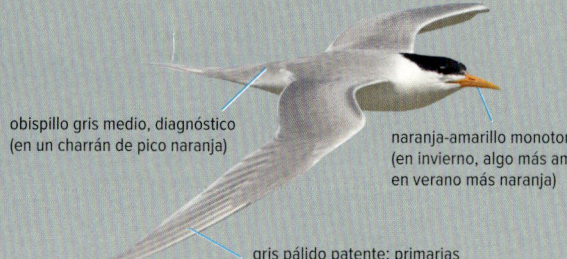

obispillo gris medio, diagnóstico (en un charrán de pico naranja)

naranja-amarillo monotono (en invierno, algo más amarillo, en verano más naranja)

gris pálido patente; primarias externas recientemente mudadas

▼ Tipo subadulto (noviembre)

La identificación de este ejemplar se basa en el color y la forma del pico, así como en la cola y el obispillo grises, que dejan todas las partes superiores del mismo tono. Las primarias externas –y sus coberteras primarias correspondientes–, muy oscuras, son típicas de un inmaduro, posiblemente de un 2º año cal.; sin embargo, las rectrices no parecen tener puntas oscuras. En otoño, los adultos también tienen, a veces, primarias externas oscuras, y secundarias ligeramente oscuras, pero nunca contrastan tanto como en el ejemplar de la imagen.

secundarias viejas más oscuras

primarias viejas –y coberteras primarias correspondientes–, oscuras y gastadas

▼ 1er invierno (octubre)

En cuanto al plumaje, es especialmente similar tanto al charrán real americano como al charrán real africano de 1er invierno, pero el gris es más oscuro. Las coberteras grandes juveniles apenas son más oscuras que la zona dorsal, el pico es menos grueso, y el tamaño total del ave es claramente menor.

coberteras medianas caídas (muda activa)

terciarias juv. con centros oscuros (a diferencia del charrán elegante de 1er invierno)

▼ 1er invierno (enero)

El color y la forma del pico, así como el obispillo y las supracoberteras caudales grises, son rasgos típicos de la especie. La muda de plumas de vuelo empieza en invierno; en este ejemplar, algunas coberteras ya han sido mudadas.

gris medio uniforme (cf. charranes real americano y real africano de 1er invierno)

rectrices aún oscuras

2 franjas oscuras, pero a menudo menos contrastadas que en los charranes real americano y real africano de 1er invierno

primarias nuevas gris pálido, contrastando fuertemente con las externas, aún juv. (cf. adulto)

borde posterior oscuro formado por 6–7 puntas negras (cf. charrán elegante)

▶ Tipo subadulto (noviembre)

Charrán real africano *Thalasseus albididorsalis*

L 45 cm | Divagante de O África

Xatrac reial africà CAT
Txenada handi afrikarra EUS
Carrán real africano GAL

IDENTIFICACIÓN DE "CHARRANES REALES"

Estas 2 especies son muy similares en todos los plumajes y, hasta recientemente, eran consideradas subespecies de un mismo taxón. El charrán real americano es ligeramente mayor y tiene, de promedio, el pico más grueso, que tiende a ser más rojizo, las partes superiores de un gris un poco más oscuro y la cola un poco más larga. Sin embargo, todas las características mencionadas se solapan en mayor o menor medida y, fuera de sus respectivas distribuciones, solo se pueden identificar con seguridad a las aves más típicas, siendo los rasgos del pico los más importantes.

▼ 1er invierno (diciembre)

Parecido al charrán bengalí en este plumaje, pero nótese el obispillo casi blanco y el pico un poco más grueso. La parte superior del ala muestra, a menudo, el mayor contraste entre los charranes de pico naranja inmaduros, en parte a causa de un gris más pálido en las plumas nuevas.

obispillo casi blanco, contrastando ligeramente con el resto de partes superiores, gris pálido (cf. charrán bengalí)

patrón cefálico, y color y forma del pico, como en el adulto invernal

muda postjuv. de primarias ya iniciada (más pronto que en otros charranes de pico naranja)

muy oscuro, típico en charranes de pico naranja de 1er invierno

▼ Tipo adulto (marzo)

En la imagen se destacan las diferencias típicas con el charrán real americano. El ángulo gonial es, de promedio, ligeramente más marcado que en aquella especie, pero existe mucho solapamiento.

inicio de la narina distanciado de las plumas

naranja-amarillo; punta un poco más pálida y más amarilla

ángulo gonial aproximadamente a la mitad del pico

base relativamente estrecha

▼ Tipo adulto (marzo)

Un ejemplar típico en cuanto a la estructura del pico y la coloración general. Muy parecido al charrán bengalí en todos los plumajes, pero con un tamaño considerablemente mayor (claramente más grande que un charrán patinegro); las partes superiores son de un gris más pálido, y el pico es más grueso. Sin embargo, las aves extremas se pueden solapar con el charrán bengalí en cuanto a la forma del pico y la coloración de las partes superiores. Las manchas rojas en las patas sugieren que se trata de un subadulto.

gris pálido (cf. charrán bengalí)

▼ Tipo subadulto (marzo)

Ya prácticamente como el adulto invernal, pero en un estadio de muda diferente, aquí indicativo de un 3er año cal./2º invierno. Los adultos completan la muda de primarias en invierno y, en primavera, han mudado un número mayor de primarias internas en un nuevo frente de muda; además, no suelen mostrar muda activa en esta época del año. Este ejemplar muestra algunas manchas pálidas, amarillentas, en las patas, rasgo típico de inmaduros. El color del pico es igual al del charrán bengalí pero suele ser más grueso, y las partes superiores son de un gris más pálido, además de tener un tamaño mayor.

solo ligeramente más pálido que el resto de partes superiores, grises muy pálidas

mas fino que en el charrán real americano, con tono naranja más intenso en la base

nuevo frente de muda iniciado en p1

muda de primarias típicamente casi completa a final de otoño

borde posterior oscuro bastante ancho (cf. charrán bengalí)

▼ Tipo adulto (junio)

Aunque no tan grueso como en el charrán real americano típico, este ejemplar tiene un pico más robusto que la mayoría, lo que sirve para ilustrar la variabilidad y solapamiento en este aspecto. La posición de la narina y la gradación de color hacia la punta del pico son típicos de un charrán real africano.

Charrán real americano *Thalasseus maximus*

L 45 cm | Divagante de Norteamérica

Xatrac reial americà CAT
Txenada handi amerikarra EUS
Carrán real americano GAL

▼ Adulto estival (abril)

Un ejemplar típico, con el pico grueso y rojizo. Tanto en esta especie como en el charrán real africano, el color del pico está relacionado con la edad y la época del año. Los charranes reales americanos inmaduros, en invierno, tienen, de promedio, los picos más amarillentos, mientras que los adultos estivales muestran la coloración más rojiza. El charrán real africano estival tiene el pico naranja, no rojizo. Los tonos intermedios entre el amarillo y el naranja pueden verse en ambas especies, pero el rojizo solo está presente en el charrán real americano. Además, el pico de esta especie suele ser más grueso en la mitad basal. Los ejemplares con el pico más rojizo, como el de la imagen, pueden parecerse a la pagaza piquirroja, pero nótense las diferencias.

▼ Adulto invernal (enero)

Las diferencias señaladas en la imagen, entre el charrán real americano y el charrán real africano, son mínimas y solo útiles en una observación de campo cuando se puede establecer una comparación con otros charranes o gaviotas. En Europa, la identificación entre estas dos especies se debe basar en la forma y el color del pico, e incluso entonces, probablemente hay aves que no se pueden identificar con total seguridad. En este ejemplar, el color del pico es característico del charrán real americano, pero la forma se solapa con el charrán real africano.

"despeinado"
(cf. pagaza piquirroja)

gris pálido (casi como el charrán patinegro)

más rojizo en el adulto estival

sin mancha oscura (cf. pagaza piquirroja)

rectrices externas ligeramente más largas que en el charrán real africano (aquí sobrepasando la punta del ala), pero las primarias externas podrían estar aún en crecimiento

ligeramente más oscuro que el charrán real africano

▼ 2º año cal. (marzo)

En este ejemplar, el color del pico entra en la zona de solapamiento con el charrán real africano, pero su estructura es muy indicativa de charrán real americano (mitad basal muy gruesa, y narina casi tocando la zona plumada). Muchos charranes reales americanos (inmaduros) tienen el pico un poco amarillento, como este ejemplar. La combinación formada por una cabeza con patrón invernal, junto a unas primarias y coberteras primarias muy oscuras, y los centros de las terciarias oscuros, es típica de muchos charranes de 2º año cal. en primavera; en las especies de mayor tamaño, también son comunes algunas manchas amarillas o rojizas en las patas, incluyendo los dedos (particularmente por la parte inferior), que desaparecen gradualmente con la edad.

▼ Adulto estival (abril)

En este ejemplar, la estructura del pico se solapa con el charrán real africano, pero la coloración uniforme, tendiendo ligeramente a rojizo, es típica del charrán real americano. Las primarias externas ya notablemente oscurecidas, que forman una cuña oscura, son resultado de una muda bastante temprana de estas plumas –en los adultos, durante el otoño–, por lo que estas ya están bastante envejecidas a la primavera siguiente. Las primarias internas son mudadas de nuevo a final de invierno y, por lo tanto, son más nuevas, lo que explica el contraste.

en plumaje invernal, las dos especies de charrán real tienen la mayor extensión de blanco en el píleo, entre los charranes de pico naranja

centros de terciarias oscuros, típico de inmaduros en charranes grandes

en este ejemplar, ligeramente más pálido/ amarillo hacia la punta (en adultos, más típico del charrán real africano)

manchas pálidas en las patas

gris muy pálido (cf. charrán bengalí)

secundarias viejas también algo oscuras en aves totalmente adultas

en primavera, cuña oscura en las primarias relativamente patente

▼ Tipo adulto (enero)

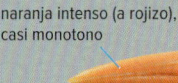

muy poca distancia entre el inicio de la narina y la parte plumada

naranja intenso (a rojizo), casi monotono

ángulo gonial por delante de la mitad del pico

base ancha

▼ Tipo adulto (enero)

Además de los ejemplares más típicos, también son comunes los individuos con rasgos intermedios. Este ejemplar tiene el pico bastante estrecho, con una estructura similar al charrán real africano; sin embargo, la coloración ligeramente rojiza y uniforme es diagnóstica.

Charrán común *Sterna hirundo*

L 36 cm | Verano, toda Europa excepto Islandia

▼ Adulto estival (mayo)

Similar al charrán ártico, pero nótense las diferencias señaladas en la imagen. Además de la punta oscura del pico, la mejilla blanca también es una diferencia útil; en el charrán ártico, el gris del cuello se extiende más hacia arriba, casi alcanzando el capirote negro. A lo largo del verano, las primarias externas se van oscureciendo, y contrastan fuertemente con las internas, más nuevas y más pálidas, formando una cuña oscura, algo que no sucede en el charrán ártico.

mejilla blanca
(cf. charrán ártico estival)

punta negra
en primavera
(cf. charrán ártico
adulto en primavera)

rectrices externas aproximadamente en línea con la punta del ala
(cf. charrán ártico adulto estival)

parte inferior del
anillo ocular blanca,
sin marcas oscuras
debajo del ojo
(cf. charrán ártico)

▼ Juvenil (agosto)

El anillo ocular blanco y la zona blanca bajo del ojo se combinan para formar una de las diferencias más claras con el charrán ártico juvenil. Generalmente, las plumas juveniles de la zona dorsal son de un pardo más cálido que en el charrán ártico juvenil, pero este rasgo es variable en ambas especies. La extensión del escalado negro en la zona dorsal, coberteras posteriores y terciarias, así como la extensión de los tonos naranjas en el pico, también son rasgos variables. En el charrán común juvenil, el pico probablemente nunca es totalmente negro a final del verano, lo cual sí se produce habitualmente en el charrán ártico juvenil.

franjas pardo amarillentas
de tonos cálidos, a veces
negruzcas

pardo cálido, más
adelante volviéndose
blanco

naranja variable

blanco (cf. charrán
ártico juv.)

patas relativamente largas
(cf. charrán ártico)

▼ 1er invierno (octubre)

Un ejemplar típico en plumaje de 1er invierno. En otoño, algunas aves se encuentran aún en plumaje prácticamente juvenil, supuestamente habiendo nacido en nidadas tardías.

en este ejemplar, manto y
escapulares ya mudadas a
tipo adulto, grises y lisas

toda el ala aún juv.,
incluyendo las coberteras y las
terciarias; uniforme, sin muda
(cf. 2º año cal. y adulto en otoño)

al acercarse el
invierno, el pico y
las patas se vuelven
negruzcos (como en
el adulto invernal)

rectrices externas aún relativamente cortas y oscuras

entre los charranes
europeos, la franja más
ancha y oscura en el
borde anterior del brazo

▼ Adulto estival (mayo)

La cuña oscura en las primarias se produce cuando las más externas son más viejas (mudadas a principio de invierno) que las internas (mudadas a final de invierno), con un límite de muda abrupto. Además, las primarias también son –gradualmente– un poco más oscuras hacia la parte exterior del ala cuando son nuevas, pero esto no produce ningún contraste. Más adelante, en verano, la muda de primarias empieza de nuevo a partir de p1, antes de que las más externas se hayan mudado. Las primarias internas son, pues, reemplazadas dos veces al año, mientras que las externas solo una.

▶ Tipo adulto invernal (octubre)

En contraste con el charrán ártico, se encuentra típicamente ya en plumaje invernal, incluyendo el pico totalmente oscuro, en otoño; el charrán ártico no muda en Europa. En este plumaje, los adultos pueden recordar a los inmaduros, a causa de un contraste marcado entre las primarias externas y las internas, y por el borde anterior del brazo oscuro. En otoño, tanto las aves de 2º año cal. como las de 3er año cal., a menudo muestran un contraste de muda menor en las primarias, porque las más externas fueron reemplazadas más recientemente. Las aves de 2º año cal. aún muestran partes oscuras en las rectrices externas que son, además, más cortas.

rectrices externas
alargadas, sin partes
oscuras (cf. inmaduro)

obispillo a menudo
gris en otoño

borde anterior del
brazo, normal en el
adulto otoñal

primarias internas mudadas de
nuevo, contrastando fuertemente
con las externas, retenidas

oscuro con pequeña
punta pálida

cuña oscura de primarias:
las más externas se van oscureciendo gradualmente a partir de
primavera (cf. charrán ártico)

▶ **Juvenil/1er invierno (octubre)**
En vuelo destaca la franja oscura
en el borde anterior del ala.

franja ancha y
oscura, patente

secundarias oscuras
(cf. charrán ártico juv.)

a pesar de tener la mano bien abierta, no
se aprecian hemibanderas internas pálidas
(cf. charrán ártico juv.)

▼ **2º año cal. (abril)**
Los inmaduros retienen el borde anterior del ala, oscuro y
ancho. En verano, esta es una de las diferencias más claras con
otros charranes pequeños de coloración similar. La cabeza a
menudo mantiene el patrón invernal durante todo el verano. Las
primarias externas, aún juveniles, generalmente son mudadas
durante el verano, mientras que un nuevo frente de muda apare-
cerá por las primarias internas.

fuerte contraste entre las
primarias externas, aún juv.,
y las internas, mudadas
(incluyendo sus coberteras
primarias correspondientes)

▼ **Inmaduro (abril)**
Este ejemplar se encuentra aún en plumaje invernal, por lo cual es, probablemente,
un ave de 2º año cal. Tratándose de abril, la muda de este individuo es sorprendentemente avanzada para esta edad; sin embargo, el momento en que se produce la
muda es algo variable. Las aves de 3er año cal. (2º verano) generalmente desarrollan
un plumaje de tipo estival (pero posiblemente no completo, con algunas manchas
blancas en la frente, y grises en las partes inferiores); también adquieren un pico
muy rojo, por lo cual tienen apariencia general adulta.

plumas nuevas,
recientemente mudadas

plumas de una
generación anterior

p10 vieja

▶ **Charrán común
siberiano, *longipennis*,
tipo adulto estival (abril)**

variable: entre
completamente
negro y rojo con
extensa punta negra

típicamente, bastante
oscuro, gris pardo cálido

gris a menudo alcanzando
el capirote (como en el
charrán ártico)

▼ **Charrán común siberiano *longipennis*,
tipo adulto estival (primavera/verano)**
Un divagante potencial en Europa, pero el estatus de esta
subespecie es incierto en el continente, a causa de la variabilidad dentro de la nominal *hirundo*. La combinación de rasgos
que muestra este ejemplar es, al menos, indicativa de un
ejemplar en plumaje adulto completo.

el gris se extiende
hacia arriba

variable: de casi
completamente negro
a más del 50 % rojo

relativamente oscuro, a
menudo con ligeros tintes
púrpura o pardo cálido

rojo oscuro, a veces dando clara
impresión de patas cortas

Charrán ártico *Sterna paradisaea*

L 36 cm | Verano, NO y N Europa

Xatrac àrtic CAT
Ipar-txenada EUS
Carrán ártico GAL

▼ Adulto estival (julio)

Un ejemplar típico, como la mayoría de adultos estivales. Todas las primarias son de la misma generación, lo cual suele ser un rasgo de identificación muy útil, puesto que no presenta contrastes ni una cuña oscura en las externas.

terciarias y escapulares posteriores con puntas blancas bastante anchas, formando a menudo 2 franjas (en el charrán común, puntas generalmente finas o ausentes)

habitualmente todo rojo (algunas veces con pequeña punta oscura); más corto que en el charrán común

el gris se extiende por la mejilla; blanco solo por debajo del capirote (cf. charrán común adulto estival)

cola larga, a menudo sobrepasa la punta del ala (a diferencia del charrán común)

todas las primarias del mismo color: sin cuña oscura en Europa (cf. charrán común)

patas muy cortas; longitud del tarso, la mitad de la longitud del pico

a menudo tan gris como las partes superiores

▼ Tipo adulto "invernal" (octubre)

La muda a plumaje invernal se produce totalmente en las áreas de invernada australes, lejos de Europa. A pesar de tener las primarias gastadas, su parte central es aún gris, por lo cual destacan las puntas más oscuras. En el charrán común, las primarias gastadas son uniformemente oscuras.

primeras plumas blancas apareciendo, pero la mayor parte de la muda se produce en las zonas de invernada

típicamente, pico bastante corto, volviéndose negro en otoño/invierno

parte central gris, puntas oscuras

plumas oscuras por debajo del ojo, típicas (a diferencia del charrán común)

plumas gastadas, pero sin muda (a diferencia del charrán común)

típicamente, patas muy cortas

▼ Juvenil (octubre)

El color de las partes superiores es variable en los juveniles, pero raramente es pardo cálido, lo cual es la norma en el charrán común juvenil (si no tiene el plumaje muy gastado). El plumaje juvenil se retiene hasta la llegada a las zonas de invernada; un ejemplar en muda activa a 1er invierno es altamente improbable en Europa.

extensión de rojo variable

gris pardo frío (cf. charrán común)

plumas oscuras por debajo del ojo y anillo ocular oscuro (cf. charrán común juv./1er invierno)

el blanco se extiende hasta cerca de la punta de las primarias externas, con un borde nítido (cf. charrán común juv./1er invierno)

▼ Adulto (mayo)

La proyección de la cabeza por delante de las alas es a menudo solo la mitad de la proyección caudal por detrás del borde posterior del ala, lo cual produce una silueta distinta de la del charrán común.

cuello y pico cortos; proyección de la cabeza corta

franja blanca y difusa, característica

rectrices externas muy largas

■ Charrán común, tipo adulto

La parte inferior de la mano presenta diferencias entre el charrán común y el charrán ártico; muchos charranes comunes tienen un borde posterior más ancho que el de la imagen.

borde posterior ancho y difuso

borde posterior estrecho y nítido

▶ **Adulto estival (junio)**
La ausencia de una cuña oscura en las primarias externas a partir de junio es una indicación excelente en comparación con el charrán común, y visible también desde lejos. Nótese también la franja blanca bastante estrecha por debajo del capirote, y compárese con el charrán común adulto estival.

todas las primarias uniforme-mente grises, sin cuña oscura (cf. charrán común adulto)

▼ **Juvenil (octubre)**
En la imagen se destacan las diferencias con el charrán común juvenil/1er invierno. La parte superior del ala tiene un efecto tricolor desde lejos, donde destaca especialmente el blanco de las secundarias; compárese con el charrán común juvenil/1er invierno. La visibilidad de la parte blanca de las hemibanderas internas de las primarias depende de si el ala está más o menos desplegada; aquí, en vuelo normal, ya es visible.

blanco extenso en las hemibanderas internas de las primarias, visible con el ala abierta, que genera franjas blancas (cf. charrán común de 1er invierno)

borde relativamente nítido entre el dorso y la parte superior del obispillo, grises, y la parte inferior de este junto a las supracoberteras caudales, blancas

borde anterior no muy oscuro

las secundarias blancas contrastan con las coberteras grises

plumas oscuras por debajo del ojo

gris relativamente pálido, que contrasta con las puntas más oscuras

▼ **2º año cal./1er verano (junio)**
En Europa y en verano, un charrán con plumaje de tipo invernal, con las partes superiores de un tono gris pálido, y con el ala uniforme, es único. El borde posterior blanco de las secundarias es diagnóstico, así como la ausencia de una cuña oscura en las primarias externas.

tanto primarias como secundarias uniformes, todas mudadas una vez y sin contrastes; un rasgo diagnóstico

▼ **Tipo 3er año cal./tipo 2º verano (junio)**
Ejemplares con esta apariencia son, probablemente, de 3er año cal.; nótese la punta oscura del pico, las partes inferiores con manchas grises irregulares y difusas, las rectrices externas no muy alargadas, y el capirote no completo (otras aves más avanzadas pueden ser indistinguibles de los adultos). Además, el ala no muestra contrastes de muda y, por lo tanto, tampoco una cuña oscura en las primarias externas.

Charrán rosado *Sterna dougallii*

L 34 cm | Verano, Gran Bretaña, Irlanda y O Francia

▼ Adulto estival (junio)
Las aves típicas, como esta, son inconfundibles.

margen blanco en la hemibandera interna hasta las primarias externas, diagnóstico

gris muy pálido (como el charrán patinegro)

varía entre todo negro y rojo con una extensa punta negra

largo, con un ángulo gonial patente

rectrices externas muy alargadas y completamente blancas

rosa variable, a veces ausente (aquí muy intenso)

▼ Adulto estival (agosto)
Los ejemplares con la base del pico roja y las partes inferiores blancas entran dentro de la variabilidad normal de la especie.

márgenes blancos diagnósticos

frecuentemente, rojo pálido patente

▼ Juvenil/1er invierno (agosto)
Como un charrán patinegro en miniatura, pero sin atisbo de cresta; además, el capirote oscuro se prolonga hacia abajo por las auriculares, y el patrón de las terciarias es el mismo que el de las escapulares.

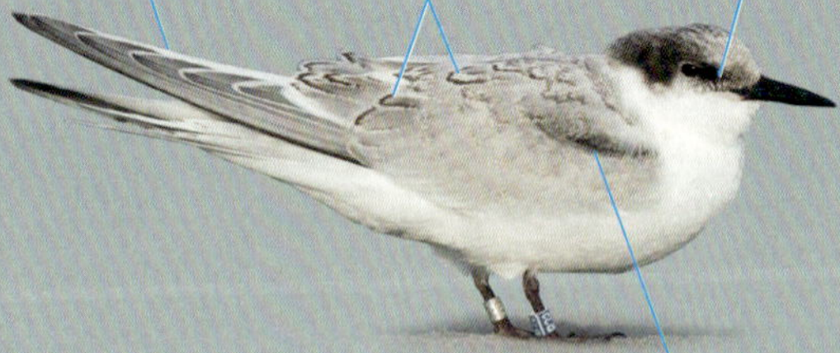

márgenes blancos diagnósticos, también en el juv.

manto y escapulares juv. con patrón en forma de U (parecido al charrán patinegro)

brida y frente oscuras (a diferencia de especies similares)

borde anterior del brazo oscuro, variable

▼ 2º año cal. (junio)
En este ejemplar, se pudo confirmar la edad como 2º año cal. gracias a los detalles proporcionados por su anilla, pero los rasgos de plumaje también indican esta edad. Parecido a un charrán patinegro, pero notablemente más pequeño, y con un patrón cefálico característico, entre otras diferencias. Las aves de 3er año cal. tienen una apariencia (casi) adulta; en esta edad, probablemente algunos ejemplares aún no tienen las rectrices externas de la longitud adulta, y tienen el borde anterior oscuro del brazo un poco más oscuro, además de un capirote a menudo incompleto, en comparación con aves en plumaje adulto completo.

margen blanco en las primarias externas, diagnóstico en todos los plumajes (pero véase el charrán patinegro)

primarias centrales con puntas oscuras

gris pálido patente (como en el charrán patinegro)

"punta loral" oscura, característica

plumas oscuras relativamente extensas debajo del ojo

cola aún corta, pero generalmente ya blanca

algunas plumas ya mudadas a tipo adulto, lisas y gris pálido

gris, sin contraste con el resto de partes superiores (cf. charrán ártico juv.)

◄ Juvenil/1er invierno (agosto)
La imagen en vuelo muestra similitudes tanto con el charrán ártico como con el charrán patinegro.

margen blanco en las primarias, como en el charrán patinegro (cf. charrán ártico juv.)

▼ **Tipo adulto estival (julio)**
Las partes inferiores muy blancas, incluyendo la parte inferior del ala, son típicas y a menudo muy patentes. Las rectrices externas son muy largas y flexibles; se doblan con el movimiento del ave.

▼ **Tipo adulto mudando a plumaje invernal (septiembre)**

solo 2–3 primarias externas muy oscuras, formando una cuña estrecha

borde blanco diagnóstico en la punta de las primarias externas

a menudo 3 generaciones de primarias, y muda activa en 2 puntos

rectrices externas completamente blancas, mudadas en otoño, aquí ausentes o en crecimiento

muy largas y totalmente blancas

blanco nieve típico, translúcido

borde posterior mínimo tanto en anchura como en longitud

Charrán de Forster *Sterna forsteri*

L 34 cm | Divagante de Norteamérica

Xatrac de Forster CAT
Foster txenada EUS
Carrán de Forster GAL

▼ **Adulto estival (abril)**
Superficialmente, similar al charrán común, pero véanse las diferencias destacadas en la imagen que, combinadas, son diagnósticas. En comparación con el charrán común estival, las partes inferiores blancas, la mano gris plateada, y el pico más grueso y anaranjado (en vez de rojo anaranjado) son los rasgos que suelen destacar más.

relativamente grueso; naranja vivo con punta negra

gris plateado durante el verano; sin cuña oscura en las primarias (cf. charrán común estival)

blanco extenso; borde inferior del capirote ondulado (cf. charrán común estival)

la cola, muy larga, suele sobrepasar la punta del ala (cf. charrán común estival)

permanece casi blanco durante el verano

▼ **Subadulto estival (abril)**
Ejemplares como el de la imagen, que tienen la frente moteada de blanco en primavera, y el pico de coloración aún no adulta, son probablemente de 3er año cal. (posiblemente incluso de 4° año cal.). En esta época, las aves de 3er año cal. muestran a menudo múltiples generaciones de primarias y secundarias, pero esto puede ser difícil de apreciar en un ejemplar en reposo, puesto que solo quedan a la vista una parte de las primarias (aquí, aparentemente nuevas). Para la identificación de la especie –en comparación con el charrán común–, se aplican los mismos criterios que en el adulto estival.

Charrán de Forster *Sterna forsteri*

▼ **Juvenil/1er invierno (septiembre)**
El patrón de la cabeza es el mismo que en los adultos en plumaje invernal y es característico. En algunos plumajes de tipo invernal, el fumarel cariblanco y la pagaza piconegra también pueden mostrar una máscara negra y uniforme, pero esta es menos ancha y no se extiende por debajo del ojo; estas especies también tienen una forma de pico relativamente similar. El ejemplar de la imagen ha comenzado la muda a plumaje de 1er invierno, basándose en las escapulares grises, uniformes y nuevas.

"máscara de bandido" ancha y característica

oscuro (cf. adulto invernal)

plumas juv. con tintes parduzcos

▶ **Adulto estival (abril)**

rectrices externas muy largas, con borde interno oscuro

blanco puro (cf. charrán común adulto estival)

▶ **Adulto estival (abril)**
Aunque existen dos generaciones de primarias (las internas, mudadas a final de invierno, y las externas algunos meses después), no existe una cuña oscura patente, como sí sucede en el charrán común estival.

gris casi uniforme en la mano (cf. charrán común estival)

el borde posterior oscuro está formado por largos márgenes en las hemibanderas internas que, desde lejos, forman una franja ancha y difusa

▼ **Adulto invernal (diciembre)**
La cola de color gris pálido contrasta –ligeramente– con las supracobertras caudales blancas; un rasgo típico. El patrón de las rectrices externas, con finos márgenes internos oscuros, es único entre los charranes citados en Europa. En los adultos, la muda de primarias ya ha finalizado en noviembre, lo que da lugar a un ala uniforme, de tonos plateados.

▼ **2º año cal./1er invierno (abril)**
El plumaje de 1er verano es casi el mismo, pero algunos individuos adquieren listas negras en el píleo. La muda postjuvenil de primarias empieza más tarde que en la mayoría de charranes pequeños, y progresa lentamente (más adelante, se forma una cuña oscura en las primarias externas); las aves de 2º año cal., en otoño, pueden haber completado la muda de primarias, o bien tener aún algunas primarias externas juveniles, retenidas.

supracobertras caudales y obispillo blancos, que quedan entre el dorso y la cola grises

"máscara de bandido" característica; píleo gris pálido

oscuro

muda de primarias apenas iniciada

rectrices con márgenes internos oscuros; en otros charranes, si hay partes oscuras, se encuentran solo, o sobre todo, en el margen externo

cortas

plumas alares nuevas y uniformes, de tonos grises plateados

Charrancito común *Sternula albifrons*

L 23 cm | Verano, toda Europa excepto NO y parte interior de C Europa

▼ **Adulto estival (agosto)**
Fácil de identificar por su pequeñísimo tamaño y por el patrón cefálico y del pico, entre otros aspectos.

2–3 primarias externas casi negras

frente blanca y brida negra, rasgos diagnósticos

amarillo anaranjado (apagado) con pequeña punta negra

▼ **Adulto estival (junio)**
Además de las características típicas del plumaje, en vuelo, su pequeño tamaño, alas estrechas y batido rápido también son rasgos distintivos.

cuña oscura en las primarias estrecha, acentuada por el plumaje general muy pálido

▼ **Juvenil (agosto)**
Parecido a un charrán patinegro en miniatura, a causa de un patrón similar en las plumas.

patrón cefálico típico: brida oscura e indicio de lista superciliar

plumas juv. con marcas en forma de U y V

muda activa en 2 frentes

▶ **Tipo adulto invernal (agosto)**
Después del verano, el patrón cefálico se vuelve más difuso, el pico más oscuro (más tarde, negro), y las coberteras pequeñas parcialmente oscuras.

▶ **Juvenil (septiembre)**

escalado patente

patrón cefálico típico a causa de la línea loral oscura y larga

parte posterior del ala pálida, acentuada por la parte delantera, oscura

toda la parte delantera del ala típicamente oscura (en otros charranes juv. la parte oscura queda restringida al borde anterior del brazo)

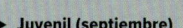
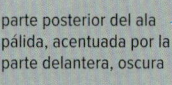

▶ **Adulto invernal (septiembre)**
La muda de primarias ha empezado de nuevo por las más internas; en septiembre, muchos adultos se encuentran en un estadio más avanzado que el ejemplar de la imagen; además, este individuo tiene poco desgaste en las primarias externas, lo cual sugiere que fueron mudadas recientemente. En otoño, los adultos suelen tener las primarias externas muy gastadas; en este caso, la muda encaja mejor con un 2º año cal. Las aves de 2º año cal. suelen permanecer más al sur de las zonas de nidificación, pero algunas regresan, probablemente avanzado el verano, y pueden ser indistinguibles de los adultos.

volviéndose oscuro en otoño

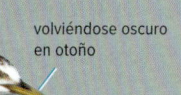

Fumarel común *Chlidonias niger*

L 24 cm | Verano, de O a E Europa

▼ **Adulto estival (julio)**
Inconfundible, gracias a la cabeza completamente negra, el pecho y parte del vientre gris oscuro, y la parte trasera del vientre e infracoberteras caudales blancas.

▼ **Adulto ♂ estival (mayo)**
En plumaje estival, la identificación no presenta dificultad alguna. Los ♂♂ tienen la cabeza negra y las partes inferiores, de promedio, más oscuras que las ♀♀, pero la variabilidad entre sexos es considerable, y algunos individuos no son fáciles de sexar. Los adultos que regresan en primavera muestran un contraste de muda típico, aproximadamente a la mitad de las primarias, como en este ejemplar. Las primarias internas han sido mudadas más recientemente que las externas, a final de invierno o principio de primavera.

contraste de muda

gris plomizo

pálido

la parte trasera blanca contrasta fuertemente con el resto del cuerpo

negro grisáceo; cabeza negro puro

▼ **Tipo adulto estival, supuestamente ♀ (junio)**
La muda a plumaje invernal empieza con algunas plumas blancas en la cabeza, a menudo cuando aún hay pollos en el nido. En este ejemplar, la zona blancuzca en el mentón es, probablemente, el inicio de esta muda.

relativamente pálido

más pálido, creando un contraste con la parte superior de la cabeza, negra; indicativo de ♀

▼ **Tipo adulto (septiembre)**
En otoño, generalmente ya en plumaje invernal (partes inferiores a menudo aún con manchas oscuras).

a partir del verano, las primarias internas se mudan de nuevo (las aves de 1er año no mudan primarias en otoño)

▼ **Juvenil (septiembre)**
En contraste con los adultos, la muda a plumaje de 1er invierno ocurre principalmente en las zonas de invernada, fuera de Europa. Las primeras plumas en ser mudadas son las escapulares, que adquieren un patrón liso y gris.

escapulares juv. con puntas pálidas muy anchas (cf. fumareles aliblanco y cariblanco)

negro sólido (a diferencia de otros fumareles juv.)

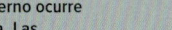

mancha oscura a los lados del pecho, a veces difícil de ver en reposo

coberteras con patrón uniforme, con puntas pálidas si no están muy gastadas (cf. adulto en otoño)

borde anterior del brazo a menudo muy oscuro y ancho

▼ Juvenil (septiembre)
Combinación característica formada por el patrón cefálico, la mancha oscura patente a los lados del pecho, y las supracoberteras caudales y el obispillo de color gris medio.

todas las plumas alares nuevas y uniformes, sin contrastes de muda (cf. adulto en otoño)

gris, poco contraste con la cola

borde anterior oscuro, ancho y patente

patrón típico en todos los plumajes excepto el estival

mancha oscura a los lados del pecho en todos los plumajes excepto el estival

▼ Juvenil (septiembre)
Típicamente, en plumaje totalmente juvenil hasta bien entrado el otoño. La muda postjuvenil suele iniciarse en las zonas de invernada, fuera de Europa.

zona dorsal apenas más oscura que la parte superior del ala; escapulares con márgenes pálidos

▼ 2° año cal. (marzo)
A principio de primavera, aún en plumaje totalmente invernal, y con contrastes de muda muy patentes entre las plumas de vuelo aún juveniles, muy oscuras, y las mudadas, de color gris pálido. Este estadio de muda es bastante típico en todos los charranes de 2° año cal. en esta época.

primarias juv. (y coberteras primarias correspondientes) gastadas y muy oscuras

primarias internas y primeras secundarias (externas) mudadas

▶ 2° año cal. (julio)
Este es un plumaje poco habitual y, en consecuencia, poco conocido en Europa, puesto que la mayoría de aves de esta edad se quedan a veranear en el O de África, o bien en el océano, al oeste de aquel continente. Este ejemplar parece haber mudado todas las primarias, siendo las externas de 2ª generación, y las internas mudadas por segunda vez, de 3ª generación. Las rectrices señaladas en la imagen, juveniles y retenidas, son la mejor indicación de un 2° año cal.; otras aves pueden haber mudado ya todas las plumas de la cola. La muda de plumas corporales es variable, pero las aves de esta edad probablemente no adquieren un plumaje estival completo. Véase también el fumarel común americano de 2° año cal.

variable, plumaje estival incompleto

rectrices juveniles retenidas con franja subterminal oscura

supuestamente, primarias de 2ª y 3ª generación (primarias juv. ya no presentes)

Fumarel común americano *Chlidonias niger surinamensis*

L 23 cm | Divagante de Norteamérica

Fumarell negre americà CAT
Itsas enara beltz "amerikarra" EUS
Gaivina negra americana GAL

▶ Adulto estival (abril)

Este ejemplar muestra claramente las sutiles diferencias con respecto al fumarel común; en reposo, puede parecer un fumarel aliblanco. Sin embargo, la identificación definitiva, incluso de un ejemplar tan típico en plumaje estival, es complicada en Europa. Los ♂♂ de fumarel común más oscuros pueden tener una apariencia no muy distinta pero, en buenas condiciones de observación, deberían tener la zona ventral de un negro menos puro, tendiendo a gris oscuro, y contrastando ligeramente con la cabeza negra. En condiciones ideales, el fumarel común americano muestra además, tintes pardos en la cabeza y el cuello (en el fumarel común, tintes grises en plumaje estival).

parte superior del manto negro puro; transición gradual a gris en las partes superiores (cf. fumarel común)

a menudo, blancuzco extenso (algunas veces, también en el fumarel común)

negro puro, igual que la cabeza (color uniforme entre la cabeza y el vientre), como en el fumarel aliblanco estival

contraste muy fuerte

▼ Adulto (abril)

a menudo con manchas blancas (raramente en el fumarel común)

frecuentemente blanco extenso (a veces también en el fumarel común)

gris relativamente oscuro (cf. fumarel común estival)

▼ Adulto invernal (septiembre)

Muy similar al fumarel común adulto invernal, pero nótese el píleo enteramente gris. El fumarel aliblanco invernal también tiene el píleo gris, pero carece de los lados del pecho oscuros. A veces, es visible una línea gris y difusa en el flanco.

píleo gris (pálido), característico en combinación con la mancha oscura a los lados del pecho (cf. fumareles común y aliblanco invernales)

▶ Juvenil (agosto)

Como un fumarel común juvenil, pero más oscuro; algunos ejemplares de aquella especie también tienen pequeñas manchas pálidas en el píleo, pero este ejemplar muestra la típica franja oscura en la brida; esta no está presente en todos los individuos, pero raramente, o nunca, en el fumarel común.

píleo más pálido que las auriculares (cf. fumarel común juv.)

típica franja oscura y difusa en la brida, pero no en todos los ejemplares

franja oscura diagnóstica en el flanco, visible en vuelo y, a veces, también en reposo

▼ Juvenil (agosto)

La identificación del juvenil en vuelo es posible en Europa. Además de las características señaladas, los juveniles suelen tener las partes superiores y la cola más oscuras que el fumarel común.

▼ Juvenil (septiembre)

Este ejemplar muestra la combinación típica formada por unas partes superiores más oscuras que en el fumarel común (incluyendo las supracoberteras caudales), y el píleo claramente más pálido que la mancha negra en las auriculares.

gris, a menudo con la parte anterior más oscura (cf. fumarel común juv.)

listado fino pálido (cf. fumarel común juv.)

franja gris difusa en el flanco, diagnóstica, que se une a la extensa mancha oscura a los lados del pecho

píleo gris pálido característico (parecido al fumarel aliblanco)

típicamente, gris relativamente oscuro

▼ Tipo 2° año cal. (abril)

El píleo relativamente pálido es típico; sin embargo, la identificación segura de ejemplares en este plumaje, en Europa, queda dificultada por el hecho de que el fumarel común de 2° año cal. puede mostrar también una línea oscura en el flanco, después de la muda parcial a plumaje estival. Los rasgos de datado señalados en la imagen son los mismos que en el fumarel común de esta edad. A diferencia de aquella especie, un número considerable de aves norteamericanas de 2° año cal. viajan hasta las zonas de cría en primavera; los divagantes de 2° año cal. observados en Europa quizá hacen lo mismo. Por lo tanto, cualquier "fumarel común" de 2° año cal., en primavera y en Europa, debe ser estudiado detalladamente, pues podría tratarse de la especie americana.

▼ 2° año cal. (abril)

La distinción del fumarel común de 2° año cal. es muy difícil, pero las listas pálidas del píleo (limitadas en este ejemplar) pueden ser una primera indicación. La mancha oscura bastante extensa en el lado del pecho y las plumas grises en el flanco también deben llamar la atención. Un fumarel común mudando a plumaje estival podría, en teoría, ser similar a este ejemplar, pero las plumas que pudiera tener en el flanco serían más negras. El estadio de muda encaja con un ejemplar de 2° año cal.; muchos individuos de esta edad –de ambas especies– tienen ya todas las primarias externas de 2ª generación a partir de final de primavera.

primaria externa supuestamente juv., muy gastada

mezcla de coberteras muy gastadas y otras nuevas, típica de esta edad

píleo relativamente pálido, contrastando con las auriculares negras y lisas (en todos los plumajes de tipo invernal)

p10 juv., muy gastada (p9 probablemente caída)

primer frente de muda alcanza p8

nuevo frente de muda; 3 generaciones de primarias presentes

gris relativamente oscuro en comparación con el fumarel común

mancha extensa a los lados del pecho y flanco manchado de gris

Fumarel aliblanco *Chlidonias leucopterus*

L 22 cm | Verano, E Europa

Fumarell alablanc CAT
Itsas enara hegalzuria EUS
Gaivina de ás brancas GAL

▼ Adulto estival (abril)
Inconfundible en este plumaje.

más pálido que la zona dorsal (cf. fumarel común estival)

negro puro y uniforme (cf. fumarel común estival)

a menudo rojo llamativo

casi blanco, contrasta con todas las zonas circundantes (cf. fumarel común estival)

▼ Juvenil (septiembre)

escapulares juv. oscuras, que contrastan con las coberteras alares, más pálidas (cf. fumareles común y cariblanco juv.)

patrón cefálico característico, a causa de una franja blanca bastante ancha por encima y por detrás del ojo, formando una "ceja" (cf. fumareles común y cariblanco juv.)

el blanco se extiende bastante por la frente (cf. fumarel común juv.)

relativamente corto y bastante grueso (cf. fumarel común)

ya rojizas (cf. fumarel común juv.)

mancha oscura a los lados del pecho mínima o ausente (cf. fumareles común y cariblanco juv.)

▼ Tipo adulto mudando a plumaje invernal (julio)
A veces puede pasar desapercibido, en un grupo de fumareles comunes que estén mudando plumas corporales, o cuando no se puede obtener una visión clara. La parte anterior del ala más pálida que las plumas de alrededor aún está presente, pero el contraste es más débil, apenas notorio. Las características señaladas en la imagen son las más importantes.

blanco parcheado

pálido

rojo

▼ Tipo adulto mudando a plumaje invernal (septiembre)
A partir de otoño, destaca la cabeza muy blanca, típica. Las primarias externas, muy gastadas, y la localización de este ejemplar a principio de septiembre (C de África), son indicativos de un 2º año cal. Supuestamente, muchas aves de esta edad permanecen en las zonas de invernada durante el verano.

partes oscuras de la cabeza más limitadas (cf. fumarel común invernal)

sin mancha oscura a los lados del pecho (cf. fumarel común invernal)

▼ Adulto estival (mayo)
Inconfundible también en vuelo, por su apariencia blanca y negra muy contrastada.

parte trasera casi blanca, incluyendo la cola

fuerte contraste

en el adulto, cuña oscura estrecha, formada por 1–3 primarias

▶ Adulto estival (junio)
La parte inferior del ala –con infracoberteras negras–, es llamativa incluso desde lejos, y diagnóstica. La muda de plumas corporales empieza por la cabeza a mediados de verano; en contraste con el fumarel común, ya muestra plumas blancas en el píleo, una diferencia útil en un bando en reposo.

negro diagnóstico; fuerte contraste

▼ Juvenil (septiembre)
La combinación de características señaladas en la imagen es diagnóstica. Carece de una mancha oscura a los lados del pecho. El fumarel cariblanco juvenil tiene la zona dorsal con un patrón más contrastado y, en septiembre, ya suele haber mudado un gran número de plumas dorsales y escapulares, con un patrón gris liso (véase aquella especie).

obispillo blanco

lados de la cola blancos y patentes

a menudo blanco llamativo en el extremo anterior del borde del ala

zona dorsal oscura que contrasta con las alas más pálidas

patrón cefálico característico

► 2º año cal. (junio)
Parecido al adulto invernal, pero habitualmente sin ningún trazo negro en las infracoberteras alares. El patrón cefáico, el patrón caudal y la ausencia de una mancha oscura a los lados del pecho son diferencias importantes en comparación con el fumarel común (en plumaje similar). Este es un plumaje de aparición rara en Europa; se cree que la mayoría de aves de esta edad permanecen en las zonas de invernada.

▲ 1er invierno (noviembre)
Una mezcla típica de plumas juveniles (más oscuras) y mudadas (grises y lisas). Este ejemplar ya ha mudado todas las plumas dorsales y escapulares, por lo que el contraste de esta zona con el ala ha desaparecido.

▼ 3er año cal./tipo 2º verano (mayo)
Ya casi como un adulto estival, pero con algunas diferencias. El número de primarias externas y viejas, 3 en este ejemplar, se solapa con el adulto; sin embargo, las primarias viejas suelen ser más oscuras y con tintes parduzcos (tintes grises en los adultos). Muchos individuos en este plumaje también tienen la cabeza, la zona ventral y las infracoberteras alares de un negro ligeramente menos puro; estas últimas a veces con algunas plumas blancas mezcladas.

▼ Tipo adulto mudando a plumaje invernal (septiembre)
En un estadio de muda más temprano, la zona de las infracoberteras alares muestra plumas negras irregulares, diagnósticas.

contraste de muda típico en el tipo adulto (las aves de 1er año no mudan primarias en otoño)

algunas rectrices grises

algunas infracoberteras alares oscuras, retenidas hasta bien entrado el otoño; típicamente, las infracoberteras primarias forman una franja negruzca

patrón cefálico típico con píleo pálido y auriculares negras destacadas

oscuro

oscuro

blancuzco

sin mancha oscura a los lados del pecho (cf. fumarel común invernal)

cuña más oscura que en el adulto, consistente en 3–5 primarias viejas

Fumarel cariblanco *Chlidonias hybrida*

L 26 cm | Verano, E, C y S Europa

Fumarell carablanc CAT
Itsas enara musuzuria EUS
Gaivina de cara branca GAL

▼ **Tipo adulto estival (mayo)**
Tiene el capirote negro, parecido al de los charranes del género *Sterna*, pero todos los demás rasgos son típicos de los fumareles; por ejemplo, el vientre oscuro y la cola corta con rectrices redondeadas. La combinación de todo ello es única en Europa. Se podría llegar a confundir con el charrán común o el charrán ártico, pero véanse las diferencias destacadas.

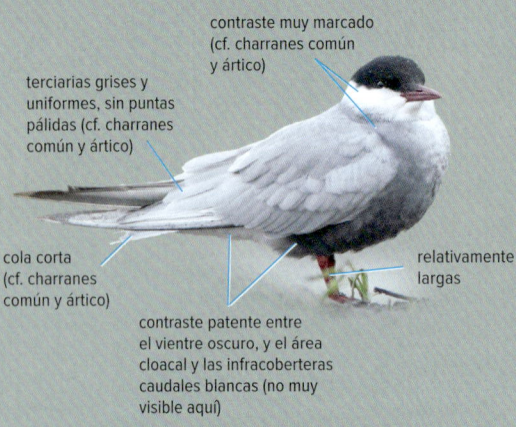

contraste muy marcado
(cf. charranes común
y ártico)

terciarias grises y
uniformes, sin puntas
pálidas (cf. charranes
común y ártico)

cola corta
(cf. charranes
común y ártico)

relativamente
largas

contraste patente entre
el vientre oscuro, y el área
cloacal y las infracoberteras
caudales blancas (no muy
visible aquí)

▼ **Juvenil/1er invierno (agosto)**

píleo con listas pálidas que no
se extiende hacia las auriculares
(cf. otros fumareles juv.)

suele mudar pronto a 1er invierno;
escapulares juv. típicamente con
la base pálida y la punta oscura
(en otros fumareles, base oscura
y punta pálida)

▶ **Adulto estival (mayo)**
Las partes superiores de color gris medio, desde la cola hasta el manto, son típicas en plumaje estival. Las partes inferiores son más oscuras en la parte central del vientre. Las rectrices externas tienen la punta relativamente redondeada, como en todas las especies del género *Chlidonias*; en el género *Sterna*, son puntiagudas y más alargadas.

▼ **Tipo adulto invernal (noviembre)**

gris relativamente
pálido, más pálido
que en plumaje
estival

patrón cefálico típico,
con el píleo gris
finamente listado

contraste de muda
típico de adulto
en otoño

▼ **1er invierno (diciembre)**
Ya muy similar al adulto en plumaje invernal, pero nótense las plumas aún juveniles del ala. El patrón cefálico es típico del plumaje invernal, aunque la extensión del listado del píleo es variable.

relativamente
oscuro y uniforme
(sin muda;
cf. adulto invernal)

pequeña máscara, pero
sin negro debajo del ojo
(cf. pagaza piconegra y
charrán de Forster)

listado o moteado pálido
(cf. otros fumareles)

terciaria juv.
retenida

coberteras juv.

pico relativamente
grueso en la base

mancha oscura a los lados
del pecho muy débil

típicamente, patas
bastante largas

número variable de
primarias externas viejas,
que forman una cuña no
muy oscura y poco
contrastada

todas las partes
superiores grises y
uniformes (incluyendo
el obispillo)

parte superior del ala uniforme,
de color gris plateado

cola corta, horquilla
no muy honda

gris oscuro en la parte central, contrastando
con las plumas circundantes, incluyendo la
parte inferior del ala

▼ Adulto invernal (octubre)
Las partes superiores gris plateadas, el patrón cefálico y la cola relativamente oscura forman una combinación típica, útil para la identificación. La muda completa ya ha finalizado (excepto algunas primarias externas).

▼ Juvenil (septiembre)
Un ejemplar con la cabeza relativamente oscura. Otras aves con la cabeza más pálida tienen el píleo muy listado en plumaje adulto invernal, a menudo con tintes parduzcos; en estas, las auriculares son la parte más oscura de la cabeza.

franja oscura relativamente ancha a lo largo de la nuca (cf. otros fumareles)

moteado/listado pálido, píleo con borde difuso, sin blanco o casi sin blanco detrás del ojo y mancha auricular redondeada (cf. otros fumareles)

blancuzco

mancha oscura a los lados del pecho muy débil (cf. otros fumareles)

rectrices con márgenes blancos y puntas oscuras patentes (cf. otros fumareles)

borde anterior del brazo no muy oscuro (cf. otros fumareles)

la parte superior del ala es la más pálida entre todos los fumareles de 1er año

▼ 1er invierno (enero)
En este plumaje, las plumas corporales y la zona dorsal ya han sido mudadas a tipo adulto invernal. Muchas aves de 1er año cal. empiezan la muda de primarias en otoño (más pronto que otras especies) y, a veces, completan la muda de primarias a mediados de invierno. Sin embargo, el momento en que inician la muda varía considerablemente entre individuos, y probablemente también depende de la localización (latitud/horas de luz diarias) de las zonas de invernada, así como de la disponibilidad de alimento. Las –pocas– aves que invernan en Europa pueden no haber empezado la muda de primarias en marzo. Este ejemplar fue fotografiado en Omán.

primarias juv. más viejas (y coberteras primarias correspondientes), oscuras y gastadas

muda de primarias iniciada

nuevas

viejas

nuevas

viejas

▶ Subadulto, posiblemente 3er año cal. (mayo)
Ya casi como un adulto estival; la identificación específica es relativamente sencilla. Nótense, por ejemplo, las partes superiores de tono gris medio, incluyendo las alas, la cola corta, la mejilla blanca y el capirote negro al estilo del género *Sterna*. El datado exacto suele ser imposible a causa de la variabilidad individual en la muda, tanto de las plumas de vuelo como de las corporales. En primavera, las aves de 2º año cal. (1er verano) pueden incluso haber desarrollado un plumaje similar al adulto estival, aunque suelen mostrar algunas plumas blancas en el capirote y en las partes inferiores, así como algunas primarias muy gastadas. La mezcla alterna de primarias nuevas y viejas también se da en algunas otras especies de charrán (subadultos), por ejemplo, en la pagaza piconegra de 3er año cal.

mezcla de plumas nuevas y viejas

Arao común *Uria aalge*

L 42 cm | Todo el año, costas y mares europeos, excepto el Mediterráneo

▼ Adulto estival (abril)
A corta distancia es fácil de identificar gracias a su pico relativamente largo y las manchas oscuras difusas en los flancos. Este ejemplar pertenece a la subespecie *hyperborea*, la cual muestra, de promedio, el listado más grueso en los flancos. Algunos adultos de *hyperborea* también muestran un escalado oscuro en la parte central del vientre. La fina "ceja" blanca es más frecuente en las poblaciones norteñas.

variante con "ceja" blanca, solo en el arao común

puntiagudo

casi negro en las ssp. norteñas *aalge* e *hyperborea*

listado oscuro y difuso, variable (cf. alca común y arao de Brünnich)

▼ Tipo adulto, plumaje invernal (agosto)
Durante la muda a plumaje estival, las plumas negras de la cabeza se desarrollan más o menos simultáneamente en la garganta y detrás del ojo.

mudando a plumaje invernal; el blanco de la garganta y de detrás del ojo se desarrollan simultáneamente (cf. arao de Brünnich invernal)

muda de plumas alares en otoño (aquí, primarias nuevas en crecimiento simultáneo)

▶ Plumaje invernal (septiembre)
El patrón facial y la forma del pico son diagnósticos. La mayoría de alcas comunes en plumaje invernal muestran menos blanco detrás del ojo, pero algunos son similares en este aspecto.

blanco extenso

línea oscura bien definida (cf. alca común invernal)

listado en los flancos

▼ 1er invierno (noviembre)
Las aves de 1er invierno suelen tener el pico aún un poco más corto que los adultos, a veces no completamente negro. En la parte superior del ala, en ocasiones se aprecia un contraste entre las coberteras primarias viejas y gastadas, y las primarias nuevas, o bien un contraste entre las coberteras grandes mudadas, más negras, y el resto del ala ligeramente parduzco. Sin embargo, la característica señalada en la fotografía es la más útil para el datado.

▼ 2º año cal./1er verano (julio)
Típicamente, muy gastado y desteñido, incluyendo las primarias y las rectrices. Desarrolla un plumaje estival parcial en la cabeza, variable, que es más patente en primavera, cuando los adultos ya se encuentran en plumaje estival completo.

primarias y rectrices generalmente muy gastadas

puntas blancas extensas en las infracoberteras grandes, típicas en el 1er año

▼ (1er) invierno (septiembre)
Los tonos parduzcos en las partes superiores son típicos, pero no siempre visibles en vuelo, a causa de la distancia o las condiciones de observación. Los ejemplares norteños son prácticamente negros.

las patas sobresalen claramente por detrás de la cola (cf. alca común)

cabeza alargada

▶ Adulto estival, (sur)occidental *albionis* (mayo)
La subespecie más parduzca, con listado oscuro de extensión limitada en los flancos posteriores.

cabeza y partes superiores, incluyendo las alas, con tonos parduzcos

infracoberteras alares grandes con puntas blancas, indicativas de 1er invierno

franja negra en la zona axilar (cf. alca común y arao de Brünnich)

Arao de Brünnich *Uria lomvia*

L 42 cm | Todo el año, N Europa

▼ Adulto estival (abril)

adulto con línea blanca y ancha

extremo del pico pálido en todos los plumajes (cf. arao común)

el blanco se extiende hacia arriba y en punta (cf. arao común en plumaje estival)

blanco liso, sin listado (cf. arao común)

patas parcialmente amarillentas o rosadas

▼ Tipo adulto invernal (marzo)

La distancia entre la comisura del pico y el límite de las plumas en la mandíbula superior (a) es mayor que la distancia entre el límite de las plumas en la mandíbula superior y la punta del pico (b); véase arao común. Es característica la combinación de garganta completamente blanca y lados de la cabeza negros. En el arao común y en el alca común las plumas de la cabeza se mudan más o menos simultáneamente, por lo cual se aprecian al mismo tiempo plumas blancas en la garganta y detrás del ojo (a veces de forma mínima en el alca común); en los plumajes de transición (mudando a plumaje invernal o a plumaje estival), tanto la garganta como la zona detrás del ojo se ven irregularmente manchadas de blanco y negro. Los adultos tienen el pico más grueso que las aves de 1er año y también muestran una línea pálida en el pico.

sin blanco por encima de la línea del pico (cf. arao común y alca común en plumaje invernal)

negro como en el alca común y en las ssp. norteñas de arao común

a > b (en el arao común a < b)

a   b

ángulo del gonis relativamente cerca de la punta

blanco liso

franja oscura a menudo permanece

▼ 1er invierno (diciembre)

A pesar de su pico relativamente fino en esta edad, la identificación de la especie es bastante fácil, basándose en la forma de la cabeza, la línea pálida y larga a lo largo de la mandíbula superior y, sobre todo, la distancia considerable entre la comisura del pico y la punta de las plumas nasales, en comparación con la distancia entre la punta de las plumas nasales y la punta del pico (ejemplo en la imagen de adulto invernal). Las aves de 1er invierno son ya similares a los adultos, pero nótense los rasgos de datado señalados en la imagen. En esta edad, las infracoberteras alares grandes tienen las puntas blancas, a diferencia de los adultos, pero igual que en el arao común; véase ave de 2º año cal. más abajo.

forma de la cabeza típica, con frente abultada (parecida a la del colimbo grande)

línea pálida ya bien desarrollada en este ejemplar

pico aún bastante fino, sin ángulo del gonis marcado (cf. adulto)

la garganta varía entre blanco puro, como en el adulto, y bastante oscura, como la de este ejemplar

ya con cierto desgaste (cf. adulto en marzo)

■ Arao común, adulto (abril)

Algunos araos comunes pueden tener una cierta línea blanca en el pico y, por lo tanto, podrían confundirse con el arao de Brünnich. Sin embargo, nótense los rasgos señalados, típicos del arao de Brünnich (incluyendo a < b). Los araos de Brünnich jóvenes tienen el pico más fino, similar a este arao común, mientras que algunos araos comunes lo pueden tener más grueso.

línea negra larga (como las "varillas de unas gafas")

a   b   sin punta pálida

ángulo del gonis lejos de la punta

listado oscuro en los flancos

el blanco no sube hacia la garganta

▼ 2º año cal. (mayo)

Como el 1er invierno, pero con plumaje más gastado y desteñido. En mayo, los adultos generalmente tienen la cabeza completamente negra.

a menudo cabeza con patrón casi invernal retenido

parduzco, desteñido

infracoberteras alares grandes con puntas blancas

▼ Adulto estival (abril)

Desde una cierta distancia, la forma del cuerpo en vuelo es sorprendentemente útil para la diferenciación del arao común y del alca común, si se pueden comparar directamente.

franja oscura variable pero generalmente más débil que en el arao común

liso (cf. arao común)

las patas sobresalen por detrás de la cola y frecuentemente son más pálidas que las del arao común y el alca común; gris-amarillentas o rosadas

el cuerpo "pesado" y compacto, el cuello ancho y la cabeza gruesa forman la silueta de vuelo típica en forma de "pelota de *rugby*"

Alca común *Alca torda*

L 40 cm | Todo el año, costas y mares de N, NO y O Europa; invierno, SO Europa

▼ **Adulto estival (abril)**
Inconfundible a corta distancia; la forma del pico y su dibujo blanco son únicos. Las partes superiores son negro puro y las inferiores blancas en todos los plumajes.

▼ **Adulto invernal (noviembre)**

línea blanca vertical retenida (cf. 1er invierno)

blanco "sucio" típico; zona posterior al ojo difusa (cf. arao común en plumaje invernal)

cola relativa-mente larga y puntiaguda

blanco liso

▼ **1er invierno (septiembre)**
Casi igual al adulto en plumaje invernal, pero con el pico (considerable-mente) más pequeño, completamente negro y sin surcos. El pico pequeño puede llevar a confundirlo con el arao común desde una cierta distancia (incluso con el arao de Brünnich), pero a veces son visibles la cola más larga y la coloración blanca más difusa en los lados de la cabeza. Este ejemplar muestra un blanco extenso detrás del ojo, similar al arao común, pero a menudo es más limitado.

▼ **2º año cal./1er verano (mayo)**

aún sin línea blanca vertical

plumaje estival solo parcialmente desarrollado

más parduzco que en el adulto en la misma época del año

área blancuzca detrás del ojo con bordes difusos; ausencia de línea negra y bien definida detrás del ojo (cf. arao común en plumaje invernal)

menos bulboso que en el adulto y sin línea blanca vertical

larga y puntiaguda

blanco liso (cf. arao común)

▼ **Invierno (noviembre)**

■ **Arao común invernal (septiembre)**

■ **Arao de Brünnich invernal (abril)**

patrón difuso

cola larga

blanco liso

grueso

patrón bien definido

largo y fino

patas prominentes (cola corta)

franjas y listas oscuras

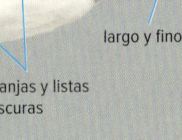

línea pálida horizontal

oscuro

cuello corto

manchas negras limitadas

patas visibles (cola corta)

"pesado"

Arao aliblanco *Cepphus grylle*

L 35 cm | Todo el año, costas y mares de N y NO Europa

▼ **Adulto estival (julio)**
¡Inconfundible!

rojo brillante

▶ **Adulto estival (junio)**
Las aves de las subespecies/poblaciones sureñas tienen poco blanco en la base de las plumas de vuelo (compárese con la imagen de la subespecie ártica *mandtii* en vuelo). Este ejemplar es de la población de las islas Shetlánd.

panel alar blanco y extenso también en la parte inferior del ala

▼ **1ᵉʳ invierno (octubre)**
Muchas aves de 1ᵉʳ invierno tienen el obispillo más moteado de blanco y más manchas blancas en el manto y las escapulares que este ejemplar. La apariencia oscura indica que procede de una población/subespecie sureña, como *grylle* o *islandicus*.

patrón facial relativamente parecido al arao común (cf. adulto invernal)

panel alar pálido con franjas/manchas oscuras (cf. adulto)

▼ **Adulto invernal (diciembre)**
El plumaje pálido con manchas oscuras, y el gran panel alar blanco facilitan la identificación también en plumaje invernal. En las poblaciones/subespecies norteñas, el obispillo es a menudo casi completamente blanco.

píleo pálido y máscara oscura variable

escalado blanco

blanco liso (cf. 1ᵉʳ invierno)

PLUMAJES INVERNALES
Los individuos de las poblaciones/subespecies sureñas son los más oscuros en plumaje invernal. Más al norte, el plumaje se vuelve más blanco.

aunque obvio, blanco más limitado que en el adulto

▶ **1ᵉʳ invierno (noviembre)**

zona ventral "pesada" en todos los plumajes

▼ **2º año cal./1ᵉʳ verano (mayo)**
Muchas aves de esta edad desarrollan un plumaje estival parcial (con las plumas corporales mezcladas de blanco y negro), y muestran las plumas de vuelo y las rectrices muy gastadas. Las puntas oscuras en las plumas del panel alar blanco son variables y, en verano, a veces han desaparecido a causa del desgaste; sin embargo, la mayoría las mantiene.

▼ **Subespecie ártica *mandtii*, 2º año cal./1ᵉʳ verano (julio)**
Ejemplar en pleno plumaje estival. Esta subespecie posiblemente desarrolla un plumaje estival completo ya en el 2º año cal. más frecuentemente que otros taxones.

negro apagado

manchas negras variables

primarias muy gastadas y desteñidas

▶ **Subespecie islándica *islandicus*, plumaje estival (mayo)**
Junto con las poblaciones de las islas Feroe, los ejemplares de esta subespecie tienen el panel alar más pequeño, a causa de una mayor cantidad de negro en las coberteras grandes y en las escapulares. Sin embargo, en comparación con otras subespecies más sureñas, las diferencias son pequeñas. Algunos adultos mantienen algunas manchas oscuras débiles en el panel alar.

Arao aliblanco *Cepphus grylle*

▼ **Subespecie ártica *mandtii* o ejemplar intermedio, 2º año cal./1er verano (junio)**
Las otras subespecies no tienen blanco en las coberteras primarias. Los ejemplares típicos muestran una mayor cantidad de blanco en las coberteras primarias y en la base (hemibanderas internas) de las primarias y secundarias (en estas, el blanco es visible sobre todo en la parte inferior del ala). Las aves de Spitsbergen son, sin embargo, muy variables, a veces con una cantidad mínima de blanco "extra", en comparación con otras subespecies. Se desconoce hasta que punto estas aves pueden ser intermedias entre subespecies o bien tratarse de una variabilidad natural de *mandtii*. La parte inferior del ala es básicamente blanca, con un borde posterior negro oscuro.

▼ **Subespecie ártica *mandtii* o ejemplar intermedio, adulto invernal (marzo)**
Un ejemplar con blanco "extra" en el ala de extensión limitada, que podría indicar una mezcla con otras subespecies.

▼ **Subespecie ártica *mandtii*, 1er invierno (marzo)**
Un ejemplar típico. El blanco de las coberteras primarias es diagnóstico. Además, esta subespecie tiene a menudo las puntas de las secundarias blancas.

cabeza completamente blanca

blanco liso

blanco diagnóstico en todos los plumajes

blanco extenso en las coberteras primarias

el blanco llega a las coberteras primarias, aquí mínimo en las primarias

blanco extenso en la base de las plumas de vuelo (cf. subespecies sureñas)

▶ **Subespecie ártica *mandtii*, 1er invierno (marzo)**
Un ejemplar típico de la subespecie más blanca y norteña. La cabeza, el obispillo y las coberteras alares son completamente blancas. Este individuo ha empezado la muda a plumaje estival en la cabeza.

Mérgulo atlántico *Alle alle*

Gavotí CAT
Pottorro txikia EUS
Araíño atlántico GAL

L 20 cm | Verano, extremo N Europa; invierno, costas y mares de N y NO Europa

▼ **Adulto estival (junio)**
Inconfundible por su pequeño tamaño, la forma del pico, las listas blancas en las escapulares y la mancha blanca encima del ojo. Lejos del ártico, el plumaje estival es improbable.

▼ **Invierno (noviembre)**
El pico relativamente grueso y las primarias negras son indicativo de un adulto.

▼ **Invierno (diciembre)**
Generalmente, las franjas pálidas en la parte inferior del ala no son visibles desde lejos.

mancha negra difusa (más perceptible desde lejos)

listas blancas en las escapulares

oscuro, con franja pálida y borde posterior blanco

▼ **(1er) invierno (octubre)**
El culmen menos curvado y las primarias ya un poco desteñidas (parduzcas) de este ejemplar son indicativos de 1er invierno.

▶ **Invierno (noviembre)**
La medida pequeña, la silueta compacta, la parte inferior del ala oscura y la máscara ancha y redondeada son diferencias útiles respecto a otros álcidos en vuelo. Los batidos son muy rápidos.

oscuro

ojo en el centro de una máscara negra redondeada

Frailecillo atlántico *Fratercula arctica*

L 31 cm | Verano, costas y mares de O, NO y N Europa; invierno, Atlántico E y Mediterráneo O

Fraret CAT
Lanperna-musua EUS
Arao papagaio GAL

▼ **Adulto estival (mayo)**
Inconfundible. El pico ancho y triangular es único entre las aves europeas; su forma y los surcos que lo recorren se desarrollan a lo largo de los años.

▼ **Adulto estival (junio)**
Este ejemplar tiene el pico plenamente desarrollado: muy ancho, con el culmen muy curvado y 3 surcos marcados, correspondiente a un ave de 4–5 años de edad.

▼ **Subadulto estival (junio)**
El culmen poco curvado y el surco único e incompleto indican que se trata de un ave joven, de 1–2 años de edad.

▼ **1er invierno (otoño/invierno)**
En aves de 1er invierno el pico es menos alto y las zonas rojas más oscuras que en los adultos.

oscuro en todos los plumajes invernales

culmen apenas curvado

surcos ausentes o casi ausentes

▼ **Adulto invernal (otoño/invierno)**
Además de la cara gris, el pico adquiere tonos más apagados y pierde la franja pálida de la base.

gris

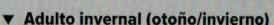

▼ **1er invierno (marzo)**
En ejemplares de 1er año cal., el pico es aún más pequeño y la zona rojiza todavía oscura.

solo 1 surco

▼ **Adulto, hacia plumaje invernal (julio)**
Las características indicadas se aplican sobre todo a aves vistas en vuelo, en condiciones no idóneas, durante sesiones de *seawatching*.

zonas pálidas únicamente visibles a corta distancia; desde lejos, la parte inferior del ala parece oscura uniforme

ausencia de borde posterior blanco en el ala (cf. arao común y alca común)

las plumas oscuras de los flancos posteriores conectan con las axilares negras

contraste marcado

▼ **1er invierno (noviembre)**

▼ **Adulto estival (abril)**
Inconfundible cuando se ve bien.

collar completo

generalmente, la cabeza parece ancha y oscura desde lejos

Ganga ibérica *Pterocles alchata*

L 30 cm | Todo el año, SO Europa

GANGAS

3 especies de esta familia viven o se han citado en Europa (otras 4 en el N de África y Oriente Medio). En todas las especies, la ♀ y el ♂ tienen un patrón y coloración únicos; cuando se ven bien son fáciles de identificar.

▶ **Juvenil (agosto)**
En los juveniles de todas las especies de ganga, el patrón y coloración adultos de cabeza y pecho aún no están presentes, por lo cual tienen una apariencia más uniforme. El plumaje juvenil se pierde con la primera muda, poco tiempo después de abandonar el nido, y es poco visto o fotografiado. Los márgenes pálidos de las primarias externas (y de las coberteras primarias), que son retenidas después de la muda postjuvenil, permiten el datado de las aves de 1er invierno.

patrón distinto al adulto, más parecido al de la ♀

cabeza y pecho juveniles con patrón bastante uniforme en todas las especies

márgenes pálidos cerca de la punta

▶ **Tipo adulto ♂ (julio)**
Todas las especies de ganga tienen un plumaje único en cada plumaje; aquí la lista ocular negra, la franja rojiza del pecho y las rectrices centrales muy alargadas son diagnósticas.

lista ocular negra diagnóstica

pálido (cf. ♂)

▶ **Tipo adulto ♀ (julio)**

franja pectoral doble y una tercera más abajo

▶ **Tipo adulto ♂ (julio)**
Los ♂♂ tienen 2 franjas pectorales (3 en las ♀♀), y la garganta negra. La región ventral blanca contrasta con la coloración del pecho.

◀ **Tipo adulto ♀ (julio)**
Las ♀♀ tienen 3 franjas pectorales y la garganta pálida. El contraste con el resto de las partes inferiores, blancas, es el mismo que en los ♂♂, como lo son la lista ocular y las rectrices centrales alargadas y puntiagudas. Las gangas se detectan a menudo en vuelo, gracias a sus vocalizaciones características, de largo alcance.

cola larga

contraste marcado

Ganga ortega *Pterocles orientalis*

L 33 cm | Todo el año, península Ibérica

▼ **Tipo adulto ♂ (julio)**

típicamente, moteado anaranjado en todas las partes superiores

patrón típico

gris con borde inferior negro, fino y bien definido

región ventral negra muy extensa

coberteras grandes de color naranja uniforme

▼ **Tipo adulto ♀ (julio)**

patrón irregular en V

franja en la garganta

pecho moteado, con borde inferior negro, igual que el ♂

coberteras grandes de color pardo anaranjado, similares al ♂

región ventral negra

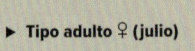

▶ **Tipo adulto ♂ (noviembre)**
Inconfundible.

contraste marcado

contraste máximo

cola corta

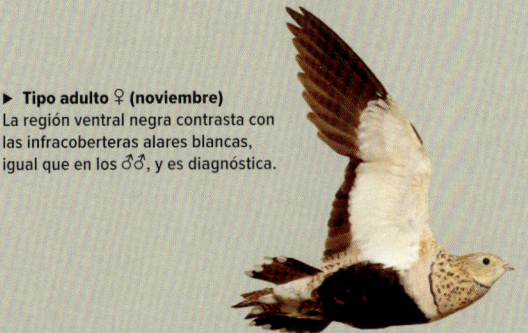

▶ **Tipo adulto ♀ (noviembre)**
La región ventral negra contrasta con las infracoberteras alares blancas, igual que en los ♂♂, y es diagnóstica.

Ganga de Pallas *Syrrhaptes paradoxus*

L 30 cm | Divagante de C Asia

Ganga estepària CAT
Pallas ganga EUS
Ganga das estepas GAL

▼ **Tipo adulto ♂ (julio)**
Además de las características indicadas en la imagen, las terciarias alargadas son patentes en ambos sexos. La cantidad de manchas negras en las coberteras es variable; algunos ejemplares apenas tienen. Las patas son completa y densamente plumadas.

patrón cefálico típico

barrado

liso (cf. ♀)

la franja pectoral consiste de múltiples líneas finas

cola larga

alargadas y puntiagudas

mancha negra

▼ **Tipo adulto ♀ (julio)**
El patrón de la cabeza y del pecho son, superficialmente, parecidos a la ganga ortega ♀. Sin embargo, no tiene franja pectoral y la mancha negra de la región ventral es menos extensa; la ganga ortega no tiene terciarias y rectrices alargadas.

completamente moteado (cf. ♂)

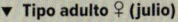

▼ **♀, posiblemente 2º año cal. (julio)**
Las gangas de 1ᵉʳ año cal. retienen las primarias externas hasta el 2º año cal.; en este ejemplar, la primaria más externa, muy gastada, es muy indicativa de esta edad.

primaria muy gastada, apenas alargada, probablemente juv., retenida

▼ **Tipo adulto ♂ (mayo)**
El patrón facial y la mancha negra de la región ventral recuerdan ligeramente a la perdiz pardilla, pero la estructura es completamente diferente. Los ♂♂ tienen la primaria más externa más alargada y puntiaguda (un rasgo único).

moteado en las plumas axilares diagnóstico, parte inferior del ala muy pálida

mancha negra patente

▼ **Tipo adulto ♂ (mayo)**
La primaria más externa, alargada y puntiaguda, así como la parte superior del ala de apariencia pálida, con las primarias gris claro, son rasgos diagnósticos desde lejos. En este caso, las primarias internas faltan, lo cual indica el inicio de la muda de plumas de vuelo.

▼ **Tipo adulto ♀ (junio)**
Tonalidad grisácea en las primarias; la más externa, alargada y puntiaguda, es diagnóstica en todos los plumajes. Los lados del cuello moteados (y las coberteras) son típicos de las ♀♀. Parte inferior del ala como en los ♂♂.

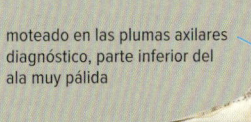

Paloma bravía *Columba livia*

L 33 cm | Todo el año, NO, SO y SE Europa, pero el estatus de las poblaciones salvajes es incierto

▼ **Adulto (julio)**
Ejemplar de la población ibérica. El contraste marcado entre las partes superiores de color gris claro y la cabeza y cuello más oscuros representa una diferencia con la paloma torcaz y la paloma zurita, útil para su identificación desde lejos. Las palomas domésticas son descendientes de esta especie y pueden ser muy similares.

pico oscuro con cera pálida

contraste marcado

franjas negras

▼ **Juvenil mudando a adulto (julio)**
El iris aún oscuro podría causar confusión con la paloma zurita, pero el contraste entre el dorso y las coberteras alares grises, y la cabeza y cuello más oscuros, ya está presente. Este plumaje no tarda mucho en ser reemplazado por el plumaje adulto; aquí ya están apareciendo algunas coberteras lisas.

aún oscuro

pico aún pálido y cera no del todo desarrollada

coberteras juv. con la punta oscura (mudadas pronto)

▼ **Adulto (julio)**
En muchos individuos la zona blanca está reducida a una porción pequeña entre el bajo dorso y el obispillo.

obispillo blanco que contrasta con las supracoberteras caudales y la cola

coberteras alares tan pálidas como el manto, con 2 franjas negras

pálido, genera contraste con la punta más oscura

▶ **Adulto (junio)**

pálido, con el borde anterior y posterior oscuro

■ **Variante doméstica de paloma bravía (abril)**
La paloma doméstica está directamente emparentada con la paloma bravía; algunos ejemplares son idénticos, aunque a menudo un poco más corpulentos. Generalmente, las palomas bravías salvajes solo se encuentran en zonas de montaña o en costas rocosas. Algunas aves domésticas se unen, a veces, a las poblaciones salvajes; este hecho dificulta la identificación de las aves salvajes y el conocimiento detallado de su estatus y distribución en muchas partes de Europa.

franjas negras anchas (más anchas que en las aves salvajes)

■ **Paloma doméstica de tipo "ajedrezado" (diciembre)**
Muchas aves domésticas tienen un plumaje similar a este, lo cual facilita su distinción de aves salvajes "puras". Otras tienen todas las coberteras y resto de partes superiores gris oscuro con puntas blancas, pero hay numerosas variantes.

patrón oscuro con márgenes pálidos en escapulares y coberteras

Paloma torcaz *Columba palumbus*

L 40 cm | Todo el año, O y S Europa; verano, C y N Europa

▼ Adulto (mayo)
Inconfundible gracias, entre otras características, a la mancha blanca del cuello.

amarillo pálido

mancha blanca en el cuello, diagnóstica

franja alar blanca, a veces apenas visible en reposo

▼ Juvenil (agosto)
Los juveniles se pueden ver buena parte del año, a causa de una época de cría muy dilatada, sobre todo en el sur de Europa. La muda a plumaje adulto empieza poco después de abandonar el nido; las aves nacidas más pronto casi la llegan a completar en el 1er año cal. En cambio, las nacidas más tarde la suspenden, en diversos estadios, durante el invierno.

iris bastante oscuro

ausencia de mancha blanca

franja alar blanca, diagnóstica

gris, apenas contrasta con las secundarias oscuras (cf. paloma zurita)

▼ Adulto (agosto)
Distintivo también en vuelo. Se trata de la paloma más grande de Europa, con el pecho rosado y una mancha blanca extensa en el cuello. La cola es negra con una banda ancha y blanca.

▼ (Mayo)
El iris bicolor (con una mancha negra en la parte inferior) también se da en el pito negro, entre otros, y es, posiblemente, una adaptación visual para mejorar el enfoque cercano.

banda ancha y blanca, más visible por debajo (cf. paloma zurita)

▼ 1er año cal. (diciembre)
Una especie característica en vuelo, gracias a la franja alar blanca, que se ve desde lejos. Este inmaduro ya ha llevado a cabo buena parte de la muda postjuvenil, pero nótese el contraste en las primarias y coberteras primarias. El iris aún no es tan pálido como en el adulto.

◄ Juvenil (octubre)
El iris es aún oscuro y la mancha blanca del cuello aún ausente, pero el patrón caudal es típico.

franja alar blanca, diagnóstica en todos los plumajes

márgenes pardos claros en las coberteras primarias juv.

contraste de muda

Paloma zurita *Columba oenas*

L 30 cm | Todo el año, O y S Europa; verano, resto de Europa excepto extremo N

▼ Adulto (mayo)

Más pequeña y compacta que la paloma torcaz, con rasgos característicos.

base negra de terciarias y coberteras grandes internas

coloración uniforme (cf. otras palomas)

iris oscuro en todos los plumajes

verde brillante

▼ Juvenil (octubre)

Parecido al adulto pero más pálido, con partes del pico oscuras y sin la mancha verde del cuello (como en todas las palomas juveniles). Este ejemplar, probablemente nacido en una pollada tardía, se encuentra aún en plumaje casi completamente juvenil; las aves nacidas más pronto en el año se pueden encontrar ya en plumaje casi adulto en otoño, aunque las primarias externas y secundarias centrales siguen siendo juveniles.

▼ Adulto (diciembre)

Las coberteras grandes y la base de las primarias internas, de color gris pálido, forman una franja central, difusa pero distintiva, a lo largo de la parte superior del ala.

a menudo gris pálido patente

el panel alar pálido contrasta con las puntas oscuras de las plumas de vuelo

◄ Adulto (diciembre)

relativamente corta

franja pálida relativamente estrecha, solo visible por debajo (cf. paloma torcaz)

mitad distal de las secundarias oscura, que genera un contraste marcado (cf. paloma torcaz)

► 1er año cal. (septiembre)

El patrón de la parte superior del ala es el mismo que en los adultos, y es diagnóstico. Estos también muestran un contraste de muda en otoño, pero generalmente mucho menos evidente, ya que las plumas de la generación anterior no están tan desteñidas. El pico oscuro y la ausencia de mancha verde en el cuello también resultan útiles en el datado. Como sucede en la paloma torcaz, la época de cría dilatada implica la existencia de inmaduros en otoño en diferentes fases de plumaje, desde juvenil hasta casi adulto.

contraste de muda, también en las coberteras primarias respectivas

Tórtola turca *Streptopelia decaocto*

L 32 cm | Todo el año, toda Europa excepto extremo N e Islandia

▼ Adulto (noviembre)

Identificación fácil, gracias al plumaje gris-pardo bastante uniforme, con zonas más grisáceas y pálidas que, con el paso del tiempo, se van volviendo un poco más oscuras.

una sola franja negra y fina

▼ Juvenil/1er invierno (noviembre)

Ya muy similar al adulto, pero el collar negro aún está ausente o solo empieza a aparecer, y las coberteras alares son más pardas, con finos márgenes pálidos cerca de la punta. Este ejemplar es, probablemente, fruto de una nidada tardía; las aves nacidas más pronto en el año (marzo-abril) ya tienen plumaje prácticamente adulto en noviembre.

▼ Tipo adulto (julio)

Las coberteras primarias pálidas (también las infracoberteras primarias) y la franja caudal blancuzca y difusa son características útiles para la diferenciación de la tórtola europea.

las coberteras primarias pálidas contrastan con las primarias oscuras

▼ Tipo adulto (julio)

La parte superior de la cola es mucho menos contrastada que la inferior; este patrón solo se percibe con las plumas abiertas. Las rectrices juveniles tienen la parte blancuzca menos extensa y con un borde más difuso que los adultos.

parte distal blancuzca y extensa, que contrasta con la base

ligeramente más pálido que la región ventral (cf. tórtola europea)

■ Tórtola rosigrís *Streptopelia roseogrisea risoria/domestica*, tipo adulto (julio)

Esta forma doméstica (pálida) de la tórtola rosigrís, *Streptopelia roseogrisea risoria/domestica*, a veces ocurre en Europa fruto de escapes. Parece una tórtola turca más pálida, con el collar más ancho, las infracoberteras caudales blancas y ausencia de negro en la hemibandera externa de r6 (la rectriz más externa). El canto difiere claramente del de la tórtola turca.

◄ Tipo adulto (julio)

Tórtola europea *Streptopelia turtur*

L 28 cm | Verano, toda Europa excepto extremo NO y N

▼ **Adulto (julio)**
A corta distancia, fácil de identificar, siempre que no se considere a la muy rara tórtola oriental; véase su ficha para apreciar las diferencias.

márgenes anchos y anaranjados en las partes superiores que generan un efecto escalado muy patente

3–4 franjas negras, separadas por bandas blancas

piel desnuda extensa, frecuentemente en forma de diamante

▼ **Juvenil (agosto)**
A pesar del plumaje más apagado, es fácil de reconocer gracias a una proyección primaria muy larga, la más larga entre los columbiformes europeos. Las escapulares, coberteras y terciarias juveniles a menudo tienen solo una zona oscura a lo largo del raquis (compárese con la tórtola oriental juvenil/1er invierno).

ausencia de franjas en el cuello

iris oscuro

escapulares, coberteras y terciarias juv. con centro oscuro difuso y márgenes pálidos finos

proyección primaria muy larga (200 % de la longitud de terciarias visible)

▼ **1er invierno (octubre)**
Igual que el juvenil, pero con algunas escapulares, coberteras o terciarias ya de tipo adulto (coloración más rica, con el centro negro bien definido y el margen pardo anaranjado muy ancho).

coberteras de tipo adulto ya apareciendo (más coloridas, con centro negro definido y margen mucho más ancho, pardo anaranjado)

▶ **Adulto (agosto)**

puntas blancas extensas

contraste muy marcado entre el blanco y el negro, incluso con la cola cerrada

ligeramente más oscuro que la región ventral (cf. tórtola turca)

pecho relativamente oscuro, contrasta con la región ventral

▼ **Adulto (julio)**
Las características señaladas son útiles para su diferenciación de la tórtola turca en observaciones distantes.

punta del ala larga y bastante puntiaguda (cf. tórtola turca)

a lo lejos aparece como un panel alar pardo rojizo

parte superior de la cola oscura con borde blanco bien definido (cf. tórtola turca)

■ **Tórtola oriental, subespecie nominal *orientalis*, tipo adulto (mayo)**
Los rasgos en vuelo se aplican a todos los plumajes.

típicamente, menor extensión de blanco/gris pálido en comparación con la tórtola europea

ligeramente más oscuro que en la tórtola europea, pero el contraste con la región ventral es similar, puesto que esta también es más oscura

Tórtola oriental *Streptopelia orientalis*

L 33 cm | Divagante de Asia

▶ **Adulto (enero)**

Además de las características indicadas en la imagen, la tonalidad anaranjada oscura de los márgenes de escapulares, coberteras y terciarias es típica, y también lo es la tendencia de estos márgenes a volverse más pálidos hacia la parte externa del ala. En la tórtola europea, los márgenes tienen una tonalidad más uniforme, ligeramente más pálida y generalmente más anchos (como resultado, hay una extensión menor de negro en el centro de las plumas). Este ejemplar muestra rasgos propios de la subespecie oriental, *orientalis*: puntas de las rectrices gris pálido (no blanco), apenas ninguna zona con piel desnuda alrededor del ojo, y partes inferiores coloridas hasta detrás de las patas. Típicamente, *orientalis* es más oscura, más parda en las partes inferiores, y tiene las puntas de las rectrices más grises por la parte superior (por la inferior también son blancas en *orientalis*). Son frecuentes las aves intermedias entre la subespecie norteña y migratoria, *meena*, y *orientalis*, también como divagantes en Europa.

▶ **1er invierno *meena* (diciembre)**

La punta pálida del pico, el cuello parduzco y la impresión general oscura son buenos indicadores iniciales para su identificación como tórtola oriental (en este ejemplar, las franjas del cuello aún no han aparecido). Además, las escapulares, coberteras y terciarias juveniles ya muestran unos centros oscuros más extensos que en la tórtola europea de 1er invierno lo cual es, en teoría, diagnóstico. Sin embargo, para una buena interpretación de estos rasgos el datado es esencial. Véase el grupo de coberteras de tipo adulto señalado en la imagen, entre el resto de tipo juvenil con márgenes blancuzcos. Esta diferencia menos marcada entre las plumas de tipo adulto y las de tipo juvenil también es una indicación sobre la especie: compárese con la de la tórtola europea de 1er invierno. La edad también es importante cuando se juzga la coloración de las partes inferiores (aquí, una mezcla de plumas adultas y juveniles): en la tórtola oriental, las partes inferiores del juvenil muestran un contraste entre el pecho más oscuro y el resto; en el adulto la coloración es uniforme o bien hay una transición gradual poco acentuada. Lo contrario se aplica a la tórtola europea: los adultos tienen el pecho púrpura oscuro y el vientre blanco; los juveniles y las aves de 1er invierno tienen el pecho grisáceo, que genera poco contraste con el vientre más blanco. En este ejemplar, la extensión de piel desnuda alrededor del ojo se acerca al máximo que puede presentar un ejemplar inmaduro de la subespecie occidental *meena*. El adulto de *orientalis* es el que tiene menos piel desnuda, a veces faltando completamente.

▶ **1er invierno, *orientalis* o ejemplar intermedio (diciembre)**

Un ejemplar ligeramente más avanzado que el 1er invierno de *meena* (arriba), con mayor cantidad de coberteras de tipo adulto, también algunas escapulares, y las franjas del cuello ya apareciendo. Se aprecia una primaria interna de tipo adulto. En este individuo también resultan típicos el pico con la punta pálida, el patrón de las escapulares, coberteras y terciarias –adultas y juveniles–, el patrón de las puntas de las primarias, y las puntas de las rectrices con puntas grisáceas poco extensas. Junto con el pecho parduzco de tipo adulto, estas características indican (la influencia de) *orientalis*. A principio de invierno, la muda postjuvenil de *orientalis* es a menudo más avanzada que en *meena*.

iris rojo anaranjado, con poca piel desnuda alrededor (cf. tórtola europea)

pardo (púrpura) (cf. tórtola europea)

punta pálida

tipo adulto: centros oscuros amplios, ensanchándose hacia la base, márgenes de anchura no uniforme (cf. tórtola europea)

cola y proyección primaria casi iguales (cf. tórtola europea)

en el tipo adulto, la zona colorida alcanza el vientre (*meena*) o más atrás (*orientalis*); el pecho no resulta más oscuro que el resto (cf. juv. y tórtola europea)

iris rojo anaranjado brillante, a menudo ya desde el 1er invierno (cf. tórtola europea de 1er invierno)

punta pálida

primeras coberteras de tipo adulto; escapulares y resto de coberteras juv. con puntas blancuzcas y centro más difuso

primarias externas juv. con márgenes anchos y bastante bien definidos (cf. tórtola europea de 1er invierno)

plumas corporales juv. grisáceas (con finos márgenes pálidos), que crean una banda pectoral oscura (cf. tórtola europea de 1er invierno)

plumas corporales de tipo adulto ya apareciendo: en *meena*, púrpura en el pecho y más anaranjadas hacia el vientre

coberteras primarias negro puro sin margen pálido o solo con un margen muy débil y fino (cf. tórtola europea de 1er invierno)

5–6 franjas negras en el cuello, separadas por bandas grises (cf. tórtola europea)

centros oscuros de las terciarias juv. anchos y asimétricos (cf. tórtola europea de 1er invierno)

Tórtola oriental *Streptopelia orientalis*

▼ **Juvenil/1er invierno (noviembre)**
Las aves que permanecen en plumaje juvenil durante más tiempo son más pálidas y, por lo tanto, más parecidas a la tórtola europea, especialmente en el caso de ejemplares como el de la imagen, con el pico oscuro, y en la que el patrón caudal y la estructura alar no son visibles. Las características señaladas, en su conjunto, son diagnósticas.

apenas piel desnuda alrededor del ojo

iris naranja brillante

▼ **1er invierno (noviembre)**
En el campo, el vuelo más pesado, que puede recordar a la paloma torcaz, es más distintivo que las características señaladas.

terciarias juv. con centros asimétricos, diagnósticas

coberteras juv. con centros oscuros anchos

coberteras primarias y álula casi uniformemente negruzcas (cf. tórtola europea)

punta del ala ancha, relativamente redondeada (cf. tórtola europea)

▼ **Parte inferior de la cola, patrón de r6**
La relación entre la anchura (a) y la longitud (b) de la punta blancuzca en la hemibandera interna de r6 es equivalente o, como mucho, alrededor de 1:1,5. En otras palabras, la punta blancuzca de r6 es aproximadamente igual de larga que de ancha. La anchura se mide a lo largo del raquis.

el negro se extiende a la hemibandera externa

borde redondeado; el raquis no forma parte él

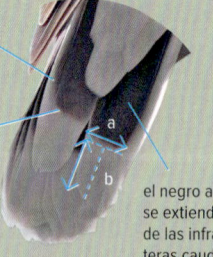

el negro a menudo se extiende más allá de las infracoberteras caudales

▼ **Patrón de coberteras adulto**

rojizo oscuro, margen relativamente estrecho con borde difuso y estrechándose más hacia la base

▼ **Primarias**
La proyección primaria parece relativamente triangular, un efecto causado, en parte, por unas plumas anchas. Generalmente, p4 es la primera que sobresale por detrás de las terciarias.

distancia mínima entre la punta de p8 y p9 (a veces iguales)

habitualmente p3 no sobresale por detrás de las terciarias

p4

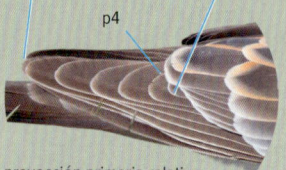

proyección primaria relativamente corta, con 5–6 puntas por detrás de las terciarias

■ **Tórtola europea, parte inferior de la cola, patrón de r6**
La tórtola europea tiene las puntas blancas de las rectrices más extensas que la tórtola oriental. La relación entre la anchura (a) y la longitud (b) de la punta blanca en la hemibandera interna de r6 es por lo menos de 1:1,5 (a menudo hasta 1:2). En otras palabras, la punta blanca de r6 es más larga que ancha, a veces hasta 2 veces más. La anchura se mide a lo largo del raquis.

el negro no traspasa el raquis

casi en ángulo recto con el raquis

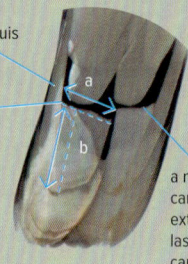

a menudo poca cantidad de negro se extiende más allá de las infracoberteras caudales

■ **Tórtola europea adulta, patrón de coberteras**

margen pardo anaranjado ancho, con borde bien definido, y de anchura casi uniforme hacia la base

■ **Tórtola europea, primarias**
La proyección primaria es, generalmente, más estrecha y alargada, en parte a causa de unas plumas relativamente estrechas. La primera primaria que sobresale por detrás de las terciarias suele ser p3.

distancia evidente entre la punta de p8 y p9 (a menudo cerca de ½ de la distancia entre p7–8)

p3 sobresale por detrás de las terciarias

proyección primaria larga, con 6–7 puntas por detrás de las terciarias

Tórtola senegalesa *Spilopelia senegalensis*

L 25 cm | Todo el año, extremo SE Europa

Tórtora del Senegal CAT
Senegalgo usapala EUS
Rola das palmeiras GAL

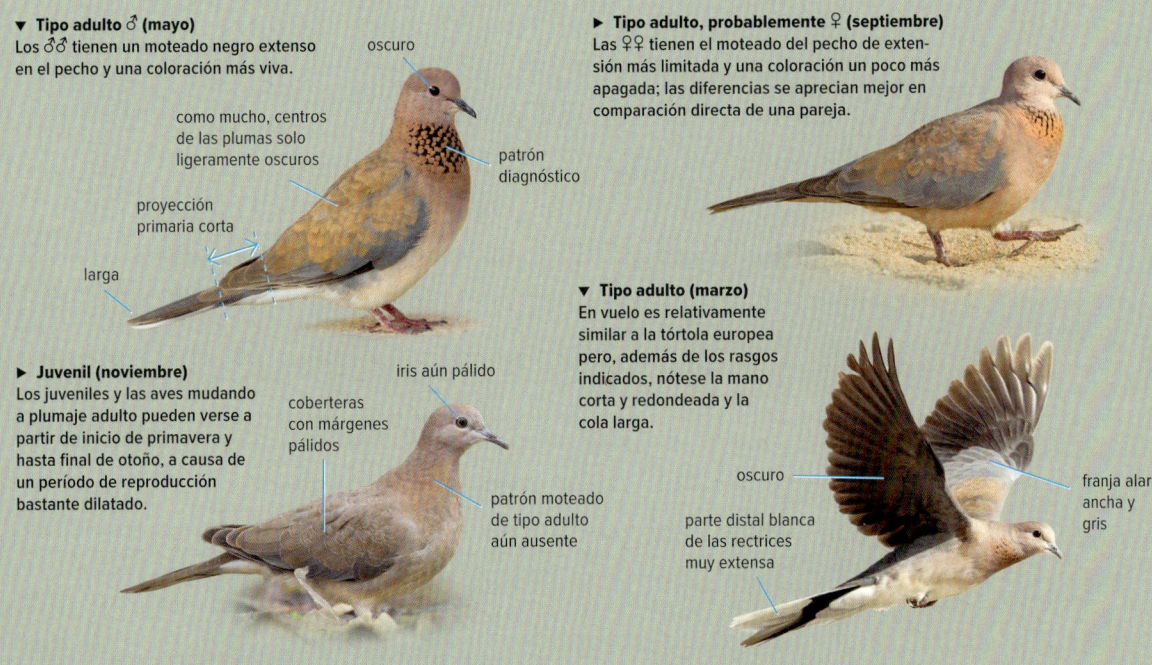

▼ **Tipo adulto ♂ (mayo)**
Los ♂♂ tienen un moteado negro extenso en el pecho y una coloración más viva.

oscuro
como mucho, centros de las plumas solo ligeramente oscuros
patrón diagnóstico
proyección primaria corta
larga

▶ **Tipo adulto, probablemente ♀ (septiembre)**
Las ♀♀ tienen el moteado del pecho de extensión más limitada y una coloración un poco más apagada; las diferencias se aprecian mejor en comparación directa de una pareja.

▶ **Juvenil (noviembre)**
Los juveniles y las aves mudando a plumaje adulto pueden verse a partir de inicio de primavera y hasta final de otoño, a causa de un período de reproducción bastante dilatado.

iris aún pálido
coberteras con márgenes pálidos
patrón moteado de tipo adulto aún ausente

▼ **Tipo adulto (marzo)**
En vuelo es relativamente similar a la tórtola europea pero, además de los rasgos indicados, nótese la mano corta y redondeada y la cola larga.

oscuro
franja alar ancha y gris
parte distal blanca de las rectrices muy extensa

Zenaida huilota *Zenaida macroura*

L 30 cm | Divagante de Norteamérica

Tórtora nord-americana CAT
Zenaida arrunta EUS
Rola carpideira GAL

▼ **Tipo adulto (octubre)**
Superficialmente similar a la tórtola turca por su coloración parecida, pero nótense las diferencias señaladas en la imagen. La especie sudamericana **zenaida torcaza**, *Zenaida auriculata*, se parece mucho a la zenaida huilota, y está presente como ave enjaulada en Europa, por lo que se podría presentar como un escape. La zenaida torcaza tiene la cola bastante más corta y una franja más larga a lo largo de las auriculares y detrás del ojo.

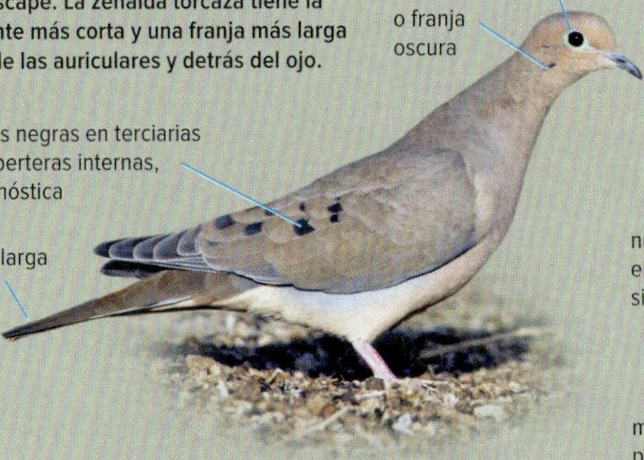
anillo orbital azulado
mancha o franja oscura
bases negras en terciarias y coberteras internas, diagnóstica
muy larga

▶ **Tipo adulto**

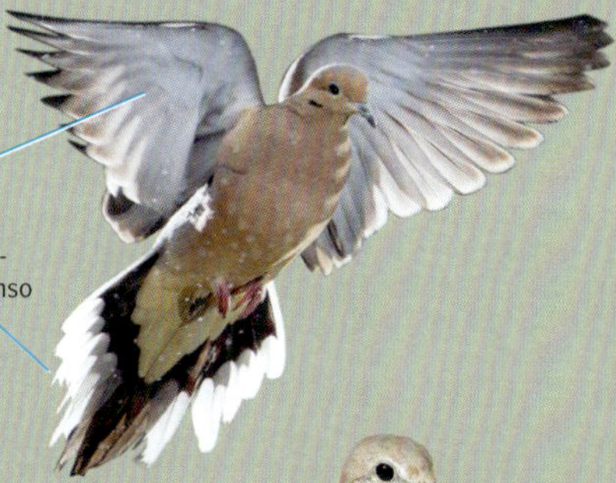
pálido, como en la tórtola turca
muy larga y puntiaguda; blanco extenso

▶ **1er año cal. mudando a adulto (julio)**
Muchas aves de 1er año cal. presentan un plumaje avanzado en esta época del año. Los rasgos típicos de la especie son los mismos que en el adulto, incluyendo el anillo orbital azulado, además de otros rasgos señalados.

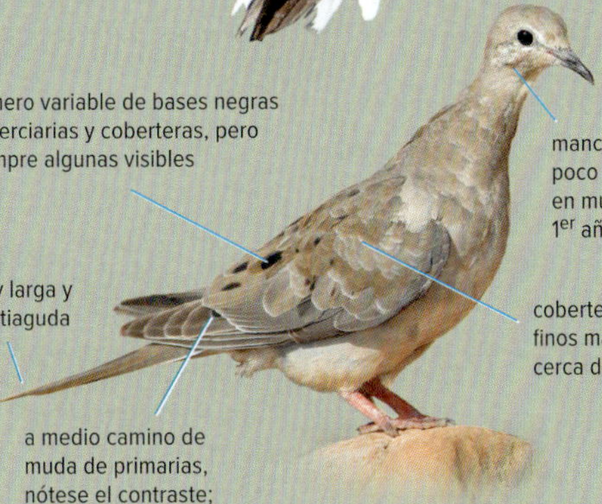
número variable de bases negras en terciarias y coberteras, pero siempre algunas visibles
mancha auricular poco desarrollada en muchas aves de 1er año cal.
coberteras juv. con finos márgenes pálidos cerca de la punta
muy larga y puntiaguda
a medio camino de muda de primarias, nótese el contraste; las externas aún juv.

Cuco común *Cuculus canorus*

L 34 cm | Verano, toda Europa excepto Islandia

▼ **Tipo adulto ♂ (mayo)**
La especie de cuco propia de Europa, relativamente común y de distribución extensa. Si se ve bien, resulta fácil de identificar en este plumaje.

partes superiores, cabeza y pecho de color gris azulado; el ♂ de tipo adulto presenta un borde nítido entre el pecho gris y el barrado de las partes inferiores

cola y proyección primaria largas, como en todos los cucos

▼ **Tipo adulto ♀, morfo gris (mayo)**
Las ♀♀ de morfo gris son superficialmente similares a los ♂♂, pero casi siempre muestran algunas de las características propias del sexo. La pechera gris es menos extensa, y no llega tan abajo como en los ♂♂, mientras que el barrado llega, a veces, hasta la garganta.

iris más oscuro que el ♂, sobre todo en aves jóvenes

muescas finas y pálidas (a veces pardas) (cf. ♂)

tonalidades parduzcas en el pecho y cuello (a veces mínimas); gris azulado más pálido que el ♂

▶ **Tipo adulto ♀ morfo rojizo (abril)**
Una variante más escasa, aunque no rara: superficialmente similar al juvenil, pero nótense las diferencias señaladas. Además, los juveniles pardos son más oscuros en las partes superiores y la cabeza. La posible confusión con juveniles solo se produce a partir de final de verano; por supuesto, en primavera no hay juveniles.

ausencia de mancha blanca en la nuca (cf. juv.)

iris pálido (cf. juv.)

barrado, pero sin márgenes blancos en la punta de las plumas (cf. juv.)

infracoberteras caudales y región cloacal con barrado disperso sobre fondo blanco o amarillento, en todas las aves de tipo adulto

a menudo rojizo casi liso, pero a veces con un cierto barrado/manchado oscuro

▼ **2º año cal. ♂ (mayo)**
Relativamente parecido a una ♀ a causa de una cierta tonalidad parda presente, a veces, cerca del límite del pecho gris azulado (en este ejemplar, más extenso que habitualmente alrededor del cuello y los lados de la cabeza). El pecho gris azulado extenso es típico del ♂, aquí hinchado, lo cual sugiere, junto con las alas caídas, que está cantando. La secundaria juvenil señalada indica la edad; este ejemplar también muestra tonos pardos evidentes en el ala, lo cual sucede en algunas aves de 2º año cal. Otros son prácticamente idénticos a los machos y solo se pueden datar por su iris, relativamente oscuro, de color miel (como en muchas ♀♀ adultas).

▼ **Juvenil, morfo gris-pardo (agosto)**
Como las ♀♀ adultas, los juveniles varían en la coloración de fondo y la extensión del barrado. Este morfo pardo-gris, con el obispillo y las coberteras caudales grises y el manto sin barrado aparente (exceptuando el que generan los márgenes blancuzcos), es el más común.

mancha blanca

iris oscuro (cf. ♀ parda)

a menudo tonos pardos en el ♂ de 2º año cal.

secundaria juv. barrada

todas las plumas con márgenes blancos en la punta (cf. ♀ parda)

◀ **Juvenil, morfo rojizo (agosto)**
Un ejemplo de este morfo, supuestamente formado solo por ♀♀, que mantienen esta coloración en edad adulta.

▶ Tipo adulto ♂ (abril)
La cola larga y ancha es característica en vuelo (en comparación con especies de silueta relativamente parecida, como falcónidos o gavilanes); en los ♂♂ y en las ♀♀ grises, la parte superior de esta es gris azulada casi uniforme.

▼ Tipo adulto ♂ (mayo)
El barrado de las partes inferiores recuerda al del gavilán común, mientras que la silueta es más parecida a la de un halcón. La cola es la parte más oscura y el patrón típico de la parte inferior del ala es, a menudo, visible desde lejos. El color de fondo ligeramente amarillento, cuando está presente, acostumbra a ceñirse a la región cloacal y zonas próximas, pero esta área también puede ser blanca. El barrado de las infracoberteras caudales a veces no está presente.

blanco o amarillento

banda alar ancha y blanca

◀ Juvenil, morfo rojizo (agosto)
En aves de este tipo, las partes superiores, especialmente el obispillo, las supracoberteras caudales y la cola, tienen un barrado rojizo patente. El manto también presenta un barrado anaranjado, como en las ♀♀ adultas de morfo rojizo. Algunos tienen incluso una coloración más viva y existen todas las variantes intermedias entre el morfo rojizo y el gris-pardo.

ala puntiaguda; silueta de "halcón", en parte también a causa de la cola larga

---

Cuco oriental *Cuculus optatus*

L 32 cm | Divagante de Siberia

Cucut oriental CAT
Kuku siberiarra EUS
Cuco oriental GAL

▼ Adulto ♂ (junio)
Una identificación segura basándose únicamente en características apreciables en el campo es muy difícil (en un contexto europeo), pero la apreciación de los rasgos más típicos (en un ejemplar también típico) debería dar una impresión diferenciada del ave.

▼ Patrón caudal, parte inferior, tipo adulto (julio)
Una variante con las infracoberteras caudales bastante barradas. Estas pueden ser completamente lisas o bastante barradas, como en este ejemplar, solapándose con el cuco común en este aspecto. Además, las infracoberteras caudales amarillentas y lisas son la norma en el cuco oriental de tipo adulto, pero más raras en el cuco común, por lo menos en el tipo adulto.

iris a menudo relativamente oscuro, también en el ♂ adulto (aquí extremo pálido)

barrado más ancho pero más espaciado que en el cuco común

Cuco oriental *Cuculus optatus*

▼ **Adulto ♀ morfo rojizo, cuco oriental o del Himalaya***
(noviembre)
Este ejemplar (y el de la derecha) fueron fotografiados en Malasia, donde tanto el cuco oriental como el del Himalaya ocurren en otoño. Las características señaladas probablemente tienen solapamiento con el cuco común adulto ♀, de morfo rojizo, pero la combinación de todos ellos es indicativa de al especie. La ♀ de cuco común adulta de morfo rojizo acostumbra a ser más grisácea en la garganta y alrededor del ojo, el iris de color amarillo más pálido y el obispillo y supracoberteras caudales con patrón más escaso o irregular. Estas zonas también son variables en el cuco oriental de este morfo, y varían entre lisas y muy barradas, como en este ejemplar; sin embargo, en el cuco común raramente (¿nunca?) muestran un barrado tan grueso y uniforme. Los juveniles de ambas especies muestran más o menos las mismas variaciones y excepciones.

generalmente, iris bastante oscuro, de color miel

típicamente, lados de la cabeza tan oscuros como el cuello (cf. cuco común de morfo rojizo)

obispillo y supracoberteras caudales con barrado grueso y uniforme

▼ **1er invierno morfo rojizo, cuco oriental o cuco del Himalaya (octubre)**
Este ejemplar fue fotografiado en Indonesia, donde ambas especies ocurren en otoño. Estas antiguas subespecies son, supuestamente, idénticas en este plumaje. Como sucede en la ♀ adulta de morfo rojizo, el obispillo muestra un barrado grueso y uniforme.

típicamente, barrado grueso y bien definido, pero quizá se solapa con casos extremos de cuco común en este aspecto

* TAXONOMÍA E IDENTIFICACIÓN
El cuco oriental y el cuco del Himalaya, *Cuculus saturatus*, son prácticamente idénticos en todos los plumajes y fueron previamente considerados una sola especie (el cuco del Himalaya era la subespecie de cuco oriental propia del SE asiático). Sin embargo, el canto de ambos taxones es muy diferente, y su distribución solo se solapa parcialmente durante la migración y en invierno. La aparición en Europa del cuco del Himalaya es muy improbable.

▶ **Adulto ♀ morfo rojizo,**
cuco oriental o del Himalaya
(noviembre)
El barrado grueso de las partes inferiores es típico, pero puede solaparse con el cuco común.

barrado grueso

▼ **1er invierno morfo rojizo, cuco oriental o cuco del Himalaya (octubre)**
El número de franjas pálidas en las 3 primarias externas de los juveniles y de las aves de 1er invierno es la característica más importante para diferenciarlo del cuco común. Este número es, de promedio, un poco más alto que en los adultos de morfo gris, pero es igual que en las ♀♀ adultas de morfo rojizo. Con un total de 19 barras en este ejemplar y solo 7 en p8, queda fuera de la variabilidad del cuco común juvenil/1er invierno. Los rangos son 17–22 barras en el cuco oriental y 20–30 barras en el cuco común, en p8–10, para las aves juveniles y de 1er invierno. Por lo tanto, 20–22 barras es la zona de solapamiento. El patrón de las infracoberteras caudales es extremadamente variable. Un barrado grueso y extenso, como en este ejemplar, es presumiblemente raro en el cuco común juvenil/1er invierno, pero las aves con un barrado más escaso o incluso ausente también existen, por lo cual hay un solapamiento completo en esta aspecto.

p8: 7 barras

p9: 6 barras

p10: 6 barras

zona blanca y lisa

barrado grueso

▼ Tipo adulto ♂ (junio)

Las infracoberteras caudales y la región cloacal son, generalmente, de un tono amarillo evidente, como en este ejemplar, pero también pueden tener el color de fondo blanco y ser barradas. En el cuco común estas zonas acostumbran a ser barradas, con color de fondo blanco, o bien solo con un ligero tinte amarillento. Nótese aquí el patrón típico de la región ventral y, especialmente, de las infracoberteras alares.

▼ Tipo adulto ♀, morfo gris (junio)

Ante un ejemplar posible en Europa, se debe procurar obtener fotografías de la parte inferior del ala. El patrón de las partes inferiores permite apreciar diversas características que pueden ser indicativas de la especie, y el número de franjas pálidas en las 3 primarias externas puede ser diagnóstico. En adultos, un total de ≤ 18 barras en p8–10 va en contra de cuco común: 19–21 barras es la zona de solapamiento entre ambas especies.

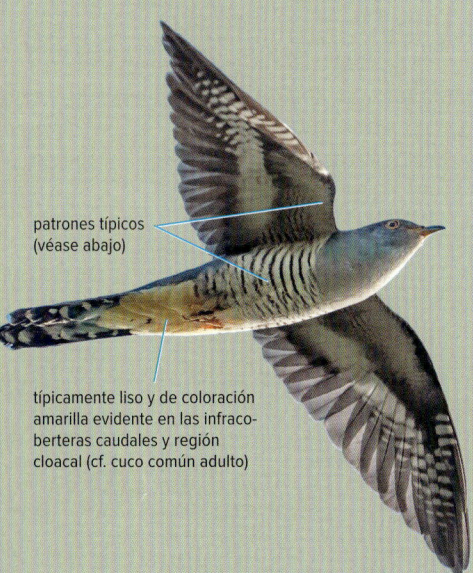

patrones típicos (véase abajo)

típicamente liso y de coloración amarilla evidente en las infracoberteras caudales y región cloacal (cf. cuco común adulto)

generalmente liso, con un cierto tinte amarillento que se extiende por delante de las patas

relativamente corta comparada con el cuco común, a veces perceptible en vuelo

barrado bien espaciado (a diferencia del cuco común)

zona lisa (sin barrado) típica, frecuentemente con un cierto tinte amarillento (a diferencia del cuco común)

parduzco (en cuanto a las diferencias entre el ♂ y la ♀ de tipo adulto, se aplican los mismos criterios que en el cuco común; véase aquella especie)

■ Patrón de la parte inferior del ala, cuco común tipo adulto ♂ (mayo)

El barrado de las axilares e infracoberteras próximas es una continuación del barrado de la zona ventral. Los cucos que tienen un barrado relativamente grueso en la zona ventral a menudo tienen también un barrado denso en las axilares e infracoberteras cercanas, lo cual puede ser un rasgo útil. El patrón es, hasta cierto punto, variable en ambas especies, por lo cual solo se puede considerar en los casos más obvios. Nótese también el barrado más numeroso en las 3 primarias externas que, en este caso, suma 24 barras pálidas.

▼ Patrón de la parte inferior del ala, tipo adulto ♂ (junio)

Existe mucha variabilidad en el patrón de la parte inferior del ala en ambas especies. Las diferencias señaladas aquí son las más consistentes y, por lo tanto, las más útiles (pero deben ser usadas en combinación con el mayor número posible de otras características). La variabilidad no es mayor entre sexos de edad adulta que dentro de cada tipo de plumaje, por lo cual resulta útil en todos ellos. El número de barras en las 3 primarias externas es, en este caso, 19, por lo cual cae en la zona de solapamiento de los adultos de ambas especies.

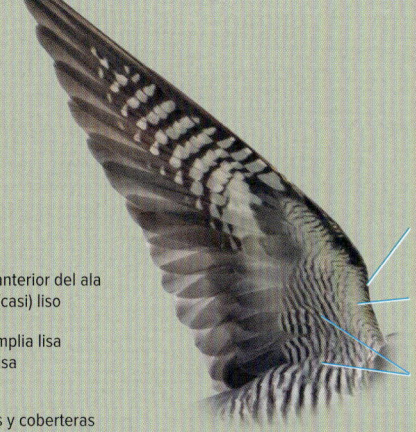

borde anterior del ala con patrón oscuro

zona lisa muy estrecha, generalmente blanco puro

barrado denso y extenso

borde anterior del ala pálido (casi) liso

zona amplia lisa o casi lisa

axilares y coberteras cercanas barradas, con espaciado relativamente ancho (cf. cuco común)

Críalo europeo *Clamator glandarius*

L 37 cm | Verano, S Europa

Cucut reial CAT
Kuku mottoduna EUS
Cuco grallo GAL

▼ **Tipo adulto (abril)**
Se trata de una especie distintiva en todos los plumajes. La combinación formada por el moteado extenso, la cresta, y la cola larga y graduada es única entre las especies europeas de este tamaño. El datado puede resultar difícil en primavera porque algunas aves de 2º año cal. son similares a los adultos. El ejemplar de la imagen es, presumiblemente, un adulto, por la cresta de color gris pálido y también por las auriculares y la brida de coloración similar. Un cierto contraste en las primarias de los adultos es normal, puesto que las mudan por fases (véase aquí la primaria central más pálida).

gris pálido, también en las auriculares (cf. 2º año cal.)

moteado denso, diagnóstico en todos los plumajes

rectrices externas mucho más cortas que las centrales; cola muy graduada en todos los plumajes

sin pardo rojizo (pero su ausencia no descarta un 2º año cal.)

muy larga, con puntas blancas extensas en todas las plumas

▼ **Juvenil (agosto)**
Inconfundible. Durante los primeros meses del año, algunas aves de 2º año cal. pueden ser similares, pero estas no tienen el plumaje nuevo y uniforme del juvenil (además, no hay juveniles antes del verano).

caperuza negra, incluyendo la cresta

pardo rojizo diagnóstico con puntas oscuras

▼ **Tipo adulto, 2º año cal. (marzo)**
Este ejemplar tiene una apariencia más adulta que el de la imagen de la izquierda, pero nótense las tonalidades pardas en las hemibanderas externas de algunas primarias. La apariencia del 2º año cal. varía mucho, probablemente porque distintas poblaciones tienen fenologías de cría diferenciadas, lo cual lleva a diferencias de edad y de muda desde el 1er año cal.; también puede haber un componente de variabilidad individual. En aves procedentes de poblaciones en las que la muda postjuvenil no empieza justo después de abandonar el nido, las de 2º año cal. son más parecidas a los adultos.

▼ **Tipo juvenil, 2º año cal. (abril)**
Algunas aves de 2º año cal. son muy similares al juvenil, aunque ya hayan realizado una muda completa o casi completa. La muda postjuvenil de estas aves se produce poco después de abandonar el nido (en el año anterior), aunque las plumas nuevas vuelven a tener un patrón de tipo juvenil; las aves que inician la muda postjuvenil más tarde en el año desarrollan más rasgos de tipo adulto (un fenómeno que también se da, por ejemplo, en gaviotas grandes). Las primarias de 2ª generación frecuentemente muestran una cierta cantidad de pardo rojizo.

aún oscuro (cf. adulto)

manchas pálidas o parduzcas

▶ **2º año cal. (marzo)**

secundarias viejas, sin puntas blancas y más cortas

puntas blancas diagnósticas, visibles desde lejos

▼ **2º año cal. (marzo)**
Datado fácilmente como 2º año cal. por las primarias rojizas y la caperuza aún negra. A pesar del patrón juvenil, las primarias ya han sido mudadas.

ala no tan puntiaguda como en otros cucos

▼ **2º año cal. (marzo)**
La apariencia en vuelo es similar en todos los plumajes, pero los juveniles –más avanzado el año–, tienen las primarias rojizas con puntas oscuras.

blancuzco y liso, contrasta con las plumas de vuelo

muy larga, con puntas blancas extensas

Cuclillo piquigualdo *Coccyzus americanus*

L 31 cm | Divagante de Norteamérica

▼ **Tipo adulto/2º año cal. (abril)**
Inconfundible; no hay especies similares en Europa. El cuclillo piquinegro no tiene amarillo en el pico y muestra, como mucho, puntas blancas pequeñas en las rectrices.

anillo ocular aún amarillo, indicando 2º año cal. (gris en aves adultas)

▼ **1er invierno (octubre)**
El patrón caudal resulta más obvio en vuelo, como también las primarias rojizas.

mayor parte de la mandíbula inferior amarilla, diagnóstico

hemibanderas externas rojizas

puntas blancas extensas (en plumas de tipo adulto con borde nítido, más difuso en plumas juveniles)

▼ **1er invierno (octubre)**
Prácticamente como el adulto, pero con la zona rojiza del ala más extensa. Las coberteras retenidas tienen puntas pálidas pequeñas; las rectrices son más grises por la parte de abajo y tienen puntas blancas.

pardo-gris (cf. cuclillo piquinegro)

amarillo diagnóstico, como en el adulto, pero de extensión más limitada en la mandíbula inferior

rojizo diagnóstico, especialmente en el 1er año; se extiende a las secundarias y coberteras primarias

puntas blancas extensas (cf. cuclillo piquinegro)

Cuclillo piquinegro *Coccyzus erythropthalmus*

L 29 cm | Divagante de Norteamérica

▼ **Adulto (abril)**
Los cucos americanos tienen las partes superiores e inferiores lisas, las alas relativamente cortas (en comparación con otros cucos), la cola larga y graduada y el pico curvado. No hay ninguna especie europea con la cual se pudieran confundir (el críalo europeo tiene una estructura similar, pero no el plumaje). Los adultos tienen el anillo orbital rojo y puntas blancas en las rectrices.

partes superiores lisas y pardas en todos los plumajes

tonos pardo-amarillentos pálidos, también en las infracoberteras caudales (cf. cuclillo piquigualdo)

puntas pálidas relativa-mente pequeñas y franjas subterminales oscuras (cf. cuclillo piquigualdo)

▼ **1er invierno (octubre)**
Independientemente de su rareza extrema, resulta fácil de identificar como cuco americano, por las partes inferiores lisas y pálidas y las superiores pardas (grisáceas). Las aves de 1er año cal. tienen el anillo orbital amarillo, márgenes finos y pálidos en las coberteras (primarias), ausencia de bandas subterminales negras en la parte posterior de las rectrices, que muestran, a lo sumo, puntas blancas pequeñas. Para apreciar las diferencias con el cuclillo piquigualdo, véase aquella especie.

todo oscuro (cf. cuclillo piquigualdo)

anillo orbital amarillo (cf. adulto)

a menudo tintes amarillos

sin o con poco rojizo (cf. cuclillo piquigualdo)

parte superior de la cola generalmente lisa y uniforme (cf. cuclillo piquigualdo)

puntas pálidas mínimas

◄ **Adulto (mayo)**
Esta imagen muestra el patrón adulto en la parte inferior de la cola; las aves de 1er invierno (el plumaje más probable en Europa) no muestran, o apenas muestran, franjas subterminales oscuras, y tienen las puntas pálidas muy pequeñas, lo cual los diferencia aún más del cuclillo piquigualdo en este aspecto.

Muchas especies de rapaces nocturnas tienen características específicas y distintivas, por lo cual son fáciles de identificar si se ven bien. Las especies que pertenecen a la familia de los autillos y los mochuelos son un poco más difíciles de identificar. Sus hábitos nocturnos, especialmente, dificultan este aspecto; en vuelo, las aves vistas en la oscuridad aparecen, habitualmente, como una silueta y, cuando se ven con los faros de un automóvil, pueden parecer muy pálidas (no solo la lechuza común). Todas las especies tienen un plumaje similar a lo largo del año y las diferencias entre sexos y edades acostumbran a ser sutiles, raramente discernibles en una observación de campo (excepto en el caso del búho nival). Por lo tanto, la mayoría de fotografías mostradas aquí no se pueden datar con seguridad y se etiquetan como "tipo adulto". Las aves de 1er año, una vez pierden el plumaje juvenil, son similares a los adultos; los polluelos tienen dos fases de plumaje, una después de otra:

el plumón, que adquieren poco después de nacer y mantienen principalmente en el nido, y una primera capa de plumas mezcladas con plumón, que dura más tiempo. Algunas especies mantienen restos de esta segunda fase durante el 1er invierno, sobre todo en las especies más norteñas, alrededor del pecho y el cuello, pero a veces también las coberteras grandes, que se pueden reconocer por su estructura más suelta. Las especies pequeñas y medianas habitualmente completan la muda en 1 año, pero las grandes no mudan todas las plumas de vuelo en este período; las aves de 1er año solo mudan las plumas del cuerpo y, a veces, algunas coberteras; las plumas de vuelo, en verano del 2º año cal. En cambio, en las pequeñas y medianas, suele ser completa como en los adultos. Los inmaduros de especies grandes (y también la lechuza común) pueden tardar 3–4 años en reemplazar las últimas secundarias juveniles, que para ese entonces ya están muy gastadas.

Lechuza común *Tyto alba*

L 36 cm | Todo el año, O, C y S Europa

Òliba CAT
Hontz zuria EUS
Curuxa común GAL

▶ **Tipo adulto lechuza común "blanca", *alba* (enero)**
Especie fácil de identificar; es la rapaz nocturna de tamaño mediano más pálida de Europa, con las partes inferiores blancas o pardo anaranjado y los ojos negros. La forma más pálida, la nominal *alba* (S y O de Europa), y la más oscura *guttata* (C y E de Europa) muestran una amplia zona de intergradación. Dentro de cada población que, por su distribución, corresponda a *alba* o a *guttata*, también existen aves oscuras y pálidas. Los ♂♂ acostumbran a ser más pálidos que las ♀♀, y tienen menos motas oscuras en las partes inferiores, pero las ♀♀ son más variables, lo cual complica la determinación tanto del sexo como de la forma (oscura o pálida). Estas formas acostumbran a considerarse más como variantes de coloración con diferencias geográficas, y no tanto subspecies bien definidas, un hecho que también sucede en el cárabo común. La silueta en reposo es distintiva por las patas largas y generalmente muy visibles, y las alas también largas, que sobresalen por detrás de la cola.

▼ **Tipo adulto *guttata*, probable ♀ (junio)**
Las aves oscuras como esta quedan, probablemente, fuera de la variabilidad de *alba*; su distribución se concentra en el C y E de Europa.

muy pálido
(cf. *guttata*)

gris claro
(cf. *guttata*)

blanco; moteado
oscuro ausente
o muy reducido
(cf. *guttata*)

pardo amarillento
pálido (cf. *guttata*)

margen externo del álula
blanco (cf. *guttata*)

blanco
(cf. *guttata*)

las alas largas
sobrepasan la cola

zona oscura
alrededor del ojo
(cf. *alba*)

gris oscuro
(cf. *alba*)

pardo anaranjado
con motas negruzcas
(cf. *alba*)

▶ **Tipo adulto *guttata* (agosto)**
Ejemplo más pálido de *guttata*; el moteado oscuro extenso en el pecho y vientre, las zonas oscuras alrededor del ojo y la coloración gris oscuro en las coberteras encajan con esta forma.

▼ Tipo adulto *alba* (abril)

Las partes inferiores son muy pálidas y muestran un moteado limitado, que también puede darse en los casos más pálidos de *guttata*. El barrado débil de las plumas de vuelo y la ausencia de zonas oscuras alrededor del ojo, por la parte exterior, sitúan a esta ave en la forma *alba*. Aves como esta, e incluso más pálidas, ocurren en la población reproductora de los Países Bajos, una muestra de porqué es mejor considerar las distintas formas como variantes de color. De noche, las partes inferiores pálidas destacan tan pronto reciben algún tipo de iluminación. La silueta de vuelo se caracteriza por las alas redondeadas y las patas largas, que sobresalen por detrás de la cola.

▼ Tipo adulto *guttata* (agosto)

Ejemplo claro de *guttata*, por las partes inferiores e infracoberteras alares de color pardo anaranjado uniforme, y las zonas grises de las partes superiores y de la cabeza bastante oscuras. También son típicas de *guttata* las zonas oscuras alrededor del ojo por la parte exterior. En términos relativos, la lechuza común tiene las alas más largas entre todas las rapaces nocturnas europeas.

blanco puro

barrado débil (cf. *guttata*)

barrado débil (cf. *guttata*)

casi liso (cf. otras rapaces nocturnas)

barrado relativamente grueso (cf. *alba*)

barrado (cf. *alba*)

Mochuelo boreal *Aegolius funereus*

L 25 cm | Todo el año, N y C Europa

Mussol pirinenc CAT
Hontz boreala EUS
Moucho boreal GAL

▼ Tipo adulto (mayo)

▼ Tipo adulto

El patrón de las plumas de vuelo es característico en comparación con otras rapaces nocturnas pequeñas.

cabeza plana por arriba y cuadrada

iris amarillo; a menudo expresión de sorpresa

franja blanca en las escapulares

disco facial ancho y pálido

moteado difuso

barrado pálido, grueso y extenso, que desaparece hacia la punta

barrado fino e incompleto

"calcetines" gruesos

▶ Pollo con plumón que ya ha abandonado el nido (junio)
Color pardo-chocolate oscuro, típico. En muchas especies de rapaces nocturnas, los pollos abandonan el nido cuando aún están cubiertos de plumón y no pueden volar correctamente.

Autillo europeo *Otus scops*

L 20 cm | Verano, SO a SE Europa

▼ **Tipo adulto (marzo)**
El patrón complejo e intrincado en todo el plumaje, fina-mente barrado, listado y vermiculado, es típico de todos los autillos. Este ejemplar es bastante grisáceo pero conserva zonas marrones, sobre todo en las escapulares. Algunos son prácticamente grises, otros más pardos. Las manchas blancas y las barras transversales de las partes inferiores le diferencian del **autillo persa** *Otus brucei* (véase abajo).

▼ **Tipo adulto (mayo)**
Ejemplar de morfo pardo. Los morfos no son separables, puesto que entre el morfo pardo y el gris existe un espectro continuo de ejemplares intermedios.

▼ **Tipo adulto (septiembre)**
Este ejemplar ha recogido las "orejas". El color del iris varía entre amarillo y anaranjado. El datado es, general-mente, imposible en el campo, pero las aves de 2º año cal. mantienen plumas de vuelo juveniles, que mues-tran un mayor desgaste que las de tipo adulto.

"orejas" anchas y redondeadas

Autillo chipriota *Otus cyprius*

L 20 cm | Todo el año (?), Chipre

Xot de Xipre CAT
Apo-hontz zipretarra EUS
Moucho de orellas chipriota GAL

▼ **Tipo adulto (abril)**
Patrón general del plumaje parecido al del autillo europeo y, aunque más oscuro que este, el disco facial suele destacar en contraste con el resto de la cabeza, más oscura. En el autillo europeo, suele haber poco contraste entre el disco facial y los lados de la cabeza. El autillo europeo ocurre en Chipre durante las migraciones, lo cual puede dificultar la identificación. El canto es característico.

■ **Autillo persa** *Otus brucei* **(abril)**
Esta especie ocurre justo fuera de la región tratada en este libro (E de Turquía y Oriente Medio). Más gris y más pálido que cualquier autillo europeo, pero la identificación puede ser complicada.

gris pálido uniforme con un listado muy fino

casi sin manchas blancas

sin manchas blancas

sin pardo (los autillos europeos más grises acostumbran a mantener ciertos tonos pardos aquí)

coberteras primarias con barrado ancho y uniforme

color de fondo gris pálido sin manchas blancas extensas, solo un vermiculado muy fino, que hace destacar el listado negro (cf. autillo europeo)

el disco facial contrasta ligeramente con los lados de la cabeza, más oscuros (cf. autillo europeo)

manchas oscuras extensas (cf. autillo europeo)

extenso barrado y listado negro

las plumas se extienden hasta la base de los dedos

listado fino (general-mente moteado en el autillo europeo)

Mochuelo europeo *Athene noctua vidalii*

L 25 cm | Todo el año, O, SO y parte N del E Europa

Mussol comú "mediterrani" CAT
Mozolo arrunt mendebaldetarra EUS
Moucho occidental GAL

EL COMPLEJO MOCHUELO EUROPEO

Durante mucho tiempo, los taxones del N de África y de Oriente Medio se han reconocido como aparte, subgrupo oriental y meridional, conocido como mochuelo "desértico". Más recientemente, se ha descubierto que las aves del SE de Europa, alcanzando el límite oriental de los Alpes, muestran diferencias genéticas marcadas con las poblaciones del (S)O de Europa. Hay indicaciones de que el grupo suroriental (referido como nominal *noctua*), junto con los taxones desertícolas, deberían ser considerados como una especie separada y politípica. Bajo esta concepción, el mochuelo europeo del (S)O de Europa, se convertiría en una especie monotípica, *Athene vidalii* (Robb, 2015). Por ahora, consideramos todos los taxones como pertenecientes a una misma especie, en consonancia con el IOC. Las diferencias en plumaje entre la nominal *noctua* y *vidalii* son muy pequeñas, pero aumentan gradualmente hacia las formas más orientales y meridionales de mochuelo "desértico", visibles en las aves del N de África, Oriente Medio y Asia. También existen diferencias en sus vocalizaciones, sobre todo en los reclamos de alarma o excitación, de las cuales se deriva el nombre local "cucumiau". Sugerimos el nombre mochuelo europeo "pálido" para el nominal *noctua*, manteniendo la denominación de mochuelo "desértico" para las poblaciones del N de África, Oriente Medio y Asia. A causa de su comportamiento básicamente sedentario, la localización de una observación es una buena indicación sobre su taxonomía.

▼ **Tipo adulto (junio)**
Una especie distintiva, en parte por su preferencia por hábitats abiertos con pocos (o sin) árboles. Los rasgos destacados indican las diferencias con el mochuelo chico, aunque ambas especies difícilmente se pueden encontrar en los mismos lugares y hábitats y, por lo tanto, tampoco se deberían confundir. Después de la muda de plumas corporales, las aves de 1er año son casi idénticas a los adultos, pero tienen las primarias más puntiagudas, que están más gastadas en primavera (imposible de asegurar en el ejemplar de la imagen).

lista superciliar larga

expresión facial feroz

moteado grueso

franja oscura en el disco facial

solo listado vertical

barrado ancho y uniforme (cf. mochuelo chico y boreal)

▲ **Tipo adulto (febrero)**

▼ **Polluelo/juvenil (julio)**
Como en todas las rapaces nocturnas, las aves salidas del nido mantienen durante un tiempo un plumaje juvenil con partes de plumón, hasta que aparece la nueva generación de plumas; a partir de entonces, adultos y jóvenes son casi idénticos.

Mochuelo europeo "pálido" *Athene noctua noctua*

L 25 cm | SE Europa, desde los Alpes hacia el E

Mussol comú "europeu" CAT
Mozolo arrunt europarra EUS
Moucho paleártico GAL

▼ **Tipo adulto (Hungría, mayo)**
La coloración general es ligeramente más pálida y más marrón-castaño que el tono pardo-tierra relativamente frío del mochuelo europeo, pero aves como la de abajo no se podrían identificar fuera de su distribución. Las diferencias se acentúan hacia el este y hacia el sur.

▼ **Tipo adulto (Italia, mayo)**
Este ejemplar es identificable como mochuelo europeo "pálido" por su coloración parda cálida en comparación con *vidalii*.

▼ **Tipo adulto, mochuelo europeo "pálido", o bien ejemplar intermedio con mochuelo "desértico", *lilith* (Turquía, mayo)**
El listado más fino de pecho y vientre, así como las partes superiores más cálidas diferencian a las aves procedentes de Turquía de las del taxón *vidalii*.
La anchura del listado de las partes inferiores parece tener relación con la coloración general del ave; las más pálidas tienen el listado más fino. Este hecho continúa en *lilith*, de Oriente Medio, y *saharae*, del N de África.

▶ **Tipo adulto, mochuelo "desértico" *lilith* (Chipre, abril)**
Un ejemplar típico, de tonos pardos bastante pálidos, aunque otros de Chipre son idénticos a los mochuelos europeos "pálidos" de Italia.

Mochuelo chico *Glaucidium passerinum*

L 17 cm | Todo el año, N y C Europa

Mussol menut CAT
Mozolotxo eurasiarra EUS
Mouchiño eurasiático GAL

▼ **Tipo adulto (enero)**
Claramente pequeño. Un mochuelo forestal, a menudo activo de día, cuando avista desde un punto elevado. Los ojos son relativamente pequeños y la forma de la cabeza redondeada o angular, cuando levanta las "orejas" (vestigiales).

▶ **Adulto (abril)**
La imagen muestra los rasgos de un ave adulta.

lista superciliar corta y estrecha, que generalmente no va más allá del ojo

disco facial con motas y franjas oscuras, se funde con el resto del patrón facial

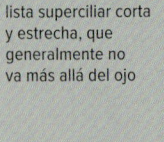

ausencia de límites de muda y plumaje bastante nuevo

terciarias con punta blanca evidente (cf. 1er invierno)

flanco con barrado denso pero difuso

color de fondo blancuzco con listado oscuro estrecho

cola relativamente larga

▼ **Tipo adulto (enero)**
Las especies de rapaces nocturnas que muestran más actividad en horas de luz acostumbran a tener una "falsa cara" en la parte posterior de la cabeza. Las infracoberteras caudales largas también son típicas.

▶ **1er invierno (febrero)**
Las plumas de vuelo y las terciarias son más pardas y a menudo están más gastadas que en los adultos, en la misma época del año

moteado fino y de espaciado uniforme (cf. mochuelo europeo)

"falsa cara" bien desarrollada en la parte posterior de la cabeza

barrado blancuzco fino y patente

contraste de muda entre las plumas dorsales (mudadas) y las plumas alares, aún juv.

infracoberteras caudales largas

▼ **Tipo adulto (marzo)**
Frecuentemente en la punta de una conífera, que usa como mirador o puesto de canto.

▶ **Polluelo/juvenil (julio)**
Las plumas del cuerpo aún son lisas (sin moteado); la muda a un plumaje más parecido al adulto empieza poco después de independizarse.

▼ **Tipo adulto (enero)**
El barrado pálido de las plumas de vuelo no se estrecha ni se diluye tanto hacia la punta como en el mochuelo boreal.

el barrado oscuro se ensancha hacia el borde posterior del ala (cf. mochuelos europeo y boreal)

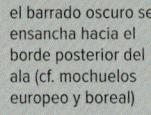

Lechuza gavilana *Surnia ulula*

L 39 cm | Todo el año, N Europa

▼ (Diciembre)
Inconfundible. Una rapaz nocturna de tamaño mediano, con la cola muy larga, de coloración negruzca y blanca, partes inferiores finamente barradas y un patrón facial muy llamativo. Activo en horas de luz, a menudo visto en un puesto de mira al descubierto.

▶ 1er invierno (octubre)
El datado suele ser difícil en el campo; las características señaladas solo son útiles en los casos más obvios.

▼ Polluelo (junio)
Los pollos que han abandonado el nido son fácilmente reconocibles.

▶ Detalle, 1er invierno (octubre)

estructura de la pluma "suelta", gastada y desteñida en otoño

borde pálido con cierto desgaste, sin puntas blancas

relativamente estrecha y puntiaguda

PATRÓN ALAR Y CAUDAL, ADULTO
- Terciarias nuevas, negruzcas y con "muescas" blancas más anchas e irregulares.
- Puntas de las primarias nuevas en otoño, más negras y con la punta blanca en forma de gancho.
- Puntas de las rectrices en otoño, de promedio, más anchas y redondeadas, pero la variabilidad es considerable.

▼ Lechuza gavilana "americana", *caparoch*, tipo adulto (enero)
Existen algunas citas en Europa de este taxón norteamericano. Suele ser más oscura que la subespecie nominal europea, *ulula*, a causa de un barrado más ancho y pardo negruzco en las partes inferiores. Las "muescas" blancas en las partes superiores y el moteado de la cabeza son, de promedio, más pequeños, y la cola más corta.

▶ (Febrero)
La identificación es relativamente fácil gracias a su silueta característica, las partes inferiores completamente barradas y el patrón facial único.

▶ (Marzo)
La franja blanca en las escapulares se puede ver desde lejos. El ejemplar de la imagen es, probablemente, un 2º año cal. por el barrado difuso de la cola y por el contraste visible entre las coberteras negruzcas y la mano más parda, aparentemente de una generación anterior. En otoño, las aves de 1er año cal. mudan las coberteras pero retienen el resto del ala, incluyendo las terciarias, por lo cual, en condiciones ideales, se puede esperar la presencia de un contraste de muda.

franja blanca en las escapulares

Búho nival *Bubo scandiacus*

L 59 cm | Todo el año, extremo N Europa

▼ Adulto ♂ (abril)
Los ♂♂ (casi) completamente blancos tienen, por lo menos, 4 años.

◄ Probable adulto ♀ (febrero)
Las manchas negruzcas netamente definidas son típicas de aves maduras. Las ♀♀ de más edad pueden volverse muy blancas, mientras que los ♂♂ adultos también pueden tener manchas negras. El sexado seguro de estos ejemplares puede ser difícil, especialmente si el tamaño no es perceptible (las ♀♀ son considerablemente más grandes que los ♂♂); sin embargo, el moteado de los ♂♂ acostumbra a ser más fino.

▼ 1er invierno ♀ (enero)
Ejemplar con patrón muy grueso, por lo cual es fácil de datar y sexar. La ausencia de límites de muda visibles y el moteado/barrado extenso en las coberteras y terciarias apuntan a un 1er invierno. El patrón de la cola descarta un ♂, como también el plumaje muy manchado.

cara blanca completamente rodeada de plumas densamente moteadas

► 1er invierno ♂ (enero)
El barrado fino parduzco de las coberteras y terciarias indica que se trata de plumas juveniles; la ausencia de límites de muda también es típica de aves de 1er invierno; aunque estas también son variables –las ♀♀ más pálidas y los ♂♂ más oscuros pueden ser parecidos–, la forma del barrado de escapulares y de rectrices es, en este caso, claramente indicativa de ♂.

el barrado se extiende hacia arriba (cf. ♂ inm.)

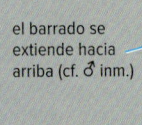

barrado fino (cf. ♀ adulta)

manchas finas e irregulares típicas de juv.

manchado irregular pardo (cf. ♀ adulta)

barrado escalado fino (cf. ♀ tipo adulto)

barrado caudal ancho, completo y regular, 3–5 barras hasta la base, típico de la ♀ (inm.)

múltiples coberteras primarias nuevas con manchas negras, que contrastan con otras plumas más pardas

cola con 2–3 barras incompletas, consistentes en dos manchas, una a cada lado del raquis (cf. ♀ adulta)

◄ Inmaduro ♀ (febrero)
Durante el verano del 2º año cal. la muda solo abarca p7, algunas secundarias internas y un número muy variable de rectrices. Durante el 3er año cal. siguen otras primarias externas y algunas internas, así como algunas secundarias. Algunas secundarias juveniles pueden retenerse hasta el 5º año cal. Este ejemplar muestra diversas coberteras primarias mudadas, que conllevan la muda de sus primarias respectivas. Esta muda más extensa de primarias y coberteras primarias empieza en verano del 3er año cal., por lo cual este individuo es, presumiblemente, un ≥ 4º año cal. Véase también el contraste evidente entre unas escapulares con patrón pardo y otras negro, típico de inmaduros no juveniles.

la presencia de manchas negras (plumas nuevas) y pardas (plumas juv.) indican inm.

el barrado ancho y completo indica ♀

◀ **Tipo adulto ♀ (febrero)**
El patrón caudal con 4 filas de manchas en las rectrices centrales apunta a una ♀. Las ♀♀ que mantienen un plumaje tan manchado pueden ser subadultas (por ejemplo, 4º o 5º año cal.), pero también más maduras. Algunas ♀♀ se vuelven considerablemente blancas (con menos manchas negras) pero acostumbran a mantener la forma triangular de estas en las coberteras, y por lo menos algunas en las plumas de vuelo. Los ♂♂ de 1er invierno pueden ser muy similares a esas ♀♀, pero no muestran límites de muda en las plumas de vuelo y tienen, a lo sumo, 3 filas (rotas) de manchas en las rectrices. El cuello blanco y liso está presente tanto en ♂♂ de 1er invierno como en ♀♀ más maduras.

◀ **Subadulto ♂ (febrero)**
Ejemplares como este, con manchas relativamente extensas en la cola y las primarias, tienen probable-mente 3–4 años. En los ♂♂ con plumaje adulto completo, las plumas de vuelo son a menudo completamente lisas.

Búho pescador de Ceilán *Ketupa zeylonensis semenowi*

L 54 cm | Todo el año, C y S Turquía

Duc pescador bru CAT
Hontz arrantzale turkiarra EUS
Bufo pescador turco GAL

▼ **Tipo adulto (junio)**
Una especie característica con una distribución muy limitada en la región tratada en esta obra. En condiciones de observación deficientes podría confundirse con un búho real.

listado bien definido

amarillo o naranja pálido

partes inferiores finamente listadas, con barrado transversal denso pero tenue (cf. búho real)

patas no plumadas

▼ **Tipo adulto (mayo)**

cabeza uniforme, sin disco facial delimitado

franja blanca en escapulares

"orejas" típica-mente anchas y caídas, lo cual genera una forma angulosa particular

barrado regular muy ancho

▶ **1er año (julio)**
Los juveniles que han abandonado recientemente el nido ya son similares a los adultos, pero aún tienen el pico pálido y las plumas corporales son deshilachadas y algodonosas. En aves de 1er año completamente crecidas, las partes superiores muestran la misma uniformidad en los grupos de plumas que en el búho real (véase aquella especie), mientras que las aves de más edad, de tipo adulto, muestran más irregularidades en los grupos de plumas, por la presencia de múltiples generaciones.

◀ **Tipo adulto (mayo)**

plumas de vuelo completamente barradas, con franjas anchas y regulares (cf. búho real)

Búho real *Bubo bubo*

L 66 cm | Todo el año, gran parte de Europa excepto O y NO

▼ Tipo adulto (abril)
Sus grandes dimensiones facilitan mucho la identificación. El búho chico es, aproximadamente, la mitad de tamaño, tiene manchas oscuras debajo de los ojos y franjas verticales blancas entre ellos, un plumaje menos espeso en las patas y un listado más regular en las partes inferiores (véase aquella especie).

▼ Tipo 1er año (diciembre)
Las aves jóvenes son similares a las adultas. La muda hasta alcanzar el plumaje adulto completo es compleja en todas las rapaces nocturnas de gran tamaño, y se prolonga durante varios años. Más allá del plumaje juvenil (1er año), siempre hay diversas generaciones de plumas, a causa de una muda completa dilatada, que no es anual; esto genera patrones irregulares en los distintos grupos de plumas. El ejemplar de la imagen no solo muestra secundarias aparentemente de 1ª generación, sino que las coberteras grandes y las escapulares también son muy uniformes, lo cual es indicativo de un ave de 1er año.

listado grueso limitado al pecho; resto de partes inferiores con listado más fino (cf. tipo adulto)

coberteras grandes pálidas y cortas (cf. tipo adulto)

secundarias barradas con franjas oscuras relativamente estrechas y, en su conjunto, patrón bastante uniforme

terciarias superiores con la punta más estrecha (en aves maduras, punta más ancha)

◄ Pollo con plumón (junio)
Los pollos que han abandonado el nido recientemente ya son considerablemente más grandes que las rapaces nocturnas de tamaño medio. El iris naranja es una diferencia útil en comparación con otras especies de tamaño similar.

▼ Tipo adulto (junio)
La parte superior de las plumas de vuelo está uniformemente barrada en su totalidad (aunque de forma más débil hacia la base), con color de fondo pardo anaranjado; las partes superiores, en su conjunto, tienen un patrón grueso y denso (compárese con otras rapaces nocturnas de tamaño similar).

► Tipo adulto (junio)

parte inferior del ala pálida, con tonos pardo-anaranjados y solo manchas escasas en la zona carpal; el barrado de las plumas de vuelo está limitado a la parte distal

patas poderosas y muy plumadas

Cárabo lapón *Strix nebulosa lapponica*

L 64 cm | Todo el año, NE Europa

▼ **Tipo adulto (enero)**
Inconfundible por su gran tamaño, disco facial muy bien delimitado y con "anillos concéntricos", y franjas blancas entre los ojos, que son amarillos y relativamente pequeños.

▼ **Tipo 1er año (febrero)**
Casi idéntico al adulto, pero las plumas de vuelo muestran un patrón más uniforme, sin límites de muda, lo cual apunta a un ave de 2º año cal. La muda postjuvenil de plumas de vuelo empieza por las primarias centrales, en verano del 2º año. Las últimas secundarias juveniles pueden ser retenidas hasta el 4º año cal.

zona con color de fondo pálido en todos los plumajes, que contrasta con el resto del ala

banda terminal ancha y oscura (cf. cárabo uralense y búho real)

▼ **Pollo con plumón (junio)**
En este plumaje es relativamente parecido a la lechuza gavilana de edad similar, a causa de la máscara oscura y los ojos amarillos. Sin embargo, el tamaño general más grande (también del pico) es un rasgo útil si los padres no están cerca.

▼ **Tipo adulto (febrero)**
Por la parte inferior del ala, el barrado de las plumas de vuelo acostumbra a estar limitado a la mitad distal, y es muy ancho. El contraste de muda entre las primarias centrales, nuevas, y las 3 más externas, que presentan un desgaste mayor, indica que se trata de un ave adulta (al menos de 3er año cal.). Los adultos mudan cada primaria solamente una vez cada 2 años, alternando las centrales y las externas/internas (compárese con 1er año).

Cárabo uralense *Strix uralensis*

L 55 cm | Todo el año, NE Europa y, localmente, E Europa y Balcanes

▼ Tipo adulto (febrero)
Parecido a un cárabo común de morfo gris, de mayor tamaño y con la cola más larga. Las aves de 1er año completamente desarrolladas son casi idénticas a las adultas, pero las plumas de vuelo son de una generación hasta bien entrado el 2º año cal. El "escalón" en el barrado de secundarias de este ejemplar indica que hay diferentes generaciones de plumas, lo cual es típico de un ave de al menos 3er año cal.

disco facial gris, bastante liso, también entre los ojos (cf. cárabo común)

▼ Tipo adulto, ejemplar melánico de la subespecie centroeuropea *macroura* (mayo)
Esta subespecie es, de promedio, ligeramente más oscura que la nominal *uralensis* (Rusia europea y O de Siberia); las diferencias con *liturata*, de Escandinavia, son habitualmente muy sutiles. Sin embargo, en contraste con otras subespecies, en *macroura* el melanismo se produce regularmente; este individuo es un ejemplo clásico.

amarillo o naranja

solo listado vertical

barrado ancho y contrastado

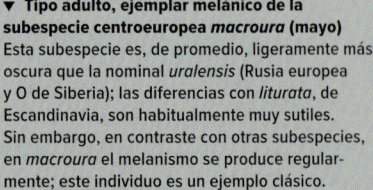

cola larga

◄ Pollo con plumón (mayo)
Similar a un pollo de cárabo común, pero las alas tienen un patrón más marcado. Los progenitores acostumbran a estar siempre en las proximidades, y se muestran agresivos cuando alguien se acerca a los pollos.

▼ Tipo 1er año (febrero)
Relativamente parecido al –más pequeño– cárabo común, pero la coloración de fondo de las plumas de vuelo es más pálida, lo cual hace destacar más el barrado. El barrado de la cola es similar al de las alas; compárese con el cárabo común.

barrado regular y ancho (cf. cárabos común y lapón)

▲ Tipo 1er año (febrero)
El patrón de la parte inferior del ala es similar al del cárabo común (plumas completamente barradas, con el barrado de las primarias internas y secundarias volviéndose más estrecho hacia la base). La uniformidad de todas las plumas de vuelo apunta a un 1er año, como también las puntas blancas y lisas de las rectrices centrales. Las aves de más edad muestran al menos 2 generaciones de plumas en el ala, con diferencias de desgaste, ya que solo una parte de ellas es reemplazada anualmente.

Cárabo común *Strix aluco*

L 40 cm | Todo el año, toda Europa excepto extremo N

▶ **Tipo adulto, morfo pardo (marzo)**
Este morfo de color es el más común en el oeste. Algunas aves son más pardo-rojizas, sobre todo en Gran Bretaña. La transición entre los distintos morfos es gradual. Las aves de 1er año tienen todas las plumas de vuelo de una misma generación, lo cual genera un patrón más regular en su conjunto. También tienen puntas pálidas en las rectrices y un barrado débil e irregular cerca de la punta de las plumas de vuelo. La variabilidad es grande entre edades; este ejemplar muestra rasgos intermedios, como pasa a menudo.

manchas blancas características

cabeza muy ancha y ojos negros

la cola sobrepasa (ligeramente) la punta de las alas

▼ **Morfo gris (febrero)**
Este morfo de color es más común hacia el (norte) y este de Europa; aves pálidas ocurren, por ejemplo, en los países bálticos.

◀ **Pollo con plumón que ya ha abandonado el nido (junio)**
Este ejemplar probablemente ya puede volar, pero los pollos abandonan el nido cuando solamente pueden encaramarse por las ramas.

▼ **Tipo adulto (febrero)**
La silueta de vuelo muestra típicamente una cabeza muy ancha y un ala redondeada. El contraste de muda visible en las secundarias (diferencias de coloración) indica que se trata de un ave madura (al menos de 3er año cal.). El estado de la muda de primarias no se puede apreciar aquí, pero los adultos mudan cada primaria una vez cada 2 años, alternando las centrales y las internas/externas. Las aves de 1er año tienen todas las plumas de vuelo uniformes, de una sola generación (véase cárabo lapón de 1er año en vuelo).

▼ **Tipo adulto (febrero)**
Las primarias y secundarias están completamente barradas, con franjas bien definidas y más estrechas hacia la base de las plumas. La zona carpal presenta una mancha negra bien desarrollada. Las puntas anchas de primarias y secundarias son indicativas de un ave de tipo adulto, en este caso al menos de 3er año cal. Las puntas de las rectrices con un patrón fino también son un buen indicador de la edad: las rectrices juveniles acostumbran a tener puntas blancas y son un poco más puntiagudas. Nótense también las secundarias centrales más gastadas, al lado de otras, externas e internas, más nuevas, lo cual es típico de después del 2º año cal. Las aves más maduras no mudan todas las plumas de vuelo cada año, por lo cual se pueden apreciar diferencias entre las distintas generaciones, hecho que no sucede en aves de 1er año.

Búho chico *Asio otus*

L 34 cm | Todo el año, gran parte de Europa; verano, N Europa

Mussol banyut CAT
Hontz ertaina EUS
Bufo pequeno GAL

▶ **Tipo adulto (enero)**
Las "orejas" largas y la estructura delgada (pero variable en función de como ponga el plumaje) facilitan la identificación. Dentro de una misma población, las ♀♀ son, de promedio, más oscuras y con patrón más marcado que los ♂♂.

"orejas" prominentes con parte central negra

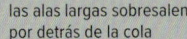

oscuro por encima y por debajo de los ojos naranjas

▼ **Tipo adulto (marzo)**

listado vertical variable, barrado transversal más fino

▼ **Pollo con plumón que ya ha abandonado el nido (junio)**
Los ojos naranjas y las "orejas", que ya se aprecian, permiten identificar pollos en ausencia de los progenitores.

las alas largas sobresalen por detrás de la cola

▼ **Tipo adulto ♂ (febrero)**

infracoberteras alares y hemibanderas internas de las secundarias blancas en los ♂♂ (pardo-amarillas en las ♀♀)

▶ **Adulto (marzo)**
Las características señaladas son especialmente útiles con luz de día, en dormideros donde es habitual que la cabeza quede tapada por las hojas. Este ejemplar, fotografiado en Finlandia, es pálido y grisáceo en comparación con aves de otras partes de Europa, pero típico entre las norteñas.

secundarias con barrado estrecho (cf. cárabo común), aquí con 4 franjas, lo cual indica adulto

parte inferior del ala pálida con mancha carpal evidente

base de primarias lisa, rasgo compartido con la lechuza campestre (cf. otras especies)

puntas de primarias gris pálido

▶ **1er año cal. ♀ (junio)**
El patrón y el color de las secundarias es útil tanto para el datado como para el sexado. Las diferencias señaladas en la mano se aplican a todos los plumajes. El contraste entre la base de las primarias, pálida, y las coberteras primarias, oscuras, es un rasgo compartido con la lechuza campestre; véase aquella especie para apreciar las diferencias. Los adultos realizan una muda completa, a veces dejando algunas secundarias; los jóvenes también llevan a cabo una muda completa en el 2º año cal., por lo cual el datado no es posible a partir de entonces. Este ejemplar ha abandonado el nido recientemente (nótese el plumón en la parte posterior de la cabeza). Tiene todas las plumas de vuelo juveniles, nuevas y con un barrado más uniforme, más fino y concentrado que el de tipo adulto; estas son retenidas hasta bien entrado el 2º año cal.
En otoño, las aves de 2º año cal. muestran una mezcla de secundarias juveniles (con barrado fino y denso) y de tipo adulto (más anchas, con barrado más espaciado). Algunas aves de 3er año cal. aún se pueden identificar cuando, ocasionalmente, mantienen alguna secundaria juvenil, aunque la mayoría ya han hecho una muda completa.

barrado fino (6–7 barras), indicando secundarias juv. (en el adulto, 4 franjas anchas)

contraste patente

parte basal de las secundarias pardo-amarillo, indicando ♀ (en los ♂♂, blanco)

barrado más fino hacia la punta

pálido (cf. lechuza campestre)

Búho campestre *Asio flammeus*

L 37 cm | Todo el año, nómada/núcleos fragmentados en gran parte de Europa; verano, N Europa

Mussol emigrant CAT
Zingira-hontza EUS
Bufo das xunqueiras GAL

▼ **Tipo adulto (febrero)**
Generalmente, solo se puede confundir con el búho chico en observaciones distantes o breves. Además de las características señaladas, resulta distintivo el iris amarillo; el disco facial pálido es acentuado por una "máscara" negra alrededor de los ojos. Los centros oscuros de las plumas generan un patrón grueso en las partes superiores; compárese con el búho chico.

▼ **Tipo adulto (mayo)**
La parte inferior del ala, pálida, con una mancha carpal muy patente, es parecida a la del búho chico, pero el patrón de la punta es diagnóstico. A causa del desteñido de las partes pálidas (producido por el paso del tiempo), en primavera el contraste entre el pecho oscuro y el resto de las partes inferiores pálidas se vuelve más evidente.

oscuro alrededor de los ojos, más patente en los lados (cf. búho chico)

centros oscuros de las plumas contrastan con manchas pálidas

el barrado ancho forma bloques negruzcos en la punta del ala (cf. búho chico)

puntas oscuras de las primarias (cf. búho chico)

▼ **Tipo adulto (febrero)**
Aunque a menudo se posa en el suelo, también utiliza árboles.

"orejas" pequeñas, a veces levantadas

iris amarillo y "máscara" negra, combinación diagnóstica

▼ **Pollo con plumón (julio)**
Parecido a un pollo de búho chico con el iris amarillo. La localización del nido debería ayudar evitar la confusión con otras especies.

listado fino que contrasta con el listado más grueso del pecho (cf. búho chico)

▼ **Tipo adulto (febrero)**
Las alas largas con la base pálida de las primarias y la punta negra, densamente barrada, forman una configuración diagnóstica en vuelo, además del tono de fondo pardo-amarillo.

oscuro (cf. búho chico)

las puntas pálidas generan un borde posterior blancuzco

r1 con patrón oscuro hasta la punta, lo cual indica adulto

barrado evidente (cf. búho chico)

▶ **1er año (enero)**
Las aves de 1er año ya son similares a las adultas pero, a partir del invierno, muestran un mayor desgaste en las terciarias y en las plumas de vuelo. Las rectrices centrales juveniles tienen la punta blanca (compárese con el tipo adulto).

Chotacabras europeo *Caprimulgus europaeus*

L 26 cm | Verano, toda Europa excepto extremo N y NO

▼ **Tipo adulto ♂ (mayo)**
En reposo, todas las especies de la familia son fáciles de identificar como pertenecientes a ella, por su estructura típica y patrón de coloración intrincado y finamente vermiculado. La identificación específica puede ser más complicada. Esta es la única especie europea con una franja alar patente (aunque las aves de 1er invierno muestran manchas pálidas bastante extensas en las otras coberteras). El ♂ y la ♀ apenas difieren en plumaje, pero el ♂ muestra, habitualmente, manchas blanco puro en las primarias externas y en las rectrices. Sin embargo, estas no siempre son visibles en reposo; aquí apenas es visible la punta blanca de la rectriz más externa (en los chotacabras, r5).

▼ **1er invierno (septiembre)**
Muy parecido al adulto, pero con plumaje más nuevo en otoño. Nótense, además, las características destacadas. Los ♂♂ de 1er invierno se pueden identificar, a veces, por la presencia de manchas pálidas (no blancas) y pequeñas en las primarias externas; sin embargo, muchos son parecidos a las ♀♀. En otoño, los adultos tienen el plumaje gastado, lo cual se percibe sobre todo en la punta de las primarias. Ambas edades realizan una muda completa en invierno, pero algunas aves de 1er año retienen algunas secundarias juveniles que, cuando regresan a Europa, están claramente gastadas en comparación con las mudadas.

coberteras pequeñas con puntas pálidas extensas, que generan una franja alar

zona carpal oscura en todos los plumajes

puntas de primarias nuevas con zonas oscuras de pequeña extensión cerca del raquis

puntas pálidas de coberteras grandes y medianas relativamente extensas (cf. adulto)

▶ **Tipo adulto ♂ (julio)**
Los ♂♂ son fáciles de sexar por las manchas blancas en las primarias y en las rectrices externas, que se ven incluso con muy poca luz.

▶ **Tipo adulto ♂ (julio)**
Puede tener una apariencia de "halcón" cuando no se aprecian los detalles del plumaje, durante el crepúsculo o el amanecer. Si se observa en un contexto inusual (por ejemplo, en el mar), se podría confundir con otras especies.

▼ **Tipo adulto ♀ (julio)**
Este ejemplar muestra manchas pálidas difusas y poco contrastadas en las primarias; algunas ♀♀ no las tienen, o bien solo tienen un indicio de ellas. Las partes inferiores están finamente barradas en todos los plumajes.

mancha difusa y solo un poco más pálida que el resto de la pluma (mancha blanco puro en el ♂)

manchas difusas y solo ligeramente más pálidas

Chotacabras cuellirrojo *Caprimulgus ruficollis*

L 32 cm | Verano, península Ibérica

▼ **Tipo adulto, probable 2º año cal. (marzo)**
La combinación de características señaladas indica las diferencias con el chotacabras europeo, que puede llegar a tener un patrón cefálico similar, pero que nunca muestra un collar rojizo destacado. La longitud de la proyección caudal varía sustancialmente entre ejemplares y en función de la postura pero, de promedio, es claramente mayor que en el chotacabras europeo. En este ejemplar, el contraste entre la primera primaria visible por detrás de las terciarias, bastante nueva, y las otras, claramente gastadas, indica que probablemente se trata de un 2º año cal. (en primavera, las puntas pálidas de las primarias externas juveniles ya suelen estar ausentes a causa del desgaste). En esta época del año, los adultos tienen primarias nuevas y uniformes.

▼ **Tipo 1er invierno (noviembre)**
Muy similar al ejemplar de marzo, con las mismas características típicas. Las aves de 1er año son muy parecidas a las adultas, pero a menudo se aprecian puntas pálidas en las primarias. Las coberteras pequeñas juveniles tienen puntas pálidas pequeñas, pero en otoño ya han sido mudadas a tipo adulto.

pequeñas puntas pálidas, indicando primarias juv.

pardo cálido alrededor del ojo

collar continuo, rojizo y pálido

zona carpal no más oscura que el resto del ala

puntas pálidas de medida similar en todas las coberteras, creando franjas alares, a veces "rotas" (cf. chotacabras europeo)

cola larga; proyección caudal por detrás de la punta del ala > 40 % de la proyección primaria (< 30 % en el chotacabras europeo)

▶ **♂, probable 1er año**
A diferencia del chotacabras europeo, ambos sexos tienen manchas blancas en las primarias externas. En los ♂♂, estas son más extensas y de un blanco más puro (también las de las rectrices), independientemente de la edad. El ejemplar de la imagen parece ser un ave de 1er año, por la presencia de puntas pálidas en las primarias. Generalmente, estas son retenidas hasta el verano del 2º año cal., cuando ya están muy gastadas. En las ♀♀, las manchas de las primarias son un poco más pequeñas y redondeadas, con el borde difuso. Las manchas pálidas en la cola de las ♀♀ son más pequeñas (también las del chotacabras europeo ♂). Las rectrices externas de las ♀♀ juveniles muestran solo manchas ligeramente pálidas, muy pequeñas y difusas.

■ **Chotacabras europeo (julio)**
Un chotacabras europeo con cierta coloración parda y rojiza alrededor del ojo y en los lados del cuello, que se acerca a la del chotacabras cuellirrojo.

gris

mancha blanca a los lados de la garganta a menudo reducida

gris (pardo limitado a la garganta)

▼ **Tipo adulto (agosto)**

la coloración pardo-rojiza se extiende hasta la parte trasera del cuello

mancha blanca a los lados de la garganta a menudo prominente

la coloración parda se extiende hacia las partes inferiores

Chotacabras egipcio *Caprimulgus aegyptius*

L 24 cm | Divagante de N África o de Oriente Medio

....

▼ **Tipo adulto, subespecie *saharae*, del N de África (abril)**
Identificación relativamente sencilla, gracias al plumaje muy pálido, con pocos contrastes, y la cabeza uniforme. La subespecie *saharae* es ligeramente más pálida, menos gris y más amarilla que la nominal *aegyptius*, propia de Oriente Medio. La subespecie más pálida de chotacabras europeo (la asiática *unwini*, probablemente igual de rara en Europa) mantiene los rasgos típicos de su especie, por ejemplo, la zona carpal más oscura, el listado oscuro en el píleo, las coberteras pequeñas con puntas blancas, y el barrado ancho en la cola; además, nunca es tan pálida o gris.

▼ **Tipo adulto, subespecie nominal *aegyptius*, de Oriente Medio (mayo)**
Esta subespecie tiene un patrón ligeramente más grisáceo que la del N de África, *saharae*, por lo cual resulta un poco más similar al chotacabras europeo de la subespecie *unwini*, pero las diferencias siguen siendo obvias.

(casi) sin manchas negras (cf. chotacabras europeo)

no más oscuro (o apenas) que el píleo; cabeza uniforme (cf. otros chotacabras)

no más oscuro que el resto del ala (cf. chotacabras europeo)

◄ **Tipo adulto ♂, subespecie nominal *aegyptius*, de Oriente Medio (marzo)**
Los sexos son casi idénticos, pero los ♂♂ tienen las puntas blancas de las rectrices más anchas y más blancas (generalmente no visibles en reposo) y, de promedio, un barrado oscuro más fino y tenue en la cola. En otoño, las aves de 1er invierno tienen el plumaje más nuevo que los adultos pero son casi iguales en todo lo demás. Al menos algunas aves de 1er verano retienen algunas secundarias y primarias juveniles que, para ese entonces, ya muestran un desgaste considerablemente mayor que las mudadas. Las características destacadas en la imagen son típicas del ♂.

manchas blanquecinas relativamente extensas y uniformes

sin mancha o manchas blancas patentes (cf. ♂)

ejemplo de la máxima extensión que pueden tener las manchas blancas, que nunca son obvias en el campo

en vuelo, contraste relativamente marcado, con la punta del ala más oscura (cf. otros chotacabras)

► **Tipo adulto, nominal *aegyptius*, probable ♀ (abril)**

Añapero yanqui *Chordeiles minor*

L 24 cm | Divagante de Norteamérica

▼ Tipo adulto ♂ (abril)
Este ejemplar muestra muchas de las características más importantes para su identificación, en todos los plumajes y a lo largo del año; por ejemplo, la lista superciliar moteada de blanco (también el píleo), la pluma (o plumas) de color blanco puro en la zona del álula, y la posición de las manchas blancas en las primarias (oscuras y lisas en el resto).

▼ Tipo adulto ♀ (agosto)
Aparte del desgaste de primarias, similar al 1er invierno (el plumaje con más citas en Europa). Las ♀♀ adultas se diferencian de los ♂♂ adultos por la franja blanca de la garganta más difusa, unas manchas blancas más pequeñas en las primarias (tapadas, aquí, por las coberteras grandes) y ausencia de blanco cerca de la punta de la cola.

moteado blanco en todos los plumajes (cf. chotacabras europeo)

franja en la garganta, blanca y ancha, típica del ♂ adulto

oscuro y liso (cf. chotacabras europeo)

píleo no más pálido que las auriculares en todos los plumajes (cf. chotacabras europeo)

primarias gastadas en el adulto, en otoño, y sin márgenes blancos (cf. 1er invierno)

manchas blancas en primarias cerca de la base (a menudo no visibles en reposo)

pluma de color blanco puro que, en reposo, aparece por detrás del álula; típica de todos los chotacabras americanos del género *Chordeiles* (ausente en los chotacabras europeos)

punta del ala y punta de la cola prácticamente en línea, o bien la punta del ala sobresale muy poco (cf. chotacabras europeo)

▶ 1er invierno (octubre)
La mayor parte de aves que alcanzan Europa muestran este plumaje casi negro y gris. En vuelo, la pluma blanca cerca del álula desaparece (probablemente debajo de ella), pero casi siempre es visible en reposo, en todos los plumajes. La lista superciliar con moteado blanco y las primarias oscuras y lisas, con márgenes finos y blancos, completan la identificación.

moteado blanco

color de fondo negro

en el 1er invierno, nuevas, con márgenes pálidos

▼ Tipo adulto ♂ (agosto)
Las manchas blancas en las primarias se sitúan más cerca de la base de las plumas que en el chotacabras europeo. El barrado de las partes inferiores es bastante grueso, sobre un fondo pálido, y destaca más que en las especies europeas, en todos los plumajes.

pluma de color blanco puro, diagnóstica

▼ 1er invierno (agosto)
Las ♀♀ adultas, como las aves de 1er invierno, tienen las manchas blancas de las primarias más pequeñas que los ♂♂ adultos, y no tienen manchas blancas en la cola; en cambio, muestran desgaste en las plumas de vuelo, en otoño (aquí nuevas, con puntas pálidas en las coberteras primarias, típicas del 1er invierno).

sin barrado (cf. chotacabras europeo)

manchas blancas cerca de la base de las primarias, más grandes en el ♂ adulto

♂ adulto con banda caudal blanca

barrado similar al del cuco en todos los plumajes

patrón típico de la mano

franja alar pálida evidente a causa del resto del ala bastante oscuro

relativamente corta en todos los plumajes, levemente ahorquillada cuando está abierta

Vencejo común *Apus apus*

L 17,5 cm | Verano, toda Europa excepto N

Falciot negre CAT
Sorbeltz arrunta EUS
Cirrio eurasiático GAL

▼ Tipo adulto, ≥ 2º año cal. (mayo)
La especie de vencejo más común en Europa. Las aves de tipo adulto, con una coloración pardo-negruzca, son las más oscuras. Las rectrices externas son ligeramente más largas que en los juveniles, muy puntiagudas en las aves más maduras.

generalmente, lista superciliar, frente y garganta, solo relativamente pálidas

▼ Tipo adulto (abril)
Los márgenes ligeramente pálidos de las plumas corporales solo se perciben en condiciones de luz ideales; generalmente, las aves parecen negruzcas con la garganta ligeramente más pálida. Este ejemplar tiene una pluma blanca en el obispillo; el leucismo parcial ocurre con bastante frecuencia y debe ser tenido en consideración cuando se sospeche de una especie más rara.

pluma blanca aberrante

▼ Juvenil (julio)
Plumaje nuevo y uniforme, con márgenes pálidos en las plumas. A menudo, la forma de la rectriz más externa es, en inmaduros avanzados (2º y 3er año cal.), todavía un poco redondeada en la punta; probablemente solo se vuelve muy puntiaguda en adultos de ≥ 4º año cal. Véase la fotografía del vencejo pálido juvenil.

puntas pálidas relativamente extensas

garganta pálida relativamente extensa y con borde bastante nítido (cf. tipo adulto)

rectriz externa con la hemibandera interna un poco redondeada

▼ 2º año cal. (mayo)
Las aves de esta edad probablemente regresan en grandes números a Europa, pero no crían. Además del contraste de muda indicado en la imagen, las coberteras grandes, secundarias y primarias aún son juveniles (coberteras grandes y secundarias con finas puntas pálidas), pero las rectrices fueron mudadas durante el invierno anterior. A partir de julio, algunas primarias internas serán mudadas. Algunas aves de 2º año cal. son bastante parduzcas, especialmente a final del verano, y pueden entonces ser relativamente parecidas al vencejo pálido (véase aquella especie para apreciar las diferencias).

secundaria externa puntiaguda (redondeada en aves adultas)

coberteras pequeñas y coberteras primarias pequeñas más negruzcas y brillantes en comparación con el resto del ala, más pardo y mate

▶ **Tipo 3ᵉʳ año cal. (agosto)**
Aunque algunos adultos también retienen la primaria más externa (p10), en una o ambas alas, durante la muda completa, este ejemplar muestra un desgaste muy marcado en p10, lo cual es indicativo de una pluma aún juvenil; por lo tanto, es probablemente un 3ᵉʳ año cal. Los inmaduros no reproductores a menudo muestran plumas corporales bastante nuevas, con un escalado pálido (las plumas de las aves reproductoras reciben mucho contacto con las superficies duras y rugosas alrededor del nido, lo cual incrementa el desgaste). Véase también la forma inmadura de la rectriz externa, ligeramente redondeada. Después de perder el plumaje juvenil, las coberteras ya no muestran puntas pálidas (o muestran muchas menos).

▼ **Adulto (julio)**
Los vencejos tienen grandes dificultades (o sencillamente no pueden) alzar el vuelo por sí solos, si alguna vez caen al suelo. Cuando se paran, generalmente es agarrándose a superficies verticales a bastante altura.

primaria externa (p10) muy gastada

pluma mudada recientemente, más nueva que las primarias más internas

▼ **Subespecie asiática *pekinensis* (junio)**
Esta subespecie (el estatus de la cual es incierto en Europa) parece, en muchos aspectos, similar al vencejo pálido, especialmente las partes inferiores relativamente pálidas con un escalado patente. La imagen muestra las características típicas del vencejo común, que difieren del vencejo pálido. En el vencejo pálido, la mayor palidez de las partes inferiores se debe, en parte, a los centros pálidos de las plumas de la parte central de la región ventral; frecuentemente, las infracoberteras caudales no son claramente más pálidas.

infracoberteras medianas uniformes y relativamente oscuras

área cloacal e infracoberteras caudales más pálidas y con patrón más contrastado que el resto de partes inferiores (cf. vencejo pálido)

generalmente, efecto escalado bastante marcado, a causa de las puntas pálidas de las plumas

▼ **Subespecie asiática *pekinensis* (mayo)**

garganta pálida extensa y con borde relativamente definido

borde anterior del brazo pálido

Vencejo pálido *Apus pallidus*

L 17 cm | Verano, S Europa

▼ Adulto (agosto)

Además de las características destacadas en la imagen, la coloración general es parda o pardo-gris en todos los plumajes, pero la percepción del color varía considerablemente en función de las condiciones de observación (luz). El vencejo común de 2º año cal., también puede parecer sorprendentemente pardo en verano, por lo cual la coloración general no es un rasgo de identificación muy útil. La estructura también difiere sutilmente del vencejo común: el vencejo pálido tiene el cuerpo un poco más "pesado" y la cabeza un poco más ancha, el pico un poco mayor, la cola ligeramente más corta (especialmente r5) y la mano un poco más ancha. La punta del ala un poco menos puntiaguda de los adultos se debe, a menudo, al desgaste de primarias externas retenidas, de una generación anterior; las aves que han realizado una muda completa tienen la punta del ala tan puntiaguda como el vencejo común.

▼ Tipo adulto (agosto)

La cabeza más pálida a menudo genera un efecto de máscara oscura al rededor del ojo, que está más hundido; esto es menos patente en el vencejo común.

cabeza relativamente pálida y uniforme (pero suele contrastar con el cuello más oscuro); zona más pálida detrás del ojo (cf. vencejo común)

en el tipo adulto, punta de r5 estrecha y puntiaguda

infracoberteras medianas igual de pálidas que las grandes, lo cual genera un borde anterior del ala oscuro relativamente estrecho (cf. vencejo común)

efecto escalado de las partes inferiores más patente en la región ventral que en las infracoberteras caudales (al revés en el vencejo común)

1–3 primarias externas frecuentemente no mudadas, generando una punta del ala ligeramente más redondeada (cf. vencejo común)

coberteras grandes más pálidas, contrastando con el resto de las partes superiores, más oscuras

muda iniciada en primarias internas (cf. vencejo común)

garganta y frente pálidos a menudo muy difusos en los adultos

▼ Juvenil (noviembre)

A final de otoño, a veces se detectan juveniles en el N(O) de Europa, lo cual representa un reto de identificación considerable si las condiciones de observación no son buenas. La imagen destaca las diferencias con el vencejo común juvenil. En comparación con los adultos, los juveniles muestran márgenes pálidos extensos y en las coberteras y en la parte inferior del ala.

rectriz externa (r5) apenas alargada

pardo-gris (depende mucho de la luz)

borde anterior del brazo solo un poco más pálido, o igual al resto

todas las coberteras con margen pálido bastante uniforme

frente difusamente más pálida

pico un poco más grande que en el vencejo común

color de fondo de las coberteras más pálido que las secundarias y primarias

auriculares relativamente pálidas, contrastando con el manto un poco más oscuro; el ojo (y la zona alrededor) es la parte más oscura de la cabeza

■ Vencejo común, juvenil (agosto)

La imagen destaca las diferencias con el vencejo pálido juvenil. En buenas condiciones de observación, al menos algunas de ellas son visibles; el patrón cefálico contrastado y el borde anterior del ala son las más importantes.

a menudo frente relativamente alta

muy pequeño

blancuzco, contrastando fuertemente con las auriculares, más oscuras

márgenes pálidos más atenuados hacia el cuerpo

mismo color de fondo

garganta blanca con borde bastante definido, alcanzando solo hasta debajo del ojo

borde fino y blanco

▼ Juvenil (noviembre)
La apreciación de muchas de las características señaladas depende de las condiciones de observación. La presencia de un patrón escalado evidente en la parte central del cuerpo es variable; en este ejemplar, poco desarrollado.

coberteras medianas relativamente pálidas, creando una transición gradual hacia las coberteras
pequeñas (lo cual hace más
estrecho el borde anterior del ala,
oscuro, en comparación con el
vencejo común)

área cloacal e infracoberteras caudales casi lisas y
no mucho más pálidas que
el vientre (en el vencejo
común esta es, general-
mente, la zona más pálida
de las partes inferiores

a menudo frente
plana (cf. vencejo
común)

plumas con parte basal pálida
y también puntas blancuzcas,
creando generalmente un
patrón muy escalado (no
patente en este ejemplar)

pálido, borde difuso
con el cuello, más
oscuro

la garganta pálida
se extiende más allá
del ojo

■ Vencejo común, juvenil (agosto)
La imagen destaca las diferencias con el vencejo pálido juvenil. La impresión de unas partes inferiores claramente escaladas sobre fondo parduzco puede llevar fácilmente a la confusión con el vencejo pálido, pero nótense las bases de las plumas corporales, apenas más pálidas. El patrón cefálico, el de las infracoberteras alares, así como el área cloacal e infracoberteras caudales más pálidas, son una combinación útil para su diferenciación del vencejo pálido, junto con los rasgos pertenecientes a las partes superiores

área cloacal e infracoberteras
caudales generalmente más
pálidas que el vientre

cara blancuzca caracte-
rística; auriculares tan
oscuras como el cuello

garganta blanca hasta
el ojo, con borde
bastante nítido

a veces, con buena luz, efecto
escalado muy marcado,
generado por las puntas pálidas
de las plumas (centros no más
pálidos, o apenas)

infracoberteras medianas
y pequeñas oscuras,
generando un borde
anterior del ala ancho

infracoberteras grandes
un poco más pálidas
que las medianas y
pequeñas

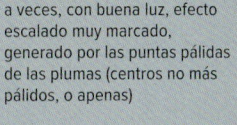

▼ 3er año cal. o adulto (agosto)
Aunque la p10 extremadamente gastada es típica de un 3er año cal., no se puede descartar un adulto con p10 retenida y especialmente gastada. Este ejemplar muestra claramente la cabeza/cuello y partes inferiores diagnósticas. Las infracoberteras alares apenas muestran márgenes pálidos, a diferencia de los juveniles.

p10 muy gastada

la cabeza pálida
contrasta con el
cuello más oscuro,
muy patente en este
ejemplar

▶ Tipo 2º año cal. (agosto)
El desgaste moderado de las primarias externas, el estadio de la muda del ala relativamente avanzado (incluyendo algunas coberteras pequeñas y cober-teras grandes, caídas), así como la frente pálida encajan con un ave de 2º año cal., pero probable-mente no descartan a un ave más madura.

la parte basal y central de las
plumas, más pálida, refuerza
el efecto escalado (cf. vencejo
común)

las coberteras grandes
forman un panel pálido

▶ Tipo adulto (agosto)
Los márgenes pálidos de las coberteras son muy tenues, a diferencia de los juveniles.

típicamente, patrón más débil
que en la región ventral, en
todos los plumajes (cf. vencejo
común)

Vencejo unicolor *Apus unicolor*

L 13,5 cm | Portugal (recientemente descubierto como reproductor y visitante invernal)

▼ **Tipo adulto (agosto)**
En cuanto al plumaje, es muy similar al vencejo común que, frecuentemente, también muestra la garganta poco pálida. En el campo destaca el plumaje oscuro y uniforme, el tamaño pequeño (cuando está junto a otras especies) y la cola relativamente larga. El vuelo es más errático y con un batido de alas muy rápido, comparado con el vencejo común.

▼ **Probable juvenil (julio)**
Esta imagen destaca rasgos que pueden recordar al vencejo común y al vencejo pálido. El plumaje oscuro y uniforme es parecido al del vencejo común, mientras que la cabeza un poco más clara –y la zona de la garganta con borde difuso y solo un poco más pálida–, puede resultar relativamente parecida al vencejo pálido, aunque en este la mancha clara de la garganta es más extensa. Este ejemplar tiene el plumaje nuevo, sin contrastes de muda, y muestra puntas pálidas en las infracoberteras alares. Los juveniles tienen solo unas puntas pálidas muy pequeñas (raramente visibles) en las plumas corporales e infracoberteras alares, en comparación con el vencejo común y el vencejo pálido juvenil.

infracoberteras caudales a menudo ligeramente más pálidas y con patrón más marcado que las plumas de la región ventral (como en el vencejo común, pero al contrario del vencejo pálido)

garganta solo un poco más pálida que el resto de la cabeza, con borde muy difuso, a menudo finamente barrada o vermiculada

hemibandera interna de las rectrices relativamente ancha y redondeada, típica de las rectrices juv. de los vencejos

▶ **Tipo adulto (agosto)**
Las sutiles diferencias estructurales son de ayuda en la identificación.

2 primarias externas viejas, indicando ≥ 2º año cal.

partes superiores, incluyendo parte superior del ala, uniformemente oscuras; la cabeza a veces ligeramente más pálida

parte interna de la cola ahorquillada, angular (cf. vencejo común)

horquilla bastante larga y profunda (comparada con el vencejo común)

cabeza "bulbosa" característica, sin contrastes patentes

pico diminuto

▶ **Adulto (agosto)**
Típicamente, todo oscuro, pequeño y con la cola sutilmente más larga que en el vencejo común

Vencejo moro *Apus affinis*

L 13 cm | Verano, extremo S de la península Ibérica y S Turquía

▼ Tipo adulto (junio)
Cuando se ve bien, la identificación es relativamente fácil.
En Europa, es el único vencejo pequeño, compacto, con la cola
cuadrada y el obispillo blanco. Este ejemplar (fotografiado
cerca de una colonia de cría en España) ha mudado la primaria
más interna, lo cual encaja con el período de muda del adulto
en una población europea. Algunos divagantes probablemente
proceden de poblaciones o subespecies africanas, que pueden
criar casi en cualquier época del año. La muda está ligada a la
reproducción por lo cual, en aves divagantes, el estadio en
que se encuentre puede dar información sobre su edad. Se ha
confirmado la aparición de juveniles como divagantes en
Europa occidental, en marzo y mayo, mucho antes de que los
juveniles de poblaciones europeas abandonen el nido.

▼ Tipo adulto (septiembre)
La ceja puede conectar con una
frente pálida extensa.

alas relativamente cortas y
no muy puntiagudas, para
tratarse de un vencejo

el obispillo blanco se extiende
hasta los lados del flanco

ceja blanca fina

infracoberteras
caudales ligeramente
más pálidas que la
zona ventral, sobre
todo en los lados

garganta blanca
generalmente
bien definida

negruzco
uniforme

cola con forma cuadrada,
diagnóstica (horquilla
mínima cuando está
completamente cerrada)

contraste relati-
vamente patente

el dorso negruzco
contrasta con el
ala más parda

obispillo blanco
amplio, que se
extiende hacia los
lados de los flancos

frecuentemente,
frente pálida extensa

▼ Tipo adulto (julio)
Este ejemplar está agarrado a una viga en una
colonia de cría. Duerme regularmente en edificios,
también fuera de la época de reproducción.

puntas de las
rectrices redondeadas,
diagnósticas

garganta blanca
extensa y bien
definida

ala con plumas
nuevas y uniformes,
sin contrastes de
muda (cf. tipo adulto)

▶ Juvenil (julio)
Plumaje similar al adulto
(también el patrón cefálico),
pero uniformemente nuevo.
Los juveniles de poblaciones
africanas pueden aparecer en
Europa casi en cualquier
época del año.

el ala a menudo se estrecha
un poco entre las secundarias
y las primarias, en todos los
plumajes

márgenes blancuzcos
finos y bien definidos
(cf. tipo adulto)

Vencejo cafre *Apus caffer*

L 15 cm | Verano, C y S de la península Ibérica

▼ **Tipo adulto (agosto)**
En cuanto al plumaje, la especie más parecida es el vencejo moro, que también muestra contraste entre la parte superior del cuerpo negra y la parte superior del ala, más pálida. Las rectrices externas alargadas de los adultos generan un horquillado muy hondo, el más profundo entre los vencejos europeos. A menudo mantiene la cola cerrada durante largos períodos; entonces aparece como una punta larga, también típica.

negro (a veces con un tinte azulado), contrasta con la parte superior de las alas

obispillo blanco relativamente estrecho, no se extiende claramente a los flancos

borde anterior del brazo fino y blanco en todos los plumajes

larga (cf. vencejo común)

mancha blanca en la garganta relativamente extensa, bien delimitada, formando un borde oscuro en la bigotera

características puntas blancas de secundarias

▼ **Tipo adulto (junio)**
A medida que el plumaje se va destiñendo en primavera y verano, adquiere un patrón cefálico típico.

la parte superior de la cabeza se vuelve más pálida en verano, cuando la bigotera oscura destaca más

▶ **Tipo adulto (junio)**

negruzco uniforme

garganta blanca con borde bien definido, generalmente estrecha pero larga, continúa más allá del ojo hacia el pecho

horquilla profunda

▼ **Juvenil (octubre)**
Las pocas citas del NO de Europa que se han podido datar corresponden a este plumaje. Este ejemplar fue fotografiado en Dinamarca.

rectriz alargada, pero genera una horquilla poco profunda (más honda en el adulto)

márgenes blancos en las secundarias

coberteras grandes y primarias con márgenes blancuzcos

borde anterior del brazo pálido y patrón facial como en el adulto, incluyendo la bigotera

Vencejo del Pacífico *Apus pacificus*

L 19 cm | Divagante de Asia

Falciot del Pacífic CAT
Pazifikoko sorbeltza EUS
Cirrio do Pacífico GAL

▼ (Julio)
Teniendo en cuenta su extrema rareza en Europa, siempre habrá que considerar otras opciones, como un vencejo común con plumas leucísticas, o bien otras especies de vencejo con el obispillo blanco, como el vencejo moro y el vencejo cafre, aunque estas especies también son muy raras fuera de su reducida área de distribución europea.

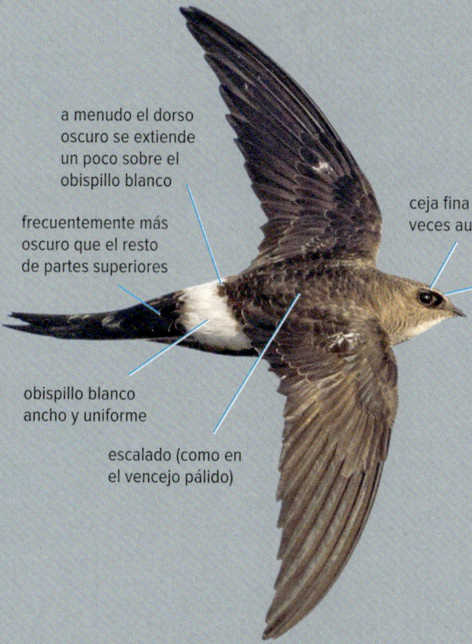

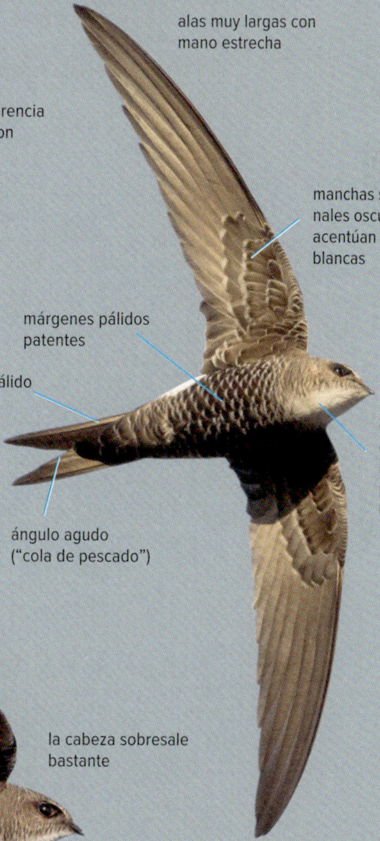

a menudo el dorso oscuro se extiende un poco sobre el obispillo blanco
frecuentemente más oscuro que el resto de partes superiores
ceja fina y pálida (a veces ausente)
frente oscura (a diferencia de otros vencejos con obispillo blanco)
obispillo blanco ancho y uniforme
escalado (como en el vencejo pálido)

▼ (Julio)
La forma interior de la horquilla caudal es típicamente angular, también cuando abre la cola. En el vencejo común y el vencejo pálido, un poco redondeada cuando la abren, pero igual de angulosa cuando está cerrada.

alas muy largas con mano estrecha
manchas subterminales oscuras que acentúan las puntas blancas
márgenes pálidos patentes
raquis más pálido que en otros vencejos
garganta pálida extensa, a veces llegando hasta el pecho, pero con bordes difusos
ángulo agudo ("cola de pescado")

▼ (Julio)
Un individuo con el plumaje fuertemente escalado; este se crea por los márgenes pálidos de cada pluma pero, a diferencia del vencejo pálido, la parte basal y central es bastante oscura, lo cual hace que el efecto escalado sea más fino y nítido. La garganta pálida es a menudo extensa, a veces llegando hasta la parte superior del pecho, como en este ejemplar.

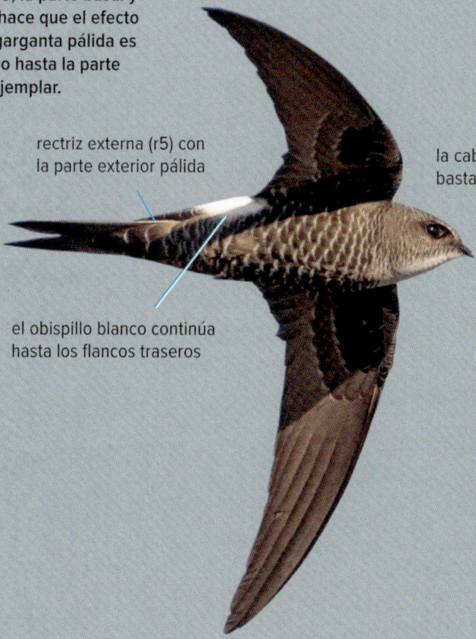

rectriz externa (r5) con la parte exterior pálida
la cabeza sobresale bastante
el obispillo blanco continúa hasta los flancos traseros

Vencejo de chimenea *Chaetura pelagica*

L 14 cm | Divagante de Norteamérica

Falciot de les xemeneies CAT
Tximinia-txirringiloa EUS
Cirrio das chemineas GAL

◄ Tipo adulto (octubre)
El cuerpo en forma de "puro" es típico, pero un vencejo común que hubiera perdido la cola podría parecer relativamente similar en este aspecto. El patrón facial y las partes inferiores más pálidas son importantes en la identificación de esta especie, ante un candidato en Europa. El límite de muda aparente en las primarias (las 3 más externas están fuertemente gastadas) indica que el ejemplar de la imagen es un tipo adulto (≥ 2º año cal.).

mano relativa-
mente ancha

más estrecho

brida/máscara
oscura

pardo-gris con la
garganta ligera-
mente más pálida

sin horquilla;
rectrices con
"pinchos"

► Tipo 1er invierno (octubre)
Las partes inferiores son más claras que en el vencejo común y, en la mayor parte de aves, estas se van volviendo más pálidas hacia la garganta. El tamaño y la estructura, con un cuerpo "pesado" y la forma típica del ala y de la cola, también son importantes para la identificación. Las plumas del ala, nuevas, uniformes y sin contrastes de muda, son indicativas de un ave de 1er invierno en otoño, pero esto también puede ocurrir en un ave adulta con la muda avanzada. La muda completa se produce en los meses de verano, hasta noviembre en aves de ≥ 2º año cal., mientras que en el vencejo común ocurre principalmente en invierno.

Vencejo mongol *Hirundapus caudacutus*

L 20 cm | Divagante de Asia

▼ Tipo adulto (mayo)
Identificación sencilla, gracias a las partes blancas, típicas, pero considerando su extrema rareza, también hay que tener en cuenta la posibilidad de un vencejo común con un patrón similar producido por plumas leucísticas. Además de las zonas blancas, su gran tamaño y estructura diferente, en comparación con el vencejo común, también resultan evidentes.

▼ Tipo adulto (junio)
Inconfundible. La ausencia de brillo azulado en las primarias y coberteras primarias podría ser indicativa de un 2º año cal.

zona pálida
diagnóstica

brillo azulado variable
(también en las
supracoberteras
caudales y la cola)

mancha blanca
bien definida

cuerpo grueso en forma de
"puro" y forma del ala típica, a
causa de un brazo corto y una
mano muy larga y relativamente
ancha

garganta blanca
extensa y con borde
bien definido

forma de "herradura"
blanca, diagnóstica

muy corta, sin horquilla
(con "pinchos"
raramente visibles)

Vencejo real *Tachymarptis melba*

L 22 cm | Verano, S Europa

▼ Adulto (agosto)

Si se pueden ver bien las partes inferiores, la identificación es fácil, gracias a un patrón de plumaje único y también a su gran tamaño. La garganta blanca es, a menudo, difícil de ver si queda en la sombra, pero el vientre blanco siempre destaca. La muda completa en aves de 2º año cal. y más se produce en los meses de verano y hasta noviembre, mientras que el vencejo común (mayoritariamente) muda en invierno. El escalado pálido que muestran las plumas nuevas de la cabeza e infracoberteras caudales parecen de tipo juvenil, pero los adultos también tienen márgenes pálidos en estas plumas cuando son nuevas. Este ejemplar ha completado la mitad de la muda de primarias, así como parte de la muda de las infracoberteras alares, creando una mezcla desordenada de plumas nuevas y oscuras, con puntas blancas, y otras más viejas y desteñidas, con puntas pálidas más tenues.

◄ Adulto o 2º año cal. (mayo)

Las partes superiores son pardas y bastante uniformes en todos los plumajes. A corta distancia se pueden apreciar finos márgenes pálidos, limitados a la punta de las plumas en aves adultas. En aves de 2º año cal. las coberteras son más nuevas (mudadas en invierno) que en los adultos; este ejemplar parece, pues, un adulto. En aves de 2º año cal. la muda de primarias empieza en mayo, más pronto que en adultos reproductores, que mudan a partir de final de junio.

▼ Tipo adulto (julio)

El tamaño, las partes superiores pardas y la garganta blanca con borde bien definido permiten identificar incluso a aves en esta postura.

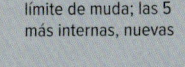

límite de muda; las 5 más internas, nuevas

zona ventral blanca con bordes bien definidos, situada aproximadamente bajo la base de las alas, aunque en muchas aves se extiende hacia atrás

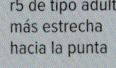

garganta blanca y franja pectoral parda

r5 de tipo adulto, más estrecha hacia la punta

► Juvenil (agosto)

Esta imagen muestra como la garganta blanca puede parecer oscura cuando esta bajo una sombra, pero el vientre blanco destaca, y permite la identificación incluso desde lejos. Los márgenes pálidos de las infracoberteras alares y de las plumas corporales no están relacionados con la edad, puesto que las aves adultas también los tienen. El plumaje nuevo y uniforme, sin contrastes de muda, es típico de los juveniles.

► Juvenil (agosto)

Todas las plumas son de una misma generación, nuevas y con márgenes pálidos. Las coberteras primarias juveniles tienen la punta estrecha y son retenidas, junto con las primarias, hasta mediados del 2º año cal. Las coberteras primarias de tipo adulto tienen la punta más ancha. Las rectrices de los juveniles son más anchas y redondeadas hacia la punta que en los adultos.

Martín pescador común *Alcedo atthis*

L 18 cm | Verano, toda Europa excepto N; invierno, O, C y S Europa

▼ **Adulto ♂ (octubre)**
Inconfundible. El pico completamente negro indica que se trata de un ♂ (los ♂♂ pueden mostrar un poco de naranja rojizo en la mandíbula inferior, pero no más del 30 %). Las patas completamente rojas indican que se trata de un adulto.

▼ **Adulto ♀ (noviembre)**
La mandíbula inferior mayoritariamente naranja rojizo indica que se trata de una ♀.

las ♀♀ tienen por lo menos un 30 % de naranja rojizo en la mandíbula inferior, extendiéndose desde la base

▼ **1er invierno (agosto)**
El sexado durante los primeros meses desde que abandonan el nido no es posible, a no ser que ya haya desarrollado una base de la mandíbula inferior naranja rojizo, lo cual indicaría una ♀.

▼ **♀ (marzo)**
La franja azul brillante que recorre las partes superiores es, generalmente, el rasgo que más destaca en un entorno con poca luz.

plumas del pecho más oscuras y con estructura diferenciada, lo cual genera una banda pectoral (cf. adulto)

la mandíbula inferior oscura sugiere un ♂, pero las ♀♀ desarrollan la coloración naranja rojizo pocos meses después de abandonar el nido

franja azul brillante en todos los plumajes

parte delantera de las patas oscura, indicando 1er año

▲ ♀ (octubre)

◄ ♀ (noviembre)
Un ejemplar en vuelo aparece a menudo como una "flecha azul".

Alción de Esmirna *Halcyon smyrnensis*

L 28 cm | Todo el año, S Turquía

Alció d'Esmirna CAT
Martin esmirnarra EUS
Alción de papo branco GAL

▼ Adulto (enero)
Inconfundible. Un martín pescador de gran tamaño, con el pico poderoso y rojo, cabeza y partes inferiores pardas, con la garganta blanca que alcanza hasta medio pecho. Los adultos tienen las plumas de vuelo azul brillante y el pico y las patas de color rojo intenso.

▼ Juvenil/1er invierno (verano/otoño)

aún oscuro

negruzco apagado

pecho pálido con un fino escalado oscuro

patas aún básicamente oscuras

▶ 2º año cal. o adulto (abril)
Las patas parcialmente grisáceas y las rectrices muy gastadas son indicativos de un 2º año cal.

zona blanca en la garganta y el pecho presente en todos los plumajes

▼ Tipo 2º año cal. (marzo)
Coloración más apagada que el adulto, incluyendo el pico y las patas. Las aves de 1er año retienen las plumas de vuelo hasta el 2º año cal. y, en primavera, están más gastadas que las de los adultos.

▼ Tipo adulto (diciembre)
Inconfundible también en vuelo, sobre todo por la base blancuzca de las primarias, que destaca rodeada de azul y negro.

Martín pescador pío *Ceryle rudis*

L 26 cm | Todo el año, S Turquía

▼ **Tipo adulto ♂ (julio)**
Inconfundible; las alas y la cola son largas.

♂ con una 2ª franja pectoral fina

▼ **1ᵉʳ invierno (enero)**
Se indican las diferencias con el adulto. Todos los inmaduros muestran una única franja pectoral, por lo cual no se pueden sexar.

blanco "sucio"

escalado oscuro

▼ **Tipo adulto ♀ (noviembre)**
Las ♀♀ tienen una única franja pectoral, a menudo incompleta en la zona central, como sucede en el ejemplar de la imagen.

▼ **Tipo adulto ♂ (abril)**
Tanto los adultos como las aves de 1ᵉʳ año avanzadas tienen 2 generaciones de primarias; los adultos no realizan una muda completa cada año, y las aves de 1ᵉʳ año empiezan la muda de primarias por las plumas centrales, en ambas direcciones. En primavera, las aves de 2º año cal. típicamente muestran aún primarias juveniles (las más externas y las más internas); la diferencia entre las distintas generaciones de plumas es más evidente que en los adultos. En estos, la muda de primarias es compleja y variable, con períodos de suspensión irregulares. Este ejemplar tiene las primarias centrales de una generación anterior a las internas y externas (a diferencia de un 2º año cal.).

▼ **Tipo adulto ♀ (marzo)**
La mano larga (que en reposo se traduce en una proyección primaria larga) suele darse en aves migratorias de larga distancia y en especies alpinas. En el martín pescador pío, que se cierne frecuentemente, podría ser una adaptación para esta función.

Martín gigante norteamericano *Megaceryle alcyon*

L 32 cm | Divagante de Norteamérica

▼ Adulto ♂ (marzo)
Inconfundible. Las partes superiores uniformes, el collar blanco y la mancha blanca en la brida están presentes en todos los plumajes.

mancha blanca en la brida

collar blanco completo

gris azulado uniforme (gris oscuro plomizo con poca luz)

♂ adulto con franja pectoral monocolor, gris-azulada

▼ Adulto ♀ (enero)
Las ♀♀ tienen una segunda franja pectoral pardo-rojiza que se extiende hacia los flancos.

gris azulado uniforme (cf. 1er invierno)

franja pectoral pardo-rojiza que se extiende hacia los flancos

▼ 1er año ♂ (julio)
Las aves de 1er año muestran pequeñas manchas pardo-rojizas en el pecho gris azulado, pero son más limitadas en los ♂♂ que en las ♀♀.

básicamente gris azulado, pero con plumas rojizas mezcladas

pardo rojizo de extensión limitada

▼ 2º año cal. ♀ (febrero)

más cantidad de plumas pardo-rojizas que en los ♂♂ de 1er año, aquí ya bastante desteñidas (cf. ♂ de 1er año y ♀ adulta)

extensa zona pardo-rojiza que configura una 2ª franja pectoral, diagnóstica en las ♀♀

línea negra resiguiendo el raquis de las rectrices centrales más estrecha en el ♂ adulto

▶ Adulto ♂ (marzo)
Inconfundible también en vuelo. Las plumas alares y caudales, nuevas y uniformes, indican que se trata de un adulto. En primavera, las aves de 2º año cal. muestran, o bien todas las plumas de vuelo juveniles (y gastadas), o bien una mezcla de plumas nuevas y viejas. Las ♀♀ inmaduras muestran la línea negra más ancha a lo largo del raquis de las rectrices centrales (más ancha que los lados grises); en las ♀♀ adultas y los ♂♂ inmaduros el grosor es intermedio.

Abejaruco europeo *Merops apiaster*

L 27 cm | Verano, S y C Europa

▼ Adulto estival (mayo)
Inconfundible. Las rectrices centrales más alargadas y el panel alar pardo rojizo más extenso son indicativos de un ♂.

▼ Tipo adulto estival ♀ (mayo)
Generalmente, muy parecida al ♂ adulto, pero las características indicadas en la imagen permiten diferenciar muchos ejemplares; en este caso resultan fáciles de apreciar. En cambio, algunas ♀♀ son prácticamente indistinguibles.

a menudo algo de verde

trazos verdes tenues en el manto y escapulares

franja negra de la garganta un poco más tenue

coloración un poco menos intensa

pardo rojizo menos extenso y menos intenso

▶ Tipo adulto invernal (octubre)
verdoso como en el juv.; rectrices centrales alargadas y plumas alares y caudales muy gastadas

de promedio, rectrices centrales más cortas que en el ♂

▼ Juvenil/1er invierno (septiembre)
verde, contrastando con la nuca y el píleo pardos (como en el adulto en invierno)

iris aún oscuro

escapulares verde-amarillas (como en el adulto en invierno)

▼ Juvenil/1er invierno (septiembre)

rectrices centrales no alargadas

plumaje nuevo (cf. adulto otoño)

todas las coberteras verdes o, en los ♂♂, a veces ligeramente pardo-rojizas en los centros de las coberteras grandes (cf. tipo adulto)

no alargadas (cf. adulto)

▶ Tipo adulto (marzo)

pardo anaranjado pálido

amarillo con franja negra

borde posterior negro y ancho, más estrecho hacia la mano

▼ 2º año cal. (mayo)
Casi como el adulto, pero todavía con coberteras primarias juveniles (y gastadas). Las escapulares verdosas de este ejemplar aún tienen apariencia juvenil, algo que probablemente sucede con más frecuencia en ♀♀ de 2º año cal. Es incierto si todas las aves de 2º año cal. retienen las coberteras primarias, o si hay algunas que las muden.

aún básicamente verdosas en este ejemplar

▼ Adulto ♂ (mayo)

escapulares pálidas visibles también desde lejos

coberteras primarias azul brillante, como las primarias (cf. 2º año cal.)

coberteras primarias oscuras y apagadas (cf. adulto)

Abejaruco persa *Merops persicus*

L 30 cm | Migrante en Chipre; divagante en el resto, de N África u Oriente Medio

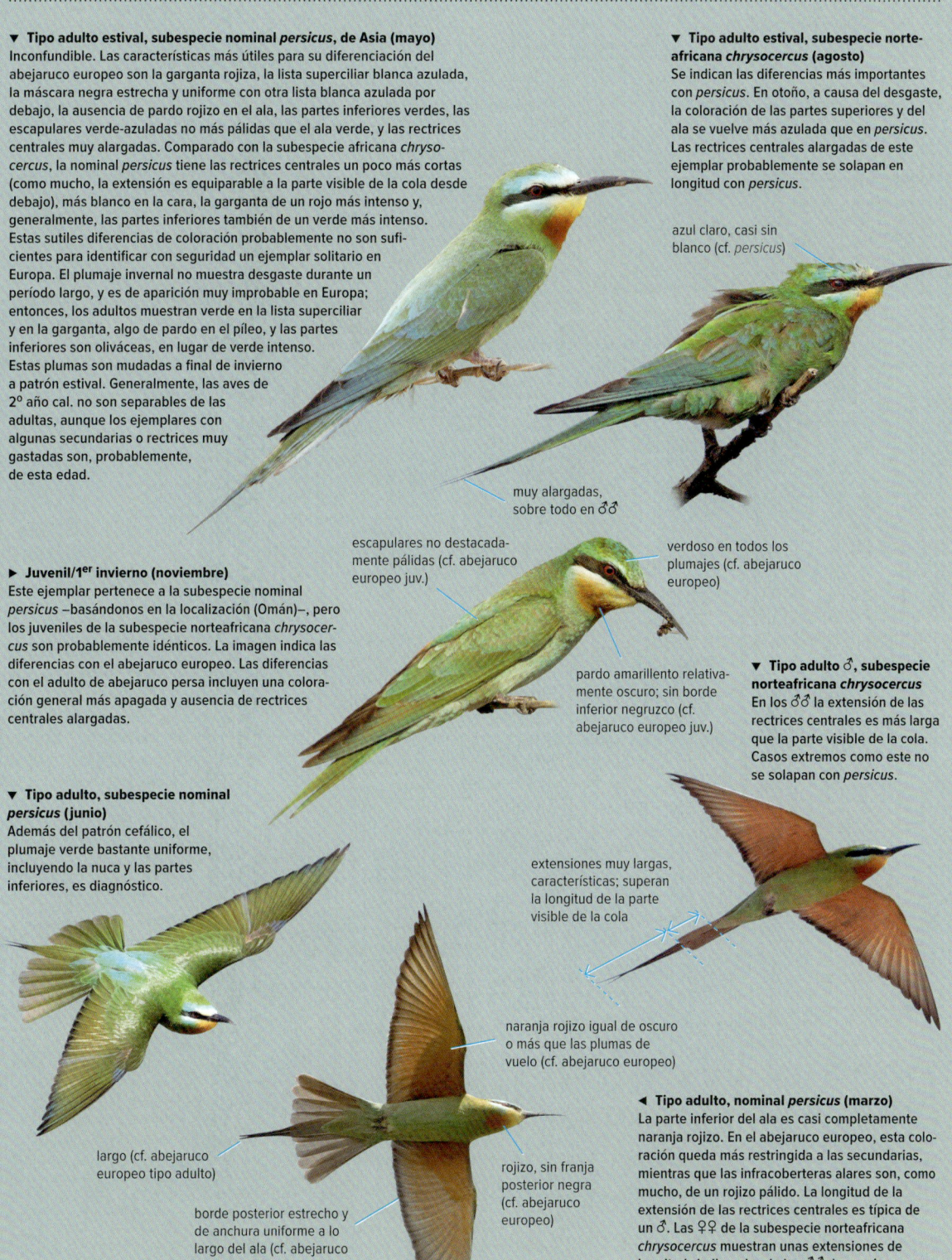

▼ **Tipo adulto estival, subespecie nominal *persicus*, de Asia (mayo)**
Inconfundible. Las características más útiles para su diferenciación del abejaruco europeo son la garganta rojiza, la lista superciliar blanca azulada, la máscara negra estrecha y uniforme con otra lista blanca azulada por debajo, la ausencia de pardo rojizo en el ala, las partes inferiores verdes, las escapulares verde-azuladas no más pálidas que el ala verde, y las rectrices centrales muy alargadas. Comparado con la subespecie africana *chryso-cercus*, la nominal *persicus* tiene las rectrices centrales un poco más cortas (como mucho, la extensión es equiparable a la parte visible de la cola desde debajo), más blanco en la cara, la garganta de un rojo más intenso y, generalmente, las partes inferiores también de un verde más intenso. Estas sutiles diferencias de coloración probablemente no son sufi-cientes para identificar con seguridad un ejemplar solitario en Europa. El plumaje invernal no muestra desgaste durante un período largo, y es de aparición muy improbable en Europa; entonces, los adultos muestran verde en la lista superciliar y en la garganta, algo de pardo en el píleo, y las partes inferiores son oliváceas, en lugar de verde intenso. Estas plumas son mudadas a final de invierno a patrón estival. Generalmente, las aves de 2° año cal. no son separables de las adultas, aunque los ejemplares con algunas secundarias o rectrices muy gastadas son, probablemente, de esta edad.

▶ **Juvenil/1er invierno (noviembre)**
Este ejemplar pertenece a la subespecie nominal *persicus* –basándonos en la localización (Omán)–, pero los juveniles de la subespecie norteafricana *chrysocer-cus* son probablemente idénticos. La imagen indica las diferencias con el abejaruco europeo. Las diferencias con el adulto de abejaruco persa incluyen una colora-ción general más apagada y ausencia de rectrices centrales alargadas.

▼ **Tipo adulto, subespecie nominal *persicus* (junio)**
Además del patrón cefálico, el plumaje verde bastante uniforme, incluyendo la nuca y las partes inferiores, es diagnóstico.

▼ **Tipo adulto estival, subespecie norte-africana *chrysocercus* (agosto)**
Se indican las diferencias más importantes con *persicus*. En otoño, a causa del desgaste, la coloración de las partes superiores y del ala se vuelve más azulada que en *persicus*. Las rectrices centrales alargadas de este ejemplar probablemente se solapan en longitud con *persicus*.

azul claro, casi sin blanco (cf. *persicus*)

muy alargadas, sobre todo en ♂♂

escapulares no destacada-mente pálidas (cf. abejaruco europeo juv.)

verdoso en todos los plumajes (cf. abejaruco europeo)

pardo amarillento relativa-mente oscuro; sin borde inferior negruzco (cf. abejaruco europeo juv.)

▼ **Tipo adulto ♂, subespecie norteafricana *chrysocercus***
En los ♂♂ la extensión de las rectrices centrales es más larga que la parte visible de la cola. Casos extremos como este no se solapan con *persicus*.

extensiones muy largas, características; superan la longitud de la parte visible de la cola

naranja rojizo igual de oscuro o más que las plumas de vuelo (cf. abejaruco europeo)

largo (cf. abejaruco europeo tipo adulto)

borde posterior estrecho y de anchura uniforme a lo largo del ala (cf. abejaruco europeo)

rojizo, sin franja posterior negra (cf. abejaruco europeo)

◀ **Tipo adulto, nominal *persicus* (marzo)**
La parte inferior del ala es casi completamente naranja rojizo. En el abejaruco europeo, esta colo-ración queda más restringida a las secundarias, mientras que las infracoberteras alares son, como mucho, de un rojizo pálido. La longitud de la extensión de las rectrices centrales es típica de un ♂. Las ♀♀ de la subespecie norteafricana *chrysocercus* muestran unas extensiones de longitud similar a las de los ♂♂ de *persicus*.

Carraca europea *Coracias garrulus*

L 31 cm | Verano, S y E Europa

▼ Adulto ♂ estival (mayo)
Inconfundible. En Europa solo se podría parecer a otra especie de carraca, posiblemente escapada de cautividad, aunque las otras especies del género tienen patrones de plumaje bastante diferenciados. Los ♂♂ adultos tienen la coloración más intensa, pero muchas ♀♀ pueden ser parecidas. En general, las ♀♀ tienen la zona carpal y el obispillo de un color púrpura azulado ligeramente menos uniforme, y a menudo las coberteras pequeñas muestran trazos pardos; estos son el resultado de algunas plumas retenidas, de tipo invernal (que suelen estar más gastadas); los ♂♂, en cambio, mudan todas las coberteras pequeñas y medianas de nuevo a final de invierno, y adquieren un tono púrpura azulado uniforme.

primarias negras, sin desgaste (cf. 2° año cal.)

púrpura azulado extenso (cf. ♀ adulta)

azul brillante uniforme (cf. ♀ adulta)

▼ Adulto ♀ estival (mayo)
Parecida al ♂ adulto, pero la zona carpal tiene una extensión menor de púrpura azulado (frecuentemente también menos intenso), y las coberteras muestran un cierto desgaste, con un ligero tinte parduzco. Las primarias negras indican que se trata de un adulto y confirman el sexo.

púrpura azulado más limitado que en el ♂ (aquí también un poco escondido por las plumas sobrepuestas)

coberteras a menudo un poco gastadas, con tinte parduzco (cf. ♂)

▼ Adulto invernal (noviembre)
Una versión más pálida y apagada del plumaje estival (frecuentemente, incluso más que en este ejemplar). Con el ala abierta, se debería apreciar un límite de muda en las primarias centrales.

primarias externas gastadas y desteñidas

primarias internas nuevas, negro puro

rectriz externa con la punta oscura

▶ Juvenil (agosto)
Como el adulto en plumaje invernal, pero con coloración más pálida y apagada. Las primarias y secundarias son de la misma generación y no muestran (o apenas muestran) tonos azules en su base. Los juveniles que han abandonado el nido recientemente suelen mostrar puntas pálidas en las plumas, pero estas se desgastan rápidamente.

primarias nuevas (también las externas)

▼ Tipo 2° año cal. (abril)
Además de las primarias viejas, las coberteras son aún parcialmente pardas (de tipo invernal) y la zona carpal muestra menos extensión púrpura azulado que en el ♂ adulto. El sexado es difícil en esta edad.

primarias muy gastadas (cf. adulto estival)

▼ Adulto (mayo)
El brillo de la parte inferior de las plumas de vuelo (aquí aparecen azules) depende de como incida la luz en ellas. En determinadas condiciones, la parte superior también puede parecer más opaca.

▼ Adulto ♂ (mayo)
Las características señaladas son típicas del ♂, pero algunas ♀♀ se acercan a la coloración del ejemplar de la imagen, probablemente con la excepción de la zona púrpura azulada en las coberteras pequeñas.

azul claro puro

púrpura azulado extenso y uniforme

▼ 1er invierno (noviembre)

rectriz externa más corta, con punta oscura difusa (bien definida en el adulto)

púrpura azulado extenso y uniforme

todas las plumas de vuelo de 1ª generación, aún no mudadas (en otoño, el adulto muestra un límite de muda)

Abubilla común *Upupa epops*

L 27 cm | Todo el año, SO Europa; verano, gran parte de Europa excepto NO, N y NE

Puput CAT
Argi-oilarra EUS
Bubela eurasiática GAL

▼ Adulto (marzo)
Inconfundible en todos los plumajes y posturas. En primavera, los adultos tienen las puntas de las primarias negras y bastante nuevas y, generalmente, no muestran pequeñas manchas negras en la frente.

▼ Juvenil/1er invierno (julio)
Apariencia similar al adulto, a veces no identificable. Un ave como la de la imagen, que muestra puntas de primarias nuevas con márgenes pálidos intactos, y pequeñas motas negras en la frente, se puede considerar un 1er año típico.

▼ Tipo 2º año cal. (mayo)
Las motas negras pequeñas en la frente son típicas, pero no totalmente diagnósticas en un ave de 2º año cal. Algunos adultos también las pueden tener.

motas negras pequeñas

pico aún en crecimiento

puntas de primarias nuevas, con márgenes pálidos

primarias viejas, gastadas y desteñidas, más pardas; contraste de muda con las rectrices de color negro puro (cf. adulto)

▼ Juvenil/1er invierno (julio)
Aquí se muestra un patrón típico de las rectrices externas juveniles, por la parte inferior, aunque en otros ejemplares puede ser ya parecido al de tipo adulto. En otoño, las aves de 1er año también mudan las rectrices externas a tipo adulto.

rectriz externa de tipo adulto: ancha y "cuadrada", con esquinas redondeadas; franja blanca con borde nítido

franja blanca con dibujo muy variable, pero el borde irregular es indicativo de esta edad

◄ Tipo adulto (noviembre)
También inconfundible en vuelo, tanto por su plumaje como por el aleteo ondulado y "mariposeante".

generalmente más estrechas que en el adulto y no tan "cuadradas"

Torcecuello euroasiático *Jynx torquilla*

L 17 cm | Verano, toda Europa excepto extremo N y NO

Colltort CAT
Lepitzulia EUS
Virapescozo europeo GAL

▼ **Tipo adulto (abril)**
Inconfundible cuando se puede ver bien, por su plumaje con patrón parecido a la corteza de un árbol. Los adultos tienen el iris pardo rojizo; en primavera, las aves de 2º año cal. generalmente conservan un iris pardo grisáceo.

◄ **Tipo adulto (abril)**
Las partes superiores son gris pálido, con una franja oscura a lo largo del dorso y otra en las escapulares. El iris pardo rojizo es típico del adulto en otoño. Sin embargo, en primavera, algunas aves de 2º año cal. también muestran un iris similar.

▼ **Tipo 2º año cal. (abril)**
Algunas veces el color del iris es fácil de apreciar en una observación de campo.

iris pardo-gris, indicativo de un 2º año cal.

▶ **Juvenil (julio)**
Después de abandonar el nido ya es muy parecido al adulto, aunque las zonas pálidas del plumaje tienen un patrón más marcado. A final de verano, una muda casi completa reemplaza la mayor parte de las plumas; solo algunas secundarias y las coberteras primarias son retenidas hasta el año siguiente. Nótese también el iris pardo-gris muy oscuro, y el pico más oscuro y aún no completamente desarrollado.

patas bastante grandes, con estructura de pícido; 2 dedos hacia delante y 2 hacia atrás.

▼ **Adulto**
En vuelo puede recordar a un paseriforme grande. Las partes superiores grises con franjas longitudinales oscuras son características.

▼ **(Noviembre)**
El iris pardo-gris, sin tonos rojizos patentes, sugiere que se trata de un 1er invierno.

Pito cano *Picus canus*

L 28 cm | Todo el año, C y de SE a NE Europa

Picot cendrós CAT
Okil grisa EUS
Peto cinsento GAL

▼ Adulto ♂ (noviembre)

Superficialmente similar al pito euroasiático, pero con la cabeza gris y, solo en los ♂♂, una mancha roja en la frente. La brida y la bigotera —ambas negras— están aisladas (no forman una máscara negra completa). Los flancos y la cola son más lisos que en el pito euroasiático. La mancha roja en la frente ya está presente, de forma más reducida, en los pollos.

patrón cefálico diagnóstico, con brida y bigotera negros; ♂ con frente roja

iris pardo rojizo relativamente oscuro, a veces de un gris más pálido (cf. pito euroasiático)

flancos lisos (cf. pito euroasiático de tipo adulto)

terciarias de tipo adulto, casi lisas (también la hemibandera interna), a lo sumo con una punta pálida y difusa (cf. 1er invierno)

rectrices centrales ligeramente barradas, rectrices externas lisas (cf. pito euroasiático)

▼ Adulto ♀ (febrero)

Como el ♂ pero sin la mancha roja en la frente. Este ejemplar tiene el iris pálido, pero no tan blancuzco como en el pito euroasiático. Algunas aves tienen, además de la cabeza gris, las partes inferiores también grisáceas.

sin rojo (cf. ♂)

coberteras primarias de tipo adulto, con franjas difusas (la pluma más externa es la primera primaria, no una cobertera)

▶ Juvenil ♂ (julio)

El plumaje juvenil es similar al adulto, a diferencia del pito euroasiático. En los pícidos, la muda a un plumaje ya casi adulto empieza muy pronto después de abandonar el nido. La mancha roja de la frente ya está presente, por lo cual se puede identificar fácilmente como un ♂.

coberteras primarias juv. barradas, como las plumas de vuelo (cf. adulto)

▼ 1er invierno ♀ (noviembre)

Como el adulto, pero véanse las diferencias señaladas.

coberteras primarias con patrón igual al de las plumas de vuelo (cf. adulto)

terciarias con barrado difuso pero bien visible y con puntas pálidas (cf. adulto)

▼ ♂ (octubre)

En vuelo, muy similar al pito euroasiático, incluyendo el obispillo y las supracoberteras caudales de color verde-amarillo. Las rectrices externas lisas pueden resultar útiles para la identificación en vuelo de un ave alejándose, con la cabeza poco visible.

Pito euroasiático *Picus viridis*

L 33 cm | Todo el año, casi toda Europa excepto península Ibérica y extremo NO y N del continente

Picot verd europeu CAT
Okil berde europarra EUS
Peto verdeal europeo GAL

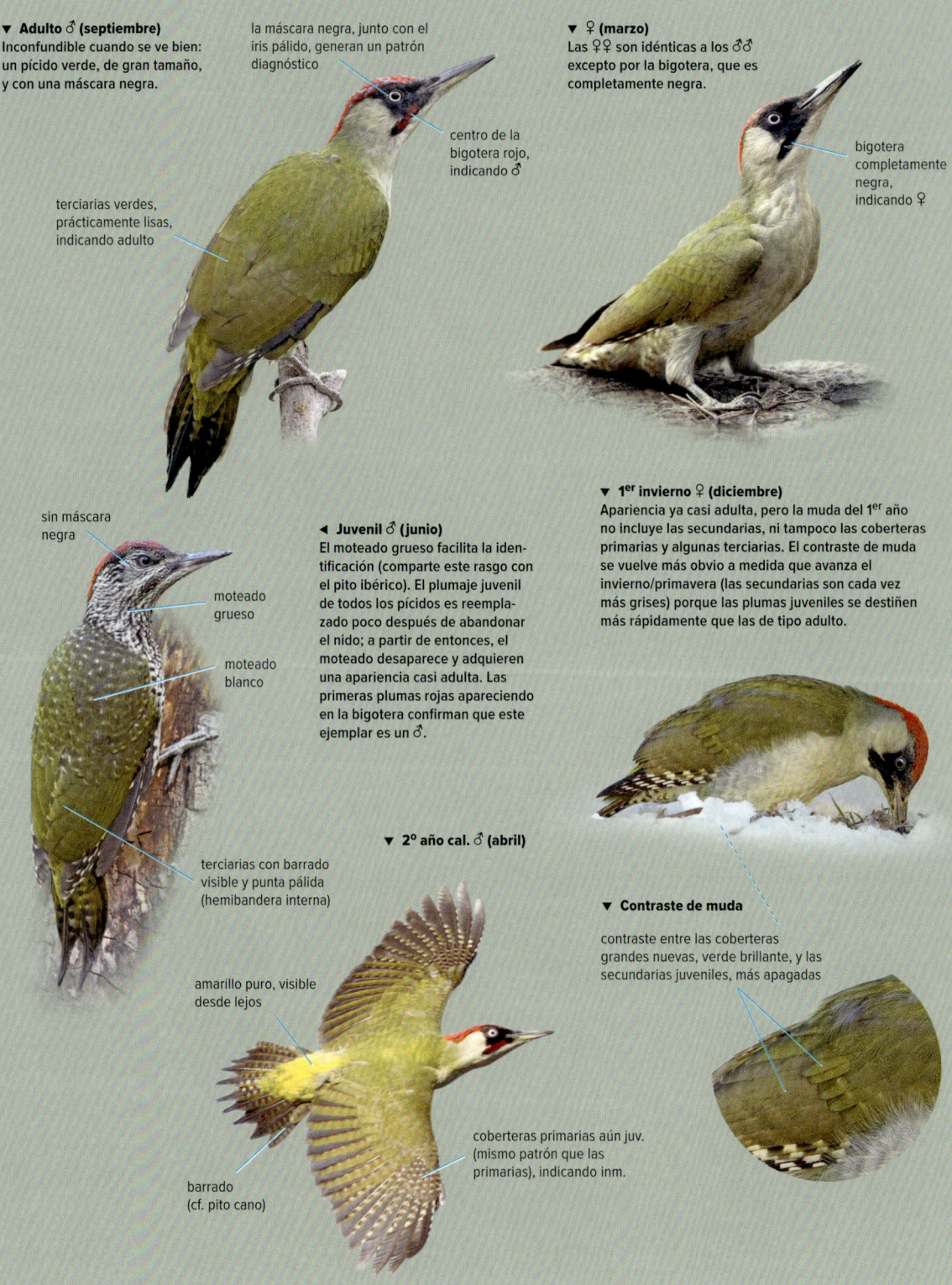

▼ **Adulto ♂ (septiembre)**
Inconfundible cuando se ve bien: un pícido verde, de gran tamaño, y con una máscara negra.

la máscara negra, junto con el iris pálido, generan un patrón diagnóstico

centro de la bigotera rojo, indicando ♂

terciarias verdes, prácticamente lisas, indicando adulto

▼ **♀ (marzo)**
Las ♀♀ son idénticas a los ♂♂ excepto por la bigotera, que es completamente negra.

bigotera completamente negra, indicando ♀

sin máscara negra

moteado grueso

moteado blanco

◄ **Juvenil ♂ (junio)**
El moteado grueso facilita la identificación (comparte este rasgo con el pito ibérico). El plumaje juvenil de todos los pícidos es reemplazado poco después de abandonar el nido; a partir de entonces, el moteado desaparece y adquieren una apariencia casi adulta. Las primeras plumas rojas apareciendo en la bigotera confirman que este ejemplar es un ♂.

terciarias con barrado visible y punta pálida (hemibandera interna)

▼ **1er invierno ♀ (diciembre)**
Apariencia ya casi adulta, pero la muda del 1er año no incluye las secundarias, ni tampoco las coberteras primarias y algunas terciarias. El contraste de muda se vuelve más obvio a medida que avanza el invierno/primavera (las secundarias son cada vez más grises) porque las plumas juveniles se destiñen más rápidamente que las de tipo adulto.

▼ **2º año cal. ♂ (abril)**

▼ **Contraste de muda**
contraste entre las coberteras grandes nuevas, verde brillante, y las secundarias juveniles, más apagadas

amarillo puro, visible desde lejos

coberteras primarias aún juv. (mismo patrón que las primarias), indicando inm.

barrado (cf. pito cano)

Pito ibérico *Picus sharpei*

L 32 cm | Todo el año, península Ibérica

Picot verd ibèric CAT
Okil berde iberiarra EUS
Peto verdeal ibérico GAL

▼ ♂ (diciembre)

Las diferencias con el pito euroasiático se encuentran sobre todo en la cabeza, pero los flancos traseros son, generalmente lisos (si no hay plumas juveniles presentes), y las franjas/manchas pálidas en las rectrices externas son menos patentes. Las secundarias grisáceas de este ejemplar son indicativas de un probable 1er año.

▼ Adulto ♀ (octubre)

Las diferencias entre sexos son las mismas que en el pito euroasiático; las ♀♀ tienen la bigotera completamente negra. Los lados de la cabeza pueden ser gris puro, por lo cual las ♀♀ podrían recordar al pito cano. Sin embargo, el rojo de la cabeza se extiende por la nuca hasta el cuello; además, no tiene la brida negra y la bigotera es más ancha. Los "pícidos verdes" no muestran diferencias de coloración entre las secundarias y las coberteras grandes. Este ejemplar aún se encuentra en muda activa de secundarias (nótese la secundaria corta, en crecimiento). Las aves de 1er año no mudan secundarias, solo primarias.

gris, sin máscara de "bandido" (cf. pito euroasiático tipo adulto)

línea pálida variable; sin negro (cf. pito euroasiático ♂ tipo adulto)

línea negra muy fina (cf. pito euroasiático ♂ tipo adulto)

a menudo rojo menos uniforme que en el pito euroasiático de tipo adulto

terciarias y secundarias del mismo color que las coberteras grandes (cf. ♀ de 1er invierno)

▼ 1er invierno ♀ (diciembre)

La ligera diferencia de color entre las secundarias y las coberteras grandes se debe a un contraste entre plumas mudadas y plumas de 1ª generación, y sucede en todos los "pícidos verdes". Este contraste es a menudo más evidente que en el pito euroasiático y el pito cano. Los juveniles son, teóricamente, idénticos a los de pito euroasiático.

▼ ♀ (marzo)

En vuelo no se aprecian otras diferencias con el pito euroasiático. La ausencia de negro detrás del ojo es diagnóstica.

▼ Contraste de muda

contraste patente entre las secundarias juveniles y las coberteras grandes nuevas (también 2 terciarias), típico de aves de 1er año

Picamaderos negro *Dryocopus martius*

L 43 cm | Todo el año, toda Europa excepto SO y NO

Picot negre CAT
Okil beltza EUS
Peto negro GAL

▼ **Adulto ♂ (febrero)**
Inconfundible. Los ♂♂ tienen rojo desde la frente hasta el píleo ya desde juveniles. Los adultos son completamente negros pero, en primavera, la parte exterior de las primarias puede volverse parduzca a causa del desgaste.

▼ **♀ (febrero)**
Las ♀♀ tienen el rojo de la cabeza restringido a la parte posterior del píleo. Por lo demás, son idénticas a los ♂♂. La mancha oscura en la parte anterior del iris es habitual.

▼ **Juvenil (julio)**
Los juveniles tienen el iris oscuro y el plumaje negro apagado durante un tiempo, después de abandonar el nido.

▼ **2º año cal. ♀ (mayo)**
A lo largo de la primavera, las plumas retenidas se van volviendo más pardas, y contrastan con las mudadas, que son negras. Aunque las primarias ya fueron mudadas (a una edad muy temprana), en esta época acostumbran a estar ya muy gastadas y desteñidas. En el 1er año no muda el álula ni las coberteras primarias (aquí claramente parduzcas).

▼ **♀ (septiembre)**
Inconfundible también en vuelo. Desde lejos puede parecerse a una corneja, pero la cabeza sobresale más y el vuelo es claramente ondulado, con lapsos en que mantiene las alas cerradas, todo lo cual genera una impresión muy distinta.

límite de muda entre las coberteras pequeñas y medianas mudadas (negras), y las coberteras grandes y secundarias de una generación anterior (parduzcas).

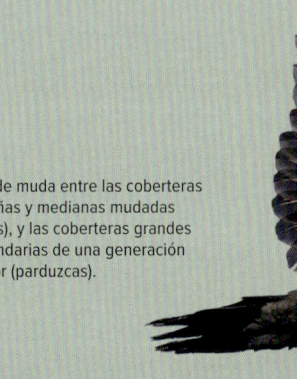

◄ **♀ (octubre)**

Pico tridáctilo euroasiático *Picoides tridactylus*

L 23 cm | Todo el año, N y NE Europa y montañas de C Europa

▼ **Tipo adulto ♂, nominal *tridactylus* de la población escandinava (noviembre)**
Inconfundible cuando se ve bien. En Europa, es el único pícido con una ancha máscara negra que se curva hacia el cuello; este patrón se produce principalmente en especies norteamericanas y asiáticas. Las franjas blancas en las plumas de vuelo son, típicamente, más pequeñas que en otras especies de pícidos con plumaje blanco y negro. Este ejemplar muestra un listado muy fino en las partes inferiores (véase la ♀ tipo adulto). Esto no se debe a una diferencia entre sexos, sino a una variabilidad natural dentro de la subespecie nominal *tridactylus*, parcialmente influenciada por el desgaste. La imagen muestra un plumaje nuevo.

▼ **Tipo adulto ♀, nominal *tridactylus* de la población escandinava (marzo)**
Aparte de la coloración del píleo, la ♀ es idéntica al ♂, también en cuanto a la variabilidad del patrón de las partes inferiores. A final de primavera y durante el verano, el barrado de los flancos se vuelve más patente y oscuro, a causa del desgaste de las puntas de las plumas. Generalmente, los juveniles y las aves de 1er año no se pueden diferenciar de los adultos. Los ♂♂ inmaduros ya muestran una mancha pequeña y amarilla en el píleo. Algunos ejemplares retienen coberteras juveniles durante más tiempo; estas son ligeramente más pardas y un poco más gastadas que el resto.

patrón variable; listado fino en el pecho y en los flancos; flancos traseros y región ventral a veces barrados, pero no en este ejemplar

amarillo en el ♂

patrón cefálico diagnóstico

moteado/listado de blanco en la ♀

patrón difuso típico

franja blanca (cf. *alpinus*)

franjas blancas pequeñas, limitadas a las plumas de vuelo y terciarias

▶ **Tipo adulto ♂, *alpinus*, de Europa central (junio)**
Como sucede en la subespecie nominal, existe mucha variabilidad en el patrón de las partes inferiores, así como en la cantidad de blanco del dorso. Este ejemplar se encuentra en el extremo oscuro, probablemente acentuado por el desgaste propio de la época del año. Las ♀♀ tienen el píleo moteado/listado, como en la subespecie nominal. La subespecie *alpinus* tiene una distribución aislada del resto. Sin embargo, las aves de Polonia, que pertenecen a *tridactylus*, pueden tener un plumaje similar a *alpinus*.

poco blanco (cf. *tridactylus*)

barrado y listado grueso (cf. *tridactylus*)

▼ **Tipo adulto ♀, *alpinus* (julio)**

blanco relativamente extenso en este ejemplar; variabilidad normal de *alpinus*

▶ **Tipo adulto ♂, nominal *tridactylus* (octubre)**

franja dorsal blanca

área negra extensa y uniforme

manchas blancas pequeñas

Pico picapinos *Dendrocopos major*

L 25 cm | Todo el año, toda Europa excepto extremo NO y N

▼ **Tipo adulto ♂, *pinetorum*, de Europa continental (diciembre)**
Es el pícido más común y ampliamente distribuido en Europa; habita una gran diversidad de hábitats. En Europa hay numerosas subespecies, pero las diferencias entre ellas acostumbran a ser muy sutiles. Con la excepción de la nominal *major*, la mayoría son sedentarias. La subespecie *pinetorum* es intermedia entre los extremos, a menudo con un tono gris parduzco en las partes inferiores y, de promedio, un pico más largo.

rojo (cf. ♀)

franja negra característica que conecta con la parte posterior de la nuca (único pícido "blanco y negro" que la muestra)

franja escapular blanca

▼ **Juvenil (junio)**
Finalizada la muda postjuvenil (pocos meses después de abandonar el nido) el píleo rojo desaparece; antes de otoño en aves del O y C de Europa. Las aves de 1er año de la subespecie nominal *major* retienen el plumaje juvenil (incluyendo el píleo rojo) durante más tiempo, frecuentemente hasta bien entrado el otoño.

píleo rojo bordeado por una línea negra en los lados (cf. adulto y pico mediano)

puntas blancas en forma de V (mudadas en otoño a tipo adulto, sin punta blanca)

moteado oscuro variable (cf. adulto)

▼ **Tipo adulto ♀, nominal *major* (junio)**
Como el ♂ tipo adulto, pero sin rojo en la nuca. Las partes inferiores blanco puro son típicas de un nominal *major*, aunque a veces también se dan en *pinetorum*. Nótese, sin embargo, el pico más corto y más grueso. Las primarias más largas muestran 6 (en lugar de 5) manchas blancas (pero esto puede resultar difícil de apreciar en un ave parada).

rojo brillante con borde nítido

▼ **Tipo adulto ♂, *anglicus*, de las islas Británicas (noviembre)**
Las diferencias con *pinetorum* son demasiado sutiles (hay mucho solapamiento) como para permitir la identificación segura de un ave fuera de su distribución regular. Las subespecies *italiae* (de Italia) e *hispanus* (de la península Ibérica) también suelen tener las partes inferiores más gris-parduzcas que *pinetorum*.

▼ **Juvenil mudando a tipo adulto (agosto)**
El píleo rojo y las escapulares blancas con motas oscuras indican que se trata de un juvenil. Como los juveniles de todos los pícidos europeos, muda las primarias en su 1er año, pero retiene las secundarias hasta mediados del 2º año cal. Este ejemplar se encuentra en muda activa de primarias, lo cual permite apreciar las diferencias entre las plumas internas, de tipo adulto, y las externas, juveniles. Finalizada la muda, el datado aún es posible si se pueden ver las secundarias retenidas (que suelen estar más gastadas y desteñidas), así como por un límite de muda entre las coberteras grandes internas (mudadas, más negras) y las externas (juveniles). Sin embargo, estas características de datado son difíciles de apreciar en el campo, a veces incluso en buenas fotografías. Véase pico menor tipo 2º año cal.

pardo grisáceo extenso

límite de muda

primarias juv. con puntas pálidas en ambas hemibanderas

▶ **Tipo adulto ♂, *harterti*, de Córcega/Cerdeña (abril)**
Como la subespecie británica, los taxones italianos también muestran partes inferiores pardo-grisáceas. La identificación se basa únicamente en la localización (Cerdeña).

Pico sirio *Dendrocopos syriacus*

L 24 cm | Todo el año, SE y C Europa

▼ **Tipo adulto ♂ (mayo)**
Además del patrón cefálico, el patrón de las rectrices externas es el rasgo más importante que lo diferencia del pico picapinos. Este las tiene blancas con franjas negras más o menos estrechas, mientras que el pico sirio las tiene básicamente negras con franjas blancas.

▼ **Tipo adulto ♀ (septiembre)**
Como sucede en el pico picapinos, las ♀♀ no tienen rojo en la nuca; la identificación es, por lo demás, igual que en los ♂♂. Las escapulares blancas forman una mancha a menudo extensa y menos redondeada que en el pico picapinos.

nuca roja relativamente extensa, a veces en punta hacia la parte delantera (cf. pico picapinos ♂ tipo adulto)

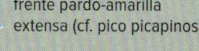

frente pardo-amarilla extensa (cf. pico picapinos)

blanco característico; sin línea negra conectando con la nuca (cf. pico picapinos)

ausencia de franja negra conectando con la nuca, muy patente en esta imagen

algunas manchas negras; escapulares blancas a menudo con bordes irregulares (cf. pico picapinos)

blanco limitado en los lados de la cola; rectriz externa (r5) con máximo 3 franjas blancas (cf. pico picapinos)

frecuentemente listado oscuro fino

a menudo más rosado que rojo, a veces con borde difuso hacia el vientre

sin franja negra conectando con la nuca (como en el adulto)

píleo rojo (como pico picapinos juv.)

► **Juvenil (junio)**
Para la diferenciación del 1er invierno, véase pico menor de 2º año cal.

a menudo franja pectoral parcial roja (como en la subespecie norteafricana de pico picapinos)

▼ **Tipo adulto ♀ (mayo)**

franjas blancas más anchas comparadas con el pico picapinos, pero variables en ambas especies

básicamente negro, con escasas y pequeñas manchas blancas

◄ **Híbrido de pico picapinos × pico sirio, tipo adulto ♀ (febrero)**
A veces se hibrida con el pico picapinos allí donde sus distribuciones coinciden.

listas/manchas oscuras

franja negra incompleta

◄ **Patrón caudal, híbrido de pico picapinos × pico sirio**
El patrón característico de las rectrices externas del pico sirio también resulta útil en la identificación de híbridos. En este caso, hay demasiado poco blanco para tratarse de un pico picapinos, pero demasiado para tratarse de un pico sirio. Las subespecies sureñas de pico picapinos tienen menos blanco que las norteñas y pueden acercarse a este patrón, pero aun así muestran más blanco en r3–5 que el ejemplar de la imagen. Generalmente el pico sirio no tiene blanco en r3 ni muestra una franja blanca larga en r5 (la más externa).

listas/manchas oscuras

blanco limitado en las rectrices externas

patrón blanco/negro intermedio entre pico picapinos y pico sirio

r3 con solo 1 franja blanca

Pico dorsiblanco *Dendrocopos leucotos*

L 27 cm | Todo el año, N, NE y C Europa

Picot garser dorsiblanc CAT
Okil gibelnabarra EUS
Picapau de dorso branco GAL

▼ **Tipo adulto ♂ (enero)**
Las partes superiores y las alas muestran un patrón diagnóstico. La cabeza puede resultar similar al juvenil de pico picapinos, que a veces tampoco tiene una franja negra completa conectando con la nuca. La ausencia de una mancha escapular blanca definida, y las franjas más o menos irregulares acercándose a la zona carpal son rasgos diagnósticos. Para el datado del 1er invierno, véase pico menor tipo 2° año cal.

▶ **Tipo adulto ♀ (febrero)**
El ♂ tipo adulto y la ♀ son casi idénticos, pero esta no tiene rojo en la cabeza y muestra un listado negro en las partes inferiores, de promedio, más fino.

♀ con píleo negro

listado negro fino sobre fondo blancuzco a rosado

las manchas blancas en coberteras alcanzan bastante arriba e incluyen coberteras pequeñas (cf. pico picapinos)

rojo rosado

franja negra incompleta, no llega a la nuca

♂ con píleo rojo

bastante largo

el manto y la zona carpal forman una mancha negra, extensa y uniforme

obispillo blanco y zona posterior del dorso barrada de blanco (sin mancha blanca en las escapulares)

franjas blancas anchas

▶ **Tipo adulto ♂ (enero)**
Se ve alimentándose sobre madera muerta en el suelo del bosque de forma relativamente frecuente.

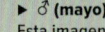

zona más pálida sobre la bigotera negra

▼ **Juvenil (mayo)**
A diferencia del pico picapinos, el píleo es básicamente negro en los juveniles pero, a causa de la muda temprana a tipo adulto, el rojo aparece pronto. Aquí se aprecia la p10 relativamente larga y ancha, típica del juvenil (en el adulto, muy corta y estrecha); también son típicas de esta edad las puntas blancas en las primarias más largas. Todos los pícidos "blancos y negros" mudan las primarias poco después de abandonar el nido. En las especies/poblaciones que crían más pronto, la muda de primarias postjuvenil se completa en otoño, mientras que las que crían más tarde (norteñas) pueden estar en muda activa hasta entrado el invierno.

rojo básicamente ausente

▶ **♂ (mayo)**
Esta imagen muestra una visión frontal típica. Ningún otro pícido "blanco y negro" europeo tiene las partes inferiores tan fuertemente listadas.

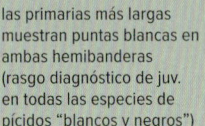

primaria más externa juvenil larga (diminuta en el tipo adulto)

rojo apenas desarrollado

las primarias más largas muestran puntas blancas en ambas hemibanderas (rasgo diagnóstico de juv. en todas las especies de pícidos "blancos y negros")

▼ ♂ (octubre)

▼ ♀ (octubre)

manchas blancas grandes que generan franjas alares anchas

listado patente

Pico dorsiblanco meridional *Dendrocopos (leucotos) lilfordi*

L 27 cm | Todo el año, Pirineos y SE Europa

Picot garser dorsiblanc "meridional" CAT
Lilford okil gibelnabarra EUS
Picapau de Lilford GAL

TAXONOMÍA

El complejo del pico dorsiblanco se distribuye por la franja boreal y temperada de Eurasia, hasta Japón, y comprende alrededor de 10 taxones. Muchos de estos tienen distribuciones aisladas. Se pueden dividir en 2 grupos: el septentrional y el meridional, de dorso más oscuro. La subespecie *lilfordi* mantiene diversas poblaciones aisladas en los Pirineos, C de Italia, los Balcanes, Turquía y el Cáucaso; a veces considerada una especie diferenciada.

▼ **Tipo adulto ♂ (abril)**
Un ejemplar perteneciente a la población de Pirineos. En cuanto al plumaje, aparentemente idéntico al resto de poblaciones aisladas de Europa.

a menudo la franja negra casi alcanza la nuca

barrado; en las aves más oscuras, solo un barrado blanco fino

manchas blancas relativamente pequeñas

▶ **Tipo adulto ♂ (septiembre)**
Ejemplar relativamente pálido de la población de los Balcanes. Las ♀♀ tienen el píleo negro.

listado bastante grueso, a veces casi barrado

Pico mediano *Dendrocoptes medius*

L 21 cm | Todo el año, SO, C, E y SE Europa

Picot garser mitjà CAT
Okil ertaina EUS
Picapau mediano GAL

▼ Tipo adulto ♂ (febrero)
Comparte el píleo rojo con el juvenil de pico picapinos y pico sirio, pero la identificación suele ser relativamente fácil gracias a un buen número de diferencias, aunque algunas son sutiles. El color y el listado de las partes inferiores de este ejemplar son típicos del ♂.

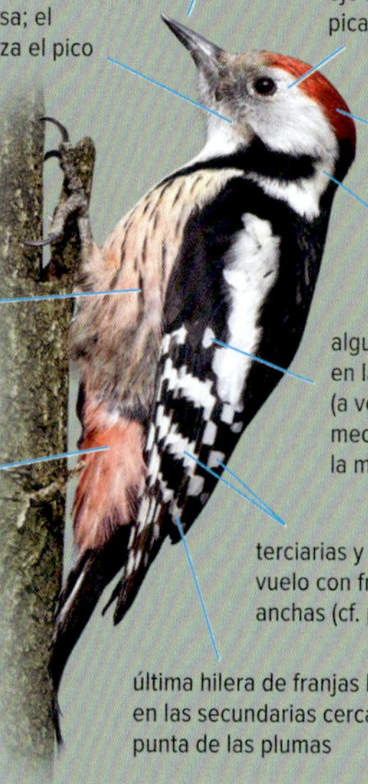

pequeño y puntiagudo
franja muy difusa; el negro no alcanza el pico
ceja blanca y ancha, sin negro; ojo rodeado de blanco (cf. pico picapinos juv.)
píleo rojo brillante y uniforme, alcanza hasta cerca de la nuca; borde nítido (cf. ♀ adulta)
franja negra incompleta (no alcanza la nuca)
en el ♂, rojizo pálido con listado negro
algunas manchas blancas en las coberteras grandes (a veces, también medianas), aisladas de la mancha escapular
rojo-rosa relativamente pálido; borde difuso
terciarias y plumas de vuelo con franjas blancas anchas (cf. pico picapinos)
última hilera de franjas blancas en las secundarias cerca de la punta de las plumas

▼ Adulto, probable ♀ (enero)
Parecido al ♂ tipo adulto, con las diferencias señaladas, aunque algunas ♀♀ pueden resultar casi iguales a un ♂. El iris pardo rojizo, claramente visible aquí, indica que se trata de un ave adulta, de al menos 3er año cal.

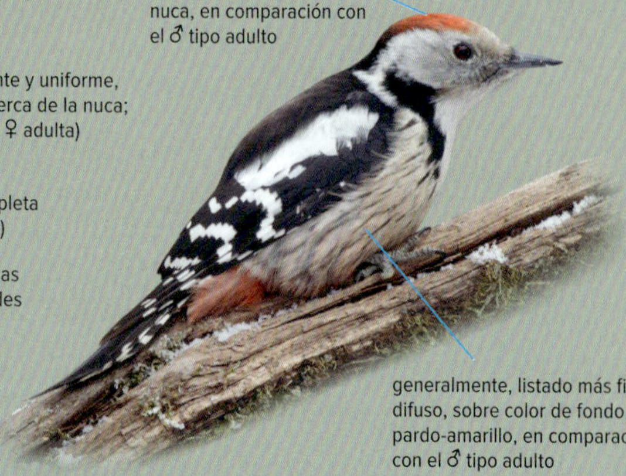

rojo más pálido, menos extenso y con borde más difuso en la frente y en la nuca, en comparación con el ♂ tipo adulto
generalmente, listado más fino y difuso, sobre color de fondo más pardo-amarillo, en comparación con el ♂ tipo adulto

▼ Tipo adulto (abril)

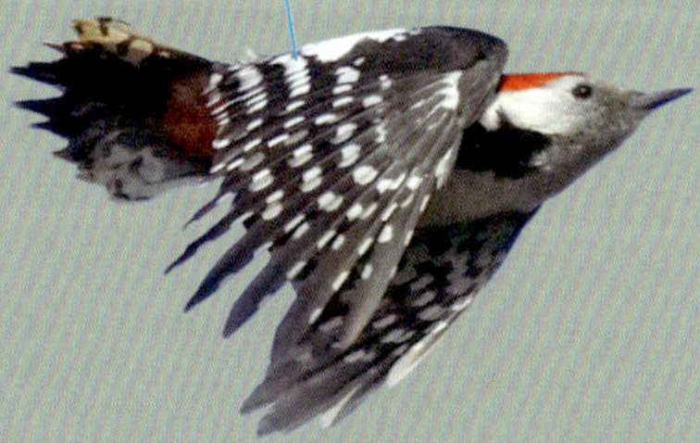

manchas blancas grandes que forman franjas alares anchas

▼ Tipo adulto ♂ (febrero)
A menudo levanta las plumas del píleo durante disputas territoriales.

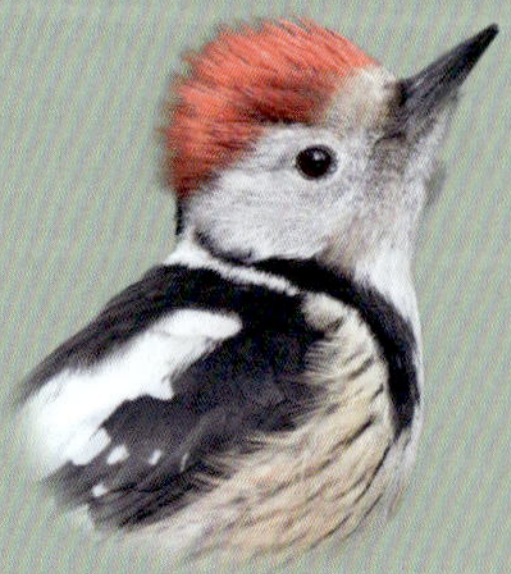

▼ Juvenil (julio)
Ya muy parecido al adulto, pero véanse las 2 diferencias señaladas, que se aplican a todos los pícidos "blancos y negros". Para su diferenciación del 1er invierno, véase pico menor de tipo 2º año cal.

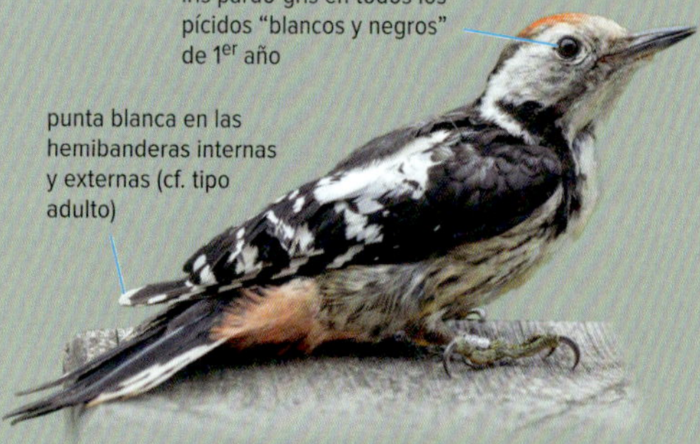

iris pardo-gris en todos los pícidos "blancos y negros" de 1er año
punta blanca en las hemibanderas internas y externas (cf. tipo adulto)

▼ Juvenil (julio)

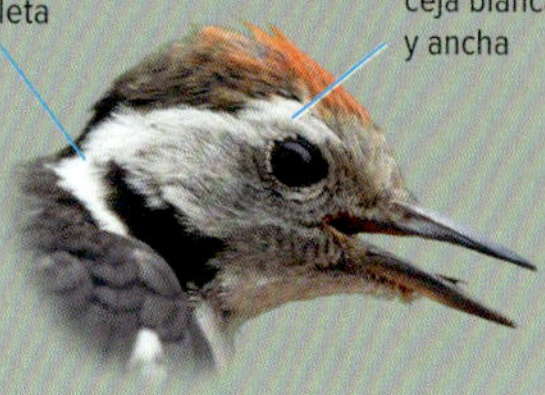

franja negra incompleta
ceja blanca y ancha

▼ Tipo adulto ♀ (marzo)

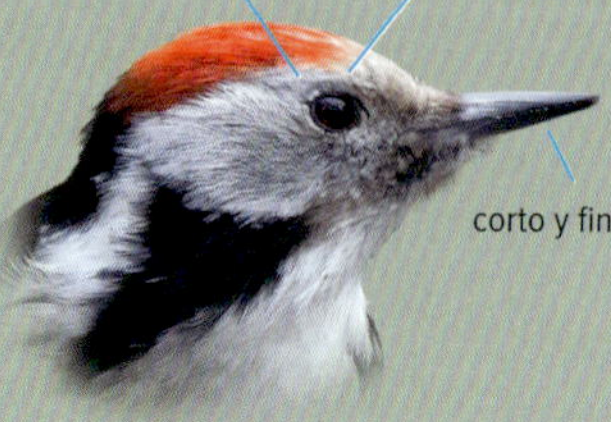

sin negro sobre el ojo
ojo rodeado de blanco extenso
corto y fino

■ Pico picapinos juvenil

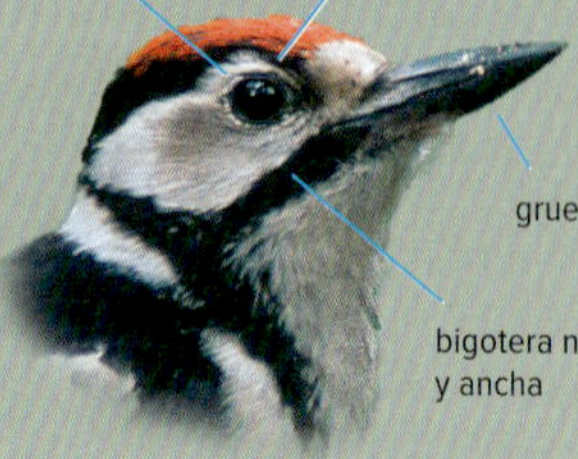

blanco fino sobre el ojo
negro sobre el ojo, entre el rojo y el blanco
grueso
bigotera negra y ancha

Pico menor *Dryobates minor*

L 15,5 cm | Todo el año, casi toda Europa excepto extremo SO y NO

▶ **Tipo adulto ♂, *hortorum*, de Europa central (mayo)**
Inconfundible cuando se ve bien, debido a su pequeño tamaño, partes superiores barradas de blanco y ausencia de rojo en las infracoberteras caudales. En Europa existen diversas subespecies, que difieren solo sutilmente, con frecuente solapamiento entre ellas. Las aves que pertenecen a la subespecie nominal *minor*, de Escandinavia, muestran la mayor cantidad de blanco en el dorso y las franjas negras más estrechas en las rectrices externas. Las subespecies *comminutus*, de las islas Británicas, y *buturlini*, de la cuenca mediterránea, son las que muestran las partes inferiores más teñidas de pardo-gris, menor cantidad de blanco en la zona dorsal y coberteras, así como unas franjas negras más anchas en las rectrices externas. La subespecie *hortorum*, de Europa central, muestra rasgos intermedios entre la nominal *minor* y las subespecies sureñas.

píleo rojo en el ♂ tipo adulto

auriculares parduzcas

sin franja negra hacia la nuca, o apenas algún trazo

bigotera más estrecha y difusa hacia el pico

ala (incluyendo terciarias) y dorso barrados hasta el manto; sin mancha blanca escapular

listado

▼ **Tipo adulto ♀, nominal *minor* (octubre)**
Las ♀♀ no tienen rojo en el píleo, pero son idénticas a los ♂♂ en todo lo demás. En Europa, es la única especie de pícido "blanco y negro" (junto con el pico tridáctilo euroasiático) que no tiene ninguna parte roja. Este ejemplar pertenece a la subespecie *minor* de Escandinavia.

sin rojo, diagnóstico en todos los plumajes; blancuzco con manchas negras

mucho blanco a los lados de la cola, también en la hemibandera externa de r3 (más que en el resto de pícidos "blancos y negros")

puntas de rectrices no tan estrechas y puntiagudas como en otras especies de pícidos

corto

frente pálida extensa hacia atrás

ceja blanca que forma "escalón" detrás del ojo

▶ **1ᵉʳ año (agosto)**
Identificación sencilla por la combinación de pequeño tamaño y partes superiores con patrón similar al pico dorsiblanco. Inmediatamente después de abandonar el nido, empieza la muda postjuvenil, aquí apreciable en las plumas más negras del dorso, que contrastan con las coberteras, más apagadas. La cabeza es aún juvenil.

▼ **Tipo 2º año cal. ♂ (junio)**
El datado de los pícidos "blancos y negros" después de la muda postjuvenil (a partir de otoño) raramente es posible en una observación de campo, o incluso con fotografías. Sin embargo, retienen las secundarias juveniles, y al menos las coberteras primarias internas (las externas son, a veces, mudadas); estas se van volviendo progresivamente más parduzcas que las plumas mudadas.

coberteras primarias internas juveniles, gastadas y desteñidas, contrastando (de forma patente en este ejemplar) con las coberteras grandes mudadas, más negras

▶ **♂ (marzo)**

rectrices no muy puntiagudas y con la punta poco alargada

mucho blanco a los lados de la cola

Águila moteada

AGAMI

Alain Ghignone 72b, 153a, 162a, 165f, 178d, 578a, 580e, 611df, 612c, 613d, 614c, 616c
Alex Vargas 328a, 347b, 552d
Andy & Gill Swash 99e, 229g, 303a, 305d, 343c, 486f, 487b, 554f, 587a, 592d
Arend Wassink 374c, 409b, 469a
Arie Ouwerkerk 14d, 23c, 24c, 25d, 52e, 56c, 86e, 96a, 103b, 143e, 146de, 156e, 189d, 191g, 192b, 202c, 223c, 249a, 272d, 273bc, 281c, 282a, 283c, 287d, 288ac, 313d, 332cd, 337a, 345b, 348c, 353c, 354b, 357b, 359e, 362e, 363b, 376cf, 380b, 381dg, 382a, 386d, 390ab, 391a, 404b, 406d, 407e, 410b, 411bc, 412g, 418e, 426ab, 431d, 445d, 447c, 448e, 449c, 450c, 452b, 453f, 456abce, 457de, 468b, 471ae, 473df, 491d, 493d, 510e, 511a, 514c, 515e, 521ab, 528d, 540d, 545bd, 554d, 556bd, 558f, 592a, 596d, 597b, 608f, 622b
Arnold Meijer 19a, 128a, 232d, 407a, 483d, 492c, 493a, 507d, 510b, 515a, 557f
Arnoud B van den Berg 583e
Arto Juvonen 43f, 82c, 191c, 201b, 399de, 546a, 613c
Aurélien Audevard 82e, 104b, 128c, 160a, 265b, 293c, 336d, 344a, 346ad, 350ab, 364be, 365e, 376d, 382d, 396ab, 415d, 416ad, 417ab, 466e, 504ab, 523f, 535a, 536e, 552c
Bas van de Boogaard 269b, 295e, 346b, 351b, 360a, 361a, 363d, 414d
Bence Mate 26e, 141beg, 143b, 148d, 161b, 171b, 267a, 269a, 290e, 611e, 622h
Bill Baston 98c, 99c, 101d, 315c, 576a, 618d
Brian E. Small 15ac, 18e, 20abcd, 21abcdefg, 22bd, 25e, 36ab, 37abi, 41e, 43abe, 46fg, 47d, 54ef, 60ef, 61ae, 64d, 66b, 67c, 69b, 70afg, 77a, 85ef, 86b, 89ef, 91c, 94a, 99a, 107abcf, 137a, 142fg, 148ef, 160bc, 161cd, 173abdf, 197abde, 198ac, 293b, 301a, 321g, 330c, 335abd, 338e, 339ad, 341b, 358c, 359ab, 361cd, 362d, 363e, 367b, 370abde, 373cd, 374a, 375ab, 378cd, 379f, 383b, 384b, 385d, 388a, 389c, 395acd, 400abcd, 402ab, 403abd, 408ab, 409c, 414c, 415a, 417de 420e, 421ab, 423cd, 432a, 433ad, 436f, 437abc, 447a, 454b, 459bdfg, 462acdf, 463ad, 474a, 475ef, 514e, 520b, 529cd, 530d, 531a, 532a, 534abc, 537abcdf, 539bc, 540a, 541c, 543c, 544ace, 548ab, 549cd, 562e, 569eg, 575ae, 581e, 582cd, 589f, 593ade, 607ab, 627
Brian Sullivan 198b, 323d, 333d, 376e, 394d, 409a, 424e, 435d, 463e, 534f
Casper Zuijderduijn 142e, 491a, 492d
Chris van Rijswijk 18c, 19de, 34ab, 54b, 56d, 62c, 75c, 78a, 79ab, 82d, 96c, 102c, 164bc, 166f, 207c, 256b, 290c, 292ace, 295b, 297e, 301b, 316a, 337e, 412e, 435cg, 438ac, 447bd, 453e, 458bc, 461a, 462e, 470c, 483b, 484b, 491c, 494ce, 495c, 496a, 499a, 506be, 508abcd, 509abcd, 515b, 538b, 559cf, 576b, 577ab, 579ab, 584a, 586b, 590b, 612a
Christian Brinkman 592c
Clement Francis 182a, 201d, 233d

Daniel Lopez-Velasco 90e, 113d, 132b, 137d, 172c, 270b, 310e, 356e, 371e, 380ce, 384c, 385b, 389d, 439b, 442b, 443ac, 450b, 455ab, 459c, 496b, 512c, 513de, 518bd, 525f, 550d, 574defg, 615e, 621d
Daniele Occhiato 12c, 13bc, 14c, 25a, 26f, 27b, 32adf, 33abfg, 34f, 35abd, 36c, 39e, 44abd, 48ce, 49b, 70bcde, 74ad, 75abe, 76e, 77g, 78cefg, 80b, 81ac, 82a, 84abc, 85abc, 88bef, 89ab, 90bf, 91ab, 92abde, 102a, 103d, 105bce, 106cf, 107de, 122ad, 123bcd, 124bc, 125cd, 126b, 127e, 133b, 134ac, 135ce, 136abcde, 137bce, 138bc, 139e, 140g, 141acd, 142c, 143ad, 144ac, 145ae, 146c, 147ab, 148b, 149abcdefg, 150bcefg, 151ef, 152abc, 153cd, 154cd, 155bcde, 156abe, 158acd, 159abc, 162bc, 164e, 165ag, 166a, 167bd, 168cde, 170d, 174ac, 178abc, 179abcde, 180c, 181ab, 186abcde, 187ab, 189bc, 192acd, 193a, 194a, 195bcd, 196bc, 199b, 202a, 212a, 213b, 214abd, 216abc, 217a, 218ab, 219bc, 224acd, 225d, 226abde, 228b, 231a, 232c, 238bc, 240a, 242c, 243a, 244b, 245abc, 246c, 247d, 248e, 249bc, 250ab, 252c, 257cd, 258ac, 259c, 261g, 262c, 263b, 264d, 265d, 266ab, 267ce, 270c, 274bd, 275c, 277cdef, 282c, 287c, 289b, 290a, 291a, 294ab, 295c, 296bcd, 297ad, 299acde, 300e, 306b, 309abc, 310ac, 311a, 312a, 318cd, 319b, 320ce, 321acdef, 322e, 323a, 324a, 326a, 327ac, 330d, 331ce, 335e, 336a, 338abf, 339ce, 340bcg, 342abcf, 343ad, 344b, 347d, 349d, 351ce, 354ad, 355bf, 357c, 358d, 362b, 363ac, 365cd, 366c, 368c, 371d, 374e, 377b, 381beg, 382bc, 383ad, 390c, 392ab, 393abcde, 394e, 395e, 396d, 404d, 405ab, 411ad, 417c, 418c, 419ad, 420b, 421f, 422abcd, 423b, 425d, 426e, 428df, 429bcde, 430bcf, 431a, 433c, 435fh, 436c, 458fg, 460bd, 461bc, 465bg, 466a, 467af, 469cd, 470a, 473a, 476b, 485b, 486bc, 488cd, 489b, 499d, 500abcdefg, 501abcde, 503bcd, 511bde, 514abd, 515d, 520a, 522ad, 525b, 526b, 527c, 528e, 533d, 538ce, 545f, 550e, 551b, 553d, 563a, 565ab, 566ad, 568g, 569a, 571ab, 573acd, 579eg, 587de, 589ace, 594b, 596ab, 597cde, 602b, 603ade, 604abce, 605ce, 606e, 608abg, 612bde, 614df, 618ab
Danny Green 62a, 275e, 314d, 315de, 352d, 559a, 604d
David Hemmings 49ef, 50a
David Monticelli 100a, 117f, 133ac, 161a, 217e, 244a, 298bc, 344cd, 389b, 408d, 522e, 524ad, 540b, 542e, 543b, 567b, 583c, 593c
Dick Forsman 176ce, 182c, 183bcd, 191e, 196d, 204b, 206b, 208bce, 213acd, 217b, 219d, 220cd, 227ce, 229c, 238a, 242a, 243bc, 255cd, 259b, 261d, 265c, 275bd, 277ab, 278bc, 280b, 283b, 285acd, 418d, 467d, 525e, 581c, 584de, 588a, 591b, 621b, 623c
Dubi Shapiro 73a, 99d, 264b, 271a, 334c, 375d, 453ad, 531e
Edwin Winkel 31c, 39f, 48b, 49a, 51b, 63b, 64f, 68c, 77b, 80e, 87c, 88c, 101e, 106d, 123e, 150dh, 156b, 157b, 222c, 281a, 288b, 326c,

329d, 332e, 351d, 363f, 369b, 410de, 412c, 419b, 450d, 466b, 492ef, 498c, 535c, 546e, 550b, 556e, 560a, 566c, 608c
Fred Visscher 17e, 20e, 25g, 26d, 27cd, 28d, 29bc, 30f, 31ef, 32g, 35e, 38df, 39abcd, 40e, 42h, 43cg, 51a, 61c, 67e, 68f, 69d, 81bdf, 83fg, 90a, 165e, 167f, 171c, 193c, 199c, 201c, 203b, 230e, 268a, 306d, 307b, 319c, 332f, 365f, 377f, 388b, 389ae, 391b, 399c, 405f, 412d, 461d, 471d, 487a, 526ce, 527abde, 542d, 545e, 547ab, 563b, 570f, 574b, 608de
Georgina Steytler 360d
Glenn Bartley 15b, 16d, 25f, 36d, 37cfgj, 41f, 42bcd, 46de, 47a, 54cd, 55c, 57c, 59ad, 64ab, 65d, 66ce, 67abdg, 69acg, 76bcd, 77c, 90c, 91d, 95a, 97abd, 98a, 99b, 110b, 118e, 119d, 142d, 173e, 318e, 330a, 337b, 341ace, 366d, 367ac, 371b, 372ab, 373a, 384d, 394b, 401ab, 402d, 407b, 413b, 420ac, 423e, 432bcd, 433e, 436de, 437f, 440d, 445a, 454d, 455cd, 459ae, 512a, 523g, 541a, 554bc, 593b, 607c
Han Bouwmeester 23e, 150a, 154b, 158b, 170bc, 237b, 255b, 256a, 317ab, 528a, 576c, 584c, 588b, 613b, 614b, 622e
Hans Gebuis 19bc, 148c, 197c, 434d
Hans Germeraad 80c, 185c, 426c, 606a, 623a
Harvey van Diek 104c, 269e, 295a, 300a, 307a, 309d, 398d, 399g, 424d, 450a, 506c, 567a, 568d, 590e, 614e, 622ac, 623e
Helge Sørensen 42eg, 43d, 53c, 55d, 58c, 59be, 77e, 95d, 96e, 101b, 104d, 122bc, 124a, 128b, 142a, 148g, 162d, 188d, 189e, 193e, 194ce, 231b, 233c, 237c, 252b, 253a, 290d, 291bf, 295d, 310b, 327def, 328d, 330e, 333f, 339b, 340h, 342g, 343b, 360e, 362c, 364f, 369e, 371f, 372c, 374f, 376g, 379d, 397f, 398e, 399f, 427d, 431e, 434c, 440b, 443d, 446a, 463c, 474bf, 491b, 496d, 497b, 532d, 544b, 554g, 556f, 557h, 575f, 590cd, 591e, 599acd
Hugh Harrop 51c, 52a, 62de, 63a, 128d, 335c, 406c, 435e, 436a, 452c, 474c, 475acd, 506a, 507a, 557bc, 567c
Ian Davies 31b, 66f, 69ef, 79cd, 227b, 300b, 301de, 338c, 360b, 364g, 371a, 373b, 374b, 379a, 380d, 402c, 437d, 456d, 464bc, 465a, 497c, 530ab, 537e, 542bc, 606b
Jacob Garvelink 131c, 361b
Jacques van der Neut 146a, 167g, 359d, 574c, 619a
James Eaton 131e, 172d, 190e, 261c, 271e, 344e, 350c, 397a, 416b, 592b
Jari Peltomäki 12a, 31d, 40a, 42f, 44e, 48d, 63c, 71b, 73f, 82f, 83cd, 143c, 144b, 145d, 172ef, 174b, 175a, 191h, 196a, 230a, 234a, 261a, 263d, 290b, 292b, 312d, 340a, 350de, 366a, 368b, 378b, 387a, 412f, 427c, 444b, 465f, 468c, 469e, 545c, 561dg, 564e, 577d, 585cd, 586c, 589b, 609e, 610f
Jonathan Martinez 348b, 364a, 368e
Josh Jones 94b, 115b, 519d, 602c
Karel Mauer 94d, 95e, 109c, 140d, 148a, 191a, 193b, 203a, 326de, 399ab, 419g, 421e, 433bf,

OTROS FOTÓGRAFOS

Abhishek Jadwani | Shutterstock 250c
Adelheid Ghys 240c
Adobe Stock 44c, 364cd
Agnieszka Bacal | Shutterstock 577e
Alex Abela 497d
Alex Alderic Jero | Shutterstock 271d
Alexxandar | Shutterstock 153e
Amando Guercio | Shutterstock 293d
Amar Ayyash 498a
Amir Ben Dove 487e, 502abcd, 503a
Anders Espenhain Sørensen 600d
Andreas Uppstu 316c
Andrew Allport | Dreamstime 591d
Antonio Guarrera 308d
Arash Yekdaneh 356d
Arnau Soler | Shutterstock 279d
Axel Hellquist 397eg
Barb Elkin | Shutterstock 531c
Bart Hoekstra 194b
Bennett Hennessey 415b
Bildagentur Zoonar | Shutterstock 196e
Bogdan Boev | Shutterstock 209b
Bram Ubels 219a
Brian Magnier | iStock 548c
Caglar Gungor | Dreamstime 244c, 300c
Carl Baggott 484d
Carl David Baggott 484c, 487f, 559i
Carlos Alberto Raminez 157c
Chris Gibbins 516abcde, 517abcde
Christoph Himmel 310d
Christopher Unsworth | Shutterstock 525ab
Daniel Koh 572ab
Darknessss | Shutterstock 208f
Dejavu Designs | Dreamstime 530f
Diederik Kok 4, 5
Ed Betteridge | Shutterstock 559d
Eduard Sangster 558cd
Eliotte Rusty Harold | Shutterstock 80a
Feathercollector | Shutterstock 306f
Feng Yu | Dreamstime 22e
Fernando Sanchez | Shutterstock 253c
Fotorequest | Shutterstock 384e
Frank McClintock | Shutterstock 252a
Gerby Michielsen 121f
Ghislain Riou 289c
Giphu Byarka 571e
Gonzalo Jara | Shutterstock 559e
Hannu Koskinen 486e, 490abcde
J Ferdinand 308ab, 549b
James Hanlon 129e
James Kennerley 414ab
Jamie Partridge 472c
Jesus Carrion Piquer 157d
Jesus Giraldo Gutierrez | Shutterstock 260e
Juan Sagardia 298a
Juha Niemi 266d
Jyrki Normaja 51e
Keith Mueller 498b
Ken Canning | iStock 543d
Khil Leander 619ef
Lex Paraskevopoulos | Shutterstock 302d
Liam Singh 505ef
Lionel Dupertuis 308c
Louis Bevier 198d
Maarten van Kleinwee 498d

Mars Muusse 458d, 476a, 478abcdef, 479abcdefgh, 480ab, 481ab, 482abc, 487c, 492a, 493bc, 495e, 499c, 510d, 515f
Martin Fowler | Shutterstock 73c
Martin Procházka | Shutterstock 539d
Maties Rebassa 128fg, 231d
Matncathy Mat Gilfedder 346e
Michael Maagan
Michael Ortenberg | Shutterstock 164g
Michael Vodiansky | Shutterstock 384f
Michal Masic | Dreamstime 281b
Michal Pesata | Shutterstock 286a
Michele Vigano & Andrea Corso | Natural History Museum (NHM), Tring 221abcd
Mike Lane | Dreamstime 305ab, 325e
Mike Nelson 572cd
Mike Pope 214e
Mircea Costina | Adobe Stock 575d
Naushad Kallivalappil | Dreamstime 355c
Neal Coopera | Dreamstime 281d
Nicolas Martinez 603c
Nils van Duivendijk | Natural History Museum (NHM), Tring 215abcde
Nobuhiro Hashimoto 385e
Nuttawut Thongyom | Shutterstock 454f
Oleg Minitskiy | iStock 470e
Oliver Smart 129d
Omar Alshaheen 326b
Oscar Campbell 289a, 356c, 524e
Paolo Costa | Shutterstock 525d
Pat Lonergan 286cd

Paul Reeves | Shutterstock 379c
Paulis Giovanni | Shutterstock 618f
Peter Adriaens 105d, 200d, 470d, 472d, 496c
Peter Etschells | iStock 530g
Peter Soer 52f, 53e
Peter Wong Lee Poin 328c
Petteri Hytönen 233e
Preju Suresh | Shutterstock 157a
Ray Hennesy | Shutterstock 569f
Riaan van den Berg | Dreamstime 271a
Richard Keller | Shutterstock 86c, 394c
Robin Chittenden 289d
Rock Ptarmigan | Shutterstock 55e, 60ac, 416f
Roger Riddington 103f
Sam Gobin 16b
Sandymsj | Shutterstock 76f
Sayam U Chowdhury 303d
Scott Mirror | Shutterstock 73e
Shlomi Levi 356b
Stuart Price | Shutterstock 369c
Stubblefield photography | Shutterstock 57b
Sujith K Panoor | Shutterstock 605b
Tahir Abbas | Shutterstock 357d
Tomáš Grim 547c
Toni Alcocer Cordellat 157e
Tony Mills | Shutterstock 349c
USGS Alaska wildlife research 18d
Victor Tyakht | Shutterstock 172b
Vincent van der Spek 559g
Vitaly Ilyasov | Shutterstock 302c
Wang LiQiang | Shutterstock 87ad
Zdenko Tkalčec 304c

Agachadiza de Wilson

 Cisnes 16

 Cormoranes, pelícanos 138

 Gansos 20

 Ardeidas, cigüeñas,
flamencos, grullas 147

 Patos 32

 Buitres 176

 Colimbos 94

 Milanos, aguiluchos, gavilanes,
busardos, elanios, águila
pescadora 186

 Somormujos 102

 Águilas 232

 Albatros 109

 Halcones 262

 Petreles, pardelas,
paíños 112

 Rálidos 290

 Alcatraces 134

 Avutardas, perdices,
lagópodos 302